认知心理学

王穗苹 陈 琦 周晓林 主编

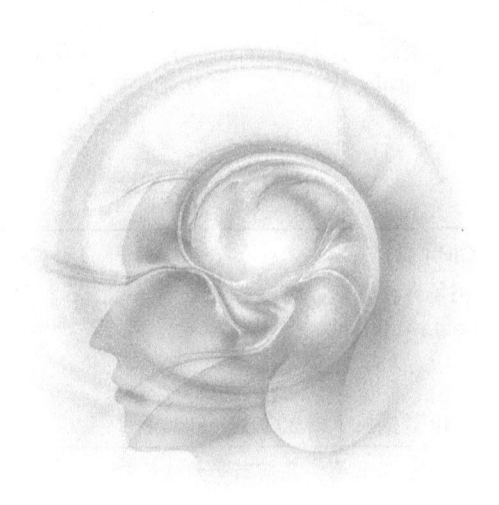

Cognitive Psychology

科学出版社
北 京

内 容 简 介

本书从基本的认知加工过程、知识的表征和组织、人类高级认知以及认知的差异性与应用等几个模块入手，全面统合基于计算机隐喻的认知和行为研究取向、从大脑活动的角度揭示认知功能和结构的认知神经科学取向，以及运用计算建模为主要手段揭示认知各成分如何相互影响的认知科学取向，系统梳理了认知心理学的源流、理念、当前研究进展以及相关的应用，帮助学生从不同的角度去理解认知心理学研究者如何对人类心智进行理论思考和实证检验。

全书包括五个部分。第一部分"总论"，主要介绍认知心理学的概念、理论沿革以及基本的研究方法。第二部分"基本的认知加工"，主要从动态的加工过程来分析认知加工。第三部分"表征与知识的组织"，主要从内容和产品的角度来分析认知操作的对象。第四部分"人类高级认知"，强调人类对信息处理的复杂应用，各章同时牵涉动态的过程和相对静态的表征，各自对所属的认知成分有不同的界定。第五部分"认知的差异与应用"，讨论认知心理学在应用过程中需要注意的问题。

本书适合心理学、生命科学、教育学、计算机科学等专业高年级本科生、研究生、心理学工作者和相关从业人员，以及对心理学、人工智能领域感兴趣的读者使用。

图书在版编目（CIP）数据

认知心理学 / 王穗苹，陈琦，周晓林主编. -- 北京：科学出版社，2025.3. -- ISBN 978-7-03-081509-5

Ⅰ.B842.1

中国国家版本馆 CIP 数据核字第 2025YV5808 号

责任编辑：孙文影　高丽丽 / 责任校对：贾伟娟
责任印制：徐晓晨 / 封面设计：有道文化

科学出版社 出版
北京东黄城根北街 16 号
邮政编码：100717
http://www.sciencep.com

北京建宏印刷有限公司印刷
科学出版社发行　各地新华书店经销

*

2025 年 3 月第 一 版　　开本：787×1092　1/16
2025 年 3 月第一次印刷　　印张：37 1/2
字数：1 000 000

定价：168.00 元

（如有印装质量问题，我社负责调换）

本书作者

主　　编：王穗苹　华南师范大学
　　　　　陈　琦　深圳大学
　　　　　周晓林　华东师范大学

第 一 章　王穗苹　华南师范大学
第 二 章　丁玉珑　华南师范大学
第 三 章　孟　明　华南师范大学
第 四 章　张喜淋　华南师范大学
　　　　　贾建荣　杭州师范大学
第 五 章　高在峰　浙江大学
　　　　　沈模卫　浙江大学
第 六 章　秦绍正　北京师范大学
第 七 章　陈　娟　华南师范大学
第 八 章　蔡　青　华东师范大学
　　　　　王　婧　华东师范大学
第 九 章　蒋晓鸣　上海外国语学院
　　　　　周晓林　华东师范大学
第 十 章　邱　江　西南大学
第十一章　陈　琦　深圳大学
　　　　　周　然　华南师范大学
第十二章　高晓雪　华东师范大学
　　　　　周晓林　华东师范大学
第十三章　吴　岩　东北师范大学
第十四章　蒯曙光　华东师范大学

序

　　刚接触认知心理学的学生常常反映这门课程较为抽象，难以和日常经验相联系，很多实验看起来非常烦琐，不同观点之间的分别并非一目了然。在学习过程中，常常一不小心就会迷失在充斥着各种观点和证据片段的海洋中。尤其是在国内，教师在讲授这门课程时，大多使用国外的翻译教材，这也让许多学生觉得这个领域的研究离自己的生活非常遥远。事实上，20世纪80年代以来，心理学在我国发展迅猛，尤其是在实验与认知的不同领域，更是涌现出许多在国际上受到关注的研究主题和研究团队。因此，我们希望编写一部教材，一方面能涵盖认知心理学经典和前沿的研究领域，另一方面能兼顾国外和国内重要的学术发展，并具有学术性和趣味性，易于为从事认知心理学的研究者、授课教师和学生接受。

　　与大多数主流教材相似的是，本教材以人类认知的序列模型为线索安排内容：从感知、注意、记忆等基本加工过程入手，从信息的输入开始，直到更复杂的认知加工的介绍。这是因为在了解人类高级认知活动的时候，掌握各种认知基本成分的特性及其如何相互作用，构成了人类精密而复杂的心智，这是重要的基础。自下而上讲解的思路和内容体系的安排，与我们接受和处理外界信息进程的直觉相吻合，更有助于学生理解认知心理学中的抽象概念和模型。当然，真实世界中的认知加工并不是单线条进行的，而是自上而下与自下而上的加工在实时中交互，因此关于自上而下加工与自下而上加工的时空动态性及其交互这一主题也贯穿于本教材。

　　在本教材成稿之际，国际上认知心理学的研究思路和关注点在不断地发生变化。从认知心理学诞生到当前，研究者从对个体心智的重视，以及在研究方法上对精确控制的强调，逐渐转向同时关注他人、复杂环境对认知结构与加工过程的影响和与调节，以及关注自然生态的实验情境和大数据采集与分析方法的使用。此外，关于人类心智及其所对应的神经生理活动之间的联系，也正日益为研究者所关注。从行为、认知到神经生理，越来越多的研究强调将心智嵌入自然，强调结合人类大脑和神经活动，从社会与环境的角度重新审视我们过去在数学和计算基础上建立起来的心智理论大厦。本教材在不同章节力图反映这种研究技术、研究思路及研究范式上的变迁。

　　首先，与其他大多数传统认知心理学教材有所不同的是，本教材加入了关于社会认知的内容，探讨人际因素与个体的认知之间如何相互影响。人类是社会性动物，不仅需要依赖知觉、注意、记忆等基本认知以适应物质环境，更需要依赖社会认知建立适当的社会关系、适应复杂多变的社会环境。早期的研究者认为，社会认知以知觉、注意、记忆等基本认知加工为基础，因此以往的认知心理学教材未将社会认知作为单独章节进行介绍。然而，近年来，越来越多的研究发现，社会认知不能仅仅被视为基本认知在社会情境中的简单应用。与基本认知相比，社会认知更复杂，涉及个体在多种社会情境中自我与他人的互动。社会认知研究不仅仅是简单地将基本认知理论应用到社会层面，其核心是从社会交互的角度出发，研究个体如何通过交互来构建和理解自我与他人的社会现实，以及如何在此基础上形成社会情绪和做出行为反应。当前，社会认知心理学蓬勃发展，已经成为认知心理学的重要组成部分，这也极大地促进了我们对人类社会认知及相关行为的理解。基于社会认知的重要性和独特性，本教材将社会认知整合到认知心理学框架中，并作为单独章节进行介绍。

其次，本教材还强调人类认知加工的差异性。这种差异一方面包括个体与个体之间的差别，同时由于认知过程总是发生在一定的情景中，这些情景的变量，如交流方式、人际关系、文化背景等对人类认知活动也有着重大影响。为此，本教材在组织时也尤其重视一些本土的、具有文化特异性研究主题的引入，以及对个别差异研究思路和方法的总结。类似的论题在各章中均有涉及，而这种关注差异性的研究思路及其对整个领域带来的思考，尤其反映在第十三章中。事实上，关注这些可能导致差异性的因素也更有可能为长期存在的理论争论（例如，各认知成分与跨领域的普遍性认知加工之间的关系）提供新的思路，并使我们对人类心智的理解更接近于其真实的本质。

最后，本教材也注重介绍新技术、新方法对理论发展的促进作用及对新知识的发现。当前的心理学发展正处在一个新的时代。新的技术方法，尤其是认知神经科学方法在认知心理学的所有领域（甚至心理学的其他所有领域中）都占据了越来越重要的地位，乃至一些比较传统的研究领域开始受到挤压，并从一部分教材中消失。但是，我们所持的观点是，通过认知神经科学的方法收集到的认知神经活动的变化，与其他认知行为的指标一样，其实都仅仅是用于观测心智活动的过程和结果的一种手段，不同的手段适合于不同的研究主题和研究目的，但均只是阐述、解释和说明这些主题的一种方式。一方面，并没有任何技术可以直接测量（所有的技术都是一种间接的观测）人的心智，因此研究者更应该抱着更开放的心态去思考和尝试新的技术与方法；另一方面，人类对大脑神经活动与心智加工之间关系的认识仅经历了非常短暂的时间，因此对许多神经活动变化的含义并不清楚。在利用不够清楚的指标去探索不太清楚的心智加工时，我们也许可以获得某些实验操纵与某些神经指标之间的关系，但使用这些关系来对内在机制进行解释时却可能并不是十分有效。也就是说，如果我们感兴趣的是人类认知的问题，我们希望借助这些指标，无论是外显行为（如反应时），还是相对内隐的神经生理指标（如诱发脑电的变化），去探索内在的认知结构和过程。在这个过程中，指标变化的含义越清楚，其用于认知加工机制的探索才会越有用。正是因为出于这些思考，我们保留了许多经受住时间考验的关于认知行为的经典研究。同时，在某些神经科学发展较为成熟而迅猛的领域，又进行了更多基于新方法、新技术的研究工作，因为它们为我们对心智结构和过程的思考带来了新的范式和新的视角。另外，也有一些同样十分有影响的认知神经科学研究，由于本质上是利用精巧的认知研究范式去解释神经活动的变化，可以被视为经典认知心理学研究在另一个学科领域（如神经科学领域）的应用。对于这些研究，囿于篇幅，我们可能并没有介绍。基于我们的上述立场，在本教材的各章中，我们并没有单独把认知神经科学的研究割裂出来作为一个单独的部分来介绍，而是融合在问题解决过程中，强调用新的技术对以往的经典理论进行验证或推进。我们也希望明确这一立场，能使读者更有效地使用这本教材。

在成书过程中，本教材参考了国际国内许多同类教材，尽量吸取不同教材的优点，以更好的方式呈现知识，以有助于学生把握课程的重要内容。书中每章均有"引言"，尽量以生动简洁的方式呈现该章节写作的主要思路，以使读者对本章内容有一个初步的印象。每章结束的时候，我们提供章内重要的术语和知识要点，帮助读者回顾和整理相关的知识。根据需要，在每一章，我们将一些扩展的内容整理成方框栏目。这样处理，一方面可以使读者重点把握章节的主要线索，另一方面，又能扩大知识面，补充一些相关的细节性、趣味性知识，以加深对教材内容的理解。

参加本教材编写的都是国内认知心理学界十分有影响的中青年研究者，他们均从事一线的教学和科研工作，在国际学术界有一定的影响，保证了教材内容的科学性与前沿性。他们以中文为母语，对中国学生和教师的了解深入，因此教材的编写在选材和写作风格上更符合中国学生这一主要读者群体及教师的教学需求。虽然大家的工作都十分繁忙，但在编写过程中，大家共同讨论和完善了整个教材的体例与内容，并且一次又一次地根据需要调整内容、表达方式与形式，正是因为大家倾注了热情的付出，才有了本教材的诞生。

书中有部分章节内容的整理得到各章编者研究组里博士生的协助，尤其要感谢赵美华（第二章）、陈博轩、高洪尧和徐硕（第六章）等同学，他们直接参与了相关章节部分内容的整理；感谢主编研究团队的共同努力，尤其是陈颜璋博士对全书图文、术语和文献进行了通读和校对整理，曹斐臻、李昀松等同学花了许多时间协助各章初稿图文的整理和统合。另外，还要感谢为本教材提供反馈的一线教师，如华南师范大学心理学院张得龙老师，以及各章编者所在学校的本科和研究生同学。作为本教材最重要的目标群体，来自他们的评点能帮助我们思考怎样用大家喜欢的方法呈现前沿的知识。同时，也要感谢科学出版社编辑们的精心付出和协助，她们耐心细致的工作，保证了本教材以最科学和最可读的方式呈现给读者。

最后，感谢读者选择本教材，希望大家喜欢它。因为多人编写，各章的风格不一在所难免，也希望读者多提宝贵意见，我们将在后继修订中不断完善。如有改进建议，请随时联系我们。

王穗苹　陈　琦　周晓林
2023 年 12 月

目 录

序

第一部分 总 论

第一章 绪论 ··· 3
  第一节 认知心理学的定义 ··· 4
    一、认知的定义 ··· 4
    二、心智的结构、功能和运作过程概述 ······································· 6
    三、认知心理学研究的特点 ··· 8
  第二节 认知心理学的发展历史：从意识、行为到心智 ························ 9
    一、心理学研究的哲学视角：理性主义和经验主义 ······················· 10
    二、心理学研究的独立视角：对心智结构和功能的初步探索 ············ 11
    三、从行为主义到新行为主义：有必要理解心智的黑箱吗？ ············ 13
    四、认知革命与认知心理学的兴起 ·· 15
    五、认知心理学在中国的发展历史 ·· 19
    六、当代认知心理学与其他分支学科的关系 ······························· 22
  第三节 认知心理学研究的基本假设与重要研究问题 ························· 24
    一、认知心理学研究的基本假设 ·· 24
    二、认知心理学关注的基本问题 ·· 27
  第四节 认知心理学理论的构建 ·· 29
    一、类比法与人类心智加工理论的构建 ····································· 29
    二、作为符号加工的认知：信息加工取向 ·································· 30
    三、作为网络联结的认知：联结主义取向 ·································· 32
    四、认知心理学理论建构的演变：从语言描述到精准量化 ·············· 35

第二章 认知心理学研究方法 ·· 39
  第一节 实验法 ·· 39
    一、实验法的基本思路 ·· 40
    二、行为实验 ·· 41

三、脑活动记录 ……………………………………………………………… 48
　　四、脑刺激/损伤研究 ……………………………………………………… 56
第二节　相关法 ……………………………………………………………………… 59
　　一、相关研究的基本思路 …………………………………………………… 59
　　二、相关研究的类型 ………………………………………………………… 60
　　三、表征相似性——不同客体在大脑中的激活模式 ……………………… 68
　　四、从相关走向因果 ………………………………………………………… 70
第三节　计算建模和人工智能 ……………………………………………………… 71
　　一、计算建模的研究思路 …………………………………………………… 71
　　二、计算建模的理论来源与作用 …………………………………………… 72
　　三、计算建模的典型模型及其研究示例 …………………………………… 74
　　四、大数据建模在心理学理论构建中的重要作用和局限性变革 ………… 81

第二部分　基本的认知加工

第三章　知觉 ……………………………………………………………………… 89
第一节　心理物理与知觉组织的基本原理 ………………………………………… 89
　　一、视觉研究与心理物理学 ………………………………………………… 90
　　二、格式塔知觉组织原理 …………………………………………………… 92
　　三、认知的基本单元及相关理论 …………………………………………… 94
第二节　知觉理论 …………………………………………………………………… 97
　　一、知觉生态理论与计算 …………………………………………………… 97
　　二、Marr 的视觉计算理论 …………………………………………………… 99
　　三、知觉理论的局限：意识难题、停机问题 ……………………………… 100
第三节　视知觉 ……………………………………………………………………… 102
　　一、视觉的生理基础简介 …………………………………………………… 102
　　二、盲点与知觉填充 ………………………………………………………… 106
　　三、立体视觉和双眼竞争 …………………………………………………… 108
　　四、视觉适应与视觉后效 …………………………………………………… 109
　　五、错觉和大小、颜色恒常性 ……………………………………………… 111
　　六、知觉分类 ………………………………………………………………… 113
第四节　跨模态知觉 ………………………………………………………………… 114
　　一、多感官的汇聚和整合 …………………………………………………… 114
　　二、McGurk 效应 …………………………………………………………… 116
　　三、联觉 ……………………………………………………………………… 118

第四章 注意 … 123

第一节 注意概述 … 123
一、注意的含义 … 123
二、注意的类别 … 124
三、注意的功能 … 130

第二节 注意的经典理论 … 132
一、过滤器理论 … 132
二、资源理论 … 135
三、双加工理论 … 136
四、特征整合理论 … 140

第三节 注意节律 … 142
一、注意的时间动态分配 … 142
二、注意的内在节律性 … 143
三、注意在时间上对信息进行组织 … 144

第四节 归一化模型和注意 … 149
一、空间注意和时间注意的归一化模型 … 150
二、基于特征的注意和基于客体的注意归一化模型 … 152
三、内部注意和外部注意的归一化模型 … 153
四、有意识注意和无意识注意的归一化模型 … 153

第五节 注意与意识 … 155
一、意识概述 … 155
二、注意的产生是否需要意识？ … 157
三、意识的产生是否需要注意？ … 158

第五章 工作记忆 … 163

第一节 工作记忆概述 … 163
一、工作记忆的概念 … 163
二、工作记忆模型 … 164
三、工作记忆的测量 … 169

第二节 工作记忆的静态功能：信息存储 … 171
一、信息在工作记忆中的存储单位 … 172
二、工作记忆的存储容量 … 173
三、工作记忆的信息存储质量 … 177
四、工作记忆存储信息的神经机制 … 179
五、工作记忆存储信息的消退机制 … 181

第三节 工作记忆的动态功能：信息加工与操纵 … 183
一、工作记忆的信息编码机制 … 183

二、工作记忆对存储信息的整合与操纵 ……………………………………… 185
三、工作记忆中的表征复述机制 …………………………………………… 187
四、工作记忆的信息提取机制 ……………………………………………… 190
五、工作记忆与长时记忆的交互机制 ……………………………………… 192

第四节 工作记忆的个体差异、发展与训练 …………………………………… 192
一、工作记忆的个体差异 …………………………………………………… 192
二、工作记忆的发展 ………………………………………………………… 196
三、工作记忆训练 …………………………………………………………… 198

第六章 长时记忆 ……………………………………………………………… 201

第一节 长时记忆概述 …………………………………………………………… 201
一、长时记忆的概念 ………………………………………………………… 201
二、长时记忆的基本特征 …………………………………………………… 202
三、长时记忆的遗忘与保持 ………………………………………………… 202
四、长时记忆的理论假说 …………………………………………………… 204

第二节 长时记忆的类型 ………………………………………………………… 206
一、长时记忆的分类标准 …………………………………………………… 206
二、陈述性记忆 ……………………………………………………………… 208
三、非陈述性记忆 …………………………………………………………… 210
四、长时记忆分类的认知神经基础 ………………………………………… 212

第三节 长时记忆的动态过程 …………………………………………………… 213
一、记忆编码 ………………………………………………………………… 213
二、记忆的提取 ……………………………………………………………… 217
三、记忆巩固、记忆再巩固及整合 ………………………………………… 218

第四节 长时记忆的重构与扭曲 ………………………………………………… 222
一、长时记忆的重构 ………………………………………………………… 223
二、虚假记忆产生的认知机制和理论模型 ………………………………… 224
三、植入记忆 ………………………………………………………………… 226
四、植入记忆的伦理问题探讨 ……………………………………………… 229

第五节 长时记忆的调控 ………………………………………………………… 230
一、记忆重激活 ……………………………………………………………… 231
二、记忆重放 ………………………………………………………………… 233
三、长时记忆遗忘的本质与作用 …………………………………………… 234
四、长时记忆的调控手段 …………………………………………………… 238
五、长时记忆的促进与增强手段 …………………………………………… 240
六、长时记忆与人工智能 …………………………………………………… 246

第三部分　表征与知识的组织

第七章　心理表象和空间表征 ⋯⋯⋯⋯⋯⋯⋯⋯⋯⋯⋯⋯⋯⋯⋯⋯⋯⋯⋯⋯⋯⋯⋯⋯⋯⋯⋯ 253
　第一节　知识的内部表征 ⋯⋯⋯⋯⋯⋯⋯⋯⋯⋯⋯⋯⋯⋯⋯⋯⋯⋯⋯⋯⋯⋯⋯⋯⋯⋯⋯⋯⋯ 254
　　一、双重编码理论 ⋯⋯⋯⋯⋯⋯⋯⋯⋯⋯⋯⋯⋯⋯⋯⋯⋯⋯⋯⋯⋯⋯⋯⋯⋯⋯⋯⋯⋯⋯⋯ 254
　　二、命题理论 ⋯⋯⋯⋯⋯⋯⋯⋯⋯⋯⋯⋯⋯⋯⋯⋯⋯⋯⋯⋯⋯⋯⋯⋯⋯⋯⋯⋯⋯⋯⋯⋯⋯ 255
　　三、关系-组织假说 ⋯⋯⋯⋯⋯⋯⋯⋯⋯⋯⋯⋯⋯⋯⋯⋯⋯⋯⋯⋯⋯⋯⋯⋯⋯⋯⋯⋯⋯⋯ 256
　第二节　视觉表象 ⋯⋯⋯⋯⋯⋯⋯⋯⋯⋯⋯⋯⋯⋯⋯⋯⋯⋯⋯⋯⋯⋯⋯⋯⋯⋯⋯⋯⋯⋯⋯⋯ 256
　　一、广义和狭义的视觉表象 ⋯⋯⋯⋯⋯⋯⋯⋯⋯⋯⋯⋯⋯⋯⋯⋯⋯⋯⋯⋯⋯⋯⋯⋯⋯⋯ 257
　　二、对视觉表象的操纵 ⋯⋯⋯⋯⋯⋯⋯⋯⋯⋯⋯⋯⋯⋯⋯⋯⋯⋯⋯⋯⋯⋯⋯⋯⋯⋯⋯⋯ 259
　　三、视觉表象的测量 ⋯⋯⋯⋯⋯⋯⋯⋯⋯⋯⋯⋯⋯⋯⋯⋯⋯⋯⋯⋯⋯⋯⋯⋯⋯⋯⋯⋯⋯ 261
　　四、视觉表象的产生机制 ⋯⋯⋯⋯⋯⋯⋯⋯⋯⋯⋯⋯⋯⋯⋯⋯⋯⋯⋯⋯⋯⋯⋯⋯⋯⋯⋯ 265
　第三节　空间表征与认知地图 ⋯⋯⋯⋯⋯⋯⋯⋯⋯⋯⋯⋯⋯⋯⋯⋯⋯⋯⋯⋯⋯⋯⋯⋯⋯⋯ 271
　　一、空间表征 ⋯⋯⋯⋯⋯⋯⋯⋯⋯⋯⋯⋯⋯⋯⋯⋯⋯⋯⋯⋯⋯⋯⋯⋯⋯⋯⋯⋯⋯⋯⋯⋯ 271
　　二、认知地图 ⋯⋯⋯⋯⋯⋯⋯⋯⋯⋯⋯⋯⋯⋯⋯⋯⋯⋯⋯⋯⋯⋯⋯⋯⋯⋯⋯⋯⋯⋯⋯⋯ 274
　第四节　运动表象 ⋯⋯⋯⋯⋯⋯⋯⋯⋯⋯⋯⋯⋯⋯⋯⋯⋯⋯⋯⋯⋯⋯⋯⋯⋯⋯⋯⋯⋯⋯⋯⋯ 276
　　一、运动想象与真实运动的相似性 ⋯⋯⋯⋯⋯⋯⋯⋯⋯⋯⋯⋯⋯⋯⋯⋯⋯⋯⋯⋯⋯⋯ 277
　　二、运动想象与真实运动的神经机制的区别 ⋯⋯⋯⋯⋯⋯⋯⋯⋯⋯⋯⋯⋯⋯⋯⋯⋯ 279
　第五节　心理表象的应用 ⋯⋯⋯⋯⋯⋯⋯⋯⋯⋯⋯⋯⋯⋯⋯⋯⋯⋯⋯⋯⋯⋯⋯⋯⋯⋯⋯⋯ 280
　　一、心理表象在脑机接口上的应用 ⋯⋯⋯⋯⋯⋯⋯⋯⋯⋯⋯⋯⋯⋯⋯⋯⋯⋯⋯⋯⋯⋯ 281
　　二、心理表象在运动训练中的应用 ⋯⋯⋯⋯⋯⋯⋯⋯⋯⋯⋯⋯⋯⋯⋯⋯⋯⋯⋯⋯⋯⋯ 282
　　三、心理表象在临床中的应用 ⋯⋯⋯⋯⋯⋯⋯⋯⋯⋯⋯⋯⋯⋯⋯⋯⋯⋯⋯⋯⋯⋯⋯⋯ 283

第八章　概念和语义组织 ⋯⋯⋯⋯⋯⋯⋯⋯⋯⋯⋯⋯⋯⋯⋯⋯⋯⋯⋯⋯⋯⋯⋯⋯⋯⋯⋯⋯⋯⋯ 286
　第一节　概念和语义 ⋯⋯⋯⋯⋯⋯⋯⋯⋯⋯⋯⋯⋯⋯⋯⋯⋯⋯⋯⋯⋯⋯⋯⋯⋯⋯⋯⋯⋯⋯⋯ 286
　　一、概念的含义 ⋯⋯⋯⋯⋯⋯⋯⋯⋯⋯⋯⋯⋯⋯⋯⋯⋯⋯⋯⋯⋯⋯⋯⋯⋯⋯⋯⋯⋯⋯⋯ 286
　　二、概念和语义的关系 ⋯⋯⋯⋯⋯⋯⋯⋯⋯⋯⋯⋯⋯⋯⋯⋯⋯⋯⋯⋯⋯⋯⋯⋯⋯⋯⋯⋯ 287
　　三、概念的结构 ⋯⋯⋯⋯⋯⋯⋯⋯⋯⋯⋯⋯⋯⋯⋯⋯⋯⋯⋯⋯⋯⋯⋯⋯⋯⋯⋯⋯⋯⋯⋯ 288
　　四、语义模型 ⋯⋯⋯⋯⋯⋯⋯⋯⋯⋯⋯⋯⋯⋯⋯⋯⋯⋯⋯⋯⋯⋯⋯⋯⋯⋯⋯⋯⋯⋯⋯⋯ 291
　第二节　概念形成 ⋯⋯⋯⋯⋯⋯⋯⋯⋯⋯⋯⋯⋯⋯⋯⋯⋯⋯⋯⋯⋯⋯⋯⋯⋯⋯⋯⋯⋯⋯⋯⋯ 296
　　一、概念范畴形成 ⋯⋯⋯⋯⋯⋯⋯⋯⋯⋯⋯⋯⋯⋯⋯⋯⋯⋯⋯⋯⋯⋯⋯⋯⋯⋯⋯⋯⋯⋯ 296
　　二、婴儿概念学习 ⋯⋯⋯⋯⋯⋯⋯⋯⋯⋯⋯⋯⋯⋯⋯⋯⋯⋯⋯⋯⋯⋯⋯⋯⋯⋯⋯⋯⋯⋯ 297
　第三节　概念表征 ⋯⋯⋯⋯⋯⋯⋯⋯⋯⋯⋯⋯⋯⋯⋯⋯⋯⋯⋯⋯⋯⋯⋯⋯⋯⋯⋯⋯⋯⋯⋯⋯ 298
　　一、概念表征的内容本质：符号还是模拟？⋯⋯⋯⋯⋯⋯⋯⋯⋯⋯⋯⋯⋯⋯⋯⋯⋯⋯ 298
　　二、概念和语义知识的神经表征 ⋯⋯⋯⋯⋯⋯⋯⋯⋯⋯⋯⋯⋯⋯⋯⋯⋯⋯⋯⋯⋯⋯⋯ 300
　　三、由语境调节的概念表征 ⋯⋯⋯⋯⋯⋯⋯⋯⋯⋯⋯⋯⋯⋯⋯⋯⋯⋯⋯⋯⋯⋯⋯⋯⋯ 303

第四节 概念合成 ... 304
　一、概念合成和语义构建 ... 304
　二、隐喻加工 ... 306
　三、概念表征研究的难点 ... 307

第四部分　人类高级认知

第九章　语言 ... 313
第一节 语言过程的基本假设 ... 313
　一、语言先天性假说 ... 313
　二、模块化理论 ... 314
　三、沃尔夫假说 ... 315
第二节 词汇识别 ... 317
　一、阅读中的词汇识别及相关模型 ... 318
　二、言语听觉机制与口语词汇识别 ... 325
第三节 语言理解与交流 ... 334
　一、句子加工的理论模型 ... 334
　二、语篇加工的理论模型 ... 343
　三、语用理解 ... 345
　四、言语沟通的基本准则 ... 347
第四节 语言产生与沟通 ... 350
　一、口误 ... 350
　二、言语产生障碍 ... 352
　三、言语产生理论 ... 354

第十章　问题解决与创造力 ... 363
第一节 问题解决概述 ... 363
　一、问题的定义及分类 ... 364
　二、问题表征 ... 366
　三、问题解决的过程 ... 370
第二节 问题解决的策略及影响因素 ... 373
　一、问题解决策略的类型 ... 373
　二、问题解决的影响因素 ... 376
第三节 创造力概述 ... 378
　一、创造力的定义 ... 378
　二、创造力的特性 ... 379
　三、创造力的类型 ... 381
　四、创造力的主要表现形式 ... 382

五、创造力的影响因素 383
　第四节　创造力认知的理论模型 386
　　一、创造力认知的经典理论模型 386
　　二、创造力认知理论模型的发展 388
　　三、创造性问题解决中的顿悟 390

第十一章　推理和决策 397
　第一节　推理概述 397
　　一、推理的定义与分类 398
　　二、演绎推理 398
　　三、归纳推理 404
　　四、类比推理 409
　　五、推理的神经基础 411
　第二节　概率推理 412
　　一、概率推理概述 413
　　二、贝叶斯模型基础 415
　　三、层次贝叶斯模型 417
　　四、隐马尔可夫模型 418
　第三节　决策概述 420
　　一、期望效用理论的发展 420
　　二、前景理论 426
　　三、跨期决策 432
　　四、决策的神经基础 433
　第四节　决策过程 435
　　一、强化学习模型 435
　　二、证据积累模型 444

第十二章　社会认知 455
　第一节　社会认知概述 455
　　一、社会认知的观点与理论 455
　　二、社会认知独特的研究内容 457
　第二节　自我加工 459
　　一、自我概念 459
　　二、自我参照 460
　　三、自尊与自恋 462
　　四、自我服务偏差 465
　第三节　认识他人 466
　　一、社会推断 467

二、归因 ··· 475
　　三、态度 ··· 477
　　四、刻板印象 ··· 481
第四节 社会认知与情绪和行为 ··· 486
　　一、社会认知与情绪 ··· 486
　　二、社会认知与行为 ··· 489
　　三、群体认知与行为 ··· 496

第五部分　认知的差异与应用

第十三章　人类认知的差异性 ·· 507
第一节 认知发展 ·· 507
　　一、认知发展的基本问题 ·· 508
　　二、认知能力的发展 ··· 510
　　三、神经发育 ··· 511
　　四、认知与老龄化 ·· 517
第二节 认知与个体差异 ·· 524
　　一、个体差异研究的重要性 ··· 524
　　二、性别差异 ··· 527
　　三、专家和新手 ·· 531
　　四、认知风格 ··· 532
第三节 认知与文化差异 ·· 534
　　一、文化多样性与认知 ··· 534
　　二、基于脑的文化模型 ··· 535
　　三、认知文化差异研究范式 ··· 537
　　四、文化与人类认知系统的交互 ······································ 539

第十四章　认知心理学的应用 ·· 546
第一节 认知心理学应用研究的发展历史和模式 ························ 547
　　一、认知心理学应用研究的发展历史 ································ 547
　　二、认知心理学应用研究的意义 ······································ 549
　　三、认知心理学应用研究的基本类型 ································ 550
第二节 认知能力的评估 ·· 551
　　一、早期的通用认知评估——智力测验 ···························· 552
　　二、针对特殊行业的认知能力测试 ··································· 554
　　三、认知障碍评估 ·· 556
　　四、认知测试的发展趋势 ·· 558

第三节　认知能力的训练 …………………………………………………… 559
　　　一、认知训练的类型 ………………………………………………………… 560
　　　二、认知训练的应用领域 …………………………………………………… 562
　　　三、认知训练的发展趋势 …………………………………………………… 563
　　第四节　基于人类认知特性的设计 ………………………………………… 564
　　　一、建立设计和评估指导原则 ……………………………………………… 565
　　　二、优化信息的呈现方式 …………………………………………………… 566
　　　三、确定信息呈现的参数范围 ……………………………………………… 567
　　第五节　认知心理学在人工智能领域的应用 ……………………………… 568
　　　一、人类智能和人工智能的联系 …………………………………………… 568
　　　二、由人类智能启发的人工智能算法 ……………………………………… 570
　　　三、认知心理学帮助计算机科学解决人工智能的"黑箱"问题 ………… 573
　　　四、认知心理学应用的前景 ………………………………………………… 574

参考文献 ……………………………………………………………………………… 577
附录　大脑解剖术语及简称 ………………………………………………………… 579

第一部分 总　论

第一章
绪 论

咖啡厅里,夏明看了看服务员给的号牌,默默记下上面的数字。他坐下来,安心地等着卡布奇诺的制作完成。咖啡厅的布置和五年前相仿,这不禁让他想起那时和马丽在这里约会的情景。那时,马丽常扎着两个小辫,笑起来特别迷人。"不知她现在怎样了?"他想,"这么多年不见,待会儿会不会冷场呢?我也许应该准备一个笑话。""68号!"服务员叫道。夏明回过神,又看看手上的号牌,确定是自己的号码后,走到服务台。刚做好的咖啡很烫,一碰杯子,夏明的手马上缩回来。环顾四周,他走到服务台另一端,拿来一张纸巾裹住杯子,回到座位。"今天会是个好日子。"看着窗外,夏明自信地对自己说。

相信许多人都经历过这样的情景,但人们难以意识到自己正经历一系列认知加工过程。记号码时,夏明通过视觉系统收集符号,并将其知觉为有意义的数字,存储到大脑中。听到服务员的叫声并再次看向号牌时,他将外界信息感知为"我的号码被念到了""咖啡可以去拿了"等认识,这涉及对信息或经验的存储与提取。看到咖啡厅熟悉的布置,他想起了和马丽约会的情形,此时情境线索触发了回忆过程。他又假设见面可能会出现冷场,并思考如何应对。这种想象和预期正是思维与问题解决的一部分,同样要基于以往的经验才能完成。拿咖啡时,他的触觉传递了"高温"的信号,于是思考了"如何安全地端走咖啡"的问题。他最终选择用纸巾隔热,这是问题解决的一个历程。最后,基于当天所感知和经历的事情,夏明在自言自语中用语言传递和表达了自己的体验。这些日常生活中司空见惯的场景,发生得非常迅速,却完美地体现了人类心智工作的效率和复杂性。

心智很早就成为人们探究的对象。自从古希腊时代以来,人们就不断地揣测心智的构成及人的观念从何而来等一系列问题,但直到心理学产生以后,人们才开始搜集一些实际的、实验性的证据对人内心进行着的、外部看不见的思维活动进行探讨。可是,没多久以后,由于内心看不见又摸不着,心理学研究者又抛弃了对"心"的探讨,转而集中精力去研究可以观察到的行为事件。仅仅是在最近的六七十年间,才出现了一门经验性的学科,称为认知心理学(cognitive psychology)。这是一门由心理学、计算机科学、心理语言学和其他几门学科交叉融合而成的科学,使用实验的方法去探究那些与人类心智相关的、难以直接观察的内部过程和事件。这些过程和事件看似平淡无奇,却又是人类最惊人的成就。

本章主要介绍认知心理学的定义，回顾它的发展历史，并分析认知心理学家是如何开展相关研究的。

第一节 认知心理学的定义

认知心理学是心理学的一个分支，是用科学方法了解人类心智的结构、功能和运作过程的一门实证性研究科学。认知心理学的研究涵盖了许多认知过程，包括感觉、知觉、注意、学习、记忆、推理、决策，以及语言、归类等。不同的认知心理学教材对认知心理学有着不同的表述，但这些表述都力图用具体而可操作的形式来剖析人类的心智活动（mental activity），并说明它们背后基本的认知加工机制。对认知心理学的定义，我们需要把握几个关键的术语，即认知，心智的结构、功能、过程，同时要了解认知心理学的特点。

一、认知的定义

认知是第一个要掌握的术语。广义的认知包括人类的知觉、注意、记忆、语言交流、问题解决、决策等所有形式的认识活动，也称为心智活动。这些认识活动贯穿于我们的日常生活。事实上，在日常生活的每时每刻，都有认知的参与，哪怕是完成最"平常"的事情（如接打电话、去餐馆吃饭，甚至仅仅是决定明天起床的时间），认知在其中所起到的作用足以令人感到惊讶。认知心理学研究关注的认知往往指的是个体在进行上述广义的认识活动时，从接收外部信息到做出行为反应之间发生的一系列内部心理过程（mental process）。在科学心理学发展的历史进程中，是否应该把内部的心理过程这一"黑匣子"当成主要的研究对象，研究者经历了相当长的时间才达成共识（参见本章第二节）。

外部刺激的输入并不能直接而稳定地导致特定的行为反应，内部心理过程的参与起到了决定性的作用。如果学过普通心理学，我们会知道知觉恒常性（perceptual constancy），即客观条件在一定范围内改变时，我们的知觉映象却能保持相当程度的稳定性。然而，正是因为有知觉恒常性，我们才会产生一些有趣的错觉，把原本大小一样的刺激看成不一样的。例如，图 1-1 上方的图片，我们"看"到三个大兵的身材不相同，最后一个大兵完全就是一个巨人的形象。然而，如果我们屏蔽图片背景，就可以发现这三个大兵其实是一模一样的，也就是说，它们落在我们视网膜上的大小完全一致。相反，在图 1-1 下方的图片中，我们会觉得隧道里来来往往的乘客看起来都是中等身材，并无任何异常。然而，当屏蔽作为背景的隧道时，我们立刻可以发现，最前方与最后方的行人落在我们视网膜上的成像大小又是如此不同。这就是体现人类认知灵活性的一个有趣的例子，即同样的刺激输入可能会使人产生不一样的感知体验，而不同的刺激输入却可能使人产生相似的感知体验。很显然，我们对大小的感知不是完全由落入视网膜中形状刺激的客观大小决定的，此时我们的感知系统正在悄悄地发生作用，刺激的输入与外界的环境并非一一对应。

图 1-1　视觉刺激的输入与感知并不是一一对应

类似的现象还有很多，例如，我们可以直接感知到的刺激不一定能对我们的行为产生影响，而无法感知到的刺激却可以默默地在我们的行为中留下印痕。当你全神贯注地听电话时，这时旁边有人和你说话，哪怕他的声音很大，你也可能听而不闻。事实上，心理学家的研究发现，如果同时向你的两只耳朵输入不同的声音，并要求跟读其中一侧耳朵呈现的声音，则你几乎完全无法注意到另一侧耳朵传来的声音，甚至是一个单词重复呈现了 35 次之多，你也可能完全意识不到（Moray, 1959）。相反，在另一些情景下，一个你无法直接感知到的刺激却可能会对行为产生直接的影响。例如，2014 年，获美国消费者心理学会帕克杰出贡献奖（Society for Consumer Psychology: Park Outstanding Contributor Award）的一项关于无意识的品牌传播的研究就很清楚地证明了这一点。在该研究中，主试通过计算机向被试呈现一系列文字，在屏幕上显示"黑"或"白"这两个字时，才要求被试按下按键。事实上，在出现汉字"黑"或"白"之前，屏幕上以极快的速度（26 ms）向被试分别显示两个虚构的中文品牌名称。由于呈现时间极短，被试来不及意识到他所看到的这两个品牌名称。随后，主试请被试为豆奶和可乐分别选一个品牌名称。结果发现，当选豆奶品牌时，被试更不喜欢选择那些呈现在"黑"字之前的品牌名称，而当选择可乐品牌时，被试更不喜欢选择那些呈现在"白"字之前的品牌名称（Galli & Gorn, 2011）。

上述例子很清楚地表明，人的行为不完全是由直接的和客观的刺激所引发，如果无视内部心理过程，我们很难直接经由外界刺激的变化推论和预测人的行为。因此，认知心理学最重要的一个特点是，它的研究对象是人在从事认识活动过程中内部发生的心理过程。

二、心智的结构、功能和运作过程概述

接下来，我们来看心智的结构、功能和过程这几个术语，通过这些术语，我们可以理解认知心理学研究的对象。为了理解这几个术语，让我们把人的认知活动想象为一台物理机器在生产产品的过程，这台机器在你的脑海中高速运转，使你产生控制知觉、注意、记忆、情绪、语言、决策、思维等心理活动，而你的思想就是这台机器生产出来的产品。认知心理学家就像好奇心很强的工程师，只不过他们感兴趣的工作是对人类认知系统这一智慧的"机器"进行剖析，希望了解这台"机器"的运作原理。

如何理解一台机器的运作原理呢？首先，我们要知道它包含哪些组件，每一组件又可以生产什么产品。当我们思考这些问题的时候，就是在思考"结构"和"功能"的问题，也就是认知心理学中所谓的"认知结构""认知功能"。认知心理学研究者使用的、用于解释认知系统的构造或组织结构的这一词语，在刚刚提出来的时候，实际上在很大程度上是比喻性的，它不像汽车或屋子的结构那样描述的是一种实体组织，但可以将之想象为一种接近静态的构成。例如，早期的一些理论认为，记忆的结构包括短时记忆与长时记忆这两类储存箱。但实际上，当时提出这些理论的认知心理学家并不是真的认为大脑中的确存在这样两个结构，例如，某个箱子（脑区/部位）是短时记忆储存箱，某个箱子（脑区/部位）是长时记忆储存箱。这只是一种比喻，说明存在着完成某一特定功能的认知成分。这类的比喻还有很多，如头脑中的"框图""图式""命题"等。随着认知心理学家与脑科学家合作研究的开展，许多一度只是假设性的结构变得越来越真实。事实上，现代的实验已经揭示出确实存在着一些神经的结构或特定的脑网络组织方式，与心理学家在许多年前提出的假设性结构相吻合，为关于解释认知系统结构性的假设提供了多角度的证据。值得注意的是，结构的描述常常离不开功能，即要说明这一结构有什么用处、负责什么加工、形成什么产品。在认知心理学理论中，功能常常在结构的名称中就已经体现出来。例如，关于短时记忆，早期的研究者认为这是类似于计算机中的随机存取存储器（random access memory，RAM），具有插槽（slot）的结构，可以在不同的插槽中短暂地存储信息。

我们继续回到机器的比喻，要知道一台机器如何生产一件产品，只知道机器包含哪些部件和部件的功能是不够的，我们还要了解机器的运作过程。这包括不同部件如何运行、运行过程中机器要完成什么操作以使原材料的特性发生改变、不同部件的运行如何协调等。同样地，认知心理学家对人类认知进行研究，除了确定认知系统的结构和功能之外，也关注心智加工的过程。认知过程是个体以某种方式分析、转化或改变心理事件的一系列操作的总称。相对于处于静态的"结构"而言，这是一种动态的描述。著名心理学家、认知心理学的奠基者之一迪克·奈瑟尔（U. Neisser）指出，个体对外部刺激或自身引发的感知觉输入进行的"心理过程"，包含转换、缩减、添加、储存、提取和运用等6种（Neisser, 1967）。前3种过程，即转换、缩减、添加着重于对感知输入进行处理，所以也可以理解为"编码操作"（coding operation），而储存、提取和运用则包含对编码操作的产品进行处理的机制，可以理解为"记忆和应用操作"（memory and applied operation）。有时我们可以清楚地知道自己在进行这些加工过程，但大部分这些加工过程可能是在无意识中进行的，即我们并不

能意识到自己正在进行这些处理。研究认知的科学家正在寻找方法，以了解人类是如何整合、组织和利用我们可以意识到的认知经验来完成一些自己不能意识到的加工过程的（Kahneman，2011）。

> **框 1-1　奈瑟尔在历史上出版的第一部认知心理学教科书中谈到的 6 种心理过程**

当你看到这幅图时，你加工到了什么？

当你看到这幅图的时候，有没有听到汽车碰撞的声音？你是不是还听到了司机吵架的声音？相信很多人可以听到这些声音。你看到的是无声的画面，却似乎听到了相关的声音，此时你正在经历的就是编码的"转换"过程。通过这种操作，刺激从视觉编码转换为听觉编码。

接下来，请你盖住图片，回答我的问题：你看到司机穿什么颜色的衣服了吗？

你可能答不出来。这其实是很正常的，因为你所有的注意力都集中在车辆的碰撞上了。司机到底穿什么颜色的衣服和这个情景并没有太大的关系，因此在看图的时候，你并不会去特别注意它。你每时每刻接收的外界输入的刺激太多也太复杂，而你必须不断地将这些信息做精减或缩减，才能使自己的注意集中在要处理的重要事情上，这一过程就被称为"缩减"。

你也许没有看到司机的发型，也不会注意到这一碰撞是发生在城市还是郊外，但是你看到破碎的车窗了吗？请你先自己回答这个问题，然后请拿开盖住图的手，再看看图画，你答对了吗？

很多人会报告他们"看到"了破碎的车窗，尤其是过一段时间再来回忆这张图片时，他们可能报告说破碎的车窗形象是如此清晰。然而，事实上，图片中并没有破碎的车窗这一形象。这个过程就是"添加"。一方面，你会精减接收的刺激，另一方面，你又会根据经验自动地添加很多与主题相关的信息。

在奈瑟尔（Neisser，1967）看来，通过转换、缩减、添加这三种主要的编码操作，信息可以"存储"到我们的记忆系统中。随后，如果你是车祸的目击者，警察也许会问你关于车祸的情况，这时你就可以把这些已被存储的信息"提取"出来，运用在回答警察提出的问题上。这些相关的处理过程，就是之前谈到的"储存""提取""运用"。

转换、缩减、添加、储存、提取和运用就是奈瑟尔提到的 6 种心理过程，这 6 种心理过程其实并不是完全独立的。从上面的例子可以看到，转换、缩减和添加这 3 种编码操作通常也会涉及记忆的储存、提取和运用过程。如果在头脑中没有存储与车祸相关的知识和经验，你很难将碰撞的图像转化为汽车碰撞的声音。同样，如果没有车祸的经验，只将注意力放在碰撞的情景上，你也很难为画面添加破碎的车窗景象。

奈瑟尔界定了这 6 种具体的加工过程，研究者因而可以对它们进行更系统的测量和分析。

总体来说，在某种程度上，认知加工中的结构、功能与过程互为因果。有些认知结构在信息加工的过程中形成，而认知加工过程又会受到结构的制约，并通过特定的认知过程实现认知结构相应的功能。由于认知加工过程与认知结构常常一起工作，有时很难将它们的功能分开，而在最后的分析中，认知过程和认知结构又常常会被整合成一个整体的认知系统。

三、认知心理学研究的特点

接下来，我们看看认知心理学定义中谈到的研究手段，即科学的方法。认知心理学研究人类的心智，强调使用科学的方法对人类的心智进行研究。科学方法最重要的特征就是严密的控制和客观的测量。

（一）严密的控制

与其他同样对人类心智感兴趣的学科（如哲学）最重要的差异在于，认知心理学家运用严密控制的实验来验证他们的假想。这种做法的一个明显长处就是可以提供客观的数据，而非直觉的断言，以揭示大脑与心智如何运作。尽管我们的直觉常常是正确的，但在一些情景下它们又与现实不相符。例如，可以试着猜想一下，当你读一句话时，眼睛是如何活动的呢？许多人报告说，他们觉得自己的眼睛是自左向右平滑而连续移动的。然而，大量的研究已经证明，我们的眼睛其实是以一种跳动的方式来进行阅读的，也就是从一个注视点跳到下一个注视点，这称为眼跳。如果凭借直觉和主观报告，眼跳这一现象及其规律就难以被发现。研究者通过对阅读材料、阅读任务和环境的严密控制，系统地对人阅读时的眼动情况进行了多年的研究，所得到的结果可以帮助我们更好地了解阅读过程。例如，研究者发现，好的阅读者与差的阅读者眼跳的模式有所不同，容易的语篇与难的语篇引发的眼跳模式也存在差异（Rayner，1998）。第二章我们在讲具体的研究方法和研究技术时，将会进一步探讨如何利用眼动轨迹来研究人类的心智。

（二）客观的测量

对所有实证性科学来说，最重要的一点就是要能够对所关注的现象和事件进行客观的测量。认知心理学采用了大量的研究技术，通过严密控制的实验观察和客观的测量来开展研究。

在心理学发展早期，对心智的研究常常依赖个体的主观报告，这种方法引发了关于心智是否可以被研究的质疑。反对者提出的一个重要观点就是心智不能用于研究心智自身，必须有独立、客观的方法来观察和测量心智的变化。为此，认知心理学家发展出了一系列行为测量和实证研究技术，以推断内部的认知加工过程。例如，加法和减法反应时（参见第二章相关内容）就是一种经典的研究方法，可用于推断认知成分的时间进程和作用机制。随着新技术的出现，认知心理学家也越来越多地使用无创性脑成像技术来收集大脑在进行认知加工时的反应数据，以推测内在的认知加工情况（参见第二章相关内容），这又为如何研究人类心智这一"黑匣子"提供了新的窗口。这些研究范式（paradigm）和技术的使用，使研究者可以推断个体在完成特定任务时，大脑不同区域的活动顺序，以及不同的任务是否以同样的方式牵涉相同的大脑区域，进而判断不同的任务是否牵涉不同的认知过程。

总的来说，认知心理学研究者坚持以人类心智为重要研究对象。虽然心智是一个内部过程，并不能直接观察和测量，但这些不可直接观察的内部过程会影响个体外部可观察和可测量的行为及大脑的活动情况。因此，借助对这些行为或大脑神经活动变化的测量，研究者可以对内部的心智加工过程进行推断。在这个过程中，不同的研究设计方法和研究手段的使用，可以帮助我们获得关于内部认知加工的复合性证据。严密的控制和客观的测量则是确保研究结果具有可重复性的重要前提，这也是评价一项研究是否科学的重要指标。

第二节 认知心理学的发展历史：从意识、行为到心智

读史使人明智，要加深对认知心理学的理解，一种可行的方法是回过头去思考心理学发展的历史。心理学有着漫长的过去，却只有一段简短的历史（Ebbinghaus，1908）。重温心理学历史中与认知心理学发展相关的流派和思路，可以使我们把握各种理论和思潮对心理学的研究内容、研究方法的思考与发展脉络，以了解认知心理学的思想是如何在漫长的历史发展中逐渐得以显现，分歧和争论又是如何得以提出和解决的，从而使这一学科领域逐渐塑造为今天我们所看到的模样。为了深入地了解认知心理学的学科性质、研究方向、研究流派及其演变历程，本节从认知心理学历史上的四个重要节点对上述问题进行阐述：首先，我们将介绍心理学哲学起源中与认知心理学息息相关的一些观点；其次，阐述心理学在脱离哲学的过程中是如何对心智结构和功能进行一些初步探索的；再次，深入探索在行为主义（behaviorism）盛行的半个世纪里，心理学为何抛弃心智的"黑箱"，以及如何重新开始对"黑箱"产生兴趣；最后，重点了解认知革命，以及其是如何促进认知心理学兴

起的。对这些事件的阐述，将主要按照时间发展的顺序来进行，与此同时，我们也将讨论同一时代中国心理学相关的一些思想和贡献。

一、心理学研究的哲学视角：理性主义和经验主义

认知心理学研究强调用科学的方法来研究人类自身的心智，这种思想可以追溯到古希腊哲学家关于理性主义（rationalism）和经验主义（empiricism）的争论，代表这两种思想的哲学家分别为柏拉图（Plato）和亚里士多德（Aristotle）。理性主义和经验主义在如何检验思想这一问题上意见相左，但共同的地方在于，它们都对人类应该如何思考心智问题进行了一定的探索（Murray，1988），他们在思维和知识的本质方面所持的争议深刻地影响了现代心理学理论的发展。以下我们从研究方法及思维本质两个方面对上述两种哲学倾向进行介绍。

古希腊哲学家柏拉图是一位理性主义者，近代哲学家中同样倾向于持理性主义观点的人物则以笛卡儿（Descartes）为代表。理性主义者强调要以抽象的方式来理解世界，认为不能以感官感受的世界作为唯一的世界，感官见到的事物并非世界的本原，只有理性的思考才是通往真理的必由之路。笛卡儿明确提出，一个人不能依赖自己的感觉，因为很多事实证明感觉常常是错误的（如视错觉）。因此，在寻求真理方面，内省和反思法比来自感官经验的数据采集方法（实证方法）更优越。对于理性主义者来说，他们更强调的是对人的理性源自何处进行说明。他们假设人先天就具有绝对的理性，正是自带的这种先天理性帮助我们认识事物并得出相应的结论。这种观点又称为先验主义。经验主义者较为关注人本身固有的差异，倾向于从生物学意义上天赋能力的差异寻找个体间的差别。总的来说，理性主义者并不强调观察与实验，但他们强调思考和推理在建构理论与推动理论发展中的作用。

与之相反，亚里士多德（一位博物学家、生物学家，同时还是一位哲学家）却是一位经验主义者，追随他的哲学家包括洛克（Locke）、休谟（Hume）、贝克莱（Berkeley）和穆勒（Mill）。经验主义者认为，我们必须通过经验和观察获取证据与知识，而这些知识和经验在塑造人的过程中十分重要。因此，对学习的研究是理解人类心灵的"钥匙"。为了探索人类心灵的运作原理，我们要设计实验并加以实施，从中观察感兴趣的行为和过程。与理性主义有所不同的是，经验主义者虽然也承认人和人之间存在着先天的差异，却更强调人的天性中可塑性或可变性的特征。例如，洛克提出的是"白板"说，认为人生来没有知识，故必须通过经验观察寻求知识，是生活和经历在我们身上"写下"知识。显然，心理学对实证研究的重视与经验主义对实验的推崇更为契合。

客观来看，理性主义对理论的发展十分重要，经验主义能为检验理论提供实际的观察方法。如果没有通过经验主义方法获得的观察结果，单凭理性主义的思考产生的理论就好像是一个没有砖头的混凝土框架，无法建成楼房；同样，堆积如山的观测数据，如果没有一个理论框架加以组织，也只能是一堆散置的砖头，难以建构起科学的大厦。18世纪，德国哲学家康德（Kant）主张理性主义和经验主义各有其用，两者协同寻找真理。先天的理性是形式，后天的经验是内容，两者结合起来就形成了认识。或者可以简单地说，科学起

步于人类经验，并在经验的推动下发展。今天的大多数心理学家接受了康德的这一理论。他们在一定理论的基础上进行经验观察，以此来解释在实验中的发现。当发现理论不能解释来自真实世界的观察结果时，这些观察结果就会被用于修正理论，指引理论的发展。

总之，认知心理学作为一门科学，其研究需要将理论和实践相结合，从多个角度开展。

二、心理学研究的独立视角：对心智结构和功能的初步探索

正如一名工程师面对一台复杂的机器那样，早期心理学的先驱者也尝试努力对心灵"机器"进行不同的拆解。在不断的思考和尝试中，18世纪中期，心理学研究逐渐开始从哲学中分离出来成为一门独立的学科，到了19世纪初，这个阶段的心理学研究者已经将心理学视为可以解构的客体。研究者分别从心智结构、心智功能等角度对人类心智进行思考，同时也开始发展出一些客观的方法，尝试理解人类的高级认知。在这一过程中，威廉·冯特（W. Wundt）、威廉·詹姆斯（W. James）、艾宾浩斯（Ebbinghaus）等成为今天心理学系师生耳熟能详的大家。联想、结构、功能等这些词语的使用也逐渐塑造着认知心理学研究的雏形。

（一）科学心理学研究的兴起：对心智结构的重视

结构主义（structuralism）心理学思想形成于19世纪后期的德国。1879年，当冯特在德国建立第一个心理学实验室时，他认为心理学研究探讨的最适当的主题是"意识的处理及其立即产生的经验"。他期望作为一门科学的心理学能发现那些可以解释人的即时意识和经验的法则。与其他学科的发展类似，他强调科学的心理学研究需要确定构成心理的最简单的基本单元，或者说为心理建立一个和化学元素周期表相类似的"心理元素"表。找到这些基本的心理元素，科学家就可以确定这些单元如何组合，并形成复杂的心理现象。冯特认为，意识的原材料之一是感觉，任何意识思维或观念皆由感觉组合而成。对于感觉，可以从4种特性来加以研究：模式（如视觉、听觉、触觉、嗅觉）、性质（如颜色、形状、质地）、强度及持续时间。除此之外，意识的原材料还包括情感元素——伴随着感觉、情绪、注意和动作的简单情感。这些元素结合，构成了丰富多彩的意识经验。冯特的学生，也是一位著名的心理学家，铁钦纳（Titchener）使用了结构主义这一术语来定义自己和冯特的工作（Hillner，1984）。这一术语希望表达一种观点，即他们关注的是心理的内容和结构，而不是心理活动的功能。应该说，他们对心理内容和结构的探索，深刻地影响了后来认知心理学的发展。

在研究方法上，冯特也强调对科学证据的采集与分析，但他推崇的研究方法是内省法（introspection），又称为自我观察（self-observation）。使用这种方法时，被试接受不同的刺激，并按要求描述经验中立即的、可意识的元素。冯特认为，只要经过恰当的大量训练，被试能够分辨并报告自己心理运作的情况。铁钦纳认为，可以用内省法进行报告的意识和经验才是心理学研究的内容，不能用内省法探讨的知识是"不纯正"的心理学。这种观点在一定程度上把社会心理、心理疾病、教育心理等主题排除在外，使心理学的研究主题狭隘化了。

应该说，作为许多认知现象研究的先驱，冯特是第一个真正用科学方法系统思考认知问题，并首先试图设计实验来检验其认知理论的心理学家。他在德国莱比锡大学建立心理学实验室这一事件也被视作心理学成为一门实验科学，并从哲学中独立出来的标志。

（二）心智的探索：功能的取向

在美国，与冯特同一时代的研究者詹姆斯则从另一个角度丰富了心理学研究。詹姆斯不像冯特那样进行大量的实证研究，他的贡献在于出版了大量学术与科普性兼具的心理学著作，一方面使心理学研究在科学殿堂中占据一席之地，另一方面也使这门科学开始走进普罗大众。他编写的教科书《心理学原理》（*The Principles of Psychology*，1890/1983）至今仍享有很高的声誉，并被广泛地引用，而他的著作又是如此贴近现实生活，至今仍能为心理学研究者提供丰富的原材料。

同冯特一样，詹姆斯也对意识和经验感兴趣。然而，与冯特不同的是，他并不关心构成意识的基本单元，而是更关心为什么思维会如此运作。在他看来，心理的运作恰恰与它的机能（功能）有着千丝万缕的关系。因此，这一理论取向也被称为功能主义（functionalism，一些心理学教材也称为机能主义）。所谓功能，强调的是不同心理操作要达到的目的。詹姆斯采用的是实用主义哲学的视角来理解人的心智功能。在詹姆斯看来，心智加工的目标很直接，所有的运作都是为了帮助人们适应自己面临的环境。因此，心理学要探讨的就是诸如"心智是如何运作的""通过心智的运作如何适应外界的环境"这一类问题。

结构主义者和功能主义者的差异还表现在研究方法上。结构主义者认为，开展实验心理学研究的适合场景是实验室，在那里，实验刺激的日常生活意义可以被剥离，从而得以确定心理的真实特性。功能主义者则极力反对这一做法，主张研究真实生活情景中的心理现象。他们总体上强调心理学家应该在完整的、现实生活的作业任务中研究完整的机体（Hillner，1984）。可见，功能主义的观点很明显地受到了进化论思想的影响。遗憾的是，詹姆斯本人几乎没有开展任何实证研究，这也使得功能主义的思想对心理活动的解释缺乏强有力的支撑证据。

（三）高级认知的早期探索：科学方法的运用

在冯特和他的学生的努力下，关于心理结构的探索逐渐开启了科学心理学研究之路，但他们使用的研究方法主要是内省法，这使心理学研究的主题更多地被限制在简单而可内省的某些基本感知过程中。那么，高级、深层而抽象的认知加工是否可以进行科学研究？对于这一问题，冯特持悲观态度。相比之下，与其同时代的著名心理学家艾宾浩斯却视高级心理加工研究为一种挑战，并由此开启了高级认知过程的科学探索之门。

尽管缺乏正式的实验室，艾宾浩斯的理想却是要使心理学成为一门独立的、精确的科学。他以自己为被试，用完全客观的方法，对联结和记忆形成等认知过程进行了系统而深入的探讨。他的工作为科学家认识高级认知活动的一些重要问题，例如，记忆和学习等，提供了一定的实验证据，而他于 1885 年出版的《记忆：实验心理学的贡献》（*Memory: A Contribution to Experimental Psychology*）一书则是对这一系列研究证据的最好总结。艾宾浩斯对记忆工作的探索被广泛推崇,成为以科学方法研究人类记忆过程的楷模。另一位研究者桑代克(Thorndike)则进一步在联结如何形成等方面完成了奠基性的工作,并在学习理论方面多有建树。根据动物学习的研究结果,桑代克总结出有关学习的三条基本定律:准备律、练习律和效果律。总体上说,在这一时代,以艾宾浩斯和桑代克为代表的研究者将学习视为联结的习得,他们的工作使科学心理学结构体系更为完善,也为如何用实验方法研究高级心理过程树立了一个典范。在此之前,尽管哲学家也对联想、记忆和学习等概念有所论述,但仅限于哲学上的思辨。

三、从行为主义到新行为主义:有必要理解心智的黑箱吗?

(一)行为主义:抛弃心智黑箱的探索

19 世纪初,心理学最重要的变化是行为主义思想开始引导心理学走向一个新的方向。1913 年,华生(Watson)在关于行为主义的一篇纲领性文献《一个行为主义者所认为的心理学》(*Psychology as the behaviorist views it*)中观点鲜明地指出,心理学应该是一门纯粹客观的自然科学,研究目标应该是预测和控制行为。行为主义强调"可观察性"是科学研究的基本原则,他们认为心理学方法应该是客观观察而非主观内省。在一项心理学研究中,只有刺激和被试外在的反应是可以进行精确记录的,因此也只有这两者才能成为科学研究的主体。相比之下,意识、经验不具有客观而可观察的特性,因此不应被当作研究的主体。

行为主义的代表人物华生认为,人和动物之间并没有什么本质区别。在他看来,俄国的巴甫洛夫(Pavlov)发现的条件反射是心理学研究的主要内容。一切以往研究者谈及的心理现象都可以简化为刺激与行为和生理反应之间的关系,而人的一切行为都可以由刺激决定。因此,他说:"给我一些健康的婴儿及一个合适的环境,并让我在这一环境中将他抚养长大。我可以保证,不管这些婴儿有何种天赋、嗜好、倾向、能力、才能,也不管他们的种族如何,经过训练,我都可以让这些婴儿成为任何一个特殊领域的专家,如医生、律师、艺术家、工程师、领袖,甚至是乞丐或小偷。"(Watson,1924)。这一观点非常清楚地表现出一种环境决定论的思想:环境和教养可以决定一切。在心智发展过程中,先天的能力倾向毫不重要。事实上,华生的观点被描述为"反心智现象",他努力把所有谈及主观意识体验的、不可观察的术语,如"意识""心理状态""意象"甚至"感觉"等都用可以计量的"刺激""反应""习惯"等术语来替代,例如,"感觉"是刺激的一种后效,"意识流"是一种"动作流",等等,在此基础上华生将心理现象以刺激—反应联结来加以诠释。很明显,此时心理学已经被定义为探讨人类行为的科学,因此称为行为主义。

与华生有所不同的是,另一位行为主义代表人物斯金纳(Skinner)并不拒绝使用内部的心理事实或心理表征(representation)等概念。他认为科学的心理学没有任何空间来探讨思维等心智事件,并不是因为这些事件不存在,而是因为它们无法被科学地加以观察。尽管他也承认研究上的困难不是排除表象、感觉和思想等"心理实体"的理由,但他仍然认为心理事件终究是由外部环境刺激引发的,并且继而可以引发行为,所以观察和监测行为仍然是首要的。斯金纳还用动物实验说明,刺激和反应的联结的确可以解释一些传统上谈论的心智行为，如动物的"信念"或"迷信"。总体而言，斯金纳的工作仍然回避了刺激和反应之间的环节，即心理事件本身。

行为主义思想之所以能吸引当时的研究者，于19世纪初开始在心理学发展史上占据主流地位，并且时间长达近半个世纪，必然有其原因。其中一个重要的原因也许在于，这一学派采用的方法极其明确、科学，而且应用广泛。行为主义者对测量及其可重复性的强调，使心理学进一步具备了跻身于主流科学研究的可能性，而这契合当时心理学研究者的需要：他们大概已厌倦了结构主义者、功能主义者那些似乎永无休止的争论，希望借助明确而严格的界定及高度可重复的科学方法，使心理学像物理学一样逐渐成为一门"成功"的科学。

应该说，对客观性和可重复性的追求，是心理学发展的一个重大进步。也正是由于行为主义者对科学精神的追求，在20世纪近乎前半个世纪内，行为主义积累了关于人类行为的大量实证证据。但行为主义思想却限制了心理学研究的范围，尤其是将不可观察的、主观的心理状态和意识，以及一些主观的心理过程，如期望、信仰、理解等，完全拒之于心理学大门之外。今天来看，这无疑是一种自我设限的态度。对一些明显而重要的心理学现象采用漠视和忽略的态度，在一定程度上使心理学遭受了一些损失。不过，随着心理实验范式和技术的发展，过去许多缺乏可观察性的心理过程又渐渐能够被客观地观察，这又使这些主题慢慢回到心理学家的视野中，新行为主义就是在这样的背景下走上了历史舞台。

（二）新行为主义：勇探黑箱的尝试

传统的行为主义者将心灵看作一个只能用输入和输出来解释的黑箱，因为其内部过程无法准确描述，无法被直接观察到，因此被排除在科学研究之外。虽然这种思想在20世纪上半叶十分盛行，但是仍有一部分心理学家拒绝了激进的行为主义，他们对神秘黑箱里有些什么非常好奇。其中的一位研究者，也是经典行为主义的批评者爱德华·托尔曼（E. Tolman）就强调，要解释行为，就要考察其内在的目的与计划。对进入迷宫的白鼠来说，其目的就是找到食物，寻找能获得食物的通道，因此当通道较多时，它总是选择那些较短的、通过迷宫花费时间较少的通道。通过一系列白鼠走迷宫的实验，托尔曼指出生命体的行为总有其目标。相应地，行为的出现不仅仅是环境与行为的联结，目标在其中起着重要的中介作用，是影响行为的决定性因素（Tolman，1932）。他的学说也因此被称为"目标行为主义"。根据老鼠在迷宫中的行为，托尔曼提出了目标行为的三个原则：第一，目标原则；第二，达成目标的途径选择；第三，途径选择的最小努力原则。

虽然看起来仅仅是在刺激与行为建立联系的过程中引入目标这一中间变量，但这一改变却直接动摇了行为主义的理论根基，因为行为不再是由环境唯一决定的，个体自身的一些变量也会起到中介作用，会调整和影响环境对行为所起的作用。因此，要了解行为，就不能回避对中介变量的观察与分析。为了更清楚地表示这一过程，托尔曼明确地将"S（刺激）—R（反应）"公式改变为"S（刺激）—O（机体）—R（反应）"，其中，"O"就是影响机体行为的中间变量。由于"O"的存在，同样的刺激可能会激发不同的行为，不同的刺激也可能会导致相同的反应。在托尔曼看来，"O"这一中间变量可能无法直接观测，更多地依赖于机体自身的主观体验，却会直接影响行为表现。

托尔曼有时被视为现代认知心理学的鼻祖（Sternberg，2017），这是因为他的理论重新承认了个体内部心理表征的重要性，呼唤心理学的研究重点重新回归到人类心智本身，使心理学者对认知的内在心理机制重新燃起了热情。托尔曼提出了著名的"认知地图"概念，这事实上就是老鼠大脑中对迷宫地图的心理表征。老鼠可以形成这一表征，并且利用这一"认知地图"对食物进行定位。新行为主义对表征的关注和探索，在一定程度上促进了研究者深入思考如何用科学的方法研究心理表征和相关机制，直接促进了随后认知心理学及信息加工理论的产生和发展，因而他的理论也被认为是当代认知心理学的源头之一。

四、认知革命与认知心理学的兴起

在行为主义主导的研究体系下，在19世纪末到20世纪中期整整半个多世纪的时间里，心理学就这样在"没有心"的方向上行进。当时，除了少数研究者（如格式塔主义研究者等）仍在努力使用科学方法孜孜探索与心智相关的研究主题，大多数与人类心智加工的研究主题，从感知到记忆和思维，在一定程度上被忽视。这种情况何时开始发生改变呢？在科学发展史上，要清楚而精确地定义历史发生转变的时间，往往是一件极其困难的事情。事实上，虽然后人会将某一年份或某一年代作为一个标志性的节点，但我们知道，很多变化的发生总是如涓涓细流一般逐渐开始的，并在某些时刻，这些逐渐变化的细流将成为引领时代的洪流。行为主义的式微大约发生在第二次世界大战后的几年内，约在20世纪50年代中后期。当时，心理学家在研究的内容、兴趣乃至研究信念方面都开始与先前统治多时的行为主义观念渐渐有所不同。来自学科内外的几股历史潮流相汇聚，认知心理学领域最终产生了心理学史上常常被提及的一次革命，即"认知革命"。

认知革命最重要的主张是强调心理学要承认心理表征的存在，如果不考虑人的心理表征，就不可能对心理机能进行完整的解释，同样也不可能清楚地解释人类的行为。相应地，心理学的研究也应该回归对心智的关注。今天，我们说这是一场革命，是因为认知革命引发的变化并不是简单地回到行为主义之前的时代——尽管那时许多心理学研究者也关注心智的问题。事实上，认知革命不仅推动研究者对心智活动的重新关注，也促进了研究者思考如何采用新的科学方法研究心智问题，对心理学领域基本假设的重新检视及新范式的应用最终直接促成了认知心理学的诞生，心理学家逐渐朝着新方向前进。在这一历史洪流中，几个外部学科的发展对认知革命的推动作用显得尤为重要，以下将逐一进行介绍。

（一）人因工程学的发展与对心理表征研究的重视

人因工程学（human factors engineering）属于工程技术领域，又称人类工效学、人因学，是研究人和机器、环境的相互作用及其合理结合，使设计的机器和环境系统适合人的生理及心理等特点，达到在生产中提高效率和保证安全、健康和舒适的一门科学。人因工程学的发展源于战争期间高效率训练军事人员操作复杂设备的需要。我们常常会忘了一点，科学家也和其他人一样是构成社会的一部分，也会被重大的社会事件影响。第二次世界大战期间，许多心理学家投入战争。在此之前，心理学家往往是在实验室里研究动物的行为，此时却面临战争导致的实际问题，而其中许多问题都源自士兵在操作复杂仪器时遇到的困难,例如,技术很好的飞行员为何会撞机?雷达信号操作员为何没办法准确侦测,甚至错误地判断敌人的影像?这些问题引发了心理学家的关注。究竟要采用何种方法才能直接帮助军队解决类似的问题呢?实验室里的动物行为研究难以为这些问题提供直接的解答。

为了应对类似的实际问题,战时的心理学家不得不开始更多地考虑人类操作者的认知过程,如注意、决策及问题解决,一些与之相关的理论如信号检测论等也随之出现,相关主题的研究正是之前行为主义忽略的研究内容。实验心理学家因而发展出了人因工程学这一学科领域,以帮助工程师设计出合理、高效的人机界面机器。人因工程学的发展促使心理学家开始与物理学、工程学的研究者开展直接合作,相互间进行交流。心理学家的工作也使其在工业、军事等应用领域的地位得以确立。也正因为如此,第二次世界大战后,越来越多的国家愿意为心理学的研究提供更多的支持,从而极大地促进了认知心理学的发展。

(二)通信工程的发展与对人类认知能力局限性的思考

通信工程关注的是通信过程中信息传输和信号处理的原理与应用,也称信息工程、电信工程,旧称远距离通信工程、弱电工程。通信技术在第二次世界大战期间得到了重大发展和应用。心理学家也从通信工程中借用了许多概念和术语,并通过与其类比的方式来思考人类的心智行为。在通信工程中,工程师关心信息如何通过电话、电报系统来加以传递。由于受到电缆、电话线和无线电频道的实际限制,不同的通信通道在单位时间内可以交换的信息量和准确性也会受到限制。受这些研究和概念的启发,心理学家开始将人的信息沟通与非生命的通信系统进行类比,认为信息沟通经由特殊的传递系统而实现,信息在这一系统内进行交换。这一系统有特定的通道容量,而环境因素可能会影响信息的传输过程,甚至歪曲信息内容。至此,人开始被视为一台"容量有限的信息处理器"。此后,Miller(1956)发表了一篇综述《神奇数字7±2:我们信息处理能力的某些限制》(The magical number seven plus or minus two: Some limits on our capacity for processing information),着重论述了人类信息处理的这一局限性。在这篇文章中,研究者发现,人们能即时知觉、记忆和分辨的、互不相关的刺激项目数均为7±2个组块。神奇的数字7±2向人们展现了人类认知能力的局限性,说明人类在某一特定的时刻只能从事数量有限的工作,同时也表明这种局限性可以被客观地测量和检验,因而在认知心理学的发展上有着里程碑的意义。

(三)语言学研究的发展与对个体内在认知加工机制的重视

语言学(linguistics)以人类语言为研究对象,探索诸如语言的性质、功能、结构、运用和历史发展,以及其他与语言有关的问题。语言学的研究,不论是在研究方法还是研究内容上,都对认知心理学的兴起产生了十分重要的影响。20世纪50年代前后,语言学的工作开始有了长足的进展,其中最值得一提的一个重要事件是乔姆斯基(Chomsky)与华生关于语言如何习得的辩论。行为主义思想认为语言的学习与其他行为学习一样,均来自强化。乔姆斯基(Chomsky, 1957, 1959, 1965)则认为,强化远远无法描述现实生活中个体语言能力的获得,在现实中,儿童可以说出他们没有听过的话。同时,虽然父母往往也只对儿童说话的内容做出反应,而不理会其言语形式,但儿童仍然可以习得准确的语言规则，这是强化理论不能解释的。乔姆斯基还指出，儿童习得语言，不是因为强化，而是因为他们在出生时就有了某种先天存在的"言语获得装置"，这种装置是人类在进化过程中自然形成的。乔姆斯基的语言学理论启发了语言学家和心理学家，使研究者更多地将关注的焦点转到人如何习得语言、如何理解和产生语言等重要课题上。与此同时，在语言学和语言学习领域中，研究者发明了许多用于研究人类学习和记忆的实验任务。他们继承和发扬了行为主义对科学性的尊崇，遵循严谨的实验程序，控制各种无关变量，同时又采用了主客观并重的测量方法，这些工作在一定程度上开启了一系列有关人类心理加工的研究，对认知心理学产生了正面的影响。事实上，很多这一时期的研究方法和范式（如Stroop范式）一直沿用至今。

（四）神经科学的发展与对心理和行为机能神经基础的关注

神经科学的发展是认知革命产生的另一个发端。神经科学寻求解释心智活动的生物学基础，包括神经生物学机制、细胞生物学和分子生物学机制等。人脑的精妙组织为认知过程的实现提供了生物学基础和约束。研究心-脑关系的主流观点（等同主义）认为，可以将脑活动等同于心智活动，尽管两者看上去很不一样，但本质是相同的（打个比方，徐悲鸿的奔马图，我们可以用文学语言描述为一匹矫健的骏马在奔腾驰骋，也可以用计算机语言描述为一个包括各个像素点亮度值的二维矩阵。这两种描述虽然很不相像，但都表示同一幅图）。换句话说，如果将脑结构比作计算机硬件，那么脑活动可以被认为是计算机软件，也就是心智加工过程。在这种"心-脑"关系的研究假设和范式中，如果我们可以深入理解各个脑结构/活动的功能意义（即脑结构/活动和心智过程的关系，某个脑结构/网络在某个时刻发生的某一特定脑活动代表了什么心智过程），那么就可能打开人类心智和意识的黑箱。

神经科学领域的另一个重要主题是功能的生理定位问题，这一主题在早期哲学家笛卡儿的论著中就有谈及。作为一个心身二元论者，笛卡儿认为人的心灵或灵魂可以独立于人体躯壳这一物质世界。同时，他也认为，心灵可以控制身体，身体也会对心灵产生巨大的影响。类似的观点使得机能定位（localization of function）成为神经科学研究者极感兴趣的问题。20世纪40年代后期到50年代，神经科学的研究渐成气候，对心和脑的关系这一问题的探讨也开始成为热点，许多研究开始探讨某种机能是否"定位于"大脑某一特定的区域。从Hebb（1949）发现某些机能（如视知觉）是经过长期的细胞集群（即大脑中细胞组的联结）的建立而构成的，再到诺贝尔奖获得者、神经生理学家Hubel和Wiesel发现猫的大脑视皮层的某些特殊细胞特异化地只对特定刺激（如线条的朝向、特殊的形状等）做出反应等，这些研究从不同的角度指向认知功能定位观的可行性，也使越来越多的研究者开始不仅关注外显的行为反应，也将大脑的反应当作一种与内在认知机制连接更紧密的指标，可用于探索人类心智这一黑箱。可以说，神经科学的发展促使认知心理学家开始关注心理机制的神经基础，为透彻地理解人类的认知打开了另一扇窗户。

（五）计算机科学等学科的发展与信息加工理论的产生

要促成认知革命的产生，仅有研究内容的变化尚不够，技术的革新是另一个关键因素。

20世纪四五十年代，最为瞩目的技术变革当属计算机的出现和计算机技术的高速发展。1946年，世界上第一台电子计算机在美国诞生，自此机器可以用来完成与人类"智慧"相似的工作，这是人类发展史上石破天惊的一项突破。计算机的出现，对认知心理学的发展产生了两方面的作用。

其一，在功能层面上为认识人的大脑结构和运作机制提供了参照，促使心理学家意识到要理解人类的智慧行为，必须深入思考刺激和反应之间的内部运作与处理过程。如果一台机器无法通过运行程序生成预期的结果，则需要人们深入机器本身和程序内部探讨原因。同样地，在心理学研究中，一个刺激无法产生预期的反应，也需要研究者深入机体内部了解外在现象背后的原因。既然人和计算机都能接受外界的刺激而产生特定的行为，则计算机本身的运作原理可以为心理学家思考如何研究人类的认知加工提供一个参考框架，心智也因此有了一个可供探索的蓝图，而不再是一个神秘的黑箱。在计算机工作中，刺激、数据或指令统称信息。信息输入计算机，计算机按事先规定的指令对输入的数据进行改变或转换、计算、与其他数据比较，或利用操作结果提取原先储存于计算机中的信息，评价发现的情况并做出有关决策等，这一系列操作统称信息加工。换言之，机器实现智慧行为需要一些特定的功能模块，而我们对黑箱的理解也完全可以借用类似的术语，如信息输入、存储、提取等，并对这些术语代表的过程进行一一解构。

其二，计算机在算法程序层面可以为心理学研究提供高效、准确的计算方式和新的研究方法，即计算机模拟（computer simulation）的方法。在理想状态下，计算机可以被看作"理想被试"。它可以严格地运行程序，做出研究者希望的"智慧"行为。因此，研究者可以根据特定的理论假设，建立反映特定认知加工过程的模型，并将其编写成相应的计算程序由计算机执行。如果这一理论假设的确能反映人类认知加工的机制，则"理想被试"将能产生与人类行为相似的结果。如果两者的结果不同，根据其差异，研究者可以不断地调整理论的假设和计算机程序，以使机器和人最终得出的结果最为接近，此时的理论假设也被认为是最接近人类认知过程的实质的。

总体而言，迅速发展的计算机科学技术、算法、模型等为心理学研究和假设的验证提供了一种便捷、有效的工具、技术和方法，至少在一定程度上能够帮助研究者弄清引发行为的内部机制。随后，心理学家、计算机科学家赫伯特·西蒙（H. Simon）和艾伦·纽厄尔（A. Newell）等在这一方向开展了一系列工作，为如何通过类比人脑与计算机而促进研究进展树立了榜样。

方法的变革促进了研究主题和研究范式的革新。计算机模拟的方法越来越多地被用于检验新的模型预期。这些预期通常假定了特定心理活动的发生顺序，复杂的顺序假设运用早期的心理学研究方法通常难以得到有效的检验。随着计算机模拟的新方法得到广泛使用与认同，心理学研究的整体理论和框架、涉及的术语，以及研究方法都与先前的心理学取向产生了明显的差别。这样，一场轰轰烈烈的认知革命终于出现。与内省法相比，计算机模拟的方法能更客观地研究心理活动，心理学也因而在不放弃经验主义（通过系统观察发现新事实）的前提下超越行为主义而得以发展。

20世纪40—50年代，控制论、信息论和系统论也推动了心理学的发展。20世纪50年代中期，心理学家开始应用信息方法来研究人的认知，即人类获得和应用知识的过程。这种方法把人的认知看成信息转换的过程，通过对信息流程的分析和处理，揭示认知过程的规律性。这种思路与行为主义完全忽略内部过程的研究思路显然有着极大的不同（图1-2）。就这样，心理学家在"三论"影响下的研究率先在视、听觉等领域开展，此后逐渐被用于探索一些较复杂的认知过程，如记忆、思维等。在这些早期工作的基础上，Neisser于1967年出版了《认知心理学》（*Cognitive Psychology*）一书。该书用信息加工的观点论述了人类认知的问题，可被视为认知心理学诞生的里程碑。随着时间的推进，研究者在关于心理学该研究什么、怎么研究等问题上达成共识：心理学应该研究思维、认知的本质，信息是如何获得、加工、储存和传递的，以及知识是如何表征的等问题。就这样，行为主义的帷幕缓缓降下，而属于认知心理学的时代终于到来。

认知模型和行为模型对人类行为的看法，如图1-2所示。

图 1-2 认知模型和行为模型对人类行为的看法

五、认知心理学在中国的发展历史

纵观中国心理科学的发展历史，古代虽然就有深厚的心理学思想积淀，但并没有形成系统的心理学体系，注定早年中国心理学的发展更多是借鉴，借鉴的是国外心理学的思想，经历的是从"舶来"到自主创新的发展过程。这一部分介绍中国古代一些与认知心理学相关的思想，以及近现代认知心理学在中国的传播与发展历程。

（一）中国古代的认知心理学思想

现代认知心理学认为，认知过程包括感觉、知觉、记忆、思维、想象和言语等。在中国，先秦时期的古代先贤就已经对人类的认识过程、认知与行为的关系方面有了许多理论上的思考，只是这种思考更多是为儒家与道家"天人合一"的思想及道德观念提供理论依据，因而蕴含着浓厚的伦理道德色彩（燕国材，2012）。

古代汉语中有知、智、虑、言、意等词，指代的心理现象正是当代认知心理学关注的对象。其中，"知"一般指感知觉，"智"一般指智力或智慧，"虑"一般指思维，"言"一般指言语或语言,"意"一般指思想与意志。我国古代思想家虽然没有对感觉、知觉、感知进行明确的区分,也没有对这些概念进行确切的定义或界定,但这些词的区分在一定程度上反映了古人对人类认知过程的认识(汪凤炎,2008)。用现代认知心理学的眼光来看,中国古人在感知和思维的概念、分类,语言与思想意志的关系,以及感知与行为的关系等方面,均有独到的论述,理解这些思想对认识现代认知心理学有一定的意义。

中国先哲对感知和思维产生的一些必要条件已有许多论述,包括以下几个方面。第一,若想产生某种感知觉,相应的器官机能必须正常。在中国传统的观点中,五官是感知觉产生的生理器官,而"心"是思维产生的物质器官。直到清代的王清任明确提出脑髓说,才开始有将"脑"作为思维的物质器官的说法。第二,感官必须与外物相接触。第三,产生正确知觉和思维有两个条件,即注意的参与和经验的参与。宋代著名思想家张载提出了"德性之知"与"见闻之知",这一观点开启了对知觉特性是唯心还是唯物的探索。即使从现代认知心理学的角度来看,张载对知觉的分类亦颇具特色,也富有启示意义。

虽然缺乏科学的方法和研究手段,先哲仍根据自己所在时代自然科学的某些成就,以及通过总结自己与他人的知识经验,对感知规律做了诸多思考,在感知的阈限、强度、距离和对比特性等方面进行了诸多论述。例如,中国古代学者认识到并不是任何刺激都能引起感知。如果要产生感知,刺激物必须达到一定的量,这与绝对感觉阈限或相对感觉阈限的概念相关。同一距离之内,大的、强的物体易被感知,小的、弱的物体则不易被感知或感知不到,这是对强度如何影响感知的认识。例如,王充的《论衡·书虚篇》中的"人目之视也,物大者易察,小者难审",说的就是这个问题。对距离如何影响感知的论述就更多了,我们熟知的《两小儿辩日》就谈到了被感知的物体近大远小的状况。这些关于人类感知和思维的思辨源远流长,可惜受制于古代中国对科学的认识不足,许多想法只是停留在现象描述层面,缺乏精确的量化。

中国先哲探讨了"言"与"意"的关系。言意论是关于"语言"或"言语"与动机、思想和感情之间关系的理论观点。古代历史上有三种著名的言意论,包括"言不可尽意""言可尽意""调和论"(汪凤炎,2008)。"言不可尽意"是中国古代历史上儒、道、禅三家力倡的观点,指的是语言或言语(包括口头语、书面语和肢体语)不能完整、准确地表达说话之人的内心动机、思想或感情。它并不否认语言或言语的表达功能,但同时指出了语言或言语在表达说话人的内心动机、思想或感情时存在的局限性。相比之下,"言可尽意"认为语言或言语能完整、准确地表达说话人的内心动机、思想或感情,以魏晋名士欧阳建为代表。这两种立场不同的观点引发了先贤对语言和思维关系的思辨与分析。第三种思想为调和论,尝试在不可尽与可尽的观点之间进行调和,最早出自《周易》。

中国先贤还讨论了知与行,即认识与行为(或实践活动)的关系。但这里的"知"和"行"多局限于道德领域,"知"主要是指人的道德意识和思想意念,"行"主要是指人的道德践履和实际行动。知行论可以上溯至《尚书·说命中》的"非知之艰,行之惟艰",即知道或认识一件事的道理并不难,但要把认识的道理付诸实践则并不容易。到了明朝,王守仁的知行合一说则强调知和行是对立统一的关系:一方面强调道德意识的自觉性,要求人在内在精神上下功夫;另一方面也重视道德的实践性,指出人要在事上磨练,要言行一致、表里一致,强调人类意志在行为中起着决定性的作用(燕国材,2012)。

(二)认知心理学在中国的传播与发展

一般认为,心理学开始作为一门系统的知识体系进入近代中国,是在 1889 年颜永京翻译出版第一部心理学著作《心灵学》。19 世纪下半叶至 20 世纪上半叶,西学东渐盛行,心理学也在中国得到了进一步发展。1902 年,清政府建立了新学制,京师大学堂师范馆开设了心理学课程。1920 年,东南大学设立了中国首个心理系,1921 年中国心理学会成立。至此,心理学融入了中国现代学术系谱。当时,建构主义、机能主义、完形主义等一些著名的心理学派被引入中国,心理学在中国也开始获得自主发展的空间。

20 世纪四五十年代,认知心理学在西方兴起并引发轰轰烈烈的认知革命,但其真正在中国传播却是 20 世纪 70 年代末 80 年代初。此前,因为历史原因,中国心理学的理论和研究主题更多地倾向于学习俄国的思想:一方面,以巴甫洛夫学说为主导,心理学研究表现出浓厚的行为主义特色,许多动物和人类条件反射实验室也因而得以建立;另一方面,则以维果斯基(Vygotsky)的文化历史发展理论为指导,重视研究人的意识和高级心理功能,强调语言在低级心理过程向高级心理过程发展中的重要性,强调内化的过程,研究者主要在儿童认知发展、推理、语言和数学思维发展规律等领域对相关的理论与思想进行探索。总体来说,从中华人民共和国成立到改革开放前,中国心理学发展的总体趋势是尝试运用辩证唯物主义的思想方法论看待和解决心智行为的基本理论问题,哲学色彩仍然较为浓厚。

1980 年 7 月,中国心理学会加入国际心理科学联合会,此后与国外心理学界的关系和交往日益密切。这一时期,研究者大规模地引进国外心理学,认知心理学也开始对中国心理学产生影响。1983 年,由中国科学院心理研究所和美中学术交流委员会联合在美国威斯康星召开认知心理学讨论会,这是中美两国科学心理学家的第一次双边学术研讨会,推动了认知心理学在中国的发展。认知心理学作为一种研究纲领代表了心理学的先进思想和方法,对中国心理学的基础理论研究产生了重要的引领作用。自此,国内的普通心理学和实验心理学研究开始转向认知心理学,这是中国心理学基础理论研究出现的一次明显转向。此后,中国心理学界在认知心理学和认知神经影像学方面开展了大量卓有成效的研究(霍涌泉等,2015),对国际心理学的发展产生了越来越重要的影响。

20 世纪 80 年代中后期的华人心理学界的本土化运动对中国认知心理学的发展也产生了相当重要的推动作用。当时,一些港台学者倡导的本土心理学及其研究成果在内地(大陆)得到了广泛的传播与交流,在很大程度上增强了内地心理学工作者的本土化意识。基于西方认知科学理论和方法,海内外华人心理学家进行了一些跨文化的认知研究,发现从基础感知、记忆加工、编码方式到文字处理等高级认知加工,都存在许多值得关注的跨文化议题,表明认知心理学的研究也需要关注文化差异可能产生的影响。此后,关于人类认知加工是否具有跨文化一致性与文化特异性的问题日益引起海内外心理学者的关注,吸引越来越多的中国心理学研究者参与到相关的研究活动之中。不少研究者从这一角度开展系统的研究,在知觉识别模式、汉字认知和语言加工、问题解决、自我加工及其脑神经机制的理论和研究方面开展了一系列工作。这些工作受到了国际关注,为世界心理学的发展做出了重要贡献。

关于不同领域中国心理学研究者的重要工作，本教材的不同章节也有所涉及。

六、当代认知心理学与其他分支学科的关系

20世纪50年代以来，认知心理学像一股巨大的潮流猛烈地冲击了欧美的传统心理学，一时间许多心理学家转到了认知心理学的方向上来。当时，在美国的大学和研究机构中，有3/4的心理学家自称是认知心理学家。心理学的许多分支学科也按照认知心理学的模式去研究问题。值得注意的是，认知心理学没有简单地否定历史上各派心理学的建树，而是在自己的理论和实验工作中吸收各派心理学的成果，包括行为主义的某些方法和观点。在理论上，它强调综合地研究认知的结构、过程和功能；在方法上，它强调用客观方法研究内部过程的机制。认知心理学强调心理过程之间的内部联系，但又不否认在研究时应将复杂问题分解为简单的成分与过程。它是对前人大量工作的兼收并蓄，因此是一种重要的心理学思潮和研究范式，而不仅仅是一个狭隘的心理学派别。正是这一特点，使其在现代心理学中展现出强大的生命力。

认知心理学是心理学的一个分支，同时又是认知科学的一个分支。认知心理学研究人的认知加工，其研究领域涵盖了感知、注意、记忆、语言和学习等心理加工的各个方面（Miller, 2003）。认知心理学的研究方法，除了最为经典的认知心理学实验，即在严格控制的实验室环境中系统操纵感兴趣的认知变量，考察其表征和加工过程，计算建模（computational modeling）、神经成像、临床心理测试、观察法和访谈法等也是认知心理学研究中常见的方法。事实上，如前文所述，认知心理学自创立之初便与计算机科学、语言学、神经科学有着紧密的联系。

从认知心理学与其他心理学分支的关系来看，认知心理学强调人类的认知具有一种内在的、统一的加工模式，通过认知心理学的研究有机会发现这种统一的模式。在这种理念的影响下，认知心理学家一直努力尝试对整个心理学的各个领域进行一定程度的统合。认知心理学研究的心智操作（如记忆、注意、语言、推理等）是所有心理活动和行为的基础，因此对这些操作的科学分析可用于其他相关心理学分支，包括人格心理学、发展心理学、社会心理学等基础研究领域，以及教育心理学、临床心理学、工业和组织心理学等应用研究领域。此外，认知心理学强调用实验认知的方法及认知理论框架来理解和说明人的情绪、动机、个性、个别差异等研究主题，使不同的心理学分支学科使用同一套心理学研究方法论。事实上，这也是心理学发展到今天最大的一个成就，即用研究方法论支撑心理学不同学科之间的交流，而不是研究命题如何支撑不同学科的交流。与此同时，今天的认知心理学研究也更注重与其他心理学分支学科的交叉和融合，使得认知的理论和框架更有可能被用于解释这些相关领域的重要研究进展。例如，尽管传统的认知心理学通常研究单一个体的认知加工系统，但今天越来越多的研究者开始关注这一系统在运作过程中是如何受到他人影响的。这些实验性的工作本身既是认知心理学的一部分，也与社会心理学领域研究体系的关系十分密切。

从认知心理学与计算机科学来看，能体现两者间关系较为密切的两个关键词是认知的计算建模和人工智能（artificial intelligence，AI）（Miller，2003）。计算建模是借助计算机模拟的方法寻求对人类认知系统的准确还原，研究者根据理论假设对认知心理学研究中发现的认知成分和加工过程建立定量化、数学化的模型，通过计算机运行该模型的模拟结果，并将其与人的行为表现进行比对，以验证认知心理学模型的准确性。根据人类的真实行为修改数学化的模型，也使模型更接近认知系统运作的规律。人工智能研究与计算建模略有不同，它更关注知识如何在人造的智能主体中表征和计算，以达到与自然生物（包括人类）相似的智能表现。早期的人工智能强调抽象的、普遍的智能，因此其重点并非完全复制人的认知系统，而在于让机器达到与人相同的表现（Muthukrishnan et al.，2020）。近年来，人工智能研究开始更为关注对人类认知系统的模拟，使得人工智能系统更加"拟人化"，以更好地实现与人和环境的灵活交互。

计算机科学对心理学相关研究则具有重要的推动作用，在计算建模层面对人脑的运行机理、认知的基本机制，以及精神疾病等问题的研究和探索显得更加直接、高效。与此同时，人工智能产品也迅速地向心理学领域渗透，例如，基于面部表情的情绪识别系统，基于大数据分析技术的舆情分析或自杀预警系统，基于地理信息系统（geographic information system，GIS）的大规模人群跟踪调查系统，基于虚拟现实（virtual reality，VR）技术的心理健康干预系统，基于行为特征的测谎系统等。借助特定的人工智能技术，结合各项实时感知数据，可以构建起心理预测模型，对每个用户的心理和行为特征自动进行预测。这些工作一方面可以帮助心理学家探索新的研究方向，另一方面也为心理学研究提供了更为有效的工具。

此外，认知心理学和语言学之间也有着紧密的联系，对此本章第二节已有论述。简单来说，这种联系主要表现在两个方面：一方面，乔姆斯基对人类语言结构的一系列开创性研究及其提出的转换生成语法理论，直接挑战了当时已饱受诟病的行为主义理论，为认知心理学的产生奠定了基础；另一方面，语言处理是认知心理学研究的一个关键课题，语言的感知、理解和产出是人类特有的认知加工。同时，人的言语行为本身也是认知心理学一个相当独特而重要的研究主题，对语言的研究为人类认知模型的构建提供了重要的启示。总体而言，言语行为是观察和了解抽象心理过程的重要途径，是了解人类心智的一种途径。我国古代就有"故言，心声也"的说法，强调的就是语言和心理学研究之间的关系。

认知心理学和神经科学从不同角度研究人的认知，如果说认知心理学更关注心智的"软件"运作方式，那么神经科学则更关注心智的"硬件"基础。神经科学研究生物体神经系统的结构和功能，包括微观（分子、基因、神经元等）和宏观（大脑功能柱、皮层区域的结构和功能）两个层面。20世纪90年代，认知心理学和神经科学的结合，促成了认知神经科学的诞生。认知神经科学研究的是认知加工的神经基础，研究者致力于寻找认知加工对应的神经活动。这些神经活动在神经元尺度表现为神经元的活动和神经元之间的突触连接，在皮层尺度表现为大脑区域的激活和大脑网络的功能连接。认知神经科学的发展整体上与无创性脑成像技术，如脑电图（electroencephalogram，EEG）、脑磁图（magnetoencephalography，

MEG)、正电子发射断层扫描（positron emission tomography，PET）和功能性磁共振成像（functional magnetic resonance imaging，fMRI）的发展密切相关。随着上述适用于人脑功能研究方法的兴起，研究者可以直接测量或操控产生人类行为的脑活动或脑结构基础，对人类心智的科学研究也从传统的行为学方法拓展至脑功能研究。在严谨的实验设计的基础上，研究者开展了大量精巧的行为和脑功能研究，深入揭示了脑、心智、行为之间的相关关系或因果关系，构建了完善的人类认知加工模型。这些方法学的进步，极大地促进了人们对人类心智的认识和理解。

总体而言，认知心理学、神经科学、计算机科学和认知神经科学都有某些相似的研究目标，即揭示心智的本质及其运作方式。这些学科组成了更综合的、跨学科的认知科学。认知心理学关注心智的"软件"成分，神经科学关注心智的"硬件"基础，而认知神经科学则关注"软件如何在硬件上实现"，计算机科学提供了信息加工的视角，在人工智能系统中实现了对心智的模拟甚至超越。

第三节　认知心理学研究的基本假设与重要研究问题

了解了认知心理学的基本概念和历史沿革之后，我们重点讨论作为心理学的一个分支，认知心理学的一些基本假设和关注的重要研究问题。

一、认知心理学研究的基本假设

关于人类心智加工的方法及理论，不同认知心理学研究者所持的观点或许有所不同，但大多数认知心理学家在以下三个基本假设上的观点较为一致：①认知过程是心理学研究最合适的对象；②人类是主动的信息加工者；③可以根据行为变化推测认知加工。这三个基本假设也是认知心理学有别于心理学其他取向（如行为主义）的关键要点。

（一）认知过程不但存在，而且是心理学研究最合适的对象

认知心理学强调对内部心理过程进行研究。它的一个基本假设是，我们不会对环境直接产生感知或行动；相反，我们的知觉、思想和行动都依赖内部转换或计算的认知过程。信息的获取依赖感觉器官，但是我们理解、识别信息的能力，以及对信息选择合适的反应决策的能力，依赖一个复杂的相互作用的内部加工过程。这种内部加工活动是由一个系统完成的，它的运作遵循一定的规则。认知心理学的研究就是要辨认这些过程是什么，它们的功能是怎样的，以及它们如何协同从而使人类心智得以提高。因此，与行为主义心理学家不同的是，认知心理学家强调要研究不能直接观察的内部机制和过程，尤其是人类的高级认知过程，如知觉、注意、表象、记忆、问题解决、言语和思维等。

把认知过程作为心理学的研究对象，其可以追溯到古希腊时代。当时，一些杰出的哲学家和思想家如柏拉图、亚里士多德等对记忆和思维这类认知过程做过哲学上的思考。现代的信息加工心理学则是采用信息加工观点研究认知过程，将人看作一个信息处理系统，

而将认知看作信息加工,包括感觉输入的编码、储存和提取的全过程。按照这一观点,认知可以分解为一系列在时间进程上有先后顺序的阶段,每一阶段就是一个对输入信息进行某些特定操作的单元,各个单元之间以某种方式相互联系,而反应则是这些阶段和操作的产物。随着认知心理学的发展,这些单元之间是以序列抑或并行的方式得以加工。不同的观点一直存在许多争论,但强调认知过程本身是心理学研究最合适的对象这一观点却从不含糊,这也成为认知心理学一个十分重要的基本假设。

(二)人类是主动的信息加工者

早期行为主义者在很大程度上视人为被动的客体,因此人和动物一样,只是根据先前的条件而对外界做出反应。相比之下,认知心理学家假设人是主动的信息加工者。也就是说,人并不是简单地形成刺激与反应之间的联结。人可以根据任务需求主动地对外界信息进行选择,在问题解决过程中主动地提出假设,以及对活动的结果进行主动反馈等。

在处理外部世界的刺激时,作为主动的信息加工者,我们可以根据任务要求注意特定的刺激、忽略无关的刺激。例如,在一个嘈杂的环境里,我们可以做到专注于听朋友的讲话而完全忽略其他声音。我们也总是主动地寻找外部刺激的内在意义,根据意义来组织信息的加工,并对外部刺激进行反应。例如,"有研究表明,汉字的序顺并不一定能影响阅读"。你有没有发现上面这一句字的顺序是乱的?很可能并没有。因为面对杂乱无序的词语呈现,我们已经按照其意义进行结构性的组织、存储和回忆,这一过程可以相当自动化,也可以主动进行。这种组织和结构化的过程对学习尤其有帮助。我们通过学习对零散的知识点进行组织和整理,形成结构化的知识,并在考试时的回忆和提取中表现出这种结构组织的特性,记忆和学习也因结构化而更为有效。

人是主动的信息加工者,所以与个体相关的变量就成为影响认知过程的重要因素。其中一个重要的变量是个体自身的知识经验。个体自身拥有的知识背景,乃至当下的情绪状态等因素都可能影响刺激输入后的编码操作与存储应用。例如,当船员在海上迷航时,他们会寻找北斗星来确定方向。然而,只有他们具备关于北斗星的知识,才能将某些星星识别为北斗星,也才能利用其来辨认方向。个体自身的经验、某些长期形成的人格特质及暂时性的情绪情感动机等因素,都可能对认知加工产生重要的影响,个体的认知加工往往可以在这些特性的影响下表现出一定的弹性机制,需要研究者特别加以关注。

人是主动的信息加工者,这并不意味着对认知加工过程的研究仅仅需要考虑人自身的因素。事实上,认知加工系统并不是一个完全孤立的系统,其运作情况至少会受以下两类客观因素的影响。一是输入刺激的特性。刺激的特征,如知觉复杂度、刺激呈现时间等因素会直接影响认知过程和行为反应。刺激特性的量化是行为主义研究者十分关注的内容,这里已无须赘述。二是个体所处的外部环境,这也是影响认知加工的一个重要因素。同样一个刺激,在不同的环境背景下呈现可能会产生不同的解释(图1-3)。当然,这种影响的出现仍然离不开加工者的作用,是由环境与认知加工者之间的交互而形成的。

图 1-3　语境效应：相同的刺激在不同环境下会被感知为不同的符号

总体来说，对认知加工进程的研究，要留意刺激、个体自身及环境三方面因素的共同影响，而三者如何交互影响认知进程，则一直是认知心理学研究者共同关注的问题。其中，人是认知的主体，可以调整自身的认知过程，对外界的信息实现最佳的处理，因此对人类自身特性的重视一直是人类认知加工研究的重要特色。

（三）可以根据个体行为或生理反应等指标推测认知加工过程

内部的心智运作过程本身并不能被直接观测，但认知心理学研究者强调可以利用一些可测量的指标（行为或生理反应）对这一内部过程进行推测。早期的认知心理学家强调从人类行为的改变来推断认知加工过程，但那时所用的方法并不能很好地满足科学标准，例如，信度和可重复性不高，这也是早期人类心智研究受到批评的原因之一。认知心理学家对这些批评心知肚明，因此努力发展另一些经得住严格的科学标准检验的研究方法，如反应时法。这是一种从人类行为的改变来推断认知加工的研究方法，尤其关注人类做出反应需要的时间及特定情景下人的反应模式。

认知心理的研究一直都很依赖反应时法。什么叫反应时呢？认知心理学研究者假设认知系统各成分在进行信息加工时（或是信息的传递，或是信息的储存等）需要一定的时间。在第二章中，我们将看到研究者通过详细地分析、比较不同条件下的反应时间，可以对任务操作过程中的心理加工本质进行推断。认知心理学研究者重视被试的反应模式，认为通过这些模式可以窥知心理加工的本质。例如，当被试学习了一系列无序呈现的词串之后做自由回忆，可以观察到不同被试回忆的顺序可能各不相同，例如，同一语义类别的不同刺激会相对集中地被一个一个回忆出来，然后才回忆另一个语义类别的刺激。根据这一结果，研究者可以推断被试在学习这些词串时进行了一定的组织。此时，推断的依据就是被试的回忆模式。类似地，错误的模式也可以作为心理加工的一个重要指标。错误率常常和反应时间一起用于比较不同情景下被试的反应。认知心理学研究者也会分析被试所犯错误的类型，例如，如果被试回忆出一个词表中没有的词，这就是一种回忆的错误，这种错误可能是由于错误回忆的单词与词表中的某个词有某种特定的意义联系（如把"桌子"记成"椅子"），也可能是与某个词在音韵上有相似之处（如同音或同调等）。这些不同的错误类型同样可用于推断人们在完成任务过程中对不同编码的运用情况，例如，如果被试错误回忆的词与词表中的词存在意义上的相关，或许表明被试在记忆中存储的是词的意义；如果是音韵的相关，也许表明他们储存的是词的声音而非意义。

随着无创性脑认知研究技术的兴起及其在心理学研究中的广泛应用，研究者越来越多地使用一些反映大脑神经活动的指标来进行认知过程的推论，如 ERP 及血氧水平依赖（blood oxygenation level dependent，BOLD）的改变（具体请参见本教材第二章）等。从某种程度上看，神经活动的改变也可以被视为一种潜在的"反应"改变（神经系统的反应）。相对于末端的行为反应来说，人类的认知活动与大脑神经活动的变化可能也有着更直接而实时的关联。从这一角度来说，神经活动有机会提供一个比反应时更敏感的因变量，为认知加工如何实现提供重要的证据。值得注意的是，由于技术的限制，有些神经活动的改变可能要积累更长时间或在更强的效应下才能观察到相应外部行为的变化。因此，认知心理学研究者也强调使用多种研究技术采集行为或神经活动的数据，以便为了解认知加工的内在进程提供复合性证据。

二、认知心理学关注的基本问题

认知心理学关注的认知加工包括一系列过程，从信息由外部输入到某一特定行为产出中间的所有环节。对这些环节，研究者常常从两个层面来提出科学问题：一是心理表征，即输入的信息在特定时刻以何种形式进行表达和存储；二是加工过程，即为了实现某一目标，构建或改变这种心理表征的动态过程。

（一）心理表征：信息如何表达与存储？

一般意义上的表征通常指的是信息记载或表达的方式，可以是一种符号或信号。当事物没有呈现的时候，人们可以用这种符号来指代该事物，不论这种事物是一种具体的形象还是一种抽象的概念。例如，当我们说"鲜花"的时候，它所指代的就是一种具体的形象，而"艺术"指代的则是一种抽象的概念。"鲜花""艺术"这两个词则都是指代特定事物的符号，也就是说，这两个词都是表征的一种形式。与此同时，用来承担"表征"的符号形式也可以是具体的、形象的，例如，视觉图形符号或听觉声音信号；同时也可以是心理的或内隐的，即作为认知系统处理的中间产物而存在。

对心理表征问题进行研究，首先要了解这一表征指代的是什么，也就是表征的内容是什么。例如，对呈现在眼前的一个汉字"花"，我们知道它指代的东西与"树叶"是不一样的。表征的形式也是另一个值得关注的问题，如对于一朵花来说，可以使用汉字"花"来替代，但不用文字，而是在纸上画一朵花，同样可以表达这一意义。即使不用视觉图像或符号，当我们听到/hua/这一声音的时候，同样可以知道它指代的是什么。很显然，表征的内容和形式是两个不同维度，因为同样的内容可以用不同形式来表达，不同内容也完全可以使用同一种类型的表征形式（如都用声音的形式或者视觉符号的形式）来指代。值得注意的是，不要用一种固化的方式来对心理表征进行思考。当外部信息以一定的编码形式（如符号或形象）进入认知系统后，随着加工的不断深入，心理表征的内容和形式可能会不断改变。仍然以看到"花"这个字为例，从最初这一文字形象经由视觉输入，我们就开始了对文字产生形的表征、音的表征及意的表征等。这种表征的形式，甚至表征的具体内容，在不同的处理阶段或处理模块中可能有所不同。所以，当心理学家在探索表征问题的时候，常常也需要指明的是他们关心的"表征"指的是发生在哪个认知阶段或哪个认知成分中的表征。

除了表征什么和用什么形式来表征两个问题，今天的心理学家还关心表征在哪里实现这一问题。这一问题的实质是表征的物质基础，即表征的实现基于何种神经这一现实性问题。心理表征的实现与大脑活动息息相关，因此思考表征在哪里实现，本质上关心的就是不同的表征形式和内容的神经基础。对于这一问题，早期的心理学研究者并不是十分关注。大多数心理学家认为，正如计算机程序作为一种软件与计算机的硬件并不必然存在关联一样，虽然对信息的表征要在人的大脑中实现，但研究表征的形式和内容与研究大脑本身的神经特性并没有太大的关联。换句话来说，对表征问题的研究也不一定需要通过研究大脑本身的特性来进行。

科学技术发展到今天，我们其实已经知道，功能及其物质基础也并不是完全不相关的。对于计算机来说，要使存储能力有所改善，有时往往要依赖硬件系统的改良。换句话说，硬件的运行机理也会影响功能的实施，特定的功能往往需要有特殊的硬件才能实现。因此，对功能的理解在一定程度上也隐含在对硬件的理解之中。在认知心理学问题上，尽管早期研究者对大脑这一生产程序的硬件也很感兴趣，但因为缺乏合适的研究方法和技术，在探讨心理表征的媒介这一问题上也常常显得无能为力，难以对健康人在形成心理表征时大脑的活动状况进行客观而全面的探索。随着无创性认知脑成像技术在心理学研究中的广泛应用，关于表征的物质基础问题得到越来越多的重视，心和脑的关系问题也史无前例地获得了研究者更多的关注。

（二）心理过程：构建或改变心理表征的过程

我们已经了解到，心理表征就像是认知系统在工作过程中产生的成品和半成品，那这种表征又是如何构建和改变的呢？这里要考虑的问题是产品（心理表征）的生产流程。

对一家工厂而言，要生产一件复杂的产品，往往需要不同车间完成不同的工序。因此，生产的过程指的是这些不同车间如何配合，并以高效而准确的方式生产出一件完整的产品。同样，对认知加工进程的思考，也可以用一个形象的比喻来说明，例如，有些车间是按顺序循序渐进完成工序的，即先完成一道工序，再完成另一道工序。想象一下，要生产一个皮包，要裁剪皮料，之后才能进行下一步，如缝合。另一些工序则可以同时在不同的车间完成，然后再送到另一个车间进行组装。同样地，认知系统的工作也可能会经历类似的复杂流程，其中可能包括很多加工模块或认知成分。为了高效地产出一种智慧的行为，不同的加工模块需要有序地合作，有些模块可能是同时运作，也有些模块可能是按一定的顺序进行运作的。认知心理学研究者的一项重要工作就是揭示这些模块相互配合的方式与进程，说明它们以何种工序来进行协同运作。

具体来说，要对心理过程进行研究，认知心理学家的工作并不简单。其中一项工作是要识别个体在认知加工中会有哪些基本的认知活动（或称心理成分/加工模块）的参与。即使是对一项简单的视觉识别任务来说，这一过程包含的成分也可能十分复杂：从视觉刺激线条和轮廓的识别，到部件和类别的确认等。更为高级和复杂的任务，如语言理解，其包含的认知加工成分可能就更为复杂了。例如，为了理解句子"下雨天出门要小心"，理解者需要完成很多加工流程，如字词的识别、词汇意义通达、句法处理及推理和预期等（根据不同的理论，对这些成分的描述也有所不同）。如何对认知任务包含的认知模块和认知成分进行识别，是认知心理学研究者面临的一个重要课题。

在此基础上，研究者还需要思考不同的加工模块如何相互协调与合作。对于这种协调与合作，可以从不同的角度进行分析。例如，时序问题考虑的是不同的认知成分完成的先后顺序，它们是以一个接一个这种序列的方式来完成的，还是可以同时被并行处理；加工方式的问题考虑的是这些心理过程是否能以自动化的方式进行处理，还是需要个体通过意志努力、使用一定的策略，或使用一定的认知资源才能实施；加工方向的问题关注的是整个加工流程是从刺激自身开始，还是从人的知识经验等更大的背景开始；等等。我们可以看到，认知心理学的每一个主题都是围绕上述问题展开讨论的。

第四节　认知心理学理论的构建

既然认知心理学关注的过程发生在"黑箱"内部，无法直接对其内部进行观察和测量，那么研究者又是如何构建可供检验的理论和假设的呢？科学心理学的发展历史十分简短，但和物理学等学科一样，面对人类未知的事物特性，科学家在很多时候使用类比来形成理论和假设，并且在不断证伪和修改理论假设的过程中加深对事物的认识。

类比法（analogy method）的采用，通常是由于研究者面对的是一个较为陌生的领域，前期收集的资料不足，因而在探索过程中往往难以遵循从特殊到一般或从一般到特殊的逻辑思路，此时类比法就是一种可能的选择。类比法立足于人类已有知识来推断和认知未知的事物，是科学发展过程中一种行之有效的探索性方法。许多伟大的科学成就正是使用类比推理法来提出科学假说，进而取得巨大成功的。例如，在物理学中，欧姆（Ohm）依照水流的理论说明了电流、电阻和电压的概念，形成可检验的假设，最终建立了欧姆定律。本节首先介绍认知心理学家通过类比来提出理论的思路，然后分析两类重要的类比取向。

一、类比法与人类心智加工理论的构建

与物理学相比，认知心理学关心的人类心智结构、功能和过程显得十分抽象。同时，对人类心智的科学探索也只有一百多年的历史，可供借鉴的经验十分有限。正因为如此，类比法在认知心理学中得到了较为广泛的应用。借助计算机程序的信息处理过程或人脑神经活动的架构等复杂系统的运作规律，对心智内部加工过程提出理论构想，在此基础上操纵特定的变量，并借助行为的改变模式或神经活动的变化模式来检验假设，是认知心理学理论构建和检验经常使用的方法。其中，认知心理学研究者借助的类比对象包括计算机的逻辑运算程序及大脑神经系统的运作架构。

很显然，计算机和人类大脑在物质层面有所不同，但随着研究者对计算机、大脑，以及认知之间关系思考的不断深入，越来越多的研究者接受这种观点，即人的大脑和恰当编程的数字计算机在某一抽象层次上具有共同的特征：它们都是一种物质性的硬件结构，都是产生复杂运算的一种载体，都能利用形式规则对符号进行操作，进而生成智能行为。因此，它们可以被视为同一类装置的两个不同特例。人类的认知活动与这两种系统产生的智能行为在某些方面具有可比性，因此关于人类智能行为产生的内在机制，也就可以通过与大脑和计算机运作相同的原则和方式进行思考，从而获得启发。具体来说，一种启发来自计算机得以运行的编程模块及其结构，另一种启发则来自大脑神经元系统相互联结的运作架构。总体而言，这种类比的思路认为人类心智的本质可以被看作计算，虽然不能直接观察到这种计算过程，却可以借由计算机的逻辑运算方式或神经元的运作机制进行探索。

在这里，我们要注意的一点是，对同一个事物，可以从物理硬件和操作功能两个不同的层次进行分析。举例来说，要理解一台计算机如何工作，在物理水平上，我们谈及的可能是计算机的主机包含哪些部件、主机和显示屏如何连接、机器如何散热等；在功能水平上，我们描述的可能是机器正在进行什么工作，如正在接收外界的输入、对输入的信息进行处理（存储、提取、比较、排序等）、产生特定的输出等。硬件和功能这两个层次的描述是可以分离的。在思考人类心智问题上，无论是以计算机程序还是大脑神经元活动的方式为类比物，类比的对象并不在于机器和脑这两种物质基础，而是在于两者功能上的相似性，这是我们在理解基于类比构建的认知心理学理论时要注意的问题。

此外，对于同一个事物，不同水平的描述和分析并不能互相取代。知道计算机的各个部件是用什么材料做的，并不等同于知道各个部件的功能是什么。同样，知道大脑不同部位是由什么生命物质构成的，与知道大脑不同部位负责什么功能也完全不是一回事。但应该承认的是，对硬件和功能两种水平的分析都能有效地帮助我们认识事物，两者不可互相取代，而是呈现出一种相互补充的关系。

以下详细介绍两种不同取向的认知心理学理论的起源和发展：一种是将认知和计算机信息加工程序的运行相比的信息加工（符号主义，symbolism）取向，强调以符号逻辑运算的序列加工方式建立认知模型；另一种是参照神经网络建立认知模型的联结主义（connectionism）取向。在此基础上，我们将讨论认知心理学理论模型构建的一个重要发展趋势，通过认知计算建模精确地刻画大脑的结构和功能，探索心智的本质。

二、作为符号加工的认知：信息加工取向

我们通过前文已经看到，在认知革命的推动下，心理学研究重新回归对心理过程的关注。随着具有逻辑演绎运算能力的计算机对人类社会产生越来越大的影响，研究者提出可以将人类心智内部加工过程与计算机信息处理程序进行类比，建立认知理论构想。这是一个质的飞跃，直接促进了信息加工理论的诞生。

（一）理论的基本假设

信息加工理论的基本假设是：人的心智是一个处理符号系统的机器（Newell，1980）。

这个假设对认知科学产生了很大的影响。将人类的认知当作一个符号系统，我们就可以很方便地描述这个系统对符号进行加工与处理的方式，将这一系统与计算机作比较，这时，描述人类心智的过程也就和描述计算机的软件操作过程一样了。

西蒙就是符号主义的信息加工理论的代表人物。他从信息加工的角度研究人类思维，认为人类日常的认知过程是按照系列和序列的方式进行的，就像计算机程序一样进行信息加工，包括对信息的接收、存储、转化、传送和发布等。举个例子，在计算机中输入字的过程中，首先通过输入设备——键盘把这个字的编码信息输入主机，由主机对信息进行加工处理，再把加工处理后的信息通过输出设备输出（在屏幕上打出这个字）。人们对信息的处理，也是先通过感觉器官获得，然后通过大脑和神经系统对信息进行传递与存储，最后通过言、行或其他形式发布信息。因此，采用信息加工理论视角的研究者会更多地使用信息加工的术语，包括编码、存储、转换等，深入地思考一个外部的输入会经过哪些加工过程和加工阶段，表征的形式又会经历哪些变化，储存于哪里，如何提取最终才能形成一个特定的输出。例如，英国心理学家 Broadbent（1958）提出，绝大多数认知过程是由一系列相继进行的加工阶段组成的。当一个刺激出现时，首先进行的是基本知觉编码加工，接着是把一些基本加工信息传输到短时记忆的注意过程中，然后复述承担短时记忆信息保持的作用，之后有部分信息传输至长时记忆。这一理论范式也为教材编写者提供了一个简洁的框架：刺激进入感觉器官，然后经知觉、注意、短时记忆等过程最终存储于长时记忆中（这也是一般教材安排章节的顺序）。

在"人的心智是符号处理系统"这一假设下，信息加工观对表征和加工两个基本问题持如下看法：首先，在心理表征方面，认为人和计算机一样都使用符号来定义外部世界。人的心智就是一个通用的符号操作系统，与计算机一样可能会使用符号（如字母、数字、命题或场景等）来进行心理运算，进而表现出许多复杂的认知技能。其次，在心理加工方面，信息加工观关注流程，即加工系统对信息（符号）的各种操作流程，包括接收信息、对其进行编码、组块、分析、储存、复述、提取等，以及这些流程是如何以一种序列加工或模块化加工的方式进行协调和运作的。通过信息加工观点来研究人的认知过程，就是要看信息（符号）在人脑中经历了哪些加工阶段和特定的加工操作，从而形成具有一定联系的符号系统。同时，在不同的加工阶段，随着编码、转换等加工过程，表征的内容和形式又可能发生什么改变？储存于认知系统的哪些特定结构中？

图 1-4 显示的是通用的信息加工系统常用的表达方式，有点类似于计算机科学家使用的流程图。在这类系统中，方框代表心智活动中存储的信息表征，箭头代表信息表征之间的转换加工过程，整个流程代表了信息在一个系统中的有序（通常是序列性的）流动。

信息加工取向的理论还有其他几个假设。一是认知系统既存在结构性成分，也存在控制性成分，信息是在控制性成分的引导下流经认知系统各组成部分的。二是各认知加工阶段的完成需要特定的时间，因此从对特定任务的反应时间随外部刺激变化的模式，可以推知不同加工阶段是否及如何产生相互作用（参见第二章的反应时法）。这也是信息加工取向的理论建构对时间测量十分重视的重要原因。三是在信息加工的框架下，人类完成认知任务的各种能力被看成不同而又相互关联的"系统"，这些系统在一定程度上既独立又相互关联。例如，阅读能力包括一系列基本认知系统的能力，如知觉广度、注意广度、记忆能力等。认知心理学研究者关注这些不同的认知能力之间是如何相互作用的，以及它们对个体完成复杂的认知任务产生了哪些影响。

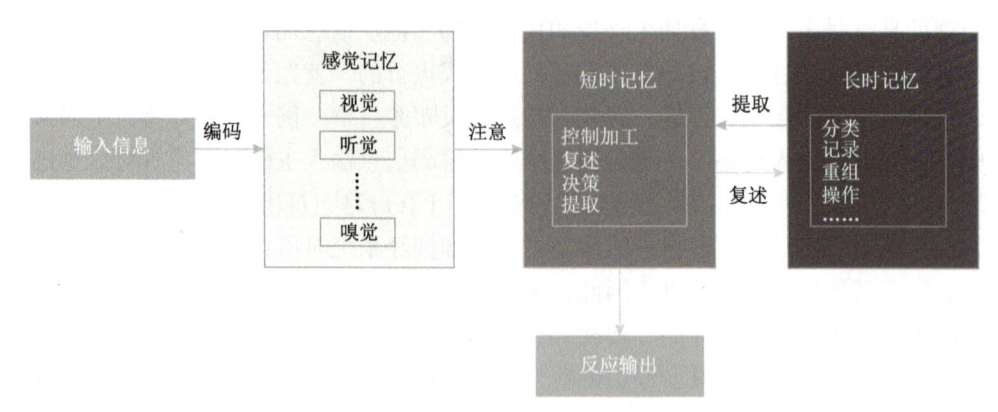

图 1-4　人的信息加工系统简图。图中显示了经典的信息加工模型如何关注"表征和转换"序列处理，这类模型认为心智活动是一系列心理操作（包括表征和转换加工）的组成，这些心理操作是以串行的方式进行的（一个操作完成之后再进入下一个操作）。此外，从图中可以看到外界信息输入后可以形成不同的记忆存储（例如，"短时记忆"表征），信息保留其中以备未来使用；还有不同的转换加工（例如，"注意"过程），在不同的阶段对存储信息进行处理运算

（二）信息加工取向的理论：小结与评价

信息加工取向的理论对认知模型构建功不可没，它认为认知具备可计算性，这拉开了认知计算研究的帷幕。这一理论已经得到主流认知心理学长达数十年的认可，心理的"符号及其表征"的思想已成为几代心理学家开展信息加工过程研究的工作语言。将人类的认知与计算机在功能层面上进行类比，使研究者有了一个模板，可以切实地思考黑箱应该如何解构，心理加工也不再是发生在黑箱中的某种笼统的过程，不再仅仅是知、情、意、行的这种空泛而笼统的分类。

但是，这一取向的理论信奉的是"硬件无关说""离身心智论"，忽略了结构是功能的基础。如果把心理加工理解为信息加工过程，其逻辑基础就是计算机也有和人一样的心理，而人的心理过程与其结构息息相关。因此，20 世纪 80 年代，强调结构的联结主义的重新崛起，似乎显露出取代符号主义的地位和作用的趋势。尽管如此，信息加工取向的理论并不因受到联结主义的挑战而失去自身的价值。因为认知革命和信息加工理论给心理学带来的最大改变是研究者对人类认知加工的理论构想有了一个清楚的参照，这是一个质的飞跃。

三、作为网络联结的认知：联结主义取向

（一）联结主义的基本观点

与将认知解释成符号运算的信息加工模型有所不同的是，McClelland（1988）提出的联结主义模型将认知看成一个网络的整体活动，认为人类的认知加工过程可以类比于神经元构

成的相互联结的神经网络结构及其工作方式,以并行的机制或神经网络的方式进行运作。

神经元的连接网络在一个人出生之前就已经存在。脑中的 1000 亿个神经元几乎已经全部准备好,而神经元之间的连接网络则在婴儿与外界刺激的接触中逐渐得以塑造。任何声音、景物、身体活动,只要是新的(第一次),都促进大脑某些神经元的树突和轴突生长,与其他神经元连接构成新的网络,同样的刺激第二次出现时,会使第一次建立的网络再次活跃。一个人的一生之中,不断有新的网络联结得以强化,而一些旧的网络联结不断地因修剪而萎缩、消失。联结主义认为,认知加工的过程与神经元网络的工作机制类似,是一个不断学习和建立新的激活模式、改变单元之间的联结强度和权重的过程。因此,动态地建立不同的激活模式,就能够解释不同的认知过程。

从联结主义模型来看,人类的认知现象可以通过由基本单元或者节点构成的相互联结的网络结构来描述(McClelland,1988)。在这个动态的网络系统中,单元之间彼此联结,每个单元都有不同的激活,既可以兴奋和抑制其他单元,也会受到其他单元兴奋和抑制的影响。节点之间的联结强度称为权重,一个单元的激活可以通过特定的权重向其他相联结的单元传递,可能会提高相联结单元的激活水平,也可能导致相联结单元活性的抑制或降低。当网络有一个初始的输入时,其兴奋和抑制便在单元之间扩散,直到形成一种稳定的状态。单元间联结的加强与消退也遵从一定的传递规则、激活规则和学习规则。同时,可以通过学习对权重的大小进行调节。因此,大脑在处理信息时,不是一个单元单独起作用,而是网络中的多个单元互相合作、协同启动。这些加工单元与人类大脑的神经元结构类似:神经元传递神经电位,并构成一切感觉和肌肉动作的基础,而加工单元传递激活与抑制的数字化信号,形成网络联结和激活模式(图 1-5)。因为两者的关系,联结主义模型有时也被称为神经网络模型(neural network model)。

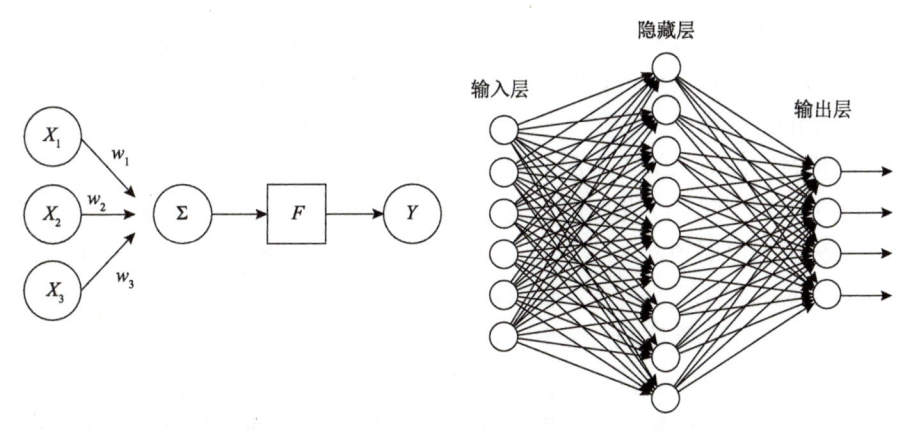

图 1-5 由神经元(神经科学)或加工单元(认知心理学)构建的一个简单网络示意图。左图显示一个单元如何传递数字化信号,其中 X 表示输入,Y 表示输出,w 表示输入权重,F 表示激活函数(如阶跃函数);右图显示由单元构成的网络,其中,输入层接收外部输入,隐藏层用于提取特征和进行非线性变换,输出层给出最终的预测结果。在网络中,一个单元的激活值和单元之间联结的权重是描述网络的重要指标

（二）联结主义取向与信息加工取向的差异

联结主义取向的模型与信息加工的认知模型对心理表征和心理加工的看法截然不同。在心理表征方面，联结主义取向的模型认为知识并不是储存在特定的结构里，而是以单元和单元之间的联结和激活模式来表征的。因此，表征的形式就是单元的激活模型与单元间的联结状态。如果整个模型产生新的联结方式，单元间的权重出现改变，则单元的激活值也会变化，此时新的表征得以产生。信息的存储和学习都分布于整个网络不同层级的所有单元中，以整体的激活模式来表征，因此当模型（或者说认知系统）的一部分出现损坏或丢失时，特定信息的表征并不会完全丧失或无法习得，只是准确性下降。由此可见，联结主义取向的模型分布式的表征方式有着更强的容错性。

在加工方面，两者的差异表现在是否需要中央处理结构这一问题上。受到早年计算机特点的影响［即认为一台计算机只有一个 CPU（中央处理器，central processing unit）和一个内存，只能进行一种信息操作］，传统的信息加工模型一般认为人类认知系统中的信息处理是以串行加工（serial processing）方式进行的（同时只有一个心理操作阶段，该阶段结束后再开始另一个阶段）。经典的信息加工模型存在一个中央执行控制系统，信息的存储系统和执行控制的结构相分离。联结主义取向的模型建构假设信息是通过众多单元的恰当联结来表示的，无须假定存在一个所谓的中央处理器来负责引导一种信息从一个特定的加工阶段或存储结构流向其他加工或存储结构。认知加工是以并行的方式来进行的，信息同时分布于各个不同的层级。这种分布式与局部式表征形式的差异，涉及的正好是人脑与传统计算机明显不同的一种重要机制，涉及计算过程的自主控制结构的概念是否重要的问题。

基于脑/神经科学（如动物电生理）的研究确有许多证据支持这种联结主义的取向，如大量神经元可以同时进行很多操作运算，不同脑区/皮层通路也能同时处理不同的感知信息。此外，神经科学研究也证实，信息在大脑内的加工处理，不仅存在从低级神经元传导至高级神经元的前馈过程，还存在从高级神经元传导至低级神经元的反馈过程；神经元对其感受野内信号的激活水平，会受到感受野之外刺激的调控。联结主义模型也在视知觉、学习和记忆、语言、高级认知等方面取得了很多研究进展，尤其是在语言方面。例如，研究者使用联结主义模型解释了儿童语言能力的发展与语言障碍的症状，这个网络包括前馈和反馈两个部分，输出层和输入层直接相通，刺激物的信息能够在模型中不断得到修正、再表征，直至与实际刺激完全一致，此时就可以借助该模型揭示语言障碍与大脑结构的联系。在后面关于知觉、语言等的章节中，我们会看到更多相关的模型和范例。

总体而言，联结主义观点提示我们，在思考人类心智运作的过程中，有必要加入生物学约束，同时考虑人脑对信息的加工和处理方式（例如，深度神经网络模型的构建）；人类进行认知任务时往往并不是严格地遵循串行过程，而是存在并行加工机制；认知活动不仅存在自下而上的作用，即刺激驱动的信息加工，还存在自上而下的影响，如主动注意和预期；人们对外界事物的认知，不仅仅取决于事物本身，还与该事物所处的周边环境有关，即产生情境效应。在具体认知任务中，各个心理操作之间的关系究竟是串行的还是并行的？是自下而上还是自上而下的过程？情境如何影响人们的认知加工？这些问题已经成为很多认知心理学研究争议的焦点，后面的章节会进一步讨论相关问题。

四、认知心理学理论建构的演变：从语言描述到精准量化

（一）精准量化对认知心理学研究的意义

科学研究是人们认识事物的重要途径，任何一门科学的目的都在于获得对事物的规律性的客观认识，认知心理学作为心理科学的一个分支当然也不例外。心理学最早起源于哲学，后来从哲学中分离出来。从定性方法发展到定量方法，从语言描述发展到定量分析，心理学研究者不懈地探索着人类感知外界信息、进行信息内化处理的心理和行为的客观规律。然而，由于心理学尤其是认知心理学关注的研究对象是人类的心智，这又是世界上最抽象、复杂多变而且最难以量化的探寻对象，研究者对它的理解总是伴随着各种各样的偏差和质疑。尽管如此，对科学性和说服力的追求却一直是历代心理学研究者孜孜以求的目标，而对高级的认知过程的清晰量化则成为研究者不懈努力的方向。

现代心理学起源于19世纪末，初期的心理学发展受生理学的影响很大。当时的研究者致力于量化低级心理现象，但那些量化的手段却难以应用到像思维、意识等高级心理现象的解释上。20世纪初期，华生创立的行为主义流派干脆不承认心理现象的存在，因为心理现象看不见、摸不着，更不用说量化了。他们只研究人外在的行为，对心理现象的量化也就一直停留在一个很低的水平上。直到20世纪50年代中后期，认知革命的兴起推动了心理学的发展，使其日益成为一门独立的、经验性的科学。认知心理学强调采用科学的研究方法探究人类及动物的所有行为和心理过程，这种科学主义方法论的共识也更加根深蒂固。然而，从这些研究衍生出来的实际应用也被视为更具科学基础和科学证据。

数据可以把真实的物理世界量化并抽象成代表现实世界的特征值。19世纪末至今，认知心理学历经一个多世纪的发展过程，其间数据采集的方式也在发生巨大变革。从反应时分析到无创性脑成像技术的进步和成熟，心理学家对心理历程及其神经机制的量化研究也越来越成熟。例如，通过对伴随着认知活动过程而产生的脑电信号进行记录与分析，配合完善的认知心理学实验设计范式，研究者可以提取反映个体当前的情绪、疲劳状态、专注度水平、放松度水平等的特征值，并在不需要被试进行外显反应的情况下初步判断一个犯罪嫌疑人是否曾到过犯罪现场。相比传统的只使用编制好的问卷，通过询问主观感受并进行打分来推断被试是否说谎，这种方法显然要更加精确和客观。20世纪末，功能性磁共振成像技术开始被广泛应用于认知心理学研究，研究者可以借助仪器设备无创地观察伴随着认知活动引发的大脑内部血氧的改变，以推测人类在进行某种认知活动时相关脑区是如何卷入并执行相应的认知加工的。结合一些前沿的分析方法，如神经解码技术，研究者甚至可以在一定程度上窥探被试当下正在处理何种精细信息。可以说，正是精细而准确的量化研究技术，尤其是对高级心理现象的精准测量和评估的需求，不断推动认知心理学实验研究方法和研究技术的发展。然而，对人类心智加工过程和结果的准确描绘，又能更好地使研究者准确地预测人类的行为，并在必要的情况下更有效地引发人类的认知和行为的改变。

科学研究非常重视对变量之间的关系进行因果推论，对心理现象来说，研究者需要通过设计实验来间接推测和反映认知过程，严密控制的实验设计是获得"纯净"的心理和行为间因果关系的重要途径。20世纪80年代，认知行为实验方法虽然已经成为心理学领域大多数分支研究的主要方向，但这些方法在使用时有一定的局限性。例如，大多数实验心理学研究设计往往只能严格操纵少数几个其关心的变量，控制其他可能影响因变量的额外变量。这种过于精巧的实验设计常被批评难以量化真实的认知过程。众所周知，人的各种高级心理现象和心理规律通常是复杂情景下多个变量在不同的时间进程中产生交互作用的复杂结果，因此只改变某一个或某几个简单变量，而控制多数变量的严格的实验设置，有时的确难以反映真实的认知加工过程。因此，如何在心理学研究中尽可能地复现真实情境下人的复杂和高级行为和心理模式，提高实验设计的信效度和科学性，是目前许多研究者关注的问题。

（二）大数据时代的认知心理学研究

随着"互联网+"和大数据时代的到来，数据采集和处理的广度、深度、细度不断延伸，认知心理学研究方式也开始发生一些重要的变革。一些研究者开始借助大数据技术的支持，改进研究设计，使心理过程的量化研究走向更为真实、多样、精确及科学化的方向。

使用大数据技术研究认知加工有着十分重要的意义。第一，从广度来看，人类的认知不是一个封闭的系统，每一个细微的认知过程都会受到个体自身、刺激材料、环境等因素的影响，而这些因素往往又需要进行不同维度、多种变量的测评才能得以准确描述。多变量数据的采集和分析可以更全面地描绘认知过程如何受不同因素的动态调制。第二，从深度来看，借助多种测量技术手段，研究者可以记录和储存个体认知加工进程伴随的生理、行为变化数据，全面推断认知加工的过程与特性。第三，从精细度来看，纳入个体多种个性化信息，更有利于解释千差万别的个体差异。例如，在社会认知相关的研究中，纳入包括浏览记录、消费记录、交往和购物娱乐、行动轨迹等各种行为产生的数据，研究者可以不再局限于对群体层面一般规律的探索，而个体差异变量的引入也使研究成果在运用时更有针对性。总而言之，大数据的引入，可以辅助研究者开展更加生态化的实验设计，提供数据采集、存储、处理和呈现等方面的支持，直接针对不同群体真实的、自然环境下发生的行为和心理现象进行研究，探索活生生的人类心智加工。

目前，大数据在心理学研究中的广泛应用已经成为一种必然趋势，越来越多的国内外研究机构合作建立了重大疾病多模态数据库（涵盖遗传、神经、脑影像、行为和环境等），并在此基础上开展心理研究。尽管借助大数据可以克服传统的"小数据"研究的局限性，提高研究的说服力、代表性、稳定性和泛化能力，但由于收集数据的规模、速度、种类和复杂程度超出了传统分析方法的处理能力，随之而来的一个关键问题是如何分析和利用复杂的数据。事实上，离开理论的假设，数据本身并不能告诉我们更多的信息。

（三）认知计算建模方法越来越受到重视

随着多变量、大数据方法的广泛应用，目前认知心理学领域也越来越多地使用一种融合认知理论、计算机科学和数学等多学科交叉的方法，即认知计算建模。这种方法通过分析和理解与认知相关的数据，包括规模和复杂程度不同的、结构化和非结构化的、定量或定性的数据，并把现实数据转化为客观的数理模型或计算模型，据之剖析认知决策与内部各因素的因果关系，进而实现对高级认知过程和行为的识别、模拟、预测、反应及理解。需要强调的是，认知计算建模是一种相对客观和科学的高级分析与量化方法，其目的是在一定的心理学理论假设下，通过合理的数学模型量化与预测行为模式和心理过程，在无意义的现实数据和抽象复杂的心理现象之间架起一座桥梁，促使研究者通过具有理论支撑的数学模型的运作机制来加深对未知心理过程的理解，最终深入剖析高级心理现象。

  对于模型的应用，计算机科学或者数学学科往往倾向于关注模型性能指标，如准确性、精确度等，因为这些学科的目的是提出性能更优的模型代替人工的工作。例如，对一个安保系统的自动人脸识别来说，当然是准确率越高越好，同样，人们对机器翻译的评价也是准确率越高越好。简单来说，系统的研发者并不在意这些模型和系统运作的原理和机制是否与人的认知机制相同，或者说其机制是否与人对同样刺激的处理过程一致。相比之下，认知心理学中的计算建模则有所不同，其着重借用准确的模型模拟人的高级认知加工过程，从而了解人的认知。因此，模型完成任务的过程和机制的拟人化程度，是评价该模型的一个重要指标。换句话说，认知心理学的建模研究特别关注模型的拟人性和可解释性。研究者利用模型是为了剖析人的认知加工机制，因此我们考虑的不仅仅是大量没有意义的模型参数可以与认知行为表现出拟合度非常高的结果，而且是更希望了解这个拟合得很好的模型参数背后蕴含的心理学意义。同时，当这个模型与认知行为表现的数据有更好的拟合度时，可以对这个模型如何反映人的认知加工及其特点进行推论。以认知心理学领域的视觉加工研究为例，目前基于深度学习的图片识别的准确率可能比人工识别的准确率还高，因而在现实中有重要的应用。但是，由于深度学习模型是基于亿万级别的数据训练的结果，模型内部是一个黑箱，可解释性较差，因此研究者对这些模型的内部机制是不清楚的。借鉴这样的模型来解释人的视觉认知加工，其实际的科学价值就显得十分有限。尝试结合传统的认知和神经科学模型，提高数学模型的解释力，是该领域目前要做的一项困难却又十分有意义的工作。

  总体来说，从心理学发展，尤其是实验与认知心理学发展的历史来看，准确、客观地量化心理过程是心理学走向科学化的必经途径。随着研究方法的不断改进和发展，对人的行为和高级心理过程进行量化、识别、预测和理解的这一过程也越来越成熟。然而，研究者也深知，人类心智的复杂度远超出我们的想象，因而目前我们离量化心智这个目标还差十万八千里，想要完全弄清每个高级认知加工过程的机制和相关神经基础，还有非常长的路要走。即使有一天完全了解了人类大脑每一个局部甚至每一个神经元的功能，我们是否能完全预测人的行为也未必可知。因为心理学本身有其学科的特殊性，有时候完全量化未必可以解释心理现象的本质。但至少在当前阶段，量化研究具有深刻的意义，是使研究过程和研究结果更客观、可靠和科学的必要手段，没有客观、准确的量化，很难对心理现象给出科学的解释并且将其应用于现实生活中。

关键术语

心智活动 mental activity
心理过程 mental process
知觉恒常性 perceptual constancy
编码操作 coding operation
记忆和应用操作 memory and applied operation
范式 paradigm
理性主义 rationalism
经验主义 empiricism
结构主义 structuralism
内省法 introspection
功能主义 functionalism
行为主义 behaviorism

人因工程学 human factors engineering
语言学 linguistics
机能定位 localization of function
计算机模拟 computer simulation
计算建模 computational modeling
人工智能 artificial intelligence
虚拟现实 virtual reality
表征 representation
类比法 analogy method
符号主义 symbolism
联结主义 connectionism

知识要点

- 认知心理学的定义
- 认知、心智的结构、功能和运作过程
- 认知心理学与科学方法的运用
- 认知心理学的发展历史
- 不同相关学科对认知革命的影响和推动
- 认知心理学研究的几个基本假设和关注的基本问题
- 心理表征与心理过程的含义
- 认知心理学中的信息加工取向与联结主义取向
- 量化研究对认知心理学研究的意义
- 大数据分析对认知心理学研究发展的影响

第二章
认知心理学研究方法

认知心理学作为一门科学，一直致力于将理论和前沿技术结合起来来对心智开展研究。在过去几十年里，认知心理学家开发了丰富多彩的研究范式和技术，从不同角度来探讨人类心智问题，包括但不限于信息加工、神经生物、计算模拟和人工智能等。本章介绍重要的认知心理学研究方法和技术。

现代认知心理学家普遍认为，研究人类认知的科学方法应该综合理性主义和经验主义：一方面，研究者需要依据理论来解读实证数据；另一方面，又要用实证数据来修正理论。在理论和实证相互作用的科学研究过程中，通常包括数据采集和分析（data acquisition and analysis）、理论发展、假设形成、假设检验（hypothesis testing），以及研究泛化等阶段。在这个过程中，研究者提出了多种具体手段来开展对心智的研究，包括自我报告、个案研究、自然观察、准实验、实验、计算模拟和人工智能等。就一个假设的检验而言，实验法是最为严格的科学手段，能够提供精确定量的测量分析，这也是认知心理学在方法学上区别于心理学其他领域研究的一个重要特点。因此，本章首先重点讨论实验法（第一节）和相关法（第二节），随后介绍计算建模的方法（第三节）如何应用于人类心智的探索。

第一节 实 验 法

相对于心理学其他领域，认知心理学在研究方法上的一个重要特点是，通过严格的实验操控来检验或区分理论假设。一个实验至少要包括两种类型的变量：自变量（independent variable）和因变量（dependent variable）。自变量是指实验者需要操纵的对象，因变量是指实验者需要观测的对象。在实验过程中，研究者需要观察、记录当自变量发生变化时［这个变化由实验者操控，可以生成不同实验条件（experiment condition）］因变量是否会随之变化，以及具体如何变化。一个理想的实验设计是，各个实验条件之间除了自变量的差异之外，其他可能对因变量产生影响的因素都被控制了，即实验条件之间没有除自变量之外的差别。这样在不同条件下观察到的因变量变化可以完全归因于自变量的变化，此时因变量的变化可以称为实验效应（experimental effect），从而得到严谨、可靠的因果结论。以下我们首先介绍实验法的基本思路，然后从行为实验、脑活动记录及脑刺激/损伤等方面介绍认知心理学的实验方法。

一、实验法的基本思路

严谨的实验研究可以分离那些真正形成因果关系的因素，这对于检验理论假设至关重要。例如，在心理学研究中，对同一个问题通常会有很多不同的理论观点，这些理论观点的分歧常常体现在不同的因果关系上，因此可以通过实验法来进行检验。例如，人们在不同环境下的注意能力存在很大差异，关于差异的来源，观点 A 认为是噪声的作用，隐含的信息加工假设是听觉加工会对注意产生影响；观点 B 认为是光线的影响，隐含的信息加工假设是视觉加工会对注意产生影响。为了检验这两个观点，实验者可以分别将噪声或光线作为自变量，当以噪声为自变量时，不同实验条件之间只有噪声发生变化，光线等其他环境因素保持不变；当以光线为自变量时，不同实验条件之间只有光线发生变化，噪声等其他环境因素保持不变。实验者记录、观察因变量，如人们的注意能力是否随着自变量的变化而变化。如果噪声为自变量时观察到了因变量的变化，那么就支持观点 A；如果光线为自变量时观察到了因变量的变化，那么就支持观点 B。

1. 被试间设计与被试内设计

很显然，实验法的一个重要特点是需要对自变量进行有效的操纵。自变量的操纵可以在不同被试之间进行，也可以在同一个被试内进行。例如，在刚才介绍的操控光线的实验中，随机选取一组被试，使其处于亮光条件下，另一组被试处于暗光条件下，比较两组被试的注意力成绩表现是否有差异，这种设计称为被试间设计（between-subjects design），光线是一个被试间变量（between-subjects variable）。另一个设计是，将同一组被试一会儿置于亮光条件下，一会儿置于暗光条件下，比较他们在这两个条件下的注意力是否发生了变化，这种设计称为被试内设计（within-subjects design），此时光线是一个被试内变量（within-subjects variable）。这两种实验设计各有优缺点。被试间设计的主要问题在于，不同实验条件间的被试可能不匹配。如果实验被试的随机分组没有做好，两组被试之间本身就存在注意能力的差异，那么就会对实验结论产生影响。被试内设计的主要问题在于，不同实验条件之间可能存在顺序效应。如果对同一名被试进行亮光条件和暗光条件两次测试，相对于第 1 次测试，第 2 次测试可能存在学习或疲劳效应等，这样两个条件之间的差异就不一定是光线造成的，可能只是实验顺序效应。在很多认知心理学（特别是神经机制）研究中，个体间的差异非常大，而样本量又不够多，随机分组往往会存在较大问题。为了尽量避免被试不匹配这个问题可能带来的影响，研究者常常采用被试内实验设计。在进行被试内变量设计时，为避免可能存在的实验顺序效应问题，可以采用在被试间平衡顺序的方法。比如，对有的被试先测试亮光条件，对有的被试先测试暗光条件，将这些被试的数据平均，可能会抵消顺序带来的影响。

2. 自变量的操纵与因变量的测量

在认知心理学的实验研究中，自变量的操控对象可以分为两大类：①实验情境，包括刺激环境、任务设置和学习经验等；②脑活动，可以通过经颅磁刺激（transcranial magnetic stimulation，TMS）、经颅直流电刺激（transcranial direct current stimulation，tDCS）和经颅交流电刺激（transcranial alternating current stimulation，tACS）等技术手段进行操控。此外，认知心理学研究中还有一类常见的自变量，即被试特征，如年龄和性别等。但请注意，这类变量通常是不能被实验操控的，例如，我们不能将某个被试随机分配到年轻组或老年组。涉及这些变量的研究一般是相关研究，而不会被归类为严格的实验研究。例如，我们只能得到年龄和研究效应的相关关系，而非因果关系，具体请见下文关于返回抑制起始时间的个体差异研究实例。因变量测量则可以采用多种实验技术手段，包括行为学指标，如正确率（accuracy）、反应时（reaction time）和眼动特征等，以及脑活动指标，如 ERP、MEG、fMRI、PET 和近红外脑功能成像（functional near-infrared spectroscopy，fNIRS）等。

根据实验中采用的自变量和因变量的类别，我们可以将认知心理学实验分为以下 3 类。①行为实验。改变实验情境，如刺激环境、任务策略（task strategy）或学习经验等，观察行为反应的变化。此时实验自变量是实验情境，因变量是行为反应，可以通过行为学的技术手段来测量。②脑活动记录。改变实验情境，如刺激环境、任务策略、学习经验，观察脑活动的变化。此时实验自变量是实验情境，因变量是脑活动。③脑刺激/损伤实验。改变脑活动或脑结构，观察不同实验情境下被试的行为反应和/或脑活动变化。此时实验自变量是脑活动或脑结构，因变量是特定实验情景下被试的行为反应或脑活动。其中，行为实验通常称为实验心理学实验，即狭义的认知心理学实验；后两类实验利用了脑科学技术手段来进行因变量的测量或自变量的操控，常常统称为脑认知实验或认知神经科学实验。对于同一个认知问题，我们通常首先会开展行为实验，据之确定影响行为的关键实验情境因素和可能涉及的内在认知加工过程，建立认知加工的行为学操作性定义（operational definition）和实验范式。随后，再开展脑活动记录研究，以分离认知加工过程，寻找各个过程对应的脑活动指标，并探讨其时空关系，构建精细的认知加工模型。最后，进行脑刺激/损伤研究，以确定某个特定脑活动/结构和某个特定认知过程/心智活动之间的因果关系，这种因果关系可以通过特定情境下的行为或脑活动得以反映。

我们用一个例子来说明以上研究思路。在学习研究领域，如何设置合适的训练任务模式以产生更好的学习效果，是研究者和社会大众普遍关心的一个问题。关于这个问题，可以首先通过行为实验，找到影响学习效果的关键因素，如难度（困难训练任务可能会比容易训练任务产生更好的知觉学习效果）。接下来，通过 EEG 活动记录，发现在容易条件下的学习效应只涉及了较高级或晚期的大脑活动的变化，但是困难条件下的学习可以改变更低级（底层）的感知皮层活动。进一步，可以采用（可恢复的）脑损伤研究，通过 TMS 抑制低级感知皮层活动，观察这一自变量的操纵是否会影响困难条件下的行为学习效应，而不影响容易条件下的行为学习效应。通过这一系列研究，可以深入揭示任务难度对学习效应的影响及其认知神经机制，进而构建学习发生的理论模型。

二、行为实验

在 100 多年的行为实验研究过程中，实验认知心理学家发展出了许多成熟的实验研究方法，这些研究方法主导了各种认知任务的开发和分析。相对而言，随后要介绍的脑功能研究和计算建模研究方法还处在不断发展的阶段。行为实验通过各种行为学技术手段来观测实验效应。不同的技术可以得到许多不同的因变量指标，包括正确率、反应时、阈值和眼动特征等。其中，正确率和反应时是最为常见的两个指标，前者是对刺激做出正确反应的试次数占所有试次数的百分比，后者是从刺激呈现到对该刺激进行反应所需要花费的时间。它们可以分别提供认知加工的准确度和速度信息，这对于构建认知加工模型而言是非常重要的。这两个指标的观测在技术上都很容易实现，通常只需要有一台性能良好的计算机，包括呈现刺激的屏幕和记录反应的键盘，以及一间环境可控的小房间（5—10平方米）就可以了。

（一）行为实验研究的逻辑——以反应时研究为例

1. 对特定认知过程的分离

心理学家在开展反应时实验研究认知过程时，常常采用减法原理（subtraction principle）。减法原理基于信息加工研究范式（information processing paradigm）的基本假设，认为一个信息加工任务是由多个加工过程组成的，每个加工过程都需要耗费一定的时间，所有加工过程耗时之和等于完成该信息加工任务需要花费的时间。利用减法原理可以估计某个认知过程耗费的时间。具体做法是：从包括某个认知过程的信息加工任务用时中减去不包括该过程的信息加工用时。

减法原理最先由Donders（1969）在一个先驱性的实验中提出，这个实验要探讨的问题是"做决策需要花费多长时间"。实验设置了两种情境，要求被试完成的反应任务有所不同（这是研究者操控的自变量）：情境1[图2-1（a）]是简单按键反应任务，只要出现灯光就按键反应，此时记录获得的反应时称为简单反应时；情境2[图2-1（b）]是选择按键反应任务，需要对不同位置出现的灯光进行不同的按键反应，左侧出现按一个键，右侧出现按另一个键，此时记录得到的反应时称为选择反应时。实验的基本逻辑和假设如下：在情境1中，按键反应前的心理过程包括"感觉到灯光"；在情境2中，按键反应前的心理过程不仅包括"感觉到灯光"，还包括"决定按哪个键反应"；如果用情境2记录得到的"选择反应时"减去情境1记录得到的"简单反应时"，可以认为差值反映了"做决策需要花费的时间"。在Donders的研究中，这个差值是0.1 s，因而他推测决定按哪个键反应需要0.1s。这一研究被认为是历史上的第一个认知心理学实验，揭示了关于心智的行为研究要点：心智活动虽然不能直接测量，却可以通过行为反应进行推测。

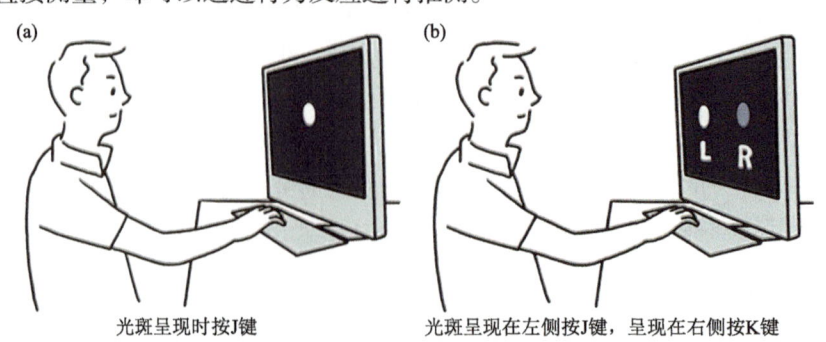

图2-1 Donders的减法反应时实验。（a）情境1：简单按键反应任务；（b）情境2：选择按键反应任务

2. 选取对照条件的重要性

没有对比就不知真伪。在科学研究中，我们需要明确因变量的变化的确是由自变量引起的。这就需要一个与自变量在其他水平都保持一致的条件来检验实验处理的有效性。

以上述实验为例子，情境 2 包括研究者关心的"决定按哪个键反应"这一认知加工过程，称为实验条件；情境 1 不包括研究者关心的认知加工过程，称为对照条件（control condition）。一个理想的认知心理学实验设计是：在自变量的操控上，即实验条件和对照条件之间，除了研究者关心的认知加工过程存在差异，其他认知加工不存在差异，这样因变量随着自变量而发生的效应，就可以归因于研究者关心的认知加工，而不是其他混淆机制。例如，在图 2-1 所示的实验版本中，情境之间的差异除了"决定按哪个键反应"这一认知加工过程，还可能存在"刺激出现位置不同而引起的感知加工速度不同"。在情境 2 中，灯光刺激出现在外周视野（注视点两侧），在情境 1 中，灯光刺激出现在中央视野。如果人们对外周刺激和中央刺激的感知加工速度不同，那么情境 2 记录到的选择反应时和情境 1 记录到的简单反应时之差，就不仅仅包括"做决策需要花费的时间"，还包括"外周和中央视野感知加工时间之差"。一个改进的实验设计是：在实验条件和对照条件之间只存在"任务反应"的差异，而将"刺激呈现"控制一致，都采用图 2-1 中情境 2 的设置，即无论是简单反应任务（对照条件）还是选择反应任务（实验条件），灯光刺激都出现在注视点左右两侧。进一步思考，如果将纯粹的"做决策需要花费的时间"提取出来，我们还需要进一步控制实验条件和对照条件之间可能存在由"反应方式"不同导致的"手指按键速度的差异"。在对照条件下，只要按一个键，被试只需用某一个手指；在实验条件下，需要按两个不同的键，最常用的一种方式是分别用两个手指来对应两个不同的按键。如果实验条件和对照条件的手指按键速度本身有差异，那么也会使实验结果产生差异。

3. 构建变量并理解它们反映的心智过程——认知心理学与行为主义的区别

从以上举例可以看到，与行为主义只关心刺激、反应之间的关系不同，认知心理学研究的根本目的是探讨内在心智过程。这些内在加工过程虽然并不能直接测量或操控，但是可以通过一定的研究假设和逻辑对研究关注的认知过程进行操作性定义，结合精巧的实验设计来推测。这个操作性定义涉及对自变量实验情景的操纵，例如，假设可以通过实验条件和对照条件的比较来抽取某个特定认知加工过程，还涉及对因变量行为反应的测量，例如，假设实验效应可以反映该认知过程的加工速度和准确度等。

在心理学实验研究中，总体来说，"刺激呈现""任务策略""反应方式"是研究者经常需要考虑的实验情境变量。不同的变量与不同的加工过程密切相关，研究者可以通过设置不同的变量来定义不同的信息加工过程。认知心理学家关注的主要是内在心智加工，也就是中枢神经系统信息处理，而不仅仅是对外在刺激的感觉输入或对外界环境的反应输出过程；此时"任务策略"这个变量的设置就显得尤为重要。研究者通过不同的任务设置对比，尝试将某个特定认知加工过程抽取出来。但在这个变量设置过程中，需要特别注意是否混淆了其他变量所关联的无关加工进程的影响，例如，与刺激呈现密切相关的感觉输入或者与反应方式密切相关的运动输出也可能对结果产生影响，却不是研究者感兴趣的变量。认知心理学实验设计就是要构建反映了某个特定认知加工过程的关键变量，包括自变量和因变量，以及这些变量之间的逻辑关系和假设。

4. 不同加工过程（串行/并行）之间相互关系的研究

虽然反应时减法原理在心理学研究中得以广泛使用，但其一个基本假设是，一个认知任务由多个不同阶段的认知加工过程组成，各个加工过程之间是以串行的方式进行的，因此可以将完成任务的总反应时分解成各个认知加工需要的时间之和，进而设计实验分离各加工过程。这是一种串行加工的假设。虽然这种串行加工也是传统信息加工理论模型的基本构建，然而实际生活中的各种现象（例如，对复杂视觉世界的快速觉知）及神经生理学研究（例如，大量神经元同时进行很多操作运算）提示我们，认知加工不仅存在串行的方式，也应该存在并行加工的模式。那么，对于某个具体认知过程，其加工是以串行的方式还是并行方式进行的？这是认知心理学研究的一个核心问题。

利用反应时能够精确地测量认知加工速度的特性，心理学家设计了很多精巧的实验来探讨这个重要问题。以 Treisman 关于视觉搜索机制的研究为例。图 2-2（a）显示了研究采用的视觉搜索任务刺激图。被试的任务是在一个符号阵列中寻找蓝色的"+"。对于有的阵列刺激，如图 2-2（a1），蓝色的"+"似乎一下就跳出来了，但是其他一些阵列刺激，如图 2-2（a3），要寻找蓝色"+"，需要被试非常仔细地去观察。Treisman 提出一个假设来解释这种现象：当搜索目标和刺激阵列中的干扰子之间的差异可以用一个特征来定义时，称为特征搜索条件，例如，在图 2-2（a1）中，目标蓝色"+"和干扰子之间在颜色特征上有显著的差别，只有目标是蓝色的，而在图 2-2（a2）中，目标蓝色"+"和干扰子之间在线段个数上有显著差别，只有目标是由横竖两条线段组成的。此时，被试会通过对阵列中的所有项目同时进行检查的方式，即并行搜索（parallel search）来实现对整个阵列的快速检测。当搜索目标和干扰子之间的差异必须通过多个特征联合定义时，称为联合搜索（conjunction search）条件。例如，在图 2-2（a3）中，仅仅通过颜色或线段特征，不能区分目标蓝色"+"和干扰子，只有将颜色和线段特征联合起来，才能进行区分。此时，被试会采用串行搜索（serial search）的方式来逐一检查阵列中每个项目是否为搜索目标。

如果 Treisman 的这个假设是正确的，那么首先可以预期，在特征搜索条件下，反应时不会随着搜索阵列中项目个数的变化而变化；在联合搜索条件下，反应时与搜索阵列的项目数之间应该存在正比关系，实验结果恰如预期所示，参见图 2-2（b）、图 2-2（c）。根据 Treisman 的假设，还可以预期，在联合搜索条件下，目标不存在时的反应时是目标存在时的反应时的 2 倍。这是因为当目标不存在时，被试需要对阵列中所有项目逐一检查之后才能判断不存在目标；当目标存在时，被试平均只需要检查一半的阵列数目就可以找到目标了。可以通过概率统计公式计算确定搜索的模式。实验结果也正如预期所示，在联合搜索条件下，目标不存在时的"阵列项目数–反应时"线性拟合斜率约是目标存在时的 2 倍，参见图 2-2（c）。斜率反映了被试在将搜索阵列中的每个项目和目标进行比较时需要花费的时间。这一结果提示我们，人们需要 30—50 ms 的时间来比较一个项目和目标。

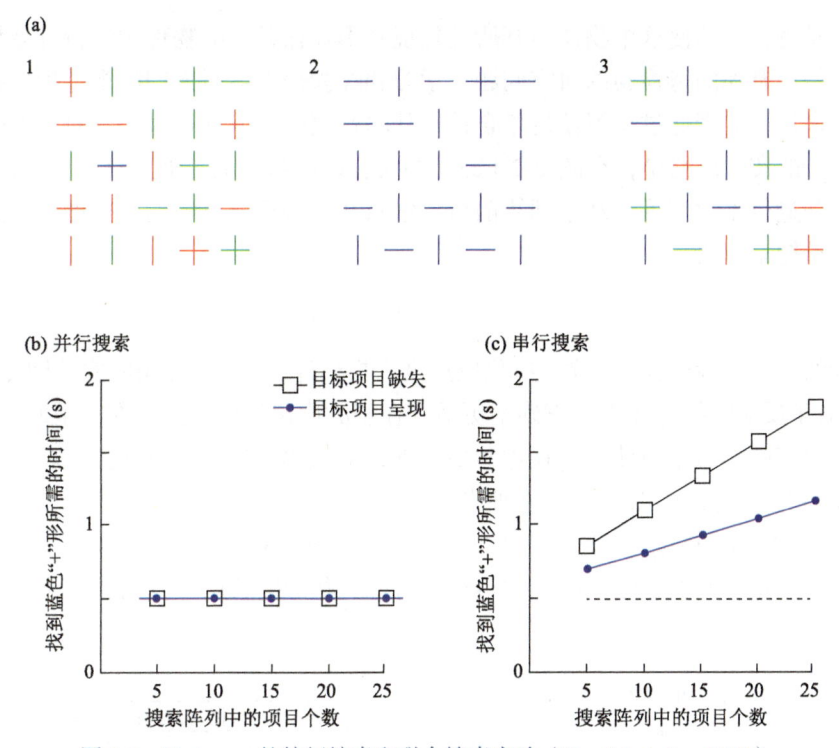

图 2-2　Treisman 的特征搜索和联合搜索实验（Kandel et al., 2013）

在上述实验中，被试的任务是不变的，始终是寻找蓝色的"+"。实验操控了两个"刺激环境"变量，即目标和干扰子的关系（颜色特征搜索、线段特征搜索、颜色-线段联合搜索）及阵列项目数（5、10、15、20、25），实验的因变量是反应时。实验的巧妙之处在于，通过阵列项目数这个变量的设置，计算"阵列项目数-反应时"斜率，可以排除搜索任务涉及的很多其他信息加工的影响，包括决策和按键反应输出等，而得到每多检查一个项目需要的时间；通过特征搜索条件和联合搜索条件的对比，可以排除不同阵列项目数条件之间可能存在的低级物理刺激输入，如刺激呈现位置和光通量等的影响。这样对特征搜索条件和联合搜索条件下的"阵列项目数-反应时"斜率结果进行对比，就可以很好地说明两者具有不同的内在搜索机制。

在上述这些研究示例中，实验自变量包括任务和刺激等因素，对这些因素的操纵，可以探讨人们在不同刺激环境和任务要求下的认知心理机制。

5. 对影响心智加工的因素进行探测

在认知心理学研究中，越来越受到研究者重视的一个问题是，人的心智过程是否受到学习经验的影响及如何受到学习经验的影响？为了研究这类问题，实验设计通常还需要包括"学习经验"这个自变量。

研究经验如何影响心理加工过程的一种常用方法是，在前人已建立的实验任务范式下，加入"学习"这一自变量，观察学习前和学习后的认知加工机制的变化。例如，通过日常生活的观察，我们会发现寻找一个特别熟悉的物体（比如，父母的面孔）要比寻找一个陌生的物体容易得多，即使这个物体与其所处环境并不存在显著的物理刺激特征差异。这个观察引发了一个有趣的待检验的研究问题：学习和经验是否会对人们的视觉搜索机制产生影响？具体来说，能否通过学习使得联合搜索从串行模式变成并行模式？对于这个问题，一个简洁可行的实验思路是，在图 2-2（a3）的实验设计基础上，加入自变量"学习"，对联合搜索任务进行多次训练，观察训练前后搜索斜率是否从学习前的串行搜索模式变成了学习后的并行搜索模式。

（二）内部加工准确度的评估——行为正确率

在经验的认知实验研究中，除了以反应速度为指标外，另一个常用的实验因变量是"正确率"。相对于反应时指标而言，正确率更适合在刺激快速呈现、要求在有限时间内反应、任务有一定负荷的实验情境使用。在这些情况下，被试的正确率不会达到天花板，而是可能在一定范围内变化，可以更加敏感地考察认知加工的准确度。以下将以 Ding 等的研究（Su et al., 2014；Ding et al., 2023）（图 2-3）为例，来分析研究者如何通过快速呈现实验刺激和记录正确率的方法，研究学习经验对视觉联合搜索加工机制的影响。

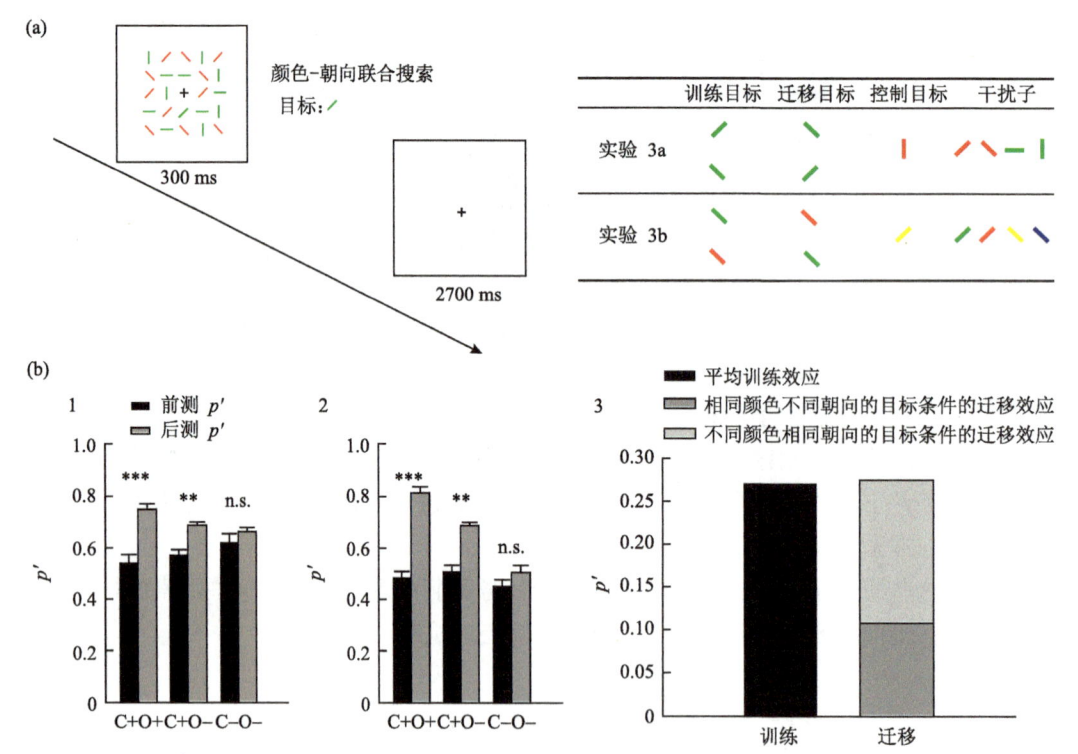

图 2-3 联合搜索知觉学习实验（Su et al., 2014）。n.s.为不显著（not significant），C 为颜色（colour），O 为朝向（orientation），p'为矫正正确率；***$p<0.001$，**$p<0.01$，*$p<0.05$。下同

前文提到，通过训练可以提高联合搜索的效率，从串行搜索模式变成并行搜索模式。然而，并行搜索模式一般被认为是特征搜索的特点。在这里，研究者关心的问题是，人们

通过学习能否将不同特征联结形成一个类似特征的整体单元，从而对这个习得的整体单元快速自动化加工？这也可以称为单元化假设。或者学习只是提升了人们对原有简单特征的检测能力，从而提高对特征联合的搜索效率？这也可以称为特征增强假设。值得注意的是，这两个假设都认为学习可以提高人们搜索特征联结的能力，即都可以从串行搜索模式变成并行搜索模式，但是学习的内在机制是不同的。研究者设计了巧妙的实验来检验这两种假说。

实验的基本方法和逻辑如下：对特定的颜色-朝向特征联结目标进行搜索训练，例如，训练条件是在红色的45°、135°和绿色的水平、垂直线段中寻找绿色135°线段，观察学习效应能否迁移至目标线段发生变化的刺激条件，参见图2-3（a）。根据特征增强假设，通过训练可以增强对目标颜色（绿色）或朝向特征（135°）的检测，那么当搜索目标只有一个特征变化，另一个特征保持不变时，例如，在迁移条件下搜索目标变成绿色45°或红色135°线段时，至少应该可以观察到部分学习效应发生了迁移，如对绿色或135°目标特征的增强；反之，根据单元化假设，训练会使目标颜色和朝向特征联结形成一个单元整体，那么目标的任一特征发生变化（迁移条件）都会破坏这个单元整体，导致学习效应不能迁移。为了使任务有一定的难度、更好地观测到学习效应和可能的迁移效应，在训练过程和前后测试中，刺激的呈现时间都非常短暂，只有300 ms。我们通过前后测搜索正确率的变化来考察学习效应和迁移效应，结果如图2-3（b1）所示。当目标只有一个特征变化（另一个特征，如朝向或颜色不变时）时，都发生了一些迁移效应，即后测的正确率比前测的高。有趣的是，颜色或朝向特征不变两种条件下观测到的迁移效应之和在数值上恰恰等于颜色和朝向特征都不变的训练条件下的学习效应。这些研究结果很好地支持了特征增强假设，而不是单元化假设。

（三）行为实验研究应该注意的问题

在以正确率或反应时作为因变量观测指标时，需要注意"速度-正确率权衡"（speed-accuracy trade-off）的问题。"速度-正确率权衡"是指随着反应时间的缩短，正确率会下降的现象（trade off，抢跑现象）。为了避免这个问题，实验研究一般都需要同时记录正确率和反应时。在进行反应时分析时，通常需要保证正确率足够高，即达到天花板，因而在不同条件之间没有显著差异，或者仅对正确反应的试次进行反应时分析。在进行正确率分析时，需要同时考察反应时的结果是否与正确率结果相反。比如，条件A比条件B的正确率高，如果仅仅根据正确率的结果，我们会得出人们在条件A下的行为表现更好、认知加工能力更强这一结论。但是，如果同时考察反应时，发现条件A比条件B的反应时长，就需要谨慎下结论了。此时，两个条件之间的正确率有差别，可能仅仅是因为人们的反应策略发生了变化，而不是认知加工能力发生了变化。总之，反应时和正确率相辅相成，共同反映了内部心理过程的状态。

除了正确率和反应时，行为实验还可以通过很多其他测量技术和指标来考察认知心理过程。比如，一些研究者通过设计量表问卷（scale questionnaire）来了解被试在实验过程中的注意状态、对实验任务难度的评估及对自己正确回忆信息的信心等级等。研究还可以收集被试的口头报告（oral report），例如，记录被试在解决问题过程中对自己正在进行的步骤的语言描述。这些方法对研究者分析实验、解释实验现象有时会起到很重要的作用。另外，这些方法也可以帮助研究者思考实验是否存在某些混淆因素，是否需要改进实验设计等。在预实验阶段，最好多采用这些方法。一些更精细的行为学实验测量技术包括阈值计算和眼动监测等，由于篇幅所限，在此不进行详述。

三、脑活动记录

传统的认知心理学研究将人类心智与计算机程序类比，在信息加工研究范式框架下，采用行为实验的方法对认知过程进行研究，为科学地探索人类心智活动提供了一个良好开端。但是，完全建立在行为研究结果基础上的传统认知心理学还存在很多问题，认知心理学要有发展和突破，结合认知神经科学（脑认知研究）的方法和技术手段进行研究是一个重要的方向。

（一）认知神经科学对行为学研究的拓展

首先，如前文所述，心智活动来源于脑，脑研究为心智活动的理解提供了生物学制约。要充分理解心智活动，构建完善的认知加工模型，有必要考虑产生心智活动的神经基础（例如，神经网络模型的意义）。其次，单纯的行为学实验无法区分很多相互竞争的认知加工理论，将脑的研究成果纳入认知心理学，可以提供检验理论和发展理论的重要依据。例如，关于视觉想象，有一个长期争议的问题是视觉想象是否与视知觉类似。大多数行为学研究的证据都不能很好地回答这个问题。但是通过脑成像手段，研究者（Kosslyn & Thompson，2003；Kosslyn，2005）发现，视知觉过程中激活的大部分（约 2/3）脑区（甚至包括低级视皮层区域）在视觉想象时也被激活了。这个研究提供了强有力的证据支持了视觉想象与视知觉类似。Lee 等（2012）的研究进一步发现，视知觉过程更多地依赖低级视皮层，而视觉想象过程更多地依赖相对高级的视皮层。这些研究共同说明视觉想象和视知觉既有相似的地方，也有不同之处。相对而言，视知觉涉及更加精细的分辨加工，需要更多的低级视皮层活动参与。

1. 脑活动研究对内部心理过程的分解

上述列举的视觉想象研究是通过记录被试在视知觉或想象任务时的脑活动来实现的。这种脑活动记录实验通常是在行为实验的基础上开展的，在理论上尝试解决行为学实验难以解决的问题，但是在方法学上会借鉴行为实验的任务范式和研究思路，包括定义认知过程的关键实验情景因素（例如，如何设置实验条件和对照条件来提取某个特定的认知过程）等。也就是说，在自变量设计上，通常脑活动记录实验和行为实验很相似，也包括刺激环境、任务策略和学习经验等实验情景因素。但是，在因变量设计上，脑活动记录实验和行为实验存在本质上的差异。行为实验观测的是被试完成一个认知任务的行为反应，这个结果反映的是各个认知过程的总和，不能很好地区分不同的认知加工过程（尽管通过减法原理等方法能将不同认知过程分别提取出来，但是对这些过程的观测，依然只能使用没有区分度的反应时或正确率等相对单一的指标）。相对而言，ERP 和 fMRI 等脑活动记录方法可以在时间或空间上将产生不同认知过程的脑活动区分开来,并对其进行直接测量和分析。例如,刚才介绍的视觉想象研究,通过 fMRI 来记录被试分别在进行视知觉和想象任务时的脑活动,比较 fMRI 激活脑区的空间信息(高级视皮层或低级视皮层区域),为揭示这两个认知过程的异同提供了直接的证据。再如,Qu 等(2010)利用 ERP 对知觉学习的两个阶段(快速学习和慢速学习)进行了区分,发现伴随几十分钟的训练而即时发生的学习(即快速学习)相关的 ERP 活动变化(刺激出现后 200 ms 左右的枕区 P2 活动增强)只能短暂保持几天,而在训练结束后的一段时间延迟发生的学习(即慢速学习)相关的 ERP 活动变化(刺激出现后 150 ms 左右的枕区 N1 活动增强)可以长期保持(至少保持半年时间)。研究提示快速学习可能反映了一种任务注意策略的建立,一旦消退可以快速习得重建,而慢速学习则涉及了一种持久的巩固机制,体现了知觉学习对成熟大脑可塑性的巨大影响。

2. **不同脑活动研究技术手段的评估指标**

从以上研究实例可以看出,在认知心理学研究中,脑活动记录的实验相对于行为实验的最大优点是,在时间和/或空间上提供了非常丰富的测量指标,可以把行为上无法区分的认知过程区分开来。因此,研究者在评估某个脑活动技术手段的优缺点时,首先会考察它的时间分辨率和空间分辨率(图 2-4)。要深入理解时空分辨率的特性,就需要从原理的角度了解这一技术记录到的信号和大脑神经活动之间的关系(图 2-5)。这些技术特点对观测结果的解释是非常重要的,当使用不同技术得出不同结论时,特别需要注意是否存在这方面的影响。例如,对某项认知加工的研究得到了显著的 ERP 效应,但是 fMRI 没有发现明显的效应,其原因有可能是这一认知加工的持续时间特别短,只有采用高时间分辨率的技术才能观测到这个加工过程。

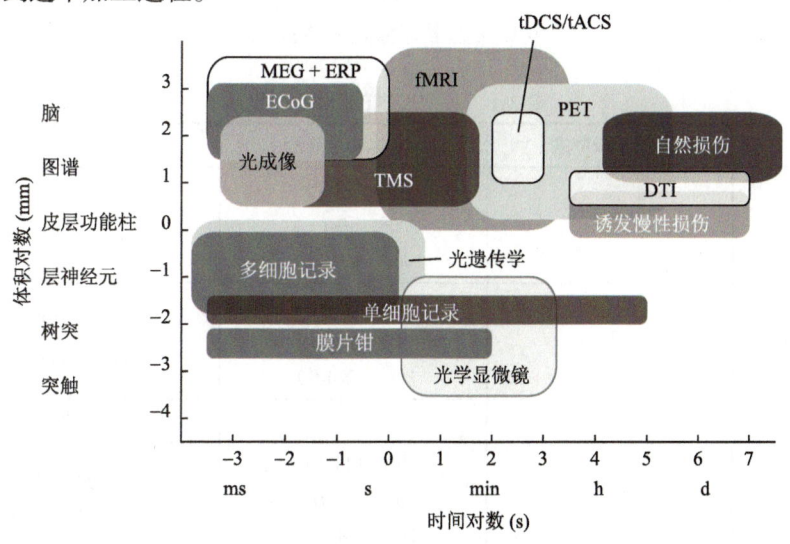

图 2-4 各种脑功能研究技术的时间分辨率和空间分辨率。ECoG 为皮层脑电图(electrocorticography)

此外,在实际研究中,还要充分考虑技术手段的可行性,实验技术是否会对人体带来损伤、是否适用于不同的人群、是否方便搬运携带、价格是否便宜、维护是否方便等。根据实验技术是否会对人体带来损伤,脑活动记录方法可以分为侵入式方法(invasive method)和非侵入式方法(non-invasive method)。侵入式方法是将测量工具(如电极)直接插入大脑皮层或皮层下核团,记录人们在执行认知任务时大脑活动发生的变化。这种记录方法的优点是可以直接实时地记录特定脑区的神经电活动,具有非常高的时间分辨率和空间分辨率。但是,其需要打开颅骨,对人体有损害,不适合健康人群大脑活动的观测。非侵入式方法可以在颅外记录,通常不会对人体造成损害,但是记录到的脑活动信号相对较弱,在时间分辨率或空间分辨率上存在一定的缺陷。目前,主流的非侵入式脑活动记录方法包括EEG/ERP、MEG/ERMF(event-related magnetic field,事件相关磁场)、PET、fMRI 和 fNIRS。表 2-1 从多方面比较了这些方法的优缺点。

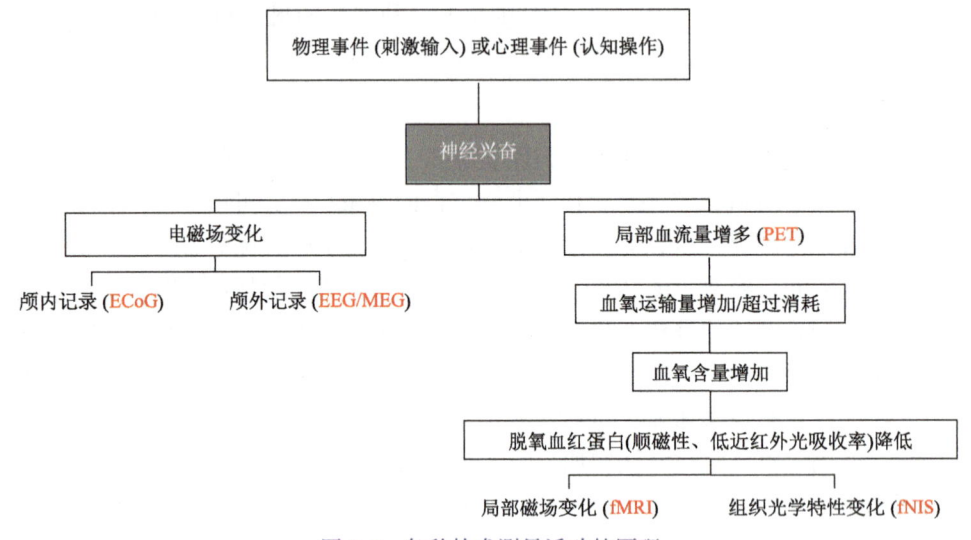

图 2-5 各种技术测量活动的原理

表 2-1 各种技术的性能比较

类别	颅内电极测量	血液动力学测量	电磁场测量
无损性	差	较好(PET) 好(fMRI) 好(fNIRS)	非常好
空间分辨率	非常好	较好(PET) 好(fMRI) 较好(fNIRS)	不确定/较差(ERP) 不确定/稍好(ERMF)
时间分辨率	非常好	差	非常好
价格	昂贵	昂贵(PET) 昂贵(fMRI) 较便宜(fNIRS)	便宜(ERP) 昂贵(ERMF)
便携性	差	差(PET) 差(fMRI) 较好(fNIRS)	很好(ERP) 差(ERMF)

（二）高时间分辨率的脑活动指标与认知心理学研究：以脑电记录为例

脑活动记录手段的高时间或高空间分辨率，不仅可以用来更好地区分各个认知过程，还可以用来分析它们之间的时空关系，为构建认知加工理论模型提供丰富的研究证据。在认知心理学理论模型中，研究者往往更加关心各个认知过程之间的时间关系，例如，它们之间是串行的还是并行的？它们如何受到自上而下机制的调控？是发生在信息加工的早期还是晚期？等等。在很多认知加工模型中，即使不清楚认知过程涉及哪些具体脑区，只要了解它们之间的时间关系，也能很好地理解认知过程是如何进行的。高时间分辨率恰恰是 ERP 技术的优点。正如著名 ERP 研究专家 Luck（2005）所说，知道一个认知过程是在哪里发生的并不等同于知道它是如何发生的；认知神经科学并不仅仅是功能神经解剖学；即使我们并不知道 ERP 来源于哪里，ERP 对阐明认知机制及其神经基础也是非常有用的。ERP 的高时间分辨率，同时结合一定的空间分辨率，可以很好地帮助我们深入理解认知加工过程的时间进程和发生机制。接下来，我们主要介绍这一技术如何应用于认知心理学问题的探索。

ERP 是通过对 EEG 进行叠加平均得到的。人脑只要没有死亡，就会不断产生 EEG。关于 EEG 的形成机制，一般认为是皮质大量神经组织的突触后电位同步总和，经容积导体（颅骨、头皮等）传导到头皮表面从而被记录到。记录 EEG 时，可以在头皮表面安放多个活动电极和一个参考电极，活动电极和参考电极之间的电位差被记录下来，称为一个通道的 EEG。通过多个通道的同时记录，可以观察 EEG 在头皮的分布情况，使得 EEG 具有一定的空间分辨率。EEG 的振幅、频率和头皮分布情况与人体的状态密切相关。比如，当人安静放松时，在枕叶会有 10 Hz 左右的 EEG 振幅能量（称为 α 波，8—13 Hz）；当警觉时（比如，进行心算任务时），α 波会明显消退，被更高频的 β 波（15—30 Hz）和 γ 波（30 Hz 以上）取代。人们在睡眠时，EEG 的频率会更低，浅度睡眠主要表现为 θ 波（4—7 Hz），深度睡眠主要表现为 δ 波（1—3 Hz）。因此，EEG 常被用来评估人们的觉醒水平和警觉注意状态。

1. ERP 的基本原理

人在自然状态下，大脑活动产生的自发电位是 ERP 产生的基础。ERP 是由特定的刺激事物包括物理刺激和心理活动所诱发产生的脑电信号，可以动态地观察一次刺激引发的大脑电活动变化过程。

值得注意的是，观测到的 ERP 波幅通常包含有意义的大脑活动（ERP 信号）和无意义的噪声。ERP 信号的幅值较小（几微伏至十几微伏），不同实验条件下的效应量更弱（零点几到几微伏），这些过程通常被掩盖在自发脑电和环境噪声（几十微伏）之中，难以观察。通过平均多个试次，对相同或相似事件进行锁时，可以提高信噪比（signal to noise ratio, SNR）。因此，用叠加平均（overlapping average）技术来提取与刺激相关的 ERP 信号是 ERP 数据分析的基本方法（图 2-6）。这种技术的一个基本假设是，由特定刺激诱发的 ERP 信号与刺激呈现之间存在试次间一致的关系，即波形恒定、潜伏期恒定，例如，每次刺激呈现之后的 100 ms 都会出现一个正向的 ERP 活动，150 ms 都会出现一个负向的 ERP 活动。但是，噪声，包括自发脑电、其他人体生物电噪声和环境噪声等与刺激呈现之间的关系是随机的。例如，刺激出现之后的 100 ms 或 150 ms，有的试次是负向的噪声，有的试次是正向的噪声。这样，多次试次叠加平均之后，ERP 活动就会保留下来，而噪声会随着试次数目的增多而逐渐变小。

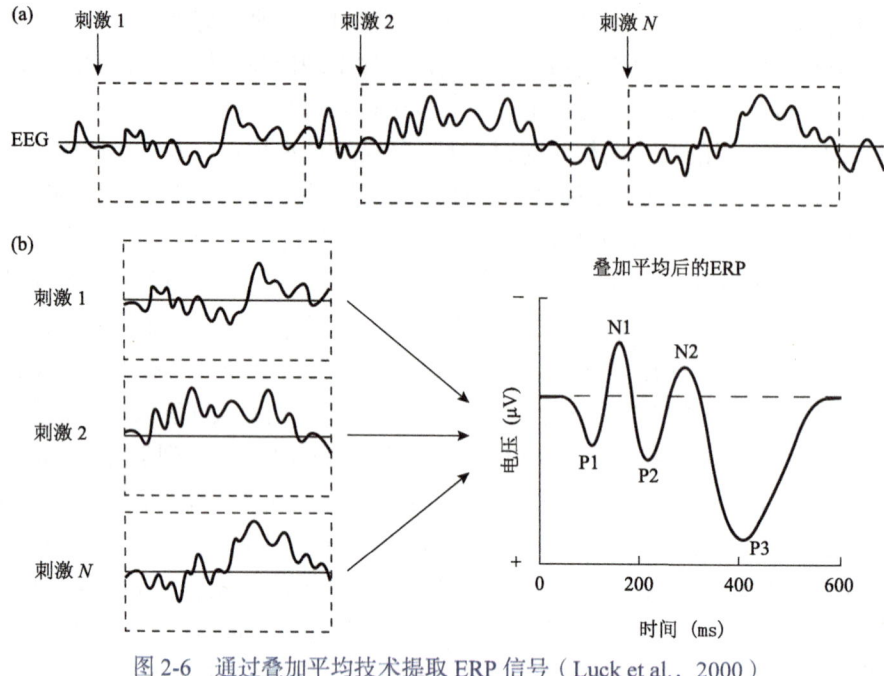

图 2-6　通过叠加平均技术提取 ERP 信号（Luck et al., 2000）

叠加平均技术是几乎所有实验研究去除噪声的基本方法。统计上，经过叠加平均处理后得到的 ERP 信噪比与刺激重复次数的平方根成正比。比如，要使 ERP 信噪比提高 1 倍，那么实验试次数就要是原来的 4 倍。在几乎所有的实验研究中，包括行为实验和脑活动记录等，信噪比都是非常重要的概念。研究者需要在实验设计和操作上尽可能地增大信号，即实验效应，同时尽可能地减少噪声，以此获得稳定可靠的实验证据。提高信噪比的关键方法是找到操控实验的关键自变量及体现实验效应的关键因变量，例如，什么实验情境更容易诱导人们的视觉想象过程（自变量）及什么指标对实验效应更敏感？是正确率、反应时，还是 fMRI 或 ERP 活动（因变量）？减少噪声的关键方法，一方面是在源头上减少噪声，例如，脑电记录过程中被试的头动或眼动引起的肌电噪声等；另一方面是增加重复测试的数目，如每个被试的实验试次和参与实验的被试数量等。为了达到相同的信噪比水平，实验效应越小，重复测试的数目就需要越多。例如，对于 2 uV 的 ERP 效应，每个被试可能只需要 50 个试次就会得到良好的信噪比，但是对于 0.5 uV 的 ERP 效应，可能需要 800 个试次才能达到实验目的。

2. ERP 数据的分析思路——基于成分的分析与探索性分析

与行为实验相似，ERP 数据分析主要是观察自变量（实验情境）对因变量（ERP 活动）的影响。ERP 研究通常会同时记录多个通道，即头皮位置的活动，而每个通道又包括多个时间点的信息。这么大的数据信息量，一方面为观察认知过程提供了非常丰富的指标，研究者可以灵活地将 ERP 活动的通道和时间作为数据分析的自变量或因变量，这是数据分析思路与行为实验最大的不同点，考察的是认知加工的时空特性；另一方面，又对数据处理提出了极大的挑战，比如，这么多通道和时间点，究竟选择哪些进行分析报告呢？

概括来说，ERP 数据分析主要有两种基本思路：一种是基于成分的分析（component analysis）；另一种是探索性分析。基于成分的分析需要有一定的理论假设，同时需要研究者充分了解成分的特点，会识别成分。基于成分的分析的基本假设是，成分隐含在脑内，有一定起源，其波形表现可以是一峰一谷或多峰多谷，在特定的实验情景下提取获得，且反映了某个特定的心理活动过程。每个成分都有一定的潜伏期，反映了与其对应的心理活动是在什么时间发生的。大多数成分具有特定的波形极性（正向或负向）和头皮分布特点（如枕区或额区等）。因此，常常可以结合极性、潜伏期和/或地形分布对成分进行命名。例如，N170 成分，就是指潜伏期约 170 ms（即刺激呈现后 170 ms 出现）的极性为负向的 ERP 成分。当人们观看面孔时，相比观看物体，会在 170 ms 左右诱发一个更负的成分，分布于双侧枕颞头皮区域，这个更负的成分就称为 N170，一般认为与面孔刺激检测这一认知加工过程有关。再如，N2pc（p 代表 posterior，后侧；c 代表 contralateral，对侧）成分是在视觉搜索范式中，在注意刺激项目视野空间对侧后部头皮区域（相对于同侧后部头皮）记录得到的负向 ERP 成分。例如，当让人们观看图 2-2（a1）并且注意到左侧视野出现的蓝色"+"时，会在右侧后部头皮区域观察到一个相比左侧头皮区域更负的 ERP 活动；通过对侧 ERP 减同侧 ERP，就得到了 N2pc 成分，潜伏期范围通常在 170—300 ms，一般在电极 PO7/8 处记录到最大幅值。一般认为，N2pc 反映了对视觉搜索阵列中某个刺激项目的注意加工，研究者可以利用 N2pc 来探讨视觉注意方面的研究问题，特别是当环境中同时存在多个刺激时人们的视觉注意加工机制。以前文介绍的 Treisman 基于视觉搜索范式进行的研究为例，传统理论认为，凸显的简单特征，如线段朝向或颜色等，可以自动捕获人们的注意资源，因此对简单特征的搜索可以并行加工。但是，对于复杂的非凸显刺激，例如，不同朝向线段组成的形状或线段朝向和颜色形成的特征联结等，进行检测识别则需要主动集中注意才能完成，因此特征联合搜索常常表现出串行加工模式。然而，近年来，Qu 等（2017）通过对 N2pc 的研究发现，经过连续几天的长期训练后，物理上非凸显的形状刺激也可以自动捕获人们的注意（图 2-7）。这种复杂视觉刺激自动捕获注意机制一旦形成，其激活不再依赖该复杂刺激是否为当前任务的搜索目标，是否在主动注意空间范围之内，以及是否被正确检测和识别。这一研究从学习经验的角度有力拓展了人们对视觉注意机制的理解。

基于成分的 ERP 数据分析，通常需要在实验设计上采用诱发该成分的实验范式。例如，基于 N2pc 成分的分析，需要使用在视野左右侧同时呈现多个项目的刺激条件。然而，对于很多新的研究问题，往往缺少前人的实验范式和 ERP 成分可以借鉴，此时可以采用探索性分析的思路。比如，利用 ERP 的高时间分辨率研究某个特定认知加工是从什么时候开始的。Thorpe 等（1996）发表在《自然》（Nature）杂志上的 ERP 研究表明，人们对自然刺激图片中有生命（动物）信息的检测可以早至 150 ms 开始（图 2-8）。与基于成分的研究相比，这种探索性的分析思路通常要求数据具有很好的信噪比。当然，基于成分的研究也需要好的信噪比，但是这类研究通过一定的假设使数据分析对象集中在研究者关注的电极和时间段，例如，N2pc 研究需要关注的是来自后部头皮 160—300 ms 的活动，这个假设在一定程度上排除了可能存在的噪声的影响。

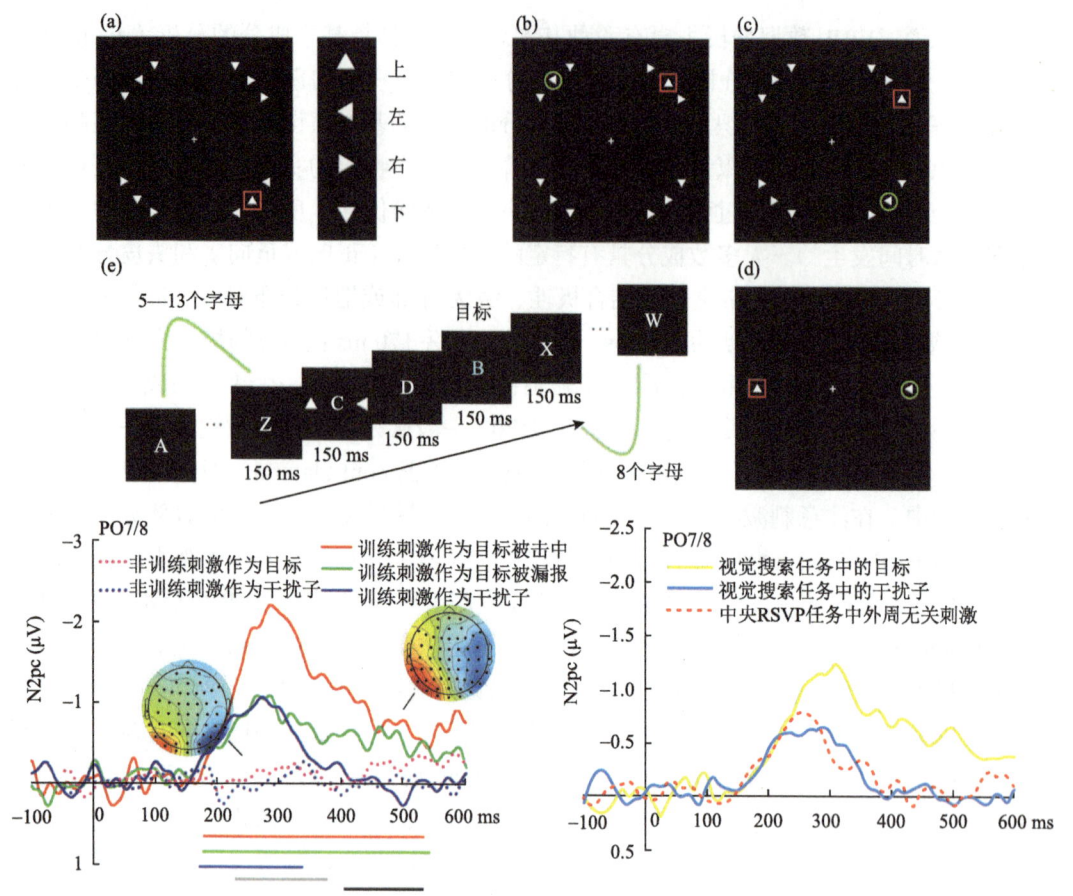

图 2-7　知觉学习引起非凸显刺激自动捕获注意。第一行为实验刺激图，（a）视觉搜索训练过程中的刺激图示例，红色方框标注了训练目标，实际实验中不呈现该框；（b）（c）为长期训练后 ERP 测试视觉搜索任务的刺激图示例，包括两种搜索任务，搜索目标分别为训练刺激（训练过程中的目标）和非训练刺激（训练过程中的某个干扰子，由绿色圆圈标注，此时训练刺激变成了干扰子）。（d）（e）为长期训练后 ERP 测试中央快速序列视觉呈现任务的刺激图示例和试次流程图（要求被试对灰色中央字母流中的蓝色目标字母进行分辨，在目标之前 300 ms 会在字母流左右两侧出现一对三角形，分别是训练刺激和非训练刺激，作为外周无关刺激）。第二行为实验结果图，即非凸显复杂形状在学习后自动捕获注意，由 ERP 成分 N2pc 表征。N2pc 的诱发不依赖于训练刺激是否为当前搜索目标（target）、干扰子（distractor）或位于主动注意空间之外的任务无关刺激，也不依赖于训练刺激是否被正确报告（图中实线，各个条件下训练刺激诱发的 N2pc 起始时间均为 180 ms 左右，条件之间的差异直至 240 ms 左右才开始出现，提示训练刺激先引起自动无意识的注意捕获，再发生主动有意识的注意分配）；作为对照，非训练刺激无论是作为当前搜索目标或干扰子都不能诱发 N2pc（图中虚线）。早期无意识注意捕获阶段的 N2pc 活动（180—240 ms）主要分布于头皮枕区（源定位来自下部枕叶皮层区域），晚期主动注意意识加工阶段的活动（240—340 ms）主要分布于头皮枕顶颞区（源定位来自下部枕叶皮层和下部顶叶皮层的交互作用）（Qu, Hillyard, Ding, 2017）

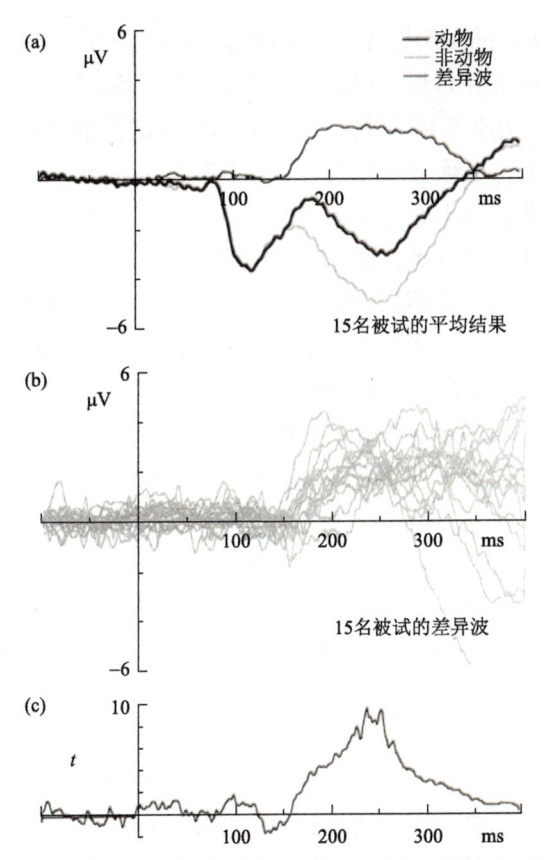

图 2-8 ERP 探索性分析研究示例,不需要进行成分识别。(a)组平均 ERP 波形:动物图片诱发的 ERP 和非动物图片诱发的 ERP 的差异波,体现了人们将两类图片区分的神经活动时间进程。(b)每名被试的 ERP 波形(动物和非动物的 ERP 差异波):时间进程在被试之间具有很高的一致性。(c)统计检验结果:ERP 差异波在 150ms 左右达到显著(Thorpe et al., 1996)

在实际操作时,探索性分析方法可以通过在多个电极上采用移动窗口的统计检验方法,来考察在哪些电极的哪些时间窗出现了统计显著的实验效应(具体可以参考 Ding et al., 2014; Zhen et al., 2018)。移动窗口的统计检验方法,不仅适用于不关注特定成分的探索性分析,还适用于对已有成分的进一步研究探索。例如,在前文介绍的非凸显形状知觉学习研究中(Qu et al., 2017),通过移动窗口统计检验对 N2pc 的时空进程进行了详细的分析,揭示了人们对训练形状分配注意的两个阶段,即早期自动无意识阶段和晚期有意识主动加工阶段,参见图 2-7(b)。这种精细的时空分析不仅有助于研究者区分不同的认知加工过程,而且能对这些过程进行详细的时空进程描述,这对于认知心理学理论模型的构建具有行为实验无法替代的重要意义。

3. ERP 研究的优势

相对于行为学实验,ERP 研究除了在时间和空间维度上提供更多的测量指标之外,还有一个非常重要的优点,就是适用于无行为反应的实验设计。这可以帮助研究者观察非注意状态下的脑活动,研究人们对刺激的自动化加工过程,区分自上而下和自下而上的作用机制。例如，在图 2-7 所示的实验设计中，被试需要对视野中央呈现的目标字母进行判断，但是研究者关注的是被试对在目标字母之前出现的外周三角形认知的加工机制。虽然被试不需要注意外周的任何三角形（事后报告发现，大部分被试根本没有意识到三角形的呈现），但是相对于非训练三角形，训练三角形依然能够诱发显著的 N2pc。这为"学习引导自动化加工"这一发现提供了非常有力的研究证据。

从上述研究实例中还可以看到，通过精巧的实验设计，ERP 可以直接测量一个试次内呈现的多个不同刺激诱发的脑活动，分别研究人们对这些刺激的认知加工进程。这使得 ERP 研究可以在一个实验中同时揭示多个认知加工机制，这是行为实验很难做到的。因此，完美的 ERP 实验设计、干净的原始 EEG 数据记录，都是非常值得珍惜的宝贵研究资源。事实上，很多研究者经常会对多年前收集的脑电数据继续进行深入挖掘。这种数据挖掘可能是采用传统的时域叠加平均技术，分析以往未关注的实验条件诱发的 ERP 效应；也可能是关注的实验条件不变，但是在分析指标上采用了新兴的时频分析、功能联结分析或者机器学习（machine learning）分析技术等。这些数据分析方法能帮助我们从不同的角度深入全面地理解执行一项认知任务时的复杂心理活动。

以上重点介绍了 ERP 研究方法。尽管其他脑活动记录方法和 ERP 技术在信号记录原理、时空分辨率上存在不同程度的区别（图 2-4，表 2-1），在实验设计和数据分析上也相应地有不同的特点，但是这些方法在一些基本概念和研究思路上是相通的。例如，上述 ERP 介绍中讨论的叠加平均技术和信噪比等基本概念、注意事项几乎适用于所有实验研究（包括行为和脑活动记录等）。ERP 数据分析思路和实验设计的一些特点，包括基于成分的分析、探索性分析、无行为反应的实验设计和数据深入挖掘等，也适用于其他脑活动记录。例如，fMRI 研究中常常采用的基于感兴趣区域（region of interest，ROI）的数据分析思路，可以类比于 ERP 研究中的基于成分的分析。

总结上述行为和脑活动记录实验研究，可以发现它们的共同思路是：在人们完成认知任务的同时，记录行为反应或脑活动；认知任务至少会设置两个情境，即实验条件和对照条件，观察人们在不同情境下执行涉及不同的内在心理活动的任务时，其行为反应或脑活动是否会发生变化。如果实验和对照情境之间只在某一认知加工上存在差异（例如，有无决策过程），那么这两个情境间的行为反应或脑活动差异就体现了该认知过程的特点。因此，可以通过实验情境（自变量）和测量指标（因变量）的设置来操作性定义某个内在的认知加工过程。相对而言，脑活动比行为反应提供了更丰富的测量指标，这些脑活动指标通常具有非常精确的时间或空间信息，因而在很多情况下可以更好地反映认知加工的特性。另外，这些丰富的脑活动指标也对数据采集和分析提出了很大挑战；比如，数据量越大，噪声（伪迹）被误报为信号（实验效应）的可能性就越大，这就要求脑活动记录实验进行非常多的重复测试以获得足够高的信噪比，并且要求研究者具备严谨的科研态度，能够敏感地识别信号和伪迹。

四、脑刺激/损伤研究

很多认知神经研究会在记录脑活动的同时记录行为反应数据，这类研究可以建立心理过程、脑活动之间的因果关系（心理过程是自变量，脑活动变化是因变量），以及脑活动和行为（两类因变量）之间的相关关系（具体请见本章第三节）。但是，一个心理过程可能会伴随很多不同的脑活动变化，认知心理学的研究者需要思考的是，究竟其中哪些脑活动变化真正反映了这一心理活动过程，而哪些变化只是心理活动产生的副作用？例如，决策过程可能只是由于某个额区在活动，但是该额区激活后可能会引起其他脑区（如顶区）的活动。在研究决策过程的脑活动记录实验中，就可能同时记录得到额区和顶区的实验效应。为了建立"决策过程=额区活动"的等同关系，需要进一步以额区活动为自变量，以决策过程为因变量，考察它们之间的因果关系。这就是"脑刺激/损伤"研究的基本思路。

（一）操纵特定脑区的激活以探究内部心理过程的脑机制

在"脑刺激/损伤"实验研究中，研究者可以通过多种技术手段激活或抑制某个特定大脑区域的活动，脑活动是研究者操纵的对象（实验自变量）。实验因变量是某个特定的认知过程，因为认知过程不能直接测量，所以需要通过不同情境下的行为反应和/或脑活动间接测量。比如，为了确定额区活动是决策过程的神经基础，研究者可以采用某种技术手段抑制额区活动，如果这种操作使得被试在实验情境中认知任务中（包括决策过程）的行为表现变差，但是在对照情境认知任务中（不包括决策过程）的行为表现没有变化，就说明额区活动对决策过程有重要影响。

常见的操纵脑活动的技术手段包括脑损伤或切除手术、深部脑刺激（deep brain stimulation，DBS）及TMS、tDCS和tACS等方法。脑损伤或切除手术是打开颅骨，用手术刀等器械将某个脑区切除或损毁。这种方法造成的损伤是不可以恢复的，因此只能开展动物研究。DBS是一种侵入式的技术手段，需要将电极直接插到大脑皮层或皮层下的神经核团，通过电极施加电刺激改变大脑的神经活动。这种方法需要打开颅骨，因此只能应用于特殊人群，例如帕金森患者等的电刺激治疗。与上述技术相比较，TMS、tDCS和tACS等属于非侵入式的技术手段，只需在头皮外施加电场或磁场刺激，这些电磁刺激穿透头皮和大脑颅骨后，作用于大脑皮层，可以在短时间内改变脑神经活动，不会对大脑产生永久的不可恢复的伤害，也不需要打开颅骨插电极，因此被广泛应用于人类实验研究中。通过更改电磁刺激参数，同一种技术设备可以在不同程度上实现对大脑的激活或者抑制。例如，TMS研究，使用单次微弱的TMS通常会激活大脑，但是重复多次的强烈刺激通常会干扰大脑的正常活动，产生类似于脑损伤的结果（虚拟损伤）。

（二）脑刺激/损伤研究的设计思路及其原理

与行为和脑活动记录实验相似，脑刺激/损伤实验也需要至少设置两个自变量条件：实验条件和对照条件。在实验条件下，研究者对某个特定脑区施加电磁刺激使其激活或抑制。对照条件有多种不同设计，其中最简单的是不对大脑进行任何电磁刺激，因此不会改变任何大脑活动。但是，使用这种对照方法，不能排除实验条件中施加电磁刺激产生的声音噪声或其他因素对被试完成任务可能带来的影响。因此，研究者常常采用其他对照方法，例如，在脑区施加伪刺激，这一伪刺激和电磁刺激在声音噪声等很多方面都相似，只是没有真正的电磁场信号；或者在其他脑区施加电磁刺激，研究者已假设这个脑区（如顶区）与研究关心的认知过程（决策过程）没有关系。这样在不同的脑区进行刺激/损伤操作，观察这些操作对认知加工的影响是否存在差异，就可以将这些脑区和认知过程的关系区分开来。这也称为脑功能的分离研究。

　　TMS、tDCS 和 tACS 是目前主流的可以广泛应用于不同人群的脑刺激/虚拟损伤方法。这些方法对脑活动的影响是比较短暂的，因此可以比较同一名被试在有刺激和无刺激条件下的表现，研究者可以开展灵活的实验设计来检验认知加工理论和假设。这些方法的具体原理有所不同，它们的时间分辨率和空间分辨率也存在差别（图2-4）。TMS 通过经颅磁场刺激来改变大脑活动，而 tDCS 和 tACS 通过经颅"电场"刺激来改变大脑活动。磁场不像电场，穿过头皮和颅骨时不会扭曲，因此相比 tDCS 和 tACS，TMS 能够更集中地改变小块脑区的活动，具有更高的空间分辨率，可以精确至 1 cm 左右，这也可以解释为什么 MEG 的空间分辨率比 ERP 更好。此外，TMS 效应通常是十分短暂的，这使得它有更好的时间分辨率，可以精确至 10 ms 左右。利用 TMS 的良好时间和空间分辨率，研究者可以比较精确地探讨哪个脑区在哪些时间的活动是产生某个认知过程的神经基础。例如，Corthout 等（1999）发现，TMS 刺激视觉皮层会干扰个体完成字母辨认任务。这一研究操纵了 TMS 刺激相对于字母的出现时间，来考察视觉皮层在什么时候参与了字母辨别这一认知过程。研究发现，当 TMS 刺激出现在字母呈现后的 70—130 ms 时，被试在绝大部分试次中都不能正确辨认出字母，说明视觉皮层在这个时间阶段的活动对字母辨别过程非常重要（图2-9）。

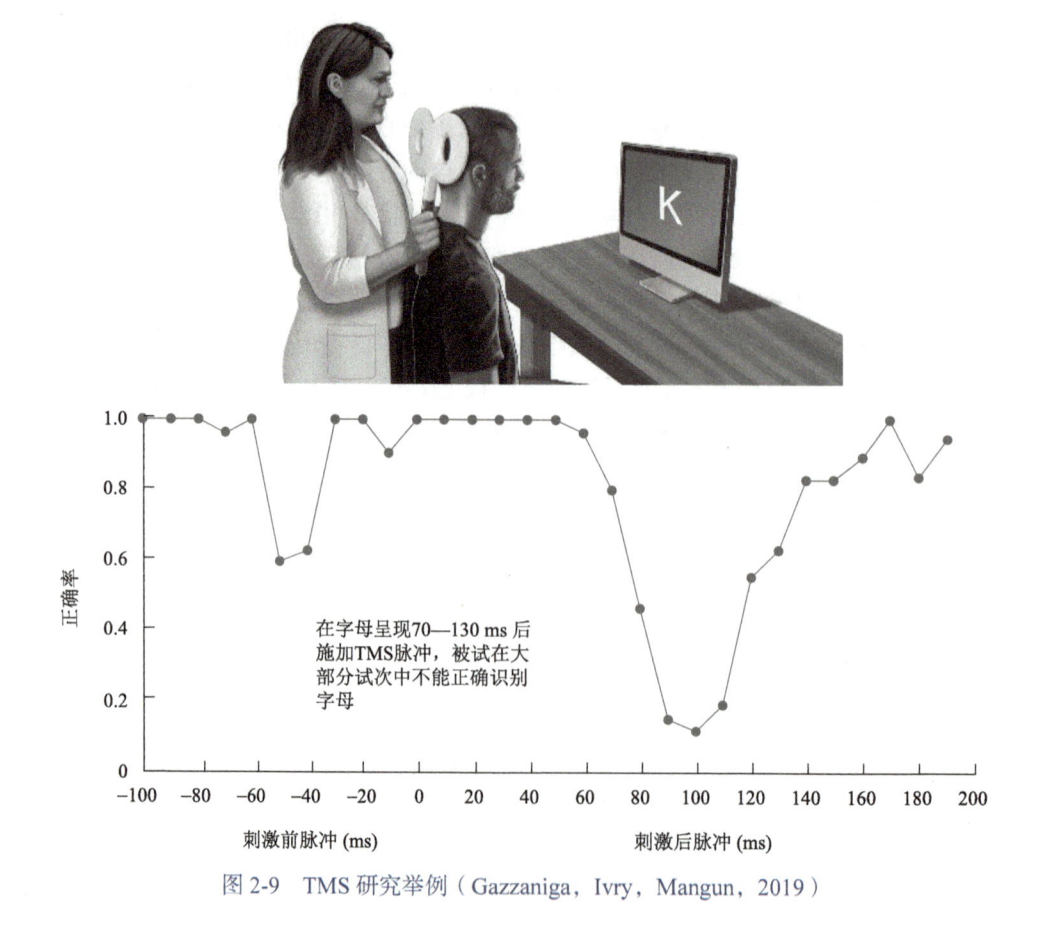

图 2-9　TMS 研究举例（Gazzaniga，Ivry，Mangun，2019）

tDCS 和 tACS 都是通过经颅"电场"来改变大脑活动的，只是前者是直流电，后者是交流电，这使得它们的应用领域有所区别。比如，脑电可以被认为是由不同频率的振荡活动组成的，而近年来的大量研究发现，特定脑区特定频率的脑电振荡活动与特定的认知功能密切相关，例如，枕区的 α 振荡与视觉选择性注意有关；通过 tACS 可以在特定的大脑区域诱导特定频率的振荡活动，这使得研究者可以进一步探讨脑电振荡活动和认知加工的因果关系。例如，研究者通过在老年人群体施加 tACS 改变大脑额颞皮层区域之间的脑电振荡活动同步性发现，这短暂地提高了老年人的工作记忆能力，从而表明了特定脑活动和工作记忆之间的因果关联（Reinhart & Nguyen，2019）。

（三）脑刺激/损伤研究应该注意的问题

尽管非侵入式的脑刺激和虚拟损伤方法（TMS、tDCS 和 tACS 等）为揭示脑活动和认知过程之间的因果关系提供了非常重要的证据，但这些方法也存在许多局限，例如，一次实验通常只能改变少数几个脑区的活动。因此，在开展实验前，需要有明确的研究假设，假设哪些脑区可能与某一认知功能有关，这一假设通常需要有脑活动记录研究的前期工作基础。此外，这些方法通常只能有效改变大脑的表层活动，对深层活动很难精确操控。不同人（甚至同一个人的不同脑区）对电磁刺激的敏感性相差非常大，这对寻找合适的电磁刺激参数这个过程造成了很大的困难。有的实验没有得到预期的效果，可能仅仅是由于实验刺激参数不合适。这使得这类实验很难重复得到稳定一致的发现。可重复性问题在认知心理学的其他类别研究（包括行为实验和脑活动记录实验）中广泛存在，这常常是由于实验设计和操作不够严谨，对认知过程的定义和观测混淆了其他因素，以及实验重复次数太少，导致实验信噪比不够好等。然而，非侵入式的脑刺激/虚拟损伤方法存在的电磁刺激敏感性问题，又进一步加剧了研究的不可重复性，这是实际研究中特别需要注意的问题。

第二节 相 关 法

认知心理学不仅关心人类认知加工的普遍规律和机制，还日益关注不同群体和个体之间的异同。在比较不同群体或个体的认知功能或加工机制时，研究设计需要涉及一类特殊的变量——被试特征，例如，年龄、性别、智商、工作记忆能力、精神疾病症状、特定脑结构的大小等。这类变量通常是不能或很难被实验操控的，例如，我们不能将某个被试随机分配到年轻组或老年组，也很难随意操控一个人的智商。涉及这些变量的研究，一般被认为是相关研究。

一、相关研究的基本思路

在相关研究中，研究者并不创造某种情境，只是对一些变量之间的关系进行观察，从而得出变量之间是否相关的结论。与实验法类似，相关法也需要两个以上的变量。不同的是，相关法中的变量都不是实验者直接操控的，通常不存在自变量和因变量的概念。相关研究会同时观察属于同一样本的多个变量（属性），但是不对其中任何变量进行实验操纵，因此通常来说不能用相关法来考察变量之间的因果关系。

（一）从变量中挖掘不同心理过程间的关系

相关法中的变量，或者反映了被试的某种相对稳定的特征，或者是在特定实验情境下观察到的行为或脑活动指标，例如，视觉搜索的行为正确率和反应时、脑电 N2pc 的振幅、不同脑区的 fMRI 激活等，这些指标可能反映了特定的认知过程或功能。相关研究通过观察两个或两个以上的变量在不同样本之间是否存在随同变化趋势（例如，年龄增长伴随着工作记忆能力减退），来揭示这些变量之间是否存在共变的关系。尽管相关法通常难以揭示因果关系，但是在对认知的个体差异研究中起到了不可替代的作用。特别是研究者可以在实验的基础上，提出反映特定认知过程或功能的指标，利用这些特异性较强的指标进行相关研究分析，可以在理论机制上更好地揭示不同心智过程之间的关系，以及这些心智过程与行为的关联。精细实验设计基础上的相关研究，可以深入分析个体认知功能差异的来源和机制，这将极大地促进认知心理学在认知健康和脑疾病方面的转化应用。从个体差异的角度来研究不同变量之间的关系，例如，不同行为指标之间的相关、脑活动/脑结构和行为之间的关系，也可以为认知加工机制和心脑关系的研究提供更加丰富的证据。

随着认知测量技术的发展，对于同一个观测对象，研究者通常可以获得很多不同类型的测量结果，包括个体特征、行为、脑结构（magnetic resonance imaging，MRI，磁共振成像）和脑活动（ERP、fMRI）等，其中每一类都包含了非常丰富的数据，这些数据可以作为相关分析的变量。例如，fMRI 研究，仅仅一次扫描就可以获得成百上千个子脑区的活动；ERP 研究，仅仅一两秒的时间就能采集到数千个不同电极和时间点的信号。也就是说，仅仅一个被试，就可以提供大量的观测指标。对个体内的不同指标进行相关分析，可以充分挖掘和利用已经采集到的观测数据，对个体特征进行深入描绘，区分个体的"脑指纹"，这是大数据分析的另一个重要思路。

（二）提升研究结论的生态效度

相比实验法，相关法的研究结果通常能够更好地推广到更一般的行为和情景中。在传统的认知心理学实验中，为了实现实验情境的完全操控，研究者常常会对情境进行简化处理。这种简化一方面有助于揭示因果关系，得到更严谨的结论；另一方面可能会使得研究的生态效度不高，不能很好地解释日常生活情境中的认知心理过程。对于很难实现完全严格实验操控的复杂场景研究，研究者可以充分利用数据进行深入精细的相关分析，例如，控制变量分析、表征相似性分析（representational similarity analysis，RSA）等，可能会得到有意义的结果，有助于实现从实验室研究到日常生活情景研究的转化，提高理论研究的生态效度和应用价值。

二、相关研究的类型

下面从相关研究中的变量类型和关系，如行为-行为、行为-脑结构/活动及脑活动-脑活动等角度，列举研究实例介绍相关研究的思路、意义和需要注意的事项。

（一）不同行为测量之间的相关

结合不同的行为学研究手段，研究者可以针对每名被试获得多个测量指标，包括传统量表问卷测得的成绩，以及精细操控的认知心理学实验范式测得的行为成绩，这些指标可以反映某个特定的认知过程。通过认知实验行为指标和传统量表问卷成绩之间的个体间相关分析研究，研究者可以开发新的个体认知功能的测评方法。例如，在老龄化社会，为了有效防治阿尔茨海默病，需要在早期甚至还未发生明显症状时，对老年人的认知健康状态进行及时、准确的评估。然而，由于社会经济等多方面的原因，老人通常是在出现明显症状时才去医院检查，此时往往已经错过了最佳治疗时期。因此，有必要研发简便易行的老年认知功能客观测评指标，帮助老年人及时方便地检查自己的认知健康状态。Li 等（2020）的研究发现，与注意抑制功能密切相关的"返回抑制起始时间"（inhibition of return-onset time，IOR-OT）可以作为一个有效客观指标，用于老年个体认知功能的评估（图 2-10）。

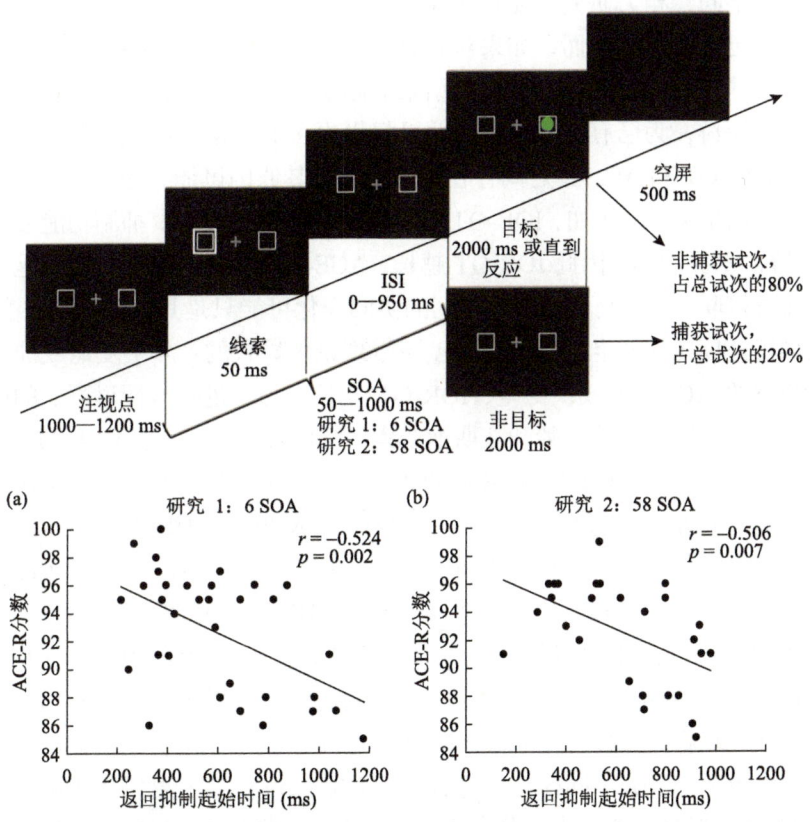

图 2-10 利用 IOR-OT 评估老年人 ACE-R 的相关研究。（a）外源性注意行为范式示意图（通过该范式来测量老年个体的 IOR-OT）；老年人需要在绿色的圆出现之后尽快按键，在没有绿色的圆出现的情况下（称为捕获试次，catch trial）不需要按键。（b）相关研究结果：两个研究（研究 1 采用了 6 SOA，研究 2 采用了 58 SOA）均发现，老年人的 IOR-OT 与其 ACE-R（Addenbrooke's Cognitive Examination-revised，艾登布鲁克认知测试修订版）成绩之间存在显著的、一致的负相关；散点图中的每个样本点来自一位被试（老人），这种分析方法称为被试间相关（Li et al.，2020）。SOA，即刺激呈现的不同性（stimulus onset asynchrony）

具体来说，这个研究结合经典的外源性注意（即波斯纳外周线索提示范式，Posner peripheral noninformative cue）行为实验范式，通过设置多个 SOA 及二次曲线拟合，得到每名老年人的 IOR-OT。同时，采用目前广泛使用的神经心理学量表 ACE-R 测量老年人的综合认知功能。在两个不同社区样本群体中，采用不同的具体 SOA 实验参数，一致发现 IOR-OT 与老年人的 ACE-R 存在显著负相关。IOR-OT 越长，ACE-R 总成绩越差（$r=-0.5$），IOR-OT 可以解释约 25% 的健康老年人的 ACE-R 差异。这一研究为开发有效、客观的老年个体认知功能评估工具提供了新的研究思路。相对于传统的神经心理学量表，IOR-OT 测试简单易行，只需要老年人对屏幕上突然闪现的明亮颜色块进行按键反应，不易受到教育程度和语言水平等因素的影响，适用于绝大多数老年人群，包括低教育者甚至文盲，并且可以通过计算机实现。这些特点提示 IOR-OT 可以作为一个有效客观指标应用于今后的老年个体认知功能智能测评中。

与实验研究不同，相关研究不能直接探讨变量之间的因果关系，因此在认知机制的探讨上通常存在一定的局限。然而，如果对研究数据进行深入、细致的分析，做好额外变量的控制，排除其他可能变量或因素对相关结果的影响，相关研究法仍然可以被广泛运用于理论机制问题的探讨，为已有的认知理论假设提供更多的证据。例如，在上述老年人研究中，行为指标 IOR-OT 和 ACE-R 之间存在显著相关，其原因可能有很多解释。有可能这两个变量之间存在因果关系，例如，IOR-OT 反映了抑制功能的高低，抑制功能衰退是导致个体 ACE-R 下降的重要原因，因此 IOR-OT 越长，ACE-R 成绩越差；也有可能是这两个变量本身并不存在直接联系，在它们之间观测到的协同变化可能只是其他某个额外变量，例如，年龄或一般加工速度（认知老化的加工速度减慢理论）导致的：年龄变老或加工速度减慢会同时导致个体的 ACER-R 成绩变差、IOR-OT 变长。为了进一步探讨可能的原因，我们在进行相关分析时控制了个体年龄和波斯纳线索任务的反应时，发现 IOR-OT 与 ACE-R 的相关性仍然显著，说明 IOR-OT 与 ACE-R 的相关性并不是由年龄和一般加工速度等可能的混淆变量引起的。此外，研究者还发现，IOR-OT 和 ACE-R 的相关显著性体现在 ACE-R 的多个认知领域，不仅包括"注意与定向"功能，还包括"言语流畅性""语言功能"等。这些研究发现共同支持了认知老化抑制缺损理论，即抑制功能减弱是认知老化的关键原因，一旦老年个体的抑制功能出现问题，就会在多种不同类型的认知任务和行为中表现出障碍。

相关分析通过考察样本间差异在两个指标间的协同性来揭示指标之间的可能关联。对于相关分析关注的指标，只有当样本间在该指标上的差异大于指标的测量精度（测量误差）时，才可能用该指标来区分不同样本，例如，刻度为 1 cm 的尺子可以用来测量区分高度差异为 2 cm 的个体，但是不能用来区分高度差异为 5 mm 的个体；只有当测量指标能够区分采集的样本时，才可能利用相关分析将指标之间可能存在的关联揭示出来。因此，无论是在理论机制还是实践应用研究中，被试间相关分析特别需要考虑人群对象和样本来源；不同的采样人群常常会对相关研究结果产生影响（图 2-11）。相对于被试内设计的实验研究，被试间相关研究往往需要更多的被试数量。在少样本相关研究中，样本分布常常不能代表研究者关心的群体分布特点，此时利用相关分析结果下结论需要特别谨慎。

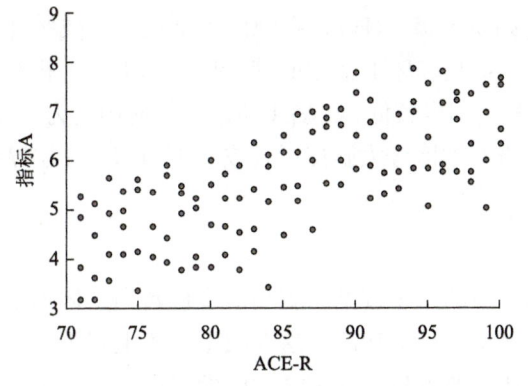

图 2-11 采样范围对相关结果的影响。假设指标 A 反映的认知功能和 ACE-R 应该是完全线性的关系，但是由于指标 A 测量精度问题（测量误差大于个体间差异），正常老年人群体内不能用指标 A 来有效评估个体的 ACE-R（ACE-R 和指标 A 的相关不显著）。MCI 为轻度认知障碍（mild cognitive impairment）

样本：①正常老年人(ACE-R 85—100分)
②正常老年人+MCI老年人(ACE-R 70—100分)
在正常老年人群体，指标A和ACER之间相关不显著
（皮尔逊相关系数 $r = 0.204$，$p = 0.118$）
在所有老年人群体，指标A和ACE-R之间相关显著
（皮尔逊相关系数 $r = 0.706$，$p < 0.001$）

（二）大脑测量指标和行为的相关

在认知心理学的生物学取向研究中，认知的脑结构基础是人们普遍关注的问题。例如，我们对人类面孔具有非常好的识别能力，这是否与某个特定的脑模块结构有关呢？关于这个问题的一个重要研究思路是，测量不同人群（个体）的各个脑组织区域的结构（如体积），同时通过量表问卷或精细操控的认知实验测量这些人的行为表现；对脑结构与行为表现进行相关分析，揭示与特定认知功能相关的脑区结构是什么。例如，个体的右侧枕颞区梭状回越大，其面孔识别能力越强，那么右侧梭状回就可能是面孔识别这一认知功能的脑结构基础。与行为学的相关研究类似，在脑结构和行为的相关研究中，要得到有说服力的证据，也需要尽可能地对可能存在的额外变量做好控制，例如，当发现右侧梭状回与面孔识别功能之间的相关时，要确定其并不是由个体年龄或者其他脑组织体积等因素导致的。

1. 脑结构的测量与行为的相关

目前，关于脑结构（图 2-12）的测量技术主要包括计算机断层扫描（computed tomography，CT）和 MRI 两种成像技术。前者的成像原理是不同肌体组织（如颅骨和大脑组织）对 X 射线的吸收率不同；后者的成像原理是不同组织（如颅骨、大脑灰质、白质和

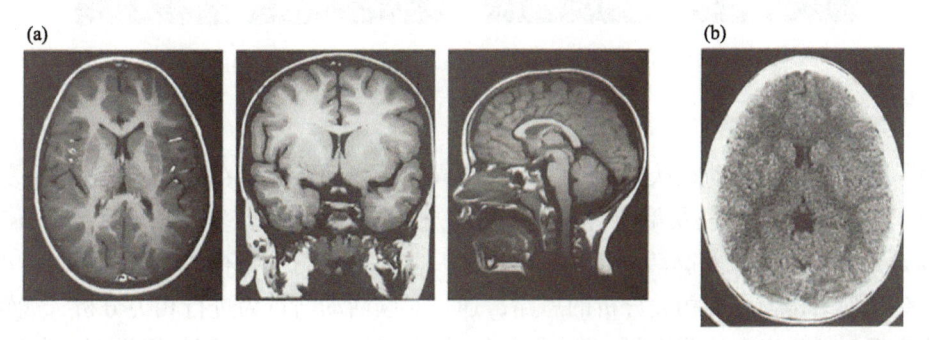

图 2-12 脑结构像示例。（a）MRI。（b）CT。相对于 CT，MRI 可以提供 3 个方向截面的结构像，空间分辨率更高（可以清晰地区分大脑皮层和皮层下结构）（修改自 Gazzaniga, Ivry, Mangun, 2019）

脑脊液等）含有不同浓度的特定原子核团（如质子核、H+），在强磁场下接收无线脉冲能量后再释放能量的大小有所不同。这两种技术都是临床上常用的脑疾病检测手段。相对而言，CT 的空间分辨率较低（约为 5 mm），检测费用也较低，在临床初诊中的使用更为普遍。MRI 的空间分辨率很高（约为 1 mm），可以很好地区分大脑皮层及皮层下组织（皮层厚度一般是 2—4 mm），在科学研究中更常用。

2. 结构联结测量与行为的相关

随着认知神经科学的发展，人们对心脑关系的认识逐渐从脑功能定位转向整体加工机制的探讨，例如，脑区之间如何合作以产生复杂的认知功能。这在技术手段上就不仅仅需要测量脑区（或脑的子区域）的体积结构，还需要测量不同脑区之间的联结。弥散张量成像（diffusion tensor imaging, DTI）是近年来兴起的脑结构联结（structural connectivity）测量技术。其成像原理是，通过 MRI 设备测量水分子的弥散（即移动）方向，从而观察和追踪连接不同脑区的神经元轴突——脑白质纤维束。DTI 成像反映了不同脑区之间的结构联结（图 2-13），将其与行为认知表现进行相关分析，可以从整体的角度理解不同大脑区域之间的联结在认知功能中的作用。例如，通过相关分析检验是否额区和枕区的结构联结越强，个体的视觉主动注意能力（如视觉联合搜索任务的行为成绩）越好。

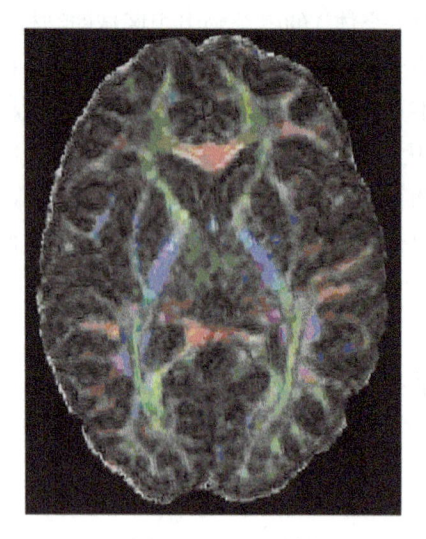

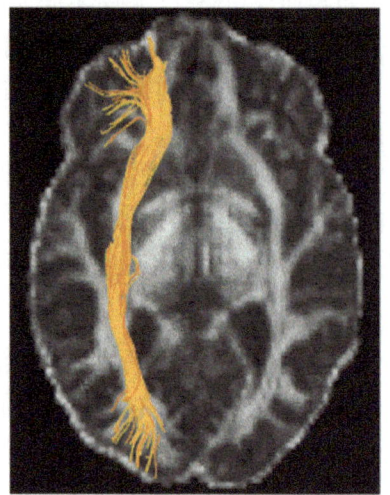

图 2-13　DTI 示例（Gazzaniga, Ivry, Mangun, 2019）

3. 脑活动测量与行为的相关

除了脑结构，脑活动在认知加工中也具有同样重要的意义。在特定实验情境下，通过脑电和 fMRI 等技术手段获得的特定 ERP 成分、脑区激活和任务态功能联结（task-state functional connectivity）等脑活动指标，可以进一步对认知行为指标进行相关分析。类似于之前介绍的脑结构与行为相关分析的思路，通过对脑活动与行为进行相关分析，能够从更多的角度理解行为表现的脑机制，为个体认知功能和脑疾病症状的评估提供更丰富的指标。例如，Zhong 等（2024）发现，反应注意捕获的 ERP 成分 N2pc 的振幅，可以有效预测个体的工作记忆容量，为深入理解注意和工作记忆的关系、开发认知功能测评工具提供了重要参考。与脑结构相比，特定实验情境下的脑活动信号与特定的认知状态密切相关，能更好地反映特定的认知过程或功能。在进行个体差异分析时，更适合检测特异于某一认知功能的变化。此外，在很多疾病的发展进程中，往往先出现功能（脑活动）上的变化，之后再出现器质（脑结构）上的变化，因此脑活动检测可能更有助于实现脑/精神疾病的早期筛查。同时，需要注意的是，相对于脑结构测量，脑活动的测量很容易受到实验任务（刺激）及被试觉醒注意状态的影响；因此要得到稳定、可靠的脑活动数据，特别需要严格、精细操控的实验设计和规范的实验指导语，建立完善的标准化测试流程。

另外，通过脑活动与行为的相关分析，可以进一步明确某一特定脑活动的功能意义，为深入理解认知加工机制、构建完善的理论模型提供更多的证据。例如，在前文介绍的训练形状自动捕获注意的ERP研究中（Qu et al., 2017），我们发现人们对训练形状分配注意的两个阶段——早期自动无意识加工阶段和晚期主动有意识加工阶段，分别体现在自动N2pc（图2-7蓝线，180—280 ms）和任务相关效应（图2-7红线和蓝线的差异波，300—500 ms）两个ERP活动上。研究者进一步对这两个ERP效应与被试进行视觉搜索任务时的行为成绩开展个体间相关分析，发现相对于搜索非训练形状，搜索训练形状的行为成绩不仅与视觉搜索任务条件下训练形状诱发的自动N2pc振幅相关，而且与中央快速序列视觉呈现任务下训练形状诱发的自动N2pc高度相关，但是该行为成绩与任务相关效应只有非常弱的相关。在知觉学习研究领域，一个长期争议的焦点是，特异于训练刺激的知觉学习行为效应的机制究竟是对训练刺激产生了自动的感知加工变化，还是对训练刺激产生了主动的注意分配增强？然而，这个研究的相关结果支持了一个新的观点，即训练刺激引起自动化注意捕获是导致知觉学习刺激特异性的根本原因，为解决前人的争议提供了新颖、有趣的思路。

（三）脑活动之间的相关

脑区间具有高度复杂的关系，不同脑区之间如何协同活动共同完成认知加工，也是研究者关心的重要问题。以下介绍几种脑活动联结的测量方法，并分析其如何用于认知加工。

1. 脑功能联结的测量

前文介绍了结构联结，指的是结构与结构之间的关系。同样地，通过fMRI等技术获得各个脑区（空间节点）在各个时间点的激活水平，研究者还可以计算这些脑区活动随时间变化的相关性，这种方法被称为脑功能联结。相关分析是获得脑功能联结图谱的主要方法。与之前介绍的被试间相关分析方法不同，脑功能联结计算首先在被试个体内进行，计算被试内相关（intrasubject correlation），即对于每名被试，都可以分析其中任意两个脑区（空间节点）的活动是否会随着时间而协同变化。在这种被试内相关分析中，每个样本点表征了某个特定时刻的活动。通过充分挖掘、利用脑成像大数据，即多个空间和时间点的活动数据，这种被试内相关分析可以在计算后得到每名被试的精细脑功能联结图谱，每张图谱包含多个脑区节点两两之间的功能联结或活动相关性强度（图 2-14）。在此基础上，可以再将每名被试的脑功能联结图谱与其行为认知成绩或精神疾病症状进行被试间相关分析，考察哪些脑区节点之间的功能联结与特定认知过程或精神疾病相关，可能是产生这些认知过程或精神疾病的神经基础。

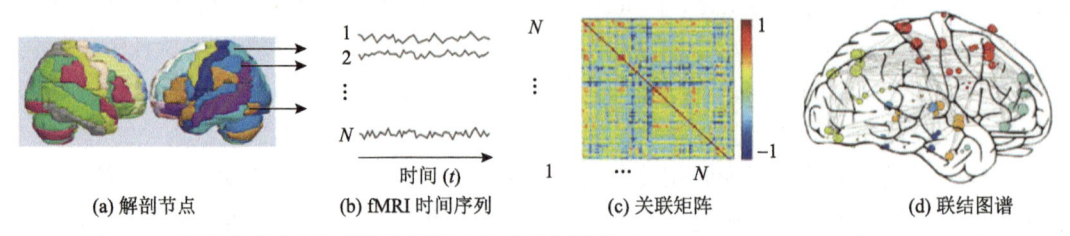

(a) 解剖节点　　(b) fMRI 时间序列　　(c) 关联矩阵　　(d) 联结图谱

图 2-14　通过脑活动功能联结分析构建人脑网络图谱（Gazzaniga, Ivry, Mangun, 2019）

2. 脑区之间的功能连通性

脑功能联结相关分析可被用来构建人脑网络联结组图谱（connectivity map/connectome，人脑联结组，神经系统的组织方式），将大脑的功能联结通过可视化的方式呈现。图 2-14 显示了其构建的 4 个步骤。

1）定义解剖节点：根据 MRI、fMRI 数据或者 ERP/MEG 的电极进行。

2）测量所有可能的节点配对组合之间的相关性 [例如，如果有 10 个节点，那么需要计算 $n×(N-1)/2+N$ 个配对相关性，55 个]，通过节点之间的脑活动（例如，fMRI Bold）信号的相关性计算功能联结（结构联结可以用节点间的 DTI 信号计算）。

3）根据所有的配对相关结果建立一个关联矩阵（$N×N$）。

4）在联结图谱中可视化呈现关联矩阵：脑区域作为网络节点，节点之间的连线表征相关性。

大脑功能联结和结构联结可能存在关联，但并不是同一个概念。如果两个脑区之间表现出较强的结构联结，它们之间的功能联结通常也会比较强。但是，反过来，两个脑区具有功能联结并不意味着它们之间存在直接的神经通路（轴突纤维）来进行信息交流。它们的活动具有高度相关性，可能仅仅是因为两个脑区都接收了来自另一个脑区的信息输入，即另一个脑区是这两个脑区之间表现出相关性的原因。脑功能连通性分析的数据来源，可以是人们进行某个特定认知任务时的脑活动数据，也可以是在没有任何任务操作时记录到的脑活动信号。前者称为任务态功能联结，后者称为静息态功能联结（resting-state functional connectivity，RSFC）。

3. 静息态功能联结

静息态功能联结不依赖于被试的任务状态，对被试没有任务负荷，记录扫描所需时间短（EEG 或 fMRI 只需要 6 min 左右），可以广泛应用于不同人群的测试比较，已成为研究大脑功能联结的主流方法。有研究表明，静息态功能磁共振成像（resting-state functional magnetic resonance imaging，rs-fMRI）功能联结图谱的某些特征在不同被试之间存在差异，但是在个体内是非常稳定的，亦即具有良好的重测信度，可以作为识别个体的"脑指纹"

（Finn et al., 2015）。通过对 rs-fMRI 和流体智力进行被试间相关分析，研究者还发现，个体的脑功能联结，特别是额顶网络联结，可以高效预测其智力水平。此外，还有研究表明，rs-fMRI 功能联结图谱的某些特征在同一群体内的不同被试之间具有相似性，但是在不同群体之间存在显著差异，例如，精神分裂症、多动症、抑郁症患者等人群的 rs-fMRI 结果与正常人群存在显著差异（Fornito & Bullmore, 2010）。这些功能联结图谱特征可以用来标识特定群体，为医疗诊断提供新的分析途径。

4. 任务态功能联结

与静息态功能联结不同，任务态功能联结体现了特定任务状态下不同脑区活动之间的关联，通过分析比较不同任务状态的脑活动相关性，可以揭示与某个特定认知过程有关的脑功能联结机制。例如，Bosman 等（2012）考察了与视觉注意过程有关的大脑枕区和颞区之间的功能联结机制（图 2-15）。在该研究中，屏幕周边区域会出现光栅刺激，训练猴子盯住屏幕中央的注视点，同时记录猴子在枕区（电极 A）和颞区（电极 B）的脑电活动，参见图 2-15（a）；在非注意条件下，猴子不需要为外周光栅刺激分配注意，此时枕区和颞区的脑活动并不同步，电极 A 和电极 B 的脑电活动相关性很低，参见图 2-15（b）；在注意条件下，猴子需要为外周光栅刺激分配注意，此时枕区和颞区的脑电活动（局部场电位，即 Local Field Potential，LFP）趋于同步化了，电极 A 和电极 B 的脑电活动相关性较高，参见图 2-15（c）。

(a) 刺激，猴子和记录位点

(b) 未注意视觉刺激，位点A和B的局部场电位不同步

(c) 注意视觉刺激，位点A和B的局部场电位同步

图 2-15　任务态功能联结研究示例（Goldstein，2018）

三、表征相似性——不同客体在大脑中的激活模式

在前面的相关计算中,变量的形式通常比较简单,例如年龄、脑活动强弱或者脑功能联结强度等。不过,随着技术的发展和研究问题的深入,测量指标的形式变得越来越复杂。此时会出现一些无法使用一般相关分析的情况,例如,不同模式的大脑活动测量(如 fMRI,侵入式或头皮电生理记录)在时间和空间上的分辨率各不相同。现代的多通道大脑活动测量技术能够采集丰富的神经活动模式信息,但是不同采集方法使用了不同的技术。此外,不同脑区之间、不同被试之间或者不同物种之间的测量都存在巨大差异,并不能以简单的强弱、高低来概括。另外,随着近年来计算模型的高速发展,越来越多的研究者借助计算模型来研究人类的认知加工和大脑机制。然而,要确定计算模型模拟的加工与大脑活动测量之间的一一对应关系并非易事。为了解决前面提到的问题,Kriegeskorte 等(2008)提出了一种全新的实验和数据分析框架,称为表征相似性分析。面对不同模式的大脑活动测量或者计算模型,研究者需要对它们进行抽象处理,计算出表征不相似矩阵(representational dissimilarity matrix,RDM)。例如,通过比较与每对实验条件相关的脑活动模式,计算出它们之间的相关距离(不相似度,1-correlation),即可得到一个表征不相似矩阵,用于描述表征的性质。Kriegeskorte 等(2008)将表征解释为特定脑区的,与每种实验条件相关的活动模式。表征不相似矩阵即包含了大脑或计算模型中特定表征承载的信息。此时,RDM 即为第一层"相关"。表征相似性分析的核心思想是使用 RDM 作为不同脑区和计算模型中表征的代表。我们可以通过计算这些 RDM 之间的相关大小,关联起不同模式的大脑测量、计算模型及行为模式,此为"相关的相关"。

接下来,我们在具体的例子中进一步加强对表征相似性分析的了解。脑活动和脑活动之间的相关分析,不仅可以用来揭示特定认知任务状态下的特异性脑功能联结,还可以用来提取特异于特定刺激(类型)的神经表征机制。例如,人脑中是否存在区分动物和植物这两类抽象图片概念的神经表征?研究者可以设计动物和植物两类刺激图片,每类刺激包括很多个样例(例如,动物类别中包括猴子、猫、老虎、狗等;植物类别中包括杨树、向日葵、榕树、玫瑰花等),通过表征相似性的方法来考察动物类别(无论具体是哪种动物样例)和植物类别(无论具体是哪种植物样例)图片刺激是否激活了不同的大脑活动模式(图 2-16)。对每名被试,在每个时刻点或脑区将每个样例刺激图片诱发的大脑活动在各个样例之间进行两两相关分析。如果在某个特定时刻点或脑区,动物或植物类别内的各个样例刺激之间的脑活动相关性比较强(说明类别内不同样例的脑活动相似),但是动物样例和植物样例之间的脑活动相关性比较弱(说明类别间不同样例的脑活动不相似),那么这个时刻点或脑区的脑激活模式就可以表征该被试对动物和植物类别的分辨机制。表征相似性方法可应用于很多涉及复杂场景的实验研究中,为复杂刺激环境中的认知加工机制研究提供了一种新颖、有意义的途径,已成为近年来的一种重要分析方法。

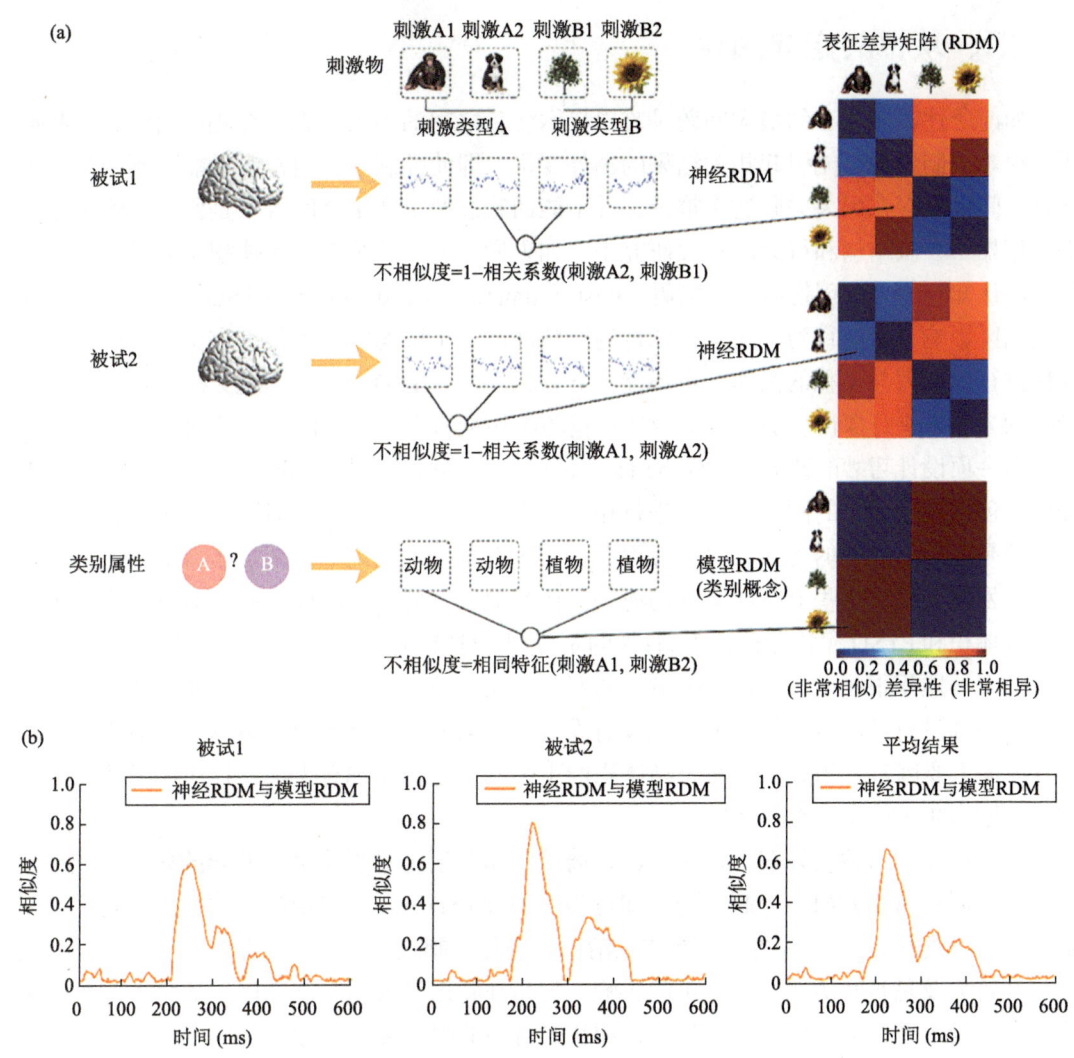

图 2-16 表征相似性分析示例：区分动物和植物图片的神经加工机制。（a）根据不同个体的神经活动和刺激的类别属性来对不同刺激条件之间的差异进行量化，得到的不相似度可以记录在表征差异矩阵 RDM 中，矩阵中的每个方格数据反映了相应的两个刺激样例之间的不相似度[可以通过 1-相关系数（刺激 M，刺激 N）计算得到]。由于个体差异的存在，对于同一组刺激及不同刺激之间的差异，不同被试的神经活动可能是不一样的；但是如果被试内部对不同刺激条件的加工存在稳定的规律，那么通过计算得到的 RDM 在个体之间可能是类似的。（b）对于 EEG/MEG 数据，可以在每个时间点上构建对应的神经 RDM，并与模型 RDM 进行比较，考察两者的相似度（这种比较也可以通过相关分析进行）。例如，本图显示，在刺激呈现约 200 ms 后出现了区分动植物类别概念的神经表征（此时神经 RDM 和模型 RDM 很相似），这种分类机制在不同个体之间是一致的（尽管具体的神经表征活动模式在不同被试间可能存在较大差异）。将逐时间点构建的神经 RDM 与模型 RDM 进行比较，可以在一定程度上说明根据理论假设构建的模型（区分动植物类别的模型）能够在什么时程上对不同类型刺激之间的差异做出解释（改编自：陈新文等，2023）

四、从相关走向因果

如前所述，相关法的最大问题是难以揭示变量之间的因果关系。在相关研究中，我们通常很难控制各种可能引起相关结果的额外变量，即使控制了，通常也只能得到两个相关变量之间可能存在因果关联这个推论，并不能回答这两个变量之间哪个是原因，哪个是后果。例如，在脑结构和行为的相关研究中，如果发现人类的某个脑区体积（海马大小）和特定的认知行为（如创伤后应激障碍，post-traumatic stress disorder，PTSD）相关，那么究竟是脑区影响了认知行为，还是认知行为对脑区产生了影响？因为伦理道德，我们不能对人体进行改变海马体积的操作，也不能诱导人们产生 PTSD，这类问题无法通过人类实验操控的方法来进行探讨。那么，能否通过精巧的相关研究设计来回答此类问题呢？

在一项设计巧妙的研究中，Gilbertson 等（2002）通过对具有相同遗传背景和不同后天经历（创伤性经历）的同卵双生子进行相关研究来探讨该问题。每对同卵双生子，其中都有一位是经历了战争的老兵，另一位没有，其中有部分老兵之后发展成了 PTSD。与前人的研究发现一致，这些 PTSD 老兵的海马要比其他未发展成 PTSD 老兵的海马体积更小，且海马体积和PTSD症状存在相关。有趣的是，这些PTSD老兵的双胞胎兄弟的海马与PSTD老兵的海马体积很相似，也比其他老兵的双胞胎兄弟的海马体积更小，即使这些老兵的双胞胎兄弟都没有经历过战争，因而也没有发展出 PTSD。也就是说，虽然经历战争是产生 PTSD 的重要因素，却并不会对海马体积产生影响。这些发现有力地支持了海马体积小是 PTSD 发展的一个诱因而非结果。

这一研究的巧妙之处在于，一方面，通过同卵双生子对影响个体差异的先天可能因素进行了控制；另一方面，控制了与认知行为（如 PTSD）发展密切相关的一个重要后天因素（如经历战争）。在对这两个可能的混淆因素进行控制之后，脑结构即海马体积并没有受到认知行为及是否经历战争等变量的影响，但是在特定后天情况下（经历战争）却可以影响认知行为水平，从而揭示了海马体积和认知行为的因果关系与方向。

以上方法需要足够多的符合研究条件的同卵双胞胎被试，在实际研究中通常有很大困难。另一种更常用的考察两个相关变量之间因果关系方向的研究思路是采用交叉滞后相关（cross-lagged panel correlation）分析的方法，即在先后两个时间——时刻 1 和时刻 2——对两个变量，如脑区体积和认知行为进行测量，得到诸如"时刻 1 的脑区体积""时刻 2 的脑区体积""时刻 1 的认知行为""时刻 2 的认知行为"等数据。如果"时刻 1 的认知行为"与"时刻 2 的脑区体积"不存在相关，但是"时刻 1 的脑区体积"与"时刻 2 的认知行为"存在相关，即使控制了"时刻 1 的认知行为"，这种相关仍然存在，那么就可以推论脑区体积是导致认知行为发生变化的原因。这种交叉滞后相关分析的方法，需要对被试进行长期的追踪测试，也给实际研究设计和实施带来了不小困难。

在高时间分辨率的脑活动记录研究中，还可以利用因变量之间的时程关系，对它们之间的因果关系进行推论。其中，包括对不同时程的脑活动进行相关分析，或者对脑活动和行为进行相关分析。例如，我们可以探讨 N2pc 和行为学习效应之间的关系。在单次试次中，N2pc 发生得更早，如 180 ms 就开始了，而行为反应发生得更晚，要到 500 ms 或 600 ms

以后。如果控制了其他可能混淆变量后依然得到 N2pc 和行为成绩之间的显著相关，那么就可以得到令人信服的因果关系推论——N2pc 活动是行为学习效应的原因。

总体而言，在用相关数据讨论因果关系的问题上，对其他可能混淆变量的控制和说明是相当重要的，仅凭相关结果并不能非常信服地得出因果关系，这是要留意的问题。

第三节　计算建模和人工智能

在绪论部分，我们已经提到认知心理学的一个基本研究思路是，将复杂的认知功能或执行某个特定认知任务涉及的心智活动分解为若干个认知成分或加工过程。认知心理学理论就是描绘完成复杂认知功能涉及的成分，如感知、注意、记忆、决策等，以及这些成分之间是如何相互影响的，或者阐述某一特定认知加工的机理。这些理论模型在提出之初，通常采用文字和术语进行描述，即"讲故事"法。虽然面向的具体内容各不相同，但是这种描述往往比较含糊，缺少明确的、可检验的操作性定义和测量方法，因此研究过程和结果大都带有一定的主观性。相对而言，流程图会比文字表述更为具体一些，但总体而言仍很难在定量的层面上进行精确的检验与预测。例如，实验法和相关法等研究范式通常通过显著性检验，以流程的形式描述某个或者某几个变量对某个认知过程的作用机制，试图利用这种方法全面而动态地对认知全过程进行实时跟踪，往往工作量极大，且通常难以准确地量化不同影响因素如何共同作用于某个复杂的认知加工过程。为了更精确地描绘理论模型，许多研究者对认知过程的研究使用了计算模拟的方法来进行探索。

计算建模是近几十年来认知科学研究中逐渐兴起的一种融合了计算机科学、数学、生理学和心理学等学科观点与技术的多学科交叉手段，致力于对认知加工的多变量共同作用的动态过程进行分析。目前，计算建模方法与理论研究和实验研究一起，已成为促进心理学研究发现和进步的重要手段，被广泛应用于人工智能、认知科学、发展心理学和精神病学研究中。具体而言，认知计算是一种自上而下的、全局性的统一理论研究，目的是模仿人类在完成特定类型任务时依赖的心理表征和加工，以通过计算或数学原理解释观察到的认知现象（心智），使其符合已知的神经生物学事实（脑）。这种研究方法不仅有助于精确定量地进行理论模型构建和假设检验，还可以告诉我们一系列原理或机制是否真的能够解释数据，在此基础上做出新的预测，指导新的实验设计。本节首先介绍基于理论的、自上而下的计算建模的研究思路和方法。模型构建过程包含数据处理、特征选择及模型框架的选取与优化等诸多方面，这些方面会在不同程度上影响模型的性能。随后，对目前典型的心理学计算模型进行介绍，并对其未来进行展望。

一、计算建模的研究思路

心理学研究中，计算建模主要的研究思路是，根据以往的研究结果或者研究经验提出的理论假设，通过自上而下地设计及执行实验，建立数学模型（例如，$Y=bX+a$），探讨实验自变量（X）与因变量（Y）之间的关系，并对模型中的关键参数（b）进行有效提取，用于解释已采集的人类实验研究数据，如行为数据或大脑信号，从而验证理论假设是否成立。以上是一个迭代更新的过程，最终准确预测即将开展的人类行为和心理现象研究。

　　心理学理论是通过提出一系列抽象的原理来解释一系列心理或认知现象。目前，认知心理学和神经科学研究人员在进行心理学理论构建时，不少会采用计算建模方法。这种计算建模已经成为一种常用的数据分析方法。具体来说，采用计算机建模的方法对心理学理论进行验证，实际上是基于理论假设生成关于机器"心智"活动的具体假设，并运用计算机程序实现。因此，我们可以通过以运行结果是否可以成功地与人类的行为表现相吻合作为证据来支持或反驳理论。这类计算建模通常可以用来检验关于某个认知加工的具体假设或者描绘该认知加工的具体机制，例如，加工是串行过程还是并行过程，以及研究记忆的工作原理、加工涉及的大脑神经表征模式等。在很多实验心理学研究中，这种计算建模已经成为一种基本的数据分析方法。

　　举个例子，心理物理学研究中的阈值，就是通过建立物理刺激参数输入变量和行为反应成绩这种输出变量之间的函数关系，计算当行为成绩达到特定数值（如正确率为80%）时，对应的物理刺激参数值（如刺激亮度）。如果想探讨注意对知觉加工的影响，可以计算人们在不同注意状态下的知觉阈值来做进一步的假设检验。类似地，基于理论的计算建模不仅可以建立刺激输入和行为输出之间的关联，也可以用于建立不同认知加工过程之间，以及它们和刺激/行为之间的关联，构建更加复杂的认知计算模型。例如，反映抑制能力的指标 IOR-OT 可以用来预测老年个体的 ACE-R。然而，这种预测力只有大约25%，可见还有其他指标可以用来共同预测老年人的 ACE-R，如工作记忆容量。如果研究者发现反映工作记忆（working memory，WM，详见第五章）的指标也与老年个体的 ACE-R 有关，那么就可以建立抑制能力、工作记忆和 ACE-R 之间的计算模型，例如，最终可能以二元回归方程的方式来展示。这类研究在理论上能更好地揭示影响认知老化的关键认知过程，在实践应用上有助于建立更加完善的老年个体认知功能测评指标体系。

二、计算建模的理论来源与作用

　　在心理计算建模中，模型通常可以用来检验关于某个认知加工的具体假设，但要让计算模型实现复杂的认知功能，通常需要系统的理论指导。理论是构建计算模型的必不可少的基础，是对心理过程和行为的解释框架与指导原则，以揭示各个认知成分（加工）是如何组合而产生智能行为的。

　　在实际研究中，理论假设通常来自两个方面。其中一类是与具体的心理学问题有关的，是基于前人研究经验和理论而产生的假设，这些理论可以是来自心理学、认知科学、神经科学等领域的研究成果。这些理论通常是关于某个认知加工的具体假设，例如，研究人员可能会根据先前的实证研究和理论构建一个假设。这类理论在建模过程中发挥了关键作用：①理论为计算模型提供了选择和设计的指导原则。这些假设可以用来指导模型和算法的选择和设计。基于心理学理论，可以确定关键的心理过程和变量，选择合适的模型类型和算法，从而构建具有解释力和预测能力的计算模型。例如，通过脑电源分析（brain electrical source analysis，BESA）建模考察最优拟合结果来探讨脑区加工机制，我们可以讨论 N2pc 的偶极子溯源更靠近顶区还是枕颞区，以此来检验视觉空间注意机制源自视觉皮层信息加工背侧通路还是腹侧通路。②理论为模型参数的定义、解释和验证提供了支持。在建立计算模型时，选择和设定参数是一个关键过程，理论为关于参数取值范围、自由参数的个数、参数的合理范围和边界条件的设定等提供了参考依据。通过理论可以确定模型参数代表的是什么心理概念或机制，使模型更符合理论的假设和预测。例如，在认知模型中，模型的参数可以表示记忆容量、加工速度或注意分配等认知过程的特征，并且基于理论可以指导模型函数的选择、自由参数的个数和边界条件的设定等。以视觉空间注意成分 N2pc 为例，可以假设该成分源自某个特定脑区，以对偶极子的个数进行限定，如一个或一对，这可以使模型更为简洁。③理论可以用于预测和验证模型的结果，推动新理论的建立。当构建一个计算模型来模拟特定的心理实验时，我们希望该模型能够生成与实验结果相似的输出，通过将模型的输出与实际心理实验结果进行比较和验证，分析它们之间的相似性和差异，根据比较结果确定模型的合理性和准确性程度。在这个过程中，理论可以帮助研究者发现模型无法解释的出乎意料的现象或者与理论相悖的结果，从而推动理论的进一步修正和发展，为新理论的建立提供线索和支持。

另一类是与具体问题没有关系的通用假设，这类假设是独立于具体问题和前人研究经验的。它们试图提供一般性的框架和理论，用于构建模型，从而解释和预测心理学现象。在心理学领域，有一些常见的通用理论，例如，信息加工理论，人们通常假设认知过程可以用信息加工模型来描述，将注意力、感知、记忆和决策等认知活动视为信息输入、处理和输出的过程；连接主义理论，它是建立在神经网络基础上的概念，认为认知过程是由神经元之间的连接和相互作用决定的，强调学习和记忆是通过神经元之间的权重调整与模式识别来实现的。在计算建模中，连接主义理论通常使用人工神经网络模型来模拟和理解人类的认知能力。这些理论提供了认知和心理过程的框架，能帮助研究人员理解和解释各种心理学现象。认知科学和计算机科学等领域的一些通用原理和准则可以提供模型的约束条件，避免模型过于复杂或不符合实际情况，尤其是对于心理学研究中面临的小样本研究或信噪比较差的研究，这一点尤其重要，例如奥卡姆剃刀原则。奥卡姆剃刀原则认为，在解释现象时，如果有多个解释具有相同的解释能力，应选择最简洁的解释。这个原则也适用于计算建模，鼓励研究者选择最简单的模型，尤其是心理建模应尽可能简洁优雅，以尽量减少复杂性和不必要的假设。例如，在 IOR-OT 探索性研究中，二次方函数比一次方函数对数据的拟合显著更好，同时与三次方函数相比没有明显的差别，因此采用了二次方函数。又如，在计算心理物理阈值时，通常使用符合前人研究经验的韦伯函数进行拟合，即使其他函数可能与当前数据有更好的拟合。再如，线性模型优先原则。在建模过程中，如果一种现象可以用线性模型解释，就不必引入更复杂的非线性模型，因为线性模型通常更简单、易解释和计算效率更高。例如，在斯滕伯格（Sternberg）记忆比较任务的加工模型中，关于"比较"过程的拟合模型，研究者就采用了简洁的一元线性回归模型而不是其他数学统计模型来检验是否串行加工模式这个假设。还有参数的经济性原则：当建立模型时，应尽量避免引入过多的参数。过多的参数可能导致模型过于复杂，难以解释和拟合。因此，应尝试使用较少的参数来解释现象，使模型更简洁和有效。

以斯滕伯格的认知加工模型为例，该模型阐述了人们在执行记忆比较任务时的认知加工过程。任务是判断一个刺激是否属于自己先前学习过的刺激，模型包括刺激输入、编码、比较、决策和反应输出等几个阶段［图2-17（a），图2-17（b）］。但要构建更加精确的理论模型，需要了解各个加工阶段具体是如何实现的。因此，研究者对问题提出和假设检验进行了具体化。例如，"比较"是一个高效的并行加工过程，还是一个资源有限的串行加工过程？这个问题可以通过简单的行为学反应时实验进行定性分析和检验。比如，考察反应时（比较时间）是否随着记忆项目的变化而变化。如果是，则支持后者，否则支持前者。进一步，研究者想知道反应时（"比较"过程）如何随着记忆项目的变化而变化，这时就需要进行大量实验，并结合计算建模的方法来进行。具体来说，如果一元线性回归能够很好地拟合数据［一元回归系数，图2-17（c）的斜率显著大于0］，则进一步支持了串行模型的假设，此时的一元线性回归模型就可以精确、定量地描述每次比较所需的时间。模型一旦建立，还可以在新情境下进行预测和检验。例如，用于模型构建的实验数据是在项目数为1、2和4的实验情境下获得的；那么在项目数为3或8（新情境）的情况下，"比较"反应时是否也可以用已建立的一元线性回归模型来解释？若是，则说明该模型具有较强的预测力及适用性，否则需要对模型或理论进行某些修正。

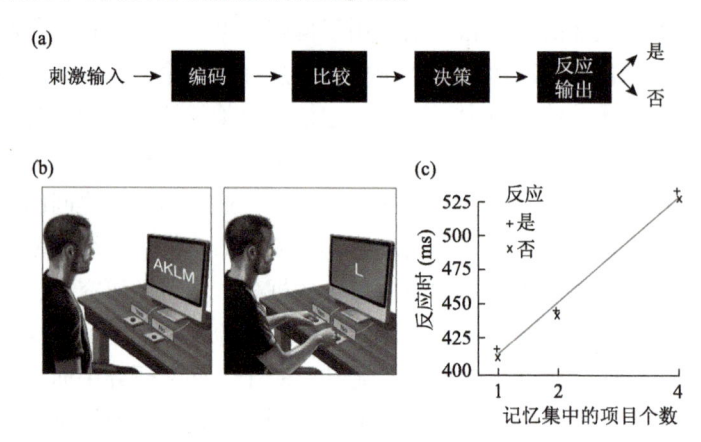

图2-17 斯滕伯格记忆比较任务的加工模型和比较过程的计算建模。（a）记忆比较任务的"方框箭头"流程图；（b）实验任务示意图：学习阶段（左）和记忆测试阶段（右）；（c）比较过程的计算建模（改编自：Gazzaniga，Ivry，Mangun，2019）

三、计算建模的典型模型及其研究示例

传统的心理学研究方法主要依赖行为数据和实验观察，往往只能提供有限的信息和解释；而计算模型分析可以提供更加精确和详细的模拟与解释，从而可以作为一种更加准确、透明、一致的方法来构建心理理论（Adner et al., 2009），尤其是对于检验特别复杂的理论假设而言是一种非常有效的方法。其中，深度神经网络模型和贝叶斯认知模型是近年来兴起的两类典型的与认知任务相关的计算模型，这些模型通常是由计算机科学和人工智能科学等领域的研究者主导开发的，被用于心理建模是为了构建认知任务执行模型，让计算机

模拟人类的复杂认知功能和认知加工过程。因此，这类认知计算建模方法体现了认知心理学/神经科学和人工智能领域的高度交叉。一方面，计算机科学研究者可以将认知心理学理论和神经科学的经典研究和理论应用于人工智能模型的构建，例如，神经网络模型与认知神经科学的发展密不可分，受到了大脑神经元网络的启发和指导；另一方面，人工智能模型的成功可以启发认知心理学研究者更好地理解认知过程的本质，相关研究中的一些思路和方法反过来可以加深我们对人类认知过程的理解。因此，本节主要介绍深度神经网络（deep neural network，DNN）模型和贝叶斯认知模型，以及二者在认知心理学计算建模研究中的实例和应用，对这些模型的作用和特点进行简单分析，并对在计算建模实施过程中需要注意的几个问题进行说明。

（一）基于深度神经网络模型的大脑结构建模

深度神经网络模型通常是由计算机和人工智能科学领域的研究者主导开发的，其建模的目的是让机器来实现类似人类的复杂认知功能，也称为任务执行模型，即机器执行认知任务的模型。认知心理学和神经科学的经典研究和理论对很多主流的人工智能模型框架构思起着重要的指导与启发作用。例如，目前热门的深度神经网络模型卷积神经网络（convolutional neural network，CNN）和循环神经网络（recurrent neural network，RNN）等，就与认知神经科学的发展密不可分。这种模型的精细构建过程通常需要大量训练。模型构建完成之后，给机器输入信息（如输入一张面孔），并观察其输出反应（如是男性还是女性），据此评估模型执行认知任务的性能（如面孔识别能力）。研究者可以进一步将机器的输出或中间的反应与人类的行为或神经活动表现进行比较，评估机器的认知功能和认知加工过程是否与人类相类似。这种方法体现了认知心理学/神经科学和人工智能领域的高度交叉，一方面，人们可以将认知心理学理论应用于人工智能模型的构建；另一方面，人工智能模型的成功可以启发认知心理学研究者更好地理解认知过程的本质。以下将更深入地讨论这种研究思路。

深度神经网络模型是在神经网络模型的基础上发展而来的。与符号模型（早年基于传统信息加工范式的认知模型）不同，在神经网络中，表征和算法是通过多个基本单元或节点（"神经元"）的交织联结来实现的。神经网络模型在一定程度上模拟了人类和灵长类动物的神经系统，体现了并行分布式信息加工的观点。神经网络模型一般至少有三层节点：输入层、中间层（隐藏层）和输出层，如图2-18（a）所示。每个节点可以与许多其他节点发生联系，这种联系可以是兴奋性的，也可以是抑制性的，即一个节点活动可以使另一个节点活动增强或减弱。节点之间的联结强度（权重）可以通过学习来调整，即网络可以通过改变节点间连线的权重来学习输入与输出信息之间的联系规律。这种学习规则称为误差逆传播规则，它允许一个网络通过不断把实际输出结果与正确结果进行比较而去学习建立某一输入模式与某一输出模式之间的联系。刚开始，联结权重随机分配，实际比较发现错误后，通过网络逆向传递激活来调整联结权重，直至符合要求。因此，模型可以学习研究者关心的行为或认知功能。与传统符号模型相比，神经网络模型具有非常强大的学习能力。

神经网络模型的另一个吸引人的方面是，通过"损伤"技术可以证明模型的性能是如何随着部分的改变而变化的。不像严格的串行计算模型那样,如果一个回路被破坏,整个系统就会崩溃,相比之下,神经网络模型只会缓慢地退化。当删除某些单元之后,模型可以继续正常运行,因为每个单元在处理过程中只起很小的作用。因此,人为损坏是测试模型有效性的一种好方法。首先构建一个模型,观察它是否充分地模拟了正常的行为。然后添加"损伤",观察模型表现的下降是否类似于在神经患者中观察到的行为缺陷。

近年来,Hinton 及其同事(Hinton, 2007;LeCun et al., 2015)开发的由许多层组成的深度学习模型越来越受关注,成为引发人工智能革命的新动力。从多层结构中可以涌现出复杂而多样的表征方式,使深度学习模型能够进行复杂的模式识别,例如,人脸识别。深度学习模型的原理打破了以往实现人工智能的壁垒:计算机现在被证明在国际象棋、扑克和围棋等游戏中几乎是不可战胜的,甚至还能运用到无人驾驶汽车上。总的来讲,这些神经网络模型表明,如果给予模型大量不同的输入,分布在许多小处理单元上的学习算法可以比原本的具有输入与输出关系的系统更有效地学习最优解。

深度神经网络可被理解为有很多中间层的神经网络[图 2-18(b)]。层与层之间是全联结的,也就是说,每一层的任意一个节点都会与下一层的任意一个节点相连。这种网络构建在一定程度上模拟了基于灵长类动物和人类研究的神经加工机制。例如,目前关于视皮层信息加工的层级编码假说(图 2-19,图 2-20)认为,视觉信息加工是有不同层级的,低层级神经元检测朝向和位置等简单特征(如初级视觉皮层,V1),较高层级神经元检测不同特征的组合(如中间视觉皮层,V4),更高层级神经元可以实现复杂客体识别(如下颞叶神经元)。从低级到高级神经元的加工过程中,视觉信息进行了逐层汇聚。视觉图像识别是迄今为止 DNN 最为成功的领域之一。

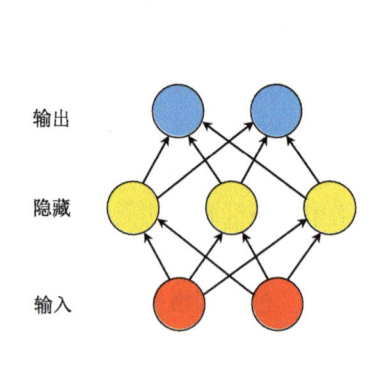

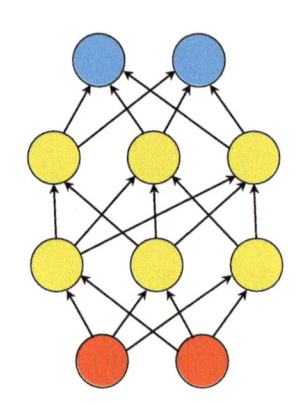

(a)浅层前馈模型(1个隐藏层)　　(b)深度前馈模型(隐藏层数大于1)

图 2-18　神经网络模型:前馈模型。目前的深度神经网络模型大多是前馈模型。前馈模型是基于视皮层信息加工的层级编码假说(Hubel & Wiesel, 1970)而提出的,网络中的信息传导方式都是从低级到高级(节点之间只存在低级至高级的联结)。为了突破前馈模型的瓶颈,近年来出现了循环模型或反馈模型,网络中的信息传导可以在同层级内发生,或者从高级反馈回低级。这种加工方式与近二十年的主流认知神经科学观点(例如反转层次理论,Hochstein & Ahissar, 2002)更一致。这些神经网络模型已经证明来自生物学(神经科学)的灵感促进人工智能领域的突破。目前的模型只用到了大脑动态成分的一小部分,今后还有很大的发展空间

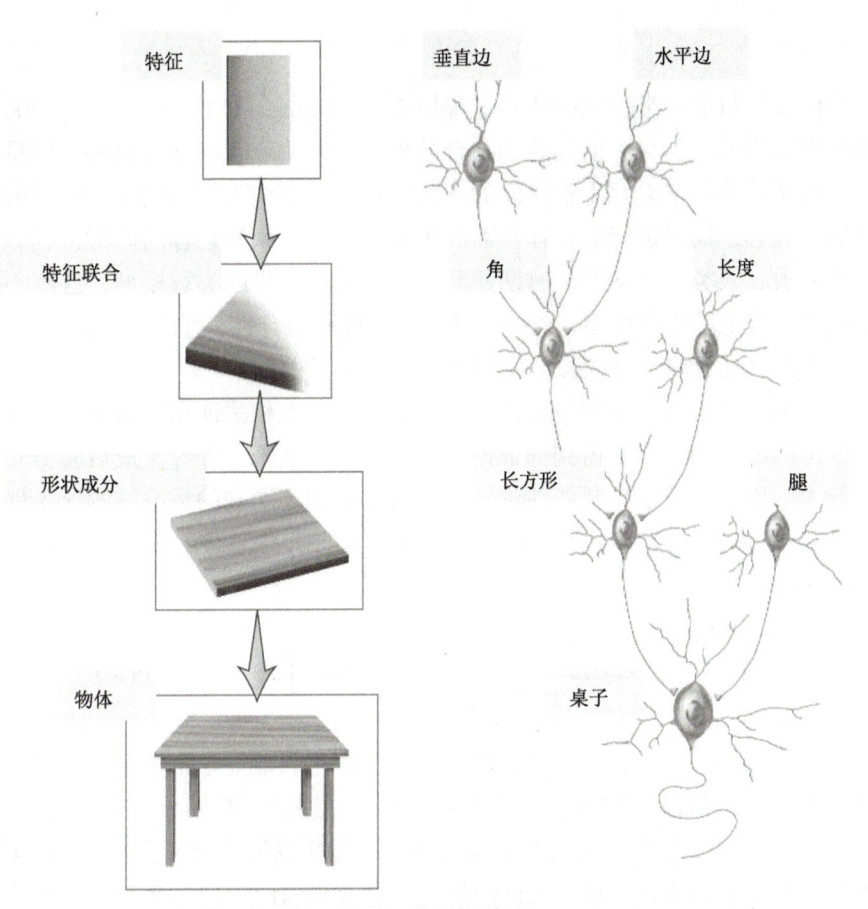

图 2-19　视皮层信息加工的层级编码假说（Hubel & Wiesel，1970）

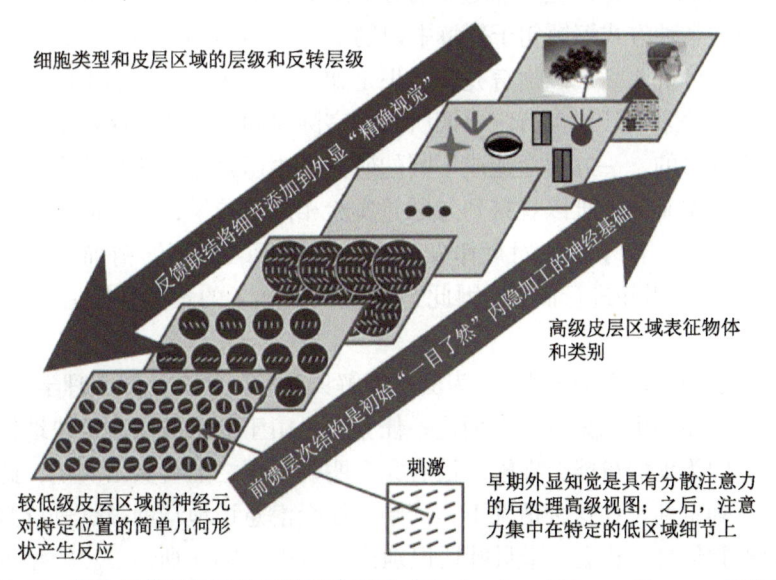

图 2-20　视皮层信息加工的反转层次理论（Hochstein，Ahissar，Neuron，2002）

(二)基于贝叶斯认知模型的大脑功能建模

贝叶斯模型是目前一类主流的认知过程模型(DeLong, Urbach, Kutas, 2005)。它是根据概率规则将当前数据与先前经验相结合的推理,使研究者能够设想和验证具体的信息加工过程,其实现不一定需要生物层面的支持。贝叶斯模型不仅有助于我们理解基本感知觉和运动加工过程,同时也能够解释判断和决策等高水平认知过程的内部机制。从贝叶斯认知的视角来看,人类思维从婴儿时期便开始构建关于世界的心智模型,这些心智模型不仅可以是概率意义上的生成模型,也可能具备因果性和组合性,可以对外部世界进行模拟,以及通过重新组合元素将这种模拟应用到新的假设场景中。

贝叶斯模型将关于世界的先验知识(prior,个体考虑相关证据之前某一事件的概率)和感官证据(likelihood,实验得到的证据)有效地结合起来,推导生成后验分布,进而预测或指导行为。因此,基于贝叶斯理论,我们可以利用观测到的数据推测该事件的结果概率。贝叶斯规则如式(2-1)所示,即后验分布 $P(H|X)$ 与似然函数 $p(X|H)$ 和先验函数 $p(H)$ 的乘积成正比。

$$P(H|X) = \frac{p(X|H) \times p(H)}{p(X)}, \quad p(X) = \int d_H p(X|H) p(X) \qquad (2-1)$$

以语义研究为例,大多数早期建立的语义加工理论只能通过推测某个或某几个变量作用于语义加工的某个阶段。例如,对于语义加工,早期的研究得出的理论可能会这样说:"经过统计检验,更高层级的语境先验知识可以显著缩短获取单词 n 含义所需的时间,这些先验知识包括有助于构建句子整体表征的任何信息及先前已识别的所有单词(单词 1 到单词 n–1 的所有单词)的含义。"这一描述抓住了该理论的核心假设,即应用更高层级的语境先验知识可以通过某种方式缩短句子理解中识别单词 n 所需的时间。但是,这种传统的言语化理论并没有具体说明高层级语言先验知识是如何影响句子语义加工的,也没有提供一种具体、准确的方法来估计加工特定单词所需的实际时间。因此,这种定性的方法带来的负面影响是显而易见的,一方面会造成不同的研究者难以就需要解释的现象达成共识,因而不同场景下复制实验的人难以观察到与原始实验相同的结果,得到的结论也不一致,难以比较和统一;其次,由于理论对规律发生的因果关系表述不够精确,难以针对某些条件产生具体准确的预测并进行测试,因此造成对语义加工的理解伴随着各种各样的偏差和质疑。

接下来,我们以快速词汇识别任务为例来理解贝叶斯模型在认知心理学研究中的应用。在要求被试快速判断一个词是否为真词这一任务中,由于要求被试非常快地做出反应,他们可能会犯错。因为他们可能会在输入没有完全明确呈现之前就做出决定,此时必然存在一些模糊性和不确定性。在这种情况下,词频可能会潜意识地帮助被试进行判别,因此可以把词频作为先验信息,建立一个贝叶斯识别器,如式(2-1)所示。该模型可以完美地模拟人在完成快速词汇识别任务时的表现,以及准确量化词频这一因素是如何影响人对词汇的感知的。

对于词汇识别的例子，当呈现一个输入 x（这个词的笔画数特征，例如，$x_i = 7$）时，被试需要尽快判断是哪个词汇（例如，$w_i=$我，或者 $w_i=$天），即需要求 $P(w_i=$我$|x_i=7)$ 和 $P(w_i=$天$|x_i=7)$；采用贝叶斯模型模拟词汇识别认知加工过程，训练/学习（步骤 1—3）和预测（步骤 4）的具体步骤如下。

1）由于被试被鼓励尽可能快地做出反应，他们的错误可能是输入并不明确，因而决策带有一些模糊性和不确定性。此时，自上而下的先验信息（如词频）可能有助于判断，对这个输入的词汇会根据词频有一个初始化的离散概率分布 $P(w)$，称为先验分布，如图 2-21（a）所示，假设 $P(w_i=$我$)=70\%$，$P(w_i=$天$)=30\%$。需要注意的是，如果这里没有词频作为先验信息，则这一分布需要选择均匀分布，即 $P(w_i=$我$)=50\%$，$P(w_i=$天$)=50\%$，可见如果在研究中对先验信息有不同的假设，那么先验分布就会不一样。

2）接着被试会利用自下而上的信息（似然函数），即实验观测数据/得到的 N 个样本 $\{(x_1,w_1),(x_2,w_2),\cdots,(x_N,w_N)\}$，辅助其进行判断，经过样本计算求得似然函数概率，即不同的词 w_i 会出现这样的输入特征的概率：$P(x_i=7|w_i=$我$)=90\%$，$P(x_i=7|w_i=$天$)=10\%$。

3）由上述两个步骤得到先验信息和观测证据（似然函数）后，可以求得联合概率分布 $P(x,w)=P(x|w)P(w)$，即完成了学习的过程。在这里，联合概率分布 $P(x,w)$ 可以理解为"生成"样本 $\{(x_1,w_1),(x_2,w_2),\cdots,(x_N,w_N)\}$ 依赖的分布。具体来说，$P(x,w)$ 相当于还原出关于特征 x_i（笔画数）和词汇 w_i 共同出现的概率关系，那么可得 $P(x_i=7,w_i=$我$)=63\%$，$P(x_i=7,w_i=$天$)=3\%$。

4）最后是预测的过程，对于特定的输入 $x_i=7$，通过联合概率 $P(x_i=7,w)$ 除以全概率公式的常数值 $P(x_i=7)$，求得不同词语的后验概率 $P(w|x_i=7)$，这时哪个词语的后验概率高即识别为哪个词语，如图 2-21（b）所示，$P(w_i=$我$|x_i=7)=95\%$，$P(w_i=$天$|x_i=7)=5\%$，因此可以最终判断这个输入 x_i 是"我"。

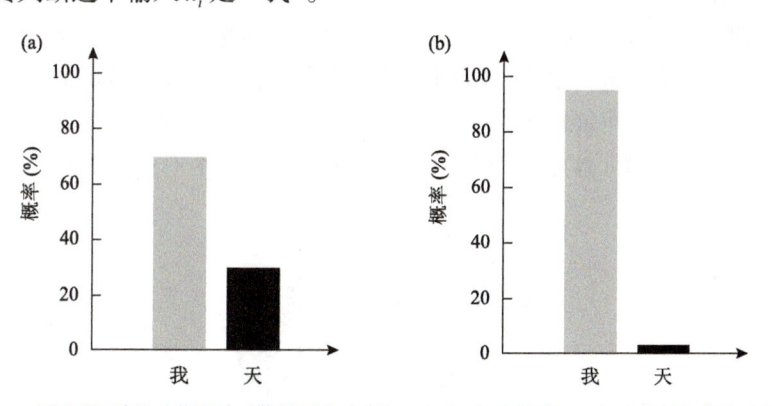

图 2-21 词汇识别贝叶斯认知模型研究实例。（a）先验分布。（b）更新后的后验分布

上述只是一个简化的模型演示，它不仅可以很好地拟合人在完成快速词汇识别任务时的表现，也可以准确量化词频（自上而下的信息）和笔画数（自下而上的信息）这两个影响因素对词汇的感知和判断加工如何共同发挥作用，从开始对这个词语的判断仅仅依靠这个词语的词频，经过实验的观测数据/样本的学习，最终可以根据给出的输入（笔画数特征）

识别这个词语。值得注意的是，上面将 x 输入的词汇特征实例化为笔画数，这只是为了简单起见。事实上，对研究假设的需求，可以定义为词语的其他特征。例如，为了验证表音文字和表意文字的字形或字音特征的作用，可以把 x 的输入改为需要研究的字形和字音融合的高维特征，所以 x 可以根据研究假设的改变而改变，既可以是一维的，也可以是多维的，最终，可以算出不同特征的概率/权重，同时验证不同的特征在词汇加工过程中的作用。此时，字形特征对表意文字和表音文字加工的作用机制问题就可以迎刃而解了。

总而言之，通过将以往的语言理论转换为数学模型的理论，如构建贝叶斯模型的描述，再使用计算机程序和算法实现，可以进一步量化高层级语言先验知识对单词识别影响的程度，并对任意场景中预期单词的时间进程进行准确的预估。

上述提及的实例仅仅是性别判断、词汇识别等较为简单的分类任务，对于高级认知的探索过程，如研究诸如逻辑推理、问题解决、阅读理解等高级认知加工，则更离不开认知建模的推动。贝叶斯模型不仅适用于模拟人类基本的感知加工过程，还可以应用于复杂的推理感知，如视听多感觉加工的因果推理。

例如，在研究多感觉加工的因果推理中，实验呈现刺激包含 4 种不同频率（9.1 Hz、12.7 Hz、16.4 Hz、20 Hz）视觉闪烁和同样 4 种频率的听觉声音的组合刺激（共 4×4=16 种），被试需要判断指定的某一种感觉刺激（听觉/视觉）的频率（很慢、慢、快、很快）。多感知加工的因果推理理论关注的问题就是执行该任务的过程，可以理解为是在确定哪个感官（因素）直接导致个体最终的感知频率，即感官作用的因果推理过程。

对这一过程的思考包括以下几个阶段：①判断整合/分离的感知方式的概率；②分别计算整合与分离两种方式下的视觉/听觉的频率；③结合①和②中的计算概率结果进行最后的速率决策判断。

我们可以使用两个贝叶斯推理对该过程进行建模，如图 2-22 所示。一是整合（C=1）/分离（C=2）的推理；二是视觉（Vis.）/听觉（Aud.）的速率推理。最后选择不同的决策策略把两个推理的概率结果进行结合，以判断最终速率。仅仅依靠传统的研究方法，要呈现如此复杂的认知全过程，可能需要大量的人力、物力，通过极其繁杂的实验控制设计，最终也未必能实现，而使用计算建模的方法则可以快捷而准确地对这一过程进行推断。

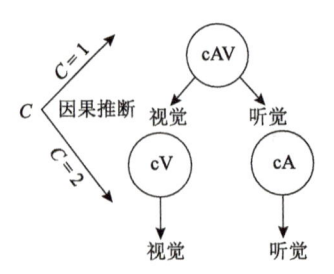

图 2-22　多感觉加工贝叶斯认知模型研究实例。cAV：视听共因（common cause，C=1），即假设视觉和听觉来自同一事件或原因，执行感官整合（reliability-weighted fusion）。cV：视觉单独原因（visual cause），在 C=2 假设下，仅依据视觉信息进行判断。cA：听觉单独原因（auditory cause），在 C=2 假设下，仅依据听觉信息进行判断。C=1：整合假设，认为视听刺激来自相同原因，进行跨模态整合；C=2：分离假设，认为视听刺激来自不同原因，分别加工

综上所述，传统的研究方法对词汇感知识别中不同特征如何起作用的界定是笼统的，只能根据不同条件下被试反应的差异来推断某特征如何参与，且不同特征间作用的差异也难以定量表示。认知计算建模，不管是从线性映射的角度还是从概率建模的角度，都可以通过准确的量化形式刻画词汇识别加工的全过程，对高维、复杂的特征与结果间的关系进行分析。贝叶斯模型甚至可以厘清动态加工过程中的自上而下的信息和自下而上的信息是如何在不同的层次上共同作用的，最终实现对特定输入 x 的识别，这样的研究结果能更加精确。

总而言之，认知计算建模建立在特定理论假设之上，通过数学模型定量描述实验数据，更好地辅助研究者提出和验证某一具体的认知加工假设，进而揭示特定认知成分的神经表征机制和心理现象的发生发展规律。它提供了一种快速、客观、科学的新方法和新技术，相对于以往简单的控制变量研究而言，是一个重要的提升和飞跃。

四、大数据建模在心理学理论构建中的重要作用和局限性变革

由于条件所限，传统的心理学研究在数据收集方面存在一定的局限，往往需要等待被试反馈足够的信息，采集过程较为缓慢，研究者也往往无法获取全覆盖的客观数据。此外，数据分析方法存在一定的局限性，因此研究结果的真实性、可用性和可推广性均受到了极大约束。随着大数据时代的到来，计算建模的数据不再局限于传统采用实验设计和程序收集的数据，心理学研究中的数据也正在发生巨大的变化。首先，数据规模发生了改变。随着互联网的快速发展、数据采集技术的飞速发展和应用范围的极大拓展，数据规模增长迅速。其次，数据来源更为全面。大数据理论与技术的出现，使心理学研究者有可能开展大规模的用户实验，并对实验对象进行全程跟踪记录，实现数据粒度的灵活细化，极大地拓展了数据采集的广度和深度。大数据为挖掘人类的心理活动与行为提供了丰富、客观的数据资源，为心理学研究理论的完善带来了新的契机。但随着收集数据的规模、速度、种类和复杂程度超过了传统分析方法的处理能力，出现的一个关键问题是如何分析和利用海量复杂的数据。因为复杂的数据本身并不能告诉我们更多的信息，这必然要求心理学研究在高速计算和海量数据的基础之上开展。

数据驱动的计算建模方法的具体思路是，借助性能不断提升的超算基础设施，应用人工智能、深度学习算法等数据驱动的方式，对异构数据进行深入的计算和分析，例如，大量的行为数据、脑电图、眼动数据等，从大规模数据中提取数据之间的关联性和关键特征，通过训练模型来识别模式、分类、预测和解释某些心理和行为结果现象，从而得出新的认知心理学理论或验证已有理论。例如，借助机器学习等模型分析脑图像数据并提取相关特征，并且对行为结果和心理现象进行预测或者分类，为精神障碍疾病的早期诊断和预测提供了一种新的高效方法。

近年来，越来越多的心理学研究采用数据驱动的方法进行数据分析和挖掘。目前，研究者已开发了多种算法，包括分类和回归两种主要方法。其中，解码分类算法包括逻辑斯蒂回归（Logistic regression，LR）、邻近算法（k-nearest neighbor，KNN）、支持向量机（support vector machine，SVM）、朴素贝叶斯（naive Bayes，NB）、决策树（decision tree，DT）、随机森林（random forest，RF）等。心理建模中常用的回归算法包括线性回归（linear regression）、套索回归（least absolute shrinkage and selection operator regression，LASSO regression）、岭回归（ridge regression，RR）、高斯过程回归（Gaussian process regression，GPR）等。其中，线性回归在心理建模中最为常用（Montgomery，Dacin P A，Dacin M T，2012）。

总而言之，在理论假设尚不清楚的情况下，这种数据驱动的计算建模的思路提供了一种值得尝试的系统建模方法，对心理学研究产生了重要影响，包括以下几个方面。

（一）研究对象的代表性

传统的心理学研究通常需要征募被试，通过实验的方式对招募的个体进行研究。因此，研究对象只能使用有限的样本规模，然后再将结果推广到研究总体上。这种方法容易受到被试代表性的影响，进而影响研究结论的有效性。相比之下，大数据研究能够直接对大规模用户实验进行验证，对整个过程进行跟踪和验证，避免了研究对象的局限性。

用户行为分析是心理学研究与大数据技术结合的典型例子。大数据技术能够记录大量用户的行为，包括浏览记录、消费记录、娱乐购物、商场路线、购买及使用记录等各种行为数据，这些详细、全面的数据可以提高心理学研究的代表性和普遍适用性。从应用的角度来说，可以在人格类型、消费偏好等多个维度对研究对象进行更为精确的定位，以此为基础，研究不同对象的心理和行为特点，可以对用户选择产品的认知行为进行较为准确的预测或控制。大数据的引入则可以提供更广泛的样本，从更多的个体和多样的背景中获取数据，提高了样本的多样性和代表性，使得研究人员能够更好地理解不同群体、不同背景下的心理过程，获取更全面的信息，探索活生生的人类心智加工，得到丰富的结果。

（二）情境的生态性

传统的实验法通常是在受控制的实验室环境中进行，可以对实验条件和变量进行精确的控制与操作，以确保实验结果的可靠性和有效性，这些结果可以用来验证与发展心理学理论和模型。但严格控制的实验室环境往往与现实生活中的情境不同，且受到实验者效应、被试期待效应等因素的干扰，因此实验结果的生态意义可能受到影响。相比之下，大数据方法可以帮助心理学突破这一局限性，通过大数据相关技术，不仅可以针对特定的主题广泛收集现实生活中的行为数据，避免非自然的实验场景可能带来的负面效应，也可以提供更真实的实验情境，为心理研究提供便利，辅助研究者开展更加生态化的实验设计，提供多样化的数据采集、存储、处理和呈现等方面的支持，使收集到的数据更加丰富全面。

（三）结论的时效性

人的心理活动随时间的流逝而不断变化，传统研究方法收集的信息要么是回溯性的，要么是截取单个或有限几个时间节点，并将结论推广到整个时空，这种推广可能是有局限性的。此外，传统的研究方法通常只能捕捉到短期的、静态的心理过程，但是人类的认知不是一个封闭式的系统，而是一个复杂而动态的系统，并且每一个细微的认知过程都会受到个体自身差异、刺激材料、环境等多种因素的影响，而这些因素又往往需要在多维度借助多种技术手段进行测量才能得以准确描述。因此，利用大数据信息采集与处理技术，实现对个体和群体外部表现数据的实时采集，可以弥补传统研究方法时效性不足的缺点，帮助研究人员在多个层面上揭示心理的发展、演变和动态调节，更全面地理解不同因素如何影响动态认知过程，探究个体心理过程的时序性和变化性，从而提高研究结论的时效性。例如，在研究心理健康问题时，基于幼年时采集到的大量脑电数据，借助数据驱动的方法，可以从大规模的心理健康数据中挖掘关键的预测因素，如深度学习模型为认知障碍的早期诊断和预测提供了一种新的高效方法，相关研究成果有助于照料者更早地采取一定的干预措施，提高个体的生活质量。

借助信息科学来研究社会科学成为研究热点，这也是心理学科的变化和发展趋势之一。心理研究与大数据结合，为传统心理学研究提供了一个新的发展方向，促使心理学研究的方法更加完善。

尽管大数据建模对认知心理学研究具有重要意义，然而目前这种方法，特别是建立在自然环境下的大数据建模，还存在瓶颈和很大的局限性。其中的一个棘手问题是，能否以及如何获得高质量的大数据。比如，对于问卷测量等容易实现数据采集的方法，其数据的真实可靠性无法得到保证。对于需要通过特殊仪器设备（fMRI，MEG）等采集的脑成像数据，由于技术所限，目前还只能在实验室环境下采集。相对而言，脑电和眼动等技术可以在自然环境中采集数据，但是数据质量通常存在很多问题。一方面，原始记录的 EEG 数据中有大量的环境噪声和生物电噪声，如何有效监测识别这些噪声是个难题；另一方面，对于眼动和头动等在实验室环境下严格操控但在自然环境下无法操控的因素，会对感知信号输入和认知加工机制产生很大影响，而这些影响因素和机制本身还不清楚，尚在研究之中。由于这些局限性，仅在自然环境下得到的大数据建模是否确实反映了真实的人类认知加工机制，还需要特别谨慎对待。此外，缺乏理论指导，通过机器学习等纯数据驱动方法构建的大数据模型，容易出现模型太复杂、模型不可读无法理解、泛化性差的问题；这种模型虽然能在应用上较好地实现拟合和预测，但其本身还是一个黑箱，无法回答认知心理学关注的心智过程如何实现的根本理论问题。

针对大数据建模的瓶颈和局限性，有必要高度重视高质量数据的获取，在理论指导下开展数据分析和建模。高质量数据的获取，需要建立在精巧实验范式的开发和改良，以及标准化数据采集规范的建立和完善基础之上。构建基础理论模型框架时，可以通过多个精细操控的小样本实验研究来找到关键变量和变量之间的因果或相关关系，再结合高质量的大数据来完善模型变量和参数。目前，人工智能领域的重要进展，包括近年来流行的 Transformer 等模型，借鉴了认知心理学的经典理论和重要概念（如注意的概念），使得模型性能显著提升。今后的认知心理学研究，需要培养具有扎实的认知心理学理论和实验设计功底、熟悉研究方法原理和操作、了解计算建模和人工智能技术发展的跨学科、复合型研究人才。

关键术语

数据采集和分析 data acquisition and analysis
神经网络模型 neural network model
自变量 independent variable
因变量 dependent variable
实验效应 experimental effect
被试间设计 between-subjects design
被试间变量 between-subjects variable
正确率 accuracy
反应时 reaction time
减法原理 subtraction principle
信息加工研究范式 information processing paradigm
串行加工 serial processing
实验条件 experiment condition
对照条件 control condition
操作性定义 operational definition
任务策略 task strategy
并行搜索 parallel search
串行搜索 serial search
速度-正确率权衡 speed-accuracy trade-off
量表问卷 scale questionnaire
口头报告 oral presentation
侵入式方法 invasive method
非侵入式方法 non-invasive method
脑电图 electroencephalogram
事件相关电位 event-related potential
脑磁图 magnetoencephalography
功能性磁共振成像 functional magnetic resonance imaging
血氧水平依赖 blood oxygenation level dependent
近红外脑功能成像 functional near-infrared spectroscopy
经颅磁刺激 transcranial magnetic stimulation
经颅直流电刺激 transcranial direct current simulation
叠加平均 overlapping average
信噪比 signal to noise ratio
基于成分的分析 component analysis
结构联结 structural connectivity
被试内相关 intrasubject correlation
静息态功能联结 resting-state functional connectivity
任务态功能联结 task-state functional connectivity
表征相似性分析 representational similarity analysis
跨时间间隔小组相关 cross-lagged panel correlation
假设检验 hypothesis testing
机器学习 machine learning
深度神经网络 deep neural network

知识要点

- 认知心理学的不同研究角度
- 认知心理学的主要研究手段

- 信息加工研究范式和信息加工模型
- 神经生物学研究范式的基本假设
- 认知心理学实验（行为、脑活动记录和脑刺激/损伤实验）中的自变量和因变量
- 通过实验设计对特定认知过程的操作性定义和测量方法
- 常用脑活动记录和操纵方法（包括 ERP、功能性磁共振、TMS/电刺激等）的研究逻辑和方法学特点
- 相关法的优点和缺陷及其在不同研究场景中的应用
- 脑功能研究中常用的相关算法
- 计算模型的特点和意义及其与传统信息加工模型的异同
- 计算建模的基本流程和评估标准
- 计算模型的过拟合问题
- 理论假设和高质量数据在计算建模中的作用
- 人工智能算法和认知心理学、神经科学研究之间的关系

第二部分　基本的认知加工

第三章
知　觉

　　知觉可能是本教材介绍的看起来最基本、最简单的人类认知功能了。我们一睁眼，似乎不费任何力气就能辨认各种颜色、各种形状；闭上眼睛，也能轻易听出手机音乐中是谁在唱歌，或者妈妈是否在喊你吃饭；如果真的要吃饭了，你还能凭嗅觉知道妈妈今天做的什么菜。这些每天都在发生的事情，除了功能严重受损的残障人士，谁都能做到。它们实在是太自然、太简单了，简单到似乎想都不用想就能完成。

　　可是，一切真的这么简单吗？你的手机里也许还存着上次跟小伙伴们一起去网红景点打卡的照片吧？找出来看看，小小手机屏幕上，几张脸凑在一起，前景和背景是如何被分辨出来的？他是谁？又是怎样被识别的呢？这些我们大脑轻易能做到的事情，如果通过计算机实现，会涉及相当复杂的算法。即使目前最热门的人工智能图像识别技术，也需要针对大量数据进行深度学习、耗费许多能量才能做到。又如，假设一只蝴蝶在花丛中飞舞，它的位置是不断变化的；随着翅膀的舞动，它的形状也是在变的；花丛中光照、阴影及折射角度的变化，使得它的颜色也在改变；如果它飞到花丛深处，再飞出来，有一小段时间我们并不能一直看到它，但我们依然能够成功地辨认是否为同一只蝴蝶。这又是怎么做到的呢？这些都是知觉认知心理学要回答的问题。可是这些问题如此复杂，其中的很多问题，我们至今仍然没有一个准确的答案。

　　由于视觉是人类最主要的信息感知方式，本章讨论的大多数研究来自视觉领域。具体来说，本章以视觉为主，阐述知觉组织的基本原理（第一节）和知觉理论（第二节）。然后，进一步分析视知觉的填充构建性、选择性，以及知觉分类、客体识别（第三节）。最后，以McGurk效应（McGurk effect）和联觉为例，介绍跨模态知觉（第四节）。总体上，我们以许多前人的研究为例，在介绍目前认知心理学公认的一些知觉的基本原理的同时，展开探讨哪些关键的未解之谜仍然有待读者将来深入地研究。我们相信这种不断探索未知的可能性，也是知觉研究比较有意思的地方之一。

第一节　心理物理与知觉组织的基本原理

　　"眼睛是心灵的窗户。"视觉是人类和其他灵长类动物最主要的信息感知方式，也是到目前为止认知心理学研究最广泛、最深入的感知觉系统。心理物理学的研究对人们理解视知觉问题起到了十分重要的作用。

一、视觉研究与心理物理学

常常有人把视觉比拟成摄像机，认为我们通过眼睛这种可以调节焦距、光圈，甚至能自我清洁的高级透镜，可以忠实地记录看到的一切信息。可是，早在两千多年以前，孟子便说过，"耳目之官不思，而蔽于物，物交物，则引之而已矣。心之官则思，思则得之，不思则不得也"（《孟子·告子上》）。视觉认知的关键并不在于眼睛如何接受光信号，而是视觉信息是如何被脑作为 CPU 进行加工处理的。我们的思维有时就是通过这个 CPU，"脑补"一些我们的眼睛并没有直接看到的东西，有时又对另一些视觉信息选择性地"失明"（这在第四章还会进一步介绍）。

以图 3-1 中的网球运动员为例，她的眼睛看着正在飞的网球。请注意，在高水平网球比赛中，球的移动非常迅速。根据我们已知的生理学知识，如果从网球反射的光照射到运动员的视网膜，到运动员的大脑处理完球的位置信息后再用眼睛去看球，这肯定要花费一些时间。在这一段，即使是非常短的时间内，球其实已经飞到了另一个位置。因此，如果运动员只是被动地依赖眼睛追踪网球的飞行轨迹，那么她总是会落后于球的即时位置一点点，便永远无法准确地判断网球一瞬间的位置。换句话说，训练有素的运动员为了让眼睛的视线瞄准球当前瞬间所在的位置，就像图中那样，她必须早就已经预测到球的运动轨迹，以便有时间转动眼睛看到球的当前位置，从而能够更好地将球击回到对方场地。因此，通过脑的高速运转，运动员综合分析视觉信息，对未来外在环境进行预判，这才是视觉认知起到的关键作用。

图 3-1 击中高速运动网球的运动员

从以上例子可知，感知觉除了接收外界的刺激信号，更重要的是要对信息进行加工处理。这种通过对客观物理刺激的加工获得主观感知觉经验的方式，有时甚至会导致一些错觉的产生。仍以图 3-1 为例，虽然这只是一张静止的照片，每个像素都是静止不动的，但读者通过观看这张照片就能体会到强烈的动感，感受到照片中运动员和球拍都是在动的。仔细观察，不同的读者可能还会产生对运动员的"气场"、运动员挥拍力量的美感等的主观体验。

实际上，正因为感知觉是通过对客观物理刺激的加工而获得主观体验，有时不同的人看到同一幅图片会产生不一样的感受。图 3-2 是 2015 年在互联网上流传的一张照片。照片中的衣服是白色、金色，还是蓝色、黑色？人们争论不休。那么，你认为这件衣服是什么颜色的呢？读者不妨也问问周围的朋友，他们又认为这件衣服是什么颜色的呢？跟你的感受是不是一样？

图 3-2 "蓝黑"与"白金"之争的裙子（https://en.wikipedia.org/wiki/The_dress）

有意思的是，同样一张图片，其物理属性如光的波长、亮度、对比度是不变的，可是主观感受、体验却会随着个体不同可能发生改变。因此，认知心理学研究的一个难点在于，我们要用通过客观操控的自变量的物理学属性，研究主观感受、体验等这类心理学的因变量。具体到知觉研究，如视知觉研究，自变量常常包括亮度、对比度、光栅的朝向、空间频率等。因变量就是参与者报告所看到的颜色、看没看到什么东西（如阈限的研究）、看不看得清楚（如辨认的正确率）、需要多长时间才能正确辨认（如反应时的研究）等。关于心理量与物理量之间关系的知觉研究，就是心理物理学。

同样以对图 3-2 中衣服颜色进行判断的过程为例，对衣服颜色的主观感受是一个心理量，而这张照片的物理属性，如亮度、光的波长则是客观的物理量。如果我们在主观感受上认为拍摄这张照片时的主要光源在这件衣服的后面，也就是说这是一个逆光照，在阴影中这件衣服还显示出这样的亮度，就说明这件衣服的质料颜色是反光性较好的浅色，也就是白色和金色。反之，如果我们心里假设拍摄这张照片时主要光源是正面打上去的，由于这件衣服在光照下还只是这样的亮度，说明这件衣服的质料颜色是反光性比较差的深色，也就是蓝色和黑色。因此，我们感知的这件衣服的颜色，其实是我们对这件衣服质料反光性的一个主观判断，是一个心理量。

可见，在知觉现象中，心理量并不完全是由物理量决定的，它们之间的对应关系是知觉研究者关心的一个重要问题。

二、格式塔知觉组织原理

人们如何把客观的物理信息转换成心理知觉？例如，图 3-3（b）呈现的是一些小 o 和小 x 的图形，我们却会将其知觉成一行一行或一列一列的阵列，这是为什么呢？最早对这一问题进行回答的是格式塔（Gestalt）理论。常用的格式塔组织原理包括图 3-3 中所示的几条，这些原理在普通心理学教材中都已有介绍，这里不再赘述。

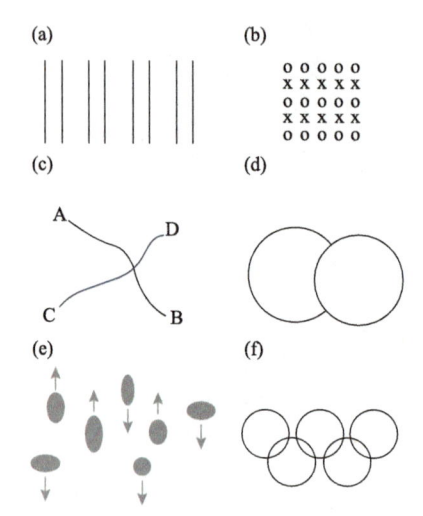

图 3-3　格式塔组织原理的示意图。（a）接近原理。（b）相似原理。（c）良好连续原理。（d）闭合原理。（e）共同命运原理。（f）简单原理

格式塔心理学家认为，整体知觉加工优于局部加工，或者说整体大于部分之和。整体结构似乎总是能影响感知觉对组成该整体的局部信息的加工，人们往往先看到整体的"森林"，再看到组成此森林的"树木"。比如，Reicher（1969）通过实验发现了词优效应（word superiority effect，详见第九章第二节），即人们识别单词中字母的能力优于识别单独呈现的同样的字母的能力。类似地，Weisstein 和 Harris（1974）发现了客体优势效应（object superiority effect），即在识别线段的任务中，如果目标线段是一个整体图案（特别是三维客体）的一部分，参与者识别它们的能力优于识别不组成客体的目标线段。

另一种证明整体大于部分之和的是似动现象，即当人们看两个先后出现的静止刺激时，会产生刺激从前一个位置向后一个位置运动的知觉。Wertheimer（1912）采用速示器，透过两条细缝投射出两条光线，一条垂直，另一条则和这个垂线成 20°或 30°。先通过一条细缝呈现一道光线，再通过另一条细缝呈现另一道光线。当两道光线的时间间隔较长时（超过 200 ms），参与者知觉到的是两道相继呈现的光线；当两道光线的时间间隔较短时，参与者知觉到的是两道连续的光线；如果两道光之间的时间间隔较为理想（约 60 ms），参与者会知觉到一条单一的光线在动。如果整体是部分的和，那么一个静止的刺激加上另一个

静止的刺激,并不能让人产生运动的感觉。按照冯特的内省理论,对刺激的内省将导致个体将刺激感知为两道相继的光线,并不会产生连续的或单一的光线。由此可见,似动并不是感觉元素的简单集合,而是一个整体。Wertheimer(1912)指出,整体不等于部分之和,整体大于部分之和,整体先于部分存在且制约着部分存在的意义。

整体大于部分之和也可以解释某些错觉的产生。在图 3-4 中,虽然呈现的刺激只是几个有缺口的圆,但人们依然能知觉到三角形,实际上这个三角形并不存在。这也是整体大于部分之和。

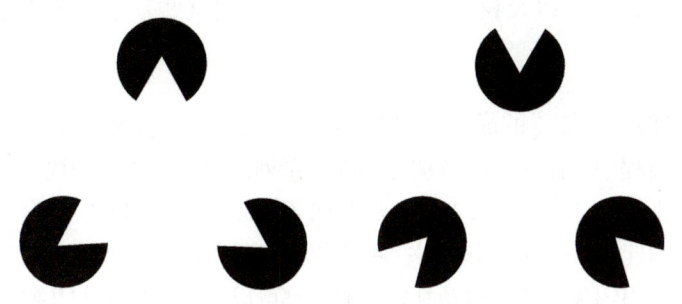

图 3-4 一个虚幻的卡尼萨(Kanizsa)三角形和视觉感知的结合

整体大于部分之和的原理不只是存在于抽象的图形知觉中,在对自然事物的知觉中也会出现。Young 等(2013)通过将一些熟悉的面孔分为上、下两部分,打乱并重新组合(图 3-5),要求参与者判断上、下部分的面孔是谁。结果发现,参与者判断上、下面孔组合在一起[图 3-5(a)]比上、下面孔组合有错位时[图 3-5(b)]的反应时更长。这一结果表明,参与者看到左侧的未错位的组合时,会将其作为一个整体进行加工,赋予两个部分一个整体的意义,所以对部分的反应时会更长。

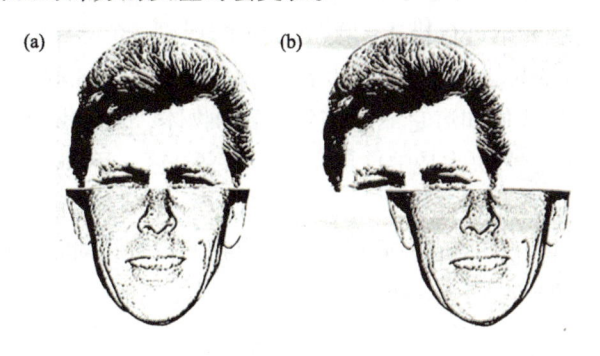

图 3-5 无错位的随机面孔组合及错位的随机面孔组合(Young et al., 2013)

格式塔理论诞生在构造主义主导心理学界的背景下,其对构造主义的批判促进了心理学的发展,然而也导致其过于注重整体,忽视了部分的重要性,或者说忽视了对局部分析式认知加工的关注,使其理论在一定程度上失之偏颇。格式塔理论依赖现象学的方法,源于对生活的观察和哲学思考,这是这一理论一个很重要的特点。其优点是密切贴合生活,符合人们的生活常识。其缺点也同样明显,就是较少有实证证据支持。即使有些实验能够在一定程度上支持其理论,也是用现象解释现象,有一些循环论证的色彩,没有从根本机制上进行研究。

三、认知的基本单元及相关理论

如前所述，人们倾向于以格式塔（也就是整体）的方式来知觉物体，那么什么样的客体可以被认为是一个"整体"？"整体"包含的最小或者最基本的要素是什么？我国认知心理学家陈霖（2018）认为，对任何一种过程的机制进行系统的科学研究，必须解决"这种过程操作的基本单元是什么"这一问题。就像高能物理研究基本粒子，遗传学研究基因，对知觉组织过程的机制进行研究，就必然涉及对认知过程基本单元的讨论。接下来，我们简要介绍关于认知基本单元的理论，以及我们的知觉过程是如何对这些基本元素进行加工的。

（一）几何子

Biederman（1987）在知觉的成分识别理论中提出几何子（geon）是认知加工中的基本单元。在客体的知觉过程中，输入的图像被分割成一系列简单的元素，如块、圆柱体、楔体和圆锥体。知觉成分识别理论的基本假设是：一组几何子可以从二维图像中界定出5种特性，包括曲率、共线性、对称性、平行性和余切。这些特性在不同的观测位置和图像质量下进行观测并不会发生变动，因此当图像从不同视角被感知时，都可以知觉到恒常的几何子。成分识别理论由此提出了一个原则性的假设：规则化的约束针对的不是完整的客体，而是客体的组成部分，这就允许几何子可以自由地组合。在Biederman（1987）的成分理论中，几何子作为最小的知觉单位，共有36种。这些几何子又可以通过不同的方式（如堆叠、旁接等）相互组合，构建出无数种物体。成分识别理论可以解释客体识别的一个重要现象：如果多个几何子组成的客体可以被很好地识别，即使客体被遮挡、变化、深度旋转或严重弱化，也可以快速识别。

这里举一个例子，观看图3-6所示的对象，我们很容易就看出它不是我们熟悉的事物。尽管如此，每个人在对它进行描述时却几乎是一致的，即对其整体进行解析并分割成小的部分和元素，然后对这些元素进行描述，例如，"一个块""一个圆柱体""一个漏斗或截锥"。有时我们可以把这个物体上部中间的锯齿状部分看作一个纹理区域，或者放大并将其解释为一系列相连的块。虽然我们知道它不是一个熟悉的物体，但是我们大概率会将其描述成："一辆卖快餐食物的推车，大块头是中央食品储存和烹饪区，下面的圆形部分是一个轮子，右边的大弧线是把手，漏斗是榨汁机。"虽然这些部分组合起来可能不会成为一辆好的手推车，但是我们还是可以将它归类成一辆车。这表明我们很容易对视野中的任何物体进行类似的处理，不管是熟悉的还是不熟悉的。

图3-6 一个陌生客体。对该客体的描述反映了几何子可以作为客体单元，人们可以通过几何子的组合来识别客体（Biederman，1987）

（二）大范围优先及拓扑知觉理论

在视觉世界里，几何子的相互组合能构成不同层次的复合视觉刺激。比如，作为一个整体的房子，是由门和窗子等部分组成的，而门和窗又由更小的部分组成，整体和局部都有自身的性质。一方面，自下而上（bottom-up）的知觉组织像搭积木一样把几何子搭成各种复杂的客体似乎顺理成章；另一方面，许多研究结果又支持自上而下（top-down）的知觉组织，如前文介绍的词优效应和客体优势效应，似乎又说明我们"先看见森林，再看见树木"。

此外，倒置效应也说明整体结构会影响视觉认知加工。虽然我们常常在第一眼，甚至在还没看清楚照片里具体有什么东西时，很快就能准确识别一张照片的主题内容，如这张照片是拍的室内还是室外景色，是城市风光还是自然风光等。但将图片上下倒置呈现则会破坏刺激的整体构型，从而影响对此刺激的视觉认知。有研究（Meng & Potter, 2008）发现，在通过快速序列视觉呈现任务呈现多张图片时，即便图片中的内容被随机遮挡30%或以下，观察者对图片内容的探测正确率仍然能够做到与无遮挡条件下相同；当图片被上下颠倒呈现时，遮挡与无遮挡条件下的结果会出现显著的差别。英国心理学家Thompson（1980）用当时英国首相撒切尔夫人的面孔照片设计了一个著名的"撒切尔错觉"实验，也说明了整体影响局部的视觉认知加工。该错觉首先把撒切尔夫人照片中的眼睛和嘴巴上下翻转，如果将此修改过后的整张照片倒置呈现，参与者往往不太容易察觉照片被修改过；如果整张照片是正立呈现的，修改的痕迹则显而易见。

为了研究整体性质和局部性质在视觉认知加工中的关系，Navon（1977）设计了一种复合刺激，即用小字母组成的大字母。小字母代表刺激的局部性质，组合成的大字母代表整体性质。实验要求参与者分别辨别复合刺激中的整体字母和局部字母。他发现参与者对整体字母的RT（reaction time，反应时）比对局部字母的RT短（整体性质的RT优势）。当二者不一致时，整体字母对局部字母的RT有干扰作用，而局部字母对整体字母的RT没有影响（整体对局部的干扰作用）。根据这些实验发现，Navon（1977）提出了大范围优先（global precedence）理论，认为视觉系统对复合刺激的加工首先从整体性质开始，局部性质的加工发生在整体性质加工之后。

那么，到底什么是整体、什么是局部？树木是组成森林这个整体的局部，而树木又是由树干、树枝、树叶这些局部组成的整体。我国认知心理学家陈霖院士指出，格式塔知觉组织不仅仅是整体大于部分之和，关键还在于整体加工先于局部加工，并提出拓扑知觉的大范围优先理论，主张视觉系统对信息的加工首先基于客体的大范围拓扑性质进行（Chen, 2005）。换言之，形状认知加工的优先级与被识别的图像在变换下的不变性息息相关。按照从广域到局域的顺序，加工层级与几何学层次结构相似：基于物理连通性的拓扑性质将优先于其他几何性质被感知，视知觉的不变性优先级为拓扑几何、射影几何、仿射几何和欧几里得几何（Han et al., 1999）。

想象一群大雁往南飞，一会儿排成个"人"字，一会儿排成个"一"字，虽然形状变了，我们认为这群大雁还是这群大雁，这就是变换下的不变性。实际上，大雁飞行过程中，不仅形状发生了变化，由于太阳光照不同，颜色也发生了变化。甚至长途迁徙过程中，假如有一只大雁掉队了，或者有新的大雁加入进来，这群大雁也还是这群大雁，其雁群的身份属性并不发生变化。不变性或恒常性是认知心理学中非常重要的概念。拓扑知觉理论框架解答了"视觉过程是从哪里开始的"这一基本问题，即"从局部到大范围"还是"从大范围到局部"。如上文所述，拓扑知觉理论提出，知觉建构以感知变换下的不变量作为核心理念来理解基本的知觉建构。这些建构包括将视觉情景分解为可能的对象、区别图像和背景，以及其他大范围、格式塔式的运作。该理论也从拓扑性质的角度定义了知觉的对象，即在一定时间内拓扑性质保持不变的客体，即使这一客体存在可观察到的非拓扑特征的连续变形。

然而，也有学者对拓扑知觉的大范围优先理论提出了不同的见解。比如，Wolfe（2005）提出以下问题来挑战拓扑定义：假设在运动过程中知觉对象内部出现了一个洞，这是否会干扰该对象的连续性呢？直观来想，就像一个对象改变其颜色时，观察者会说"那东西本来是红的现在变绿了"一样，他会说"那个实心的东西出了个洞"，而不会感知到出现了一种新的对象。Wolfe（2005）认为，洞的出现并不会改变物体的属性，但是从拓扑定义来说，洞的出现会改变对象的拓扑性质，扰乱对象在运动中的连续性，使之被感知为一个新的对象。另外，一些研究还发现，大范围优先理论在有些条件下不成立。研究者发现，在正性情绪下，人们倾向于优先加工大范围的整体信息；在负性情绪下，人们倾向于优先加工小范围的局部信息（Baumann & Kuhl，2005）。一些精神障碍患者，如孤独症、阿斯伯格综合征等患者也是优先加工小范围的局部信息（Happé & Frith，2006）。

（三）层次加工模型

以上介绍的知觉加工理论虽然有所不同，但是在一个基础问题上是没有异议的，那就是人们对客体的知觉加工是有顺序的。像搭积木一样，自下而上的层次加工模型得到了神经科学证据的支持。简单细胞和复杂细胞的研究（Hubel & Wiesel，1968）表明，神经元感受野是分层的，不同脑区的感受野范围存在层次变化：较低级别脑区的神经元感受野范围较小，较高级别脑区的神经元感受野范围较大。同时，在皮层层面的研究发现，视觉信息通过的皮层可以依次对不同的视觉特征及其组合进行加工，比如，视觉通路上最早的区域V1可以完成对客体的位置、大小、亮度、朝向等特征的加工，之后的V2、V3、V4可以进一步对形状、颜色等特征进行加工和组合。较高皮层区域的神经元表征复杂的图像，如物体和类别（Maunsell & Newsome，1987；Vogels & Orban，1996）。层次加工的假设不仅适用于视觉信息加工，近期的一些研究发现听觉（Uhrig，Dehaene，Jarraya，2014）、时间知觉（Himberger，Chien，Honey，2018）等认知过程也具有层级加工的特征。

层次化处理模型假设处理是单方向的，没有反馈机制，因此近年来也受到了许多学者的质疑。例如，Hochstein 和 Ahissar（2002）提出了一个反转层次模型理论。层次模型认为，低层区域（V1、V2）的神经元接收视觉输入并表征简单特征，例如，特定方向的线和空间位置，这些信息输出到下一层（V3、V4；中颞区，medial temporal，MT）并被整合。最后，更高的皮层（下颞叶区域，inferior temporal，IT；前额区，prefrontal，PF 等）将它们的输出进行集成，进而形成对客体的识别。逆向层次理论则提出，上述正向层次结构以显式感知方式存在，而隐式加工是从高级皮层开始的，高级皮层对整个视野先有一个总体的知觉，然后反馈到低级皮层进一步地加工详细信息。

第二节 知 觉 理 论

一、知觉生态理论与计算

传统知觉理论主张知觉是由刺激引起感觉后转化而成的，是间接的，因此称为间接知觉论。与此观点相反，一些研究者认为，知觉是人与外界接触的直接产物，被称为直接知觉论（direct perception theory）。本部分介绍其中一种重要的观点，即知觉生态理论。

（一）直接知觉与知觉生态理论

美国心理学家 Gibson（1950）认为，知觉是人与外界接触的直接产物，是外界物理能量变化的直接反映，不需要思维的中介过程（间接感知）。在长期的进化过程中，为了适应环境，人类和其他动物一样逐渐形成了一种根据刺激本身特征即可直接获得知觉经验的能力。知觉生态理论认为，知觉是先天遗传的，而非后天学习的。

Gibson（1961）强调了知觉对动物在自然环境下生存和发展的意义。知觉的基础是周围的、生态上可用的信息，而不是单纯地形成感觉，因此 Gibson 的感知理论是基于信息而不是感觉提出的。知觉生态理论认为，观察者通过在环境中移动，会产生一个连续变化的视觉光学排列。这一视觉光学排列包含了我们需要的、所有有关现实世界的信息。知觉生态理论的核心机制是知觉并非对单一视网膜图像的解释过程，而是通过光学排列和光学流动直接且真实地体验现实。世界是独立存在的，当我们在环境中移动时，以连续变化的形式看见事物，并体验到事物的连续性和真实感。这些事物的存在并不依赖我们作为观察者出现。看见事物，我们会体验到事物的连续性、真实感，且事物不依赖我们作为观察者而存在。知觉生态理论不仅仅试图解释深度知觉，也在试图解决总体知觉问题。

环境中的光线来自各个方向，同时外部空间的每一点都有不同的光线分布。人会在行动中捕捉到这种光线分布，又称作"环境光"。环境光对人的生存具有重要意义，它的特殊分布提供了空间视觉的信息。基于环境光对人类视觉的作用的研究，产生了生态光学学科。物理光学的概念是以能量为基础的，但是对于人和动物来说，能量没有直接的意义，比如，可见光外波长的光具有物理学意义，但是对人的主观知觉没有直接贡献。因此，Gibson（1961）引入了生态光学理论。该理论强调了环境的重要性，即生物环境为生物提供各种信息，动物和人类与环境处于"系统"或"生态"关系中，对环境的适当分析对于解释知觉行为至关重要。

（二）光流

光流（optic flow）这一概念是 Gibson 在 1950 年提出的，用于描述给世界上移动的动物提供的视觉刺激。光流是视觉场景中似动的物体、表面或边缘似动的模式，是由观察者与场景之间的相对运动造成的。光流也可以被定义为图像中亮度模式的似动速度的分布。Gibson 强调了光流对直观功能知觉（affordance perception）的重要性，是辨别环境中行动可能性的能力。该领域的研究者使用生态心理学方法证明了光流刺激对观察者的运动感知、形状知觉、物体的距离、运动和运动的控制作用（Royden & Moore, 2012）。

"光流"这一术语也被机器人专家使用，涵盖了来自图像处理和导航控制的相关技术，包括运动检测、物体分割、接触时间信息、扩展焦点计算、亮度、运动补偿编码和立体视差测量。运动估计和视频压缩已成为光流研究的主要方面。尽管从表面上看光流场类似于通过运动估计技术得出的密集运动场，但是光流不仅是对光流场本身的确定的研究，还是其在估计三维性质方面的研究。机器人研究人员在许多领域使用了光流，例如，物探测与跟踪、图像主导平面提取、运动检测、机器人导航、控制微型飞行器和移动机器人视觉等。

无论是人还是机器人，当作为观察者探索环境时，他/她的视线与被观察对象的角度关系都发生了变化，因此环境的外观也发生了变化。例如，取决于观察者是朝着对象还是远离对象移动，对象在视网膜的成像变得更大或者更小，这是因为随着观察者的靠近，物体相对于观察者的角度变大；随着观察者的后退，物体相对于观察者的角度变小。但是，环境中对象的实际大小并没有改变。

这些不变性质与 Gibson（1977, 1979）关于直观功能的思想联系在一起。根据 Gibson 的说法，直观功能是环境的一种属性，就像颜色和大小一样。对于具有适当生理装置的动物而言，树具有可被攀爬的能力，而地面则具有可在其上行走的能力。因此，他声称环境光学阵列中也包含直观功能的指示。这意味着个体不仅可以直接感知到存在一个水平表面或者一棵树，而且感知到水平表面是"可以行走的"或树是"可以攀爬的"。Gibson 认为，主体的感知系统非常适合不变的信息，以至于主体无须与环境互动就可以参考其先前的经验。在这里，Gibson 提出了人是如何在不断变化的感觉基础上获得恒定知觉的问题，成了指导后来关于空间知觉研究的"钥匙"。知觉的恒常性也常常是形成错觉的重要因素，我们在后文还将就此展开进一步的探讨。

生态光学理论以物理光学为基础，简明扼要地阐述了视知觉机制，成为计算视觉研究领域的基石。

（三）关于生态光学理论的一些批评

许多批评家拒绝了 Gibson 的一些主张。心理学家 Gregory R L（1966）断言，Gibson 自下而上的感知方法并不完整。他认为像"内克尔立方体"这样的视觉幻觉是大脑在两个关于魔方的方向的同样合理的假设之间犹豫不决的结果。即使感觉信息保持静态，立方体似乎也在这两个方向之间"翻转"。因此，Gregory R L 认为自上而下的过程必须介导感知。作为回应，Gibson 认为，在现实的感知情况下，人们并不会遇到像"内克立方体"这样的幻觉，因此这种幻觉是不重要的。然而，知觉后效（后文还会详细介绍）如瀑布错觉是自然发生的一个例子，不能用 Gibson 的理论来解释。其实，这两种说法可以调和。例如，Neisser（1976）提出了知觉周期理论，认为自上而下和自下而上的知觉过程相互影响并且同等重要。

此外，著名的视觉科学家 Marr（1982）声称，Gibson 远远低估了视觉信息处理的复杂性。尽管有用的信息可能直接存在于环境光学阵列中，但是 Gibson 并未详细说明直接获取此信息的机制。Marr 认为这是一个复杂的信息处理问题，并不像 Gibson 所说的那样简单。

二、Marr 的视觉计算理论

Marr（1982）所著的《视觉：对人类视觉信息表征与加工的计算研究》(*Vision: A Computational Investigation into the Human Representation and Processing of Visual Information*) 一书问世，标志着计算机视觉成为一门独立的学科。Marr 的计算视觉理论包含两大主题：①三维重建问题；②三维重建的计算理论。视觉计算理论阐明人类视觉的主要功能是复原三维场景的可见几何表面。与此同时，从二维图像到三维几何结构的复原过程可以通过计算完成，书中亦提出一套完整的计算理论和方法，因而 Marr 的视觉计算理论也被称为三维重建理论。

Marr 认为，图像是物理空间在视网膜上的投影，相应地，物理空间的内在信息都囊括在图像信息中。同理，任何计算视觉和对应的理论方法都可以从图像出发，充分挖掘其中蕴含的对应物理空间的内在属性。换言之，挖掘关于成像物理场景的内在属性来完成相应的视觉问题计算，就是 Marr 的视觉计算理论倡导的。实际上，从计算的角度看图像，会发现存在很多有歧义的视觉问题，生活环境并非随机的，不管有意识还是无意识，不管任何动物或人，时时刻刻都会利用先验知识解释看到的场景和指导日常行为。例如，看到戴着兔耳头饰的人，人们会正确地进行理解，将兔耳朵这一装饰品和人的本体进行分离，而不会把新的耳朵和人合在一起看作一个奇怪形状的新物种。当然，由于人类的感知觉过于依赖场景，也经常会出错，衍生出视错觉这一有趣的研究领域。由于机制复杂，计算机模拟人类视觉系统是否真的准确、有效，仍有待研究者进行探索。

为了理解感知觉信息处理系统（以视觉系统为目标示例），Marr 提出了三个不同的层次。①计算理论：计算的目的是什么？为什么这一计算是合适的？执行这一计算的策略是什么样的？②表征和算法：如何实现这个计算理论？输入和输出表征是什么？为实现表征之间的转换，应当采用什么算法？③硬件实现：在物理上如何实现这种表征和算法？

Marr 认为硬件实现并不会影响算法的功能和效果，因此其视觉计算理论主要讨论"计算理论"和"表征与算法"两部分内容，尤其是算法部分为 Marr 视觉计算理论的主体内容。

Marr 的视觉计算理论是一种理论体系。在此体系下，研究者可以进一步丰富具体的计算模块，构建通用性视觉系统。在 Marr 视觉计算理论提出后的 30 多年中，人们发现 Marr 理论的基本假设不完全正确，三维重建过程仅强调了纯粹自下向上的过程，缺乏高层反馈。此外，视觉计算理论对个体的目的性和主动性缺少关注。在不同的用途下，认知对重建精度的要求不同。视觉计算理论仅仅盲目地重建一个适合任何任务的三维模型，不考虑具体任务，这似乎并不合理。物体识别中的三维表征的假设也基本与人类物体识别的神经生理机理不相符。Marr 对视觉的解释主要集中在视觉加工的早期阶段。除要素图以外，他设想的各种表征还没有得到神经生理学的证明。他把知识的作用限制在视觉加工的晚期阶段，也引起了一些人的怀疑。格式塔理论认为，知觉开始于大范围拓扑性质的提取，而不是对个别特征的分析。人的视觉系统的功能具有拓扑性，它注重整体性质而忽略了局部性质，因而对视觉的计算性质提出了尖锐的挑战。

尽管批评众多，但不可否认的是，Marr 的视觉计算理论把视觉研究从描述水平提高到严密的数理科学水平，因而它一出现就深受神经科学家、人工智能专家和认知心理学家的推崇。这套理论在计算机视觉领域的影响尤其深远，层次化三维重建框架至今仍是计算机视觉中的主流方法。就目前的研究状况来看，还没有任何一种理论可以取代 Marr 的理论，或与其相提并论。

三、知觉理论的局限：意识难题、停机问题

许多人认为，构成人类囊胚的微观细胞集合是没有感觉经验的。随着时间的推移，这些细胞会不断增殖，慢慢变成一个人类婴儿，即使在子宫里，其也能察觉到光线的变化，听出母亲的声音。虽然计算机也能够探测光线、识别声音，与婴儿的不同之处在于，它没有与光线和声音相伴而生的体验。但感觉经验是如何从无知觉的物质中产生的呢？这就是著名的意识的"困难问题"。它由澳大利亚哲学家 Chalmers（1995）提出，具体包括以下两个方面。

1. 简单问题

简单问题仅仅试图解释行为或理解大脑中哪些过程会产生各种功能，比如，人类主体是如何判别感官刺激并且对此做出反应的？大脑是如何整合信息并且控制行为的？主体是如何通过语言表达其内在状态的？在 Chalmers 看来，这些问题都属于简单问题。这里的简单是相对的，只是为了和真正困难的意识问题区分开。这些问题的共同点在于，它们关心的是认知系统的机制，简单来说就是机械性的原理。

2. 困难问题

困难问题则不一样。困难问题说的是：为什么我们的大脑反映的这些物理过程，总会产生或者说伴随着一个意识主体的意识体验？这是我们最关心的意识问题中的重点。Chalmers 认为，现在的人做的工作还没有真正触及这个问题，随着神经生物学、脑科学、心理学等学科的发展，简单问题总能够得到解决，也就是研究方式是正确的，最终结果只是时间问题。困难问题则不一样，人们还没有进入这个领域，因此也没有一个统一的理论框架或者研究范式。Chalmers 的目的就是为困难问题设定一个可能的理论框架。

框 3-1 玛丽黑白屋问题

为了说明困难问题，我们可以以玛丽黑白屋问题作为例子进行分析。

这个问题是由澳大利亚哲学家 Jackson（1982）提出来的，实际上是一个思想实验。想象在 23 世纪有一名神经科学家玛丽，她是世界上一流的脑科学专家，非常了解大脑对颜色视觉的处理机制。但是，玛丽一生都生活在一间黑白屋里，在

这里，她从来没有看到过除了黑白以外的任何颜色。那么，我们可以说玛丽知道很多关于颜色视觉的知识，比如，我们的视觉系统如何接收刺激，如何传递信息和整合信息，大脑如何处理信息，如何做出反应，以及不同颜色在频谱中各自占据哪些范围等。但是，我们说玛丽的知识中仍然有一个重要的缺陷，即她不知道什么是红色的体验。她可以说红色是多少纳米的波长范围，红色被视觉系统中的视锥细胞的哪些物理过程捕获，然后通过哪些神经传到大脑进行处理，最终让我们判断它是红色，等等。但是，由于从来没有亲眼见过红色，她可能并不知道红色是什么样的。打个比方，这一点就像现在的正常人对红外光的感受，我们知道它是怎么一回事，但是我们仍然无法体验到红外光。还有一个例子，我们可以讨论高维空间为何物、里面的距离如何计算、里面的几何体有什么性质、物理现象遵从什么规律等，但是我们无法对高维空间有切身体验，就像这位没见过红色的神经科学家无法体验到红色一样。

这个思想实验其实就是将困难问题和简单问题剥离开，玛丽缺少的那部分知识，就是我们需要解决的困难问题。目前的认知心理学计算理论在回答这一困难问题方面基本上毫无头绪。简言之，Chalmers（1995）认为，现有的物理理论无法解释的一个重要意识问题是：为什么物理过程必须要伴随着意识？因此，Levine（1983）提出了"解释鸿沟"这一概念，指的就是物理过程和主观意识之间的巨大差异。我们知道，如果一个人按照生物物理学或者生物化学的机制形式，是完全可以完成"接受刺激—进行处理—做出反应"这个感知觉认知过程的，这样看来意识似乎就是可有可无的。因为一个机器人或者称为自动机，按同样的机制形式也应该可以完成人所能完成的认知加工。那么，为何这样的过程还需要给人投射一种体验或者说主观印象呢？物理的方式其实更多的是机械论的方式，是将意识解释成具体的计算、信息处理过程。但是，意识的困难问题是不能被这样解释的，这就是物理理论对意识的解释鸿沟。也就是说，这些哲学家认为，意识的困难问题即使可能被科学地研究、解释，也必须依赖一种新的物理机制或者计算理论之外的理论。

相同结构的系统会有相同的意识体验，这一观点可以通过哲学家提出的一个理想实验——跳动的感受质（dancing qualia）来论证。所谓"感受质"（qualia），即感受的主观意识体验。这个理想实验采用的是反证法（归谬法），先假设上述观点不成立，也就是说，存在相同结构的不同系统具有不同的意识体验。那么，我们设想一个硅基系统，其中的芯片都是按照大脑中神经元的组织结构和功能做成的。如果我们将大脑中的某个区域的神经元换成硅基系统中的一些同等结构的芯片，也就是说用芯片替代了视觉皮层，那么我们应该仍然能够产生视知觉意识体验。但是，按照假设，我们原先的体验和改变后的意识体验应当是不同的，比如，对于红色，假设本来我们的体验是红色，现在却变成了紫色。进一步的，如果有一个开关，这个开关可以控制我们使用芯片的大脑还是原本的大脑，由于意识体验不同，我们的感受就会在两种不同的意识体验之间转换。然而，又因为脑组织结构没有改变，所以我们的行为判断是不会变的。也就是说，即使两种颜色在眼前不停地转换，我们仍然会认为无事发生，没有任何改变。这是不合理的，也说明我们的假设不合理，从而通过反证法得出了相同结构的系统会有相同的意识体验这一结论。

我们应该辩证地认识到，目前的知觉理论均有局限性，比如，有些问题可能是无法计算的，是不可能通过计算来解决的，这就引出了计算的可计算性问题。可计算性可以被理解为是否存在一个算法，能够解决在任何输入下的计算问题。例如，"给定一个正整数 n，判断它是否是质数"这一问题，是可以找到一个算法解决的，因而是可计算的。也有一些不可计算的极端问题，比如，著名的停机问题，它的表述是这样的：给定一段程序的描述和该程序的一个有效输入，运行此程序，那么程序最终会终止还是会死循环下去？这是一个不可判定的问题，即逻辑上并不存在一个通用算法可以在任意输入下解决此问题。

第三节　视　知　觉

我们通过眼睛接收外界的光，光透过眼角膜、瞳孔穿过晶状体和玻璃体汇聚在视网膜上，再由视觉神经传导加工，最后产生了视觉。本节主要介绍视觉的生理基础及一些重要的视知觉现象。

一、视觉的生理基础简介

（一）眼睛与视觉皮层

眼睛包含眼球壁和眼球内容物。眼球壁有三层，外层包括巩膜与角膜，可以维持眼球形状和保护眼内组织。中层包括虹膜、睫状体、脉络膜三部分。虹膜中央有名为瞳孔的小孔，虹膜使瞳孔舒张和收缩以控制摄入的光线量。一般来说，亮的刺激会使瞳孔缩小，暗的刺激则会使瞳孔放大。此外，在刺激亮度保持不变的情况下，看到喜欢的东西或人时，瞳孔也会变大。内层则为视网膜，是一层透明的膜，也是视觉形成的神经信息传递的第一站。

视网膜的视轴正对着黄斑。黄斑是视网膜上视觉最敏锐的特殊区域，直径为 1—3 mm，其中央处为凹形，称为中央凹。以中央凹为参照点，将视网膜上比中央凹更靠近鼻子的部分称为鼻侧，更靠近颞部的部分称为颞侧。黄斑附近有视盘，是视网膜上视神经纤维汇集并离开眼球传递到大脑中枢的部位，此处无感光细胞，因此也没有光感，视野上呈现为固有的暗区，称为盲点。读者可以想想为什么日常生活中大家通常无法体验到自己的视网膜上有盲点？下一小节会对盲点做更详细的介绍。

中央凹只有密集的视锥细胞，没有视杆细胞，也几乎没有血管与神经节细胞的轴突，因此中央凹是视觉最为敏感的区域，在这里可以完成对物体细节与颜色的精确探测。同时，中央凹的每一个视锥细胞都可以将信息直通大脑，这对于精细知觉非常重要。在视网膜的外周存在着微量的视锥细胞和大量的视杆细胞，多个视锥细胞和视杆细胞将神经冲动汇聚到同一双极细胞和神经节细胞中，处于不同位置的光源可以引起神经节细胞的兴奋，这样的结构使得大脑难以探测光源的具体位置与形状，但对光线的敏感性则有所增强。正是由于视锥细胞与视杆细胞在视网膜上的不同分布，我们可以清楚地感知位于视野中央的物体的细节与颜色；虽然感知外周视野物体时清晰度不高，但对微弱的光线很敏感，例如，夜晚看星星时，我们更容易察觉到外周视野中的星星。此外，不同物种的视网膜感受器的排列也有差异，如鸟类的视网膜上半部分感受器更为密集，因而探测地面信息时更加敏锐，但是想获取上方的信息则需要倒转头部，而老鼠的视网膜下半部分的感受器更密集，更易获取来自上方的信息。

框 3-2　感受野

感受野是光线引起某一细胞活动的视网膜上的一块区域。如果刺激呈现于视野范围内，且某细胞的活动（放电频率）受到刺激呈现位置的影响，则该刺激位于该细胞的感受野之内。如果改变刺激的位置，但未发现细胞活动的相应变化，则该刺激位于该细胞的感受野之外。

以外侧膝状体（lateral geniculate nucleus，LGN）细胞为例。根据 HuBel 和 Wiesel（1962）的研究，外侧膝状体细胞的感受野为圆形，且有中心兴奋-周围抑制和中心抑制-周围兴奋两类，即中心与外周具有拮抗的性质。若刺激落入中心兴奋区，则细胞被激活；若刺激落入周围抑制区，则细胞活动受到抑制；若刺激覆盖了中心与外周，则细胞不会被激活。

感受野的性质和大小与视觉系统的部位有关。单个神经节细胞与若干双极细胞相连，而双极细胞与光感受器细胞也有着密切的联系，因而单个神经节细胞的感受野是许多感受器的感受野之和。外侧膝状体细胞的感受野与具有中心-周围感受野的视网膜神经节细胞有着相同的形状与基本特性。下一级细胞的感受野为上一级细胞感受野的汇聚，一个外侧膝状体细胞的感受野为视网膜上的一小块圆形区域，而多个外侧膝状体细胞汇聚到一个皮层细胞上，因此一个皮层细胞的感受野为视网膜上更大的一块区域。

人的左右眼各有鼻侧和颞侧视野，在视网膜感知到光信号之后，左右两侧的视神经将信号向后传递，在视交叉将各自的鼻侧和颞侧信号分流并继续向后传递，分流后，左侧神经只传递右侧视野信号（左眼鼻侧视野信息和右眼颞侧视野信息），右侧神经只传递左侧视野信号（右眼鼻侧视野信息和左眼颞侧视野信息）。这些视觉信息分别途经双侧的外侧膝状体，继续传递到位于枕叶的初级视觉皮层（V1）和更高级的视觉皮层。

眼睛—外侧膝状体核—视觉皮层的通路的任一部分受损，均可能导致失明。如某一侧视神经受损，将导致该侧眼睛致盲，但另一侧眼睛仍能看见该侧视野的一部分；如果某一侧视束受损，则信息无法传递至相应的视觉皮层，使得某一侧视野视觉缺损；如果视交叉中线处被切断，由于鼻侧纤维经视交叉传递至对侧，鼻侧所对应的边缘视野会受到影响。

在中枢大脑皮层中，主要负责处理视觉认知的部分位于大脑后部的枕叶，称为视觉皮层。视觉皮层是人脑皮层中最大的一块，足见视觉认知对人类的重要性。人类的视觉皮层包括初级视觉皮层（V1），亦称纹状皮层或纹外皮层（包括V2、V3、V4、V5等）。初级视觉皮层位于布罗德曼17区，几乎所有的视觉信息都通过该区域到达大脑皮层，它也是最大的视觉皮层区域。但也有证据表明，危险信息（如蛇、毒蜘蛛）及情感信息（如做出恐惧表情的脸）可以不经过初级视觉皮层，而是通过皮下通路直达杏仁核等边缘系统核团，迅速且高效地由这些恐惧、情感中枢加工处理。此外，尽管初级视觉皮层对视觉认知有着必要性，初级视觉皮层的损伤往往会致盲，但也有一些初级视觉皮层受损的患者虽然主观报告自己看不见（即缺乏视觉意识），却能够下意识地对视觉刺激进行反应，如在行走时避开没有声音的障碍物，这种临床现象叫作"盲视"（Weiskrantz et al., 1974）。

纹外皮层包括布罗德曼18区、19区。其中，V2也称次级视觉皮层或前纹状体皮层，接收来自V1的前馈信息，并将信息传递给V3、V4和V5。V2也会向V1提供反馈信息。V2与V1有许多共同的特性：V2的细胞可以受到简单属性如方向、空间频率、颜色的调节。许多V2神经元的反应也受到更复杂属性的调节，如错觉轮廓的方向、双眼视差等（Anzai, Peng, van Essen, 2007; von der Heydt, Zhou, Friedman, 2000）。到目前为止，关于V3的研究相对较少，它可能与运动加工有关（Arcaro & Kastner, 2015）。来自猴子的相关研究表明，V3不仅对刺激运动的多方面信息做出反应，如方向、速度（Felleman & van Essen, 1987; Gegenfurtner, Kiper, Levitt, 1997; Adams & Zeki, 2001），也对颜色与双眼视差做出反应（Felleman & van Essen, 1987）。V4既接收来自V2的输入，也接受来自V1的直接输入。与V2类似，V4也可以对朝向、颜色和空间频率这些特征做出反应。此外，它还可以对更复杂的特征组合做出反应，如构成角的两条直线。V5即颞中区或MT区，这一区域被认为在运动感知中有重要作用。该区域包含大量有高度朝向选择性的神经元，这些神经元能够将局部运动信息整合（Born & Bradley, 2005）。如果这一区域受到损伤，患者的运动感知会受到严重影响。

在大脑视觉皮层的许多区域，相邻的神经元往往具有相邻的感受野，这些感受野的中心位置形成了一个有序的采样马赛克，覆盖了整个视野，这种拓扑性质的对应被称为视网膜拓扑映射。例如，由于视交叉的结构，左半球V1负责右视野，右半球V1负责左视野。此外，V1中从负责中央视野的枕极（具体位置有很大的个体差异）开始，大致是越往上的神经元负责越往下的视野信息加工，越往下的神经元负责越往上的视野信息加工，越往左的神经元负责越往右的视野信息加工，越往右的神经元负责越往左的视野信息加工。负责水平中线附近视野信息加工的神经元则构成了 V1 和 V2 的边界。由于视网膜拓扑的对应关系，视觉皮层的脑区多次重复覆盖空间上全部视野的信息加工，但又从简单到复杂，分别处理不同的视觉特征属性，如线段的朝向、线段组成的角、曲线的曲率等。这样的功能组织关系与前文所述视觉认知加工的层级模型吻合。大概也是因为如此，尽管有大范围优先等许多自上而下"逆层级"加工的证据，目前视觉加工自下而上的层级模型仍然是被大量学者认可的主流学说。近年来，迅速发展的人工智能深度学习卷积神经网络也是受视觉认知的层级加工模型启发而来。

（二）两条视觉通路

除了视觉皮层的层级加工之外，视觉信息从视网膜传递到大脑皮层的过程中，大部分信息传入初级视觉皮层，信息经由初级视觉皮层处理之后，则主要通过两条不同的视觉纤维束分别传递到顶叶和颞叶皮层，这两条通路被称为腹侧（枕—颞叶）通路和背侧（枕—顶叶）通路。Mishkin 和 Ungerleider（1982）指出，这两条视觉通路加工同一个刺激不同属性的信息：腹侧通路对识别物体很重要，称为"what"通路，加工的是我们正在看什么信息；背侧通路对定位物体的位置信息很重要，称为"where"通路，加工物体的位置及场景中不同物体之间的空间位置信息。

最早关于背侧和腹侧信息流分离的研究是关于猴子脑损伤的。双侧颞叶病变导致腹侧信息流损伤的动物很难区分不同形状的物体（Pohl，1973）。例如，当要求它们把一个物体（如圆柱体）与另一个物体（如立方体）关联起来时，就会犯很多错误。然而，这些动物却能毫不费力地判断物体相对于其他物体的位置。顶叶病变导致背侧信息流受损的动物在完成任务时表现相反，这些动物很难确定一个物体相对于其他物体的位置（在哪里），却可以区分两个相似的物体（是什么）。

在人类身上发现最早的 what 和 where 通路的分离的是失认症患者的功能分离。失认症患者是指具有完好的感觉器官和记忆系统，但不能加工感觉信息的人。失认症是由于腹侧通路损伤，导致其物体识别功能受损。失认症这一术语是由弗洛伊德创造的，他把希腊语前缀 a-（没有）和 gnosis（知识）组合起来，称为"失认症"。失认症患者不能识别物体、人、形状、声音或气味。当这种障碍仅限于视觉形态时，这种综合征被称为视觉失认症，即能识别物体的形状、颜色和运动等基本属性，但无法识别物体。

Goodale 和 Milner（1992）描述了一个患者 D. F.。她是一名 34 岁的妇女，因丙烷煤气加热器泄漏一氧化碳中毒，出现了严重的视觉失认症。她无法通过视觉识别各种家用物品，比如，把杯子认成烟灰缸，把叉子认成刀子。D. F. 的认知功能障碍不是命名物体的问题（即命名障碍，anomia），因为如果把一个物体放在她的手上，她是能够通过触觉识别出来的。感官测试表明，D. F. 的失认症也不能归因于视力丧失，因为她可以检测到黑色背景下显示的小的灰色目标，也能正确地辨别出原色（只是辨别颜色细微差别的能力弱一些）。有意思的是，尽管 D. F. 不能通过视觉识别一个插槽的倾斜角度，当被要求将一张卡片插入插槽时，她可以迅速、准确地完成此任务。她在该视觉运动任务中的表现并不依赖于当卡片接触插槽时产生的触觉反馈，因为在卡片接触到插槽之前，她拿卡片的手就已经调整好了卡片的正确倾斜度。

D. F. 的例子说明运动系统可获得的视觉信息与知识和意识可获得的视觉信息是分离的。Goodale 和 Milner（1992）认为，应该把"做什么"和"如何做"区分开来，强调背侧视觉系统为运动系统提供强大的输入，用来计算一个动作的产生。当你拿起一杯水喝的时候会发生什么？你的视觉系统已经考虑到了杯子与你的眼睛、头部和桌子之间的关系，以及将水杯直接送到嘴里需要经过的路径。后来，Milner 等在许多研究中对 D. F. 进行了测试，以探索视觉识别和视觉行动之间惊人的、分离的神经关联（Goodale & Milner，2004）。结构 MRI 扫描显示，一氧化碳中毒导致 D. F. 的大脑皮层双侧萎缩，尤其是腹侧通路萎缩，包括侧枕叶（James et al.，2003）。健康参与者在进行物体识别任务时，这些脑区一直处于激活状态。相比之下，当这些参与者看到同样的物体，但现在要求他们去抓这些物体时，脑激活更多的是转移到了顶叶下前部区域，而当 D. F. 做这一任务时，也会出现与这些参与者相同的大脑反应模式（Culham et al.，2006）。

二、盲点与知觉填充

（一）盲点

前文提到，视网膜上视神经纤维汇集向大脑中枢传递的部位没有感光细胞，因此感应不到光线，被称为盲点。试着用右手持一本书置于一臂远，左手盖住左眼，右眼始终看着图 3-7 中的大熊猫，同时用余光注意右边的竹叶。将书本缓慢靠近自己，我们会发现到了某一个位置，竹叶突然消失了。这种神奇的现象说明，在这个距离下，竹叶恰好落在了我们的视觉盲点位置，使得它无法在脑中成像。

图 3-7 试试找到自己的盲点

那么，为什么我们平常意识不到自己有盲点呢？首先，通常情况下，双眼睁开，两只眼睛同时工作，一只眼睛可以看到本应是另一只眼睛盲点位置的东西。其次，我们很少只盯着某处事物，大多数情况下眼球快速转动，也就是视野快速切换。即使只睁一只眼睛，该只眼睛盲点对应的空间视野位置在每一时刻并不固定；原本看不到的物体，动一下眼睛就可以看到了。最后，大脑会自动地对视野内的残缺信息进行知觉填充，所以普通参与者往往需要借助图 3-7 中的方法才"看到"或者说"意识到"自己眼中的盲点。正如图 3-7 中竹叶"消失"时原位置并非出现黑色的空洞，而是一片空白，说明大脑将周围白色背景的信息填充到视野盲点位置了。我们将在后文进一步介绍知觉填充。

（二）知觉填充的构建性

知觉填充是指视野的某一部分似乎被周围区域的亮度、颜色、纹理等视觉属性淹没或填满（即使那些填充的特征在物理上看起来并不存在）的视觉现象，也就是出现了幻象。围绕空白区域的轮廓移动起来似乎可以使幻象在这个空白区域里移动。作为轮廓，这些幻象比诱导的轮廓要暗一些，即使它们有着相同的模式、颜色、速度和运动方向。视觉幻象会随周围诱导轮廓的运动而大大增强，可以发生在正常视野的任何地方，跨度可达 10°（Tynan & Sekuler，1975）。这些幻象可以模拟真实刺激的感知效果。例如，移动的幻象可以引起局部的运动后效，表明幻象可以在大脑中积极地表征（Weisstein et al.，1977）。

填充可以被看作表面插值的一个视觉函数的表现，即对表面上属性的平面插值，而轮廓和条状线的线性插值通常被称为"感知补全"（Murakami，2009）。虽然对盲点填充的研究比较广泛，但知觉填充被认为在正常视野中也相当普遍。事实上，大脑似乎依赖构建过程来推断世界上可能存在的轮廓或模式，如果在视野中遮住周围刺激，我们会看到中间区域是空白的，尽管如此，我们的视觉系统似乎也在积极地填补这些空白。

知觉填充的这种构建性可能涉及多个处理等级机制，其神经基础仍然不清楚。有研究（Meng，Remus，Tong，2005）发现，动态刺激引起的视觉幻象是由大脑早期视觉区中神经活动的自动填充导致的。知觉填充空白区域的视觉幻象使得相应的视网膜拓扑区域中 V1 和 V2 视觉区的神经活动增强，即使填充区域不在参与者注意的空间位置上，幻象依然存在。

（三）模态和非模态填充

如图 3-8 所示，克服不连续的视觉输入的填充可分为模态填充和非模态填充两种（Kanizsa，1976；Kellman，2003）。模态填充是由背景刺激诱导出现的填充，表现为该填充物体叠放在周围诱导刺激的上方，像是一种形状遮挡了其他形状，整个形状的亮度是增强的，即使该形状本身并不存在（Murray et al.，2004）。事实上，视觉感知需要区分物体和背景，通常借助亮度、颜色等物理属性的差异勾勒出物体的轮廓，使其从背景中凸显出来。即使视野中的物理属性完全一致，实际上不存在的差异有时也可以被推断出来——周围刺激诱导下的这种填充依然能够让人形成对物体轮廓的感知（Kanizsa，1976；Murray et al.，2004）。

图3-8　非模态填充（左）和模态填充（右）（Kanizsa，1976）

如果物体轮廓处与周围的物理属性存在显著的差异，整体结构在被部分遮挡下完成的填充则属于非模态填充，也就是只有部分信息投射在视网膜上时，视觉系统依然会将其感知为整个物理结构，但没有像模态填充那样的亮度增强（Kanizsa, 1976; Murray et al., 2004）。例如，"篱笆后面的狗"，狗狭长的身体会被它前面的栅栏柱子遮挡，但我们仍然会将狗视为一个单一连续的物体。视觉系统的这种特性能帮助我们看到和理解日常生活中遇到的物体，使得我们感知的世界是由连贯的整体构成的。

三、立体视觉和双眼竞争

（一）立体视觉

立体视觉是人对三维空间各种物体的远近、凸凹和深浅的感知能力。人类的两只眼睛的水平距离约有 60 mm，因此投射到两只眼睛视网膜的两个图像略有不同。这种在双眼视网膜成像出现微小的水平方向的偏差，称为双眼视差或立体视差。双眼视差对知觉深度和距离具有重要意义。如果两个视网膜上对应的图像差足够小，视觉系统能够把它们融合成为某个深度上的单个物体。如果成像分开很远的话，人们将看到两个图像。例如，我们举起一支铅笔，让它和远处的直线平行。这时如果我们注视远处的直线，那么近处的铅笔就会出现双像；如果我们注视近处的铅笔，远处的直线就会出现双像。

双眼立体视觉是与生俱来的，不需要任何后天的经验或知识的支持和帮助。研究者发现，婴儿能够识别物体的形状，因为形状依赖物体的方向、倾斜度，这些都涉及距离的感知。这说明人类在婴儿时期就已有立体感知，这也意味着深度辨识能力具有重要的存在价值。我们能够执行诸如穿线、倒水、接球等实际任务，是因为立体视觉能够帮助我们定向。我们要想安全地驾驶汽车，也需要有良好的立体视觉，飞机驾驶员、外科医生等职业对立体视觉的要求就很高。这是因为从事这些职业的人需要精确地判断距离，立体视觉功能会直接影响其劳动效率、工作质量和安全。

视觉异常对立体视觉的形成有一定影响，视力减退、双眼视力不等、弱视、隐斜视和先天性眼球震颤等均会直接影响立体视觉功能。研究者通过实验得知，立体视觉功能随弱视程度的加深而降低（Webber & Wood, 2005），并且双眼视力不等对立体视觉有不良影响，双眼视力差越大，立体视敏度越低；双眼视力都降低时的立体视觉结果比单眼视力降低时好（Webber et al., 2020）。这是因为单眼视力降低时存在双眼视力差，双眼视觉信息输入不平衡，因此对立体视觉有不良影响。另外，有眼科学工作者研究报道，立体视觉与视力特别是近视的优劣成正比例变化（Atchison et al., 2020）。

（二）双眼竞争

在同一时刻，给两只眼睛呈现差异很大的两幅图像（例如，左眼呈现面孔，右眼呈现房子），就会发现我们感觉到的并不是这两幅图像的叠加版，而是两眼分别看到的图像交替进入意识状态，即一会儿感知到一只眼睛的图像，一会儿又感知到另一只眼睛的图像。这种现象被称为双眼竞争。在双眼竞争中，刺激图片完全不变的情况下，某一时刻只有一半的视觉信息进入知觉意识，体现了知觉意识形成的选择性。

Wheatstone（1838）是第一个系统研究双眼竞争的科学家。他发明了立体镜，并通过立体镜将字母 S 和 A 分别呈现给两只眼睛，观察到两个字母交替出现在意识状态中。继 Wheatstone 开创性的研究之后，双眼竞争现象吸引了一些著名科学家对它进行进一步的研究，其中包括德国生物物理学家 von Helmholtz、美国的 James 和英国生理学家 Sherrington。20 世纪，有关该主题的论文实际上发表了数百篇，研究者对双眼竞争的兴趣在 20 世纪末加速增长。

Levelt（1965）研究了"刺激强度"对双眼竞争支配时间和抑制时间的影响，归纳总结了 4 条相关规律，其中的"刺激强度"是指线条的密度、刺激的对比度、刺激是否运动等。这 4 条规律分别是：①增加某一只眼睛的刺激强度，会使这个刺激在双眼竞争中更占优势；②增加某一只眼睛的刺激强度，并不会影响它的平均支配时间；③增加任一只眼睛的刺激强度，将加快双眼竞争的切换频率；④增加两只眼睛的刺激强度，将加快双眼竞争的切换频率。

第 1、3、4 条规律简单、直观，第 2 条却有些晦涩难懂。在双眼竞争中，知觉状态在两眼刺激间切换，所以某只眼睛的支配时间就是另一只眼睛的抑制时间，改变某只眼睛的刺激强度会影响该刺激的抑制时间。刺激强度的改变对支配时间和抑制时间有不同影响，平均支配时间不会受到影响。这条规律暗示了双眼竞争中的支配和抑制基于的可能是不同神经机制（Blake & Logothetis，2002）。

在双眼竞争过程中，人们似乎无法自由地切换两种知觉状态，或者无限期地保持一种刺激占据知觉主导，但是人们可以通过注意使知觉偏向其中一个对象，延长其主导时间。von Helmholtz 和 Southall（1924）观察到，可以使用计算给定竞争刺激中的行数之类的策略，将注意力集中在该目标上，以此偏向一个竞争刺激，但主导知觉的刺激最终会在一段时间后不由自主地被抑制。后来的许多研究验证了 von Helmholtz 和 Southall 的观察结果。这些研究表明，人们可以在竞争开始时利用注意力来偏向最初的主导刺激，并且可以影响竞争的交替率。

竞争动态也会受到其他认知和动机因素的影响。例如，在一项较早的研究中（Sciuto & Hartley，1963），犹太人和天主教观察者判断了与两种宗教有关的符号（戴维之星与十字架）的相对优势。犹太教观察者倾向于以犹太教符号为主导，而天主教观察者倾向于以天主教符号为主导。同样，人脸的直立图片往往比人脸的倒置图片更容易占据知觉主导，而恐惧的面孔图片往往比中性的面孔图片更容易占据知觉主导。人脸刺激图片中眼睛的注视方向也会影响竞争，直视比非直视更容易占据知觉主导，甚至图像的心理表象也可以增加该图像随后在双眼竞争中占主导地位的可能性。一些研究甚至表明，竞争动态容易受到气味、声音和运动反应的影响。这些结果表明，双眼竞争受到多种感知觉、认知和情感因素的影响，暗示着多个相互关联的大脑区域参与了双眼竞争的控制（Tong，Meng，Blake，2006）。

四、视觉适应与视觉后效

在双眼竞争中，为什么两眼分别看到的图像会交替进入意识状态？许多学者认为，与其他双稳态知觉图片，如内克尔立方体（图 3-9）类似，双眼竞争是注意选择的结果。但是，注意对双眼竞争的选择要远远难于对内克尔立方两种知觉方式的选择（Meng & Tong，2004）。一般认为，某种形式的视觉适应是导致双眼竞争的另一个关键原因。在双眼竞争的过程中，比如，大脑先知觉到了呈现给左眼的刺激图片，经过一段时间的适应，大脑对该刺激图片的知觉有系统的变化，进而打破了原有的竞争平衡，使得其对呈现给右眼的刺激图片的知觉在竞争中占据优势，因此呈现给右眼的刺激图片开始在双眼竞争中占主导，如此反复交替进行对左、右眼刺激图片的知觉，从而造成双眼竞争中的知觉切换。

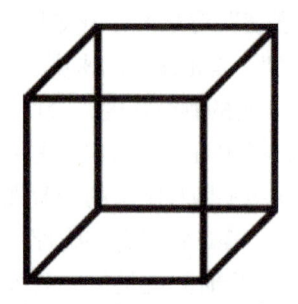

图 3-9 内克尔立方体常常既可被知觉为左侧朝前的立方体，也可被知觉为右侧朝前的立方体

视觉适应假说认为，当视觉输入发生变化时，我们的视觉系统能够适应这种变化，使之恢复到变化前的状态。我们经常在不同光强度的区域之间移动，例如，当从阴影区域走到明亮的阳光下，眼睛需要一些时间来适应周围的光线条件，这叫明适应。当从明亮的光线转到黑暗地方的时候，眼睛恢复对低水平环境光的敏感性需要 20—30 min，这叫暗适应。因此，夜间驾驶过程中，如果碰到对面来车忘记关远光灯，被照到会觉得睁不开眼睛，容易导致安全事故。在日常生活中，我们也有过这样的体验，一个戴过眼镜的人，在新换了一副眼镜之后，开始会觉得不舒服，半天或一天后，这种不舒服的感觉就消失了。

早在 19 世纪末，就有心理学家开始关注知觉适应现象。Stratton（1896）给自己戴上一副自行设计的眼镜，这副眼镜使物体在视网膜上的投影颠倒和移位。与往常规律不同，视野上方的物体将投影在视网膜的上方，视野下方的物体投影在视网膜的下方。戴镜后的前三天，由于反转的输入，研究者极难确认空间定向，比如，手伸出的方向往往和想要拿到的物体实际方向相反；三天以后，他可以开始尝试用手写字；第四天，他能在两手间进行正确的知觉选择；第五天，他能在房内从容地散步；第七天，他开始欣赏散步途中的景色。这说明经过学习和适应，视觉和触觉、身体知觉之间建立了新的联系，空间定向能力在适应中得以恢复。实验第八天，他摘下了反转镜，这时看到的世界上下左右都颠倒了。几小时之后，空间定向才重新恢复正常。不同动物的视觉适应能力是不一样的。例如，给小鸡戴上一副偏光镜，从反射中看到的物体都是左偏 40°。小鸡不能适应视野的变化，只能按看到的物体方向啄取食物。人戴上这种眼镜后，却能很快适应视野的变化。Riesen（1961）利用外科手术将动物的眼睛成像改造成上下颠倒的，结果发现，鱼、青蛙、蝾螈都不能适应这种变化，它们获取物体的方向经常出错，而猫、猴子却能适应这种变化。也许是进化的阶梯越高，知觉适应能力越强。

五、错觉和大小、颜色恒常性

因为知觉过程不仅仅是自下而上的刺激信息驱动，还包括大量的自上而下的加工，我们的知觉常常与最初输入信息的客观物理属性产生偏差。前面讲到知觉填充反映的知觉构建性、双眼竞争反映的知觉选择性，均证明了知觉加工带来的偏差。这些偏差往往会带来一些错觉，许多认知心理学家就是通过研究这些错觉来探讨知觉加工机制的。其中，大小恒常性和颜色恒常性是两种重要、经典的错觉。

（一）大小恒常性

人们在进行许多行为活动时，往往首先需要准确地感知物体大小。人们对物体大小的感知是根据其在视网膜的投影大小判断的，物体与眼睛的距离较近，视网膜成像较大，则人们对物体的感知就越明显；物体与眼睛的距离较远，视网膜成像较小，则人们对物体的感知也就越不明显。但在现实生活中，很多时候并不是这样的，例如，当过马路时，我们看到一辆辆小汽车飞驰远去，尽管视网膜映像越来越小，但我们并不会认为汽车变小了，而是距离变远了。听到这里，可能有人会认为这是由于知觉经验的作用，但已有研究反驳了这一说法，结果表明仅需要有限的视觉经验就能够完成大小恒常性的判断（Andres et al.，2017）。这种视网膜映像大小发生改变，而人们对物体大小的感知相对不变的现象，即为大小恒常性。物体的大小是通过视觉输入来判断的，物体在视网膜上的成像大小与其现实世界的大小之间的关系随着距离的变化而变化，而物体的这种大小恒常性补偿了视网膜大小和现实世界大小之间的可变关系。

大小恒常性通常被看作人们对所观看物体距离的判断和视网膜视像大小之间关系的计算而产生的。但我们是如何对其进行计算的呢？常用的公式为大小-距离公式：$S=k(R×D)$。其中，S 为知觉到的物体大小，k 为常数，R 为视网膜视像大小，D 为物体到眼睛的距离（Gregory S A，1966）。根据这一公式，就可以很容易地理解为什么对于远处的汽车和近处的汽车，我们对其大小的感知是一样的。这是因为远处的汽车虽然视网膜成像（R）较小，但是与眼睛的距离（D）较大；近处的汽车虽然视网膜成像（R）较大，但与眼睛的距离（D）较小，二者的乘积相互抵消。因此，我们感知到的物体大小是一样的。

埃默特定律也常被用来解释距离对大小的影响：$s=d×\tan(\theta)$。其中，s 为感知到的后像的大小，d 为感知到的观察者与后像"投射"在其上的表面之间的距离，θ 为后像对应的视角（Emmert，1881）。但两个公式的本质是一样的，都是在后像与物体距离越近时，视角越大，物体看起来越小。

大小恒常性对我们的日常生活是如此重要，但其神经机制仍然没有探明。我们知道，视网膜的信号通过视神经传递给大脑，经过外侧膝状核投射到初级视觉皮层（V1），接着向高级视觉皮层传递。V1 的视觉处理依赖视网膜图像和距离信息（Liu et al.，2009）。研究者通过 fMRI 定位人类大脑的视网膜区域发现，在视觉皮层 V1、V2 和 V4 的腹侧通路上均存在有距离依赖的大小调节细胞，且大量的 V1、V2 和 V4 的细胞对视网膜图像大小有相同的偏好，但放电频率随着观察距离的不同而不同（Dobbins et al.，1998）。因此，当一个物体出现在一个看起来更远的场景中时,这个物体产生的皮层激活也相应地更强(Murray, Boyaci, Kersten, 2006)。有研究者曾通过模拟 V1 中距离依赖的大小调节细胞的神经反应来建立模型,以探究大小恒常性的神经机制。但该研究仅讨论了 V1 的神经细胞对大小恒常性的作用机制,其他高级视觉皮层对大小恒常性的潜在神经机制,仍需要进一步探究(Qian & Yazdanbakhsh, 2015)。

物体的大小、距离会影响大小恒常性,除此之外,Holway 和 Boring 的经典实验证明了一系列深度线索如双眼视差、运动透视、阴影等对大小恒常性也有影响。在实验中,参与者需要在不同的观看距离来判断圆圈的大小,并逐渐减少可用线索。圆圈的物理大小随着距离的函数成比例地增加,这样视网膜图像的大小总是恒定的。结果发现,随着可用线索的减少,参与者对圆圈的判断越来越接近视网膜的图像大小而不是它们的实际大小(Holway & Boring, 1941)。另外,听觉(Jaekl, Soto-Faraco, Harris, 2012)、最近观看的物体大小(Fischer & Whitney, 2014)和一些脑部病变(Humphrey & Weiskrantz, 1969; Ungerleider, Ganz, Pribram, 1977)等也是大小恒常性的影响因素。

(二)颜色恒常性

太阳东升西落、天气阴晴变化,再加上不同地点的不同灯光,我们身边的光照总是在不断变化。物体的反射光是由光源和物体表面的反射特性共同决定的,随着光照的不断变化,同一物体表面的反射光也在不断变化。反射光的光谱决定了物体表面的物理颜色,我们通常却很少注意到物体的颜色发生了变化,一件东西似乎永远是一个恒定的颜色,这就是颜色恒常性。视觉系统的颜色恒常性能帮观察者排除光照变化的干扰,对物体表面特性形成稳定的认识,从而形成一个稳定的外部世界,有助于观察者与世界互动(Zeki, 1993)。

那么,颜色恒常性是怎么实现的呢?大致来讲,观察者会对当前的光照进行无意识的推断,并对获得的视觉信号进行相应的调整,从而排除当前光照的影响,使得视觉信号能反映物体表面的特征(Aston & Hurlbert, 2017)。这种无意识的推断必须依赖环境中的线索,这些线索有许多不同的来源。例如,一项研究要求参与者把物体的颜色调整至灰色,发现参与者对水果等熟悉物体的调整结果存在系统性偏差,结果会偏向与水果本身颜色相反的方向,而作为对照组的非熟悉物体则不存在这样的偏差,这说明熟悉的物体能增强颜色恒常性(Hansen & Gegenfurtner, 2006)。物体表面的反光有助于估计光照的颜色,进而增强颜色恒常性(Wedge-Roberts et al., 2020)。空间结构对颜色恒常性产生了重要影响,一项研究让参与者通过万花筒观察真实房间内的一小块测试刺激,发现在环境中的正常空间结构被破坏后,颜色恒常性会降低(Mizokami & Yaguchi, 2014)。还有一项研究让参与者用分视镜观察刺激,证明双眼视差会增强颜色恒常性(Yang & Shevell, 2002)。除此之外,还有很多其他环境线索,如阴影、物体间的相互反射等。有趣的是,在不同的情境下,视觉系统会有选择地使用不同的线索,动态地赋予不同线索不同的权重(Maloney, 2002)。当环境中有丰富的线索时,利用一部分的线索就足以实现良好的颜色恒常,视觉系统会自动忽略其他线索。在线索匮乏的环境中,那些有时不会被利用的线索则被利用起来。例如,在前文提到的 Wedge-Roberts 等(2020)对反光的研究中,只有在来自背景的线索被削弱的情况下，物体反光才会增强颜色恒常性。

目前，我们尚未完全理解颜色恒常性的神经机制，但我们已经知道它涉及视觉系统信息加工的多个阶段。颜色恒常性最早开始于视网膜的视觉适应，这一过程中三种视锥细胞的信号被调整（von Kries，1905）。实现颜色恒常性需要进行空间颜色比较，视网膜、外侧膝状体或 V1 可能参与了这一过程（Foster，2011）。在皮层水平上，以往研究表明，V1、V2 和 V4 都参与了颜色恒常性的加工。例如，Zeki（1983）发现，猕猴视觉皮层的 V4 区域许多细胞的反应更接近"感知到的颜色"而非物理上反射光的光谱，Zeki 等（1999）进一步研究发现，人类视觉皮层 V4 的损伤会导致参与者无法完成颜色恒常性任务。

错觉反映的往往是我们的知觉，这是大脑的认知加工与原始客观物理信息输入的差异造成的。除了前文所述由于知觉的构建性、选择性及恒常性造成的错觉，还有一类错觉是由知觉分类造成的。下面我们介绍知觉分类。

六、知觉分类

物理世界中大多数变量都是连续变化的，但是人常常会产生离散的类别化的知觉。一个典型的例子就是人们对彩虹的知觉。从物理角度来看，组成彩虹的可见光在波长属性上是连续变化的，不同的波长可以使人产生不同的颜色知觉体验。但是，人们并不会对彩虹产生渐变的颜色连续体进行知觉，更倾向于认为它有红、橙、黄、绿、青、蓝、紫 7 种不同的颜色。另一个例子来自对语音的识别。语音的声学特性本身可以发生连续的变化，但人们会将声学连续体划分出不同的语音类别（例如，/ba/和/pa/）。如果两个语音落在同一类别内，人们会忽略其在声学特征上的差异，认为其是同一种语音；只有当两个语音落在不同的类别范畴内时，人们才能对其进行较好的区别和分辨。

通过知觉分类，我们将连续的感觉输入信号转化为离散的内部心理表征。经过这样的转换后，不同类别间的差异得到了凸显，而相同类别内的变异被忽略。这将促进人们在外观完全不同的事物之间建立联系，促进对客体的不依赖物理外观的高级认知表征。例如，一旦将语音/pa/的不同示例、不同品种的猫的图片或不同形状材质的椅子视为同一种类别的物体，不再强调类别内部无关紧要的变化，人们将能更好地识别语音/pa/、猫和椅子。

人类通常可以迅速地进行视觉分类。早在 1996 年，Thorpe 等就发现人们可以成功地判断短暂呈现的自然图片（20 ms）中是否包含动物，并且在图片呈现 150 ms 之后便出现了正确击中和正确拒斥的脑电活动差异。之后的大量研究发现，在对自然图片进行高层级类别的分类（如动物或场景）时，人们具有快速的视觉分类能力，且这一分类过程不依赖集中注意的参与。但在进行更具体类别的知觉分类（如猫或狗、山或河）时，这种快速和自动化特性会受到限制。

知觉的分类往往是通过学习获得的，语言文化和以往的经验等也会影响人们的知觉分类。例如，Gilbert 等（2006）将两种色度相近的蓝色进行新的名称分类（如蓝1和蓝2），发现如果将蓝1和蓝2作为视觉搜索的目标物与干扰物，人们能更快地检测到出现在视野右侧的目标物；如果不进行这种新的名称分类而以蓝色统称，这种视野不对称性效应并不存在。这种视野偏侧化表明，在进行语言类别学习后，人们对颜色的反应也出现了类似语言的右视野偏侧化。

第四节 跨模态知觉

日常生活中，我们往往有这样的感受：在嘈杂的环境中聊天，一边听，一边看对方嘴部的活动，更容易听清楚对方在说些什么；在同样嘈杂的环境中接电话时，因为看不到对方，所以常常就听不清楚。两种情境下感知的差异涉及的就是视听跨模态信息的加工。从进化论的角度思考，知觉的最终目的是让个体更好地生存、更好地适应环境，从而让种群在激烈而残酷的生态竞争环境中得以延续和进化。知觉要么帮助个体及时完成当前的动作任务，如躲避危险、捕猎或操控工具等，要么形成意识经验、记忆，以有助于计划将来可能要完成的任务。外界信息通常是声、光、化学（味道）多模态的。因此，我们的知觉系统通常作为一个有机的整体，汇聚和整合从多感官获得的多模态信息，从而更有效地处理和加工这些信息。本节主要介绍人类如何利用感知系统对多模态信息进行加工，形成跨模态知觉。

一、多感官的汇聚和整合

许多研究发现，个体通过对知觉目标相关的、存在同步发生对应关系的多感官刺激信息进行汇聚和整合，形成统一的跨模态知觉，增强知觉体验，从而优化行为反应（de Gelder & Bertelson, 2003; Massaro & Friedman, 1990）。比如，一项早期经典研究对比测评了参与者在嘈杂环境中（就像在一个非常热闹的聚会中听别人说话）识别口语的准确性（Sumby & Pollack, 1954）。参与者的任务是识别嵌入白噪声中的单词读音。主要对比两种实验条件：一种仅呈现单词的听觉成分（"仅听觉"条件）；另一种同时呈现听觉和视觉成分（"视听"条件）。此外，噪声水平也各不相同。因此，在某些试次中，噪声相对于单词的响度来说非常响亮，而在其他试次中，噪声相对于单词的响度来说非常小。该研究结果表明，在视听条件下识别口语的准确性比在单独听觉条件下要高得多。并且，"仅听觉"和"视听"条件结果的差异在参与者表现最差时（即当噪声最大时）最大。令人惊叹的是，在高噪声水平下，让参与者看到说话的人相当于将噪声音量降低一半以上。显然，视听结合的优势对行为表现产生了巨大影响。

上述研究表明，无论是神经元的兴奋还是个体的行为表现，对多模态刺激的反应通常都大于对任一模态独立的组合反应。换句话说，如果一次仅以一种模态方式呈现刺激并测量个体（或神经元）对这些单独模态刺激中的每一个反应，将它们加在一起仍然不等于个体（或神经元）对多模态刺激的反应。多模态感觉整合的这种超加性效应表明，认知加工对多模态刺激的整合处理产生了交互作用。此外，这种超加性效应（有时也称为多感官增强效应）的程度取决于对具有最大效应的单一刺激方式的反应强度。比如，在上面所举的例子中，有人在嘈杂的环境（例如，拥挤的聚会）中说话，关于语音的视觉信息（唇读）

将大大有助于理解此人所说的内容。然而，如果我们在安静的图书馆听同一个人说话，听觉部分可能足以接收信息，而视觉部分几乎没有帮助（Sumby & Pollack, 1954）。对于具有多模态成分的刺激，如果对每个模态成分（单独模态）的反应较弱，则多感官增强的机会非常多。然而，如果一个模态成分本身就足以引起强烈的反应，那么多感官增强的机会就相对较少。这一发现被称为反向有效性原理（Stein & Meredith, 1993），因为多感官增强的有效性与效果最大的单模态刺激反应成反比。

框 3-3 橡胶手错觉与跨模态知觉的形成

橡胶手错觉（rubber hand illusion）是一种体感错觉，由 Botvinick 和 Cohen（1998）提出。在橡胶手错觉实验中，参与者自己真实的手被隐藏在视线之外，同时将一只与参与者真实的手大小一样的橡胶手放在参与者的前面，实验人员用画笔同步抚摸参与者隐藏的手和可见的橡胶手。一段时间后，当实验人员只触碰橡胶手而不碰那只真手时，参与者仍然会"感觉"到被触碰，即产生了将橡胶手感受为自己手的错觉。然而，如果两个画笔不同步并且不在同一方向上进行抚摸，这种错觉效果将大大降低。之所以会出现这一错觉，关键在于实验人员通过混合两种不同感官（视觉和触觉）的信号欺骗了参与者，参与者大脑自动给视觉信号匹配了触觉感受，使得参与者开始将橡胶手的视觉信息与真手感受到的本体感觉联系起来。

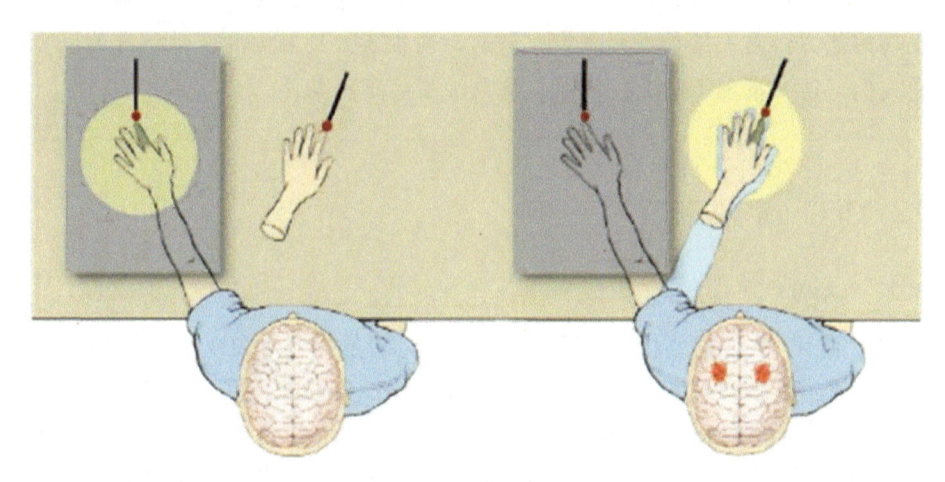

橡胶手错觉实验演示（http://embodiedknowledge.blogspot.com/2010/04/rubber-hand-illusion.html）

随后，Ehrsson 等（2004）使用 fMRI 记录了参与者参与实验时的大脑活动，结果表明橡胶手错觉伴随着运动前皮层的激活，错觉强度与运动前皮层的激活程度呈正相关，并且错觉开始发生的时间与该皮层开始激活的时间是一致的。依据这些发现，Ehrsson 等得出结论："运动前皮层的神经活动反映了对视线内看到的橡胶手的归属感。"这一发现与之前的自我辨别依赖多感官信息整合的观点是一致的。动物实验也表明，前运动皮层存在着能够联合视觉和触觉感受野的神经元，即视-触觉神经元，这一神经元通过一个以躯体-局部为中心的参考系来编码视觉输入。具体来说，在橡胶手错觉实验中，参与者的本体感觉信息被扭曲了，使得他们关于自己真实手的位置信息被重新投射到橡胶手位置信息上。同样地，以手为中心的视觉感受野也经历了相同的改变。这样的话，当看到实验人员触碰橡胶手时，会激活前运动皮层中以手为中心的神经元。

注意，橡胶手错觉产生的关键是触觉和视觉信息同步对应的刺激。哲学家 Molyneux 曾提问：一个先天失明，只能通过触觉辨认物体的人，假若奇迹般地变得有视觉，此人能立即通过视觉辨认物体吗（Degenaar，1997）？麻省理工学院的 Held 教授与同事们一起通过普拉卡什项目（Project Prakash），用实验结果回答了这个问题（Held et al., 2011）。Prakash 在梵文中是光明的意思，这一项目由麻省理工学院的 Sinha 教授发起，是一个为先天失明儿童带来光明的慈善项目，同时也为科学研究人类大脑的可塑性，以及大脑如何学会看东西提供了宝贵机会。普拉卡什项目首先为 5 名 8—17 岁的先天盲人提供了手术治疗，让他们的人生第一次有了视力。这些新近获得视力的参与者能够区分视觉上相似的形状，但是如果让他们通过触觉感知到一个看不见的物体，然后测试他们能否在视觉上将这个物体与另一个相似的物体区分开来，其表现并不比纯粹靠猜测的结果好。更有意思的是，在短短一周时间内，这些参与者就学会了将触觉与视觉感知到的信息进行比较的能力。这一结果提示我们，一周时间内感知到触觉和视觉信息的同步发生是人们习得跨模态（触觉、视觉）信息加工的必要条件。

二、McGurk 效应

（一）McGurk 效应的表现

在日常生活中，人们需要将来自听觉模态（说话者的声音）和视觉模态（说话者的脸）的信息整合起来进行言语理解。McGurk 错觉（McGurk illusion）是一种跨通道的知觉效应，它是 20 世纪 70 年代由 McGurk 和 MacDonald 发现的。McGurk 效应是指人的大脑信息加工系统可以将同时呈现但不一致的视觉刺激和听觉刺激整合成一个新的错误感知的现象（McGurk & MacDonald，1976）。McGurk 的一个经典例子是，观察者将同时呈现的"ga"的嘴部图像和"ba"的声音感知成另一个声音"da"。这一效应表明听觉信息在加工过程中会受到视觉信息的影响。

（二）McGurk 效应的影响因素

1. 视觉信息的质量

视觉信息的质量会影响 McGurk 效应的强度，高质量的视觉信息输入会提高该效应的发生概率。前人的研究发现，将视频分辨率降低，或进行马赛克转换、空间化像素处理，都可以降低 McGurk 效应的发生概率。但是，只要视觉信息仍有少量存在，McGurk 效应就难以完全消除，表明该现象较为稳定。然而，在视觉信息实际呈现但是没有进入意识的情况下，McGurk 效应不会产生。当利用眼间抑制手段将 McGurk 刺激抑制在知觉意识以外时，该现象不再发生（Palmer & Ramsey，2012）。还有研究采用动态双歧图——鲁宾花瓶错觉——来呈现 McGurk 刺激，使视听刺激本身保持不变，但是知觉者的主观感知发生改变的方法，来探讨视听整合效应。花瓶图为一个花瓶的边缘构成两个面对面的侧脸。实验中，花瓶旋转，观察者看到的嘴形也随之变化，在"侧脸"和"花瓶"之间切换。结果发现，McGurk 效应只在"侧脸"被感知到时才会产生，而被感知为"花瓶"时则不会出现（Munhall et al.，2009）。

2. 视听信息呈现的同步性

McGurk 效应的产生依赖视觉和听觉信息的整合，所以两者需要同时呈现。研究发现，当视觉和听觉刺激在正负 360 ms 的范围内呈现时，McGurk 效应都可以被观察到。当然，视觉和听觉刺激呈现的同步性越高，McGurk 效应就越强（Munhall et al.，1996）。注意分配和预期同样会对 McGurk 效应产生影响。当个体分配给 McGurk 任务的注意减少时，McGurk 效应就会减小（Alsius et al.，2005）。在参与者对接下来呈现的视听刺激有着一致预期的情况下，McGurk 效应发生的概率相比不一致预期条件下更高（Gau & Noppeney，2016）。

3. McGurk 效应的个体差异

不同个体的 McGurk 效应的感受强度可能不同，个体间存在较大的差异。Mallick 等（2015）通过对 165 名参与者进行研究发现，McGurk 效应的发生率为 0—100%，但是该效应在个体内部表现出很强的一致性。对同一批参与者间隔 1 年的两次同等条件下测量的皮尔逊相关系数为 0.91（Mallick et al.，2015）。

一些特殊人群在视听通道整合的功能上可能存在缺陷，这种缺陷也可以通过 McGurk 效应体现出来。比如，孤独症儿童的 McGurk 效应发生概率比正常儿童低（Gelder et al.，1991）。这可能是因为孤独症儿童在视觉信息加工的功能上存在缺陷，无法有效整合多通道信息。对孤独症程度不同的参与者进行研究的结果表明，孤独症的严重程度与 McGurk 效应的发生概率存在显著相关，即孤独症严重程度越高，McGurk 效应的发生概率越低（Ujiie et al.，2015）。另外，年龄也是影响 McGurk 效应发生的一个重要因素，成年人比儿童和婴儿更容易发生 McGurk 效应（Burnham & Dodd，2004；McGurk & MacDonald，1976；Rosenblum et al.，1997）。这可能是因为相比成年人，婴儿和儿童的视听整合能力尚未成熟。与视觉信息加工的功能减弱不同，听觉受损的个体依然可以被观察到 McGurk 效应的发生，甚至该效应的发生概率更高，其原因可能是听觉功能受损个体更依赖视觉通道对外部信息的整合（Rouger et al.，2008）。

McGurk 效应的发生也会受到文化差异的影响。对不同语言使用者的 McGurk 效应发生概率的研究表明，母语为日语的群体的 McGurk 效应发生概率要低于英语母语者

(Hisanaga et al., 2016；Sekiyama & Tohkura, 1993)。这可能是因为在日本文化中，在交谈过程中注视对方面部是不礼貌的行为，日本人在语言加工中更多地利用听觉信息而非视觉信息，所以日语母语者在 McGurk 任务设置下对听觉信息更少地进行加工，导致 McGurk 效应的发生概率更低。

（三）相关的神经机制

McGurk 效应对我们理解和探索视听信息整合的神经机制有重要意义。已有的研究表明，视听信息整合发生在信息加工的早期阶段。当 McGurk 实验设置中视觉和听觉信息不一致时，脑电信号 ERP 中的 N1 成分的振幅相较于一致情况下更小（Romero et al., 2015）。对 McGurk 效应的脑电信号的频域分析表明，McGurk 效应发生时，β 频段的抑制在信息加工的早期（0—500 ms）更强。Saint-Amour 等（2007）的研究发现，当序列呈现一系列视听一致刺激时，McGurk 刺激的出现会诱发失匹配负波，该成分出现在听觉刺激呈现以后的 200—300 ms，也是在信息加工的早期。

在视听信息整合加工的晚期，由于 McGurk 效应中声音和图像信息的不一致造成了冲突，所以大脑在这个阶段的主要任务是解决这一冲突。在 McGurk 刺激呈现后的 500—800 ms，McGurk 效应中的不一致刺激相比视听一致信息在脑电信号的 β 频段呈现出更强的抑制（Lange, Christian, Schnitzler, 2013）。另外，McGurk 效应加工的后期阶段的 γ 频段活动会增强。这些可以作为大脑对冲突信息加工的标志。

除了脑电，研究者还利用 fMRI 研究了 McGurk 效应中的信息整合机制。fMRI 研究发现，McGurk 效应发生时，颞上皮层的活动相比没有发生时更强（Jones & Callan, 2003）。同时，McGurk 效应发生率高（>50%）的参与者的左侧颞上沟相对于发生率低的参与者有着更强的激活（Nath & Beauchamp, 2012）。这种 McGurk 效应的个体差异和大脑激活的特征的相关在 6—12 岁的儿童研究中得到了重复（Nath et al., 2011）。TMS 研究表明，在 STS 的功能被短暂抑制的情况下，McGurk 效应的发生率降低了，但是对视听一致的刺激材料的判断则保持不变。另外，大脑的一些高级脑区也与 McGurk 效应的产生相关，如额下回（IFG）和前扣带回（ACC）（Fernández et al., 2017），这些脑区与视听冲突的解决有关。

三、联觉

（一）联觉及其主要研究范式

跨模态知觉的一个特殊例子是"联觉"。联觉是指由一种感觉刺激引起其他感觉体验的现象，比如，"尝到某种形状""听到某种颜色""触摸到某种声音"等。常见的联觉现象是字形-颜色联觉，具备这种联觉体验的人看到文字或数字时会产生颜色知觉。除此之外，还有符号-味觉联觉、声音-颜色联觉等。Grossenbacher 和 Lovelace（2001）提出用 "inducer"（诱导物）来描述引起联觉体验的感觉刺激，用 "concurrent"（并发的）来描述联觉体验，因此每一种联觉现象都可以用配对的 "inducer-concurrent" 来描述。联觉的产生有两种方式：一种是发展性的联觉，有一小部分人会出现这种现象，这些人从儿童时期就开始有了联觉体验；另一种是获得性联觉，这些人在经历了大脑创伤或感觉神经阻滞后产生联觉体验，还有人在注射了迷幻剂之后也可能会产生联觉体验。保守估计，在人群中具有联觉体验的人的比例是2000∶1—200∶1。200多年前，就有研究者发现了联觉的现象，但是我们对它产生的原因及其对认知的影响仍知之甚少。

因为感知觉描述的主观性，没有联觉的人很难想象有联觉是一种什么样的体验。一开始，联觉被当作一种精神疾病，联觉"患者"常常被认为是产生了幻觉、臆想或者有意胡编乱造，联觉现象的研究也大多是来自参与者的主观报告。直到最近，才有研究者开始用一系列客观的行为实验范式来科学地研究联觉的特点，区分联觉和其他感觉现象如想象等。所以，联觉的科学研究非常好地展现了如何通过认知实验客观地探究主观心理感受。以下介绍一些使用不同联觉研究范式的研究，可以看到相关的范式包括以下几类

1. test-retest 范式：探讨联觉的持续性问题

在实验中，首先测试字形—颜色联觉组的"inducer"对应的"concurrent"，训练正常参与者的控制组记住"inducer"对应的"concurrent"。然后，在几个星期或几个月后进行重测。实验结果表明，联觉组 test 和 retest 判断一致的比例为 80%—100%，而控制组 test 和 retest 判断一致的比例为 30%—50%。这个实验结果说明了联觉具有持续性，但该方法的不足是因变量采用的仍然是主观报告（Baron-Cohen，Wyke & Binnie，1987）。

2. Stroop 变式：证明联觉的自动化加工，不受意识控制的特点

经典的 Stroop 范式要求参与者观看一个用不同墨水书写的具有颜色语义的单词，要求参与者报告墨水的颜色，如用红色墨水书写的"蓝"字，要求参与者报告墨水的颜色是"红色"，结果发现，参与者的反应时在墨水颜色与单词语义不一致的条件下比墨水颜色与单词语义一致的条件下更长。在研究联觉的 Stroop 范式的变式中，选择具有颜色—字符联觉的参与者，刺激材料为非颜色语义的单词如 A，实验条件为墨水颜色和参与者的联觉颜色一致和不一致的条件。结果表明，在具有联觉的参与者中，字母墨水颜色和联觉颜色一致的条件下，参与者的反应更快，不一致的条件下，参与者的反应更慢，出现了 Stroop 效应。然而，对照条件下的正常参与者则没有出现 Stroop 效应（MacLeod，1991；Mattingley et al.，2001）。

3. 双眼竞争范式：证明研究联觉的产生是有视觉图像的，而不仅仅是"知道"感觉和感觉之间的联系

招募两名具有字形—颜色联觉的参与者，实验设计采用双眼竞争的研究范式，即左右眼分别看到两张竞争图片中的一张，每张图片中左右两边分别写有两个字母或符号，中间有一个注视点，要求参与者报告占优势的配对字符。实验中有四个条件，分别是控制条件、联觉条件、联觉和实际颜色交互条件、实际颜色条件。①控制条件，两张竞争图片中的字符是不能产生联觉的字符；②联觉条件，每张竞争图片中的配对字符都可以产生联觉的颜色，且这两种颜色相同；③联觉和实际颜色交互条件，每张竞争图片中有一个不产生联觉，但它是有颜色的字符，另一个是没有颜色但是产生联觉的字符，且联觉颜色和另一个有颜色字符的颜色是一致的；④实际颜色条件，每张竞争图片都是不产生联觉但有颜色的字符，同一张竞争图片的字符颜色相同，不同竞争图片的字符颜色不同。实验结果表明，在联觉

和实际颜色交互的条件下，联觉颜色和实际颜色一致的字符能够组织在一起成为主导的配对字符（Kim & Blake，2005）。

4. 视觉搜索范式：证明联觉是在对原始刺激进行加工后才产生的（和真正的弹出现象有区别）

视觉搜索范式要求参与者在具有一系列干扰刺激的条件下快速找到目标刺激。研究结果表明，如果探测刺激具有特殊的属性，如不同的颜色，那么正常参与者就能快速地找到探测刺激，且不受干扰刺激数量的影响，这称为 pop-out（弹出现象，Treisman，1988）。研究者在进行字形—颜色联觉的视觉搜索任务时发现，探测刺激产生的联觉颜色也能使得检测目标刺激的时间变短，但是会受到干扰刺激的数量及探测刺激和注视点距离不同的影响，这和传统的 pop-out 效应不同（Palmeri et al.，2002）。

5. 阈下实验范式：检验联觉是否可以在阈下产生

对字形—颜色联觉的参与者进行实验，在实验中快速呈现一个有字符的图片，参与者主观上报告看不到该图片，要求参与者报告是否能产生联觉。实验结果表明，参与者不能产生联觉，说明需要对"inducer"进行充分加工之后才可能产生联觉。

(二) 联觉产生的几种可能机制

1. 不同大脑皮层交叉激活

人类大脑的视觉皮层有的是按照模块化分布的，不同的大脑区域负责加工不同的视觉特征。具有不同功能的大脑区域之间信号连接的交叉激活可能会导致出现联觉体验。例如，当观看字形时，会同时看到颜色联觉体验，可能是字形识别区域和视觉皮层 V4 的交叉激活导致的（Ramachandran & Hubbard，2001）。

2. 抑制反馈机制

抑制反馈理论认为，人类大脑的感觉系统是由自下而上的前馈系统和自上而下的反馈系统组成的层级系统来进行复杂的视觉加工的。在高级的视觉皮层中，可能会通过前馈机制接收来自多个视觉通道的视觉信息，然后再通过自上而下的反馈机制将信号传递到下层的视觉皮层。对于大多数人来说，传递到"concurrent"皮层的这些自上而下的反馈信号可能会被充分抑制，因此不会产生联觉体验；但是在联觉参与者中，这些反馈信号并没有得到充分抑制，因此产生了联觉体验（Grossenbacher & Lovelace，2001）。

3. 边缘系统调节和皮层抑制

Cytowic（1993）认为，联觉现象是大脑中最原始的边缘系统或负责情绪管理的大脑区域的异常导致的。

4. 婴儿时期修剪大脑皮层的连接失败

婴儿出生后的一段时间内，不同大脑区域的神经元连接较多，然后再慢慢修剪多余的神经元，联觉体验可能是修剪多余的神经元失败导致的结果。

5. 基因遗传

联觉更有可能出现在具有联觉的家族中，因此可能某些类型的联觉现象是基因导致的

（Baron-Cohen et al., 1993）。值得注意的是，最近有研究者发现了一种可以减少痛觉感受的基因——α2δ3。研究者观察了 189 名健康参与者的 α2δ3 基因内或附近的 4 种不同的 DNA 变异。在给参与者进行一系列快速热脉冲的测试中，他们发现一些基因变异导致参与者对剧烈疼痛的敏感性降低。Brang 和 Ramachandran（2011）对 169 名因椎间盘损伤引起的背部疼痛而接受手术的患者进行了进一步的测试，结果显示，具有相同基因变异的患者出现持续慢性疼痛的可能性小得多。随后，研究小组用核磁共振扫描了具有 α2δ3 基因突变小鼠的大脑，发现基因突变小鼠疼痛的神经信号传递到丘脑后，不能继续传递到更高级的大脑皮层，导致疼痛敏感性降低。但疼痛信号反而导致了大脑皮层中负责视觉、嗅觉和听觉区域的激活，这类似于在联觉中发现的交叉激活现象。虽然这个基因是否与人类的联觉有关仍不清楚，但它为研究联觉体验提供了一个有趣的动物模型，使我们能够从基因的角度研究感觉交叉激活现象。

（三）主观体验的客观研究

主观体验是指个体在接受外界客观刺激时产生的体验，不同的人在接受相同的物理刺激时也可能产生不同的主观体验；同一个人在不同时间接受相同的物理刺激时也可能产生不同的主观体验，比如，不同的人在听到相同的声音时，对音量等级的判断不完全相同；同一个人在不同时间对同一个音量的判断也可能不同。在前面的讨论中，如何客观地研究主观体验，其实就是知觉意识的一个"困难问题"。在心理学研究早期，大多数研究者采用主观报告的方法来研究人的主观经验，对参与者主观报告的能力要求较高。另外，大脑语言系统的偏侧化导致非语言优势的右脑经常被左脑控制，因此采用言语报告的方法并不能客观地反映人类真实的主观体验。随着实验心理学的发展，研究者采用心理物理学的方法，运用各种数学方法和测量技术来揭示心理现象与物理现象之间对应的数量关系，这种对应关系的量化使得心理学家可以像物理学家测量物理属性那样精确量化人的心理事件。后来，随着认知心理学和神经科学的发展，研究者可以通过脑成像的方法来研究人类大脑对客观现实的直接反映，从而可以更客观地测量人类的主观体验。联觉就是一个很好的例子。

关键术语

格式塔 Gestalt
几何子 geon
客体优势效应 object superiority effect
大范围优先 global precedence
自上而下 top-down
自下而上 bottom-up

弹出现象 pop out
直接知觉论 direct perception theory
光流 optic flow
橡胶手错觉 Rubber hand illusion
McGurk 效应/McGurk 错觉 McGurk effect / McGurk illusion

知识要点

- 视觉中的心理物理
- 格式塔知觉组织原理
- 认知的基本单元及定律
- 大范围优先与拓扑知觉理论
- 层次加工模型
- 知觉生态理论与计算
- 视觉计算理论
- 知觉理论的局限：意识难题、停机问题
- 视觉的生理基础
- 盲点与知觉填充
- 立体视觉和双眼竞争
- 视觉适应与视觉后效
- 错觉和大小、颜色恒常性
- 知觉分类
- 跨模态知觉：知觉整合、McGurk效应和联觉

第四章
注　意

想象一个人正走在繁华的街道上，两旁的商铺鳞次栉比，各种货物琳琅满目，嘈杂的人声和汽车的马达声不绝于耳，空气中弥漫着甜甜圈和烤肉的味道，他几乎要被这些从外界涌入的数据洪流淹没了。如果要处理周遭的所有信息，大脑恐怕要因为超负荷运转而"瘫痪"了。幸好，大脑的选择性加工机制（即注意）使其能够从海量的信息中选取少量重要的信息进行优先加工，而忽略绝大部分信息，以避免信息过载。被注意选择的对象通常能够进入意识，而意识的内容通常是我们正在注意的事物。因此，心理学界曾有一种传统观点，即对某个对象的注意等同于对它的意识。但是，注意和意识是不同的过程，它们之间的关系比传统认为的要复杂许多。早期的注意理论认为注意分配在时间上是稳定的，然而，近年来许多研究表明注意具有节律性和离散性。

本章首先论述注意的概念、类别及功能，接着介绍注意领域的几种经典理论，进而对两种现代注意理论，即注意的节律理论和归一化理论加以讨论；其次对注意与意识的相互关系进行论述；最后对本章内容进行总结，并对注意领域未来的研究趋势进行展望。

第一节　注意概述

人类每时每刻都在被感觉信息轰炸。由于认知资源的有限性，人脑并不能同时处理所有的信息，只能选择性地处理其中的极少部分，忽略其他部分，以此来解决信息超载问题。这种选择性地处理具有高优先性信息而忽视低优先性信息的过程，即注意选择（方方等，2012）。视觉是人类接收外界信息的主要通道，注意的研究大多数也是在视觉领域进行的，因此本章主要探讨视觉注意。事实上，视觉注意在认知心理学与神经科学中得到了广泛的研究，且相关的发现可以运用到其他感觉机制中。

一、注意的含义

从视觉信息加工的角度来看，注意是处于视觉编码与视觉解码之间的一个阶段，即选择阶段（图4-1）。视觉加工可粗略地划分为三个阶段：编码（encoding）、选择（selection）

和解码（decoding）。编码是将视觉图片转换为视网膜神经活动的过程，所有视觉输入都是由两眼中的光感受器和视网膜神经节细胞进行编码的。选择，即注意选择，是指选取少部分已经被编码的信息进行进一步加工的过程。解码是指根据被注意选择的信息对视觉场景的某些方面进行推断和假设的过程，因此也被称作视觉推断或视觉识别。总之，只有被注意选择的信息才能得到进一步解码，从而影响行为与认知决策。注意提高了人脑处理信息的效率，使之成为一个有效的信息加工系统。

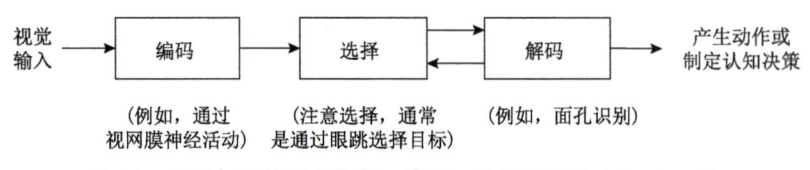

视觉输入 → 编码（例如，通过视网膜神经活动）→ 选择（注意选择，通常是通过眼跳选择目标）→ 解码（例如，面孔识别）→ 产生动作或制定认知决策

图 4-1　视觉加工的三个阶段：编码、选择和解码（Li，2014）

二、注意的类别

过去的几十年，研究者从不同角度对注意进行了分类，比如，按照是否伴随外显的眼动将其分为外部注意（overt attention）与内部注意（covert attention）；按照注意产生的来源将其分为自上而下的注意（top-down attention）与自下而上的注意（bottom-up attention）；按照注意选择的对象将其分为空间注意（spatial attention）、客体注意（object-based attention）与特征注意（feature-based attention）等。

（一）内部注意与外部注意

按照是否发生外显的眼动（注视方向的改变），研究者将注意分为外部注意与内部注意（Carrasco，2011；James et al.，1890）。在日常生活中，为了获得对注意所选择对象的最精确的视知觉，我们需要通过外显的眼动将其投射到视网膜的中央凹。例如，当与他人交流时，我们可能把注视方向从对方的面部转移到其他感兴趣的位置或物体（如对方的工作牌），这种伴随着外显眼动的注意被称为外部注意。

注意并不必然伴随着外显的眼动，注意可以分配到注视焦点以外的地方。比如，司机在驾驶过程中目视前方，但依然可以注意边缘视野的场景以避免潜在的危险。研究表明，尽管没有外显的眼动，内部注意也能够提高空间分辨率（Carrasco & Yeshurun，2009）。

（二）自上而下的注意与自下而上的注意

根据产生的来源，可以将注意分为以下两大类。

一是自上而下的注意，由观察者的任务、目标驱动，如"两耳不闻窗外事，一心只读圣贤书"依赖的便是这种类型的注意。自上而下的注意来源于观察者本身，持续时间较长，因而又被称为内源性注意（endogenous attention）或持续性注意（sustained attention）。大多数理论模型与研究框架都是针对这种类型的注意选择提出的（Desimone & Duncan，1995；Duncan & Humphreys，1989；Treisman & Gelade，1980；Tsotsos，1990）。

二是自下而上的注意，由刺激本身具有的属性决定。我们的注意总是不由自主地被物理上具有显著性的刺激吸引，如嵌在许多垂直线中的水平线，或是黑暗中的火把，这些刺激与周围环境相比更加显著，因而可以自动捕获个体的注意。Itti 等（1998）提出了具有重大影响力的基于显著性的视觉注意模型，认为这种由物理刺激的显著性产生的注意捕获是由显著图（saliency map）进行控制的。显著图编码的并不是某个特殊的刺激属性（如朝向或亮度），而是这个刺激与四周的不同之处。该模型用"赢者通吃"的原则逐步确定视觉注意的位置，并在此过程中遵循注意的返回抑制法则（Klein，2000）：一旦确定了当前的注意位置，其所在的位置应该在随后的注意搜索过程中被抑制，从而更好地加工新的位置。自下而上的注意来源于外界刺激输入并瞬间发生作用，因而又被称为外源性注意（exogenous attention）或瞬时注意（transient attention）。

框 4-1　基于选择历史的注意

有研究者对上述注意的二元理论提出了批评，认为自上而下与自下而上的分法不足以全面地解释某些注意选择现象，如由选择历史与奖赏历史驱动的注意选择偏向（Awh et al., 2012；Failing & Theeuwes, 2018；Theeuwes, 2018）。

基于选择历史的注意（history-driven selection）是指先前被注意反复选择的目标在随后的注意选择中具有更高的权重；奖赏驱动的注意是指先前与奖赏联结的刺激更容易捕获注意。注意选择历史和奖赏历史对注意选择偏向的影响与物理刺激的显著性无关，且可能与当前的选择目标相矛盾，因此难以被自下而上或自上而下的注意解释。

两种注意选择现象都是基于个体先前的注意选择产生的，因此有研究者提出将基于选择历史和奖赏的注意统一划分到"选择历史"的概念范畴之下来描述，并将经典的自上而下和自下而上的二分注意理论修改为由基于当前目标的注意、基于选择历史的注意和基于物理显著性的注意组成的新的注意理论（Awh et al., 2012）。

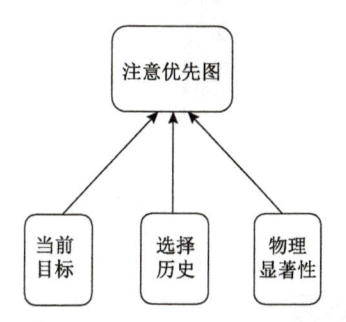

注意优先图（priority map）整合了注意选择偏向的三种来源（观察者当前的选择目标、选择历史及刺激的物理显著性）（Awh et al., 2012）

(三)空间注意、客体注意与特征注意

根据注意选择的目标或对象,可以将注意划分为空间注意、客体注意与特征注意。空间注意是指注意选择的对象是场景中的空间位置,被选择的空间位置会得到优先处理。在视觉研究中,早期的研究者通常将注意比作聚光灯(Eriksen & Hoffman,1972;Posner,1980),被聚光灯照射的位置便是注意的焦点,这个位置会得到额外的加工,而聚光灯以外的位置则会受到抑制[图4-2(a)]。此后,研究者又提出了聚光灯模型(spotlight model)的变式——透镜模型(zoom-lens model)(Eriksen & St James,1986;Müller et al.,2003)。该模型认为聚光灯的大小会随着刺激、任务、先验知识、主观意识等的变化放大或缩小,正如变焦镜头一样具有灵活性[图4-2(b)]。梯度模型(gradient model)(Connor et al.,1996;Downing & Pinker,1985;Mangun & Hillyard,1988)则认为,注意随着与注视焦点的距离增大而逐渐衰减[图4-2(c)]。上述模型均认为注意的范围是非常狭窄的,很难同时注意多个空间位置,这也是目前主流的观点。但是,有一些研究者认为注意可以同时选择多个空间位置,于是他们提出了注意的多焦点模型(multiple spotlight model)(Hahn & Kramer,1998;Awh & Pashler,2000)[图4-2(d)]。近年来,一些研究发现空间注意可能符合墨西哥帽模型(Mexican hat model)(Hopf et al.,2006),即聚光灯(易化区域)周围存在一个很狭窄的抑制区域,注意在空间范围上的分布就像一顶墨西哥帽一样。

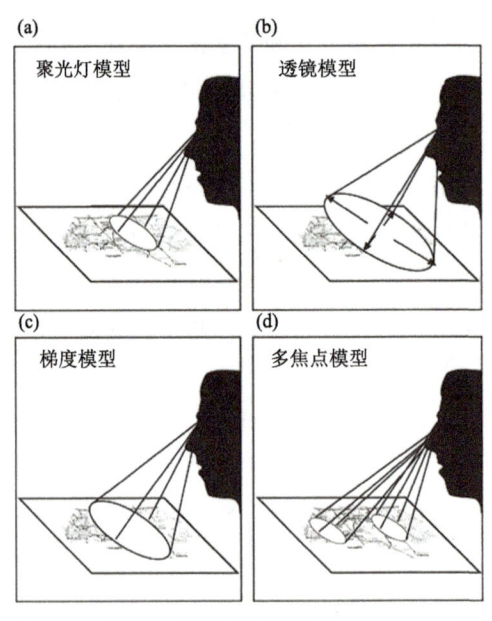

图4-2 空间注意的四个模型(Lloyd,2005)

框 4-2 时间注意

早期研究大多从空间维度考察注意,忽略了注意的动态分布特性。近年来,研究者越来越关注注意在时间上的分配。时间注意(temporal attention)是指对特定

时间点上的信息的优化。操纵时间注意的方式包括提示、风险率和刺激呈现的节律（Nobre & van Ede，2018），这三种时间结构信息可以通过引起时间期望来调节注意资源的分布，将注意引导至特定的时间点来优化该时间点上的信息加工。

当一个提示携带对目标事件何时发生的预测信息时，个体就会有意识地利用提示信息将注意有效地分配到相应的时间点上。如图（a）所示，当提示目标更可能在较长时间间隔（1400 ms）后呈现时，与目标出人意料地呈现在较短的时间间隔相比，在有效提示条件下，即目标出现在长时间间隔，被试的表现更好（Coull & Nobre，1998）。

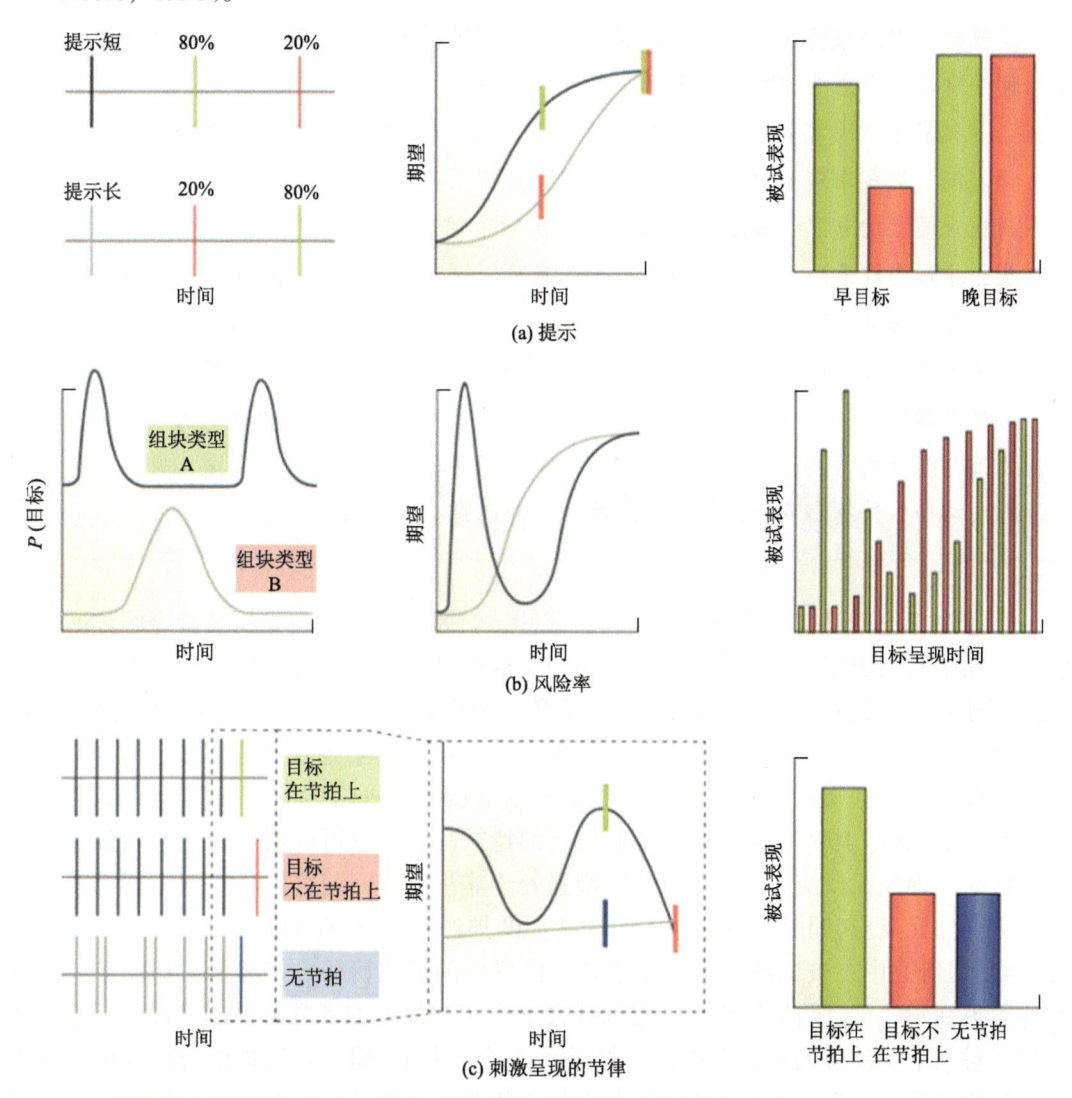

三种操纵时间注意的方式：提示、风险率及刺激呈现的节律（Nobre & van Ede，2018）

事件发生的可能性会随时间变化，从而影响注意在时间上的分配。如果提示目标在短的时间间隔（600 ms）呈现，被试会将注意定向到提示呈现后的 600 ms，然而如果目标在该时间间隔内并未出现（无效提示），那表明目标一定会在长时间间隔中呈现，被试就会将注意资源重新定向到长的时间间隔，这优化了被试对呈现在长时间间隔的目标的反应，降低了无效提示的成本（Coull & Nobre, 1998）。这种时间注意的更新反映了时间流逝本身携带的预测信息。研究者将在事件尚未发生的情况下，该事件可能发生的条件概率称为风险率（Luce, 1986）。风险率是高度动态的，并不必然随时间的流逝而线性增加。例如，当球员犯规时，裁判吹哨的概率最初会急剧增加，而过了一定时间点后若裁判还没吹哨，则其将来吹哨的概率便会急剧下降。如图（b）所示，不同实验组块目标出现的风险率是不同的，尽管被试对分布情况一无所知，但通过其表现可以推测风险率类型。上述两种时间注意具有自主性的特点，因而是内源性时间注意。

日常生活中常见的动态信息，如语言、音乐及生物运动，都包含着节律。因而人们可以利用刺激的节律来预测目标事件或下一个刺激何时发生，从而影响注意在时间上的分配。Jones 等（2006）最早对节律性诱发的时间注意进行探索，并提出了动态注意理论，认为外界节律信息可以同步化注意的内在波动，并通过影响注意资源的时间分布调节知觉。如图（c）所示，他们的研究发现，等时呈现的听觉节律信息能够提高人对随后出现的落在节拍上的听觉刺激的敏感性，然而当目标刺激没有落在节拍上或者破坏了固有的节律之后，这一效应就消失了。因为由节律诱发的时间注意具有不受意识控制的特点，它主要是通过刺激本身具有的时间动态性信息形成的，因而为外源性时间注意。

注意选择也可以基于感觉输入的特征发生。日常生活中，在寻找某特定客体时，我们往往知晓其组成特征（如其颜色、形状），而不知晓其具体的空间位置。研究显示，注意可独立于空间位置而选择特定视觉特征，使得我们可以快速地寻找和定位目标客体。比如，当得知朋友穿了淡黄色的长裙时，在人群中搜索她就变得更加容易。特征注意最强有力的证据来自空间整体效应（spatially global effect）（Maunsell & Treue, 2006; Treue & Trujillo, 1999; Boynton, 2005），即特征注意不仅可以增强注意空间位置内的特定特征的神经元反应，还能选择性地增强处于非注意空间位置点与注意特征相匹配的特征的神经元反应，同时抑制其他不匹配特征的神经元反应。在 Martinez-Trujillo 和 Treue（2004）的研究中，被试被要求只注意某一位置内的视觉特征，如向下运动的点，忽略其他无关视觉特征。结果发现，注意选择性增强了被注意的视觉特征的神经元反应，即增强了对向下运动方向具有选择性的神经元活动。并且，研究者发现该选择性增强现象并不依赖于注意位置，即在非注意位置内与之相匹配的视觉特征的神经元反应也得到了增强。非注意位置内向下运动点诱发的神经元活动强于向上运动的点，受到特征相似性的调节（图 4-3）。

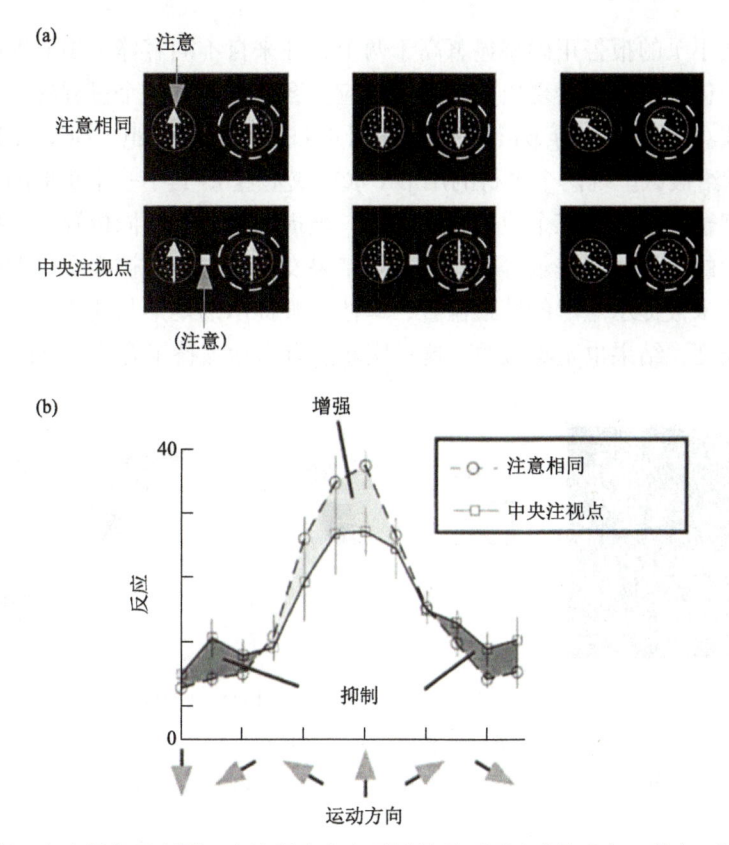

图 4-3 特征注意。(a) 任务示意图。在注视点左右两侧呈现两团运动的光点，其中一团在被记录神经元的感受野内（感受野位置由白色虚线标示）。两团点运动的方向总是相同的，但在不同的试次中运动方向不同（点的运动方向由白色箭头标示）。在一些试次中，被试需要注意处于记录神经元感受野外的点的运动（注意相同），以检测这些点运动的变化。在另一些试次中，被试需要将注意指向中央注视点以检测其亮度变化（注意朝向由灰色箭头标示）。(b) 两种注意状态下，该神经元对点的运动方向的反应（Martinez-Trujillo & Treue，2004）

对该神经元偏好的运动方向的注意增强了神经元的反应，即提高了发放率；而对神经元不偏好的运动朝向的注意减弱了神经元的反应，表明注意选择性增强了被注意特征的神经元反应。该神经元感受野所在位置并非注意指向的位置，因此注意增强了与注意位置内相匹配的非注意位置视觉特征的神经元反应（Martinez-Trujillo & Treue，2004；Maunsell & Treue，2006）。越来越多的研究显示，在某些条件下，注意选择是基于客体而非空间位置或特征进行的，即注意的选择对象以客体为单位，对某一客体的某一空间位置或特征的注意会使得注意自动扩散到该客体其他位置或特征上，即使这些位置或特征与当前被试的任务完全无关。也就是说，当一个人注意客体中的某一位置或特征时，就连带地选择了与之在同一客体内的其他位置或特征。客体注意最早的研究证据源于 Duncan（1984）的研究，如图 4-4（a）所示。实验中，给被试呈现两个重叠的客体，要求被试报告客体的两个属性。两个属性在空间距离上没有差别，依据基于空间的注意理论，两种条件下被试的正确率应该不存在显著差异，但结果发现被试对两个属性来自同一个客体（矩形缺口的位置和矩形的大小）的报告正确率显著高于两个属性来自不同客体（矩形框的大小和线段的形状）的报告正确率，即表现出客体优势效应。客体注意的一个里程碑式的实验证据源于空间线索范式（spatial cueing paradigm），如图 4-4（b）所示（Egly, Driver, Rafal, 1994）。实验中，研究者给被试呈现两个平行的矩形（水平或垂直），其中一个矩形的一端呈现一个预提示，接着靶子会出现在三个位置中的一个：被提示矩形的相同位置、被提示矩形的另一端及未被提示的矩形且和提示等距的一端。结果发现，被试对被提示矩形的另一端的觉察反应显著快于未被提示矩形的等距位置，即使未被提示的矩形与线索提示位置间距小于被提示矩形的长度，结果也是类似的。这一实验强有力地支持了客体注意的存在。

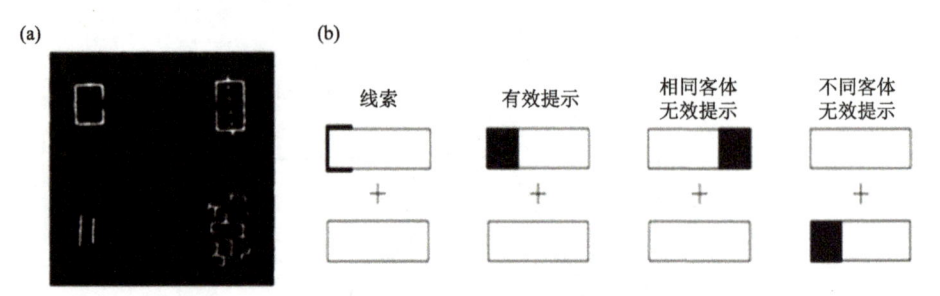

图 4-4　客体注意经典实验范式。（a）分配注意范式（divided attention paradigm），被试对两个属性来自同一个客体的报告正确率显著高于两个属性来自两个客体的报告正确率（Duncan, 1984）。（b）空间线索范式，被试对被提示矩形的另一端的觉察反应显著快于未被提示矩形的等距位置（Egly, Driver, Rafal, 1994）

三、注意的功能

Posner 等提出的注意网络理论认为，注意包含三大功能，即警觉、定向与执行控制，每种功能由不同的脑网络负责（Posner & Petersen, 1990; Fan et al., 2005）。

（一）警觉

注意警觉是指对外界信息保持高度敏感，以对可能出现的刺激或目标任务做出快速、精准反应的一种准备状态（Posner & Petersen, 1990）。警觉性注意分为两种类型。一种是位相性警觉，是指由外部警觉信号引起的反应准备。研究位相性警觉的实验方法是，在目标刺激出现前给予一个提示信号，提示刺激即将出现，但是不指示目标刺激出现的位置（以区别于定向注意），被试在有提示信号的情况下，其反应速度和准确率会有所提升。另一种是固有警觉，是指无线索提示、无目标对象情况下的一种持续的警觉状态。固有警觉通常由警戒任务来测量：让被试完成一系列冗长且十分枯燥的任务，并以任务表现的变化作为警觉性的指标。研究发现，警觉系统的神经基础是脑干和丘脑的注意调节系统，同时人体内的神经递质，如去甲肾上腺素也能够调节警觉性注意。

（二）定向

注意的定向功能即从大量外界输入的信息中选择特定信息的能力（Corbetta &

Shulman，2002；Fan et al.，2005；Posner，1980）。警觉与定向注意是有区别的，如图4-5所示。注意的定向功能使我们的心理活动指向重要的刺激，避开无关刺激和信息的干扰。定向注意系统由背侧注意网络和腹侧注意网络两部分组成，其中背侧注意网络主要在顶叶区域及额叶眼区，主要负责的是内源性注意的加工；腹侧注意网络主要包括右侧的腹侧额叶皮层和右侧额顶联合区，对外源性注意定向有关键作用（Farrant & Uddin，2015）。研究发现，人体内的神经递质，尤其是乙酰胆碱在定向系统中起到了重要作用。

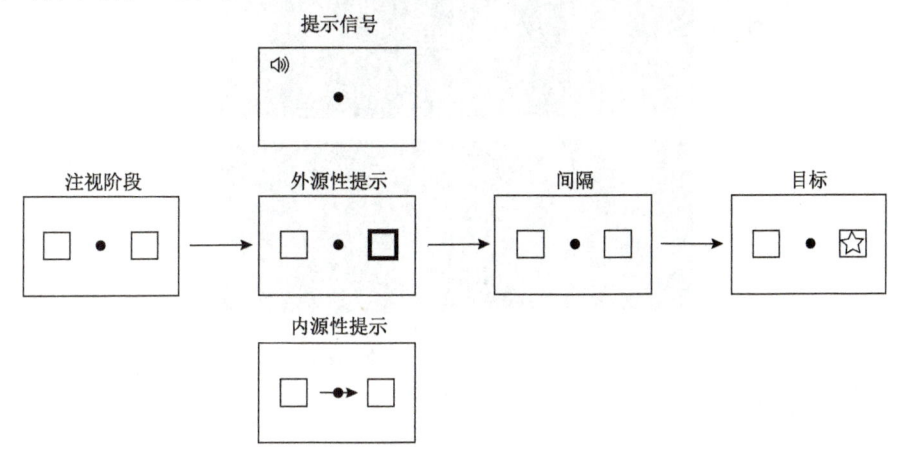

图4-5 警觉与定向注意的区别。警觉：在目标刺激出现前给予一个提示信号，提示刺激即将出现，但是不指示目标刺激出现的位置。定向注意：在目标可能出现的位置（外源性注意定向）或在中央注视点（内源性注意定向）呈现提示，用来指示目标可能出现的位置

（三）执行控制

注意的执行控制功能是指为完成目标任务而抑制常规反应倾向，根据任务要求灵活调整行为、解决冲突的能力（Haykin et al.，2012；Rueda et al.，2004）。研究执行控制的冲突任务主要包括两类：一是目标刺激属性与两侧刺激属性不一致产生的冲突，需要排除两侧刺激对中间目标刺激的干扰。典型的实验范式是Flanker任务（Eriksen B A & Eriksen C W，1974），被试需要判断中央箭头的朝向，并忽略两侧干扰刺激的朝向（图4-6）。当中央箭头的朝向与两侧箭头不一致时，被试对中央箭头朝向的判断会受到两侧箭头的干扰。二是对刺激优势反应维度抑制与对刺激弱势反应维度执行的冲突。最经典的任务是Simon任务（Simon，1969）和Stroop范式（Stroop，1935）（图4-6）。Simon任务包含刺激呈现位置和反应位置两个维度，例如，被试需要对刺激的形状进行反应而忽略刺激呈现的位置，当刺激呈现的位置与反应位置不一致时，反应会受到刺激呈现位置的干扰。在Stroop实验范式中，被试需要对单词的颜色进行判断而忽略其词义，该范式利用被试对文字意义的自动加工与文字的颜色判断造成冲突，与一致条件相比，冲突条件下的反应时会延长，正确率会下降。这两类任务都需要注意选择特定的目标刺激，同时抑制无关刺激的干扰。前扣带皮层与背外侧前额叶皮层在注意的执行功能中发挥着重要作用，其中，前扣带皮层主要负责检测冲突，而背外侧前额叶皮层主要负责解决冲突（Wang et al.，2016）。

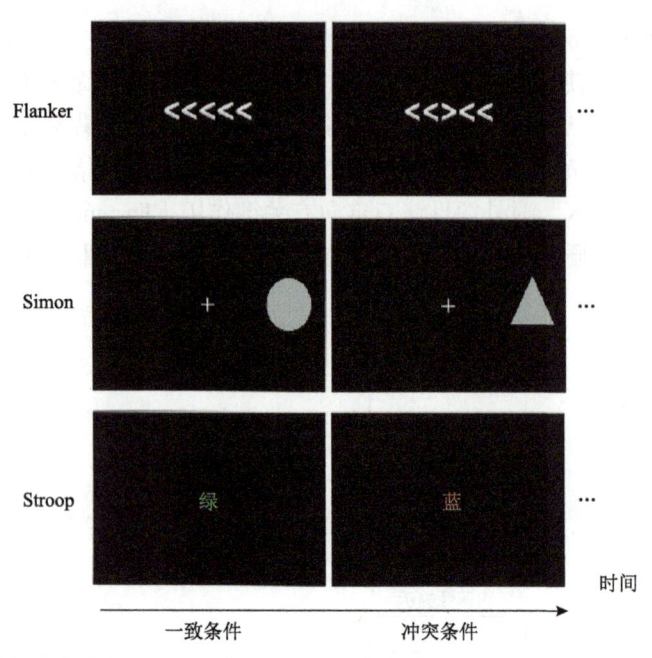

图 4-6 三种经典的冲突范式：Flanker 任务、Simon 任务及 Stroop 范式（Shangguan et al., 2017）

第二节 注意的经典理论

一般认为，注意并非一个独立的心理过程，总是伴随着其他心理过程的进行而发挥作用。目前，对注意的研究涉及多个方面、多个层次。由于方法、视角、研究侧重点的不同，产生了诸多不同的理论和模型。注意研究历史中的经典理论主要有四个，这些理论关注注意选择究竟以何种方式发生在哪个位点上、注意与认知资源的关系，以及注意选择的实质。

一、过滤器理论

Broadbent（1958）首次提出了注意的过滤器理论（filter theory）（图 4-7）。该理论认为，人每时每刻都在接收外界大量的信息输入，而中枢神经系统的加工容量是有限的，不能同时处理所有输入的信息。作为信息加工的瓶颈，注意可以有效地过滤掉不重要的信息，并选择任务相关（或重要）的信息，使其进入高级分析阶段。注意就像一个开关或阀门，保证了中枢神经系统的高效运行。

Broadbent（1954）采用双耳分听技术，给被试的两只耳朵分别呈现不同的听觉信息，比如，给左耳呈现数字 7、4、1，给右耳呈现数字 3、2、5，要求被试在信息消失之后对其进行复现。复现的方式有三种：一是以耳朵为单位，分别再现左、右两耳接收的信息；二是以双耳同时接收的信息为单位，按顺序成对再现；三是随意再现。结果发现，分别再现的正确率为 65%，成对再现的正确率为 20%，要求被试随意再现时多采取分别再现的方式。据此，Broadbent 提出了单通道模型，又称早期选择理论。该模型把每只耳朵看作一个通道，认为注意瓶颈位于知觉加工的早期阶段，对进入的信息进行调节，选择一部分信息进入高级分析阶段，其他信息则逐渐衰减直至消失。注意的过滤作用遵循"全或无"的方式，允许一个通道的信息进入的同时，关闭其他所有通道。这一理论解释得到了脑电证据的支持。脑电测量具有较高的时间分辨率，可以比较注意选择的刺激和没有被注意选择的刺激诱发的 ERP 开始出现差异的时间点，由此来寻找选择位点。Mangun（1995）在一项实验中要求被试全程紧盯中央注视点，刺激随机出现在左侧或右侧的视野区域，任务是注意一侧（左侧或右侧）视野区域，若该视野区域出现刺激，则按键反应。结果发现，相对于未被注意选择的视野区域，刺激出现在注意选择的视野区域时诱发的 ERP 幅值显著更高，且这一差异出现在刺激呈现后的 100 ms 内。这一时间只对应于感觉加工的中间阶段，所以 ERP 实验的这一发现为早期选择理论提供了有效的支持。

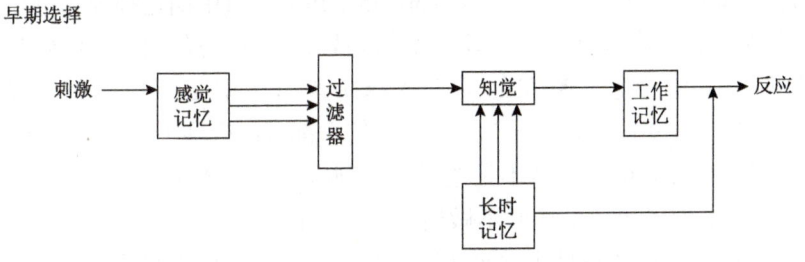

图 4-7　Broadbent 提出的过滤器模型（转引自黄希庭，1991）

早期选择理论无法解释 Cherry（1953）提出的鸡尾酒会效应（cocktail party effect）。该效应指的是，当我们身处一场大型的鸡尾酒会和朋友正进行热烈的交谈时，虽然周围有许多嘈杂的声音，但是我们仍能专注于谈话而不受干扰，此时若是其他人的谈话内容中突然出现了自己的名字，则马上会吸引我们的注意，同时中断当前正在进行的谈话。后来，Moray（1959）改进了双耳分听技术，采用了追随耳实验范式，要求被试在双耳分听过程中始终复述一只耳朵听到的信息（追随耳），忽略另一只耳朵接收的所有信息（非追随耳），结果发现被试依然能听到非追随耳中自己的姓名。Treisman（1960）采用同样的追随耳技术发现，当两耳呈现的信息意义相关时，被试会按意义去复现听到的信息，比如，给左耳呈现"He put the stamp on and posted the/three possibilities"，给右耳呈现"I think we should look at these/letter"。虽然任务要求被试追随左耳听到的信息，但被试仍然会按照逻辑意义将两耳听到的信息进行组合，然后报告"He put the stamp on and posted the letter"。Treisman 据此提出了衰减理论（attenuation theory）（图 4-8），认为没有得到注意的信息并不是完全被阻断了，只是信号强度变弱了，而信号强度需要达到一定的阈值才可以得到高级加工而被识别。不同信息在高级知觉分析水平有不同的兴奋阈限，衰减的信息也有可能激活一些兴奋阈限很低的信息。与 Broadbent 的早期选择理论不同的是，Treisman 更强调中枢系统的二次选择功能，又被称为中期选择模型。其认为语义分析前后有两个过滤器，前者结合当前任务降低无关信息的信号强度，后者结合个体的知觉经验对信息进行二次筛选。

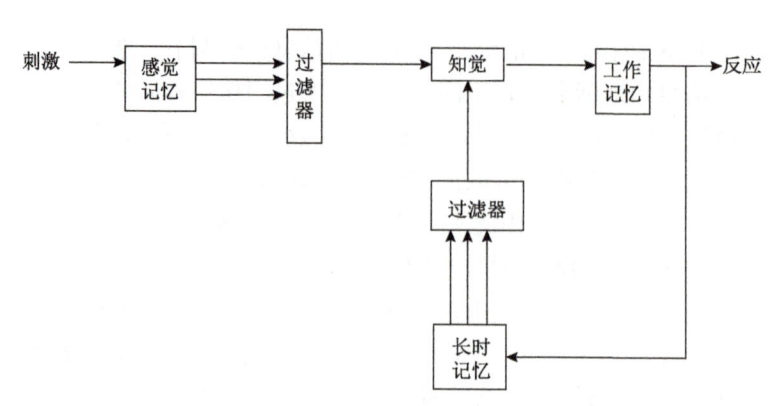

图 4-8　Treisman 提出的衰减理论模型（转引自黄希庭，1991）

Deutsch J A 和 Deutsch D（1963）及 Norman（1968）对中期选择模型进行了质疑，认为可能是复述造成了追随耳和非追随耳结果的差异，注意选择的位点可能不在知觉加工的早期或中期，而是发生在晚期的反应选择阶段，这就是反应选择理论（response selection theory）(图 4-9)。该理论认为，所有的信息都可以得到中枢神经系统的高级加工，注意瓶颈位于反应选择阶段，注意不是选择知觉刺激，而是选择对刺激的反应，即只对重要的刺激做出反应，对不重要的刺激不做出反应。Shaffer 和 Handwick（1969）的实验支持了这一理论，他们要求被试同时注意两耳接收的信息，当左耳或右耳出现目标词时，要分别做出不同的反应。结果表明，左耳和右耳对目标词的反应正确率都超过了 50%，且两耳的正确率无显著差异。Shiffrin 和 Grantham（1974）区分了三种注意条件：注意左耳、注意右耳、注意双耳。任务要求被试在白噪声背景中识别特定的辅音，结果发现，在三种注意条件下，被试对特定辅音识别的正确率没有显著差异。这些实验结果表明，无论是单耳还是双耳都能识别所有输入的信息，注意的作用是选择重要的刺激，并对它做出反应。

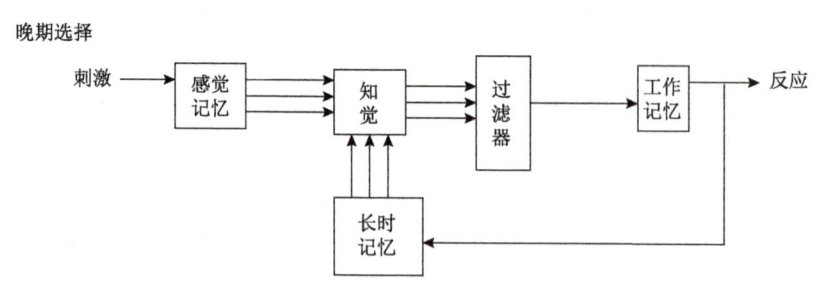

图 4-9　Deutsch J A 和 Deutsch D（1963）及 Norman（1968）提出的晚期选择理论模型（转引自黄希庭，1991）

然而，晚期选择模型假定所有输入的信息都得到了中枢神经系统的高级加工，这不符合认知经济原则，也无法解释客观存在的早期选择现象。Johnston 和 Heinz（1978）的研究认为，特定选择位点的理论不足以描述神经系统的灵活性，因此对之前的理论进行整合，提出了多部位选择理论（multiple-loci selection theory）。该理论强调，注意选择是一个灵活的机制，可以发生在信息加工的多个阶段。

针对注意的早晚期之争，Lavie（1995）提出了知觉负载理论（perceptual load theory）。Lavie 从控制任务难度的角度出发，对比了高、低负载条件对选择性注意的影响。结果发现，注意选择取决于当前加工资源的多少。如果当前的知觉加工负载高，耗尽了资源，则注意只能选择与当前任务有关的信息，没有多余的资源用来加工与任务无关的信息，从而产生注意的早期选择；如果当前的知觉加工负载低，多余的资源就会剩余，神经系统会自动加工其他无关信息，而对无关信息的加工会干扰对当前任务的执行，从而产生注意的晚期选择。注意的早晚期选择取决于当前任务的知觉负载，这一理论为后人理解注意选择的位点提供了一个新的视角。

二、资源理论

无论是早期知觉选择还是晚期反应选择，过滤器理论的本质都是在强调信息加工过程中存在一个"瓶颈"。这一"瓶颈"会影响个体的信息加工，使得个体在同一时间只能完成一项认知活动。但是，随着研究的深入，有研究者发现个体在一定的条件下可以同时完成两种或两种以上的活动。因此，过滤器理论受到了挑战，人们开始转向"认知资源"的研究。

1973年，Kahneman（1973）首次提出了注意的资源理论（capacity theory）（图4-10）。该理论把注意看作一种认知资源，心理过程的发生需要消耗一定的认知资源。任务要求越难，刺激越复杂，需要的认知资源也就越多。然而，每个人的认知资源是有限的，如果一项任务占用了过多的认知资源，其他任务就无法顺利进行。Kahneman指出，信息对认知资源的占用并不是自动化的，而是受中枢神经系统的调控。人的中枢神经系统可以对认知资源进行灵活分配，把认知资源分配到重要性程度高的任务或者复杂性程度高的刺激上，从而实现注意资源的有效分配。研究者一般采用双任务实验范式来验证资源分配理论。该范式要求被试同时完成两项任务，考察双任务条件下被试的操作成绩，通常发现被试的双任务操作成绩比单一任务操作成绩差。研究被试同时进行两项任务时操作成绩的变化情况，可以了解人类信息加工系统的本质及其限制。

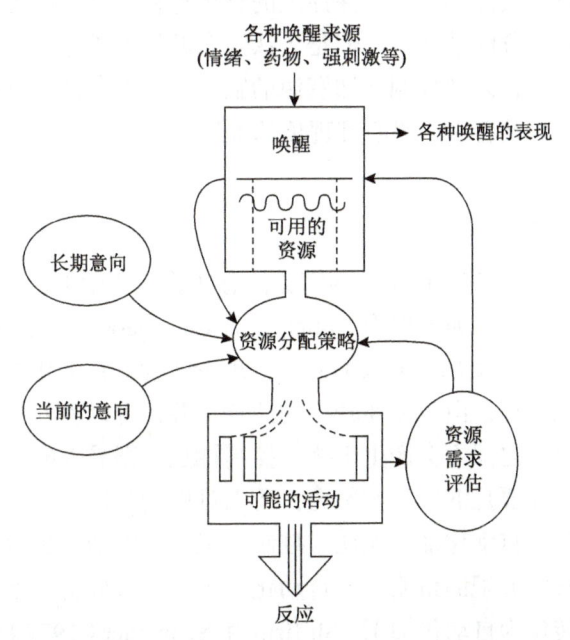

图4-10 Kahneman提出注意的资源理论，强调了注意在认知资源分配中的作用（改编自Kahneman，1973）

目前，关于认知资源究竟是特异性的还是非特异性的，有两种相持不下的理论：①特定任务资源理论（task-specific resources theory，TSR）。该理论主张人的认知资源是特异性的，任务的性质不同，使用的认知资源也不同，所以不同性质的任务可以同时进行，而且相互之间并不会产生干扰。一旦同时进行的任务性质有交叉或重叠的部分，那么交叉或重叠的部分使用的是相同的认知资源，任务之间就会产生竞争而相互干扰。日常生活中，我们可以一边骑自行车一边听音乐，却无法做到一边看书一边听新闻。这一现象有力地支持了TSR理论，说明性质相似的两种任务难以同时完成，而性质不同的任务则有利于注意的分配。Allport等（1972）采用双任务范式就任务间的相似性问题进行了研究。任务一要求被试追随听觉材料，同时识记听觉呈现的另外一些字词；任务二要求被试追随听觉材料，同时识记视觉呈现的另外一些字词。结果发现，任务一中被试识别和回忆字词的量很小，但是任务二的被试识别和回忆字词的量就大得多，支持了TSR理论。②总体任务资源理论（task-general resources theory，TGR）。该理论认为人的认知资源是非特异性的，所有信息加工过程占用的都是同一种认知资源。不同任务或刺激需要的认知资源的总量不同，在认知资源足够或者需求量较小的条件下，个体可以同时进行多项任务，只有当认知资源不足或需求量较大时，个体同时进行多项任务才会显得比较困难。根据TGR，骑自行车和听音乐占用的认知资源并未超过人的认知资源总量，所以可以同时进行。如果在这一过程中个体同时与他人交谈，并且时刻注意路况，那么可能消耗的认知资源就会超过总量，个体也就不再能够同时协调完成多种任务的加工。Reisberg（1983）让被试一边跑步一边看图片，并要求被试判断看到的图片是否是三维图片。按照TSR，跑步和看图片两项任务的性质不同，占用的认知资源不同，不会相互干扰，可以同时进行。实验结果表明，这两项性质不同的任务之间存在干扰，说明任务之间竞争的是一般性的认知资源，支持了TGR。

相较于过滤器理论，资源理论更关注注意的整体过程，这可以更好地解释某些心理现象，比如，集中性注意和分配性注意。但是，认知资源的本质是什么，它以什么样的方式储存在我们的神经系统中，以及控制认知资源的脑区在哪里？都是目前尚未解决的问题。未来的研究需要从这些方面着手，对心理现象的本质做更深入的研究。

三、双加工理论

Shiffrin和Schneider（1977）在一系列知觉注意实验的基础上，提出了人类自动化和控制性加工的双重理论，又称双加工理论（dual-processes theory），并在2003年重新对其进行了修订和发展（Schneider & Chein，2003）。该理论认为，自动化加工是一种不需要努力就可以完成的认知加工过程，由于需要较少的注意资源，可以和其他兼容的自动化或控制加工过程并行进行，相互之间不会产生干扰。控制性加工则受人的意识控制，需要较多的注意资源，效率较低，需要足够的认知努力，所以难以同时进行多个控制加工过程，一般只能串行加工。但是，与自动化加工相比，控制加工更为主动和灵活，它可以根据客观情况的变化来不断调整资源分配的策略，而自动化加工一旦形成就很难改变。控制性加工经过大量的练习也可以转化为自动化加工。Shiffrin和Schneider（1977）采用视觉搜索范式验证了两种加工过程的存在。该实验要求被试在一系列字母中搜索目标字母，目标字母的个数从 1 到 6 随机变化，并记录被试的行为反应时间。结果发现，未经过练习的被试的反应时随着目标字母个数的增加而增加；经过练习的被试搜寻 6 个字母和 1 个字母的反应时几乎相同，说明练习前的目标搜索加工是一种受意识控制的加工，练习后就转化为了自动化的加工。自动化的加工存在一种弹出效应（pop-out effect），也就是当加工项目和背景项目的属性不同时，加工项目就会自动地从背景中凸显出来；当加工项目和背景项目的属性相同时，认知加工类型则是以序列搜索为主的意识控制加工。Shiffrin 和 Schneider（1977）采用记忆扫描范式对两种加工进行了分离。实验中，先让被试识记 1—4 个字母，然后呈现再认序列，再认序列和识记序列的容量相同，要求被试判断再认序列中是否有之前识记过的项目。再认序列的项目类型有两种条件，条件一再认项目均为字母，条件二再认项目中除了目标字母，其余都是数字。按照双加工理论的观点，条件一中的目标搜索属于控制加工，条件二中的目标搜索属于自动化加工，条件一的反应时应该显著长于条件二，实验结果证实了这一点。

  Posner 等（Posner & Snyder，1975；Posner et al.，2004）也认同自动化和控制加工的双重模型，并指出有意识的控制加工与自动化加工是相互分离的。Posner 和 Snyder 的观点如下：①自动化过程可以独立于意识进行。例如，在颜色 Stroop 任务中，给被试呈现颜色和词义可能相同也可能不同的单词，要求他们对单词的颜色命名。被试往往会体验到两种任务之间的冲突，即使任务要求说出颜色名称却还是错误地读出了单词的含义，表明相比颜色的加工过程，词义的加工是一种更加自动化的过程，更加不受意识的控制，加工的优先级更高。②自动化加工在意识范围之外无意识地进行，例如，启动效应（priming effect，对某一刺激加工后，对相同刺激的知觉和加工变得容易的心理现象）是无意识发生的（Bargh & Morsella，2008，2010）。③自动化加工很少消耗或不消耗认知资源，可以自动发生且无须认知努力。但是，他们采用的研究范式主要是 Stroop 任务和启动范式，所以其归纳的自动化加工的属性更强调无意识，而 Shiffrin 和 Schneider（1977）认为无意识仅仅是自动化过程的可选属性之一。

  其实，早在一个多世纪以前，威廉·詹姆斯就已提出两类认知加工过程：①被动的，反射性的，不随意的，不费心神的；②主动的，随意的，耗费心神的。现在一般称这两类认知过程为自下而上和自上而下注意选择。自下而上的注意也叫外源性注意。这种注意的产生完全是由于外部刺激的吸引，是一个自动化的过程，发生的时间很短，也称为瞬时性注意。近年来，一种自下而上的注意理论，即注意的显著图理论被研究者提出并不断发展。自上而下的注意也叫内源性注意（图 4-11）。这种注意的产生是有目标指引的，被试会依照目标主动地去注意相关刺激，然后在一个较长的时间范围内把注意维持在相关信息上，也称为持续性注意（黄玲等，2019；张喜淋，方方，2017）。按照双加工理论的观点，其实这里的自下而上注意属于一种自动化加工，而自上而下注意属于一种意识控制加工。通过研究对这两种注意加工进行探讨，可以更好地理解两种不同类型的认知加工。Posner（1980）采用空间线索范式来研究这两类注意。在目标刺激出现之前，先呈现信号提示，信号提示出现在外周，会自动化地吸引个体的注意，从而易化对该位置的信号加工。Folk 等（1992）

的研究证明，即使被试知道外周提示并不能指示目标出现的位置，注意却仍被它吸引。信号提示出现在中央视野（central vision field），以加号或箭头作为线索，根据线索的有效性可分为三种条件：呈现加号，目标刺激等概率地出现在注视点的左右两侧，为中性条件；呈现箭头，80%的概率目标刺激出现在箭头所指的一边，为有效条件；20%的概率目标出现在箭头所指的一边，为无效条件。结果表明，注意指向的区域得到了更好的加工，反应时更短，错误率更低；非注意指向的区域反应时更长，错误率提高，说明被试对目标出现地点的预期导致了注意的预分布，这种注意朝向是受意识控制的。

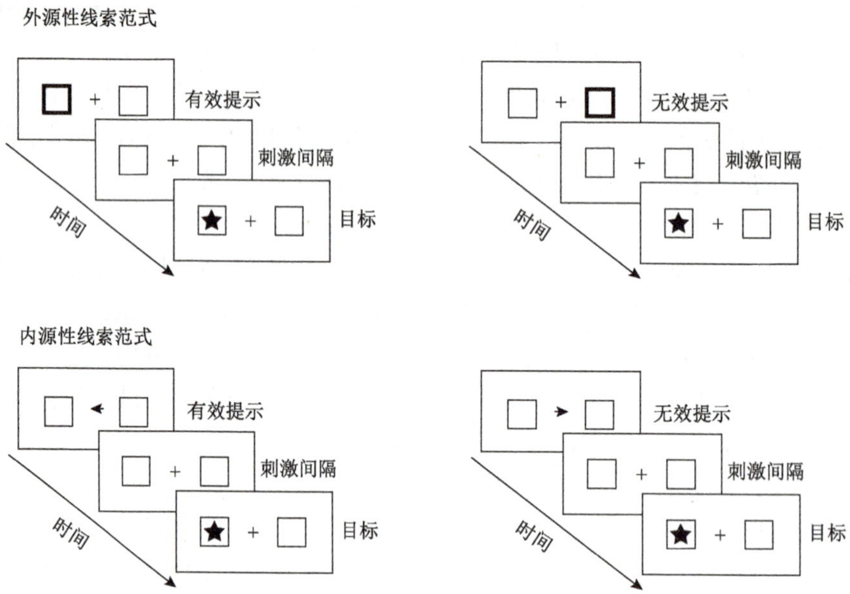

图 4-11　外源性和内源性线索提示范式。外源性线索范式在外周呈现线索提示，要求被试对呈现在相同和相反空间位置的目标进行反应，有效和无效条件下反应时的差值即注意效应量。内源性注意与之类似，只是线索提示呈现在中央注视点位置（改编自 Posner，1980）

框 4-3　自下而上注意的显著图理论

在视觉场景中，当某一部分相对于其他部分更加显著时，则该部分会自动吸引注意资源，即自下而上注意。其显著性代表了大脑对该部分的反应与其他部分反应之间的差别。目前，关于自下而上注意的神经机制主要有两大理论模型（见图）：Itti 等（1998）提出的基于显著性的视觉注意模型（即额顶叶显著性模型）和 Li（1999）提出的 V1 显著性模型。两种模型均认为显著性是一个依赖背景信息的相对值，相同的刺激在不同场景下的显著性可能不同，而二者的分歧主要在于显著图生成的脑区。Itti 等的模型认为，显著图生成于额顶叶脑区（Itti & Koch，2001）。在自然场景中往往存在多种视觉特征，如颜色、朝向等。V1（初级视觉皮层）对这些视觉特征进行独立加工，然后向上传递信息至额顶叶。额顶叶脑区对这些视觉特征（如颜色、朝向等）进行整合，从而产生显著图。额顶叶脑区的神经元并不像 V1 神经元对特定的视觉特征具有很强的选择性，进而可以表征各种视觉特征的显著性。相反，V1 显著性模型则认为 V1 神经元内部由水平连接导致的相互作用（上下文情境影响），使得 V1 神经元对刺激的反应依赖背景信息，因而产生显著图（Allman et al., 1985; Gilbert & Wiesel, 1983）。某一空间位置的显著性反映的是感受野处于该位置的所有 V1 神经元中的反应最大值而非总和（Li, 2002）。该理论模型认为，前人研究发现的额顶叶脑区对显著性的表征可能仅是 V1 显著图输出的表征，其并不能确定额顶叶脑区对显著性的表征是源于其自身神经元对不同特征的整合还是接收了其他脑区神经元活动信号的传递。此外，研究发现，额顶叶脑区已被证实可以整合自下而上和自上而下两种注意分配（张喜淋，方方，2017）。然而，前人的研究并未分离这两种注意过程而单独考察自下而上显著图的生成。此外，在前人的研究中，显著的刺激往往可见（进入意识中），额顶叶脑区对显著性的表征可能仅仅是大脑对显著的刺激选择后的知觉结果。对此，Zhang 等（2012）采用后掩蔽范式，使得显著刺激处于被试的不可见状态，即进入被试的无意识中，从而分离了自下而上和自上而下两种注意过程。结果表明，不可见的显著刺激依然可以自动吸引被试的空间注意，其 Posner 空间线索提示效应随着朝向对比度（显著刺激的显著性大小）的增大而递增，且对应的 V1 神经元活动也随之递增。然而，顶内沟（IPS）的神经元活动却并未随着显著刺激朝向对比度的增大而发生显著变化，证实了 V1 而非传统理论认为的 IPS 产生自下而上显著图（张喜淋，方方，2017）。另外，Chen 等（2016）采用更加复杂的自然场景进一步证实了该研究结果，支持了 V1 显著性模型，挑战了额顶叶网络负责自下而上注意生成和调节这一传统注意理论。

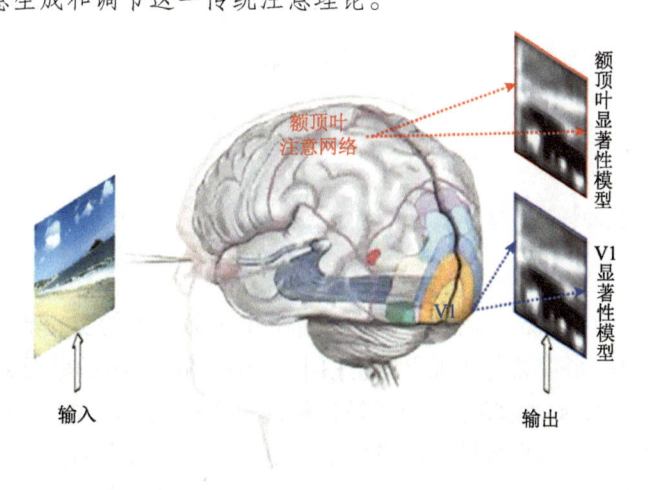

额顶叶和 V1 的注意显著图理论

四、特征整合理论

Treisman 等（1977）提出了一种新的注意理论，假定对特征的加工要先于对客体的知觉，只有通过注意将特征进行整合之后，个体才能知觉到客体，所以该理论被称为特征整合理论（feature integration theory）（图 4-12）。这一理论把客体知觉过程分为两个阶段：第一阶段为前注意阶段，即对外界输入的所有刺激，低级神经系统以自动化的、并行加工的方式对其物理特征进行提取，这一阶段不需要注意的参与；第二阶段为注意的整合阶段，即通过集中注意对客体的各个特征进行整合，这一阶段的加工方式是序列的。在这里，注意相当于胶水，把事物的碎片粘在一起，使我们能感知到完整的客体并对其进行存储。但是，如果整合阶段注意缺失，特征的整合将以随机的方式进行，不同客体的特征可能会被知觉为一个整体，从而产生"错觉性结合"（illusory conjunction）（Treisman & Gelade, 1980）。

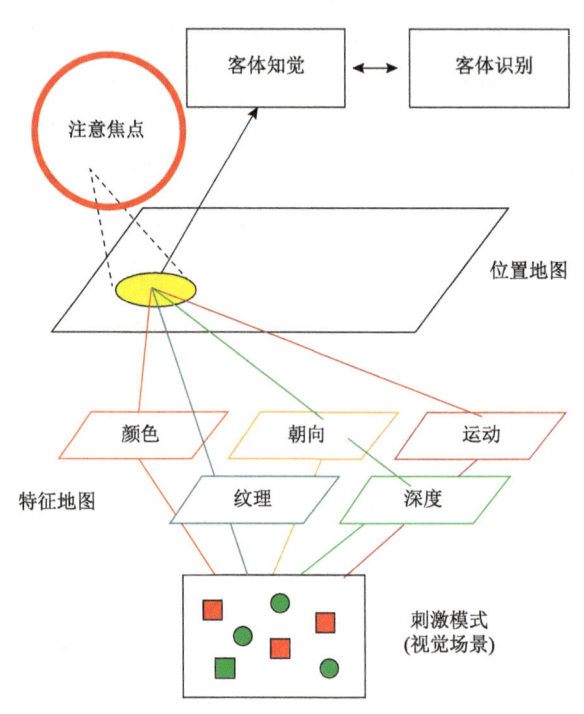

图 4-12 Treisman 等提出的特征整合理论，强调注意在特征整合中的作用（改编自 Treisman & Gelade, 1980）

错觉性结合实验为 Treisman 的特征整合理论提供了强有力的实验证据。如图 4-13 所示，用速示仪给被试呈现一张带黑色注视点的空白卡片 1000 ms，然后呈现刺激卡片 120 ms，接着呈现掩蔽刺激 200 ms。实验中，要求被试把注意集中在刺激卡片两边的数字上。刺激消失之后，要求被试在正确报告数字的条件下，尽可能地报告所看到的字母及字母颜色。结果发现，被试对数字的报告正确率高达 90%，而对字母及颜色的报告正确率仅为 52%。同时，其发现被试对字母及颜色的报告存在两类错误：一是特征错误，报告出并未呈现的字母及颜色，如报告黄色字母 A；二是错觉性结合错误，如被试报告出绿色字母 X 和红色

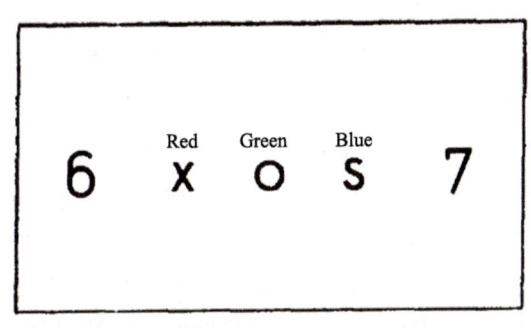

字母 S。上述实验结果表明，在没有注意参与的条件下，会导致特征的错觉性结合，即使被试可以很精确地报告数字，但他们对字母及颜色的报告却出现了大量的错觉性结合（Treisman & Schmidt，1982）。此外，特征整合理论还得到了大量认知神经科学研究证据的支持。Robertson（2003）对由于双侧顶叶受损所致的双侧注意缺陷的患者进行研究发现，当呈现多个视觉客体时，该患者能够准确地报告出视觉场景中有哪些特征，却无法回答属于某一个客体的特征有哪些（Colby & Goldberg，1999；Robertson，2003）。所以，当任务是特征搜索时，被试相对正常地执行搜索任务；当任务要求对特征进行捆绑以识别客体时，被试就完全失败了。可见，在缺乏注意时，视觉系统只能把客体觉察为毫无联系的一组特征。

图 4-13　错觉性结合任务范式（Treisman & Schmidt，1982）

此外，研究者也对特征整合理论进行质疑。例如，有研究者认为没有注意的参与，特征也能正确组合，即使注意出现，也并不能保证特征组合的正确（Tsal，1989）。他认为错觉性结合只是个体对一些特征的信息进行了不精确的编码（Ashby et al.，1996；Cohen & Ivry，1989；Prinzmetal & Keysar，1989）。错觉性结合可能是由编码缺失或记忆失败造成的。在错觉性结合出现的实验中，实验任务一般是在刺激快速呈现过程中，要求被试描述看见了什么。但是，在这个过程中，被试可能没有真正看清呈现的刺激，或即使当时看清了，但在报告时出现了记忆信息丢失。这些对特征整合理论的质疑催生了新的注意理论，如引导性视觉搜索理论。

框 4-4　引导性视觉搜索理论

引导性视觉搜索理论是 Cave 和 Wolfe(1990)为修订特征整合理论而提出的。Wolfe 等（1989）通过实验发现，对颜色×形状、颜色×方向、颜色×大小的特征联合搜索结果不符合特征整合理论模型的预测。他们的研究还进一步发现，对三个特征的联合搜索（颜色×大小×形状）比对两个特征的联合搜索更为容易，并且与刺激数量无关。据此，他们提出了引导性视觉搜索理论。

引导性视觉搜索理论认为，视觉搜索包括两个阶段：并行加工阶段和系列加工阶段。并行加工阶段对输入的特征差异进行觉察，将刺激的每一特征与目标特征的关系进行量化比较，并与自上而下的信息相互作用，在每个特征维度都产生一个"激活图"。系列加工阶段挑选"激活图"中最大激活值的位置，以此引导后续的视觉搜索，如果运用具有最大激活值的特征进行搜索没有找到目标，则运用仅次于特征最大激活值的次大激活值位置来引导后续的视觉搜索，直到发现目标。激活值来自并行加工阶段，即第二阶段系列加工的顺序取决于第一阶段并行加工的结果，系列加工是在并行加工结果的引导下展开的，因此将该理论称为"引导性视觉搜索理论"。

第三节 注意节律

经典的注意研究对注意在空间（Carrasco，2011）、特征（Maunsell & Treue，2006）和物体（Baldauf & Desimone，2014；Lamy & Egeth，2002）上的分配特性进行了大量的探讨。早期的注意理论认为，注意投入在时间上是稳定的（Carrasco，2011；Desimone & Duncan，1995）。然而，近年来，注意在时间上的动态分配引起了越来越多的关注。研究发现，注意不是一个静态稳定的过程，而是表现出节律性和离散性的特性（Fiebelkorn & Kastner，2019；Large & Jones，1999；Schroeder & Lakatos，2009；VanRullen，2016），并且通过在时间维度上不断地重新分配资源来对多个空间位置、多个特征和多个物体进行加工。这些研究表明，时间是大脑信息承载和组织的基本维度，时间动态结构是注意的内秉特性和大脑分配加工资源的重要方式。本节将系统梳理近年来在视觉注意的时间动态特性上的发现，并思考注意节律的功能和意义。

一、注意的时间动态分配

早期的动态注意理论（dynamic attending theory，DAT）认为，注意会对外部刺激流的时间结构进行检测和表征，根据外部刺激的时间结构对注意资源在时间上进行分配，从而优化对刺激的加工和预测（Large & Jones，1999）。例如，对于一个节律性的刺激流，注意会被该刺激的时间结构调制，进而形成对刺激出现时间点的预测，使得出现在预测时间点的刺激（相比其他时间点）有更好的检测成绩（Jones & Boltz，1989；Large & Jones，1999）。Hickok等（2015）使用节律性的听觉刺激进行研究发现，注意不只是对听觉刺激呈现时预测时间点的加工增强，甚至会在刺激结束后一段时间内产生一个和刺激节律一致的节奏挟卷（entrainment，或翻译为"夹带"），即检测能力会随着时间出现一个波动，并且节律与之前刺激流的节律相同。动态注意在听觉中非常普遍，因为听觉输入（如语音、音乐等）的信息都是在时间上不断展开来传递的，因而需要注意在时间上进行有效、动态的分配，以此来对不断变化的听觉信息进行追踪和处理。这种注意动态分配过程也被发现发生在视觉模态中（Spaak et al.，2014），表明动态注意是一种普遍的机制和现象。

一些学者认为，注意不是在时间上一直动态分配的，注意的动态分配只是注意加工的模式之一。Lakatos 等（2008）指出，大脑存在两种加工模式：一种是节奏性加工模式；另一种是持续加工模式。当大脑觉察到环境中的刺激存在节奏性时间规律时，会切换到节奏性加工模式，在这种模式下，δ 频段的神经振荡会增强，同时 γ 频段的振荡幅度会受到 δ 频段振荡相位的调制。大脑把神经振荡和要注意的节律信息对准，使得和注意信息节奏吻合的刺激恰好落入神经振荡的兴奋相位，因而增强对它们的神经响应。同时，和注意信息节奏不吻合的刺激落入抑制相位，因而反应减弱（Schroeder & Lakatos，2009）。节奏性加工模式是大脑加工灵活性的体现，当大脑检测到环境中的刺激具有一定的时间规律时，就会进行相应的调整和优化。通过挟卷大脑的振荡节律与注意刺激的节律进行对齐，使得在神经元激活性最高的时间来加工注意选择的刺激，同时将不被注意的刺激排列到神经元激活性较低的时间进行抑制。这种节奏性的加工模式既是一种有效的注意控制机制，也能够节省加工消耗的认知资源。另外，当环境中的刺激流没有明确的时间结构和预测性时，大脑就会切换到持续加工模式，对即将到来的外界刺激进行持续加工。在这种模式下，δ 频段的神经振荡会被抑制，同时伴随着持续性的 γ 频段振荡幅度的增大。

二、注意的内在节律性

以 VanRullen 为代表的研究者不认为注意在时间上的分配需要依赖外部节律性的刺激对内生神经振荡的节奏挟卷，他们认为注意有内生的、固有的节律，这一节律决定了注意在时间上离散的、节律性的采样（VanRullen，2016）。支持这种结论的证据主要来自对大脑神经振荡和行为反应的单试次分析。Busch 等（2009）使用感觉阈限（sensory threshold）附近的视觉刺激，通过脑电实验发现对视觉刺激的探测与刺激出现前大脑 7 Hz 频段神经振荡的相位密切相关，即在反应正确和反应错误的试次中，刺激出现时神经振荡在 7 Hz 处呈现出不同的相位。Busch 等（2009）进一步用线索提示参与者注意一个空间位置，忽略另一个空间位置，结果发现只有注意位置的目标探测成绩随着刺激呈现前的 7 Hz 神经振荡的相位发生变化。这种刺激前神经振荡相位对知觉反应成绩的影响被大量研究验证（VanRullen，2016）。这些研究表明，相位调制作用集中在 5—15 Hz 的频段，主要是 7 Hz 的 θ 频段（Busch et al.，2009）和 11 Hz 的 α 频段（Mathewson et al.，2009）。θ 频段的相位调制主要发生在额叶的电极上，与视觉注意密切相关；α 频段的相位调制主要发生在枕叶的电极上，与视知觉中的感觉成分相关。这种相位调制说明，对于视知觉来说，神经振荡既存在"好"的相位，在这种相位上刺激能够引起较大的神经响应并产生较好的行为成绩；也存在"差"的相位，在这种相位上刺激引起的神经响应受到抑制，行为成绩也比较差。这些研究为知觉的离散加工提供了证据，并提示特定节律的自发脑神经振荡活动可能是这种离散知觉的神经基础（VanRullen，2016）。

这些研究结果支持了注意的动态内秉特性假设，即注意的动态特性不完全依赖外界刺激的时间结构，即使在一个不包含动态特性的视觉刺激加工中，知觉和注意加工依然是工作在 α 和 θ 频段的离散过程。大脑内生的神经振荡相位和频率会对视知觉与注意产生影响。

> **框 4-5　知觉离散加工及神经振荡相位的作用**
>
> 　　知觉的离散加工及神经振荡相位在其中的作用可以体现在以下两个例子中：第一个例子是神经振荡相位对知觉强度的影响；第二个例子是神经振荡相位对时间知觉的影响。
>
> 　　相同的刺激，呈现时的神经振荡相位不同，会引起不同强度的知觉反应。这是由于神经振荡的相位能够调节神经元的活性，进而影响知觉阈限。当刺激出现在脑神经振荡"好"的相位（如图中的波谷），这时神经元活性高，对刺激的知觉阈限低，刺激就能够引起更强的知觉。相反，当刺激出现在脑神经振荡"差"的相位（如图中的波峰），这时神经元活性低，对刺激的知觉阈限高，刺激产生的知觉强度就较低或者不能产生知觉。神经振荡相位的周期性变化导致了知觉和注意的周期性离散加工。 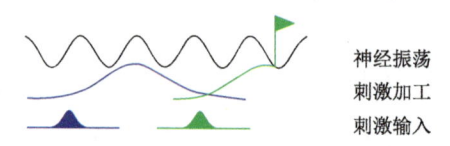
>
> 神经振荡相位调节知觉强度示意图
>
> 　　固定时间间隔的两个刺激，呈现时的神经振荡相位会影响时间间隔的知觉。当两个刺激落入同一个振荡周期时，对它们时间间隔的知觉就会变短；当两个刺激落入不同的振荡周期时，对它们时间间隔的知觉就会变长。自发的神经振荡能够影响连续呈现的刺激在时间上的分割和整合。 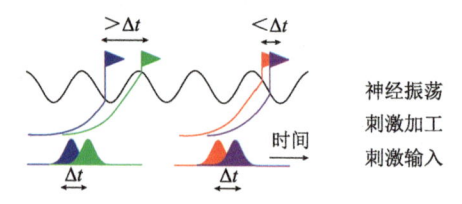
>
> 神经振荡相位调节时间知觉示意图

三、注意在时间上对信息进行组织

　　注意的内在动态性和节律性使得认知系统能够在时间上动态地分配认知资源，灵活地将资源在不同时间分配给不同的空间位置、视觉特征或物体。这种灵活的分配能够对环境中的信息进行组织，尤其是当环境中有多个空间位置、视觉特征或者物体需要加工时，注意系统可以根据特定的标准将这些信息在时间上排列并且按节奏加工它们。以下将从不同的方面介绍注意在时间上对信息的组织。

（一）多空间位置的注意时间组织

Landau 和 Fries（2012）发明了一种高时间分辨率的行为测量方法（图 4-14），用来展示认知行为在时间上的动态结构，首次发现了注意在时间上对多个空间位置的组织。在他们的研究中，被试需要同时注意注视点两侧的光栅刺激，探测一个可能出现在左侧或者右侧光栅上的目标刺激。在目标刺激出现之前，使用一个闪光线索将被试的注意吸引到左侧或右侧的光栅上，并且该闪光线索的位置和之后目标刺激出现的位置没有关系。接着，目标刺激呈现在闪光线索前 750 ms 到后 1000 ms 这段时间内的随机间隔上，间隔以 16.7 ms 为步长，对应于 60 Hz 的采样率。闪光线索的主要目的是对可能存在的行为动态进行时间上的重置，在线索呈现时将注意抓取到固定的位置上。通过记录每个时间间隔上探测的正确率，他们研究了目标线索出现后探测正确率在时间上的变化模式。结果显示，当闪光线索呈现在右侧视野时，目标探测成绩呈现出一个 4 Hz 的振荡；当闪光线索呈现在左侧视野时，目标探测成绩呈现出一个 6—10 Hz 的振荡（图 4-15）。更为重要的是，他们发现线索提示位置和未提示位置的振荡呈现出此消彼长的交替模式，反映了两个位置振荡之间存在反相的关系（相差 180°左右）。Landau 和 Fries（2012）采用这种开创性的方法发现了视觉注意行为中的节律现象，更重要的是这种交替变化的行为振荡反映了视觉注意基于时间对多个空间位置的组织。当需要同时注意两个位置时，两个位置在时间上进行排列并节律性地进行加工。这种高时间分辨率的行为测量方法被称为行为密集采样范式，得到的行为成绩在时间上的波动被称为行为振荡。

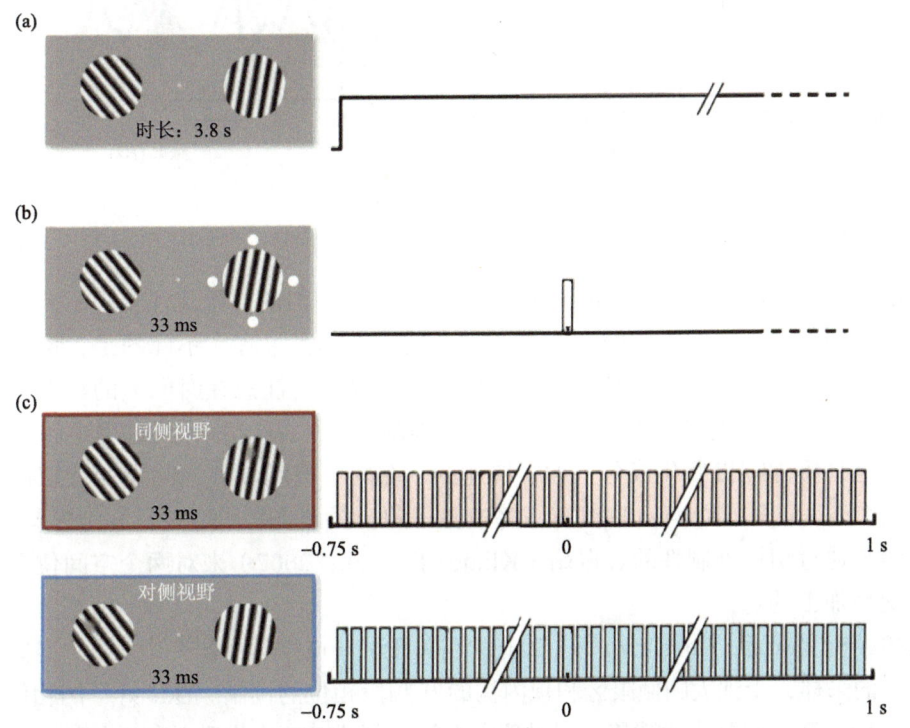

图 4-14 行为密集采样范式（Landau & Fries, 2012）。（a）左右视野各呈现一个漂移光栅。（b）一个闪光事件作为线索出现在左视野或者右视野。（c）目标事件出现在线索的同侧视野或者对侧视野

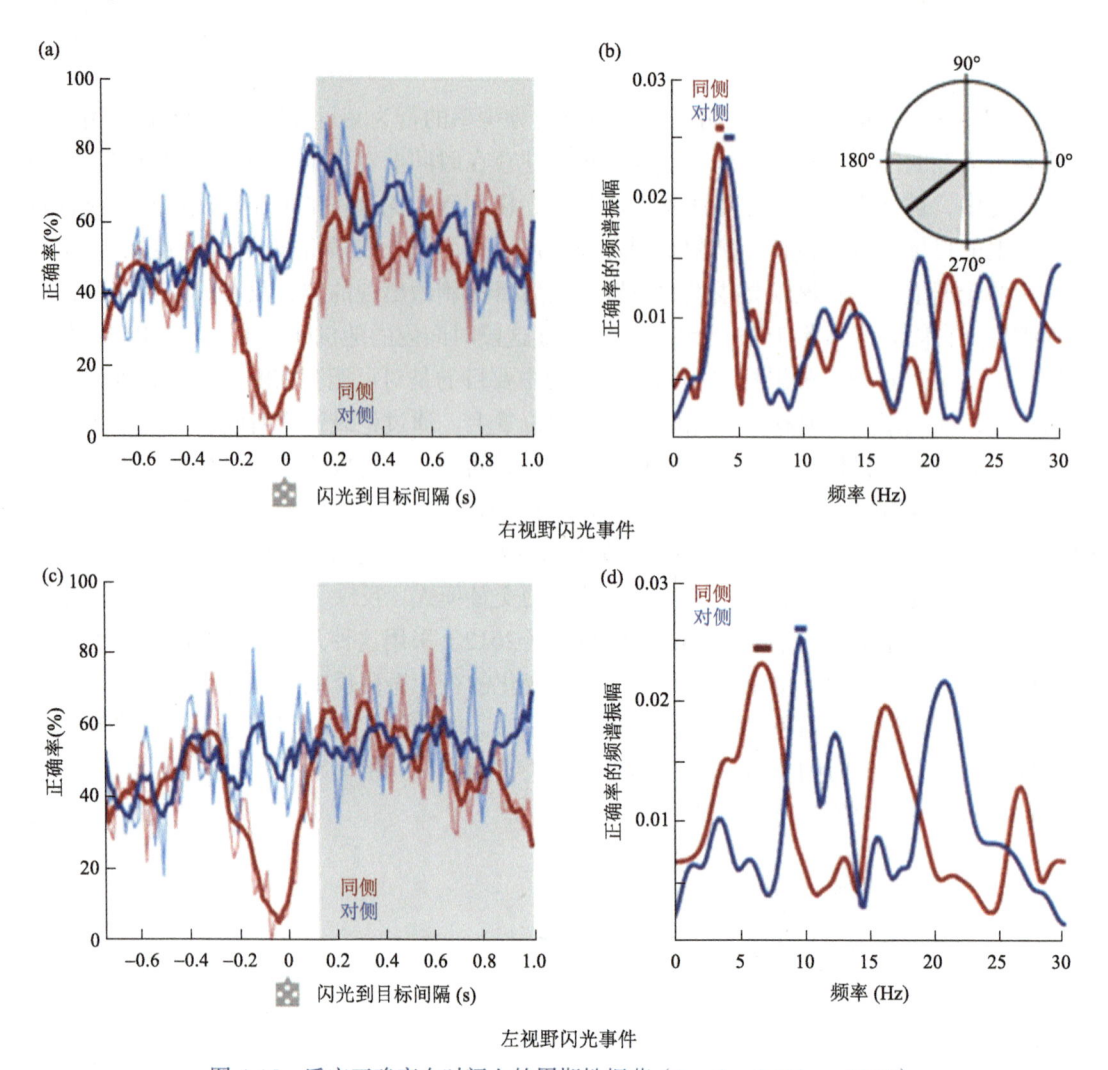

图 4-15　反应正确率在时间上的周期性振荡（Landau & Fries，2012）

　　Song 等（2014）采用与 Landau 和 Fries（2012）相似的外源性注意提示范式，结合行为密集采样范式，研究了空间注意在时间上的动态加工过程。不同的是，该研究使用时频分析展示了反应时波动的精细频谱结构。结果显示，注意在时间上的动态加工过程包含两个成分：一个是经典的注意捕获-返回抑制过程，表现为时间过程中的慢变化成分；另一个是叠加在慢变化成分上的，快速的、在两个空间位置之间周期性切换的 α 频段（8—10 Hz）成分（图 4-16），切换频率在 3—5 Hz 的 θ 频段。这一研究结果首次表明，大脑可能是通过切换抑制性的 α 振荡（Klimesch et al.，2007）来对两个空间位置进行节律性的交替加工的。

　　在神经机制方面，Fiebelkorn 等（2018）在关于猴子电生理的研究中发现，空间注意对两个位置的采样，受到大脑额眼区和顶内沟的 θ 频段相位的调制。在"好"的相位，额眼区的 β 频段升高来抑制注意转移，同时顶内沟的 γ 频段升高来提升对刺激的加工水平，因此这个相位伴随着更好的行为成绩。在"差"的相位，顶内沟的 α 频段升高，伴随着视觉刺激加工的减退和较差的反应成绩。θ 频段相位的不断变化，使得大脑在这两种状态之间节奏性地切换，导致了多个空间位置的节奏性加工。

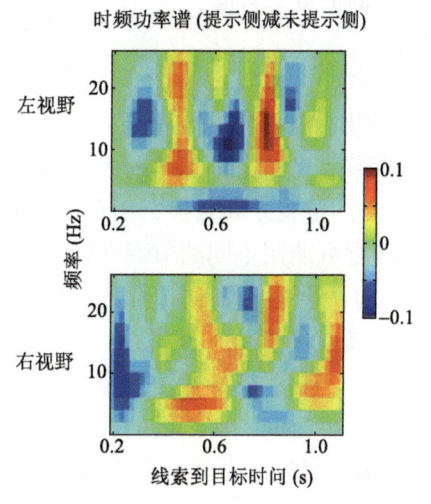

图 4-16　两个位置间节奏性切换的 α 频段（Song et al., 2014）

（二）多特征的注意时间组织

注意不仅对多个空间位置进行交替加工，对多个视觉特征也是如此。有研究者使用行为密集采样范式研究了特征注意的时间结构（Re et al., 2019）。他们给被试呈现两组重叠的运动点（红色和蓝色），并且两组点向互相垂直的方向运动。探测目标是任意一组运动点中 50%的点的颜色改变，被试看到运动点的颜色改变时进行按键反应。结果发现，被试对两组运动点中目标的探测正确率在时间上以 4 Hz 的频率振荡，但是两组振荡的相位并不像空间注意（Landau & Fries, 2012）中那样反相。在另一个实验中，研究者只给被试呈现一组运动点，其他条件不变。结果发现，当只呈现一组刺激时，反应的正确率以 8 Hz 的频率振荡（Re et al., 2019）。这一研究说明特征注意以 8 Hz 的频率对刺激进行采样，并且这个采样器是通用采样器，当刺激变成两个的时候，采样器就在两个刺激之间交替采样，导致每个刺激的采样频率变成了 4 Hz。此项研究在特征维度上证明了注意的节奏性加工，并且当刺激变多的时候，注意系统能够将两个特征刺激组织起来，平分采样的频率。

在同期的另一项研究中，研究者要求被试同时注意 45°和 135°两个朝向的特征刺激，在一个行为密集采样实验和一个 MEG 实验中研究了注意对两个特征的采样动态(Mo et al., 2019)。行为密集采样实验结果表明，被试对两个朝向的反应正确率以 4 Hz 左右的频率振荡，并且两个朝向的振荡是反相的。在 MEG 实验中，研究者使用反向编码模型计算了大脑对两个朝向的表征精度，发现两个朝向的表征精度也是以 4 Hz 左右的频率振荡，并且振荡的相位也是相反的。Mo 等（2019）进一步探究了两个特征的振荡反映的是同一组对两个朝向反应的神经元在不同时间上对不同的特征进行调谐（通用采样器），还是两组分别对两个朝向反应的神经元在时间上产生了表征的竞争（独立采样器）。通过拟合计算模型发现，实验的结果更偏向于支持两组对不同朝向各自反应的神经元在表征上的竞争，导致它们的表征在时间上的反相振荡。这种结论与 Re 等（2019）的"通用采样器"结论存在矛盾，目前还缺乏更直接的实验证据对两种理论进行区分。

（三）多物体的注意时间组织

Fiebelkorn 等（2013）首先使用行为密集采样范式研究了物体注意的时间结构，实验使用了经典的研究物体注意的双矩形范式（Lamy & Egeth，2002）。结果显示，在同一个物体内，注意以 8 Hz 的频率在两个空间位置之间切换，而在不同的物体之间，注意以 4 Hz 的频率采样。他们的研究显示了注意可能用不同的节奏在同一物体内部不同空间位置之间及不同的物体之间进行采样，揭示了一种基于不同节奏的层级式注意加工机制，该机制可将多个空间位置和多个物体组织起来。

Jia 等（2017）通过结合脑电和经典的选择性注意范式研究了注意对两个物体的组织及其神经机制。首先，他们采用了一种时间响应函数的方法，从脑电活动中抽取出对每个物体各自反应的神经活动。其次，他们通过改变线索有效性来改变注意在两个物体上的分布，以此来考察任务对注意动态加工的影响。注意分布分为三个水平：100%线索有效性（目标100%出现在一个物体上，可以完全忽略另一个）、75%线索有效性（目标 75%出现在一个物体上，25%出现在另一个物体上）和 50%线索有效性（目标出现在两个物体上的概率相等）。通过比较线索提示物体和未提示物体的神经活动，研究者发现注意在两个物体上的切换表现在 α 频段神经振荡幅度的波动上。在 100%线索有效性条件下，注意在线索提示物体上停留了大约 200 ms，就会出现一个转移到非提示物体的趋势，即表现出一种时间上的序列加工模式。当注意分配变化时，这种序列加工模式也相应地发生变化。在 75%线索有效性条件下，注意在物体间的序列转移变得显著。在 50%线索有效性条件下，注意呈现出一种均衡和持续的序列切换模式。研究者进一步通过多物体追踪范式验证了这种序列加工模式不是基于线索提示的空间位置，而是基于物体本身的空间位置。Jia 等（2017）提供了直接的多物体序列注意采样的神经证据，表明注意采用基于时间的动态序列采样方式进行多物体的加工。该时间动态加工模式会受到任务的调制，当注意被要求更为均匀地分配在两个物体上时，序列模式更为明显和持久。即使任务要求完全注意一个物体，注意仍然呈现出序列切换的趋势，为非注意的物体留下了一定时间窗的注意资源，表明这种基于时间组织的多物体加工在注意加工中具有普遍性。

总体而言，即使在持续性注意任务中，视觉注意也不是一个稳定持续的过程。视觉注意既会快速学习环境刺激的时间结构并将注意根据刺激的出现时间做出相应的分配，也有自身固有的节律性。视觉注意的节律性主要受到大脑 θ 和 α 频段神经振荡的相位的调制。视觉注意时间动态和节律性的主要功能之一是对信息进行组织，这种组织可以将信息根据一定的次序在时间上进行排列，进而节奏性地去加工。同时，这种组织在空间注意、特征注意和物体注意中普遍存在。基于时间的组织方式表明，大脑可以采用一种"时分复用"的方式来动态调配和协调注意资源，是大脑认知加工灵活性的体现。

第四节 归一化模型和注意

认知神经科学假设，大脑中的神经计算是模块化的，会在整个大脑区域和模态中反复进行，并将类似的神经计算应用于大脑解决不同问题的操作中。多年来，认知神经科学领域孜孜不倦地探求一些典型且规律的神经计算过程，期待它们可以应用于整个大脑，其中呼声较高的候选之一就是归一化理论（Carandini & Heeger, 2012）。归一化最早用于描述神经元的发放，认为一个神经元的响应会受到周围神经元的影响，所以一个神经元的实际发放并不会无止境地变大，而是会受到大量周围神经元总的活动对中央神经元的抑制。目前，归一化模型及其拓展已经可以用来解释从视网膜到感觉皮层，再到参与决策行为的高级皮层的脑活动，包括注意是如何调控视觉皮层的这一过程的，也可以用归一化模型来解释。

注意已经被证实可以调节视觉皮层中神经元的发放。Reynolds 和 Heeger（2009）描述了两种注意调节的典型方式：第一种是乘法缩放，对于一个具有方向选择性的神经元，注意可以整体增强神经元在各个方向上的反应；第二种是锐化，注意可以增强神经元对特定方向的反应，使神经元对外界刺激的选择性更强。一般而言，发生在视觉神经元中的归一化可以简单地描述为除法归一化（divisive normalization）。具体来说，在注意的归一化模型中，注意的调控被模拟为注意的增益因子，可以增强或减弱视觉神经元的输入信息产生的驱动。注意的增益因子的调控发生在归一化之前，因此该调控既可以影响视觉神经元的兴奋性输入，也可以影响其抑制性输入（通过影响周围神经元的发放实现），即影响整个归一化池。这一工作原理已经在许多神经生物学的研究中得到应用。

在注意的归一化模型提出之前，一些被用来代表注意调控理论的提议存在相互矛盾的地方，而注意的归一化模型被认为有助于统一这些看似矛盾的结果。该模型认为，在以往任何一项实验中观察到的结果的多样性和复杂性，其根本原因在于刺激条件和被试采用的注意策略不同。注意的归一化模型考虑到了这些因素，并提出是注意范围的大小（或注意的选择性）和刺激本身的条件共同决定了注意调控的不同形式。在此基础上，注意的归一化模型可以对内部注意是如何调控对比度-响应函数（contrast-response function）的做出一些预测，这些预测已经被一些心理学实证研究的发现所证实。内部空间注意可以通过对比度-响应函数的水平移动，以及心理测量函数阈值的改变来调节神经元活动。这种变化一般被命名为对比度增益（contrast gain），对应于注意调节神经活动时锐化的方式，可以量化为半饱和时对比度的差异，如图 4-17（a）所示。内部空间注意可以通过一个乘法性质的增益因子来增强神经反应，即垂直地缩放心理测量函数来改善行为表现。这种变化一般被命名为响应增益（response gain），对应于注意调节神经活动时乘法缩放的方式，可以量化为渐进时响应的变化，如图 4-17（b）所示。注意的归一化模型预测和实证研究都表明，内部空间注意可以引起响应增益的变化、对比度增益的变化或两者的结合，而这取决于注意范围和刺激的相对大小。

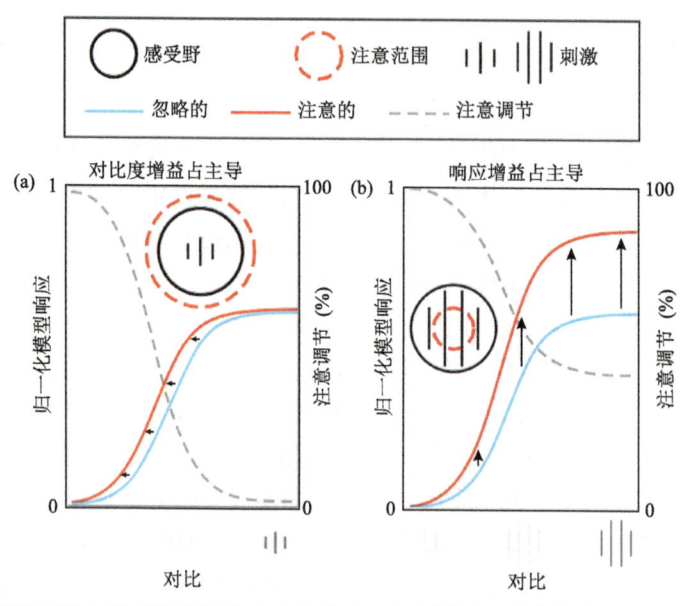

图 4-17 对比度-响应函数中的对比度增益和响应增益。(a)模拟了刺激较小而注意范围较大情况下的注意效应产生对比度增益。(b)模拟了刺激较大而注意范围较小情况下的注意效应产生响应增益。黑色实线是注意条件，表示注意神经元感受野内的刺激时的函数；灰色实线是非注意条件，表示注意另一半视野中的刺激时的函数。注意效应由灰色虚线表示，量化了神经元感受野内的刺激被注意与未被注意时响应的百分比差异（Reynolds & Heeger, 2009）

根据视觉信息的输入状态，可以将注意分为空间注意和时间注意；根据注意选择的对象或目标，可以将注意分为基于特征的注意和基于客体的注意；根据注意时是否发生外显的眼动（注视方向的改变），可以将注意分为内部注意和外部注意；根据大脑能否意识到所注意的视觉信息，可以将注意分为有意识注意和无意识注意（attention without awareness）。接下来，我们将分别介绍这4种分类下注意归一化模型的应用及研究。

一、空间注意和时间注意的归一化模型

空间注意是指注意选择了视野中的一部分，并会对这一部分视野中的信息进行优先加工，一个典型的实验展示了归一化模型是如何在空间注意中应用的。探测空间注意的典型实验涉及两个在空间中分离的刺激（可以是分布在左右视野），并且注意指向其中一个刺激（图 4-18）。我们通过记录视觉皮层的反应可以发现，那些对被注意的刺激做出反应的神经元表现出更强的发放。

为了在模型中全面模拟该实验，请设想有这样一群神经元，其反应发放 $R(x, \theta)$ 取决于它们偏好的刺激位置 x 和偏好的刺激朝向 θ。对于那些偏好的位置和朝向与呈现刺激相一致的神经元而言，引发的刺激驱动力 $D(x, \theta)$ 最大。在模型中，注意的效应 $A(x, \theta)$ 通过注意增益因子的阵列进行模拟，该阵列取决于涉及的位置和特征的范围。在空间注意中，注意的空间位置范围较窄而注意的方向范围较宽；在其他情况下，例如，在基于特

征的注意中，则可能是注意窄范围的特征（如单个朝向）且宽范围的空间位置（特征注意的整体效应）。注意增益因子使得刺激的驱动力成倍增强，因此可以影响归一化模型中的兴奋性分子和抑制性分母两部分，这样就导致结果输出在被注意位置上的发放 $R(x, \theta)$ 最大。尽管从概念上讲很简单，但作为近年来的研究热点，归一化模型的一大突出作用是可以解释过去在研究注意是如何影响视觉皮层中神经元反应的文章中得出的一些看似矛盾的结果。在空间注意中，不同的实验得出了表面上看似矛盾的实验结果，即前文中提到的对比度增益的变化、响应增益的变化或两者的结合。

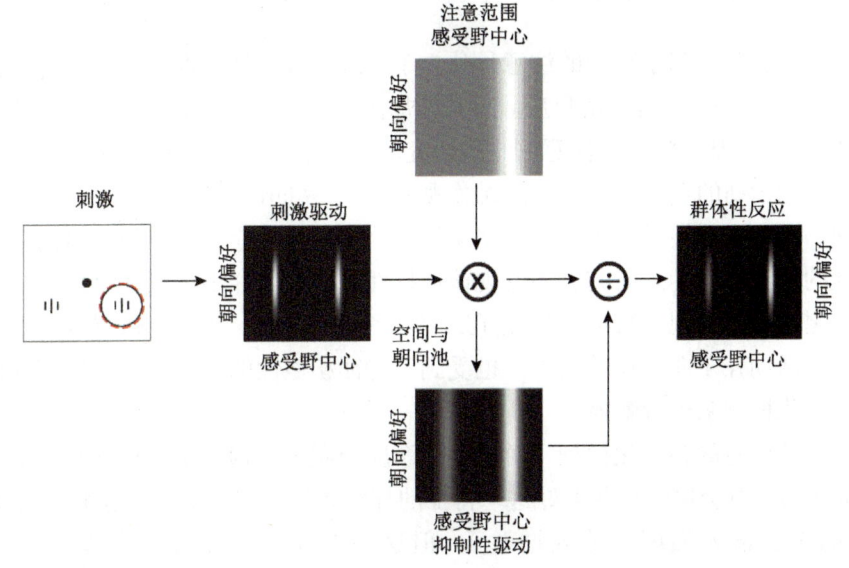

图 4-18 注意的归一化模型（Reynolds & Heeger，2009）。神经发放受刺激驱动，并受到注意场的增强及周围神经元抑制性驱动的影响。感受野中心及朝向偏好代表实例刺激的特征

根据注意的归一化模型，得出这些看似矛盾的实验结果的原因在于，注视刺激的大小和注意范围大小（即注意增益因子的增益程度）之间的差异，相当于求和域（summation field）和抑制域（suppressive field）大小的差异。根据归一化模型，可以预测当刺激比较小而注意范围比较大时，注意增益因子会将刺激驱动力即分子求和域和分母抑制域以同样的倍数增加，因此会造成对比度的增益；当刺激比较大而注意范围比较小时，注意增益因子会使得整体的分子求和域成倍地增加，而只影响到分母抑制域的中间一小部分，这样便会造成对响应的增益。Herrmann 等（2010）在一项行为实验中，系统地操纵了刺激的大小和注意范围的相对关系，进一步验证了以上预测。

以上讨论的关于视觉注意的模型都是静态的，实际上，视觉是在动态地处理不断变化的信息输入的。那么，人们在时间维度上分配注意资源时，是否同样遵从归一化的原则呢？研究者最新的研究构建出了关于时间注意的动态归一化模型（dynamic normalization model of temporal attention），弥补了以往研究的不足。时间注意指的是在时间维度上优先注意特定时间点的视觉信息。Denison 等（2021）的研究发现，这种时间上的优先注意仅会在特定间隔范围内提高感知的灵敏度，而且自上而下注意增益的增强形式是在很短的时间间隔内

使用有限的资源，并随着时间的推移逐渐恢复。相较于只出现一个刺激，当在亚秒时间间隔内接连出现两个刺激时，视知觉会在两者间表现出知觉的权衡（trade-off），也就是说，在有限的注意资源下对两个刺激的感知是动态相关的。因此，精确定时的视觉注意可以帮助人类在短的、与行为相关的时间尺度上克服神经处理的局限性。由此，归一化模型的应用范围从单个时刻下跨空间的有限注意资源的分配，扩展到单个位置下跨时间的有限注意资源的分配，即无论是空间注意还是时间注意，均遵从归一化的原则。

二、基于特征的注意和基于客体的注意归一化模型

不同于空间注意，基于特征的注意是独立于空间位置而选择性增强某些特定视觉特征（如颜色、朝向、运动方向等）的反应。对其施加注意时，会提高对这一特征的注意而降低对其他特征的注意。基于特征的注意的一般研究范式要求被试只注意某一位置的视觉特征，如方向为向下的运动的点，而忽略其他无关视觉特征。Martinez-Trujillo 和 Treue（2004）的研究发现，注意选择性增强了被注意视觉特征的神经元反应，即增强了对向下运动方向具有选择性的神经元活动。研究者还发现该选择性增强现象并不依赖注意位置，即在非注意位置内与之相匹配的视觉特征的神经元反应也得到了增强。非注意位置内向下运动的点诱发的神经元活动强于向上运动的点，也受到了特征相似性的调节。这些发现同样可以通过注意的归一化模型来进行解释。

根据传统的注意的归一化模型，对特征注意应当做出的预测是，对视觉特征（如朝向或运动方向）的注意会增强那些偏好这一特征的神经元的响应（响应增益），而不是增强被注意刺激的感觉输入强度（输入增益），但这一点并没有在行为实验中得到验证。Schwedhelm 等（2016）的一项行为实验发现，被试注视两个不同的运动方向中的其中一个时，注意效应产生的函数图像是响应增益和输入增益的结合。随后，研究者通过操纵实验任务使得被试的特征注意区别出宽范围的运动方向和窄范围的运动方向两种不同的条件。结果发现，比起注意宽范围，在注意窄范围的运动方向，注意的效应更像是输入增益。由此，基于特征的注意的归一化模型在原有归一化模型的基础上进行了一定的补充和拓展，并考虑到了独立于刺激的注意对归一化过程的贡献，或利用了朝向调谐曲线的归一化。研究者提出的这一对注意的归一化模型的拓展与注意的特征相似性增益模型（feature-similarity gain model）的描述也是一致的。

目前，关于基于客体的注意的归一化模型应用的研究还不多，仅有一篇论文通过客体在大脑腹侧的反应模式间接证明了基于客体注意的归一化机制（Doostani et al., 2023）。但是，可以确定的是，知觉为同一个客体是产生归一化的前提。因为对于给定的视觉输入，仅当中心和周围根据模型在统计上相关时（例如，如果它们具有相似的方向，并在背景和客体中被认为在统计上是同质的），周围位置的神经单元才会对中心单元进行除数归一化（Schwartz & Coen-Cagli, 2013）。这表明注意可以通过恰当地设置归一化涉及的范围来改善局部的判断，而要找到归一化模型在基于客体的注意中的应用的直接证据，仍需要研究者继续努力。

三、内部注意和外部注意的归一化模型

大量研究揭示了外部注意和内部注意的关系。总结起来，内部注意不同于外部注意的最明显之处是注意选择不伴随眼动发生，而是发生在眼动之前。我们在讨论注意时，研究比较多的无论是空间注意和时间注意、自上而下注意和自下而上注意，还是基于特征的注意和基于客体的注意等，都属于内部注意，即控制被试在实验过程中盯着中央注视点而不出现眼跳或眼动。也就是说，大量实验已经证明，内部注意的作用机制是符合归一化特点的。那么，外部注意是否也可以用归一化模型进行解释呢？

外部注意通常是感知和动作的结合。在眼跳开始之前，对眼跳目标的视觉反应会增强。这种现象，即眼跳前的注意，是外部注意的一种特点，其视觉注意资源的分配常常和眼球运动同步发生，而其潜在的计算过程仍然未知。

Li 等（2021）的研究发现，外部注意不能用归一化模型解释。对于内部注意而言，以空间注意为例，其注意增益的方式有响应增益和对比度增益两种，且受到刺激和注意范围相对大小的影响。一系列心理物理学实验表明，不同于内部注意，眼跳前的注意仅通过响应增益变化来调节视觉表现。即使注意范围增大，也只能观察到响应增益的变化，这并不符合注意的归一化模型的预测。研究的实证结果和模型拟合比较结果都表明，外部注意（如眼跳前的注意）和内部注意（如空间注意）的感知觉调节采用不同的计算过程。

四、有意识注意和无意识注意的归一化模型

在神经表征层面，大量研究发现有意识注意和无意识注意的神经表征深度存在差异。尽管无意识信息的神经表征在大脑中分布更广，但其表征被限制在了高级系统的传入阶段，以前馈为主，并且信号衰退非常迅速。然而，进入意识信息的神经表征更多地激活了大脑的高级皮层，如顶叶和前额叶脑区，并且激活的持续时间较长。

从意识的角度来看，注意可以被看成是信息进入意识的门槛。注意和意识之间的关系一直是认知科学的研究热点与难点。其中，争论的焦点在于注意与意识是否具有相同的过程、神经机制，即注意的产生是否依赖意识、意识的产生是否依赖注意的问题。虽然目前对此还存在争论，但几乎所有研究均表明注意可以在无意识情况下产生，即存在无意识注意。之前的研究已经表明，有意识注意下的神经活动符合归一化模型的预测，那么无意识注意的神经计算过程是否也符合归一化模型的预测呢？

在 Wang 等（2021）的实验中，研究者通过后掩蔽的方式操纵意识条件并测量有意识注意和无意识注意条件下的注意范围，发现无意识注意条件下的注意范围小于有意识注意条件。之后，研究者通过固定刺激的大小，巧妙地分别在相对大的有意识注意范围和相对小的无意识注意范围两种条件下测量对比度–响应函数，得到了完全不同的对比度增益曲线和响应增益曲线，结果与归一化模型的预测一致。由此可见，有意识注意和无意识注意拥有同样的归一化神经计算过程。

在视觉注意领域，归一化模型的研究已经取得了许多可喜的成果。但是，以下几个方

向的研究仍有大量空白需要后续的研究者继续努力填补。首先，目前关于空间注意和时间注意归一化的研究都是独立、单一的，后续研究者可以进一步整合空间维度和时间维度归一化模型的研究及应用，从而整合出一个可以适用于所有时空相结合的研究的统一模型。其次，目前大多数研究采用的被试群体是正常人，个别研究者注意到了特殊群体的视觉注意可能与常人不同，例如，孤独症儿童拥有更敏锐的观察细节的能力及更弱的神经抑制能力，而他们同样拥有归一化的神经计算过程（Schallmo et al., 2020）。未来的研究可以多关注特殊群体，如精神类疾病患者，并探究其大脑的神经计算过程。最后，除关注注意本身外，研究者还可以将其与其他领域相结合进行探究，如情绪和注意相结合（Zhang et al., 2016），以发掘归一化模型在神经计算上的更多可能性。

除注意外，除法归一化作为一种广泛存在的神经计算过程，已经在多方面得到了应用。在初级视觉皮层中，它首先被用来解释为什么随着刺激对比度的增大，反应会趋近饱和（Carandini et al., 1997）。随着应用的进一步推广，关于果蝇的嗅觉系统（Olsen et al., 2010）、人类的视网膜（Bonin et al., 2005）等研究也都发现其符合归一化模型。研究者还认为它能够调整神经反应的增益，以有效利用其动态范围。归一化模型还可以进一步解释其他感知觉通道信息（Rabinowitz et al., 2011）、多感觉通道信息整合（Ohshiro et al., 2011）和高级认知加工过程（如推理、决策、审美）中的许多现象。这种普遍存在的神经计算过程可能通过增益控制、特征不变性和减少冗余等，反映出归一化在生成标准的编码效率中的作用。我们期待归一化模型在更多领域得到应用。

框 4-6　归一化模型在决策中的应用

归一化模型不只是应用在注意这一种领域，作为一种典型的神经计算，它可以应用在很多其他领域，如决策这一高级的认知加工过程。相关的研究（Louie et al., 2013）表明，我们在做决策时，并不是一种完全的随机选择行为，而是会受到一些背景信息的影响，如物体的价值、数量等，这种价值导向编码的神经机制对随机选择行为的影响非常大，并将一次决策行为限制在一个可归纳、可量化的框架内。如左图所示，实验前被试已被要求对一系列食品做价值估计。如果是一个纯粹理性的人，在面对右图的选择（三选一）时，他只会选择价格最高的那一款。但是研究证明，根据归一化模型的预测，一个人的选择会出现由干扰选项的价值或数量驱动的显著（经典非理性）选择现象。也就是说，如果要求一个人在两种低价商品和一种高价商品中选择一种，他可以很容易地做出决策，依靠价值导向选择价高的那一个；如果是在两种较高价商品和一种高价商品中做选择，决策就不是那么容易了，有时甚至不去选择较高价的那一种。这样的决策行为也符合归一化模型的预测。

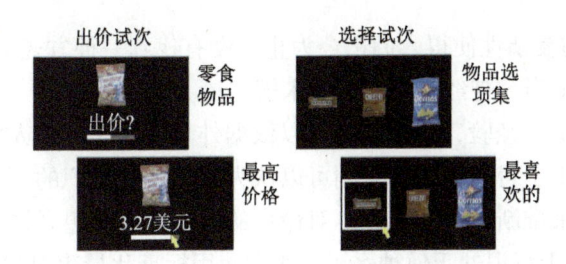

决策的归一化实验中的三选一任务。在出价试次中，被试将为某零食物品给出愿意支付的最高价格。实验共设置30种物品，每种物品出价2次。在选择试次中，被试将从给出的3个物品选项集中选择一个最喜欢的

第五节　注意与意识

威廉·詹姆斯曾说，"每个人都知道什么是注意。它以清晰而生动的形式从似乎同时存在的几个可能的对象或思路中选取一个。聚焦、集中是意识的本质。它意味着为了有效地处理其他事情而从某些事情中退出，这种情况与混乱、茫然、心不在焉的状态是完全相反的"（James et al., 1890），表明意识（consciousness）和注意之间存在着复杂的联系。因此，有人认为注意等同于意识，注意某事或某物似乎可以增强意识，例如增强对视觉对比度的敏感性（Carrasco, 2011）。然而，这一现象的另一种可能解释是，注意是一个不同于意识的过程，在某种程度上与意识相互作用。持相互作用观点的一些人认为，意识是注意的必要条件，注意依赖意识。另一些人则认为，只有当我们开始注意周遭的世界时，才会产生意识，也就是说，意识依赖注意（Cohen et al., 2012）。有趣的是，近年来，不少研究发现注意和意识的产生可以相互独立，且对同一心理过程产生了完全相反的影响，其神经机制也是相互分离、互不干涉的（Koch & Tsuchiya, 2012；Agarwal et al., 2019），说明注意和意识其实是两个彼此分离的加工过程（Lamme, 2003）。日常生活中，我们可能很难想象注意和意识不能同时存在的情况，如注意一个我们主观上看不见的事物，或者说意识到不在我们注意范围内的事物。注意和意识之间错综复杂的关系使得其一直是科学研究的前沿话题之一，虽然这一探索历经几个世纪仍未能得出明确的答案，但是许多研究试图以不同的方式厘清二者之间的关系。下面将详细地论述一些主要的观点和研究。

一、意识概述

看到某张图片、听见某种声音、产生某种想法或是感受某种情绪……当我们拥有类似的经历时，意识就伴随产生了。它代表了我们的主观感受，是对"这个世界是什么样"的一种觉知。这种有意识的觉知不仅在我们大脑清醒的状态下产生，在睡梦中或思绪没有停止的情况下，意识依旧如影随形。只有在无梦或者全身麻醉的状态下，意识才会消失，这时我们的内部世界全然一片空白，什么都体验不到。在这个意义上，意识可以指一种觉知，也可以指一种心理状态，同时意识可以调控我们的觉知和心理状态，所以它还可以指一种

高级心理功能。意识的复杂性使得人们迄今为止还没有找到一种方式来对其进行精确定义，意识的神经机制仍然是当今神经科学的核心未解之谜。

尽管意识是一种个人经验，我们仍然可以依据外显行为来推断人们是否有意识，如果某人在清醒状态下产生了目的性行为，则可以认为此人是有意识的。在临床环境中，通常使用简单的行为标准来推断意识，比如，对命令的反应能力（患者被要求在感到疼痛时捏两下观察者的手）。对于意识处于何种水平，通常使用标准化量表对被试的听觉、视觉、言语和运动功能进行等级评估。但是，即使没有可靠的行为反应，意识也可能存在。例如，没有进行仔细和反复的评估，意识不清的患者很可能被错误归类为无意识的植物人。

在实验环境中，实验者是如何确定被试是否意识到刺激的呢？通常是让被试做口头报告或回答是否式问题（例如，"您有看到面孔吗？"），即使用主观阈限（subjective threshold）和客观阈限（objective threshold）两种测量方式。主观阈限测量法是一种纯粹的主观报告法，如刺激可见度评级（Sergent & Dehaene, 2004），让被试对刺激的可见度做1—4的等级评估，不同的等级代表不同的意识水平；还有二阶评级，如自信心评级（例如，"您敢打赌自己的回答正确吗？"）（Persaud et al., 2007）。但是，主观报告结果可能会随被试判断标准的变化而变化，尤其是当刺激属性接近或达到感觉阈限时。客观阈限测量法是让被试做刺激检测或分类任务时进行二择一式的迫选，从而确定他们是否能客观地意识到刺激，若行为结果处于随机水平，则被试对刺激是无意识的。例如，视觉皮层损伤的患者可能会报告自己没有意识到视觉刺激（主观测量），而在需要刺激检测（客观测量）的任务中的行为表现却高于随机水平，这种现象被称为盲视（blindness）。

在认知神经科学领域，很多研究范式可用来分离意识，以期理解意识的本质（Kim & Blake, 2005）。一个基本的区分是无意识刺激是潜意识的还是阈下的（Dehaene et al., 2006; Kanai et al., 2010）？在阈下刺激（subliminal stimulus）的情况下，自下而上、刺激驱动的信息减少至即使集中注意也无法检测到。相比之下，潜意识刺激（subconscious stimulus）是潜在可见的刺激（其能量和持续时间都足以使人看到），但是在给定的试次中，由于暂时性的注意分散而没有被意识知觉到。阈下刺激的呈现通常是通过在空间和时间上连续地呈现其他刺激作为掩蔽来降低或消除刺激的主观可见度（Breitmeyer & Öğmen, 2006）。例如，一个单词闪烁了33 ms，单独呈现时是可见的，但是当作为掩蔽的几何图形前后呈现时，该单词却变得完全不可见。阈下呈现也可以通过降低刺激的能量来实现，例如，逐渐降低对比度直到其出现不再被肉眼感知到。另一种常见的范式是双眼竞争（binocular rivalry），使用立体镜或红绿眼镜让被试的两眼分别同时看近似或者不同的图片，两种视像不能融合从而产生竞争，使得其中一只眼接收的信息无法得到加工而处于无意识水平。被试通常报告在不同的时间点意识到的图像会交替变化。双眼竞争的一种变式——连续闪烁抑制（continuous flash suppression），通过在一只眼睛中呈现连续闪烁的图像，使另一只眼睛接收的图像永久不可见（Tsuchiya & Koch, 2005）。同样地，前意识呈现也有很多研究范式。在非注意盲视（inattentional blindness）中，当被试的注意集中在一项任务上时，常常不能意识到周遭出现的可见但出乎意料的刺激（Mack & Rock, 1998; Simons & Ambinder, 2005）。注意瞬脱（attentional blink, AB）是这种效应在时间维度上的变式，在快速序列视觉呈现（rapid serial visual presentation，RSVP）任务中，被试需要在第一个刺激（T1）消失后数百毫秒识别短时呈现的第二个刺激（T2），这时对 T1 的短时加工会阻碍对 T2 的意识知觉（Raymond et al., 1992）。

框 4-7 注意瞬脱

注意瞬脱范式采用 RSVP 方法，其中字母、数字或图片等刺激以每秒 6—20 个项目的速率连续呈现在单个位置。例如，在 Raymond 等（1992）的程序中，参与者被要求在每秒 10 项黑色字母（非目标或干扰项）的 RSVP 流中识别唯一的白色字母（第一个目标，T1），然后报告字母"X"（第二个目标，T2）是否出现在随后的刺激流中［图（a）］。T2 仅出现在 50% 的试次中，并且出现时两个目标的间隔在 100—800 ms。刺激流结束后，需要报告两个目标。注意瞬脱被定义为 T1 报告正确而 T2 报告错误，通常在短时间间隔（100—500 ms）发生，但在长时间间隔下恢复到基线水平。

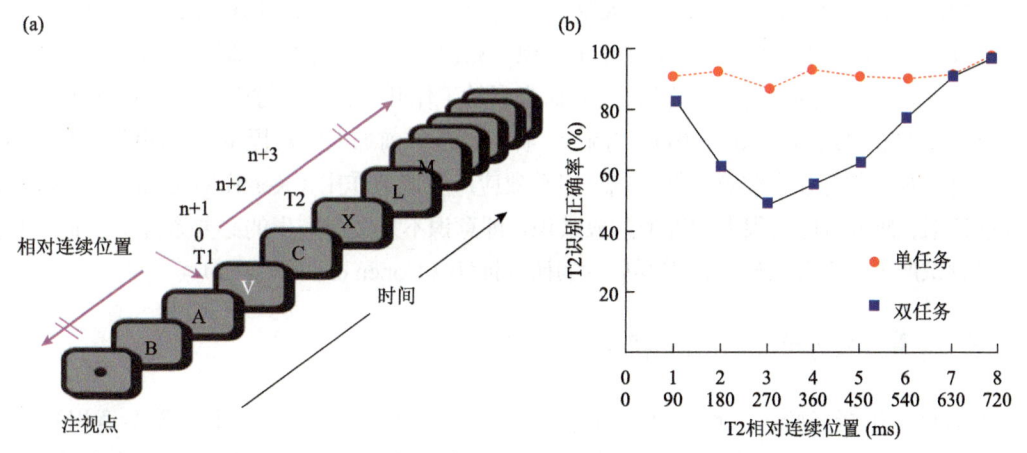

（a）实验流程。（b）实验结果。红色虚线表示只出现 T2 不出现 T1 时 T2 的检测正确率（基线条件）；蓝色实线表示出现 T1 后，T2 的检测正确率

二、注意的产生是否需要意识？

有关注意和意识之间关系的研究，最早可以追溯到 Erikson（1951）所做的关于"阈下知觉"的开创性研究。在这些研究中，被试需要接受电击，同时给其呈现时长各异的无意义音节。最初的数据表明，无论被试能否有意识地知觉到短时的听觉刺激，重复之前的听觉刺激都会诱发皮肤电反应（electrodermal response），使被试想起疼痛（Lazarus & McCleary, 1951）。这一现象表明，在没有意识知觉的情况下，刺激依然可以引起被试的短时"兴奋"，也就是注意的短时增强（Tsuchiya & Koch, 2014）。其后，又有大量的实验证明了注意不依赖意识，注意可以在无意识的情况下产生。

V1是个体接收视觉信息投射的最早也是最基础的皮层系统，缺乏这一皮层的患者往往无法感知外界的视觉信息，即使他们的生理基础如眼球、视网膜等完好无缺（盲视）。所以，一些研究者通过研究盲视患者来分离注意和意识。一项临床研究发现，盲视患者也可以产生空间选择性视觉注意。空间选择性视觉注意是指当信息刺激出现在一个特定的位置时，提高了对随后出现在那个位置的刺激的检测速度或准确性。这项实验中，刺激即使不能进入盲视患者的意识，仍然表现出了对注意位置的加工优势（Kentridge et al., 1999, 2004）。

在裂脑患者中也发现了类似的令人震惊的结果。为了治疗严重的癫痫，他们大脑中连接两半球的胼胝体会被切除，而胼胝体的一般作用是大脑左右半球的信息交流通道（Gazzaniga, 2014）。这导致裂脑手术会产生一个有趣的结果，患者报告说他们的视觉感知被分成了两半（Pinto et al., 2017）。当要求这些患者使用左手或右手（分别由右半球和左半球控制）报告其视觉体验时，他们只能指示在左侧视野或右侧视野显示的内容。换句话说，鼻子一侧的一切事物似乎只能被对侧半球感知，而同侧半球则完全不知道该侧的情况（Volz & Gazzaniga, 2017）。然而，他们的注意集中情况却并非如此，注意仍然可以在整个视野中起作用（Corballis, 1995）。例如，注意的线索提示实验发现，单独在左侧视野或右侧视野呈现空间提示时，两侧的注意效应是相同的，这表明注意在大脑半球之间是一种共享资源（Alvarez & Cavanagh, 2005）。这一发现表明，注意的产生独立于意识，意识和注意的神经基础是可分离的。

继盲视患者和裂脑人的研究之后，一些研究者的工作开始转向对健康被试的研究（Faivre & Kouider, 2011; Martens et al., 2011）。例如，在启动范式前加上线索提示，发现即使被试不能意识到启动刺激的存在，注意依然可以对启动效应产生调节作用（Kentridge et al., 2008）。基于这些证据，研究者已在很大程度上达成共识，即意识不是注意产生的必要条件。然而，注意是否是意识产生的必要条件，还需要后续的研究证实（Cohen et al., 2012）。

三、意识的产生是否需要注意？

根据日常生活经验，一般会认为如果人们将注意集中到某个刺激上，就会意识到它，包括它的属性。反之，如果想对某个刺激产生意识性觉知，必须首先将注意集中于该刺激。这种朴素的看法与心理学中早期对注意和意识的关系的认知是一致的，即意识依赖注意。这一观点得到了相关理论及实验证据的支持。

视觉空间注意的聚光灯模型认为，人脑同步加工视觉信息的能力是有限的，不能同时对进入视野范围内的所有刺激进行有效加工，而注意就像聚光灯一样，可以聚焦于视觉空间的某一区域，起到选择信息的作用。只有在聚光灯照射范围内的刺激才能得到有效的知觉分析和进一步的加工，而不在该范围内的刺激则被忽视。也就是说，人们会意识到被注意选择的信息，也只有被注意选择的信息才能被意识到，不被注意选择的信息虽然也可能进行某种加工，但不会进入意识。Baars（1988）认为，注意的聚光灯专门照在工作记忆的舞台上，形成意识经验和意识体验，是意识产生的必要前提。虽然关于注意的聚光灯模型（spotlight model）还有很多疑问，如聚光灯在什么位置、由谁控制等，但该模型肯定了注意与意识之间的因果关系，为进一步的研究了奠定基础。

经典的非注意盲视和变化盲视（change blindness）现象为这一观点提供了支持。当我们专注于某项任务时，常常会忽略其他事物，这些事物呈现在我们的视野中，我们却并未看到它们，这种现象就是非注意盲视，即由于缺乏注意使得事物无法进入我们的意识而诱发的盲视现象。在 Mack 和 Rock（1998）的实验中，任务窗口会呈现一个"十"字，要求被试判断"十"字的横线与竖线哪条较长。在 2—3 次实验之后，在"十"字的某一象限同时呈现一个黑色方块，并在这一试次结束后询问被试是否看到了除"十"字外的其他物体。实验发现，大部分被试报告没有出现新的物体。同理，变化盲视也是由被试的注意缺失导致的即使周围的事物发生变化也未能觉知的现象。Simons 和 Levin（1997）在现场实验中发现了变化盲视现象。在美国康奈尔大学校园里，实验者向路过的人问路，此时一群人从两人中间走过，同时问路者换为另一名实验者。结果发现，15 名被试中只有 7 名发现问路者换成了其他人。

框 4-8　非注意盲视

非注意盲视是由于注意集中在一个任务、事件或物体上而未能注意到另一个完全可见但意外的物体。这种现象与其他视觉无意识有关，但又不同于其他视觉无意识，例如，变化盲视、重复盲视、视觉掩蔽和注意掩蔽。大多数情况下，对非注意盲视的研究涉及一个单一的判断任务，其中一个无关刺激在观察者执行任务时出现。在实验结束时，观察者会被问到一系列问题，以确定他们是否看到了这个无关刺激。Simons 和 Chabris（1999）在研究中让参与者计算了穿白衬衫的球员的篮球传球次数，忽略了穿黑色球衣的球员的传球次数。在这种情况下，大约 50% 的观察者没有注意到一个穿着大猩猩套装的人进入显示器画面停下来面对着镜头捶胸。

非注意盲视视频截图

然而，在一项双任务实验中，主任务刺激位于中央视野，需要较多的注意资源，与此同时，次任务刺激在外周视野（peripheral vision field）闪动。即使注意集中在中央视野的主任务上，被试仍然可以确定外周的次任务场景中是否包含动物或车辆。同样地，被试也可以区分外周视野闪过的图片是男性还是女性面孔，甚至可以区分名人和普通人面孔。值得注意的是，如果次任务是分辨更简单的刺激（例如，区分旋转的"L"和旋转的"T"），被试就很难区分了（Reddy et al., 2006）。因此，尽管不能肯定地说在需要训练和专注（即高唤醒）的双任务实验中被试不会对外周目标产生自上而下的注意，但似乎被试可以在缺乏自上而下注意的条件下表现出一定程度的鉴别力（Li et al., 2002，图 4-19）。而且，他们并不是靠猜测，他们对自己的选择充满信心，并表示可以"看到"周围的刺激，尽管这些刺激通常是模糊不清的。Crouzet 等（2010）的研究发现，在刺激出现 100 ms 时，大脑可以开始判断这个短暂闪现的刺激中是否包含人脸。以这样的速度，被试在没有意识看到图像的情况下做出反应也就不足为奇了，对图像的意识感知可能会晚一些出现，也可能根本不会出现。双任务和双表征范式支持了这一点，即在几乎没有空间注意的情况下，被试依然能够实现对图像的鉴别，说明意识的产生并不依赖注意。

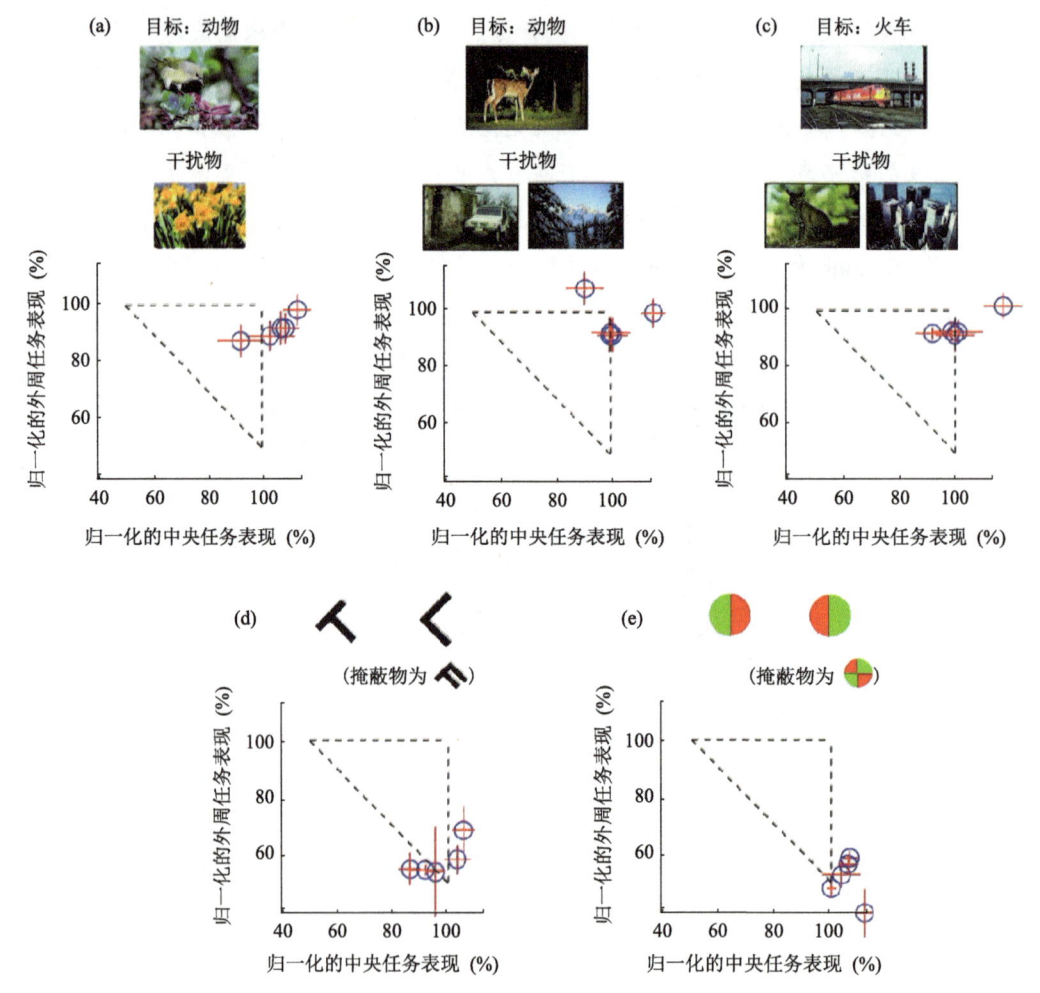

图 4-19 Li 等（2002）的研究实验图片与研究结果。（a）（b）（c）显示了使用复杂图片的结果；（d）（e）显示了使用简单图片的结果

注意的产生不依赖意识，意识的产生也不依赖注意，那么二者是否是相互独立的呢？Watanabe 等（2011）通过同时操纵注意和意识两个变量发现了二者的双分离现象。被试躺在磁性扫描仪中，同时看着目标（运动光栅）和抑制圆环。如果将目标和抑制圆环都投影到一只眼睛中，则目标清晰可见。但是，当将目标和抑制圆环分别投影到不同的眼睛时，目标将变得不可见（连续闪烁抑制）。通过这种方式，可以操纵被试的意识水平，让被试在某些情况下看到目标，在某些情况下看不到目标。注意的操纵通过任务要求来实现，非注意条件是让被试识别中央注视点呈现的字母序列中何时出现特定的字母，注意条件是让被试注意目标并忽略闪烁的字母。来自 7 名被试的磁共振数据表明，V1 中 BOLD 信号的幅度并非始终由目标的可见度来调节。相反，无论对象是否看到目标，注意目标都始终如一地增强了 V1 中的 BOLD 信号。注意和意识在低级皮层 BOLD 信号上的差异，说明二者在加工机制上可能是分离的。

总体而言，自从 Erikson 开展关于无意识刺激对提高警觉状态的研究以来，意识和注意科学发生了许多变化（Eriksen, 1956；Garner et al., 1956）。关于意识和注意之间的关系，当前神经科学界的研究正处于一个新的突破的边缘。近年来，学界见证了大量趋同的证据，表明注意和意识是可分离的神经过程。与此同时，我们正在目睹对意识的形式、关系结构的理解的理论突破，未来仍然需要做大量的工作，将这些理论与新的技术结合起来，可以真正理解意识和注意的关系及相应的神经机制。

关键术语

编码　encoding
选择　selection
解码　decoding
外部注意　overt attention
内部注意　covert attention
自上而下的注意　top-down attention
自下而上的注意　bottom-up attention
显著图　saliency map
基于选择历史的注意　history-driven selection
空间注意　spatial attention
特征注意　feature-based attention
客体注意　object-based attention
聚光灯模型　spotlight model
透镜模型　zoom-lens model
墨西哥帽模型　Mexican hat model

特征整合理论　feature integration theory
错觉性结合　illusory conjunction
除法归一化　divisive normalization
对比度–响应函数　contrast-response function
对比度增益　contrast gain
响应增益　response gain
时间注意　temporal attention
无意识注意　attention without awareness
求和域　summation field
抑制域　suppressive field
意识　consciousness
主观阈限　subjective threshold
客观阈限　objective threshold
感觉阈限　sensory threshold
盲视　blindness

梯度模型 gradient model
多焦点模型 multiple spotlight model
空间整体效应 spatially global effect
分配注意范式 divided attention paradigm
空间线索范式 spatial cueing paradigm
过滤器理论 filter theory
衰减理论 attenuation theory
反应选择理论 response selection theory
多部位选择理论 multiple-loci selection theory
鸡尾酒会效应 cocktail party effect
资源理论 capacity theory
特定任务资源理论 task-specific resources theory
总体任务资源理论 task-general resources theory
双加工理论 dual-processes theory

潜意识刺激 subconscious stimulus
阈下刺激 subliminal stimulus
双眼竞争 binocular rivalry
连续闪烁抑制 continuous flash suppression
非注意盲视 inattentional blindness
注意瞬脱 attentional blink
快速序列视觉呈现 rapid serial visual presentation
皮肤电反应 electrodermal response
初级视觉皮层 primary visual cortex
启动效应 priming effect
变化盲视 change blindness
外周视野 peripheral vision field
中央视野 central vision field

知识要点

- 注意的类别
- 注意的经典理论及其发展过程
- 双耳分听实验范式
- 内源性和外源性线索提示范式
- 错觉性结合任务范式
- 注意归一化模型与对比度-响应函数
- 无意识注意的归一化模型
- 无意识的操作与测量
- 注意与意识的分离

第五章 工作记忆

手机上 App（application）的账号注册常常需要手机号码验证，在接收到 4—7 位数字组成的短信验证码后，我们一般需要先记住这些数字，然后再快速切换至 App 完成注册。上述过程涉及的核心记忆过程被研究者称为工作记忆（working memory，WM）。工作记忆是短暂存储和操纵有限信息的认知加工子系统（Baddeley，1992，2012；Baddeley & Hitch，1974）。很多人把工作记忆比喻成存储信息的临时中转仓库。其实不然，工作记忆是一个非常活跃的动态系统，它不仅具有静态存储信息的功能，还具有动态操纵信息的功能。因此，工作记忆更像是计算机中的内存条，动态地存储、操纵当前任务所需的有限信息。无论上课、心算、猜谜、读书，还是计划一顿晚餐时，都需要工作记忆的参与（Baddeley，2003；Holmes & Adams，2006；Prime & Jolicoeur，2010）。由于工作记忆在诸多高级的认知活动（如学习、推理、信息搜索等）中具有重要作用，因此其容量可以预测个体的智力水平、阅读理解成绩、社会认知能力等。精神疾病（如精神分裂症）和神经退行性疾病（阿尔茨海默病）患者等的工作记忆能力严重受损，因此工作记忆一直是认知心理学、认知神经科学的核心研究内容。本章从工作记忆的概念演变出发，重点介绍工作记忆的理论模型和测量范式，系统地介绍工作记忆的静态与动态功能特性以及工作记忆的个体差异、发展和训练。

第一节 工作记忆概述

一、工作记忆的概念

工作记忆是短暂存储和操纵有限信息的认知加工子系统（Baddeley，1992，2012；Baddeley & Hitch，1974）。该术语最早是由 Miller 等（1960）在《计划和行为的结构》（*Plans and the Structure of Behavior*）一书中提出的。它能被研究者广为接受，则得益于 Baddeley 和 Hitch（1974）的工作记忆多成分模型（multi-component model）（见第五章第二节）。

在研究工作记忆时，研究者往往会使用另一个术语——短时记忆（short-term memory）。短时记忆一般被认为是 Atkinson 和 Shiffrin（1968）在记忆的形态模型（modal model）（图 5-1）基础上提出的，用来描述人类认知系统短暂存储处于极易获取状态的有限信息的能力。形态模型把记忆分成了既彼此独立又相互联系的 3 个系统：感觉记忆（sensory memory）、短时记忆和长时记忆（long-term memory）。环境中的视觉、听觉、触觉等信息在感觉记忆阶段完成知觉加工，然后部分信息可进入短时记忆；短时记忆对存储的信息进行复述等加工，以防止信息消退；最后，短时记忆的信息可进入长时记忆得以长久保持，同时长时记忆的信息也可以提取至短时记忆来支持正在进行的加工任务。因此，在形态模型中，短时记忆是介于感觉记忆和长时记忆之间的负责短暂存储信息的记忆系统。

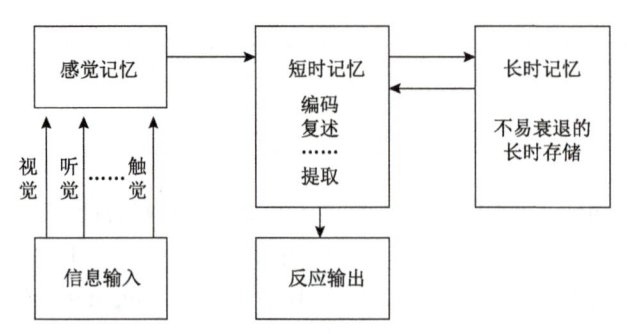

图 5-1 Atkinson 和 Shiffrin 的记忆形态模型（改编自 Reed & Wadsworth，2012）

Baddeley 和 Hitch（1974）指出，短时记忆不仅需要静态存储信息，而且需要动态操纵已存储的信息，方能完成当前正在进行的认知加工。这种短暂存储和动态操纵过程实质上是一种"工作"系统。为此，他们提出了工作记忆的概念来替换短时记忆，强调对信息的动态加工。换言之，工作记忆的概念由短时记忆演化而来（Baddeley et al.，2019）。严格地讲，在概念范围上，工作记忆要大于短时记忆：短时记忆仅涉及信息的存储，而工作记忆在信息存储功能的基础上强调了对存储信息的操纵。在仅强调信息的短暂存储时，研究者往往将工作记忆等同于短时记忆。

二、工作记忆模型

自工作记忆的概念提出以来，研究者已发展出了诸多工作记忆模型。其中，Baddeley 和 Hitch（1974）提出的多成分模型、Cowan（1988）提出的嵌套加工模型（embedded-processes model）是当前研究最多、影响最大的两个模型。

（一）多成分模型

Baddeley 与 Hitch 的工作记忆多成分模型包含三个模块：语音环路（phonological loop）、视空间画板（visual-spatial sketchpad）、中央执行器（central executive）。其中，前两个模块主要负责信息存储，且负责存储的脑区随不同的存储信息类型而发生变化（见第三节第四部分信息存储的神经机制）；最后一个模块负责对存储的信息进行操纵与加工，目前认为其神经基础在前额叶。

语音环路，一般又被称为言语工作记忆（verbal working memory），存储以声音或言语编码的信息表征，并以默声复述（subvocal rehearsal）的方式来保持表征或把视觉表征转码为言语表征。视空间画板一般又被称为视觉工作记忆（visual working memory，VWM），存储视觉信息表征。根据存储信息的类别，视觉工作记忆又可以分为用于存储视觉客体信息的客体工作记忆和用于存储空间位置信息的空间工作记忆两个独立的子模块。例如，Sala 等（1999）通过在工作记忆任务的保持阶段插入干扰刺激的方法，对上述模块的关系进行了探讨。结果发现，空间工作记忆任务更易受到空间干扰信息加工的影响，而客体工作记忆任务则更易受到视觉干扰信息加工的影响（图 5-2）。

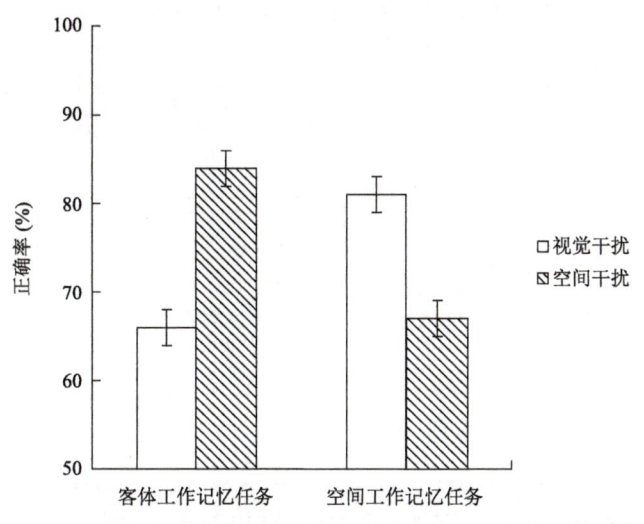

图 5-2 不同类别的干扰信息对客体工作记忆任务和空间工作记忆任务的影响（Sala et al.，1999）

中央执行器在工作记忆中起到了核心作用，其本身是一个注意控制系统，不负责存储信息，主要监督、协调视空间画板和语音环路的运作。Miyake 等（2000）的研究进一步指出，中央执行器具有更新、转换和抑制三种独立的功能。更新功能会对输入的信息进行监控和编码，并对保持在工作记忆中的表征进行适当的修改，将不再相关的表征替换为相关的新表征；转换功能确保记忆可以在多个任务、操作或思维模式间来回切换；抑制功能使得记忆系统能够主动抑制某些自动或者优势反应的加工。

反映中央执行器三种功能的典型实验任务如图 5-3 所示。①更新：字母记忆任务，如图 5-3（a）所示。一系列字母顺次呈现，参与者只需要记住最后 3 个字母。为此，随着新字母的出现，参与者需要对存储在工作记忆中的信息进行及时更新。②转换：颜色形状任务，如图 5-3（b）所示。参与者需要根据屏幕上出现的字母（C 或 S）来对屏幕上的刺激进行颜色或形状判断。看到字母 C，判断刺激颜色；看到字母 S，判断刺激形状。当字母发生变化时，任务需求发生变化，参与者需要转换为对应任务所需的按键。③抑制：反眼跳任务，如图 5-3（c）所示。参与者注视屏幕中央，在屏幕上首先快速闪现一个色块，在未闪现色块的屏幕一侧出现一个箭头，参与者要既快又准地报告出箭头的朝向。为了完成任务，参与者需要控制自己不观察短暂呈现的色块，而是观察未有色块呈现的屏幕一侧。眼睛朝向突现刺激是一个自动的过程，参与者只有抑制该过程，才能既快又准地完成任务。

(a)

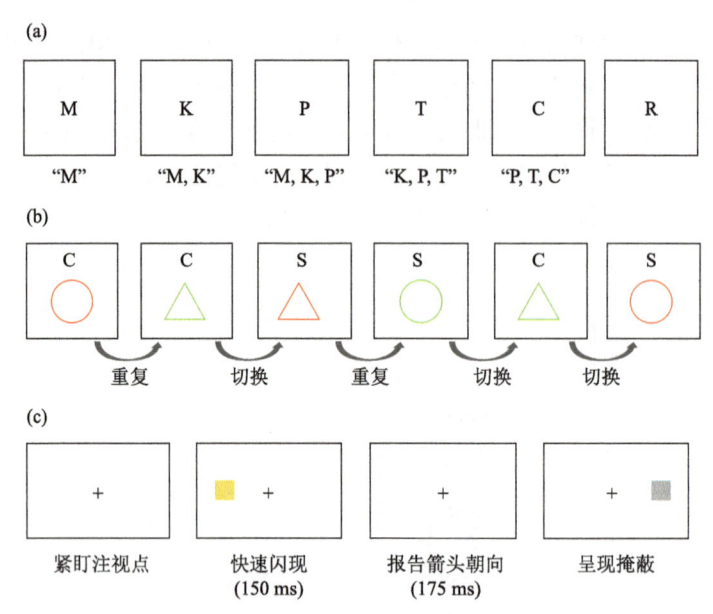

M	K	P	T	C	R
"M"	"M, K"	"M, K, P"	"K, P, T"	"P, T, C"	

(b)

C ○　C △　S △　S ○　C △　S ○
　↪重复　↪切换　↪重复　↪切换　↪切换

(c)

紧盯注视点　快速闪现(150 ms)　报告箭头朝向(175 ms)　呈现掩蔽

图 5-3　反映中央执行器三种功能的典型实验任务流程。（a）更新：字母记忆任务。（b）转换：颜色形状任务。（c）抑制：反眼跳任务（Friedman et al.，2008）

框 5-1　Baddeley 提出多成分模型的历史背景

　　Baddeley 于 1962 年在剑桥大学医学研究委员会应用心理学组获得博士学位。此后，他继续在该中心进行有关长时记忆的基础与应用研究，进而逐渐认识到短时记忆与长时记忆是两个独立的记忆系统。1967 年，Baddeley 离开剑桥大学，赴萨塞克斯大学实验心理学系任教。1972 年，他凭借第一份研究基金（研究短时记忆与长时记忆的关系）招聘到了博士后 Hitch，开启了二人在短时记忆方面的合作研究。在研究中，Baddeley 与 Hitch 假设短时记忆是一个单一的记忆系统，能够帮助人们完成各类复杂任务。为验证该假设，他们要求参与者首先在短时记忆中记住一个随机数字序列，随后完成一项需要短时记忆参与的任务，如问题推理、学习新材料、散文理解等，最后口头报告出目标数字序列。他们预测，随着数字记忆负荷的增加，短时记忆的有限空间会被占用，进而影响推理、学习与理解任务的表现。然而，Baddeley 与 Hitch 惊讶地发现，尽管短时记忆任务对这些任务有一定的影响，但破坏程度远低于预期。例如，在推理任务中，参与者在高记忆负荷下回答问题的时间虽然延长了约 50%，但回答错误率始终保持在 5% 左右，不受记忆负荷的影响。这些结果表明，短时记忆并非一个单一的存储空间。为了解释这一现象，Baddeley 与 Hitch 认为应将注意控制与言语信息的记忆存储区分开来。

　　此时，主编 Gordon H. Bower 邀请 Baddeley 在一本颇具影响力的年度出版物

《学习与动机心理学：研究与理论的进展》(*The Psychology of Learning and Motivation: Advances in Research and Theory*) 上撰写一个章节，介绍学习和记忆领域的最新进展。Baddeley 与 Hitch 认为他们关于记忆的模型尚未成熟，一番犹豫之后，二人最终决定接受邀请。

Baddeley 与 Hitch（1974）提出，短时记忆中不仅存储言语信息，还应存在一个类似于视空间画板的结构来存储视觉与空间信息。由此，工作记忆的三成分模型浮现，它包含一个负责注意控制的中央执行器以及两个独立的子存储系统——语音环路与视空间画板。该模型将我们感知外部世界、调用长时记忆、操纵注意等能力联系在一起，为我们理解外部世界并与之交互的内在机制提供了一种合理的解释。三成分模型一经提出便广受欢迎，Baddeley 和 Hitch（1974）发表的论文也成为心理学领域被引用最多的文章之一。

三成分模型成为随后大部分工作记忆研究的指导框架。然而，随着研究的推进，原三成分模型的一些局限开始显现。例如，它无法解决来自视空间画板、语音环路和长时记忆等不同存储模块间的信息捆绑问题。为此，Baddeley（2000）在原模型的基础上增加了一个容量有限的情景缓冲器（episodic buffer）模块。情景缓冲器在中央执行器所操纵的注意帮助下，主动加工工作记忆中的多维度信息捆绑。然而，随后的研究并不支持该假设（Baddeley et al., 2011）。Baddeley（2012）为此修正了看法（图5-4），认为情景缓冲器被动地整合来自不同维度和存储系统的信息。值得一提的是，Shen 等（2015a, 2015b）的研究发现，情景缓冲器的捆绑加工并非被动整合，而是需要额外客体注意的主动参与。在新修正的多成分模型中，Baddeley 认为语音环路包含语音、手语唇读和音乐声音等子模块；视空间画板包含视觉、空间和触觉3个独立的子模块，其中，视觉子模块处理颜色、形状等客体的特征信息，触觉子模块则加工运动觉和触觉信息。此外，在最新的模型中，Baddeley 还假定味觉、嗅觉信息可以直接通过情景缓冲器进入个体的有意识觉察，但是该猜测还有待进一步检验。

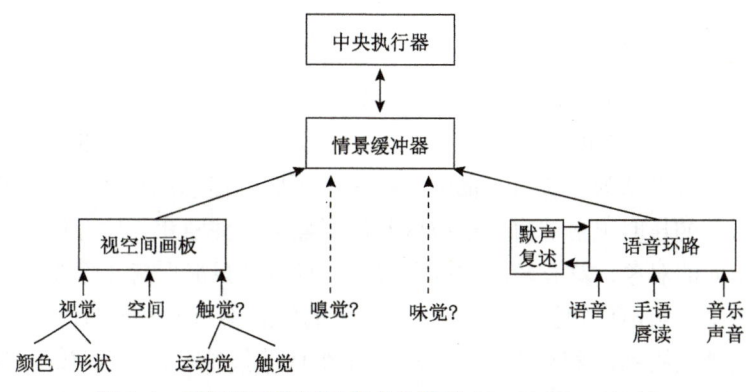

图5-4 最新的工作记忆多成分模型（Baddeley, 2012）

除了视空间画板、语音环路和情景缓冲器，工作记忆中还可能存在其他独立的信息存储模块。例如，以往有关视空间画板的研究主要考察了颜色、形状、位置等一般视觉信息的存储，并未研究人类的生物运动信息（如跑步、跳跃等）存储。近十年的研究发现，人类的生物运动在视空间画板中具有独立于客体工作记忆与空间工作记忆的存储空间（Shen et al., 2014; Wood, 2007）。因此，视空间画板中需要划分出一个新的独立存储空间，用于存储人类的生物运动信息。

（二）嵌套记忆加工模型

Cowan（1988）提出了嵌套记忆加工模型（图 5-5），认为长时记忆中存在激活的长时记忆（activated long-term memory）部分和注意焦点（focus of attention, FoA）两种激活状态。注意焦点就是该模型所指的工作记忆，嵌套于激活的长时记忆信息中，具有最好的信息激活状态。同时，它的容量有限，只能容纳 3—4 个组块的信息（Cowan, 2001）。因此，不同于多成分模型，嵌套记忆加工模型将工作记忆看作长时记忆的一个子系统，而非独立存在的记忆系统；个体对来自不同通道的信息不像多成分模型一样存储于不同的子系统，而是存储在注意焦点中。嵌套记忆加工模型认为，工作记忆与长时记忆存在密切的关联，并强调了注意在工作记忆加工中的重要作用：存储于工作记忆中的信息需要被持续投放注意，以维持其在记忆系统中的高激活状态。Allen 等（2012，2014）认为，注意焦点在某种程度上等同于多成分模型中的情景缓冲器。

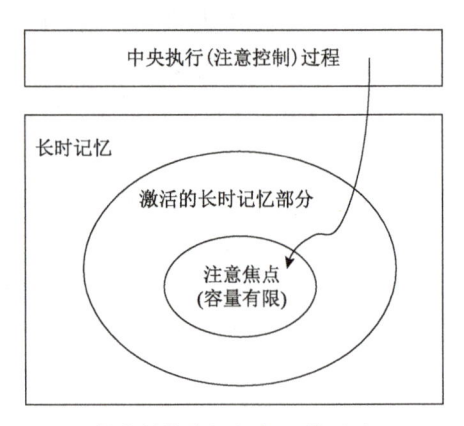

图 5-5 Cowan 提出的嵌套记忆加工模型（Cowan, 1988）

Oberauer（2002）在嵌套记忆加工模型的基础上提出了同心圆模型（concentric model）（图 5-6），将嵌套记忆加工模型中的注意焦点进一步细分为注意焦点和直接存取区（direct access）。因此，该模型认为，长时记忆中存在 3 种不同的信息激活状态，按激活状态从低到高排依次为激活的长时记忆、直接存取区和注意焦点。注意焦点中存储的信息是下一步认知操作直接指向的对象，具有较高的可存取性，且该区只能保持 1 个组块的信息表征。直接存取区的信息是当前认知任务的备选集，这里的信息不与下一步的认知操作直接相关，但在之后可能会被使用到，该区仅能保持 3—4 个组块的信息表征。当前的认知任务会使长时记忆中的部分相关信息被激活，它们被称为激活的长时记忆，该区的信息存储容量

（capacity）没有限制（Nee & Jonides，2013）。

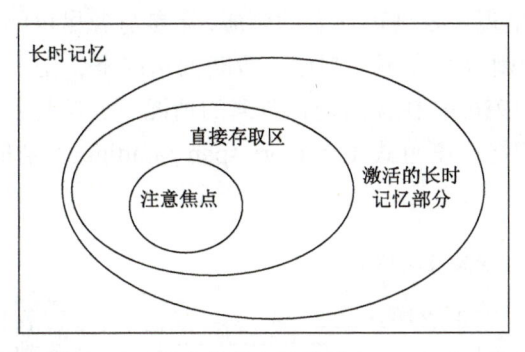

图 5-6　Oberauer 提出的同心圆模型（Oberauer，2002）

包含注意焦点的记忆模型可以很好地解释记忆任务中出现的近因效应（recency effect）。Rundus（1971）给参与者呈现一系列顺次出现的单词并要求他们记忆，待所有单词呈现完之后要求参与者回忆并按顺序报告。结果发现，记忆的绩效与单词在呈现序列中的位置有关（图 5-7）。处于序列位置开头部分的单词回忆正确率较高，这种现象被称为首因效应（primary effect）。处于序列位置末尾部分的单词回忆正确率也很高，这种现象被称为近因效应。研究者认为，信息进入记忆系统的顺序会影响它们在认知系统中的存储和激活状态，序列中最后一个单词存储于注意焦点中，拥有最高的激活状态，其余 2—3 个单词则处于近因效应的范围内，位于直接获取区（Atkinson et al., 2018；Hitch et al., 2018；Nee & Jonides，2008；McElree，2001；Niklaus et al., 2019）。

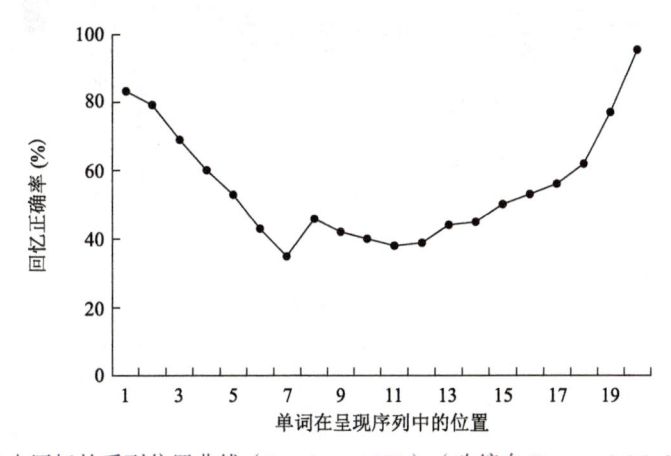

图 5-7　自由回忆的系列位置曲线（Rundus，1971）（改编自 Farmer & Matlin，2019）

三、工作记忆的测量

为了揭示工作记忆的存储与加工机制，研究者开发了多类测量任务与范式。以下对主要的任务范式进行介绍（图 5-8）。

1. 记忆广度范式

实验中，向参与者呈现一系列可命名的刺激，让参与者尽可能多地记忆呈现的刺激，最后顺次报告出呈现的刺激。在不控制记忆策略的情况下，记忆广度一般为 5—9（即 7±2）个刺激（Miller，1956）；在控制记忆策略的情况下，参与者仅能报告出 3—4 个刺激（Cowan，2001）。记忆广度范式（memory span paradigm）是最早被采用的工作记忆测量范式。

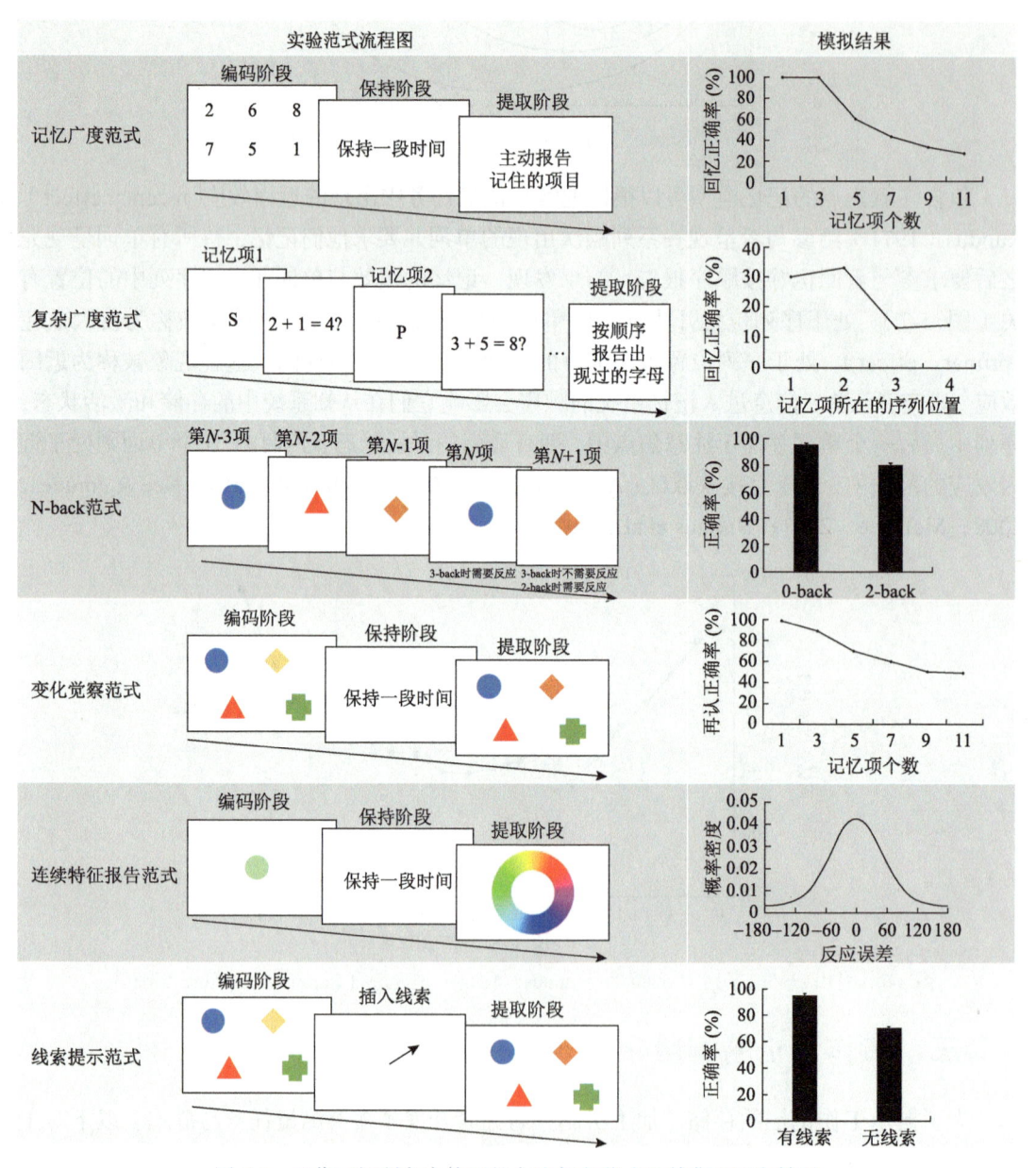

图 5-8　工作记忆研究中使用的主流任务范式及其典型研究结果

2. 复杂广度范式

在复杂广度范式（complex span paradigm）中，参与者需要记忆的信息与一个需要加工的任务交替呈现，并在最后报告出所有需要记忆的信息。例如，给参与者呈现一个字母和算式交替的序列："S，2+1=4？P，3+5=8？"要求参与者对出现的字母进行记忆，在等式出现时立即对等式进行正误判断，并在一个序列结束后按呈现顺序回忆出所有的字母。该任务反映了工作记忆信息存储与动态加工的综合能力，是测量工作记忆能力的常用任务。

3. N-back 范式

实验中，给参与者序列呈现刺激，参与者需要记忆相关刺激，根据要求判断新呈现的刺激与之前倒数第 N 个呈现的刺激是否一致。为了完成该任务，参与者需要不断更新工作记忆中的信息表征，将最新呈现的 N 个刺激保持在工作记忆中。因此，N-back 范式（N-back paradigm）反映了工作记忆的信息存储与更新能力，是目前使用较为广泛的工作记忆任务范式之一。

4. 变化觉察范式

实验中，首先向参与者呈现一定数目的记忆项，要求参与者记忆，记忆项消失后，参与者需要在工作记忆中将信息保持一段时间（一般不短于 500 ms），最后呈现检测项，参与者需要判断检测项中的刺激与记忆项相比是否有变化。变化觉察范式（change detection paradigm）是目前使用较为广泛的工作记忆测量范式之一。

5. 连续特征报告范式

目前，连续特征报告范式（continuous-feature recall paradigm）主要用于视觉工作记忆任务的测量。实验中，要求参与者以较高的精确度来记忆某一类视觉信息（如颜色），保持一段时间，检测时呈现一个反映拟检测刺激精确值分布的反应刺激（如有颜色的色环）。该范式不仅可以检测工作记忆的存储容量，而且可以测量工作记忆的存储精度，是目前使用较为广泛的视觉工作记忆测量范式之一。

6. 线索提示范式

线索提示范式（cued recognition paradigm）属于变化觉察范式的变式，在工作记忆的保持阶段插入线索，提示参与者接下来更有可能被检测到的刺激。常见线索类型有线条、箭头等朝向线索，特定位置的闪烁等空间线索，颜色、形状等刺激含有的特征线索等。该类范式被广泛地用于探讨注意焦点的研究。

第二节 工作记忆的静态功能：信息存储

工作记忆的存储功能是短时记忆强调的记忆功能，也是工作记忆进行信息操纵的前提。目前，研究者对工作记忆的存储特性主要关注如下五个方面：信息在工作记忆中的存储单位、工作记忆的存储容量、工作记忆的信息存储质量、工作记忆存储信息的神经机制和工作记忆存储信息的消退机制。本节将依次介绍这五个方面的内容。

一、信息在工作记忆中的存储单位

研究者在研究工作记忆中的信息存储时，一般以信息组块（chunk）作为存储单元。该概念最早是由 Miller（1956）提出的，是指由若干元素联合而成的熟悉的、较大的信息加工单元。一个组块包括几个紧密联系的成分，如要求参与者记住一串字母序列"PRCZJUVWMRAM"，如果让无任何背景知识的人来记忆，是非常困难的。然而，如果参与者认识到这串看似杂乱的字母实质上包含了 4 个名称的缩写，将这串字母划分为 PRC（People's Republic of China, 中华人民共和国）、ZJU（Zhejiang University, 浙江大学）、VWM（视觉工作记忆）、RAM（random access memory, 随机存储器）4 个不同的组块，那么记忆起来会非常简单。组块的形成会受到知识、经验的影响。基于这些知识、经验，工作记忆善于利用刺激间存在的潜在线索来形成组块，以缓解工作记忆的存储容量限制。研究发现，工作记忆可以利用记忆刺激间存在的共同命运（Luria & Vogel, 2014）、共线性（Anderson et al., 2013）、对称性（Rossi-Arnaud et al., 2012）、社会交互（Ding et al., 2017）等线索来组织需要存储的信息，有效降低工作记忆负荷。

值得一提的是，视觉表征在工作记忆的组块机制尚存在争议。早期研究支持基于客体的存储，主要证据来自 Luck 和 Vogel（1997）的研究。他们发现，在客体数目相同的情况下，多特征客体（如同时包括客体包含的颜色、朝向与大小）的工作记忆准确率和单特征客体（如只记忆客体的颜色）的工作记忆准确率接近，双色块构成的客体与单色块构成的客体记忆存储容量也接近，即视觉工作记忆的记忆绩效取决于记忆的客体数量，与客体的构成特征数量无关。尽管随后有研究提出视觉工作记忆的存储单位不仅和数量有关，也和客体复杂度有关（Alvarez & Cavanagh, 2004; Gao et al., 2009），但这些研究均都默认视觉工作记忆以客体为单位存储。然而，也有研究者提出特征是视觉工作记忆中的存储单位。相关的支持证据主要有以下三个方面：①当记忆客体的特征数量增加时，工作记忆对客体的记忆绩效明显下降（Oberauer & Eichenberger, 2013; Xu, 2002; Wheeler & Treisman, 2002）；②大脑对各类不同视觉特征具有独立的工作记忆存储空间（Wang et al., 2017）；③对同一个客体的两个不同维度特征，其工作记忆绩效间并不存在显著相关（Bays et al., 2011; Fougnie & Alvarez, 2011）。总体而言，视觉工作记忆中的具体存储单位仍未有定论。

工作记忆中存在基于层级的信息存储方式。Brady 等（2011）的研究发现，工作记忆不仅存储单个客体的特征信息，还会抽取并存储表征间的高层级统计表征信息。他们发现，当要求参与者记忆带有不同颜色圆形的尺寸时，圆形的尺寸记忆会受同色圆形整体尺寸的影响，出现参与者对单个圆形尺寸记忆的偏差。Brady 和 Tenenbaum（2013）的研究进一步发现，考虑记忆项目间的知觉组织与高层级结构信息，可以更加准确地理解与预测工作记忆绩效。

二、工作记忆的存储容量

（一）有限的存储容量

工作记忆的重要特性之一是其存储容量有限。Miller 早在 1956 年就提出，短时记忆的容量为 7±2 个组块（框 5-2）。在随后的 40 多年中，该结论一直被大多数研究者与教材接受。自 1997 年开始，研究者采用变化觉察范式，综合利用行为实验与脑成像技术，对工作记忆容量进行了更为精确、系统的测量。这些测量一般采用 Pashler（1988）提出的计算公式及其变式进行计算。当所有记忆项位置全部呈现探测刺激时，可用如下公式得出参与者工作记忆中平均容纳刺激数量的上限（即工作记忆容量）：$K=N\times(H-F)/(1-F)$。其中，N 是记忆项中的刺激数量，H 为记忆任务中的击中率，F 为记忆任务中的虚报率。当 N 小于容量 K 时，所有刺激原则上均可被记住；当 N 大于容量 K 时，由此公式可估计出工作记忆存储信息数目 K。Cowan（2001）指出，当只有一个探测刺激呈现，且呈现在记忆项中某个刺激的位置上时，计算公式应修正为 $K=N\times(H-F)$。采用上述公式，Luck 和 Vogel（1997）首先对视觉工作记忆的容量进行了探讨，发现视觉工作记忆的容量为 3—4 个客体。随后，Cowan（2001）对工作记忆的容量进行了系统梳理与总结，提出在严格控制的实验条件下，对于来自不同通道的信息，工作记忆的容量均为 4 个组块左右。

Vogel 和 Machizawa（2004）用与工作记忆容量相关的对侧延迟电活动（contralateral delay activity，CDA）作为指标，发现 CDA 幅值随参与者记忆客体数量的增加而提高，直至 3—4 个客体时达到峰值，为工作记忆容量是 4 个组块的结论提供了电生理证据。CDA 是目前已知唯一可实时追踪视觉工作记忆中存储表征信息的脑电指标，它能有效地反映视觉工作记忆存储的表征数目。为了提取完全与工作记忆负荷相关的脑电活动，研究者运用了对侧控制法。该方法最初由 Gratton（1998）提出，Klaver 等（1999）将其应用到视觉工作记忆的研究中，最终由 Vogel 实验室发扬光大（Vogel et al.，2001，2005；Vogel & Machizawa，2004）。对侧控制法利用视觉组织的对侧编码特性，将实验刺激分为左、右两个视野呈现[图 5-9（a）]，使得在一侧视野呈现的视觉刺激经视交叉而引发对侧大脑半球的强激活。该方法本质上采用构造差异波的方式将关注的神经活动提取出来：与任务普遍相关的任务难度、唤醒水平等其他因素，会同等程度地激活大脑左、右两个半球，而目标刺激仅能在对侧大脑半球得到加工和存储，因此用记忆刺激所在视野的对侧脑区激活减去同侧脑区的激活，即可将与记忆负荷无关的影响因素剔除。另外，言语加工等存在半球优势加工的无关神经活动，总是发生在大脑半球一侧，通过将刺激出现在右侧时左侧加工半球减去右侧半球的差异波和刺激出现在左侧时右侧加工半球减去左侧半球的差异波合并、平均，即可把上述神经活动的影响抵消。基于上述两个特点，我们可获得与 VWM 信息保持阶段相关的直接神经活动 CDA [图 5-9（b），图 5-9（c）]。

CDA 的幅值在工作记忆的存储容量内时随记忆客体数目的增多而单调上升（幅值更加负向），在记忆 3—4 个客体时（即工作记忆的容量）达到峰值，超过 4 个客体时 CDA 幅值不会继续提高（图 5-10）。同时，4 个与 2 个客体间的 CDA 幅值差异与视觉工作记忆存储容量 K 之间存在显著正相关（McCollough et al., 2007; Vogel & Machizawa, 2004）。

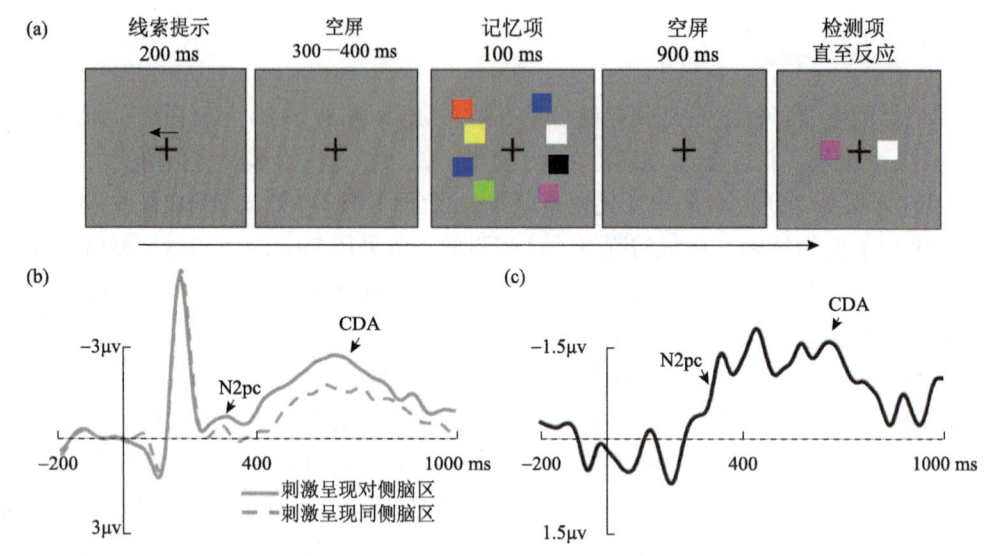

图 5-9 （a）典型的 CDA 实验流程。（b）记忆保持阶段，枕、顶、颞叶电极上出现的典型 ERP（此处为 P1/P2 电极对）。灰色虚线表示在刺激呈现同侧脑区上相关电极的 ERP 波形，灰色实线表示对侧脑区相关电极上的 ERP 波形。N2pc 首先出现，表明参与者的注意发生转移。随后，负慢波（negative slow wave）出现，并一直持续至检测项呈现。（c）记忆 4 个不同客体条件下，对侧脑区 ERP 减去同侧脑区 ERP 获得的差异波 CDA（高在峰等，2012）

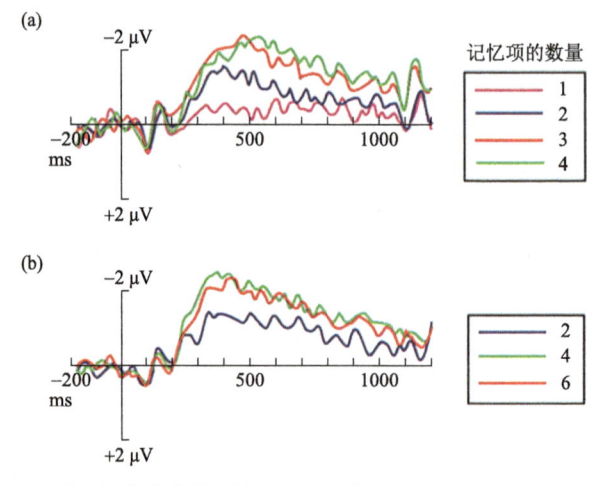

图 5-10 不同记忆负荷条件下的 CDA 幅值（Vogel & Machizawa, 2004）

框 5-2　短时记忆容量神奇数字 7 的由来

美国东部心理学协会（Eastern Psychological Association，EPA）邀请 Miller 做一场报告。然而，Miller 发现他正在开展的两项研究——"绝对判断"（例如呈现一个色块，要求参与者说出对应的颜色）与"记忆广度"（memory span）——的内容并不足以支撑 1 小时的报告，于是委婉地拒绝了邀请。不久后，Miller 意外地发现，绝对判断与记忆广度两项研究之间存在共性，基于这一共性，他可以完成一场报告。此时，美国东部心理学协会仍在积极促成 Miller 的报告，Miller 最终决定赴约。

1955 年 4 月 15 日，Miller 在美国费城做了题为"神奇的数字 7±2：人类信息加工能力的局限"（The magical number seven plus or minus two: Some limits on our capacity for processing information）的报告。在报告中，Miller 幽默地表示，7 年来他一直被一个整数"困扰"。他的实验室有关绝对判断、记忆广度的研究，以及来自其他实验室的感数（subitizing）研究结果均表明，人类的信息加工存在容量限制，最多可同时加工 7±2 个组块。报告内容于 1956 年 3 月在《心理学评论》（Psychological Review）上正式发表，成为心理学领域最具影响力的论文之一。

Miller 提出的神奇数字 7 实质上是一种粗略的归纳，而非源于严格的实验室测量。尽管该结论存在诸多不足（现在看来甚至有些错误，7 个组块实际上是长时记忆与工作记忆共同作用的结果），但这篇论文在心理学历史上具有重要意义。首先，这一发现首次明确指出人类的信息加工存在局限，并给出了一个具体的数字。这个数字的影响极为深远，以至于 60 多年过去了，普通民众（甚至包括部分教科书编者）仍然坚信人类的短时记忆容量大约为 7 个组块。其次，它首次指出短时记忆的存储单位是组块，这一概念是记忆领域不可或缺的。

（二）影响工作记忆存储容量的因素

工作记忆中可存储的表征数目还会受到表征复杂度的影响。Alvarez 和 Cavanagh（2004）首次检验了表征复杂度对视觉工作记忆容量的影响，发现复杂度越高，工作记忆中可存储的表征数目越少。研究者使用 CDA 作为指标，发现记忆 2 个与 4 个复杂客体的 CDA 幅值间无显著差异，而记忆 4 个简单客体的 CDA 幅值显著高于记忆 2 个简单客体的 CDA 幅值（Gao et al., 2009; Luria et al., 2010），这进一步支持了该观点。一项 fMRI 研究调和了这两个冲突的结果，发现大脑中存在仅受客体数量调节的存储脑区（如顶内下沟）和同时受存储客体数目与表征复杂度影响的存储脑区（如顶内上沟，侧枕叶；Xu & Chun, 2006）。高在峰等（Gao et al., 2009）进一步认为，这两种结果的出现可能与信息在知觉阶段的不同加工特性有关：在知觉阶段以并行方式得到加工的客体属于粗糙信息，最多 3—4 个包含存储信息的客体可以在工作记忆中得到存储；在知觉阶段以串行方式得到加工的客体属于高精度信息，最多 1—2 个包含细节特征的客体可以在工作记忆中得到存储。目前，越来越多的研究者认为，工作记忆可存储表征数目的上限与工作记忆中存储表征的复杂度反映了工作记忆存储的两种独立能力：前者反映存储容量，后者反映表征精度（precision）。随后的大量工作记忆研究围绕这种观点开展，并提出了诸如卡槽模型（slot-based model）、资源模型（resource-based model）等解释工作记忆存储容量与表征精度的模型（参见本节"工作记忆的信息存储质量"）。

另外，言语工作记忆容量也会受到发音时长和语义相似性的影响。根据 Baddeley 的多成分模型，视觉方式呈现的词语存储在语音环路中，除了按照信息输入通道表征为视觉形式，还会进一步编码表征为语音形式和语义形式。因此，词语的意义和读完该词需要的时间都会影响记忆绩效。我们可以尝试分别记忆以下两组词表："长江、黄河、泰山、华山、长城"和"雅鲁藏布江、喜马拉雅山脉、布达拉宫、澜沧江梅里大峡谷、塔克拉玛干沙漠"。读完这组词之后，我们能回忆出其中的多少个词语？Baddeley 等（1975）做了类似的测试，发现参与者可以准确地从名称较短的地理名词列表中平均记住 4.2 个词语，但从名称较长的列表中平均只能记住 2.8 个词语。类似地，有研究分别测试了说英语、西班牙语、希伯来语和阿拉伯语的参与者对数字 1—10 的记忆广度[图 5-11（a）]（Naveh-Benjamin & Ayres，1986）。1—10 的英文数字几乎都是一个单音节的单词，西班牙语和希伯来语数字的音节次之，阿拉伯语数字的音节最长，相应的数字记忆广度随着数字音节的增加而减小。因此，在讨论言语工作记忆容量时，不仅要考虑组块的影响，还要考虑材料的发音时长。除语音特性外，更重要的是言语具有语义特性。词语的含义会对存储到工作记忆的刺激数量产生重要影响。记忆材料的语义相似度越高，受到干扰的程度也就越高（Cain，2006；Xu，Pollatsek，Potter，1999；Walker & Hulme，1999）。Wickens 等（1976）利用记忆研究中的前摄干扰（proactive interference）现象探讨了语义相似性对言语工作记忆的影响，如图 5-11（b）所示。前摄干扰是指我们在记忆新材料时会受到以前记忆的旧材料的干扰。假设我们在一项任务中记住了 3 个字母集 "XCJ" "HBR" "TSV"，那么我们可能会很难记住第四个字母集 "KRN"，因为它们都是 3 个字母的集合，我们对第四个字母集的记忆会受到前 3 个字母集的干扰。但是，如果我们将第四个字母集变为数字集（如 "529"），那么会很容易记住新的数字集而较少受到前摄干扰的影响。Wickens 等（1976）的研究发现，第四个刺激与前三个刺激的语义相似性会调节其受到前摄干扰的强度。研究中，Wickens 等使用了 5 种不同的语义类别（水果、蔬菜、花朵、肉食、职业），并据此把参与者分为 5 组。在前 3 个试次中，每组参与者分别记忆来自同一类别的 3 个不同词语并完成回忆测验。在第四个试次中，所有参与者都需要记忆水果类别的词语。他们发现，第四个试次的记忆绩效

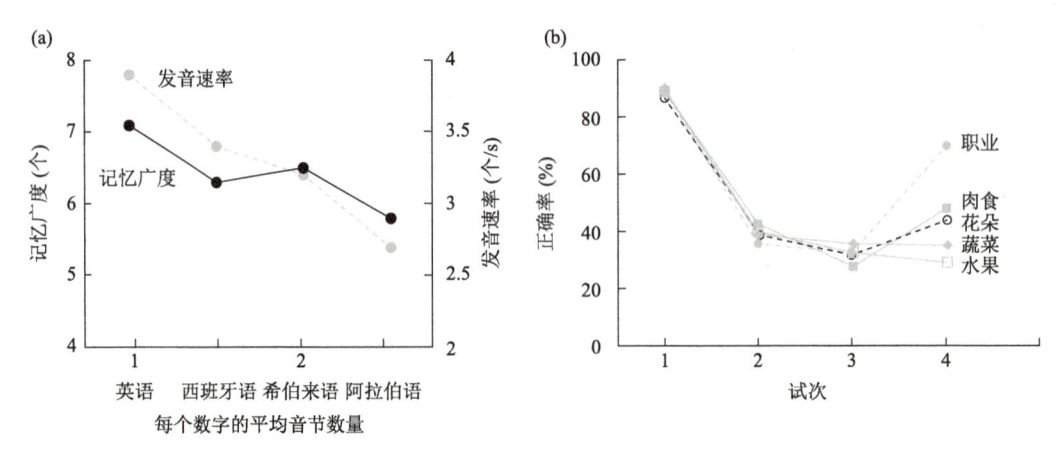

图 5-11　（a）四种不同语言背景人群的数字记忆广度和发音速率（Maltin，2009，p.131）。（b）语义相似性对言语工作记忆的影响（Maltin，2009，p.133）

受到水果类别与前三个试次所属词语类别的语义相似性的影响：蔬菜和水果均是植物且可食用，二者在语义上高度类似，受到的前摄干扰最明显，记忆绩效最差；花朵、肉食在可食用维度上与水果存在相似性，前摄干扰减弱，记忆绩效居中；职业与水果在语义上的相似性非常低，前摄干扰最小，记忆绩效最好。值得一提的是，不同于语义相似性对言语材料记忆的干扰，在视觉工作记忆任务中，在操纵记忆项刺激间的相似性程度（如朝向、颜色）而保持其他条件不变的情况下，记忆项间的相似性程度越高，记忆绩效越好（Lin & Luck, 2009）。该现象产生的原因可能与高相似性有助于降低记忆表征的内部噪声或基于相似性形成组块而降低了记忆负荷有关（Jiang et al., 2016；Zhang et al., 2016a, 2016b）。

三、工作记忆的信息存储质量

人们记忆的信息存在"模糊"和"精确"的差别，这涉及信息在工作记忆中的存储质量或精度。为了探讨该问题，研究者采用连续特征报告范式进行了大量探讨，提出卡槽模型与资源模型两种不同观点（图 5-12），目前尚无明确定论。

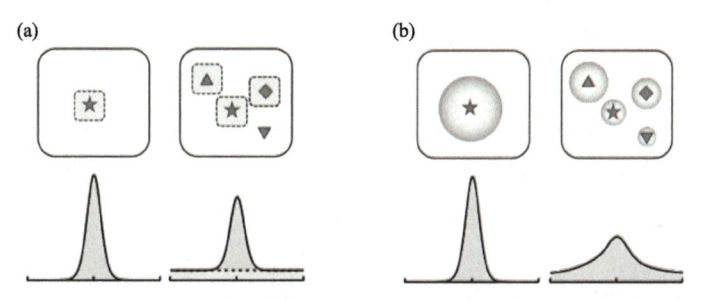

图 5-12 工作记忆信息存储质量的两种不同观点示意图。(a) 卡槽模型。(b) 资源模型（Ma et al., 2014）

Zhang 和 Luck（2008）提出了卡槽模型。该模型认为，工作记忆中存在 3—4 个卡槽，每个卡槽中的刺激表征精度是固定的。外界信息以"全或无"的方式在工作记忆中得到表征。若需要记忆的刺激数目超过卡槽数，则每个卡槽存储一个刺激，其余刺激则无法在工作记忆中得到存储；若需要记忆的刺激数目少于卡槽数，那么多个卡槽可以同时表征一个刺激，使得该刺激的记忆精度提高。Zhang 和 Luck（2008）采用连续特征报告范式，首次对工作记忆中存储的表征精度进行了探讨。在一个典型的实验中（图 5-13），参与者需要记忆一定数目的色块，间隔一段时间（如 900 ms），要求参与者精确回忆相应位置上方块的颜色，并在连续变化的 360°色环上选取他们回忆的颜色，以参与者的反应偏差值（即参与者在色环上选取的颜色与实际颜色间的度数差）作为因变量。参与者反应偏差值的分布由正态分布和均匀分布混合而成。其中，参与者正确记忆的表征分布为正态分布，标准差（s.d., standard deviation）即为参与者正确记忆时的记忆精度；参与者未记住从而需要随机猜测的表征分布呈均匀分布，反映了参与者随机猜测的概率，$1-P_m$，P_m 为正确记忆表征的概率。基于该假设，Zhang 和 Luck（2008）使用最大似然法拟合参与者的偏差值，根据拟合得到的正态分布标准差估计工作记忆表征的存储精度。结果发现，在工作记忆容量（3—4 个）以内时，记忆精度随记忆项数目的减少而下降，猜测概率相对保持不变；但超过容量时，记忆精度不再随记忆项目的增加而变化，猜测概率则显著提高。

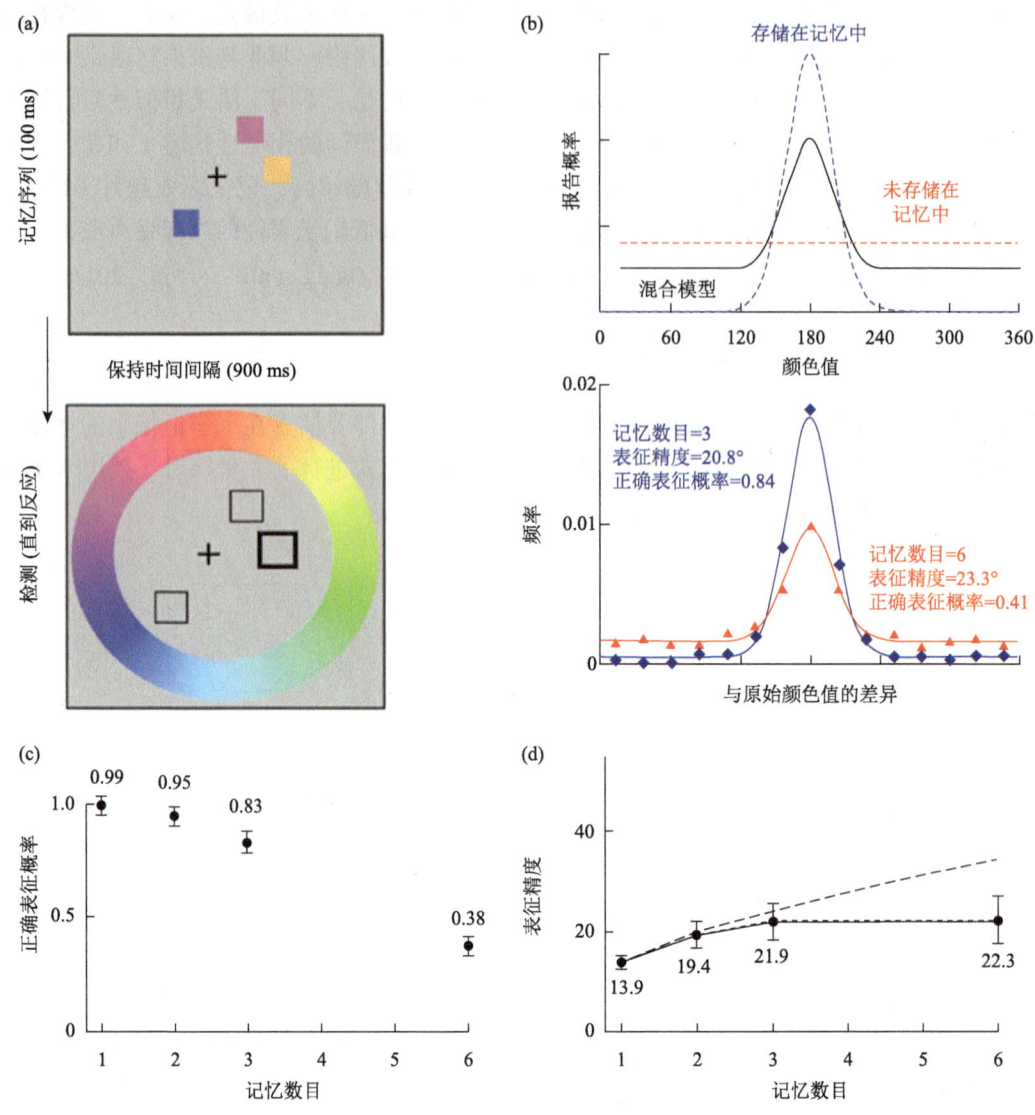

图 5-13 Zhang 和 Luck（2008）的研究实验流程与典型研究结果。（a）实验流程图。（b）参与者反应偏差值的分布。（c）工作记忆正确记忆表征的概率（P_m）随记忆数目变化的模式。（d）工作记忆的存储表征精度（s.d.）随记忆数目的变化模式

  Bays 等（2009）指出，参与者的反应偏差值除正确记忆和随机猜测两部分外，还包括错误捆绑，即将位置 A 的信息错误记忆为位置 B 的信息。该部分试次的反应偏差值分布亦为正态分布，其所占比例反映了参与者捆绑错误的概率。基于该假设，他们发现，工作记忆表征的存储精度随记忆负荷的增加而下降，且在超出工作记忆容量上限（3—4）后依然保持下降。据此，Bays 提出了资源模型，认为工作记忆是一种资源，可灵活分散在需要记忆的所有刺激中。随着记忆刺激集的增大，每个项目获得的资源变少，导致精度降低。工作记忆资源会根据记忆表征的数量、复杂度、重要性等分配，获得较多资源的表征将具有更高的记忆精度。

四、工作记忆存储信息的神经机制

有关工作记忆存储信息的神经机制,已有研究主要从工作记忆的大脑机制、神经振荡机制两个方面展开。此外,也有研究者开始探索工作记忆存储的分子机制。我们主要介绍大脑机制与神经振荡机制。

(一)工作记忆的大脑机制

最早有关工作记忆脑机制的研究源于大脑前额叶的探索(D'Esposito & Postle,2015;Postle,2017)。Pribram 等(1964)的研究发现,前额叶受损的猕猴完成一个目标刺激与反应间存在时间间隔的任务时,其任务绩效较健康猕猴会显著下降。他们据此推测,前额叶可能与我们现在所讲的工作记忆加工过程有关。随后,Fuster 和 Alexander(1971)记录了猕猴在完成工作记忆任务时的前额叶神经元细胞放电情况。他们发现,在感觉刺激消失后的工作记忆信息保持阶段,猕猴的前额叶中有些神经元保持持续性神经冲动,且平均放电率具有一定的刺激特征偏好。在随后的 40 多年里,前额叶的这种持续性神经放电活动被认为是维持工作记忆表征的神经基础。然而,近年来,这种观点受到了挑战。不少研究者指出,以往观察到的持续性放电实质上是多个试次平均的结果,若从单个试次来看,则只能观察到短暂的神经爆发而非持续放电(图 5-14)(Miller,2018;Meyers,2018);工作记忆中的信息保持可能是通过众多神经元在不同时间点的短暂爆发性放电而呈现的群体动态编码来实现的(Meyers,2018;Zhu et al.,2020)。

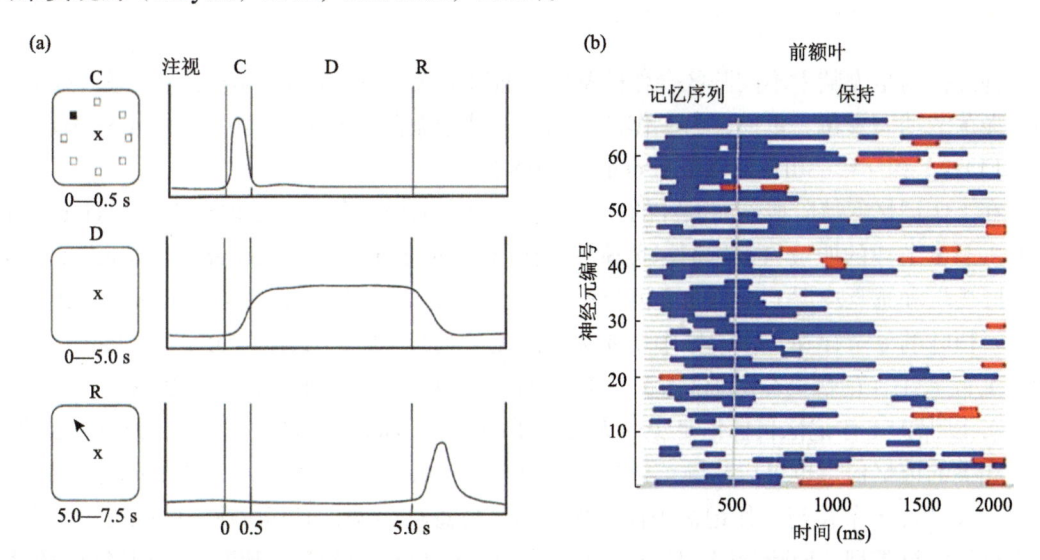

图 5-14 单个神经元的活动记录。(a)不同类型前额叶神经元的放电活动。结果显示,在记忆项呈现时(图中用 C 表示)和记忆项提取时(图中用 R 表示),有放电活动的神经元细胞在记忆保持阶段(图中用 D 表示)不会放电。(b)根据对前额叶皮层具有朝向特异性表征的 67 个神经元放电活动的分析,在记忆保持阶段,许多神经元只在其中较短的一段时间选择性放电。蓝色区域表示对特异性朝向反应高于非特异性朝向的神经元细胞,红色区域表示对特异性朝向反应低于非特异性朝向的神经元细胞,灰色区域表示神经元信号不具有朝向特异性表征的时刻(Meyers,2018)

早期研究认为，前额叶在工作记忆的信息存储中起关键作用。然而，随后很多研究发现，前额叶可能并不负责存储具体的信息表征，而是把来自低级感觉皮层的信息转码为适合任务反应的表征形式，特别是更高级别的抽象信息，如任务规则、目标或者某类刺激的抽象表征等（D'Esposito & Postle，2015）。这些信息主要与中央执行功能有关，用于自上而下地指导、协调后续的认知加工，如增强任务相关信息的加工或抑制无关信息的加工等。

后续研究采用 fMRI、EEG/ERP、TMS 等技术手段（Christophel et al.，2017），研究者以人类和非人灵长类动物为对象，发现工作记忆表征存储的脑机制呈现出一种分布式表征的特点。脑区中的感觉皮层、颞叶、顶叶、前额叶都有参与，且表征在大脑中的抽象程度从后（感觉皮层）向前（前额叶）逐渐提高。感觉皮层加工低级的具体表征，如初级视觉皮层加工运动朝向、颜色、对比度等，而前额叶表征高级的抽象表征（如数量、频率等）。

总体而言，工作记忆存储的脑机制仍有待进一步探索。例如，在视觉工作记忆领域，Harrison 和 Tong（2009）提出了感觉参与假说（sensory recruitment hypothesis），认为工作记忆中信息的保持依赖加工该类信息的感知觉皮层激活（Harrison & Tong，2009）。如有研究（Serences et al.，2009）发现，早期视觉皮层（如 V1）在知觉颜色或朝向信息时的神经激活模式与在工作记忆中保持颜色或朝向信息时的神经激活模式类似。但是，该观点目前被多方证据质疑。一种代表性的观点认为，顶叶在视觉工作记忆的保持中起到了关键作用，早期感知皮层的激活是由来自顶叶或前额叶的自上而下的反馈信号引起的（Xu，2018，2020）。

（二）工作记忆的神经振荡机制

神经振荡是大脑中不同脑区合作的基础。通过 EEG、MEG、颅内电生理记录可以揭示神经振荡的动态变化。目前，与工作记忆相关的神经振荡频段主要集中在 θ（4—8 Hz）、α（8—13 Hz）和 γ（>30Hz）（Miller et al.，2018）。

在工作记忆保持阶段，前额叶的 θ 节律能量通常随记忆负荷的增加而增大（Klimesch，1999），且 θ 节律的能量与工作记忆负荷成正比（Gevins et al.，1997；Jensen & Tesche，2002）。前额叶皮层和感觉皮层（V4）的 θ 耦合程度可以预测工作记忆的成绩（Liebe et al.，2012）。枕叶、顶叶的 α 节律在工作记忆中主要起抑制无关刺激干扰的作用（Palva S & Palva J M，2007）。随着工作记忆负荷的提高，α 节律的能量随之增大（Jensen et al.，2002；Spitzer et al.，2014），以保护工作记忆目标信息免受无关刺激的干扰（Bonnefond & Jensen，2012）。此外，空间相关的记忆信息也可以从 α 节律中解码出来（Foster et al.，2017；van Moorselaar et al.，2018）。最后，γ 节律与工作记忆表征的加工和维持息息相关，但其所在脑区取决于工作记忆表征的信息类型（Buzsáki & Wang，2012；Jensen et al.，2007）。随着工作记忆负荷的增加，γ 节律的幅度也会增大（Howard et al.，2003；Roux et al.，2012）。还有研究者提出，γ 节律与 θ 节律的耦合是工作记忆编码多个项目的神经机制：单个记忆项目由 γ 节律的活动表征，而多个记忆项目由镶嵌在单个 θ 周期内的多个 γ 节律周期依次表征，该过程以 θ 周期重复来刷新记忆项目（Lisman & Jensen，2013）。

五、工作记忆存储信息的消退机制

我们在日常生活中经常遇到刚记住的信息因消退而想不起来的情况。例如,用餐结束询问价格后正准备付钱时,手机响了,马上进行通话。通话结束后,打算付钱时,已不记得需要支付的金额。这种工作记忆存储信息的快速消退现象引起了心理学家极大的研究兴趣。为了探讨影响工作记忆中信息的消退机制,研究者采用复杂广度、变化觉察等范式进行了系统研究。目前,主要存在基于时间的消退(time-based decay)理论与基于干扰的消退(interference-based decay)理论。

(一)基于时间的消退理论

基于时间的消退理论认为,随着时间的推移,记忆信息会不可避免地发生消退。基于时间的资源分享(time-based resource-sharing, TBRS)理论对该观点做了论述(Barrouillet, Bernardin, Camos, 2004)。TBRS 理论认为,工作记忆的信息存储是基于时间的消退和基于中央执行器注意的刷新两个过程共同作用的结果。工作记忆正在进行的加工处于注意焦点中,在中央执行器的帮助下,注意焦点在不同的任务或记忆表征之间转移。当注意焦点从某个记忆表征上转移后,记忆表征开始消退;如果注意焦点在表征的痕迹完全消退前重新转回来,那么该表征可重新得到刷新,进而得到保存,反之则被遗忘。为了检验该观点,Barrouillet 等(2004,2011,2012)进行了系列研究。为了操纵注意焦点的转移,他们在工作记忆任务中插入一项需要立即执行的加工任务,如数字加和等。TBRS 理论认为,信息的消退不取决于加工任务的完成时间,而是取决于加工任务所耗的时间在总加工时间中所占的比例,并将该比例称为认知负荷(cognitive load, CL)。认知负荷可以用以下公式计算:$CL=aN/T$,其中,a 表示一个加工任务所需的时间;N 表示记忆任务中的加工任务个数;T 表示完成记忆任务与加工任务的总时间。认知负荷越高,工作记忆的绩效越差。研究结果均证实了该预测(图 5-15)。

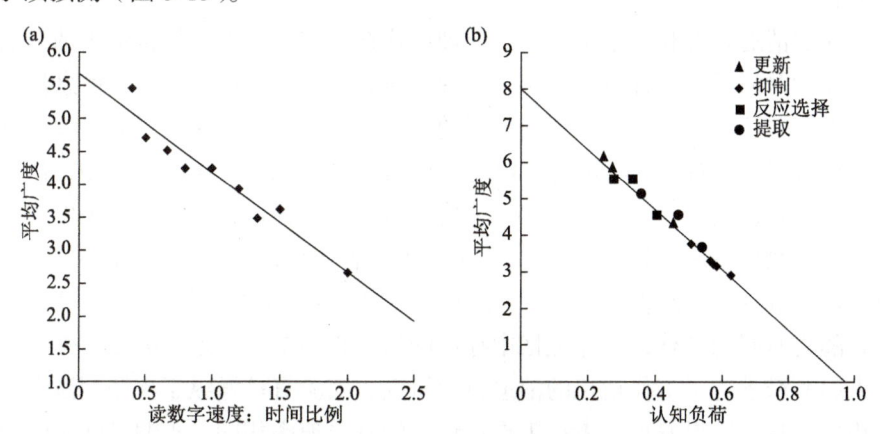

图 5-15 (a)参与者要求记忆分开呈现的字母,并在记忆字母间隙完成读数字串任务,工作记忆绩效(纵坐标)是读数字速度(横坐标)的线性函数(Barrouillet et al., 2004)。(b)工作记忆绩效与认知负荷之间存在负向的线性关系,认知负荷通过在工作记忆任务间完成不同类型的中央执行器任务来实现(Barrouillet et al., 2011; Barrouillet & Camos, 2012)

Portrat 等（2008）在一项研究中要求参与者记忆字母，同时在字母间插入位置判断的加工任务，要求参与者判断方块位于屏幕上方还是下方。实验中，加工任务每次呈现的时间相同，且加工任务的时间间隔亦相同。研究者通过控制方块距离屏幕水平中线的远近来实现对认知负荷的操纵。在低认知负荷情况下，方块离水平中线较远，参与者很容易判断二者的位置关系，位置任务判断时间短；在高认知负荷情况下，方块离水平中线较近，参与者较难判断二者的位置关系，位置任务判断时间较长。结果发现，高认知负荷条件下的记忆绩效显著差于低认知负荷条件，与预期相符。随后的研究采用视觉通道的记忆任务和听觉通道的次任务，得出了类似的结果。

（二）基于干扰的消退理论

基于干扰的消退理论认为，工作记忆中信息的消退与表征间的干扰相关（Oberauer & Kliegl，2001，2006）。工作记忆中的每个表征都是由多个特征的共同激活来实现的。由于特征的数量有限，同一特征可能需用于编码多个不同的存储表征。因此，当两个表征共享某些特征时，二者会在这些特征上产生竞争，导致这些共享特征在其中一个表征上丢失，从而出现记忆痕迹的消退。同时，在注意的作用下，部分消退的记忆表征可通过激活更多的特征或减少表征间的特征重叠而得以修复。因此，如果在记忆的过程中执行额外的干扰信息加工，干扰刺激将损害表征的记忆痕迹；记忆信息的受损程度不受加工任务所需时间的影响，而是取决于加工任务的干扰强度。同时，干扰信息对记忆表征的干扰强度取决于干扰刺激的新颖性，新颖性越高，对其加工的编码强度和表征强度就越高，从而导致干扰越强。该理论可以解释部分基于时间消退理论所无法解释的现象，如要求参与者在记忆保持阶段进行大声复述，一种条件下仅需复述某个单词一次，另一种条件下重复复述该单词多次。结果表明，两种条件下的记忆绩效无显著差异。基于干扰的消退理论预测，重复的干扰信息因无新颖性，即使重复复述单词多次比重复一次需要更多时间，也不会对记忆绩效造成更大破坏。

基于时间的消退理论和基于干扰的消退理论均在探究信息在工作记忆中消退的内在机制，另有研究者对消退的过程进行了探讨。现有研究表明，工作记忆中的信息消退可能并非一个先丢失细节信息后使得信息逐渐模糊的过程，而是一个突然消失的过程。有研究采用连续特征报告任务，对该问题进行了探讨（Zhang & Luck，2009）。实验中，研究者要求参与者记忆一系列色块，1 s、4 s 或 10 s 后完成颜色的特征回忆任务。结果发现，工作记忆中存储的表征数目在短时间内（1—4 s）未发生显著变化，但在间隔时间更长（10 s）时存储的数量显著减少，然而表征的记忆精度在 1—10 s 内均未发生显著变化（图 5-16）。该结果表明，随着时间的推移，工作记忆中存储的信息是一个一个地"突然消失"的。另有研究采用人脸刺激进行了工作记忆的消退过程研究，实验直接操纵了探测刺激类型为细节信息还是粗糙信息，结果发现二者在工作记忆中的衰退速率相同，表明可能是两类信息同时消失（Gao & Bentin，2011）。

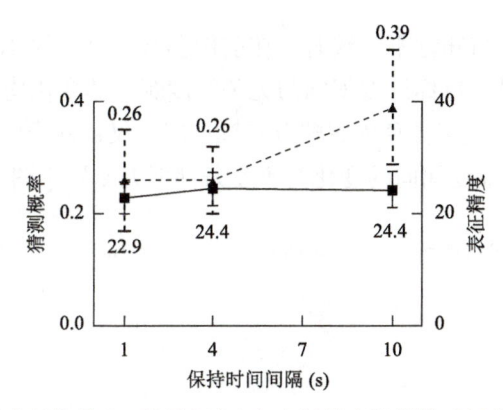

图 5-16 工作记忆中存储的表征数量（1-猜测概率）与表征精度随保持时间变化的结果。虚线代表猜测概率，对应左侧纵坐标轴；实线代表表征精度，对应右侧纵坐标轴（Zhang & Luck, 2009）

第三节　工作记忆的动态功能：信息加工与操纵

工作记忆的动态功能是工作记忆区别于短时记忆的核心所在。根据信息加工的过程，信息在工作记忆中的动态加工主要涉及以下五方面的内容：工作记忆的信息编码机制、工作记忆对存储信息的整合与操纵、工作记忆中的表征复述机制、工作记忆的信息提取机制及工作记忆与长时记忆的交互机制。以下就这五个方面分别进行介绍。

一、工作记忆的信息编码机制

工作记忆的编码是指将信息从感觉记忆巩固至工作记忆的过程。传统认知心理学理论认为，知觉和工作记忆是两个顺次执行的独立加工阶段，工作记忆是一个存储知觉加工最终产品的高级加工阶段（Chun & Potter, 1995; Zhang & Luck, 2008）。然而，很多研究发现，工作记忆并非被动存储知觉的最终产品，而是动态地参与到知觉加工的各个过程中，在形成外部世界的连贯知觉表征中起着重要作用。例如，沈模卫等（Gao et al., 2010, 2011）支持知觉与工作记忆之间存在密切交互的观点，他们发现视觉客体表征在工作记忆中的构建是一个从粗糙到精细的累积过程，知觉不同阶段加工与提取的视觉信息，在工作记忆中存在分离的表征机制。由视觉基本特征信息（如简单的颜色、形状）在并行阶段形成的粗糙的前注意客体文件会首先自动进入工作记忆，并被存储为整合客体。随后，需要集中注意参与的细节特征信息（如蓝道环的开口朝向）进一步得到加工，以更新工作记忆中的客体文件。前者总是自动进入工作记忆并得到存储，呈现出基于客体的编码机制（object-based encoding），而后者的存储受到自上而下任务的调节，呈现出基于特征的编码机制（feature-based encoding）。该结论得到了一些研究者研究的支持（Ye et al., 2017）。

沈模卫等（Gao et al., 2010）的实验采用变化觉察范式，选用有颜色与朝向两种特征的蓝道环作为刺激材料［图 5-17（a）］。在不同的实验区组中，要求参与者记忆蓝道环的颜色或开口朝向，另外的特征作为无关维度特征。研究采用前额的 N2 脑电成分作为指标，当工作记忆中存储的表征与知觉不一致时,在前额会有更负向的 N2 成分。结果发现,当记忆开口朝向忽略颜色时,目标维度朝向与无关维度颜色的变化均可诱发更负向的 N2 成分[图 5-17(b)];反之,记忆颜色而忽略开口朝向时,仅目标维度颜色的变化可以诱发更负向的 N2 成分,而无关维度朝向的变化与不变条件下无差异[图 5-17(c)]。

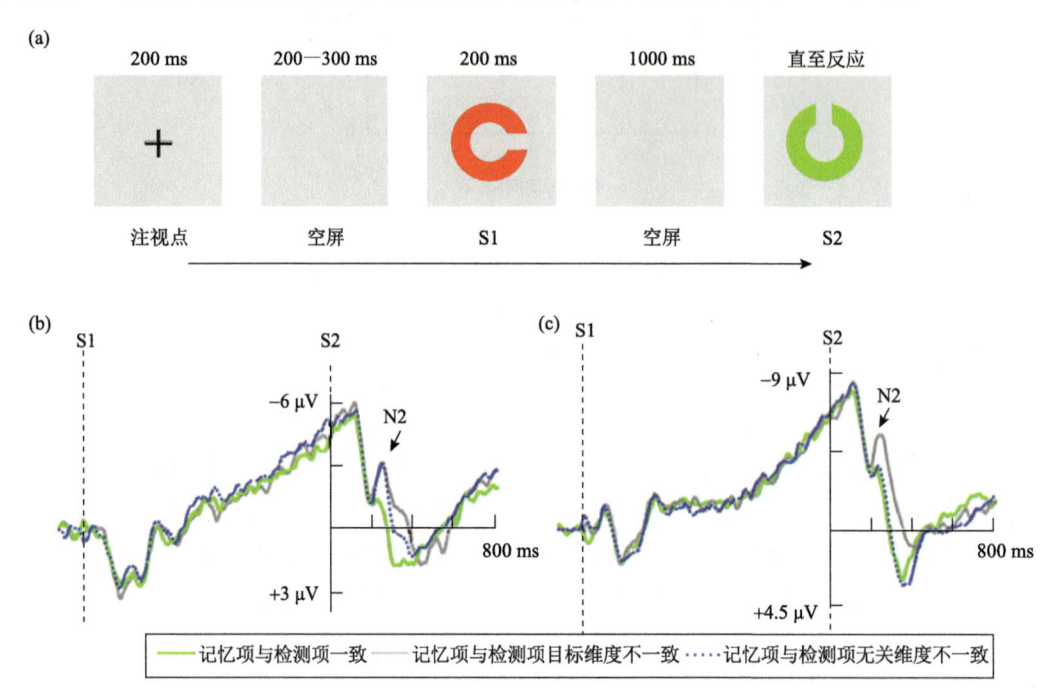

图 5-17 (a)实验流程图示例。(b)记忆开口朝向、忽略颜色时的脑电结果。(c)记忆颜色、忽略开口朝向时的脑电结果(Gao et al., 2010)

大量信息可以进入感觉记忆,而工作记忆的容量仅为 3—4 个客体,那么究竟哪些知觉信息可以被巩固进入工作记忆中呢?有研究者将注意比作工作记忆的"看门人"(Awh, Vogel, Oh, 2006),被注意选择的信息会优先存储在工作记忆中,未被注意选择的信息将会在感知系统中快速消退(Gazzaley & Nobre, 2012)。刺激的凸显性、奖赏、线索提示等因素均会通过影响注意的分配而影响工作记忆编码(Klink et al., 2017)。例如,有研究发现,与高奖赏相关联的视觉刺激更容易进入工作记忆(Gong & Li, 2014)。

另有研究发现,仅注意可能并不足以保证信息被编码至工作记忆中,自上而下的预期起着重要的调节作用(Chen & Wyble, 2015)。当人们没有预期到要报告某一信息时,即使他们刚刚已经注意并且使用该信息完成了一项认知任务,该信息仍可能未被巩固至工作记忆中,导致参与者无法在意外记忆测验时将其准确报告。该研究中,研究者给参与者呈现 3 个数字和 1 个字母,让参与者报告字母的位置(图 5-18)。参与者完成 N 个试次(即前置意外测验试次)之后,突然要求参与者报告刚刚出现的字母是什么(意外测试)。结果显示,在意外测试中,参与者无法准确报告字母身份信息,即使他们刚刚注意并且使用了该信息进行目标字母定位。Chen 和 Wyble(2015)将这一令人惊讶的现象命名为"属性失忆"现象。但在紧随意外测试后的试次中(称为控制试次),参与者对字母身份的报告准确率显著提高。属性失忆现象的普遍性已经得到了验证,且该研究者的进一步研究证明该现象反映了对已经注意信息的记忆巩固的缺失(Chen & Wyble,2015)。

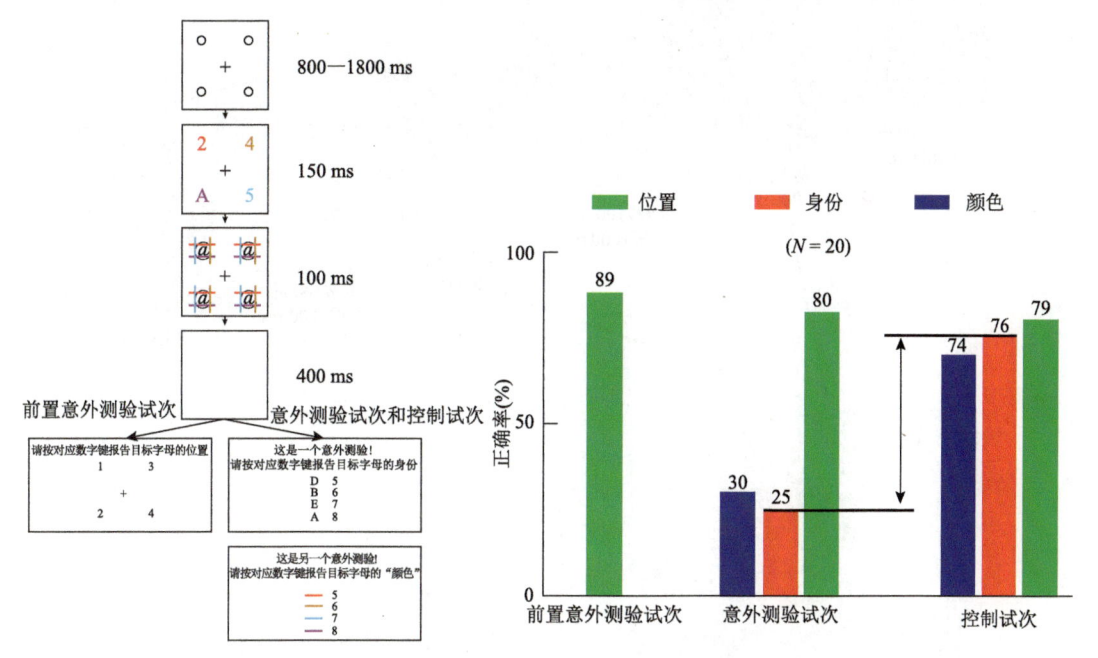

图 5-18 属性失忆现象典型研究范式流程和结果(Chen & Wyble,2015)

二、工作记忆对存储信息的整合与操纵

工作记忆动态参与到我们的高级认知加工中,需要对离散进入的信息做动态的整合,并根据任务的需求对存储表征进行相应的认知操作(如对表征的选择性保持、移除)。因此,工作记忆中的信息整合与操纵两种能力显得格外重要。

由于眼跳等原因,人们从外界环境中获得的视觉信息往往是离散的。从一个注视点转移到下一个注视点,视网膜获得的图像并不连续。神奇的是,我们并不会因为这些变化而产生混乱,依然能知觉到一个连贯有序的外部场景。在该问题的解决过程中,工作记忆扮演了重要角色:它实时存储并整合连续眼跳间的目标信息,形成一个完整的表征(Henderson & Hollingworth,2003;Hollingworth et al.,2008)。工作记忆甚至可以主动发现存储信息间存在的潜在格式塔线索,并利用该线索组织已存储的信息,进而整合成更高级的存储单元(Irwin & Andrews,1996;Shen, Huang, Gao,2015;Shen et al.,2015a,2015b;Zhou et al.,2016)。Shen 等(2015a,2015b)的研究发现,当把一个完整的蓬佐错觉图形拆分成多个线段分别单独呈现,顺次进入工作记忆时,工作记忆依然可以把这些离散的线段组织为完整的图形,从而发生蓬佐错觉(图5-19)。这种工作记忆的动态整合能力给视觉系统提供了一种有效的信息压缩方式,可以大大节约工作记忆的有限存储资源(Cowan,2001)。

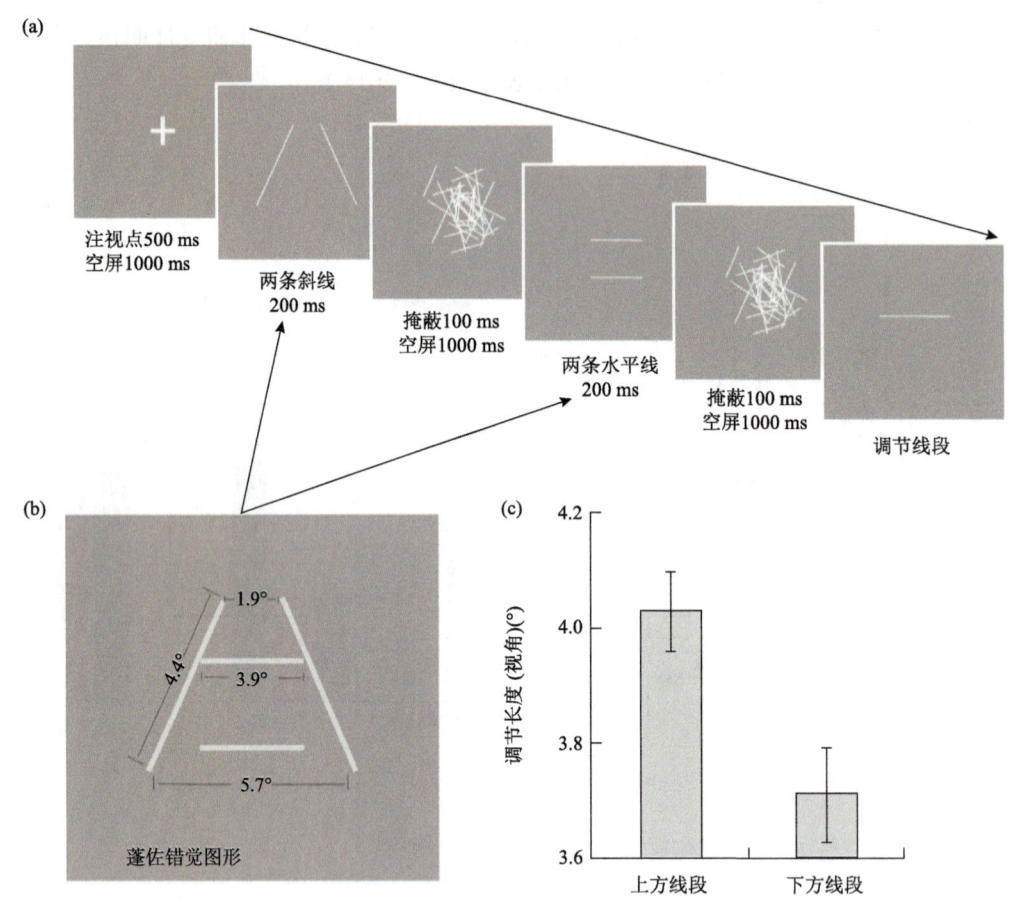

图 5-19 （a）检测工作记忆中是否因自动整合而发生蓬佐错觉的实验任务，要求参与者记忆四条线段的长度，随后调节检测线段长度使其与记忆中该位置上的线段长度相同。（b）完整的蓬佐刺激，虽然中间两条线段的实际长度相同，但上方线段看起来要长于下方线段。在实验中，把蓬佐错觉拆分为两条斜线与两条水平线。（c）上方线段的调节长度要长于下方线段，表明发生了工作记忆蓬佐错觉（Shen et al., 2015a, 2015b）

为了应对现实世界中复杂多变的任务需求，工作记忆中需要对存储表征进行灵活的认知操作。研究发现，信息可以在工作记忆中得到选择性的加工与保持（Griffin & Nobre, 2003）。使用线索将注意引导至记忆项的某个刺激，将使得它被优先存储在工作记忆中（Schmidt et al., 2002）。Griffin 和 Nobre（2003）的研究进一步发现，工作记忆可以从已存储的表征中选择某个表征进行保存。他们采用线索提示范式，在工作记忆的保持阶段呈现箭头作为线索提示参与者即将被检测的表征，发现给予线索提示的刺激具有更高的表征精度，更不容易消退（Makovski & Jiang, 2007; van Moorselaar et al., 2015）。后续研究认为，线索提示的信息存储于注意焦点（FoA）中，具有较高的激活度（Cowan et al., 2005; Lewis-Peacock & Postle, 2012; Myers et al., 2017; Oberauer, 2002; Oberauer & Hein, 2012; Souza et al., 2016）。研究者还发现，工作记忆可以根据任务需求选择性地从已有记忆表征中移除无关部分，以更好地保持任务相关信息（Oberauer, 2001; Maxcey & Woodman, 2014），如提升其表征精度（Fougnie et al., 2016; Williams et al., 2013）。选择性移除可以暂时性抑制相关表征的激活，也可以永久性遗忘（Lewis-Peacock et al., 2018）。例如，有研究发现，提示记忆线索指示的刺激100%被检测及提示遗忘线索所指示的刺激100%不被检测两种条件下均能提升任务绩效（Williams & Woodman, 2012）。然而，两者具有不同的记忆机制，如提示遗忘条件下的CDA幅值显著低于提示记忆条件下，如图5-20所示。

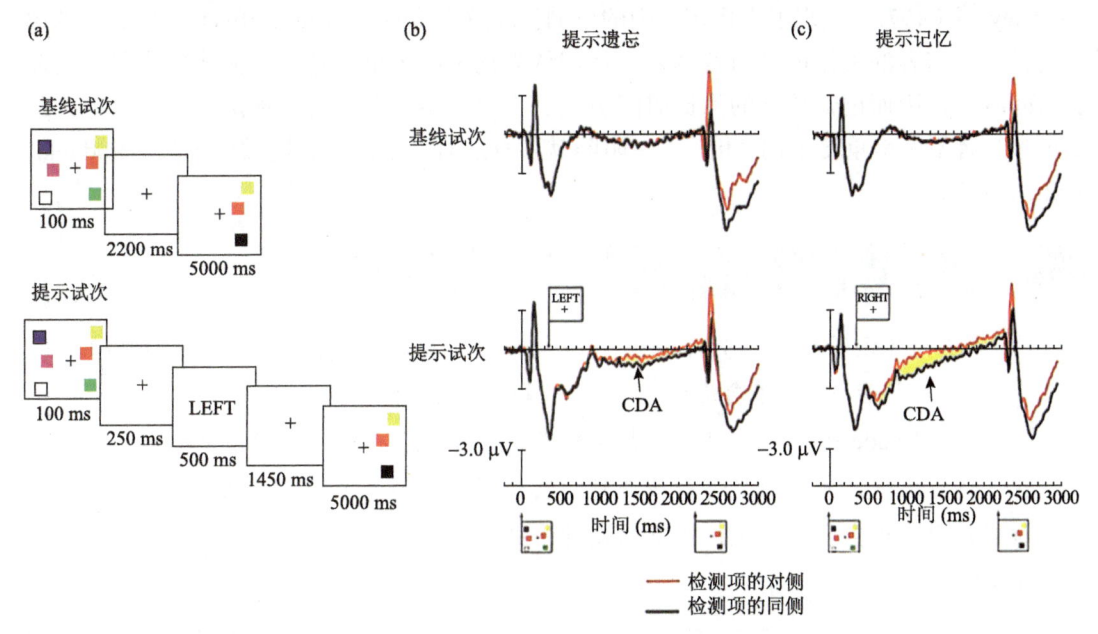

图5-20 （a）Williams和Woodman（2012）的实验流程。在基线条件下参与者需要记忆左、右视野的所有刺激。在有线索的条件（提示试次）下，一个指示左侧或右侧视野的线索（100%有效性）会在记忆项的保持阶段呈现，在提示遗忘线索条件下参与者无须记忆线索指示侧的信息；在提示记忆线索条件下参与者只需记忆指示侧的刺激。（b）提示遗忘线索条件下的ERP结果。（c）提示记忆线索条件下的ERP结果（Williams & Woodman, 2012）

三、工作记忆中的表征复述机制

认知系统采用复述策略将信息保持在工作记忆中，防止其消退。复述是指不断重复信息以使其在工作记忆中保持活跃状态或进入长时记忆，在Waugh和Norman（1965）的记忆模型中被首次提出。该模型认为，信息进入初级记忆（primary memory，等同于短时记忆）后通过复述机制得以保存，并可进入次级记忆（secondary memory，等同于长时记忆），否则信息会消退直至被遗忘。Atkinson和Shiffrin（1968）的形态模型也将复述机制作为短时记忆的主要功能之一。

根据对信息加工程度的不同，复述可以分为维持性复述（maintenance rehearsal）与精细复述（elaborative rehearsal）两类。前者只需对存储的信息做表层的加工，比如，不断地重复工作记忆中存储的表征；后者是指将新学习的材料与头脑中已有的知识联系起来，以增强对新信息的深层加工。生活中常见的举例、联系背景知识记忆、联系实际、生成心理表象等都属于精细复述策略。一般认为维持性复述用于保证信息在工作记忆中处于活跃状态，精细复述则在促使信息从工作记忆向长时记忆的转化中起重要作用（Craik & Watkins, 1973; Lockhart, Craik, Jacoby, 1975）。

在表征复述的具体实现方面，工作记忆多成分模型认为默声复述或语音复述（articulatory rehearsal）是语音环路保持信息使用的复述机制，并得到了实验结果的支持。Baddeley 等（1975）发现了工作记忆中的单词长度效应（word length effect），即记忆的单词越长，参与者的工作记忆绩效越差。他们认为这是由于单词越长，完成默声复述所需的时间越长，因而记忆单词的消退时间更长。当要求参与者执行一项语音抑制任务（如要求参与者不断地重复单词"the"）来阻断默声复述时，单词的长度效应消失（Baddeley et al., 1975）。

框 5-3 多成分工作记忆模型中关于复述的假设

不知各位读者是否注意到，在图 5-4 所示的工作记忆多成分模型中，语音环路的左侧有一个语音复述的单向箭头，而视空间画板却没有相应的箭头。这是为何呢？

这与 Baddeley 对工作记忆中表征复述机制的观点密切相关。Baddeley 认为，在语音环路中，表征的复述是按序列顺次进行的，因此用单向箭头来表示这一过程；而在视空间画板中，表征的复述是并行完成的，所以没用有方向的箭头来呈现。

注意在工作记忆的表征复述中同样起着重要作用（Camos et al., 2009）。在该方面，存在两种不同的观点。第一种观点认为，来自中央执行器的注意负责信息的复述。典型的代表为前文提到的 TBRS 模型。来自中央执行器的领域一般性注意（domain-general attention）引导注意焦点对记忆中的表征依次刷新。刷新是一个非常迅速的过程，在一个表征上停留 80 ms 甚至更短，且刷新速度越快，信息的衰退越慢。有学者（Li, Pan, Carrasco, 2021a; Li et al., 2021b）发现，当记忆刺激序列呈现时，注意在记忆保持阶段对记忆项目以每个表征 100—300 ms 的速度进行反序快速刷新，且该刷新的神经活动模式和近因效应现象相关（Huang et al., 2018）。值得一提的是，他们通过一种"动态扰动范式"对记忆保持阶段的刷新模式进行改变，发现可以破坏甚至反转近因效应（Li, Pan, Carrasco, 2021a; Li et al., 2021b）。

框 5-4 采用"动态扰动"范式研究序列工作记忆的复述机制

罗欢团队的研究（Li et al., 2021a, 2021b）发展出了一种"动态扰动"行为范式来研究工作记忆的复述机制，通过在工作记忆保持阶段呈现有特定时间关系的多个动态亮度序列来操控序列工作记忆。该范式利用了工作记忆对外界多特征客体采用基于客体方式进行存储的机制。实验中，要求参与者记忆客体的一个维度（如朝向）而忽略另外一个维度（如颜色），在记忆保持阶段呈现任务无关维度的不同特征值。通过这些维度特征，我们可以获知甚至调控工作记忆中存储的目标特征状态。在典型的实验中，研究者首先让参与者记住先后呈现的两个朝向信息，接着在记忆保持阶段呈现两个任务无关但是分别与第一个和第二个朝向刺激具有相同颜色的闪动圆盘。圆盘亮度为两个随机产生的白噪声序列（分别为序列1和序列2）。通过改变两个圆盘亮度上的时间关系，可以操控朝向信息在记忆系统中的复述状态（即动态扰动），从而影响记忆成绩。

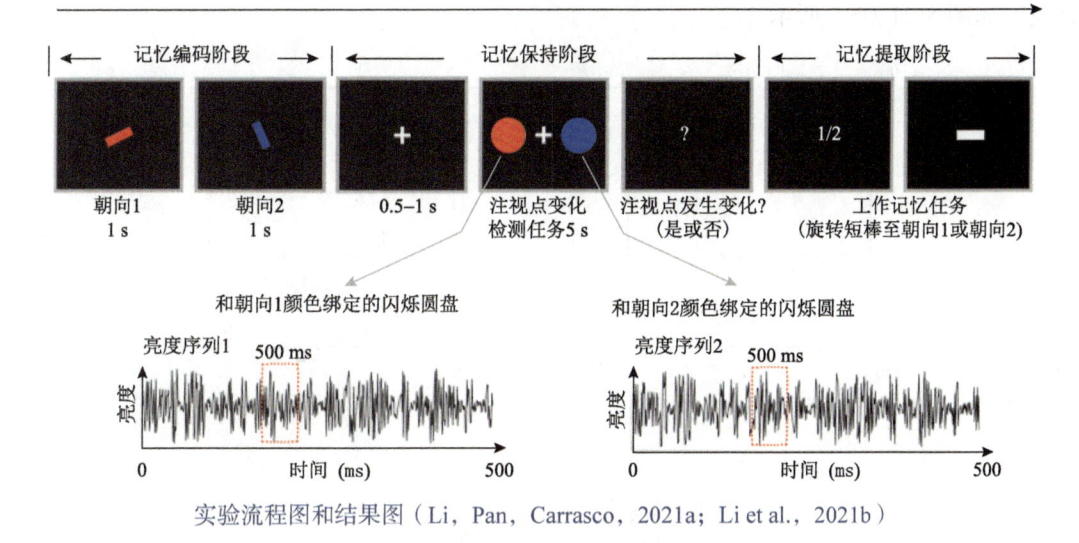

实验流程图和结果图（Li, Pan, Carrasco, 2021a; Li et al., 2021b）

在基线条件下，两个圆盘的亮度时间序列独立无关，出现了经典的近因效应（第二个朝向的记忆成绩高于第一个），表明保持阶段随机闪动的圆盘并不会对工作记忆产生影响。在同步操控条件下，两个圆盘采用同一个亮度时间序列，经典近因效应被破坏，表明对两个亮度序列时间关系的调控可以改变相对记忆成绩。在"同序-反序"操控条件下，两个圆盘采用同一亮度时间序列，但时间上存在错位。在同序条件下，两个亮度序列与刺激的呈现顺序一致，如序列1比序列2早200 ms；在反序条件下，两个亮度序列与刺激的呈现顺序相反，如序列1比序列2晚200 ms。结果表明，人们在意识上虽然无法区分"同序"和"反序"亮度序列，但是这些知觉上无法区分的闪烁圆盘被人脑读取并显示了对记忆不同方向的操控："反序"操控反转了朝向信息的相对记忆成绩，近因效应反转为首因效应。

第二种观点认为，领域特异性注意（domain-specific attention）资源起到了重要作用。Awh等通过一系列研究指出，空间工作记忆依赖空间注意来完成信息的复述（Awh et al.,

1998；Awh & Jonides，2001）。有研究者发现，捆绑在工作记忆的维持需要客体注意的参与（Ding et al.，2017）。Awh 等（1998）研究空间工作记忆复述机制的逻辑如下：若空间注意负责空间工作记忆中的信息复述，那么空间注意研究中的典型效应——注意利化视觉加工效率——将会在工作记忆的保持阶段被观察到。为此，他们要求参与者完成一项简单的记忆任务，一种条件下要求参与者记忆字母的位置，另一种条件下要求参与者记忆字母本身。在记忆保持阶段出现一个类似字母的无意义图形，要求参与者对此既快又准地做简单按键反应，如图 5-21（a）所示。该无意义图形可能出现在记忆刺激的位置（匹配条件），也可能出现在其他位置（不匹配条件）。结果发现，当记忆位置时，在匹配位置上的反应时显著短于不匹配条件，即出现了利化效应；当记忆字母时，并未观察到该利化效应，如图 5-21（b）所示。

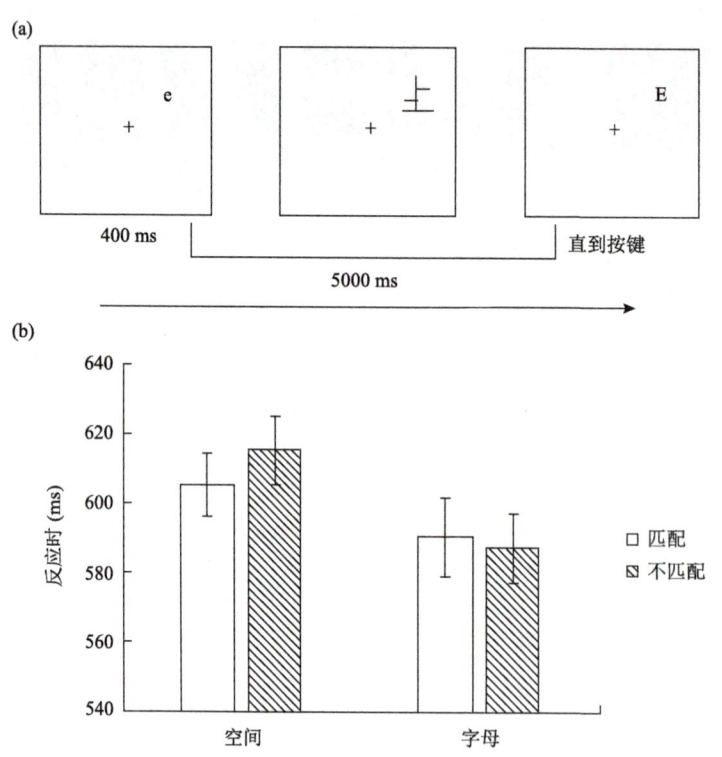

图 5-21 （a）Awh 等的实验流程。（b）实验结果（改编自 Awh et al.，1998）

四、工作记忆的信息提取机制

当多个表征同时存储于工作记忆时，我们有时需要从工作记忆中提取某个特定目标来完成相关的认知操作，为此需要在工作记忆中进行信息搜索。Sternberg（1969）最早对工作记忆的信息提取机制进行了探讨。实验中，要求参与者首先记忆一系列字母，记忆项包含的刺激数量为 1—6 个。随后，参与者需要快速判断探测刺激在之前的记忆项中是否出现过。为了完成该任务，参与者需要将探测刺激和记忆中的表征做比较，故做判断需要的反应时间代表了工作记忆中记忆搜索、比较过程需要的时间。反应时和记忆集大小构建的函数斜率也就反映了记忆搜索效率(图 5-22)。Sternberg 检验了 3 种假设：①并行搜索(parallel search)假设［图 5-22(a)］，探测刺激可以同时和所有记忆项进行比较，故反应时不会随记忆集的大小发生变化。②自我停止的串行搜索(serial self-terminating search)假设［图 5-22(b)］，探测刺激一次只能和一个记忆项进行比较，故记忆集包含的刺激数量越多，搜索和比较的次数越多，反应时越长；在"Yes"条件下，参与者在记忆项中一旦找到和探测刺激一样的刺激，即停止搜索；在"No"条件下，参与者必须和所有刺激都比较过才能做出判断，所以"Yes"条件下参与者需要进行的比较次数更少，反应时更短。③从头至尾的串行搜索(serial exhaustive search)假设［图 5-22(c)］，参与者总是将探测刺激和所有记忆项比较完成才进行判断，故实验条件不会影响反应时。实验结果表明，记忆集包含的刺激数量越多，反应时越长；同时，在探测刺激"出现过"和"没出现过"两种情况下，记忆搜索效率没有显著差异。基于上述发现，Sternberg 排除了"并行搜索"和"自我停止的串行搜索"两种假设，认为工作记忆中的搜索是从头至尾的串行扫描。Sternberg 认为，采用从头至尾的串行扫描这种看似无效的搜索与短时记忆中的比较、决策过程有关：比较与决策是分离的，并且比较过程进行得非常迅速，决策过程则需要更多的时间，为保证工作效率，与其在每次比较之后都做一次判断，不如在全部比较完成后做一次判断更省时。但是，Townsend(1972)从加工资源有限的观点出发，指出上述实验结果也可以用并行搜索的观点予以解释。虽然测试项目与记忆集中的表征并行比较，但是加工资源的有限导致随着记忆集中表征数目的增多，每个表征所得的资源量变少，反应时因而相应地增加。

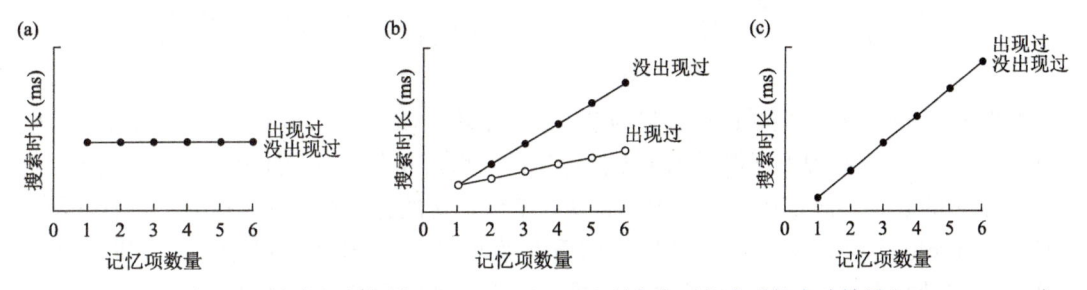

图 5-22　基于不同的记忆搜索机制假设，Sternberg(1966)研究中可能出现的实验结果(Galotti，2015)。"出现过"和"没出现过"代表探测刺激是否在记忆项中出现过的两种实验条件。(a)基于"并行搜索"假设的预测结果。(b)基于"自我停止的串行搜索"假设的预测结果。(c)基于"从头至尾的串行搜索"假设的预测结果。Sternberg 的实验结果更接近于图 5-22(c)

有研究者发现，工作记忆中的表征搜索和知觉中的搜索过程具有类似的 4 个特点(Kong & Fougnie，2019)：①存在搜索不对称性，搜索包含某个特征的目标比搜索缺少某个特征的目标更容易；②存在目标–干扰项相似效应，干扰项和目标相似性越低（即在特征空间中距离越远），个体对特定目标的更新越容易；③存在单特征对多特征客体的优势效应，移动单特征目标（如三角形）的速度比多特征目标（如红色三角形）要快；④存在记忆集的大小效应，随着工作记忆中存储的表征数量增多，更新特定目标所需的时间也随之延长。

五、工作记忆与长时记忆的交互机制

工作记忆是信息进入长时记忆的主要通道。该观点可追溯至 Atkinson 和 Shiffrin（1968）提出的形态模型，信息经短时记忆的复述进入长时记忆。Baddeley 等（1988）认为，言语工作记忆是语言习得的前提。还有研究发现，为了降低视觉工作记忆负荷，工作记忆会把重复出现的视觉刺激表征"卸载"至长时记忆（Gunseli et al., 2014）。有研究进一步分析了过去约 50 年中的 60 余项研究（主要集中于言语工作记忆），并测试了 13 个有关视空间画板与长时记忆关系的大样本实验（Hartshorne & Makovski, 2019）。结果显示，信息在工作记忆中存储得越好，其在长时记忆的回忆任务中就有越好的表现，这与工作记忆是信息进入长时记忆主要通道的预测相符。

同时，长时记忆也会反向影响工作记忆的加工，特别是会促进工作记忆的加工（Oberauer et al., 2017）。Fukuda 和 Woodman（2017）认为，被提取的长时记忆信息存储在工作记忆中。工作记忆中的表征组块，在很大程度上依赖长时记忆中已有的知识，且似乎只有当参与者意识到长时记忆中存在该种知识时，才有助于完成工作记忆任务（Ngiam et al., 2019）。此外，长时记忆信息能帮助外界信息以更快的巩固速度进入工作记忆（Xie & Zhang, 2017, 2018），提升工作记忆中存储表征的数目（Xie & Zhang, 2017）与精度（Scolari et al., 2008）等。

第四节 工作记忆的个体差异、发展与训练

Miller（1956）提出短时记忆容量为 7±2 个组块，Cowan（2001）认为工作记忆容量为 4±1 个组块。这些观点不仅揭示了工作记忆的一般容量限制，而且表明工作记忆容量并非一个绝对的数字，而是在一个范围内波动。工作记忆的容量在不同个体间、正常与特殊群体间（Jarrold & Bayliss, 2007），以及处于不同发展阶段的个体间均存在差异。研究发现，工作记忆容量的大小会直接影响个体完成推理、学习和问题解决等高级认知活动。了解工作记忆的个体差异及其发展规律，并在此基础上考虑通过工作记忆的训练来提升工作记忆的能力，成为当前工作记忆领域研究的一个重要方向。

一、工作记忆的个体差异

近 40 年来，研究者围绕工作记忆的个体差异及其在高级认知活动中的作用开展了大量研究。其中，工作记忆与智力的关系引起了研究者的广泛关注（Unsworth et al., 2014）。著名的期刊《心理学公报》在 2005 年连发三项元分析研究，这些研究采用不同方法对 86 项有关工作记忆与流体智力（或一般智力）关系的研究进行了整合（Ackerman et al., 2005; Kane et al., 2005; Oberauer et al., 2005）。研究发现，工作记忆与智力存在 25%—80%的共同变异，甚至有研究发现工作记忆与流体智力的相关接近于 1（Colom et al., 2004; Martínez et al., 2011）。在探究工作记忆与流体智力关系的研究中，研究者通常采用复杂

广度任务（图 5-23）测查参与者的工作记忆容量。该任务要求参与者在记忆一系列刺激（字母、词语、数字、空间位置或客体）的同时，完成另一项次要任务，如要求参与者判断两个词是否押韵、句子是否符合逻辑、数学运算是否正确、图形是否呈中心轴对称等。

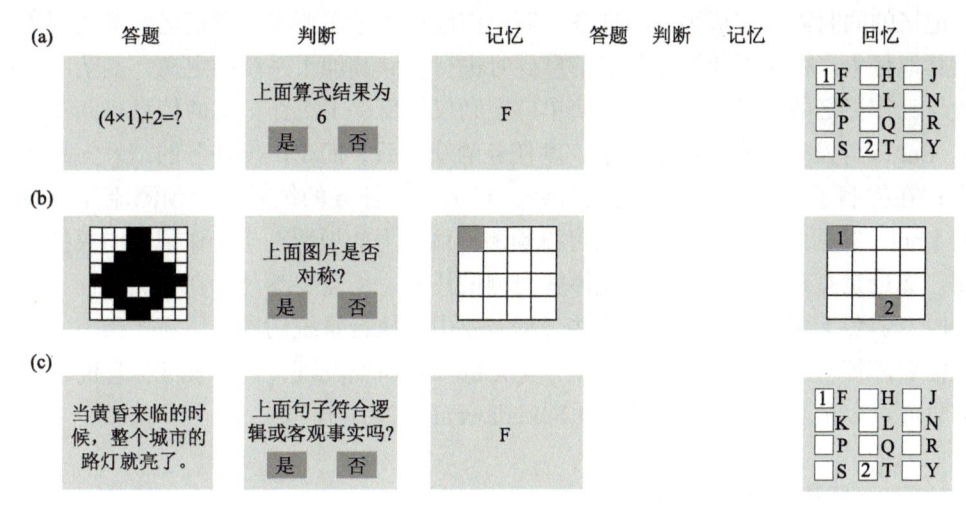

图 5-23 复杂广度任务示意图。（a）操作广度：参与者需要在记忆字母的同时，判断算术题的答案是否正确。（b）对称广度：参与者需要在记忆灰色方块位置的同时，判断图形左右是否对称。（c）阅读广度：参与者需要在记忆字母的同时，判断句子是否符合逻辑

在工作记忆与智力关系的研究中，流体智力的测量通常采用推理测验，如瑞文高级矩阵推理测验（Raven's advanced progress matrices，简称"瑞文测验"）。图 5-24 是瑞文测验中的一个题目，每个题目均由一幅缺少一小部分的矩阵和作为选项的 8 张小图片组成。参与者需要从矩阵下方的选项中找出规则，并根据规则选出一个填充到矩阵中，使其成为一个完整、符合逻辑的图形。个体在完成瑞文测验中的题目时，需要对不同图形间的关系进行推理。图形中包含的元素越多，对工作记忆的要求也就越高。图 5-24 左边的题目中包含 2 个元素（长线、短线），而右边的题目中包含 3 个元素（点、框、圈），因此右侧题目的工作记忆负荷更大，难度也更大。Carpenter 等（1990）的研究发现，工作记忆是影响瑞文测验成绩的关键因素之一。工作记忆容量较高的个体能够同时存储和加工更多的规则和刺

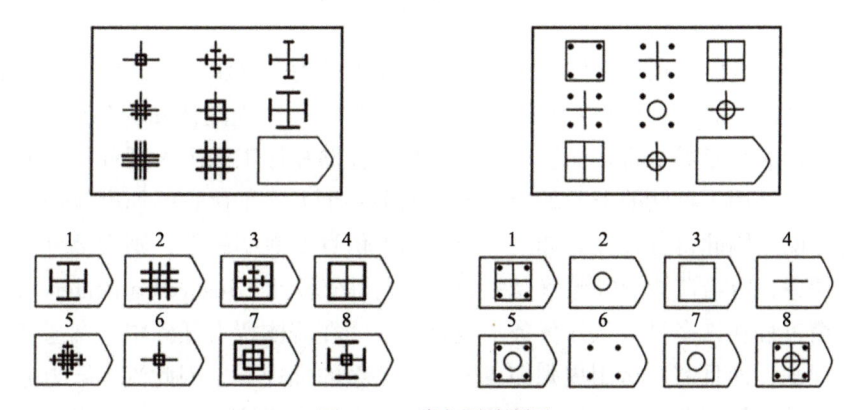

图 5-24 瑞文测验题目

激信息，这使得他们能够完成复杂的题目；对于工作记忆容量较低的个体，当图形中的规则和刺激信息超出其容量时，便无法完成推理过程。

　　Engle等（1999）考察了复杂广度和简单广度对流体智力的预测作用。相较于复杂广度任务在记忆的同时需要完成另一项任务，简单广度任务只需要参与者记忆一系列刺激而无须完成其他任务。根据工作记忆是对信息同时进行存储和加工系统的定义，复杂广度任务的设置与工作记忆的定义相吻合，而简单广度则仅仅反映了工作记忆的信息存储（即短时记忆）。Engle等发现，在控制了复杂广度任务的绩效后，简单广度任务的绩效无法预测流体智力；在控制了简单广度任务的绩效后，复杂广度任务的绩效仍能预测流体智力（图5-25）。Engle等据此提出，工作记忆可以预测流体智力的根源在于工作记忆中央执行系统的作用。无论是复杂广度任务还是流体智力测试任务，均需要参与者在存储与任务相关信息的同时，避免无关信息的干扰。这些过程需要中央执行系统的参与。需要指出的是，上述结论需要谨慎对待。因为来自视觉工作记忆的大量研究发现，纯粹视觉信息的短时记忆存储容量亦可以预测个体的流体智力（Fukuda et al., 2010）。

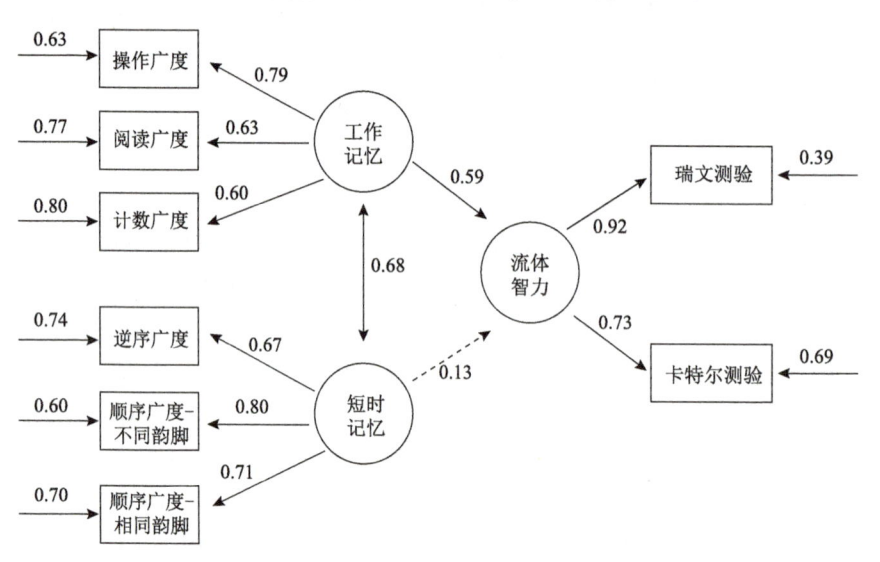

图5-25　在控制了工作记忆和短时记忆的共同部分后，工作记忆（由复杂广度任务测量）能够预测流体智力而无法预测短时记忆（由简单广度任务测量）。虚线表示不显著，实线表示显著（Engle et al., 1999）

　　工作记忆为什么能够预测流体智力呢？一种观点认为，这源于复杂广度任务反映了存储和加工两个过程间的动态权衡（Bayliss et al., 2003）。每个人的认知资源是固定的，在复杂广度任务中，参与者需要将认知资源同时分配给存储和加工两个子任务。当加工过程耗费的资源增加时，用于存储的资源就会减少。如果一个人加工信息的速度较快，则有更多的资源进行存储，因此得分较高。如果一个人加工信息的效率较低，则大部分资源将被用于加工次要任务，留给存储的资源就会变少，因此得分较低（Just & Carpenter, 1992）。该资源动态权衡过程在许多复杂认知任务中也有体现。在流体智力任务中，参与者不仅需要发现、存储规则，而且需要运用规则完成图形间关系的推理等，因此流体智力分数同样反映了个体在存储和加工两个子过程中的动态权衡能力。支持该观点的研究发现，儿童工作记忆能力的提高主要源于加工速度的提升，使得儿童有更多的认知资源用于存储，工作记忆的提升则进一步提高了儿童完成复杂推理任务的能力（Fry & Hale，1996）。

另一种观点认为工作记忆的个体差异主要反映了个体的注意控制能力（Engle，2002）。注意控制理论认为，在工作记忆任务中，个体需要通过中央执行器的领域一般性注意控制能力来保持与任务相关的信息，同时抵制与任务无关的内部信息（如白日梦、走神）或外部信息（如次要任务或环境中的噪声）的干扰。基于该理论，高工作记忆容量的个体比低工作记忆容量的个体拥有更强的注意控制能力，当环境中存在无关刺激时，能主动地将注意资源投放到任务相关信息上。Jarosz 和 Wiley（2012）对此进行了检验。他们对瑞文测验的选项进行了操控：在高干扰条件下，选项中包含了一个易被选择的错误图形；在低干扰条件下，该选项被替换成其他图形。结果发现，高干扰条件下的智力成绩与工作记忆相关值显著高于低干扰条件。Jarosz 和 Wiley（2012）通过眼动轨迹分析发现，低工作记忆个体对高干扰的错误选项注视时间更长，提示高工作记忆个体可以更好地抑制无关刺激的干扰，并有更好的智力表现。Vogel 等（2005）采用 CDA 指标，更为直接地考察了无关刺激是否会被存储在工作记忆中。按照对侧控制法，他们要求参与者记忆箭头指向一侧的客体，且只有红色的客体在检测阶段可能发生变化。Vogel 等（2005）设置了 3 种实验条件：呈现两个红色客体；呈现四个红色客体；同时呈现两个红色客体和两个蓝色客体。当两个红色客体和两个蓝色客体同时呈现时［图 5-26（a）］，若参与者可以排除无关刺激的干扰，那么 CDA 幅值会和呈现两个红色客体的条件相同；反之，若参与者无法排除干扰，那么 CDA 幅值会与呈现四个红色客体的条件相同。Vogel 等（2005）将参与者群体按照参与者工作记忆容量的中位数划分为高、低容量两组。他们发现，在存在无关蓝色客体的条件下，两组参与者的 CDA 幅值存在明显的差异［图 5-26（b）］。对于高工作记忆容量的参与者，同时呈现两个红色客体与两个蓝色客体的 CDA 幅值与呈现两个红色客体条件之间无差异；对于

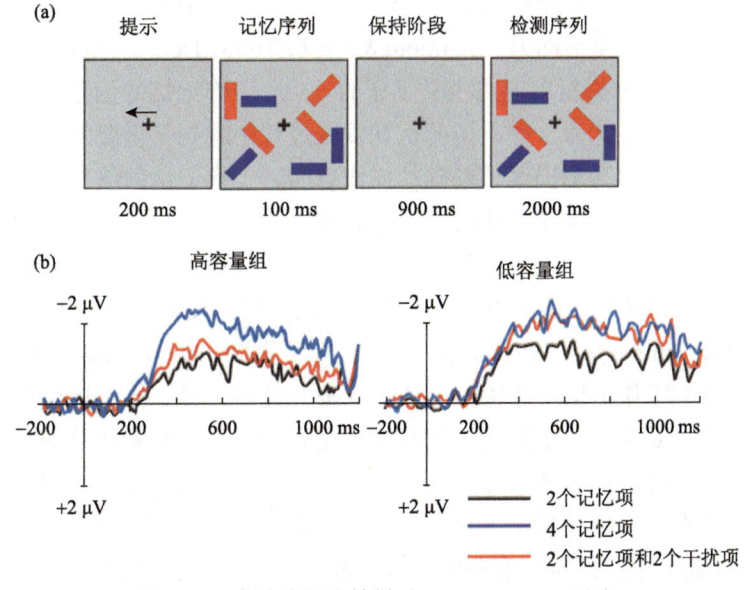

图 5-26 实验流程和结果（Vogel et al., 2005）

低工作记忆容量的参与者，前者的 CDA 幅值与呈现四个红色客体条件之间无差异。上述结果说明，高工作记忆容量组可以很好地抑制无关刺激的干扰，而低工作记忆容量组会把无关刺激存储至工作记忆中。

此外，还有研究者认为工作记忆的个体差异主要体现在初级记忆中的主动存储和次级记忆中的选择性提取两个过程中（Unsworth & Engle，2007）。初级记忆类似于嵌套模型中的注意焦点，需要持续投放注意才能使注意焦点中的信息处于激活状态，当存在内部或外部干扰时，部分信息就会被移出初级记忆，进入次级记忆（类似于嵌套模型中激活的长时记忆）。受初级记忆的容量限制，只有大约 4 个单位的信息处于激活的状态，而没有被注意的信息会被存放在次级记忆中。在当前任务需要这些信息时，工作记忆能够利用线索从次级记忆中快速地搜索和提取任务相关的信息。当实验任务要求参与者在完成次要任务的同时，尽可能多地回忆出一系列刺激时，工作记忆容量低的个体既可能在有干扰的情况下无法使任务相关信息处于激活状态，也有可能在长时记忆中存储大量无关信息，导致搜索范围过大而无法快速提取出任务相关的信息。在完成流体智力测验时（尤其是遇到较难的题目时），参与者需要存储和操纵的信息远超出工作记忆的容量限制，此时部分信息被存储在次级记忆中。例如，参与者发现了 5 种规则后就不能将它们一直存储在初级记忆中，而是存入次级记忆中。看到图形之后，再从次级记忆中快速提取出相关的规则完成相应的推理。因此，工作记忆容量对流体智力的预测体现了初级记忆和次级记忆的作用。该观点也有一系列证据的支持（Unsworth et al.，2014；Wang et al.，2017）。Unsworth 等（2014）同时考察了存储容量、注意控制和次级记忆 3 个工作记忆子成分在工作记忆容量预测流体智力中的作用。结果发现，工作记忆对流体智力的影响是由这 3 个子成分共同起到中介作用的。

二、工作记忆的发展

工作记忆对人类的认知发展极为重要（Cowan，2014；2016；2017），被新皮亚杰主义学派认为是认知发展的重要推动力（Okamoto & Case，1996；Demetriou & Spanoudis，2017；Pascual-Leone，1987）。根据新皮亚杰主义学派的观点，工作记忆的信息存储能力和整合能力是工作记忆的重要核心能力，在人类的认知发展过程中起到了重要的作用。工作记忆的信息存储能力为正常心智活动提供了基础的操作空间；工作记忆的信息整合能力是儿童推理、概念形成的重要基础，提高了其认知加工的效率。

人的工作记忆容量并非一出生就是固定的，而是要经历一个持续发展和变化的过程，并且呈现出较大的年龄差异。研究发现，工作记忆在学龄前发展迅速（Pailian et al.，2016；Riggs et al.，2006；Simmering，2012），在青春期持续发展（Isbell et al.，2015）。Gathercole 等（2004）用一系列工作记忆任务探索了 4—15 岁儿童多成分工作记忆模型（Baddeley & Hitch，1974）中各个成分的发展趋势，发现工作记忆中各个成分随年龄的增长呈现近似线性的发展。有研究发现，3—6 岁儿童的一般工作记忆容量呈线性发展，而有关社会信息的工作记忆容量可能在 4—5 岁进入一个快速发展的阶段（He et al.，2019）。Brockmole 和 Logie（2013）探索了视觉工作记忆的毕生发展。研究者招募了共计 55 753 名 8—75 岁参与者，采用颜色、形状及颜色-形状间的捆绑 3 种刺激作为记忆材料，就视觉工作记忆容量变化进行了测量。研究发现，视觉工作记忆在人类的整个生命周期都在发展变化，于 20 岁左右达到顶峰，呈现出近似倒"U"形的发展轨迹（图 5-27）。

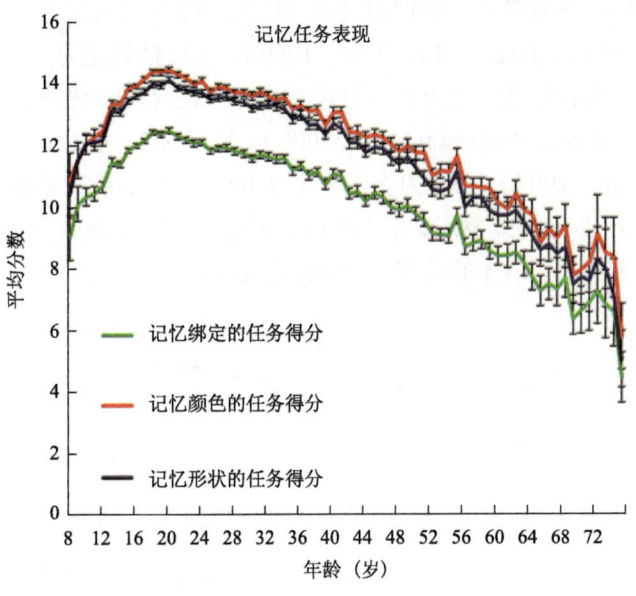

图 5-27　工作记忆能力的毕生发展（Brockmole & Logie, 2013）

在工作记忆的发展历程中，除了存储容量在持续变化，工作记忆的存储精度也在变化（Anderson, 2002；Anderson & Reidy, 2012；Carlson, 2005；Heyes et al., 2012；Peich et al., 2013）。Heyes 等（2012）采用连续特征报告范式测量了 7—13 岁儿童对朝向的记忆存储精度，发现记忆精度随儿童年龄的增长呈现上升的趋势（图 5-28）。而对于成年人和老年人群体，Peich 等（2013）发现记忆存储精度随年龄的增长呈现下降的趋势。

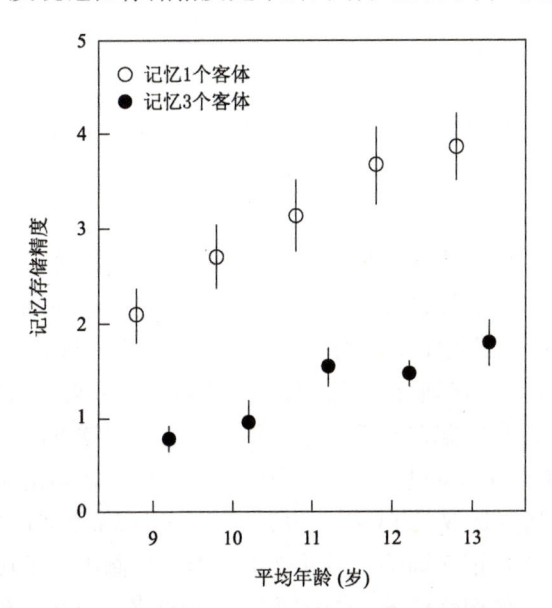

图 5-28　工作记忆存储精度在 7—13 岁的上升发展趋势（Heyes et al., 2012）

此外，工作记忆的发展不仅是容量和精度这些静态功能上的变化，还包括动态加工能力上的变化。研究者就负责动态加工的中央执行功能（抑制、转换、更新）发展进行了研究（图 5-29）。9 个月以下的婴儿很难抑制自动化反应，12 个月大时大多数婴儿已能抑制某些行为（Diamond，1985；Diamond & Doar，1989），随后抑制能力不断提升。9 岁时，儿童可以很好地控制和调节自己的行为，不过在 11 岁左右会存在短暂的波动（Anderson P，Anderson V，Lajoie，1996；Anderson et al.，2000）。儿童从 3—4 岁开始能在两个简单任务间实现快速转换（Espy，1997），该能力在童年中期和青春期会持续发展。最近的研究发现，儿童的更新能力在 4—7 岁持续发展，5 岁时能在工作记忆中更新两个物体的位置，6 岁时可以在工作记忆中更新 3 个物体的位置（Cheng & Kibbe，2022）。

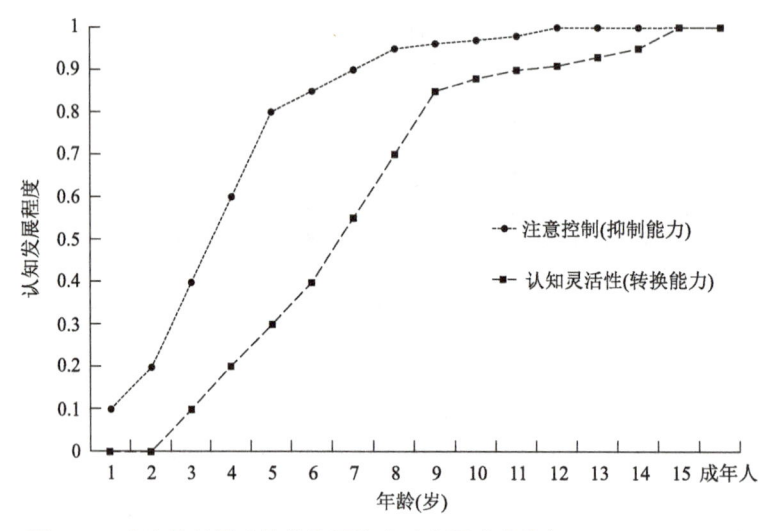

图 5-29　中央执行器功能的发展轨迹示意图（改编自 Anderson，2002）

三、工作记忆训练

我们的工作记忆能力呈现出具体的个体差异，而工作记忆能力又与我们的诸多高级认知能力密切关联，因此研究者开始关注能否通过训练来提高工作记忆能力，进而提升其他高级认知加工能力。目前，工作记忆训练已经成为一项重要的研究内容。

工作记忆训练是一项干预措施，旨在对个体进行适应性训练，以此来提升工作记忆容量及其他认知能力。该类训练通常是通过在计算机上循序渐进地练习、操作各种工作记忆任务来实现的。最早发现工作记忆训练作用的证据，源于对特殊儿童的研究。Klingberg 等（2002）在研究中采用工作记忆训练任务，对注意缺陷多动障碍（俗称"多动症"）儿童的工作记忆进行了训练。注意缺陷多动障碍是一种在儿童期很常见的精神失调，特征是患者的注意涣散或集中困难、活动量过多、自制力弱。工作记忆缺陷是注意缺陷多动障碍儿童重要的认知缺陷之一。研究选取了 14 名 7—15 岁的注意缺陷多动障碍儿童，其中 7 名注意缺陷多动障碍儿童接受工作记忆训练，另外 7 名儿童为控制组，不接受训练。训练前，所有参与者均接受了视觉工作记忆任务、Corsi 积木模板任务、Stroop 色词干扰任务、瑞文彩色推理测试和选择反应时任务等 5 项测试。测验结束后，实验组的 7 名儿童接受了视觉工作记忆任务、数字广度任务、词语广度任务和选择反应时任务等 4 种训练。训练采用阶梯训练法，根据每名参与者在训练任务中的表现和得分，逐步调整训练难度。每天最少训练 20 min，每周 4—6 天，至少 5 周。训练结束后，实验组和控制组儿童再次完成最开始的 5 项测试。Klingberg 等发现，工作记忆训练显著提高了注意缺陷多动障碍儿童的工作记忆能力，改善了其临床症状。同时，他们意外地发现，工作记忆训练显著提高了先前未经过训练儿童的工作记忆任务的成绩和瑞文测验的成绩。Westerberg 和 Klingberg（2007）的研究进一步发现，工作记忆训练能促进个体注意能力的提升。另有研究对 5—12 岁正常发育儿童的工作记忆训练研究进行了元分析，发现工作记忆训练对参与者的语言和数学技能产生了积极影响（Randall & Tyldesley，2016）。Li 等（2017）的研究发现，通过训练视觉工作记忆过滤无关干扰信息的能力，可以显著提升低工作记忆容量个体的视觉工作记忆容量及言语工作记忆容量，并可以保持至少 3 个月。

随着计算机技术的发展和进步，越来越多的人开始玩电子游戏。由于娱乐性强、刺激丰富、反馈及时等，电子游戏受到人们的广泛欢迎，尤其受到青少年群体的喜爱。在寓教于乐教育理念的指导下，研究者和教育工作者研究了游戏对工作记忆等认知能力的影响，并尝试建立游戏化教学模式，以提高学生的学习积极性与效率。研究发现，适度的电子游戏可以改善工作记忆、注意等认知功能，如玩《超级玛丽》游戏可增加与工作记忆能力有关脑区的大脑灰质。在这项研究中，实验组参与者每天玩 30 min 游戏，并持续两个月，结果发现右侧海马结构、右侧背侧前额叶皮层的灰质均有显著增加，且这些区域均与工作记忆的加工相关（Kühn et al.，2014）。近年来，研究者开始尝试采用电子游戏训练的方式来提高个体工作记忆的容量（Oei & Patterson，2014），并发现了部分积极的效果。总体来讲，运用游戏的方式来提升个体的工作记忆能力，进而提升其他认知能力，尚处于起步阶段，是一种较有前景的工作记忆训练途径。

关键术语

工作记忆 working memory
短时记忆 short-term memory
形态模型 modal model
感觉记忆 sensory memory
长时记忆 long-term memory
多成分模型 multi-component model
嵌套加工模型 embedded-processes model
语音环路 phonological loop
默声复述 subvocal rehearsal

线索提示范式 cued recognition paradigm
对侧延迟电活动 contralateral delay activity
存储容量 capacity
表征精度 precision
前摄干扰 proactive interference
组块 chunk
卡槽模型 slot-based model
资源模型 resource-based model
感觉参与假说 sensory recruitment hypothesis

视空间画板 visual-spatial sketchpad
中央执行器 central executive
言语工作记忆 verbal working memory
视觉工作记忆 visual working memory
情景缓冲器 episodic buffer
激活的长时记忆 activated long-term memory
注意焦点 focus of attention
同心圆模型 concentric model
直接存取区 direct access
首因效应 primary effect
近因效应 recency effect
记忆广度范式 memory span paradigm
复杂广度范式 complex span paradigm
N-back 范式 N-back paradigm
变化觉察范式 change detection paradigm
连续特征报告范式 continuous-feature recall paradigm

基于时间的消退 time-based decay
基于干扰的消退 interference-based decay
基于时间的资源分享 time-based resource-sharing
认知负荷 cognitive load
基于客体的编码机制 object-based encoding
基于特征的编码机制 feature-based encoding
初级记忆 primary memory
次级记忆 secondary memory
维持性复述 maintenance rehearsal
精细复述 elaborative rehearsal
语音复述 articulatory rehearsal
领域特异性注意 domain-specific attention
自我停止的串行搜索 serial self-terminating search
从头至尾的串行搜索 serial exhaustive search

知识要点

- 工作记忆的概念定义及其与感觉记忆、短时记忆的关系
- 工作记忆的经典理论模型与测量范式
- 工作记忆存储容量及其研究证据、影响因素
- 工作记忆的信息存储单位
- 卡槽模型与资源模型的观点
- 基于时间的消退与基于干扰的消退观点
- 工作记忆的信息编码机制
- 工作记忆的表征复述机制：默声复述、语音复述、精细复述
- 工作记忆的信息提取机制：并行搜索模式与两种串行搜索模式
- 工作记忆和流体智力的关系及其背后的机制
- 工作记忆训练不仅能提升工作记忆容量，还能提升其他认知能力，尤其可以作为特殊儿童的干预和治疗方法。

第六章
长 时 记 忆

还记得前面章节学习的知识内容吗？如在"工作记忆"一章，我们具体学习了哪些专业术语和相关的实验过程？该领域的新兴前沿又是什么？你是否思考过为什么我们学习完新的知识之后，这些新信息能被记住？为了回答这个问题，我们一起来回顾一下这段学习的经历。首先，通过阅读本教材的内容、聆听老师的讲解，你会对新知识进行学习编码；随后，你会发现有些知识会通过某种表征形式储存在脑海中，而有些则会被遗忘。对于记住的信息，你可以根据需要灵活提取并运用到不同情境中。比如，参加考试时，你会提取所学知识并灵活运用来解决不同考试题目。值得一提的是，在这个过程中，也可能出现一些虚假记忆现象。以上这些心理行为活动包括一系列学习编码、存储（巩固）、提取和更新（再巩固）等认知过程。你可能已经发现，对知识的重复学习可以使其保存更长的时间，这就是本章将要探讨的"长时记忆"。

本章将从长时记忆概念的界定、特征和研究历史出发，结合经典理论模型和研究范式，侧重阐释长时记忆的不同类型、动态加工过程；接着，结合近年来记忆领域的研究进展，纳入较新的记忆重构与扭曲等方面的研究证据及其理论模型；最后，紧扣近年来国际前沿趋势，梳理有关长时记忆调控及其与人工智能领域交叉融合的最新进展。

第一节 长时记忆概述

一、长时记忆的概念

虽然不同学者对长时记忆的定义不完全相同，但都认可长时记忆是人脑对各种知识、技能和情景事件等信息进行长期保持与存储的开放性系统（Cowan，2008）。根据记忆多重存储理论（multiple trace theory）（Atkinson & Shiffrin，1968），记忆存储可分为感觉记忆、短时记忆和长时记忆3个成分，如图6-1所示（Baddeley，2012）。其中，被个体注意到的感觉记忆可以进入短时记忆（第五章已经介绍了短时记忆与工作记忆的关系，此处不再赘述），而短时记忆进入长时记忆则需要经过不断复述。这一模型将长时记忆定义为一个信息的永久存储库，其中的信息是由短时存储中转移而来的。

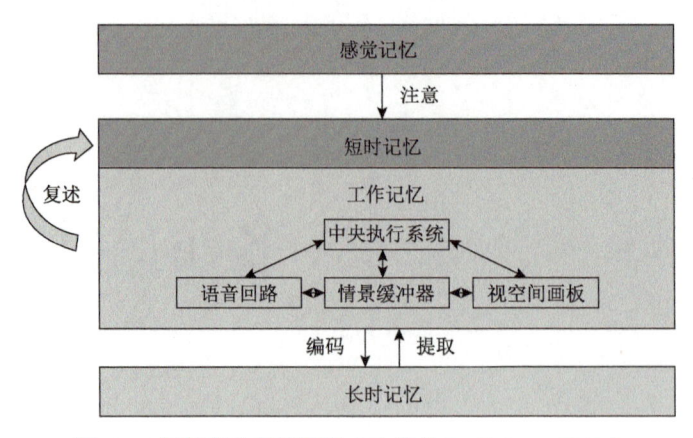

图 6-1 记忆多重存储模型（改编自 Baddeley，2012）

二、长时记忆的基本特征

长时记忆系统有两个主要特征：持续时间和容量。前者是指记忆可以持续多长时间，后者是指一段记忆可以存储多少信息。与短时记忆持续时间短，从形成到消退一般维持几秒到几分钟的特性相比，长时记忆持续时间长，从数小时到数天、数年甚至个体终身存储。另外，长时记忆的容量大，可以存储大量不同类型的信息，目前研究技术和方法还难以确定长时记忆容量的具体边界。同时，长时记忆还具备高度的灵活性与可塑性，即记忆本身并非一成不变的，而是会受到一些因素的影响而发生变化，反映出长时记忆系统具有独特的建构性。这部分内容详见本节的"长时记忆的理论假说"部分，以及第四节的"长时记忆与图式（schema）形成：记忆重构是一把双刃剑"部分。

三、长时记忆的遗忘与保持

在长时记忆中，信息并非全部永久存储，那么在遗忘和保持等方面，长时记忆又具有怎样的特征呢？

在长时记忆遗忘与保持这一问题上，艾宾浩斯是通过科学实验方式进行研究的先驱人物。早在1885年，他便出版了一本关于记忆的实验心理学研究书籍，介绍了以自己为被试开展的记忆研究（Ebbinghaus，1885）。首先，他创造了一些无意义的音节作为记忆材料，这些音节的形式为辅音-元音-辅音，可以正常发音但没有任何实质意义，如 baz、xir、zol 等。以无意义音节为材料，能够有效避免其他复杂信息对学习记忆产生的混淆和影响。其次，为了达到良好的记忆效果，他以每秒2.5个的速度大声地朗读每一音节，以避免在学习过程中将这些无意义音节和其他事情相联系。

艾宾浩斯每天保证同一时间快速朗读和学习一些不同的无意义音节，对于相同的学习内容，会在20分钟、1小时、9小时、1天、2天、6天、31天的时间间隔后重新学习。重新学习直至记住学过的音节节省的时间，就是记忆的保持情况。例如，如果第一次学习一个无意义音节列表时需要不断重复50次才能记住，1天后重新学习该列表时需要不断重复

30 次才能记住，就意味着第二次学习比第一次学习时少用了 20 次，即节省了 40%，这就是节省分数。

根据相同材料在不同时间间隔后需要重新学习的次数，艾宾浩斯得出了著名的记忆遗忘曲线（forgetting curve）。随着时间的推移，记忆在最初 20 min 遗忘速度最快，达到 40% 左右。1 天后，记忆遗忘则达到 70%。随后遗忘速度逐渐趋于平缓，大概 1 个月后遗忘达到 80%。

遗忘曲线最先揭示了长时记忆的遗忘特征，即长时记忆在形成后的最初一段时间内，大部分都会被遗忘。因此，如果希望一段记忆可以保持更长时间，则需要不断重新学习或者不断提取记忆。值得一提的是，艾宾浩斯学习的材料是无意义音节，而现实生活中一些有意义的事件或富有趣味的经历，可能人只要经历过一次便会终生难忘。

遗忘曲线提出以后，许多学者对其进行了重复性研究。有研究者结合以往的几项重复研究，尽可能地在实验材料、过程、细节等方面与艾宾浩斯的实验保持一致，开展了新一轮的遗忘曲线研究（Murre & Dros，2015）。另外，通过节省时间来评定记忆效果的方式不一定能反映出真实的记忆情况，所以研究者提出了测量记忆效果的另一种方式——记录重新学习时第一次记忆的正确率，这也符合目前记忆研究的主流做法。

这项研究结果成功地重复出艾宾浩斯的记忆遗忘曲线，与以往其他重复研究相比，整体趋势没有明显差异（图 6-2）。然而，31 天后的记忆情况与遗忘曲线有明显差异，可能是被试动机不足及实验材料的细微区别等一系列原因所致。

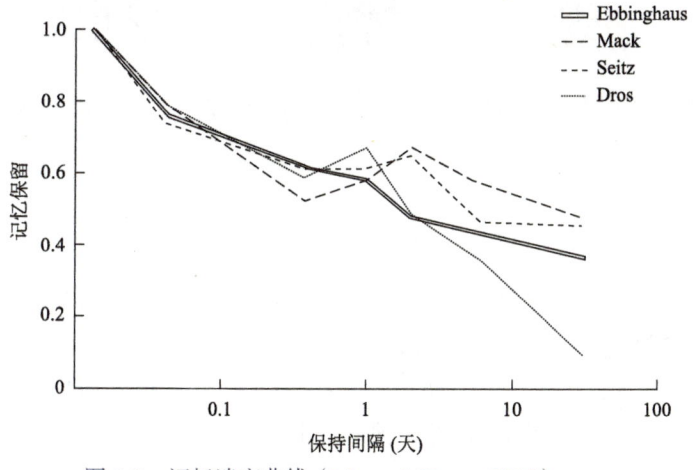

图 6-2　记忆遗忘曲线（Murre & Dros，2015）

最后，该研究还探究了长时记忆在保持和遗忘过程中的系列位置效应。相比每次学习时中间的内容，最开始和最后学习的内容记忆得更加准确，特别是每次最后学习的内容，大约 80% 以上会被准确记忆。其中，最开始学习的内容记得更准确，被称为首因效应，而最后学习的内容记得更准确，则被称为近因效应。这种效应实际上是一种认知偏差，但也可以合理运用，实现全部记忆或记住最重要的内容。总之，系列位置效应反映了长时记忆保持与遗忘的关键特征。

四、长时记忆的理论假说

(一)储存假说与记忆分配

记忆究竟如何储存在大脑中?以何种形式存储?这些问题涉及记忆的本质,不仅仅是心理学,也是神经科学与类脑智能计算等学科积极探究的重要科学问题。《科学》(*Science*)杂志在创刊125周年时发表了一篇文章,列举了人类未来25年亟待解决的125个前沿科学问题(Kennedy & Norman, 2005)。其中,"记忆的储存与恢复"被认为是较为重要的25个问题之一。

早期,认知心理学家主要通过类比电子计算机的方式,理解人类大脑如何储存记忆。在计算机领域,内存分配(或记忆分配)是指将信息在动态内存或静态硬盘上进行合理配置,以便实现最优化的存储。类似地,认知心理学家假设人脑可能也会以相同的方式对记忆信息进行分配存储,从而支持不同的认知功能和行为模式。有研究者从分子和细胞层面探究了神经环路中记忆分配的工作原理(Silva et al., 2009)。他们认为,记忆分配是指决定信息在神经环路中具体存储在哪里的一系列加工过程。如图6-3所示,神经元集群记忆分配模型认为,时间上相邻的两个事件(A、B)可以储存在有部分重叠的神经元群,时间发生较远的事件Z则重叠较少或没有。也就是说,记忆信息如何在神经元群上进行存储,往往与信息编码时两个事件发生的时间间隔密切相关。

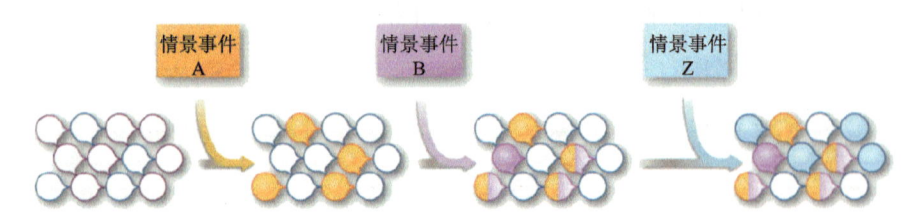

图6-3 神经元集群记忆分配模型(Silva et al., 2009)

研究者普遍认为,长时记忆可能存储在大脑中特定的神经元集群中。Semon(1904)最早引入"印迹"这一概念,用来描述记忆存储的神经基础,而存储特定记忆的神经元群被称为印迹细胞。简言之,"印迹"是指个体经历一些事情后,在神经元层面留下持久的痕迹,不同经历产生的痕迹在神经生物层面上存在差异,最终形成不同的印迹细胞。

近年来,以诺贝尔奖得主利根川进为代表的研究者对记忆的印迹细胞开展了大量前沿研究。利根川进的观点如下:①印迹是指离线的持久性神经突触与细胞连接的改变,这些改变由学习新材料或事件引起,是形成新记忆关联的重要基础;②印迹细胞是被学习激活的一群神经元,在学习过程中产生持久的细胞变化,以及会对原始刺激重新激活并产生回忆(Tonegawa et al., 2015)。不同研究者通过不同研究方法,发现了记忆印迹细胞所在的不同脑区,包括嗅球、前额皮层、颞后皮层、伏隔核、感觉皮层、外侧杏仁核和基底外侧杏仁核等,为记忆印迹的存在提供了实证基础。

有研究者总结了记忆印迹的研究进展（Josselyn & Tonegawa，2020），具体如下：第一，在一个特定的大脑区域内，神经元之间会通过竞争的方式来确定能否成为印迹的一部分，其中神经元的兴奋程度决定了竞争过程的最终结果；第二，除了兴奋程度，印迹细胞的突触强度和树突棘密度都有所增加，并倾向于与相关的印迹细胞形成连接；第三，可以通过人为操控记忆编码和回忆过程，产生虚假记忆，甚至给老鼠植入一段未曾经历过的虚假记忆（详见本章第四节"虚假记忆产生的认知机制和理论模型"部分）；第四，在患有遗忘症的老鼠中发现了"沉默"印迹，可以通过人为重新激活这些沉默印迹细胞来诱导回忆，但某些自然条件下的回忆线索并不能成功诱导这些沉默印迹储存的记忆。

总之，新近的研究表明，大脑中承载长时记忆的印迹细胞确实存在，可能是个体存储长时记忆的重要方式。目前，很多研究者认为，印迹或许是存储长时记忆的基本单元（Josselyn & Tonegawa，2020），不过仍然需要系统探究记忆是如何进行编码并形成印迹细胞的。总体上说，将基于动物模型的印迹研究迁移到基于人类模型的研究，会促进我们对人类长时记忆的深入理解，为记忆增强及记忆相关障碍的干预、治疗和保护提供相应的依据。

（二）表征假说与认知计算

长时记忆可以被看作个体通过经历而获得的内在表征，这些表征会保留较长时间，并且之后能够被重新建构。从认知心理学角度出发，记忆表征是指人脑对特定事件信息通过加工后形成的一种内在的抽象编码形式。个体可以对其进行再加工和运用，包括对该表征进行保持、提取等认知加工。

认知地图（cognitive map）就是一种经典的心理表征，是指个体根据过去的经验，在脑海中形成的类似于实际情景的"地图"。例如，我们的大脑中可能存在着关于家的布局模式图，知道厨房在哪里，厨房旁边是什么。Tolman通过动物走迷宫实验提出了"认知地图"的概念。在Tolman的早期研究中，老鼠学习走迷宫，成功走出迷宫后可能会获得食物奖赏。在学习后，Tolman发现无论开始时把老鼠放在迷宫的哪个地方，每次它都会选择最短的路线走出迷宫，这种现象在老鼠处于饥饿状态并有食物奖赏的情况下最为显著（Tolman，1948）。因此，老鼠学习到的似乎不是对路线顺序的习惯行为，而是迷宫的空间关系，最终将这种关系表征在大脑中（详见第七章第三节）。

随着对长时记忆研究的不断深入，研究发现人类心智中也同样存在着类似认知地图的表征。20世纪90年代以来，随着认知神经科学的兴起，特别是无创脑功能成像技术（如EEG、MEG、fMRI等）的快速发展，研究者在一定程度上将抽象的心理表征过程可视化，为认知心理学与神经科学交叉融合带来了新的契机。比如，研究者能够将物体、语言、动作等信息加工的内部表征模式跟特定脑区活动进行映射关联，从而绘制特定信息加工脑激活图谱（Poldrack，2006）。

在人工智能领域，研究者也在不断探究可计算的知识/记忆信息表征模式，有望促进人工智能算法对信息的加工和处理。比如，受生物神经系统信息加工模式的启发，基于深度神经网络的人工智能算法在机器视觉、自然语言加工等领域广泛使用，极大地提升了对图像进行感知与分类的准确性和鲁棒性（Bench-Capon，2014）。智能算法的运用还使机器能够根据这些"记忆"表征信息进行推理，呈现出更高级的功能。例如，人工智能围棋领域的 AlphaGo，通过深度神经网络和博弈对抗算法，成功地对人类围棋数据及个人学习成果进行表征，先后战胜了围棋冠军李世石和柯洁。研究者认为，机器学习的效果取决于数据表征（Bengio et al.，2013），理解人脑对记忆信息的表征模式和机理，有望为类脑人工智能提供科学依据。

（三）图式-构建假说

长时记忆被认为是一个具有高度建构性的开放系统，该系统并非像摄影机那样对真实发生的事件进行准确记录，而是将碎片信息拼接在一起的建构过程，因此这种拼接可能出现错误，导致错误记忆的产生，而错误记忆也被认为是记忆建构的一种证据（详见本章第四节）。错误记忆的产生反映了长时记忆的动态可塑性，即记忆会受到各种因素，如已有知识经验和固有的图式的影响而偏离原本真实的记忆。

虽然根据图式构建记忆会带来错误记忆，但图式本身也具有高度灵活性，特别是灵活迁移的特点可以让人类快速学习新知识（Wang et al.，2024；庄福振等，2015），这也是人工智能望尘莫及的一个特点。毫无疑问，人工智能有着庞大的存储和运算能力，可以处理人类无法计算的海量数据，但在面对一些复杂任务时，人工智能反而没有人类表现得好。相反，人类智能在处理复杂任务、小样本学习过程中有着其特有的优势（Lake et al.，2015），这是因为人类学习的内容可以灵活迁移到其他场景，如学会堆积木之后能够快速掌握堆砖头的技巧。究其原因，可能是人工智能的数据表征能力没有人类心理表征灵活，没办法较好地形成认知图式，从而支撑灵活推理与决策。智能化的心理表征能力，可以让人类抽象、概括出学习内容、形成图式，进而让学习过程变得更加简单（Zhang et al.，2024；Wang et al.，2024）。综上所述，记忆的图式建构性有利有弊，一方面容易让个体出现虚假记忆，另一方面则赋予个体强大的快速学习和灵活迁移学习能力。

第二节 长时记忆的类型

一、长时记忆的分类标准

长时记忆可以有很多不同的分类方法，我们采用 Squire（1992）提出的记忆分类标准，这也是认知心理学界普遍认可的一种分类方法，即根据个体能否在意识层面对记忆内容进行陈述，将长时记忆分为陈述性记忆（declarative memory，也称外显记忆）和非陈述性记忆（non-declarative memory，也称内隐记忆）（图6-4）。

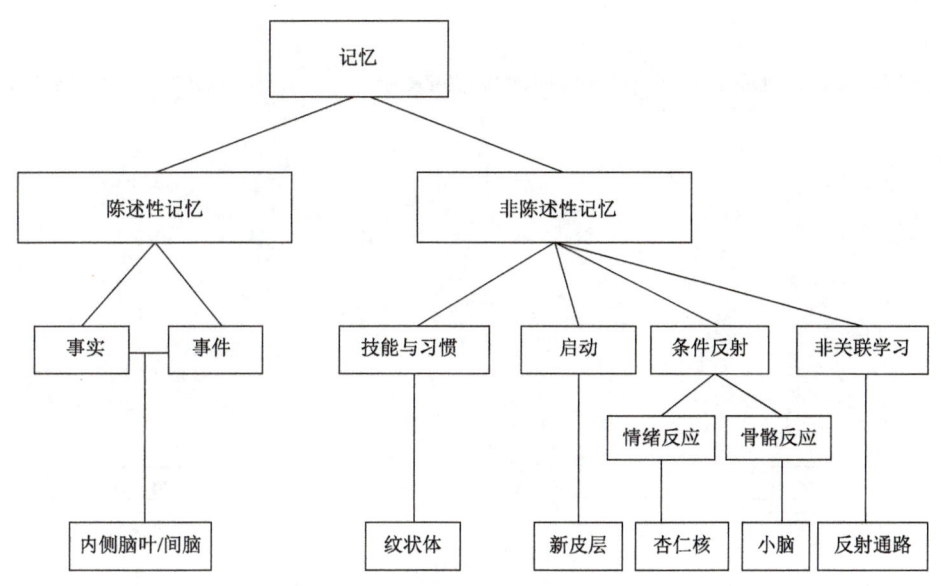

图 6-4 多重记忆模型与脑网络系统（改编自 Squire & Zola-Morgan，1988）

编码速度反映的是需要多少次重复学习才能形成长时记忆，如情景记忆（episodic memory）这种对经历的记忆可能只需要一次学习，而条件反射的形成则可能需要多次学习。编码内容的多样性反映了认知的复杂性，也可以理解为加工模块的数量，进而能够区分不同的记忆，如情景记忆包括各种感知觉、情绪、时间空间等模块，而经典条件反射只包括几个刺激物之间的联系。最后，心理表征的本质是具有复合性和灵活性，前者是指整体记忆和局部信息的心理表征，后者是指记忆可以通过不同的途径灵活地再激活。3 个维度代表了 3 种不同的加工方式或者加工过程，它们相互组合便产生了不同的记忆类型，对应不同的神经反应（图 6-5）。

具体来说，陈述性记忆是指个体能够外显地记得、回忆和讲述的记忆，包括：事实信息，如记得地球是圆的；事件信息，如记得昨天遇到一位多年不见的老朋友。相反，非陈述性记忆是指个体内隐的、无意识的记忆，包括技能与习惯、启动、条件反射等，如个体会记得如何骑自行车，却没办法很好地把这种记忆描述出来。

这种记忆分类标准得到了大量实证研究的支持，但随着研究的不断深入，也有学者对通过"意识"分类记忆的方式提出了质疑。他们认为，"意识"并非区分陈述性记忆与非陈述性记忆的有效指标，而是提出了基于加工方式的记忆系统模型（Henke，2010），认为存在 3 类不同的记忆加工，即灵活关联加工的快速编码、刻板化关联加工的缓慢编码及单一或复合性加工的快速编码（rapid encoding of single or unitized items）（图 6-5）。这 3 种加工方式在 3 个维度上存在差异：①编码速度（快速，慢速）；②编码内容（关联，单一）；③表征本质（灵活-复合性，僵化-统一性）。

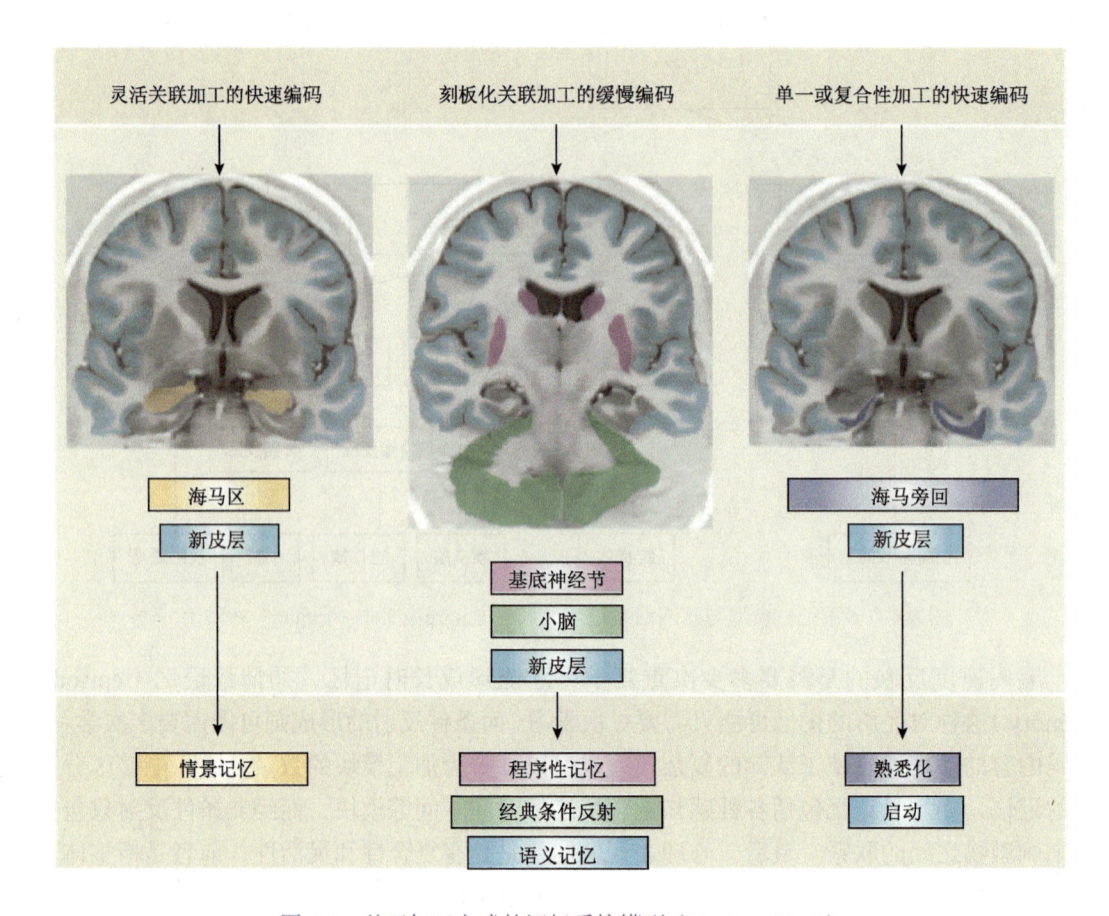

图 6-5 基于加工方式的记忆系统模型（Henke，2010）

二、陈述性记忆

（一）语义记忆

陈述性记忆包括对常识性事实/知识信息和特定具体事件的记忆，前者又称为语义记忆（semantic memory），后者又称为情景记忆（episodic memory）（Tulving，1972）。

语义记忆是指个体用来储存关于这个世界常识性知识的记忆系统，包括从日常经验中得到的抽象概念，以及一般化的事实信息（Binder & Desai，2011）。例如，一年有 12 个月、中国的首都是北京等。如果从基于加工方式的记忆模型角度出发，语义记忆涉及大脑的新皮层区域，表现为一种刻板化关联加工的缓慢编码模式（Henke，2010）。

储存了大量知识的语义记忆系统是人类将具体事件进行抽象与概念化能力的基础。但对人类来说，语义记忆的独特性体现在哪里是一个特别重要的问题，因为很多动物也具备这种识别物体的能力。一些研究者认为，过去大量关于语义记忆的研究都集中在客体知识上，由刺激驱动大脑反应，如探究对物体的识别，这类研究有一定的局限性，并不能很好地揭示人类大脑的主动性，即能够进行一系列推理、计划、想象等认知过程。这些认知过程既需要对语义记忆的灵活操控，通过整合形成联系，也需要包括一般性知识、社会规范、宗教、艺术等各种语义记忆的参与（Binder & Desai., 2011）。

人类具备的上述能力也被称为语义认知，是指通过将经验获得的语义记忆进行操纵、概括来支持言语和非言语行为。具体来说，语义认知系统包括表征和控制系统（Ralph et al., 2017），前者是指通过一些感官、动作、语言和情感等外界刺激，在大脑中形成相应的概念性语义表征；后者是指控制激活不同的表征系统，以实现对特定情景做出反应，这两个系统的运作也被称为控制性语义认知。从目前神经解剖学的证据来看，感知和概念性表征之间似乎并非相互独立的，而是表现出一种具身的特点，即概念性表征是在个体自身的感知觉、动作和情感等刺激输入的多水平抽象概念基础上表达的（Binder & Desai., 2011）。

总体而言，语义记忆对物体识别、语言、推理、计划和想象等高级认知过程起着关键性作用，个体不仅被动地接收各种信息，也会主动运用这些信息进行其他认知与行为活动。

（二）情景记忆

"情景记忆"这一概念最早是由Tulving（1972）提出的。他根据实验材料和任务类型，把情景记忆定义为个体能够有意识地回忆以往具体经历的能力，包括事件的时间、地点、人物、事件等细节。此后，这一概念不断发展，又融入了自我、主观时间、自主意识等元素，情景记忆也发展为由一系列认知神经加工过程组成，需要根据特殊的功能和特征进行定义的概念（Tulving, 2002）。从基于加工方式的记忆模型角度来看，情景记忆涉及大脑的海马体和新皮层区域，反映的是一种灵活关联加工的快速编码加工模式（Henke, 2010）。

情景记忆除了可使个体回忆以往经历，同时也使心理时间之旅成为可能，既使个体主观上可以从现在回到过去，重新经历和体验过去发生的事情，还能够允许个体想象、预测和计划未来，因此被认为是人类独有的能力（Suddendorf, 2013）。在所有的记忆类型中，情景记忆的灵活性较高：一方面，相比非陈述性记忆，陈述性记忆使个体更容易自上而下地对记忆进行有意识的提取；另一方面，相比语义记忆，情景记忆不是一般化的知识，而是聚焦于具体事件，因此情景记忆的灵活性最高，能够摆脱物理时空的限制，进行心理时间之旅。情景记忆并非与生俱来，而是在个体发展过程中逐渐获得的。例如，相比3岁儿童，大概有2/3的4—5岁儿童能更成功地回忆过去和想象未来（Busby & Suddendorf, 2005）。

应该说，情景记忆是个体日常活动中认知与心理行为活动的基础。关于过去经历的记忆能有效指导现在与将来的行为。同样，关于将来的记忆——想象未来的心理时间之旅，也能使个体通过预测和计划而适当规避或减少未来面对的风险，进而做出适应性行为。值得注意的是，心理时间之旅可能给个体带来负面的影响。例如，经历负性事件后，个体可能不断反刍、回忆该经历，让自己持续处于糟糕的心境之中，进而可能导致一系列心理和行为障碍，包括压力感、抑郁，或者引发物质滥用（如吸毒）与行为成瘾等（Nolen-Hoeksema et al., 2008）。甚至在PTSD患者中，一些特别负性的历史情景可能不可抑制地闪回，不仅让个体处于持续创伤应激的状态，也会使他们对未来产生消极的看法（Speckens et al., 2007）。

（三）语义记忆和情景记忆的异同

从加工模式的角度出发，语义记忆属于一种刻板化关联加工的缓慢编码模式，而情景记忆则属于一种灵活关联加工的快速编码模式（Henke，2010）。前者需要较长时间完成，一旦完成便难以改变，呈现出"刻板化"的现象；后者的加工过程较为快速，能够在较短时间内完成，但完成后依然处于一种"灵活"的状态，可以在后续对其进行修改、更新。因此，相比语义记忆，情景记忆会存在更多虚假记忆，大多数虚假记忆的研究也集中在情景记忆。

两者的分离在认知神经机制层面上得到了一定程度的验证。基于内侧颞叶损伤患者的研究发现，他们几乎丧失了形成新情景记忆的能力，以及损害之前获得的情景记忆、想象未来的情景记忆（Hassabis et al.，2007），因此内侧颞叶（海马）被认为是参与情景记忆的关键脑区之一。内侧颞叶损伤同样会影响语义记忆，但只限于那些刚刚形成的语义记忆。如果语义记忆得到巩固，那么将更多地依赖大脑新皮层。

然而，语义记忆和情景记忆之间也会互相影响、互相转化。有研究者曾经探究了语义性痴呆患者、阿尔茨海默病患者回忆过去和想象未来的能力。其中，前者语义记忆功能受损，而后者情景记忆功能受损。结果发现，阿尔茨海默病患者无法正常回忆过去和想象未来。同时，语义性痴呆患者也无法正常想象未来，即丧失了一部分心理时间之旅的能力（Irish et al.，2012）。因此，研究者认为语义记忆对个体想象未来的情景记忆起着不可或缺的作用。语义记忆可以促进新的情景记忆的形成，而情景记忆最终也可能转换成语义记忆。另外，语义记忆是具体复杂情景记忆的基础材料，而情景记忆又可以促进语义记忆中信息的提取，特别是在重复学习后，个体会对信息进行抽象化、概念化的记忆，形成包括相对不变的行为模式和态度看法等图式，这正是语义记忆的重要内容。

三、非陈述性记忆

非陈述性记忆包括程序性记忆（procedural memory）或技能与习惯、启动、条件反射、非关联学习。其中，启动是一种感知学习，条件反射则是刺激之间的联系反应，而非关联学习是指单一刺激重复出现引起的行为反应（Squire & Dede，2015）。从基于加工方式的记忆模型角度来看，程序性记忆和条件反射属于刻板化关联加工的缓慢编码模式，而启动则属于单一或复合性加工的快速编码模式（Henke，2010）。

（一）程序性记忆

程序性记忆是指个体重复学习后获得的内隐知识，包括走路、骑自行车、游泳等运动技能，以及阅读一段文字等认知技能（Squire & Frambach，1990）。目前，有关程序性记忆的研究集中在运动技能方面。系列反应时任务是研究程序性记忆最常使用的范式。在这一任务中，被试需要对不同的视觉刺激做出不同的按键反应。其中，视觉刺激呈现的顺序可能是固定的，也可能是随机的。结果发现，相比随机呈现，个体对以固定顺序呈现学习材料的学习速度会越来越快，反应时越来越短。这种反应时的缩短反映了程序性记忆的获得情况。值得一提的是，即使遗忘症患者无法形成新的陈述性记忆，他们也能够习得运动技能等程序性知识。这可能是因为程序性记忆与陈述性记忆依赖的脑区有所不同，前者更多地依赖于纹状体和基底神经节（Graybiel & Grafton，2015），而后者则更多地依赖内侧颞叶及相关新皮层。

（二）启动效应

关于启动，我们可以简单理解为提前通过某些方式使个体处于一种准备的状态，进而影响其对随后学习内容的加工速度。启动效应一般被定义为以往接触过的学习内容能够有效促进对当前学习内容的知觉、提高加工速度（Tulving & Schacter，1990）。其中，前后学习内容相同而产生的启动效应又被称为重复启动。例如，在词干补笔测验中，个体首先学习一些单词（如"yellow""blue"等），那么当在测验时看到"ye_____"时，个体更倾向于补充为"yellow"而不是"yes"（Warrington & Weiskrantz，1968）。重复学习会提高之后信息的学习效率，在大脑中表现的却是重复抑制，即面对重复的内容，大脑相应脑区的激活程度会变低（Barron et al.，2016）。此时，大脑不再需要复杂的加工方式，便可以有效地学习和识别当前的内容。除了完成重复启动，不完全重复的刺激同样也会出现启动效应，即间接启动（Angwin et al.，2004）。值得注意的是，启动效应同样可以出现在遗忘症患者身上，如果知识是在这类个体患病之前获得的，则其产生的启动效应更强（Squire & Dede，1987）。

启动效应可以表现为正启动和负启动，前者可以加快个体当前的加工速度，而后者则相反。负启动的研究主要集中在选择性注意领域，当要求被试忽略某一刺激时，其在随后的测验中更难快速地识别出来，且有更大概率出现错误。经典的记忆抑制范式——Think/No-think（TNT）范式，也可以被看作一种负启动。在 TNT 范式中，一部分刺激需要回忆，而另外一部分刺激则被要求忽略，那些被要求忽略的刺激在测验时更难被提取出来（Anderson et al.，2004）。

启动效应不仅会影响个体的加工速度，也会影响个体的态度与行为，表现为社会启动。研究者发现，启动会影响个体购物行为和对争议事件的态度（Kim et al.，2012；Yoo et al.，2015）。也有研究利用启动范式使被试暂时处于某种状态，如消极情绪状态，进而探究消极情绪对其他因素的影响（Pichon et al.，2012）。

（三）经典条件反射与非关联学习

"经典条件反射"这一术语是由巴普洛夫通过对狗进行实验研究而提出的（Pavlov，1960），巴普洛夫因此获得了 1904 年诺贝尔生理学或医学奖。巴普洛夫发现，当在实验中给狗单独呈现铃声这样的无意义刺激时，狗并不会产生特殊的生理反应。前者被称为条件刺激，后者被称为无反应。相反，当给狗呈现食物这样的有意义刺激时，便会引起狗的生理反应，如分泌唾液。在这样的情景中，前者被称为非条件刺激，后者被称为非条件反应。更重要的是，当铃声和食物配对出现后，即使单独呈现铃声，狗也会产生生理反应，表明狗学会了铃声和食物之间的联系。

经典条件反射具有 4 个特征：①获得。条件刺激（conditioned stimulus，CS）和非条件刺激（unconditioned stimulus，US）多次结合出现，在一定程度上加强了条件反应。②消退。当条件反应形成后，多次呈现 CS 但没有出现 US，则条件反应就会慢慢消退。③恢复。当条件反应消退后，US 和 CS 再次结合出现，会让条件反应快速恢复。④泛化。当条件反应形成后，类似的 CS 也会产生相应的反应，如其他铃声和相似的音乐。依据经典条件反射的特性，后来的研究者在心理治疗领域开展了一系列相关应用，如反转条件反射和暴露疗法等，取得了重要的疗效。

经典条件反射是两种刺激关联学习，而非关联学习则是针对单一重复刺激的反应。Kandel（1976）最早以海兔为研究对象，探究了单一重复刺激对海兔行为的影响，并发现了两种典型的行为模式：①习惯化，即单一刺激不断重复引起的行为反应逐渐减少或反应强度降低；②敏感化，即单一刺激不断重复引起的行为反应逐渐增加或反应强度提高。其实，日常生活中有很多类似的例子，一方面，个体可能逐渐习惯室外单一重复的噪声；另一方面，不断重复刺激身体部位，又可能使其越来越敏感。

综上所述，无论是以"意识"还是以"加工方式"为指标，非陈述性记忆和陈述性记忆之间都存在明显的差异，包括行为指标及对应脑区的差异，但二者之间也存在一些联系。例如，程序性记忆可随年龄的增长和技能的不断成熟而转换为语义记忆。一项纵向调查研究探讨了 7—9 岁儿童算术问题解决策略的发展，结果发现，儿童最开始解决算术问题的策略是用手指数数，但随着年龄的增长，他们开始更多地使用直接提取答案的方法，此时海马起到了重要的作用。研究者认为，此时儿童的行为与提取事实知识和事件这种语义记忆和情景记忆的关系更密切（Qin et al., 2014）。总之，陈述性记忆和非陈述性记忆既有区别又有联系，两者对个体的认知同等重要。

四、长时记忆分类的认知神经基础

自多重记忆系统理论被提出，越来越多的研究开始关注陈述性记忆和非陈述性记忆的认知神经基础。先前的研究表明，陈述性记忆主要由内侧颞叶、间脑和新皮质脑区参与完成。相比之下，非陈述性记忆涉及的脑区较为复杂，其中程序性记忆涉及纹状体和基底神经节，启动等知觉加工学习涉及新皮质脑区，经典条件反射涉及杏仁核和小脑，而非联想性学习则涉及反射通路（Squire et al., 2015）。

虽然早期的研究发现海马体主要负责情景记忆这种陈述性记忆的信息加工过程，但来自遗忘症患者的研究却表明，对于那些海马体严重受损出现遗忘症的患者来说，他们不仅会在情景记忆编码或回忆这种有意识过程时的表现受损，某种程度上同样无意识的快速联系编码和回忆过程也会受损。因此，单纯以"意识"为标准对记忆进行分类，有意识记忆和无意识记忆可能依赖相同的脑区，即在神经科学层面并未能将二者进行有效的区分。相比之下，以加工方式为分类标准的记忆加工过程模型（Henke, 2010），可以避免有意识记忆和无意识记忆脑区重叠的现象。然而，即使采用这种分类，从目前的证据来看，也不能完全替代经典多重记忆模型。例如，有研究发现，相比无意识记忆，有意识记忆在编码提取时会涉及更多脑区，需要诸如前额叶脑区对记忆加工过程进行调控（Gaillard et al., 2009）。另外，记忆加工过程模型的很多细节还需要进一步探讨，特别是针对记忆巩固（memory consolidation）等方面的相关研究。

总体而言，多重记忆模型为人工智能领域的类脑计算带来了新的启发。目前，许多科学家尝试通过模拟人脑多重记忆系统与存算一体的运算机理来发展新的计算技术，以期实现高能效与高智能水平的计算。例如，来自加拿大的认知心理学和神经科学家构建出了类似于人脑基于不同网络的多重记忆模拟，将其称为 Spaun（Eliasmith et al., 2012）。该系统拥有 250 万个模拟大脑的神经元，模拟大脑感知、记忆、执行控制等相应的脑认知功能，可以进行视觉识别及相应的行为反应，甚至可以通过基础的智商测验，完成 8 种不同的实验任务，包括模拟大脑工作记忆过程。Spaun 同时提供了一种强有力的工具，可以帮助研究者更为直观地探究大脑神经活动和生物功能之间的关系。

第三节　长时记忆的动态过程

信息通过感知觉通道输入中枢系统，经加工编码后形成记忆。这些记忆先会经历一种脆弱或不稳定的状态，随后经历一个巩固（consolidation）加工过程，最后才会在中枢神经系统中形成稳定和固化的记忆印记。有趣的是，已固化的记忆可以通过检索和提取被激活重新回到"活跃"状态，个体也可以对其进行再编码、修改和更新等操作。接着，这些记忆会再次通过巩固加工重新形成稳定的新记忆印记，这一过程被称为"再巩固"（reconsolidation）。研究证明，在特定的、有限的巩固时间窗内，可以通过行为干预（如干扰、消退等）、压力事件、药物（如普萘洛尔，β受体阻滞剂）干预、物理刺激（如无创脑刺激）等方式对记忆进行修改，以达到削弱、替代、更新或增强记忆的效果。以下将介绍长时记忆形成和巩固的几个认知过程（图 6-6）。

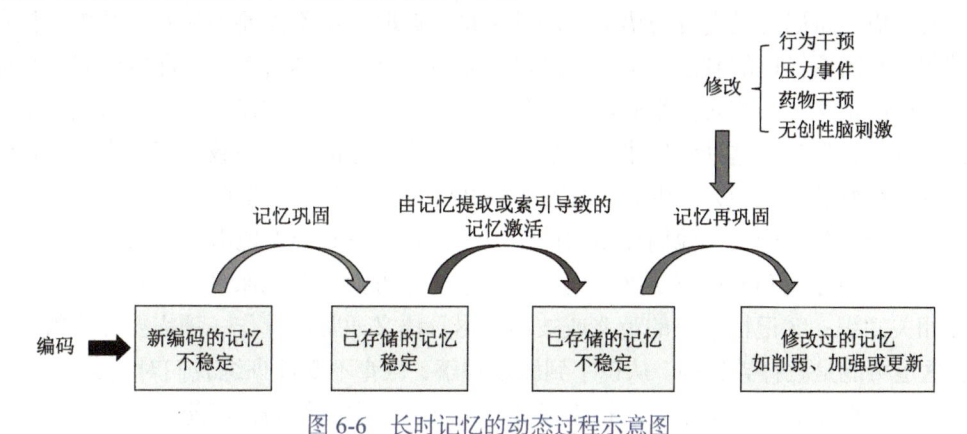

图 6-6　长时记忆的动态过程示意图

一、记忆编码

当外界信息的存在形式与个体记忆系统的存储形式不一致时，需要进行编码转化才能形成有效的记忆。个体对外界输入信息进行编码转化的过程就是记忆编码。记忆编码按编码的深度可分为感知觉编码、语义编码等不同类型。经过编码的信息往往会以不同的形式储存在记忆系统中，如陈述性记忆和程序性记忆等。编码不同类型的记忆信息，往往采用不同的策略。

（一）记忆编码加工的深度

记忆痕迹的性质和持续时间取决于编码深度，这就是编码加工深度模型（Craik & Lockhart，1972）。与单独进行非语义的加工相比，编码过程中将新信息与已有语义信息进行关联编码，往往加工深度要更深。例如，当学习一个英语单词时，结合上下文信息学习该单词往往比单独记忆该单词更有效。进行深加工的学习，意味着需要更长的编码时间和更大的认知努力。因此，语义编码策略比非语义编码策略形成的记忆更牢固。

编码深度模型的局限，是对"深度"缺乏明确的标准。事实上，复杂的信息与编码深度之间并不存在一一对应的关系。研究者曾对比了两种不同形式的编码，即语义编码和音韵编码，结果发现，在要求音韵匹配的回忆测试中，音韵编码比语义编码好，而在对要求语义匹配的回忆测试中则相反（Morris，Bransford，Franks，1977）。一种观点认为信息需要通过一系列分析器进行处理，当个体捕捉到完成任务所需的信息时，分析器就会停止处理信息，这一时间点决定了个体对信息编码的深度。研究者随后对编码深度模型进行了修订，认为可以用个体编码刺激的特征数目来衡量个体对刺激编码的深度。

（二）记忆编码的适当迁移加工理论

适当迁移加工理论（transfer-appropriate processing theory）认为，编码刺激特征的丰富程度、唯一性和一致性等因素决定了个体对输入刺激的编码深度。根据这种理论，个体会根据记忆编码的目的对输入刺激进行深度编码。例如，当让个体学习发音时，个体更多的是编码舌头、嘴唇等与声音的关系，此时个体不需要编码语义方面的信息；当个体学习单词意思时，更多编码的是声音与语义之间的关系，此时个体不需要关注发音结构等信息。编码的刺激与需要提取的刺激的重合度越高，就越有利于个体对刺激做深度编码，个体会表现出越好的记忆。一些看似编码深度比较低的任务，如词语韵律的学习，虽然比语义学习编码程度低，但只要这种编码水平与后面记忆检索任务的要求一致，就能在记忆检索任务中表现出更好的记忆能力，甚至比编码水平更高的语义学习任务的记忆情况更好。确实，对于音乐家或出色的诗人，他们在做韵律学习及检索任务时会表现出较好的记忆能力。

我们能否对输入刺激进行深度编码，取决于以下方面：①刺激是否有意义；②是否有丰富的相关知识；③记忆编码的策略或技巧。尽管语义通常被看作一项需要深度编码的任务，但这也可能是教育导致的。从识字到阅读理解，教育不断地训练我们对语义进行编码，因此个体在实验中进行语义学习、检索任务时常常表现出更好的记忆能力。

（三）关联性加工与记忆编码

关联性加工是指个体通过增强信息之间的联系，以整体的形式进行编码，以更好地存储、提取信息的一种信息编码策略。关联性加工模型认为，记忆系统中各种信息之间的连接强度，决定了记忆网络能涵盖的范围（Stansbury et al.，2013）。以情景记忆为例，情景包括众多且不同类型的复杂信息，如主体、背景及空间位置等，而我们可以运用关联性编码在短时间内识别特定的情景。具体而言，个体可以通过估算不同场景下各物体共同出现的概率，选择最有可能的做出判断，例如，有的家庭会把冰箱和餐桌放在餐厅，有的则会把它们放在厨房，当我们看到菜刀也同时出现在这一情景中时，我们会判断三者出现在厨房的概率远大于餐厅，于是倾向于得出"我现在在厨房"的结论。

研究发现，在建立关联过程中，存在两种不同的机制，即异质关联和自动关联。前者为记忆编码或提取时自动关联与当前模式密切相关的先前存储的模式，后者则是不仅在类型和格式且在内容上都与先前存储的模式不同，其中自动关联又有单向关联和双向关联之分。以高中学科为例，我们在生物课中学习了 DNA 的双螺旋结构，这种结构又让我们联系到化学课上的知识，这就是一种异质关联。自动关联则是从 DNA 双螺旋结构关联到 RNA 的单链结构。关联性编码的生理基础可能是突触的可塑性，因为这一特性，原本建立好的突触连接可以变得活跃，允许突触连接的增强或与其他突触形成新的连接，这种猜想也得到了随后研究的证实。

因为关联性编码的存在，一些物理特征信息（如温暖）会影响我们对人、事物的判断，关联性编码还有可能使我们产生错误的记忆，本章第四节将更详细地解释这一现象。

（四）记忆编码的特异性与可泛化性

编码特异性理论（encoding specificity theory）认为，个体并非只是对信息原本的形式进行储存，而是根据自身对信息的理解进行编码（Tulving & Thomson, 1973）。例如，不同文化背景的人对同一种颜色可能产生不一样的理解，因而会进行不同的编码。例如，白色在中国的传统中就是一种禁忌色，亲人去世后家属需要办"白事"，如白色灵堂等；而西方文化中却把白色理解为纯真无邪，将其当成一种崇尚色，因此婚礼上更倾向使用白色，如白色婚纱等。此外，如何编码也与如何提取密不可分。有研究发现，成功编码的脑区与成功提取信息的脑区是重叠的，但是也有研究认为编码和提取是不同的认知过程。例如，Baddeley 等（1984）使用分配注意范式发现，在编码和提取过程中，向被试呈现相同的干扰任务，结果发现干扰任务对提取的影响甚小，而对编码过程的影响则较大，即干扰任务对两个过程存在着不对称的影响。另一些研究则发现，相同的干扰对编码过程和提取过程可以产生完全相反的作用。这些证据显然与编码特异性理论的观点相矛盾。新近认知神经科学的研究证据表明，信息编码和提取时激活的脑区确实只是部分重叠，例如，在海马结构中，编码时主要激活海马前部，而提取主要激活海马后部。此外，编码过程与提取过程之间的关系也会因为信息的类型、不同的实验控制等因素的改变而不同。

值得注意的是，除了特异性编码，记忆也可能发生泛化。在一项动物研究中，研究者对一只小鼠进行记忆训练。他们把小鼠轮流关进两个长、宽、高相似的箱子里，一个被命名为"T 箱"，另一个被命名为"G 箱"。当小鼠熟悉两个箱子后，在 T 箱里，其足部被施加某种刺激，使其产生恐惧。24 小时后，这只小鼠被移到 G 箱，在没有施加任何刺激的情况下，小鼠对 G 箱同样产生了恐惧。这意味着小鼠对 T 箱的恐惧记忆，只经过 24 小时甚至更短的时间就可以产生泛化，使其在相似环境中快速提取恐惧记忆。据此，研究者提出了记忆提取的快速泛化理论假说（Zhou et al., 2017）。泛化过程与编码特异性加工显然存在差别，两者的关系还有待未来进一步研究。

(五)层次网络模型和激活扩散模型

人类编码和存储记忆的能力十分有限,因此我们很可能需要一种"优化"的结构来编码记忆,这和电脑芯片的升级可以通过优化芯片结构来实现是一样的道理。

概念学习会涉及大量重复信息,为了减轻负担,信息的存储会采用层次网络的形式进行(图 6-7),称为层次网络模型(hierarchical network model)。具体来说,在每一层概念的节点上,只存储该概念的独有特征,而同层概念共有的特征则存储于上一层的节点上,层数越高的概念,具有概括性更强的特征(Collins & Quillian, 1969)。以鸟和金丝雀及鸵鸟两个层级、三个节点为例,金丝雀和鸵鸟均属于鸟这个类别,如果它们共有的一些特征(如翅膀和羽毛)均存储在各自的节点,记忆系统就会显得非常臃肿。如果能把同一层级的共有特征归纳在上一层级的记忆节点(如鸟),就能节省接近一半的存储空间。值得注意的是,一些上下层级相矛盾的特征(如鸵鸟不会飞)会存储在较低层级的节点,这些特征在随后进行概念判断时权重较大,如在判断鸵鸟是否为鸟时,鸵鸟的"不飞"特征能够消除"鸟"这一概念中的"会飞"限制。假如信息存储真的按这样的方式进行,则个体判断"金丝雀会飞"所用的时间应该比判断"金丝雀会唱歌"所用的时间长,因为个体在判断"金丝雀会飞"的时候需要检索上一层级"鸟"节点中的信息,而判断"金丝雀会唱歌"则不需要。

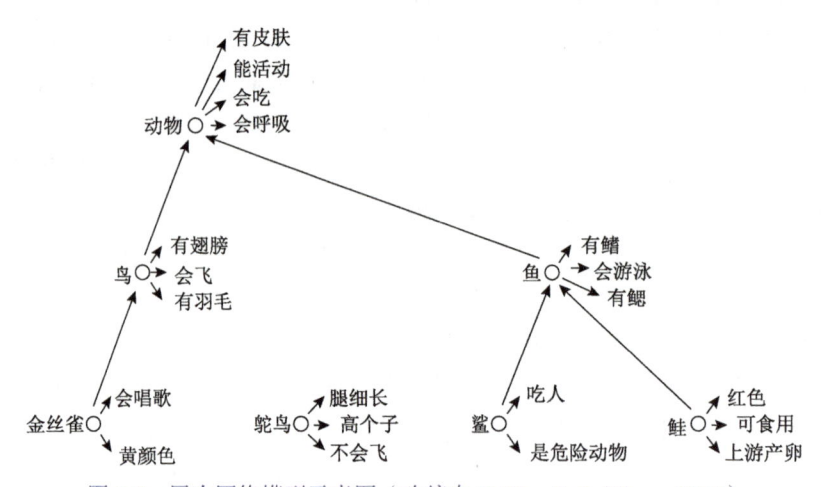

图 6-7 层次网络模型示意图(改编自 Collins & Quillian, 1969)

相比层次网络模型,激活扩散理论(spreading-activation theory)(Collins & Loftus, 1975)放弃了层次结构,认为每一个概念都是一个记忆节点,不同的节点之间通过共同特征联系起来,节点间的共同特征越多,其联系越紧密。例如,当想到电脑的时候,我们会想到会发光的屏幕,会发光的屏幕则有可能让我们联想到电视,这样电脑与电视两个概念通过"会发光的屏幕"这一特征联系在了一起。某一概念的出现,就像点燃柴火堆的中心一样,其他与其关联的概念也会被"点燃"。"概念"的定义非常广泛,例如,名词"机器"是一个概念,动词"开车"也是一个概念,"如果你见到红灯会怎么做"也是一个概念。这就能解释为什么我们看到一个动词跟一句话也能像看到"电脑"这样能联想到很多相关概念。

信息之间的相互激活需要一定的条件。激活扩散理论认为,不同的节点之间的联系有强弱之分，只有强度达到一定的阈值，一个节点才能得以激活；从一个节点到另一个节点的激活传递强度与它们之间的联系强度成正比，联系强度越低，激活程度衰减的速率就越快；经常被激活的节点的传递激活的能力越强，反之，则会慢慢失去扩散激活的能力。

在回答概念判断问题时，二者都认为准确地判断需要收集足够的信息。当两个节点存在上下级关系时，如判断鸵鸟是否为动物时，两种模型都可以通过鸵鸟是鸟、鸟是动物的关系，从而做出鸵鸟是动物的判断。激活扩散理论认为，概念判断还有决策的过程，当收集到的信息同时包含肯定和否定判断时，两者会相互抵消，个体会根据优势判断是否达到了标准而做出"是"或"否"的回答，否则回答"不知道"。

二、记忆的提取

记忆提取指的是个体从自身记忆系统中提取所需信息的过程。记忆研究中常用的记忆测试任务有再认（recognition）和回忆［recall，如线索回忆（cued recall）和自由回忆（free recall）］。其中，再认主要考察先前学习过的材料能否被正确地识别，而回忆则主要考察记忆能否被顺利提取。此外，研究也常根据不同研究目的采用不同的测试任务，如再认可以考察个体在噪声中（错误记忆）识别信号（真实记忆）的能力，而回忆可用于考察个体的虚构记忆（请参考第四节"长时记忆的重构"相关内容）。

（一）再认

再认是指个体在记忆测验中，从新旧混合的材料中辨别出旧材料的过程。刺激呈现的方式主要有两种：一种是刺激单独出现，被试做是/否判断；另一种是新旧混合的刺激同时出现，被试辨认哪些是旧刺激。相比自由回忆，再认任务显得更为简单，但研究者可以通过提高刺激之间的相似性来增加任务难度。

再认成绩是信息被成功编码的证据。如果个体存在不同的信息编码障碍，则会在再认及回忆等记忆测试中有不同的表现，如阿尔茨海默病患者不能顺利完成记忆的编码。但是，亨廷顿病患者只是记忆检索能力受损，因此虽然回忆能力受损，再认能力却不受影响（Aronow et al., 2011）。

记忆再认的双重加工模型认为，成功的再认，一是基于对刺激的熟悉程度，二是基于对刺激上下文的回忆，这两种形式对记忆再认的影响是相互独立且并行的。其中，熟悉程度能提高再认的速度及自动化程度，使再认不需要依赖背景信息。然而，再认也可以通过对上下文的主动检索，利用丰富的背景信息及不同信息之间稳定的联系来进行，但是速度较慢，需要投入较多的认知资源（Mandler, 1980）。与这两种形式相对应的经典研究范式是记住/知道记忆测验，被试在他们能描述记忆具体细节时回答"记住"，否则回答"知道"。前者又称为基于回忆的再认，后者又称为基于熟悉度的再认。

（二）自由回忆

自由回忆是指被试在没有限制的情况下对记忆进行提取和报告。研究发现，当要求被试以任何顺序回忆学习材料时，他们似乎会根据语义分类或联想方式来回忆相关或相邻位置的记忆信息。但是，另一些研究表明，被试回忆的顺序与学习的顺序重合比例只有 18%（Asch & Ebenholtz, 1962）。这种不一致的情况或许可以由编码特异性理论来解释，即被试可能对刺激存在个体特异性的编码方式。有研究者利用自由回忆的自由检索特点探究了不同个体记忆检索的差异，如通过自由回忆探究类别启动对个体的记忆检索的影响（Hills et al., 2015）。

再认与回忆在编码的神经生理机制上存在差异。例如，与再认相比，左中/背外侧前额叶和双侧后顶叶皮层是自由回忆特定的脑区，而周围神经皮层的激活就与后来成功的再认相关，其中周围神经皮层对高级对象处理至关重要，如把相同特征的事物凝练成高级抽象的概念（Staresina & Davachi, 2006）。

早期，人们认为回忆与再认涉及的是几乎相同的过程，只是记忆强度有区别，这是强度理论（strength theory）的核心思想（Norman, 2013）。但是，有些因素对两者产生了不一致的影响，例如，相对于高频率的单词，低频率的单词更容易再认，而回忆则刚好相反。再如，信息之间的关联和类别归属关系在回忆中起着重要作用，但对再认的影响则很小。这些结果表明，回忆与再认涉及的过程存在差异。

（三）线索回忆

线索回忆指的是个体根据线索检索相关的记忆，其中线索的作用很关键。研究者认为，只有与检索目标相匹配的线索才有效，而且如果线索与其他目标建立联系，则会降低该线索的有效性。例如，对"椅子"而言，"桌子"是有效的线索，"小河"则不是，除非通过多次重复配对的学习或人为建立联系，例如，通过句子"周末带着椅子去小河钓鱼"，则"小河"就有可能成为"椅子"的有效线索。如果"桌子"多次与"桌布"进行配对，下次看到"桌子"时就可能先想起"桌布"而非"椅子"。此时，"桌子"对检索"椅子"的有效性降低。此外，一项研究发现，即使提前告诉被试哪个是线索、哪个是目标，两者之间仍可成为彼此的线索。

与自由回忆相比，线索回忆策略似乎受年龄发展的影响较小。相比之下，自由回忆情况与年龄成正比，可能是因为随着年龄的增长，我们的知识储备、信息检索能力等都会提升，因此也能更好地去组织、存储和提取记忆。

三、记忆巩固、记忆再巩固及整合

记忆巩固指的是将编码后的信息进一步稳定下来的过程，包括系统巩固和突触巩固。其中，系统巩固指的是记忆信息重新分配、修饰、组织的过程，往往发生在记忆编码后的几个小时内，而突触巩固则涉及生化物质的生成，可能发生在几周甚至几年内。现在，研究者普遍认为，记忆信息获取/编码后会暂时存储在海马，随着记忆巩固的进程逐渐转移至大脑皮层，此时涉及突触、神经连接、新皮层的形成等。

（一）记忆巩固

1. 记忆巩固的基本特征

研究发现，学习完一项内容后马上学习另外一项内容，且两者有竞争关系时，事先学习的内容会受到很大的损伤。但是，如果两项学习内容相隔较长时间，损伤则会减小（Müller & Pilzecker，1900）。同样地，研究者在动物实验中发现，在学习之后给老鼠注射蛋白质抑制剂，会损害先前学习到的信息，而且学习与注射的时间间隔越短越有效，这是因为蛋白质的形成需要一定的时间。这表明蛋白质合成对记忆的形成至关重要，而蛋白质的合成目的在于在大脑中形成突触之间的连接，而突触之间的连接正是我们能进行长时记忆巩固的生理基础（McGaugh，1966）。也有研究者提出了反对意见，认为蛋白质的合成等只不过是改变了大脑的激活模式，而不会改变记忆轨迹。

新形成的记忆最初是不稳定的，易受干扰。但是，随着时间的推移，它会经历巩固过程。该过程会将它们转变为稳定的形式，在很大程度上抵抗干扰。随后，研究者又对记忆巩固的定义进行了拓展，认为记忆巩固不仅可以稳定记忆，还可以增强记忆（包括重新巩固遗忘的记忆及进行再学习）。

2. 记忆巩固的关键影响因素：睡眠

大量研究表明，熬夜或者睡眠剥夺对记忆巩固有显著的影响，还可能会损害个体的记忆能力。早期的睡眠理论主要强调的是睡眠在机体恢复和保存能量方面的关键作用。近些年，睡眠在认知表现中的角色受到了广泛关注，特别是睡眠对记忆的巩固作用。已有大量研究表明，睡眠有助于记忆巩固，如果将睡眠剥夺，尤其是将慢波睡眠（slow wave sleep，SWS）剥夺后，人们就会出现记忆力下降。睡眠过程中发生的离线记忆再处理过程是人类记忆形成机制中非常重要的组成部分。研究发现，在相同的时间内，经历睡眠的被试的学习水平显著高于一直保持清醒的被试。由此，这种通过睡眠发生的记忆巩固效应也被称为睡眠依赖性记忆巩固（sleep-dependent memory consolidation）。

睡眠包含5个阶段，分为快速眼动（rapid eye movement，REM）睡眠阶段和非快速眼动（not rapid eye movement，NREM）睡眠阶段，其中 NREM 睡眠又分为 1—4 阶段（图 6-8）。睡眠阶段在各个方面，如睡眠深度、梦境的频率和强度、脑电信号、皮质回路的神经调节、区域性大脑激活及记忆系统之间的交流都有所不同，但在某种程度上均与依赖睡眠的记忆加工过程有关。

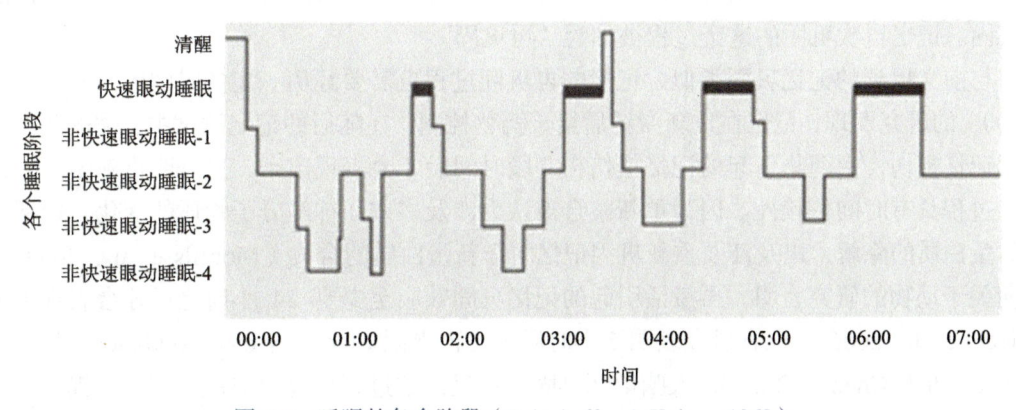

图 6-8 睡眠的各个阶段（Rehtchaffen & Kalse，1968）

研究者发现，在外语学习后，被试的 REM 睡眠占整个睡眠阶段的比例提高越多，在随后的测试中表现得就越好（de Koninck et al., 1989）。虽然在处理陈述性记忆中发现了相互矛盾的证据，即就算经过睡眠，睡眠前存储的记忆也没有明显的变化（Donchin et al., 2002）。也有大量证据表明，SWS 和 REM 睡眠都有助于陈述性记忆的巩固，如有情绪色彩的陈述性记忆，睡眠有助于将其整合到已有的记忆网络中，从而得到巩固。

与陈述性记忆相比，程序性记忆对睡眠的依赖则得到了包括视觉、听觉和运动系统在内的各种研究领域一致的支持。例如，动作学习，在旋转跟踪运动任务中，记忆衰减主要是第 2 阶段（NREM 睡眠阶段）睡眠减少所致（Smith & MacNeill, 1994）。在顺序敲击任务中，一个晚上的睡眠可以显著提高个体的速度和准确性（Walker et al., 2002）。

在睡眠阶段，中枢神经系统中相关神经生化环境会发生剧烈变化，有些变化具有睡眠特异性，而且在睡眠的不同阶段会表现出不一样的模式。因此，把整个睡眠阶段看成是同质的是不恰当的。类似地，长时记忆有不同的类型，单纯地去探究睡眠对记忆的影响，难免会出现以偏概全的现象。未来研究应该探究不同睡眠阶段对不同记忆类型的影响。

（二）记忆再巩固

记忆形成是一个动态的过程：①在学习阶段，经过编码加工，任务表现会得到显著的提升；②在 10 分钟至 6 小时保持清醒的情况下，记忆体经历了巩固的第一个阶段——稳定，使其可以抵抗干扰，但不会提高任务表现的速度或准确性；③在随后的睡眠阶段，发生巩固的第二个阶段——增强，从而提高了任务的执行速度和准确性；④尽管记忆已经经历了稳定和增强，但是短暂的记忆重现使记忆恢复到不稳定状态，使其容易受到再次干扰，并且需要重新巩固。

传统观点认为，记忆一旦巩固后会变得非常稳定、不易受干扰。然而，研究者通过系列实验发现，被激活（或者是被检索）的旧记忆可被基底外侧杏仁核内传递的蛋白质合成抑制剂破坏，而这种蛋白质的合成在保证神经可塑性和记忆形成中起到了关键作用（LeDoux, 2000）。即使是 24 小时或者更长时间（如 14 天）的记忆，在被重新激活后也可能被削弱或删除，表明巩固已久的记忆也可能被修改。也就是说，已巩固的记忆经过再激活后，会在一段时间内再次变得活跃或不稳定，这些被重新激活的记忆在被修改后会再次被巩固。记忆再次巩固的这个过程被称为"再巩固"。

与前文提到的记忆巩固类似，记忆的再巩固过程也需要经历一定的时间窗。Nader 等（2000）的研究发现，记忆在重新激活后给予药物控制，在随后的记忆测试中，被试并没有出现记忆损伤，由药物引起的记忆损伤在一段时间后才会表现出来，这表明重新激活后再巩固过程具有时间依赖性。因为重新整合被认为涉及多方面神经分子物质的变化，包括突触后蛋白质的降解，以及涉及重新巩固记忆所需新蛋白质的合成（Monfils et al., 2009）。早期关于动物的研究表明，再激活引起的记忆巩固效应至少要 24 小时之后才会表现出来（Riccio et al., 2006），也有研究表明 5 小时后记忆再巩固（memory reconsolidation）就完成了（Javadi & Cheng, 2013），人脑记忆巩固与再巩固的过程可能会更快。值得一提的是，研究者通过严谨实验控制和动物研究证实，在已有图式形成的基础上，新记忆信息的巩固与再巩固过程会更快，甚至可能在 1—1.5 个小时内完成（Tse et al., 2011）。再巩固完成的准确时间，还需要进一步探究。

已经巩固的记忆被再激活后再巩固的条件及特征如下：①必须通过线索来重新激活先前已巩固的记忆；②应在重新激活后而不是重新激活之前，对旧记忆进行干预或操作；③就算马上对被激活的旧记忆进行干预，改变也不是立即发生的，而是在一定的时间窗之后发生（短期记忆完好无损），即再巩固是具有时间依赖性的；④记忆再激活后的损害应表现为长时间内不同的线索呈现条件下记忆不会自发恢复。其中，第四点是存在较大争议的，原因是重新激活引起的削弱可能只是记忆的衰减，而不是丢失全部记忆，至少部分是有可能恢复的，而且这无法解释失忆症的恢复。

（三）记忆整合

我们每天都在已有知识和经验的基础上学习成长，那么我们新学习到的记忆是怎么与旧记忆进行联动的呢？当已巩固的记忆被激活时，通过注射蛋白质抑制剂、行为干预（如消退）等操作，记忆就有可能被"削弱"甚至"删除"，一段时间后再巩固，被干预的记忆（至少是部分）就不能再被有效提取。当记忆处于活跃状态时，同时进行新信息的学习/编码，那么新的信息将有可能整合到已有记忆中，而且无论是在激活之前还是期间抑或之后呈现此信息，都有可能使其整合。但是，这种整合过程并不是简单地"相加"，有可能是干扰、促进或更新。根据记忆整合的观点，新形成的记忆及重新激活的记忆都具有可延展性，即能够在新记忆获取阶段或者旧记忆重新激活前后特定的时间窗内将新信息整合到已有的记忆中。

在探索外部世界过程中，个体倾向于把对自身有意义的信息吸收为己用，即通过一种"捆绑"功能对新旧信息进行整合，即使有些信息时间间隔很久，也能够通过强大的"捆绑"功能把它们整合起来（Preston & Eichenbaum，2013），这样有利于个体适应千变万化的外部世界，支持我们的推理、决策和想象等高级认知功能。这种整合功能也可以通过基于提取介导的学习来实现。其中，提取介导学习包括两个阶段：①通过新旧信息重叠的部分内容重新激活个体已有的记忆；②编码当前事件与过去经验之间的关系（Zeithamova et al.，2012）。然后，新信息和重新激活的知识可以由重叠的神经种群表示，从而形成一个将相关事件连接起来的记忆体。来自 fMRI 的研究证据表明，内侧前额叶皮层和海马是记忆整合的关键脑区。此外，脑电研究也证明了上述两个远距离的脑区是通过振荡耦合（如 θ 振荡）来传递信息的。而且，记忆整合的速度较快，并不需要类似编码时完整的蛋白质合成或复杂的细胞和分子级联及形态变化，而是由神经元网络中的自发同步活动来实现的。

在某些情况下，即使不激活旧的记忆，新信息的学习也会干扰旧记忆，但是被干预的部分记忆可能会恢复。例如，在没有激活先前记忆的情况下让个体进行规则迁移的学习，在一段时间内新获得的规则记忆就占据了主导地位，旧的规则似乎被遗忘了，但结果发现先前的记忆可以自发恢复。不过，是否能恢复取决于许多因素，如新旧记忆的强度及它们的时间间隔等。原因可能是当用于替代旧记忆的新记忆随时间消退后，被替代的旧记忆也会恢复，但是这种效应比没有激活时更慢、更弱。研究表明，记忆再激活后的条件性恐惧的消退比没有任何再激活的消退保持的时间要长得多（Monfils et al.，2009）。

我们倾向于把邻近的事情编码在一起，提取的时候也一并提取。整合的关键在于不同记忆发生的时间间隔的长短。对此，研究者提出了记忆整合的时间接近性假说，即时间间隔越短的两个事件，越倾向于整合。例如，与间隔24小时相比，30 min内进行编码，个体对两个与语义相关的刺激之间的推论判断更快、更准确（Zeithamova & Preston，2017）。此外，大量研究表明，时间间隔较近的两段记忆在海马、杏仁核和前额叶中表现出更多相似的模式（Cai et al.，2016）。如同一天经历的事件，即使背景信息不一致，个体海马CA1子区域内也会出现高度重叠的神经元群。这样的神经元重叠最终会导致恐惧反应从一种环境到另一种环境的泛化，但是相隔1周后，CA1内不同神经元群分别代表不同的两个事件，并且不会发生跨情境的泛化。这支持了记忆整合的时间接近性假说。记忆整合的时间接近性可能是由记忆的标记及分配机制引起的，即在短时间内参与记忆加工的神经元和突触会统一处理接受的外界刺激，因此会导致时间相近事件的总体神经元群出现高度重叠（Cai et al.，2016）。这与时间背景模型的观点一致，即通过共享相同或相似的时间背景，不同的事件能够关联在一起。时间背景模型认为，可以通过重新激活先前事件的时间背景信息，从而使其与时间间隔较长的记忆整合（Howard et al.，2009）。

此外，当用时间作为"桥梁"连接两个相互独立的记忆时，干预其中一个，另外一个也会受到影响。有趣的是，两个时间接近的事件先后发生时，在对较早发生的事件重复不断学习，然后才经历后面事件的情况下，两个事件倾向于重叠整合，如果是两个事件交替重复出现，则倾向于分离。记忆强度也是影响记忆整合的重要因素，例如，新信息会倾向于整合到记得更牢固的旧记忆中。

第四节　长时记忆的重构与扭曲

1932年，英国心理学家Bartlett开始探究人们脑海中的记忆是否真实准确。Bartlett招募了一群大学生作为研究对象，首先让他们阅读两遍印第安民间故事"幽灵之战"——约500词的超自然故事。然后，每隔15分钟、20小时、8天、6个月和2年等，Bartlett都会让大学生根据自己的记忆复述这一故事。

慢慢地，Bartlett发现随着回忆次数的增加，故事中的一些细节消失了，一些很重要的桥段也被舍弃了，整段故事变得越来越短。有趣的是，在不断回忆"幽灵之战"这个故事后，这群大学生自行增加了新的内容，"篡改"了原本的人物关系和故事走向，最终使这段超自然故事读起来更加合情合理，逻辑更加通顺，结构更加完整，符合其自身的观点和常识（Bartlett，1932）。这种回忆过往经历时记忆不断发生变化，偏离原始事件信息的现象，被Bartlett称为记忆重构或再建构式回忆（reconstructive retrieval）。与此同时，Bartlett认为记忆本身就是对以往经历的重构或者建构，并非像录像机似的准确无误地记录、存储原始事件信息。

一、长时记忆的重构

（一）长时记忆的可建构特性

超自然故事本身或许和个体的联系并不大，那些发生在自己身上的记忆会不会更深刻、记得更准确？研究表明，自传体记忆（autobiographical memory）是指个体对自身过去生活事件和经历的记忆。这种记忆通常比其他类型的记忆更加清晰和持久，因为它们直接与个人的情感和经历相关。自传体记忆很容易与情景记忆混淆，但二者有着重要的区别。首先，根据 Tulving（2002）的定义，情景记忆包括两个独立的成分：一个是对过去事情发生的具体内容、时间和地点的记忆与回想；另一个则是个体是过去事件的经历者。然而，Fivush（2011）在关于自传体记忆的综述中认为，后者并不是情景记忆的必要成分。相反，自传体记忆一定是个体亲身经历的事情。其次，情景记忆是一系列单独的过去经历，而自传体记忆会把过去的经历整合到个人的生活叙事史中，有着过去、现在和将来的自我系统。最后，自传体记忆对当下和将来的行为有指导作用，包括自我概念定义、自我管理，甚至人生发展等。因此，自传体记忆更容易被记得准确、牢靠。例如，那些经历了1989年发生在美国加利福尼亚州的洛马·普雷塔大地震的人，在一年半后对当时情况的回忆与地震刚发生几天后的回忆高度相似（Neisser et al., 1996）。

闪光灯记忆（flashbulb memory）是指个体第一次经历惊奇并具有重要意义或强烈情绪唤起的事件时产生的记忆，如对地震经历的记忆。闪光灯记忆最大的特点是生动、具体。例如，人们对2015年巴黎恐怖袭击事件的回忆包括大量的细节。而且，情绪唤醒程度越高，记忆的内容越生动形象（Gandolphe & el Haj, 2017）。国内也有研究证实了闪光灯记忆的存在，甚至非地震区的个体在一年之后，对自己得知汶川地震这一消息时所在的地点、接下来做的事情、身边的其他人等细节都有着生动具体的记忆（应小萍，罗劲，2010）。

自传体记忆更加深刻、牢固，特别是闪光灯记忆。然而，实证研究发现，自传体记忆同样表现出了记忆普遍具有的建构性。例如，一项关于美国"9·11 恐怖袭击事件"的记忆调查发现，随着时间的推移，个体对事件本身的记忆很清楚，但关于当时的自传体记忆，则有73%的人在回忆时出现了错误（Pezdek，2003）。也就是说，即使是亲身经历的事情，个体在回忆时也不能保证真实准确。

（二）长时记忆与图式形成：记忆重构是一把双刃剑

Bartlett 通过1932年的研究工作，不仅提出记忆具有重构/建构性，还阐释了其背后的理论基础——图式。图式可以被看作人们各种经历演变出的知识结构或者期望，包括社交模式、刻板印象、社会角色、世界观等。简单来说，图式是人类与外界交互过程中产生的态度或者信念。Bartlett 在此基础上归纳总结了图式在记忆建构与重构中的作用，即人们记得的内容是大脑中存在的图式与实际信息相结合的结果（Bartlett, 1932）。例如，在"幽灵之战"的研究中，Bartlett 招募的参与者是英国人，所以他们在回忆、重构这段印第安民间故事时，会倾向于使其符合英国的文化规范和期望：添加了"箭"（arrow）这一元素；把"canoe"（独木舟）替换成"boat"（船），把"hunting seals"（捕猎海豹）替换成"fishing"

（捕鱼）。这种根据图式改变记忆的现象，被称为图式一致性记忆。

相关研究发现，人们会根据当前的内心体验、态度、信念与期望动机等心理图式，对之前的学习情况（Conway & Ross，1984）、具体生活事件（Ross et al.，1981）、同伴关系（Dykas et al.，2012）、个人表现（Gramzow & Willard，2006）等各个方面的记忆进行重新建构。例如，自尊水平高的人倾向于记得更多积极的事情，而自尊水平低的人则倾向于记得更多消极的事情（Christensen et al.，2003）。类似地，相比普通人群，抑郁症患者也倾向于回忆出更多的消极记忆（Wisco，2009）。

总而言之，图式引发的一致性记忆加工呈现出双刃剑效应。值得一提的是，目前也存在一些干预方式，通过重构以往记忆来改变个体消极的图式。例如，通过阅读书籍来重构性–情感关系中的暴力行为，以减少负面记忆和情绪（Racionero-Plaza et al.，2018）；通过认知重评的方式，改变个体对母亲的记忆、情绪体验和消极的认知图式，从而有利于处理亲子关系（Patihis et al.，2019）。

（三）回忆过去与想象未来

美国著名心理学家哈佛大学 Schacter 教授致力于情景记忆的研究，在国际上率先提出了记忆建构性与前瞻性新理念——人脑记忆系统通过对过去事件的记忆，以便预测和规划未来将要发生的事件。与 Bartlett 的早期理论相比，Schacter 等（2007）认为记忆建构本身具有适应性功能，是健康个体的正常表现。更重要的是，后者提出的记忆建构性不仅体现在对过去事件的记忆或回忆，还体现在对未来将要发生事件的预测。例如，Schacter 团队通过一系列实证研究发现，如果个体大脑负责记忆的关键脑区内侧颞叶和海马等区域受损，那么他们不仅难以准确回忆过去发生的事情、较少产生记忆扭曲，也难以对未来进行周密的规划（Addis et al.，2007）。

具体来讲，Schacter 率先从想象未来的角度，论证了记忆建构具有适应性功能，而且进一步提出了建构情景模拟假说：情景记忆建构的本质，至少可以部分归因于情景记忆系统允许个体在心理模拟自己的未来（Addis et al.，2009）。也就是说，个体在想象未来时，主要是基于脑海中已保留下来的情景记忆来完成，进一步对其进行建构，使其更符合未来的发展走向。在这一过程中，情景记忆建构是未来计划系统的一种适应性特征，即通过建构保留下来的记忆对未来有积极作用。例如，个体的未来计划是发表某一主题的科研论文，那么个体在想象如何实现这一计划时，就会倾向于建构与这一主题相关的记忆，并使其保留下来，因为这对发表该论文有重要作用。

二、虚假记忆产生的认知机制和理论模型

（一）虚假记忆

建构与重构意味着记忆会偏离原有事件本身，即出现了虚假记忆（false memory，也被译为"错误记忆"）——人们有时会回忆起没有发生的事情，或者回想起来的事情与自己的真实经历不完全一致（Roediger & McDermott，1995）。虚假记忆较为普遍，几乎每个人的大

脑中都存储着这种不准确的记忆，而且对其信以为真，难以意识到那是从未发生过的事情。

记忆具有极强的建构性与重构性，进而容易让记忆出现错误，那么记忆为什么会具有建构/重构的本质？从记忆巩固的角度探讨，个体新获取的记忆信息需要经过记忆巩固阶段，才能形成稳定的长时记忆表征（详见第三节中的"记忆巩固、记忆再巩固及整合"）。记忆在编码、巩固、提取阶段，都会处于一种不稳定的状态，很容易受到内部与外部因素的干扰。因此，这种不稳定性可能决定了记忆具有建构/重构性，来源监控框架可以较好地解释这一过程。

（二）来源监控框架

来源监控框架（source monitoring framework）也同样认为记忆具有建构/再建构的本质，即虚假记忆可能在第一次编码获得阶段，以及之后任何时候回忆激活和评估时产生。也就是说，记忆最初可能被个体的感知、想法、信念和目标等因素建构，随后这些记忆又可能在不同的目标与相关信息下继续被建构。在建构与再建构之后，个体将会对这段经历的各个方面来源变得不确定，所以个体需要一个推断的过程，来评估、判断"记忆"的来源（Johnson & Raye，2000）。

来源监控框架包括启发式评估和系统性评估。前者是一个通过简单规则完成复杂任务的评估过程，通常速度较快，在一瞬间就可以完成；后者是指结合多方面因素的系统评估过程，个体会通过独特的特征、记忆间关连性和相似性、个体自身信念与知识等多方面因素，推断记忆的来源。干扰编码、巩固和回忆时事件特征的任何因素，都会使记忆来源监控的准确性降低（Mitchell & Johnson，2009）。特别是记忆特征的不同来源可能经常发生重叠，进而导致错误归因，出现虚假记忆。

因此，不准确的记忆来源和准确的记忆来源可能有着相同的认知机制。神经影像学研究在一定程度上证实了这一观点，如有研究者发现，真实记忆和相似的虚假记忆在双侧海马体脑区和背外侧前额叶皮层的激活程度没有差异（Cabeza et al.，2001）。后续也有大量相关研究证实虚假记忆和真实记忆有着重叠的脑区激活反应，但二者的激活程度可能存在差异，如与真实记忆相比，虚假记忆在海马旁回的激活程度更低。然而，不同实验范式、不同实验材料得出的结果不尽相同。例如，有研究者比较了想象和实际看到的图片之间是否存在神经机制的差异，结果表明当把想象的图片当作实际看到的图片时，个体在编码阶段表现出更强的楔前叶脑区的激活（Gonsalves et al.，2004）。

除此之外，有些脑区可能倾向于负责真实记忆，而有些脑区则倾向于负责虚假记忆，体现出特异性。例如，最近的一项研究发现，更多的次级网络（如梭状回、海马、颞中回）参与真实记忆的提取；相反，更多的高级网络（如上顶叶、额叶上回、后扣带回）参与虚假记忆的提取（Dennis et al.，2012）。这可能是因为在回忆虚假记忆时，需要更多的高级认知过程。

总而言之，来源监控框架是虚假记忆产生的强有力解释之一，无论是记忆编码、巩固还是提取阶段，都可能受到内在和外在因素的干扰，进而让人混淆记忆的真实来源。一般来说，当个体可以谨慎地判断记忆来源时，可以在很大程度上避免虚假记忆的产生，但个体判断记忆来源的标准却非常"灵活"或会受到时间的限制,因此导致虚假记忆频发(Johnson et al., 2012)。

三、植入记忆

前文介绍的虚假记忆都可以被看作自发性虚假记忆。与之相反,还有主动或被动诱发的虚假记忆——植入记忆。与自发性虚假记忆不同,植入性虚假记忆一般是由他人诱导、暗示,以及不断访谈想象甚至权威形象强迫而成的。

(一)记忆植入的关键因素

以往的研究发现,如果想要创造、植入虚假记忆,一个核心因素就是让他人相信某一事情真实发生了,相似性、生动性能够提高相信的程度。相信的程度越高,越可能创造出虚假记忆。

因此,有研究者认为,所谓记忆,既包括记忆的内容,也包括对记忆的主观信念,二者对行为的影响独立且不同(Scoboria et al., 2015)。如果不相信某一事件真实存在,那么个体便可能失去对其的记忆。相反,如果人们相信某一事件真实存在,即使这件事从未发生过,他们也可能凭空构想出自己当时做这件事的情景,并对其深信不疑。

值得注意的是,除了通过让人们相信某一事件发生这种行为学方式植入虚假记忆,也有研究者利用生物技术,如直接标记记忆神经元、激活记忆神经元,从神经细胞水平植入虚假记忆,详见本章第四节"植入虚假记忆的前沿技术"部分。

(二)虚假记忆与真实记忆的区别

植入的虚假记忆和真实记忆是否存在差异?这对于我们识别、看待虚假记忆至关重要。区分真实记忆与虚假记忆的可能方法主要涉及:①以往的记忆对此刻想法与行为的影响;②情绪体验;③持续时间(Laney & Loftus, 2013)。

首先,记忆会影响个体日常的想法与行为。那么,虚假记忆是否同样会影响个体的行为呢?在一项研究中,研究者捏造了一段虚假的过往经历,告诉参与者:根据你之前提供的信息,电脑分析表明,你曾经因为吃了煮得过熟的蛋而生病了。其中,大约30%的参与者相信他们确实经历过这件事,即被植入了虚假记忆。之后,在对一些食物进行评估时,这些参与者更不喜欢、更不想吃煮得过熟的蛋(Bernstein et al., 2005)。类似地,当参与者想象并相信自己曾经被迪士尼乐园的"布鲁特"扮演者欺负后,他们更不愿意购买"布鲁特"这一形象的纪念品(Berkowitz et al., 2008)。这些研究结果说明,即使是虚假记忆,同样会对人们当下的行为与想法产生影响。因此,"记忆对行为的影响"似乎并不是一个区分真实记忆与虚假记忆的有效指标。

其次,除了内容本身,记忆还附带情绪。虚假记忆和真实记忆在情绪唤起上是否存在差异?有研究者发现,那些相信自己曾经被外星人绑架的参与者(超自然现象,被认为是虚假记忆)在回忆相关情绪事件时,产生的心率和皮肤电程度与经历真实压力事件时是类似的,即虚假记忆和真实记忆给人带来的情感体验没有明显差异(McNally et al., 2004),

即情绪并不能有效区分真实记忆与虚假记忆。

最后，是持续时间因素。诸多研究一致表明，持续时间同样无法很好地区分两种记忆，两种记忆都可以长时间保留（Geraerts et al.，2008）。

（三）植入记忆的方法

1. DRM 范式

关于植入虚假记忆的研究，最为经典且最普遍使用的研究范式是迪斯−罗迪格−麦克德莫特范式（Deese-Roediger-McDermott paradigm，DRM 范式）。Deese（1959）首先通过自由回忆的方式，让被试回忆所学习词表中的内容，结果发现一个并未呈现在词表上的单词与词表中呈现的一些单词关联性越强，则被错误地回忆的概率越高。后来，有研究者在 Deese 早期研究的基础上发展出了 DRM 范式，共包含 3 个阶段（Roediger & McDermott，1995）：学习、回忆、再认。在该范式中，研究者同样会呈现出一个词表（如"bed、rest、awake"），其中每个单词与一个没有呈现的特定单词——关键诱饵有关联（如"sleep"）。研究者发现，在接下来的立即自由回忆测验中，有 40%的人会回忆出关键诱饵；在随后的再认过程中，他们也对其保持着较高水平的自信，即认为关键诱饵是词表中的一个词。也就是说，在这一范式中，人们表现出了虚假记忆。

2. 误导信息干扰范式

美国心理学家 Loftus 对虚假记忆的研究颇有贡献，特别是关于目击者证词容易受到干扰导致虚假记忆的研究，对法律程序的规范有深远的指导意义。Loftus 设计了误导信息干扰范式（又称目击者证词范式），探究在面对误导信息时，人们是否会对目击内容产生错误记忆（Loftus & Palmer，1974）。在研究过程中，Loftus 让参与者观看汽车事故的视频，然后让他们根据视频内容回答一些问题。结果表明，问题设置为"当两车撞毁时，速度是多少？"与"当两车相撞时，速度是多少"？相比，前者往往会导致被试高估车速。也就是说，部分人会受到误导信息的干扰，从而出现错误的回忆。1 周后，Loftus 再次询问参与者："是否在视频中见到破碎的玻璃？"结果发现，相比"撞毁"组被试，"相撞"组被试更倾向于回答看到了两车相撞导致玻璃的破碎。实际上，视频中根本没有出现任何破碎的玻璃。所以，被试在受到信息干扰后，接受了这一暗示，相信这些暗示是真实的，进而植入了虚假记忆。

误导信息干扰范式已经被大量研究证实具有可靠性、稳定性。除了行为学的研究结果，神经影像学也探究了在这一范式过程中的大脑活动模式。例如，有研究者发现，编码阶段的脑激活模式能够预测误导信息干扰范式植入的虚假记忆（Okado & Stark，2005）。具体来说，左侧海马尾部和左侧鼻周皮层等区域参与记忆编码，在原始事件编码阶段，相比虚假记忆，真实记忆在该脑区的激活程度更高；相反，在误导信息事件编码阶段，相比真实记忆，虚假记忆在该脑区的激活程度更高。

值得一提的是，Loftus 对司法程序中可能存在的虚假记忆进行了大量调查，并在不断促进司法程序完善相应的制度。例如，美国新泽西州最高法院为了司法公正，已经开始在司法程序中纳入虚假记忆等心理学相关研究（Schacter & Loftus，2013）。同时，Loftus 认为，或许可以在司法程序中通过神经影像学的方式扫描个体的大脑，进而判断记忆是真实的还是虚假的。未来，这可能是认知神经科学对司法程序的一种卓越贡献。

3. K-K 范式

K-K（Kassin-Kiechel）范式可以用来探究个体在社会压力环境下，面对虚假证据时是否会相信并建构自己做错事情的细节（Kassin & Kiechel, 1996）。实验中，研究者让被试在计算机上进行简单的快-慢反应时任务。每次做任务，都是两个人一组，其中有一位是实验助手（即"同谋者"，另一位并不知情）。实验助手的任务是大声念一串单词字母，然后参与者在计算机上敲键盘输入这些单词字母。3 min后，二者的角色进行互换。实验开始前，研究者会特别嘱咐他们，不要按到空格键旁边的"Alt"键，否则会导致实验程序崩溃、实验数据丢失。

然而，在实验开始60 s后，实验程序就出现了故障。此时，实验人员走进来，以一种高压的姿态训责参与者按下了"Alt"键，损坏了实验程序。一开始，所有参与者都否认，但接下来实验人员进一步询问实验助手是否看见了什么。在一部分任务中，同谋者会说自己看见参与者按下了"Alt"键，而在另外一部分任务中则表示什么都没看到。最后发现，当同谋者声称自己看见参与者按了"Alt"键时，参与者更可能承认自己按下了该键，特别是在需要快速反应的任务中，这一现象更加明显。更为有趣的是，大概9%的参与者还回忆出了当时的细节，如"在我听到'A'时，不小心按到了'Alt'键"。

随后，有研究者对这一实验范式进行了拓展，发现在"承认做错事将会面临一定经济损失"的条件下，依然可以给参与者植入相应的错误记忆（Horselenberg et al., 2003）。后续的研究甚至进一步发现，在警察局审问室对无罪的嫌疑人进行压力诱导、内疚引诱，也可能植入虚假的犯罪记忆（Scherr et al., 2020）。综上所述，这一系列虚假记忆相关的心理学研究，在审讯犯人的过程与方式方面为司法机构敲响了警钟。

4. 想象膨胀范式

在虚假记忆植入研究中，想象膨胀范式是应用最为广泛的范式之一。在想象膨胀范式中，参与者会被告知研究者已经和他们的父母交谈过，或者通过其他途径了解到一些关于他们的童年经历。研究者确实是这么做的，但在实际研究过程中，其中一个事件是由研究者捏造的，比如，童年时在商场迷路（Loftus & Palmer, 1974）。研究者和被试的父母仔细确认过，他们从来没有过这种经历。通过多次访谈、想象后，有20%—25%的被试表示记得曾经发生过这一虚假记忆。也有研究者通过让参与者想象一张虚假的照片，成功地植入了关于童年坐过"热气球"的虚假记忆（Wade et al., 2002）。甚至，有研究者通过对参与者不断访谈、让他们不断想象的方式，给他们植入了童年时犯罪的虚假记忆（Shaw & Porter, 2015）。

为了更加有力地证实植入的记忆是虚假的，研究者设计了假广告范式（Braun et al., 2002）。在这一范式中，参与者会看到一份关于迪士尼乐园的广告，广告上是"兔八哥"这一卡通人物。这样的广告显得很有说服力，因为看起来真实可信。研究者让参与者想象、回忆在迪士尼乐园遇见了兔八哥，并与他握手的经历。实际上，兔八哥根本不会出现在迪士尼乐园，因为他是华纳兄弟的动画中的角色。然而，结果发现，其中有 16% 的参与者记得与兔八哥握手了，而且对其高度确信。

综上所述，通过对一些事情的不断想象，包括实验室内想象和实验室外生活环境中的想象，可以让他人以为那是确实发生过的，即对记忆的来源混淆不清，记忆来源监控失败（详见本节"来源监控框架"部分）。

5. 植入虚假记忆的前沿技术

除了以上传统的植入记忆方式，近些年，随着脑科学与分子生物科技的发展，也逐渐涌现出一些通过高科技方式植入虚假记忆的研究。但从目前来看，这些研究大多以动物模型（如小鼠）为研究对象。

美国麻省理工学院的 Tonegawa 教授团队在这方面开展了一系列创新性研究。2013 年，他们就通过光遗传学（optogenetics）等神经生物前沿科技，对小白鼠的恐惧记忆进行了标记、转移和植入。具体来说，小白鼠可能记得在 A 笼子遭受过电击，因此再到 A 笼子时就会出现惊恐反应，此时通过神经示踪剂标记编码该恐惧记忆的神经元群。随后，将小白鼠放到一个安全的笼子 B，它们并不会出现惊恐反应，如果通过光遗传学技术激活小白鼠脑内编码恐惧记忆的神经元，那么小白鼠再次进入笼子 B 时，同样会表现出惊恐反应，即小白鼠被植入了关于"笼子 B 有电击"的虚假记忆（Ramirez et al., 2013）。该团队后续也通过光遗传学的方式，对记忆进行了操纵、编辑和植入。

除了植入虚假的记忆，这种光遗传学技术还能够通过直接激活积极记忆减少不良行为。例如，Ramirez 等（2015）首先标记了老鼠脑中的积极记忆，然后通过电击的方式让老鼠表现出抑郁行为——缺乏活力，行为迟缓，对周围环境丧失兴趣，随后通过蓝光激活之前标记的积极记忆。研究者发现，这能够明显减少老鼠的抑郁行为，老鼠开始探索周围环境。总而言之，光遗传学是一项很有发展前景的生物技术。记忆标记、记忆编辑、基因编辑等高科技手段在不断发展，未来将能够对记忆进行精细的加工操作，减少人们的消极情绪和负面行为。

四、植入记忆的伦理问题探讨

记忆植入存在诸多伦理问题。在早期的心理咨询与治疗领域，咨询师经常会采用"恢复记忆疗法"解决来访者面临的困境。但这种方式常常具有诱导性——如诱导来访者"回忆"起儿时受到性侵，进而引发一系列法律问题，如 Ramona 案例（Larsen et al., 2005）。Ramona 是一名年轻女性，因为患有厌食症而接受心理治疗。咨询师告诉她，基本所有患有厌食症的人在小时候都受过性骚扰。为了帮助她"回忆"起这段往事，咨询师使用催眠的方式不断地暗示她在儿时被他人性骚扰过。最后，Ramona 成功"回忆"起 5—8 岁时，父亲曾多次性侵她。但后来经过一些其他心理专家鉴定，被诱导出的记忆并非真实发生的事情，是咨询师通过不当的治疗方式制造出的虚假记忆。

在司法领域，也有司法人员通过诱导审问的方式，让嫌疑人产生了自己犯罪的记忆，如 Ingram 事件（Pendergrast, 1995）。Ingram 被女儿指控性侵，警察相信了他两个女儿的证词，将他作为嫌疑人逮捕。审问人员为了让 Ingram 服法认罪，不断地诱导审问。经过长时间的审问，Ingram 心神虚弱，最终按照审问人员的诱导制造了自己性侵女儿的虚假记忆。而且，最后他自己也分不清哪些是真实的、哪些是虚假的，还是自己曾经在电影、新闻报道中见过的信息。后来，心理学家又一次对 Ingram 进行虚假的诱导审问，发现可以成功制造出本不存在的记忆，因此证明了 Ingram 承认的犯罪行为并不完全是真实的。

在心理学家对虚假记忆开展实证研究之前，这样的事情屡见不鲜。因此，虚假记忆很容易被认为是消极的、糟糕的，甚至被植入虚假记忆意味着自己可能会成为犯罪嫌疑人。实际上，心理学家也开始探究植入虚假记忆或许同样会产生积极的影响。例如，在健康饮食方面，植入虚假记忆可以产生很大的积极作用。在一项研究中，研究者给其中一部分人植入了"小时候喜欢吃芦笋"的虚假记忆，然后发现相比对照组，他们在第一次尝试吃芦笋的时候表现出更喜欢吃芦笋。而且，他们也更想在餐馆吃芦笋，更愿意为芦笋付钱（Berkowitz et al., 2008）。类似地，当个体被植入自己 16 岁之前因为喝酒大病一场的记忆后，他们会减少对酒精的偏好（Clifasefi et al., 2013）。因此，或许可以通过植入虚假记忆的方式，改变人们的不健康饮食习惯。另外，在心理治疗领域，或许也可以通过植入虚假记忆的方式，缓解人们的心理健康问题。

虽然在实验室条件下植入虚假记忆能够改善某些行为，但大众是如何看待植入虚假记忆的呢？

在两项研究中，研究者招募了美国和英国的参与者，询问他们如何看待"虚假记忆治疗"（Nash et al., 2016）。结果表明，无论是给自己植入虚假记忆还是给他人植入虚假记忆，人们的看法都有较大分歧：一些人认为这样做很吓人，不符合伦理道德；另一些人则对这一做法持有高度的热情，觉得符合伦理道德。对于前者而言，相比之下，他们更不愿意被植入负性记忆（如喝酒生病）；对于后者而言，他们对正性和负性记忆有着类似的被植入的意愿。

另外，不接受植入虚假记忆的人，更多是担心这样做会产生一些不良影响，例如，失去对自我概念的掌控，失去对心理咨询师/治疗师的信任，甚至虚假记忆可能会给自己带来其他新的心理创伤（占 37%），以及对他人随意编辑自己的记忆感觉很不舒服（占 32%）。对于那些乐于接受植入虚假记忆的人而言，他们则更多认为相比健康的行为习惯，记忆本身并没有那么重要（占 36%）。最后，人们认为影响大众对植入记忆的接受程度的因素主要有三个：获得知情同意、实施者具备专业素养、被植入记忆个体的实际情况。

总而言之，植入虚假记忆存在伦理问题，但大众的看法有相当大的分歧。或许，未来应该着重探究如何安全地植入虚假记忆，在保障个人隐私和自我概念等不被影响的情况下改善心理和行为问题。

第五节 长时记忆的调控

我们的记忆在编码阶段会发生干扰甚至错误，在巩固阶段记忆信息可能发生互相整合，随着时间的推移还会消退。同时，固化的长时记忆还能通过重新激活回到活跃且不稳定的状态。正是因为这些特性，我们在现实生活中面临的环境具有不确定性、接收的信息往往不完整，甚至如前文所述可能产生虚假记忆，如果不对零散的记忆进行整合，不对虚假记忆进行纠正，那我们将无力应对千变万化的外部世界。正是因为记忆的可塑性，我们才能更好地适应环境。

一、记忆重激活

在讨论记忆重激活（memory reactivation）之前，需要解释两个概念：第一个是预期偏差，即当个体对某事的预想与某事真实发生时的情况不一致时，就会产生预测偏差；第二个是不完整的线索，它可以是一种背景信息，也可以是部分信息。研究表明，预测偏差和不完整线索都会使个体产生意外感，而意外感是记忆再激活不可或缺的要素（Sinclair & Barense，2019）。当外界与自己预想的不一致的时候，为了适应环境，我们需要察觉其中的差异并更改记忆中与现实不符合的部分，个体感觉到的预测误差越大，记忆更改的情况就越明显。因此，记忆并不像我们想的那样稳固，只要让个体暴露于旧记忆相关联的刺激中，在一定程度上就能激活这段旧记忆。

总的来说，当我们主动或被动检索旧记忆的时候，记忆就会从稳态向激活状态转变，记忆再激活可以由背景信息或者不完整的线索引发，可能让被试产生预测误差即"意外感"，也可能没有外在的行为表现（如意外、口头报告等），被激活的记忆就会处于可更改的不稳定状态。重新激活记忆往往会导致两种主要结果：第一，提高记忆的拓展性；第二，促进记忆的再巩固。

（一）记忆重激活与记忆修改

研究发现，个体在检索旧记忆时，提供新信息可以促使新记忆与旧记忆的整合。如前文所说，检索也会诱发记忆的再激活，即在获取新记忆的时候，重新激活已有的旧记忆，能够促使新旧记忆的整合，这不仅有助于对新记忆的巩固，也有助于对旧记忆的更新。现在研究者普遍认为重新激活是更新旧记忆、增强记忆拓展性的必要过程。

对于不完整线索而言，有几个要素决定了记忆再激活的程度。一是个体对线索的注意程度。二是线索与所要激活记忆的相关程度。正如编码特异性原则提出的，记忆检索/记忆激活中用到的线索与记忆编码时出现的内容越相似，线索诱发的再激活就越有效（Martin，1975），而这又与编码时记忆线索和记忆内容的联系程度有关。例如，同样是单词配对学习，对于"水果—苹果"与"月球—苹果"，"水果"就比"月球"更能有效地检索/激活"苹果"。三是原记忆是否被有效存储。记忆编码的有效性在一定程度上取决于对记忆编码时人们大脑中海马和内侧颞叶功能连接的强度。研究发现，编码时较强的海马或内侧颞叶的激活能预测更好的记忆表现，该记忆也更容易被激活（Kuhl et al.，2007）。

此外，经典的篮子项目范式证明了记忆修改的非对称性入侵特征（Sederberg et al.，2011），即旧的记忆在激活之后会受到新记忆的影响，反过来则不会。实验中，研究者让被试先学习一列单词，然后在激活该单词序列时学习第二列单词，在 2 天之后的记忆测试中发现，第一列单词的记忆混入了第二列单词，但第二列几乎没有出现第一列的单词。虽然在紧随第二列单词学习的单词测验中并没有检测出第一列单词的记忆整合第二列的现象（Hupbach et al., 2007），但是在另外一项研究中，这种整合效应在重激活后 15 min 就出现了，因此这个过程是否需要记忆再巩固参与，还需要进一步的研究来证明（Stark et al., 2010）。

对于前文提到的关于激活记忆的背景信息，也有大量研究对此进行了探究。在研究中，相对于学习和干预分别在不同环境（如照明、房间大小、气味和噪声等）的老鼠，两个阶段都处于相同环境中的老鼠在后面的记忆测试中产生了更多的入侵记忆。这说明记忆内容与背景信息是紧密联系在一起的，因此记忆的场景也能激活当时记忆的内容。根据时间背景模型，如果新旧记忆有共同的背景信息，旧记忆会整合新记忆的内容并对自身进行修改（Gordon et al., 1981）。

这是否意味着记忆越活跃，越容易被修改呢？一项关于计算建模的研究提供了否定的答案。非单调可塑性假说认为，记忆再激活程度与记忆可塑性呈"U"形关系（Detre et al., 2013），即弱激活无法影响记忆，中度激活会削弱记忆，削弱记忆间突触的连接，而强激活会增强记忆间突触的连接。

记忆重新激活状态能够维持多久呢？记忆再激活 6 小时之后，似乎不会出现记忆被干预的效应（Schiller et al., 2010）。于是，有研究者提出了记忆再激活 6 小时"时间窗"的概念。也有研究发现，即使在时间窗内进行干预，在最初数小时内测试旧记忆，可以发现被激活的记忆不会受到干预的影响。也就是说，需要时间来修改重激活记忆的记忆痕迹。

（二）记忆重激活与再巩固

当旧记忆被重新激活之后，同时学习新的信息时，旧记忆也可能会被修改，新旧记忆可能会发生融合。那么，如果只激活不做干预，旧的记忆会如何改变呢？

研究发现，再激活之后，如果没有呈现干扰刺激，被激活的记忆会得到进一步的巩固，体现在内侧颞叶与皮层网络之间的连接组织方式优化，这有利于不同信息之间的互通（Bavassi et al., 2019）。虽然上文提到，不完整线索能够激活个体以往的记忆，但只要个体能够根据不完整的线索提取完整的记忆，即使后面紧跟干扰刺激也不会被干扰，反而能够强化被激活的记忆。

虽然被重新激活的记忆处于活跃状态且不稳定，但是在完成依赖蛋白质合成的再巩固过程后变得再次稳定（图 6-9）。研究发现，促进记忆的疗法效果与记忆再激活的疗法效果相同，即在训练后不久给予改善记忆力的疗法与记忆再激活后，引起的记忆巩固具有相同的记忆增强效果（Devietti et al., 1977）。然而，如果在记忆活跃时（即学习或重新激活后不久）进行遗忘治疗，会破坏巩固/再巩固过程，从而导致记忆丢失。根据上述两种观点，临床心理学家提出一个新的治疗思路：定向再巩固。比如，研究者可以使用生物治疗法或行为干扰（如电刺激法、电休克疗法、去甲肾上腺素拮抗剂和重新激活-消灭范式）来干预适应不良的记忆，把不想要的记忆消除，把需要的记忆留下进行再巩固（Liu et al., 2014）。

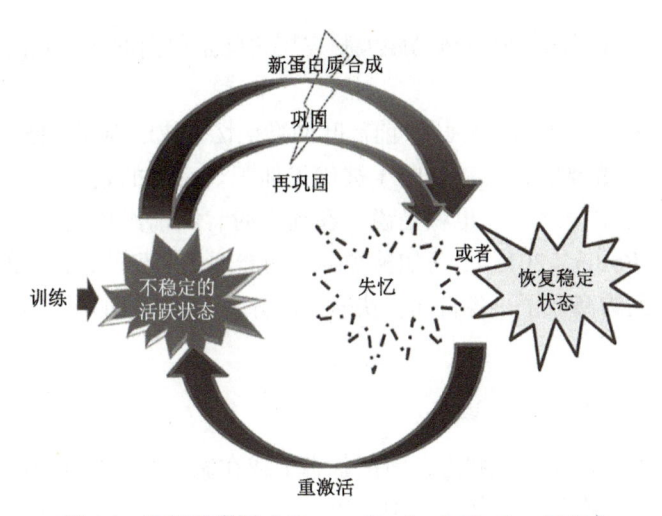

图 6-9　记忆重激活（Gisquet-Verrier & Riccio，2018）

二、记忆重放

一直以来，研究者都认为海马对记忆起着关键作用。但是，海马并不是长时记忆的静态储存系统，而是具有极强的灵活性和时效性。以往对海马受伤患者的研究发现，虽然他们想不起来近期的事件，但是依旧能想起以往的事件（Tse et al.，2011）。人们据此推测，随着时间的推移，记忆是否并不是完全依赖海马呢？经过一系列研究，研究者开始认识到记忆从最初获取阶段依赖海马及相关感知网络系统，逐渐变得更加依赖更广泛的大脑皮层网络系统，以便进行更持久的长期存储。接下来的关键问题是，是否所有的记忆都要经历巩固的过程？或者说记忆是否经过巩固之后就与海马无关了？我们知道，人们不仅能通过海马检索最近的信息，也能检索到很久以前的信息。以空间记忆为例，在海马中存储空间信息的细胞不但能定位个体目前的位置，还能在特定的情况下"记忆重放"（memory replay）过去的信息，以协助构建新的空间记忆轨迹，无论在睡眠状态还是清醒状态都是如此。

（一）睡眠状态下的记忆重放

睡眠过程中的 SWS 与记忆整合的关系密切。SWS 期间自发地再现记忆信息获取阶段时类似神经活动的现象，被称为重放。研究发现，记忆表现与睡眠期间多个大脑活动指标之间的联系有关，包括海马尖波波纹、皮层 δ 波和纺锤体事件，而这些正是记忆重放的信号。也就是说，在 SWS 期间，上述信号动态耦合的增强促进了不稳定记忆轨迹的巩固（Maingret et al.，2016）。研究表明，在 SWS 期间，通过重放能够将清醒时获取的信息在海马体和大脑新皮层网络之间进行交换，从而协助记忆信息的有效整合。也有研究表明，海马通过重放把编码时的记忆信息转移到大脑皮层网络，将暂时保持在海马的记忆信息释放，从而有利于学习新的知识信息。但是，也有研究发现，记忆重放时出现了由海马和大脑听觉皮层形成的皮层–海马–皮层环路（cortical-hippocampal-cortical loop）（Jadhav et al.，2016）。目前，无创脑成像技术方法具有一定的局限，特别是空间精度较高的 fMRI 的时间分辨率较低，因此人脑记忆重放时海马跟大脑皮层之间是单向的还是双向的，还有待进一步证实。

此外，学习之后的奖励会提高海马-前额叶网络记忆重放的强度与概率，因为对我们来说得到奖励往往是更重要的，所以倾向于被优先加工。有趣的是，这种重放的时间会被大约压缩至原来的二十分之一。也就是说，在睡觉时，睡前经历的事件会在大脑里面加速重放（Pfeiffer & Foster, 2015），正如神经网络功能理论提到的，记忆的重放是离散的，并称重放的活动单元为离散子，各自同步快速响应并自动互相关联，最后汇总在一起产生γ振荡。

（二）清醒状态下的记忆重放

记忆的重放并不局限于睡眠状态，清醒状态下或在做一些简单任务时也会出现神经活动的重放现象。在一个有趣的动物实验中，研究人员训练小鼠沿着特定路线去寻找食物，发现小鼠在进食时甚至是在拐弯处做决策时都在重放刚学会的路线信息，而且当它们寻找到食物并停下来进食时，也会重放刚才的路线信息（Diba & Buzsáki, 2007）。这种重放与睡眠状态有共同之处，即个体是处于静止状态的。如前文提到的，当小鼠"停"在拐弯处做决策或在终点"停"下进食时都发生记忆重放（Ólafsdóttir et al., 2018），这种记忆重放体现出个体利用以往知识进行决策及巩固有利于自身发展信息的生物本能。虽然睡眠和清醒状态下的记忆重放都是无意识的，但是清醒状态下更倾向"服务"当前的需求，而睡眠状态下似乎更倾向"巩固"。

你是否注意到这样的一个瞬间：过去一个似乎没有注意到或刻意记忆的事件或物体，会在未来某一个时刻给你带来一种"似曾相识"的感觉？其间有可能是记忆重放在发挥作用。课后及时复习才能更好地消化、巩固课堂上的知识，而记忆重放与课后复习的目的类似，也是为了及时巩固刚才编码的信息，只不过记忆重放是自发的、无意识的，而且重放更倾向于新颖信息。研究者对比了代表新颖信息的海马细胞与代表旧信息的海马细胞后发现，代表新颖信息的海马细胞与其他细胞之间具有更强的联动性，表现出更强的活性，而且随着对新颖信息的熟悉，这种联动性会变弱。也就是说，新信息经过个体无意识且自发地重放之后变得熟悉或者说巩固下来了，而且这个过程与旧记忆有密切联系，这有助于把新的信息整合到已有的记忆体系中。

三、长时记忆遗忘的本质与作用

（一）记忆遗忘的经典研究

艾宾浩斯采用无意义音节研究了记忆衰减的规律，刻画了人类遗忘曲线：遗忘的进程很快，并且先快后慢，最后保留在一个比较低的水平（<25%）。过去很长一段时间，遗忘被看作一种被动的记忆消退过程。越来越多的研究发现，遗忘似乎更像是一种主动选择过程，有助于避免被过多信息吞没，从而导致无法有效地储存重要信息。以往研究对遗忘主要有两种解释（Shiffrin, 1970）：一种解释被称为痕迹衰退理论，认为遗忘发生在编码后，

一旦记忆编码完成，消退（decay）或干扰（interference）随即发生，似乎是在个体无法察觉的状态下自动发生的；另一种解释被称为检索理论，认为信息一旦被存储起来，记忆将永远存储在大脑之中，我们之所以会遗忘，是因为记忆提取失败，只要我们在提取的时候有恰当的线索或用恰当的方法，就可以有意识地恢复记忆。

在经典遗忘研究范式中，单试次自由回忆中遗忘的行为表现为"列表-长度"效应，即单词列表的长度越长，就越难回忆在发生近因效应所在位置之前的单词。其中，痕迹衰退理论认为，特定单词后跟的单词数量越多，就越容易削弱特定单词的记忆痕迹，导致随后对特定单词提取的失败。检索理论则认为，检索特定单词的难易程度是由某记忆单元的强度和所有记忆的强度之和决定的，由于特定单词后面跟的单词数量增多，特定单词的记忆强度占总强度的比例降低，随后对该单词的检索就更难，就会形成"列表-长度"效应。

经过多年研究，研究者对上述两种理论有了更深刻的认识，认为记忆是根据哪种机制进行遗忘的取决于记忆模块分离的程度（Hardt et al., 2013）。该观点认为，当记忆模块能有效地分离开来时（如在海马中的记忆），干扰的影响很弱甚至不会出现，此时遗忘主要是因为记忆痕迹的消退。相反，如果各记忆模块之间有大量的重叠（即不能有效分离），干扰对记忆的影响就占据了主导。其中，衰退引起的遗忘（decay driven forgetting）发生在编码之后记忆检索之前，例如，多信息同时被个体注意到时，个体会在睡眠时（主要在 SWS 和快速眼动睡眠阶段）对信息进行挑选，最终导致重要信息的保留和次要信息的衰退。干扰导致的遗忘主要发生在两个阶段——学习之后及记忆检索阶段，如个体在学习后不久被某种心理活动干扰。

（二）干扰假说

如前文提到的，不同的记忆模块之间的分离程度越小，越容易互相干扰导致遗忘的发生，既然记忆模块之间的分离程度能在一定程度上影响遗忘进程，那么记忆模块的分离程度又是由什么决定的呢？接下来，我们将探讨其背后的脑机制。以情景记忆为例，海马记忆索引理论（Teyler & Rudy, 2007）认为，虽然记忆元素均存储在大脑皮层，但是构成同一对象的不同类型记忆碎片是由不同的脑区负责存储的，这样导致记忆分散在大脑皮层的不同地方。为了让记忆碎片更有效地关联起来，海马成为它们之间的枢纽。对于情景记忆，记忆碎片也会沿视觉处理流分布，在 V1 区域代表具体的对象特征，而海马、齿状回和嗅皮质等则代表这些特征的结合。倘若缺少海马及海马旁回对记忆分散信息进行整合，记忆就会出现混乱，这也能解释为什么海马受损的患者会表现出广泛的记忆干扰现象。

对于不同类型的记忆来说，遗忘的进程似乎是不一样的。例如，在一项研究中（Cowan et al., 2004），如果学习后紧接 10 min 的认知任务，单词表的保留率从学习后的 41% 下降至 19%。然而，对情景记忆进行测试发现，1 小时的潜在干扰活动仅导致情境性记忆从 62% 下降至 50%，而 1 小时后没有干扰活动的保留率为 57%。因此，干扰并不总是会对最近获取的记忆造成有意义的损伤，并且可能不是导致记忆整合过程中遗忘的主要因素。

(三)消退假说

消退假说认为,遗忘主要是由记忆衰退导致的,而不是干扰。在巴甫洛夫的经典条件反射研究中,当条件刺激多次跟随着非条件刺激时,如只有铃声,没有给小狗食物,条件反应就会消退。其中,研究最为广泛的是恐惧记忆的消退。关于恐惧记忆消退,有两种假说:一是消退说,如同巴甫洛夫的条件反应消退一样,利用行为干预(只呈现条件刺激而无非条件刺激)也能使恐惧记忆消退;二是抑制说,该假说认为为了消除恐惧记忆,人们可以人为地将条件刺激与安全的信息绑定,形成条件刺激-安全的另一个条件反应,从而用"安全"的条件反应去跟"恐惧"条件反应竞争,最终导致其消退。记忆消退表现为对记忆的神经生物基础进行主动清除,即得不到强化的记忆痕迹会逐渐削弱以致最后消退。影响恐惧记忆消退的相关脑区为杏仁核、内侧前额叶和海马。

记忆系统的结构相对复杂,需要有组织地分配和优化处理,以免导致系统饱和,因为系统过度饱和不利于记忆的灵活提取和长期保持。但是,干扰无法做到有效、系统地消除被认为无关紧要的记忆。自动遗忘是一种相对简单而有效的方法,可以消除系统中的冗余信息。记忆清除的最佳时间是睡眠过程中,虽然睡眠对记忆巩固十分重要,但是遗忘同样是睡眠的重要功能。例如,有研究者发现,反向学习会在 REM 睡眠期间发生,即去除在一天中获得的不必要记忆,根据睡眠的稳态平衡突触缩放比例(Tononi & Cirelli, 2003),在 SWS 期间,白天学习而形成的突触有可能会被削减。

人们常常无法事先知道哪些记忆是应该被永久保留的,因此快速获取尽可能多的信息的能力具有高度适应性。信息的重要性一般只有在事件发生之后才知道,因此尽可能多地保留详细信息非常重要。存储了这些信息后,某种形式的相关信号,如压力或其他情绪反应,可以导致一些最近获得的记忆选择性增强。例如,有关前一天晚餐的记忆,可能在第二天仍然能回想起来;不过,1 周甚至几周后,可能会逐渐消失。假如晚餐后几个小时出现不适,可能会更长久地记忆所吃的东西,并且如果发生厌恶反应,这种记忆可能会持续数年甚至一生。但是,由于个体的记忆容量是有限的,我们不能做到过目不忘,加上个体编码的信息无法做到准确无误,因此需要我们的记忆系统保持灵活性,对不需要的、错误的信息进行清除,只有如此才能满足我们应对复杂纷扰的万千世界的需求。

(四)提取诱发的遗忘

不断地提取之前已经巩固了的记忆,能够提高该记忆在未来提取的成功率,但是它的副作用是导致相关的记忆提取变得越发困难。什么是相关的记忆呢?试想一下,如果让你举例水果的种类,你可以轻易地说出苹果、橘子、香蕉等,而苹果、橘子和香蕉正是由于都归属于"水果"这一类别,互相之间通过"水果"产生了联系,这样"苹果"就成了"橘子"相关的记忆。

当我们通过一个线索去编码一段记忆时,回忆与该线索关联的另一段旧记忆时就会变得困难,这种现象称为回溯性抑制(retroactive inhibition)(Ephrussi, 1904)。出现回溯性抑制的原因是,新编码的记忆破坏了之前存储的相关记忆的记忆痕迹。很长一段时间,人们认为时间是导致遗忘的主要原因,Müller 和 Pilzecker(1900)为揭示记忆遗忘的机制提供了另一个研究角度。

研究提取诱发遗忘的经典实验范式，一般包括3个阶段：学习、检索和测试。在第一个阶段，会让被试学习不同类别的单词配对（如"水果—橘子""水果—苹果""饮品—可乐""饮品—奶茶"等）；在第二个阶段，给被试提供线索（如"水果—木___"），让被试检索出"橘子"，其中50%类别序列中有一半的单词被检索，另外一半则不做任何操作。这样操作之后所有的单词就会分成3种：一是经过检索练习（retrieval practice）的（Rp+，如"橘子"）；二是与Rp+相关但是没有检索练习（Rp-，如"苹果"）的；三是与检索练习没有任何关系的（Nrp，如"可乐"和"奶茶"）。第三个阶段是对学习阶段编码的所有单词进行测试。经过上述三个阶段，检索操作会导致Rp+单词的记忆增强及Rp-单词的记忆损伤（Roediger & Butler，2011），后者正是提取诱发的遗忘（retrieval-induced forgetting，RIF）。揭示RIF机制的理论主要有两个：抑制遗忘理论（inhibition-based forgetting theory）和竞争遗忘理论（competition-based forgetting theory）。

研究发现，即使用其他线索，Rp-的提取也会变得困难（如用"红色的"去提取"苹果"）。因此，RIF产生的原因可能是Rp+的提取抑制了Rp-的表征，降低了其以后被任何线索提取的可能性。支持竞争遗忘理论的研究者认为，在进行提取练习后，Rp+在增强的同时，也成为"一名强有力的竞争者"，在相同的线索提取下占据优势，从而干扰Rp-的提取。两个理论主要的区别在于，检索影响的是记忆的哪些方面，抑制遗忘理论认为检索影响了记忆本身，而竞争遗忘理论则认为检索影响了记忆提取过程。针对两个理论的差异，以下几点有力支持了抑制遗忘理论的观点（Anderson，2003）。

第一，RIF是不依赖提取线索的。如上文提到的，即使使用其他线索，Rp-的提取也会受到RP+的影响。但是，按照竞争遗忘理论的观点，在相同的线索提取下，Rp+比Rp-更有优势，因此Rp+应该不会影响用其他线索去提取Rp-，这与实验结果不相符。

第二，RIF是"检索依赖"的，即只有当检索发生时才会产生RIF效应。例如，用再学习替代检索练习时，并没有出现RIF效应，即给被试呈现"橙子"让被试检索"水果"时，对"橙子"的再学习而不是检索"橙子"不会导致对"苹果"的检索困难。但是，按照竞争遗忘理论的说法，只要其中一个记忆被增强了，就会导致与之相关的另一个记忆的遗忘，这也是与实验结果不相符的。

第三，RIF是不依赖记忆强度的，指的是Rp+的增强并不一定导致Rp-的减弱。正如一系列研究表明的，Rp+的强度并没有与RIF效应呈现出显著的正相关（Hulbert et al.，2012），这一现象也与竞争遗忘理论相违背。

但是，也有研究发现，不同强度的Rp+对Rp-的影响是不一致的，其中中等强度的Rp+减弱Rp-的记忆表现的程度更高，而高强度和低强度的效果则相差无几（Newman & Norman，2010）。此外，RIF也有些特征并不能完全否定竞争遗忘理论，如RIF是"干扰依赖"的，即Rp+和Rp-关系的紧密程度与RIF效应呈正相关。例如，研究者使用低频词与高频词（如低频词组"水果—无花果""水果—番石榴"，高频词组"水果—香蕉""水果—橙子"）进行RIF效应研究时发现，相比高频词组，低频词组出现更弱的RIF效应（Anderson & Bjork，1994）。高频词之间比低频词之间的关系更紧密，而按照竞争遗忘理论的观点，关系越紧密的两个记忆之间就越容易受到彼此的影响。因此，抑制遗忘理论和竞争遗忘理论都能从某一方面解释 RIF 现象，至于哪一个或者其他理论能够细致、精确地解释 RIF 深层次的机制或者具体环节，还需要更多的研究进行探索。

四、长时记忆的调控手段

（一）目标记忆重激活范式

睡眠在巩固个体记忆方面起关键作用，而且在学习后睡眠阶段出现的海马涟漪与学习成绩呈显著正相关，这种活动频率可能是先前编码的记忆重新激活的标志。既然在睡眠阶段也会发生与先前记忆相关的神经再激活现象，那么不禁让研究者思考，我们能否像在个体清醒状态下一样，通过人为操控去激活需要干预的记忆，从而实现干预特定记忆的目的？这就是本小节要讨论的目标记忆重激活（target memory reactivation，TMR）。

在一项小鼠实验中，先让小鼠学习恐惧条件反射，即绑定 ear-shock 和 foot-shock，随后在快速眼动睡眠阶段给小鼠播放 ear-shock。这种操作能够有效增强其随后的恐惧反应。有趣的是，在 SWS 阶段播放 ear-shock，恐惧反应会被削弱（Hars & Hennevin，1987）。在人类实验中，研究者让被试在"嘀嗒嘀嗒"的背景声下进行复杂的逻辑学习任务，在随后的睡眠 REM 阶段给被试播放"嘀嗒"声，发现能使被试 1 周后的任务表现提高 23%（Smith & Weeden，1990）。但是，在另外一项研究中，研究者让被试学习 20 个物体之后，发现只有在睡眠的第二阶段给被试播放线索刺激时（如物体的名字）才会提高被试后面的记忆表现，而在 REM 阶段播放却没有提高（Guerrien et al.，1989）。

当时，上述研究没有引起研究者足够的重视，一个重要的原因在于，人们认为这种记忆表现的提高无非睡眠中短暂清醒时的一种再学习。但是，德国 Born 研究团队 2007 年在《科学》杂志上发表了一项标志性成果，进一步证实了这种提高确实发生在睡眠阶段。具体来讲，实验中研究人员让被试在玫瑰香气的环境中进行物体—位置的联想学习，然后在睡眠期间 SWS 阶段给被试仅呈现玫瑰香气，并在这个过程中监控被试的睡眠状态，避免被试因闻到玫瑰香味而苏醒。结果与前人研究一致，这能提高被试随后的记忆成绩，这种记忆增强效应与玫瑰气味诱发的海马重激活有关（Rasch et al.，2007）。接着，Paller 团队于 2009 年在《科学》杂志上发表研究成果，进一步实现了睡眠状态下基于单个试次（trial-specific）的目标记忆重激活，即在一系列材料学习结束后，可以对材料特定的单个刺激进行重激活，从而精准地提升被试对激活材料的记忆成绩。（Rudoy et al.，2009）。

在清醒状态下，记忆重放有助于促进记忆巩固。但是，在清醒时接受来自多方面的不同信息，这时重放记忆有可能会使记忆变得不稳定，从而容易受到其他刺激的干扰。研究者对比清醒状态和睡眠状态后发现，在清醒时，气味触发的激活会立即减弱空间记忆，而在 SWS 期间则不会。这是因为清醒状态下 TMR 使记忆恢复到不稳定状态，增强了对干扰的敏感性，而睡眠状态下 TMR 使记忆稳定，对干扰具有抵抗力。

有趣的是，利用 TMR 技术的思想还可以帮助个体"控制"梦。在一项早期的研究中，研究者在被试睡觉时喷水，有 42% 的被试在梦中梦见与水相关的内容（如淋浴）（Dement &

Wolpert, 1958)。这种现象同样存在于摇床、轻度疼痛、电刺激和嗅觉刺激等多种干预中。

（二）记忆抑制与替代

试想一下，是否有些以往的悲伤或尴尬的经历时常蹦出来，让我们困扰万分？有时候我们就是想把它遗忘掉或者把它们压下去让它不再出现。弗洛伊德称之为压抑或抑制，认为我们可以通过把不想要的记忆压制到无意识中，最终将它慢慢遗忘。

通过 TNT 范式可以探究个体主动记忆抑制（memory suppression）的过程。以单词对学习为例，TNT 范式指的是在单词对（语义上不相关）学习结束后，让被试知晓有的需要根据提示词回忆并说出相匹配的另一个单词（响应对，respond pairs）；另外一些不要想也不要做出任何反应，即不能让另外一个单词出现在意识中。在测验阶段，单词对中的一个作为提示词出现在屏幕上，个体需要事先识别该单词以决定需要做出何种反应，然后做出相对应的响应／抑制反应。为了避免被试做出错误反应，有的研究者要求被试在面对抑制对时，把注意力集中在提示词上 4s，避免知觉回避，并且当被试做出错误反应时会播放，如"beep"的错误提示音（Anderson & Green，2001）。

研究者用 TNT 范式研究抑制对随后记忆表现的影响，发现相对于响应对记忆的促进作用，抑制对单词在随后的记忆表现中较差并且与抑制的强度呈正相关（Anderson & Green，2001）。以上差异表明，个体的抑制控制不仅终止了检索的促进作用，还损害了被抑制的记忆表现。对这一现象有三种解释：一是联想干扰假说，认为抑制训练会使被试先前学习的连接发生转移，而这种连接转移会在随后的测试中影响对目标词的检索；二是无学习假说，认为抑制训练减弱了提示-目标的连接；三是抑制假设，认为抑制训练会抑制目标被检索。也许三种情况是可以共存的，这取决于被试采取的是什么样的抑制策略。如有研究发现，随着年龄的增长，人们抑制记忆的能力会下降，原因是人们更多地采用分散注意力的策略，而直接抑制往往比分散注意力更有效，当通过指导语让老年人使用直接抑制策略时，其抑制记忆的能力能够恢复（Murray et al.，2015）。

说到记忆抑制，人们往往对抑制负性消极的记忆更加感兴趣，因为消极的记忆往往会带来不愉悦的体验，严重的甚至还会影响日常生活（如创伤性后遗症）。对消极记忆的抑制效应也存在不一致的研究结论，有研究发现抑制消极记忆往往比抑制中性记忆更加困难（LaBar & Cabeza，2006），而有研究发现相比中性记忆和积极记忆，消极记忆更容易被抑制进而导致遗忘（Lambert et al.，2010）。随后，研究者进一步探究发现（van Schie et al.，2013），如果在 TNT 实验中未控制被试的抑制策略，如采用思想替代的策略，抑制消极记忆的效果不如中性记忆好；如果被试采用的是直接抑制策略，抑制消极记忆的效果就会凸显出来。

值得一提的是，最近的研究将负性情绪记忆抑制与记忆巩固创造性地结合起来（Liu et al.，2016），发现经过了一夜的睡眠巩固之后，负性情绪记忆变得更加难以抑制，表现为需要更多的前额叶执行功能资源的投入，而且通过不同的神经环路如前额叶-海马和额顶叶来完成。这背后的机制可能是，巩固后的记忆表征信息倾向于从海马转移到更广泛且分散的新脑皮层网络中。

五、长时记忆的促进与增强手段

促进与增强长时记忆的手段有许多种，以下介绍几种比较经典的手段。

（一）经典记忆术：精细加工策略和关联学习

1. 精细加工策略

精细加工策略（elaboration strategy）指的是在学习编码时，尽可能地根据记忆信息特征，将其与已有知识网络联系起来，这样不仅能够提升信息巩固的效率，也能提升信息检索的成功率。经典的精细加工策略包括以下几种。

1）位置记忆法。把需要学习与记忆的信息跟自己非常熟悉的特定空间位置联系起来进行记忆的策略。

2）首字连词法。把不同信息的首字母或者第一个词单独拿出来组成一个符号协助记忆的策略。例如，HOMES 是北美五大湖休伦湖、安大略湖、密歇根湖、伊利湖、苏必利尔湖的首字母连词。

3）谐音联想法。借用自己熟悉的、近似的声音协助记忆的一种策略。想必大家也听过在一开始学习英语单词时，有些小朋友会用类似"警察跑累死（police）"等一种谐音的方式进行单词记忆。虽然谐音有助于记忆，但是将不同的策略应用在不同的学习场景中需要谨慎。

4）关键词联想法。从记忆信息之中挑选出一些有提示作用的关键词，然后通过串联这些关键词用于回忆整体信息的一种记忆策略。

5）视觉想象。利用心理表象或想象把不同的信息联系在一起记忆的策略，如学习中国每个省份的地图时，把黑龙江省、广东省分别与天鹅、大象联系起来。

此外，"读万卷书，行万里路"，把学习到的信息实际应用结合起来，也是常用的一种精细加工策略。

2. 关联学习

世间万物普遍存在或强或弱的联系，而我们认识世界也必须要了解事物之间的联系。一方面，这样的关联能利用已有的知识来帮助我们更好地认识、编码、存储新的知识；另一方面，能帮助我们更好地检索需要的信息，从而进行决策、推理等。

关联学习（associative learning）主要有两个途径：一是自动化无意识的关联性，包含情感和直觉的元素；二是通过个体心理表征或者推理关联。第二种途径能够提升我们对"远距离"（关系比较疏远）信息的联想能力。这是双系统模型的核心思想。当个体面对较大的压力或者认知负荷时，能通过其中的自动化途径来加工外界的信息。这种关联学习的意义在于，在较低水平的认知资源参与下，依旧能增强信息之间的联系，同时这种连接也是很脆弱的，容易"丢失"。

人们具有通过自动化/心理表征的途径关联不同信息的能力，这样的能力为随后利用贝叶斯网络（Bayes net）方法进行信念获取和修正的分析提供了灵感（Lagnado et al., 2007），即在贝叶斯网络中线条连接代表不同信息之间的关系，其中不同的线条具有不同的值，代表了不同信息之间的连接强度，而且线条具有箭头（即具有方向性），代表了信息连接的方向。但是，在心理表征方面，还不如人脑那么灵活、精细。

（二）分散学习、提取训练及反馈

1. 分散学习

分散学习（distributed learning）指的是在一段时间内"稀疏"地分配学习任务，而不是将它们集中放在一起学习。例如，让被试学习一个序列，共 10 个数学问题，其中有些被试以 10 个为一组进行学习；另外的分为两组，每组 5 个，分布在 2 周里学习。学习结束后，在 1 周后进行测试时，两组的学习效果是等效的，但在 4 周后，间隔学习具有明显的优势。不仅仅是数学问题，在外语词汇学习、事例学习、罕见词的定义及地图学习等方面，均发现分散学习具有一定的优势（Pashler et al., 2007）。编码变异性理论认为，随着时间的推移，学习的背景信息会发生改变，因此学习内容能与更多的背景信息连接，在检索阶段的体现就是能通过更多的线索检索到对应的学习内容，因此能有更好的记忆表现（Bower, 1972）。

分散学习的效率虽然更高，但并不总是实用的。分散学习任务意味着拉长了学习的"战线"，还有的学习任务需要花费大量的时间进行练习，如弹钢琴。

有研究者针对学习和再次学习之间的时间间隔（即 interstimulus interval，ISI）和最后一次学习与第一次测试的时间间隔（即 retention interval，RI）的关系进行了研究（Glenberg & Lehmann, 1980），发现 ISI 和 RI 并非单调性关系，在 RI 较短的情况下，ISI 从零开始递增时，测试的表现慢慢提升，达到峰值后会下降。因此，学习的时间间隔并不是越长越好。

分散学习给目前流行的沉浸式学习或者短期高强度的夏令营训练提了一个醒，密集地安排学习任务不利于有效地进行记忆巩固，而且分散学习的研究成果也为以后的教育教学调整指出了方向。

2. 提取训练

传统的观念认为，测验只不过是检验学习情况的一种手段，如在探究学习是渐进式的还是"全或无"时，采用了"学习—测验—学习—测验"的程序进行研究，当时研究者只关注学习阶段的学习情况，完全忽略了测验中也有可能存在学习（Cofer & Musgrave, 1963）。这种观念长期主导着我们的教育模式，人们总是认为学生只是通过上课、阅读、参加学习小组或复习等方式来学习，考试只是衡量学到了多少知识。随后的研究对比"学习+测验"和"学习+再学习"两种学习组合形式后发现，个体在前者中的学习效果好于后者，这种来自测验带来的学习上的提升被称为"测试效应"（test effect）。因此，提取训练指的是通过认知努力从个体记忆系统中检索出需要信息的过程。

相比单次的提取训练，多次的提取训练往往更加有效。而且，学习不久之后的测验往往效果更好，但是如果间隔时间过短，那就是再学习或复述，这种提取带来的提升就会不复存在（Craik & Watkins, 1973）。有研究者对上述问题进行了系统研究（Pyc & Rawson, 2009），探究了学习与测验的时间间隔 6 min、1 min 和学习后测验次数对短期（25 min）、长期（1周）学习效果的共同影响。总体而言，无论是对短时记忆还是长时记忆来说，学习与提取训练时间间隔稍长（如6 min）的效果更好。随着提取训练次数的增加，学习的效果也是平稳上升的，除了学习与提取训练十分接近的情况（相隔1 min）。这提示我们，在适当的时间间隔内进行多次提取训练，有助于提升个体的学习效果。至于时间间隔，有研究者认为其取决于个体对提取信息的容易程度，过于容易（刚学马上提取）反而不利于学习效果的提升。

那么，提取训练之间的时间间隔是否会影响个体的学习效果呢？有一种观点是延长检索，即学习之后，在短暂的延迟后对学习内容进行第一次测验，而在随后的测验中，测验的间隔逐渐延长。其中延迟的时间间隔最好是学习与第一次测验时间间隔的10%—20%，如对于10天后的测试，两次测试之间应延迟1天或2天，而对6个月后的测试，两次学习之间的间隔最好为20天（Pashler et al.，2007）。但是，也有研究表明，延长检索实践能更好地巩固短时记忆，而等间隔的检索对长时记忆的提升更加显著（Karpicke & Roediger Ⅲ，2007）。

也有人对提取训练进行质疑，认为提取训练只是在线索呈现时的一种单线反应，那么，提取训练能提高我们的知识迁移能力吗？或者说我们能灵活地运用经过提取训练的知识吗？在一项实验中，研究者让一组被试采用"学习+测验"相结合的策略学习后，利用所学知识进行新的推理任务，发现相比学习阶段不断重复学习的被试，"学习+测验"的策略更能提高个体进行知识迁移的能力（Barnett & Ceci，2002）。

为什么检索信息能提升学习效果呢？一种观点认为，从记忆中检索信息会进一步强化记忆痕迹，以及在不同场景下创建其他检索路径，这使得将来更有可能再次成功地检索到该信息。另外，根据适当处理概念，检索信息可以提高学习阶段的认知过程与检索阶段的认知过程的匹配程度，匹配程度越高，越有利于信息的巩固和提取（Iii et al.，2002）。

3. 反馈

经过提取训练之后，我们往往想知道是否提取成功或提取正确，这时就涉及反馈。提取训练的意义在于成功地检索，形成再学习的效果，如果个体不能提取或者错误提取，就无法促进先前的学习。有研究表明，包含正确答案的反馈能提升学习效果，因为它能使个体纠正错误并保持正确的回答（Taxén & Naeve，2002）。

在每种测试中，反馈都是非常重要的，尤其是对于再认测验任务（多项选择或者判断题等）而言更为重要。原因在于，在再认任务中，个体有更大的概率暴露在错误信息中，最为明显的是完成多项选择题测试。在设计题目时，错误选择往往具有较大的合理性及一定的误导性，如果没有反馈，个体很容易将错误信息当成正确信息对先前学习到的内容进行修改。也有研究证实了在没有反馈的情况下进行多项选择题任务时，错误的选择更多地保留下来，并出现在后面的测验中（Marsh et al.，2007）。

在日常考试后，我们要拿到考卷往往需要等上一段时间（其间还包括老师批改试卷的时间），老师才会给我们评讲试卷。但是，有研究表明，在测验后马上给予反馈才是最好的

（Kulik J A & Kulik C L C，1988），因此这也为教学实践提供了参考，学生考试后应该及时安排订正，然后再学习。但是，这与上文提到的分散学习及延长检索时间的观点相矛盾，我们认为对于一次测验，正确的部分应该采取分散学习和延长检索的策略，而错误部分应该及时给出反馈，以保证个体不会用错误信息替代正确信息。

（三）新型记忆调控手段和方法

1. VR 技术

VR 技术指的是通过计算机、数据库或互联网搭建 3D 模型模拟真实环境的技术，其主要特点是具有沉浸性、交互性、多感官性、构想性及自主性。随着 VR 的不断成熟，我们在多个领域都能享受 VR 给我们带来的全新体验，如教育、影视娱乐行业，设计、航天及医疗领域等。

VR 有以下天然的优势：①VR 能提供更逼真、舒适的环境，操作时容错率较高，如科学实验、博物馆游览、外太空探索等；②VR 能提高用户的交互性，从而提高用户的参与度。此外，VR、沉浸式虚拟教学环境（immersive virtual learning environment，IVLE）的训练时间相对较短，可以针对学习者的知识水平进行定制，根据需要增加训练任务的复杂性和压力，允许多次重复以提高学习者的掌握程度，并具有易受性和适应性的优势。以教育行业为例，随着 VR 技术的兴起和发展，低成本的 VR 软硬件能满足教学场景中安全、高交互性的要求。因此，研究者和教育者开始把目光再次聚焦在 VR 在教学场景的应用上。

VR 在教学场景中的应用也叫 IVLE。大量研究表明，有高度沉浸感、参与感及互动性的 IVLE 能显著提高学员的动机及教学效果，如运用 IVLE 提升学员在训练中的表现，使完成同一学习目标所花的时间有所减少。根据学员的反馈，IVLE 能提供"身临其境且引人入胜"的培训（Webster，2015）。目前，VR 并不能替代真实的课堂场景，虽然在 VR 场景中个体的参与度高，但是还没有达到能像真实情景那样及时有效地给出反馈或指导。

在记忆康复领域，VR 也发挥着重要作用。例如，近 40%的中风患者有严重的认知功能障碍，特别是长时记忆的损伤。认知与记忆功能损害会影响个体的计划、自我管理、解决问题、维持和分散注意力、加工信息及理解语言等方面的能力。因此，中风之后的记忆康复治疗尤为重要。其中，认知评估的一项重要工作是确定患者是否患有记忆障碍。关于中风康复的一项研究发现，相对于传统的方式，经过基于 VR 的干预后，被试的记忆力得到了明显的提升（Faria et al.，2016）。

在面对突发性灾难时，往往需要人们提出及时、精准、有效的应对措施，但由于突发性灾难的不确定性，不能做到时刻进行突发性应对训练，难以形成长期有效的应对技能。相比传统训练，利用 VR 技术的训练能达到长期保持记忆的效果。例如，基于 VR 的训练及观看技能演示形成的记忆能存储和保持得更好，VR 训练更能显著改善个体的长时记忆（4 周后）（Yıldırım et al.，2019）。这可能与 VR 更有趣、娱乐性强，更能激发个体动机，以及要求学生更加主动、活跃地参与到任务中有关。

2. 无创脑刺激技术

(1) 经颅磁刺激

经颅磁刺激（TMS）是一种无创的脑刺激技术，是利用脉冲磁场无衰减地穿透颅骨而作用于大脑，改变大脑神经细胞的膜电位，使之产生感应电流，影响大脑的代谢和神经电活动，从而引起一系列电生理反应的磁刺激技术。TMS 主要应用于精神障碍、成瘾、睡眠障碍等临床治疗。TMS 可以抑制或引起大脑局部的兴奋，因此可以借助 TMS 技术探究不同脑区/系统的功能。TMS 还可以结合 fMRI，提高操作的精准性，目前已被用于学习、记忆、语言及情绪等领域的研究。

TMS 被认为能够通过改变突触可塑性来达到临床治疗效果，而突触可塑性正是个体学习及记忆的重要生理基础。有研究者利用 TMS 技术显著改善了阿尔茨海默病患者的情景记忆能力（Koch et al., 2018），这种改善的神经生理基础是楔前叶的改变及其与额叶区域的连通性变化，即高频 TMS 可能提升了患者的前额叶皮层及额叶的可塑性，从而改善其记忆能力，而且这种改变有可能是全脑网络的。TMS 的频率为 20 Hz，属于 β 波，而大脑网络也是通过该频率来传递相关信息的，在不同的记忆过程中发挥关键作用。

鉴于个体的记忆被再次活化，那么是否可以利用 TMS 技术刺激大脑局部区域，从而使记忆重新激活呢？由于空间精度的缺陷，TMS 技术不能精准地刺激大脑皮层下如海马、杏仁核等深部脑区。有研究表明，在视觉皮层上施加 TMS 脉冲，可以诱发人们联想到实际感官知觉的感知体验，其中诱发的关键是这个过程中 TMS 脉冲诱发的膦，因为枕叶皮质刺激诱发可能涉及早期视觉皮层的活动。一项光栅倾斜错觉实验发现，TMS 诱发的膦在感知上与光圈刺激非常相似，并受到相同情境的影响，而且这些特征会保留在个体的短时记忆中（Jolij & Lamme, 2010）。总而言之，TMS 诱发的记忆重新激活之后，通过视觉加工皮层重新处理再次激活的信息，可以促进记忆的巩固与整合。

(2) 经颅电刺激

经颅电刺激（transcranial current stimulation，TCS）是一种通过特殊电极特定模式的低强度电流调节大脑皮层神经元活动的非侵入、无创神经刺激方法。根据刺激电流的模式不同，分为 tDCS 和 tACS。

1）tDCS。tDCS 利用恒定的、低强度直流电（0.5—2 mA），电极尺寸为 1.5—100 cm^2 不等，电极分为阳极和阴极，阳极增强了下层皮层区域的兴奋性，而阴极则会减弱兴奋性，电流强度和电极表面积被认为与皮质的 tDCS 效果有关。

大量研究关注的是 tDCS 对运动记忆的影响，研究中探究了不同电极（阴极、阳极等）作用在个体不同脑区（如初级运动皮层、运动前皮层、背外侧前额叶皮层和腹侧前额叶皮层）时对运动记忆的影响。有趣的是，左侧运动皮层的 tDCS 能促进同侧手的运动记忆的学习，且降低对侧手的学习表现。有研究者进一步对比了 tDCS 对动作学习的编码、巩固和保持阶段的影响，发现 tDCS 对编码和巩固阶段均有促进作用（Reis et al., 2009），而不影响动作记忆的保持阶段。也有研究表明，tDCS 能促进记忆保持的表现，原因是后者刺激的时间更长（前者 20 min，后者 30 min）。研究还表明，tDCS 能促进运动记忆在不同场合的迁移（de Xivry et al., 2011）。

虽然不少证据支持了 tDCS 对程序性记忆的促进作用，并认为 tDCS 对运动记忆的编码、巩固和保留的影响很可能是由刺激对电极下方皮质的影响所致，但是结论并不完全一致，因此还需要进一步进行研究。

对于陈述性记忆，研究者关注的是单词/物体序列的学习及空间位置信息的学习。例如，在被试学习单词序列时用阳极 tDCS 刺激其外侧前额叶皮层，发现能够改善其学习表现。但是，阴极的 tDCS 却没有产生这样的作用（Hammer et al.，2011）。同样地，用阳极 tDCS 刺激左侧背外侧前额叶皮层（dorsolateral prefrontal cortex，dlPFC）或左颞皮层，能够促进个体对物品的记忆。研究者认为，tDCS 会在学习过程中或在巩固过程中改变神经的可塑性，从而产生更稳固、持久的记忆（Flöel et al.，2012）。有研究者结合磁共振波谱（magnetic resonance spectroscopy，MRS）研究发现，tDCS 诱导神经元的神经化学变化，与对侧半球相比，在相同的阳极 tDCS 刺激下，同侧半球的 Glx（谷氨酸和谷氨酰胺的组合）和 NAA（N-乙酰天门冬氨酸）显著增加，个体正是通过提高谷氨酸活性来调节神经元的可塑性的（Clark et al.，2011）。

2）tACS。tACS 采用的是变化的交流电，变化的形态有正弦、矩形等。影响 tACS 诱导效应的方向和持续时间的主要参数是刺激的频率、强度及相位。相比直流电，在现实的头部模型中模拟 10 Hz tACS，会产生更大的刺激和更集中的电场（Manoli et al.，2012）。但也有研究发现，频率在 100—1000 Hz 范围时，tACS 的电场会降低。具有白噪声特质的 0.1—640 Hz 的经颅随机噪声刺激（transcranial random noise stimulation，tRNS）能提高人脑的兴奋性（Terney et al.，2008）。

我们知道，γ 波和 θ 波能促进记忆信息的编码与检索。在编码和检索过程中，左侧 PFC 的 γ 波会促进陈述性记忆的增强，而 γ 波可以将来自不同脑区的知觉信息和相关的背景信息组合起来构建成情景记忆（Nyhus & Curran，2010）。通过 tACS 刺激左侧 PFC，可以有效提高个体情景记忆的准确性（Nomura et al.，2019）。因为 tACS 可以改变大脑的电信号频率，特别是当外部施加的电信号频率接近被刺激的皮层区域的固有频率时。另一研究也支持上述结论，即在编码和检索中，在相同的频带 60 Hz 或 90 Hz 上，利用 tACS 在左侧 PFC 上传递施加 γ 振荡会增强陈述性记忆。同样，通过 tACS 在学习后 SWS 阶段中以相同的 60 Hz 频率施加刺激时，记忆也能得到提升（Crowley & Javadi，2019）。因此，tACS 能暂时在编码、检索甚至编码后的睡眠阶段诱发 γ 波，改善与记忆有关的神经元网络（主要是调节左侧 PFC 的活动），从而提高记忆再巩固的效果。

（3）超声刺激

超声指的是频率大于 20k Hz 的声波，人们一般不能察觉，具有方向性强、穿透性强及能量衰减低等特点。虽然超声具有高放射性的特点，遇到颅骨时会发生放射或折射，但是颅骨的厚度不足以使超声焦点偏移。因此，结合 fMRI 的超声技术能实现精准、稳定的投射，在生物医疗、神经科学领域具有较强的实用性。结合 MRI 的超声技术，又称经颅磁共振引导聚焦超声治疗系统（transcranial magnetic resonance image guided focused ultrasound，TcMRgFUS or MRgFUS）。在临床实验中，一般利用 FUS 的热效应进行原发性震颤的热消融治疗（Yi et al.，2015）。

有研究者在动物实验中发现,对小鼠海马施加经颅超声脉冲,可能会增加脑源性神经营养因子(brain-derived neurotrophic factor,BDNF),BDNF 是一种涉及突触可塑性和神经元生成的蛋白(Lu et al.,2013)。高强度超声照射可以通过减少海马内几种与长时记忆相关的蛋白(如 N-甲基-D-天门冬氨酸,NMDA)受体 1(NR1)和 2B(NR2B)及 BDNF 的表达并破坏突触的结构,来降低学习和记忆能力。相反,低强度超声照射可以通过增强海马的 NR1、NR2B 和 BDNF 受体的表达,来提高大鼠的学习和记忆能力(Yamada & Nabeshima,2003)。

六、长时记忆与人工智能

20 世纪 40 年代,随着人脑抽象推理、可数字化、可编程的信息科学与计算机快速发展,人工智能应运而生。2017 年 5 月 25 日,被誉为围棋世界冠军的柯洁与人工智能 AlphaGo 的围棋大赛正式打响,但是经过几轮对决,柯洁还是以 0∶3 落败。赛后,柯洁接受了记者的采访。

> 记者:今后人类棋手是否能追赶上人工智能呢?
> 柯洁:我是很悲观。人工智能的发展速度太快了,差距反而越来越大。通过实战对局,我感受到非常大的冲击。人类再怎么努力也很难追赶上了。

短短数十年,从 20 世纪 60 年代计算机兴起到人工智能 AlphaGo 在围棋比赛中击败人类高手,这是否意味着人工智能将能够超越人脑呢?不可否认的是,人工智能在某些方面或领域已经远超人脑,但是要全面超越人脑还有一段很长的路要走。计算机具有强大的计算能力、高效的执行能力,能够在特定的指令、明确的目标下快速完成目标任务。从这一方面来说,人工智能在特定领域已经超越人脑。但是,人工智能终究不是思维本身,在创造力、想象力和抽象思维能力等方面远不如人脑。因此,人工智能特别是强人工智能领域一直期待发展类脑计算或者类脑智能。我们将从上述长时记忆的原理出发,探讨长时记忆在当前人工智能领域的潜在应用及其未来发展前景。

1. 长时记忆与类脑计算中的记忆模型

计算机信息存储的能力是人脑无法比拟的,但是人类的记忆系统分长时记忆系统和短时记忆系统,而且我们还会"遗忘"。这种具备"遗忘"功能的长短期记忆(long short-term memory,LSTM),也是值得人工智能学习、模仿的地方。目前,基于卷积神经网络的深度学习算法在人工智能领域扮演着重要的角色,用于分类、图像识别等领域,但是在动态的、时间相关的领域则表现得"捉襟见肘"。LSTM 能真实地反映人脑的复杂认知神经网络、认知过程、逻辑处理和记忆功能,在处理复杂任务方面拥有卷积神经网络不具备的优势。例如,人工智能利用 LSTM 开发的语言翻译功能,能够实现人机交互式的简单交流,能在采集人脸信息的情况下预测个体的意图等,并做到智能监控。这些功能的实现,正是在 LSTM 中引用了"遗忘"这一逻辑符号,能让人工智能有选择性地遗弃部分信息,从而让"思维"保持灵活性。

记忆重放是人脑根据已有知识进行新知识学习及知识整合的神经生理基础，无论是小鼠的空间导航和关系推理实验（Ólafsdóttir et al.，2017），还是人类的情景记忆、规则学习与迁移实验（Liu et al.，2019a，2019b），都证实了记忆重放在知识迁移或新知识学习中的重要作用。新的人工智能领域，如 AlphaGo Zero 中，也开始借鉴人类学习与记忆机理，从而对新的类脑智能算法产生了启发。

虽然在战胜中国围棋选手柯洁之后，AlphaGo 之父 Hassabis 表示"本次中国乌镇围棋峰会是 AlphaGo 参加的最后对弈比赛"，但是 AlphaGo 研发从未停止。2017 年，DeepMind 团队在《自然》期刊上公布最新版本 AlphaGo Zero，而 AlphaGo Zero 在与之前打败世界围棋冠军柯洁的那个版本的 AlphaGo Master 的比赛中，以压倒性的战绩（100∶0）横扫旧版 AlphaGo，再次震惊世界（Silver et al.，2017）。AlphaGo Zero 中的 Zero 是有特殊含义的，指的是在初始阶段只是给 AlphaGo Zero 输入了最基本的围棋比赛规则，没有任何的人类经验和围棋知识。AlphaGo Zero 依靠自我博弈与对抗算法来达到"自学成才"。简单来说，AlphaGo Zero 就是在不断与自身算法进行围棋对抗，通过不断学习来积累经验，并且在经验的基础上进行再学习，类似于人类不断通过"自我"演练来提升学习新知识和技能的能力。

2. 基于长时记忆的小样本与迁移学习

相比计算机，人类更擅长通过小样本来学习新知识，并具有较高的迁移能力，这种学习模式一般称为小样本学习。计算机领域的机器学习和人工智能算法通常需要海量已标注的数据样本进行学习训练，而且在监督学习中，每个数据样本必须带有标签。在某些情况下，具有标签的数据样本获取相对困难，这不仅导致机器学习需要消耗大量资源，还导致其在知识迁移上遇到了较大障碍。近些年，研究者从人类小样本学习中得到启发，正开展优化机器学习和人工智能算法的研究，这一研究方向是未来强人工智能领域的研究热点之一（Snell et al.，2017）。小样本学习的英文是"few-shot learning（FSL）"，解决的一个问题是计算机学习中弱监督的特征。也有人认为，FSL 是元学习（meta-learning）在监督学习领域的应用，而元学习是学习如何学习（learning to learn）。这种算法的核心思想在于将数据集合不断地拆分和组合成任务集，让计算机在动态变化的情况下学习分类。这样，计算机能在这个过程中学习到同一类别的共同属性，在学习后应对其他变化的信息时，就不需要改变训练好的模型（Huang et al.，2020）。

我们知道，海马与大脑皮层如顶枕叶联合区等是重要的记忆存储区域（McClelland et al.，1995）。其中，海马承担着重要的功能，如记忆联合编码、空间表征（spatial representation）及巩固过程中的暂时扩展功能。空间表征为记忆提供了上下文框架，不仅能促进个体对情景记忆各元素进行快速、自动化的连接，还能够提高个体对框架内记忆进行提取的灵活性。这为人工智能发展提供了一个新思路，即不同的计算模块可以协同工作，促进记忆体之间的连接，增强记忆存储、提取的灵活性。此外，海马作为大脑皮层记忆体的指针（Teyler & DiScenna，1986），为大脑皮层的不同记忆之间提供模式分离，从而避免不同记忆的相互干扰。在人脑这一模式的启发下，DeepMind 为人工智能引入了两个新功能：

一是提高同一集合内记忆体之间的分离程度，并允许对单个记忆节点进行加权，以提高联想配对推理的能力；二是利用自适应检索机制，在产生答案之前允许有一些可变数量的"记忆跃点"，以解决计算机运算中时间过长的问题。

3. 脑科学启发的人工神经网络与类脑计算

21世纪，脑科学与认知神经科学技术方法的兴起和发展，使基于人工神经网络的深度学习算法出现了变革。受脑功能模块化的启发，有研究者提出了胶囊网络（Sabour et al., 2017）。谷歌旗下的 DeepMind 受对空间导航起关键作用的栅格细胞（Grid cell）的启发，并结合强化学习理论，优化了经典神经网络与强化学习算法，提升了自动导航智能体在新场景中的自适应能力（Ferguson et al., 2017）。因此，认知神经科学和脑科学的结合，不仅有助于建立可解释的、鲁棒性的人工智能理论方法，还有利于发展延伸人类感知和认知（含自学习、推理、决策等）的类脑智能。世界各国在类脑智能领域的研究均处于起步阶段，这是我国抢占该领域制高点的最佳契机。

当前，人工智能，特别是以深度神经网络为代表，先后发展出的以 AlphaGo 等为代表的新兴人工智能算法，在某些特定领域（比如围棋）已经达到甚至远超过人类水平。全球科学家对类脑计算高度期待，通过模拟人脑结构与运算机制来发展新的计算技术，以期实现高能效与高智能水平的计算。近年来，美国斯坦福大学、麻省理工学院等的研究者率先开发了一系列类脑计算方法，比如，基于对记忆和计算之间紧密互动的观察、丰富的时空动态、基于脉冲的编码方案和各种学习规则的研究，典型的模型包括脉冲神经网络。相对而言，计算机科学导向的方法主要涉及在计算机上执行的显式算法。目前，流行的非脉冲人工神经网络（artificial neural network，ANN）在处理诸如图像分类、语音识别、语言处理和游戏等特定任务方面取得了长足的进展。受人脑运算机制的启发，研究人员提出了内存计算方法，并实现了存算一体化，即需要把计算存储放在一起来完成。存内计算并不是把计算模块和记忆打包在一起，而是在技术需要方面突破硬件资源如何复用、存算一体化单元如何设计、模拟量运算如何实现等一系列关键问题。

我国类脑智能计算系统也取得了新的突破（Pei et al., 2019），通过类脑计算和人工智能相结合的算法，展示了其强大的计算能力，并将这一全新芯片架构命名为"天机"。该研究旨在通过融合面向神经科学和面向计算机科学两种方法的优势，开发具有类似于人类大脑和主流机器学习算法特征的跨范式计算平台，从而发展通用人工智能。研究者提出并实现了一个跨范式计算芯片，将计算机科学导向和神经科学导向的神经网络进行融合，可以实现流行的非脉冲人工神经网络及脑科学启发的模型和算法，有助于实现通用人工智能。2020年9月，在杭州召开的"亿级神经元类脑计算机重大成果"新闻发布会上，浙江大学与之江实验室团队公布了目前世界上神经元规模最大的类脑计算机（Darwin Mouse），研制了专门面向类脑计算机的操作系统——达尔文类脑操作系统（Darwin OS），其中包括内存计算（类似于人脑"存算一体"的工作原理）算法，旨在实现对类脑计算机硬件资源的有效管理与调度，支撑类脑计算机的运行与应用。目前，这些算法在图像、视频、自然语言的模糊处理中具有一定优势。虽然这些类脑计算系统仍然处在基础研究的发展阶段，但在很多民用领域得到了初步应用。

关键术语

多重存储理论 multiple trace theory
遗忘曲线 forgetting curve
认知地图 cognitive map
陈述性记忆 declarative memory
非陈述性记忆 non-declarative memory
语义记忆 semantic memory
情景记忆 episodic memory
程序性记忆 procedural memory
适当迁移加工理论 transfer-appropriate processing theory
编码特异性理论 encoding specificity theory
层次网络模型 hierarchical network model
激活扩散理论 spreading-activation theory
再认 recognition
回忆 recall
线索回忆 cued recall
自由回忆 free recall
强度理论 strength theory
记忆巩固 memory consolidation
睡眠依赖性记忆巩固 sleep-dependent memory consolidation
记忆重激活 memory reactivation
记忆再巩固 memory reconsolidation

再建构式回忆 reconstructive retrieval
自传体记忆 autobiographical memory
闪光灯记忆 flashbulb memory
图式 schema
虚假记忆 false memory
来源监控框架 source monitoring framework
迪斯-罗迪格-麦克德莫特范式 Deese-Roediger-McDermott paradigm
记忆重放 memory replay
消退 decay
干扰 interference
衰退引起的遗忘 decay driven forgetting
提取诱发的遗忘 retrieval-induced forgetting
回溯性抑制 retroactive inhibition
抑制遗忘理论 inhibition-based forgetting theory
竞争遗忘理论 competition-based forgetting theory
目标记忆重激活 targeted memory reactivation
记忆抑制 memory suppression
精细加工策略 elaboration strategy
关联学习 associative learning
分散学习 distributed learning

知识要点

- 长时记忆的概念界定及其基本特征
- 长时记忆的经典理论模型与前沿发展
- 长时记忆的分类标准及进展
- 长时记忆分类及其认知神经基础

- 长时记忆编码、提取和巩固的特征及影响因素
- 长时记忆再巩固条件、特征及与记忆整合的关系
- 长时记忆的可建构性：回溯过去与想象未来
- 虚假记忆产生的认知机制和理论模型
- 植入虚假记忆的关键因素、方式及伦理问题
- 记忆重激活与记忆修改和记忆再巩固的关系
- 不同状态下记忆重放的特征和对记忆的影响
- 引起长时记忆遗忘的因素及特点
- 调控长时记忆的新技术及其特征
- 长时记忆与人工智能的关系、发展现状

第三部分　表征与知识的组织

第七章
心理表象和空间表征

当我们闭上眼睛构建自己书桌上物体的摆放，或是在脑海中哼唱最喜欢的歌曲的旋律，或是用大脑找出一条从家里到某个目的地的捷径，又或是躺在床上回忆白天学的舞蹈动作时，我们都需要用到心理表象（mental imagery），即在没有外在物理信息输入的情况下，在大脑中产生想象的认知过程。

显然，在进行这几项加工任务时，我们并不能立马想出答案，而是需要依照记忆中的物体形态或时间空间关系在大脑中塑造出表象。回想第六章长时记忆信息提取的学习，我们会发现记忆信息提取中也有心理表象的运用。因此，本章第一节讨论基于表象和不基于表象的两种记忆运行方面的理论与假说：双重编码理论和关系-组织假说。另外，相对于双重编码，还有研究者提出了命题理论，认为对心理表征的储存存在着一种表征概念间关系的简单代码，其不具有视觉特性，也无言语特性。

如同视知觉在知觉研究中的重要地位，视觉表象（visual imagery）也在心理表象的研究中有重要地位。第二节以视觉表象为例，详述表象的测量方法和可能的神经机制。前面几章详细论述了视知觉的相关知识。既然视知觉和视觉表象都能在大脑中形成图像表征，那么二者的关系是怎样的？表象和真实的知觉过程是否有相似的神经机制？这些不仅是视觉表象的核心理论问题，也是其他表象如听觉、触觉及运动想象研究领域的核心争议。我们通过介绍视觉表象领域的各种实证研究，来考察研究者是如何试图回答这些问题的。

在学习视知觉的时候，我们知道视觉系统可以告诉我们一个物体是什么（what），在哪里（where），甚至还可以告诉我们如何利用视觉信息完成动作（how）。类似地，我们的大脑不仅可以形成关于物体的视觉表象，还可以形成空间关系的视觉表象，即第三节要介绍的空间表征和认知地图。另外，表象也可以是关于动作和运动本身的，即第四节要介绍的运动表象（motor imagery）。心理表象在实际生活中的应用也得到了众多学者的关注，能在比赛前在心里对运动流程进行一次完美演练的运动员在之后的比赛中的表现会更出色。不仅如此，在针对心理疾病的临床研究中，心理表象同样发挥了积极的作用。因此，第五节简要介绍表象在脑机接口、运动训练、临床诊断和康复上的应用。

第一节　知识的内部表征

知识会通过不同的方式呈现，比如，通过一幅图像、一段话，又或是通过抽象命题呈现。对应这 3 种外部表征方式，有些认知心理学家将知识的内部表征也划分为 3 类：类似于图像的心理表征；高度抽象的符号性心理表征，如语词；表征概念间关系的命题表征。举个例子来说，当需要别人帮忙递一下桌子上水杯的时候，我们既可以照着自己对水杯的记忆画出来给对方看，也可以通过"一个墨绿底色上面印着熊猫图案的水杯"这种语句来让对方清楚水杯的样子。这两种方式都能够对事物进行表征，但都无法涵盖被表征对象的全部特征，因为无论是图像还是语句，在以上这两种表达中都没有体现出水杯能盛水、易碎等特点。不过图像的表征方式的确更为具体形象，也能够保证与被表征对象具有更多的相似性。语句或命题的表征则针对更为抽象的关系，能够比较容易表达抽象的分类信息等。本节介绍几种关于知识的内部心理表征的理论。

一、双重编码理论

Paivio（1971）提出的双重编码理论（dual-code theory）强调在信息储存、加工和提取中，语言和非语言加工过程同样重要。根据这一理论，头脑中表征信息的编码方式有两种：一种是针对语词的，包括有关事物抽象的语义信息；另一种是针对非语词的表象类信息。

对于语词的心理表征，主要采用符号型编码（symbolic code）。符号型编码是一种表征知识的形式，它与被表征的内容在感知水平上具有或多或少的相似性。对于非语词，则运用模拟型编码（analogue code），它与被表征对象的物理刺激本身非常相似。据此可以看出，心理表象与知觉是紧密地联系在一起的。Paivio 认为，同一个概念或过程既可以用图像也可以用单词表征，如我们既可以用倒计时的数字也可以通过倒流的沙漏来表征时间的流逝。

Paivio（1965）通过一项研究证明了这一理论。他要求参与者学习 4 张名词对词表中的一张。第一张词表包含的词对均指向具体的物体（concrete-concrete，CC，具体–具体，如"书–桌"）。第二张词表包含的词对中，第一个名词是具体的，第二个名词是抽象的（concrete-abstract，CA，具体–抽象，如"椅子–公正"）。第三张词表的词对顺序与第二张相反（abstract-concrete，AC，抽象–具体，如"自由–裙子"）。第四张词表包含的词对均为抽象名词（abstract-abstract，AA，抽象–抽象，如"美丽–真理"）。参与者学习之后完成再认任务。对应 CC、CA、AC 和 AA 词表，参与者的平均答对项的数量分别为 11.41、10.01、7.36 和 6.05，表明参与者对具体名词的记忆更准确。针对这项实验结果，研究者的解释是：在任何可能的时候，参与者都会自发构建这些名词对的视觉表象，对具体名词来说，这种构建是最容易的。不同于言语标签，视觉表象的功能就是提高具体化的程度，名词越具体，表象就越丰富，内部代码也就越复杂。这也就解释了为什么我们对包含具体信息图像的记忆常常比对抽象的词语的记忆更好。

按照双重编码模型（图 7-1）的观点，语词和表象从属于两个系统，也就是说，在完成视觉任务和言语任务时，两者是互不干扰的，但是我们对言语进行反应（即言语任务）会影响对单词的心理表象的操作。在一项研究中，参与者被要求完成一项视觉表象任务［通过表象扫描（imagery scan）对图像特征进行判断］和一项言语任务（判断一句话里面某个词是否为名词）(Brooks，1968)。参与者做出反应的方式可以是言语的（有声回答"是"或"不是"）、视觉的（指向答题卡上的"是"或"否"）或动作的（用一只手轻敲以示同意，另一只手轻敲代表不同意）。研究者预期用视觉进行反应会干扰视觉任务，用言语反应会干扰言语任务。反应时的长短可以作为干扰量的测量指标。实验结果支持了研究者的实验预期，即参与者完成视觉任务时，如果要求用视觉方式进行反应，那么反应时就会更长；完成言语任务时，用言语进行反应的反应时也会更长。无论视觉任务还是言语任务，用动作进行反应的反应时都介于言语反应和视觉反应之间。因此，该结果支持了两种不同的表征知识的编码方式。

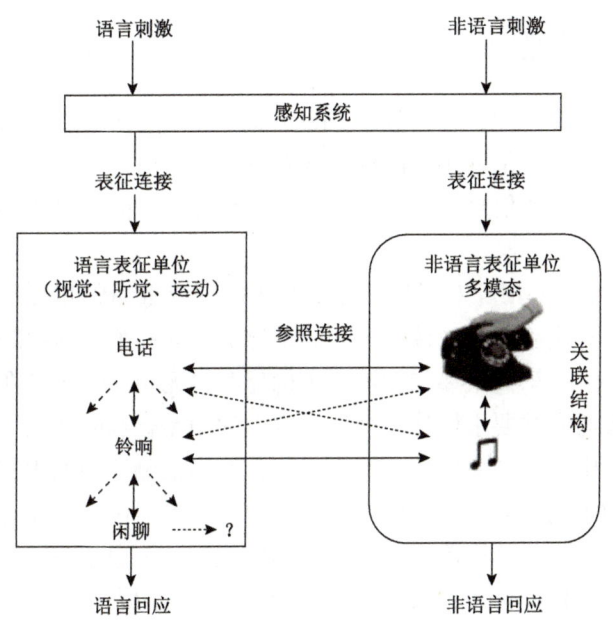

图 7-1　双重编码模型。左侧栏为对语言刺激的加工，右侧栏为对非语言刺激的加工。语言和非语言的表征单位产生有意识的心理词汇和图像，并且能够在无意识中对认知表现产生中介作用。图中的线表示连接系统内部和系统之间的路径，同时显示表征单位与刺激和反应系统的联系（Paivio，2014）

二、命题理论

除双重编码理论，其他学者还提出了一个替代的理论——概念命题理论，简称为命题理论（propositional theory）。命题理论认为，我们存储心理表征的形式不是表象也不是单纯的语词，而是一种简单代码，用来储存和表征信息之间的关系（Pylyshyn，1973）。

我们可以用命题表征任何类型的关系，包括动作、属性、空间内的位置、类别成员或几乎任何其他可能的关系。多个命题可以结合为复杂命题表征，例如，"毛茸茸的老鼠咬了猫，现在躲在桌子底下"。命题是表征知识深层含义的抽象形式，因此通过命题表征的句子不保留语音或视觉特性，即使表征图片，也不会保留对图片的具体知觉形式。

Kosslyn（1976）通过检测动物与其生理属性之间的联系强度证明了命题理论。在参与者不使用表象来完成任务时，大多数人对"猫有爪子"比"猫有头"建立的联系更强，那么就将前者称为高联想效价，后者则称为低联想效价，尽管爪子占猫身体的比例更小，头占猫身体的比例更大。根据命题理论，联想效价越高，其项目之间联系的命题就越多，反应时就越短。该预期在参与者不使用表象完成任务时得到了证实。但在 Kosslyn 进行的第二个实验中，当参与者使用表象完成相同的任务时，反应时并不如命题理论预测的那样。虽然猫有头是低联想效价，但是由于头部面积所占比例更高，参与者还是反应得更快（相比之下，即使高联想效价的爪子面积较小，也不如头部影响大）。该研究说明，在不使用表象完成任务时，大脑中确实存在基于关系的表征即命题表征，但在使用表象来完成任务时，人们依然更依赖表象。

三、关系-组织假说

Bower（1970）提出的关系-组织假说（relational-organizational hypothesis）认为，表象能够增进记忆的原因，并不是它比言语标签含有更丰富的信息，而是表象在记忆项目之间创造了更多的联系。外在的信息以代码的形式储存在脑中，而这些代码会按照层次关系组织起来，表象就是其中的一层。

Bower（1970）使用一项配对联想学习实验来区别双重编码和关系组织。参与者被分为三组，每组对应一种实验条件并接受不同的指导语。第一组参与者的指导语是"外显机械式重复"（出声复述）；第二组参与者被要求构建两幅无相互影响且在表象空间内相互独立的表象；第三组参与者被要求构建一个组中两个词相互影响的情景。实验结果表明，所有参与者在再认测验中的正确率均为85%左右，但在回忆测验中的表现差异很大，机械式重复组只能回忆出30%的配对联结，使用互不影响表象组回忆出的配对联结为27%，而构建相互影响表象组的这一比例将近53%。这一研究表明，表象本身不能帮助我们记忆，是表象的使用方式帮助我们记忆。进而可以推断，相互影响的表象创造了更多目标信息与其他信息的联系，使目标信息更容易获取。

本章随后的内容将展开介绍各种类型的表象，以及它们在实际应用中扮演的角色，并探讨表象在大脑中是如何运作的。

第二节 视觉表象

心理表象中的非言语表象的主要形式是视觉表象或视觉想象。虽然人们也可以产生其他感知通道的表象，如听觉表象、触觉表象等，但是视觉表象是最常见，也是研究得最为透彻的一种感知表象形式。因此，本节主要通过视觉表象来介绍研究者是如何研究心理表象的。

视觉表象是一种由大脑内部自发产生的视觉体验，经常被称为"心灵之眼"。视觉信息占据了我们感官体验的绝大部分，相应地，视觉表象也成为我们在日常生活中完成各种认知任务的重要方式。但是，一直以来，对心理表象的讨论大都集中在哲学思辨领域，其中的主要原因是当时人们对表象这一概念的认识和界定并不清晰，同时缺乏对这种内省的主观体验的精确测量。

随着德国生理学家、心理学家冯特（Wundt）建立第一个心理学实验室，心理学从哲学体系中独立出来，研究者对心理表象的研究进入了实证阶段。1910年，Perky（1910）在实验室研究中发现，在特定的条件下，观察者可能较难分辨自己大脑内部产生的视觉表象体验和通过视觉系统知觉到的外界刺激。实验要求参与者注视屏幕，并想象在屏幕上有一个西红柿。与此同时，主试在屏幕上投射出一个较模糊的西红柿的图像，结果参与者认为屏幕上西红柿的图像是自己想象的结果。这说明观察者会把视觉表象误认为是外界实际刺激产生的视觉体验，这被称为Perky效应（Perky effect）。虽然这一早期研究发现受到过一些质疑，但是它在很大程度上揭示了视觉表象和视知觉之间的相似性。

人们通过视觉表象生成对内部和外界事物的视觉化主观感受，这与外界刺激通过视觉系统产生的视知觉类似，所以视觉表象被天然地与视知觉进行比较。视觉表象与视知觉之间的关系，也是心理表象研究过程中贯穿始终的问题。这一问题的本质是视觉表象的属性、特征及神经机制，也是本节阐述的主要内容。

一、广义和狭义的视觉表象

在通常的认知中，视觉表象是指我们通过主动的想象过程而形成的关于人物、事件和场景等的心理体验。但是，如果我们只关注这种主观的、不依赖外界刺激的视觉体验，那么视觉表象可以多种途径并通过不同方式出现。从这个角度来说，最典型但又很容易被我们忽略的一种视觉表象现象就是梦，因为在梦中必然是没有外界物理刺激输入的，所以这种清晰生动的梦境体验也可以被视为广义的视觉表象的一种表现形式。

框 7-1 "解梦"

"是的，我看到了一个人……我好像在一个场景里，我把钥匙藏在椅子和床之间，然后一个人把它拿走了。"在日本京都的高级电信研究所的计算神经科学实验室中，研究者就像这样通过记录参与者口述的500多场梦境，并借助一台fMRI设备解读出了梦里出现的物体。

Horikawa等（2013）设计了一个简单的实验来搭建这样一个"解梦器"。参与者躺在磁共振扫描仪中，同时通过脑电信号来监测参与者的睡眠状况。当参与者进入睡眠的第一阶段或第二阶段开始昏昏欲睡并产生视幻觉时，研究人员就会将其唤醒并让他们口述梦境的内容（见图），而在唤醒前的大脑活动信号也被磁共振扫描仪记录下来。

Horikawa等（2013）通过对梦境记录的整理，找出了最常出现在梦中的物体，如书、建筑物、车和人等。然后，他们让参与者观看这些物体的图片，并记录其观看时的大脑fMRI信号。之后，他们采用计算机模式识别算法，对参与者观看这些图片时的 fMRI 信号模式进行分类，得到相应的分类器。最后，用训练得到的分类器对参与者睡着时的 fMRI 信号进行分类，这样就可以预测参与者梦到了什么。研究者发现，梦境的具体内容表现在视觉皮层活动模式上，并且可以由视觉皮层的活动模式读出。

需要注意的是，研究者只是对梦境中出现的物体进行了预测，并不能再现梦中出现的动态场景，也不能还原梦中的故事情节。

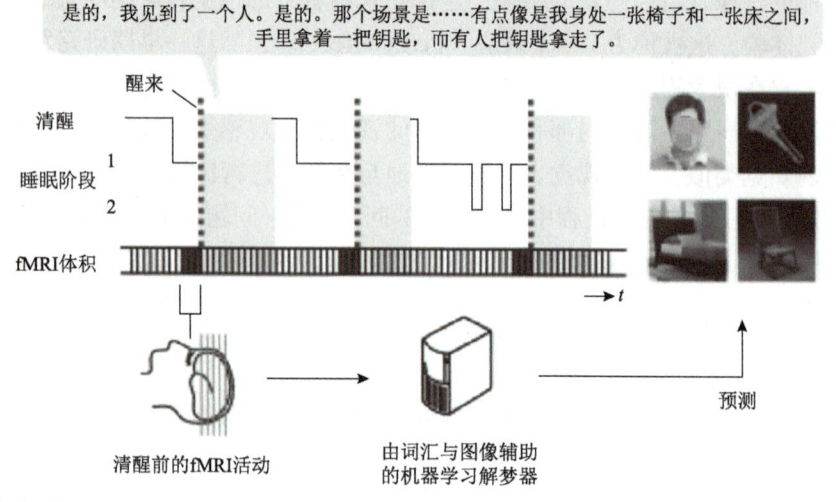

参与者睡着时采集 fMRI 数据。参与者在睡眠的第一阶段或第二阶段（虚线）时被唤醒，口头报告他们在睡着时的视觉体验。醒来前的 fMRI 数据被用来解码参与者梦中出现的物体（Horikawa et al., 2013）

从梦境和想象这两个过程来看，不同形式的视觉表象之间的差异可以是相当大的。如果根据这种主观视觉经验产生的过程进行分类，那么视觉表象可以分为两大类：个体主动加工产生的视觉表象和自动产生的视觉表象。前者主要是指个体通过有目的性的主动想象过程而产生的视觉经验，也就是狭义上的视觉表象；后者则是指不需要个体进行有目的性的加工，只是通过一些自动自发的大脑加工过程而形成的视觉经验。除了上面提到的梦境，还包括一些视错觉、联觉、视幻觉等。

自动产生的视觉表象很大程度上依赖联结学习的过程。基于动物的研究表明，如果两个刺激通过学习过程建立了联结，那么当只有其中一个刺激出现时，另一个刺激的神经表征也可能会出现。虽然我们无法得知动物是否对这个缺失的刺激产生了知觉经验，但是这可能就是通过联结学习产生自动的视觉表象的神经机制。除了这种刻意学习，长期的生活经验也可以形成类似的效应，比如，在一项研究（Hansen & Gegenfurtner, 2006）中，参与者需要将一个具有特定颜色特征的物体的颜色调整到灰色。研究者对调整后的物体颜色进行分析，发现这些颜色其实并不是物理属性上准确的灰色，而是在颜色空间中向其原有颜色相反的方向偏移，即发生了补偿。例如，当参与者将一个黄色香蕉的图片调整到灰色时，结果是这种灰色是稍微偏向紫色的,而紫色与黄色在颜色空间中正好处于相反的位置。这个结果可以解释为:因为香蕉的形状和黄颜色具有紧密的关系,所以当一个灰度的香蕉形状呈现的时候,观察者会感受到微弱的黄色,虽然这一颜色很弱、不易觉察,但是依然需要一些紫色去中和这一主观的黄色,让观察者在主观上认为是灰色。此外,知觉填充效应(perceptual filling-in effect)或者"霓虹颜色扩散效应"(neon colour spreading effect)等经典的视错觉(图7-2),也可以被认为是基于长期自发学习形成的"完型"结构而产生的自动视觉表象现象。

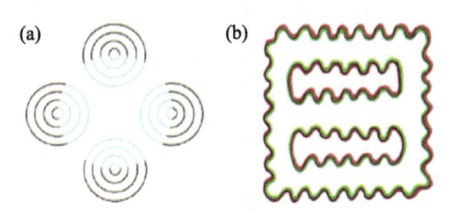

图7-2 霓虹颜色扩散效应。人们会在图(a)的中央知觉到淡蓝色的圆形,虽然事实上只有周围四个圆环的一部分是蓝色的。类似地,人们会在图(b)的轮廓包围着的部分知觉到淡绿色,这是因为图(b)轮廓的内边界是绿色的

上面提到的自动产生的视觉表象的例子表明,视觉表象这一概念包含的范围要比我们通常认为的广泛。自动产生的视觉表象与主动生成的视觉表象的共同之处在于主观的视觉经验,但是它们背后的神经机制可能有着较大的区别,需要分别进行探讨。后文将重点介绍主动生成的视觉表象,也就是视觉想象。

二、对视觉表象的操纵

(一)心理旋转

通过前文的研究,我们知道可以通过自己制造出视觉表象来完成特定的任务。有意思的是,我们不仅能够制造表象,还能在心理上对表象进行操纵。

想象我们将鞋架上放得东倒西歪的鞋子调整到适合脚穿进去的方向,或者我们做几何题的时候对图形进行空间上的旋转,又或者当我们看着视频去模仿一段舞蹈,这些都是我们在生活中对心理旋转的日常应用。在实验室的环境下,美国心理学家Shepard和Metzler(1971)将心理旋转(mental rotation)作为主要研究对象。在研究中,参与者需要判断屏幕上出现的两个不同呈现角度的平面字母或者三维立体图形是否具有相同的结构,而实验记录的是参与者完成判断所用的时间。结果发现(图7-3),参与者的反应时与两个图形之间偏转的角度呈正相关:偏转角度越大,反应时越长。这类研究的意义在于描述了个体对视觉表象操作时的特征,而这个过程与操作实际物体时的过程类似。

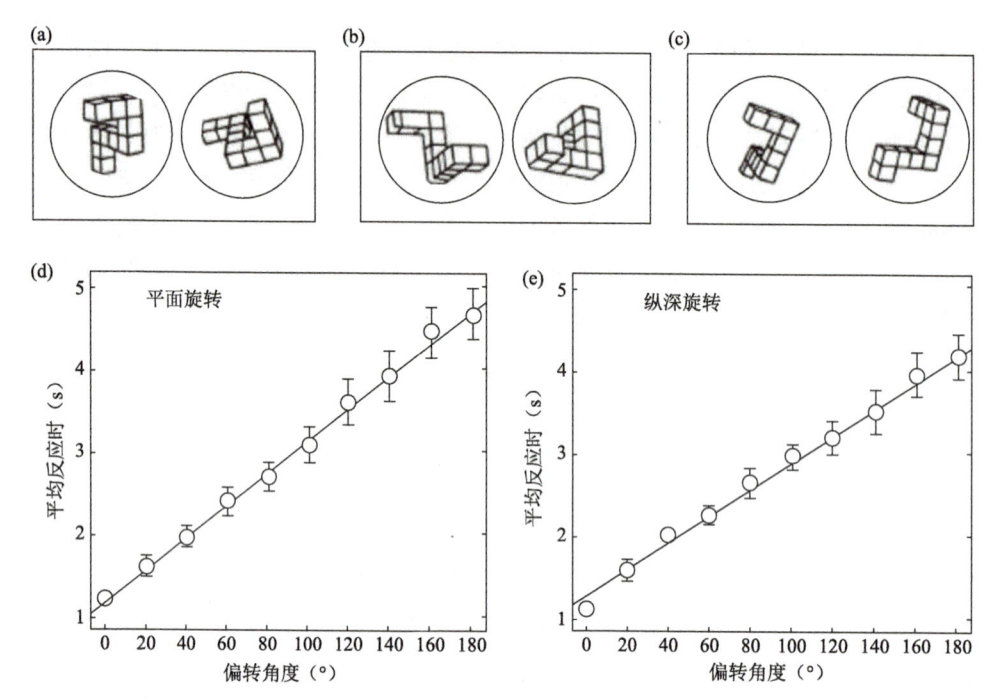

图 7-3 Shepard 和 Metzler 在心理旋转研究中使用的刺激材料。（a）两个物体在纸平面上相差 80°。（b）两个物体在纵深方向上相差 80°。（c）两个物体无法旋转成同一个物体。（d）物体在纸面上旋转的结果图。（e）物体在纵深方向上旋转的结果图（Shepard & Metzler，1971）

（二）表象扫描

如果视觉表象能够作为一个整体在我们的大脑中进行操作，那么对于已经形成的视觉表象本身，我们能否像对真实的物体或者图像一样进行检视呢？我们带着手机出门，却意外找不见手机了，这时我们可能会在脑海中对去过的地方一遍一遍"扫描"，直到想起它可能会出现的位置。

20 世纪 70 年代，一些学者进行了视觉表象的扫描研究。在一项经典研究中，参与者首先观察一张地图，上面有 7 个标志物，如帐篷、树和石头等（图 7-4）。这些标志物之间可以相互配对，每一对物体之间的距离都不同。参与者需要记住这一张地图和上面的标志物。在实验中，参与者闭上眼睛并且在脑中回想这张地图，即生成这张地图的视觉表象。然后，参与者会听到第一个标志物的名字，并且将注意力移动到这个物体上，第二个物体的名字会通过声音给予参与者。参与者的任务是在地图的表象中从第一个标志物扫描到第二个标志物，一旦完成，立即按键反馈。实验记录的是参与者扫描需要的时间。结果发现，扫描所用的时间与地图上这两个物体的距离成正比。研究者由此推论，视觉表象在大脑中的组织结构与实际的图像是类似的（Kosslyn et al.，1978）。

关于使用心理旋转或表象扫描来研究心理表象，Pylyshyn（1973）提出了质疑。他认为之所以能观察到反应时间和物理相似性或距离之间的相关，是因为参与者如果想完成任务，就必须按照以往的视觉经验，即必须对视觉表象进行操作，但是这并不代表知识在大脑中的存储一定是具有图形化属性的。之后，Finke 和 Pinker（1982）改进了 Kosslyn 等的实

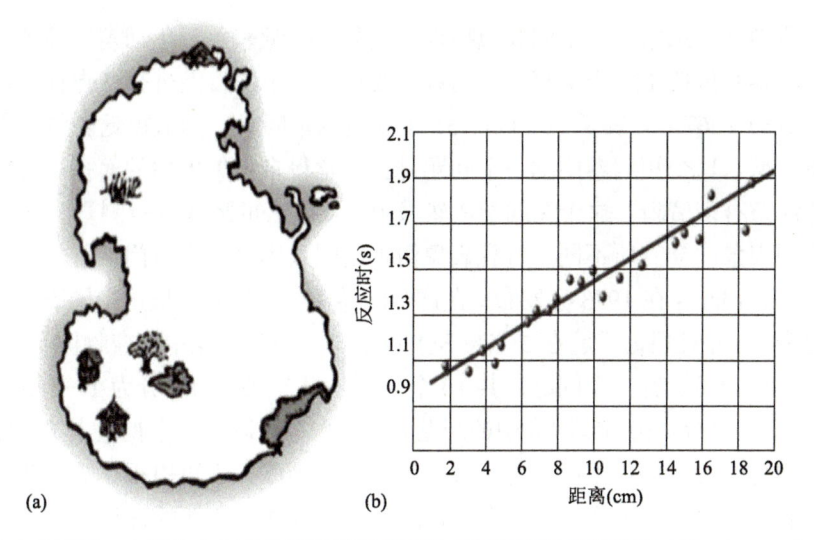

图 7-4　左图为小岛地图，右图为参与者的反应时与标志物之间距离的函数关系（Kosslyn et al., 1978）

验设计，让参与者认为自己完成的是工作记忆任务，而不是表象任务。参与者首先被要求注视屏幕中随机出现的 4 个点，与此同时记住点的位置，而后随机点会消失并且一个箭头会出现，参与者需要根据记忆判断箭头指向的位置是否有随机点出现，箭头位置与随机点位置之间的距离有 4 cm、6 cm、8 cm、10 cm 或 12 cm 几种条件。结果表明，随着箭头与随机点之间距离的增加，参与者判断的时间越来越长。实验结束后，多数参与者报告在完成任务时都运用了表象的方法，也就是在判断是否的时候搜索脑海中存在的随机点的图像。更重要的是，所有参与者都表示他们认为任务就是考察工作记忆，并没有意识到箭头与随机点之间距离的不同。由此说明，在判断不同物体的空间关系时，即使没有要求其形成表象，人们也会自发利用表象扫描来完成认知任务。

三、视觉表象的测量

视觉表象作为大脑的一种认知功能，具有内省的特点。在视觉表象的生成和操作过程中，我们必须依赖于参与者的报告或行为表现，很难对视觉表象进行准确的、实时的评估。一直以来，视觉表象的研究方法以自我报告为主，但是近年来的一些更为客观的方法大大推动了我们对视觉表象的认识。

（一）问卷法

对表象清晰度的测量通常使用问卷法。问卷是视觉表象研究中最常用的一种方法，通常用来收集个体关于内在心理图像的主观体验，如内容和清晰度。在众多问卷中，最常用的两种问卷是心理表象问卷（Questionnaire Upon Mental Imagery，QMI）（Betts, 1909；Sheehan, 1967）和视觉表象清晰度问卷（Vividness of Visual Imagery Questionnaire，VVIQ）（Marks, 1973）。

心理表象问卷在 1909 年开始应用。问卷中要求参与者根据设定的描述想象一些场景，然后根据他们产生的关于这些场景中一些细节的清晰度进行评分。在这一问卷中，共有 13

个场景需要参与者想象。整个问卷包括视觉表象、听觉表象、运动表象等各种类型的心理表象。该问卷共包括 150 个项目，参与者需要在每一个项目上进行 7 点评分。基于这个问卷，Sheehan（1967）开发了一个包含 35 个项目的短问卷，涵盖视觉表象在内，共有 7 种心理表象类型。这个短问卷中的一个问题是：你觉得自己想象中的面孔、头部、肩部和上身的特征线条有多清晰？这个短问卷依然采用 7 点量表的形式进行测量。

与心理表象问卷有所不同，视觉表象清晰度问卷则是一个专门评价个体视觉表象能力的问卷，它由 Marks 在 1973 年发布。在这个问卷中，参与者会根据指导语生成 4 个不同场景的视觉表象，并且根据问题在 5 点量表上评价自己视觉表象中相应物体和细节的清晰度。在问卷中，每个场景有 4 个问题，共 16 个问题，每个问题的评分为 1—5 分，所以总的分值范围为 16—80 分。在回答问卷中的问题时，参与者可以在产生视觉表象的阶段保持眼睛张开或者闭合，综合评估不同条件下视觉表象的清晰度，也可以根据需要测量某一种条件下的视觉表象清晰度。最终，研究者通过问卷总得分衡量个体的视觉表象能力。

问卷法被广泛地用于评估个体的心理表象能力。有研究表明，通过不同问卷得出的参与者的视觉表象能力分数有着较高的相关性，表明问卷法的信效度是值得信赖的（Campos & Pérez-Fabello, 2009）。但是，问卷法的问题在于，与其他研究领域类似，我们无法完全确信参与者进行了准确的报告，其回答的真实性需要进行确认。另外，利用问卷法测量视觉表象的一个潜在问题是，对不同参与者之间的表象能力的比较可能会不准确，因为个体会有不同的判断标准，以及他们对自己视觉表象清晰度的元认知可能存在差别，也就是说，他们可能对自己的视觉表象的清晰度判断不准确。这都可能影响个体在自我评分时的表现。

（二）心理物理学方法

前面提到，视觉表象研究的一个难点在于，它的内省属性造成我们很难直接观察和测量表象的相关特征。如果我们换一个研究思路，不对其进行直接观察而是检验视觉表象引起的效应的强度，那么就可以根据效应的强度来反推表象的强度。通过测量视觉表象对其他知觉过程的影响来探索其属性，其中最典型的一种研究方法是双眼竞争。

双眼竞争是一种日常生活中不常见的视觉现象。通常情况下，虽然人的两只眼睛看到的场景有微小的视差，但是这样的差别可以帮助我们形成立体视觉。当我们的两只眼睛接收到完全不同的图像，从而无法进行整合的时候，这两个图像会被我们交替感知，即发生了双眼竞争。如果在双眼竞争之前给参与者呈现两个竞争刺激之一，那么参与者对双眼竞争的主观知觉会受到影响，而影响的程度由这个先前刺激的"能量"决定。一般认为，刺激的"能量"由这个刺激的对比度和呈现时间共同决定（Knapen et al., 2007）。如果视觉表象与实际的知觉有着类似的神经表征和属性，那么在双眼竞争上也应该会出现类似的效应。Pearson 等（2008）正是利用了这一逻辑，他们发现，让参与者在观察双眼竞争刺激之前形成其中一个刺激的视觉表象，能够影响刺激在双眼竞争中的主导率（图 7-5）。这一研究的意义在于，其提供了一种可以客观衡量个体视觉表象强度的行为学方法，即通过测量该参与者形成的视觉表象影响双眼竞争中某特定刺激主导率对视觉表象的强度进行量化。这一方法的优点在于其具有间接性。因为在测量过程中，参与者不需要对他们形成的视觉表象的强度进行直接的回答或者反应，取而代之的是他们实际的视觉经验，这种间接的测量方法也保证了测量的客观性和准确性。

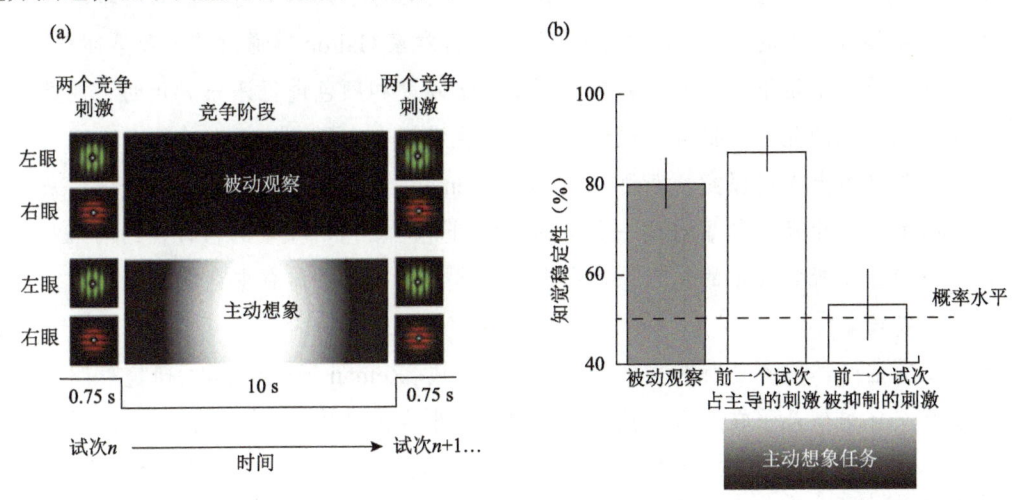

图 7-5 Pearson 等（2008）通过考察视觉想象对随后的双眼竞争视觉稳定性的影响，测量视觉想象的强度。（a）红、绿刺激分别呈现给右眼和左眼，二者会形成竞争关系，即双眼竞争。竞争阶段存在两种实验条件：一种条件下，在两个竞争的刺激之间，参与者被动地盯着注视点；另一种条件下，在两个竞争的刺激之间，参与者需要想象前一个试次中占优势的刺激（即参与者知觉到的刺激）或者被抑制的刺激（参与者没有知觉到的刺激）。（b）与被动观察相比，让参与者想象前一个试次中占主导的刺激会导致当前试次的知觉稳定性增强，而想象前一个试次中被抑制的刺激会导致当前试次的知觉稳定性降低至接近概率水平

利用这种方法，研究人员对视觉表象的特征有了更深入的认识。比如，视觉表象的强度会由于外界光线的增强而减弱（Sherwood & Pearson, 2010），视觉表象中动态和静态的视觉特征的影响因素不同（Chang & Pearson, 2018），视觉表象的效应具有位置和朝向的特异性（Chang et al., 2013；Pearson et al., 2008），等等。

框 7-2　心盲症和超象症

我们偶尔会听到一些人具有极强的视觉表象能力，这些人能够利用"心灵之眼"还原出经历过场景中的各种细节。另外，有些个体的"心灵之眼"似乎是关闭的，无法主动地生成视觉表象，不能完成大部分人认为的简单任务，比如，他们没有办法想象家人和朋友的面孔。前者被称为超象症（hyperphantasia），而后者通常被称为心盲症（aphantasia，也称为想象障碍或失象症）。

（一）心盲症

心盲症，是一种视觉表象能力受损的现象，即个体无法主动在头脑中生成视觉表象，并且一般不伴随其他生理性病变。心盲症个体能够去思考某种事物，但是无法清晰地感受到那个事物的图像，也就是说，心盲症个体无法进行任何视觉

想象。比如，当提到一个朋友的名字，大部分人可以在脑海中清晰地想象出他的面孔，甚至他的表情和神态，但是心盲症个体的脑海中只有空白、模糊的印象，无法出现那张具体的脸。早在 1880 年，英国科学家 Galton 就通过"早餐桌问卷"（对您今天早上坐下来时的早餐桌的亮度、清晰度和颜色进行评分）开创了视觉表象定量研究的先河，报告了视觉表象主观生动度在人群中的极大差异。此后，这一现象基本上未被探究，直到 2015 年，Zeman 创造了"aphantasia"一词用来表示心盲症，重新开始了对这一现象的科学研究。根据研究者的估计，约有 2%的人没有生成视觉表象的能力，其中比较著名的心盲症个体有皮克斯动画工作室总裁卡特姆。

心盲症个体并不是所有表象类型都无法生成。Zeman 等（2015）的研究表明，心盲症个体虽然几乎在所有感觉形式中都无法生成清晰的自发表象，比如，想象某个熟悉朋友的面孔，或者想象客厅各家具的摆放，但他们仍然具有生成非自发表象的能力，大部分（超过 60%）心盲症个体并不是完全失去了产生视觉表象的能力——他们会做梦，并明确觉察到了其中存在视觉图像。此外，他们有时还会经历闪回，同样能够短暂地在脑海中产生视觉图像，这一现象也证实了自发表象和非自发表象之间的显著分离。

此外，心盲症还被证实与一系列心理和职业有关联。首先，在情景记忆方面，心盲症个体的记忆能力显著弱于常人，当他们主动回忆过去的事件或者想象未来的假想事件时，几乎没有产生视觉感官细节的能力。然而，心盲症个体在标准记忆测试及低等和中等难度的视觉记忆任务中的成绩与正常个体并无显著差异，并且在语言、数学和逻辑领域出现了补偿性优势。

在面孔识别方面，心盲症个体报告的面部识别困难水平明显高于正常个体，并且对患有先天性面孔失认症（熟悉的面孔识别困难）的个体进行视觉表象清晰度问卷调查发现，他们的平均清晰度得分比正常参与者的平均值低 2—3 个标准差。

在情绪方面，心盲症个体的情绪对表象生动程度的影响相比正常个体更小。近期的一项研究采用皮肤电实验，发现表象障碍个体对恐怖场景的恐惧反应相比控制组参与者更加平稳，似乎表明了情绪情感反应依赖视觉化的加工机制（Wicken et al.，2019）。

值得注意的是，最近一项研究表明，表象能力与孤独症及人格特质也存在一定程度的相关，通过对心盲症个体和普通人进行孤独症量表和大五人格量表测量，研究者发现心盲症个体在孤独症量表上的得分显著高于普通人，而他们在大五人格量表上的外向性得分低于普通人，也就是说，他们比普通人更加内向（Milton et al.，2021）。

最后，表象生动性可能具有遗传基础。Zeman 等（2020）的研究表明，心盲症个体的一级亲属表象能力受损的概率比偶然概率高。与一般人群相比，心盲症个体的兄弟姐妹被判定为心盲症的可能性提高了约 10 倍。不过，心盲症并不是一种疾病，也不是认知缺陷，而是一种不同的体验世界的方式。

（二）超象症

超象症，也称为超幻觉，用于描述具有超强表象能力的个体，即他们在想象时能够在大脑中产生极其形象、生动的视觉图像。与心盲症个体相反，他们处于表象能力的另一个极端，在视觉表象清晰度问卷上的得分为 75—80 分。类似于心盲症个体，超象症个体在人群中所占比例也很低，但不同的是超象症具有性别差异，女性多于男性，并且主要集中于儿童。

一项研究表明，与心盲症相似，强大的视觉表象能力也会对人们的职业选择产生影响，超级表象者会更多地从事艺术、设计、娱乐、体育和媒体这类相对更具有创造性的职业，大多数的超级表象者是通过艺术活动发现自己有异于常人的表象能力的（Zeman et al., 2020）。超级表象者具有的生动表象与联觉存在一定程度的相关，在超象症群体中被判定为联觉能力者的比例高于普通群体。在记忆方面，超象症个体的情景记忆和自传体记忆能力要比心盲症个体及普通人更高，并且有更大的概率经历联觉。当执行表象测试时（比如，在心里数自己家里有多少扇窗户），幻想过度症和中度幻象症个体几乎总是借助视觉表象来完成测试。

关于超象症的神经机制，最近的一项研究表明，在静息状态下，与心盲症个体相比，超象症个体的内外侧前额叶区域和视觉皮层之间存在更强的连接。在想象面孔时，超象症个体的顶叶前部比心盲症个体有更大程度的激活（Fulford et al., 2018）。相较于心盲症个体，超象症的个体数量更少，所以我们对这一类型人群的了解更加有限，大部分的相关研究主要在个体层面，所以距离我们真正了解它的特征和神经机制还有很远。

四、视觉表象的产生机制

（一）表象之争

对表象的研究面临的一个基本问题是，视觉表象到底是如何在大脑中进行编码表征的？这引发了心理表象研究中著名的争论——"表象之争"。这场争论的一方认为视觉表象是符号化的命题表征，类似于语言的结构；另一方则认为视觉表象是视觉化的表征，像图画一样。认同视觉化表征的一方，以 Kosslyn 为代表的研究者提出了"类图像理论"（quasi-pictorial theory），其主要的支持证据来自"心理扫描"的实验结果。这些实验结果表明，当参与者对存储在记忆中的一个地图进行搜索的时候，距离搜索起始点远的物体要比距离搜索起始点近的物体用时更长，这表明参与者对记忆中的地图表征类似于实际呈现的地图，即图像化的表征模式。如果视觉表象的表征模式是语义命题化的，就如以 Pylyshyn 为代表的这场争论的另一方所认为的，那么这样的结果不会出现。因为在语义命题表征中，判断不同的距离，在时间上不会有显著的区别。

类似的结果也可以在"心理旋转"等一系列实验中得到，相关的具体研究可以在接下来的实证研究举例中找到。对于这样的结果，Pylyshyn（1973）也进行了质疑。他认为这样的结果有可能是由实验中参与者的"需求特征"（demand characteristic）造成的。需求特征是指参与者在实验过程中自发地根据他所认为的实验目的进行行为反应。Pylyshyn 认为，在"心理扫描""心理旋转"等类似任务中，参与者根据自己已有的视觉经验，即距离较远的两个物体的移动时间要比距离近的情况下短，对视觉表象的相应操作进行了反应，所以这些结果并不一定表明视觉表象具有图像化表征的属性。在此基础上，Pylyshyn 认为这种"心照不宣的知识"可以用来解释绝大多数相关的实验结果。

要排除 Pylyshyn 的"需求特征"解释，就不能完成类似心理旋转或心理扫描的任务。要判断表象是否是一种视觉化的表征，我们可以考察表象是否可以和视知觉产生相同的功能，甚至互相干扰；也可以比较参与者进行视觉想象和进行视觉观察（即有真实视觉输入）时的大脑活动之间的差异。这就是下一部分我们要讲的视觉表象和视知觉的关系。

（二）视觉表象和视知觉的关系

视觉表象可以为人们提供视觉体验，并且很多时候这种体验可以非常生动。这一性质非常自然地让人们将视觉表象和视知觉进行比较。事实上，两者的确有着很多类似的地方，同时也有着很多不同。对于二者的不同点，从视觉表象的定义就能够发现，虽然不同的学者对视觉表象定义的表述不完全相同，但是他们都强调了两点，即视觉表象可以产生感知觉的体验，另一点就是与视知觉相比，视觉表象缺少了与之相对应的外界信息输入。

如我们之前介绍的，关于视觉表象的研究开始于 Perky（1910）。其让参与者想象一个物体，同时也会实际呈现这个物体的图像。这一研究发现，参与者有时候在意识层面难以区分实际物体和视觉表象，包括将视觉表象错认为视知觉及将视知觉错认为视觉表象。这也是第一次从实证的角度证明了两者在行为表现上的相似性。因此，视觉表象被研究者称为"类视觉"或者"弱视觉"体验。

基于 Perky 发现的视觉表象和视知觉的相似性，学者开始讨论一个问题，那就是视觉表象对视知觉是否存在影响？其背后的原理在于，如果二者之间相互影响，那么说明它们存在着相同或者至少部分重合的加工过程；反之，如果二者相互独立，那么它们之间应该不会存在这种关系。

Farah（1989）在研究中让参与者想象一个字母，然后快速呈现图像，让参与者判断呈现的图像中是否包含想象的字母。结果表明，想象的字母能够更快、更准确地被报告。通过信号检测论的方法分析，他认为这种表象对视知觉的促进作用是通过注意达成的，并没有改变知觉判断的阈限（Farah，1985，1989）。但是，在之后的研究（Ishai &

Sagi，1997）中，研究者利用侧掩蔽探测范式（lateral masking detection paradigm）发现，与没有侧掩蔽的条件相比，在想象周围侧掩蔽刺激的条件下，参与者对中央区域的目标光栅刺激具有更低的探测阈限。同时，他们改变表象中掩蔽光栅刺激和目标光栅刺激的朝向，发现只有两者相同的时候才会产生这种效应。这样的结果表明，视觉表象对知觉探测的促进作用是特异性的，而不仅仅是通过广泛的注意引起的。在上述研究中，实际呈现的侧掩蔽光栅刺激被发现会影响目标光栅的知觉阈限，但是这种影响随着两侧掩蔽刺激与中央目标光栅距离的增大呈现出阈限先提高后降低的效应，这一点与视觉表象产生的效应有所不同。

这种视觉上的知觉与表象效应的不同在其他实验范式中也有类似的发现。我们在前文介绍过不同强度的知觉刺激在双眼竞争中的效应，发现随着知觉刺激强度的提高，它首先表现出了对双眼竞争刺激的促进作用，与视觉表象相同。之后，在较高的强度下，知觉刺激表现出了抑制作用，即在双眼竞争刺激中，相对于基线水平，与先前呈现的知觉刺激相同的刺激更难以获得知觉的主导作用（Pearson et al.，2008）。通过上面这些行为学层面的研究结果，我们可以得出一个结论，即视觉表象能够影响之后的视知觉经验，比如，改变刺激的知觉阈限和改变双眼竞争的主导刺激，说明视觉表象的表征模式和视知觉具有共同之处。同时，我们也看到，相比实际的视觉刺激，视觉表象对之后的知觉经验的影响较弱，说明两者还是存在一些各自特异性的表征机制。

上面研究发现的是单独的视觉表象对视觉刺激加工过程的影响，而对观察者进行较长时间的视觉表象的训练，也可以对之后的视觉信息加工产生影响，这种影响与知觉学习是类似的。知觉学习是指通过训练之后，个体的知觉能力提高的现象。一种常见的知觉学习类型是提高对视觉刺激的分辨力，其中一个典型的训练任务是等分判断任务（bisection task），即三条水平或者竖直的平行等长线段，左右两条线段的位置固定，中间的线段和两侧线段的距离可变，参与者的任务是判断中间线段更靠近左边线段还是右边线段。当参与者观察并且判断一定数量的等分判断刺激后，他们的判断敏感度会提高。有研究发现，当只呈现两侧线段时，参与者需要根据声音提示想象中间线段位置的条件下，经过一段时间的训练，参与者在实际呈现的线段等分判断任务的表现上也有了提高，类似的结果在动态刺激的判断任务中也有发现（Tartaglia et al.，2012）。这些研究进一步证明了视觉表象和视知觉之间的共同机制。

视觉表象的作用除了可以表现在感知觉的层面，在更加基础的生理层面也是存在的。个体在观察视觉刺激的时候，眼睛瞳孔的大小会根据刺激的亮度自动调节，而且这一调节过程不受个体的主观意志的影响。研究发现，当参与者在灰色均匀背景上想象不同亮度的视觉刺激时，其瞳孔大小的变化也跟想象刺激的亮度相关（Laeng & Sulutvedt，2013）。这一发现进一步支持了视觉表象和视知觉之间具有相似性。

需要注意的是，尽管上面提供了一系列证据支持视觉表象和视知觉存在相似性，但是视觉表象是自主产生的，而视知觉是视觉输入后产生的，这一产生机制的差别就决定了二者的神经机制一定是有本质区别的，这部分的讨论详见第三节。

（三）视觉表象的神经机制

1. 视觉表象的相关脑区

关于视觉表象的研究和争论一直持续。20 世纪 90 年代，随着新的研究方法和技术的进步，尤其是 fMRI 的使用，视觉表象的研究也获得了新的突破。通过对大脑功能性成像的研究，研究者比较了表象和知觉激活的大脑活动的差异，以及低级视觉皮层和高级额叶脑区在表象产生中的作用。

在大脑活动方面，当个体生成视觉表象时，低级视觉皮层 V1 和 V2 的血氧信号显著增强，这和参与者被动观察视觉刺激时的大脑皮层反应是类似的（le Bihan et al., 1993）。重要的是，表象的激活和知觉引起的激活一样具有视野拓扑对应性。Kosslyn 等（1993）要求参与者想象大小写不同的字母，发现参与者在想象印刷字母时初级视觉皮层有激活。在想象小字母条件下，视觉皮层激活的区域更靠后部，而在想象大字母条件下，视觉皮层激活的区域更靠前部，这和视知觉加工的最重要的特征——视野拓扑对应性，完全一致。之后，又有研究发现，视觉表象在视觉信息加工系统中的激活可以发生在比 V1 更早的外侧膝状体，这说明大脑对视觉表象的加工与视知觉过程很相似（Chen et al., 1998）。

表象除了激活低级视觉皮层 V1 和 V2 等，也可以激活高级的客体识别相关的脑区。比如，O'Craven 和 Kanwisher（2000）的研究发现，当参与者想象一张面孔的时候，大脑的梭状回面孔区（fusiform face area, FFA）显著激活，但是其附近的海马旁回场景加工区（PPA）的活动没有显著变化；而当参与者想象位置场景时，大脑皮层的这两个区域激活模式相反，即此时 PPA 激活而 FFA 不激活。这种激活模式和参与者直接观察面孔和场景图片时的激活模式一致（图 7-6）。

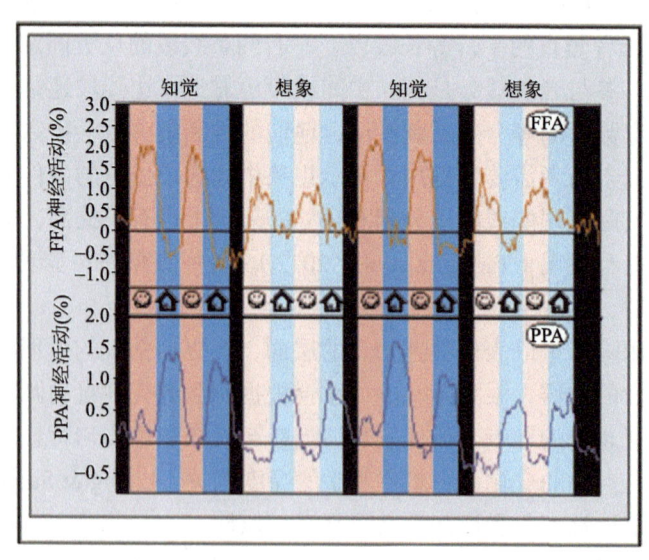

图 7-6 知觉和想象面孔或房子时在 FFA 和 PPA 的激活（O'Craven & Kanwisher, 2000）

FFA 和 PPA 分别是大脑加工外界面孔和场景信息的特异性区域，这两个大脑区域都位于视觉信息加工中的腹侧通路。对脑损伤个案的研究发现，当腹侧通路区域受损时，场景信息的知觉和表象能力都会受到影响（Levine et al., 1985）。不仅腹侧通路，视觉的背侧通路也可以被表象任务激活。例如，Trojano 等（2000）与 Formisano 等（2002）利用 fMRI 发现，在钟表指向想象任务中，后顶叶皮层有显著的激活，这一区域在参与者观看同类型的视觉刺激时会被激活。

除了视觉皮层，知觉和表象也可以激活额叶、顶叶。有研究发现，对于视知觉和视觉表象任务，在活动相同的大脑皮层区域中，两者在额叶和顶叶的相似程度显著高于枕叶和颞叶（Ganis et al., 2004），说明这两个过程中共同的部分集中于高级皮层的执行控制功能。

2. 早期视皮层的作用

以上研究似乎表明想象和知觉激活了相同的脑区，只是激活强度更弱而已。我们知道，早期视觉皮层在视知觉过程中起着关键作用，那早期视皮层对视觉表象是否也很重要呢？在 Kosslyn 等（1999）的研究中，参与者在接受对内侧枕叶皮层进行快速 TMS 后，他们的视觉表象能力显著下降。这表明内侧枕叶皮层在视觉表象过程中可能起着关键作用，但是还不清楚这种作用是直接的还是间接的。一项研究则利用 tDCS 改变了早期视觉皮层（V1—V3）静息状态下的皮层兴奋度，发现降低皮层兴奋度会增加视觉表象的强度（Keogh et al., 2020）。这些结果说明，枕叶视觉皮层确实在表象的产生中起到了重要作用。

有研究者把 V1 比喻成"动态黑板"，与视觉相关的各种方式都能够将结果表达在这块黑板上，而我们最终知觉到的视觉信息，就是这块黑板上信息的最终整合结果（Albers et al., 2013）。黑板上相同的图案可能由不同的人画出，就像相同的主观视觉经验既可能是由外界刺激引发的知觉过程，也可以由自发形成的视觉表象产生。

3. 表象与知觉神经机制的异同

在视觉表象领域，fMRI 主要被用于记录视觉表象任务中大脑的激活区域与活动强度。近年来，随着机器学习技术和算法的进步，fMRI 数据的分析方法更加丰富，其中最典型的就是神经解码技术。神经解码技术建立在数学和机器学习算法的基础上，通过对 fMRI 记录的大脑活动模式进行解码，从而识别甚至重建引起大脑反应的视觉刺激或者认知活动。Stokes 等（2009）记录了参与者分别想象两个物体过程中的大脑初级视觉皮层的激活模式，通过机器学习的方式建立了关于这两种激活模式的分类器，发现利用这个分类器可以在一定程度上解码皮层活动对应的参与者想象的物体。更进一步，他们发现对物体被动知觉和主动想象的神经激活模式进行交叉解码，即根据视知觉过程的神经模式建立的刺激分类器解码参与者在想象这两个刺激时的神经激活模式，解码正确率高于概率水平。利用类似的方法，Horikawa 等（2013）成功地从做梦过程中的大脑活动还原了部分梦中出现的物体（详见框 7-1）。

解码模型虽然可以分类出想象的刺激类别，但是并不能说明参与表象的脑区编码了低级视觉特征。不同于解码模型，编码模型首先建立了低级视觉特征（视觉刺激的位置、空间频率和朝向等）对应的大脑活动之间的函数关系，然后就可以利用大脑早期视觉皮层对低级视觉元素的编码模式成功重建视觉表象中的复杂场景，从而为表象在初级视觉皮层表征刺激的低级特征提供了直接的实验证据（Naselaris et al., 2015）。以上这些利用 fMRI 技术的研究结果表明，视觉表象与视知觉过程在一定程度上有着类似的神经机制，这也在很大程度上解决了"表象之争"，即支持视觉表象的神经表征是以知觉形式为基础的。关于表象的编码和解码研究，可以进一步参考张得龙等（2014）的相关研究。

虽然行为和脑成像结果都表明视知觉与视觉表象有相似之处，但需要注意的是，知觉是一个自下而上的依赖视觉输入的过程，表象并不依赖视觉输入，而是一个大脑主动建构的自上而下过程，二者在定义上就有本质的区别。在实验证据方面，除了上面提到的激活强度和某些变化趋势的差异外，研究者还发现了一些二者分离的证据。首先，并不是所有的研究都发现了早期视觉皮层在视觉表象任务中的显著活动。比如，有研究者让参与者想象具体的物体和简单的形状时没有发现 V1 区域的激活，但是在视觉信息处理通路的更高层次区域发现了激活（比如，BA 19/37 等）（D'Esposito et al., 1997；Knauff et al., 2000）。另外，一些个案研究发现了视知觉过程和表象过程在不同个体中的分离现象。比如，Behrmann 等（1992）报告了一位男性脑损伤患者 CK，他在一起交通事故以后发现自己辨认物体的能力缺失了，但是当被要求根据记忆回想并画出相应的物体时，却可以成功完成。类似的个案也可以在其他报告中找到（Jankowiak et al., 1992；Servos & Goodale, 1995）。心盲症和超象症人群的存在本身就说明知觉与表象存在本质差异。

4. 表象加工的动态性

fMRI 技术在很大程度上能帮助我们了解大脑在视觉表象的各个阶段的神经活动情况，但是时间分辨率不足，无法反映大脑的动态活动过程。与 fMRI 不同，MEG 通过测量大脑皮层中神经元电活动的微弱磁场信号来实时探测神经活动。MEG 有较高的空间分辨率，同时也有较高的时间分辨率，通常可以达到 1 ms 的精度。时间精度的提高，进一步为研究者分析大脑的神经振荡提供了数据基础。通过这一技术，研究人员比较了视觉表象和视知觉过程中相关大脑皮层的时间进程，发现视觉表象在视觉系统中的加工时程晚于相对应的知觉刺激，同时其在大脑皮层中的激活模式与视知觉加工的晚期具有更大的相似性（Dijkstra et al., 2018）。在另一项研究中，研究者比较了个体在想象三维场景和非三维场景时的大脑活动，发现三维场景的表象在右脑的腹内侧前额叶皮层和颞上回引发了显著的波段的振荡（Monk et al., 2020）。这些利用 MEG 技术得出的结论，能够帮助我们对视觉表象和大脑其他认知功能的神经机制有更深入的理解。

框 7-3 多模态感知表象

前面我们将视觉表象独立地介绍给大家，事实上我们的真实生活中常常会出现多通道表象的结合。可以想象，当我们放学回家时看见妈妈正在厨房里准备晚饭，最爱的菜肴的香气似乎飘了出来，锅铲也正当当作响。一个简单的场景里就包含了视觉表象、嗅觉表象、听觉表象。很多时候，我们是通过一种感知方式从多感官事件中得到感官刺激的，例如，我们能听到阳台上的洗衣机正在工作，却看不见它。大多数时候，我们是通过多感官知觉事件的其中一部分来感受刺激的，而这个事件的其他部分都是通过多感知心理表象来表征的,如发出奇怪声音的咖啡机,我们只有听觉的感知,其余是通过视觉表象来"看到"咖啡机的。可见,多模态感知(multimodel perception)和想象在我们的生活中是常态的且相互作用的。

我们或许可以通过多模态来解释联觉这一现象,比如,有些人会在看见一些颜色的时候就会感觉与其对应的音调,或听到音乐时会感受到相应的颜色。联觉似乎与个体心理表象是密切相关的,除了自我报告外,也有一些神经影像发现联觉有相关感觉的早期皮层区域参与(Hubbard et al., 2005; Nunn et al., 2002; Zariwala et al., 2011)。

第三节 空间表征与认知地图

视觉表象不仅可以在大脑中形成对某个物体或场景的想象,如妈妈的笑脸、浪漫的沙滩,而且可以形成对空间方位的表征,在大脑中形成地图,即认知地图。认知地图包括我们对特定空间的心理描绘,其中包含各种地标、道路和它们之间的空间关系等信息。认知地图强调真实世界的场景,因而具有较高的生态效度,我们也会通过整合多种信息来创建一个认知地图。试着回想一下,我们是如何从宿舍走到教室的?如果路上还想去超市,那应该如何规划路线?为什么有的人的认路能力强,而有的人是路痴?是不是因为他们在大脑中对空间的表征有差异呢?本节分析视觉表象的一种特殊类型,即大脑对空间的表征。当然,并不是所有的空间表征都必须通过视觉想象实现,视知觉也能形成对空间的表征(大家可以回忆一下前面章节中学到的视觉加工的背侧通路)。

一、空间表征

(一)空间类型

Tversky(2003)认为,人们在认知空间的时候会将其划分为不同种类。人们感受空间的方式也取决于将自己所处空间划分为哪一种类。每一种空间都有着不同的属性和架构。以下简略介绍3种空间类型。

第一种是身体空间。在任何特定时刻,我们都能感知并认识到身上的不同部位在哪个位置(我的双手正搭在自己的双腿上);知道不同部位与其他物体间的相互作用(手指正在敲打键盘);感知内在的感觉(空调让人觉得凉快)。每个人都能够通过这一类空间知识来引导自己的身体进行一些活动,如"我能够伸手拿起杯子喝水""我可以避开一排椅子沿着路走到门口"。

第二种是身体周围的空间。身体周围的空间一般指我们能够直接接触到的周围区域,比如,自己现在所处的房间,这种以自我为中心就能够对空间产生方向感,并且可以与空间产生动作运动等交互。Tversky(2003)将这个空间中的物体定位作为身体延伸的三维坐标轴空间，分别是前后轴线、上下轴线和左右轴线。Tversky让参与者想象在一个特定的空间中对一个虚构的物体进行定位。参与者首先会听到一个关于他们站立位置的描述，比如，在旅馆大厅或博物馆中，针对三个轴线的六个方向上都放有物体。然后，让参与者想象变换站立方向后，对之前六个方向的物体重新定位，结果发现，对位于上下轴线上的物体的判断最快，对左右轴线上的物体的判断始终是最慢的。

第三种是导航空间。在这个空间中，我们的活动范围会更大，会在其中行走、穿越并到达某个目的地。例如，我们在为他人指路、寻找一个目标地点时，都是在对这个类型的空间进行认知，往往也会形成一个相应的认知地图。

接下来，我们将会针对在导航空间中的空间活动，介绍两种空间表征，即自我中心表征（egocentric representation）和他我中心表征（allocentric representation）。

（二）自我中心表征和他我中心表征

当我们在一个陌生的环境中寻找路线时，往往需要将多个空间表征结合在一起。在这个过程中，往往需要将我们认知到的路线与其他空间表征（通常是认知地图）相关联。例如，身处商场，需要找一个商店，我们可以以自己为中心，根据地图确定商店相对于我们的位置（如左上或右上），进而选择行进方向。这种以自己为中心的表征就称为自我中心表征［图7-7（a）］。

当我们通过看一张商场平面图去寻找商铺位置的时候，就要将眼前看到的路与商场的这个认知地图相结合，先找到一个参考地标，然后确定目的地与参考地标之间的相对空间关系。这种以其他物体为参考的空间表征，称为他我中心表征［图7-7（b）］。在这种表征方式下，没有一个固定的观察位置，通常都遵循上北下南的规则。我们通常需要找到自己在地图上的位置，然后再将地图进行心理旋转，找到商铺的位置。

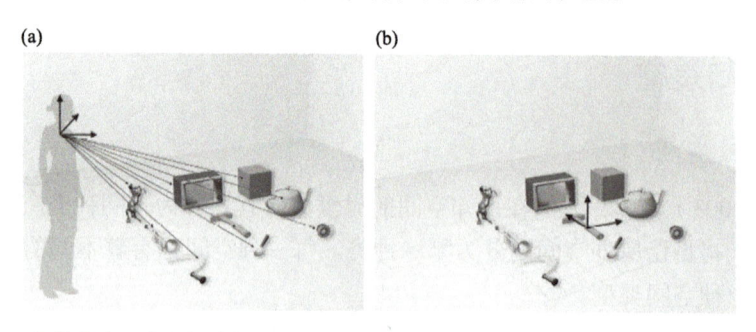

图7-7　自我中心与他我中心的空间表征。（a）自我中心表征。图中的所有物品都处在以观察者为中心的坐标上，因而每个箭头都是以观察者角度为箭头方向的。（b）他我中心表征。这张图中没有观察者角度，而是以图中的某个物品建立观察的坐标系（图中是以工具锤作为中心建立的）（Meilinger & Vosgerau，2010）

前文提到，在通过他我中心表征的方式找到路线过程中，我们会对地图进行一个心理旋转。有研究者发现，在这个过程中的确产生了与心理旋转相似的效应。例如，按照惯例，地图都是上北下南的，坐南朝北的参与者就能比坐北朝南的参与者更快找到行进路线和目标。有人会说想象自己在地图上移动，有人会说他们旋转看到的事物，还有的人会使用语言表述（在哪处地标建筑处转弯等）。在这个任务中，角度差异对反应时的影响与心理旋转类似，因而研究者认为寻路任务中的加工和表征与心理表象中的加工和表征类似。

研究者在对大鼠的研究中发现，当动物在其所处的环境中的某一特定位置时，海马的细胞兴奋水平最高，说明海马在他我中心表征中发挥着重要的作用。脑成像研究显示，人们在找路的时候，海马被高度激活。一项针对伦敦出租车司机的研究结果表明（图7-8），出租车司机的海马后侧体积显著大于不开出租车的人的海马后侧体积（Maguire et al., 2000）。

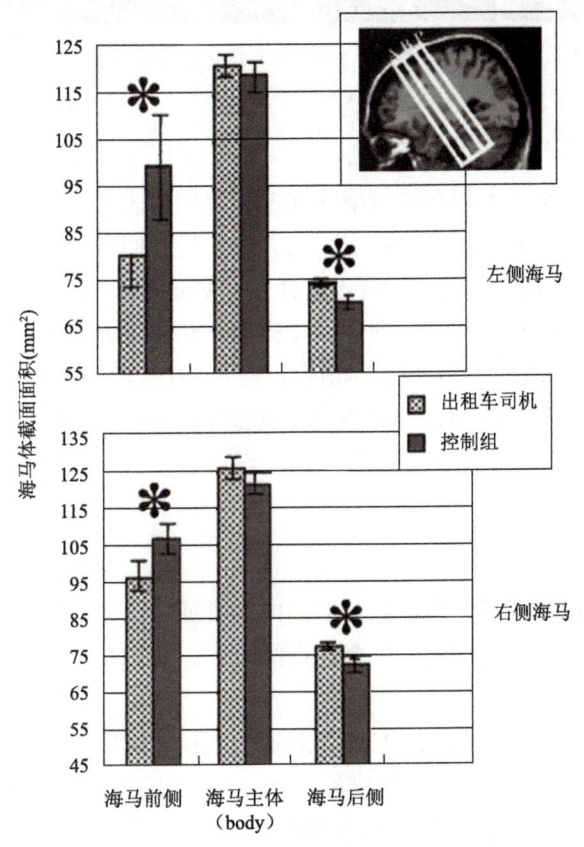

图 7-8 海马体积分析结果。右上图显示了用于海马体积分析的测量切片方向。从图中的海马体截面面积（cross-sectional area）可以推测出，出租车司机与控制组在海马的主体体积上没有显著差异，但出租车司机的海马后侧体积显著大于控制组，而海马前侧体积则刚好相反（Maguire et al., 2000）

处于边缘系统的海马对他我中心表征有着显而易见的作用，而顶叶对自我中心表征起到了特别的作用。一项fMRI研究比较了两种表征的空间加工过程，发现虽然两种条件下顶叶皮层都显示出相当大的激活，但是自我中心条件下的顶叶激活明显要强得多（Zaehle et al., 2007）（图7-9）。在一项研究中，研究者让参与者记住屏幕上圆形的绝对位置（自我中心）、圆形相对于屏幕中一个坐标的位置（他我中心）及一个控制条件（报告圆形的颜色）。通过fMRI扫描发现，相对于对照组，自我中心和他我中心任务激活的皮层有很大的重叠部分，但自我中心条件下顶额叶的激活更强，而他我中心条件引发了早期视皮层更强的激活（Chen et al., 2014）。

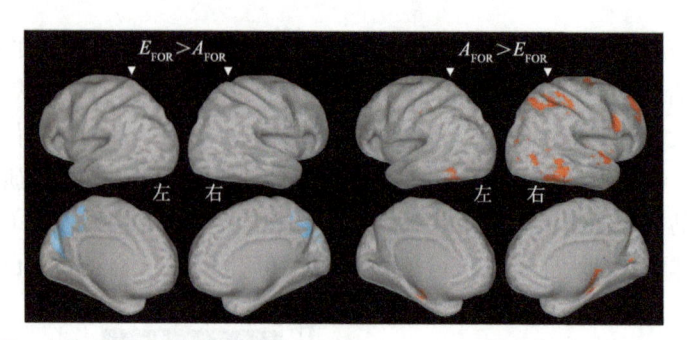

图 7-9 激活差异图。在实验中观察到的他我中心编码（A_{FOR}）和自我中心编码（E_{FOR}）的比较。左侧为当自我中心效应大于他我中心时的激活结果，右侧则为他我中心效应更大时的激活结果。三角标记的是中央沟的位置（Zaehle et al., 2007）

在这里需要提及一点，人们在进行空间导航时建构的表征是自我中心的还是他我中心的，可能会受到以下一些因素的影响：空间的大小（是我们身处的房间还是室外更大的区域）、空间中明显可辨认物体的数量和特定的任务。Montello（2004）认为，空间导航是由两个主要成分组成的：运动（在空间中的身体移动）和寻找道路（决定去哪里，并规划到那里的路线）。一项关于人们（和动物）如何导航的调查发现，导航过程包括知觉、注意、记忆和知识表征等多项认知活动，同时也包括其他主题——计划、推理、决策（Galotti，2015）。

二、认知地图

认知地图是我们对物理环境的空间关系的内在表征。认知地图可以明显地展现出表象与行动之间的联系，因为在计划到达一个地点的时候，我们会通过想象周围的环境来设计自己的路线。

早在 20 世纪 30 年代，Tolman（1948）就通过大鼠走迷宫实验发现，大鼠学习到的并不是简单的路线，而是一个关于整个迷宫的内部表征，即我们所说的认知地图。由此可见，认知地图具有明显的行动要求。在确定目的地之后，我们会通过计划路线并在脑海中对周遭环境进行想象来达到这一行动目的。

关于认知地图，我们可以大致将其分为行进图和俯瞰图。行进图会清晰地标明到达目的地的路径，甚至有时不需要图像信息，只用语言就能够实现，例如，向北走 500 m 遇到邮政大厦后，向西转继续行进 300 m，目的地就在路南边。但这里存在的一个问题，当从所处位置到目的地的路况出现问题时，我们无法得知应该如何改变路线，并且也无法知道交叉路之间是直角关系还是钝角关系。俯瞰图就包含这样的信息，它能够直观地展示出环境的空间位置信息，更类似于我们进行心理表象时的形式。在 Hartley 等（2003）的研究中，主试通过扫描跟随路径和寻找路径任务时的 fMRI 激活情况，发现寻找路径任务（way finding，W）的激活情况与进行其他视觉表象研究中激活的脑区相似，而且海马也有很强的激活；在跟随路径任务（route following，R）中，参与者的前额叶皮层包括运动区有更强的激活。由此可见，俯瞰图更像是视觉表象，行进图则更像是行动计划（图 7-10）。

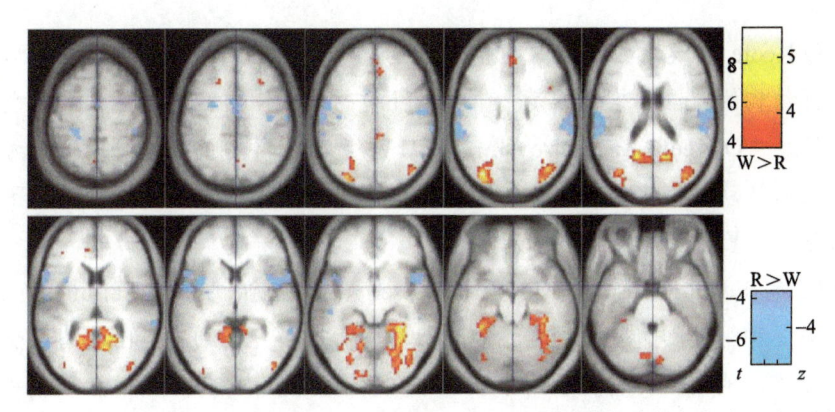

图 7-10 寻找路径任务和跟随路径任务的激活比较图。红色区域在寻找路径任务中比在跟随路径中更活跃，主要有外侧后顶叶、楔叶、楔前叶和小脑等区域。蓝色区域在跟随路径任务中更活跃，主要有外侧顶叶/躯体感觉皮层、辅助运动区、前运动区、岛叶/腹外侧前额叶和前颞上皮层（Hartley et al., 2003）

我们在构建和运用认知地图的过程中，往往需要 3 种类型的知识：①地标知识，关于某个地点的特定特征的信息，其基础可能是表象和命题表征；②路径知识，关于从一个地点到达另一个地点的具体路径，路径知识的基础是陈述性知识与程序性知识；③测绘知识，关于地标之间大致距离的知识，测绘知识可以用表象来表征，也可以用命题来表征（如用数字表明距离）。

我们在运用这 3 种知识时会产生一些偏差，比如，我们倾向于认为两条路的交叉成 90°。再如，我们在运用地标知识时也会受其影响，两个地点之间的地标密度越大，我们就越会觉得两个地点距离更远。关于这一偏差，举几个例子进行理解。①直角偏差。就如同前文中所提的交叉路口 90°。②旋转启发式。我们会把实际上更倾斜的地图想象得更加垂直或者更加水平，例如，在想象智利海岸线时，我们都会旋转使其垂直。③直线排列启发式。将一系列地标排列为一条直线，即使它们在现实情况下并不是这样的，例如，在学习世界地图的时候，我们会倾向于将中国与欧洲列在相对水平的一条线上，实际上欧洲大部分重要城市都位于我国北部。④相对位置偏差。在心理表象中，特定地标和边界的相对位置也会失真。它们能比较准确地反映人们关于地标和边界所处环境的概念性知识，但未必能反映真实的空间完整形状。

由此可以看出，我们通过认知地图对周遭的空间环境进行描述的时候，不是被动地简单存储，而是主动创建认知地图来表征场景的相关特征。

框 7-4 大脑中的空间定位细胞

前文提到 Tolman 在研究大鼠走迷宫时，发现大鼠具备导航能力，因而推测在其大脑中应该存在着一个关于整个迷宫的认知地图。那么，认知地图是如何在大脑中表征的呢？我们如何知道自己在哪里？我们如何从一个地方找到另一个地方？

1971 年，O'Keefe 让大鼠在房间里自由移动，并且记录下其海马中单个神经细胞的电信号，发现当大鼠在特定位置的时候，就有特定的神经细胞得到激活。

于是，O'Keefe 将这种细胞定义为位置细胞。这些位置细胞用于在大脑中形成对房间空间结构的地图，构造的是一个关于环境的内部图谱，而并不只是对视觉信息进行记录（O'Keefe & Dostrovsky，1971）。我们对环境的记忆可以理解为海马中位置细胞活动的特定组合，因为海马会生成很多地图，这些不同地图由不同环境中激活的位置细胞来集体表征。

2005 年，Edvard Moser 和 May-Britt Moser 夫妇及他们的学生 Hafting 等（2005）发现了另一种神经细胞——网格细胞。海马中的很多神经细胞与附近的内嗅皮层的细胞相连，他们在内嗅皮层的中后部分发现有细胞与海马中的位置细胞一样对特定的位置有反应，但更有秩序性。在绘制老鼠在房间里移动海马区的联系图时，他们发现大脑皮层的一个区域的活动模式呈六边形的激活模式。相较于位置细胞对点定位的特点，网格细胞建立了一个坐标系，在一个面上帮助大脑做出更准确的定位和导航。它们连同内嗅皮层中识别方向和房间边界的其他细胞，与海马中的位置细胞一同形成了神经回路。这个神经回路形成一个完整的定位系统，就构成了大脑中的内置的一个"GPS"（global positioning system，全球定位系统）（Hafting et al.，2005）。

凭借这些关于大脑中空间定位系统的重要发现，O'Keefe 与 Edvard Moser 和 May-Britt Moser 夫妇共同获得了 2014 年诺贝尔生理学或医学奖。除了以上细胞，研究者还陆续发现了负责识别方向的"方向"细胞（Taube，2007），以及负责了解相对距离的"边界"细胞（Lever et al.，2009）。这些细胞都是空间定位系统的重要组成部分。

第四节 运动表象

临近放学时，可能有的学生的思绪早就已经飘了出去，可能想象着等下立马跑回家打开电视机观看最喜欢的节目，可能想叫上好朋友去开发自己的秘密基地，也有可能想把今天课上有趣的实验再演示一下。通俗来说，运动表象是指想象执行一系列动作但没有真实运动。

在运动表象形成的过程中，我们往往需要先借助视觉表象展开对一个场景的想象，进而再加入空间、时间和机械力等要素来逐渐完善。比如，我们可能先通过想象自己正站在射击场上，而后才会开始想象自己缓缓拿起手枪，枪沉甸甸的，胳膊肌肉支撑着，随后手指运动，绷紧，扣动扳机。因此，一定程度上而言，运动表象必须借助视觉表象，体现了如何根据想象的视觉信息完成动作的过程（类似于视觉引导动作的过程）。

一、运动想象与真实运动的相似性

与视觉表象一样，对运动表象的研究也集中在运动表象的神经机制，尤其是和真实运动的神经机制是否相同上。运动表象和真实运动之间的确具有很大的相似性。当我们被指令要到达一个目标点时，花费的时间会受到所处位置与目标之间的距离及目标点大小的影响，时长与距离成正比，与目标大小成反比。这个规律叫作费茨定律。不仅真实的运动符合这一定律，想象运动也符合这一定律（Cerritelli et al., 2000; Decety & Jeannerod, 1995）。

研究者基于多项研究提出了运动的模拟假说（simulation hypothesis）。Jeannerod（2001）认为，动作包含着一个隐蔽的阶段，在这个阶段它表征着对动作的预期、动作的目标、达到目的的手段及动作对有机体和外部世界的影响，而隐藏阶段和执行阶段是一个连续的过程，每个外在执行的动作都暗含着隐藏阶段的存在，但隐藏动作不一定会形成外在的动作执行。当我们在脑海中进行运动想象时，并不真的需要将动作表现出来。模拟假说正是假设了这个隐蔽动作（运动表象）实际上就是真实运动，只是没有被执行而已。想象中的运动和真实运动有着相似的持续时间，并且同时遵循着会在动作持续时间和任务难度之间进行权衡这一原则。佐证这一假说的研究有很多，我们可以通过功能等价（functional equivalence）和计算等价（computational equivalence）两方面来深入理解这一假说。功能等价即运动表象和运动执行之间在行为、生理及神经结构上的相似性，计算等价则是两者在大脑内部的表征相似性及是否运用相同的计算机制。

关于功能等价，前面提到的费茨定律就是其中一项证据。有很多研究都是以此为基础，在行为上发现了运动表象与真实运动之间的相似性。有研究（Papaxanthis et al., 2002）发现，无论是表象任务还是真实运动任务，参与者运动的持续时间都会随着手臂负重的增加而延长，两项任务之间没有显著差异（图 7-11）。除了行为证据外，还有众多脑成像研究，其中 Ehrsson 等（2003）让参与者进行手指、脚趾和舌头的活动和想象活动，并记录 fMRI 结果，发现表象和真实活动激活的脑区基本上是一致的（图 7-12）。各种脑成像研究都表明，当我们对某个动作进行想象时，激发了与真实动作相同的脑区。不仅如此，表象运动的持

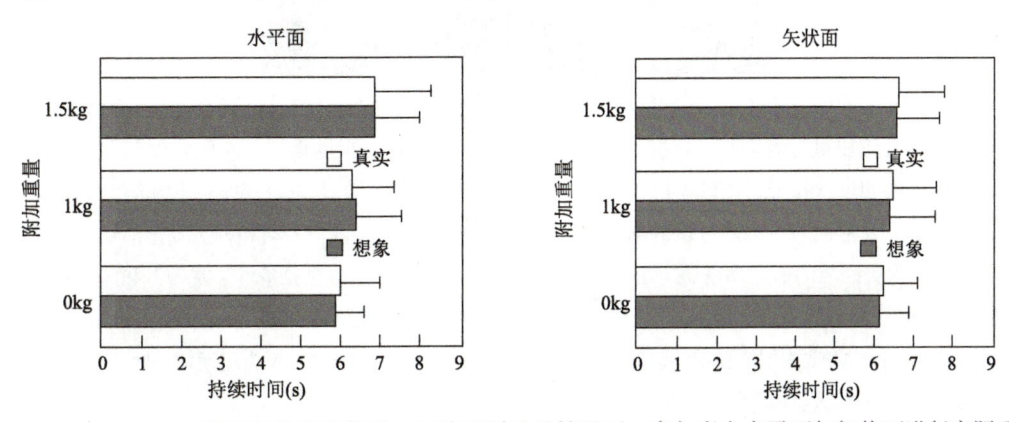

图 7-11　Papaxanthis 等的行为实验结果。三种不同重量情况下，参与者在水平面与矢状面进行实际手臂运动和想象手臂运动的持续时间的平均值（Papaxanthis et al., 2002）

续时间与实际运动的持续时间是密切相关的，这种相关性在顶叶皮层损伤后会消失。

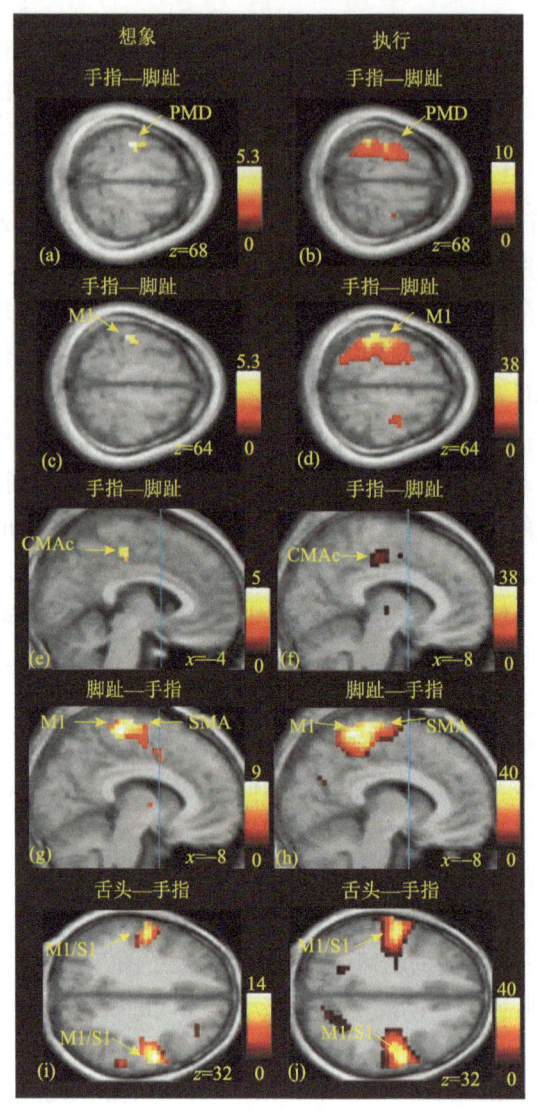

图 7-12 Ehrsson 等的 fMRI 实验结果。左侧是参与者想象自己的身体部位在随意运动时脑区的激活情况，右侧则是真正在执行运动时的情况。想象手指运动和手指真正运动得到了左侧背侧前运动皮层、左侧初级运动皮层和尾状扣带运动区/辅助运动区的激活（图中前三行）。想象脚趾运动和脚趾真正运动激活了左侧 M1 和左后侧对应脚部区域的 SMA（图中第四行）。想象舌头活动和舌头真正活动对应着双侧的 M1 和对应舌头区域的前运动皮层（图中第五行）。可以看出，运动想象条件（左侧）和运动执行条件（右侧）有着很好的对应关系（Ehrsson et al., 2003）。PMD 为背侧运动前区（dorsal premotor cortex）；M1 为初级运动皮层；CMAc 为尾侧扣带运动区（caudal cingulate motor area）；SMA 为运动辅助区（supplementary motor area）；S1 为初级躯体感觉皮层（primary somatosensory cortex）

运动控制理论认为，我们是依靠前馈模型（forward model）的计算单元来快速而准确地执行动作的。这个模型会编码我们身体各部分与环境相互作用的动态过程，进而预测自发运动的结果。当运动皮层发送运动指令到肌肉时，这个运动指令会形成一个副本发送到前馈模型，前馈模型依靠这个副本指令来预测我们的身体在即将产生的运动后的感知状态，并削弱由自身运动引起的躯体感觉强度，这一现象被称为感知削弱（sensory attenuation）。研究发现，自身运动导致的感知削弱广泛存在于运动中（Kilteni et al.，2018）。

如果运动表象与真实运动计算等价，那么运动表象是否也能产生感知削弱呢？Kilteni 等（2018）利用前馈模型设计了一个巧妙的实验（图 7-13），考察运动想象是否可以和真实运动一样产生减弱知觉到的力度。图 7-13（a）为基线条件，左手手指会收到固定的物理按压刺激。图 7-13（b）为真实动作条件，参与者左手食指感受到的力被认为是右手施加的，但实际上和基线条件一样，接受的是固定的物理按压刺激。图 7-13（c）为表象条件，在左手食指收到物理力的同时，想象这个力是右手施加的。在对比基线条件时，真实动作条件下参与者最后报告接受到的力的强度更小，即发生了感知削弱，更重要的是表象条件下的结果与之类似。

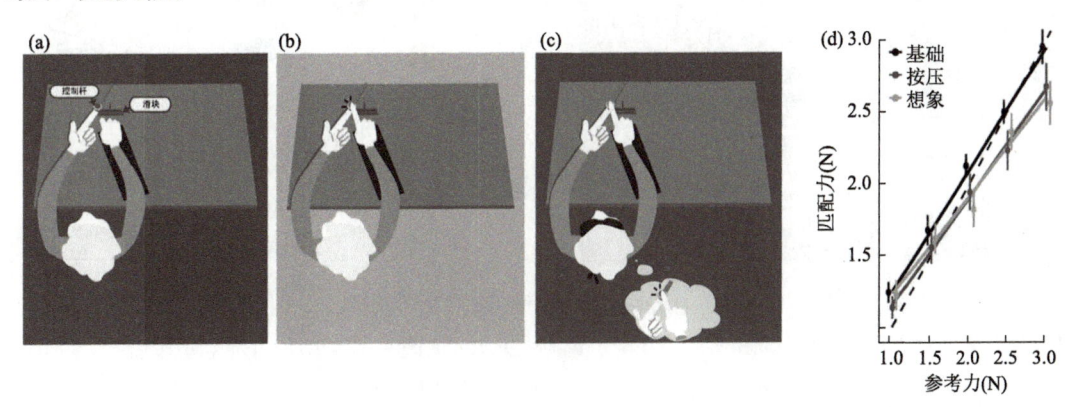

图 7-13　Kilteni 等的实验及结果。三组参与者的左手食指会受到一个连接在直流电机控制杠杆上的探针施加的参考力，三组参与者在任务结束后都会使用一个滑块去匹配参考力的大小。（a）基线条件。（b）真实运动条件。（c）表象条件。（d）实验结果，参与者参考力和匹配力的函数，在每个参考力水平上取平均值。可以看到，右手食指真实按压和想象按压条件下参与者感受到的力基本是重合的，并且与只受外力的基线条件相比都受到了削弱（Kilteni et al.，2018）

二、运动想象与真实运动的神经机制的区别

虽然运动想象和真实运动在某些方面功能等价且计算等价，但是二者涉及的神经系统并不完全相同。很显然，真实运动过程中有肌肉、骨骼的参与，有运动结果的产生，运动的过程一定会有躯体感知反馈，这是一个闭环。运动想象只有大脑认知系统的参与，并没有真实运动的产生，因此会更多调用认知控制系统，更多利用已有经验，因此是一个自上而下的认知过程。

通过前文介绍的神经影像研究，透过运动想象和真实运动时激活类似脑区的实验结果，我们很容易认为两者存在功能等价。接下来，我们将从参与不同任务的脑网络模型的角度进一步剖析运动表象与运动执行之间的关系。在 Solodkin 等（2004）的研究中，参与者需

要根据屏幕中的数字提示，用手指做出真实的动作反应，或想象自己的手指运动（"1"为食指，"2"为中指，"3"为无名指，"4"为小指）。在真实运动的执行任务中，参与者的M1、PMC（前运动皮层）、SMA、小脑、枕叶及颞下回（IF）都有激活，想象运动时的激活与真实运动基本一致，但前者的激活强度更大（图 7-14）。接下来，研究者利用结构方程模型建立了这两种任务激活脑区之间的关系，搭建起一个功能网络，从而分析了各条路径之间连接的有效性。与真实动作的网络相比，在动作想象的网络中没有颞下回的路径，其次 M1 输入的有效值有显著差异，背外侧前运动皮层（lateral premotor cortex，LPMC）的效应减弱，来自 SMA 的输入明显增加且由正变为负。这种差异可以理解为在动作表象时没有明显的运动，因而在这些区域产生了抑制效应，而连接值由较弱的正值变为较强的负值，可能为进一步解释运动系统对信息编码提供了新思路（Solodkin et al., 2004）。

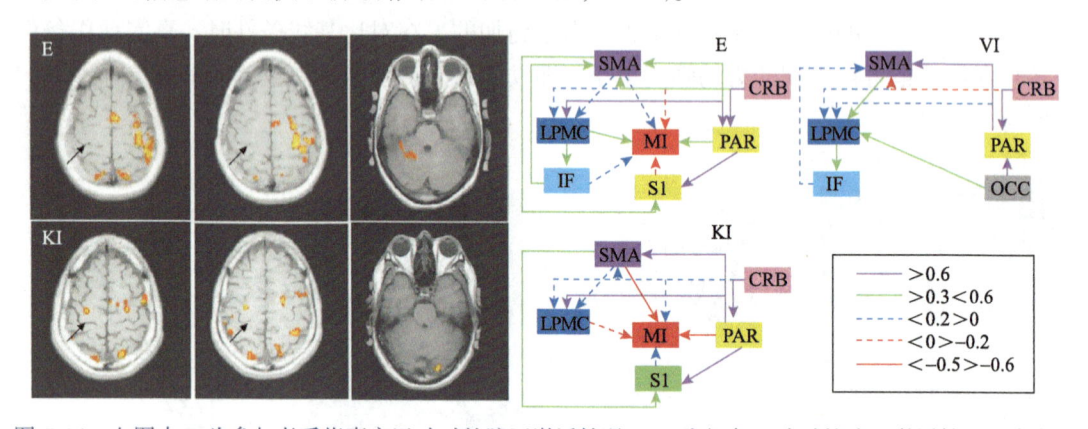

图 7-14　左图中 E 为参与者手指真实运动时的脑区激活情况，KI 为想象运动时的脑区激活情况。真实运动比想象运动时激活的体积要大得多。箭头的位置为中央沟。右图为真实运动（E）和动作想象（KI）的网络图及有效连接值（Solodkin et al., 2004）。PAR 为上顶叶小叶和顶内沟（superior parietal lobule and intraparietal sulcus）；OCC 为枕叶（occipital lobe）；CRB 为小脑（cerebellum）

研究真实运动和运动想象有着重要的意义。运动本身会给脑电和功能磁共振信号带来伪迹，因此很多研究都试图用模拟动作或想象动作来考察动作系统。第五节会讲到运动想象在脑机接口（brain-computer interface，BCI）、运动训练及运动障碍康复中的作用。

第五节　心理表象的应用

视觉表象能力和很多技能相关，如绘画构图、作文构思、立体思维、空间导航等。运动表象具有不受场地和时间限制的性质，在脑机接口领域有着备受关注的应用。在对高级运动员和专业音乐家的训练方面，心理表象有着不可替代的训练效果。同时，心理表象可以作为物理疗法的补充或替代，帮助神经疾病患者康复治疗。心理表象作为一种高级认知加工过程，还可以用于意识障碍患者的评估和诊断。

一、心理表象在脑机接口上的应用

脑机接口是一种涉及神经科学、信号检测、信号处理、模式识别等多学科的交叉技术，目的是在大脑和外部设备之间建立直接的联通通路。当人接受外部刺激或进行一些思维活动时，大脑信号会产生特异性的变化，脑机接口通过记录大脑的信号，并用计算机算法对信号进行解码得出人的想法，再将人的想法转换为控制信号，跳过躯体肌肉这一步骤，直接实现人脑与外界环境的交互。

脑机接口常常被应用于瘫痪、中风等疾病造成的肢体不便的患者身上。这类患者无法进行真实的运动，但是研究表明当产生动作意图或者进行动作想象时，其大脑中的电信号也会发生和真实运动类似的变化（Ehrsson et al., 2003；Lotze et al., 1999；Naito et al., 2002）。因此，可以对运动想象的脑电信号进行特征提取，并对提取的特征进行分类和识别，推断出患者想要进行的动作，从而控制外界机器设备帮助患者完成真实动作。接下来，举几个这方面的例子。

1. 无创脑机接口

在进行运动表象的过程中，大脑皮层会产生两个很明显的信号——8—15 Hz 的 μ 信号和 18—24 Hz 的 β 信号（Maeder et al., 2012）。运动想象中神经元细胞被激活、新陈代谢速度加快，大脑皮层对侧运动和躯体感知皮层的脑电节律能量会明显降低，而同侧运动和躯体感知皮层的脑电节律能量增加，这种现象分别被称为事件相关去同步（event-related desynchronization，ERD）和事件相关同步（event-related synchronization，ERS）。图 7-15 显示的是左右手运动表象的 ERD、ERS 现象。根据两半球的 ERD 和 ERS，就可以判断大脑在想象的是左手运动还是右手运动。

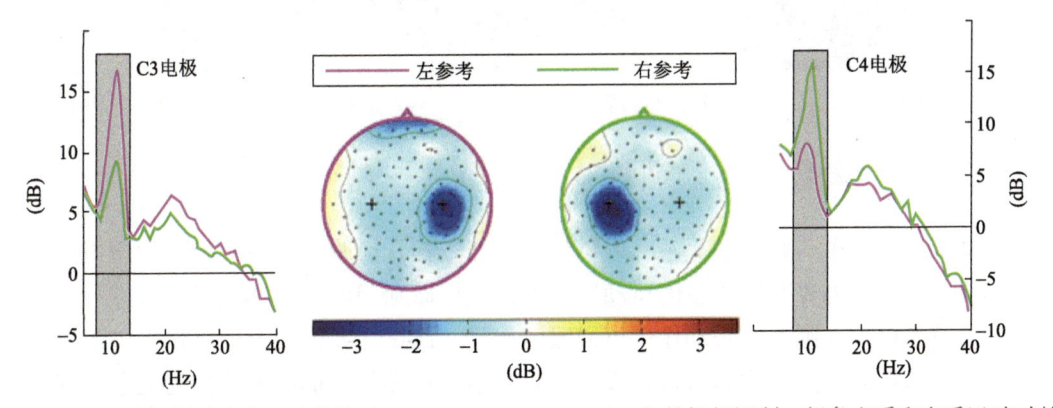

图 7-15 运动想象时感觉运动节律（sensorimotor rhyth，SMR）的振幅调制。想象左手和右手运动时的 ERD 现象。两侧的波形图显示了左半球和右半球的两个 SMR 频带（8—14 Hz 和 13—28 Hz）中频谱能量的衰减，左侧的波形图中峰值更高的曲线是参与者想象左手运动时引发同侧运动感觉区的 ERS，右侧的波形图中幅值更高的曲线则是想象右手运动引发的同侧运动感觉区的 ERS。中间为想象左手运动和右手运动时的频谱地形图，当想象左手运动时会引发右侧脑区的脑电节律能量明显降低，当想象右手运动时会引发右侧脑区的脑电节律能量明显降低（ERD 现象）（Maeder et al., 2012）

2. 有创脑机接口

在上面的例子中，大脑信号通过 EEG 测得，因此是无创的。EEG 从头皮上记录脑部的自发性生物电位，并加以放大记录而获得，因此信号的信噪比比较低，解码率也比较低。然而，得到高信噪比的大脑信号是脑机接口的关键。2012 年，匹兹堡大学的 Collinger 教授率领的研究团队成功地让 53 岁的高位截瘫患者 Scheuermann 实现了用大脑控制机械臂进行运动。研究团队首先将两个 4 mm×4 mm 的网格微电极通过外科手术植入到 Scheuermann 的大脑皮层中，用以获取她大脑中关于控制手臂和手掌的信号，之后再利用计算机算法将解释模式转化为数字信号后对机械臂发出运动指令。在使用机械臂之前，Scheuermann 先需要在脑海中想象手臂的各种动作，同时将对应的神经元的活动记录下来，用于解码 Scheuermann 想象的动作。经过两天的训练后，机械臂能够实现诸如抓起移动桌上小球、吃饭等难度更大的动作（图 7-16）（Collinger et al., 2014）。

2020 年，浙江大学求是高等研究院"脑机接口"团队与浙江大学医学院附属第二医院神经外科合作完成国内第一例植入式脑机接口临床研究，患者可以完全利用大脑运动皮层信号精准控制外部机械臂与机械手实现三维空间的运动。患者通过在脑海中进行运动想象，实现了通过机械臂完成吃油条（进食）、喝可乐（饮水）和打麻将等上肢运动。这项成功的应用使我国脑机接口技术临床应用接近国际先进水平。

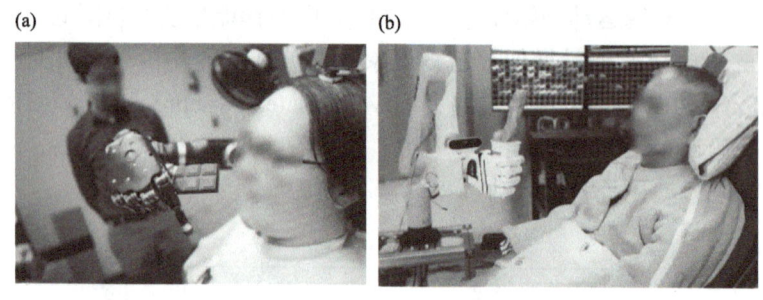

图 7-16 Scheuermann 通过意念控制机械臂成功将桌上的巧克力递到嘴边（Collinger et al., 2014）

二、心理表象在运动训练中的应用

前文探讨了表象与知觉的关系，表象具备类似于知觉经验的性质，但它的产生不像感知觉那样需要借助外界刺激或肌肉运动等条件，就可以利用所有的感觉对经验进行重现或再造，并有意识地在脑海中对动作进行回顾、重复、修正，发展自己的动作，进而提高运动技能和情绪控制能力。我们将这种没有实际肌肉活动参与的训练方式称为表象训练。表象训练常常是在有明确指导语的情况下，通过视觉、听觉、运动、触觉等感觉在头脑中进行演练，这种心理训练方式在体育运动和音乐领域得到了比较广泛的应用。

有研究者通过对以往关于表象训练研究的文献整理发现，大部分研究结果表明这种训练方式有助于改善运动表现（Richardson, 1967）。另有研究者指出，表象训练对很多特定的体育活动，如网球发球、篮球投篮、足球射门、游泳起跳、射击、空手道招式等具有提高表现的作用（Martens, 1987）。运动表象在国内体育教学中的应用很常见，像图 7-17 网球发球的表象训练，整体的教学思路简单明了。首先，给学生讲解网球发球的技术要领；其次，要求学生定期对这一动作进行正确、生动、逼真的想象。对于初学者来说，训练更多的是通过视觉表象入手，随着技术的不断熟练，就要减少视觉，加强动觉能力的培养，在进行表象训练时要想象自己相应的肌肉的用力和伸缩、拿球拍的触感，以及将球打出去胳膊、手腕受力的感觉等。

图 7-17　网球发球表象图例（程杰，1999）

运动表象提高成绩的训练方法在音乐家群体中也得到了广泛使用。作为乐器入门阶段的学习者，我们会将几乎所有的精力都集中在音有没有弹对、手法是不是正确等这种技术问题上（Hallam，2001）。专家往往展现出在演奏过程中对认知和肌肉运动策略的整合。音乐家运用心理预演的一个重要方面是形成对作品的艺术形象，这个过程中不仅有对动作的想象，还要有想象中通过动作实现的乐曲包含的情感（如演奏时身体随着曲调和情感变化而摆动）。所以，在专业的音乐演奏中，对音乐的想象和动作是密不可分的。

一项研究通过对比专业的马林巴（打击乐器木琴的一种）演奏者和学生演奏者的练习策略，研究者发现专业演奏者的运动表象更强，且练习策略主要集中在认知问题和表象上，而学生演奏者更多地将重点放在身体方面（Broughton & Stevens，2009）。当然，演奏音乐的加工过程是贯穿全脑的，神经心理学研究表明这涉及听觉、视觉、认知、情感、记忆和运动系统（di Nuovo & Angelica，2016），所以对音乐家来说，心理表象并不是特定于以上某一种感知的表象，而是所有表象的整合。

三、心理表象在临床中的应用

我们通过几项实验研究展示运动表象发挥作用的另一面——在临床运动障碍恢复和意识障碍诊断中的应用。我们知道，受伤或与刺激相关的感觉输入会导致运动皮层的变化，比如，中风患者往往伴有运动障碍的病症。在灵长类动物中，在运动表象阶段，M1脑区会参与其中，因此运动表象在中风恢复的训练过程中能够激活运动系统，并作为替代真实运动激活运动神经网络的一种方法（Sharma et al.，2006）。中风康复工作的终极目标是帮助患者重新获得身体活动独立，能够恢复日常生活活动。研究表明，由中风导致的偏瘫运动障碍是因为肌无力而不是痉挛（Gray et al.，2012）。由此，有研究者提出对中风患者的治疗方法应该集中在功能性任务的再训练上（Kumar et al., 2016），研究者选取表象能力良好的患者进行了两周针对下肢运动的表象训练，发现参与者偏瘫髋关节肌肉、膝关节伸肌、踝关节肌肉及步伐速度都有显著的改善。

在意识障碍方面，在一项研究中，研究者让被诊断为植物人的患者完成两种表象的任务（Owen et al., 2006）：一个任务是想象打网球，另一个任务是想象从前厅开始参观她的每个房间。磁共振扫描结果如图 7-18 所示，在进行第一个任务时，她的辅助运动区得到激活；后一个任务则激活了海马旁回、后顶叶皮层和外侧前运动皮层。这与健康参与者的表象结果是相同的，从而揭示了这个被诊断为植物人的患者保留了相当程度的认知功能。

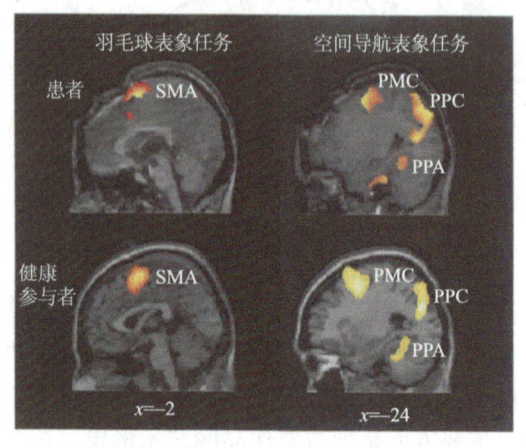

图 7-18　意识障碍患者和 12 名健康参与者完成网球表象任务和空间导航表象任务时的磁共振扫描图（Owen et al., 2006）

总体而言，心理表象是我们大脑的一个重要功能，它本身就可以单独地引发我们的知觉经验并激发运动系统。随着研究的深入，我们逐渐认识到心理表象除了作为一种单独的认知功能之外，也可以作为一种表征信息的方式和工具参与到其他认知过程中，包括记忆、预期等。这提示我们，应该重视对儿童心理表象能力的培养。

关键术语

心理表象 mental imagery
双重编码理论 dual-code theory
符号型编码 symbolic code
模拟型编码 analogue code
命题理论 propositional theory
关系－组织假说 relational-organizational hypothesis
侧掩蔽探测范式 lateral masking detection paradigm
等分判断任务 bisection task
多模态感知 multimodel perception
空间表征 spatial representation
自我中心表征 egocentric representation
他我中心表征 allocentric representation

视觉表象 visual imagery
Perky 效应 Perky effect
知觉填充效应 perceptual filling-in effect
心理旋转 mental rotation
表象扫描 imagery scan
双眼竞争 binocular rivalry
需求特征 demand characteristic
心盲症 aphantasia
超象症 hyperphantasia
类图像理论 quasi-pictorial theory

运动表象 motor imagery
模拟假说 simulation hypothesis
功能等价 functional equivalence
计算等价 computational equivalence
前馈模型 forward model
感知削弱 sensory attenuation
脑机接口 brain-computer interface
事件相关去同步 event-related desynchronization
事件相关同步 event-related synchronization

知识要点

- 双重编码理论中的编码方式及其对应的信息类型
- 视觉表象的概念及举例
- 神经解码的原理及其在视觉表象研究中的意义
- 视觉表象的表征和神经机制及其研究方法
- 视觉表象与视知觉和视觉工作记忆的关系
- 空间表征的概念及其包含的认知活动
- 认知地图的概念及其分类
- 运动想象的相关理论及其与真实运动的异同
- 心理表象在脑机接口、运动训练、临床等领域的应用

第八章
概念和语义组织

在人类对世界的理解和思考中，概念（concept）起着核心的作用。试想如果没有概念，我们如何表征和表述日常生活和精神世界中的一切物体与事件，如一种四条腿的、毛茸茸的、眼睛圆圆的、喵喵叫的、会捕老鼠的、可以抚摸的动物，或者有浓郁芬芳的与一条绿色的线状物相连的红色的螺旋状物体（图书《错将妻子当帽子》中患者对玫瑰花的描述），又或者人类历史上无数场形形色色的"战争"和千变万化的"情绪"？正是因为有了概念，我们才能用有组织的、简洁、高效的方式去思考和交流。许多领域的哲学与科学工作者都对概念相关的问题进行过探索，包括概念内部的结构是什么？概念间如何相互联系，并构成我们的知识系统？构成一个概念的"材料"是我们的亲身感受、抽象的符号操作还是文字陈述？这些概念表征又是如何反映在人脑的活动中的？人是怎样发展和学习概念的？不同的概念如何相互连接和作用，以组成更复杂或新颖的概念？本章从认知心理学和认知神经科学的视角，介绍我们对概念与语义（semantics）知识的认识，并对上述问题进行探讨。

第一节　概念和语义

尽管哲学家已经进行了数百年的讨论，"概念"这个命题直到 1972 年才正式被 Tulving 引入心理学领域（Tulving，1972）。近年来，随着心理学和认知科学的发展，研究者达成了对语义概念的初步共识，认为人的感官认知及经验是形成概念及语义的基础，而概念是人脑对同一类事物或事件的心理表征。关于概念是如何形成和组织的，研究者提出了多种假说，并进行了相关的实证性研究，但目前尚未形成定论。

一、概念的含义

虽然我们对"概念"一词早已司空见惯，但关于概念的本质，在历史上各个领域一直存在争议。比如，概念应该被视为一系列语义特征，还是体现了心理理论？概念是心理表征还是抽象实体？（Laurence & Margolis，1999）在早期的哲学和语言学领域，有学者（以 Frege 等为代表）倾向于将概念视为事物或事件在人脑中的客观反映，强调应排除认知主体的主观因素。根据这种观点，我们之所以有某个概念，是因为客观世界存在着该实体。这一传统观点面临的问题之一是，从感知觉开始的一切认知过程都包含了有机体对世界的解释，认知主体因素是无法被排除的，只不过由于你我恰好属于人类这个同一物种，具有相似的生物和社会文化基础，所以能在许多解释上达成共识。如果猫咪和玫瑰花的概念对你来说不够有说服力，那么请想一想这个问题："黄色"与"绿色"这两个概念的界限在哪里？色彩是人类对不同波长的光波的感觉的产物，由于各种视锥细胞具有不同特性，我们不仅将连续变化的波长划分为黄色或绿色这样的类别，并且大多数人认为波长为 500 nm 和 540 nm 的光属于绿色，而波长为 580 nm 的光则属于黄色。在波长这一物理量上，三者显然是等距的。可见，概念并不是一本超脱万物的百科全书中的条目，它反映了我们认识世界和组织经验的方式。

随着心理学和认知科学的发展，目前被普遍接受的观点是概念是人脑对同一类事物或事件的心理表征（Murphy，2004）。这一定义强调了两点：一是概念体现了人对客观世界的主加工；二是概念的形成离不开归类或寻找共性的能力。尽管这一观点近年来在心理和认知领域基本形成了共识，但研究者在概念的组织和形成上仍然存在分歧。比如，对于感觉和运动表征在概念形成中是否起到了作用这一问题，理性主义者将概念定义为与大脑中独立于感觉和运动系统的抽象的心理实体；经验主义者则认为外部状态（感知）和内部状态（本体感觉、情感和内省）及运动的表征在概念形成中起到了至关重要的作用（Kiefer & Pulvermüller，2012）。这也是本章试图探讨的关键问题之一。

二、概念和语义的关系

我们的祖先在相互交流时需要反复地提到那些在河里游来游去、抓起来有些费力、但烤一烤很好吃的条状生物。在历史的许多瞬间，我们的祖先必然会为了方便而替这些生物取上一个简短的代号，在现代汉语中，它们的名字是"鱼"。许多重要的概念都体现在人类的语言之中，而语义指的就是语言表达的意义。在讨论概念与语义的关系之前，首先我们也许会思考：语言是人类特有的高级认知能力，而概念或者思维是不是人类所特有的？就现有对动物心智能力的了解，至少灵长类动物、鸟类及一些其他种类的动物都在某种程度上具有和人类基本概念类似的认知能力。它们可以轻易地辨认出形状、色彩很不相同的动物或植物大致属于某个特定的种类，可以用叫声表达特定的信息，甚至可以了解如"可能性"这样更为复杂和抽象的概念的含义（Katz & Wright，2021）。动物的这种认知能力能否等同于人类概念化的能力，目前仍是一个有争议的问题，但无论如何，比较认知（研究不同物种之间认知能力的发展轨迹，以及从动物到人类之间的认知能力的连续性）的研究为我们理解人类概念形成的机制提供了演化角度的启示。研究者普遍认为，在大约 5 万年前，概念就已经存在，正是每个人基本相同的概念形成了语言的根基（Chomsky，2011）。

对人类来说，思维和语言之间存在相互依存、密不可分的联系。正如概念是构建思维的基本元素，词汇是语言的基本单位，对于作为语言使用者的人类来说，概念与词汇语义常常难以分离。一些研究者甚至认为，语义结构是概念结构中可以用语言表达的子集，概念与词汇之间并不存在明确的界限（Jackendoff，1989）。大多数认知语言学家认为，语言是对人类经验进行概念化和表达的工具，将语义的诞生视为语言符号概念化的过程，或者说语义就是概念化（Albertazzi，2000）。用心理学的语言来说，词语的意义就是我们加工这个词时激活的心理与神经表征。例如，在形成"猫"这个概念时，我们会逐渐归纳和存储猫咪的各种特征，从而达到下次提到"猫"这个词时，脑海中就会浮现出它的样子、习性和我们对它的体验等。这个过程就是概念化的过程，即将模糊、不精确的概念逐渐明确化、精确化。在本章中，我们有时也会交替使用"语义"与"概念"，尤其是在关于概念结构及概念合成的部分，当概念可以被语言表达时。

最后，我们希望澄清的是，对一类事物形成心理表征这一过程常常不需要通过语言而进行，更直白地说，思想并不受制于描述思想的词语。关于语言与思维孰因孰果的问题，已有许多精彩的论证（Fodor，1975；Pinker，2007），本章不再赘述。

三、概念的结构

我们所知道的概念、事实与知识肯定以某种方式被存放在了记忆里。在这个心理的图书馆中，知识恐怕不是按照现实图书馆的分类系统而组织的，概念也不是像字典那样按部首或拼音来排列的。假如词汇概念构成了一本心理词典，这个词典中的某个条目的内容恐怕也不同于任何一本现实词典上介绍的定义。以下介绍的几个有影响力的理论就试图回答这样两个问题：我们心中的概念是依据什么构成的？我们的整个语义知识系统又是以何种形态组织的？

（一）从经典范畴理论到原型范畴理论

试想一下，我们是如何习得或者定义一个概念的，比如，"猫"？我们势必会考虑到黑猫、白猫、狸猫、虎皮猫、小猫、老猫等多种具体的不同的猫，在这些我们认为是"猫"的成员上仔细斟酌，从而得出"猫是一种……的动物"的结论，可见范畴（category）是一个与概念关系密切的词语。如果说"猫"的概念就是对同属于猫的事物的心理表征，那"猫"的范畴就是这个类别本身。目前，大多数研究者认为概念可以被看作范畴化的产物，并以范畴的形式在大脑中表征。对范畴不同的界定方式带来了不同的概念表征观点。以西方古典哲学为依托的经典范畴理论将范畴视为由一组具有共同特征的成员组成的集合，可以根据特征束来划分，且这些范畴的特征束是二分的，范畴边界明确，其内部所有成员是平等的，不存在典型或者非典型之分。那么，猫的概念就是一组"猫"的范畴内的各成员（包括黑猫、白猫、老猫、小猫等）的共同特征束。20世纪早期的心理学家，如Hull或Smoke从这一观点出发研究概念，并强调了共同特征对定义一个概念的充分性和必要性。

然而，我们一经推敲就会发现，经典范畴论的几个重要观点，即范畴内全体成员必然具备"共有特征"、范畴之间"边界清晰"、范畴内的成员之间"人人平等"，都有站不住脚的时候。维特根斯坦以游戏为例，指出没有什么特征是所有游戏共有的：并非所有游戏都是玩乐，如围棋；并非所有游戏都包含竞争，如过家家；并非所有游戏都需要技能，如掷骰子；并非所有游戏都需要道具、规则或程序，如幼儿间即兴、随意的嬉戏等。

对于范畴边界的模糊性问题，维特根斯坦以"数"这一概念的演化为例，说明了范畴是可以人为限制或扩展的。更直接的证据来自 Labov（1973）对杯子范畴的研究，该实验呈现了一系列典型性不一的杯子的图片，要求参与者对这些图片进行归类。结果表明，哪些样例会被归类为"杯子"，并不存在一个明确的界限。

至于成员平等，掷骰子不像老鹰捉小鸡那样是游戏的好例子，但显然它也属于游戏范畴。经典范畴理论假设成员平等，是因为它只关注好的例子的结构，然而一个范畴中可以同时存在好的例子和不好的例子。综上所述，维特根斯坦提出了"家族相似性"（family resemblance）的概念，认为至少某些范畴内，概念是宛如家庭成员般联系在一起的：一个家族中的成员不一定具有全体共享的特征，每个成员可以只是与被抽象出来的共同特征中的一部分具有一定程度的相似性。

那么，究竟是什么使得一个范畴得以成立并区别于其他范畴呢？与划清边界相比，确定范畴的中心似乎更加重要。Rosch（1973）通过让参与者判断一个范畴中各成员的典型性发现，在各成员是否被认为属于一个特定范畴的程度方面是不同的。例如，对于"鸟"来说，知更鸟或者麻雀的典型性高于鸡、企鹅、鸵鸟等。而且，人们判断一个范畴的典型成员的速度比判断非典型成员的速度更快，这一效应被称为典型性效应（typicality effect）（Rosch，1973）。Rosch 在这些研究的基础上提出了原型范畴理论（prototype theory），认为原型（prototype）是具有给定范畴共同特征的一个或极少数的典型样例，范畴主要是以原型来表征的，原型为新样例是否属于该范畴的判断提供了基础。概念的表征因此被看作原型。原型既可能是一个范畴内实际存在的成员，也可能是一个理想化的表征。

在一个范畴的成员中，典型性为何不同呢？"麻雀"为什么会比"企鹅"更典型呢？一种可能似乎是我们常常见到麻雀。但是，如果考虑"鸡"的例子，我们会发现似乎不是这样。我们不会认为"鸡"是一种典型的鸟，至少因为它不会飞。Rosch 和 Mervis（1975）的研究发现，最典型的一些样例具有的本范畴共同属性远比那些非典型样例多；当一个样例具有较多其他范畴的共同属性时，它更可能是一个非典型样例。由此，他们提出典型样例应该和该范畴的其他成员具有家族相似性（即重合的属性），而与其他范畴的成员具有最低的范畴相似性。

原型范畴理论遇到的困难之一在于，有些范畴具有极高的多样性，很难从其成员中抽取或平均出一个代表性的原型。依然以游戏为例，儿童的游戏、竞技体育游戏、打牌等消遣游戏的特征千差万别。并且，原型也可能是不稳定的，例如，对不同地理和人文环境的人来说，最典型的"狗"可能是不同的犬种，这意味着人们对"狗"的概念也有所不同吗？针对这些问题，Medin 和 Schaffer（1978）指出，范畴应该是对其部分或全部样例的表征。相比原型范畴理论中唯一或少量的原型，这将更稳定、更有效地保留变异性信息。这一观点被称为样例理论（exemplar theory）。原型与样例理论的核心贡献在于，都指出了概念形成不是基于定义或规则的。但正如 Murphy（2016）指出的，样例理论的提出只是为了解释范畴学习任务本身，并未考虑层级结构、知识效应等与概念相关的核心问题，因此更适合将其视为一个针对范畴形成的理论。

回到原型范畴理论，值得注意的是，作为概念研究领域中可能最为重要的理论，它并非特指一个单独的理论模型，而是兼容认同"原型"观点的各种不同理论模型，既包括基于特征的模型（Rosch & Mervis，1975；Rogers et al.，2004），也包括网络模型（如后文要介绍的层次网络模型），只要它们把范畴视为一个整体，用原型来表征就可以（Murphy，2016）。

在本章第三节的第二部分，我们将进一步讨论范畴的神经表征，包括范畴表征客观存在的证据，以及关于"脑是否显示出对不同范畴的特异性反应"等问题相关的实证研究。

（二）特征表理论

另一个有影响力的理论是特征表理论（feature list theory）（Bourne et al.，1979）。这一理论认为，概念结构由概念的定义性特征和整合这些特征的规则构成。它把概念的特征分为定义性特征和特异性特征。其中，定义性特征是定义一个概念必需的本质特征，与之相对的是具有描述功能的、不是必需的特异性特征。定义性特征之间的关系，就是整合这些定义性特征的规则，也称为概念规则，包括肯定、否定、合取、析取、关系、条件等。概念的定义性特征和概念规则有机结合，表征了一个特定的概念。

例如，"鸟"的定义性特征为有羽毛、无齿有喙的动物，概念规则是合取。对以上两个定义性特征进行合取，就构成了鸟的概念。除了肯定、否定、合取、析取这些显而易见的规则，还有关系、条件等概念规则。例如，"关系"是根据事物或事物特征之间的关系形成概念，如"之后""较快""前面"。这些概念规则与定义性特征结合在一起，形成一个特征表。无论定义性特征发生改变（如"有羽毛"变成"会飞"），还是概念规则发生改变（如"合取"变成"析取"），概念都会随之发生改变。也就是说，两者同等重要，缺一不可。

与前述原型范畴理论和样例理论相比，特征表理论强调了概念规则在概念结构中的作用，它在人工概念和语义研究领域有很好的应用，但基于逻辑运算的特性也决定了它在解释自然概念方面存在短板。

（三）图式理论

图式理论是关于概念表征的另一个较有影响力的理论，主要关注图式化表征的知识如何影响新知识的形成或语义记忆的提取（Rumelhart & Ortony，1977）。"图式"（schema）一词最早在康德那里，是指我们将感觉经验和表象同纯粹抽象的范畴联系起来的过程化规则，Bartlett（1932）将其引入实验心理学，用来说明过往经验对新信息加工的影响。Rumelhart等则将图式定义为记忆系统中用来表征概念的一种数据结构，包括一些可以与其他概念相联系的变量，以及一部分固定信息（Rumelhart & Ortony，1977）。例如，在"买"的图式中，涉及的必要变量有"买家"和"卖家"、"商品"和"钱"，此外还可以包括"砍价"等。这些变量的具体取值可以随情境而变化，比如，买卖双方可以是鱼店老板和顾客，也可以是餐饮企业与市场调查公司，但其由"买"的图式决定的关系是恒定的。同时，我们可以为变量指定一个默认值，比如，"商品"是无生命的物体，只有当加工诸如"买卖人口"等概念时才会修改其取值，这种默认指定的变量值是最典型的值，从这个意义上说，图式理论体现了原型理论。对变量进行赋值，也可以使其表示特定的样例。

图式在记忆系统的研究中被广泛使用，但这也使得它常常被用来指代一些有联系但不尽相同的概念。认知神经科学领域关心的图式包含有助于编码的各种认知结构，在复杂性、组织和机制上都和它的早期定义存在差异。尽管如此，多数研究者的普遍共识是，图式是相互关联的、上级的知识结构，表征了跨实例的抽象的共性，在指导我们当前的行为和思想方面起着关键作用，并可以被新的经验修改（Kan et al., 2020）。最近的神经科学研究发现，腹内侧前额叶对基于图式的加工尤为重要（Ghosh & Gilboa, 2014; Guo & Yang, 2020）。

四、语义模型

正如本章开头提到的，对于作为语言使用者的人类来说，概念常常以词汇的形式出现，概念与词汇语义两者之间具有密不可分的关系。语义记忆正是我们对一般事实（概念、知识等）的记忆，它构成了陈述性记忆的一个重要方面（Tulving, 1972）。本节将讨论几个从记忆角度出发的关于词汇语义的重要理论模型，首先介绍语义记忆模型从层次网络模型到扩散激活网络的发展，然后从认知语言学的角度来阐述概念表征的理想认知模型。

（一）层次网络模型

语义记忆的层次网络模型是由 Collins 和 Quillian（1969）提出的。层次网络模型认为，长期记忆中语义记忆的基本单元是概念，概念按照其上下位关系组成一个层次网络（图 8-1）。网络中的每个节点对应一个词代表的概念，节点之间有方向的连线对应概念之间的从属关系，以及概念与特征的关系（特征本身也是概念）。例如，"鸟"的上位概念（superordinate concept）为"动物"，下位概念（subordinate concept）为"金丝雀"等。在每一层上，该模型只储存这一层概念独有的特征（如"金丝雀"的独有特征之一为"会唱歌"），而这一层概念共同具有的特征则储存在它们的上位概念上（如"鸟"，其特征包括"有羽毛""会飞"）。这样的储存被认为可以节省储存空间，体现出了"认知经济"原则。以上述方式架构起来的语义网络模型，语义信息高度组织化，知识被预先存储在结构中，因此搜索是该模型必不可少的加工过程。

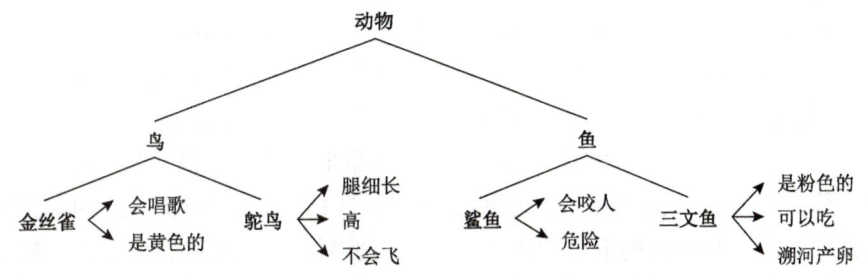

图 8-1 层次网络模型假设下的语义记忆组织结构示意图。粗体字代表概念节点，线段连接了从高到低的范畴层级，箭头指示常规字体代表的特征

Collins 和 Quillian（1969）设计了一系列实验来验证层次网络模型。他们采用句子判

断范式，让参与者对同一概念的不同范畴句（谓语来自上位概念水平）和特征句（谓语来自特征水平）进行真假判断，主语则都是层次网络中处于最低水平的名词，例如，"金丝雀是鸟"的范畴句和"金丝雀会飞"的特征句，并把这些句子按谓语范畴大小分别给范畴句和特征句进行评级（共有 0、1、2 三个级别的句子）。实验记录了参与者判断句子的正确率和反应时。他们观察到，无论是范畴句还是特征句，参与者在判断 0 级句时用时最短，判断 2 级句时用时最长，例如，判断"金丝雀会唱歌"比判断"金丝雀有翅膀"需要的时间更短，而判断"金丝雀有翅膀"比判断"金丝雀有皮肤"需要的时间更短。这表明该模型验证了范畴大小效应，谓语的范畴层级越多，判断需要的时间就越长。实验结果还表明，各层级的特征句的判断时间均长于相应层级的范畴句，这表明特征是依附概念而存在的。

但将概念的逻辑层次视为提取概念的唯一方式，使得该模型存在一些明显的缺点。首先，该模型验证的范畴大小效应不够完备，在判断为假的句子中，范畴大小效应似乎消失了：判断同一范畴的两个词比判断不同范畴的两个词需要花费更长的时间，如判断"铁杉是雏菊"要比判断"铁杉是鹦鹉"花费的时间更长。其次，按照该模型，判断谓语是下位范畴的概念会比判断谓语是上位范畴的概念花费的时间更短，但 Rips 等（1973）发现判断"狗是动物"比判断"狗是哺乳动物"花费的时间更短，这或许是由于我们经常将"狗"和"动物"联系在一起。因此，该模型无法解释熟悉性效应。类似地，判断"鸽子是鸟"花费的时间短于判断"鸵鸟是鸟"，这一现象在层次网络模型中也找不到答案，可见该模型未能解释典型性效应。此外，关于该模型体现的认知经济性也备受争议。Conrad（1972）对层次网络模型中关于概念只存储一次，并且在提取时需要经过一系列路径才能通达目标概念点的假说持否定态度。在其实验中，来自各个层级的范畴和不同层级的特征搭配成句，特征和概念之间具有不同的关联强度，如"橘子—可食用"是强关联，"金鱼—嘴巴"是弱关联。参与者的任务是快速判断句子真值。结果发现，判断"橘子—可食用"只需要 1060 ms，判断"金鱼—嘴巴"则需要 1210 ms，尽管这两组从层级网络来说语义距离是一样的。可见，概念与特征联系的紧密程度也会影响判断反应时。

（二）扩散激活网络

针对层次网络模型的一些问题，Collins 和 Loftus（1975）提出了扩散激活模型（spreading activation model）（图 8-2）。该模型保留了层级网络模型中网络的概念，但舍弃了分级的概念和同级之间的联系都相等的假设，主要考虑了概念的结构特征和概念之间的关系（语义联系或语义相似性）。概念作为网络的节点，节点之间的距离由结构特征如分类关系、典型性及共同特征等决定。例如，"红色"和"火"之间的联系比"红色"和"日落"之间的联系更紧密，那么"红色"和"火"之间的距离就较"红色"和"日落"之间的距离短。当一个概念被提取时，其所在的节点被激活，然后通过网络扩散到并行的节点，激活的程度随着距离的增加而减弱，因此近相关的概念比远相关的概念更容易激活。在这种模型的语义网络中，搜索和决策是两种加工过程。

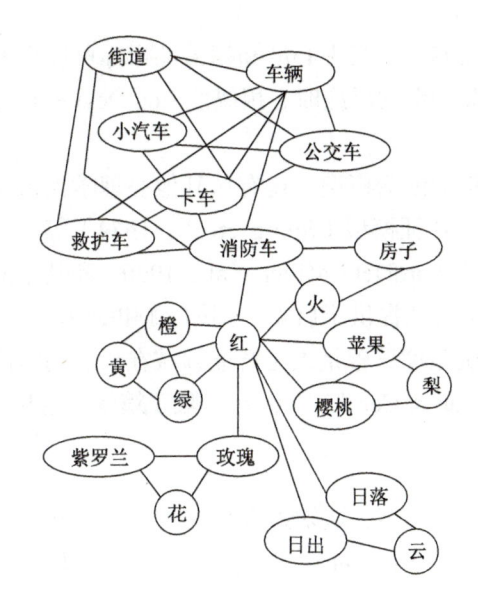

图 8-2 扩散激活模型假设下的语义记忆组织示意图。椭圆代表概念节点，线表示概念之间存在联系，对一个概念的激活可沿着边向其他概念扩散

以语义联系取代层次结构的扩散激活模型，更为灵活而全面，能够很好地解释层级网络模型不能解释的现象，它甚至被称为"人化了"的层次网络模型，多种模式的实验任务均验证了这一理论。在范畴判断任务中，扩散激活模型很好地解释了典型性效应。例如，对"鸵鸟是鸟"的判断慢于对"鸽子是鸟"的判断，根据扩散激活模型的语义相似性关联特征，"鸽子"和"鸟"的联系更强，激活所需时间较短，而"鸵鸟"与"鸟"的联系更弱，激活所需时间较长。

在 Meyer 和 Schvaneveldt（1976）探讨记忆的组织和熟悉语义提取的一系列实验中，语义启动的词汇判断任务同样佐证了扩散激活模型的合理性。他们将不同关系的词对，包括语义相关的词对（"护士—医生"）、语义无关的词对（"护士—黄油"）及包含假词（pseudoword）的词对呈现给参与者，并要求其尽快做出两个词是否都为真词的真假判断。结果发现，在呈现第二个词时，其与第一个词之间是否存在语义关联，对于参与者判断词汇的反应时至关重要。当词对之间不存在语义关联时，对词汇判断的反应时随之增加。这一结果很好地支持了扩散激活模型关于概念是以语义关联组织起来的假说。

词汇联想任务（word association task）被认为是最直接获取语义关系的途径（Nelson et al., 2004），来自词汇联想的任务也同样验证了扩散激活模型。在词汇的自由联想任务中，参与者在没有额外限制的情况下，根据给定的线索词，回答读到该词时首先想到的词汇。已有许多语言建立了各自的基于大样本的、覆盖了广泛词汇的自由联想网络库（Nelson et al., 2004; Kenett et al., 2011; de Deyne et al., 2013; Pereira et al., 2016）。与基于文本共现频率为主的自然语言模型相比，词汇联想网络的重要优势是能够用来发现不受自然语言使用限制的语义心理表征。线索词-反应词的联结频率与词汇判断、语义启动等任务上的反应有较好的相关（Steyvers & Tenenbaum, 2005），特别是通过对大样本线索词和多个反应词联想的方法建立的语义网络，其中心度和相关性指标可以更为有效地预测词汇判断任务和相似性判断任务中相关词汇的反应时、相似性（de Deyne et al., 2013），说明了这一方法的效度。

除了层次网络模型和扩散激活模型，还有从其他心理学视角出发的语义表征理论、语义场理论（Lehrer, 1974）、特征模型（Smith et al., 1974）等。也有从非心理学视角出发而构建的语义表征模型，如 WordNet（Miller et al., 1990）和基于语料训练的各种词汇向量模型等，都为我们认识语义表征提供了启发。例如，Miller 在 20 世纪 80 年代领导发起的 WordNet 项目构建的词汇关系库，曾是人工智能领域在语义网络研究中使用广泛的工具之一（Fellbaum, 2015; Sigman & Cecchi, 2002）。限于篇幅，这里不再进一步介绍。

（三）理想认知模型

除了上面介绍的语义网络模型，认知语言学家 Lakoff（1987）从另一个角度提出了理想认知模型（idealized cognitive model）。它是基于多种认知模型的完形结构，其中，认知模型指的是对客观世界相关知识的心理构建。

从结构上来说，理想认知模型主要是基于命题模型（propositional model）（Fillmore, 1982）和意象图式模型（image-schematic model）提出的（Langacker, 1986），认为我们基于对世界的感知和运动体验形成的先于概念的动态表征，即意象图式，基于意象图式形成概念，并进一步完成知识构建，以命题的形式储存。隐喻模型（metaphoric model）和转喻模型（metonymic model）（Lakoff & Johnson, 1980a）又为这个模型提供了延展的机制。

意象图式是一种具身的前语言的递归结构（关于具身的概念，请参考第三节第一部分），被认为是理想认知模型的核心。意象和图式本来是两个独立的概念：意象是指在没有外界客体刺激时，大脑呈现出该客体的一种心理表征，如我们可以想象一个苹果的形状和味道、一首歌的旋律等；图式则强调了意象的概括性和常规性。因此，意象图式包含了对身体经验的一定程度的抽象，比如，从自己的身体结构、身体和外部世界的相对关系中概括出的内-外容器图式、动觉意象图式、上-下图式、部分-整体图式等基本意象图式。关于意象图式神经基础的研究，主要关注了其"具身性"特点，在患者和健康参与者中都发现了感觉运动脑区对意象图式的重要作用（Rohrer, 2005）。不同的基本意象图式结合，构成了更复杂的意象图式。

命题结构模型是指不使用相似性手段（如下面要提到的隐喻）的理想认知模型，包括实体和结构。实体是该模型要素的集合，而结构则由要素特性和要素间的关系组成。命题模型是由本体（基本层次概念）和结构（谓词、特征、关系）组成的，我们的知识大多储存于命题之中。

在此基础上，Lakoff 等认知语言学研究者还引入了隐喻和转喻模型。在这里，隐喻不是指一种修辞方式，而是指概念化的认知方式。通过隐喻，一个意象图式或命题模型可以跨认知域进行系统映射，比如，我们会用"核心""中心"等概念来表示事物的重要性，可能是由于物体结构的中心（树干、躯干、内脏）常常比边缘（树叶、手指、头发）更重要。转喻模型指的是在同一认知域中，我们会用较易感知的部分来阐释另一部分或整体，比如，

"笔比剑更有力"就是在用工具指代活动。隐喻和转喻模型能够帮助我们推理，从而理解更多事物特别是抽象事物，从而扩大我们的认知范围。

理想认知模型为我们带来了一个较为全面的视角，涵盖从基本概念到复杂命题等不同层次，组成了一个较为系统的理论。关于隐喻在概念系统中的重要作用，第四节第二部分还将进行更深入的讨论。

本节先后介绍了概念结构的重要模型和语义系统模型，前后比对和联系可以让我们更为深入地了解这些模型之间的关系，以及各自的特点。在第三节第一部分，我们将进一步基于这些模型对概念表征的重要问题进行讨论。

框 8-1　关于概念结构的重要名词解释

由于本小节的概念众多且易混淆，我们在此处总结了关键专有名词及其含义，以便读者比较。

概念：人脑对同一类事物或事件的心理表征。

语义：语言表达的意义。

范畴：由一组具有共同特征的成员组成的集合。

原型范畴理论：一种概念结构理论，认为一个范畴中的某些成员比其他成员居于更核心的位置。范畴是依据位于核心的原型建立的，原型为新样例是否属于某个范畴提供了参照标准。原型是具有给定范畴共同特征的典型样例，既可能是一个范畴内实际存在的成员，也可能是一个理想化的表征。

样例理论：范畴是依据其中部分或全部样例而建立起来的。相比原型范畴理论中唯一或少量的原型，大量、有差异的样例成员使得范畴的表征更加稳定，并能更好地兼容变异性信息。样例理论一般被认为是一种概念结构理论，但由于其提出时主要是针对范畴学习的，而未涉及概念的其他核心问题，它是否为一个概念结构理论还有争议。

特征表理论：一种概念结构理论，认为概念结构由概念的定义性特征和整合这些特征的规则构成。定义性特征是定义一个概念必需的本质特征。定义性特征之间的关系，就是整合这些定义性特征的规则，也称为概念规则。

图式：一个认知心理学构念，是指用来表征储存在记忆中的概念的一种数据结构，是一组结构化的概念，包括一些可以与其他概念相联系的变量，以及一部分固定信息。

层次网络模型：一种语义记忆和概念结构模型，视概念组织为一种网络结构，词代表的概念是节点，节点间的有向连接表示概念之间的从属关系，语义提取就是对这一网络结构的搜索。

扩散激活模型：一种概念结构模型，是对层次网络模型的修正，认为概念节点间的距离由分类关系、典型性和共同特征等决定。提取一个概念会激活相应的节点，并将扩散激活到其他节点，激活水平随距离的增加而递减。

第二节 概念形成

第一节主要讨论了概念是如何组织的，并介绍了关于概念结构的不同理论。概念并非与生俱来的，那么概念及相关的结构是如何形成的呢？我们可能会自然地想到，可以通过对婴儿和儿童的研究来考察这一过程。事实上，由于婴儿研究方法非常受限，早期心理学家对儿童概念习得的研究的数量和深度都比较有限。探索概念形成规律的一些比较有影响力的研究，主要是在成人中考察人工概念的形成。本节首先介绍这些基于范畴分类的人工概念形成的研究，然后介绍关于婴儿和儿童概念形成的一些研究。

一、概念范畴形成

在对概念的研究中，学习如何将事物分类［即范畴化（categorization）］具有重要的意义和特殊的地位。在实际生活中，我们正是在不断学习分类的过程中建立起完整的范畴体系。对范畴形成的研究常常使用人工刺激，刺激分为两个或多个类别，参与者通过反复对刺激进行分类来尝试学习范畴，直到全部正确为止。在关于人工概念形成过程的研究中，分类正确率通常是测量学习水平的主要指标。

Bruner 等（1956）进行了一系列关于人工概念形成的研究。例如，他们使用 81 张不同的图片作为刺激，这些图片在形状（包括圆形、方形、十字）、颜色（红色、绿色、黑色）和边框线数（一条、两条或三条线）等属性上存在差异。主试在心中形成一个关于其中某些图形的概念，比如，"三个双线边框的红色圆形"，并要求参与者通过提问—反馈的方式猜出自己想的是什么。通过对参与者采取的策略的研究，Bruner 等认为概念的形成须经历提出假设、检验、再假设（如果失败，根据反馈再进行假设）、再检验的过程，直到成功。

需要注意的是，概念范畴研究主要使用人工概念，它与我们日常生活中的自然概念有一些关键的差异。例如，在人工概念的形成中，比较容易发现策略的使用，而在日常概念的形成中则不那么明确。除了在特征的复杂性和多样性上的差别，更重要的是，比起只在实验中看到的人工刺激，我们每天都反复与现实事件的物品或事件打交道。例如，猫，我们必然会轻而易举地将它归类成"猫"，但随着我们和一只猫的相处，可能对它的行为和性格、如何喂养和训练有了更多的了解，这种交互很可能会使得表征"猫"的概念结构发生改变。如果它有一次抓伤了我们，我们关于"猫"的概念很可能会加上或突出"会抓人"的特征，虽然它不是一个更典型的特征。从计算的角度而言，样例模型或者扩散激活模型都可以通过改变权重等方式来实现这种效应。这种效应与知识效应类似。已有研究考察了背景知识对范畴化的影响，并发现那些重要的背景知识特征和特征间的因果关系等可能比统计关系更为重要（Spalding & Murphy，1996；Ahn et al.，2000）。这些结果告诉我们，知识或者情境效应在概念范畴研究中是一个不可忽略的因素。我们将在第三节对这一点做更深入的讨论。

二、婴儿概念学习

婴儿是如何习得概念的？从发展的角度看，这几乎是一切认知能力发展的基础，无疑是最重要的问题之一。了解概念结构是怎么开始、如何发展的，对于我们了解人类概念的表征和组织有重要的意义。此外，对婴儿概念习得的研究还可能涉及另一个重要的问题：在前语言期，概念和语义存在（某种程度的）分离。

婴儿显然不会口头或者按键回答研究者的任何问题。那么，如何考察婴儿的概念学习或者认知能力呢？特别是在认知神经科学还没有发展起来的年代如何考察？Bomba 和 Siqueland（1983）是较早研究婴儿概念学习的研究者。他们采取了成人概念学习中常用的模式判断任务。婴儿会看到一系列由点组成的图案样例，与成人被要求对每个样例进行口头分类不同，研究者只让婴儿看一个单一范畴（如方形）的样例（图 8-3），然后通过去习惯化范式测试一个新的样例是否属于这个范畴。"习惯化"和"去习惯化"是发展心理学研究者常用的一种研究婴儿感知觉和认知能力的方法，即婴儿反复接触某一刺激，就会对其形成"习惯化"、失去兴趣，导致视觉注意减少（Bornstein，1985）；当给他呈现另一种新的刺激时，又会引起他的注意，导致注意时间增加，这一过程就是"去习惯化"。所以，研究者在不断呈现一系列样例时，就可以通过婴儿注视新样例的时间，了解其是否发现新样例属于或不属于熟悉的范畴。研究结果显示，3—4 个月大的婴儿会更长时间地注视一个不属于给定范畴的样例，也就是说，他们已具有范畴学习的能力。

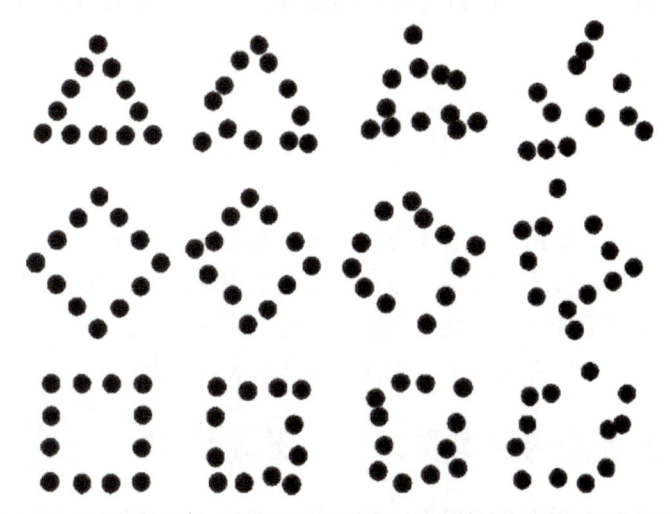

图 8-3　Bomba 和 Siqueland 在婴儿实验中使用的由点组成的实验材料。第一列是三角、菱形和方形的原型；第二列到第四列分别是每种范畴 3 种不同程度的变形（Bomba & Siqueland，1983）

这一研究还发现，婴儿具有与成人类似的原型效应：在经过 3 min 的延时之后，比起范畴原型（该范畴的典型样例），婴儿更多注视之前看过的具体范畴样例（在"习惯化-去习惯化"任务中），这意味着他们对范畴原型更熟悉。一般认为，这一效应说明在延迟期间，婴儿（部分）遗忘了具体样例，但他们已学习到范畴，将其视为一个整体，以原型表征。

值得指出的是，我们一般认为，3—4个月大的婴儿对他们习得的这些范畴并不具有具体背景知识，而他们能够快速进行范畴习得（这一研究中只需要 6 个样例）的结果说明这种概念抽象机制可能并不需要对范畴或者领域的深入理解。这对于婴儿早期灵活地学习概念可能具有重要的意义。

那么，在未来的几个月到几年中，婴儿或儿童如何形成更为准确和复杂的概念？这涉及与概念组织有关的一些关键问题，如分类层级（taxonomic hierarchy）或者经验的影响。研究发现，婴儿在习得词汇之前，就已形成了关于物体、事件及其关系的核心概念，并对概念的层级结构有所了解（Spelke，2003）。早期的概念主要聚集于感知觉特征。早在 3 个月大左右时，婴儿就可以进行基本的分类（如分开家具和动物），6—7 个月大时，婴儿已经形成了较为具体的二级类别概念（如百合花不属于玫瑰花）（Quinn & Oates，2004）。这一范畴过程受到经验的影响，例如，有研究发现，4 个月大的婴儿家里有没有猫或者狗直接影响了他们关于猫和狗的概念形成（Kovack-Lesh et al.，2008）。从 6 个月大左右开始，婴儿便具有整合视觉、听觉和运动特征形成概念/范畴的能力（Westermann & Mareschal，2012）。这时婴儿的语言能力开始发展，当听见父母说一些熟悉的名词时，他们会去看其所指的对象（Bergelson & Swingley，2012）。词汇习得建立在概念范畴能力之上，但也会对婴儿的范畴化产生影响，特别是在 10—12 个月大或者 1 岁多这个时期。语言可能起到了标签的作用：对感知上不同、但共享了相同标签的对象的感知相似性产生影响，从而影响对象分类，同时标签也会影响已习得的范畴边界，产生对齐效应（Westermann & Mareschal，2012）。

第三节 概念表征

对表征的研究关注的是信息的表现方式问题。在心理或计算层面，作为对现实经验的抽象，概念是一种模拟信号还是数字信号？在硬件实现的层面，人在思考概念时，脑活动会呈现何种模式？这些模式体现了概念在脑中怎样的组织方式？本节通过认知行为学和功能神经影像学的研究，分别在这两个层面探讨概念的表征问题。

一、概念表征的内容本质：符号还是模拟？

虽然说心理过程的本质都是神经系统的电活动和化学活动，但站在单个概念的水平，我们具有的知识是以抽象符号还是以对经验的模拟的方式被存放在语义系统中的？当谈论橡皮泥的质地时，我们提取的是某个指称"柔软"的符号，还是那些基于关于柔软之物的触感的体验本身？传统的认知主义倾向于前者，认为认知活动体现为符号计算，其表征形式和感知运动经验是无关的。具身认知（embodied cognition）的观点则认为思维活动具有模拟性。具身认知认为包括语义加工、推理或决策等在内的大多数认知过程都是由生物体的感知觉、运动及身体和环境的相互作用塑造而成的。具身认知关于概念表征的主要观点，可以归纳为以下方面：其一，概念知识是基于我们的身体经验（特别是感觉运动经验）形成的；其二，身体经验直接构成了概念表征的内容，而概念理解的过程也需要身体经验的还原。此外，个体差异和经验都会对概念形成和概念表征产生影响，即概念表征具有个体差异和动态性。诸多行为和影像学研究都为概念表征的具身观点提供了证据，至少包括以下几个方面。

首先，行为研究发现，对语言的加工会诱发表象或身体的运动系统的"回应"：如对"煎蛋"和"生鸡蛋"进行语义加工时，我们会自动激活两个不同形态的鸡蛋的表象。如果读到的是"煎蛋"，随后却看到一个完好的带壳的蛋的图片，在判断"图片里的物体有没有出现在刚才的句子里"时，我们的反应时比表象一致时显著更长（Zwaan et al., 2002）。这样的结果说明，我们对概念的表征包含着仿真的形式，而非纯粹的非模态符号操作。在运动系统上也有类似的证据，在参与者听见关于手部运动的单词时，可以测量到他们手部自然增加的握力，而对于站立着的参与者，听描述运动的句子会影响他们对身体姿势的保持。相对地，在加工名词或描绘静止状态的句子时，则没有观察到类似的现象（Frak et al., 2010; Kosonogov, 2011）。

其次，神经影像学研究表明，语言加工伴随着躯体感觉运动皮层的特异性激活，即四肢相关运动脑区在加工描述手、臂、脚、腿部动词时有所响应，前运动皮层和额下回等脑区会被面部、口部的相关动词激活（Pulvermüller, 2005）。有研究比较了参与者对第一人称和第三人称描述动作或静态场景的短语的加工，发现动作短语加工显著激活了运动皮层，且第一人称短语的激活更强（Tomasino et al., 2007）。这一结果暗示我们，个体在语义理解时或许采用了心理模拟的策略，而这种模拟的演化基础可能在于镜像神经系统（mirror neuron system）。对恒河猴的单细胞记录研究发现，恒河猴个体在观察其他个体进行特定的手/口部动作与其自己进行这一动作时，同样激活了前运动皮层腹侧F5区和顶下小叶PF区的部分神经元（Gallese et al., 1996）。后来的一些研究认为，人类的大脑皮层也存在具有镜像神经元功能的区域。例如，研究者发现，参与者听到描述口部、手部和脚部动作的句子时，前运动皮层、额下回和顶内沟的镜像神经系统等区域会出现激活（Tettamanti et al., 2005）。镜像神经系统或许是动词语义理解和躯体动作行为意图共同的神经基础。

此外，研究还发现，感觉运动皮层的功能变化会引发概念加工的行为变化。比如，一项TMS研究发现，当TMS施加于负责手臂运动的皮层位置时，参与者对表示上肢动作单词的词汇判断的反应时会显著缩短，而当TMS刺激施加于腿部运动皮层时，则会缩短对"踢"这样的单词的词汇判断反应时（Pulvermüller et al., 2005）。神经生理学研究发现，运动皮层的活跃水平会影响词汇加工任务：比起正在接受治疗的帕金森患者，那些不在治疗中的患者的运动皮层更不活跃，这使得他们对动词进行词汇判断时更少地受到启动词的影响，而在对名词进行判断时则没有这样的效应（Boulenger et al., 2008）。

需要注意的是，上述证据是对具身认知体系下的特定假设的支持，而非对认知主义的全面证伪。比如，我们可以问存在模拟化的表征是否意味着所有关于感知运动的知识都仅以模拟的方式被表征？感知运动皮层在加工过程中的参与是否意味着语义知识的"静态"结构中包含着感知运动经验？无论是具身理论还是传统认知主义，作为思潮或范式，它们并不是两套边界清晰的精确体系，在最激进的具身理论和符号主义之间存在着程度不同的中间立场。例如，认知主义的一种观点认为语义知识的表征本质是指针符号，根据任务需求，这些指针符号可以与相关的感知运动系统进行联系（Mahon & Caramazza，2008）。

二、概念和语义知识的神经表征

当我们思考和使用语义概念时，大脑是如何活动的？解答这个问题，是了解语义知识心理组织规律的重要途径之一。近二三十年来，随着认知神经科学的进展，认知神经科学研究者对这一问题进行了一系列探索。纵观这些研究，我们可以看到它们在研究对象的精度（如从区分"生物"和"物品"到区分"盘子"和"勺子"的神经激活模式）和广度（如从有形的物体到关系、抽象概念、情绪的表征）上的渐进，以及对规律和机制的认识的逐渐加深与修正。

在神经成像技术出现之前，从脑损伤患者身上观察到的范畴特异性语义加工缺陷（category-specific semantic deficits）为探究概念的表征规律提供了线索。神经心理学家发现，有些患者无法认出图片中的动物，但知道指南针或公文包是什么（Warrington & Shallice, 1984），另一些患者则表现出相反的模式，即只能正确识别有生命之物（Capitani et al., 2003）。早先的神经功能成像实验者受到这些研究的启发，并结合对视知觉神经基础的认识，探测了健康参与者在加工不同类别物体图片时的脑活动的差异，发现在皮层的后腹侧颞叶区域（pVTC）包括梭状回，有着对不同类别物体的选择性激活的脑区或脑活动模式（Haxby et al., 2001）。这些脑区和视觉感觉区在皮层的地理位置上形成了从后向前的渐进排列，被称为视知觉-语义加工的腹侧通路。后来的研究通过使用不同形式的刺激输入和不同任务，证明了这些脑区的选择性激活并非单纯由刺激的视觉特征导致，而是受到我们对物体概念的语义加工的影响（Martin, 2007）。

范畴特异性缺陷这一现象是否意味着概念在脑中是根据其所属类别来组织的？事实上，前述的 Haxby 等（2001）的研究已经挑战了这一假设的简化版本，他们的研究结果表明，不同类别的概念可以依赖相同的脑区，在 fMRI 观测中体现为一组共同响应的体素。然而，这些体素激活的空间模式，即所谓的多体素模式，对不同类别的定义是不同的（图 8-4）。从逻辑上看，"概念的神经组织方式是基于类别的"这一假设的显见问题在于，并非所有概念都有天然的、毫无争议的范畴归属（如"母亲"属于"家人"还是"女性"？"家人"与"女性"又是谁规定的范畴？）。一种观点认为，那些具有重要演化意义（对人的生存繁衍至关重要）的知识领域可能对应着相对独立的区域化的神经结构（Caramazza & Shelton, 1998）。

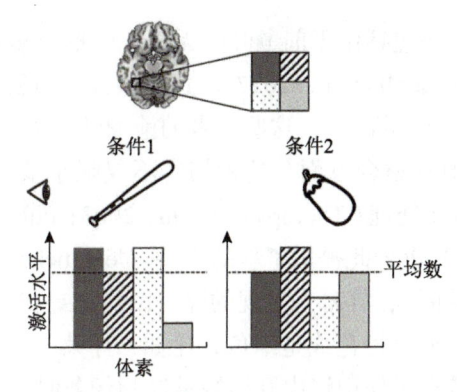

图 8-4 多体素模式编码示意图。假设有 4 个在空间上相邻的体素（以 4 种图例表示），当我们观看球棒或茄子的图片时，这 4 个体素都有所响应，且激活水平的平均数没有差异。换言之，如果将这组体素视为一个团簇，那么它对不同类别物体的反应是相同的。但这些体素的激活水平的高低组合却具有类别特异性，说明概念表征的空间组织并不总是按类别划分，不同类别的物体可以在共享一组神经基础的同时被差异化地编码。对多体素模式的分析有助于发现这样的编码方式

在语义知识的更广泛领域，越来越多的神经影像学证据支持概念在大脑中的分布式表征（distributed representation）（Martin，2007；Pulvermüller，2005）。分布式表征的理论由来已久，其中由节点单元组成网络进行并行分布式处理（parallel distributed processing，PDP）的观点被称为联结主义（Rumelhart et al.，1988）。联结主义是一种受人工神经网络模型启发形成的认知科学方法。它利用单元之间的联结网络来理解复杂的认知功能，原理与神经网络处理信息的方式相似。需要注意的是，"分布式"并不意味着概念特征在整个大脑皮层中任意分布，而是这些特征依据其性质（外形、会不会动等）在皮层区域有组织地分布。范畴特异化损伤现象的出现，通常是由于某些概念的定义依赖少量特定的关键特征，比如，"笔"可以是各种颜色和形状，关键功能是能书写。一旦与"工具使用"相关的神经基础受到损伤，相关概念的表征也会受到破坏。关于这些特征如何定义、特征本身怎样表征和整合等问题，存在多样的观点和研究方法，但普遍的发现是，与物体相关的概念表征依赖分布的脑区，这些脑区与个体对物体的感知觉运动经验有关。例如，单词所指物体的颜色与形状表征与视知觉通路的激活有关，而处理描述运动（如"跳"）、动作（如"捏""舔"）或工具（如"梳子"）的词汇时，涉及的脑区与控制腿、脚、手指、舌头等身体部位运动的脑区存在一定重合，这些脑区包括运动皮层、前运动皮层、靠近视觉运动区的后颞中回（posterior middle temporal gyrus，pMTG）和顶内沟等区域（Hauk et al.，2004；Martin，2007）。这些结果表明，动作词的指称意义（语义）与运动皮层和运动前皮层的激活相关。

语义特征是如何统合在一起构筑某个词语代表的概念的？特征整合过程依赖怎样的神经基础？联结主义模型对语义记忆的模拟表明了语义网络可能需要中心的原因之一：如果不存在这样的架构，就无法解释系统如何学习捕获语义相似性关系的表征（Patterson et al.，2007）。Patterson 等（2007）由此提出了轮辐模型（hub-and-spoke model）。"分布式"理论认为，广泛分布的区域及它们之间的不同连接构成了整个语义网络，即假设概念是直接产生的、没有共同的跨模态的区域。轮辐模型（分布加中枢的观点）则认为，除了这些

特定于模式的区域和连接，还包括位于前颞叶的无模态中枢（amodal hub），负责语义空间中分布式特征表征的整合（Ralph et al., 2017）。这一假设的重要证据之一，来自对语义性痴呆（semantic dementia）患者的研究，这些患者的前颞叶萎缩导致语义处理的广泛困难，尤其是在词汇和概念的提取和整合方面。这种损害不仅限于某一种类型或形式的知识/概念，而是影响到跨模态的语义处理（Thompson-Schill, 2003; Pulvermüller & Fadiga, 2010）。此外，健康成人的影像学研究也为此提供了新的支持。Coutanche 和 Thompson-Schill（2015）的实验要求参与者根据提示词，在屏幕上呈现的噪声图像中寻找一些偶尔呈现的目标物体。这些物体的形状或长或圆，或是橙色或是绿色，比如，芹菜、胡萝卜、青柠和橘子。在参与者将这些物体的概念保持在工作记忆中开始视觉探测任务时，研究者可以根据 fMRI 信号，在负责形状知觉的脑区（枕叶外侧皮层）解码出此时参与者加工的物体是细长的还是圆滚滚的，在负责色彩知觉的枕叶 V4 区解码出物体是橙色的还是绿色的，但唯有在左前颞叶偏内侧的一小块区域才能解码出参与者搜索的究竟是哪种物体，说明在这一脑区出现了概念的特征，至少是视知觉特征的汇聚整合表征。

　　以上研究带给我们的新思考是：仅凭感知运动特征能解释整个语义知识系统中的多少变异？人类通过语言所表达的概念中，许多都不具备鲜明的感觉运动特征，我们应该如何描绘空气、六月、遗憾或熵？对于这些远离知觉经验的抽象概念，人脑是如何组织它们的？其中的原因或机制是什么？具身认知或概念隐喻理论（见本章第四节第二部分）主张一切概念都有感觉经验的基础或来源，但这并不意味着抽象概念和具体概念的表征规律是完全统一的。那些比较这两类概念加工的神经基础的研究使用了不同的刺激、任务、成像模态与序列，也有了不同的发现，但如果量化地总结其共性，可以看到具体概念更多地激活了梭状回和后扣带回，而抽象概念更多地激活了额下回和颞叶前部（Wang et al., 2010）。这样的发现呼应了两种早先的认知理论：双重编码理论、语境可得性理论。双重编码理论（Paivio, 1986）认为，概念的心理表征有语言和表象两种形式，抽象概念只能通过语言的方式得以表征，而具体概念则同时依赖两种系统。语境可得性理论（Schwanenflugel et al., 1988）认为，抽象概念关联的语境信息比具体概念更难提取。额下回和颞叶前部对抽象概念的偏好再次暗示概念的表征有着超出感知经验的形式或规律，而这些规律或许源自语言系统。新近的一项研究考察了没有视知觉经验的先天盲人对颜色知识的表征。行为学证据显示，这些参与者非常充分地掌握了关于物体颜色的语义知识，但他们在加工这些概念时依赖的脑区与非盲参与者有着显著不同，盲人参与者的色彩知识表征存在于背侧前颞叶。许多知觉经验，如质地、形状等，都可以通过多种感官通道获得，而颜色知觉只能通过视觉经验获得。因此，这一结果有力地说明，在缺少感知运动经验时，人仍然可以通过更抽象的编码方式建立语义知识（Wang et al., 2020）。

　　探究这些规律的途径之一是借助脑以外的已经建立的语义表征系统，对脑活动模式建模。例如，通过对文本语料的训练，可以获得表征词与词之间的共现关系的向量模型。用来自语料的向量模型去拟合参与者在加工名词时测量的 fMRI 数据，可以获得一种从语料到脑活动的量化关系。这样的量化关系能够以高于随机水平的准确率预测参与者在加工一个不在训练集里的名词时的脑活动模式（Mitchell et al., 2008），说明概念的神经表征和它们在文本中的使用特性有联系。利用类似的方法，后来的研究者绘制了更精细的语义地图（Huth et al., 2016）。近年来，也有研究者利用外部的表征系统，比较了概念间的两两相似关系在文本或脑的空间内有何异同，并比较了不同外部模型反映的相似关系对脑活动的解释力，发现不同脑区对抽象概念词汇的组织规律有所不同：在语言加工的核心脑区，概念的组织规律和词汇在文本语料中的呈现规律更相似，而在全脑尺度上，概念的组织规律和它们在人类评分的语义特征空间里的关系更相似（Wang et al., 2018）。此外，研究者进一步发现，与基于文本语料的外部模型比较，基于大规模词汇联想获得的概念语义空间能更好地对应词汇在大脑中的组织规律。这再次支持了大脑中语义组织的多维性，以及通过大规模人类行为学研究数据构建内部模型的重要意义（Yang et al., 2024）。

以上研究为我们提供了方法上的突破性启发，但值得提醒的是，在对这些发现进行推论时尚需谨慎。第一，目前外部表征系统的效度有限，因此，当这些模型对神经活动的拟合效果不完美时，我们难以得知问题是来自模型所代表的理论不符合神经活动规律，还是模型对理论的刻画不确切，抑或对神经活动的测量有误差等；第二，目前所有的经验证据都显示了这些向量模型对脑活动模式的解释力很弱（效应量小），因此即便面对这些在统计上有显著效应的模型，我们依然难以对神经表征的组织方式做出有信心的推断。一个解释力微弱的模型如同盲人摸到的大象耳朵，耳朵确实是大象形态的一部分，但这并不意味着"大象是薄薄一片"是正确的结论。

总之，近年来，认知神经科学关于概念表征的研究有效地回答了一部分重要的科学问题。虽然目前还未达到对概念和语义加工机制的透彻了解，但认知神经科学研究在这一过程中无疑贡献了有价值的实证发现，并提供了一种新的、有效的思考框架及研究手段方面的启发。

三、由语境调节的概念表征

我们中的多数人已经知道了什么是"勺子"，我们对这种人造物的了解是如此清晰，似乎不论发生什么情况，"勺子"这个词总是会激活某些固定的认知表征。直到有一天你的小侄女用她的勺子在你收藏的绝版漫画上戳了个洞，此后相当一段时间里，"勺子"在你眼中恐怕已不再是餐具，而是"凶器"。即便是在没那么极端的情况下，我们对概念的表征也并非总是一成不变的。在经典范畴理论占主导地位的很长一段时间里，概念被认为是恒定的，即当一个单词链接到某个概念时，其包含的意义始终相同，不会随着语境发生改变。对这一观点的挑战之一来自维特根斯坦提出的家族相似性概念（见第一节第一部分）。如果词语表达的概念本身的边界就是模糊的，那么其意义几乎必然随着语境发生变化。数十年的语义启动研究发现，语境会影响概念处理（Meyer & Schvaneveldt, 1971），概念和词义是根据语境由动态募集的特征构成的（Barsalou, 1982）。

在神经机制层面，也有证据说明了语义表征的灵活性。前一小节提到，不同词语概念的核心语义特征是不同的，比如，"笔"的主要特征或许是"用来写字"，而"枫叶"的主要特征则是其独特的形状和颜色。许多人造工具的主要属性和动作相关，而自然物体的主要属性则是其外形。在一项 fMRI 和 ERP 联合研究中（Hoenig et al., 2008），研究者让参与者针对人造物和自然物的视觉与动作这两种属性进行语义加工，用 fMRI 观测到了任务和概念的范畴间的交互作用：当参与者验证概念的非主要属性（即人造物的视觉特征和自然物的动作特征）时，相应的视觉和运动皮层的活动水平最高。ERP 的结果则显示，这种任务—范畴的交互作用最早在刺激发生后 116 ms 就出现了，可见这些作用是快速通达概念时就自动发生的，而不是额外的概念后处理。上述结果支持了这样一种观点，即概念是与语境有关的心理实体，构成概念的语义特征表征在不同的特定脑区，这些语义特征会根据语境约束被灵活地募集。另一项 fMRI 研究在动词的概念表征上得出了相似的结论，即与动作和声音相关的动词激活的脑区的差异取决于任务（显性或隐性）和语境（Popp et al., 2019）。更长远地看，概念表征的变化不只发生在实验室中的临时刻意操纵，还会随着特定个体的最近或长期经历、处理偏好或能力，以及神经退行的情况而变化（Yee & Thompson-Schill，2016）。

第四节 概念合成

概念或词汇语义的表征是理解和思维的基础，但人类认知远不限于单个词语代表的概念这种形式。基于基本概念，我们具有构建各种复杂概念或语义知识的能力，即概念合成。概念合成对思维和语言的形成都起着不可或缺的重要作用。

即使只是加工一个简单的短语，也涉及对单个词语语义表征的提取、对词与词之间关系的分析，以及对词义、词义关系、世界知识等进行计算整合等过程。试想，当我们听到或读到"水生植物""谣言是病毒""她离冠军奖杯只有一个球的差距"时，对它们的语义加工似乎是轻而易举的，但对语言的初学者、非母语者或存在语义障碍的个体来说，其中一些就像外星人的语言一样难以理解。这种理解困难不仅涉及对单个词义的掌握，或不同语言中"相同"词语的内涵和外延存在的差异，更多地涉及概念之间语义关系的获取，以及在此基础上进行语义整合等各个层面。Fauconnier 和 Turner 认为，概念合成的能力涉及在输入空间中的元素被部分投射到合成空间，通过组合、模式完善和细化产生新意义的动态过程（Fauconnier & Turner，2002）。以"她离冠军奖杯只有一个球的距离"为例，这句话表达的并不是字面中的"距离"，但我们可以毫不费力地对"她没有获得冠军奖杯"和"她差了一个球"进行组合，对其因果关系进行加工，进而完成概念合成，理解这句话的意义。

一、概念合成和语义构建

我们日常生活中无时无刻不在进行概念合成。有些概念合成更为简单，如"红色的船"，但即使是这样简单的短语加工，我们对其机制的了解也比较浅显。在第三节第三部分，我们讨论了概念表征本身的可变性，而使用语言和操作概念无时无刻不涉及整合的过程。听见或读到一句话时，我们能迅速且自然而然地对其中的字词进行组合，用长时记忆系统中的语音、词形和句法的知识对其进行评估，并获取这句话的意义。这一自动化的能力看似毫不费力，其实包含了复杂的认知神经机制。为了捕捉几百毫秒内发生的动态计算过程，研究者使用 MEG 技术观测神经电活动产生磁场信号，发现相比阅读两个无法构成短语的单词（如"cup""boat"），阅读短语（如"red boat"）会使左侧前颞叶活动水平升高，这一变化发生于第二个词呈现后的 200—250 ms；接着，在短语呈现后的 400 ms 左右，出现腹内侧前额叶活动水平的升高（Bemis & Pylkkänen，2011）。那么，这一效应是语义概念的合成还是句法结构的计算导致的？为了回答这一问题，Zhang 和 Pylkkänen（2015）让参与者阅读两种偏正短语，它们共享一组中心词（如"汤"），其中一组短语的修饰词代表较大的概念范畴（"蔬菜汤"），另一组短语的修饰词则代表更特异的概念（"番茄汤"）。结果发现，参与者读完高特异修饰词的短语（"番茄汤"）后，其左侧前颞叶的活动水平要比低特异组更高。这两种短语在句法结构上等同，唯一的不同就是修饰词语义的特异性，而概念特异性越高，其拥有的语义特征就越丰富。这个实验结果表明，左侧前颞叶在短语加工中的作用可能是快速的概念整合，而非句法结构的计算。

　　语言的力量不仅体现在以大量词汇表达丰富的语义，更在于在有限的既有词汇的基础上灵活地进行概念组合，以形成新的意义。我们是如何从两个实词构成的短语中建构意义的？即便是最简单的名词-名词词组，两个词语概念的关系也会有所不同。"牛肉面"是以牛肉为原料做成的面，但"手指饼干"只是状如手指般细长的饼干。前者反映的是两个名词概念基于关系的组合（"牛肉"和"面条"两个实体本身发生某种相互作用），后者是基于属性的组合（"手指"仅提供其形态属性，作为"饼干"的修饰）。这两种不同的概念操作在前颞叶和角回的活动上有所反映：相对于基线水平，右侧角回对两种整合操作都表现出反应增强，但对关系整合的激活水平更高，左侧角回则对关系整合表现出反应水平降低；而在加工基于属性的整合时，左侧前颞叶信号达到峰值的时间有所提前。由此可见，基于属性和关系的组合运算是通过重合的神经基础得以实现的，而概念的特征提取和重组可能先于对实体间关系的加工（Boylan et al.，2017）。

　　炭通常是黑色的，即便用"明亮"来修饰，它在我们的心理表象中也依然是偏暗色的。石头则不同，一块"浅色的石头"和一块"深色的石头"的明度可以有很大的区别，也就是说"炭"和"石头"在明度的可调节性上有差别。有研究在行为和脑活动上分别测量了一些常见物体的明度的可（被）调节性，发现可调节性同左侧前颞叶的活动模式变化有关（Solomon & Thompson-Schill，2020）。与此有关的另一种概念特征是不确定性：单单看到"石头"一词时，我们并不知道它所指之物是深色的还是浅色的，但"钻石"几乎肯定是透亮的。尽管不确定性和可调节性高度相关，但它们并不等同，而左额下回的激活水平与概念的不确定性有关。

　　上述研究从不同的角度论证了概念整合过程中左侧颞前区的作用，综合来看，这个脑区的活动似乎反映了这样一件事：同孤立的、脱离语境而存在的概念相比，在短语和句子水平上发生的语义整合将使一个概念的表征发生相当的改变。

　　通过概念合成，我们得以构建思维中非常重要的一环——命题（proposition）。按照 Anderson（1985）的定义，命题是可以作为独立主张的最小知识单元的，也可以说命题是认知结构的基本单位。命题在形式上类似于句子，指定了概念之间的关系。例如，"我喜猫""猫喜欢我"都涉及"我""猫"两个概念，但这些概念在组织关系上有所不同。因此，可以说命题包含了有关概念之间是如何关联的信息（de Houwer，2014）。人类联想记忆模型（human associative memory model）（Anderson & Bower，1974）认为，记忆表征的基本单元就是命题。在命题表征中，信息储存在树形结构中，树形结构的分支由概念节点连接起来，概念节点被假定在句子编码之前就已经存在于记忆中了。

二、隐喻加工

隐喻加工是概念合成的一种典型情况。隐喻理解涉及对两个看似无关的概念进行意义合成的过程。例如，地形地貌和一个人的事业发展原本是两件毫不相干的事，但我们常常用"巅峰时期""陷入低谷"来表述事物的状态与发展阶段。早期的主流理论认为，隐喻加工是一个三阶段过程：在理解过程中，隐喻加工的优先级低于字面意义加工，当字面意义难以解读或和语境冲突时，才进行隐喻意义的解释（Searle，1979；Clark & Lucy，1975）。但一些研究者利用 Stroop 范式和启动范式发现，即便在不需要通达隐喻意义的任务中，隐喻意义仍然会被自发地加工，并对任务产生影响；当隐喻是人们熟悉的常规表达或当某个新颖的隐喻十分贴切时，隐喻和字面意义会被同等迅速地激活（Glucksberg et al.，1982；Blasko & Connine，1993）。这些研究也进一步暗示了隐喻在思维和语言中的重要性。

早期研究中，隐喻主要被作为一种语言现象，但从 20 世纪 80 年代起，有一种较为激进的观点认为，隐喻并非为了加强表达效果被发明的修辞技巧，而是我们认识世界的基本方式之一（Lakoff & Johnson，1980b）。这是认知心理学和认知语言学对隐喻加工的关心远远超过对其他修辞法的关心的原因。隐喻加工已成为认知语言学的一个核心研究领域。

概念隐喻理论（conceptual metaphor theory）在 Lakoff 和 Johnson（1980a）合著的《我们赖以生存的隐喻》（*Metaphors We Live By*）中得到了详细阐释。它提出我们通过直接的身体感觉经验获得的知识非常有限，更多的概念都是以隐喻的方式被理解的。隐喻的本质就是借助一件相对具象、易懂的事去理解另一件相对晦涩、抽象的事，即从源域（source domain）向目标域（target domain）映射。比如，"理论基础不牢固"用关于建筑的概念（"基础""牢固"）描述理论，其间存在从建筑这一源域到理论这一目标域的映射，从而使得源域的结构模式（建筑有牢固性）可以被用在目标域的概念上（理论也具有牢固性）。隐喻化的思维广泛地存在，而我们正是通过这种方式构造了概念系统。换句话说，隐喻理解过程还是依靠感知觉和运动系统，或者说是具身的（Jr Gibbs，2005；Gallese & Lakoff，2005）。

以空间隐喻时间是不同语言和文化中普遍存在的概念隐喻之一，且我们会使用不同的空间框架来理解时间，比如"凛冬将至"视冬季为时间轴上移动的物体，未来的事件在我们前方，并向着我们运动（物体运动的参照系）；"回到过去"则暗指说话人自己在时间轴上移动，且默认的前方是未来（自我运动的参照系）。Boroditsky（2000）首先在空间上引发这两种参照系之一的启动，随后让参与者解释一句在英语中模棱两可的句子，比如："The meeting originally scheduled for next Wednesday has been moved forward two days"。结果发现，大部分参与者会以启动一致的参照做出回答，即接受了"物体运动"启动的参与者认为会议定在了下周一,而"自我运动"启动条件下的参与者更倾向于认为会议定在了下周五,可见空间和时间概念结构的一致性映射影响了个体对时间的感知。

除了强调认识论的概念隐喻理论,隐喻加工相关的主要理论还包括从范畴和类比出发的两派学说。范畴归纳论认为,"A 是 B"这种常见隐喻表达(如"隔离就是坐牢")如同非隐喻表达(如"钢琴是乐器")一样,反映了一种对包含关系的论断。首先,我们通过"坐牢"通达"陷入失去自由、令人痛苦的境地"这一更高层的范畴;随后,"上班"这个概念被分派到这个范畴内(Glucksberg & Keysar, 1990)。结构映射理论(structure mapping theory)则认为,隐喻加工的机制和类比很接近(Gentner, 1983),我们通过源域和目标域的概念间一些表面特征的相似对两个概念域的结构关系进行了对应。基于这两派理论,Bowdle 和 Gentner(2005)进一步提出两者可能适用于隐喻理解的不同阶段:新异的隐喻通过类比来理解,而熟悉的隐喻通过范畴归纳来理解。近年来,一些行为学和神经影像学研究对以上假说分别进行了验证。例如,和先前研究中观察到的类比的核心区域——外侧额叶皮层相比,多项研究显示隐喻加工主要激活了双侧额下回和颞叶等语义加工区域,而很少有研究直接观察到外侧额极的激活(Hobeika et al., 2016),无论是新异的隐喻还是熟悉的隐喻(Cardillo et al., 2012),这些结果都对"类比"或者不同阶段的假说进行了质疑。另外,多个研究观察到新异隐喻加工涉及更多的右脑活动(Cardillo et al., 2012; Mashal, et al., 2007; Rapp et al., 2012; Yang, 2014),那么右脑相关脑区在隐喻中起到了什么作用?在哪种情况下具有必要性?目前,我们对这一问题及其他很多相关问题还没有足够深入的认识,有待进一步深入研究。但隐喻研究无疑促进了我们对概念合成及更复杂的语言和思维能力的进一步了解。

三、概念表征研究的难点

意义表征是认知科学的核心问题,从前科学时代到此时此刻,哲学、语言学、心理学、神经科学和计算机科学等都从各自的视角对概念、语义进行了探索。但至今,我们对概念表征与加工的基于实证研究的认识仍然非常有限。读完本章后,你的大脑中可能还有很多问题,但这也意味着这一领域的研究将在未来长久延续。概念和语义问题的特殊困难性在于研究对象本身的抽象性。概念不是一块静止不动的石头、一次显而易见的泪水分泌或古籍中的白纸黑字,仅仅是对概念的意义的思辨就遍布人类思想史。在问题的另一个端点,比起感觉、运动乃至其他高级认知过程,概念表征和加工涉及的脑区极其广泛,使得我们对这一认知活动机制的解释,甚至是对神经现象的单纯描述,都变得困难重重。大量脑区的参与意味着我们很难缩小关于神经基础的问题空间,也无法通过穷举法破解这些区域活动的组合模式。同时,由于许多概念是人类特有的,语言也是人类特有的认知能力,我们很难像视知觉或者工作记忆领域那样从动物研究中获得可以直接应用或借鉴的研究成果。总之,概念的心理与神经表征这一问题的两端,即"概念"和"表征",都充满谜团,但我们每个人都或多或少可以直觉地感受到解决这个问题对理解人类本质的关键意义。

如果说来自哲学和语言学等领域的理论框架能指导我们建立科学假设,那么计算语言学、计算机科学又将为解决这一问题提供了软硬件的基础建设。与传统取向相比，自然语言处理将关乎表征本质的理论争议放在一边，从语料入手，将概念表征的定义变得相对客观并具有可量化研究的可能。从建立足够丰富的语料库开始，通过不断迭代更新的算法将词乃至词水平以上的语义单位进行向量化的表征。其内在逻辑是，既然人类的语言行为受到语言的意义的制约，那么就可以通过分析语言行为的产物，即文字或言语，学习到其蕴含的语义特征。此时，机器学习得到的、机器可理解的语义特征已不必然是人类理解的"毛茸茸"或"会咬人"等，这些特征不仅覆盖更广泛的语义空间，而且生成方法相对自动化，更重要的是，它们在许多语言任务中都有较好的表现，这是效度的体现。本章第三节也列举了一些利用向量表征解释神经表征的研究实例。尽管这一方法论并不关心语义在我们的思想器官中的现实表征，但无论是语料库还是向量表征模型，都为我们提供了一个研究心理与神经表征的量化参照物。脑科学与人工智能的相互启发和促进早已在许多研究问题领域发生，也许在未来，"概念和语义的形成、组织方式与内在机制""让机器明白人类的思考方式"也能成为一对互相帮助的伙伴。

关键术语

概念　concept
语义　semantics
范畴　category
范畴化　categorization
典型性效应　typicality effect
原型范畴理论　prototype theory
家族相似性　family resemblance
样例理论　exemplar theory
特征表理论　feature list theory
上位概念　superordinate concept
下位概念　subordinate concept
词汇联想任务　word association task
命题　proposition

意象图式模型　image-schematic model
命题模型　propositional model
理想认知模型　idealized cognitive model
具身认知　embodied cognition
镜像神经系统　mirror neuron system
范畴特异性语义加工缺陷　category-specific semantic deficits
语义性痴呆　semantic dementia
分布式表征　distributed representation
轮辐模型　hub-and-spoke model
概念隐喻理论　conceptual metaphor theory
结构映射理论　structure mapping theory

知识要点

- 经典范畴理论的局限性
- 原型范畴理论、样例理论与经典范畴理论的区别
- 扩散激活模型相对于层级网络模型的优越性和相应的行为学证据

- 对婴儿概念学习的研究中常用的行为学范式
- 婴儿概念学习过程中的基本阶段和关键成就
- 具身认知
- 体现了概念能以模拟的形式被表征的行为学和认知神经证据
- 抽象与具体语义概念的表征差异
- 范畴归纳论和结构映射理论对隐喻加工的解释

第四部分　人类高级认知

第九章
语　言

前几章讨论了概念、记忆、知觉等重要的心理加工过程，本章关注人类的高级认知功能——语言。语言是一个符号系统，是一组使人类得以交流的规则。写出来或说出来的词都是符号，而规则规定了词以何种顺序形成句子（Harley，2008）。语言符号具有任意性，即音和义的结合是任意的。交流是语言的首要功能，除此之外，我们还可以使用语言来思维、记录信息、表达情感、表达团体的身份认同等。语言加工是心理学家和语言学家十分感兴趣的认知过程之一。研究者关注很多问题，例如，语言过程有哪些重要的理论假定？基本单元词汇是如何被识别的？语言理解是如何进行的？语言产生和沟通是如何进行的？这些加工背后的神经基础是什么？本章将依次介绍上述内容。

具体来说，本章第一节介绍关于语言及语言加工的一些基本假设；第二节讨论读和听的过程中的词汇识别；第三节介绍与语言理解有关的句子加工的理论模型，随后扩展到语篇（discourse）加工的理论模型；第四节将重点放到语言产生与沟通的相关问题上，介绍口误的几种类型及与语言产生有关的语言障碍，并介绍与言语产生有关的理论模型。

第一节　语言过程的基本假设

本节介绍语言过程背后的基本假设，包括语言先天性假说、模块化理论、沃尔夫假说及相关的实证研究证据。语言先天性假说试图解决语言认知过程的起源，从发展的视角探讨个体如何学会并掌握一门语言；模块化理论试图解决语言认知过程与其他认知过程之间的关系问题，从共性与差异的视角探讨语言过程是否为独立的；沃尔夫假说则试图阐释语言经验与语言学习对个体认知过程的影响，从语言类型学的视角探讨语言、知觉与思维之间的关系。

一、语言先天性假说

仔细观察儿童的语言获得，我们可能会对儿童语言的获得速度感到惊叹。从大约16个月大起，儿童每天获得至少10个新词语。到5岁时，儿童已经掌握了他们母语中绝大多数的语法规则。Chomsky（1965）认为，这说明人类语言是先天的，即人类具有语言获得装置，这个装置由句法结构的先天知识组成，儿童通过父母和他人提供的语言环境，获得语言环境的暴露和经验，这些经验决定了儿童会获得哪种特定的语言。

语言的某些方面是天生的说法，已经有了令人信服的证据。有研究报道了语言可以从几乎完全没有语言经验的群体创造出来的直接例子（Senghas et al., 2004）。这项研究观察的对象是尼加拉瓜特殊学校的听障儿童。令人惊奇的是，这些听障儿童创造出了一种新的手语体系，并将其扩展为一种基础的手语。这种新手语与西班牙语和正常儿童手语之间没有什么联系，因此可以认为是一种与其他语言没有什么关系的新创造的语言。这似乎说明人类先天就有获得语言（包括语法规则）及利用语言与他人交流的动机，但是这些发现并未提供有关语言获得装置这一概念的强有力证据。

基因的研究取向则通过另一种方式揭示了先天因素在语言中的重要作用（Grigorenko, 2009）。其中最重要的证据来自有关伦敦 KE 家族的研究。这个家族的三代人中有 50% 的成员患有严重的语言问题（如言语理解困难、言语迟缓和不合语法、句子语法判断能力低下等）。基因研究表明，KE 家族成员中发现的复杂语言障碍受到一种名叫 FOXP2 的特定基因的调控。更特别的是，这种基因的变异只存在于患病的家族成员身上，没有患病的成员并不存在这种变异。随后，研究者在类似语言障碍患者身上也发现了 FOXP2 基因的变异（MacDermot et al., 2005）。FOXP2 这一基因很可能参与到了语言发展背后的脑机制中。KE 家族中患病成员在控制他们的舌头和说话时有困难，说明这个基因可能与发音系统的精确运动有关。

但是，许多专家并不认为存在先天语法，他们强调环境变量扮演着重要角色。一个重要的例子是儿向语，这是母亲和其他成年人对小孩子说话时使用的简化句。研究表明，儿童可以学习理解说话人因不同听话人而改变语气的语句，体现了儿童语言发展中后天环境的作用。对儿童自发语言的纵向研究表明，语言是逐渐发展的，许多语言结构（包括那些符合先天原则的结构）可能要到很晚才能掌握（Crain & Thornton, 2000）。有关语言先天性假设的探讨，从个体发展的角度提出了语言认知过程的形成、变化与变异。

二、模块化理论

在认知心理学中，模块化问题有两层含义。第一层含义关系到语言加工系统与一般认知系统之间相互独立的程度。模块化理论认为，语言加工系统是一种独特的认知能力，不能归结为一般的认知原则（Fodor, 1983），这是 Chomsky 在一些著作中坚持的立场（Chomsky & Katz, 1975）。在第二层含义中，模块化理论认为，语言的子系统，如语义和句法是独立运作的，而不是相互作用的。例如，在理解句子（clause）时，人们首先应用句法原则，然后才利用语义知识。与模块化相对的另一种立场则主张语言和一般认知过程之间存在密切关联，强调诸如工作记忆、自动处理和并行处理等概念在语言理解、产生和习得中的作用，以及语言内部各子系统之间的交互作用，如认为句法和语义是同时使用的。

言语感知也许是语言作为一个特殊模块的最佳说明。的确，语音感知的某些特定属性可以反映领域的独特性，即只适用于语音的感知，而不适用于音乐或艺术的感知。但是，来自认知神经科学的证据却并未能充分地支持这一观点。有研究者发现，语言加工网络与执行控制的相关脑区，如额叶、顶叶和皮层下结构（如布罗卡区和基底神经节）部分重合。语言加工中的控制过程与感知和注意中的控制过程也有着部分共同的神经基础（Ye & Zhou，2009）。Fedorenko（2014）指出，虽然可以承认"核心"的前颞部语言区在空间和功能上都与一般领域的前额-顶叶多重需求系统不同，但未来的工作应该倾重于描述在语言理解过程中一般领域的认知控制机制在何时及何种情况下介入，并且说明这种介入的确切作用。有关模块化问题的检验，为探讨不同语言信息之间的相互依赖关系与功能优先性提出了理论模型，并为参与语言活动背后的多种认知过程及其机制提出了可能的解释方案。

三、沃尔夫假说

Whorf（1956）的著名理论，即语言相对性假设（即沃尔夫假说）指出了语言和思维之间的相互关系，具体而言，语言决定或影响了思维。

根据沃尔夫假说，对颜色的分类与记忆可能会随个体的母语发生变化。Roberson 等（2000）在一项巴林莫语（Berinmo）的研究中检验了范畴知觉，即相比同一范畴内不同刺激间的区辨，不同范畴刺激之间的区辨更为容易。例如，英语中有绿色和蓝色的分类，巴林莫语中有 nol（大致与绿色相似）和 wor（大致与黄色相似）的范畴。Roberson 等给参与者呈现了三种颜色的刺激，要求参与者从中选择两个最相似的。例如，有两种刺激在英语中通常被描述为绿色，而在另一种语言中被描述为蓝色。根据范畴知觉的概念，英语说话者应该认为与蓝色刺激相比，两种绿色刺激更为相似。同样地，如果将两种 nol 刺激和一种 wor 刺激呈现给参与者，巴林莫语说话者应该认为两种 nol 刺激更为相似。与假设一致，Roberson 等（2000）发现，语言决定了行为：两组参与者都表现出与自身母语相一致的范畴知觉（图9-1）。这一结果支持了沃尔夫假说。

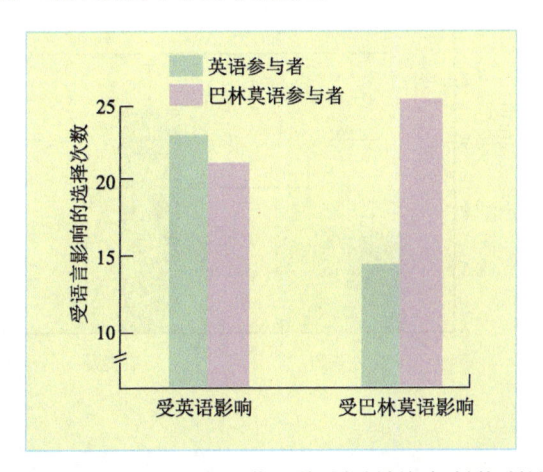

图 9-1　语言（英语与巴林莫语）对英语说话者与巴林莫语说话者判断相似刺激对的影响（Roberson et al., 2000）

有学者发现，范畴间颜色分类会受到语言经验的影响，而表现出右视野优势，支持了沃尔夫假说（Mo et al., 2011；钟伟芳等, 2016）。有研究者使用 Oddball 范式，呈现给汉语参与者一系列颜色色块刺激，其中包含一个有偏差的陌生颜色刺激（图 9-2），如一串浅绿色色块中出现偏蓝的绿（与浅绿属于同一颜色范畴）或偏绿的（与绿色属于不同颜色范畴），然后记录参与者看到这些刺激后的脑电活动。他们发现，在参与者的右侧视野中，由范畴内偏差诱发的视觉错配负性成分的振幅明显小于范畴间偏差诱发的振幅，但在左侧视野中没有观察到这种差异。这一方面表明偏侧化的沃尔夫效应本身是无意识地在处理的早期阶段发生的；另一方面，范畴间颜色分类可能会受到语言经验的影响，表现出右视野优势等（Mo et al., 2011）。有关沃尔夫假说的检验，提示了母语类型与个体认知风格、知觉方式和思维模式之间的关系。

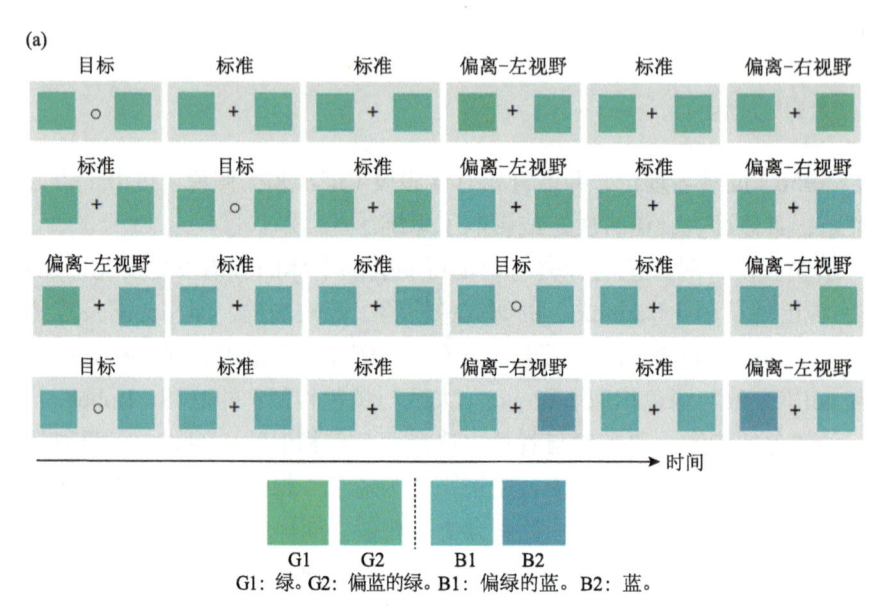

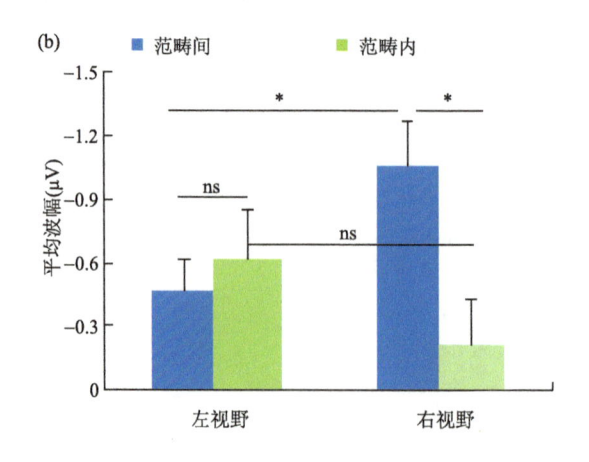

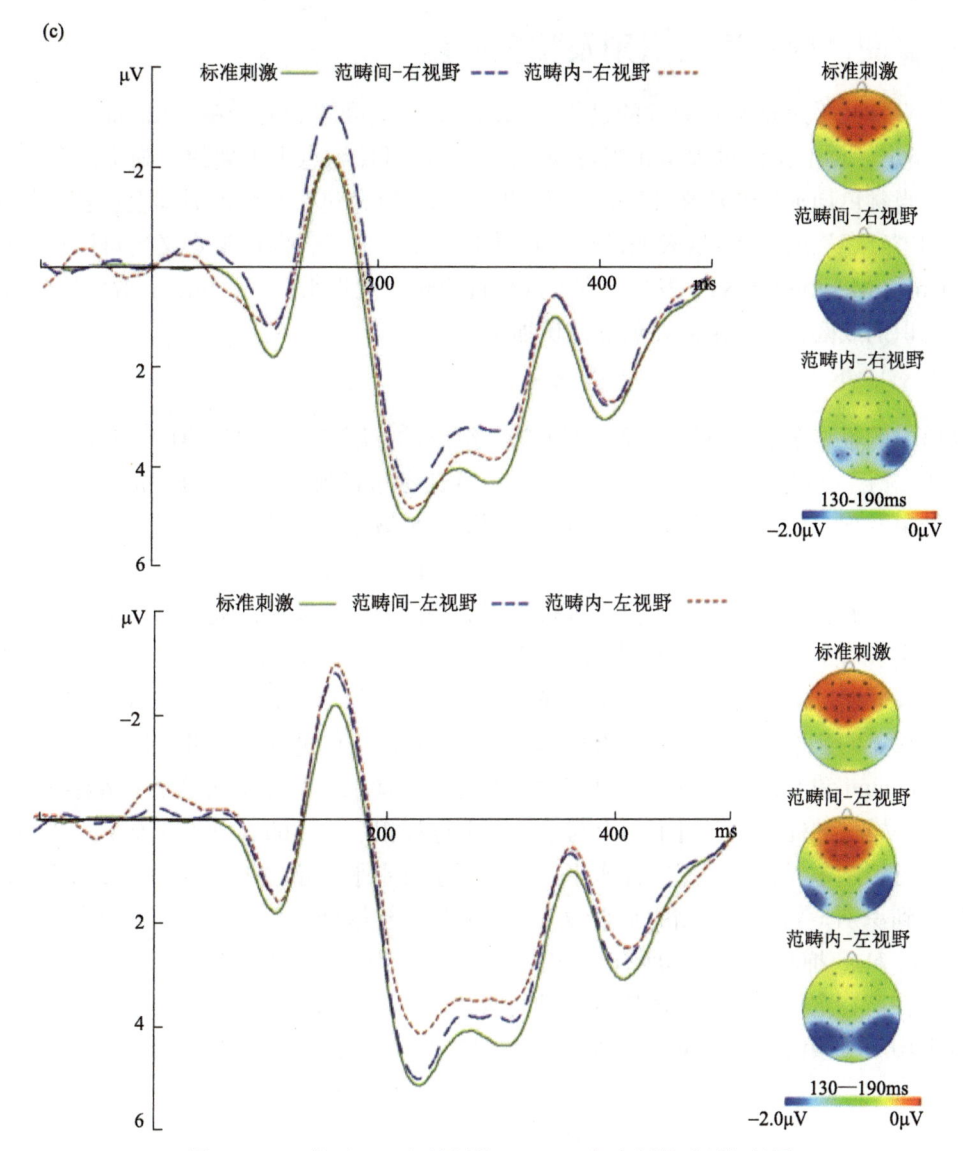

图 9-2　Mo 等（2011）使用的 Oddball 实验刺激示例与结果

第二节　词汇识别

　　作为汉语母语者，我们可以出声或不出声地读出多数汉语词语。这一过程看似简单，但其蕴含的加工过程却十分复杂。从看到书本上的词语，到成功地了解它的意义并读出它，这中间经历了什么？有哪些词汇的特征在帮助我们快速认读？一个字的音、形、义会发生哪些相互作用？单个词素的识别和整个词语的识别有无关系？更重要的是，在读不同的词（真词或假词、变化规则词或变化不规则词、高频词或低频词）时，我们会经历一模一样的加工路径吗？下面介绍阅读与口语过程中的词汇识别加工模型及相关的实证研究。

一、阅读中的词汇识别及相关模型

我们日常几乎感觉不到阅读的过程，那词汇识别需要多长时间呢？Rayner 和 Sereno（1994）指出，词汇识别过程是相当自动化的，是不可控和意识不到的。确实，在 Stroop 效应中，当颜色词本身的意义和印刷色不同时，对印刷色进行命名的时间会延长（如用绿色印刷的"红色"二字），这表明即使人们并非试图去加工，但词汇意义也可以被提取。Cheesman 和 Merikle（1984）发现，即使颜色词出现在意识水平下，Stroop 效应仍会出现，表明词汇识别或区辨不一定需要依赖意识加工。

（一）词优效应和交互激活模型

汉语中的很多字是合体字，即由多个部件组成。有研究给汉语母语的参与者呈现一个汉字，如"招"，但是将右下方的"口"抹去，并让参与者判断右下方抹去的是"口"还是"土"。结果发现，如果"招"的词汇单元在词汇水平被整体激活，就会增加"口"在部件水平的激活，并抑制"土"的激活，并相应地反映在参与者的反应时和错误率上。

从表面上看，对书写形式的词汇进行识别似乎需要两个阶段的先后参与：词汇中单个字母的识别、对字母构成的整个词语的识别。实际上，在词汇识别中，字母识别必须在词汇识别过程开始以前完成的说法并不正确。词汇识别中的词优效应（word superiority effect）就是一个重要的证据，这种效应是指整体词汇的信息可以促进词中字母的识别。

McClelland 和 Rumelhart（1981）提出了视觉词汇加工的交互激活模型来解释这种词优效应。这一模型的提出基于自下而上与自上而下过程相互作用的假设（图 9-3）：①在三个水平上都有识别单元，即底层特征水平、中间层字母水平、顶层词汇水平。②当字母的一个特征得到识别（如字母右侧的垂直线）时，激活会扩散到包含这个特征的所有字母单元（如 H、M、N），抑制会扩散到所有其他字母单元。③当词汇内的字母被识别时，激活会扩散到所有在该特定位置上包含该特定字母的四字母词语的词汇层，而抑制会扩散到其他词语的词汇层。④激活的词汇单元提高了字母层各字母单元的激活水平。

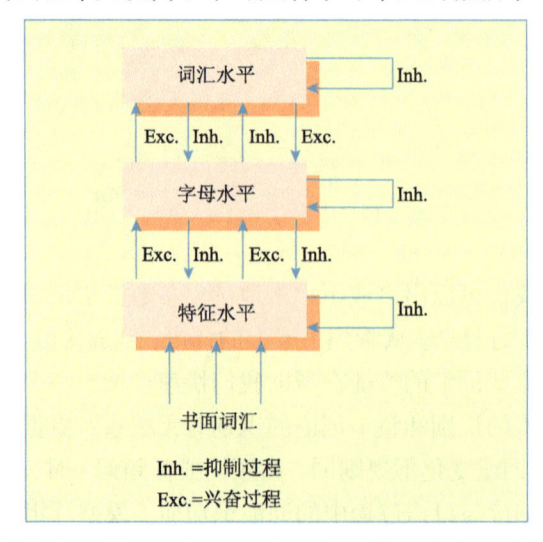

图 9-3　McClelland 和 Rumelhart（1981）的视觉词汇识别的交互激活模型

根据这一模型，自上而下的加工参与到从词汇水平到字母水平的激活和抑制过程。词优效应也是因为词汇水平自上而下地对字母水平的影响而存在。此外，识别一个词语的时间，部分取决于字形相似词（orthographic neighbours）的数量。例如，"拨"包括"拔""泼"等字形相似词，当一个词呈现时，这些字形相似词（基于特定词汇，可以通过改变其中一个字母形成的其他词汇）被激活，彼此产生竞争，从而增加用于识别它的时间。值得注意的是，词优效应不受词汇频率的影响（Günther et al., 1984）。

交互激活模型的影响力极大，是联结主义加工系统最早用于解释视觉词汇加工的一个重要范例。尽管可以解释词优效应等现象，但这一模型并不是用于解释词汇识别过程的，因此影响词汇识别的许多因素并没有涉及。例如，虽然语音加工也会参与词汇识别，但模型对此并没有加以考虑。此外，尽管相关语境的意义会影响词汇识别的早期阶段（Lucas, 1999; Penolazzi et al., 2007），但该模型也未考虑意义的作用。

（二）双通路瀑布模型和分布式联结主义模型

如果让你读一些由两个汉字组成的无意义假词（如"桌丁""灯互"），你能读得和真词（如"水杯""灯泡"）一样快吗？母语者阅读不同类型的词汇是否会遵循同样的加工路径？双通路瀑布模型（Coltheart et al., 2001）和分布式联结主义模型（Plaut et al., 1996）对此的解释完全不同。双通路瀑布模型认为，阅读真词与假词的过程各不相同。联结主义模型则假设，不同路径以相当灵活的方式来参与阅读过程，我们掌握的词汇声音、词汇拼写与词汇意义的相关知识，在阅读真词或假词时都会"全力以赴"地共同起作用。

1. 双通路瀑布模型

双通路瀑布模型（图9-4）是Coltheart等（2001）提出的。之所以将其称为"瀑布模型"，指的是信息在前一个水平处理完成之前，就已经从当前水平传递到下一个水平，信息源源不断地进行处理，就像瀑布的水流一样。根据该模型，书面词汇与言语加工之间存在两条主要通路，都是从字形分析开始（即识别词汇文本中的字母、对字母进行分组）。将字母转换为声音的加工过程有两条路径：一是基于词汇或词典（lexicon，有关词汇细节信息的存储，如拼写、语音、语义与句法知识）查找的路径；二是非词汇路径。如图9-4所示，非词汇路径是路径1，而词汇路径又被划分为两条（路径2与路径3）。一般认为，健康个体在出声阅读时可以同时利用两条路径，它们并非相互独立地发挥作用。但是，视觉词汇命名通常主要依赖词汇路径而不是非词汇路径，因为前一个路径起作用的时间通常更短。

（1）路径1（字素-音素转换）

以拼音文字为例，字素是书面语的基本单元，音素是口语的基本单元。字素是一个字母或者对应单个音素的字母序列，比如，pig中的"i"，ping中的"ng"，high中的"igh"（Coltheart et al., 2001）。路径1与其他路径的不同之处在于，其使用了拼写（字素）到声音（音素）的转换。

只使用路径1的患者被称为浅层阅读障碍者。浅层阅读障碍是在阅读规则词时出现特定问题的一种症状。字素-音素转换规则制约了个体，使他们可以产生符合拼写-声音对应规则的单词发音，但无法产出不符合转换规则的不规则单词的发音。如果像"pint"那样的不规则词具有字素到音素的转换规则，它应该有同"hint"一样的韵母发音，称为规则化。字素到音素的转换规则为假词的发音提供了依据。表面阅读障碍患者在阅读不规则词汇时产生困难（准确率较低）的主要原因是，他们过度依赖路径 1。如果他们也可以合理利用路径 3，应该能够正确读出认识的所有词汇，而不需要依赖这些词在语义系统中的任何知识。

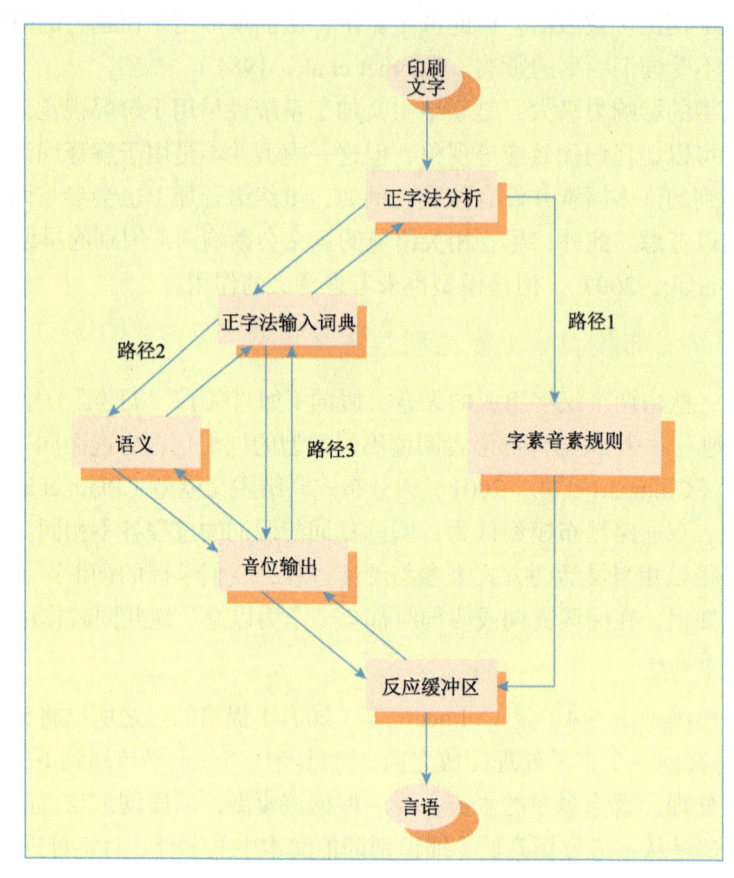

图 9-4　双通路瀑布模型的基本结构（改编自 Coltheart et al., 2001）

（2）路径 2（词典+语义知识）与路径 3（词典）

路径 2 的基本逻辑是，绝大多数熟悉词的表征保存在以字形输入的词典里。一个词语的视觉呈现会激活这一字形输入词典，随后经由语义系统词语获得意义，它的声音模式则通过语音输出词典产生。路径 3 包括字形输入与语音输出词典，但绕过了语义系统。阅读障碍患者的字形输入词典保持完好，意味着他们可以读出规则与不规则的熟悉词汇（能够使用路径 2 和路径 3）。但是，如果路径 1 存在困难，他们则不能使用字素到音素的转换规则，在读出不熟悉的词或假词时就会遇到困难。

语音阅读障碍患者表现出阅读假词及生词的特定障碍。首例被系统报道的语音阅读障碍患者 RG（Dérouesné & Beauvois, 1979）能成功读出 100%的真词，但只能读出 10%的假词。Funnell（1983）研究了一名患者 WB，WB 使用路径 1 比较吃力，因为他不能念出任何单个字母或假词的读音，他对词汇进行语义判断的能力也很有限，说明他在阅读词汇时不能有效地使用语义系统。但他可以读出 85%的词，可以推断他可能是通过路径 2 来完成该任务的。

然而，深层阅读障碍患者则是在阅读不熟悉的词汇时表现出特定困难，在阅读假词时非常吃力。这类患者最显著的症状是出现语义性的阅读错误（如将"ship"念成"boat"）。深层阅读障碍的可能原因是字素到音素的转换与语义系统存在问题。这可能与语言加工密切相关的左半脑出现损伤有关。

（3）计算模型

Coltheart 等（2001）采用计算模型来检验双通路瀑布模型。他们以词长为 1—8 个字母的 7981 个单音节词汇为基础，使用 McClelland 和 Rumelhart（1981）的交互激活模型来解释其模型中的字形成分，使用 Dell（1986）与 Levelt 等（1999）提出的模型来解释模型的输出或反应。经由词汇与非词汇路径加工而得到最强激活的发音最终得以命名。计算模型的结果表明，其中 7898 个词（99%）可以被正确读出。当该模型以 7000 个单音节假词呈现时，有 98.9%的词可以被正确读出。

该模型预测不同脑区参与不同的路径加工。Seghier 等（2008）比较了参与者在命名不规则词汇与假词时的大脑激活模式，以观察参与不规则词汇加工的词汇通路和与假词阅读密切相关的非词汇通路是否有所不同。结果发现，左侧枕颞区前部参与不规则词汇的阅读，而左侧枕颞区后部参与假词的阅读，这与阅读过程中存在不同通路的概念相一致。

Zevin 和 Balota（2000）认为，在命名词汇时，个体利用词汇与非词汇路径的程度依赖注意控制。他们先让读者命名低频不规则词或假词，随后命名目标词，其预期是命名不规则词汇会让参与者注意词汇信息，而命名假词会让参与者注意假词信息。结果的确证明在阅读目标词的过程中，词汇与非词汇通路的相对作用受到了已阅读词汇类型的影响。

双通路瀑布模型试图解释脑损伤与健康个体出声阅读的基本过程，该模型能解释表层阅读障碍与语音阅读障碍。根据这一模型，研究者也获得了一些认知神经科学的研究证据，以解释健康个体在命名与词汇判断任务中的表现（Seghier et al., 2008）。

框 9-1 双通路瀑布模型对汉字加工的启发

在阅读的双通路瀑布模型的启发下，研究者提出了汉字识别的某些研究问题（Zhou et al., 2009）：在阅读中文时，语音中介在多大程度上起到了制约语义激活的作用？汉字中偏旁部首的亚词汇处理如何促进整个字符的语音激活？就汉字的研究来看，大多数汉字（形声字）是由语义部首和语音部首组成的，这些部首处理对整个汉字的识别起着重要作用（Tsang & Chen, 2009）。一般来说，语义偏旁为整个汉字的语义类别提供线索；语音部首通常是有意义的字符本身，为整个字符的发音提供线索（即在字层面编码语音信息）。

Zhou 和 Marslen-Wilson（1999）的研究发现，在熟练的中文阅读中，语义获取受语音和正字法相互作用的制约，在熟练的中文阅读中，亚词汇处理既是一个语音事件，也是一个语义事件，当目标与嵌入启动词中的部首有语义关系时（如"风"启动"雨"），甚至启动词本身与目标没有语义关系时（如"枫"启动"雨"），正向的启动效应都可能发生。

2. 分布式联结主义模型

双通路瀑布模型假设，不规则词与假词的命名需要不同路径的参与。Seidenberg 和 McClelland（1989）首次提出了分布式联结主义模型。该模型认为，各种类型的字母串（词与假词）的命名都需要用到系统中与拼写-声音对应关系相关的知识。一个字母串所有可能发音之间的冲突，是由基于字母串与所有已知词汇及其发音之间的相互合作和竞争等相互作用来解决的。Plaut 等（1996）进一步指出，词汇与非词汇的命名主要基于高度交互的系统实现。这条路径被称为分布式的联结主义路径或三角模型（图9-5）。三角形的三条边分别为字形（拼写）、语音（声音）与语义（意义）。从拼写到语音有两条路径：①从字形到语音的直接通路；②从字形经由词汇意义的中介再到语音的非直接通路。

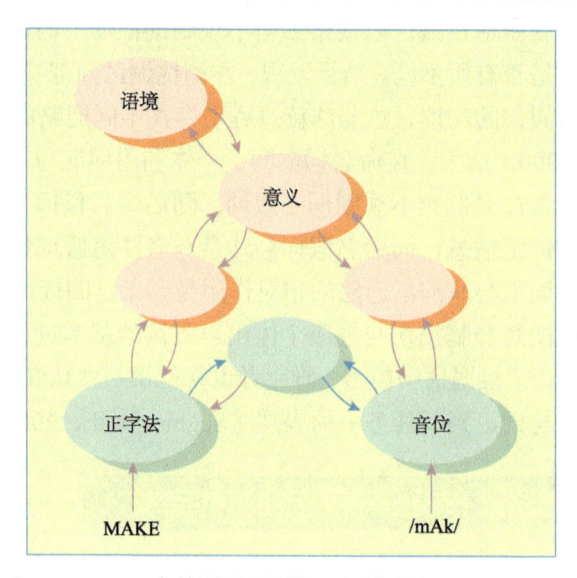

图 9-5　Seidenberg 和 McClelland 有关词汇识别的三角模型（Seidenberg & McClelland，1989）

Plaut 等（1996）采用计算模型，对阅读行为进行了成功模拟。当字母和字母组合的视觉形式（字素单元）与相应的音素（音素单元）建立起连接时，网络模拟可以学会如何准确地产出词汇。该网络通过反向传播的方式，也就是通过对系统中实际的输出与理论正确的输出进行比较来学习。训练结束时，网络的表现与成年阅读者之间存在许多相似之处：①输出不一致的词汇要比输出一致的词汇花费更长的时间。②输出生词比输出常见词需要花费更长的时间。③词频与一致性之间存在交互，一致性效应大于低频词与常见词之间的效应。④该网络能对超过90%的假词进行正确发音，已达到成年读者的水平。

一致性是指一个词与拼写相似的词汇之间在发音上的一致程度。例如，词根"-ust"的一致性较高，因为不管它在哪个单音节词汇中都以相同的方式发声，所以在假词"nust"中的发音也是一致的。相反，词根"-ave"的一致性较低，因为它在不同的词汇（如"save"和"have"）中以不同方式发音，因此假词"mave"的一致性较低。Plaut 等（1996）指出，相比一致性低的词与假词，一致性高的词与假词发音更快、更准确，因为后者有更多可获得的知识来支持该词汇的正确发音。相比之下，双通路瀑布模型则将词汇划分为两种类别：规则词（遵循字素到音素的转换规则）和不规则词（不遵循相应的规则）。

词汇的语义知识在 Plaut 模型中扮演了什么角色呢？通常情况下，从字形经过语义到语音的通路比从字形到语音的直接通路慢。根据分布式联结主义模型，语义知识很可能会影响不一致的词汇，对于这些词，要花费更长的时间来命名，且为语义知识起作用提供了更多的机会。McKay 等（2008）训练参与者出声阅读假词（如"bink"），他们设计了 2（一致性假词，非一致性假词）×2（语义条件，非语义条件）的实验。具体来说，有些假词是与拼写预期相一致的，而另一些是与拼写预期不一致的。另外，他们让参与者学习某些假词的语义而不学习其他假词的语义。结果完全符合上述模型的预测，即在不一致假词的情况下，语义条件（学会发音）中假词的出声阅读相比非语义条件更快（图 9-6）。但是，在一致假词的情况下，出声阅读的速度在语义和非语义条件下没有差异。

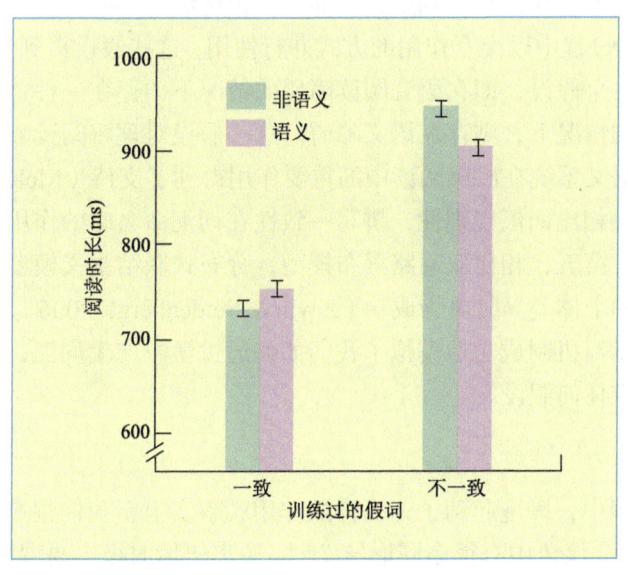

图 9-6　经过有意义（语义的）或没有意义（非语义的）学习的一致与不一致假词的平均阅读时间（McKay et al., 2008）

还有许多证据支持了一致性比规则性更重要这一观点。Jared（2002）直接比较了词汇命名任务中的规则性与一致性效应，结果清楚地表明：相比规则性，词汇命名时长受一致性的影响更大（图 9-7）。相比一致性假词，不一致性假词产出需要花费更长的时间（Glushko, 1979; Zevin & Seidenberg, 2006）。三角模型与双通路瀑布模型的核心差异在于规则性的假设，因此这些发现为三角模型而非双通路瀑布模型提供了支持。

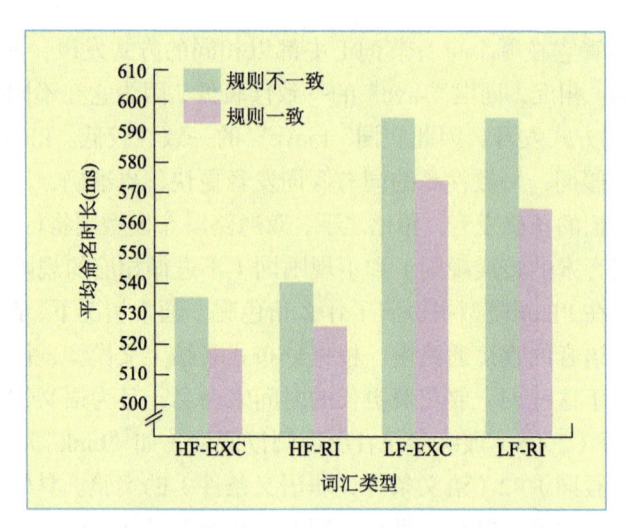

图 9-7　高频（HF）与低频（LF）词中不规则词（特例词：EXC）或不规则词与不一致词（RI）的平均命名时长。与每一种词相匹配的规则一致词的平均命名时长也显示在图中。一致词与不一致词之间的差异比规则词与不规则词之间的差异更大（Jared, 2002）

分布式联结主义模型在词汇识别解释方面有不少优势。第一，整个模型假设字形、语义、语音系统在阅读过程中以交互作用的方式并行使用，这些假设得到了实验证据的支持。第二，该模型提出一个假设，即在语音阅读障碍的情况下，存在一种普遍性的语音障碍；而在表层阅读障碍的情况下，则存在语义障碍。这一假设对理解阅读障碍具有重要意义。第三，该模型假设语义系统在出声阅读中的重要作用得到了支持（McKay et al., 2008）。第四，该模型假设，相比词汇规则性，拼写一致性在词汇命名时的作用更大，这得到了相关实验证据的支持。第五，相比双通路瀑布模型，分布式联结主义模型在解释假词的一致性效应及假词命名的个体差异时更为成功（Zevin & Seidenberg, 2006）。第六，分布式联结主义模型利用外显学习机制成功地模拟了我们如何通过学习产生词汇，而双通路瀑布模型对学习的机制并没有任何假设。

（三）语义启动效应

在词汇识别过程中，语境起到了什么样的作用？事实上，我们很难否认语境对词汇识别的影响。举个例子，汉语中有很多同形异义词，脱离语境时极容易混淆，如"重读[chóng dú]"，"重读[zhòng dú]"，但在语境中其意义一目了然，如"重读名著，温故而知新"或"这个音需要重读"。

Meyer 和 Schvaneveldt（1971）让参与者判断字母串是否能组成单词（词汇判断任务），结果发现，相比语义无关词[如"bread"（面包）]或无启动词的条件，当先前语境或启动词是语义相关词[如"nurse"（护士）]时，词汇判断[如"doctor"（医生）]时间会缩短。这就是语义启动效应（semantic priming effect），即当受到语义相关词语启动的时候，词汇识别可被促进。进一步的证据来自 Penolazzi 等（2007）的研究，他们操纵了目标词在句子中的可预期性（比如，不可预期词"around"，可预期词"near"），如"He was around the corner."

在目标词出现以后的 200ms 内，词汇是否被预期表现出 ERP 效应的差异，说明语境会快速影响目标词的加工，进而影响目标词的通达。

过去的研究发现，语境会立即影响加工，但这并不意味着与语境不一致的意义总是在加工早期就被拒绝。Chen 和 Boland（2008）对同音异义词加工进行了探究。他们选择了具有主导意义和非主导意义的同音词（如 /ˈflaʊər/ 这个读音对应的词，"flower" 是主导意义，"flour" 是非主导意义）。参与者收听一些句子，其中语境改变了同音词非主导意义的理解，如 "The baker had agreed to make several pies for a large event today, so he started by taking out necessary ingredients like milk, eggs and flour（面包师已经同意为今天的一个大型活动制作几个馅饼，所以他首先拿出了牛奶、鸡蛋和面粉等必要的材料）"。在句末同音词开始时，参与者看到 4 张图片。在例子中，一张图片显示了几袋面粉（对应词语是 "flour"），而另一张图片显示了盛开的花朵（对应词语是 "flower"），结果表明，即使语境清晰地表明 "flower" 并不是该同音词在语境下的意义，参与者仍表现出看盛开花朵图片的倾向。总之，语境通常会对词汇加工产生快速的影响。

二、言语听觉机制与口语词汇识别

前面讨论了词语默读和出声阅读背后可能的加工机制，下面分析言语感知。口语和书面语词汇识别的不同点在于，前者的语言单位是以听觉形式输入的，所以需要解释这些词汇从语音输入到整合进会话模型的全过程是如何进行的。与视觉信号相比，语音信号更容易夹杂噪声，对听话人接收真正信号意义的挑战很大。以听觉形式输入的言语信号也可以划分层级和单元，这些信号单元与同级、上级、下级单元的关系，如竞争、激活、抑制、通译受语境效应的影响等，都是需要考虑的重要问题。

（一）言语感知的过程

参与言语听觉的认知过程比我们想象的复杂（图 9-8）。Cutler 和 Clifton（1999）指出，语言学家将言语描述为一连串语音单元，语音单元（音素）是口语中可以按顺序说出来的最小单位，如单词 key /ki:/ 和 sea /si/ 都包含两个语音单元，但它们在第一个音素上有差异。

言语感知的第一阶段是听觉信号解码，即将言语信号从其他无关的听觉输入中分离出来（如环境噪声）。第二阶段是识别言语信号中包含的音节或音素。第三阶段是词汇识别，大多数口语词汇在音素层面与许多其他词汇相同，听话者难以区分，因此词汇识别也不是一个简单的过程。第四和第五阶段都强调言语理解，其中第四阶段的焦点是话语理解，包括基于个别词汇及这些词的语序信息构建句子的连贯意义，第五阶段的重点则是将当前句子与先前语境进行意义整合，以构建有关说话者信息的整体模型。

言语信号中的有效信息可以通过光谱仪来记录。声音通过麦克风进入光谱仪，并转化为电信号。这个信号进入窄带滤波器，最终光谱仪生成随时间变化的、不同频段的可见记录，也被称为频谱图（图 9-9）。该图提供了言语中的共振峰信息，即在说一个音素时发声器官强调的频带信息。元音有 3 条共振峰，从最低频的共振峰开始，分别标记为 1、2、3。

元音的频率普遍低于辅音的频率。

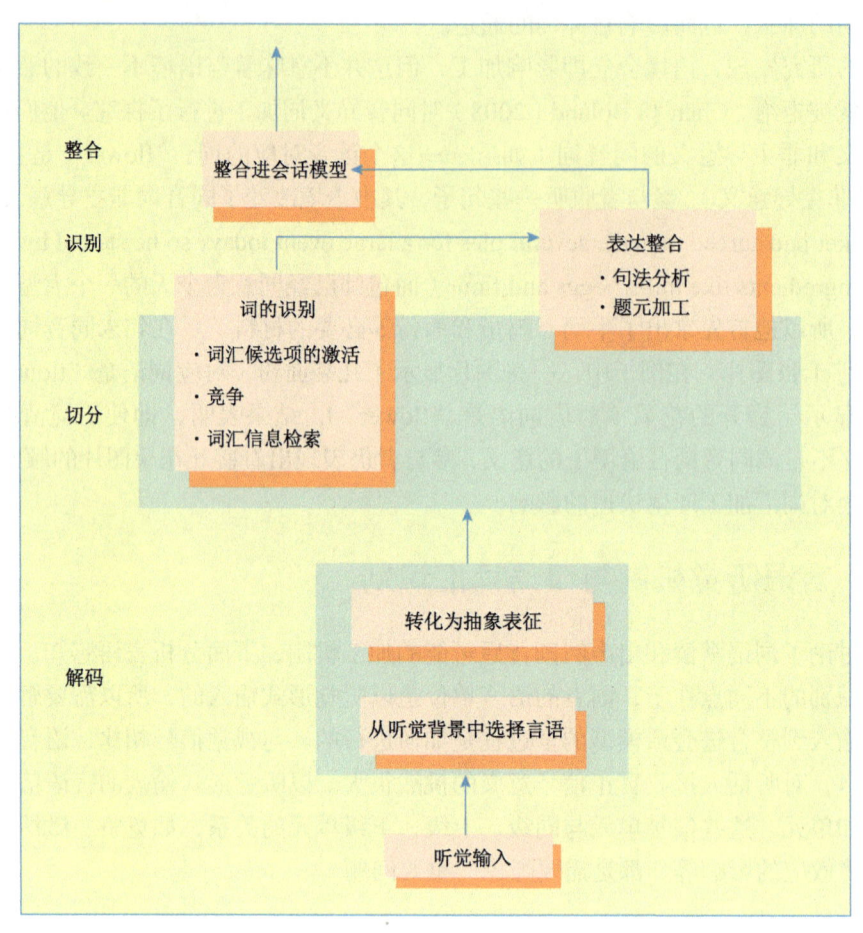

图 9-8　言语感知与理解的主要过程（Cutler & Clifton，1999）

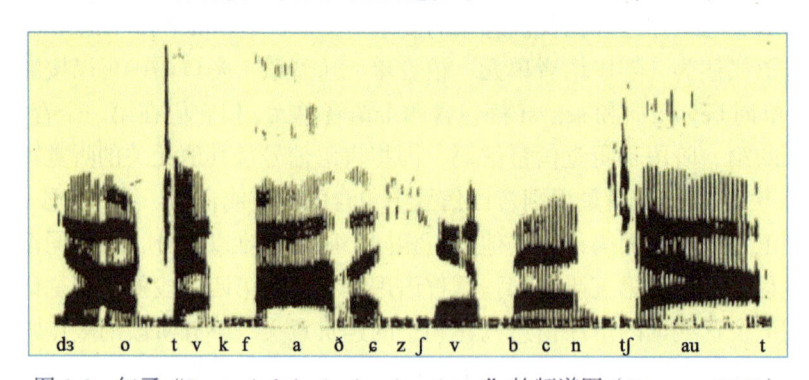

图 9-9　句子"Joe took father's shoe bench out"的频谱图（Tartter，1986）

（二）听话者面临的挑战与应对

在言语理解过程中，听话者面临着不同的挑战：①言语以大约每秒 10 个音素（即基本的言语声音）的速度产出，因此听话者需要对言语进行快速加工。②切分的困难，即听话者将连续的言语声音流划分为独立的音素与词汇面临的困难，这是因为言语通常包含了连续变化的语音模式，几乎没有静默的片段。③协同发音（co-articulation）。一个音素的发音会因受到临近音素的影响而发生改变（Ladefoged，2001），导致识别困难。④不同听话者的言语理解存在显著的个体差异。研究发现，听话者在加工一个说话者和多个说话者的语言时，大脑的激活模式显著不同。在不同时间与几个说话者接触时，听话者会通过主动调整其注意来应对他们听到的不同声音（Wong et al.，2004）。⑤在日常生活中，听话者必须适应衰减的言语（Mattys & Liss，2008），使言语发生衰减的条件包括有其他人在同一时间交谈或有令人分心的声音（如环境噪声）存在。

以上我们总结了听话者言语理解面临的挑战，接下来分析听话者的应对方法。

1. 唇读：McGurk 效应

听话者通常使用唇读这种额外的信息来帮助自己理解，McGurk 效应就是一个重要的例子（McGurk & MacDonald，1976）。研究者准备了某人重复说"ba"的录像，然后改变声音通道，使重复说"ga"的嗓音与说"ba"的嘴唇运动同步。此时听话者会报告他们听到了"da"，即产生了视觉信息与听觉信息融合的效应。McGurk 效应会受到刺激物理特征、注意分配、个体对视听信息的依赖程度、视听整合能力、语言文化差异的影响，涉及的认知过程包括早期的视听整合（与颞上皮层有关）及晚期的视听不一致冲突（与额下皮层有关）（罗霄骁等，2018）。

2. 切分问题的解决

在解决切分问题（segmentation problem）时，听话者会使用不同的非词汇线索帮助他们把听到的言语切分为不同的成分词，并确认这些词汇是什么。

第一，言语声音的特定序列（如汉语中的<k, i>，英语中的<m, r>）从来不会同时出现在一个音节中，这样的序列出现提示可能存在词汇边界（Dumay et al.，2002）。

第二，切分会受到词汇的制约。例如，因为/f/不是英语词汇，所以听话者从"fapple"中识别"apple"很难，但听话者从"vuffapple"中觉察词语"apple"相对容易，因为"vuff"可以被认为是一个英语单词（Norris et al.，1997）。

第三，重读。例如，在英语中，大多数内容词（如名词、动词）的起始音节经常被重读。当起始词汇串的音节未被重读时（如"conduct ascents hill"），听话人常会听错，如"conduct ascents hill"通常被错误地知觉为无意义的句子"A duck descends some pill"（Cutler & Butterfield，1992）。

第四，协同发音的程度为词汇边界提供了有效的线索，可以帮助听话者预期下一个出现的音素类型，而且词汇内部的协同发音多于它们之间的协同发音（Byrd & Saltzman，1998）。

3. 范畴感知

范畴感知（categorical perception）是指听话者感知言语刺激属于哪个特定的范畴。不同音素范畴之间一般存在明显的边界，但是范畴感知是相对的，范畴感知的存在并不意味着我们无法区分属于相同音素范畴的不同声音。例如，日语中不区分/l/与/r/，这些声音对日语母语的听话者来说就属于相同的范畴，难以区分（Massaro，1994），但对汉语母语的听话者来说，由于存在/l/与/r/的音位区分，二者属于不同的音位范畴，区分就比较容易。另外，听话者在判断两个音节是否相同时，相比不同的声音，对相同的声音判断更快（Pisoni & Tash，1974）。此外，言语感知与其他类型的听觉感知不同，相比感知其他类型的声音刺激，言语感知有明显的左半球优势。

4. 语境效应

声音或词汇的识别受到其所在语境的影响，但是关于语境效应的时间进程，不同的理论却存在争论。下面先讨论相邻声音的语境效应，然后讨论句子语境对声音的效应。不同类型语境效应的时间进程可能并不相同，相邻声音的语境效应依赖相对早期的感知过程；而句子语境对歧义音素识别的影响涉及感知以后晚期过程的参与。

语境来自相邻的声音，又称词汇识别迁移（lexical identification shift）效应。Ganong（1980）探讨了音素的范畴感知如何受到语境的影响。他给听话者呈现了从真词（如"dash"）到假词（如"tash"）的不同声音。他发现语境可以引发词汇识别迁移效应，相比假词，真词中存在多种产出可能性的起始音素，更可能被听话者知觉为特定的音素范畴。Pitt（1995）进一步发现，语境对词汇识别的影响依赖初期的感知过程而非后续发生的过程。

语境也可以来自句子层面，如音素恢复效应（phonemic restoration effect）的产生就源自句子语境的作用。Connine（1990）发现，即使采用噪声掩蔽，口语句子中的音素也可以被感知，其识别受到其所在句子意义（句子语境）的影响。与词汇识别迁移效应不同，句子语境在初始言语感知中并不会影响音素识别，而是在后期才会产生影响。Warren R M 和 Warren R P（1970）报告了基于句子语境的自上而下加工如何参与言语感知的证据。在他们的实验中，给参与者呈现一个句子，其中某一单词的一小部分声音被删除，并用无意义的声音替换。参与者听完句子后需要报告这个单词是什么。其所用句子如下：

> It was found that the *eel was on the axle.
> It was found that the *eel was on the shoe.
> It was found that the *eel was on the table.
> It was found that the *eel was on the orange.

结果发现，句子中关键成分（如*eel）的感知会受到句子语境的影响。在四种语境下，参与者报告他们听到的词分别是"wheel""heel""meal""peel"。实际上，关键的听觉刺激（*eel）都是一样的，唯一不同的只是下文中的语境信息。

（三）口语词汇识别的理论模型

口语词汇识别有几个重要理论，最早提出的是言语感知动作理论。言语感知动作理论认为，言语感知中的关键问题是解释听话者如何通过识别说话者的声带动作，从而在信息变化的言语信号中精确感知词汇（Liberman et al.，1967）。此处我们将重点放在队列模型与TRACE模型上。

关于语境这种自上而下的信息在口语词汇识别中扮演的角色，队列模型和TRACE模型有着不同的解释。最初的队列模型也强调口语词汇识别中自下而上与自上而下过程之间的相互作用，但随后 Marslen-Wilson（1990）修正了队列模型，更强调听觉刺激驱动的自下而上过程。相比之下，TRACE 模型认为词汇识别需要自上而下与自下而上过程的参与。这两个模型的主要区别在于，相比队列模型，自上而下过程在 TRACE 模型中扮演了更重要的角色。

1. 队列模型

（1）初始的队列模型

队列模型最初由 Marslen-Wilson 与 Tyler 在 1980 年提出，并在此之后修正过多次。我们首先介绍该理论假设的初始版本。

1）在词汇的听觉呈现早期，满足词首声音序列的词汇被逐步激活，如我们听到 pú 这个汉语语音，可以激活"葡萄""蒲公英""匍匐"等词语，这组词被称为"词首队列"。

2）如果队列中的词汇不再与继续呈现的词汇信息相匹配，或与词汇语义、语境信息不一致时，它们的个数逐渐减少。例如，虽然某些词语（英语中的"crocodile"与"crockery"）可能属于一个词首队列，但是在听到/d/这一音素时，与/d/无关的词就从队列中被排除。

3）继续加工被呈现的词，语境信息与来自词汇本身的信息逐渐减少队列中的词，直到最后只剩下一个。词汇独特点是指词汇从左边开始算起，直至确定只与某一个词相匹配的部分（比如，"开心果"中直至"果"才能把其他"开"打头的词汇排除）。不过，词汇通常可以因为语境而被更早地识别。

4）不同来源的信息（如词汇、句法、语义等）得到并行加工。这些信息相互作用，使口语词汇得到了有效分析。

Marslen-Wilson（1984）报告了词汇独特点对言语感知重要性的证据。听话者听到真词或假词并判断视觉呈现的字母串是否为词，他们发现声音序列中能决定与所有英语词汇不相同的音素出现位置越晚，听话者就需要越多的时间对假词做出判断。

队列模型还强调，词汇识别需要一定的时间进程，且可以激活数量逐渐减少的词汇队列，因此队列中的不同词可能存在竞争。Weber 和 Cutler（2004）发现，这种竞争的发生可能不仅限于母语词汇。他们让有良好英语基础的荷兰语学生识别与英语口语词汇对应的目标图片。结果发现，荷兰语学生注视干扰图片（与目标图片中英语人名发音相同的荷兰语人名）的时间更长。与母语词汇识别相比，非母语词汇识别会产生更大的干扰。

早期的队列模型强调了词汇起始部分的重要性，如果起始音素不清晰或有歧义，口语词汇通常难以识别。但有研究发现，起始音素与听觉输入不同的词并不会完全从队列模型中被排除。例如，即使口语词汇起始音素的感知受到干扰，讲法语的听话者仍能激活词汇，如听"focabulaire"可以激活词语"vocabulaire"（Frauenfelder et al., 2001）。

（2）队列模型的修正

Marslen-Wilson（1990, 1994）修正了队列模型。在最初的模型中，词汇要么在词汇队列里，要么在队列之外。修正后的模型假设，竞争词的激活水平不同，因此词汇队列的成员在激活程度上有差异。Marslen-Wilson（1990）假设词首队列可以包含具有相似起始音素的词，而非仅仅局限于具有呈现词起始音素的词；在初始版本中，语境会影响词汇识别的早期加工阶段。在修正版本中，词汇识别的语境效应只在相当晚的加工阶段出现。具体来说，语境只影响了词汇逐步进入句子表征的整合阶段。所以，修正以后的队列模型更强调自下而上的加工（Gaskell & Marslen-Wilson，2002）。

词汇队列成员具有不同激活程度的假设得到了更多证据的支持。一些研究支持了最强的假设，即语境只影响词汇识别的晚期阶段（Zwitserlood，1989）。研究者要求听话者在听到一部分口语词后，立即完成词汇判断任务，例如，当"cap_"呈现的时候，许多可能的词都会出现（如"captain""capital"），如果该词与某一可能词语（如"ship"）之间存在意义相关，则参与者的词汇判断任务表现更好。最重要的是，中性语境（如"with dampened spirits the men stood around the grave. They mourned the loss of their captain"）则无法避免竞争词（如"capital"）的激活。

以队列模型为代表的理论假设具有多方面的优势。第一，该理论假设口语词汇的准确感知需要对竞争词进行加工与拒绝。第二，口语词汇是顺序加工的，且该进程在听觉呈现词汇的过程中会发生改变。口语词汇通常被识别的速度及词汇独特点的作用，提示了序列加工的重要性。第三，这个模型的修正版本有更强的解释力：词汇队列中成员的激活水平有高低之分，而非全或无，与实验证据相一致。另外，修正版本更多地强调错误修正，假定相关的词汇不太可能在加工早期就从队列中被排除。

对队列模型的质疑集中在听觉词汇识别过程中语境信息的参与方式。根据修正后的队列模型，语境因素只对晚期整合阶段的加工产生影响，但这并不准确。因为只有在语境中等程度地制约词汇时，才可能表现出词汇识别的晚期语境效应，而强语境则会影响词汇识别的早期阶段（Magnuson et al.，2008；van Petten et al.，1999）。

2. TRACE 模型

基于联结主义原则，McClelland 和 Elman（1986）提出了言语感知的网络模型，即 TRACE 模型。该模型与 McClelland 和 Rumblhart（1981）早期的视觉词汇识别的交互激活模型相似，假设自下而上与自上而下的过程在口语识别过程中灵活地发生作用，各种信息来源在口语词汇识别中都会在同一时间被利用。自下而上的激活从特征水平发展到音素，然后到词汇水平，而自上而下的激活从词汇水平发展到音素水平，进而到特征水平。相比而言，队列模型绝大多数版本都假设自上而下的过程（如语境效应）出现在言语感知相对晚期的阶段。具体而言，TRACE 模型有下列理论假设：①模型三个水平都有单独的加工单元或节点，即特征、音素与词汇；②特征节点与音素节点连接，音素节点与词汇节点连接；③不同水平之间的连接是双向的，且均为兴奋性连接；④同一水平的不同单元或节点之间存在抑制性连接；⑤节点之间受各自激活水平与彼此之间连接强度的影响；⑥兴奋性与抑制性的影响在节点之间扩散并表现出特定的激活模式或痕迹；⑦被识别的词汇会受到竞争词激活水平的影响。

假如以词或假词方式向听者呈现目标音素，TRACE 模型预期，相比假词，词汇的识别成绩更好。这是因为在词汇条件下，存在着从词汇水平到音素水平的激活，这可以促进音素觉察。确实，Mirman 等（2008）让参与者识别词与假词中的目标音素/t/或/k/，发现当参与者听到的信息绝大部分是词时，他们会更关注词汇水平的信息，从而增加词优先应，这也有力地证明了言语感知中自上而下过程的参与。

McClelland 和 Elman（1986）将 TRACE 模型应用于解释范畴言语感知效应。根据这一模型，由于不同音素单元在音素水平上的相互抑制，音素之间的辨别边界变得更加明晰。这些抑制过程产生了赢者通吃的现象，即在其他音素被抑制的时候，一个音素可以变得相对活跃。基于该模型，McClelland 等用计算机模拟了范畴性的言语感知。

还有研究者（Norris et al., 2003）发现，音素觉察会直接受到自上而下加工的影响。他们选择了以/f/或/s/音素结尾的词汇，然后用听上去既类似于/f/也类似于/s/的歧义音素来替代原词中的/f/或/s/。之后，让听者听这些材料，并对他们听到的词尾音素进行/f/或/s/类别判断。结果发现，听者的分类会受到词汇语境的影响，在支持以/s/结尾的词汇语境下，强烈地偏向/s/的分类，反之亦然。因此，正如 TRACE 模型预期的，词汇水平中自上而下的加工影响了音素分类。

TRACE 模型的主要贡献如下：第一，该模型解释了包括范畴言语识别、词汇识别迁移、音素监控中的词优效应等在内的多种现象。例如，根据 TRACE 模型，是来自词汇水平的自上而下激活导致了词汇识别迁移效应（Ganong, 1980）。第二，该模型假设自下而上与自上而下的过程对口语词汇识别都有贡献，并对这两个方向过程的参与进行了预测。第三，该模型准确预测了词频效应对听觉词汇加工的贡献（如 Dahan et al., 2001），即高频词的相关干扰项的注视要多于低频词，且频率在加工早期就可能会影响注视。第四，该模型能很好地处理噪声输入的情况，因此对解释富含噪声变异的自然语言具有优势（Harley, 2008）。

TRACE 模型包含了许多不同的理论假设，因此可以解释许多发现，也正因为如此，有人质疑该模型过于灵活，可以解释任何结果（Harley, 2008, p. 274）。然而，该模型的检验仍然存在问题，比如，严重依赖基于少量单音节词的计算机模拟，在应用到大多数人使用的大规模词汇时，该模型的表现尚不清楚。该模型还忽视了一些影响听觉词汇识别的非音素信息，如字形（Perre & Ziegler, 2008）、音节长度等有助于决定听觉词汇感知的重要信息（Davis et al., 2002）。

框 9-2　视觉词汇理解中同音词的竞争与激活

回到语境作用这一问题。由前文可知，在汉语书面词汇识别中，语境扮演着重要角色，在口语词汇识别中，情况也是如此，如汉语有同音词"抱负""报复""融化""熔化"。张亚旭等（2003）利用这类词汇，使用自定步速逐词阅读的技术，考察了视觉呈现的同音异形词在语义识别中的抑制过程。他们给参与者呈现包含三个小句的材料。其中一组材料的第三小句含有第一小句的同音词（重复条件），如"他昨晚去看了一场评剧，是由一位著名的艺术家主演的，这张票作为凭据到时候可以派上用场"，另一组是第三小句不包含和第一小句的同音词（不重复条件），如"他昨晚去看了一场电影，是由一位著名的艺术家主演的，这张票作为凭据到时候可以派上用场"。这些同音词有一组是均衡型同音词（两种意义相对频率差不多，如"凭据""评剧"），另一组是偏向型同音词（两种意义相对频率区别明显，如"店员""电源"）。他们发现，重复条件下参与者对均衡型材料中第三小句第一区段的阅读时间增加，在偏向型材料中却未发现，说明均衡型同音词出现了对同音竞争词的抑制效应（见图）。

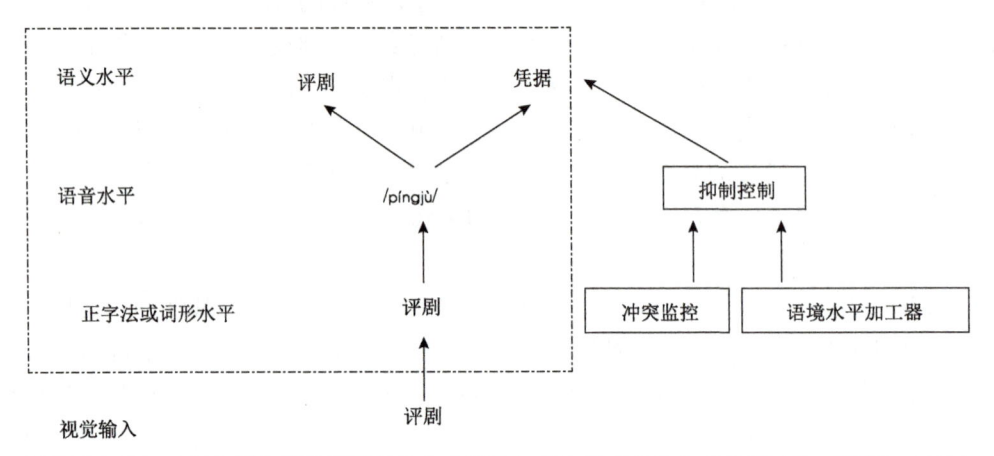

视觉语言理解过程中同音异形词语音的自动激活与不合适意义的主动抑制（张亚旭等，2003）

（四）脑损伤患者的口语词汇加工

下面探讨说话者在重复一个听到的口语词时的加工过程。重复任务看似简单，但对听力测试中表现正常的脑损伤患者来说却存在困难。基于这些患者的研究证据，可以帮助我们理解口语词汇重复内部过程的许多问题，如熟悉与不熟悉的口语词汇重复过程是否一致？在不通达意义的情况下，个体是否可以完成重复任务？等等。根据脑损伤患者的表现，Ellis等（1988）提出了口语词汇加工的理论解释（图9-10），将口语词汇理解分为五部分。①听觉分析系统，可以从言语中提取音素或其他声音片段。②听觉输入词典，即听者已知的、除语义之外的、有关口语词汇的信息。③语义系统，即词汇意义存储的空间。④言语输出词典，即词汇相关的口语形式。⑤音素反应缓冲器，即不同的声音形式。这些成分可以不同的组合方式来使用，因此，对于词汇重复任务，从听到直至说出口语词汇之间可以经过几个路径。具体来说，模型假设了三条不同路径。下面先讨论言语感知中的听觉分析系统，再讨论这三条路径。

纯词盲的患者无法感知言语中的词和假词，特别是当词中含有难以辨认的音素时。这类患者的损伤主要出现在听觉分析系统中，而在言语产出、阅读、写作中都不存在问题。他们在感知缺乏音素的非言语环境声音时表现也正常（如咳嗽、口哨声等），因此在听觉分析功能上表现出对非言语感知的高度选择性（Pinard et al., 2002），这证实了言语感知和非言语感知的分离。有研究发现，双侧对称的颞上回区域病变可能导致纯词盲（Slotwinski et al.，2020）。

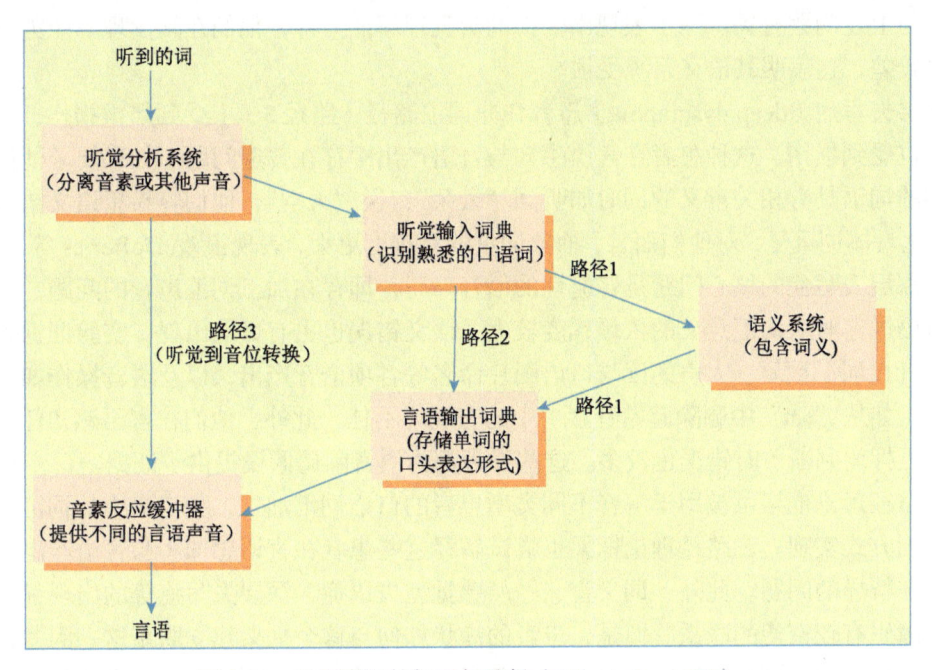

图 9-10　口语词汇的加工与重复（Ellis et al.，1988）

三路径理论框架的核心要点如下：个体在重复他们听到的词时，存在三条不同路径。这三条路径都包含了听觉分析系统和音素反应缓冲器，除此之外，路径 1 还包含口语词汇系统的三个成分（听觉输入词典、语义系统和言语输出词典），路径 2 包含其中两个成分（听觉输入词典和言语输出词典），而路径 3 包含另外一个规则系统，即将声学信息转化为可以说出的词汇。听者在使用这三条路径的频率和方式上存在差异。

三路径理论框架假设个体采用路径 1 和路径 2 来解决熟悉词的问题，采用路径 3 来处理生词与假词的问题。使用路径 1 的时候，听到的词激活了与该词相关的存储信息，包括它的意义与口头形式。路径 2 与路径 1 相似，但没有激活听到的词汇的意义。路径 3 包含将听到的词中的声学信息转化为该词口语形式的映射规则。这种转化过程是必需的，从而允许听者重复不熟悉的词与假词。下面结合三路径理论框架来解释某些脑损伤患者的症状。

如果患者可以使用路径 2，而路径 1 和路径 3 受到严重损伤，他们应能重复熟悉词，但不能理解这些词的意义（图 9-10）。他们在生词与假词的理解上也存在问题，因为路径 2 不能解决假词的识别问题。最后，这些患者可以使用听觉输入词典，因此能区分词与假词。患有词义盲的个体符合上述描述。Franklin 等（1996）研究了一例患者，其在听觉输入词典的通达上表现正常，可以区分词与假词（正确率高达 94%），但重复真词的能力比重复假词的能力更强（前者和后者的正确率分别为 80%和 7%），很可能在路径 1 上存在部分损伤。但是，Tyler 和 Moss（1997）认为，该患者可能在加工早期表现出问题（如从言语中提取音素特征），她们发现当要求患者尽可能快地重复口语词汇时，其错误率达到了 25%。

此外，我们预期有的患者会排他性地使用路径 3（即将词汇的声学信息转化为这些词汇的口语形式），擅长重复口语词与假词，但不擅长理解这些词。经颅感觉型失语症的病人的症状与上述问题有关。除了表现出受损的听觉理解能力外，他们在阅读理解能力方面的表现也较差，这表明其语义系统受损。

深层失写症（deep dysgraphia）患者在非词汇路径（路径 3）上受到严重损伤，同时语义系统也受到损伤。这种患者在言语感知与言语产出中存在普遍问题。如果要求他们说出与听到的词语具有相关意义的词时如听到"云朵"，说"天空"，他们容易犯语义错误。此外，相比具体词重复，对他们而言，抽象词重的复难度更大，表现很差。Jefferies 等（2007）认为，深层失写症的核心问题是普遍性的语音障碍，即存在加工词汇声音的问题，患者在重复口语词汇时对词汇意义的依赖程度较大，语义错误也更有可能出现。实验证据表明，这类患者在词汇重复、大声朗读与口语图片命名等各项语音产出，以及语音操作如音素删减任务（如从"cat"中删除起始音素）中的表现均不佳。此外，他们在言语感知任务（如进行词汇押韵判断）时错误也较多。这些发现都为语音障碍假设提供了证据。

三路径理论框架可被用于解释不同类型患者的口语词汇加工，如口语中的词汇重复如何以不同方式实现。三路径理论框架也尝试解释这些患者在言语感知（与言语产出）方面为何存在特异的问题。此外，词义盲、经颅感觉型失语症、深层失写症等的出现都与不同路径的障碍有较密切的联系。但是，患者的症状如何与这个框架建立联系这一问题，却不总是显而易见的。例如，深层失写症可能是所有三条路径都受到损伤，也可能是由普遍性的语音障碍导致的。

第三节 语言理解与交流

人类使用语言符号的目的是进行交流，这就涉及比孤立词汇更大单元的句子或语段的处理。本节介绍句子与语篇加工的理论模型，语用信息加工的基本发现与影响因素，以及言语交流过程中的原则。

一、句子加工的理论模型

（一）序列加工模型与并行加工模型

假设我们希望创造一个语言产出的模型，把说话者希望表达的想法作为起点，终点则是这一想法的实际表达，那么这中间会发生什么？一个序列模型将把这个过程分为几个阶段，一个阶段致力于发展句子的短语（phrase）结构，另一个阶段是检索插入该结构中的词汇，还有一个阶段是确定这些词汇的正确发音。序列加工模型认为，这些阶段是按顺序发生的，相互间没有重叠（Fromkin, 1973）。如果每次只有一个过程在进行，称为序列处理；如果两个或更多过程同时发生，则称为并行处理，在语言理解中也是如此。Kaan 和 Swaab（2003）记录了参与者阅读有结构歧义句时的脑电反应，结果发现，在最初的加工中，不合语法的句子（如"The man is painting the house and the garage are already finished"）和符合语法但具有误导性的句子（如"The man is painting the house and the garage is already finished"）加工是相似的，这支持了序列加工模型。

另外，我们也可以假设一个并行加工模型来完成上述过程，该模型中所有过程同时发生（Dell，1986）。例如，我们一边搜索下一个词，一边对该词进行语音编码，上述过程也可以和句法结构组织同时进行。较具代表性的模型包括 Rumelhart 等（1986）的并行分布处理模型。这个模型认为，认知过程是大规模并行的，即语言理解中的大量信息被同时处理。并行分布处理模型使用大脑而不是计算机作为主导的隐喻。前文已经介绍了这一模型的一些特性。例如，大量的神经活动同时发生在整个大脑中，神经元可以以兴奋性（导致邻近的神经元变得活跃）或抑制性方式（降低邻近神经元放电的概率）影响邻近的神经元。按照同样思路建立的逻辑模型，Rumelhart 等（1988）提出了一个巨大的、相互连接的信息节点网络，每一节点都会影响大量的相邻节点，并同时受到这些相邻节点的影响。

（二）句法分析模型

一些研究模型尤其关注句子理解中的句法分析过程，关键的问题是句法信息何时被利用。大部分相关研究涉及句法和语义分析之间的关系，试图澄清以下四种可能性：①句法分析通常先于（并影响）语义分析；②语义分析通常发生在句法分析之前；③句法分析和语义分析同时发生；④句法和语义的关系十分密切。

有关句法分析的理论模型数量极多。我们可以根据语义信息何时影响语法加工来对这些理论模型进行分类。花园路径模型是一个较有影响力的理论模型，它假设一个句子的语法分析最初只涉及句法信息的使用。与此相反，基于限制性的模型（constraint-based mode）（MacDonald et al.，1994）假设所有的信息来源（如句法和语义信息）从一开始就被使用并参与构建句子的句法表征。我们也会讨论非限制性竞争模型，该模型试图对花园路径模型和基于限制性的模型的观点进行整合。

1. 花园路径模型

Frazier 和 Rayner（1982）提出了花园路径模型，这是一种两阶段加工模型。之所以起这个名字，是因为读者或听众可能会被一些句法结构模棱两可的句子误导而产生错误的理解，例如，"The horse raced past the barn fell."（马跑过谷仓时摔倒了）。

该模型主要基于以下假设：①理解者在句子加工之初只会考虑一种句法结构；②意义不参与最初的句法结构选择；③句法结构的选择遵循两个一般性原则，即最小依附原则和晚闭合原则；④根据最小依附原则，理解者更偏向于最少句法节点（即充当句子的主要成分，如名词和动词短语）的结构；⑤晚闭合原则是指在语法允许的情况下，新呈现的词倾向于被依附到当前短语或从句中；⑥如果以上两条原则之间产生冲突，则按最小依附原则来解决；⑦如果在加工早期读者建构的句法结构与题元加工器产生的信息（如语义）不匹配，则需要对初始的句法结构进行修复。

我们以下面两个句子为例来说明最小依附原则："The girl knew the answer by heart."（那个女孩对答案心知肚明）和"The girl knew the answer was wrong."（那个女孩知道答案是错

的），最小依附原则会使理解者将"the answer"当作动词"knew"的直接宾语，然而这一原则的使用在第二个句子中是错误的。

晚闭合原则会生成正确的句法结构，如"Since Jay always jogs a mile this seems like a short distance to him."（由于 Jay 总是慢跑一英里，这对他来说似乎是一个很短的距离）。但是，使用这一原则也会导致不正确的句法结构，如"Since Jay always jogs a mile seems like a short distance."（由于 Jay 总是慢跑，一英里似乎是一个很短的距离）。该原则导致"a mile"被放置在前一个短语中而非新短语的开始。当然，一般会在单词"jogs"之后插入逗号，这样困惑就会减少。

来自西文的很多证据表明，读者通常遵循晚闭合原则和最小依附原则（Harley，2008），而且语义因素并不会影响初始句法结构的构建。例如，在 Ferreira 和 Clifton（1986）的研究中，研究者记录了读者在阅读以下句子时的眼动变化：

> The defendant examined by the lawyer turned out to be unreliable.（律师所审查的被告原来是不可靠的）
>
> The evidence examined by the lawyer turned out to be unreliable.（律师所审查的证据原来是不可靠的）

根据最小依附原则，读者最初应该把动词"examine"（审查）作为主要动词，因此两个句子都有歧义。然而，如果读者最初利用语义信息，他们只会在第一句话中感觉到歧义。这是因为"被告"可能会当主语去检查一些东西，但"证据"却不能。早期的眼动指标表明，读者对两个句子的歧义性体验是相同的，这意味着语义信息并没有影响最初的句法结构分析。

van Gompel 等（2001）研究了晚闭合原则在句子理解中的使用。他们采用下面的句子作为实验材料："After the child had sneezed the doctor prescribed a course of injections."（孩子打了喷嚏后，医生开了一个疗程的针剂）。眼动数据表明，读者在"sneezed"（打喷嚏）这个词之后遇到了加工困难，说明他们错误地使用了晚闭合原则，试图使"医生"成为"打喷嚏"的直接对象，然后发现动词"sneezed"不能带直接宾语，因而产生了加工上的困难。

Frazier 和 Rayner（1982）认为，最小依附原则和晚闭合原则之所以有效，是因为它们可以将对短时记忆的要求降到最低。他们测量了参与者在阅读"Since Jay always jogs a mile seems like a short distance."这个句子时的眼球运动。他们假设，如果读者构建了两种（或所有）可能的句法结构，在歧义点上应该有额外的加工时间（如第一个慢跑句中的"seems"和第二个句子中的"this"）。相反，根据花园路径模型，只有当实际的句法结构与应用最小依附和晚闭合原则产生的语法结构相冲突时，才会延长加工时间（如第一个慢跑的句子）。眼动数据始终支持花园路径模型的预测。

Breedin 和 Saffran（1999）研究了患者 DM 在句法违反检测或句子主语或宾语选择任务中的表现。由于痴呆，DM 的语义知识损伤比较严重。但是，在几乎完全没有语义信息参与的情况下，DM 可以完成大多数句子的句法任务。当然，DM 在构建句法结构时很少使用语义信息，这并不意味着健康人也是这样的。

研究发现，理解者并不总是遵循晚闭合的原则。在"The spy shot the daughter of the colonel who was standing on the balcony."（间谍向站在阳台上的上校的女儿开枪）这一句子中，根据晚闭合原则，读者应该将此理解为"上校站在阳台上"。但是，西班牙语参与者在遇到类似句子时，倾向于认为是"女儿站在阳台上"（早期而不是晚闭合），这与理论上的预测相反（Carreiras & Jr Clifton，1993）。

语义信息参与句子加工的时间通常早于花园路径模型中的假设。尽管早期的研究表明语义信息并不影响读者对句子的最初加工（Ferreira & Jr Clifton，1986），但当使用具有更强语义制约的句子时，也有研究表明语义信息在早期阶段被用来识别正确的句法结构（Trueswell et al.，1994），但总体上语义信息在消除歧义方面的作用相对较小（Jr Clifton et al.，2003）。

此外，根据花园路径模型，前文的语境不应该影响歧义句的初始语法分析。Tanenhaus 等（1995）却报告了相反的证据，他们以听觉方式向参与者展示了一个模糊的句子，如"Put the apple on the towel in the box."（把苹果放在盒子里的毛巾上），随后记录参与者的眼动，以推断该句子是如何被理解的。根据花园路径模型，"on the towel"最初会被理解为苹果应该放在什么地方，因为这是最简单的句法结构。在语境没有提供解歧信息（视觉环境中只有一个苹果）的时候，情况的确如此［图 9-11（a）］。但是，当视觉环境包括两个苹果，一个在毛巾上，另一个在餐巾上时，参与者会迅速判定出"on the towel"是用于指定特定的苹果，而非苹果移动的目的地［图 9-11（b）］。

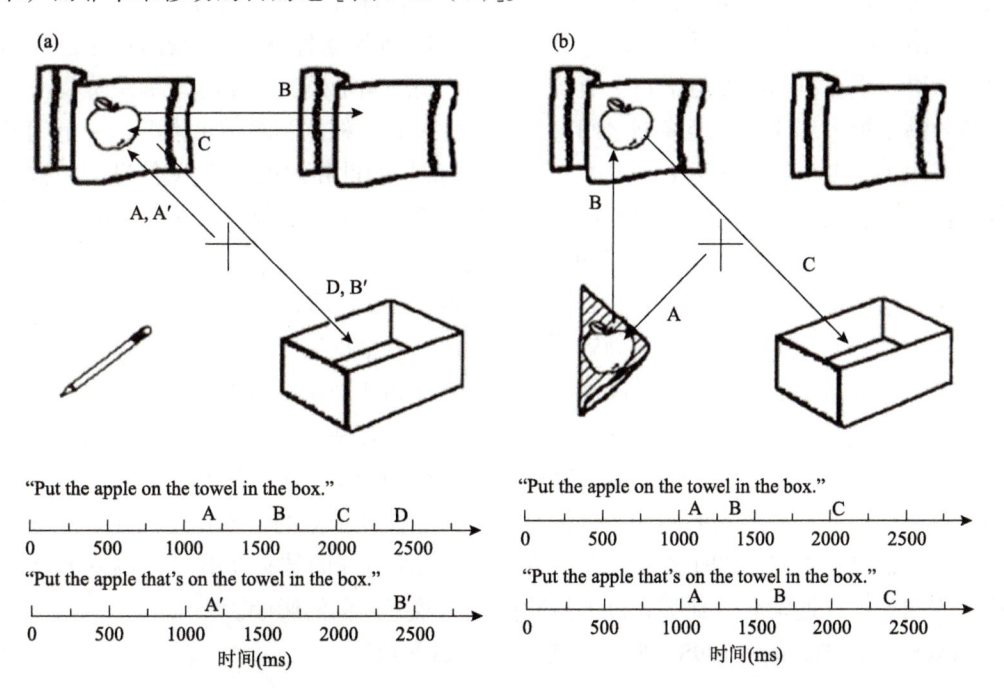

图 9-11　在听到有无歧义的句子时眼球注视屏幕上不同物体的顺序（Spivey et al.，2002）。（a）语境提供一个苹果；（b）语境提供两个苹果。其中，A′、B′、A、B、C、D 代表句子理解过程中，眼动发生的各个时间点。箭头表示眼动发生的时间顺序。A′、B′代表无歧义条件下的眼动发生顺序。

总体而言，花园路径模型为句子理解的关键过程提供了一个简单而合理的说明，认为最小依附原则和晚闭合原则经常对句子初始句法结构的选择产生影响。

该模型的局限性是什么？第一，该模型认为句子的词义不影响语法结构的初始分配，但这一假设与某些证据不一致（Trueswell et al.，1994）。已有许多证据表明关于词义和世界性知识等语义信息（Hagoort et al.，2004）、前文语境（Nieuwland & van Berkum，2006）在加工早期就影响了句子理解。第二，语法结构的最初选择只取决于最小依附原则和晚闭合原则，这一说法可能过于简单。事实上，阅读时语法结构的判断会受到标点符号的影响，在理解加工时也会受到韵律线索的影响。第三，该模型没有考虑到语言之间的差异。例如，在某些语言（包括西班牙语、荷兰语和法语在内）中，人们更倾向于早闭合而非晚闭合。

2. 制约满足模型

关于汉语歧义句的加工研究更支持制约满足模型而非花园路径模型。采用移动窗口和眼动记录两种范式，研究者（张亚旭等，2002）记录了汉语母语参与者在阅读"V+NP1+的+NP2"均衡型歧义句和述宾型歧义句时的表现。均衡型歧义句，如"关心学校的教师"，可以同时被理解为"关心/学校的教师"（述宾结构）和"关心学校的/教师"两种结构（偏正结构），理解为这两种结构的概率差异不明显。述宾型歧义句，如"嘱咐患者的家属"，这样的歧义句很大概率会被理解为"嘱咐/患者的家属"这样的述宾结构。他们给参与者呈现一段话，其中包含歧义句，同时操纵语境中的参照条件（在歧义句的前述语境中出现一个或两个名词，如果出现两个名词，歧义句更倾向于被理解为偏正结构，其中的限定语能起到消除指代歧义的作用）。他们发现，在两个名词的参照条件下，参与者的阅读更容易。这表明话语语境在早期就参与了句子消歧，支持了制约满足模型而非花园路径模型。

制约满足模型和花园路径模型之间存在实质性差异。根据制约满足模型，一个句子的初始理解取决于多个信息来源（如句法、语义、一般性的世界知识），这些信息来源被称为制约条件，它们限制了可能的理解方式。制约满足模型有不同的版本，其中 MacDonald 等（1994）提出的理论最有影响力，以下重点讨论这一理论。

基于联结主义架构，MacDonald 等（1994）的理论假定所有相关的信息源都可以立即提供给分析器。对当前句子的不同理解同时被激活，并根据激活的强度进行排序。不同制约条件支持程度最高的句法结构被高度激活，而其他句法结构则不被激活。如果正确的句法结构比一个或多个竞争性结构激活的强度更弱，读者在阅读歧义句时就会感到困惑。根据该理论，加工系统使用四个语言特征来解决句子中的歧义：①句法知识制约了句子理解的多种可能性；②各种形式的制约条件信息通常并非彼此独立的；③特定词在不同维度上的歧义性程度可能不同（如时态与句法类别这两类句法特征的歧义度不同）；④对句法规则允许的不同理解，通常会受到听者过去经验中使用概率高低的影响。

Pickering 和 Traxler（1998）向参与者展示了如下句子：

1）As the woman edited the magazine amused all the reporters.（当这个女人编辑的时候，杂志把所有的记者都逗乐了）

2）As the woman sailed the magazine amused all the reporters.（当这个女人航行

的时候，杂志把所有的记者都逗乐了）。

这两个句子在句法结构上是相同的，但读者可能会在最初识别出错误的句法结构。然而，相比第二个句子，第一个句子的语义制约条件倾向于错误结构的解释。正如制约满足模型所预测的，眼动数据表明，个体在阅读第一个句子时，动词和动词后区域的眼球注视时间更长。

根据该模型，句法结构的分配受到动词偏向（verb bias）的影响。所谓动词偏向，指的是动词可以出现在多种句法结构中，但在某些句法结构中出现的概率比其他句法结构更大。例如，动词"read"通常跟在直接宾语后面，如"The ghost read the book during the plane journey."（鬼魂在飞机旅途中读了这本书），但也可以与句子补语一起使用，如"The ghost read the book had been burned."（鬼魂读了这本被烧了的书）。Garnsey 等（1997）发现，当句子结构与动词偏向一致时，读者能更快地解决歧义并识别正确的句法结构。按花园路径模型的假设，动词偏向显然不会影响读者对句法结构的最初识别。

使用名动同形词（即可以作为名词或动词使用的词，如"duck""train"），Boland 和 Blodgett（2001）研究了词性偏向是否会影响句法结构的分配。具体来说，在读到"She saw her duck and ...."时，读者并不知道"duck"这个词是作为名词（"... and chickens near the barn"）还是动词（"... and stumble near the barn"）来使用。根据制约满足模型，读者应该会构建一个句法结构，其中同形词会被当作常用的词类来理解（例如，大多数情况下，"duck"是动词，而"train"是名词）。与这一预期一致的是，当名动同形词以其不常见的形式使用时，读者的理解就会出现困难。

此外，有证据表明（Spivey et al., 2002; Tanenhaus et al., 1995），前文的语境在早期阶段影响了句子加工，这些证据也为制约满足模型提供了额外的支持。

总体来看，制约满足模型认为，读者在试图加工句子的句法结构时，从一开始就会使用所有可用的信息。认知神经科学的证据也倾向于支持语义信息在句子加工早期就被使用。相比花园路径模型，这些证据更支持制约满足模型。因为同时考虑了多个信息源，理解者在语法分析决策中有更大的灵活性。相比之下，花园路径模型的灵活性较低。

制约满足模型的局限在于：第一，假设所有的制约条件都被立即使用是不完全正确的。第二，理论对复杂句子生成句法结构的详细过程缺乏阐述。第三，理论假定各种表征是并行的，其中大部分在随后的加工中被拒绝。然而，没有证据直接表明这些并行表征的存在。第四，正如 Harley（2008）指出的，花园路径模型的支持者认为，那些支持制约满足模型的效应之所以出现，是因为句法分析的第二阶段开始得非常快，因此许多第一阶段的实验证据实际上研究的是语法分析的第二阶段。

3. 非限制性竞争模型

非限制性竞争模型（Pickering, Traxler, Crocker, 2000; van Gompel, Pickering, Traxler, 2001）是结合了花园路径模型和制约满足模型的不同假设而提出的，具体假设如下：①所有信息来源（语义和句法）都被用于句法结构识别；②除非被选中的句法结构被随后的信息否定，否则所有其他可能的句法结构都被忽略；③如果必须放弃最初选择的句法结构，在选择不同的句法结构之前，会先有一个广泛的重分析过程。因此这一模型也假设句法分析涉及不同的阶段。

van Gompel等（2001）的研究进一步比较了非限制性竞争模型、花园路径模型及制约满足模型。实验中，参与者需要阅读以下3种句子：

1) 歧义句：The burglar stabbed only the guy with the dagger during the night.（夜里，小偷仅用匕首就刺伤了那个人/夜里，小偷刺伤了带着匕首的那个人）。该句有歧义，因为拿匕首的既可以是小偷，也可以是那个人。

2) 动词短语依附：The burglar stabbed only the dog with the dagger during the night.（夜里，小偷仅用匕首就刺伤了狗）。该句涉及动词短语依附，因为一定是小偷用匕首刺伤的。

3) 名词短语依附：The burglar stabbed only the dog with the collar during the night.（夜里，小偷刺伤了那只戴项圈的狗）。该句涉及名词短语依附，因为戴项圈的一定是狗。

根据花园路径模型，最小依附原则意味着读者应始终采用动词短语分析。这将导致对第二个句子加工得快，但对第三个句子加工得慢。它使读者能够像动词短语句那样快速地理解歧义句，因为动词短语分析提供了可接受的理解。但根据制约满足模型，像第二和第三个这样的句子将被快速加工，因为词汇的含义只支持其对应正确的理解。然而，第一个句子的两种理解之间会有严重竞争，因为两种理解都是合理的。因此，对歧义句的加工比对任何一种无歧义句的加工都慢。

事实上，歧义句的加工速度比其他类型的句子更快（图 9-12）。为什么会这样？van Gompel等（2001）用非限制性竞争模型进行了解释。对于有歧义的句子，读者迅速利用句法和语义信息来形成句法结构。因为两种句法结构都有可能，不需要重新分析。相反，对于按名词短语和动词短语分析的句子，需要重新进行分析。然而，值得注意的是，像第二和第三个这样的句子，在完全消除歧义之前，各种可能的解释会相互竞争而减缓句子的加工。为了消除这种潜在的干扰因素，研究者在新的实验中使消歧更为实时，但结果却再一次支持了非限制竞争模型（van Gompel et al., 2005）。

非限制竞争模型结合了花园路径模型和制约满足模型的最佳特征，假设所有的信息来源（包括世界知识）从一开始就被用来构建一个句法结构，除非随后的证据与之不一致，否则会被保留下来。实际上，句子加工可能比非限制性竞争模型中的假设更灵活。这通常与读者的理解目标有关，因此在进行简单的阅读理解时，歧义句可能比非歧义句读得更快，但在进行复杂理解时，这一效应可能会消失（Swets et al., 2008）。

4. "足够好的表征"模型

几乎所有的句子加工理论都基于这样的假设：语言加工器生成的语言输入表征是完整、详细和准确的（Ferreira et al., 2002）。然而，另一种可能的观点是这种表征只需要"足够好"而无须完美。根据这种观点，理解的典型目标是"得到一个足够好的输入语法分析，以便在当前的任务中产生反应"（Swets et al., 2008）。

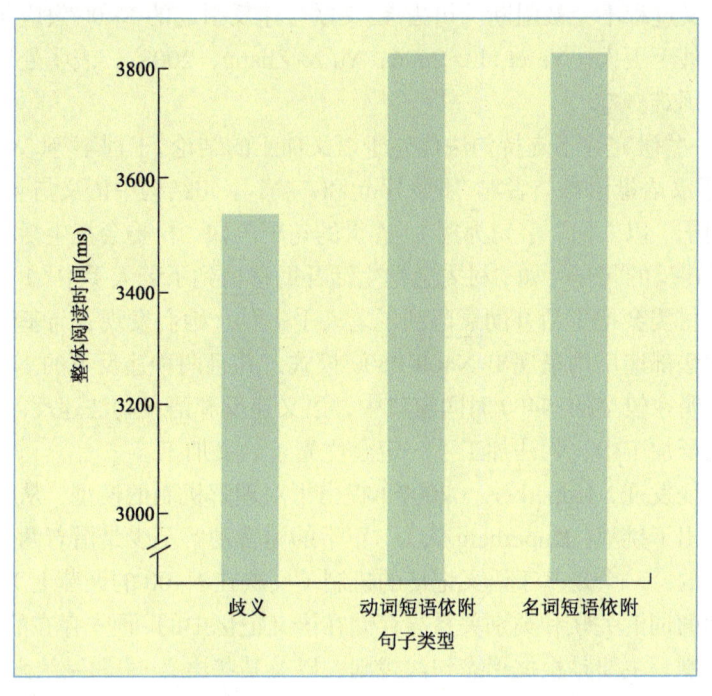

图 9-12　总的句子加工时间与句子类型（歧义句；动词短语依附；名词短语依附）的关系（van Gompel et al., 2001）

Ferreira（2003）通过听觉呈现句子，发现我们对句子的表述有时是不准确的，而不是丰富和完整的。例如，像"The mouse was eaten by the cheese."（老鼠被奶酪吃掉了）这样的句子，有时会被误解为是老鼠吃了奶酪，"The man was visited by the woman."（这个女人拜访了那个男人），有时会被误解为男人去看女人。

为什么人们在加工句子（尤其是被动句）时容易出错？Ferreira（2003）的研究发现，我们可能会根据经验简化句子理解任务，如假定句子的主语是某种行为的施事，而句子的宾语是受事，尤其是绝大多数英语句子符合这种模式。

根据 Swets 等（2008）对"足够好"的理解方式，如果读者预期他们对问题的回答需要细致而非粗浅地理解文本，则他们应该会更彻底地加工句子。的确，正如假设的那样，参与者在前一种情况下阅读句子（尤其是句法模糊的句子）的速度比后一种情况下更慢。当被问及浅显的问题时，模棱两可的句子比非模棱两可的句子阅读得更快。然而，当更有挑战性的理解问题出现时，这种模糊的优势就消失了。

5. 句法优先于语义的模型

这一模型似乎得到了一系列英语和德语 ERP 研究的支持（Friederici, 2002）。Friederici 等（1993, 1996）发现，短语结构的建立发生在 100—300 ms，早于在 300—500ms 出现的词汇通达（lexical access）和语义整合（如 Chwilla et al., 1995）。当最初的句法处理过程失败时，语义整合可能会受阻（Hahne & Friederici, 2002）。与英语和德语的研究一致，关于汉语的 ERP 研究发现，句法过程比语义过程更早开始（Ye et al., 2006）。这两类语言加工在早期阶段（150—250 ms）相互独立，但在后期阶段（250—400 ms）相互影响。当句法过程失败时，语义过程不会被阻断。句法-语义联合违反引起的 N400 效应与纯语义违反引起的效应相似，甚至更大（Ye et al., 2006; Yu & Zhang, 2008），表明处理系统正在处理语义整合方面的困难。

然而，也有一些研究并不支持句法优先于语义加工的结论。王穗苹等（Wang et al., 2013）利用 ERP 探索了汉语母语参与者对"把"字句和"被"字句结构中语义与句法的加工过程。其呈现了 3 类句子（以"把"字句为例）：连贯的句子（如"村委会把生活补助发放到了老人手中"）、语义违反的句子（如"村委会把生活补助移植到了老人手中"）及语义和句法违反的句子（如"村委会把生活补助衰落到了老人手中"）。她们发现，与基线条件相比，语义违反和语义句法都违反均呈现出 N400-P600 模式，并且两种违反下的 N400 效应大小和分布类似，这说明在较早的 N400 时间窗口中，语义违反和语义句法违反差异较小。因此，其认为在中文句子加工中，句法加工不一定会优先于语义加工。

基于这些实证发现，Kuperberg（2007）提出了双理解机制的模型，从理论上进一步对句法优先模型提出了挑战。Kuperberg 认为，正常的语言理解至少是沿着两种相互竞争的神经处理机制进行的：一个是基于语义记忆的机制（反映在 N400 的调节上），这一机制不断将输入的词之间的词汇关联和类别关系与存储在语义记忆中的、预先存在的信息进行比较。另一个是组合机制，主要是根据形态句法规则，以及某些语义-主题制约来分配句子结构，并在某种程度上与基于语义记忆的分析并行进行。Kuperberg 还指出，基于语义记忆的分析和基于语义驱动的组合分析可能同时进行，对实时的理解起着主导作用。不同但又存在相互作用的路径输出的不同表征之间存在着一定的冲突，导致持续的组合分析，并反映在 P600 效应上。

句法层级加工的研究也表明，句法结构中更临近或位于较高层级的句法节点无法使得该节点所在结构中的语义信息加工占据优势。不同句法层级加工涉及的神经机制有所不同（Jiang & Zhou, 2009），而涉及不同句法层级语义整合过程的时间进程和神经动态也有所区别，在建立句子表征时，任何一个特定的过程都不会凌驾于其他过程之上（Zhou et al., 2010）。

💡 框 9-3　句法加工受到个体认知能力的制约

句法加工受到句法结构复杂性和读者认知控制能力的双重制约（Ye & Zhou, 2008）。研究者调查了在句子理解过程中用于监测和解决竞争性句子表征冲突的神经认知机制。参与者完成句子理解任务、侧抑制任务和颜色词 Stroop 任务，同时研究者用 fMRI 扫描参与者的大脑活动。其中，侧抑制任务和颜色词 Stroop 任务用于测试参与者的执行控制能力。结果发现，相比理解相容句子（如"民警把小偷拘留在派出所"）表征，在理解不相容句子表征（如"小偷把民警拘留在派出所"）时内侧额上回（mSFG）、左侧额下回及左侧角回/顶下小叶表现得更加活跃。这些活跃的脑区和参与者参与执行功能认知任务的活跃脑区重合，表明执行控制相关的一般通用机制被调用，用于处理语言输入表征之间的冲突。

二、语篇加工的理论模型

到目前为止，我们主要关注的是理解单个句子的过程。然而，在现实生活中，我们通常会遇到连贯的语篇（至少包含几个句子长度的书面文本或话语）。在阅读或听别人说话时，多数时候我们会根据先前的文本进行推理，尽管通常并没有意识到自己正在这样做。

逻辑推理、桥接推理和精加工推理是 3 种主要的推理类型。其中，逻辑推理只依赖于单词的意义。例如，我们可以推断"任何一个寡妇都是女性"。桥接推理是在当前文本和前面文本之间建立一致性，也称为后向推理。精加工推理则是利用我们的世界知识来润色或增加文本细节，有时也称为前向推理，因为它经常涉及对未来的预测。正如 Harley（2008）指出的，一个主要的理论问题是，在形成精加工推理时，我们通常如何从自己已有的世界知识库中获取相关信息？

（一）指代消解

桥接推理最简单的形式是指代消解（anaphor resolution），即代词或名词必须与之前提到的名词或名词短语相连接。例如，"小张把割草机卖给了小李，然后他又把水管卖给了他"，这需要一个衔接性的推理来理解第一个"他"是指小张而不是小李。桥接推理常常需要使用不同的线索，而性别的提示使这种推理变得非常容易，在"小林把她的割草机卖给了小李，然后她把水管卖给了他"这种情况下，理解者可以轻松地利用代词的性别线索完成代词指认。

根据 Badecker 和 Straub（2002）的交互式并行制约模型，在代词指认过程中，我们会同时使用多个不同的信息源。当多个解释产生冲突时（如解释的性别信息与句子语意相冲突），确定指代最适当的解释就比较困难。

在汉语阅读推理中，有研究者（Zhou et al., 2009）发现，当输入的词与句子语境吻合而与话语语境不吻合时，汉语阅读者表现出更长的首遍阅读时间，表明文本信息立即被检索并与新信息相结合。如果文本信息模糊，例如，一个代词有两个可能的先行词时（例如，A 告诉 B 他对生活有积极的态度……），汉语读者倾向于将模糊的代词与第一个出现的先行词相联系（Chen et al., 2000）。研究发现，这种倾向性可能会受到工作记忆广度与语境偏向的影响（Nieuwland & van Berkum, 2006）。

值得注意的是，汉语中反身代词的加工与代词有所不同。具体来说，汉语反身代词"自己"在句中可能指向多个先行词。研究者（Li & Zhou, 2010）让参与者阅读 3 类句子，并记录参与者读到反身代词"自己"时的脑电活动。第一类句子中反身代词与先行词距离较近（例如，"小李让小张不要伪装自己"），这里的"伪装"只能来自小张；第二类句子反身代词与先行词距离较远（例如，"小李让小张不要牵连自己"），这里"牵连"的对象只能是"小李"；第三类句子两种解读都可以（例如，"小李让小张不要吓唬自己"），这里"吓唬"的对象可能是"小李"，也可能是"小张"。实验发现，在 300—400 ms 的时间窗（P300 效应)和450—750 ms 的时间窗(P600效应)中,长距离组的 ERP 反应都比短距离组的 ERP 反应有更大的正波。这表明,在句子理解过程中,将反身代词与远距离而非近距离联系起来需要更多的处理资源。

还有一些研究表明,在中文代词的加工过程中,生物性别信息和数量信息的处理有所不同,两者具有不同的处理优先级。例如,研究者(Xu et al., 2013)给参与者呈现了数量违反(例如,"这些女患者情绪低落,医生/鼓励/她/振作/起来")、生物性别违反(例如,"这位女患者情绪低落,医生/鼓励/他/振作/起来"),以及双违反的句子("这些女患者情绪低落,医生/鼓励/他/振作/起来"),并记录参与者读完关键代词之后的脑电活动。结果发现,相比数量违反,性别违反引起的 P600 效应更早,而且振幅更大,而双重违反产生的 P600 效应与单一性别违反引起的效应相同。这似乎表明性别信息更为凸显,处理优先级更高。

(二)建构主义方法

众所周知,我们在阅读文本或听演讲时,会进行各种精加工推理。然而,对精加工推理的数量及其本质则一直存在争议。由 Bransford 和 Johnson(1972)最先提出的建构主义方法认为,根据文本,读者可以构建一个相对完整的"心理模型",并进行许多精加工推理。

早期大多数支持建构主义立场的研究常使用记忆测试来探讨阅读过程中的推理。例如,Bransford 和 Johnson(1972)向参与者呈现这样一个句子:"Three turtles rested on a floating log, and a fish swam beneath them."(三只乌龟在浮木上休息,一条鱼在它们下面游动)。他们认为,参与者会推理出鱼在木头下面游。为了验证这一点,在随后的再认记忆测试中,向参与者呈现以下句子:"Three turtles rested on a floating log, and a fish swam beneath it."(三只乌龟在浮木上休息,一条鱼在下面游动)。结果大多数人相信这一句子在前面出现过,甚至确信它就是原句。因此,研究者认为,根据文本做出的推理通常会像实际呈现的信息一样被储存在记忆中。

需要注意的是,记忆测试只是对推理过程的一种间接测量,这些推理可能是在测试时而不是在阅读时做出的。事实上,许多在记忆测试中出现的推理反映的是在检索过程中发生的重构加工。

(三)最小主义假设

与建构主义立场有所不同的是,McKoon 和 Ratcliff(1992)提出了最小主义假设,对建构主义的观点提出了挑战。他们指出,在没有具体的、有目标的策略加工情况下,理解者只会构建以下两类推理:一种推理是对文本建立起局部一致的表征;另一种推理依赖的则是快速和易通达的信息。

最小主义假设与建构主义立场最大的区别在于自动推理的数量。建构主义者认为阅读过程中会产生大量的自动推理。与此相反,最小主义假设认为自动生成的推理数量极其有限。

以下是最小主义的主要假设(McKoon & Ratcliff, 1992):①推理要么是自动的,要么是策略性的(目标导向)。②一些自动推理用于建立局部的连贯性(使两三个句子建立起连贯的意义,或与易通达的常识性知识相结合)。这些推理同时涉及工作记忆中的部分文本。③其他自动推理则依赖文本明确说明的、易于获得的信息。④策略性推理是为了满足读者的目标而形成的，有时有助于构建局部一致性。⑤大多数精加工推理发生在回忆而不是阅读过程中。

Dosher 和 Corbett（1982）发现，当读者读到 "Mary stirred her coffee."（玛丽搅拌她的咖啡）时，他们并不会就玛丽搅拌咖啡的工具进行自动推理。事实上，没有证据表明在正常阅读过程中读者会对工具产生推理。只有当个体需要在每个句子呈现的时候对工具进行猜测时，类似的推理才会产生（策略推理）。这支持了最小主义而非建构主义，即一个推理的产生取决于读者的意图或目标，而这些意图或目标会影响个体是否会进行精细化的推断。

最小主义假设阐明了个体在阅读文本时有哪些推理是自动得出的，它认为许多推理只有在与读者的目标相一致时才会进行。这种最小化的假设，在一定程度上低估了读者从文本中通过推理得出信息的能力（Campion, 2004; Poynor & Morris, 2003）。相比之下，建构主义理论通常认为，充分理解文本所需的推理加工是自动进行的。然而，究竟哪些信息需要被编码以帮助读者对文本信息进行充分理解，这一理论并没有说明。因此，我们无法从建构主义的假说中准确地预测读者的推理会产生哪些结果。另外，最小主义和建构主义方法都没有充分说明推理的个体差异问题，如参与者阅读技能的高低如何对语篇推理产生影响（Murray & Burke, 2003），这也是两种理论共同的局限。

总体而言，正如 Graesser 等（1997）指出的那样，当读者非常快速地阅读文本、文本缺乏全局一致性，以及当读者的背景知识非常少时，最小主义假设可能是正确的。当读者试图以更悠闲的速度理解文本以获得乐趣或掌握新知识的时候，建构主义理论则是正确的。

三、语用理解

（一）会话含义的推理

在日常交流中，我们可以发现，当说话者对一个问题给出一个间接的或内容明显不相关的答案时，我们会尝试推断说话者的意图，以了解他/她的意思。例如，如果 A 问 B："她同意和你约会了吗？" B 回答说："她不是我喜欢的类型。"研究者发现，这里大多数人会对 B 的回答进行否定阐释，认为这意味着"她"没有同意和 B 约会，但 B 想挽回面子（Holtgraves, 1998）。

语用学关注语言的实际使用和理解，尤其关注那些只考虑当前社会环境的、超越语言字面意义的信息。因此，语用学与说话人表达的及听众理解的隐含意义而非字面意思有关，且经常涉及推理。标准的语用模型（如 Grice, 1975）涉及三个阶段：①字面意义的通达；②个体判断字面意义在读到或听到的情境中意义是否充分；③如果字面意义不足以理解当前的情境，他们将寻找一种在上下文中确实有意义的非字面意义。

比喻性的语言是指不按字面意思理解的语言。例如，说话者和写作者经常使用隐喻，在这种情况下，一个词或短语可被比喻为与之相似的东西，如"人生是一段旅程""她简直是个母老虎"。

根据标准的语用模型，字面意义的获取应该比非字面意义或比喻意义更快。这是因为字面意义在加工的第一阶段就可被获取，而非字面意义的获取要到第三阶段才能完成。另一个预测是，字面解释是自动获取的，而非字面解释是可选的。但也有研究者认为，字面意义和隐含意义是并行加工的，涉及相同的机制（Glucksberg，2003）。此外，还有研究者（Feng et al., 2021）指出，个体在加工特殊会话含义（需要结合语境才能推理出的意义）时需要心理理论的参与，但加工一般会话含义时则不需要。

根据标准的语用模型，比喻性或隐喻性的意义不会被自动获取。然而，大多数证据并不支持这一观点。在 Glucksberg（2003）的研究中，研究者让参与者对句子描述的内容做真实性判断，此时并不需要获取隐喻的比喻意义，例如，"Some surgeons are butchers."（有些外科医生是"屠夫"）。事实上，参与者要花更长的时间来判断隐喻句子是假的，因为它们真实的非字面意义和虚假的字面意义之间存在着竞争，表明非字面意义已被通达。

标准的语用模型还预测，非字面意义的理解应该比字面意义的理解需要的时间更长。然而，有研究表明，非字面意义或隐喻意义的理解可以和字面意义一样迅速（Glucksberg，2003）。Blasko 和 Connine（1993）给参与者呈现相对陌生的隐喻[例如"Jerry first knew that loneliness was a desert when he was very young."（Jerry 在很小的时候就知道孤独是一片沙漠）]，要求他们在听完句子后对出现的目标词进行真假词的词汇判断。结果发现，不管是提示该句子隐喻意义的词（如"伤感"）还是字面意义的词（如"干旱"），判断时间都快于无关词（如"绿色"）。可见，这类句子的隐喻意义和字面意义一样可以被迅速理解。

近期对隐喻理解的研究表明，传统的观点，即字面意义总是先于非字面意义被获取，理解得并不全面。实际发生的情况比标准的语用模型假设的要灵活得多，取决于各种因素，如突显性、先前的经验、直接的语境及工作记忆能力的个体差异，但目前关于隐喻理解的研究对个体差异的关注仍然不够。

此外，会话含义研究的一个重要问题是人们如何对语用等级含义进行加工，即人们如何通过加工某个词汇或短语在语用尺度上的等级来获得会话含义。以"有的"为例，"有的小孩子会骑马"中的"有的"构建了一个信息充分的语用等级，即对"小孩子会骑马"这个事件，按逻辑意义来理解，意指"所有的小孩子会骑马"，但是按会话含义来理解，则触发了"只是一部分而并非全部的小孩子会骑马"之意。什么样的上下文会影响会话含义的生成？读者可能更倾向于何种含义的理解？近年来，这些问题引起了学者的关注。研究者回顾了近年来该问题的神经科学研究（蒋晓鸣，周晓林，2013），发现在句子的实时理解过程中，结构中携带的语用规则，如事件可能性，可被理解者立即利用，而与个体推理能力加工有关的特质影响了语用等级含义的加工。此外，语用不恰当的等级含义会引发持续的负波，可见推断性语用意义方面的处理机制与词汇或组合性语义方面的处理机制有所不同。

（二）世界知识

意义如何影响最初的句子构造？传统的观点（如 Sperber & Wilson，1986）认为，最初我们只考虑句子中词的意义，随后才考虑句子以外的其他方面的意义（如我们的世界知识）。Hagoort 等（2004）的一项研究表明，这一观点可能并不正确。具体来说，他们让荷兰语参与者阅读如下句子：

1）The Dutch trains are yellow and very crowded.（荷兰的火车是黄色的，非常拥挤）（这句话为真）

2）The Dutch trains are sour and very crowded.（荷兰的火车是酸的，非常拥挤）（这句话是错误的，因为"sour"的词义不能用于修饰"火车"）

3）The Dutch trains are white and very crowded.（荷兰的火车是白色的，非常拥挤）（这句话违背了世界知识，即荷兰的火车是黄色的）

研究者测量了关键词引发的 ERP，重点考察了 N400 成分。根据传统观点，第三句中的语义不匹配应该比第二句中的语义不匹配需要更长的时间来检测。然而，事实上，这些不同种类的语义不匹配对 N400 的影响非常相似（图 9-13）。这意味着，第一，在阅读一个句子时，大脑可以同时检索并整合词义和世界知识（Hagoort et al., 2004）。因此，"在加工词义之前先加工世界知识"这一观点似乎是错误的。第二，词义和世界知识都是在大约 400 ms 内被获取并整合到读者的句子理解中。这表明，在对句子加工时，可立即使用所有相关的信息，这与 MacDonald 等（1994）基于制约的理论较为一致。

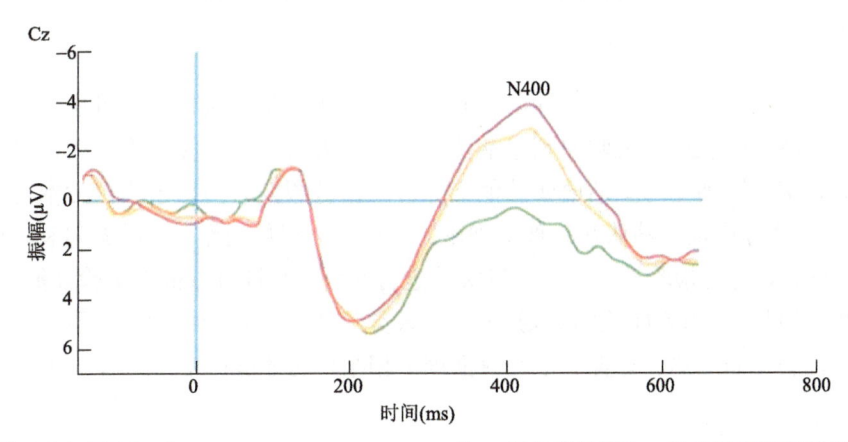

图 9-13　对正确句子（如"The Dutch trains are yellow …"，绿色的波形）、基于世界知识的错误句子（如"The Dutch trains are white…"，橙色的波形）和基于词义的错误句子（如"The Dutch trains are sour …"，玫红的波形）中关键词反应的 N400。两个错误句子的 N400 反应非常相似（Hagoort et al., 2004）

世界知识也会影响阅读理解中的代词加工。有研究者采用眼动技术探讨了性别刻板印象这类世界知识对中文句子理解中代词加工的影响（邱丽景等，2012）。他们让读者阅读包含代词的文本，操纵代词的性别和先行词（人名，如"李刚"）的性别刻板印象，使其一致（即"他"）或违背（即"她"）。结果发现，代词与人名先行词的刻板印象违背时，加工时间更长，说明世界知识的违背在代词指认中起着重要的作用。

四、言语沟通的基本准则

在言语沟通中，说话者与听话者需要遵循特定的语用准则，如 Grice 的合作原则与关联理论。与此同时，交际双方的共同背景（common ground）、语言结构的同步性、对说话者话轮结束时间点的精准估计，也会影响沟通过程中交际信息的有效产出与理解。

（一）Grice 的合作原则

正常成人的话语多数是以社会情景下的对话形式出现的。Grice（1975）认为，成功沟通的关键是合作原则。根据这一原则，说话人和听话人必须努力达成合作。

除了合作原则之外，Grice 还提出了说话人应该注意的四项原则：①数量准则，即说话人应尽可能地提供必要的信息，但不能过多；②质量准则，即说话人表达的内容应该是真实的；③相关准则，即说话人应该说与情境相关的事情；④方式准则，即说话人应使他/她表达的方式易于理解。

需要说什么（量的准则）取决于说话人希望描述什么（指代对象）。说话人也要知道他要将何种对象与指称物区分开来。我们想象一个场景，一群人在操场上踢足球，如果这些人中只有 1 名女生，那你只需要说"这个女孩子足球踢得真好"，但是如果有好几名女生，可能就需要明确提及更具区分性的特征，比如，"那个穿着蓝色球衣的女孩子足球踢得真好"。参与对话的人通常也能表现出合作性，能充分考虑不同说话人之间的差异性。

（二）关联理论

关联理论的核心主张是，一个词语引起的相关性预期是足够精确和可预测的，可以引导听者了解说话者的意思。关联原则包括认知原则（人类的认知倾向于最大程度地与关联性相吻合）和交际原则（每一话语或其他交际行为都被假设为与话语或行为本身具有最佳的关联性）。关联理论是一种认知心理学理论，它把话语解释当作一个认知过程。像其他心理学理论一样，具有可检验性：可以通过实验进行研究，并且可以根据实验证据得以确认、否证或微调。但是，"相关性认知原则"（声称人类的认知倾向于相关性的最大化）只有在与特定认知机制（如感知、分类、记忆或推理）相结合时才能产生可检验的预测。

（三）共同背景

Grice（1975）认为，说话人和听话人一般都能遵循合作性原则，以确保相互理解。为此，说话人和听话人必须具有共同背景（说话人和听话人之间的共同知识和信念）：听话人期望说话人提及共同背景中的信息和知识，否则听话人就可能会遇到理解上的困难。研究者认为，说话人和听话人通常会一起协作，最大限度地扩展双方共同的信念、期望和知识（Clark & Krych，2004）。

说话人能在多大程度上注意到这种共同背景？有研究者（Horton & Keysar，1996）区分了两种理论立场。①初始设计模型。这是一种最优设计的原则，说话人对话语的初始计划会充分考虑到与听话人的共同点。②监测和调整模型。这一模型假设说话人最初只根据他们掌握的信息来计划话语，而不考虑听话人的观点。随后，才逐渐对这些计划进行监控和纠正，以考虑和听话人的共同背景。

在一项研究中，研究者要求参与者向听者描述移动的物体以便其进行识别，要求参与者以快速（加速条件）或慢速（非加速条件）来进行语言产出。在共同背景条件下，参与者知道他们看到的其他物体听者也能看到，而在非共同背景条件下，参与者知道听者不能看到其他物体。按照初始模型的假设，参与者会利用共同背景进行言语产出，因此他们应该只在共同语境条件下才会利用语境信息进行描述。结果发现，在非加速条件下，参与者的确使用了共同背景来进行描述。然而，在加速条件下，参与者却总是使用语境信息，而不管听者是否能看到这一情景。整体而言，这一发现更符合监测和调整模型的预测。

Nadig 和 Sedivy（2002）进行了一项有趣的实验，利用眼动追踪探索 5—6 岁儿童如何利用共同背景。实验时，在儿童这一侧同时呈现一个小玻璃杯和一个大玻璃杯，而儿童对面的人却只能看到大玻璃杯（图 9-14）。用眼动仪记录儿童在听到指令"拿起玻璃杯"之后的反应。结果发现，在听到指令的 560 ms 内，儿童的目光会同时扫向大玻璃杯和小玻璃杯，随后很快将注意力锁定在对面的人同样也可以看到的大玻璃杯上。这说明儿童可以很快地利用共同背景信息来理解言语。

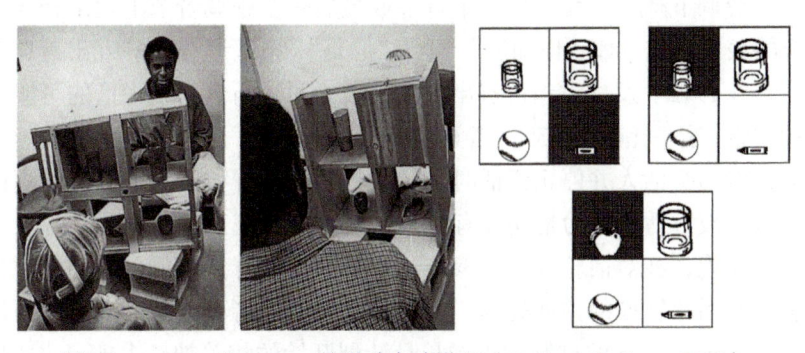

图 9-14　Nadig 和 Sedivy 的眼动实验设置（Nadig & Sedivy，2002）

这一领域大多数研究的一个局限性是，说话人和听话人事先并不了解对方。与两个老朋友进行对话的情境相比，在这种情况下，说话人跟踪对方的背景知识要更难一些。另一个局限则是，其设置的共同背景只与视觉显示的信息有关。在日常生活中，共同背景的内容更广泛，可以指过去事件的经验、相互认识的知识、世界知识，以及直接呈现的信息等。

（四）交互对齐模型

在和他人进行对话时，你或许会有这样的经历：对方说了一些话，你之后在组织语言时，也可能会不自觉地使用对方提及的某些信息或对方使用的某些语言形式。

研究者提出了交互对齐模型来解释这一现象（Pickering & Garrod, 2004）。这一模型认为，对话双方往往缺乏加工资源来使双方的共同背景最大化。因此，他们往往不会刻意去推断对方对当前情景的表征。然而，由于各种相当自动化的加工，双方对当前情景的表征常常有很大的重叠，因此常能以一种相对轻松的方式达成共识。例如，说话人经常复制对方使用的短语或句子，或使用对方传达的观点。

句法启动（syntactic priming）现象就是达成共识的一种重要方式，其表现是先前加工过的句法结构会影响当前的加工。例如，当听到被动句"这个人被狗咬了"时，会提高产生被动句的概率，即使我们并没有意识到自己使用的是刚刚听到的句法结构（Pickering & Ferreira, 2008）。此外，句法启动效应也不能简单地用词汇、题元等因素的启动来解释。未来的研究应考察多种不同语言结构中的句法启动现象，以建立具有普遍意义的句子产生理论（杨洁，张亚旭，2007）。

（五）话轮转换

说话人如何避免在谈话过程中出现"撞车"现象？在对话中，一个人说话结束到下一个说话开始之间通常有不到 500 ms 的间隔（Ervin-Tripp，1979）。有研究者认为，第一个说话人所说的内容向听话人发出一个强烈的邀请信号，使其接过对话（Brennan，1990）。如果第一个说话人说完了他/她想说的话，却没有产生下一部分，那么下一个说话人就是听者了。

会话者的非言语行为也可以促进说话人之间的有序轮换（Bavelas et al.，1992；McNeill，1985）。Duncan（1972）分析了在对话中说话人调节话语轮换而发出的信号，总结了以下 6 个行为线索：①音调下降；②在最后一个音节或最后一个强调音节上发出轻声；③终止的手势；④刻板的表达方式，如"你知道""呃""但是"；⑤音量下降；⑥出现符合语法的句子结尾。Duncan（1972）发现，当没有出现此类线索时，听众尝试说话的可能性为 10%；如果出现 3 种线索，这一比例为 33%；当 6 种线索都出现时，这一比例为 50%。Cook（1977）发现，当说话人看向听话人并停止说话时，一般是听话人开始说话的信号。当说话人者看向别处时，通常会被听话人认为是还没有轮到自己说话的信号。

还有研究者发现，在对话轮换中，参与者很早就开始计划他们的反应，这种早期计划策略可能会破坏对话轮转换的预期处理，但同时又使参与者可以对当前的问题做出快速反应（Bögels et al.，2018）。α 波抑制的正增长是计划开始的相关神经表现。快速反应和有效理解之间的权衡，可能是话轮内部机制研究的一个重要角度。

第四节　语言产生与沟通

语言加工中另一个不可被忽视的部分是语言产生。我们在日常生活中能够自然流畅地交谈，然而背后却涉及复杂的语言产生机制。本节首先从失败的语言产生即口误和言语障碍谈起，分析它们是如何为语言产生研究提供依据的，最后会介绍几种主流的语言产出理论。

一、口误

口误的研究可以揭示许多内在的加工过程。通过关注语言产出系统出现故障时发生了什么，我们可以深入地了解认知系统与言语生成相关的复杂机制。以下对一些重要的口误现象进行介绍。

（一）首音互换和弗洛伊德口误

首音互换（spoonerism）是指两个单词的首字母或前几个字母互换了位置。Spooner 是一位牧师，他发现了几个著名的首音互换的口误例子［例如，"You have hissed（missed）all my mystery（history）lectures."］，因此这种现象也是以他的名字来命名的。

弗洛伊德口误（Freudian slip）是较为著名的首音互换口误之一，研究者认为它揭示了说话人的真实欲望。Motley（1980）要求男性参与者大声说出诸如"goxi furl"（foxy girl）和"bine foddy"（fine body）之类的话。主持实验的人被设计成一名"有吸引力、有风度，穿着挑逗且行为诱惑"的男性或女性。Motley 发现，当女性实验者激起男性参与者的激情时，首音互换现象会增多（例如，"goxi furl"变成"foxy girl"）。

（二）预期性口误和持久性口误

Dell 等（1997）认为，大多数口误归属于两类：①预期性的，即声音或单词是提前说出的（例如，"一杯水杯"而不是"一个水杯"），这些错误主要反映了不熟练的计划；②持久性的，即声音或单词比应该说得要晚（例如，"beef needle"而不是"beef noodle"），这些错误反映了说话者无法监控要说的内容或言语计划失败。

Dell 等假设，与不熟练的说话人相比，熟练的说话人会更常进行提前计划，因此他们的口误多是预期性口误。他们评估了绕口令练习对预期比例的影响，即预期性口误占总误差（预期性+持续性口误）的比例。正如他们假设的那样，错误的数量随着练习的增加而减少，但预期性口误的比例从练习初期的 0.37 提高到练习结束时的 0.59（Dell et al., 1997）。Dell 等还认为，当说话人没有形成连贯的言语计划时，口误最有可能发生。在这种情况下，预期性口误将相对较少，所以预期比例也会较低。此时，整体误差率（预期性口误+持续性口误）应与预期比例呈负相关（图 9-15）。Dell 等计算了几组已发布数据的整体误差率和预期比例，发现到练习结束时，预期比例从整体误差率较高的 0.40 左右提升至整体误差率较低的 0.75 左右。

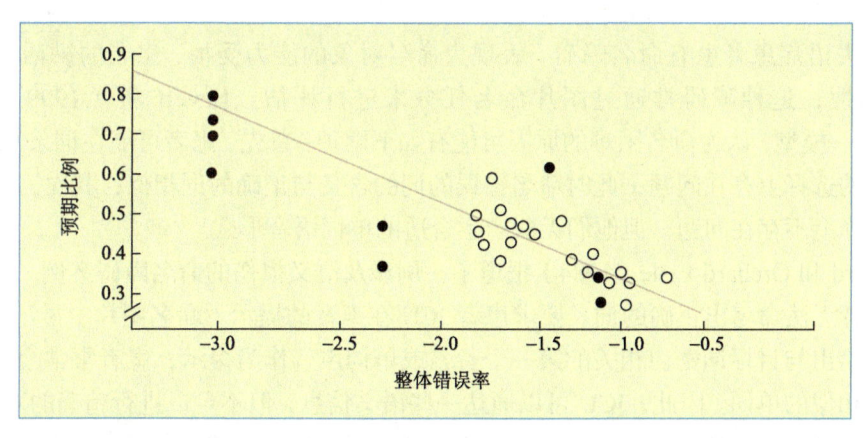

图 9-15　整体误差率和预测比例之间的关系。填充的圆圈来自 Dell 等（1997）的研究报告，未填充的圆圈来自其他研究（改编自 Dell et al., 1997）

（三）其他口误类型

1. 语义替换错误

当正确的单词被一个语义类似的单词替换时，就会出现语义替换错误（例如，"我的垒球棒在哪里"和"我的网球拍在哪里"）。在 99% 的情况下，被替换的单词与正确单词的类别相同（如名词替代名词）。相比名词、形容词和副词，动词发生语义替换的可能性要小很多。

2. 语素交换错误

语素交换错误表现为在原来的位置上只保留了变位或后缀，但这些变位与后缀却附加到错误的单词上，如个体把句子"He has already packed two trunks"说成"He has already trunked two packs"。语素交换错误说明在言语产出过程中，词汇提取（提取 trunk 还是 pack）与变位的操作（是否加 ed）这两个过程是先后进行的。但在另一些例子中，发生错误的变位在口语中会影响发音。例如，个体可能会把"the prongs of a fork"说成"the forks of a prong"，这里的"s"在单词"forks"中以/s/的方式发音，而这与原始单词"prongs"中/z/的发音并不相同，说明我们通常会改变口语中变位或后缀的发音，以适应与它们相连的新词干（Smyth et al., 1994）。

3. 数的一致性错误

在数的一致性错误中，单数动词被错误地用作复数主语，相反的错误也存在，这是一种比较普遍的口误。例如，集体名词（如"government""team"）是单数名词，但具有复数名词的特征。因此，我们应该说"The government has made a mess of things"，但有时会说成"The government have made a mess of things"。研究者认为数的一致性加工并不是自动化的，我们需要使用大量的处理资源来避免产生这种一致性的错误（McDonald，2008）。

二、言语产生障碍

（一）命名障碍

多数失语症患者患有命名障碍，表现为命名对象的能力受损，患者的讲话内容少且缺乏流畅性，这种障碍常通过图片命名任务来进行评估。Levelt 等（1999）提出了 WEAVER++模型，认为命名困难的原因可能有如下两种：首先，患者可能在词条（lemmas）或抽象词的选择上存在问题，此时命名错误的词的含义与正确的词相似；其次，患者可能在词形选择上不存在问题，但他们无法产生合适的单词语音形式。

Howard 和 Orchard-Lisle（1984）报道了一例涉及语义损伤的命名障碍案例。在这一案例中，患者无法命名出正确的词。要求患者 JCU 在声音的提示下命名图片中显示的对象，发现如果给出与目标词密切相关的第一个音素或单词声音作为提示，患者常常会报告出错误但意义相似的单词。因此，JCU 可以通达一些语义信息，但不足以进行精确的对象命名。Kay 和 Ellis（1987）研究了另一名患者 EST。他可以选择正确的抽象词，但不能选择该词的语音形式。他的语义系统似乎没有受到严重损伤，但在查找低频单词时会遇到很大的问题。Kay 和 Ellis 认为，这种病情与舌尖现象（a tip of tongue）相似。

大多数关于命名障碍的研究似乎在一定程度上支持了 Levelt 等（1999）的观点，即单词检索的问题可能发生在抽象词选择/词条选择阶段或者通达单词语音形式阶段。但这些结果也可以用另一种更简单的方式来进行解释，即患者的语义和语音障碍直接导致了命名障碍的发生，目前这些可能性仍有待进一步研究。

（二）非流畅性失语症

语言产生的理论（Dell，1986）通常假设，确定话语的语法结构及生成适合该语法结构的内容词发生在不同阶段。非流畅性失语症（nonfluent aphasia）的患者显然可以找到适当的单词，但不能利用语法对这些单词进行组织。传统上，非流畅性失语症被认为是与布罗卡区损伤相关的症状。患者产生的短句通常包含内容词（如名词、动词），但缺乏功能词（如 the、in、and）及词的词缀。功能词在产生句子的语法结构中起着关键作用，因此这些患者通常在理解句法复杂的句子时存在问题。

Saffran 等（1980）研究了一名非流畅性失语症患者。他对"女人亲吻男人"的描述如下：

"亲吻……那位女士亲了……那位女士是……那位女士和那位男士和那位女士……"

他们还发现，非流畅性失语症患者在描述包含两个生物的图片时，很难正确地排列两个名词。另一些研究者则报告了非流畅性失语症患者在处理功能词方面存在特殊问题的证据（Biassou et al.，1997）。在产出任务中，非流畅性失语症患者在功能词上的言语错误比在内容词上的言语错误更为明显。此外，还有研究者发现，非流畅性失语症患者常常无法根据人称和数来调整动词的形式，且大多只能使用现在时的动词（Guasti & Luzzatti，2002）。

非流畅性失语症患者的症状差异很大（Harley，2008）。Grodzinsky 和 Friederici（2006）提出了一个模型，认为不同语法处理发生的大脑区域有所不同，这些差异为失语症患者的确切症状提供了理论基础。他们使用 fMRI 探讨了识别语法处理的三个阶段及涉及的大脑区域（图 9-16）。①第一阶段，单词类别信息（如名词、动词）得以识别，随后局部短语结构得以建立，相关脑区涉及额盖和颞上回前部。②第二阶段，个体计算各个句子成分之间的依存关系（即谁对谁做了什么？），涉及布罗卡区域（BA 44/45）。相关的证据包括加工句法复杂的句子比句法简单的句子会导致布罗卡区更显著的激活（Friederici et al.，2006）。③第三阶段，语法和词汇信息得以整合，涉及颞上回后部和脑沟。

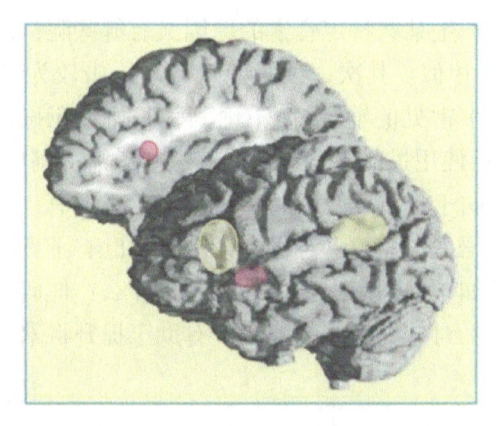

图 9-16　参与句法处理的主要脑区。粉色区域（额叶和颞上回前部）参与局部短语结构的建立；白色区域（BA 44/45）参与句子成分之间依赖关系的计算；黄色区域（颞上回后部和脑沟）参与整合过程（Grodzinsky & Friederici，2006）

在语法处理不同阶段出现的问题可能导致某个特定的神经机制出现异常的表现，这也是为什么有的非流畅性失语症患者可能表现出特定句法类别产出的困难，有的患者产出复杂结构时困难，而还有一些患者会表现出句法结构理解的困难。

总体而言，关于非流畅性失语症的研究表明，言语产生涉及句法层面的加工，不同句法结构层面的问题可能会导致特定语法功能的异常。尽管从理论上我们应该预测句子结构缺陷、语法成分损失和句法理解缺陷可能同时发生，然而许多个案研究却表明这些缺陷之间存在着分离（Harley，2008），即患者通常只表现出特定句法结构上的损伤。

（三）术语失语症

术语失语症（jargon aphasia）患者的讲话非常符合语法，因此常被认为句法处理水平完好，他们的困难主要发生在查找正确词汇上。具体来说，他们经常用一个词代替另一个词，并产生新词（neologisms）（虚构词）。这与非流畅性失语症患者正好相反，后者可以找到想说的内容词，但不能产生语法正确的句子，许多功能词和词尾缀被省略了。

患者 RD 的症状可以清楚地显示出术语失语症的言语错误（Ellis et al.，1983）。以下是他对一个侦察兵营地的描述（括号内给出了他似乎正在寻找的单词）：

> A b-boy is swiing（SWINGING）on the bank with his hand（FEET）in the stringt（STREAM）. A table with ostrum（SAUCEPAN?）and … I don't know... and a three-legged store（STOOL）and a strane（PAIL）—table，table...near the water.［一个男-男孩在小溪岸边摇（摇摆）着手（脚）。一张放着牡蛎（平底锅？）的桌子，然后……我不知道……一张三条腿的商店（凳子）和一个奇怪（桶）——桌子，桌子……在水附近］

显然，当想要说的词不常见时，RD 会产生更多的新词或虚词。但是，研究者发现，即使是症状最严重的术语失语症患者，他们的话语仍然可以传达很多信息，如愤怒、喜悦、困惑、惊奇和幽默（Marshall，2006）。

决定术语失语症患者产生某些特定音素的原因又有哪些呢？研究者认为，首先，某些音素与目标单词中的音素相似。其次，某些音素在母语中较为常见，例如，术语失语症患者 LT 倾向于产生英语中常见的辅音，而不论其是否可以正确地用于图片命名（Robson et al.，2003）。最后，新近使用过的音素还保持着一些激活，例如，Goldmann 等（2001）发现，术语失语症患者倾向于将新近使用的音素包含在新词中。

总体而言，我们对术语失语症患者产生新词的过程已有了更深入的了解。然而，还有一系列问题并不清楚，例如，他们产生新词的机制是什么？他们又为什么无法有效地监控自己的言语是否存在错误？对这些问题的解答，有助于提升将术语失语症的发现用于评估言语产生理论的有效性。

三、言语产生理论

言语产生涉及各种一般性过程，但关于这些过程的性质及它们如何相互作用，目前的研究仍存在争议。在言语产出的第一阶段，个体需要决定自己要传达什么信息。大多数情况下，说话人需要在说话前计划一些要讲的内容。然而，这种预先计划可以到达何种水平，目前仍有争议。

一些研究（如 Garrett，1980）认为，这种计划可能会延伸到整个句子，包含主语和动词。口误的研究在某种程度上支持了这一观点，例如，在换词错误中，发生替换的词语往往来自不同的短语，但都归属于同一子句（如"我要把笼子放出猫""我要把猫放出笼子"）。

另一些证据则表明，言语计划可能是发生在短语的层面。Martin 等（2004）要求参与者描述移动的图片。这些句子的开头包含一个简单或复杂的短语，例如，简单短语条件下的句子为"The ball moves above the tree and the finger."（球在树和手指上面移动），复杂短语条件下的句子为"The ball and the tree move above the finger."（球和树在手指上面移动）。在初始短语较为复杂的情况下，说话人需要更长的时间进行说话的准备。两个条件下整个句子的长度相同，且都包含一个并列短语结构，而结果的差异说明了句首短语而非整个句子影响了言语计划的过程。

本节讨论三个颇有影响力的言语产生理论，分别是扩散激活理论（Dell，1986）、WEAVER++模型（word-form encoding by activation and verification，激活和验证编码的词形）（Levelt et al.，1999）和言语运动控制模型（Guenther，1994）。

（一）扩散激活理论

扩散激活理论（Dell，1986）指出，言语产生有四个层次：①语义层次，即要说的内容或要传达的信息的含义；②句法层次，即言语中单词的语法结构；③形态层次，即计划句子中的语素含义或词形的基本单位；④音系层次，即音素（声音的基本单位）。

扩散激活理论假设言语的产生在上述所有层次中同时发生且实时交互，任何一个层次的加工都可以影响到其他层次。不过，研究者也承认，某些层次（如语义层次）的处理通常比其他层次（如音系层次）更高级。

第一，扩散激活的概念是这一模型的核心，它假设网络节点（常与单词相对应）的激活量有所不同。当一个节点或单词被激活时，激活或可从该节点传播到其他相关节点。根据该理论，言语产生在语义、句法、形态和音系层次上都存在分类规则，可以对当前项目的类别和类别组合进行制约。每一层次的规则定义适用于该层次的类别。例如，句法层次的分类规则界定了项目的句法类别。除了分类规则，还存在一个以联结主义网络形式组织的心理词典，其中包含概念、单词、语素和音素的节点。个体会选择适当类别的最强激活的节点作为要说的项目。例如，如果句法层次的分类规则要求句法表征的特定位置上需要一个动词，个体将选择最高激活度的动词。当一个项目被选择后，其激活级别立即降为 0，以防止被重复选择。

扩散激活的存在意味着大量节点都在同一时间被激活，这增加了言语出错的可能性。根据扩散激活理论，口误的发生是因为一个不正确的项目有时比正确的项目更活跃。相关的一种重要的错误类型是混合错误效应。当错误的单词在语义和语音上都与正确的单词相关时，就有可能产生混合错误效应。例如，个体可能把"Let's start"说成了"Let's stop"，因为"stop"一词在语义和语音上都与正确的单词（即"start"）有关。这个效应的存在也表明，不同层次的处理可以灵活地交互。更具体地说，语义和语音因素可以同时影响单词的选择。

第二，由于分类规则和句法加工的作用，言语的错误与句法类别之间也存在关系。有证据显示，大多数错误确实发生在同一句法类别内（Dell，1986），例如，名词替换名词。研究者认为，通过言语学习可以获得一个"句法交警"，负责监视我们言语产出的内容，并抑制任何句法类别不当的单词。Berndt 等（1997）进行了一项研究，他们让失语症患者命名物体（名词）和动作的图片与视频，结果发现，一些患者出现命名错误，但这些错误单词的语法类别却总是正确的，而另一些患者犯的错误却不会表现出类似的规范，错误的单词几乎是随机地分布在名词和动词之间，后者的"句法交警"似乎失灵了。

第三，句子中所有的单词都可能在语音计划的过程中被激活，因此应该观察到许多预期性口误。也就是说，一个词会提前在错误的地方出现，如"天空在天空上""一杯水杯"。

第四，预期性口误常常会变为交换错误，例如，"我得给我的邮件发一封妻子"。因为一个被选择的项目的激活级别会立即降为 0，因此如果过早地选择了"妻子"，则该词就不太可能在随后正确的位置被选中，而先前未被选择且高度激活的项目，如"邮件"，就可能出现在错误的位置上，出现交换性口误。

第五，预期和交换性口误涉及的单词在句子中的移动距离相对较短。因为距离较近的词语通常与当前的加工关系较为密切，更容易被激活。这种效应与扩散激活理论的预测较为相符。

第六，口误的单词通常是真词而不是假词，表现出一种词汇偏差效应（lexical bias effect）。这是因为单词在词典中具有特定的表征形式，因而比假词更容易被激活。这一效应是由 Baars 等（1975）发现的。在实验中，他们首先向参与者简短地呈现单词对，要求参与者快速说出这两个单词。此时，如果重新组合单词对，可以创建两个新单词（例如，"反常"可以变为"产房"），与无法创建新单词（如"房产"变为"长反"）的情况相比，参与者的错误率成倍上升。随后，Hartsuiker 等（2005）发现，这种效应取决于自我监控系统能否有效地抑制假词口误。

根据扩散激活理论，当错误的单词比正确的单词激活度更高时，错误的单词被选中，口误就会发生。因此，如果错误的单词很容易获得，就可能出现各种口误。Glaser（1992）研究了图片命名的时间。当每张图片（如桌子）都伴有一个语义相关的干扰词（如"椅子"）时，口误的可能性会明显提高。

总体而言，扩散激活理论得到了许多证据的支持。首先，混合错误效应表明，言语产生相关的加工过程具有高度交互性。其次，该理论可以很容易地解释其他几种类型的口误。最后，该理论对扩散激活的强调展示了言语产生与其他认知活动之间的联系（如单词识别）（McClelland & Rumelhart，1981）。但该理论也存在局限，如缺乏对语义层次加工的关注。

（二）WEAVER++模型

我们似乎都有过话到嘴边但说不出来的经历，这种令人沮丧的情况被命名为舌尖状态。

Levelt等（1999）提出的WEAVER++模型为舌尖状态提供了很好的解释。这一模型聚焦于单个口语词汇的产生，主要用于说明词汇产生如何经历从意义（词汇概念和词条）到声音（如口语中的词汇）的一系列过程（图9-17）。首先是概念准备阶段；接着是词汇选择阶段，个体选择表示词义和句法的词条，激活度更高的词条会被选择；随后是形态编码阶段，此时激活的是所选词条的基本词汇形式；接着是音位编码和语音编码阶段，词汇的音节将被计算；最后是协同发音阶段。以上整个过程称为词汇化（lexicalization），也就是言语产生的过程，通过这个过程可以把词的语义表征转化为声音的形式（Harley，2008）。该模型有以下几个假设。

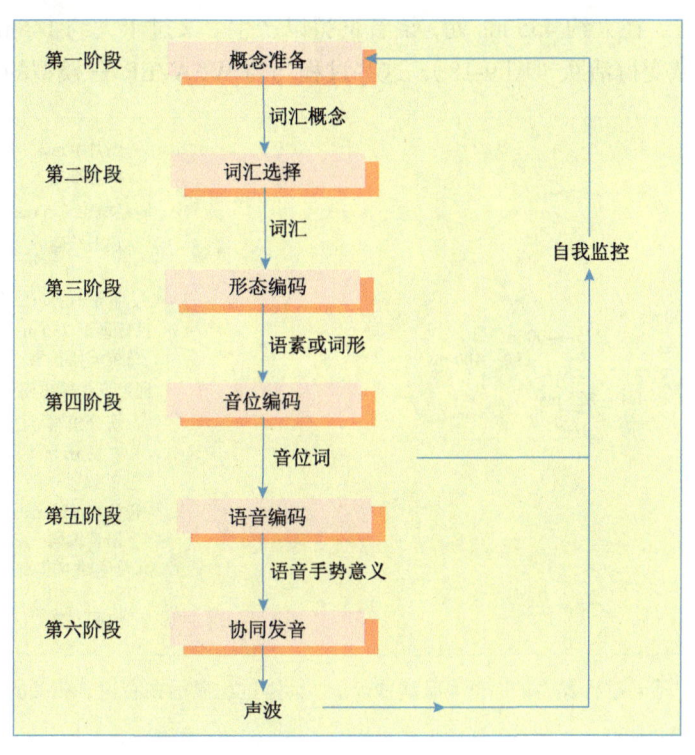

图9-17　WEAVER++模型（改编自Levelt et al.，1999）

1）词汇产生的过程遵循从意义到声音的加工方向。

2）网络存在三个主要层次。①最高层次代表词汇概念的节点。②中间层次上每一节点都代表心理词典的一个词条。词条是单词的表征形式，是由句法和语义而非语音来加以界定的（Harley，2008）。因此，如果知道一个词的含义，也知道这个词是一个名词，尽管不知道它的发音，仍然表明我们已经获得这一词条。③最低层次上的节点表征了词素（意义的基本单位）及音素形式，包括词的发音与词形。

3）言语产生包含以序列的方式进行的从最高层次到最低层次的一系列处理阶段。

4）通过使用检查机制可以避免口误。

总之，WEAVER++模型是一个多阶段离散的前馈模型。离散是指词汇生成系统在开始计算所选单词的声音之前就完成了识别出词条的任务。前馈则是指整个处理流程严格按照前向（从含义到声音）的方向来进行。言语产生存在着一个前馈激活传播网络，也就是说，激活是通过网络向前传播的。

有研究假设词条包括句法信息（如词性信息）和语义信息，因此处于舌尖状态的词汇的句法信息仍可以通达（Levelt et al.，1999）。以意大利语为例，这种语言中部分名词具有语法性别（阳性或阴性），当个体处于舌尖状态时，他们正确猜出这些词汇语法性别的概率为85%（Vigliocco et al.，1997）。

Indefrey 和 Levelt（2004）对数十项涉及图片命名的影像研究进行了元分析，发现词汇选择约发生在图片显示之后 175 ms 内。随后，在 250—300 ms，适当的语音（声音）编码可以被通达。接着，在大约 455 ms 处，语音词得以产生。又过了大约 145 ms，参与单词发音的感觉运动区域变得活跃（图 9-18），这些过程均与 WEAVER ++模型的预测一致。

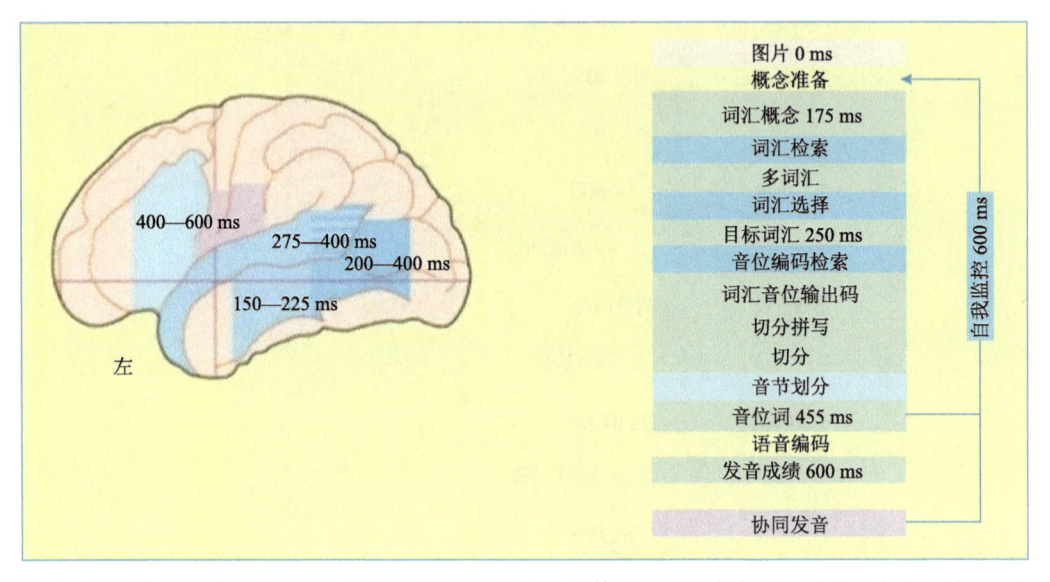

图 9-18　图片命名中不同过程发生的时间（以毫秒计）。具体过程显示在右边，相关的大脑区域显示在左边（Indefrey & Levelt，2004）

WEAVER ++模型的价值体现在多个方面。首先，这一模型说明词汇产生涉及词汇选择、形态编码到语音编码的一系列阶段（Indefrey & Levelt，2004）。其次，WEAVER ++模型比较简洁，据之可以产生多个假设，且具有可检验性。检验 WEAVER ++模型要比检验扩散激活之类的交互性理论更为容易。

值得注意的是，WEAVER ++模型的局限性也很明显。首先，它只关注单个词的产生过程，没有详细考虑计划和产生包含多个词语的整个句子涉及的多个过程。其次，大量的实验室证据表明（如 Costa et al.，2000；Meyer & Damian，2007），不同处理层次之间的交互效应要比 WEAVER ++模型设想得复杂，这些发现与扩散激活模型更为一致。最后，与口误相关的证据表明，言语产生中存在大量并行处理。词汇交换错误、语音交换错误、混合错误效应和词汇偏向效应等口误现象在某种程度上很难被 WEAVER++模型解释。一项使用计算机模拟的研究发现，结合语音命名离散前馈理论的关键假设并不能模拟出混合错误或词汇偏差效应（Rapp & Goldrick，2000）。

（三）Guenther 的言语运动控制模型

利用计算机模拟揭示语言加工的本质，最有影响力的观点是言语运动控制的发声器官的速度导向（directions into velocities of articulators，DIVA）模型。这是一种神经生物学的数学计算模型，最初被用于解释言语运动技能的获得、调配过程及其脑环路。DIVA 模型也提供了一些涉及自我监控反馈机制的更加精细的论述。

目前，DIVA 模型已经历了多次修改，且被用于检验不同语言中与言语产生相关的神经活动（Guenther & Vladusich，2012；Bohland & Guenther，2006；Guenther，2006；Golfinopoulos et al.，2010，2011）。这一理论也有助于我们理解口语产生的障碍。目前，虽然有其他一些言语运动控制的不同观点（Maassen & van Lieshout，2010），但 DIVA 模型毫无疑问是较为重要的观点之一。DIVA 模型的结构如图 9-19 所示。

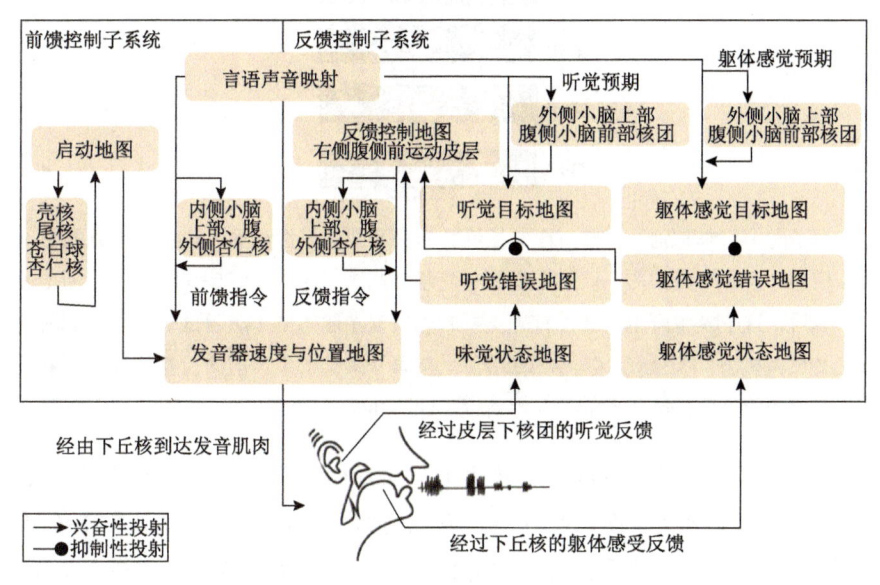

图 9-19 DIVA 模型的结构。每个框对应一套神经元（或地图），框之间的箭头对应将一类神经表征转化成另一类的外显投射。模型被分成两个基本的子系统：前馈控制子系统（左侧）和反馈控制子系统（右侧）。其相关神经机制包括前运动和主要运动皮层、听觉皮层、躯体感觉皮层、小脑和基底神经节（Golfinopoulos et al.，2010）。vPMC=腹侧前运动皮层；Put=壳核；Cau=尾核；Pal=苍白球；Tha=杏仁核；smCb=内侧小脑上部；VL=腹外侧杏仁核；sICb=外侧小脑上部；VA=腹侧小脑前部核团

从根本上讲，DIVA 模型的灵感源于大脑的活动，这一模型由许多相互连接的模块构成，这些模块组成了地图。每张地图包含一系列计算单位，而每一单位都由大量的神经元组成，每个通路则表征了大量的神经纤维束的兴奋或抑制性投射。从结构上讲，这个模型包含两套子系统，一个服务于前馈控制，另一个则与反馈控制有关，后者又进一步细分成多个听觉和躯体感觉反馈通路。前馈控制子系统主要与额叶及皮层下结构的活动相关；听觉反馈机制主要与颞叶及皮层下结构的活动有关；躯体感觉反馈机制则主要与顶叶及皮层下结构

的活动相关。

> **框 9-4　DIVA 模型实例**

在网站上，有一套模拟软件说明了该系统如何学说"乖狗狗"。模型在多次尝试过程中，输出逐步变好，并最终变得相当精确（Guenther，2006）。这个模型是怎么做到的？

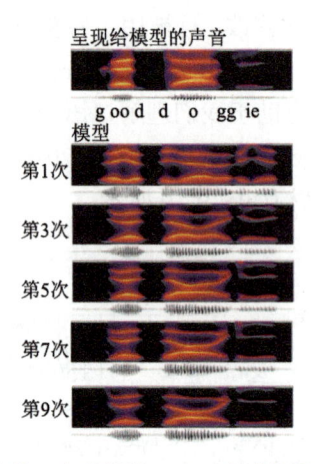

频谱图展示了句子"乖狗狗"的前三个共振峰，由一个成年男性说话人产生（上方的图），或由 DIVA 模型产生（下方的图）。这个模型首先学会基于上面呈现的例句的声学目标（最上面的图）。然后，这个模型产生声音，首先主要收到反馈控制（第 1 次尝试），然后渐渐地由前馈命令代替反馈控制（第 3、5、7、9 次尝试）。在第 9 次尝试中，前馈控制信号已足够精确并能让模型精确模仿来自样例句子的共振峰轨迹（Guenther，2006）

首先，呈现给模型的话语被用来确定听觉目标表征，即模型自己产生的声音表征。然后，位于模型较高水平的运动系统内的言语声音表征被用来控制句子的产生。每次模型要产生"乖狗狗"的时候，这一言语声音表征就沿着两条通路发送输出。其中一条通路将运动指令传导到模型的发声成分，进而导入计算机化的言语合成器。另一条通路投射到模型的听觉成分，并激活听觉目标表征，从而预期下面的句子听上去如何。就好像是这个模型在告诉它自己："如果一切进展顺利，那么我所说的应该听上去像这样。"下一步，由言语合成器产生的声学信号得到识别和加工，听觉输入模式与听觉目标表征进行匹配，以确定话语被执行的程度如何。最后，错误的信号得到注意并被用以对发送到发声器官的运动指令进行长期的更正和调整。在言语产生和更正性听觉反馈周期的大量迭代之后，模型最终与运动系统磨合，从而产生固定的、理想的声音模式。此时，模型能够令人惊叹地以流利的方式说"乖狗狗"。从听觉错误到修正性运动指令的转换，涉及从感觉空间到发声速度的映射，所以这一理论被称为 DIVA 模型。

该模型还有另外两个值得一提的特点。第一，凭借修正性听觉反馈机制发展出的能力，这个模型能够完全依赖它的运动系统产生短语，而无须过多地依赖听觉反馈。但这一听觉反馈机制仍在默默运行，导致在非正常发声情况下，当模型产生的声学信号被外部干扰至曲时，那些与预期不相符的变异仍能被快速知觉，并以在线方式向运动系统发送修改信息。第二，在多次成功产生"乖狗狗"的例子中，模型逐渐获得了躯体感觉目标表征。这类似于听觉目标表征以躯体感觉模块的形式出现。该模型规定了说话者在产生短语时，他们的发声通道中应该感觉到的触觉和本体感觉（如身体-部位位置）。预期的表征将被说话者利用，将其同实际的躯体感觉信号相比较。通过这种方式，在错误发声时，这些错误可以立刻被觉察到，并被用来将运动系统调整到位。

关键术语

词优效应 word superiority effect
假词 pseudoword
字形相似词 orthographic neighbours
语义启动效应 semantic priming effect
词典 lexicon
词汇通达 lexical access
切分问题 segmentation problem
协同发音 co-articulation
范畴感知 categorical perception
词汇识别迁移 lexical identification shift
音素恢复效应 phonemic restoration effect
深层失写症 deep dysgraphia
动词偏向 verb bias
语篇 discourse
指代消解 anaphor resolution

共同背景 common ground
句法启动 syntactic priming
句子 clause
短语 phrase
词汇偏差效应 lexical bias effect
词条 lemmas
词汇化 lexicalization
首音互换 spoonerism
弗洛伊德口误 Freudian slip
命名障碍 anomia
非流畅性失语症 nonfluent aphasia
术语失语症 jargon aphasia
新词 neologisms

知识要点

- 语言获得与加工过程中，语言先天性假说与模块化理论的观点

- 词汇识别中，交互激活模型和分布式联结主义模型的解释与不足
- 词汇识别理论模型对汉语词汇识别的意义
- 言语感知过程的五阶段
- 言语理解的影响因素及应对机制
- 口语词汇识别的理论模型：队列模型和 TRACE 模型的证据与假设
- 句子加工中序列加工与并行加工的研究证据
- 句法分析中的花园路径模型、制约满足模型、非限制性竞争模型和"足够好的表征"模型的研究证据与局限性
- 语篇理解的加工机制：指代消解、建构主义和最小主义的关系
- 言语沟通的基本准则：Grice 的合作原则、关联理论、共同背景、交互对齐模型、话轮转换
- 言语产生中的扩散激活理论，WEAVER++模型和言语运动控制模型及其研究证据与局限性

第十章
问题解决与创造力

问题解决（problem solving）是人类学习活动的高级形式，贯穿于人类生活的各方面，从解决基础的生存需要到推动复杂的科技创新，都需要它的参与。创造力是问题解决的最高表现形式之一，因为创造力代表着一种超越常规的思维方式和行动方案，它不只是找到答案，而是找到一个全新、独特的答案。

创造力的发展要以问题解决为前提。换句话说，当我们面对一个问题时，可能会先想到采用已有的、传统的方法来解决它。但当这些方法不再奏效时，我们就需要更深入地思考，激发创造潜能，从不同角度、使用不同方法来寻找答案。在这个过程中，问题解决和创造力交织在一起，使我们得以突破常规的束缚，达到新高度。

当然，并非所有的问题解决都需要创造力的参与。很多常规性的问题使用现成的方法就能解决，但这并不意味着这些常规性问题不重要。实际上，通过这些问题解决的经验，我们可以积累和巩固知识，为解决更复杂、更需要创造力的问题打下基础。

随着认知心理学的兴起，我们对人类心理现象的理解进入了一个新阶段，不再仅仅关注可观察到的行为，学者开始深入探索各种心理现象背后的复杂内部结构和过程。对问题解决和创造力的研究，已逐步深入到对其内部心理结构和认知基础的揭示，这极大地丰富了问题解决和创造力的内涵。

本章内容涵盖了问题解决与创造力多个方面的核心知识和理论，对二者关系的探讨将贯穿其中。首先，从问题与问题解决的定义和关系切入，分别引出问题的类别和问题表征，以及问题解决的过程、策略及其影响因素，帮助读者在实际问题解决情境中做出更好的选择。其次，把焦点转向创造力，对其定义、特性、类型、影响因素等进行系统阐述，并详细介绍创造力认知的理论模型，帮助读者深入了解这一复杂而令人着迷的概念。

第一节 问题解决概述

人类在生活和工作中会面临许多问题。当个体希望实现一个特定的目标，但又不能立即想出实现目标的最好方法时，就需要进行问题解决。问题解决时，首先需要明确问题是什么，理解问题本身包含的信息，然后才考虑如何解决问题。

一、问题的定义及分类

（一）问题与问题解决

当人们想要实现某个确定的目标，但又不清楚如何采取行动时，问题就产生了。问题解决是我们为了达到某一目标而进行的思考和行为。按照认知心理学的观点，问题解决就是在头脑中形成问题的当前状态和目标状态的心理表征，并搜索把当前状态转换成目标状态的具体手段［也称为"算子"（operator）］（Newell & Simon，1972）。因此，也可以说，当前状态和目标状态的差距就是问题。这种差距之间的各种可能性构成的一个集合，都可以称为问题空间（problem space）。问题解决的过程就是在问题空间中搜索能够缩小当前状态和目标状态差距的有效算子，并最终实现目标的过程。

心理学中的问题解决主要是指大脑中的一系列思维加工过程。问题解决一般有三个要素：①初始状态（initial state），即问题解决者对给定的已知条件的心理表征；②目标状态（target state），即问题解决者努力想要实现最终目标的心理表征；③算子，即问题解决者在问题空间中搜索到的可以促使初始状态向目标状态转化的具体手段（Newell & Simon，1972）。

（二）问题的类别

1. 明确界定的问题与未明确界定的问题

明确界定的问题是那些有绝对正确和可知的解决方案的问题；未明确界定的问题是那些有矛盾的假设、证据和观点，需要采用不同解决方案的问题（Kitchener，1983）。明确界定的问题只有一个明确的解决方案，并且可以用程序化的模式解决。相反，未明确界定的问题有多个解决方案或者不存在解决方案，并且没有程序化的模式来帮助解决问题。在这两种问题的认知过程方面，研究者提出了认知加工的三级模型：第一级包含推理规则和策略；第二级是元认知（metacognition）过程，关注解决方案的合理性；第三级是认知监控（cognitive monitoring）问题本身，关注问题解决的过程。明确界定的问题的认知加工只涉及前两级，而未明确界定的问题的认知加工包含第三级（Kitchener，1983）。许多学者认为，相比明确界定的问题，未明确界定的问题涉及创造性问题解决。

对于现实中的问题解决而言，问题解决者遇到的多数是未明确界定的问题。例如，公司如何扭亏为盈、怎样获得幸福人生等。这些问题或是只给定目标状态，或是起始状态和目标状态都未给定。人们需要发现问题、明确问题（即明确地界定自己工作的起始状态和目标状态），并在综合考虑诸多因素以后做出选择。人们在现实中面临的问题多数是未明确界定的，但是目前心理学实验研究的问题多数是明确界定的。

2. 常规问题与创造性问题

日常生活中面临的大多数问题可以运用已有经验来解决，如在一个新的停车场倒车入库，这类问题属于常规问题。与此同时，也会存在一些问题或目标不清晰、没有既定方案，甚至采用常规方案行不通的问题需要解决。这类问题可以归为创造性问题，需要人们从新的视角来思考,并运用新颖的想法和策略来解决。创造性问题解决(creative problem solving, CPS)可以被看作特殊的问题解决活动,表现为问题表征(problem representation)模糊性、解决问题思维的新颖性和非常规性,以及解决过程的持久性(Newell et al., 1962)。

Isaksen等(2000)将创造性问题解决分为四成分、八阶段,并以循环和非线性的模式描绘了各成分间的关系(图10-1)。成分一为理解问题及解决问题面临的挑战,即理解挑战,包含三个阶段:一是通过广泛、简洁的方式来制造对解决问题有利的机会和目标,进而聚焦某一个有建设性的目标;二是依据不同的观点寻找资料,包括一切可参考的信息、知识、感觉、意见,以及自己需要了解的问题,并找出影响问题解决的最重要因素;三是发现问题,包括寻找一个特定的或有针对性的问题,然后将精力集中在这个问题上。成分二为产生构想,是指提出许多各不相同的或者不寻常的选项来应对一个问题,包含激发观点阶段。在此阶段,问题解决者会进行流畅、灵活、原创、详细的思考。成分三为准备行动,是指对可行性高的备选方案做出决策,不断发展和强化,并为其成功实施制定计划。它包含制造机会和寻求认可,前者包括分析、改进或发展可行性高的点子,后者包括寻找可能的支持和阻力来源,并确定那些可能会影响解决方案成功实施的因素。成分四为规划方法,即将最佳解决方法的计划转变成实际的行动,并回顾运用问题解决的流程是否完整,包含评估任务和设计流程两个阶段。评估任务是在完成问题解决后,从多方面回顾和审视问题解决模型。设计流程阶段旨在根据不同的情况选择需要的流程,设计出最佳的问题解决方案(Isaksen et al., 2000)。

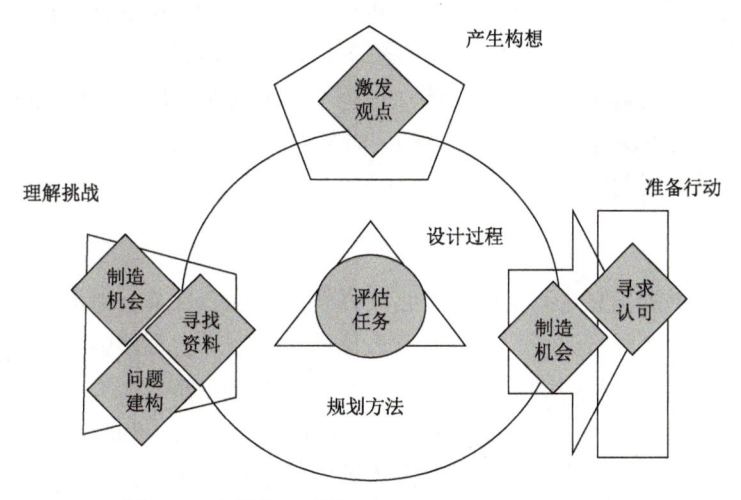

图10-1 问题解决框架(Treffinger et al., 2008)

3. 知识丰富性问题与知识贫乏性问题

按问题解决所需要的知识多少和性质(即算子的知识含量),还可以将问题分为知识贫乏性问题(knowledge-lean problem)与知识丰富性问题(knowledge-rich problem)(VanLehn, 1989)。在解决知识贫乏性问题时,只需要相对较少的特定领域的专业知识,例如,智力测验中的问题大多属于这一类;解决知识丰富性问题时,却需要某个领域的专门性知识,如数学中的应用题解决。

知识贫乏性问题的优点是可以"纯粹"研究人的思维过程，排除个体知识量多少的影响（控制住记忆对思维加工的"污染"因素），因此是思维心理学研究最多的问题。然而，现实中的问题往往是需要大量的专业知识才能解决的，专家的科学研究与发明者的创造都离不开专门知识。正是由于在对知识丰富性问题的研究中很难控制实验条件，所以这方面的实验研究还远远没有适应现实需求。认知心理学兴起之后，出现了一些关于"专家系统"的研究。

4. 对手问题与非对手问题

按是否存在竞争对手，可以将问题类型分为对手问题与非对手问题（Fikes & Nilsson, 1971；刘爱伦, 2002）。对手问题涉及两个或更多人之间的竞争，如下棋就是一个对手问题。问题空间会因对手的"接招"而不断改变，所以这类问题比非对手问题复杂得多，研究起来也困难得多。尽管近期问题解决领域的研究中已经出现一些有关对手问题的研究，但多数研究主要还是集中在非对手问题上。随着不同学科的交叉融合，人工智能（如通过医患对话进行自动诊断并开处方的"中医专家系统"）、决策问题（如双方谈判问题）、社会问题（如双方冲突逐步升级问题）的前沿研究促进了关于对手问题研究的发展。

二、问题表征

为了理解一个问题，个体必须注意到相关信息，思考如何进行问题表征，如利用符号或者示意图来表征问题。表征又可以进一步划分为外部表征（external representation）和内部表征（internal representation），分别指代问题的外部表达方式和问题解决者对问题的理解。除问题表征外，在问题解决过程中，个体在理解了一个问题之后，必须想办法找到策略来解决这个问题。问题解决并不是一蹴而就的，而是需要经历不同阶段（过程），许多内在和外在的因素都会影响问题解决。

（一）问题表征的定义

对问题情境提供的信息进行恰当表征是问题解决的中心环节。如果一个问题得到了正确的表征，可以说它已经解决了一半。问题表征质量的高低会直接影响对该问题的解决。因此，表征在解决问题过程中的重要作用，正越来越受到心理学家的重视。

在不同领域的问题解决中，问题表征有着不同的具体定义。Simon 和 Newell（1971）从认知加工过程的角度，指出表征是信息在人脑中的呈现方式，包含了信息和信息加工；在实际应用中，如企业管理领域，问题表征被认为是一种对问题的精确陈述；在教学领域，如数学教学中，问题表征被定义为是个体在阅读过程中将外部信息转化为内部信息，明确问题给定的条件、目标和允许的操作，结合自己的认知结构形成完整的问题空间的过程。虽然因领域不同，问题表征的定义略有差别，但上述定义均强调了问题表征是对信息的一种记载、理解和表达。

总的来说，问题表征是指问题解决者根据问题提供的信息和自身已有的知识经验，发现问题结构、构建问题空间的过程，也是把外部的物理刺激转变为内部心理符号的过程（胥兴春，刘电芝，2002）。问题表征既是一种过程（它是对问题的理解和内化），也是一种结果（它是问题在头脑中的呈现方式）（邓铸，余嘉元，2001）。

问题表征依赖人的知识经验，也会受到注意、记忆和思维等心理过程的制约。例如，学生在解决数学应用题时，把问题中的数量关系用图或表画出来，这样可以减轻短时记忆的负担，也便于整体把握数量关系和进行推理。因此，这种表征方式有利于问题的正确解决。

此外，问题中信息呈现的方式（问题的提法）也会对人们形成的表征产生重要影响。例如，在一个经典的中国古代算术题"36口缸，7条船来装，条条装单（数）不装双（数）"中，结尾采用"请问怎么装"或"请问能否装"两种不同的提问方式，会促使人们在不同的问题空间中进行搜索。"请问怎么装"暗示问题有解，促使人们寻找具体分配方案（尽管实际无解）。"请问能否装"更偏向判断可行性，人们可能更快发现矛盾。

问题表征在顿悟问题解决中尤为关键，表征方式的转换是顿悟产生的重要根源。顿悟通常是指个体对一个百思不得其解的问题或者事件的突然领悟。人在解决问题时，往往根据题目本身提示的方式来表征问题，并在相应的问题空间进行搜索，当在既定问题空间长时间找不到解决办法时，更换新的问题表征方式，可能会导致顿悟并促进问题解决。九点问题是测量顿悟问题解决的常见方式，即如何用一笔将 3×3 的九点方阵中的每个点连接起来？如果只局限于九点组成方阵，只是思考如何在方阵内连线，很难想出正确答案。如果此时能换一种问题表征方式，将点阵看作大正方形的一部分，便自然会发现连线的线条可以拓展到点阵以外，此时九点问题便迎刃而解了。"啊哈"体验是顿悟瞬间产生的一种强烈而明显发生变化的情绪，具有突然性、完整性和强烈性，能使得创造主体获得极大的快感。Danek 等（2018）研究了"啊哈"体验中的表征变化，要求参与者在观看魔术表演的同时，为魔术师的每个动作技巧对于魔术成功的重要性进行评分，发现问题表征朝正确解决方案的突然变化将导致"啊哈"体验。

框 10-1 九点问题

问题：一笔画出四条连续的直线段，把图中九个点都连起来。

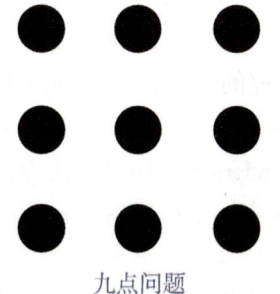

九点问题

你会如何解答这个问题呢？是一步步地试错抑或突然地顿悟？为了解决这个问题，很多人都会首先在头脑里或纸上不断尝试。但他们会发现，在以九个点围成的正方形中，以有限的步数总是不能将所有的点连接起来，因此形成标准失败。如果参与者跳出这种思维模式，将两边点的范围分别往外移一下，他们会很快地解决问题。

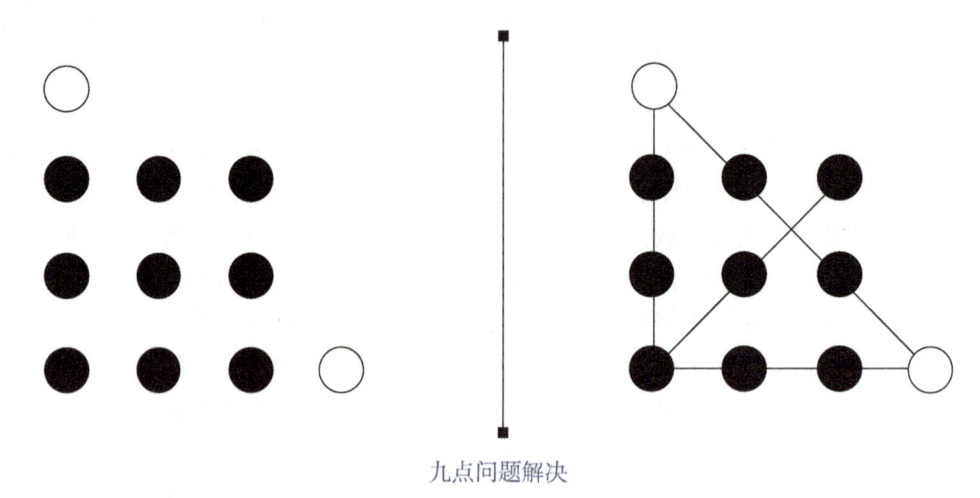

九点问题解决

Macgregor 等（2001）认为，问题解决者总是追求每条线划掉点的数目最大化，因此九点问题的糟糕成绩是问题表征转变得太慢导致的，而不是问题解决者产生的无关限制导致的。

（二）内部表征和外部表征

1. 内部表征和外部表征的区别与联系

传统观点认为，问题表征是问题解决者构建问题的心理结构，是内在的知识、结构和神经网络，一般是指问题解决者对问题的内部表征，即人们在解决问题时使用的一种认知结构，是通过一系列算子对信息进行记录、储存和描述以至于改进信息的结构方式（廖伯琴，黄希庭，1997）。

然而，外部信息是否只能借助内部表征发挥作用呢？研究者通常假定一个复杂的内部机制，以解释内部表征的复杂结构，但这些内部复杂结构的大部分其实是外部表征的反映（Suchman，1987）。认知生态学研究的开创者 Gibson（1969）则直接肯定了外部表征的作用，认为环境是高度结构化的，知觉的最终产品不是环境的一种内部表征，而是直接从环境中觉察到的那些不变的信息。Anderson（1993）认为，具有相同内部表征但外部表达方式不同的问题，会使人们出现完全不同的问题解决行为。这进一步支持了问题的外部表达方式会对问题解决产生根本影响。

对问题外部表征的系统研究，有助于了解人们的内部表征，因为内部表征的结构是对外部环境结构的反映。外部表征也不只是构成内部意识的刺激和输入，它对许多认知任务具有指导、约束甚至决定作用（Zhang，1997）。此外，在认知心理学研究中，生态学趋向越来越明显，而研究现实的问题情境对问题解决行为的影响也具有生态学意义（Greeno & Moore, 1993）。在真实的情景中研究问题的外部表征，对于揭示现实中人们解决实际问题的机制和影响因素会更有成效。

分布式认知（distributed cognition）研究取向认为，一个人的许多智力行为是他与外部事物及其他人交互作用的结果。例如，Hutchins（1996）的研究显示，由一群人及与之交互作用的认知产品构成的分布式认知系统的认知特性与个人的认知特性完全不同，而且这些特性不能从单个人的认知特性来推断。傅小兰（2006）提出的心智计算-表征方法理解模型强调了表征、加工和控制及其相互作用对思维的重要作用，外部表征与头脑中的内部表征相结合，在认知活动中共同起作用。

关于问题外部表征和内部表征之间关系的观点主要有三类：第一类是把外部表征看成刺激和输入，它只能通过知觉系统激活有关的记忆系统而建立一个心理模型，再依靠这个心理模型完成认知任务；第二类认为外部表征本身就是高度结构化的，它可以被知觉系统觉察，进而直接作用于认知任务，不需要建立中介的关于环境的心理模型；第三类认为一些认知任务是通过内部表征与外部表征的交互作用来完成的，这些任务被视为分布式认知任务，这种情况下其表征系统也是由外部表征与内部表征构成的分布式表征。

总之，问题的外部表征和内部表征是既有区别又密切联系的两个概念，它们对问题解决的影响方式取决于具体的问题解决结构。内部表征是指记忆系统中的诸如命题、图式、神经网络及其他类型的知识和结构。内部表征的信息必须依靠认知操作从记忆系统中提取，尽管外部表征有时可以激活这种提取过程。外部表征可以通过记忆转化为内部表征，内部表征也可以通过外化过程转化为外部表征。

2. 内部表征和外部表征的形式

正确的内部表征是问题解决的关键。问题的内部表征主要有以下几种不同的形式：样例类比、问题空间表象化和问题范畴化（categorization of problem）等。样例类比是指过去成功解决的问题作为样例被储存在长时记忆系统中，当新的任务出现时，问题情境的线索会被知觉系统觉察和加工，激活相应的样例，并按照其表征模式快速形成对新问题的表征。问题空间表象化是指当某一问题的表述比较复杂或抽象时，问题解决者常常借助表象化的表征形式来理解问题成分之间的关系。问题范畴化是指在面临新问题时，人们根据问题的初始条件和约束条件，激活记忆系统中的某一理论框架和抽象表征模式，把问题归为某一范畴，从而获得对该问题的表征（邓铸，余嘉元，2001）。

图表、曲线图和照片等图像是外部表征的典型形式，它们经常被用于问题解决、推理和决策等认知任务中。此外，文字符号也是重要的外部表征形式。例如，外部图片能够给予人们从内部表征中无法获得的知识和技能。研究发现，对模糊的内部表征很难进行位置上的反转，但将其以图画的形式绘制在纸上后，便很容易对外部的图片进行旋转（Chambers & Reisberg, 1985；Reisberg, 1987）。文字符号也可以被看作一种外部表征形式。对话语的转录或重述，可以把听觉性的外部表征转换为视觉性的外部表征。对有些人来说，这种文字书写过程支持内部的沉思活动，使逻辑分析和推理变得更为简单。

有研究者认为，外部表征在现代思想意识出现过程中具有重要作用（Donald，1993）。以外部表征的改变为中介导致的认知结构的改变，甚至要超过以大脑内部生物性变化为中介引起的认知结构的改变，例如，符号系统，尤其是书写符号系统，是一种有助于意识加工的重要表征系统。另外，同样信息的不同外部表征形式可以从根本上改变决策行为。研究发现，信息呈现的形式、组织和顺序能通过一种自适应机制影响决策过程，决策者通过这种机制实现最大化准确性和最小化工作量的平衡（Kleinmuntz & Schkade，1993）。信息呈现形式的变化，会导致决策者对每种策略的准确性和所需努力程度的评估发生改变，从而改变决策行为。

三、问题解决的过程

问题解决可以被看作一个在问题空间搜索从问题的初始状态到目标状态的潜在路径的过程。这一过程是"问题空间"内的系列心理操作（Newell & Simon，1972）。问题空间由问题要素、问题的初始及目标状态、将初始状态转化为目标状态的算子，以及应用算子的约束条件构成。这一过程可分为三个阶段，包括问题的重新认识、形成解决问题的备选假设并选择其一、对解决问题的评价和检验（Ellis & Hunt，1993）。有研究者把问题解决过程看作定义问题、问题表征、计划解决方案、解决方案应用、计划的评价及对解决方案的评价六个连续的加工过程（Hayes，1989）。结合这些观点，我们把问题解决的过程归纳为问题表征的构建、算子的选择和运用、当前状态的评价三个阶段，以下将针对各个阶段的认知过程和神经机制来阐述问题解决的过程。

（一）问题表征的构建

问题解决的第一步是表征问题（Kintsch & Greeno，1985）。前面已经提到过，表征是指信息的内部表达，问题表征则是问题解决者根据问题包含的信息，依赖自身的知识经验在头脑中构建问题的认知结构、形成问题图式的过程。

问题解决过程中的问题表征不是静止不变的，而是动态变化的。问题呈现时，其最初的存在状态是外部信息与内部信息相分离，可视为无表征状态；最后问题被解决时，就是内外部的信息相互作用实现了问题的完全表征。问题解决就是问题解决者对问题的表征状态不断发生非线性、连续和静态与动态相结合的变化的过程（Larkin et al.，1980）。在简单问题解决中，表征过程可以快速完成，更多的时间是在进行必要的外部操作。在复杂问题解决过程中，因问题解决未必表现出确定的表征阶段顺序，往往要经历较长时间和复杂反复的心理过程，除表现于外的问题解决行为，还有更多表现于内的心理操作和心理状态的变化。

有研究者以汉字组块拆分为任务，从神经机制的角度来研究问题表征。汉字组块拆分任务要求参与者拆掉汉字的一部分笔画，使得原汉字变为一个新的汉字，具体分为常规组块拆分条件（例如，"他"可以通过拆去"亻"，变成"也"）和创造性组块拆分条件（例如，"拐"可以通过拆掉"扣"，变成"力"）。结果发现，两种条件下的问题表征模式均激活了额顶叶的认知控制网络区域，包含额中回、额下回、下顶叶等区域（Lin et al., 2020）。对于这些神经机制的作用，研究者提出了结构化事件复合理论，认为前额叶在事件表征中发挥着重要作用，事件知识的表征信息汇聚在前额叶，类似大脑中感觉信息的汇聚整合区（Barbey & Barsalou, 2009）。前额叶的不同区域（左右、前后、外侧与内侧、背侧与腹侧）表征事件不同方面的信息（例如，要整合事件的数量、事件的复杂性、是否需要计划和行动）。还有一些研究则强调了额顶区作为中央执行控制网络的重要部分，在认知流畅性、选择思维模式、思维的抽象水平中的作用（Miyake et al., 2000）。总体来说，现有的研究倾向于支持额顶叶控制网络在问题表征中发挥着重要作用，左侧后顶叶则与问题表征转换密切相关。额叶、顶叶在信息加工和建构心理模型中发挥着重要作用。这些对神经机制的相关研究，从不同视角印证了问题表征的构建涉及信息的储存和提取，以及心理模型建构的理论假设。

（二）算子的选择和运用

算子是指将某一问题状态转化为另一问题状态的动作（Anderson, 2005）。尽管在具体状态下有多种实现问题解决的算子，但关键的任务是选择一种算子并应用其解决问题，因此成功的问题解决离不开算子的选择和应用。

多种因素会影响算子的选择，包括问题表征方式、问题空间大小、所掌握的问题解决策略等。面对复杂的逻辑关系，相比纯文字的介绍，图示、表格等形式更有利于理解，这体现了外部表征对算子选择的影响。内部表征同样会通过影响算子选择来影响问题解决，个体的空间能力与学生对数学概念的理解和掌握有关，高空间能力的学生对数学概念的理解和掌握是扎实而稳固的，能够构建有意义和相互关联的数学知识网络，而低空间能力的学生只能机械地理解和运用数学知识（Wheatley, 1991）。同理，问题空间越大，给定问题的元素和可操作算子越多，问题就越难解决。此外，相对于新手，专家具有丰富的知识和经验，掌握了更多有效的问题解决策略，有助于算子的选择和运用。同时，学习的新策略也是问题表征变化的一个来源。

个体在选择算子时，通常会使用以下三个标准。首先，回溯规避使问题解决者倾向避免那些可能消除先前算子作用的算子。人们不愿意向后退一步，即使这样可以纠正之前的错误或者有助于问题的解决。其次，差异降低是指人类趋向选择能最大限度地缩小当前状态与目标状态之间的差异的非重复算子，如一只小鸡直接奔向自己想要的食物，而不会绕过挡着它的篱笆。最后，手段-目的分析（means-ends analysis）是用来描述创造一个新目标（目的）使得一个算子（手段）得以应用的术语。例如，黑猩猩不仅试图通过从笼子里往外抓来够到香蕉，还试图创造一个新的工具来够到食物，通过手段-目的分析，人类和其他高级哺乳动物能够使用更丰富的策略来达到目标（Anderson, 2005）。

对于简单问题，即通常有唯一、明确答案的问题，算法式的问题解决策略更恰当。这种策略将问题空间中所有可能性解决方案一一尝试，虽然费时，但能得出正确答案。面对复杂问题或创造性问题解决，通常采用启发式策略（heuristic strategy），即根据以往问题解决的经验在问题空间中进行有限次数的搜索。该方法虽然不一定能保证找到解决问题的正确答案，但这种缺点可以通过速度快的优点进行补偿。一般地，简单的问题只需要少量操作，选定的策略就能顺利实施；而复杂的问题则需要一系列操作才能完成，有时甚至选定的策略也无法实施。关于数独问题解决的神经机制研究发现，问题解决者会采用启发式策略解决问题，根据问题中已经出现的数字及其位置，经过合理的表征，一次找到可以一步解决的位置。显然，这种策略是加快问题解决的关键因素，可以避免盲目搜索（Qin et al.，2012）。

　　河内塔问题（图 10-2）是问题解决领域的经典研究。标准河内塔问题的主要材料包括三根高度相同的柱子和一些大小不同的圆盘，三根柱子分别为起始柱、辅助柱和目标柱。在起始柱上，圆盘按从大到小的顺序叠放成金字塔形，要求参与者尽可能快且以最少步数将这些圆盘移动到目标柱上，而且目标柱上圆盘的叠放顺序与起始状态相同。正确解决该问题，需要不断尝试、调整问题解决策略，在尝试的过程中明确问题解决策略，并对"塔"和"圆盘"建立正确的表征。选择恰当的问题解决策略，即算子选择，是解决河内塔问题的关键，这需要问题解决者同时保持多个目标，考虑多种情况，生成并选取恰当的假设，这一过程需要工作记忆和计划能力等高级认知功能的参与。针对河内塔问题的研究发现，前额叶在保持目标、认知控制中发挥着重要的作用。前额叶损伤的士兵表现比正常参与者差（Keil & Kaszniak, 2002）。同样，当学生面对复杂的河内塔问题，即需要同时保持多个目标才能解决问题时，右脑 dlPFC 皮层的 BOLD 信号可与目标保持数量匹配（Fincham et al., 2002）。

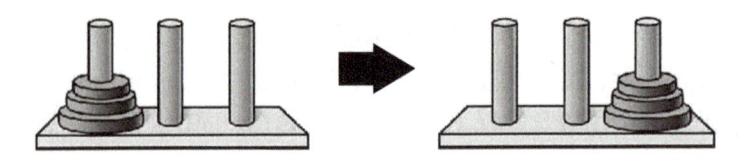

图 10-2　河内塔问题

　　算子的选择需要假设生成和记忆检索加工，由角回和内侧颞叶组成的"核心网络"参与了这一过程，这些区域通常与记忆检索和虚构、想象未来事件等有关，还具有生成计划假设的关键功能（Summerfield et al., 2010）。此外，纹状体和额叶区域之间也存在显著的相互作用，这种相互作用可能参与了优化记忆检索，与先前得到的奖赏有关的记忆在优化记忆检索过程中会被优先考虑（Scimeca & Badre, 2012）。

　　应用算子需要将选择好的算子转换为可以执行的形式，并实时监控执行过程，甚至抑制优势反应倾向来确保计划的顺利执行。例如，在解决河内塔问题中，为了把更大的圆盘先放置于指定位置，必须让较小的圆盘暂时偏离其最终应该放置的位置，尽管这与尽快清空起始柱的自然反应不符。后顶叶皮层储存执行方案的"心理模板"，一旦从记忆中找到解决方案并针对手头问题进行适当调整，左侧前额叶喙侧皮层、尾状核和双侧后顶叶皮层就会负责将计划转变为可执行的形式（Stocco et al., 2012）。同时，半球分工在计划中也尤为重要，在解决河内塔问题时，右侧前额叶参与计划建构，而左侧前额叶与抑制能力有关，负责监督计划执行。另外，计划执行和问题解决也需要情感、动机的参与，腹内侧前额叶皮层被发现参与了这个协调过程（Barbey & Barsalou，2009）。

（三）当前状态的评价

当前状态的评价包括对算子和策略是否适宜、当前状态是否接近目标、问题是否已得到解决等做出评估（Zelazo et al.，1997）。若达到目标状态，则问题解决成功。如果当前策略行不通，有时甚至需要返回问题表征阶段，进一步选择算子和改变策略，对问题的起始状态和目标状态重新进行表征，使问题空间发生剧烈的变化。这几个阶段并不是固定不变的，也可能从后一阶段返回前一阶段。

评价当前状态涉及对自我认知过程的监视与控制。问题解决的整个过程，尤其是评价当前状态与元认知息息相关，通过改善元认知来提升问题解决能力，成为一个美好的愿景（童世斌，张庆林，1997）。Qiu等（2018）的实验中采用"决策-再决策"的实验范式，分离了决策过程与元认知过程，并进一步探索了元认知的神经机制。研究者发现，前扣带回脑区的激活强度和参与者对不确定性的敏感程度（一种元认知的能力）相关，而额极的脑区激活强度和参与者的正确率的提高（另一种元认知能力）相关。因此，元认知的神经系统中参与监视功能的脑区（前扣带回）与参与控制行为调节的脑区（额极）是分离的。

一种观点认为，问题解决依赖内部表征的构建和操作。内部表征的构建来自问题描述的要素与基础知识库之间的连接。这个知识库由陈述性知识、程序性知识、战略性知识、情景性知识和图式性知识组成。工作记忆在心理模型的构建和操作中起着重要的作用。对有限的工作记忆容量和信息负荷的研究，支持了工作记忆与问题解决之间存在正相关（Ashby et al.，2002；Solaz-Portoles & Sanjosé-López，2009）。此外，元认知也与问题解决息息相关，在评价当前状态中发挥着重要作用。在此基础上，研究者提出了提高科学问题解决能力的研究方向。这些研究方向将目光聚焦于发挥大型知识库的关键作用，降低解决问题时的信息负荷，并提供元认知领域的措施。对于外部表征，已有研究表明，在解决问题时使用多重表征可能是有益的，因为表征形式会影响学生的表现，而表征学习策略的使用可以使解决问题的能力有实质性改善（Kleinmuntz & Schkade，1993）。

第二节　问题解决的策略及影响因素

问题解决是对问题空间进行搜索，以找到一条从问题起始状态到达目标状态的通路的过程，也就是找到确定的算子序列的过程，而搜索或选择算子要靠策略来引导。

一、问题解决策略的类型

任何一个问题要得到解决，总要应用某种策略，策略是否适宜常常决定了问题解决的成败。事实上，所谓创造性问题解决和常规问题解决的区别也常在于策略的区别。人在解决问题时，常常要从长时记忆中提取以前解决类似问题时所用的策略，或者形成一种新的策略，策略的转换也是经常出现的现象。问题解决的策略多种多样，采用什么样的策略解决问题，是影响问题解决效率的一个很重要的心理因素，好的策略有利于问题的解决。

（一）算法式策略

算法式策略（algorithmic strategy）是一种将所有可能的答案加以尝试的策略，是一定能得出正确答案的特定程序。例如，破解一个三位数的密码锁，只要每一个组合都尝试一下，最终一定能解开，因此算法式策略最大的缺点就是很费时间。

（二）启发式策略

启发式策略是由以往解决问题的经验形成的一些经验规则。如果你曾经看过汽修工人换汽车轮胎，当你的汽车轮胎在公路上出问题时，你可能会想到用千斤顶抬起车来换轮胎这种有用的启发式策略。与算法式策略不同，启发式策略并不能保证得到答案，但它容易操作且速度快。在以往的研究中，心理学家已经发现人类经常使用的几种有效的启发式策略，包括手段-目的分析、顺向工作（working forward）、逆向工作（working backward）和假设检验。

1. 手段-目的分析

手段-目的分析是指问题解决者不断地对当前状态和目标状态进行比较，然后采取措施尽可能地缩小这两种状态之间的差异的策略（Newell et al., 1959）。当问题的目标状态可以分成若干个子目标时，人们常常采用手段-目的分析来解决问题。例如，你需要送孩子去幼儿园，这时却发现汽车不能开动了。需要什么才能使它开动呢？蓄电池。什么地方有新的蓄电池呢？汽车修理铺。你需要修理铺给汽车换蓄电池，但修理铺的维修师傅不知道你在哪里，这时应该怎么办？需要通知他们。要用什么工具才能通知他们呢？电话……

从这个例子可以看到，为了解决送孩子去幼儿园的问题，即达到问题的目标状态，需要发现当前状态与目标状态的差别（距离），由此采取某种适当的步骤或手段（汽车）来消除距离这个差别（子目标），应用汽车这个手段需要一定条件（如蓄电池），但蓄电池坏了，无法开动汽车，又出现差别，消除这个差别又成为子目标（通知修理铺），如此继续进行，直到修理铺送来新的蓄电池，再开车将孩子送到幼儿园。因此，手段-目的分析是一种有明确方向，通过设置子目标来逐步缩小起始状态和目标状态之间的差别的策略。

总之，手段-目的分析的关键是把大目标分为下一级的子目标。这种分析有两种方式：一种方式是把当前状态转化为目标状态；另一种方式是找出消除差异的操作手段。然而，一直缩小当前状态和目标状态的差距，并不是解决问题的最佳途径，因为有时最佳方法反而是暂时后退一步或是远离目标。以著名的"传教士和野人过河"问题为例，假设有 3 个传教士和 3 个野人同在河的左岸，他们都要到对岸去，河里只有一条渡船，他们都会划船，但每次渡船至多只能乘两人，如果在任何一边河岸上，野人的数量超过传教士，野人就要吃掉传教士，问怎样才能用船将 3 个传教士和 3 个野人从左岸渡到右岸，又不会发生传教士被吃的事件呢？

解决这道题的方法可分为如下几步：①两个野人先划船过河；②一个野人划船返回左岸；③再有两个野人划船到右岸；④一个野人又划船返回左岸；⑤两个传教士划船到右岸；

⑥一个传教士和一个野人划船返回左岸（这是关键的一步，只有想到这一步，以后各步就能顺利进行）。

实验研究表明，在解这道题时，困难往往发生在第六步，多数人会在这里出错（Greeno，1974）。关键的原因在于应用手段-目的分析会导致一些人采取使更多人到达对岸及使最少的人再返回左岸的步骤。因而，人们难以想到要使两个人（传教士和野人各1人）再返回左岸。实际上，此时要进行的步骤将暂时扩大当前状态与目标状态的差异，否则就会增加许多额外操作，甚至导致解决问题失败。这个例子也说明，手段-目的分析的运用需要有一定的灵活性。此外，传教士和野人过河问题虽为转换问题，但传教士和野人问题没有明确规定的子目标，而只有笼统的子目标，由此可见，即使子目标并不是十分具体，手段-目的分析也是有效的。

2. 顺向工作

顺向工作也称顺推法或爬山法，是指从问题的已知条件出发，通过逐步扩展已有的信息直到问题解决的一种策略。例如，解下面这个密码算题：

$$\begin{array}{r} DONALD \\ +GERALD \\ \hline ROBERT \end{array}$$

已知：D=5。任务要求：①把字母换成数字；②字母换成数字后，第三行数字必须等于第一行和第二行数字之和。

问题解决者往往采用顺向推理的策略，先从 D=5 这一信息出发，找出可能性最小的一列，从中获得最多的信息，再利用加法中的某些规则进行推理，一步步地找到正确答案。研究表明，顺向工作是专家问题解决行为的一个重要特点。专家在看到问题时，首先会看提供了什么信息，随后立即想到用哪些方法能从这些信息中推论出新的信息，从而增进对问题中各要素的相互关系的了解，达成问题解决。

3. 逆向工作

逆向工作也称逆向反推法或逆向搜索，是指从问题的目标状态出发，按照子目标组成的逻辑顺序逐级向当前状态递归的问题解决策略。其主要特点是将问题解决的目标分解成若干子目标，直至子目标按逆推途径与给定的条件建立直接联系或等同起来，即目标—子目标—现有条件。在求解数学证明题时，逆向工作常常成为特别有用的探索策略。著名的河内塔问题就需要逆向工作法来解决。要想成功地解决问题，流程大致如下：首先，必须移开底部的圆盘，但要想这么做，就必须移开上面的两个圆盘。如果将第二个圆盘移到空柱上，就可以达到上述要求，但是首先必须将最上面的圆盘移开，参与者可以暂时将它移到目标柱上。随后，将第二个圆盘移至中间的空柱上，接着将顶部的圆盘移回空柱。最后，移动底部的圆盘至目标柱。当然，在问题解决者采用正确步骤之前，往往还是要进行尝试的，如果河内塔问题包含三个以上的圆盘，参与者不太可能在最初的几次试误中就以最少的步骤解决这个问题。

当逆推路径唯一时，逆向作业最为有效，它比正向前进式的问题解决过程更加有效。逆向工作与手段-目的分析都要考虑目标，并且都要确定运用何种操作达到目标。手段-目的分析要考虑目标状态与当前状态之间的差别，逆向工作却不用考虑这一点。因此，手段-目的分析在搜索问题空间时受到的约束较大。当从初始状态可以引出许多途径，而从目标状态返回到初始状态的途径相对较少时，采用逆向工作法就相对容易一些。

4. 假设检验

假设检验一般分为两步进行：①产生一个"候选"答案；②检验它是不是答案。如果被否定，则另外产生一个新的"候选"答案，并再度检验，直到找出真正的答案为止。这种途径的缺点如下：一是没有提供如何尽快选择"候选"答案的方法，对答案的选择可能较费时；二是解决问题的答案要求是完整的，否则难以检验，而要完整列出所有"候选"答案，也较为困难。

总之，在解决问题时，人们可以选择不同的策略。但是，人们一般不会去寻求最优的策略，而是找到一种较满意的策略即可。

二、问题解决的影响因素

问题解决的思维过程会受到多种心理因素的影响。有些因素能促进思维活动对问题的解决，有些因素则会妨碍思维活动对问题的解决。下面讨论其中主要的几种影响因素。

（一）知识经验

已有知识经验的质与量都会影响问题解决。与问题解决有关的知识经验越多，解决该问题的可能性也就越大。善于解决问题的专家和新手的区别在于，前者具备有关问题的知识经验，并善于运用这些知识经验来解决问题。例如，在面对一个具有很多症状的患者时，一名知识经验丰富的老医生和一名刚参加工作的年轻医生就采取了不同的处理方式。年轻医生不确定患者患了什么病，于是便为患者开出了各种各样的医学检查单，在有了一套几乎完整的症状信息之后，才可能做出正确的诊断。有知识经验的老医生很可能立即认定这些症状符合某种或少数几种疾病的诊断模式，仅仅给患者做了有限的检查后，便很快做出了相当准确的诊断。

那么，知识经验为什么能促进问题的解决呢？Chase 和 Simon 早在 1973 年就对这个问题做过研究。他们把有 25 个棋子的国际象棋盘以 5 s 的时间（参与者完全能看清棋盘，却不能存入长时记忆）向国际象棋大师和棋艺不太好的业余棋手呈现（Chase & Simon, 1973a, 1973b）。实验条件分为两种：第一种是把象棋好手下到一半的真实棋盘布局呈现给这两组参与者；第二种是把在棋盘上随机摆上 25 个棋子的布局呈现给这两组参与者。在将呈现的棋盘撤走后，要求参与者把刚才看过的棋盘布局在另一棋盘上复原出来。结果发现，对于真实的棋盘布局，象棋大师能恢复 25 个棋子中的 23 个，而一般棋手只能恢复 6 个左右；对于随机排列的棋盘布局，象棋大师和一般棋手能恢复的数量是相等的，都是 6 个左右。研究还表明，专家在看棋盘上有规律的 25 个棋子时，并不是看 25 个孤立的东西，而是以组块及组块之间的关系为依据。研究者认为，该研究反映了知识经验对问题解决的促进作用。任何一个专家必须储存5万—10万个组块的知识，而要获得这些知识不会少于10年。专家储存有大量的知识及把这些知识运用于各种不同情况的丰富经验，因而能熟练地解决本领域内遇到的各种问题。新手需要冥思苦想才能解决的问题，对专家来说也许只要检查一下储存的解法就可以了。

（二）表征

表征是指客观事物在头脑中的呈现方式。解决一个问题，不仅有赖于我们分解该问题的策略，也有赖于我们对该问题的表征。

例如，九点方阵和火柴排图这两个问题，看似简单，解决起来却并不容易，不容易的原因是受到了知觉情境的限制。九点方阵中的九个点，很容易使人在知觉上构成一个封闭的四条边，从而让人难以突破知觉经验，但四条直线必须延伸到九个点构成的区域之外才能达到目的；火柴排图中的六根火柴是在平面上排列的，但要想在平面上排成四个连接的三角形，六根火柴无法达到目的，唯一的可能是将六根火柴架成立体的。再看下面的一个问题（Adams，1990）："一天清晨日出时，一个修道士开始沿着盘旋的山路爬山，要去山顶的一个寺庙。山路狭窄，只有一两步宽。这个修道士爬山时，时快时慢，路上多次停下来休息。他在日落前不久到达寺庙。在寺庙停留几天后，他开始沿原路返回山下，也是日出时启程，以变化的速度行走，同样在路上休息多次。当然，他下山的平均速度要比上山时快。"如何证明修道士在往返途中将于一天中的同一时间经过同一地点？

对于这个问题，许多人开始都试图用符号列出方程式来解答，但很快便觉得步入了歧途，难以解答。如果能巧妙地表征这个问题，则很容易。你只要想象出：有两个修道士同时启程，一个从山脚向上爬，而另一个从山顶往下走。无论他们的行走速度如何，他们都会在路途中某一地点相遇。因而，路途中必有一个地点是这个修道士往返途中在一天的同一时间经过的（注意，这个问题并没有要求回答出这个地点在什么地方）。可见，问题表征对于问题解决策略的选择很重要，有时甚至是决定性的。

（三）搜索策略

使用的搜索策略不同，解决问题的效率就不同。比如，在搜索问题空间受到的约束较小时，使用顺向解决法解决问题的效率会比较高；当问题空间受到的约束较大、逆推路径唯一时，它比正向前进式的问题解决过程更加有效。

人们会受到自己经验的影响而倾向选择某些算法，这种问题解决的偏向被称为定势效应（set effect）。社会心理学家包达列夫（Bodalev，1982）曾做过这样一个实验：他向两组大学生出示了同一个人的照片。在出示之前，对第一组说，将要出示的照片上的人是一个十恶不赦的罪犯；对另一组说，他是一位大科学家。然后，让两组参与者用文字描绘照片上的人的相貌。第一组的评价是：深陷的双眼证明了其内心的仇恨，突出的下巴证明了其沿犯罪的道路走到底的决心等；第二组的评价是：深陷的双眼表明了其思想的深度，突出的下巴表明了其在知识道路上克服困难的意志力等。这个实验有力地说明了定势的作用。

一般来说，定势效应发生在某些知识结构比其他知识结构更容易获得的时候。这些知识结构可能是程序，也可能是陈述性信息。如果可获得的知识是参与者解决问题需要的，那么就会促进问题的解决；如果可获得的知识不是参与者需要的，就会阻碍问题的解决。如果你发现自己被困在一个问题上，并且不断尝试使用相似的方法却依然不成功时，可以强迫自己后退一步，突破定势，尝试采用一种不同的解决方法。

（四）无关信息的干扰

人们经常错误地假定：问题中给出的条件或者数字都有用。了解了这一普遍倾向，我们在解题的时候应该先注意考虑这些信息哪些有用，哪些没用。有用的信息有利于问题解决，而无用的信息则会成为解决问题的障碍。因此，在解题过程中，应筛选有用的信息并剔除无用的信息。

第三节　创造力概述

虽然并非所有的问题解决都需要创造力（creativity）的参与，但是富有创造力无疑会促进问题解决，尤其是在解决一些复杂的问题时。一般认为，创造力是一个整合的概念，包括思维、行为、人格等，本节围绕创造性思维这一层面来展开。通过对创造力的定义、特性、类型和表现形式进行系统阐述，希望读者能更好地理解和掌握创造力的有关知识。

一、创造力的定义

创造力是一个复杂的概念，包含了各种相互关联的诸多因素（Feldhusen & Goh, 1995）。吉尔福特（Guilford, 1956）首次对创造力系统地理论化并进行了实验研究。他认为创造力或发散思维主要等同于产生想法的流畅性、灵活性和新颖性的水平，其次是对想法的阐述和再定义。创造力的标准定义考虑了两个方面：新颖性和价值。Stein（1953）认为，在某一时间点，一个群体认为可行的、有用的或令人满意的新颖工作，就是创造性工作。Mednick（1962）将创造性思维过程定义为将联想元素形成符合特定要求的或在某种程度上是有用的新组合的思维过程。

创造力是人所特有的，调动一切知识经验产生新颖、独特、有价值的产品的过程。有研究者从创造力的产品这一角度来对创造力下定义。Feist 和 Runco（1993）认为，创造力的观念是具有新颖性，且适用于解决问题的观念。Sternberg 和 Lubart（1999）指出，创造力是创作新颖作品的能力（即独创性或者让人意想不到的）。Kharkhurin（2014）指出，判断创造性产品的标准有四个，包括新颖性、实用性、美学和真实性。Hedblom（2013）则将创造过程、创造主体和创造产品三者结合起来，认为创造力是一个解决问题的过程，由一个有智慧的、对问题和环境有感知的主体来完成，通过生成和评价认知功能的循环，创造出新颖而有价值的产品。

国内研究者也对创造力的概念进行了界定。朱智贤和林崇德（1986）将创造力定义为根据一定目的，调动一切已知信息，产生出某种新颖、独特、具有社会意义（或个人价值）的产品的智力品质。黄希庭（1991）提出创造活动生成的产物需要具备独特性并且有社会价值。张庆林和 Sternberg（2002）认为，创造力是只存在于人身上，依据一定条件生成新奇独特、可行适用的产品的心理素质。创造力这种素质是动物不具备的，是人类特有的，它是任何人都具有的一种心理素质。林崇德（2018）认为，创造力是一种具有新颖性成分的智力品质，可以使得个体根据一定的目的产生社会（或个人）价值。这些不同的概念凸显了创造力不同维度的特性。

二、创造力的特性

创造力具有不同的特性，其中最为经典的总结来自 Guilford（1956）。他概括了创造力的三种特性：独创性（originality）、灵活性（flexibility）和流畅性（fluency）。

（一）独创性

独创性是指产生新颖的、非同寻常的思想的能力，表现为新奇、首创、罕见观念和成就的产生。比如，在一物多用任务中，对于"砖头的用途"这一问题，"修建房屋""建筑材料"等答案的独创性比较低，而"颜料""秤砣"等答案的独创性就比较高。有研究者让参与者对广告的创造性维度（如独创性）及广告的设计质量进行评估，结果发现，独创性总是被评估为创造性最典型的维度（Storme & Lubart，2012）。

（二）灵活性

灵活性是指具有较强的应变能力和适应性，可举一反三，受思维定式的影响较小，具有灵活改变取向的能力，能进行自由联想。比如，对于罐头瓶的用途，灵活性低的个体的一般反应是："盛饭、装水、储存小物件、当作笔筒……"事实上，这些反应仅仅局限于"储存"这一个范围。灵活性高的个体则可能做出许多不同种类的反应："乐器、装饰、漂流瓶、积木游戏……"个体想到的答案包含的种类越多，说明其灵活性越高，反之，则灵活性比较低。研究表明，情绪状态与认知灵活性和创造性存在密切的关联，比如，激活积极的情绪状态，可以通过促进个体的认知灵活性来提高其创造性（Nijstad et al.，2010）。

（三）流畅性

流畅性指的是思维敏捷、反应迅速，对特定的问题情境能顺利产生多种反应或提出多种答案。举一个例子，当问到衣服有哪些用途的时候，如果个体仅能想到"遮羞""保暖"这几个常规答案，再也想不出其他答案，说明其思维的流畅性比较低，反过来，如果个体能想出 10 个甚至 20 个答案，则说明其思维的流畅性比较高。有研究采用基于计算机的发散思维训练任务来探讨这种训练对提高参与者观念流畅性和独创性的效果，结果发现，计算机训练可以有效地提高思维流畅性的非智力方面，而对思维的独创性没有显著影响（Benedek et al.，2006）。

框 10-2　创造力的时序累积效应

时序累积效应也叫序列顺序效应，是指在发散思维任务中，后期的反应往往优于前期反应的一种现象（Christensen et al., 1957），这是现代创造力研究中最古老、最有力的发现之一。为什么后期生成的想法会更优呢？研究者给出了不同解释。最常见的解释是由 Mednick（1962）提出的创造力的经典联想模型。该模型的主要观点是：发散思维是语义记忆的激活传播过程，创造性思维来源于激活和连接遥远的概念（Mednick, 1962）。这个模型暗示了创造性思维的空间隐喻：人们必须首先通过高相关的、可接近的反应（如桌子—椅子），然后才能实现低相关和不寻常的反应（Moran, 2011）。然而，现代创造力研究指出，该模型掩盖了创造性思维中许多自上而下、执行性和控制性的方面（Benedek et al., 2011；de Dreu et al., 2012；Vartanian, 2011）。因此，Beaty 和 Silvia（2012）提出了一种新的解释，认为创造力随时间的增长代表了自上而下的执行控制（如策略使用、干扰管理和定向搜索）对创造性思维的影响。为了验证这一想法，研究者先让参与者完成流体智力（执行认知加工的核心能力）和人格问卷的测量，随后进行 10 min 的非常规用途测验（如"砖"的用途），最后采用多层结构方程模型估计了创造力和流畅性的时间发展轨迹，以及智力对时间效应的调节作用。结果发现，创造力随着时间的推移而急剧增长，到任务结束时增速平缓（左图）；而流畅性在任务开始的第一分钟最高，随后急剧下降（右图）。智力对序列顺序效应有调节作用，智力水平越高，序列效应越弱。这些发现强调了执行过程（尤其是策略检索、知识操控）对创造性想法生成的影响。

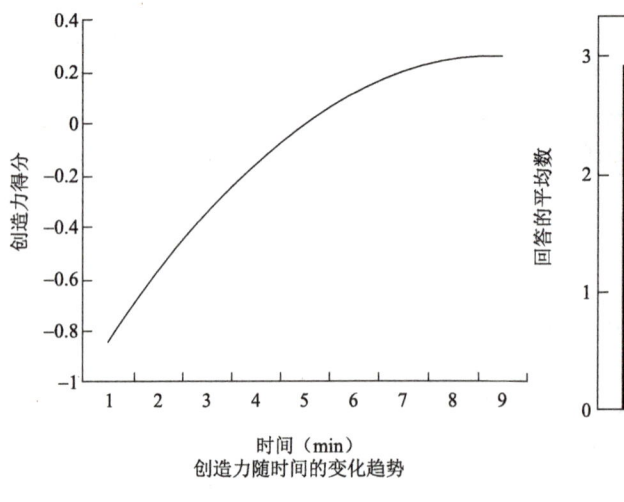

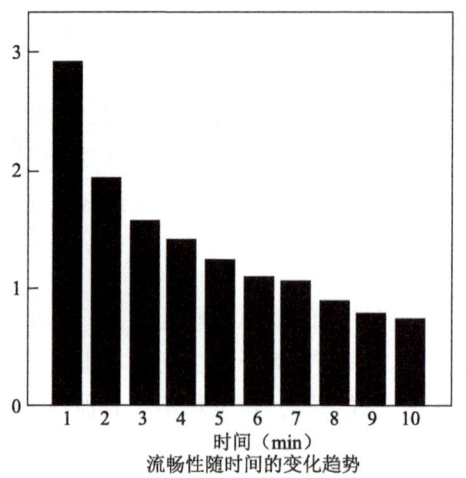

创造力随时间的变化趋势

流畅性随时间的变化趋势

三、创造力的类型

Guilford（1956）提出创造性思维可以分为两种类型，分别是发散思维和聚合思维，这也是创造力最主要的两种类型。尽管创造性思维观在发展，但总体而言，研究主要关注的还是发散思维和聚合思维。下面分别介绍两种思维的定义、研究实例及常见的心理测试。

（一）发散思维

发散思维，通常也称为联想思维。这种思维使得联想自由流动，找到与原始问题或思维模式相关的概念。这是一个解决问题的过程，通过将注意力从实际问题上转移，让思维流动，通常通过类比进行联想。通过发散思维获得的解决方案可能是众多方案之一，没有唯一的正确答案。方案的产生可以在以前不存在联系的概念和项目之间寻找关系与相似点。发散思维过程的一个具体例子是"头脑风暴"或创建思维地图，用来探索特定主题的概念关联空间。

有研究表明，听令人愉悦的音乐可以促进发散思维的发展（Ritter et al.，2017）。研究者以创造力表现（发散思维、聚合思维）为参与者内变量，以音乐类型（快乐、悲伤、平静、焦虑和无声）为参与者间变量，探讨了与无声的控制条件相比，听其他四种类型的音乐是否会促进参与者的创造性认知。结果表明，在执行发散性创造力任务时，与安静地完成任务的参与者相比，听快乐音乐的参与者的创造力更高，而在执行聚合性创造力任务时，没有发现音乐对创造力有这种影响。

发散思维常用心理测试来测量，常见测量量表包括南加利福尼亚大学测验（University of Southern California test，USCT）、托兰斯创造性思维测验（Torrance test of creative thinking，TTCT）、芝加哥大学创造性测验（University of Chicago creative test，UCCT）、威廉姆斯创造性测验（Williams creativity assessment packet，CAP）。有些学者还非常重视联想在创造活动中的作用，并编制了不少侧重联想的发散思维测验，其中值得一提的是 Maltzman 等的自由联想测验、Wallach 与 Kogan 的发散思维测验（divergent thinking test，DAT）和 Mednick 的远距离联想测验（remote associates test，RAT）。

近期，研究者还发展出了一些新的测验来量化个体的发散思维，如不相关词语命名及觅食游戏等。在命名不相关词语的实验中，Olson 等（2021）让近 9000 名参与者尽可能地说出 10 个不相同的词语，然后通过计算机算法估计词语之间的平均语义距离。值得注意的是，有关联的词语（如猫和狗）比无关联的词语（如猫和电脑）的语义距离短。研究结果表明，词语之间的语义距离越大，参与者在广泛使用的创造性测验（如一物多用任务）中的得分越高。此外，语义距离也与一系列可用于预测创造力表现的问题之间存在正相关关系。因此，在发散性联想任务中，命名不相关的词语可以作为发散思维的一个衡量标准，该方法具有简洁性、可靠性和客观性等优势（Olson et al.，2021）。在创造性的觅食任务中，参与者通过鼠标移动 10 个相连的正方形来组合成新颖而有价值的新图形游戏过程中，参与者可以随时点击右上角的灰色方块保存图形。游戏结束后，参与者需要从保存的图形中挑选出 5 幅最具创意的图形。研究者对当前的测试与常用的创造力测试（即一物多用任务）

进行比较，并计算两个任务的综合得分，结果发现二者呈中等程度的正相关（Hart et al., 2017），说明采用该方法测量发散思维具有一定的可行性。

（二）聚合思维

在创造性思维过程中，只有发散思维还不够，还得有聚合思维。聚合思维，又称为分析思维，与发散思维完全相反。这种思维把注意力集中在已经知道的事情上，将所有的思想都集中在眼前的问题上，对这个问题只有一种正确的解决办法。通过操纵符号和使用因果演绎法来分析问题，就会得到一个正确或最优的解决方案。聚合思维过程的一个具体例子是经典的学校数学问题，在这类问题中，教师鼓励学生为一个等式找到唯一的正确答案。

聚合思维的另一个经典实例是 Duncker（1945）提出的"治疗肿瘤"问题：

> 一个人的胃里面长了一个肿瘤，由于某些原因，不能通过手术直接将肿瘤切除，取而代之的是用放射线对肿瘤进行治疗。然而，如果放射线的强度不够，不足以破坏肿瘤，然而太强的放射线又会使肿瘤四周的健康组织遭到破坏。怎样才能实现破坏肿瘤的同时，又保护健康的组织呢？

对于上述问题，发散思维首先发挥作用：找到一条通往胃部的通道；把健康的组织移出射线的通道之外，在健康的组织和射线之间构建一道保护墙；把肿瘤移到表面上来；在通过健康组织时，降低射线强度；等等。发散思维产生了众多答案之后，要想从中筛选出最佳答案，就要靠聚合思维来发挥作用了。上述例子中，最好的解决方案是当射线通过健康组织时降低强度，据此可以推演出更加具体的治疗方案：通过透镜发出一束量大而微弱的射线，使肿瘤恰好在焦点上，从而受到强烈的辐射。

从这个经典实例可以看到，只有发散思维和聚合思维共同起作用，才能有效地促进问题表征方式的不断转变，并顺利地解决问题。

四、创造力的主要表现形式

从人类的创造实践来看，创造力主要有三种表现形式：科学发现、科学发明和文艺创作。创造性心理学研究的对象就是人在这三种创造活动中表现出来的创造力。另外，创造力的 4C 模型的提出进一步丰富了其表现形式。

（一）科学发现和科学发明

科学发现是对客观事物自身的状况及规律的认识有了新的突破和进展，获得了新的认识，即找到尚未被人们知晓但本来就存在的事物和规律。科学发现的主要目的是发现新规律、新事物或事物的新特征。例如，牛顿提出了三大定律、法拉第发现了电磁感应定律、孟德尔提出了遗传定律等。这些发现都是前人未知但的确存在的事物和规律，因而这些活动也属于创造性活动。

科学发明是人类运用自然法则，按照一定的目的去改变和调整客观对象，从而获得新的事物或事物新的状况、结果和方法等。显而易见，科学发明在科学发现之后，没有科学基础研究的发展，科学发明也就无从谈起。例如，我国古代的四大发明、瓦特发明的蒸汽机、爱迪生发明的白炽灯等。上述事物都是划时代的全新事物，而且具有巨大的社会价值，这些新事物的制造就是创造力的表现。

（二）文艺创作

与科学发现和科学发明不同的是，文学艺术领域的创作以构思新颖独特的人物形象和故事情节为主，作者通过一定的艺术形式表达对社会的思想情感和深刻认识。文艺创作主要由两个方面构成：一是故事情节、人物形象和思想内容的创作；二是文艺形式、风格和技法的创作。在这两者中，前者比后者的稳定性弱一些。例如，英国文学巨擘莎士比亚的悲剧创作的艺术风格和技巧，仍然为当今的悲剧创作者广泛借鉴。当然，随着社会的进步和科技的发展，文艺形式、风格和技法也会不断地得到丰富和发展，它们并非一成不变的，只不过后者变化的速度相较前者更缓慢一些。

（三）创造力的4C模型

创造力的4C模型（Kaufman & Beghetto，2009）是一个对不同水平的创造力进行概化和分类的框架，将创造力分为四种表现形式，分别是微创造力（mini C）、小创造力（little C）、专家创造力（pro C）和大创造力（big C）。

微创造力是对经验、行动和事件的新颖和对个人有意义的解释，可以分为"个人创造力""个体创造力"。微创造力代表所有创造者都具备的最初的、创造性的解释，其随后会表现为可识别的创造物。

小创造力是非专家每天都可以参与的创造性活动。这一层面的创造力说明了广泛分布的创造力潜力。这一分类有助于澄清关于创造力的普遍误解。例如，过分关注大创造力会产生这样一种观点：只有特定的人才有创造力，唯一重要的创造力是大创造力，或者认为创造力包含了消极的反常行为。

专家创造力代表了超越小创造力的发展和努力的进步，但是还没有达到大创造力的一种状态。任何在创造性领域达到了专业水平的专家都可以具备专家创造力。

当谈到创造力时，很多人都会想到大创造力。大创造力往往诞生于那些传奇科学家，他们做出的贡献鲜明、杰出、富有创造力，并且对世界产生了深远的影响。比如，牛顿提出了力学的三大定律，爱因斯坦提出了相对论，爱迪生发明了白炽灯等。

五、创造力的影响因素

影响创造力的因素有很多，其中包括遗传、环境、人格特质、认知能力及其他因素，下面分别介绍各种因素对创造力的影响及相关的研究证据。

（一）遗传

创造力是一种需要多个认知过程参与其中的能力（Beaty et al.，2016），这也决定了影响个体创造力的不同认知过程都有对应的基因基础，它们共同影响着个体创造力的遗传性。

来自行为遗传学的研究综述表明，同卵双胞胎创造力水平的平均相关性为61%，异卵双胞胎创造力水平的平均相关性则为50%；大概25%的创造力变异可以由遗传因素解释（Nichols，1976）。有研究基于多基因分数的方法来探讨精神疾病（如精神分裂症和双相情感障碍）与创造力之间的关系，结果发现精神分裂症和双相情感障碍的多基因风险分数能够显著地预测个体的创造性成就，患精神分裂症和双相情感障碍的风险分别最高能够解释创造力0.24%和0.26%的变异（Power et al.，2015）。开放性的多基因分数可能会通过影响大脑进而影响创造性，因而国内研究者探讨了开放性的多基因分数与大脑皮层厚度和功能连接的关系，结果发现，开放性多基因分数越高，梭状回区域修剪越好，信息流通越流畅，开放性越高，创造性越高（Ren et al.，2020）。以上研究共同揭示了遗传因素在创造力产生中的重要作用。

（二）环境

创造力是内部因素和外部因素综合作用的产物。其中，外部因素也就是环境因素，包括文化传统、家庭环境、学校教育与创新人才培养及社会支持等方面。有研究者认为，在创造性环境中，文化是首要因素，因为文化具有凝聚性、先导性和动力性，决定了创造力的水平（林崇德，2018）。家庭环境（如经济社会地位）也可以直接影响创造力（Yang et al.，2020），同时通过智力对其产生间接影响（师保国，申继亮，2007）。在学校环境中，教育思想、教学方法和课程结构都会对学生的创造力产生影响（张庆林，Sternberg，2002），因此要运用科学的思想和方法开展教育活动，促进学生创造力的发展。另外，一个拥有良好社会支持网络的人在解决问题时有更多的求助资源，更有可能创造性地解决问题。

（三）人格特质

人格特质作为一种内部因素，对创造力有着重要影响。心理学中一般把人格定义为行为习惯、认知方式和情绪情感类型的总和（DeYoung et al.，2009）。Tupes和Christal（1961）的大五人格理论是人格特质理论中较具代表性的理论之一。20世纪80年代，McCrae和Jr Costa（1987）通过词汇学的方法发现了五种关键人格因素，最终形成了被学界广泛认可的人格五因素模型（five-factor model, FFM），五个因素是神经质、外倾性、开放性、宜人性和尽责性。正是基于这一成熟的理论框架，研究者开发出标准化的大五人格测试工具，并通过创造性成就测试的实证研究发现：在五个维度中，外倾性、开放性和尽责性（特别是尽责性所包含的坚持不懈品质）能够有效预测创造力水平（Atwood & Pretz，2016；Goclowska et al.，2019）。

（四）认知能力

认知能力对创造力的影响主要体现在三个方面，分别是抑制控制、工作记忆、认知灵活性。抑制控制主要负责阻止或压抑无关的信息或行为，以排除或减少其对当前信息加工的影响（Diamond，2013）。在抑制控制方面，一项研究采用了Stroop任务和高夫创造性人格量表（Gough creative personality scale）来探究抑制控制和创造力之间的关系，结果发现，创造性的各个方面与Stroop效应存在不同程度的显著负相关，说明创造性越高，抑制能力越强（Edl et al.，2014）。工作记忆则是一种对信息进行暂时加工和储存的容量有限的记忆系统，在许多复杂的认知活动中起到了重要作用（Baddeley，1992）。一项研究使用 2-back 范式和远距离联想测试，探讨了饮酒前后工作记忆和创造力之间的关系。结果发现，饮酒前，实验组和控制组的各项任务得分差异不显著；饮酒后，实验组（饮酒）的 2-back 得分显著低于控制组，实验组的远距离联想测试任务得分显著高于控制组。这说明创造性的某些方面受益于轻度的认知控制衰减，较高的认知控制并不总是与更好的认知表现相关联（Benedek, et al., 2017）。认知灵活性表现为个体在不同的任务集（task-sets）之间灵活应对并转换的能力（Collette & van der Linden, 2002）。结合行为测量和脑影像的数据，研究者考察了认知灵活性和创造力之间的关系，结果发现，创造性成就问卷得分与任务转换反应时呈显著负相关。另外，认知灵活性在背侧前部扣带回-内侧额上回的功能连接与创造性成就问卷得分的关系中起到了中介作用（Chen et al., 2014）。

（五）其他因素

除了上述因素，颜色、运动、冥想（meditation）和睡眠等其他因素也会影响人的创造力。

国外有研究已经发现，不同颜色会对个体的创造力表现产生不同影响。基于一物多用任务，研究者探讨了红色和蓝色两种颜色对个体认知任务表现的影响。结果发现，红色可以激活人们的回避动机，从而增强了细节导向的认知任务的表现；蓝色可以激活人们的趋近动机，从而增强了创造性任务的表现（Mehta & Zhu, 2009）。Lan 等（2021）基于之前的结果，深入探究了色温和光照度对创造力的影响。结果表明，在冷色温和高光照度条件下，参与者的积极情绪得到显著提升且言语创造力任务中的独立性、灵活性和流畅性都优于对照组。该研究认为，高亮度的冷光能在一定程度上刺激人的警觉性，使其调配注意资源集中在创意任务上来促进创造力表现。

运动也会对个体的创造力表现产生积极作用。有研究考察了不同身体运动条件下（比如，坐着或散步）个体在创造力测验（一物多用任务）中的表现。结果发现，身体运动可以改善人的情绪，使其更加积极，进而改善发散思维。此外，散步可以激活人们的联想网络，影响联想记忆的表达（Oppezzo & Schwartz, 2014）。因此，运动不仅可以改善人们的健康状况，还可以提升创造力表现。

冥想也是一种促进创造力的有效方式。在一项中文远距离联想任务中，研究者将参与者分为冥想组和放松组。冥想组在两次远距离联想任务之间进行冥想训练，而放松组在两次远距离联想任务之间放松休息。在第一次中文词语联想任务中，两组没有差异。经过训练后，在第二次中文词语联想任务中，冥想组的得分显著高于放松组（Ding et al., 2015）。该研究证明了冥想训练对创造力的积极影响。

有意思的是，睡眠也可以改善创造力表现。有研究者采用远距离联想任务来调查快速眼动睡眠对创造性问题解决的影响。在研究中，参与者被分为安静休息、非快速眼动睡眠和快速眼动睡眠三个实验组，并在接受实验处理前后各自进行一次远距离联想任务测试。结果发现，快速眼动睡眠组的远距离联想任务的表现提升显著高于安静休息组和非快速眼动睡眠组（Cai et al., 2009）。这说明快速眼动睡眠有助于提高创造力表现。

第四节 创造力认知的理论模型

创造力是人类高级的心智活动，涉及一系列复杂的认知过程。本节首先对创造力认知的经典理论模型（按照理论提出的时间先后顺序）进行介绍，随后介绍由这些经典理论模型发展而来的新近理论模型，最后对顿悟（insight）的认知机制研究进行全面系统的梳理。

一、创造力认知的经典理论模型

（一）Wallas 的四阶段论——准备期、酝酿期、明朗期、验证期

对于创造力认知过程的分析，Wallas（1926）的四阶段理论最有影响力，也最为人所熟知。该理论把创造性思维分成四个阶段，分别是准备（preparation）期、酝酿（incubation）期、明朗（illumination）期和验证（verification）期。

1. 准备期

在这个阶段，创造主体对要解决的问题已有明确的意识，然后收集有关问题的资料信息，尝试着使问题更加概括和系统，转换为自己头脑中的知识，了解问题的性质，澄清疑难的关键等。同时，其开始尝试和寻找初步解决问题的方法，然而这种尝试在多数情况下会失败，这就会导致问题解决过程中僵持状态的出现。

2. 酝酿期

潜意识的参与是这个阶段最大的特点。此时，创造主体把需要解决的问题暂时搁置起来，并没有针对问题做什么有意识的工作。虽然暂时搁置了问题，但创造主体仍在潜意识中对要解决的问题进行思考，所以该阶段也常被称为探索解决问题的潜伏期。在一项研究中，研究者为参与者在想法生成测试中提供了一段分散注意力的休息时间。一组参与者在此期间完成一项类似的任务，另一组完成一项不相关的任务，控制组不休息。结果发现，完成无关任务的休息状态，相比继续完成一项类似的任务或不休息而持续进行思考，更有利于创造性想法的产生（Ellwood et al., 2009），这证明了酝酿效应的存在。在另一项研究中，Baird 等（2012）采用酝酿范式来探讨思维漫游和创造性酝酿之间的关系，结果发现，从事一些能够使得思维处于漫游状态的简单的外部任务，可能有助于创造性地解决问题。

3. 明朗期

这一阶段，问题的解决似乎一下柳暗花明了。创造主体突然间被特定情景下的某一个特定启发唤醒，猛地产生创造性的新意识，此前的困惑顿时烟消云散，个体成功解决问题。这一阶段伴有明显的"啊哈"体验，这是一种强烈而明显地发生变化的情绪，这一情绪变化是在面临问题解决的瞬间出现的，具有突然性、完整性和强烈性，使得创造主体获得了极大的快感。这一阶段又称为灵感期、顿悟期。顿悟的"原型启发"理论认为，在解决顿悟问题的过程中，如果能够在大脑中激活恰当的原型及其包含的"启发信息"，那么顿悟就

能够发生（邱江，张庆林，2011）。借助成语字谜的答案选择范式，有研究者探讨了言语类顿悟的神经机制，结果发现，杏仁核在解题活动阶段被显著激活（Zhao et al.，2013）。

4. 验证期

在这一阶段，创造主体会对整个创造过程进行反思，并对解决问题的方法进行检验，看其是否正确。同时，抽象的新观念要具体化和可操作化，创造主体必须详细、具体地叙述提出的解决方法，并进行运用和验证。只有当试验和检验都通过时，问题才得到真正的解决。如果检验失败，则必须全部或部分重新进行以上过程。

四阶段理论解释的创造力的认知过程在生活中可以找到许多例证，例如，著名的化学家凯库勒研究苯环的结构时，曾百思不得其解，在经历前期的专业知识储备和漫长的酝酿期后，终于通过一次梦境中"蛇咬着尾巴"的画面，突然联想得到了苯环的结构。这样的恍然大悟就对应了创造力认知过程中的顿悟期。想出苯环结构后为了验证结构正确所做的一系列工作消耗的时间对应的就是模型的验证期。

（二）盲目变异与选择性保留理论

Campbell（1960）提出了创造过程包括盲目变异与选择性保留（blind variation and selective retention，BVSR）的理论，用于描述创造性的认知过程。这一理论认为，创造性与生物进化的过程类似，涉及盲目变异与选择保留的过程。例如，在现有的想法之间建立新的组合，有意义的被保留下来，而无用的则被丢弃。在盲目变异阶段，创造者会根据已有知识经验和相关信息，想出多种不同的问题解决方案，独创性的想法最可能在这一阶段产生。在选择保留阶段，个体更关注想法的价值性，创造者会依据具体问题特定的标准（例如，价值性或适用性）来找到最佳的解决方案，并在此基础上做出改进和着手实现。因此，前一阶段主要产生新颖的或独创性的想法，而后一阶段主要评估想法是否有价值，只有在这两个特性都具备的情况下，最后形成的问题解决方案才真正地具有创造性。Jung 等（2013）在该理论的基础上做了进一步研究，表明盲目变异的思维过程是自发产生的，是在已有的方案中自发产生新的联结，而选择性保留的思维过程是由认知控制的，是有意地选择要保留的部分新联结。

（三）生成-探索模型

为了描述创造的心理过程，研究者提出了创造性的二阶段模型——生成-探索模型。该模型认为创造性有生成阶段（generative phase）和探索阶段（exploratory phase）两种不同的心理过程（Ward，1994；Finke et al.，1992）。生成阶段会产生一种叫作前发明结构（preinventive structure）的心理表征，前发明结构并不是最后的创造性产品的结构。例如，在雨伞的发明过程中，前发明结构可能是遮雨的荷叶的变形，前发明结构是探索阶段形成的最终创造性产品的雏形，如语义联结、类比迁移等。生成过程得先从记忆中提取并整合已有的结构，从而变成新的结构，再利用心理转换变成新的形式，以此可以对信息进行不同领域的迁移和归纳分类等。探索阶段则是对前发明结构的进一步探索，如背景转换、概念解释等，进而形成创造性产品。在探索过程中，人们需要首先探索心理结构的新特性和含义,然后对这些结构做多方面的评价和解释。生成-探索模型强调创造性思维涉及几种类型的认知操作,这些认知操作可以通过测量产生条件下的认知过程来评估,这一理论是从创造性的多重本质上理解创造性的。

随后,有研究者对生成-探索模型涉及的"概念扩展"进行了大量的实验研究(Abraham,2014)。概念拓展是生成-探索模型下属的一个概念。概念扩展任务评估的是一个人能在多大程度上扩展一个概念的参数或扩展一个概念的现有结构或通常的定义。在最初的概念扩展任务中,要求参与者想象并画出一种生活在另一个星球上的动物,它与地球上的动物非常不同。该测验评估的是一个人画的动物与地球上一般的动物有多大程度的不同。例如,具有某些基本特征、身体两侧对称、有普通的肢体、有普通的感觉器官等。这一动物实验任务不能在神经成像研究形式中得到实现,因此 Abraham 等(2012)开发了三种替代的实验范式来评估概念扩展。这些范式的设计目的是揭示大脑与概念扩展之间的关系。在所有三种范式中,共同被激活的大脑区域将被认为可靠地参与了创造性概念扩展的过程。在开发这些范式时,研究者采用了两种方法:一种是积极的概念扩展;另一种是消极的概念扩展(Kröger et al., 2012; Rutter et al., 2012)。在积极概念扩展任务中,参与者需要自己主动扩展概念,例如,产生关于报纸的新颖用途的想法。在消极概念扩展范式中,给参与者呈现物体和用途的组合(鞋子-盆栽植物)或者隐喻(乌云在城市上空飞舞),让参与者报告自己的概念扩展方面的体验。

二、创造力认知理论模型的发展

(一)双通道模型

de Dreu 等(2008)提出了创造力的双通道模型。该模型的核心是两条通路,即灵活性通路(the flexibility pathway)和坚持性通路(the persistence pathway),创造力通过这两条通路得以实现,创造性想法或产品是灵活性和坚持性交互作用的结果。灵活性是指人们可以转换到不同的方法或考虑不同观点的容易程度,即个体能够在不同的类别之间进行切换,从不同的角度考虑问题的能力。坚持性是指持续和集中的任务导向的认知努力的程度,即更系统、深入地思考和探索少数类别的能力。这些途径受到情境变量(用 X_i 表示)和性格变量(用 P_i 表示)的影响(图 10-3),图中实线代表明确且直接的影响,虚线代表间接且辅助的影响。两条通路并不是两个绝对相互对立的过程,个体可以自由地在两条通道之间切换和平衡。因此,在创造性问题解决的过程中,个体可以先用灵活性通路来寻找多种不同的问题解决方案,再用坚持性通路仔细思考这些解决方案,以此共同促进创造力的发展。

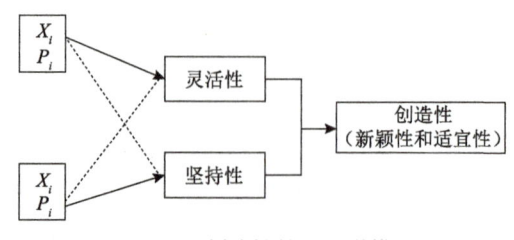

图 10-3 创造性的双通道模型

1. 灵活性通路

灵活性通路是指通过使用多种不同的认知类别，在类别、方法和集合之间的灵活切换，以及使用远距离（而非紧密）关联，以形成创造性洞察、问题解决方案或想法（Amabile，1983；Mednick，1962）。的确，创造力常常与远距离联想、"打破定式"和克服功能固着等联系在一起。在上述过程中，最重要的是，人们打破习惯性思维和固定的任务策略，更加灵活地在多种不同任务方法之间切换（Ashby, Isen, Turken, 1999）。灵活性通路主要负责获取有用的想法或顿悟信息及认知类别转换（Nijstad et al., 2010）。灵活性加工的特点是认知控制相对较少，自动思维激活扩散及注意散漫（Dreisbach & Goschke, 2004；Nijstad et al., 2010），较少使用工作记忆。认知灵活性与大脑特定区域的多巴胺释放和抑制水平降低有关，抑制水平降低使得更加遥远和原始的反应更可能产生（Nijstad et al., 2010）。

2. 坚持性通路

坚持性通路是指通过努力工作，系统和努力探索可能的结果，并对少数类别或观点进行深入探索，以达到产生创造性想法、顿悟和问题解决的目的。一些研究认为，创造力可以通过对问题空间的系统探索和增量搜索过程来实现。系统探索和增量搜索过程通常与创造力无关，因为这些过程往往会得到简单和现成的解决方案。然而，只有在那些更易得的想法被检验和摒弃后，系统化搜索才会产生原创想法、顿悟和解决方案。因此，要获得原创答案，需要持续努力。坚持性通路主要负责获得创造性的结果，需要更多的认知控制加工和认知类别探索，以及更高水平的专注。

在双通道模型中，情绪对创造力双通道模型也有影响，积极情绪和消极情绪都有助于创造力的发展。个体在积极情绪下打破原有的心境并对认知结构进行重组产生不同的认知类别，从而提高灵活性来促进创造力的发展；个体在消极情绪下持续地对少数类别或观点进行系统探索和努力解决问题，从而提高坚持性来促进创造力的发展（Baas et al., 2013）。

（二）创造力的产生和评估两阶段理论

创造力的产生和评估两阶段理论认为，创造性过程包含创意产生和创意评估两个阶段（Runco & Acar，2012）。该观点综合了盲目变异与选择性保留理论、生成-探索模型及其他相关理论，认为产生和评估的二分法在创造过程的心理学理论中是普遍存在的，在产生阶段产生新的想法，在随后的评估阶段评估它们的效用。创意产生阶段包括以一种新颖的方式组合远距离联想（如言语联想、图形联想、音乐联想等），这依赖语义记忆和自传体记忆的搜索过程（Christensen et al., 2018；Madore et al., 2019）。创意评估则是创造性思维发展的一个关键方面（Runco & Chand，1995），对评估过程进行干扰可能导致创造性产品的质量发生重大改变（Mayseless et al., 2014）。

当产生创造性的想法时，语义节点的激活通过语义网络流动，试图以一种新奇的方式组合远程关联。研究表明，创造性个体的语义网络具有更强的关联性、灵活性和组织性，这使得激活的有效传播成为可能（Beaty et al., 2018；Kenett et al., 2018）。人格领域的研究也发现，开放性水平高的人创造力得分也较高，并且他们的语义网络更适合创造性思维（Christensen et al., 2018）。此外，来自神经影像学的研究表明，默认模式网络（default-mode network，DMN）在生成阶段具有重要作用（Beaty et al., 2016）。当个体尝试产生创造性想法时，会进入发散思维阶段，而在发散思维任务中，该网络会出现激活，这与更高的独创性得分有关（Wu et al., 2015）。

创意评估阶段在创造性过程中起着重要的作用（Beaty et al., 2014）。一项研究让参与者对三种类型的想法（常见的、不恰当的和创造性的）进行评估，以准确性作为指标。结果发现，任务表现与发散思维、创造性成就及开放性具有正向关联（Benedek et al., 2016）。然而，严格的评估可能阻碍创造性想法的产生，因为被评估为高度偏差的想法（即新颖但不恰当的想法）更有可能在评估阶段被抑制和排除（Kleinmintz et al., 2014; Mayseless et al., 2014）。此外，近期的研究表明，专业知识（Kleinmintz, 2016; Sun et al., 2016）和文化适应（Ivancovsky et al., 2019）会导致创造力的个体差异，并且这些环境因素可能对评估阶段产生直接影响（Kleinmintz et al., 2019）。来自神经影像学的证据表明，额下回的神经活动在评估阶段具有重要作用。比如，通过使用 TMS 和 tDCS 抑制左侧额下回的活性，有力地证明了发散思维的增强与评估的严格性降低有关（Ivancovsky et al., 2019; Kleinmintz et al., 2018）。有研究者认为，评估阶段并非单一的过程，而是包含不同的子成分，分别是评估、监控和选择（Kleinmintz et al., 2019）。其中，评估是对创造性想法的合适性进行判断，与情绪及动机加工有关（Sowden et al., 2015）；监控是针对想法的创造性质量而言的，与认知控制加工有关（Meltzer, 2018）；选择的过程可能与评估和监控之间的相互作用有关（Kleinmintz et al., 2019）。

总之，创意产生阶段和创意评估阶段之间存在循环运动，二者在创造性想法的产生过程中都不可或缺。此外，环境因素、评估的宽严程度及大脑神经活动在人们如何产生、评估和选择创造性想法中具有重要作用。另外，想法的评估和选择是一个复杂的过程，其中涉及认知控制、情绪和动机的影响。理解评估过程和想法的选择很有必要，因为选择更好的想法可以产生更多经济价值和心理收益。

三、创造性问题解决中的顿悟

作为问题解决中的一个重要阶段，顿悟的认知机制问题引起了研究者的广泛关注。在日常生活中，我们不仅依赖理性的逻辑思维，也依赖非理性的直觉、灵感或顿悟。顿悟是指对一个问题的突然理解、突然找到解决问题的方法，涉及一个人对刺激或事件的心理表征元素的重组，从而产生一个非明显或非主导的解释。虽然顿悟是突然发生的，但它之前涉及大量的无意识过程（Kounios & Beeman, 2014）。顿悟不仅存在于一般创造性领域，也在艺术创造性领域占据着重要的地位。以往有关顿悟的研究有很多，下文主要介绍应用最为普遍的几个理论模型及其研究范式。

（一）顿悟的理论模型

1. 柯勒的顿悟说

关于问题解决的理论，最早是由行为主义学者桑代克提出的，他认为问题解决的过程就是尝试-错误学习（trial and error learning）。行为主义的另一位代表人物华生则认为个体的学习是刺激与反应之间的联结，认知加工完全不参与其间。虽然上述理论可以解释一些学习现象，但该理论很快就受到了认知心理学家的批评。

Köhler（1917）通过实验证明了顿悟等涉及思维的复杂心理现象的存在。在他的一项研究中，一只黑猩猩待在笼子里，在它身边有两根棍子。黑猩猩要通过思考将两根棍子结合起来，这样棍子的长度才能足以够到外面的香蕉。一开始黑猩猩似乎很迷惑，一段时间以后，它好像突然意识到了应怎样解决问题，并迅速地将两根棍子接在了一起，最终得到了香蕉（图10-4）。柯勒认为黑猩猩是突然对问题进行了重构，并将这一高级的认知加工过程称为"顿悟"。

图 10-4　黑猩猩摘香蕉实验

顿悟说的基本观点是：①学习是通过顿悟过程实现的；②学习的实质是在主体内部构造完形，即形成对周围环境的一种总体理解；③刺激与反应之间的联系需要以意识为中介。在柯勒的实验中，黑猩猩通过对整体环境进行思考，发现了刺激和反应之间的联系。另外，作为格式塔心理学派的一部分，该学说支持"整体不等于各部分之和，而大于各部分之和"的观点。

从积极的方面来看，顿悟说作为最早的认知学习理论，虽不如联结-试误说那样完整而系统，但它肯定了主体的能动作用，强调心理具有一定的组织功能，把学习视为主体主动构造完形的过程，强调了观察、顿悟和理解等认知功能在学习中的重要作用。这对反思当时的联结-试误说的机械性和片面性具有重要意义，对科学的学习理论体系的建立也有重要的参考价值。

从消极的方面来看，格式塔的概念如"顿悟""重构"等比较模糊且难以测量，而我们对顿悟和重构涉及的加工过程也没有很清楚的概念。虽然顿悟看起来像是突然冒出来的，但实际上该过程可能依赖于信息的逐步积累，因此继顿悟说提出之后，又出现了一批探究顿悟问题解决的心理学家。

2. 表征转换与顿语

顿悟问题通常会引导人们形成不适当的问题表征，从而阻碍人们有效地解决问题。成功的问题解决取决于问题表征方式的变换，顿悟现象的出现就是因为人们找到了特殊、有效的问题表征方式（Kaplan & Simon., 1990; Knoblich et al., 1999, 2001; Ohlsson, 1984, 1992）。表征方式的转换一般是通过组块破解（chunk decomposition）和约束放松（constraint relaxation）两种认知机制进行的。前者通常是将一个刺激组块分解为若干个更小的单元，以便发现新的关系和联结，是修改对问题状态的编码；后者通常指个体克服因经验而引起的思维固着，是修改对目标状态的编码（Knoblich et al., 1999, 2001; Luo et al., 2004, 2006, 2011; Ohlsson, 1984, 1992）。

> **框 10-3　残缺棋盘问题**
>
> 　　起初，圆盘是被完全覆盖的，上面有 32 块多米诺骨牌，每个骨牌占据两个方格。接着将对角线上两角的方格取走。那么，我们能够用 31 块多米诺骨牌填满剩下的 62 个方格吗？
>
> 残缺棋盘问题
>
> 　　为了解决这个问题，很多人会首先在头脑中表征这个残缺的棋盘，然后通过依次去除两个方格的方法来寻求答案。如果我们将每一块多米诺骨牌表征为占据一黑一白两个方格的物体（重新编码），将棋盘表征为已经失去两个白色方格（或者两个黑色方格）的物体，那么我们会快速地认识到 31 块多米诺骨牌是不可能覆盖残缺棋盘的。人在解决问题时往往根据题目本身提示的方式来表征问题，并在相应的问题空间中进行搜索。如果在这个问题空间中长时间找不到解或找不到新的算子来使问题解决取得新的进展，就可能去寻找新的问题表征方式。就残缺棋盘问题而言，参与者一开始在"铺试"问题空间中进行搜索会花费较长时间，如果参与者在空间搜索中发现"对等性"的表征（即发现对角线两角消失的均是黑色方格），就会产生顿悟。从"铺试空间"向"对等性空间"的表征方式转换，是顿悟的重要根源。

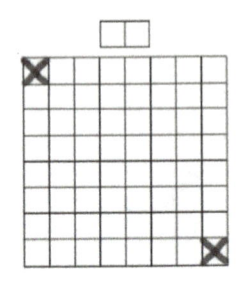

　　表征转换理论是对格式塔理论的改进，更精确地说明了顿悟是如何获得的，即问题解决者对问题的表征实现了正确的转变。该理论合理地将格式塔理论与信息加工理论有效地结合起来，但并没有回答错误的思维表征是如何解除的，以及新的问题表征是如何出现的。另外，表征转变理论基本上是一个单因素理论，因为它认为破解限制条件对成功解决顿悟问题起着关键的作用，但事实上，我们生活于存在大量刺激的环境中，只有单一因素的情

况很难存在。

3. 顿悟与问题解决进程的监控

在阐述顿悟的认知机制理论中，除了表征转变理论，进程监控（progress monitoring）理论也备受研究者的关注。一些研究者用手段-目的分析法来阐释顿悟的认知过程，提出了绩效的计算模型（the computational model of performance），强调了进程监控在顿悟产生中的作用（Chronicle et al., 2001; MacGregor et al., 2001; Ormerod et al., 2002）。进程监控理论是基于爬山法思想提出的：问题解决者不断评估当前状态和目标状态的差异，并确定某种进程标准（criterion of progress）来评估当前行为（算子）的有效性。由于思维定式，个体采取的行为进程通常是非常熟悉的，只有当个体发现当前状态和目标状态存在巨大差异，而剩下为数不多的操作时，才会产生"标准失败"（criterion failure）的反应，从而使个体放宽约束条件并寻求另外的方法。因此，标准失败的产生是顿悟发生的重要条件。相比表征转变理论通常解释一步问题（one-step problem），例如，残缺棋盘问题，进程监控理论的问题主要来自有限步数问题（limited-step problem），例如，九点问题和6币、8币、10币问题。

相比表征转变理论，进程监控理论更关注逐步趋向目标的渐变过程。虽然研究者提出的"约束放松"和"组块破解"是顿悟产生的重要因素（Knoblich et al., 1999, 2001），但是他们并没有回答怎样才能更有效地解除抑制、怎样才能正确分解刺激，没有阐明人们在放弃那些不能逐步接近目标状态的方法之后，是如何探测到有效的能够不断逐步接近目标的手段从而产生顿悟的，因此也有一定的局限性（Bowden et al., 2005）。

（二）顿悟的研究范式

基于对顿悟认知过程的不同理解，为了更好地对顿悟过程的认知神经过程进行探讨，研究者提出了顿悟研究的不同范式，主要包括远距离联想范式、组块分解范式及创造性类比范式三类。

1. 远距离联想范式

远距离联想测验（Mednick, 1962）和复合远距离联想测验（compound remote association test, CRAT）（Bowden & Beeman, 2003）本质上都要求参与者找出一个词与测验任务中的三个词形成一定的关系。其中，远距离联想测验要求的是参与者找出一个能与三个词组成关联字对的词语，如"same-tennis-head"。参与者的任务是想出第四个词与所有三个词都可以建立联系，如"much"。这种联系方式可以是多样的，如同义词、复合词等。在复合远距离联想测验中，参与者的任务是想出一个能与三个测试词组成一个复合词或熟悉短语的词语，例如，呈现的三个测试词是"pine""crab""sauce"，而"apple"与它们均可形成复合词，即"pineapple""crabapple""applesauce"。远距离联想问题可以满足神经科学的同质实验条件多次叠加的要求，非常适合用来探讨顿悟的神经机制。例如，在一项研究中，联想测验在不同的时间限制下（如2 s、7 s、15 s、30 s）进行，超出时间后刺激便会消失，同时正确的词汇会出现在屏幕上，以此来研究参与者在创造性地解决问题时相应的大脑活动（Bowden et al., 2005；Kounios & Beeman, 2014）。结果显示，在参与者想出答案的前 1.4—0.4 s，α波的振幅突然增大，在说出答案前的 0.3 s，γ波的振幅显著增大。Beeman 等解释α波的突然增强表明外界刺激的减弱，相当于人们闭上眼睛聚精会神地思考，随之而来的γ波则意味着潜意识中的答案在瞬间跃入意识层面，就像大脑中灵光一闪个体就看到答案了。后续研究发现，这两种波出现变化的脑区都是右侧颞上回，表明这一脑区与顿悟加工有重要的关系。

2. 组块分解范式

21 世纪初，顿悟的认知神经科学研究热潮到来，以进程监控理论为基础，Knoblich 等（1999）的研究将罗马算式问题作为实验材料，探明了组块破解的认知加工规律。组块分解是组块合成的反过程，是指将一个整体分解为若干元素，然后再重新组合成新的知觉组块（Ohlsson, 1984, 1992）。

在 Knoblich 等（1999）的研究中，参与者得到了一个假的算术命题，用罗马数字（如"Ⅰ""Ⅱ""Ⅳ"）、运算符号（"+""—"）和等号（"="）书写。该算术命题是由若干火柴棍摆成的，要求参与者只挪动其中一根将命题转化为真正的等式。对于参与者来说，将等式"Ⅵ=Ⅶ+Ⅰ"转换为"Ⅶ=Ⅵ+Ⅰ"是很容易的，而将等式"Ⅺ=Ⅲ+Ⅲ"转换为"Ⅵ=Ⅲ+Ⅲ"则很困难。原因是"Ⅹ"是一个紧凑的块，因为组成块的部分本身没有意义（斜棒在这些任务中没有意义）。相比之下，组块"Ⅶ"由三个本身就有意义的部分组成："Ⅴ""Ⅰ""Ⅰ"。尽管这样的任务可以产生行为证据，证明组块分解是顿悟问题解决的重要方式，但罗马算式问题的数量有限，无法满足脑电图和神经成像数据分析的"叠加平均"技术要求。因此，如果希望使用脑成像的相关证据来研究问题解决，这一任务可能并不合适。

Luo 和 Knoblich（2007）及 Luo 等（2008）联合开发了一套与罗马算式问题类似的组块破解材料——汉字拆分任务。初始版的汉字拆分任务中设置了两个汉字，任务要求参与者从右侧的汉字中拆分出一部分结构（部件或笔画）嫁接到左侧的汉字中，转变成两个其他汉字。具体而言，包含以下步骤：①松散水平的组块破解，即从右侧汉字中拆分出部件，嫁接到左侧的汉字中，例如，将"由江"变成"油工"；②紧密水平的组块破解，即把右侧汉字拆分成独立的笔画，并且把关键笔画从右侧汉字中转移到左侧汉字中进行结构重组，例如，把"干学"转变成"平字"。简化版的汉字拆分任务中只设置了一个汉字，任务要求参与者移除部分结构（部首或笔画），使之转变成其他汉字，例如，把"河"破解成"可"——松散水平的组块破解，或者是把"夹"破解成"夫"——紧密水平的组块破解。相对于初始版任务，简化版任务简化了组块破解的重构子过程。之后，许多研究者利用汉字拆分任务探讨了顿悟的神经机制（Luo et al., 2006；Luo & Knoblich, 2007；Tang et al., 2016；Wu et al., 2013）。

3. 创造性类比范式

类比推理是在某种限制下在表面毫无关系的事物之间形成新颖的联结。例如，根据暴风雪-雪花的类比关系生成军队-士兵的配对，一般来讲，词对之间的关系越远，能产生联结的想法越具有创造性。研究者已使用创造性类比推理任务揭示了科学、艺术等领域的创造性神经机制（Boden，2003；Dunbar & Blanchette，2001；Qiu et al.，2010）。例如，一项研究（Green et al.，2012）给参与者呈现由三个词语和一个问号组成的类比问题（如 [blindness : sight : ___ : deafness : ?]），要求他们根据左边一组词对（blindness : sight）的关系推断出右边的空缺词对来完成类比，想到答案需要立刻按键。随后出现正确答案，参与者要确定这个答案是否与自己的想法一致。研究者计算了词对之间的语义距离值，并预测创造力得分与类比词对的语义距离值呈正相关，即类比的词对在语义上越远，它们的类比联系就越有创意，创造性水平越高。采用 fMRI 技术，研究者发现左侧额极（left frontopolar cortex）在这种创造性的语义类比中起着重要作用。

创造性类比的例子在科学发明创造的过程中也很常见，经过了漫长的思索，科学家的顿悟往往在某一个启发原型被激活以后发生。将原型的特征或者功能类比到当前需要解决的问题上，成功解决了很多科学难题。例如，鲁班受到茅草的启发发明了锯齿，人们受到鸟的翅膀构造的启发设计了机翼等。激活相应类比原型为重新指引问题解决方法搜索的方向和克服思维定式提供了关键的启发信息。目前，已有一些研究者采用科学发明事例进行研究，对科学发明中原型启发下顿悟的认知神经机制进行了探讨。同时，提出了知识丰富背景下创造性问题解决的研究方法（Ming et al.，2014；Yang et al.，2024；张庆林等，2012）。

总体而言，关于创造性问题解决中顿悟问题的理论和研究范式，为揭示顿悟的认知神经机制提供了有效的证据，也为理解人类的创造性思维的本质提供了科学依据，为创造力的培养和开发提供了借鉴和启发。值得注意的是，由于顿悟活动本身的复杂性，以及不同的实验任务和采用的技术手段的差异，关于顿悟的神经机制的研究结果并不一致，有时甚至会相互矛盾（Dietrich & Kanso，2010；Kounios & Beeman，2014）。在大脑激活模式上，额叶、额下/额中回、扣带回、海马、颞上回、梭状回、楔前叶、枕叶下回、脑岛及小脑等脑区被发现在不同程度上可能与顿悟有关；在时间进程上，多个成分（如 P300、N400、LPC 和 LNC。LPC 即 late positive component，晚期正成分。LNC 即 late negative component，晚期负成分）可能参与了顿悟认知加工的不同阶段；在脑波上，α 波和 γ 波在不同脑区的效应可能反映了顿悟的认知过程。此外，由于顿悟过程的突发性，以及对顿悟问题定义的不统一，顿悟过程容易受到注意力、情绪和其他因素的微妙变化的影响，因此目前研究者对顿悟的认知神经机制并没有得出清晰、一致的结论。基于不同范式的顿悟研究结果可能反映了顿悟的不同方面，未来整合多种测量范式和方法，将有助于进一步加深人们对顿悟过程的理解。

关键术语

问题解决 problem solving　　　　　流畅性 fluency
问题空间 problem space　　　　　　冥想 meditation
初始状态 initial state　　　　　　　准备 preparation

目标状态 target state
算子 operator
元认知 metacognition
认知监控 cognitive monitoring
创造性问题解决 creative problem solving
知识丰富性问题 knowledge-rich problem
知识贫乏性问题 knowledge-lean problem
问题表征 problem representation
内部表征 internal representation
外部表征 external representation
分布式认知 distributed cognition
顿悟 insight
问题范畴化 categorization of problem
算法式策略 algorithmic strategy
启发式策略 heuristic strategy
手段-目的分析 means-ends analysis
顺向工作 working forward
逆向工作 working backward
创造力 creativity
独创性 originality
灵活性 flexibility

酝酿 incubation
明朗 illumination
验证 verification
盲目变异与选择性保留 blind variation and selective retention
生成阶段 generative phase
探索阶段 exploratory phase
前发明结构 preinventive structure
灵活性通路 the flexibility pathway
坚持性通路 the persistence pathway
默认模式网络 default-mode network
尝试-错误学习 trial and error learning
组块破解 chunk decomposition
约束放松 constraint relaxation
绩效的计算模型 the computational model of performance
进程监控 progress monitoring
进程标准 criterion of progress
标准失败 criterion failure
有限步数问题 limited-step problem

知识要点

- 问题的分类及其与问题解决的关系
- 问题表征的定义及其分类：内部表征与外部表征
- 问题解决的过程：问题表征的构建、算子的选择和运用、当前状态的评价
- 问题解决的策略
- 影响问题解决策略使用的因素
- 创造力的定义及其特性
- 创造力的类型和主要表现形式
- 影响创造力的因素
- 创造力的认知过程及其理论模型
- 创造性问题解决中顿悟的理论模型和研究范式

第十一章
推理和决策

在生活中，人们时常需要面对各种各样的问题，小到今天吃什么晚餐，或是走哪条路线去吃饭；大到报考哪所大学，或者选择哪份工作。这些问题充斥在我们的生活中，对这些问题的回答会影响我们的生活。那么，人们是如何解决这些问题的呢？这就涉及本章将要介绍的内容。

以"今天吃什么晚餐"这一问题为例，你在一家新开的餐馆和一家常去的餐馆之间犹豫不决，这家新开的餐馆距离较远、口碑很好，而你常去的餐馆距离较近、菜品比较符合你的喜好。根据以往的经验，口碑很好的餐馆很可能更符合你的喜好，你得出这个结论的过程被称为推理（reasoning/inference），即由已知信息推出未知判断（结论）的过程。你今天恰好有时间，于是决定去距离较远的这家新开的餐馆，这个做出决定的过程称为决策，即在备选方案中做出选择。可以看出，推理与决策过程密不可分，在各个研究领域及日常生活中都具有重要作用。

本章首先介绍推理的相关内容，从较为传统的演绎推理、归纳推理、类比推理等相关内容开始，到新兴起的概率推理，包括贝叶斯模型和隐马尔可夫模型等涉及概率推断的模型，从计算模型的视角重新理解推理过程。本章的后两节关注决策，首先介绍决策研究中经典的期望效用理论（expected utility theory）和前景理论（prospect theory），关注经济学中决策理论的发展过程；最后介绍与决策过程相关的理论模型，包括强化学习模型和证据积累模型，主要关注人类如何从复杂的动态世界中获取信息并进行决策，是现在对决策过程的前沿研究较为关注的领域。

第一节 推理概述

推理对人们认识和改造客观世界具有重要意义，人们在推理过程中推演逻辑、归纳总结，并进行启发式思考。因此，推理不仅是日常生活中解决很多问题的基础，而且是进行科学研究和发明创造的有力工具。本节首先对推理的定义与分类进行简单概述，然后详细介绍推理的三种类别，即演绎推理（deductive reasoning）、归纳推理（inductive reasoning）、类比推理（analogical reasoning），最后基于神经影像研究讨论推理的神经基础。

一、推理的定义与分类

推理是指从一个或几个已知判断推出一个新判断的思维形式。推理是由概念组成的判断构成的，但与概念及判断又有所不同，推理具备前提、结论和推导关系三要素。通过推理，个体能够从已知的判断推出未知的判断。

不同于直接的感知，也不同于随机猜测，推理的基础是客观事物之间的相互关系。推理的思维形式不是先天具有的，也不是人们相互之间的随意约定，而是客观事物之间的相互关系在人脑中的反映。此外，推理本身是一项自觉的活动，并且是有预定目的的一种思维活动。但在现实生活中，人们在进行思维活动的过程中，未必能意识到自己是在运用推理，也未必知道自己运用的是何种推理。

推理有几种分类方式，根据前提与结论之间的联系，可以将推理分成必然性推理与或然性推理两类。

必然性推理是指前提与结论有必然性联系，即前提蕴涵结论，前提真则结论一定为真的推理。例如，"金属都是导电体，铁是金属，所以铁是导电体"。

或然性推理是指前提与结论无必然性联系，即前提不能蕴涵结论，前提真而结论未必为真的推理。例如，"水稻能进行光合作用，绿萝能进行光合作用，仙人掌能进行光合作用，水稻、绿萝、仙人掌都是植物，因此一切植物都能进行光合作用"。

一种更常用的分类方式，是根据推理的方向，即推理中从前提到结论的思维进程之间的差异，将推理分成演绎推理、归纳推理、类比推理三类。

演绎推理是指由一般到个别的推理。例如，"人都需要呼吸，小明是人，所以小明也需要呼吸"。

归纳推理是指从个别到一般的推理。例如，"直角三角形的面积等于底乘以高除以2，钝角三角形的面积等于底乘以高除以2，锐角三角形的面积等于底乘以高除以2，所以一切三角形的面积都等于底乘以高除以2"。

类比推理是指从个别到个别（或从一般到一般）的推理。例如，"地球是行星，围绕太阳运行，绕轴自转，具有大气层与水，有生物；火星也是行星，围绕太阳运行，绕轴自转，具有大气层与水；所以，火星上可能有生物存在"。

此外，也可以根据前提的数量将推理分为直接推理和间接推理，从一个前提直接推出结论的推理称为直接推理，从两个及以上前提推出结论的推理称为间接推理，但这种分类的实际意义较小。下文依据最常用的分类方式（即演绎推理、归纳推理、类比推理）对推理进行详细的介绍。

二、演绎推理

演绎推理是根据一个或多个关于已知信息的概括性陈述，推断出某个符合逻辑的结论的过程。演绎推理基于逻辑命题（proposition），而命题本质上是一种判断，它可能为真，也可能为假。例如，"心理学院的学生都很爱学习""心理学院的学生都背书包"。

（一）条件推理

条件推理是演绎推理的一种形式，指以假设的前提（条件命题）为依据而得出一个结论。条件命题通常以"如果 p，那么 q"的形式呈现，其中 p 称为前件，q 称为后件。例如：

如果小李对杧果过敏，那么他吃杧果就会引起皮肤红肿。
小李皮肤红肿。
所以，小李吃了杧果。

上述例子中的第一句话表述了杧果和皮肤红肿这两个条件之间的假设关系，即为条件命题。该命题中的"小李对杧果过敏"即为前件，"他吃杧果就会引起皮肤红肿"即为后件。依据该条件命题，以及观察到的"小李皮肤红肿"，得出推理结论"小李吃了杧果"，这个过程即为一个典型的条件推理。但该结论明显是无效的，因为可能是其他因素导致小李皮肤红肿，这说明该推理过程没有演绎效度（deductive validity），即推理的逻辑性。

根据客体主观的判断活动，可以将条件推理分为四种类型：①肯定前件，即客体认为前件为真，因而判断后件为真，这种推理具有演绎效度；②肯定后件，即客体认为后件为真，因而判断前件为真，这种推理没有演绎效度；③否定前件，即客体认为前件为假，因而判断后件为假，这种推理没有演绎效度；④否定后件，即客体认为后件为假，因而判断前件为假，这种推理具有演绎效度。表 11-1 举例说明了这四种类型的条件推理。

表 11-1 条件推理的四种类型

以下均基于"如果这是一头牛，那么这是一种动物"这一条件命题

判断活动	前件（p）	后件（q）
肯定	①肯定前件 这是一头牛， 所以这是一种动物。（有效）	②肯定后件 这是一种动物， 所以这是一头牛。（无效）
否定	③否定前件 这不是一头牛， 所以这不是一种动物。（无效）	④否定后件 这不是一种动物， 所以这不是一头牛。（有效）

条件推理通常可以用沃森选择任务（Wason selection task）这一范式来进行实验研究。实验中，研究者向参与者呈现一套（即 4 张）双面卡片，卡片的一面是数字、另一面是字母。两张卡片数字朝上（两个数字分别是奇数和偶数），另两张卡片字母朝上（两个字母分别是元音字母和辅音字母）。例如，参与者看到的可能是如图 11-1 所示的一套卡片。

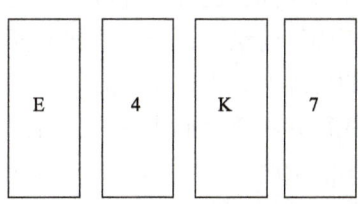

| E | 4 | K | 7 |

图 11-1 沃森选择任务的卡片示例

在看到卡片后，每名参与者将被告知"所有卡片的一面为数字，另一面为字母"，并将看到一个条件命题，即"若卡片的一面为元音字母，则其另一面为偶数"。参与者的任务是通过最多翻动两张卡片来判断这个条件命题是否成立。该任务的可能结果如表 11-2 所示。Johnson-Laird 和 Wason（1970）的实验结果显示，大多数参与者选择了"E"和"4"两张卡片，即选择了肯定条件命题的前件（元音字母）和后件（偶数）；只有极少数参与者成功翻牌"E"和"7"的组合，即选择了肯定条件命题的前件（元音字母）和否定条件命题的后件（不是偶数）。这说明，似乎大多数参与者能成功判别使用肯定前件的推理类型，却难以识别否定后件。进一步的研究结果显示，人们在面临选择的时候，往往会倾向于尝试证实或者支持假设，却不愿意对其进行证伪，这种现象叫作证实偏差（confirmation bias）。

表 11-2　沃森选择任务的可能结果

推理类型	翻动对应的命题	检验的结果	演绎效度
肯定前件	某张卡片的正面是元音字母（翻动 E）	该卡片背后是偶数	有效
肯定后件	某张卡片的正面是偶数（翻动 4）	该卡片背后是元音字母	无效
否定前件	某张卡片的正面不是元音字母（翻动 K）	该卡片背后不是偶数	无效
否定后件	某张卡片的正面不是偶数（翻动 7）	该卡片背后不是元音字母	有效

也有学者尝试从概率视角解释上述推理谬误。Oaksford 和 Chater（1994）首次介绍了通过概率方法来解释沃森选择任务的理论模型，称为最佳数据选择模型（optimal data selection model）。该模型认为，在完成选择任务时，人们实际上不是在进行推理，而是尽可能多地获取现实世界的信息，在做出决定时旨在减小情境的不确定性。

与实验室研究结果相反，如果是在社会情境中，个体判断往往更少犯错。Griggs 和 Cox（1982）设计了沃森选择任务的变体，把卡片上的字母换成"喝啤酒"和"喝可乐"，数字换成"16 岁"和"22 岁"，让参与者假定自己是警察，他们要强制执行一项到法定年龄才能饮酒的法令，即"如果一个人喝啤酒，那么这个人必须超过 19 岁"。参与者为了确定是否有人违反了该规则，可以通过翻看其中两张卡片进行判断。实验发现，在判断带有社会情境因素的条件任务时，大部分参与者能回答正确，即翻动了"喝啤酒"（肯定条件命题的前件）和"16 岁"（否定条件命题的后件）两张卡片。

实际上，生活中的推理谬误不止上述一种。在课堂上，假如某老师说"如果你是女生，那么请起立"，一般人会认为男生不应起立，即遵循了否定前件，而并没有意识到它是无效的。假如某个男生问："男生是否需要起立？"反而会被问："你是女生吗？"但是，对于假设命题"如果有钱，那么幸福"，有的人会说"没钱的人也会幸福"。这时，人们对该否定前件比较容易得出"不一定正确"的结论，即意识到了否定前件是无效的。为什么同样是生活中常见的例子，在相同的推理形式下，人们的推理有时是符合逻辑的，有时则不符合逻辑？事实上，人们的推理往往并不符合形式逻辑规则，而是经常受到非逻辑因素（如知识、信念）的影响，这被称作信念偏差效应（belief-bias effect）（Evans, 2003），即日常生活中人们进行推理判断时往往会受到已有知识经验的干扰而忽略逻辑，因而倾向于接受可信的结论和拒绝不可信的结论。

（二）三段论推理

三段论推理（syllogism reasoning）是演绎推理的一种重要形式，最早由古希腊哲学家亚里士多德提出，是指根据两个前提得出一个结论的演绎论证。三段论通常包括三个组成部分——大前提、小前提和结论，例如：

　　所有的认知心理学家都是钢琴家。（大前提）
　　所有的钢琴家都是运动员。（小前提）
　　所以，所有的认知心理学家都是运动员。（结论）

大前提是一般性的原则，小前提是一个特殊陈述，而结论是在能够应用大前提与小前提的基础上得到的。例如，由亚里士多德提出的最著名的三段论"凡人都有一死，苏格拉底是人，所以苏格拉底会死。"

三段论的一种基本形式是直言三段论，包括含有这些量词的命题："所有""一些""没有""一些不是"。为了简便表达，可以将这些命题分别简写为 A、I、E、O（Hattori, 2016），如表 11-3 所示。

表 11-3　三段论中命题的四种可能形式

A	所有 X 都是 Y
I	一些 X 是 Y
E	没有 X 是 Y
O	一些 X 不是 Y

此外，三段论推理有一种特殊形式，叫作线性推理，又称为线性三段论或者关系推理。在线性推理中，给予的两个前提说明了三个逻辑项之间的可传递性的关系（彭聃龄，2001）。例如，"A>B，B>C，所以 A>C"。线性推理和三段论推理最大的区别在于，线性推理中的逻辑项具有可传递性。

一般来说，三段论推理主要集中于确定三段论结论的有效性上，即假定前提符合事实，人们是否可以合乎逻辑地推出三段论中的结论。研究者提出了各种各样的理论来解释人们如何解答三段论问题，下面主要介绍三种理论。

1. 氛围效应

氛围效应（atmosphere effect）假说最早由 Woodworth 和 Sells（1935）提出，他们认为三段论的前提中使用的量词会营造一种氛围，影响人们对结论的接受倾向。具体而言，前提可能有四种氛围：肯定的（所有……是、一些……是）、否定的（一些……不是、没有……是）、普遍的（所有……是、没有……是）或特殊的（一些……是、一些……不是）。由此产生了表 11-3 中的四种命题形式：所有 X 都是 Y（A），一些 X 是 Y（I），没有 X 是 Y（E），一些 X 不是 Y（O）。具体来说，氛围效应假说包括以下几个方面。

1）如果两个前提都是相同的氛围（A、I、E、O中的一种），人们会倾向于接受和前提氛围类似的结论。例如：

所有 A 是 B。
所有 B 是 C。
所以，所有 A 是 C。
一些 A 是 B。
一些 B 是 C。
所以，一些 A 是 C。

没有 A 是 B。
没有 B 是 C。
所以，没有 A 是 C。
一些 A 不是 B。
一些 B 不是 C。
所以，一些 A 不是 C。

2）当前提的氛围是普遍与特殊的混合型时，人们会倾向接受特殊的结论。例如：

所有 A 是 B。
一些 B 是 C。
所以，一些 A 是 C。

3）当前提的氛围是肯定与否定的混合型时，人们会倾向接受否定的结论。例如：

没有 A 是 B。
所有 B 是 C。
所以，没有 A 是 C。

可以看出，在三段论推理中，氛围效应是根据前提产生的整体印象而不是通过严格的逻辑推理产生的（Begg & Denny，1969）。

2. 换位理论

与氛围效应的观点不同，Chapman L J 和 Chapman J P（1959）认为，推理中出现错误是由于推理者进行了前提转换。他们通过实验发现，三段论推理中存在一些错误，并提出换位理论（conversion theory）进行解释。换位理论指出，在三段论中，人们之所以会发生推理错误，是由于错误地解释了前提。在三段论推理中，对一个普遍的肯定前提，人们倾向认为其逆转命题也为真，例如，"所有学生都是青少年"等同于"所有青少年都是学生"。此外，对于一个特殊的否定前提，也容易出现此类问题，例如，"一些学生不是青少年"等同于"一些青少年不是学生"。换位理论表明，三段论推理包含逆转或换位分析，这就导致人们不能正确把握前提的意义及其多重意义。事实上，"所有学生都是青少年"与"所有青少年都是学生"两种说法代表的意义并不能等同。

3. 心理模型理论

心理模型理论（mental model theory）最初是由 Johnson-Laird（1983）提出的，其将信息的内在表征看作一种心理模型，可以对应于信息的一切外在表征。该理论被应用于推理的各个领域，包括三段论问题。它假定推理者会建构一个满足三段论前提的关于世界的心理模型，然后检查结论是否符合模型的要求，如果符合则接受结论，不符合则结论无效

(Anderson & Crawford, 1980)。

具体而言, 心理模型的推理过程包含三个阶段。第一阶段是模型构建, 即推理者通过整合前提之间的关系来构建一个初始的心理模型。第二阶段是结论生成, 即推理者根据初始模型提出一个备选结论。第三阶段是反例搜索, 即推理者会构建和前提一致的替代模型, 以搜索是否存在结论错误的情况, 如果搜索不成功, 那么所得结论就是真实的(Ragni, Khemlani, Johnson-Laird, 2014)。如果初始模型建构失败, 或者所有模型的反例都可以被搜索到, 那么结论就是无效的(Riesterer et al., 2020)。

下面以一个实验为例来解释心理模型假说。首先, 让参与者思考以下前提:

所有的方形都有条纹。
一些有条纹的物体有粗边界。

图 11-2 (a) 显示了一些参与者可能构建出的心理模型示例。可以看出, 参与者可能想象出一组物体, 有些是方形, 另一些是圆形; 有些有条纹, 另一些是空白的; 有些有粗边界, 另一些有细边界。

接着, 让参与者判断以下结论是否正确:

一些方形有粗边界。

参与者对自己的心理模型进行检查, 发现以上结论确实是有可能的。然而, 这只能说明结论存在正确的可能性, 但并非绝对正确。如果参与者想要验证结论是必然的, 他需要找出所有符合前提的心理模型并确定其为真。图 11-2 (b) 显示了一个符合前提但结论为假的心理模型的例子。

事实上, 参与者很难构建另一个不同的心理模型, 因此如果构建的第一个心理模型证明了结论正确的可能性, 则参与者会倾向接受这个结论, 而不会继续构建其他符合前提的心理模型以检查该结论是否是必然的, 由此出现了推理的错误(Anderson & Crawford, 1980)。

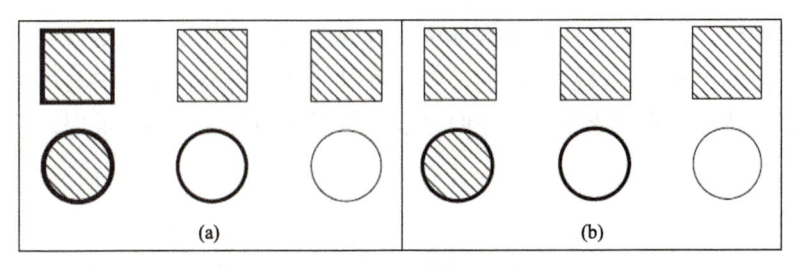

图 11-2 参与者可能构建出的心理模型示例(Anderson, 2005)

心理模型可以由感知、想象或是个体对语言的理解来构建, 每个心理模型都代表一种可能性(Johnson-Laird & Byrne, 2002)。然而, 如果前提需要多个不同模型来表征, 那么推出正确结论的难度就会大大提高, 因为这样的推理过程对推理者的工作记忆有很高的要求。推理者需要在工作记忆中同时保持多个心理模型, 而工作记忆的容量又是有限的, 导致推理者只能构建一部分心理模型。换言之，工作记忆容量的限制可能导致推理中一部分错误的出现（Johnson-Laird，2001）。

三、归纳推理

逻辑学经典理论认为，凡是从个别知识前提推出一般知识结论的推理，称为归纳推理（陈安涛，李红，2003）。例如，"鸡的活动具有时间上的周期性节律，牵牛花的活动具有时间上的周期性节律，青蛙的活动具有时间上的周期性节律，雁的活动具有时间上的周期性节律，硅藻的活动具有时间上的周期性节律，人的活动具有时间上的周期性节律。这些东西都是生物体，所以一切生物体的活动都具有时间上的周期性节律"。归纳推理也被称为或然性推理，是个体从已经观察到的已知现象推及未来观察到的未知现象的一种主观判断，一般没有完全把握。这也是归纳推理与演绎推理的关键区别，即归纳推理永远无法推出一个逻辑上必然的结论，只能推出一个特定的、根据充分的结论，也就是一个可能成立的结论；演绎推理却相反，它可以得出逻辑上必然（有演绎效度）的结论。

从另一个角度来说，归纳推理指的是根据具体事实或观察结果，得到一个可能成立的结论以解释事实的过程。推理者获得这个可能成立的结论后，即可以将其用于具体实例来进行预测。在发展心理学中，图式的形成实际上也是归纳推理的过程，人类的认知发展依赖从一些具体的例子中提取和概括知识的独特天赋。例如，一个孩子如何学习"马"这个词语的意思？父母只需要给孩子展示几张马的图片，他就能够迅速地对马的特征做出一个归纳，甚至可以远远超出实际观察到的图片，他现在可以正确判断绝大多数自己不认识的动物是否为马（除了驴、鹿或骆驼这些容易混淆的例子）。

归纳推理形成了实证方法的基础。事实上，由"到目前为止，所有观察到的 X 都是 Y"，是不能推出"因此，所有的 X 都是 Y"的，这不符合逻辑。然而，在研究工作中，如果研究者想拒绝零假设（无差异假设），就要运用归纳推理，即根据观察到的 X 推出一个结论。但是，研究者永远不能确定自己是不是正确地拒绝了零假设，因为研究者永远无法观察到所有的 X。

研究者普遍认为，人们运用归纳推理至少有两个原因：首先，归纳推理可以帮助人们理解其所处环境的可变性；其次，归纳推理也可以帮助人们预测环境中的事件，从而减少不确定性。对于认知心理学家来说，他们寻求的是理解如何进行归纳推理，而不是为何进行归纳推理。

（一）启发式策略

归纳推理中一个常用的策略是启发式策略，这个术语起源于古希腊，意指"积极发现或探索"。18 世纪早期，它被引入英语中，一直到 20 世纪 70 年代，启发式都是指解决难以用逻辑和概率理论处理问题的一种有用的甚至不可缺少的认知过程（Gigerenzer & Todd，1999）。第十章从问题解决的角度介绍过启发式策略，本节从推理的角度进行介绍。相对于算法式策略而言，启发式策略更为简便、迅捷，后者是指人们在一定的启发信息的指导下，对问题空间进行不全面的搜索。过去关于启发式策略的研究主要局限于问题解决领域，由于该策略的广泛实用性，所以新近的研究将其扩展到推理的领域。

随着认知心理学的兴起，人们开始用启发式表示一种指导信息搜索的有用捷径、近似算法或简捷规则，它能在一定程度上帮助人们限制问题，避免盲目地尝试错误，但它也具有冒险性，不能保证人们一定能得到想要的结果。Tversky 和 Kahneman（1973，1974）对启发式与偏差进行了一系列研究，其结果表明启发式总是与偏差相伴而生的，启发式有可能带来成功，也有可能导致失败。然而，由德国马普学会人类发展研究所的心理学家 Gigerenzer 领导的"适应行为与认知中心"研究小组（简称 ABC 小组）将启发式看作合理推断必需的适应性工具，认为其是一种能让人们在现实环境中做出合情推断和采取合理行动的重要方法，并提出了再认启发式、采纳最佳启发式、优先启发式、道德启发式等一系列"快速节俭启发式"，认为采取这些启发式方法在现实环境中进行决策不仅是快捷的，而且是有效的（Gigerenzer & Todd，1999）。可以看出，无论是 Tversky 和 Kahneman 的研究，还是 ABC 小组的研究，都倾向于将启发式看作一种重要的问题解决策略，只不过他们各自的研究侧重点不同。ABC 小组更强调启发式的积极有效性，Tversky 和 Kahneman 强调了启发式的误差性，他们的研究分别揭示了启发式的两个不同侧面。尽管如此，一些推理与决策领域的研究者把启发式看成人类具有的一个重要认知系统，他们认为人类具有两个认知加工系统，其中一个就是启发式系统，它是生物进化的适应性产物，具有重实效性、基于先前经验和先验信念的、根据对刺激的整体性表征进行快速且自动化加工的特点。可见，启发式不仅仅是一种策略，而且是很重要的具有生物适应性的认知过程。

随着启发式策略成为研究的热点，研究者分别从不同角度提出各种启发式策略。这些策略不仅可成功地预测出人们在某种情况下采用什么样的启发式策略，而且能够解释人们为什么如此决策。Tversky 和 Kahneman 总结了三种典型的启发式策略：代表性启发法、可得性启发法及锚定与调整启发法，下文分别具体介绍。

1. **代表性启发法**

某个城市调查了所有生育 6 个孩子的家庭。接受调查的家庭有 72 个，其男孩和女孩的出生顺序是 GBGBBG（G 代表女孩，B 代表男孩）。请你估计一下，在受调查的家庭中，男孩和女孩的出生顺序为 BGBBBB 的家庭有多少个？

大多数人估计的男孩和女孩出生顺序为 BGBBBB 的家庭数小于 72 个。实际上，BGBBBB 与 GBGBBG 两种出生顺序家庭的数目应该相同，因为前后出生的孩子的性别是相互独立的（至少在理论上是这样）。不管排行第几，生男生女的概率都是 1/2。因此，任何特定模式的出生顺序的概率是相同的，都是 $(1 \div 2) \times 6$，即使是 BBBBBB 或 GGGGGG 这样的情况，也是如此。

然而，在现实生活中，为什么很多人会相信某些出生顺序相对比较容易出现？一部分原因是，人们运用的是代表性启发法。运用这一策略时，人们判断不确定事件概率的根据是：①该事件对总体的相似性或代表性水平如何；②该事件在何种程度上反映了其产生过程（如随机过程）的显著特征（Johnson-Laird，2000）。例如，人们认为更可能出现第一种出生顺序，原因如下：其一，就总体的男女比例而言，第一种出生顺序更有代表性；其二，第一种出生顺序看上去更像是随机顺序。

同样，让人们判断抛硬币的正反面出现顺序的概率。大多数人会觉得HTHHTH（H代表正面，T代表反面）这种顺序出现的概率高于HHHHTH。如果你期望某个顺序是随机序列，就会认为"看上去是随机的"那种顺序更可能出现。事实上，经常有人批评随机数字表里面的数字"看上去不随机"，其原因也是人们低估了同一数字完全出于偶然地连续出现多次的概率。

人们经常依赖代表性启发法，其中一个原因是，人们经常错误地认为小样本（包括事件、人、特征的小样本）在所有方面都与其所来自的总体相吻合（Tversky & Kahneman, 1971）。当人们特别在意基于一个极小样本的"坊间证据"时，也倾向于更频繁地运用代表性启发法，这种依靠传闻得来的证据做出论证的方法也被称为"我朋友的朋友"的论证（Nisbett & Ross, 1980）。

人们错误地运用代表性启发法的原因与基础概率（base rate）有关。基础概率是指一个事件或特征的发生数占其总体发生数的比例。在日常决策中，人们往往容易忽略基础概率方面的信息，导致推理过程中可能出现错误。例如，面对"在100个人中，有70位律师和30位工程师。当我们从这100个人中随机抽取1人时，这个人是工程师的概率有多大？"这个问题时，绝大多数参与者能够给出正确的回答，是30%。但如果额外呈现"这个随机选出的人通常是一个保守、谨慎、有抱负的人，对政治和社会问题毫无兴趣，业余时间大多用来做自己感兴趣的事，包括家庭木工、驾船航行和解数学题"这些信息，参与者将其判断为工程师的可能性将大大提高，而忽略了之前呈现的基础概率。当然，人们也可以运用基础概率来改进他们的决策（Koehler, 1996）。例如，假设你告诉一名医生，一个10岁的男孩胸痛，医生不太会担心这是早期心脏病发作。但是，如果你告诉一名医生，一个60岁的人有相同的症状，医生就会认为早期心脏病发作的可能性很大。这是因为60岁男性患心脏病的基础概率远高于10岁男孩。

2. 可得性启发法

大多数人会偶尔运用可得性启发法，即根据想起某个现象相关实例的容易程度而做出判断。例如，想想字母R，在英语中，是以R开头的单词多，还是第三个字母为R的单词多？大部分人会说以R开头的单词多。这是因为想出以R开头的单词比想出第三个字母为R的单词更容易。事实上，第三个字母为R的英语单词数量是以R开头的英语单词数量的2倍以上。其他一些字母（如K、L、N和V）也有同样的现象（Tversky & Kahneman, 1973）。

在日常生活中也能看到可得性启发法。在一项研究中，研究者让每一对夫妻各自报告20件家务事分别是谁做得比较多。这些家务事主要是日常家务，如购买杂货或准备早餐等。结果发现，参与者都表示自己家务做得比对方多——平均而言，20种里面大约有16种主要由自己负担（Ross & Sicoly, 1979）。由此可见，在可得性启发策略的影响下，人们通常会用"想起相关实例的轻松程度"去替代"估计某一件事发生的频率"。由于可得性偏见，在日常生活中，人们更可能会出现"过高估计自己的贡献，进而过高估计自己的委屈"等心理现象。此外，可得性策略不仅影响人对自我的评估，还会影响其对客观事物的评价。例如，尽管统计结果表明坐汽车比坐飞机危险得多，但人们还是常常觉得坐飞机不如坐汽车安全，这在一定程度上就是可得性启发法在作祟。每一次飞机失事，人们都能听说，并且留下深刻印象，而并不是每次汽车出事，人们都会听说。由此可见，尽管可得性启发法在逻辑上具有不合理性，但人们在日常生活中却经常使用，并形成了一种思维习惯。

3. 锚定与调整启发法

锚定与调整启发法是与可得性有关的一种启发法，是指人们根据某些参照点来调整自己对事物的评价，这些参照点被称为"锚"。例如，在阅读后面的内容之前，请快速（在短于5 s的时间内）估计下列题目的答案：

$8 \times 7 \times 6 \times 5 \times 4 \times 3 \times 2 \times 1$

现在，快速估计下列题目的答案：

$1 \times 2 \times 3 \times 4 \times 5 \times 6 \times 7 \times 8$

研究者要求两组参与者分别估计其中一个算式的结果，发现估计第一个算式的平均结果是2250，而第二个算式是512（Tversky & Kahneman，1974）。这两个算式的结果其实是相同的（均为40320），因为相乘的数字完全相同。尽管如此，人们还是会高估第一种算式的结果，因为他们在计算前几个数（锚）相乘的结果时，得到的数字比较大，这导致他们上调了最终的估计值。

还有一种现象，比起看似精确的数据，当锚是一个四舍五入得到的整数时，人们会将自己的估计值调整得比较大。例如，看到一台电视机的价格为3000美元，人们对其生产成本的估计值会高于看到价格为2991美元的情形（Janiszewski & Uy，2008）。研究者在许多情境下都发现了这种锚定效应，例如，艺术品拍卖一幅画的价格受到其之前销售价格的锚定，专家对本月的经济情况预测受到上月经济数据的锚定等（Beggs & Graddy，2009；Campbell & Sharpe，2009）。由此可见，在日常生活中，人们容易陷入锚定与调整启发法的陷阱，即在已有信息不足、对客观事物的认识相对模糊的情况下，接收到的初始信息通常如同铁锚一样将人们锚在此处，进而人们的思维往往只能在锚点周围活动与调整。

（二）假设检验

归纳推理的另一个常用策略是假设检验，即人们形成了特定的假设，并通过观察到的事件对该假设进行证真或证伪。Bruner等（1956）设计的一系列经典的实验范式是假设检验的开端。如图11-3所示，在Anderson（2015）的研究中，每张卡片上都有一个图形，图形在形状、颜色、数目和边框数这四个维度上各有不同。每个维度又各具有三个属性：形状有十字、圆形、方形；颜色有白、黑、蓝；图形数和边框数各有一个、两个和三个。依据这四个维度的属性，可以组成共81（3×3×3×3）张不同的卡片作为实验材料。

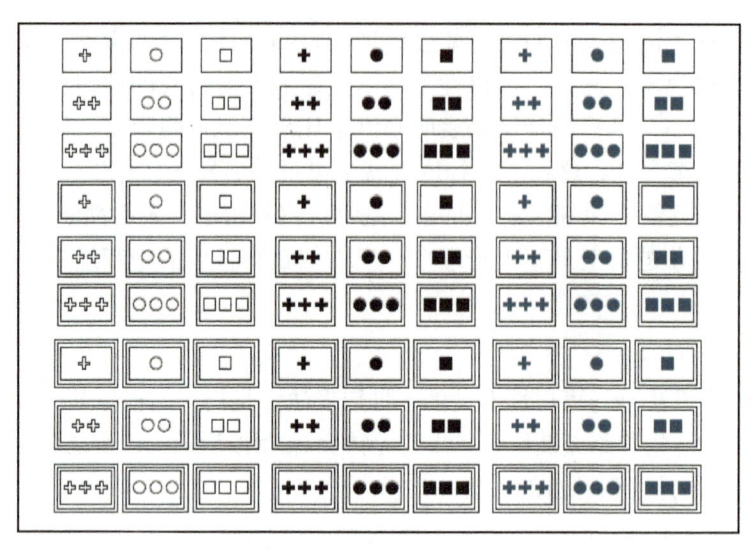

图 11-3　Bruner 等（1956）设计的经典实验范式中的实验材料（Anderson，2015）

将这 81 张卡片上的图形按照不同的属性结合，可以构成三种不同的概念：①合取概念，即根据一类事物中单个或多个相同属性形成的概念，这些属性在概念中必须同时存在，缺一不可。例如"三个绿色加号"的概念，包括"三个""绿色""加号"共三个属性。人们通常认为合取概念最容易被觉察的，也是最广泛的研究类型之一。②析取概念，即根据不同的标准，结合单个或多个属性形成的概念，这些属性可以部分具备，也可以兼具。例如，"有三条边框的图形"，可以包括有不同形状、颜色和数量，但都是三条边框的图形。③关系概念，即根据事物之间的相互关系（如上下、左右、前后等）形成的概念，例如，"物体数目等于边框数目"。该概念规定了维度之间的相应关系，这种概念通常最难被觉察。

实验开始时，主试确定一个概念，但并不将该概念及其有关属性告诉参与者。主试每次向参与者呈现一张卡片，并告知这张卡片是否属于该概念，最后参与者需要判断这个概念是什么。图 11-4 包含三组（列）可能向参与者呈现的卡片示例，每一列表示一个不同概念，每张卡片分别标注了是否属于该概念（"+"代表"是"；"−"代表"不是"）。第一列的概念是"两个加号"，属于合取概念；第二列的概念是"两条边框或者圆形"，属于析取概念；第三列的概念是"物体数目等于边框数目"，属于关系概念。这个实验中的问题（判断概念是什么）是有一定难度的，因为参与者既要进行属性识别（即判断哪些属性与概念相关），也要进行规则学习（即发现将这些属性联系起来的规则，如合取、析取或相关）。在实验中，通常只要求参与者做到其中一点，即识别属性或发现规则。例如，在 Bruner 等（1956）的实验中，参与者事先知道自己要识别的是合取概念（即已知规则），仅需要识别属性即可。一系列研究结果表明，概念的形成过程实际上就是参与者不断形成假设、检验假设的过程。在归纳推理过程中，人们选择部分属性作为基础进行推论（形成初步假设），并根据环境给予的反馈不断调整自己的假设，直到得出结论。

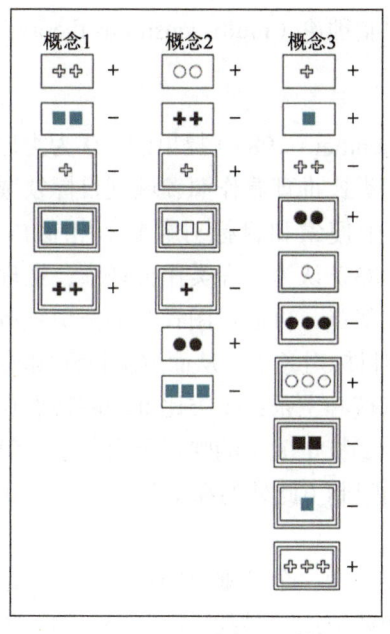

图 11-4　Bruner 等（1956）设计的经典实验范式中要求参与者识别概念所用材料示例（Anderson，2015）

Bruner 等还以 50 名哈佛大学学生为对象进行了一项探索性的实验研究（Bruner et al.，1956）。参与者首先看到一张属于某特定概念的初始卡片，随后参与者可以从图 11-3 所示的所有卡片中进行选择，得到该卡片是否属于这个特定概念的答案，并最终判断这个概念是什么。在这个实验中，参与者在选择每张卡片时，都是在检验一种关于概念的假设，而主试的答案会告诉参与者这个假设正确与否。尽管最优策略是每次检验一个维度，例如，首先检验图形的形状，于是选择一张与初始卡片只有形状不同的卡片进行检验，这样只要依次检验完四个维度即可发现这个合取概念。然而，也有一些参与者并没有采取这种策略，而是尝试同时改变两个维度的属性来进行检验。由此可见，人们的假设检验并不一定符合理论上最优的策略。

四、类比推理

类比推理是根据两个（或两类）对象在某些属性上相同或相似，而其中的一个（或一类）对象还具有其他特定属性，从而推出另一个（或另一类）对象也具有该特定属性为结论的推理。它是人的抽象逻辑思维的一种主要形式，可以表示为"对象 A 具有属性 a、b、c、d；对象 B 具有属性 a、b、c；所以对象 B 也具有属性 d"（唐慧琳，刘昌，2004）。

类比推理通常会以一个相对更好理解的源领域作为推理基础，然后对一个相对不太好理解的目标领域进行推理。因此，人们可以通过类比推理来达到不同的目的，例如，解决在目标领域中出现的一些问题，预测当个体采取了不同的行为时将会发生什么，或是让个体对目标领域的行为做出相应的解释。

不同研究者提出了有关类比推理的理论，下文详细介绍其中比较具有代表性的两个理论，即结构映射理论和多重限制理论（multi-constrains theory）。

（一）结构映射理论

结构映射理论最早是由 Gentner（1983）提出的，认为类比推理的关键在于源领域与目标领域之间的关系。该理论将类比推理看作源领域到目标领域的元素的映射过程，并且类比推理需要人们在长时记忆中搜索和目标对象具有相似内在结构的源对象（Smith & Kosslyn, 2007）。Gentner（1983）认为，在类比推理中，推理者在不同对象之间进行逐个匹配，寻找它们在结构上的相似点，再通过图式归纳把源领域内元素间的关系提取出来，形成关系结构表征，并映射到目标对象上，从而解决目标领域的问题。同时，Gentner还提出了关于结构映射理论的两点核心主张：①类比推理的特点在于，类比是物体之间关系的映射而不是物体属性的映射；②特定关系的映射是由属于映射的高阶关系支配的，即低阶关系的映射会受到高阶关系的限制（此处的高阶关系一般通过"引起""意味着""取决于"等高级谓项来表示）。

结构映射理论提出，只要已知一个基础范围和一个目标范围，就可以在二者之间建构类比，即首先将基础范围的物体节点映射到目标范围，然后将基础范围的低级关系映射到目标范围内。例如，类比推理"原子像太阳系"，原子是目标范围（即目标对象），太阳系是基础范围（即源对象）。从太阳系中存在的"太阳吸引行星""行星围绕太阳旋转"的关系中提取出来的图式得到了相应的映射，也就是说，"……吸引……""……围绕……旋转"这些关系得到映射，原子存在"原子核吸引电子""电子围绕原子核旋转"的关系，因此可以得出"原子像太阳系"的类比推理（王亚同，鲁忠义，1998）。

Gentner（1983）的研究还发现，在形成图式方面，儿童和成人对源对象的表面相似性和关系相似性的利用倾向有所不同。具体而言，儿童倾向从表面相似性方面来表征源对象，而成人则倾向从深层结构关系的相似性方面来表征源对象。也就是说，个体的类比推理发展中会出现从表面相似性到关系相似性的转变。

（二）多重限制理论

多重限制理论最早是由 Holyoak 和 Thagard（1997）提出的。该理论假设，人们的类比推理是由一些限制条件引导的，这些限制条件共同促进了人们在类比思维方面的一致性。具体而言，有三个基本限制条件：相似性限制、结构性限制和目的限制。下面通过一个例子来解释这三种限制。

一般来说，每个父母都存在这样一种观念：对年幼的孩子来说，在自己受伤的部位得到一个亲吻可以让他感觉好一些，并且从中获得安慰。24个月大的小艾伦经常会找到自己的母亲，说一些类似"我撞到头了，亲一下我的头"的话，他的母亲就会亲吻他受伤的部位。但有一天早晨，事情发生了变化，当艾伦的母亲给他穿衣服时，发觉自己的手上有瘀伤，这时她不假思索地说道："我的手好痛。"艾伦立刻回应："我亲它。"随后，他的母亲将手伸到小艾伦的面前并得到了他的一个吻。

从相似性限制来看，类比取决于对象之间关键关系的相似性。在上面的例子中，源对象和目标对象都涉及亲人受到的伤害。需要注意的是，艾伦并没有简单地将他的母亲映射到自己身上（即让母亲亲吻自己的手），而是亲吻了母亲受伤的手。

从结构性限制来看，关键的结构限制需要推理者在源对象和目标对象之间建立在结构上一致并且一一对应的关系。如果一个源命题映射到某个目标命题，那么前者的谓词和论元也应该映射到后者相应的谓词和论元上（Spellman & Holyoak, 1996）。谓词指的是命题中的动作或事件，论元指的是动作或事件的参与者。因此，一旦艾伦基于关系的相似性而将二者所受的伤害对应起来，结构一致性要求将原对象中受伤的人（即艾伦）映射到目标中受伤的人（即艾伦的母亲），因为两人扮演着相同的关系角色（即二者都是受伤的人）。

从目的限制来看，类比推理是由推理者通过类比想要达到的目的来引导的。在本例中，艾伦的母亲对自己疼痛的表达引起了艾伦的目的——减轻母亲的疼痛。这个目的让艾伦将自己的注意力集中到和达成目的的方法有关的情境中，选择去接触和伤害有关的源的类似物（母亲的伤口），而不是过去母亲为自己穿衣服的情境。

多重限制理论提出了类比推理的三个限制条件，并认为类比的一致性是通过三个限制条件的相互作用产生的。但是，该理论并不把三个限制条件视为严格的要求，而是视为较为宽松的限制，即允许三者存在相互冲突。由于这种冲突经常会出现，类比推理中的最优映射大多不能完美地满足每个限制条件（Spellman & Holyoak, 1996）。

结构映射理论和多重限制理论之间的一个主要区别是，推理的目标和背景是否会直接影响映射过程。结构映射理论认为，映射过程只是图式（句法）上的映射，不会受到实际目标和背景的直接影响。多重限制理论则认为，目标和背景会影响类比推理的每一个阶段，包括映射阶段（Holyoak & Thagard, 1989）。

五、推理的神经基础

研究者对推理的内在机制尚未达成共识，传统的心理学研究大多关注不同的推理理论对人类行为做出的不同预测，而神经影像研究则侧重通过推理的相关神经活动来探讨不同理论的合理性。研究结果还指出了这些理论没能预测到的额外问题，从而促进了相关领域的研究。虽然目前这些结果还存在不一致，但我们观察到几种有趣的模式，可以对推理的不同理论进行检验。总体而言，认知神经科学的数据并不太支持逻辑推理的单一系统，而是支持针对特定任务和环境线索而重新配置的动态系统。下面主要介绍几种演绎推理的神经基础。

（一）条件推理

条件推理中的命题通常以"如果 p，那么 q"的形式呈现。Noveck 等（2004）使用了肯定前件的推理形式（"如果 p 那么 q；是 p，因此是 q"）和较为复杂的否定后件的推理形式（"如果 p 那么 q；不是 q，因此不是 p"）来探索推理的认知神经机制。结果发现，在两种推理形式中，左侧顶叶区域都有激活，而较为复杂的否定后件会激活包括左侧背外侧前额叶皮层与左侧额下回三角区在内的其他区域。因此，简单条件推理一般被认为与左额顶网络的激活相关，但不同区域的激活程度可能取决于任务的难度或类型。

使用沃森选择任务的研究发现，卡牌情境和社会情境的结果是相反的，因此研究者也探讨了不同情境的条件推理的神经机制是否有所不同。Canessa 等（2005）在实验中使用了任意关系的情境（"如果某人做了……，然后他就会……"）及有社会意义的情境（"如果你给我……，然后我给你……"），结果发现，两种情境中的推理均激活了左侧的额叶与顶叶区域，但有社会意义的情境同时激活了相对应的右侧额叶与顶叶区域。这说明条件推理不仅限于左额顶网络的激活，特定的推理情境可能会导致右额顶网络的激活。

（二）三段论推理

三段论能够以多种逻辑形式出现，因此可以设计出多种不重复的刺激，所以常在神经成像研究中被作为实验材料。Goel 等（1998）利用早期 PET 对推理的研究中就使用了三段论（如"一些军官是将军；没有士兵是将军；有些军官不是士兵"），并且报告了左脑额颞系统的激活。Osherson 等（1998）的一项 PET 研究使用了类似的刺激（如"没有一个面包师下棋；有的棋手听歌剧；有些听歌剧的人不是面包师"），并报告了右枕叶、右基底神经节和左前额叶皮层的激活。一些 fMRI 研究则发现了一个涵盖较广的神经网络，包括双侧前额叶皮层、左侧颞叶和双侧顶叶均不同程度地参与了逻辑推理的活动（Goel et al.，2000；Goel & Dolan，2003）。

线性推理（即线性三段论）涉及逻辑项的可传递性。传递关系是逻辑学的基础，也是推理能力的重要组成部分。研究发现，人类和动物都可以使用线性推理。动物研究使用的范式是非文字的，使用面积相等的不同形状代表不同量的食物，通过每试次呈现 2 个食物量相邻的形状，观察动物最后是否能进行线性推理，即习得代表最多食物和最少食物的 2 个形状之间的逻辑关系。例如，"正方形>圆形，圆形>椭圆形，椭圆形>长方形，所以正方形>长方形"（Delius & Siemann，1998）。Acuna 等（2002）使用类似的非文字范式研究了人类参与者对 11 个不同形状的线性推理，结果发现，双侧前额叶皮层、前辅助运动区、岛叶、楔前叶和外侧后顶叶皮层都有激活。Heckers 等（2004）也使用了类似的范式，发现了进行线性推理时双侧额顶叶和颞叶（包括海马）系统的激活。

上述研究结果表明，推理涉及大部分大脑的大型网络。尽管这些结果看上去相对杂乱，但可以发现，在推理中，它们普遍涉及枕叶、顶叶、颞叶和额叶、基底节和小脑等区域的组合。另外，不同的研究设计、任务难度、推理类型等因素会导致大脑激活的具体区域存在一定程度的差异，实验设计和成像技术的交互作用也可能会导致激活区域的差异。对这些差异的充分理解，还需要进一步研究。Goel 等通过一系列研究发现，在缺乏统一的推理理论的情况下，人类的推理更可能是由一个根据特定任务和环境线索更新配置的动态系统来完成的（Goel，2005；Goel & Dolan，2001；Goel et al.，1997），这也为未来对推理的内在机制的研究提供了新的方向。

第二节　概　率　推　理

本章第一节引入了推理的基本概念，深入介绍了演绎推理、归纳推理、类比推理，并简要介绍了推理的神经基础。本节介绍后续发展出来的概率推理，引入了贝叶斯推理的相关概念，具体介绍相关的模型，从概率学的视角来分析推理。

一、概率推理概述

在对推理的研究中，一直存在一个难题，即逻辑和概率是如何在人类推理中相结合的？以三段论为代表的传统逻辑曾被许多研究者看作推理的根基，但后来的许多研究者认为传统逻辑不能作为推理的基础。这种观点主要基于以下三点原因：①传统逻辑是单调的，即它不要求撤回有效的结论，即使该有效结论为假；②传统逻辑对待条件命题的方式在自然语言中有时不合理；③传统逻辑得出的结论虽然有效，但很多有效结论是没有意义的，传统逻辑仍无法很好地解释有意义的推理的内在机制。随着技术及语言的发展，一种新的概率逻辑范式应运而生，在一定程度上弥补了传统逻辑的不足，例如，能够允许结论被撤回，并且更合理地对待条件命题（Johnson-Laird et al., 2015）。

最近的研究提出了一种整合概率和推理的方法，在说明这一方法之前，首先需要讨论的是推理与逻辑的关系。在传统逻辑中，人们需要处理具有真伪性质的命题。然而，一个明显的实际问题是，日常生活中的许多信息都具有不确定性，例如，出太阳时未必不会下雨，咳嗽不一定就是生病。在命题本身就具有不确定性的时候，使用传统逻辑是无法得出有效结论的。另外，传统逻辑还存在一个重要的缺陷，即其规则仅适用于与传统逻辑规则匹配的命题形式，而不适用于自然语言中的句子。例如查尔斯·狄更斯的小说《大卫·科波菲尔》中有一个经典句子：年收入二十镑，年支出十九镑十九先令零六便士，结果是快乐。年收入二十镑，年支出二十镑零六便士，结果是痛苦。从这两个命题中无法直接提取出逻辑形式，因而不能直接得出任何有意义的结论。一个可以直接提取逻辑形式的命题例子是"年收入二十镑，年支出小于或等于二十镑，结果是快乐"，但在自然语言中，这样的命题非常少见。计算机程序都无法从自然语言的句子中提取逻辑形式，更不用说从句子在上下文中隐含的命题中提取逻辑形式了。

基于上述论证，一些研究者提出概率应该取代逻辑。他们的理论在细节上有所不同，但有很多相似的部分，可以统称为概率逻辑（probability logic）。概率逻辑使用概率理论和数理逻辑对推理进行形式化、数量化的研究，它假设每个命题都以概率的形式存在。例如，当一个命题的前件发生时，人们对该命题中后件发生的可能抱有一个主观概率，而不像传统逻辑中认为后件只可能发生或者不发生（即概率只可能为1或者0）。因此，主观概率是概率逻辑的一个重要概念。

本章第一节介绍的心理模型理论其实就是概率逻辑的一种，它认为人们用心理模型模拟的事件出现的相对频次来估计该事件出现的概率（Johnson-Laird & Khemlani, 2013）。心理模型理论主要基于三个原则：①每个心理模型都代表一组不同的可能性，例如，"甲去过英国，或者意大利，或者都去过"包含三个不同的心理模型，即"甲去过英国""甲去过意大利""甲去过英国和意大利"；②心理模型只代表有可能是正确的东西，而错误的东西是内隐的，例如，"甲去过英国"这个模型中没有说明"甲去过意大利"是错误的；③经过思考，推理者可以将心理模型充实成完全明确的模型，例如，"甲去过英国但没有去过意大利""甲去过意大利但没有去过英国""甲去过英国和意大利"（Khemlani & Johnson-Laird，2013）。

心理模型理论解决了传统逻辑的三个问题。第一个问题是传统逻辑是单调的，而日常推理不是。例如，命题是"如果有人踩了油门，那么车会移动"，假设有人踩了油门，但是车并没有移动，这时你会得出什么结论？大多数人会尝试寻找车未移动的原因，而传统逻辑认为的有效结论是"车会移动"，那么即使出现了车没有移动的事件，该结论也不会被撤回，这明显不符合人们的日常推理。这个寻找车未移动的原因的过程可以看作是建立新的心理模型，人们依据这些模型对事件做出解释，并为未来行为提供指导，这是传统逻辑和概率逻辑无法做到的。第二个问题是它对条件命题的处理在自然语言中有时不合理。例如，"甲去过英国"，因此"甲去过英国，或者意大利，或者都去过"。这个推论在传统逻辑中是正确的，但事实上大多数人不会接受这个推论（Orenes & Johnson-Laird，2012）。心理模型理论可以解释这个现象，因为它认为该推论正确的前提是其中包含的所有心理模型都有存在的可能性，而"甲去过英国"的前提并不能保证"甲去过意大利""甲去过英国和意大利"这两个模型有可能，因此人们会倾向不接受这个推论。如果将题目改成"甲去过米兰"，因此"甲去过米兰，或者意大利"，那么大多数人就会接受这个推论，因为该推论包含的所有心理模型（"甲去过米兰""甲去过意大利"）都被前提证实是可能的。第三个问题是结论有效但很多时候没有意义，例如，"因为太阳出来了，所以太阳没有不出来"。心理模型理论可以解释为什么人们不会得出无意义的结论，心理模型的构建是基于事件的意义的，依据"太阳出来了"并不能构建出类似于"太阳没有不出来"的模型，因为它们的意义是一样的。

心理模型理论可以解释人们如何推理各种各样的概率，例如：

有一个盒子，里面要么至少有一个红色弹珠，要么有一个绿色弹珠和一个蓝色弹珠，但不会同时有三个颜色的弹珠。
盒子里有一个绿色弹珠和一个蓝色弹珠的概率是多少？（50%）
盒子里有一个红色弹珠和一个蓝色弹珠的概率是多少？（0）

括号里的答案是大多数人会得出的推论（Johnson-Laird et al.，1999）。这种推论可以根据心理模型理论来解释，因为前提包括的心理模型只有"盒子里有红色弹珠""盒子里有绿色弹珠和蓝色弹珠"这两个，这样的心理模型会导致人们对第一个问题的回答是50%（随机二选一），而认为第二个问题中的情况不可能出现。实际上，第二个问题中的情况出现的可能性并不为0，因为前提并没有否认盒子里有一个红色弹珠和一个蓝色弹珠（但没有绿色弹珠）的可能性。

到目前为止，还没有任何证据推翻心理模型理论的主要预测，包括前文描述的一些预测，它们在推理的大多数领域得到了印证。需要注意的是，心理模型理论并不是完美的，它并不能用于解释推理的一切内在机制，人类推理中还有许多它不能解释的现象需要未来的研究探索。随着人工智能技术和机器学习领域的兴起，贝叶斯推理（Bayesian inference）成了概率推理中较为常见的方法之一，下文对贝叶斯推理的相关模型进行详细介绍。

二、贝叶斯模型基础

人们根据不确定性信息做出推理和决策时，往往需要对各种结论的概率做出估计，这个推理的过程就是概率推理。贝叶斯推理则是以条件概率（即事件 A 已经发生的条件下，另外一个事件 B 的发生概率）为基础进行的。具体而言，人们倾向根据新出现的信息或证据调整自己现有的观点，并在不确定的情况下做出适当的判断和决策，这被称为贝叶斯推理。为了更好地理解贝叶斯推理，首先需要理解贝叶斯定理（Bayes' theorem）。

贝叶斯定理是一种描述人们在收集相关证据并推断事件的概率时使用的规范模型。具体而言，是指某一事件（E）已经发生的条件下假设（H）为真的概率。假设这样一种情况：

你在参加医院的筛查之后被诊断出患有特殊疾病，这种疾病的患者在总人口中占比为 0.1%，也就是说，在正常情况下一个人有 1‰的概率会患上这种疾病。除此之外，你了解到，当一个人患有这种特殊疾病时，他的筛查结果为阳性的概率为 80%，如果一个人没有患这种特殊疾病，那么他的筛查结果为阳性的概率为 9.5%。此时你想知道自己是否真的患病，面临的问题是：如果一个人的筛查结果呈阳性，那么他患这种特殊疾病的概率是多少？

贝叶斯定理可以用来解决这个问题。首先，贝叶斯定理的公式是：

$$P(H|E)=\frac{P(E|H)P(H)}{P(E)} \quad (11\text{-}1)$$

其中，分母项代表事件 E 发生的概率。在本例中，事件 E 为个体的筛查结果呈阳性，事件 H 为个体真的患有这种疾病。$P(E)$ 代表个体的筛查结果呈阳性的概率，它可以被分解为两项概率之和，即筛查结果为阳性并且个体患病的概率加上筛查结果为阳性但是个体并没有患病的概率。将这两项分别表示为对应的概率和条件概率的乘积，即

$$P(E) = P(H)P(E|H) + P(\sim H)P(E|\sim H) \quad (11\text{-}2)$$

式中，波浪号（~）表示否定的意思。将公式（11-2）代入公式（11-1），可以得到贝叶斯定理的展开公式，即

$$P(H|E)=\frac{P(E|H)P(H)}{P(H)P(E|H)+P(\sim H)P(E|\sim H)} \quad (11\text{-}3)$$

其中，概率项中的竖线（|）代表此项为条件概率，即在竖线右边的事件已经发生的条件下，竖线左边的事件发生的概率。在贝叶斯定理中会出现三个条件概率，分别为 $P(H|E)$、$P(E|H)$ 和 $P(E|\sim H)$。其中，$P(H|E)$ 是问题中所要计算的概率，被称为后验概率（posterior probability），是指在已知事件 E 发生的情况下假设 H 为真的概率，即在筛查结果呈阳性时个体真的患病的概率。$P(E|H)$ 是指在个体真的患病的条件下，筛查结果呈阳性的概率，在本例中，已知其为 80%，可以表示为

$$P(E|H)=0.8$$

公式（11-3）中，$P(E|\sim H)$是指在个体没有患病的条件下，筛查结果呈阳性的概率，在本例中，已知其为9.5%，可以表示为

$$P(E|\sim H)=0.095$$

公式（11-3）中，$P(H)$代表在没有其余任何事件作为条件的基础上，假设H为真的概率，被称为先验概率（prior probability）。在本例中，任何事件是指任何筛查，假设H是指个体患病，先验概率即为在任何筛查之前个体患病的概率。已知在正常情况下个体有1‰的概率会患上这种疾病，那么先验概率可以表示为

$$P(H)=0.001$$

由此可以推算

$$P(\sim H)=1-P(H)=0.999$$

将这些计算出的概率值代入贝叶斯定理的展开公式（11-3）中，可以得到

$$P(H|E)=\frac{0.8\times 0.001}{0.001\times 0.8+0.999\times 0.095}\approx 0.008$$

也就是说，在筛查结果为阳性时，个体真正患这种特殊疾病的概率为0.8%。

这个答案符合你的预测吗？事实上，人们在推理过程进行计算时通常没有遵循贝叶斯规则，导致答案不准确（Kotz，吴喜之，2000）。正如这个例子体现的，在得到阳性结果时，人们一般认为自己患病的概率远比通过贝叶斯定理计算得出的概率高出许多。这可能是因为人们没有意识到先验概率的重要性，这与本章第一节介绍的基础概率的概念类似。人们在推理过程中常常忽略了基础概率，即某个事件在总体中的发生概率，这会导致基础概率谬误，即对统计学上的基础概率不敏感而导致的推断谬误。在贝叶斯定理中，基础概率即为先验概率，但它并不仅仅是简单地被忽略了，而是被错误地估计了。

人类的推理过程可以被看作根据新的信息来不断更新对某一事件的信念的过程。从贝叶斯定理的角度来说，对某一事件的已有信念可以被看作先验概率，新收集到的信息可以被看作条件概率，更新后的信念可以被看作后验概率，这就形成了贝叶斯推理。完整的贝叶斯推理一般包括三个步骤：①通过知识和经验设定一个先验概率；②收集新的信息；③根据新信息将先验概率更新为后验概率。在上述例子中，当知道自己的筛查结果呈阳性时，对于自己患病的概率的信念（先验概率）通常很高。但是，当获得了新的信息之后（条件概率，包括在正常情况下的患病率为1‰，患病者筛查结果呈阳性的概率为80%，以及未患病者筛查结果呈阳性的概率为9.5%），对自己患病的概率的信念（后验概率）会降低一些，这就体现了贝叶斯推理的过程。可以看出，个体在推理中形成的后验概率并不一定是正确的，它的准确性取决于先验概率的大小，以及对新信息中包含的条件概率的理解。

贝叶斯推理在日常生活中经常发生，尽管人们不一定能准确地使用贝叶斯定理，甚至无法意识到自己在使用贝叶斯定理，但推理过程经常是与之相符的。例如，小说《福尔摩斯探案集》中福尔摩斯对华生说的一句名言：当你排除一切不可能的情况，剩下的无论多难以置信，都一定是事实。这其实也体现了贝叶斯推理。哪怕某一事件的先验概率接近于0，如果条件概率把其他所有的可能性都排除了，那么该事件的后验概率依然会被更新为1，即必然发生。相对于传统的逻辑推理，贝叶斯推理的最大优势之一在于，利用贝叶斯定理中的各种概率，允许人们在推理中处理不同程度的不确定性，并将它们组合起来。

三、层次贝叶斯模型

基础的贝叶斯推理是基于个体的，而对具有多个层次的数据而言，例如，来自某一群体的个人数据，这个群体可能又在更高层次的组织中，基础的贝叶斯推理就不一定是最优的了。因为在这种情况下，同一个群体内的个人参数可能是相关的，而同一个组织中的群体之间也可能是相关的。后续发展起来的层次贝叶斯模型（hierarchical Bayesian model）就很好地解决了这个问题。

以概率中经典的掷硬币为例，假如现在有 N 枚魔术硬币，它们由同一家工厂铸造，因此尽管这些硬币之间有些偏差，但是这些偏差有着相同的集中趋势，可能是该工厂的制造过程导致的。将每一枚硬币掷出一次，然后基于这 N 个投掷结果对这 N 枚硬币掷出正面的比例（θ）进行推理。因此，每个硬币实际投掷出的结果服从以 θ 为中心的正态分布。但是，θ 又服从更高层次的概率分布，即以工厂制造过程参数（φ）为中心的正态分布。更进一步，φ 还可能依赖更高层次的参数，例如，原材料的质量参数等。以此类推，各层参数之间形成了关系链，就是一个层次贝叶斯模型（Kruschke & Vanpaemel，2015）。

再以心脏病的治疗效果为例，假如某所医院 j 的心脏病患者的存活率为 θ_j，那么 θ_1、θ_2、$\cdots$、θ_j 之间很可能是相互联系的。在贝叶斯推理中，θ_j 被看作一个总体分布的样本，服从某个由参数 α、β 决定的先验概率分布。通过观察各医院中的心脏病患者的存活情况，即收集观测数据 y_1、y_2、$\cdots$、y_j，可以更新 θ 的概率分布，进而得到参数 α、β 的后验概率分布，这就构成了图 11-5 所示的层次贝叶斯模型（图中示例 j=71）。

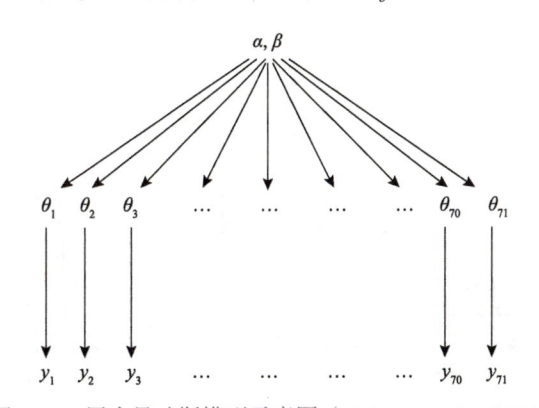

图 11-5　层次贝叶斯模型示意图（Gelman et al.，2014）

层次贝叶斯模型是现代贝叶斯推理的标志之一，由 Berliner（1996）在尝试解决复杂环境中的问题时提出，其理论基础是条件概率分布，利用逐级分解的思路将复杂问题逐层分解，拆分成相对简单的模型。基础的贝叶斯模型是在同一个层次上的各个因素之间进行推理，然而层次贝叶斯模型在哲学上更深入了一层，将这些因素背后的因素囊括进来（原因的原因、原因的原因的原因，以此类推）。层次贝叶斯模型可以在给定已知观测数据的条件下，推出其他未知参数的概率分布。层次贝叶斯模型在推导后验概率的分布时利用了两个重要概念：①超参数，是指先验分布的参数，即上述例子中的 φ 和 α、β；②超先验，是指超参数的分布，即上述例子中 φ 和 α、β 的概率分布。

一项对 1990—2015 年心理学研究方法的综述研究表明，贝叶斯方法在认知心理学领域中的第二大应用就是层次贝叶斯模型（van de Schoot et al.，2017）。层次贝叶斯模型允许研究者针对心理过程创建一个详细、具体的过程模型，将心理过程模型与实际数据联系起来。在这种层次结构中，同一个心理变量可以通过多个认知过程影响多种行为表现。这种对心理变量的统一是认知科学的一个重要目标，能够用几个关键变量解释一系列观察到的行为现象是优秀的理论和模型的标志。这样的模型可以明确、量化地描述潜在的认知过程，还可以对行为进行预测。通过对模型的预测与实际观察到的行为数据进行比较，如果模型能够充分预测行为，就可以用来推断这些行为潜在的认知加工机制。尤其是在 2006 年后，使用层次贝叶斯模型进行研究的论文明显增加，大有紧跟基础的贝叶斯模型成为一个主流认知理论框架的趋势。

四、隐马尔可夫模型

马尔可夫链（Markov chain）是一种过程模型，是人工智能与机器学习的基础方法之一，由数学家马尔可夫（Markov）于 1906 年首次提出，构建了一个在状态空间中经过一种状态到另一种状态的随机过程。以图 11-6 所示的经典天气模型为例，假如今天下雨，那么明天会下雨吗？后天会下雨吗？那么 n 天后会不会下雨呢？每一天下雨的概率可以利用前一天的天气状态和相应的转移概率进行计算，通过对整个过程进行量化处理，推导出 n 天后的天气状况，可以知道下雨的概率是多少、不下雨的概率是多少。

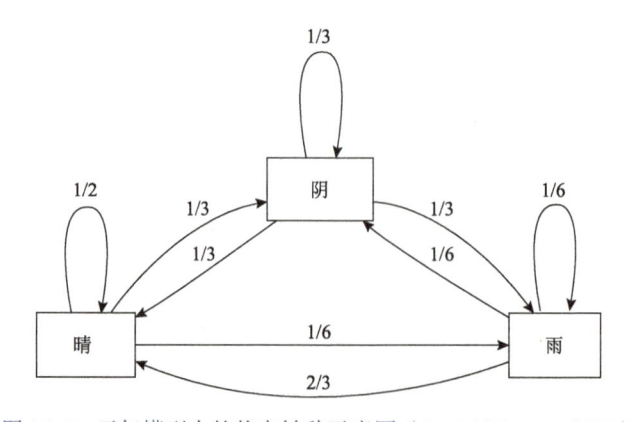

图 11-6　天气模型中的状态转移示意图（Li & Nakano，2022）

马尔可夫链由三大元素组成：①状态空间 S，即系统共有几种状态；②状态转移概率矩阵 A，即从一种状态转移到另一种状态的概率（假设概率不随时间的变化而变化）；③初始概率分布 π，定义系统在时间等于零时不同状态的概率分布。

将天气状态分为晴、阴、雨三种状态，即 $S = \{晴, 阴, 雨\}$。假定某天的天气状态只和上一天的天气状态有关，第 n 天和第 $n+1$ 天的转移概率矩阵 A 如表 11-4 所示。

表 11-4　两天内天气变换概率的状态转移矩阵

第 $n+1$ 天	第 n 天		
	晴	阴	雨
晴	0.1	0.4	0.5
阴	0.2	0.3	0.5
雨	0.6	0.3	0.1

表 11-4 中的具体数值为 P，那么 $\pi_{n+1} = \pi_n \times P$。这样展示两天内天气变换概率的矩阵就是一个状态转移矩阵。在本例中，首先必须确定第一天出现各种天气的概率 π_0。若状态空间、转移概率矩阵和初始概率分布情况都是已知的，人们就可以准确地预测任意一天的天气状况。

但是，人们也有可能无法观测到天气的具体状态，例如，观测者是一名丧失了视听觉的残障人士，只能通过触觉感受地面是否干燥，从而推断某一天的天气状况。这时，S_1、S_2、$\cdots$、S_n 是不可观测的状态，X_1、X_2、$\cdots$、X_n 是可观测到的序列，不可观测的隐含状态决定了可观测状态的值（即 S 的取值决定了 X 的取值）。因此，这样的观测者在推断天气的过程中，由于真实的状态序列不可知，推理过程不仅包含隐含状态之间的转移矩阵（表 11-4 所示的矩阵），还需要一个隐含状态到观测状态的转移矩阵，这就引出了隐马尔可夫模型（hidden Markov model）。

隐马尔可夫模型是一种关于时间序列的概率模型，描述由隐藏的马尔可夫链随机生成观测序列的过程。它是一个双重随机过程，其中之一是马尔可夫链，这是基本随机过程，描述状态的转移；另一个随机过程描述状态和观察值，不像马尔可夫链中的观察值和状态一一对应，因此不能通过它直接看到状态，而需要通过这样一个随机过程去感知状态的存在及其特性，因而称为隐马尔可夫模型。图 11-7 显示了隐马尔可夫模型中的状态序列与观测序列的关系，以观测天气为例，观测序列为地面是否干燥，状态序列为天气的具体状态。

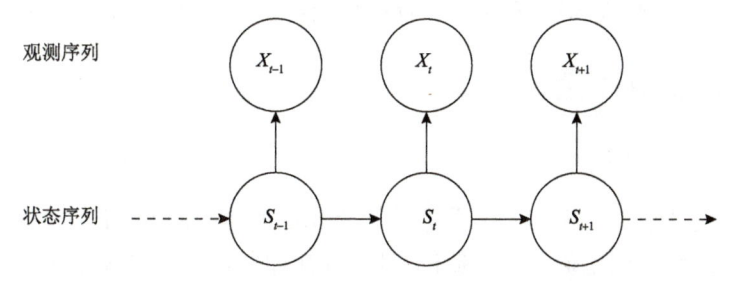

图 11-7　隐马尔可夫模型示意图（Popov et al., 2019）

从心理学的视角来理解隐马尔可夫模型，假如现在有一个不会说话的婴儿，人们只能通过婴儿的面孔来判断他的情绪状态。这个隐马尔可夫模型包括 5 个参数：①n 个状态，婴儿的情绪状态 $S = \{S_1, S_2, \cdots, S_n\}$，并且记 t 时刻马尔可夫链所处状态为 S_t，任意一种情绪状态可由任意一种其他情绪状态转变而来；②m 个观察值，即婴儿表现出来的哭、笑、平静等可观察到的面孔，记为 $X = \{X_1, X_2, \cdots, X_m\}$，并且记 t 时刻观察到的观察值为 X_t；③初始状态概率分布向量，即婴儿在初始状态下不同情绪状态的概率分布，记为 $\Pi = \{\pi_1, \pi_2, \cdots, \pi_n\}$；④状态转移概率矩阵 A，即婴儿从当前情绪状态转向下一情绪状态的概率；⑤观察值概率矩阵 B，即婴儿表现的面孔情绪就是实际情绪状态的概率。一旦确定了这 5 个参数，就可以运用隐马尔科夫模型来生成一系列观测数据，可以标记一个隐马尔科夫模型为 $\lambda = \{S, X, \Pi, A, B\}$。

马尔可夫链和隐马尔可夫模型在认知心理学中常被用于深度理解认知加工过程。记忆和推理常被视作不同的认知过程，因此这些过程在实验试次（学习）中的变化可被看作离散状态空间内状态的转换。研究发现，隐马尔可夫模型能够很好地拟合儿童和成年人的记忆与推理过程。实际上，隐马尔可夫模型更多地被应用在决策领域，第三节会具体介绍。

本节介绍的这些以推理为起点的概率模型是人工智能算法的基础。近年来，算法的发展逐渐转移至以"知识""学习"为重点，人们开发了许多更为复杂的算法来模拟人类的推理过程。

第三节 决策概述

本章前两节主要集中讨论了推理的内容与机制，介绍的方法大多是基于推理的现象提出的，试图利用规范的模型进行描述和解释。但是，这些模型大多假设在进行推理时人们获得的背景信息是充足且确定的，而在现实生活中，人们做决策时往往只能得到不充分且不确定的信息。例如，在得到 100 元和得到 200 元两个选项之间进行选择，大部分人会选择后者，而如果两个选项分别是以 100%的概率获得 100 元和以 10%的概率获得 200 元，人们又会如何做选择呢？另外，日常生活中的决策还可能涉及结果延迟出现的问题，结果出现的时间点不同也会影响人们的决策。因此，本节主要回答人们在不确定的情境下是如何进行决策的这一问题，介绍两大决策理论——期望效用理论和前景理论，并介绍结果延迟出现情况下的决策理论，最后对决策的神经机制进行讨论和总结。

一、期望效用理论的发展

（一）期望价值理论

在概率论和统计学中，"数学期望"是一个常用的概念，是指事件中每种可能结果的概率乘以其结果的总和，期望值反映了随机变量平均取值的大小。当事件重复的次数接近无穷大时，结果的算数平均值几乎肯定地收敛于期望值。

17 世纪，有一个赌徒向法国著名数学家帕斯卡挑战，给他出了一道题目：甲、乙二人赌博，他们获胜的概率相等，比赛规则是五局三胜，先胜三局者为赢家，可以获得 100 法郎的奖励。当比赛即将进行第四局时，甲胜了两局，乙胜了一局，这时由于某些原因终止了比赛，那么如何分配这 100 法郎才比较公平？

不难计算，若乙获胜则需要在后两局均击败甲，而乙连续赢得后两局的概率为 1/4，即乙有 25% 的期望获得 100 法郎奖金。对应地，甲有 75% 的期望获得 100 法郎，据此，甲、乙分得的奖金应分别为 75 法郎和 25 法郎。这个故事里出现了"期望"这个词，数学期望就是由此而来的。

推广至一般情况，若 X 是离散的随机变量，其输出值为 $x_1, x_2, \cdots, x_n$，与各输出值对应的概率为 $p_1, p_2, \cdots, p_n$（概率和为 1），则 X 的数学期望为

$$E(X) = \sum_i p_i x_i \tag{11-4}$$

在日常经济决策中，人们常常通过计算盈利、亏损等指标的数学期望来权衡不同方案的可能结果，以期从多次决策中获得最大的平均收益，或者承担最少的平均损失。因此，基于数学期望算法的期望价值理论（expected value theory）成了决策分析发展过程中提出比较早和应用比较广泛的准则之一。该理论简单易懂，但是它的预测常常与实际不符，甚至在有些情况下会与人们的实际选择结果相悖。

圣彼得堡悖论就是一个著名的针对期望价值理论的悖论，该悖论由数学家尼古拉·伯努利（N. Bernoulli）于 1713 年在一封信件中提出，来自一种掷硬币游戏。游戏规则如下：设定硬币掷出正面为成功，游戏者如果第一次投掷就成功，则获得奖金 2 元，游戏到此结束；若不成功，则继续投掷。如果第二次成功则获得奖金 2×2 元，即 4 元，游戏到此结束。以此类推，游戏者需要反复投掷硬币直到成功，游戏才会结束。如果第 n 次投掷成功，则获得奖金 2^n 元，游戏结束。那么，你最多愿意付多少钱来参加这个游戏呢？

对于参与游戏的一方和设立游戏的一方来说，当输赢机会相等时，游戏才是公平的，即游戏者需要缴纳与其获得奖金数学期望一致的金额。此时，通过公式（11-4）计算可知

$$E(X) = \frac{1}{2} \times 2 + \frac{1}{2^2} \times 2^2 + \cdots = 1 + 1 + \cdots = \infty$$

随着投掷次数的增加，虽然成功的概率降低，但是奖金随之越来越多，每一个结果的期望值均为 1，这个游戏的期望价值如上式计算为"无穷大"。那么，你是否愿意付出无限的金钱参加这个游戏呢？实际上，绝大多数人甚至不愿意付 25 元以上来参加（Hacking, 1980）。举个具体的例子，假设游戏限制最多只能投掷 10 次，那么游戏参与者盈利的数学期望是 10 元。如果公平定价，参与者交 10 元来参加游戏，此时游戏者有 50% 的概率输掉 8 元，但是最多可以赢 1024 元，尽管只有 1/1024 的可能，你愿意交 10 元来参加这个游戏吗？即便一个人多次参加这个游戏之后，盈亏大概是平衡的，然而人们往往并不会为了无穷大的期望价值付出，而只愿意付出有限的金钱。那么，这个悖论如何消解呢？

（二）期望效用理论

Bernoulli（1954/1738）提出可以利用"效用"的概念对圣彼得堡悖论进行消解。人们最大化的是期望效用（expected utility）而非期望价值，他提出的理论包括效用最大化原则和边际效用递减原则，开辟了解释决策者的决策行为的全新思路。

效用最大化原则认为，个人的决策准则是获得最大的期望效用值。对上述掷硬币游戏的参与者来说，游戏的价值通常不等于预期获得的金钱价值，也就是说，人们追求的不是金钱期望价值的最大化而是金钱期望效用的最大化。这就需要一种将客观的金钱价值转化为主观的金钱效用的方法，称为效用函数。一个常用的效用函数将金钱的效用用金钱价值的对数来表示，即效用函数 $u(x) = \log(x)$，此时上述游戏期望效用（EU）的计算公式为

$$EU = \sum p_i u(x_i) \tag{11-5}$$

其中，p_i 代表总投掷次数为 i 时的出现概率，x_i 代表总投掷次数为 i 时的受益，$u(x_i)$ 则代表利用效用函数计算的该受益的效用值。利用公式（11-5），可以计算当投掷次数无穷大时，上述游戏的期望效用为

$$EU = \frac{1}{2} \times \log(2) + \frac{1}{2^2} \times \log(2^2) + \cdots = \log(4)$$

根据这个公式，当投掷次数无穷大时，该游戏的期望效用是一个有限值 $\log(4)$。也就是说，当参与者的效用函数为 $\log(x)$ 时，其付出只要超过 4 元，就会超过他在该游戏中获得的期望效用，因而不会愿意付出更多，由此消解了圣彼得堡悖论。

另外，根据公式（11-5）计算，当总投掷次数为 1 时，期望效用约为 0.15；当总投掷次数为 2 时，期望效用约为 0.30；当总投掷次数为 3 时，期望效用约为 0.41；当总投掷次数为 4 时，期望效用约为 0.49。可以看出，随着金钱的逐渐增加，每次增加的效用逐渐减少，这就是边际效用递减原则，每次增加的金钱价值带来的效用增量即为边际效用。

von Neumann 和 Morgenstern（1944）在效用函数的基础上，经过严格的公理化假设，首次提出了不确定性情境下的决策期望效用理论。该理论的基本内涵是：在不确定情况下，理性的决策主体通过对获取的信息进行考察，并权衡各种可能决策选择及后果，做出加权估计后的期望效用最大化的决策。期望效用理论有以下四个公理化假设。

1）完备性公理，即任意两个方案总是存在某种可比的关系。例如，对于任意方案 A、B，要么方案 A 优于方案 B，要么方案 B 优于方案 A，或者决策者对方案 A、B 同样偏好，不存在其他可能性。

2）传递性公理，即偏好序列具有传递性。例如，如果方案 A 优于方案 B，且方案 B 优于方案 C，那么方案 A 优于方案 C。传递性可以保证偏好的一致性。

3）连续性公理，即偏好具有连续性。例如，对于任意方案 A、B、C，如果方案 A 优于方案 B 和方案 C，那么存在 $p \in [0,1]$，使得决策者对方案 B 与 pA+（1–p）C 的偏好无差异。连续性假设可以保证得到一条连续的无差异曲线来描述决策者的偏好关系。

4）独立性公理，即若两个行为在某概率下产生的后果是价值相等的，则以其他等值的后果替代原先的后果，不改变这两个行为之间的偏好关系。例如，如果方案 A 优于方案 B，那么存在任意方案 C 和 $p\in[0,1]$，使得 pA+（$1-p$）C 优于 pB+（$1-p$）C。从另一个角度来说，决策者对某特定事件的策略的选择不受其他不相干策略的影响。

期望效用理论的一个重要意义是将不确定性和风险态度分离，用概率来描述预期收益的不确定性，用效用来表征不确定性情境下决策者的风险态度。根据决策者对待风险的态度，可以将效用函数分为三种基本类型：①风险厌恶（risk-averse），这种类型决策者的效用曲线呈凸性，如图 11-8（a）中的线条 a 所示，代表对损失敏感而对收益迟钝，是一类保守的决策者；②风险中性（risk-neutral），这种类型决策者的效用曲线呈线性，如图 11-8（a）中的线条 b 所示，代表严格按照期望效用理论的"理性人"假设行事，是一类理性的决策者；③风险喜好（risk-seeking），这种类型决策者的效用曲线呈凹性，如图 11-8（a）中的线条 c 所示，代表看重收益而忽视风险，是一类激进的决策者。另外，还有更为复杂的情况存在，可被称作混合型，即一条效用曲线同时具有凹、凸两部分。混合型的第一种情况是，在收益额不太大时，决策者属于保守型，当收益额增大到一定数量时，决策者开始转变为追求风险的激进型，如图 11-8（b）所示。混合型的第二种情况是，在收益额不太大时，决策者具有一定的冒险胆略，属于追求风险的激进型，当收益额增大到一定数量时，决策者开始转变为厌恶风险的保守型，如图 11-8（c）所示。实际上，混合型效用函数在日常决策行为中更为常见。

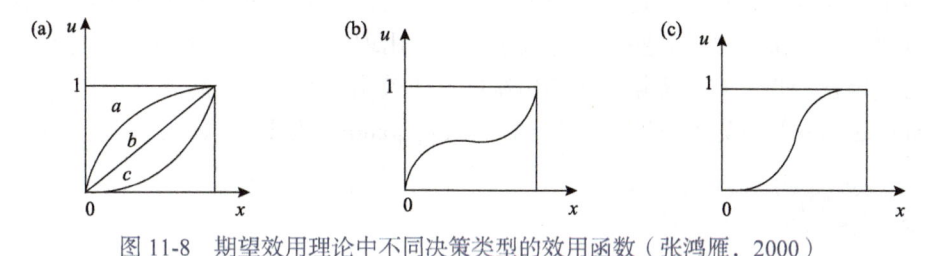

图 11-8 期望效用理论中不同决策类型的效用函数（张鸿雁，2000）

（三）主观期望效用理论

上述期望效用理论中的概率是客观的，然而在实际经济决策中，客观概率是很难得知的，大部分自然状态下出现的概率并不是客观的，而是主观的。Savage（1954）提出了主观期望效用理论（subjective expected utility theory），认为自然状态不一定与已知的、客观的概率相联系，投资者对于赌博的偏好对应着决策的某种主观效用，即决策是受当事人偏好决定的。据此，一个典型的决策情景会包括：①由行为组成的集合；②由世界状态组成的集合，其中的每个元素都是对客观世界的一种描述；③由结果组成的集合。

事实上，自然状态都应该具有某种概率，因此主观期望效用理论并不否认运用概率去推断决策的框架，而是在期望效用理论的框架下，将原有的客观概率替换成决策者的主观概率。具体来说，主观期望效用理论认为投资者的偏好由主观期望效用决定，没有客观的概率，只有投资者对于某个选择的确定性。主观期望效用（SEU）的计算公式为

$$SEU = \sum_{i=1}^{n} u(x_i)\pi_i \qquad (11\text{-}6)$$

其中，π_i 替代了期望效用理论公式中的客观概率 p_i，它代表第 i 个结果出现的主观概率。此处的主观概率是决策者内在产生的，因此不同决策者的主观概率往往因人而异，且具有唯一性。但可以确定的是，所有结果的主观概率之和为 1，即 $\sum_{i=1}^{n}\pi_i=1$。$u(x_i)$ 依然代表效用函数计算出的决策者对第 i 个结果收益值 x_i 的效用值。

Savage（1954）还提出了确定事件原则（sure-thing principle），即如果决策者知道事件 E 会发生，他会采取行动 A；如果决策者知道事件 E 不会发生，他仍会采取行动 A。由此可见，决策者在不知道事件 E 是否发生的情况下，都会采取行动 A，即事件 E 的发生与否并不会影响决策，因此称为无关事件，反之则称为相关事件。

在主观期望效用理论提出之后，越来越多的研究者对该理论进行了更深入的探究和完善，例如，Anscombe 和 Aumann（1963）提出主观期望效用模型的概率应该由主观概率和客观概率共同决定。研究者尝试放宽期望效用理论的严格假设，包括使用不精确的概率，考虑个体情境依赖和状态依赖的风险偏好及道德风险等。然而，他们并没有脱离期望效用最大化的原则，认为无论计算方式如何，理性的决策者都会做出期望效用最大的决策。

随着时间的推移，研究者对期望效用理论框架进行了越来越多的质疑与批判，集中在该理论没有对个体的决策过程进行充分的描述，没有涵盖个体决策的所有方面，具体表现为人们在进行风险决策时的某些行为违反了期望效用理论的基本原则，例如偏好反转现象。许多实证研究已经指出常见决策行为与传统的期望效用理论不一致的现象，其中以阿莱悖论（Allais paradox）和艾尔斯伯格悖论（Ellsberg paradox）最具代表性，下文将详细介绍。

框 11-1　偏好反转

偏好反转是 Lichtenstein 和 Slovic 于 1971 年发现的风险决策中的一种普遍现象，指的是人们的风险偏好时常出现系统性的反转。他们在实验中要求参与者在两个期望价值相当的选项之间进行选择。选项 A 是以大概率获得少量的钱，选项 B 是以小概率获得大量的钱。在参与者做出选择后，还需要给出假如他们有权卖出这两个选项时愿意接受的最低价格。实验结果表明，当参与者选择 A 时，却给 B 标出了一个较高的卖出价格。这表明在选择与标价的两个阶段中，参与者的风险偏好发生了反转（Lichtenstein & Slovic，1971）。

（四）期望效用理论的悖论

1. 阿莱悖论

阿莱悖论针对的是基于客观概率的期望效用理论。法国经济学家 Allais（1979）做了一个著名实验，要求参与者从下列两个选项中做出选择。

选项 A：100%的机会获得 100 万元；
选项 B：10%的机会获得 500 万元，89%的机会获得 100 万元，1%的机会什么也得不到。

依据期望价值理论可以计算

$$E(A) = 11\% \times 100 + 89\% \times 100 = 100$$

$$E(B) = 10\% \times 500 + 89\% \times 100 + 1\% \times 0 = 139$$

可以看出，A 的期望价值是低于 B 的。然而，实验结果表明，绝大多数人选择 A 而不是 B，即偏好选择确定获得的 100 万元而不去冒险获得更多。这可以用期望效用理论来解释，即对大部分人来说，A 的效用值大于 B 的效用值，因此选择 A。而后，Allais（1979）使用两个新的选项对同一批参与者再次进行了实验。

选项 C：11%的机会得到 100 万元，89%的机会什么也得不到。
选项 D：10%的机会得到 500 万元，90%的机会什么也得不到。

如何理解这两个新的选项呢？首先，选项 A 可以改写为：有 11%的机会获得 100 万元，有 89%的机会获得 100 万元。改写后，A 和 B 均以 0.89 的概率获得相同的后果（100 万元），那么以 0 替代 100 万元，A 即转换成 C，而 B 转换成 D。于是，可以计算转换后的期望价值，即

$$E(A') = E(C) = 11\% \times 100 + 89\% \times 0 = 11$$

$$E(B') = E(D) = 10\% \times 500 + 90\% \times 0 = 50$$

根据期望效用理论的独立性公理，A 和 B 在 89%的概率下产生的后果是价值相等的（100 万元），则以其他等值的后果（0 元）替代原先的后果，不会改变这两个行为之间的偏好关系。也就是说，如果参与者在第一次决策中选择了 A，那么他在第二次决策中就会选择 C。然而，实验结果表明，绝大多数人选择了 D 而非 C，即使 C 的效用值大于 D（对应 A 的效用值大于 B）。因此，通过独立性公理推算的结果不仅违背了实际的实验结果，还违背了效用最大化的原则，期望效用理论分析的结果之间出现了矛盾，这就是阿莱悖论。

2. 艾尔斯伯格悖论

艾尔斯伯格悖论针对的是主观期望效用理论，由 Ellsberg（1961）提出。该悖论指出，在模糊的决策情境下，决策者常常会违背主观期望效用理论中的确定事件原则。

Ellsberg 的具体实验设计如下：假设一个箱子盛有 90 个球，其中有 30 个红球，其余 60 个球是黑球或黄球。参与者要参加两个不同的决策情境 A、B，两个情境各有两个可选的规则。情境规则如表 11-5 所示，在情境 A 中，规则 A_1 代表参与者只有"取出红球"才

能获得奖励；规则 A_2 代表参与者只有"取出黑球"才能获得奖励。在情境 B 中，规则 B_1 代表参与者只有"取出红球"或"取出黄球"才能获得奖励；规则 B_2 代表参与者只有"取出黑球"或"取出黄球"才能获得奖励。参与者在被安排进入决策情境后，首先选定一个该情境的规则，然后从箱子中随机抽取一个球，最后根据其选定的规则获得奖励。

表 11-5　Ellsberg（1961）研究中的决策情境规则设置

类别	规则	取出红球	取出黑球	取出黄球
情境 A	A_1	100 元	0	0
	A_2	0	100 元	0
情境 B	B_1	100 元	0	100 元
	B_2	0	100 元	100 元

可以看出，情境 A 中规则 A_1 和 A_2 下"取出黄球"的结果是一致的，都不会获得奖励。根据期望效用理论的独立性公理，参与者对 A_1 和 A_2 的偏好与"取出黄球"事件无关。同理，情境 B 中规则 B_1 和 B_2 下"取出黄球"的结果是相同的，即获得 100 元奖励，那么参与者对 B_1 和 B_2 的偏好也与"取出黄球"事件无关。另外，规则 A_1、B_1 和 A_2、B_2 下"取出红球""取出黑球"的结果分别是相同的。因此，根据独立性公理，如果参与者偏好 A_1，那么他也将偏好 B_1；如果参与者偏好 A_2，那么他也将偏好 B_2。

然而，实验结果表明，大多数人在情境 A 中偏好规则 A_1，在情境 B 中偏好规则 B_2。实际结果与期望效用理论的预测不一致，这就是艾尔斯伯格悖论。

阿莱悖论和艾尔斯伯格悖论表明，期望效用理论的框架并不是完美的，人们也渐渐认识到现实中人的理性、认知能力及时间成本等都是有限的，这引发了研究者对期望效用理论的进一步发展和完善。一部分研究者从挽救期望效用理论的角度出发，对原有理论进行了补充和修正，其中比较有代表性的是 Quiggin（1982）提出的依序期望效用理论；另一部分研究者则完全放弃了期望效用理论的框架，从心理学、行为学的角度去开发非期望效用理论，其中比较有代表性的是由 Kahneman 和 Tversky（1979）提出的前景理论，这也是现代最具代表性和影响力的决策理论之一，下文将对该理论进行详细介绍。

二、前景理论

俗话说："两利相权取其重，两害相权取其轻。"在两个皆有利的选项之间择其一，人们往往会选择相对而言获益较大的选项；而在两个皆不利的选项之间选其一，人们往往会选择相对而言损失较少的选项。概括起来，就是人们在做决策时往往遵循趋利避害的原则，从而使自身利益最大化、损失最小化。这样的决策者是完全理性的，但实际上，很多情况下并非如此。人们在做选择时不仅会受到利益的驱动，还可能受到自身的心理特质、行为习惯等非理性因素的影响，即实际的决策者是有限理性的。

Kahneman 和 Tversky 于 1979 年正式提出前景理论，该理论在沿用期望效用理论形式的基础上，结合人的心理特质和行为特点，经过大量的实证检验和反复的演绎推理，总结出人在风险决策中的行为特征和规律，并构建出能够描述和解释人在决策时的具体行为模型框架，给当时主流的期望效用理论带来了不小的冲击和挑战，也为研究不确定性情境下人们的决策行为提供了新的研究思路和可能性，推动了决策理论的进一步发展和完善，具有重要的理论意义和价值（Kahneman & Tversky, 1979）。

（一）基本原理

前景理论以决策者的有限理性为前提，致力于回答"人们是如何进行决策的"这一问题，将决策过程分为两个阶段：前期的编辑阶段和后期的评价阶段。决策者在编辑阶段对事件结果的相关信息进行收集与初步分析，具体包括分析所有可能的选项、每个选项可能带来的结果、每个结果可能出现的概率及其价值，并得到每个选项简化后的表征；在评价阶段，决策者对简化后的选项进行评估，主要根据价值函数和权重函数，将加权平均后价值最高的选项作为最终的选择。

Kahneman 和 Tversky 进行了一系列实证研究，基于观察到的结果，归纳提出了前景理论，接下来介绍其中几个较为普遍的现象。

首先，人们通常不是单纯地从净利润的角度去衡量选项，而是从输或赢的角度去考虑，因此决策是基于参考点做出的。当人们进行评价或选择时，往往倾向选择一定的参照物作为基准来进行比较。一般来说，若所选的参照物不同，所得的结果会大相径庭，即使是相同的事物也有可能得出不同的结果。例如，假设一个人先把左右手分别放在两个水温为 0℃、50℃的盆里，一段时间之后再把两只手同时放在一个水温为 30℃的盆里，那么这时两只手可能感受到的盆里的水温会存在很大的差别。这里所选的参照物就等同于前景理论中的参考点，一般是以决策者当下进行决策时的状态作为参考点，当选项的结果比参考点高时，个体会产生收益，而当选项的结果比参考点低时，个体会遭受损失。这种依据参考点来评估收益或损失的现象被称作参照依赖（reference dependence）。例如，在其他所有条件都相同的情况下，选项 A 为"其他同事年收入 6 万元，你的年收入 7 万元"，选项 B 为"其他同事年收入 9 万元，你的年收入 8 万元"，大部分人选择了 A，这是因为人们使用的参考点是同事的年收入，而不是绝对的零点。

其次，人们对收益与损失的风险偏好程度是不同的，当面对可能的收益时，大多数人是风险厌恶的，而面对可能的损失时，人们对风险的接受程度会变高。例如，选项 A 为"100%的机会获得 3000 元"，选项 B 为"75%的机会获得 4000 元，25%的机会什么也得不到"，大多数人会选择 A。然而，如果把收益换成损失，即选项 A 为"100%的机会损失 3000 元"，选项 B 为"75%的机会损失 4000 元，25%的机会什么也不损失"，那么大多数人就会选择 B 了。这个例子中包括两个效应：一是确定效应（certainty effect），即在确定的较小收益和需要冒险的较大收益之间，多数人会选择确定的收益；二是反射效应（reflection effect），即当收益和损失的绝对值相等时，在收益之间的选择和损失之间的选择呈现镜像关系，也就是在确定的较小损失和需要冒险的较大损失之间，多数人会选择冒险的损失。

最后，人们往往对损失比对收益更为敏感，例如，很多人会认同"白捡的 100 元所带来的快乐，难以抵消丢失 100 元所带来的痛苦"。在拥有某个物品之后，人们会倾向于认为自己拥有的物品比别人拥有的同样的物品更有价值，这种现象被称为禀赋效应（endowment effect）。例如，当给一组参与者每人一个马克杯，并告知他们现在拥有了这个马克杯，而给另一组参与者仅仅展示了马克杯时，两组参与者对同样的马克杯给出的价格是不同的，第一组参与者标出的售价显著高于第二组参与者愿意支付的价格。Kahneman 和 Tversky 用损失厌恶（loss aversion）来解释这一现象，即人们面对同样价值的收益和损失时，认为损失更加难以接受。因此，人们在决策过程中对"避害"的渴望往往大于对"趋利"的渴望。

基于以上现象，Tversky 和 Kahneman（1981）设计了一个经典范式，称为"亚洲疾病问题"（Asian disease problem）。

假定我国正在为预防一种罕见疾病的暴发做准备，预计这种疾病会使 600 人死亡。

（情境 1）现在有方案 A 和方案 B，它们的结果分别是：

方案 A：200 人将幸存。

方案 B：有 1/3 的机会 600 人幸存，有 2/3 的机会无人幸存。

（情境 2）现在有方案 A 和方案 B，它们的结果分别是：

方案 A：400 人将死亡。

方案 B：有 1/3 的机会无人死亡，有 2/3 的机会 600 人全部死亡。

结果表明，在情境 1 中，大多数人会选择方案 A；而在情境 2 中，大多数人会选择方案 B。但实质上，两个情境中的两个方案是一样的，只是描述方式不同，这导致人们的参考点发生了改变，"幸存"可以被看作收益，而"死亡"可以被看作损失，因此在两个情境中人们的风险态度是不同的。在收益的情境中，人们更偏好于确定的收益，即确定效应；而在损失情境中，人们会倾向于风险偏好，即反射效应。这个例子说明，对同一事物或问题的不同描述，会导致人们做出不一样的决策，这种现象称为框架效应（framing effect）。

另外，决策者往往会高估小概率事件发生的可能性。例如，人们经常买彩票或买保险，前者是试图获得小概率的收益，后者是试图规避小概率的损失。人们往往会过于在意那些小概率事件，而相对地低估那些更有可能出现的大概率事件，这种现象称为概率扭曲（probability distortion）。例如，当面对一个可能发生的灾难性事件时，人们为了将其发生的概率从 10% 降低为 0 所愿意支付的金额，要远远大于为了将其发生概率从 20% 降为 10% 所愿意支付的金额，尽管二者的概率变化大小是相等的。这说明人们在做出决策时，赋予了小概率事件相对较大的权重。

综上所述，Kahneman 和 Tversky 在大量实证研究的基础上总结出决策过程中人们的行为特点，提出了可以解释这些现象的前景理论，并用规范的计算模型将其表达出来。下文将详细介绍前景理论的计算模型。

（二）计算模型

前景理论认为，每个选项的最终价值（V）是由价值函数（v）和权重函数（w）决定的。

价值函数计算的是决策者以每个选项对应结果的实际价值来衡量其主观价值的函数,而权重函数则是以发生概率来衡量某结果对决策者选择此结果所属选项的影响程度的函数。

假设选项中有 N 个非零的结果 $x_1, x_2, \cdots, x_n$;它们实现的概率分别为 $p_1, p_2, \cdots, p_n$。那么该选项的价值 $V(x_1, x_2, \cdots, x_n; p_1, p_2, \cdots, p_n)$ 的计算公式为

$$V(x_1,x_2,\cdots,x_n;p_1,p_2,\cdots,p_n) = w(p_1)v(x_1) + w(p_2)v(x_2) + \cdots + w(p_n)v(x_n) \quad (11\text{-}7)$$

基于公式(11-7),要描述人们决策时的行为特征,须知道决策者赋予每一个选项的主观价值(价值函数)和相对应的权重(权重函数)。下文对这两个函数进行详细介绍。

1. 价值函数

前景理论用价值函数取代期望效用理论中的效用函数,图 11-9 显示了一种可能的价值函数。前景理论的一个核心概念是参考点,在价值函数中,坐标轴的原点代表参考点,而不代表净利润为零。从图 11-9 可以看出,价值函数有三个重要的特征:①价值函数曲线大体是 S 形的,即在收益区域(右侧)是凹函数,在损失区域(左侧)是凸函数,在参考点上出现拐点,这体现了决策者对待收益的风险厌恶和对待损失的风险喜好;②离参考点的距离越远,曲线越平缓,这体现了决策者的主观价值变化的敏感性呈递减趋势;③损失区域的曲线比收益区域的曲线更加陡峭(即斜率绝对值更大),这体现了决策者的损失厌恶。

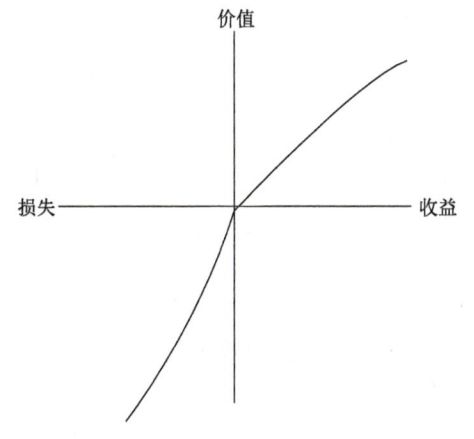

图 11-9 前景理论的价值函数示意图(Kahneman & Tversky,1979)

与期望效用理论的效用函数(图 11-8)对比,可以看出,前景理论的价值函数的最大特点是以参考点为原点,将收益和损失划分成了不同的区域,直接体现出大多数人在面对收益和损失时的不同风险态度;而效用函数没有考虑参考点,直接以结果的净利润作为自变量。尽管效用函数也存在混合型的情况,并不总是凹或凸的,但是在价值函数中,相当于把效用函数的坐标轴原点平移至当前决策者的参考点上所得的函数曲线,因此二者并不一定是矛盾的。

2. 权重函数

前景理论用权重函数取代了期望效用理论中的发生概率,其中,权重代表事件的发生

概率对决策者主观价值的评估产生影响的程度。因此，权重的本质和概率不同，它并不遵从概率公理，而是用非线性转换赋予概率一个明确的数值，可以理解为决策者对事件结果可能发生的概率做出的主观衡量。

图 11-10 中的实线显示了一个可能的权重函数，虚线代表事件所占主观权重与客观发生概率相等的参照线（即完全理性）。权重函数具有四个重要特征：①函数曲线在概率趋近 0 或 1 时表现较差，即人们在处理小概率事件时的行为不稳定；②函数曲线在概率趋近 0 或 1 时斜率变化较大，即小概率事件的客观概率变化会带来不成比例的较大的权重变化；③在概率的中间大部分（即远离 0 或 1）区域，权重函数的斜率是小于 1（参照线）的，这体现了人们对大概率事件的客观概率变化的不敏感，并且还会导致一组可能出现的事件权重之和低于一个确定事件的权重，从而体现了决策中的确定效应；④函数曲线在概率趋近 0 时高于参照线，而在其余大部分区域均低于参照线，这体现了人们对小概率事件的高估及对大概率事件的低估。

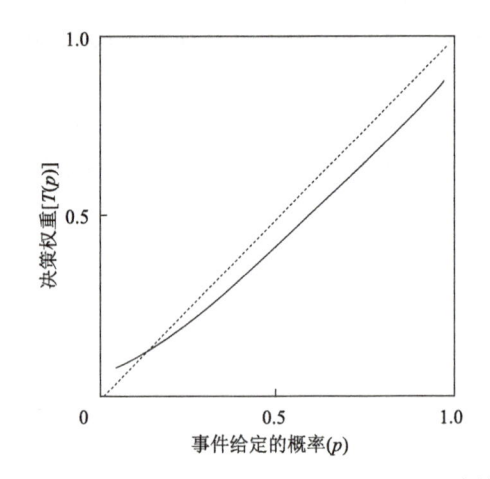

图 11-10　前景理论的权重函数示意图（Kahneman & Tversky，1979）。实线为函数曲线，虚线为参考线

根据前景理论的观点，人们对风险采取的态度是由价值函数和权重函数共同决定的。例如，对于一个较大概率的收益选项，它的价值函数在收益区域，而权重函数低于参考线。因此，低估了实际概率的权重和凹函数的价值共同作用，使决策者对该选项的偏好低于对一个价值更小但是确定的收益的偏好，这就导致了确定效应。对于一个较大概率的损失选项，低估了实际概率的权重和凸函数的价值共同作用，使决策者对该选项的偏好低于对一个概率更小但是价值更大的损失的偏好，这就导致了反射效应。但是，对于权重函数高于参考线的小概率事件而言，权重函数会高估小概率的损失或收益，导致价值函数和权重函数的作用是相反的，此时决策者的风险态度就需要依据这两个函数的具体公式进行精确计算来确定。

（三）前景理论的发展与局限

前景理论以有限理性和期望效用理论为基石，通过一系列广泛而系统的实验进行论证，能够很好地描述人在不确定性情境下的动态决策过程，具有较强的解释力和预测力。Tversky 和 Kahneman（1992）在此基础上进一步完善了前景理论，提出了累积前景理论（cumulative prospect theory）。该理论主要对权重函数进行了优化（图 11-11），认为权重函数并不是直接将选项的客观概率转换为权重，而是关注已经达到的状态，考虑某选项的结果相对于其他可能结果的优劣程度，针对当前的累积结果形成一个累积概率函数用于计算权重。因此，在前景理论中，每个选项的权重是独立计算的，而在累积前景理论中，权重是针对当前累积结果来进行调整的。另外，累积前景理论允许收益和损失有不同的权重函数，具有更大的灵活性。

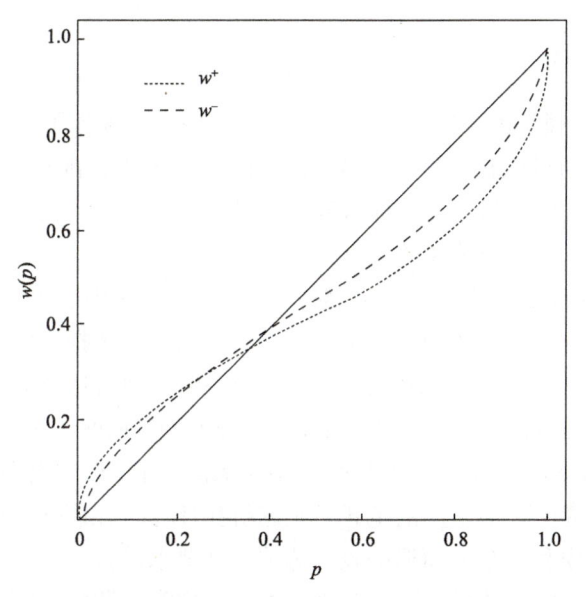

图 11-11 累积前景理论的权重函数示意图。p 代表事件的给定概率，$w(p)$ 代表决策权重，w^+ 代表收益的权重函数，w^- 代表损失的权重函数，实线为参考线（Tversky & Kahneman，1992）

前景理论被广泛应用于各种决策情境，包括投资、保险、医疗和教育等领域，但是它不可避免地存在一些局限性。

首先，前景理论中的参考点是决策者当前的状态，这在多数情况下是成立的，但在某些情况下不成立。一方面，人们在做选择时往往会受到其他因素（如个人情绪和社会比较）的干扰而使自身的参照点发生变化。例如，经济危机时期，一家公司比其竞争对手更早地走出危机，即使该公司有一定程度的损失，也极有可能认为自己的收益增加了，换言之，"赢了即赚了"。另一方面，决策者关注的参考点有可能不是当前的状态，而是长期的结果。例如，某个选择在附近的几个时间点上相较于前一个时间点的状态可能是损失的，但长期来看最终的结果是收益的，那决策者也可能选择坚持下去。已有研究者尝试从参考点的角度来进一步完善前景理论，例如，Schmidt 等（2008）提出的第三代前景理论，进一步考虑了参考点的不确定性。

其次，前景理论虽然建立在大量实证研究的基础上，但是在理论上仍缺乏严谨的推导和论证。其本质仍是一个描述性模型，因此只能对人们的决策行为进行描述及有限的解释和预测，而没有提出人们在不确定性情境下做出决策需要注意的问题和相应的改进措施，也无法对决策行为的潜在认知过程进行解释。

总而言之，期望效用理论和前景理论都是刻画人的决策过程的理论框架。相较而言，期望效用理论假设决策者的完全理性，强调决策的"规范性"，有较为严格的理论推导和论证，其意义在于为人们的决策行为提供理论上的指导；而前景理论假设决策者的有限理性，强调决策的"描述性"，基于较为严谨的实证研究和调查，其意义在于对人们的决策行为进行具体的描述。这两种理论对于理解人们在不确定性情境下的决策行为这一目的来说都是非常重要的。

三、跨期决策

1970 年，美国心理学家 Mischel 和 Ebbesen（1970）设计了一个著名的棉花糖实验（marshmallow test），通过棉花糖等零食考察幼儿园儿童的延迟满足能力，即个体为了获得更有价值的长远结果，坚持目标行为而放弃即时满足的倾向与行为。此后，关于跨期决策的研究逐渐成为国际决策领域关注的热点。

跨期决策（intertemporal choice）是指对发生在不同时间点的收益或损失进行的权衡与取舍，决策者通常需要在眼前的利益和未来的利益之间做出选择。跨期决策的一个基本发现是，人们在面临即时的较小收益和延迟的较大收益时，通常更倾向于选择即时收益。研究者把这种现象称为延迟折扣（delay discounting），即人们倾向赋予未来的损益较小的权重，并用时间折扣率（discounting rate）代表延迟时间带来的折扣程度大小。

在跨期决策的研究中，最常用的范式是延迟折扣任务。在该任务中，参与者通常面临一个小而早的收益选项和一个大而迟的收益选项，并要求进行二选一的决策。根据金钱收益和延迟时间的组合方式，该任务可以分为三类：滴定类、调整滴定类和随机选择类。三类任务各有优劣，如表 11-6 所示。

跨期决策和不确定性情境下的决策是决策研究中最重要的两类，它们在行为效应和理论发展等方面均具有相似性。从行为效应方面说，人们在跨期决策中往往对可以即时得到的收益有较大的偏好。例如，题目 1 为"选择现在得到 30 元，或者一个月后得到 45 元"，题目 2 为"选择一个月后得到 30 元，或者两个月后得到 45 元"，大多数人在题目 1 中会选择前者，而在题目 2 中会选择后者。这种现象称为即时效应（immediacy effect），它与不确定性情境下决策的确定效应类似，体现了人们对即刻和确定获得的收益的偏好。

从理论发展方面来说，基于完全理性的假设，Samuelson（1937）在期望效用理论的基础上对跨期决策提出了折扣效用模型，假设人们将未来不同时间点的效用按照指数函数的形式用同一比率打折扣。在此基础上，Loewenstein 和 Prelec（1992）提出了双曲线折扣模型，允许不同时间点的折扣率不一样，假设主观价值与时间延迟之间呈双曲线关系。这些模型与期望效用理论类似，强调了决策的规范性。通过这些模型，研究者可以用行为任务的数据计算出折扣率，代表个体的跨期决策特征。基于有限理性的假设，Scholten 和 Read（2010）提出了权衡模型，认为决策者会权衡延迟后收益的增幅和延迟的时间，将它们转化为共同单位的心理货币来做出决策。这类模型与期望效用理论类似，强调了决策的描述性，认为个体依据有限的维度，通过比较不同维度的价值来做出决策。

表 11-6 三类延迟折扣任务的比较

类别	滴定类	调整滴定类	随机选择类
任务示意图	请在每一行中选择一个选项 ○今天获得50美元 ○三个月后获得55美元 ○今天获得50美元 ○三个月后获得60美元 ○今天获得50美元 ●三个月后获得65美元 ○今天获得50美元 ○三个月后获得70美元 ○今天获得50美元 ○三个月后获得75美元 ○今天获得50美元 ○三个月后获得80美元 下一页	10美元现在 · 30美元7天后 10美元现在 · 25美元7天后 10美元现在 · 20美元7天后	10美元现在 · 30美元7天后 35美元30天后 · 12美元现在 16美元现在 · 25美元10天后
任务特点	1）即时选项或者延迟选项中一个的收益保持不变，而另一个选项的收益增多或减少 2）收益价值和延迟时间在相似的选项中不断变化	1）每次选项的即时收益价值、延迟收益价值、延迟收益的时长都会根据参与者的选择进行调整 2）延迟折扣率与滴定法相似	1）每次呈现的两个选项中，收益价值和延迟时长随机出现，参与者在每个延迟时长上认为两个选项无差别的临界点将在实验后计算得到 2）研究领域内有较为统一的即时收益价值
优点	可以准确识别个体在每个延迟时长上认为两个选项无差别的临界点	任务的反馈和执行都很快	使用广泛，参与者不容易察觉实验意图
缺点	延迟折扣率会受到呈现顺序和固定呈现的收益价值的影响	每名参与者对选项的偏好不同，可能会影响实验设置的一致性	为了获得范围广而且分级精确的延迟折扣率，每个选项都需要经过严格的筛选

资料来源：Lempert 等（2018）

四、决策的神经基础

前文描述的决策理论和模型都是通过描述与分析人们的决策行为，从而对决策的认知机制进行解释的，但这种从行为到认知的解释本质上是间接的推测，缺乏直接的生理层面证据的支撑。近年来，大量的神经影像研究对决策的神经机制进行了探讨，下文将结合这些研究的成果来介绍个体决策行为的认知神经机制，从生理层面对决策的认知加工过程进行更深入的理解和分析。

（一）不确定性情境下决策的神经基础

人类的前额叶皮层在决策过程中扮演了"总指挥"的角色，在执行控制、计划、思维和推理等高级认知加工活动中起到了至关重要的作用。在决策神经科学领域，内侧前额叶是较为重要的脑区之一，它与不确定情境下决策中的许多认知过程相关，包括对错误的检测、执行控制能力、对收益的学习、对冲突的监控等（Euston et al., 2012）。另外，眶额叶皮层也是一个重要的区域，它负责处理选项中包含的结果相关信息并生成价值表征，与内侧前额叶共同作用来对选项的价值进行评估，与外侧前额叶共同作用来组织计划决策行为

（Wallis，2007）。

另外，决策过程也会涉及腹内侧前额叶皮层和背外侧前额叶皮层的参与。Khaleghi 等（2020）利用 tDCS 技术来刺激参与者的前额叶区域，结果表明，单侧电刺激背外侧前额叶皮层可导致较为保守的风险规避行为，他们提出该刺激可能是通过调节与决策相关的脑网络（包括皮层和皮层下组织）的可塑性，进而导致风险厌恶的。Knutson 等（2005）的研究表明，腹内侧前额叶皮层对收益的概率有反应，但是对收益的大小没有反应。Bechara 和 van der Linden（2005）的研究表明，该区域受损的患者在以不同的概率遇到收益和损失的情况下难以做出适应性反应，即无法通过对不同概率选项的学习与探索来优化自己的决策，说明腹内侧前额叶皮层不只是对概率有反应，而是与概率和效用的整合相关。

可以看出，前额叶皮层在决策过程中起到了关键作用，但不确定情境下的决策还与大脑的其他结构有关，主要包括两大系统，即奖赏系统和损失规避系统。大脑内负责处理奖赏的系统称为奖赏环路（reward circuit），由于在不确定性情境下决策需要多个认知过程的参与，如收集环境信息、分析整理选项、结合个人动机和价值形成策略等，该系统涉及大脑的许多结构，其中的几个关键区域包括前扣带回皮层、眶额叶皮层、腹侧纹状体、腹侧苍白球、中脑多巴胺神经元。奖赏环路与人们驱动层面的奖赏相关，负责产生趋近动机。另外，大脑中还存在一个损失规避系统，负责产生消极的规避动机。目前，研究者对损失规避系统在大脑中的定位还未达成共识，但普遍认为主要包括杏仁核、岛叶、海马体、前扣带回和下丘脑。这两个系统之间互相协作、相辅相成，帮助人们在日常的决策过程中用最小的损失来谋求最大的收益。

（二）跨期决策的神经基础

目前，研究者普遍认为跨期决策有两个阶段：第一阶段是价值评估，涉及个体对不同选项主观价值的评估；第二阶段是选择，涉及个体的控制加工。尽管在选择过程中一些个体清楚地意识到延迟收益选项的价值更大，但还是无法抑制对即时收益的渴望，最终会选择即时收益。

然而，人类拥有对未来事件进行情景预见的能力，即把自我投射到未来以预先体验未来事件的心理建构能力。因此，研究者尝试在实验中要求参与者先对未来的奖赏进行想象，再进行决策，结果发现想象显著降低了延迟折扣率，这说明对延迟发生的结果进行预先想象，能够指导个体的跨期决策（Suddendorf & Moore，2011）。具体来说，有研究者提出情景预见是通过改变个体对延迟等待时间的时距知觉来影响跨期决策的，即想象消极情绪效价的未来事件会使得参与者对延迟等待的时间知觉较长，因而会更加偏好即时收益（王盼盼，何嘉梅，2020）。

在总结前人研究的基础上，Peters 和 Büchel（2011）提出了参与跨期决策的三个核心网络：价值评估网络、认知控制网络、预期/想象网络。价值评估网络主要包括腹侧纹状体和腹内侧前额叶等脑区；认知控制网络主要包括背侧前额叶皮层和前扣带回等脑区；预期/想象网络则主要包括杏仁核、海马体、腹内侧前额叶、内侧眶额叶等脑区（Peters & Büchel，2011）。可以看出，这些网络与前文提到的奖赏环路有很多重合。

进一步地，有研究者提出跨期决策的神经机制主要有三种理论（周凡，冯廷勇，2020），包括双机制加工模型、单机制加工模型和自我控制模型。

McClure 等（2004）提出的双机制加工模型认为，人脑中存在两个独立的加工系统（β 和 δ）。β 系统由部分边缘系统和中脑多巴胺系统构成，主要包括腹侧纹状体、内侧眶额皮层和内侧前额皮层等，这些脑区的作用是评估即时选项的主观价值；δ 系统主要包括右顶叶皮层和左顶叶皮层、右背外侧前额叶、右腹外侧前额叶和左侧眶额叶等，这些脑区的作用则是评估延迟选项的主观价值。该模型认为，如果个体更倾向选择即时收益，则其 β 系统的激活程度更高；如果个体更倾向选择延迟收益，则其 δ 系统的激活程度更高。

Kable 和 Glimcher（2007）提出了单机制加工模型。他们发现参与者的腹侧纹状体、内侧前额叶、后扣带回的激活与延迟收益的主观价值有关，这些区域的活动随着收益金额的增加而增强，随着收益被施加延迟的增加而减弱。因此，该模型认为延迟收益的主观价值会以双曲线的形式进行折扣，然后个体对即时收益和延迟收益主观价值的编码进行比较，从而做出选择。

Figner 等（2010）提出了自我控制模型。在日常的跨期决策中，即时选项放在当下来评估一般很具有诱惑力，但从长远看可能会造成损失。于是，研究者通常把对即时选项的选择叫作冲动决策，把对延迟选项的选择叫作自我控制。这一假设得到了重复经颅磁刺激（repetitive transcranial magnetic stimulation，rTMS）研究的支持，例如，左外侧前额叶皮层参与了自我控制加工，在对该脑区施加磁脉冲刺激后，参与者会增加对即时选项的选择，但参与者对即时选项和延迟选项的评估则不受影响。因此，该模型认为，尽管个体评估的即时选项主观价值高于延迟选项，但个体可以通过在决策阶段的自我控制，选择延迟选项而获得更高的收益。

第四节 决 策 过 程

本章第三节对决策的传统理论和神经基础进行了概述，本节主要阐述与决策过程相关的理论模型，包括强化学习模型和证据积累模型。学习与决策是两个互相影响的认知过程，但是过去对基于反馈的学习和基于价值的决策的研究之间并未建立紧密的联系。近年来，研究者开始试着将二者结合起来，深入理解学习与决策这两个认知过程。本节从决策的角度，分别介绍基于反馈的强化学习模型和基于价值的证据积累模型。这两个模型都可以很好地描述人类如何从复杂的动态世界中获取信息并进行决策，是目前对决策过程的前沿研究较为关注的领域。

一、强化学习模型

（一）强化学习框架概述

在日常生活中，人们会面临各种各样的选择，例如，根据路况决定是否要穿过马路、在购物时决定买哪个品牌的商品、下象棋时应该走哪一步棋等。在面临决策时，人们通常需要综合考虑多个来自个体内部和外部环境的输入变量，在一系列可选的行为中进行比较，最终做出选择。近年来，随着计算科学的发展，强化学习理论的诞生为理解人类进行价值导向的、与环境交互的决策过程提供了新的视角（Sutton & Barto，1998）。在计算机领域，强化学习是指智能体学习如何行动才能使收益最大化的过程，即如何把当前情境映射成动作。在心理学领域，强化学习的决策模型关注的是人类如何选择行为才能使收益最大化。在强化学习框架下的决策中，个体以试错的方式逐渐学习并更新适应环境的最优策略。决策者做出某个行动之后，有一定的概率得到奖励或受到惩罚，决策者需要根据来自环境的反馈调整随后的行为选择策略。此外，决策者选择的行为不仅决定了即时得到的收益，还有可能改变自身所处的环境，进而影响下一次选择。

前文介绍的不确定情境下的决策和跨期决策都属于基于价值的决策，指的是人们通过评估多个可选行动的主观价值来做出的决策。这种类型的决策与强化学习的关系较为紧密。从经济理论的角度出发，以期望效用理论为例，这一模型认为个体会在所有可选行为中选择期望效用最大的行为，那么所有选项的效用值都会对应到效用标尺上的某个位置，最终决策者会选择效用最大的选项，如图11-12（a）所示。这类决策模型可以对多种决策现象进行解释，但它无法描述和解释个体是如何与不确定环境进行互动以达到长期目标的决策过程的（Khani & Rainer，2016）。基于强化学习的决策理论认为，人的决策本质上是基于价值函数的概率选择，某个选项的价值函数是做出该选择会得到的环境反馈的表征，价值函数的形成依赖以往多次决策的结果。当没有足够的环境信息时，个体依据各选项的初始价值做出决策，如图11-12（b）中的浅灰色箭头所示。随着个体在环境中决策次数的增多及当前环境的变化，个体也会依据决策的反馈对价值函数进行更新，如图11-12（b）中的深灰色箭头所示。

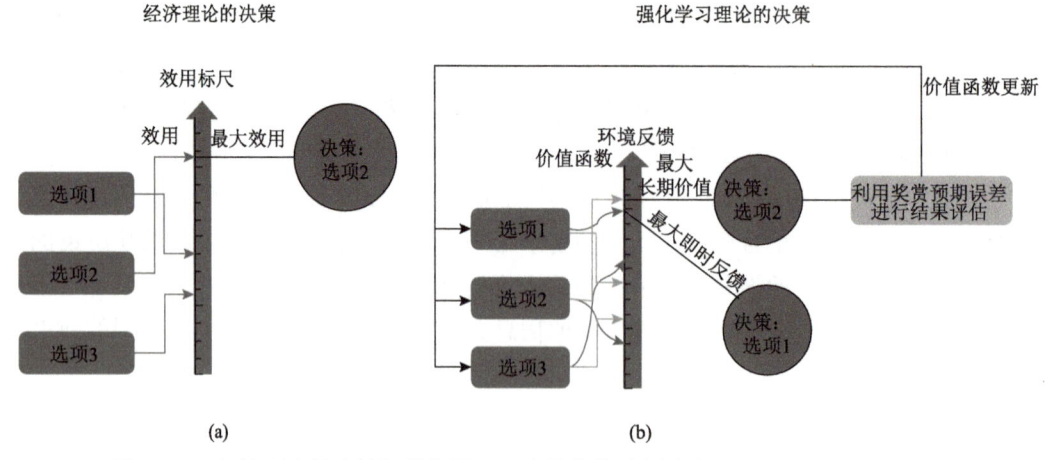

图11-12 经济理论的决策与强化学习理论的决策示意图（Khani & Rainer，2016）

1. 马尔可夫决策过程

20世纪80年代早期复兴的现代强化学习的思想，主要受到最优控制问题和动物学习试错法两方面理论的启发。在最优控制领域，Bellman（1957）提出了最优控制问题的离散随机版本，被称为马尔可夫决策过程（Markov decision process），描述了强化学习中的环境，为强化学习提供了形式化的框架。强化学习试图解决的大多数问题都是马尔可夫决策过程，例如，围棋对弈、俄罗斯方块游戏、工厂调度等情境中涉及的顺序决策问题。另外，现代强化学习的心理学起源可以追溯到巴甫洛夫的经典条件反射。研究者为解释条件反射相关的学习现象提出了一系列模型，例如，Rescorla 和 Wagner（1972）为解释条件反射及相关的学习现象（如阻塞现象）提出 Rescorla-Wagner 模型，Sutton 和 Barto（1998）在 Rescorla-Wagner 模型的基础上对时间维度进行细化并提出时间差分学习等。

马尔可夫决策过程的模型形式化地描述了个体与环境进行交互从而实现目标的过程，为强化学习提供了不可或缺的形式化框架（图 11-13）。马尔可夫决策过程将生活中的众多决策问题抽象化，并且具有很强的灵活性。在马尔可夫决策过程中，状态具有马尔可夫性，即每种可能出现的新状态和收益仅取决于前一种状态和动作，而与更早的状态和动作完全无关。也就是说，每个时间点的状态都包括了决策者与环境发生过的交互的全部信息。

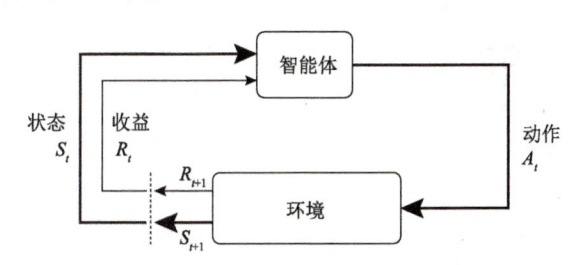

图 11-13　强化学习的基本结构示意图（Sutton & Barto，1998）

在这个框架中，进行学习并实施决策的主体称为"智能体"。智能体以外所有与其产生交互作用的且智能体无法随意改变的事物称为"环境"。在每个离散的时间点 t，智能体可以观察到环境的某些特征，即状态（S_t），智能体基于自己观察到的状态采取一个动作（A_t）。随后，环境会对智能体选取的动作做出反应进而呈现出新的状态，并会产生一个可以量化的收益信号（R_t）作为动作 A_t 的结果。由于环境会对行为做出反应而发生改变，于是产生下一个时间点的状态 S_{t+1} 和相应的收益 R_{t+1}。智能体做出的每一个行动不仅会决定当前的收益，还会通过产生新的状态影响未来可能获得的收益。智能体在每一个时间点的目标是选择使未来累积收益最大化的行为，而非获得最大即时收益的行为。收益信号代表了在当前时间点的收益大小，而价值函数则描述了长期来看个体进入某种状态或者选择某个动作的累积总收益的期望。为了实现累积收益最大化，智能体需要通过与环境的多次交互来学习从环境状态到动作的映射，即策略。在某些情境中，智能体还通过对外界环境的反应做出推断，预测在当前状态下某个动作会导致的下一个状态和收益，即建立环境模型。收益信号、价值函数、策略和环境模型被称为强化学习的四个要素。

2. 试错决策

马尔可夫决策过程框架下的强化学习模型认为，个体在与环境进行交互的过程中进行学习和决策。该框架符合现实生活中的很多决策场景，例如，对于几家新开的餐厅，人们经过几次尝试后就会知道哪一家餐厅的饭菜更好吃。个体事先并不知道应该采取什么动作（去哪一家餐厅），而是需要通过尝试来更新自己的信念（多去几家餐厅），进而学会如何决策才能使自己的收益最大化（发现最好吃的餐厅）。在实验室情境下，研究者通常使用多臂老虎机任务（multi-armed bandit task）来模拟不确定环境下的试错决策过程（Stojić et al., 2020）。在这类任务中，参与者需要在多个可选择的动作（对应着老虎机的多个拉杆）中做出选择。图 11-14（a）显示了六个可能的选项，每个选项由潜在参数设定了不同的收益分布。经过如图 11-14（b）所示的任务流程，参与者需要通过多次重复选择，评估各个选项的价值，最终学会集中选择可以获得最大收益的选项。

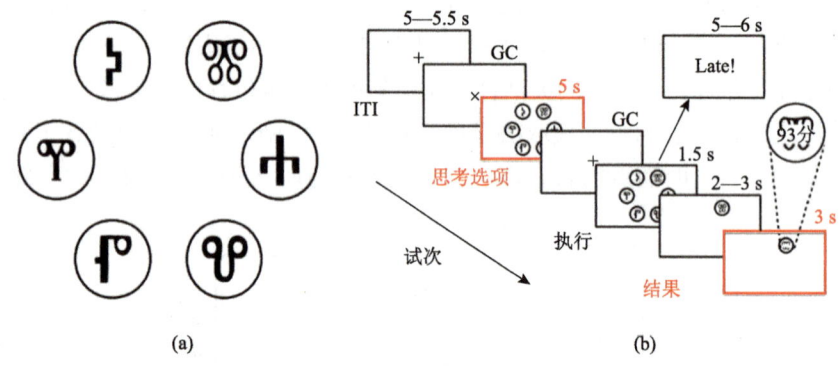

图 11-14 多臂老虎机任务示意图。（a）可能的选项。（b）任务流程。ITI（intertrial interval）代表两个试次之间的间隔，GC（gaze contingent）代表视线注视阶段（Stojić et al., 2020）

3. 探索-利用权衡决策

在强化学习决策中，个体在不确定的环境下试错也会面临新的挑战——探索和利用之间的权衡，也称为探索-利用困境（exploration-exploitation dilemma）。在某个决策任务中，个体进行了几次选择并得到选项的反馈后，会形成对各个选项期望价值的表征，并且每个时刻都至少会有一个选择对应着最高的估计价值（例如，对各个选项过去收益的平均值进行比较可以得到至少一个最大值）。个体可以直接选择最大估计价值的选项，这种动作称为贪心动作。此时，个体在利用已经掌握的有关选项价值的知识。另外，个体也有可能不选择估计价值最高的选项，而是继续尝试不同选项，这时决策者做出了非贪心动作，在对选项的价值进行探索。从短期来看，贪心动作可以最大化即时收益，但是从长远来看，非贪心动作可能使决策者找到比现在所有选项估计价值都大的选项，进而优化对所有选项价值的估计，以获得总体收益的最大化。因此，决策者在决策过程中常常需要在探索和利用之间进行权衡。

Wilson 等（2014）在多臂老虎机任务的基础上设计了视界任务（horizon task），用以对个体的探索-利用权衡进行研究。如图 11-15 所示，该任务中给参与者呈现两叠或三叠背面朝上的纸牌，每张纸牌正面标有不同的点数（代表参与者可以获得的奖励），每叠纸牌点数的均值和标准差在每轮游戏中是恒定的，研究者可以根据不同的研究问题对纸牌的奖励大小进行控制。每轮游戏包括迫选阶段和自由选择阶段。在迫选阶段，参与者按照屏幕上的提示翻开指定的纸牌，通过呈现的点数大小获得每叠纸牌的相关奖励信息。在迫选阶段，研究者可以控制个体获得的信息，例如，其中某一叠纸牌不会被指定翻开，因此参与者不会学习到这一叠纸牌的点数。在自由选择阶段，参与者可以自由选择翻开的纸牌以获得该张牌对应的点数。在信息不平等的条件下（即每叠纸牌在迫选阶段被指定翻开的次数不一样），利用自由选择阶段的第一个试次的选择可以分析参与者的探索-利用权衡决策。如果参与者选择翻开较少信息的那叠纸牌，则他采用了探索的策略；如果参与者选择翻开已经被指定翻开过的纸牌，则他采用了利用的策略。

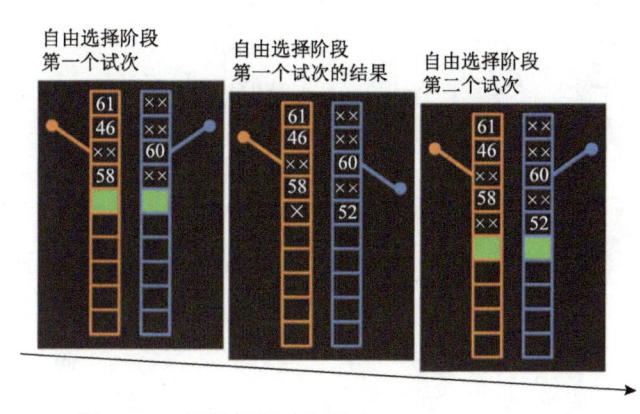

图 11-15 视界任务示意图（Wilson et al., 2014）

4. 无模型和基于模型的强化学习

当人们考虑晚餐买一些什么食材时，可以使用两种截然不同的策略。第一种策略是根据自己的习惯来做出决策，例如，人们通常只需要根据过往的经验与习惯，买一些恰好能做一顿饭的东西就足够了，这非常轻松，挑选起来也毫不费力。第二种策略是考虑其他信息，更慎重地做出决策。例如，有一位素食主义者要加入晚餐时，人们可能需要更慎重地制订购买计划，放弃做炒肉，尽管这是日常习惯的晚餐。这两种策略的不同之处在于，它们对计算及准确性的要求不同。第一种习惯策略的计算要求很低，即花费的精力和时间相对更少，而第二种计划策略往往更为精确，相应地会花费更多的精力和时间。当前，研究者已经能够通过设计实验任务来研究这些策略之间的区别，同时这些任务能够让人们衡量决策者到底在多大程度上依赖习惯策略或计划策略。

Daw 等（2005）设计的两阶段任务（two-step task）区分了基于模型（model-based）的决策和无模型（model-free）的决策。一个基于模型的系统会建立环境的因果模型，并以此为基础做出决策。无模型的系统则不考虑环境的因果结构（即模型），仅从试错中学习。因此，基于模型的系统会产生更准确的决策，但速度较慢，计算成本较高；无模型的系统更快速，计算成本较低，但容易出错，灵活性较差。理论上，这些系统与目标导向和习惯性决策有关，通常可以映射到双加工框架（dual-process framework）（Kahneman，2003）中，认为人类的信息处理中存在一个缓慢、审慎、目标导向的系统（基于模型）和一个快速、自动、习惯性的系统（无模型）。

如图 11-16（a）所示，在两阶段任务中，参与者需要做出两个阶段的决策。在第一阶段，参与者将在两类刺激之间做出选择，然后按一定的概率，进入第二阶段两种可能状态中的一种；进入第二阶段后，将呈现获得奖励概率不同的两类刺激，参与者需要在这两类刺激之间做出选择。为了鼓励参与者学习，第二阶段中获得奖励的概率在整个任务中将缓慢而独立地变化，图 11-16（b）显示了一种可能的变化轨迹。如果第一阶段的选择与第二阶段的两种可能状态中的一种大概率相联结（70%），则称这样的转换为普通转换；如果第一阶段的选择与第二阶段两种可能状态中的一种小概率相联结（30%），则称这样的转换为特殊转换。

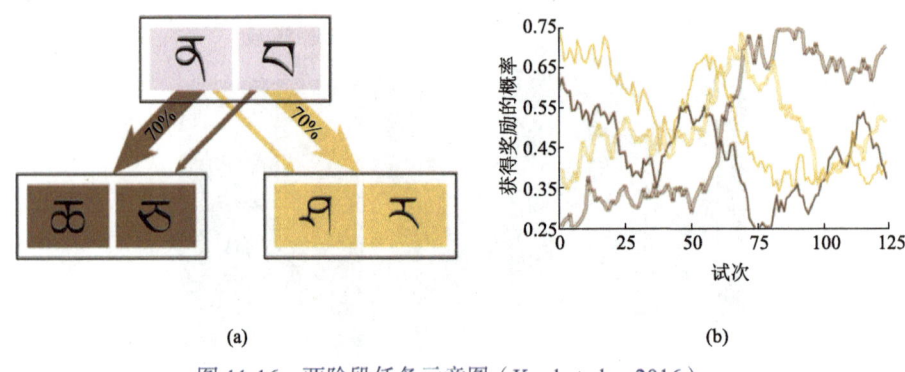

图 11-16　两阶段任务示意图（Kool et al., 2016）

这样不同概率的转换设置可以在行为上对参与者的习惯型选择和目标导向型选择进行分离。无模型的系统对任务的结构不敏感，因此如果之前的行为获得了奖励，那么它会提高在未来选择同一选项的可能性，而不管该奖励是在一次普通转换还是特殊转换后获得的。相反，基于模型的学习系统下做出的选择则反映了上一试次中阶段间转换类型与所获奖励之间的相互作用。在特殊转换且获得奖励后，基于模型的学习系统将表现出减少重复第一阶段选择的趋势，因为第一阶段的备择选项更有可能导致之前获得奖励的第二阶段状态的出现。从实际经验来看，两阶段任务的行为结果反映了这两种学习系统的混合。参与者既表现出了无模型的学习，即在前一试次获得奖励时，参与者重复上一试次第一阶段选择的可能性增加，同时参与者也表现出了基于模型的学习，即第一阶段与第二阶段之间的转换类型和奖励之间存在显著的交互作用。

该任务在决策研究中被广泛使用，特别是在多巴胺、工作记忆和压力的作用等的研究中。例如，Wunderlich 等（2012）的研究表明，使用多巴胺受体激动剂后，个体更多地使用基于模型的策略。然而，施加压力（Radenbach et al., 2015）、增加工作记忆负荷（Otto et al., 2013）或对右侧背外侧前额叶（或双侧，对于工作记忆能力低的个体）使用 TMS 后（Smittenaar et al., 2013），个体使用的策略会向无模型的策略偏移。总的来说，无模型和基于模型的强化学习系统被认为是由不同的皮层纹状体环路调节的，二者之间的平衡与目标导向性决策及习惯性决策之间的权衡有关，但还有许多问题有待探索。例如，大脑是在什么时间尺度上在这两个系统之间进行调整的？如何决定是否更多使用基于模型的学习系统？目标导向性行为和习惯性行为之间的平衡与皮层纹状体环路连通性之间有何联系？等等。

> **框 11-2　两阶段任务中决策行为的计算建模**

Kool 等（2016）对参与者在两阶段任务中的决策行为进行了计算建模，假设每个系统分别对呈现刺激的值进行更新。以某一试次 t 为例，状态 s 与参与者的行动 a 构成一个"状态-行动"组合。第一阶段的状态为 s_A，动作为 a_A；第二阶段的状态可能为 s_B 或 s_C，动作只能为 a_B。在第 i 阶段中，无模型的学习者将基于试次 t 的结果对每一个"状态-行动"组合的价值（Q_{MF}）进行更新：

$$Q_{MF}(s,a) = Q_{MF}(s,a) + \alpha \delta_{i,t} e_{i,t}(s,a)$$
$$\delta_{i,t} = r_{i,t} + Q_{MF}(s_{i+1,t}, a_{i+1,t}) - Q_{MF}(s_{i,t}, a_{i,t})$$
$$e_{i,t}(s_{i,t}, a_{i,t}) = e_{i-1,t}(s_{i,t}, a_{i,t}) + 1$$

其中，r 代表不同阶段的收益。α 代表学习率，表征了新信息被整合的程度。$\delta_{i,t}$ 代表参与者对收益的预期误差。$e_{i,t}$ 则代表资格迹（eligibility trace），即过去的价值变化梯度对价值更新的影响，在每一试次的初始阶段设为 0。

对基于模型的学习者来说，他们首先需要思考第一阶段的哪种行为会导致第二阶段的哪种状态，然后再对第二阶段的组合价值进行学习。因此，第二阶段中基于模型的学习者与无模型的学习者相同，但是在第一阶段的状态 s_A 中，基于模型的学习者会对每一个可能的行动 a_j 的价值（Q_{MB}）进行更新，即

$$Q_{MB}(s_A, a_j) = P(s_B | s_A, a_j) \max_{a \in \{a_A, a_B\}} Q_{MF}(s_B, a) + P(s_C | s_A, a_j) \max_{a \in \{a_A, a_B\}} Q_{MF}(s_C, a)$$

其中，P 代表一个已知的价值转换结构。计算出 Q_{MB} 后，需要通过一个权重参数 w 将其与 Q_{MF} 组合起来，实现对状态 s_A 下行动 a 的净价值（Q_{net}）的估计。参数 w 值的范围从 0 到 1，0 代表完全无模型系统的行为，而 1 则表示完全基于模型系统的行为，即

$$Q_{net}(s_A, a_j) = w Q_{MB}(s_A, a_j) + (1-w) Q_{MF}(s_A, a_j)$$

最后，使用 Softmax 函数估计参与者做出选择的概率，用于反映无模型学习系统与基于模型学习系统的共同作用。

（二）基于强化学习与贝叶斯推理的层级模型

1. 计算机科学领域的强化学习

随着机器学习的兴起和蓬勃发展，在心理学和神经科学领域，探索机器学习思想的适用性成了热点话题。在机器学习领域，只有强化学习的思想诞生于心理学，同时其对心理学和神经科学产生了深刻而久远的影响。既然强化学习模型已经逐渐渗透到心理学和神经

科学领域的研究中，那么研究者也应该从计算机科学领域的强化学习中获得对心理学问题的启发性思考。

在计算机科学领域，研究者主要关注的问题是如何使强化学习更好地应用于大型任务域（即待解决的问题涉及数量庞大的状态集和动作集）。正如前文提到的，在强化学习框架下，个体只能通过探索环境，在环境状态下尝试不同的行动过程，并对其后果进行采样，才能学会自适应行为。因此，得出一个稳定的行为策略所需的时间会随着环境中不同状态和可用行动数量的增加而延长。在大多数情况下，训练时间与环境状态或行动数量之间的关系是一个正加速函数。随着问题域的扩大，标准强化学习框架的可行性逐渐降低。值得注意的是，这一局限性在心理学和神经科学领域很少被讨论。因为在这些领域中，强化学习通常被应用于高度简化的学习情境中。事实上，大型任务域代表着更加复杂的环境和行为情境，这样的环境才是人类在实验室外的日常生活中面临的大多数情况。在计算机科学领域，研究者开发了许多计算方法来解决这个问题，其中分层强化学习得到了越来越多的关注，下文将对该方法进行具体介绍。

2. 分层强化学习

要知道什么是分层强化学习，首先要理解时间抽象（temporal abstraction）的概念。时间抽象是指智能体在不同的时间层级上进行决策，可以简单地理解为"子任务"。例如，现在有一组相互关联的动作：抓起一把勺子，用它舀起一些糖，把勺子移到一个杯子上方，最后把糖放进去。所谓时间抽象就是将这一组动作抽象为一种更高层次的动作或技能——"加糖"。那么，"加糖"这个经过时间抽象的动作（通常被称作"选项"）代表了一系列时间上延伸的、潜在可变的低级步骤序列。另外，如果继续进行时间抽样，那么选项就可以按照层次结构组合成更高级别的技能。例如，"加糖"这一选项可能构成"煮咖啡""泡茶"这类选项的一部分，这就是所谓的"分层"。这种基于分层思想和时间抽象的方法即为分层强化学习。

大型任务域的问题为分层强化学习提出了一些有趣的问题，这些问题也适用于人类学习，以及人类如何根据学习到的经验做出决策。那么，分层强化学习对心理学领域有何启发呢？首先，心理学研究显示，人类的行动是有层次的，行动往往可以被分解成子任务序列，这些子任务序列可以结合起来实现整体任务目标。不仅如此，现有大多数层次结构的行为模型至少有一个普遍的假设，即人类行为的层次性，认为部分-整体组织性都能反映在其深层的心理或神经表征中。具体来说，层次模型假设，不仅存在低水平运动行为的表征，而且存在高级行为单元的可分离表征。

强化学习的思想可以用于解释大量皮层和皮层下结构的功能，并解释广泛的行为现象，例如，多巴胺功能和奖赏预测误差信号之间的联系。既然分层强化模型克服了强化学习在复杂环境域中的局限性，那么对于相应的生理机制而言，大脑是否也在用类似的方式来处理这一局限性？分层强化学习是否可以阐明决策背后的认知神经机制？在这些高层次的行动中进行选择，可以减少解决问题所需的决策数量，进而使大规模的问题变得易于处理。过去的研究显示，前额叶皮层的功能可能是分层的，越靠近前端的区域处理的抽象信息越多。Frank 和 Badre（2012）提出了基于分层强化学习的神经环路模型，将前额叶分成靠前和靠后的皮层区域，靠后的区域储存工作记忆并影响反应行为，而靠前的区域负责决定哪些被储存的工作记忆将被用于影响反应行为。不仅如此，分层强化模型也有无模型和基于模型两个版本，后者完全在子任务的层面上支持规划或推理（例如，"首先我要赶车去机场，然后办理登机手续，再登上飞机……"）。迄今为止，大多数基于分层强化学习的神经科学研究都或多或少地关注了无模型的情况。同时，少数研究也暗示了基于模型的分层强化学习与神经科学和行为的相关性，这都为进一步的研究提供了很有趣的切入点。

框 11-3 分层强化学习算法

图片展示了一种基于时序差分方法的分层强化学习算法。在每个时间点（图中灰色方框），个体达到一种新的状态 s，并根据它的策略函数 π 选择一种行为。每个状态和一个价值函数 v 相关联，用来预测未来的累积奖赏。

在子目标内（A），在 $t=1$ 时刻，个体选择一个初始化行为 α，之后达到结果状态 s_j，得到一个主要收益（图中红色星号），个体随之产生了一个收益预测误差，即从状态 s_j 产生的期望 V 与行为结果之差。预期误差被用来更新状态 s_j 的价值函数 v 和策略函数 π。如果预期误差为正，v 增大，即之后再次处于状态 s_j 时，个体会更倾向于选择相同的动作。负的预期误差则会导致相反的结果。

在较高层次内（B），个体能够选择子任务。在这个模式里，在 $t=2$ 时刻，子任务 σ 被选择了，它的策略产生了一系列较低层次的动作，当子任务的目标达成时，个体收到假性收益（图中黄色星号）。每完成一个低层次的动作，就计算一个假性收益预期误差（图中下层短箭头），并且使用这个预期误差来更新子任务策略 π_σ 和子任务的状态价值 v_σ。当子任务结束时，会生成一个预期误差（图中长箭头），个体根据这个预期误差来更新进入子任务之前的那个状态的价值和策略函数，并由此在较高层次中选择一个新行为，以期获得主要收益。

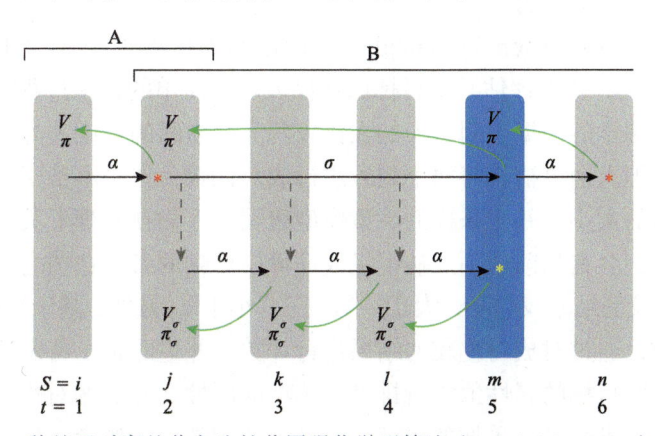

一种基于时序差分方法的分层强化学习算法（Botvinick, 2012）

3. 贝叶斯与强化学习

强化学习模型已经被广泛地应用于描述人类和动物的学习和决策过程。通过强化学习框架，研究者可以描述人类如何从收益中学习行为策略，从观察到的数据中提取有意义的结构。除此之外，计算模型的另一个基本目标是推广到新的观察集，即能够超越用来拟合模型的特定数据而被普遍化。然而，虽然强化学习框架简单且高效，却常常面临着不可识别的问题，这可能导致模型的预测精度低，难以泛化。

与之相反，贝叶斯推理精于预测。在心理学领域，基于贝叶斯推理的计算模型假设，个体具有一个产生感官输入信息的环境模型，这个模型是生成性的，因为它代表了人对外部世界如何产生感觉输入的信念。之后，个体根据环境模型对行为的后果进行预测与评估，采取最有利的行动（即决策或反应）。虽然从概率论的角度来看，贝叶斯信念更新是最优的，但它需要计算复杂的积分，而这些积分过程很难被解释，也很难进行实时评估。因此，不少研究者提出将贝叶斯和强化学习框架结合起来，以提供一个更加高效、稳定、灵活的框架。例如，Mathys 等（2014）提出的层级高斯滤波器（hierarchical Gaussian filter）模型，就是基于层次贝叶斯模型推导出了形式类似于强化学习更新方程的规则，使得贝叶斯框架具有动态学习率（learning rate）和精度加权预期误差（prediction error）特征，为不确定性情境下的决策提供了一个直观的框架。前文提到 Frank 和 Badre（2012）的基于分层强化学习的神经环路模型，其对应的计算模型其实也是融合了贝叶斯思想的分层强化学习模型。

二、证据积累模型

（一）基于采样的决策模型

采样的概念源于统计学，Fiedler（2000）率先将其引入决策领域，开辟了采样影响决策的新方向。该视角强调了环境中信息分布的不均衡性，认为这样非随机的信息分布会影响个体从此环境中对样本的采集（例如，只关注突出的、熟悉的信息），进而对个体在此样本基础上做出的决策产生影响。

基于采样的决策（decision by sampling）理论明确拒绝了经济学理论中的效用概念（Stewart et al., 2006），认为评估某个目标属性仅涉及最简单的认知过程：序列比较和频数积累。来自心理物理学的证据表明，人们在比较两类刺激间的幅度差异上，要远比估计绝对幅度更为有效，即人们更擅长将两个刺激进行成对比较，但是不善于确定或者评估单独刺激的某个属性量的大小。基于采样的决策模型表明，人们在心理上其实并不会对效用进行表征，相反，人们会在当前选项及从记忆或环境中得到的备择选项之间做两两或多项之间的序列比较，比较的结果仅包括"大于""等于""小于"。另外，基于采样的决策还认为，人们善于追踪频数，通过对成对比较的结果进行计数，并追踪某个特定选项胜出的频率，可以在决策空间中对目标的属性值进行排名，选项的属性之间的相对排名就是决策者对某个属性的主观价值。虽然基于采样的决策模型并不使用效用的概念，但它依然可以解释和预测效用函数的形状，如收益的凹函数、损失的凸函数、损失比收益更陡峭的斜率等。

研究者发现，越来越多的证据支持基于采样的决策模型。例如，Ungemach 等（2011）

的研究发现，短期内在超市接触偏高或偏低的商品价格改变了参与者对不同价值彩票的偏好，相对于那些在超市接触中等价格的参与者来说，他们会更愿意购买较贵的彩票。在传统的经济学理论中，超市的商品价格与彩票价格的偏好是无关的，例如，经典的期望效用理论并不认为偶然接触到与选择无关的刺激会影响人们表面上相当稳定的效用曲线。但是，该研究结果表明，对超市内商品价格的采样会影响人们对金钱价值的态度，从而影响对不同价格彩票的偏好。类似地，人们对自然灾害中死亡人数的敏感性和他们对危及人类生命政策立场的支持意愿，也与基于采样的决策模型的预测高度一致（Olivola & Sagara, 2009）。事实上，基于采样的决策模型认为，效用在脱离特定环境之外是没有意义的，人们不会加工效用。尽管如此，基于采样的决策模型还是会通过预测行为模式（效用理论成功描述的行为模式）和异常现象（困扰效用理论的一些异常现象）来纳入效用模型。

基于采样的决策模型并不会对决策选项的属性或特征进行采样（例如，做出汽车购买决策时有关汽车的外观、价格或百公里油耗等），而是侧重对所有可能的决策选项进行抽样（例如，大众、丰田和别克），并确定现有选项的顺序。这个特点将基于采样的决策模型与下文将要介绍的其他证据积累模型区分开来。值得注意的是，这些模型并不是相互排斥的，为了对选项本身进行比较，决策者必须比较选项自身的属性。因此，并列使用这些模型将是未来对信息处理过程进行研究的一个潜在有效途径。

（二）决策场理论

Busemeyer 和 Townsend（1993）提出了决策场理论（decision field theory），同时提出了"决策时间"和"阈值"这两个重要概念。决策时间是指从决策任务开始直到做出决策的时间。随着时间的推移，决策者对各个选项的优缺点进行量化，与此同时，是否选择某个选项的证据会逐渐积累。阈值决定了决策者做出决策需要达到的证据水平。支持某个选项的证据达到了阈值，个体就会做出选择。决策阈值体现了个体决策速度和准确性之间的权衡，当个体的阈值较大时，决策的准确性更高，但个体需要花费更长的时间进行决策，搜集更多的证据；当阈值较小时，个体只需要搜集少量的证据，花费的决策时间也比较短。因此，决策场理论可以解释在时间压力下决策者的偏好反转（Diederich, 2003）。

最初决策场理论仅被应用于两个选项的决策，随后又扩展到多个选项的决策。基于决策场理论积累证据、达到阈值、做出决策的思想，Bhatia（2013）提出了联结累加模型（associative accumulation model, AAM）。该模型建立在概率性序列积累证据框架的基础上，是一种多选项、多属性决策的模型。如图11-17所示，AAM 模型由三层神经网络生成对不同选项的偏好程度，每一层分别代表对选项、属性和偏好的表征。

AAM 模型的第一层为决策任务中选项的表征，由代表选项的节点（x_1, x_2）组成。知觉系统获得关于选项的感官信息，将信息输入这一层神经网络，并激活所有可能的选项。各个选项由于受到决策内外部因素的影响，激活程度并不相同。例如，决策的参考点会受到更大的激活，而一些隐性的选项则不会受到激活。

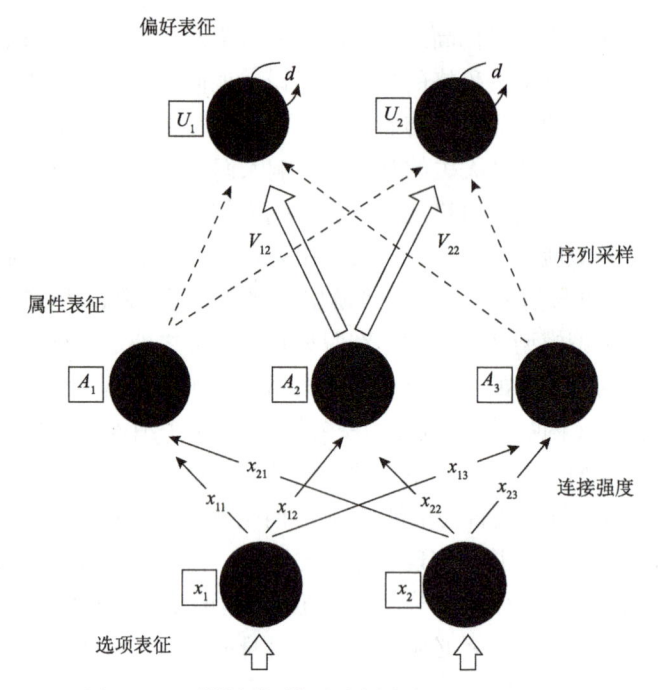

图 11-17 联结累加模型示意图（Bhatia，2013）

第二层为选项属性的表征，构成该层的节点分别代表着选项具有的属性（A_1，A_2，A_3），各个属性值的大小代表了该属性信息的可获得性。对于单个选项来说（如某种商品 x_1），数值越大的属性对属性节点（如商品质量 A_1）的激活程度越高，该选项与相应属性的连接强度（x_{11}）也越大。例如，商品质量越好，该商品与质量属性的连接越强。这个连接强度就是输入给该层神经网络的信息。另外，这些输入信息还会受到选项激活程度的加权，选项的激活程度越强，它与各个属性节点之间的连接强度会被赋予越高的权重。例如，受到决策者更多关注的商品，对该商品质量、价格等属性的激活较大。最终，第二层节点的激活强度由一个线性函数决定，为选项激活程度加权的选项-属性连接强度与一个起调节作用的常数项之和。该常数项对连接强度的相对作用大小进行调节。常数项越大，连接强度的作用越小；常数项越小，则连接强度的作用越大。

第三层为决策偏好的表征，该层的各个节点分别代表对各个选项的偏好程度（U_1，U_2）。个体越偏好的选项，其第三层对应节点的激活程度越高。偏好程度由衰减（d）后的上一时刻偏好程度、情感价值和噪声三部分组成。考虑到决策的信息积累过程，在每一次决策过程中，个体在某一时刻的偏好节点的激活都建立在上一时刻该节点的激活程度上，并且会受到衰减的影响。在每一个时刻，个体都会遵循序列采样的顺序，以一定概率关注某个属性，将它的情感价值累加到各个选项对应的偏好节点上（如对选项 x_1 在 A_2 属性上的情感价值 V_{12} 被累加到 U_1），引起相应选项在偏好节点上不同程度的激活。个体关注某个属性的概率为第二层中该属性与其他属性节点的相对激活程度，相对激活程度越高的属性越有可能被注意。每个属性对每个选项都有各自的情感价值，情感价值的大小是该选项属性值的函数。如果该属性是积极的属性（如商品质量），那么属性值越大，其情感价值越大；反之，如果该属性是消极的属性（如商品价格），则属性值越大，情感价值越小。另外，偏好节点的激活还会受到噪声的影响，噪声大小服从标准正态分布，且对于各个选项来说是相同的。

最后，决策规则决定了个体最终选择哪种行为。如果决策不受时间限制，则偏好节点达到某一阈值之后，个体即会选择该节点对应的选项；如果决策时间是受到限制的，则个体会选择在某个时刻偏好激活程度最高的节点对应的选项。联结累加模型考虑了从选项表征、属性采样到偏好积累的整个决策过程，弥补了先前决策理论忽视的选项属性表征和选择性注意的过程。

（三）多属性线性弹道累加器模型

后续的研究者尝试提出可用严密的计算公式表达的证据积累模型，Trueblood 等（2014）提出的多属性线性弹道累加器（multiattribute linear ballistic accumulator，MLBA）模型就是其中一种。与决策场理论类似，MLBA 模型也是基于证据积累和决策阈限的思想提出的。在该模型中，随着时间的推移，决策者逐渐积累关于各个选项的证据，当某个选项的证据累积达到了决策阈值时，决策者即会做出相应的选择。

MLBA 模型是对 Brown 和 Heathcote（2008）提出的线性弹道累加器（linear ballistic accumulator，LBA）模型的拓展。LBA 模型认为，每个选项都有独立的证据累加器，它们随着时间的推移对证据进行确定的线性积累，证据最先达到阈值的选项将被选择。相比 LBA 模型，MLBA 模型增加了根据选项特征生成漂移率（drift rate）的过程。Trueblood 等（2014）将 MLBA 模型增加的从刺激转化为漂移率的过程称为"前端"，而将描述最终个体如何做出选择的 LBA 模型称为"后端"。

图 11-18 显示了一个包括 X、Y、Z 三个选项的 LBA 模型。在每一次决策开始时，三个证据累加器的起点为从一定区间内（0 到 A）随机选择的某个确定的初始值。随着时间的推移，各个证据累加器的激活程度以不同的速度提高，该速度称为漂移率（即直线的斜率）。在每次决策中，漂移率的大小是从与选项相关的正态分布中得出的。当某个累加器的激活程度达到阈值时，决策者即会选择该累加器对应的选项。

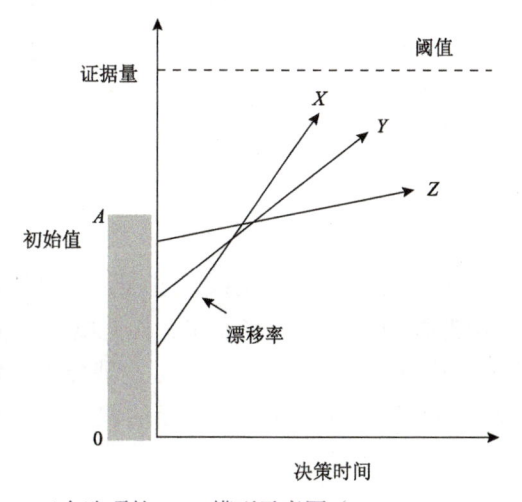

图 11-18　三个选项的 LBA 模型示意图（Trueblood et al., 2014）

以三个选项的决策为例，MLBA 模型提出某个选项证据累积的速度（即漂移率 d）是通过与其他选项进行比较综合得出的：

$$d_1 = V_{12} + V_{13} + I_0$$
$$d_2 = V_{21} + V_{23} + I_0 \quad (11\text{-}8)$$
$$d_3 = V_{31} + V_{32} + I_0$$

其中，V_{ij} 代表选项 i 和选项 j 之间的比较。常数项 I_0 是各个选项漂移率的基线，用于保证各个选项的漂移率都是正值。Chernev（2004）发现，在平均属性价值相似时，人们更偏好选择属性价值更加集中的选项。例如，某个选项在两个属性上的价值分别为 20 和 80，而另一个选项在这两个属性上的价值分别为 55 和 45，虽然两个选项的平均属性价值是相同的，但人们会更偏好选择后者，即属性价值较为集中（55 和 45）的选项。因此，MLBA 模型中客观的属性价值会根据上述规律转换为主观价值 u，图 11-19 显示了一种可能的主观价值转换函数。在得到每个选项在每个属性上的主观价值后，将其在每个属性上进行比较，然后加权相加，得到价值函数，即

$$V_{ij} = w_{P_{ij}}\left(u_{P_i} - u_{P_j}\right) + w_{Q_{ij}}\left(u_{Q_i} - u_{Q_j}\right) \quad (11\text{-}9)$$

其中，P_i 和 Q_i 分别代表选项 i 具有的两种不同属性，$w_{P_{ij}}$ 和 $w_{Q_{ij}}$ 代表了对每对属性比较的注意大小，在实验中的操作性定义通常为注视时长，但也可以通过其他公式计算得到。

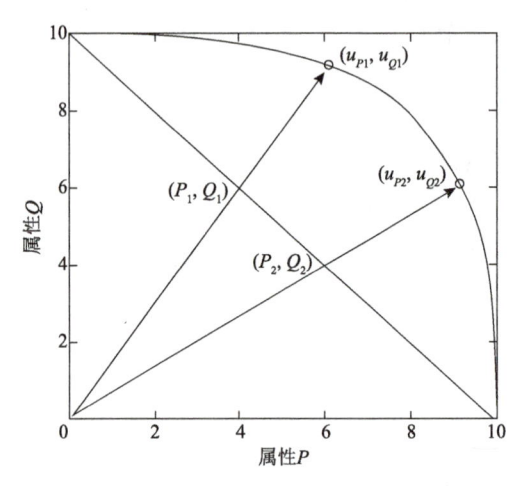

图 11-19　MLBA 模型中的主观价值函数示意图（Trueblood et al., 2014）

MLBA 模型假设证据的累加是一个确定的线性过程，因此它具有易于计算的优势。它可以解释多属性与多选项选择中出现的一些效应，如情境效应（context effect）、时间压力效应等。另外，MLBA 模型中"前端"与"后端"耦合的思想在神经生理学上是一种常见的现象，例如，纹状体对运动和工作记忆更新的调节（Frank，2005；O'Reilly & Frank，2006）。

> **框 11-4　情境效应**
>
> 人们经常需要在多个选项中进行选择，而每个选项常常有多种属性。例如，当购买汽车时，一种汽车更加省油而另一种汽车需要的保养较少。一个决策者最初可能偏好需要较少保养但油耗多的汽车，而不倾向于购买需要较多保养而比较省油的汽车，但如果在备选项中引入中等油耗和高保养需要的汽车，该决策者的偏好很有可能会发生反转。个体在两个选项之间的选择可能会受到引入第三选项的影响，其被称为情境效应，主要包括三种效应。
>
> 相似效应（Tversky，1972）：当引入了一个与原选项其中的一个相似而与另一个竞争的选项时，会降低相似选项的选择概率。
>
> 吸引效应（Simonson，1989）：当引入了比其中一个原选项稍差的第三选项，会提高原选项中更好的那个选项的选择概率。
>
> 妥协效应（Huber et al.，1982）：当增加的第三选项是最好或者最差的选项时，会提高成为中间者的选项的选择概率。

（四）漂移-扩散模型

除了前文讨论的基于学习的决策，还有许多决策是在较低认知水平上快速做出的。例如，决定从左侧或右侧绕过前面的障碍物。在现实世界中，这类决策涉及感性表征与存储在记忆中的知识的快速匹配，这使人们能够迅速识别周围环境中的事物，采取合适的应对策略。因此，研究者提出了一类描述这类决策过程的、基于选择与反应时的计算模型。这些模型大多假设在选择过程中，支持选项的且带有噪声的证据被逐渐积累（Ratcliff & Rouder，1998）。来自神经生物学的实证数据进一步揭示了这类决策的神经基础，例如，当猴子决定两个刺激中的哪一个被呈现时，某些神经元群的放电率会逐渐提高，从而积累支持特定选项的证据（Gold & Shadlen，2002）。

研究者通常使用双选项迫选（two-alternative forced choice）范式来研究这类决策。该范式通过人的选择模式和反应时间来测量其主观体验，是一种心理物理学的方法，最初被用来测量运动感知的辨别能力。在双选项迫选范式中，参与者通常面临两个选项，其中只有一个包含目标刺激，参与者需要选择哪一个是正确的选项。这两个选项可以同时呈现，也可以在两个间隔内依次呈现。这种范式的一个经典例子是随机点运动任务（random dot motion task）。如图 11-20 所示，在这个任务中，参与者会看到一个动图，其中固定比例的点会共同朝向某一个方向运动（向左或向右），其他点随机运动，而参与者需要判断大多数点的运动方向。共同运动的点的数量称为一致性，其大小决定了决策的难易程度。

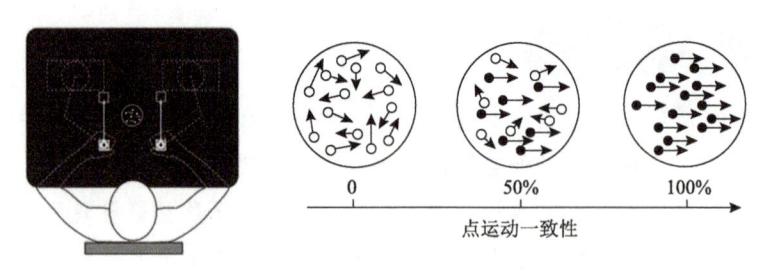

图 11-20 随机点运动任务示意图（Zhang，2012）

迄今为止，一系列认知计算模型已经能够为这类决策的认知神经机制提供相对合理的解释，也能很好地拟合反应时和选择等行为数据。其中，大部分模型的起点是 Ratcliff 和 McKoon（1978）提出的漂移-扩散模型（drift diffusion model，DDM）。DDM 是一种针对双选项任务的决策模型，假设整个决策过程是一个单一的扩散过程，而非 LBA 模型中描述的竞赛过程。如图 11-21 所示，在 DDM 中，个体从感知或记忆中收集关于刺激的证据，证据从起点开始逐渐积累，直到到达某一个边界。两个选项分别对应一个边界，代表了在做出决策之前必须积累的证据量。可以看出，DDM 的证据积累过程中是有噪声的，在每个时刻，由于噪声的存在，证据可能指向两个边界中的一个或另一个，但更多的指向正确的边界。

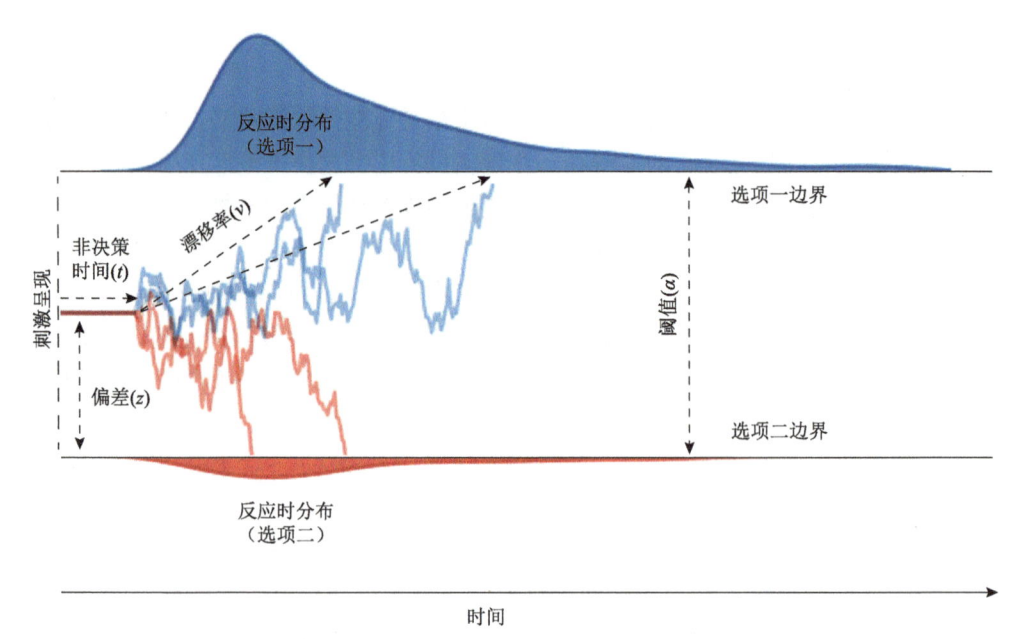

图 11-21 漂移-扩散模型示意图（Vinding et al.，2021）

DDM 有四个主要参数。漂移率（v）代表证据积累的速度，由于证据以带噪声的方式积累，平均积累率即为漂移率，可以用证据积累的起点到终点所连直线的斜率来计算。证据积累的起点可能是有偏差的（z），代表个体在刺激呈现之前有一个事先存在的偏好。刺激呈现后的非决策时间（t）代表刺激的感知处理过程，此时没有证据积累。阈值（α）代表两个边界之间的距离，可被看作做出决策所需的证据量。

DDM 有很多优点。首先，它能够将证据、反应谨慎度和反应偏差等变量与选择变异性、反应时甚至神经反应联系起来，让这些数据都能被整合到一个简单的框架内。例如，该模型解释了众所周知的反应速度和准确度与证据强度之间的关系：更强的证据会导致更高的漂移率，即证据更快地向两个边界之一漂移，并且会导致更小的噪声，从而产生更稳定的选择。其次，该模型还可以解释人们在反应时和准确率之间权衡的现象，即较高的决策阈值会导致较慢的决策，但准确率更高；较低的阈值会导致较快的决策，但更容易出错。

自从"理性经济人"的假设被推翻，行为经济学开始兴起，研究者对整合情感科学和决策科学的兴趣急剧上升。DDM 作为一个可扩展性极佳的框架，在其中扮演着越来越重要的角色。研究者基于 DMM 进行了许多扩展，例如，可以考虑多于两个选项的多选项 DDM（Krajbich & Rangel，2011）、融入层级结构的分层 DDM（Wiecki et al., 2013）等。这些模型被广泛应用于心理学研究的不同领域，如睡眠、情绪、记忆、语言等，可以解释许多决策中与反应时和准确率相关的现象。

（五）漏斗-竞争累加器模型

利用随机点运动任务，研究者发现某些皮层区域的神经元的放电率会逐渐提高，并且随着任务越来越简单，放电率提高的速度越来越快（Shadlen & Newsome，2001）。这可能是因为随着时间的推移，这些神经元会不断整合来自感觉神经元的证据，而这种整合平均了感觉神经元中存在的噪声，使得选择的准确性随着时间的推移而提升。此外，在做出决策之前，神经元放电率在任务的不同难度水平之间没有差异（Roitman & Shadlen，2002）。研究者认为，当代表备选方案之一的神经元群体的活动达到一个阈值时，个体就会做出选择，这和漂移-扩散模型的假设存在一定的差异。因此，Usher 和 McClelland（2001）提出了一个新的模型来解释这种现象，即漏斗-竞争累加器（leaky competitive accumulator, LCA）模型。

LCA 模型是受神经生物学证据启发提出的，它在经典的随机累加模型的基础上纳入了人类信息处理的两个特征：漏斗和横向抑制。该模型认为，个体的决策就是信息随时间推移而缓慢累加（采样）的过程，同时由于人类记忆的不完美性，信息累加过程表现出漏斗和横向抑制特征。"漏斗"是指信息（决策证据）的累加效应随时间衰减的现象；"竞争"是指相似的证据之间横向竞争且互相抑制的现象，证据间的相似程度越高，抑制程度越大（Tsetsos et al., 2012）。

LCA 模型和 DDM 有几个关键区别。首先，在 LCA 模型中，证据积累会持续到证据评估期结束，此时决策者会选择与最活跃的证据积累相关的选项。该模型认为，准确度的下降是由泄漏和抑制之间的不平衡造成的。相反，在 DDM 中，决策的灵敏度可以随着累积时间的增加而无限制地提高，因为在证据积累中没有损失或失真，因此该模型预测信噪比应该随着时间的增加而提高。其次，如图 11-22 所示，LCA 模型具有绝对的停止条件，一个选项的证据积累在一个反应累加器中，而另一个选项的证据则积累在另一个反应累加器中。DDM 具有相对的停止条件，即刺激中有利于一个选项的证据，同时也是反对另一个选项的证据。

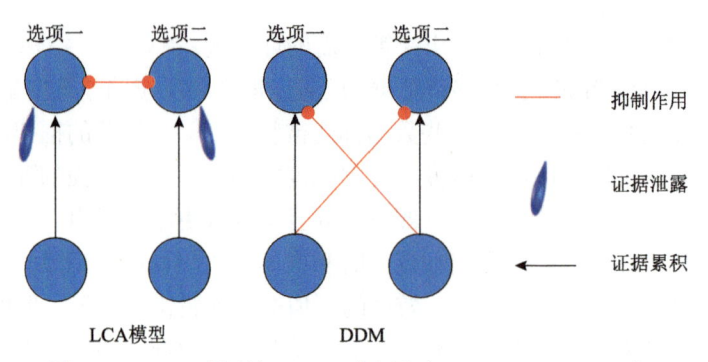

图 11-22　LCA 模型与 DDM 对比图（Tsetsos et al.，2012）

　　除了感知分类的决策，LCA 模型也可以用于解释基于价值的决策，即根据选项与内部动机的匹配程度来做出决策，这类决策往往需要高级认知功能的参与。LCA 模型的有效性已在多个基于价值的决策任务中得以验证，并被成功地用于解释一些决策偏见。例如，Usher 和 McClelland（2004）将前景理论中的损失厌恶心理纳入 LCA 模型中，并解释了现状偏见、相似效应、吸引力效应及折中效应等决策偏见。

关键术语

推理　reasoning/inference
演绎推理　deductive reasoning
归纳推理　inductive reasoning
类比推理　analogical reasoning
演绎效度　deductive validity
沃森选择任务　Wason selection task
证实偏差　confirmation bias
最佳数据选择模型　optimal data selection model
信念偏差效应　belief-bias effect
三段论推理　syllogism reasoning
氛围效应　atmosphere effect
换位理论　conversion theory
心理模型理论　mental model theory
启发式　heuristics
算法式　algorithmic
基础概率　base rate

损失厌恶　loss aversion
亚洲疾病问题　Asian disease problem
框架效应　framing effect
概率扭曲　probability distortion
累积前景理论　cumulative prospect theory
棉花糖实验　marshmallow test
跨期决策　intertemporal choice
延迟折扣　delay discounting
折扣率　discounting rate
即时效应　immediacy effect
奖赏环路　reward circuit
马尔可夫决策过程　Markov decision process
多臂老虎机任务　multi-armed bandit task
探索-利用困境　exploration-exploitation dilemma
视界任务　horizon task
两阶段任务　two-step task

多重限制理论 multi-constrains theory
概率逻辑 probability logic
贝叶斯推理 Bayesian inference
贝叶斯定理 Bayes' theorem
后验概率 posterior probability
先验概率 prior probability
层次贝叶斯模型 hierarchical Bayesian model
马尔可夫链 Markov chain
隐马尔可夫模型 hidden Markov model
期望价值理论 expected value theory
期望效用理论 expected utility theory
风险厌恶 risk-averse
风险中性 risk-neutral
风险喜好 risk-seeking
主观期望效用理论 subjective expected utility theory
确定事件原则 sure-thing principle
阿莱悖论 Allais paradox
艾尔斯伯格悖论 Ellsberg paradox
前景理论 prospect theory
参照依赖 reference dependence
确定效应 certainty effect
反射效应 reflection effect
禀赋效应 endowment effect

基于模型 model-based
无模型 model-free
双加工框架 dual-process framework
学习率 learning rate
预期误差 prediction error
资格迹 eligibility trace
时间抽象 temporal abstraction
层级高斯滤波器 hierarchical Gaussian filter
基于采样的决策 decision by sampling
决策场理论 decision field theory
联结累加模型 associative accumulation model
多属性线性弹道累加器 multiattribute linear ballistic accumulator
线性弹道累加器 linear ballistic accumulator
漂移率 drift rate
情境效应 context effect
双选项迫选 two-alternative forced choice
随机点运动任务 random dot motion task
漂移-扩散模型 drift diffusion model
漏斗-竞争累加器 leaky competitive accumulator

知识要点

- 推理的类别及其区别
- 经典的沃森选择任务的过程和结果
- 解释直言三段论问题的理论
- 三种典型的启发式策略
- 布鲁纳等关于假设检验的实验
- 类比推理的结构映射理论和多重限制理论

- 条件推理和三段论推理的神经基础
- 贝叶斯定理的公式和意义
- 层次贝叶斯模型的意义
- 隐马尔可夫模型的三大元素
- 期望效用理论的基本内涵和核心假设
- 期望效用理论中效用函数的三种类型
- 主观期望效用理论的特点
- 阿莱悖论和艾尔斯伯格悖论的概念
- 前景理论的基本原理
- 前景理论的计算模型
- 跨期决策的概念
- 不确定情境下决策的神经基础
- 强化学习框架的基本内涵和核心假设
- 探索-利用困境
- 无模型和基于模型的强化学习的区别
- 分层强化学习的基本原理
- 多属性线性弹道累加器模型
- 漂移-扩散模型
- 漏斗-竞争累加器模型

第十二章
社会认知

作为社会性动物，人在社交、合作和互助等方面的能力远远超过了其他物种。想象你作为新生加入班级并进行自我介绍，你如何进行自我认知，从而将自己适当地展现给他人？一名同学在听完你的自我介绍后面带微笑，你认为这名同学对你的评价如何？你是否愿意与其成为朋友呢？在决定聚餐地点时，如果班级中的大部分同学选择了同一家餐厅，你是否会独树一帜地提出其他建议？生活中，我们大多数时间在与人相处，试图了解他人，也努力增加他人对我们的了解，以更好地适应社会生活。然而，社会情境复杂多变，我们需要进行高度灵活的社会反应，这些过程是如何实现的呢？社会认知（social cognition）描述了个体如何根据环境中的社会信息理解、评价和推测他人［或其他群体（group）］的心理与行为，通过社会交往形成自我意识和概念，最终产生适应性社会情绪和行为反应的过程（Fiske & Taylor，2017）。社会认知不仅是认知心理学的重要组成部分，也是社会心理学的一种研究取向。本章第一节首先介绍社会认知的观点、相关理论及其独特的研究内容。第二节、第三节关注社会认知的基本问题：我们如何认知自己？如何认知他人？这些过程是如何产生的？第四节关注这些认知自己与他人的过程是如何影响我们的情绪，如何形成我们在社会生活中的决策和行为，以及如何帮助我们适应群体社会生活的。

第一节 社会认知概述

一、社会认知的观点与理论

根据认知加工的观点，大脑认知活动可以被分解为刺激信息的输入、编码、存储和提取等一系列认知加工阶段（Broadbent，1958）。将认知加工观点应用于社会情境，进而理解从社会刺激输入到个体社会反应输出的心理和认知过程，就是社会认知的观点。显然，社会认知需要依赖本书前文介绍的知觉、注意、记忆等基本认知加工，但远不止于此。社会认知的观点认为，从社会刺激到社会反应之间存在个体对客观刺激的主观社会建构，个体依据该主观社会现实做出最终的社会行为反应（图12-1）。例如，你前一天在学校活动中结识的新朋友与你在校园里相遇，但是他却没有主动与你打招呼，你会有何感想，又将做何反应？如果你将他的视而不见理解为他对你的轻视，那么你会感到不快并决心即使以后有所交集也不再视其为友；如果你将他的视而不见理解为他专注于思考以至于没有看到你，那么你可能会觉得他很有趣，很可能还会上前跟他打趣。由此可以看出，对相同的客观社会刺激（如"视而不见"），人们建构的主观社会现实不同，社会反应也会相应地有所不同。

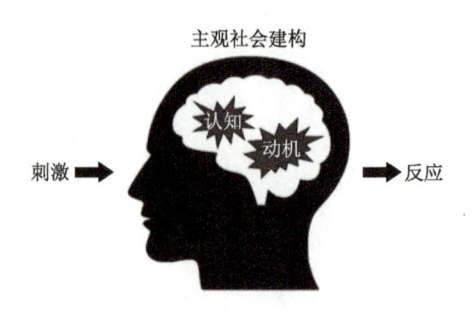

图 12-1　社会认知的观点。从社会刺激到社会反应之间存在个体对客观刺激的主观社会建构，个体依据该主观社会现实做出最终的社会行为反应

可见，相比基础认知，社会认知过程涉及更为复杂且独特的自我-他人交互的社会情境及其中的主观社会建构。因此，社会认知研究者的思路并不是简单地通过基本认知加工的分类去探究社会知觉、注意、记忆等认知过程，而是主要以社会交互中的自我与他人为出发点，对个体如何构建主观社会现实以认知自己和他人，并据此产生社会情绪和行为反应进行了广泛的研究。研究主题主要涉及自我概念、自我参照、自尊与自恋、自我服务偏差等自我认知（第二节），社会推断、归因、态度和刻板印象等他人认知（第三节），以及社会认知对社会情绪和行为的影响（第四节）等方面。每种主题或每个时期的研究都会产生多种理论，用于描述和解释个体如何通过客观刺激建构主观社会现实、动机、认知在其中的主要作用等。这些理论之间相同的基本假设，则反映了这一时期研究者关于社会认知共享的观点或理论模型。在这些理论模型中，个体被描述为不同类型的"社会思考者"。从20世纪50年代开始，五种影响力较大的社会思考者模型先后出现：一致性寻求者（consistency seeker）、朴素的科学家（naive scientist）、认知守财奴（cognitive miser）、投机策略家（motivated tactician）和被激活的行动者（activated actors）（Fiske & Taylor，2017）（表 12-1）。

表 12-1　社会认知研究中的社会思考者模型

社会思考者模型	年代	核心观点	动机的主要作用	认知的主要作用	理论举例
一致性寻求者	20世纪50—60年代	个体在对客观刺激进行主观建构时，会努力使自己当前对新刺激的解释与自己已有的主观社会建构保持一致	减少认知不一致引发的不适	对行为和信念的认知	态度的失调理论（本章第三节）
朴素的科学家	20世纪70年代	个体会不加选择地收集所有相关信息，并通过理性分析得到最合理的解释，以构建社会现实	预测和控制、合格的理性	全面的、理性的分析	归因协变理论（本章第三节）
认知守财奴	20世纪80年代	简单的社会互动也可能包含大量的信息，但个体处理信息的容量是相对有限的。为此，个体会发展出思维捷径，简化自己的社会认知加工过程	迅速的、满意的理解	通过思维捷径节约有限的容量	刻板印象的作用和后果（本章第三节）

续表

社会思考者模型	年代	核心观点	动机的主要作用	认知的主要作用	理论举例
投机策略家	20世纪90年代	个体在主观社会建构时存在多种策略，会基于当前情境下的目标、动机和需求选择策略，有时精细加工，有时依赖捷径	思考是为了社会情境中的行动	整合目标和情境信息、选择组织认知策略	态度改变的双重加工模型（本章第三节）
被激活的行动者	21世纪	在个体有意识地做出选择之前，大部分的认知加工过程已经在无意识情况下或自动化地或有控制地完成了，而个体是一个被社会情境激活的行动者	社会生存和发展	自动化的情感与行为	社会认知与情绪（本章第四节）

通过回顾这些社会思考者模型，我们可以发现，社会心理学的研究自始至终都带有"认知"色彩，即使在行为主义的刺激-反应联结观点主导心理学的时期（20世纪20—50年代），社会心理学的研究仍保持了这种认知特性。然而，与社会认知观点主导的社会心理学后期的研究相比，早期的理论模型多起源于对特定社会行为或现象的解释，如态度、归因、刻板印象，因此具有很强的特异性，大多只能用于解释特定的社会现象。同时，早期的理论模型对社会认知的加工阶段区分不明，虽然具有认知特性，但缺乏对加工过程的认识。随着认知心理学的发展，社会认知观点逐渐扎根社会心理学研究，因此后期的理论模型，如投机策略家和被激活的行动者具有更强的一般性与概括性，更加强调社会认知的加工过程。这些模型作为社会认知学家对社会认知的初步探索，对现阶段我们研究和理解社会认知过程仍具有重要的借鉴意义。

二、社会认知独特的研究内容

作为近现代心理学相对较新的研究领域，社会认知一方面将认知心理学关于认知加工的观点应用到社会情境中，强调个体对社会刺激的主观社会建构，着力于精细描述社会行为和现象背后具体的认知加工阶段与过程，发展和深化了社会心理学；另一方面，从社会心理学的角度丰富和扩展了认知心理学的研究内容。因此，社会认知站在认知心理学和社会心理学的肩膀上，发展成为具有独特研究内容的领域。

社会认知的研究内容之所以独特，主要原因有两个方面：第一，社会心理学主要关注个体和群体在社会相互作用中的心理与行为发生及变化规律。在此基础上，社会认知研究应用认知加工的观点，进一步揭示了社会行为和现象背后的认知加工过程。第二，相比基本认知过程（如知觉、注意和记忆等），社会认知过程涉及更为复杂的自我-他人交互的社会情境，以及其中的主观社会建构。因此，社会认知研究并不是简单地将基本认知研究迁移到社会情境，更需要结合社会情境中自我-他人交互的特点确定相应的研究主题与方向。基于以上两个原因，社会认知的独特性最终反映在其研究对象上，表现为既具有认知成分，又带有社会属性。

（一）研究对象的认知成分

首先，社会认知借用了认知心理学的基本观点，即从客观刺激到个体反应，其中存在个体内部的认知过程。因此，社会认知学家认为，社会行为不是由社会情境的外部刺激直接决定的，而是由情境中的人的内部心理表征（即主观社会现实）介导的。换句话说，影响行为的不是环境中的刺激本身，而是我们对它们的感知。理解社会行为，本质上就是要理解这些内部介导过程的基本规律。

其次，虽然社会认知和基本认知都致力于探索个体内部的介导过程，但社会认知研究的内部介导过程具有较强的情境依赖性（Smith & Semin, 2004）。例如，某些情况下，个体可能认为向他人隐瞒亲人生病的消息是欺骗，但在其他情况下，个体可能会认为这种隐瞒是善意的。这种不同的理解可能是个体根据具体情境建构了不同的主观社会现实，最终导致不同的社会反应。那么，这种情境依赖性是一种缺陷吗？答案并非如此。尽管社会认知的情境依赖性确实给社会认知的研究者带来不少麻烦，但对个体构建高度灵活的社会现实，适应复杂多变的社会环境，却具有非常重要的作用（Louie & Martino, 2013; Rilling & Sanfey, 2011）。如果没有这种情境依赖性，那么与恋人的交谈就会像跟陌生人交谈一样生疏，在典雅的礼堂里的行为举止就会和在游乐园里的行为举止一样肆意。因此，若社会认知研究不考虑研究对象的情境依赖性，就很难准确地解释和预测社会行为，毕竟人类的社会行为已经远远超出了僵化的例行公事。

（二）研究对象的社会属性

如前所述，社会认知与基本认知一样都强调个体的内部认知过程。那么，用于描述和理解人们如何进行基本认知的规律，如信息的感知、存储、检索和推理，又能否简单地直接应用于社会情境呢？答案是否定的。社会认知与基本认知的不同主要在于两个方面：刺激的性质和加工的性质（Greifeneder et al., 2017）。

显然，社会认知刺激，如他人的智力、可信度、攻击性或幽默感等，不同于基本认知的刺激，如光线、声音等。它们的特殊性主要体现为刺激的社会性和刺激与感知者之间的关系。首先，社会刺激的许多属性不能被直接感知或客观评估。例如，我们可以看到颜色、听到音调，但不能直接看到他人的攻击性或幽默感。在他人首次对我们表现出这些社会属性之前，我们是无法直接进行判断的，只能根据相对间接的线索来进行推断或解释。比如，一个人说话很温柔，那我们会推测这个人大概率不会攻击别人。这意味着个体需要根据已知的属性信息，利用不同社会属性之间的关系（如说话声音越温和，性格越温柔）间接地对他人的其他属性进行推测。可见，社会刺激加工不仅需要对客观物理刺激进行加工，还可能涉及大量的推理并且包含较大的不确定性（FeldmanHall & Shenhav, 2019）。其次，社会刺激的属性本身通常定义不明，甚至不同个体或同一个体在不同情境下，对某一属性的定义都会不同。例如，什么是攻击性？每个人的想法可能不同。仅仅是身体攻击吗？语言上的攻击是否也是一种攻击性的表现？看到某人打人，就能推断他是有攻击性的吗？因此，对同一属性的估计更多是因人而异、因情况而异的。更重要的是，社会认知的刺激或目标，如社会互动中的互动对象，与我们一样具有极强的主观能动性，即互动对象在被我们感知的同时也在感知我们。因此，当他们意识到自己正在被观察时，可以迅速地改变自身的属性，以做出适应此情境的行为。此外，如果想影响或改变观察者对他们的感知，他们甚至可以发出特定的信号或做出特定的行为以进行印象管理，毕竟多数人希望自己被认为是聪明的和值得信赖的。

社会认知研究的社会性不仅体现在刺激的性质上，还体现在加工的性质上。在社会交互中，个体之间的主观现实构建是相互影响的。例如，你因为课业任务较忙很久没有联系一位朋友，当你在任务结束后再联系这位朋友时，他的态度和语气变得没有以前那么热情了。他是因为你长期没有联系而认为你不重视他，所以在这次通话中表现得冷淡；你可能会因为他这次通话中的冷淡，认为对方没有想象中的那么关心你，最终真的变成对方猜测的那样，你不再重视这位朋友。在这次社会联系中，作为交互对象，朋友的主观现实构建显然影响了你的主观现实构建。与此同时，你的自我概念也可能参与其中。一方面，当你高度卷入这一社会情境，即当你特别在乎这个朋友时，你更有可能处理更多的输入信息，想到对方可能是因为你好久没有联系他而生气（Kruglanski，1989，2004）。另一方面，你自身的特质可能影响加工的方向，影响你对社会现实的准确构建。例如，如果你对他人的拒绝特别敏感，就更容易认为对方不再关心你。已有研究也证实，在某些条件下，个体可能更愿意搜索和关注与自己的先前信念、愿望一致的信息（即前文所述的"一致性寻求者"模型）。

总之，由于社会认知活动中的刺激或目标具有一定的社会性质，认知者需要跨越各种各样的障碍，如间接可观察性、缺乏直接反馈、属性或定义不明确，以及观察目标的印象管理等，使得社会认知成为一项高度复杂的任务。这种"超越所给信息"的强不确定性的推断过程，使社会认知研究成为一个独特而又引人入胜的领域。在接下来的三节中，我们将分别介绍关于个体如何构建主观社会现实以认知自己（第二节）、认知他人（第三节），并据此做出社会情绪和行为反应（第四节）的现有研究进展与理论。

第二节　自 我 加 工

一、自我概念

> 我是一个漂亮的人。我是一个喜爱古典音乐的人。我是一个胸怀大志的人。我是一个好奇心很强的人。我是一个中国人。我是一个汉族人。我是一个开明的人。我是一个保守主义者。
>
> ——Montemayor 和 Eisen（1977）（有修改）

如果让一个人用一串语句回答"我是谁"或"我是一个什么样的人"等类似的问题，那么他可能给出上述的答案。对于这一类问题，我们终其一生一直在思考并尝试从不同角度进行回答。然而，无论如何回答，这些答案都反映了我们对自我（self）的大致"画像"。这些描述或定义反映的就是个体的自我概念（self-concept）（Epstein, 1973; Hattie, 2014）。

从自我概念的具体内容来看，自我概念的范畴（Baumeister, 1999）包括我们对自己外貌和其他生理特征的认知，例如，某人认为自己漂亮、苗条；对自己性格和社会角色的认知，例如，某人认为自己有责任心，是一名科研人员、几个孩子的母亲；对他人眼中的自己的认知，例如，某人认为自己是别人眼中的好同事等。

从自我概念的属性来看，自我概念具有复杂性、清晰性和一致性等多种属性。自我概念的复杂性（complexity of self-concept）反映了多种自我概念之间的相互关系。个体的自我概念数量越多，内容差异越大，复杂性也就越高（Linville，1987；Pilarska & Suchańska，2015；Rafaeli-Mor & Steinberg，2002）。自我概念的清晰性（clarity of self-concept）反映了个体对自我认识的清晰或确定的程度（Campbell et al.，1996；Mittal，2015）。而自我概念的一致性（consistency of self-concept）反映了个体在不同情境中对自我概念认知的相似程度（Cross et al.，2003；English & Chen，2011；Kraus et al.，2011）。

二、自我参照

自我概念中包含的大量与自己相关的信息储存于记忆之中，并占据着重要地位（Kiang et al.，2017；Markus，1977）。记忆与个体的自我概念有着密切的联系。这种联系体现为一种自我参照效应（self-reference effect），即与自我相关的信息在个体的记忆加工中更具有优势（Symons & Johnson，1997）。例如，我们更容易记住和自己生日相近的他人的生日日期。Kesebir 和 Oishi（2010）设计了一个巧妙的实验，验证了这种效应。在实验中，参与者首先写下 10 个朋友的名字，然后写下这些朋友的生日。如果参与者确信自己的记忆准确，那么就将这一生日写下来。但是，如果参与者没有记住朋友的生日，则需要通过查询日历等方法来确定朋友的真实生日，并进行记录。最后，参与者报告自己的生日。Kesebir 和 Oishi（2010）发现，相较于没有被记住的生日，被记住的生日与参与者自己的生日更为接近（图 12-2）。

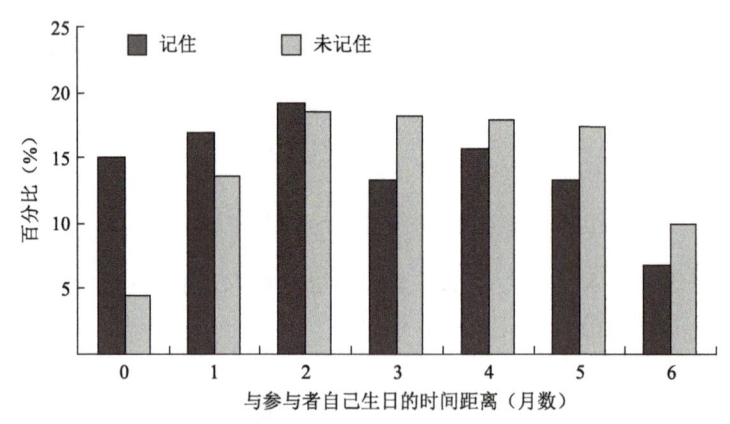

图 12-2 自我参照效应的实验证据。Kesebir 和 Oishi 将参与者记住的朋友生日和未记住的朋友生日数占总数的百分比作为纵轴，将朋友的生日与自己生日相距的月数作为横轴，可以绘制出这一柱状图。该图显示了随着朋友生日与参与者自己生日的时间距离的增加，参与者会越来越难记住朋友的生日（Kesebir & Oishi，2010）

与自我相关的信息为何更容易被记住？一种观点认为，这可能仅仅反映了一种加工深度的差异。与自我相关的信息能够吸引更多的注意，提供更丰富的信息，因而可以留下更加深刻和持久的记忆痕迹，进而被个体认知系统深度加工（Greenwald & Banaji，1989）。另一种观点则认为，自我是一种独特的认知成分，有独特的认知加工过程，因而记忆也更强（Rogers et al.，1977）。两种观点从不同角度解释了记忆的自我参照效应。那么，对于这两种观点的合理性，认知神经科学研究提供了一些评估的证据。如果自我是一种独特的认知成分，有其独特的认知加工过程，那么相较于对其他信息的加工，个体对自我相关信息的加工应该具有独特的神经激活。Kelley 等（2002）使用 fMRI 技术对此进行了检验。实验中，屏幕上呈现一些描述个人特质的形容词，参与者需要判断这些词是否可以用于描述自己（自我参照条件），描述当时的美国总统布什（他人参照条件），或仅需要判断这些词是否是用大写字母呈现（字母判断条件）的。实验结果显示（图12-3），在自我参照条件下进行形容词判断任务时，参与者的内侧前额叶皮层（medial prefrontal cortex）被激活，而这一脑区在另外两种情况下均没有被激活。这一结果表明，自我参照条件具有独特的神经激活，为自我认知的独特性观点提供了证据。

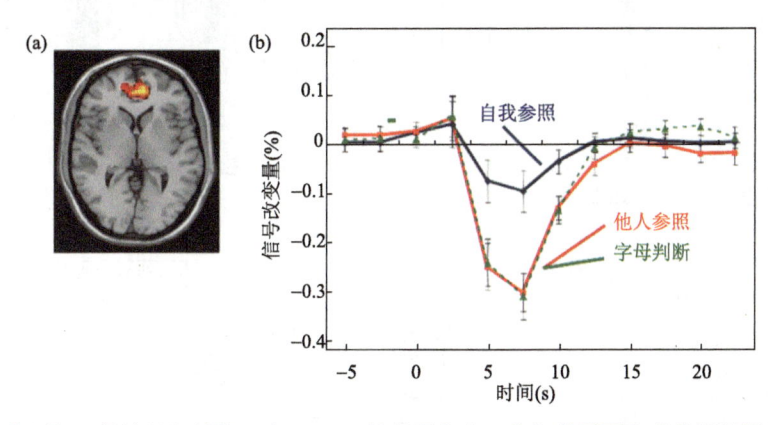

图 12-3　自我参照加工的神经相关物。在 Kelley 等的研究中，参与者需要在磁共振机器中完成自我参照条件、他人参照条件和字母判断条件下的特质形容词判断任务。通过对比参与者在三种条件下的大脑激活差异，研究者发现内侧前额叶皮层参与了自我参照加工，是自我参照加工的独特脑区。（a）显示了内侧前额叶皮层在大脑中的具体位置。（b）表示内侧前额叶皮层在三种条件下的激活差异（Kelley et al.，2002）

脑损伤患者的研究也提供了另外的证据。Sui 和 Humphreys（2013）以一个患有语义障碍和遗忘症的患者 GA［图 12-4（a）］作为实验组，以四个年龄和 GA 匹配的健康参与者作为控制组进行了研究。在第一部分实验中，电脑屏幕上会先给参与者呈现一些分配给自己或主试的物品，然后判断该物品是否在之前呈现过。随后，参与者完成源记忆测试任务，进一步报告自己之前判断为呈现过的物品属于谁。在第二部分实验中，主试要求参与者判断一个物体是生物还是非生物（涉及深层语义加工），或者判断它的物理大小（涉及表层语义加工），然后让他们完成记忆再认任务——判断该物品是否在之前呈现过。最后，参与者完成源记忆测试任务——对于之前自己判断为呈现过的物品，参与者要进一步报告在前面的任务中该物品是根据种类还是大小来进行分类的。研究结果表明［图 12-4（b）］，与分配给主试的物品相比，GA 和控制组参与者对分配给自己的物品的再认记忆、源记忆都更好。然而，对于涉及浅层或深层语义加工的刺激，GA 在这两种记忆任务中没有表现出显著差异，但是控制组参与者对涉及深层语义加工的刺激的再认记忆和源记忆均更好。由此可见，GA 和控制组参与者在这两个实验任务中的表现出现了明显的分离（双分离）。这一结果表明，自我参照效应的加工与语义的精细化加工过程相互独立，涉及独立的神经加工机制，而非一种加工深度的差异（Sui & Humphreys，2015）。

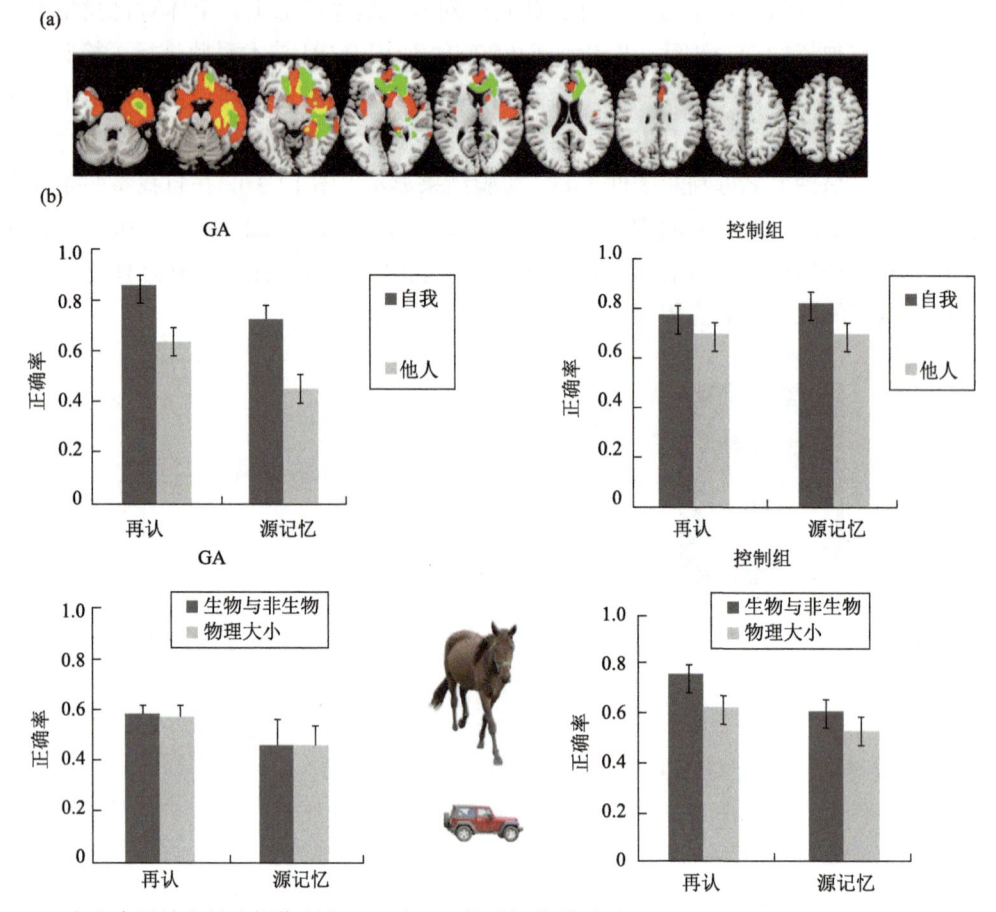

图 12-4　自我参照效应的脑损伤研究。（a）GA 的脑损伤模式（Sui & Humphreys，2013）。1990 年，因单纯疱疹性脑炎病毒感染，GA 的双侧前扣带回、双侧杏仁核、双侧海马、双侧岛叶、右侧海马旁回、梭状回、尾状回、下回和颞中回受到了损害。图中红色代表 GA 大脑灰质的损伤，绿色代表 GA 大脑白质的损伤，黄色代表灰质和白质的双重损伤。（b）Sui 和 Humphreys（2015）的研究结果。其中，图的上半部分是第一部分自我-他人物品记忆实验的结果，下半部分是第二部分生物-非生物物体记忆实验的结果。这一结果显示，GA 和健康参与者在这两个实验任务中的行为表现出现了明显的双分离效应，表明自我参照效应的加工与语义的精细化加工是两个独立的过程

三、自尊与自恋

每个人都渴望拥有较高的自尊（self-esteem），自尊带给我们积极的感受，让我们面对挑战时充满信心。然而，不切实际的自尊就变成了自恋（narcissism）。自恋可能使我们迷失自我，并损害我们的人际关系。下面介绍自尊、自恋的含义及二者的区别。

自尊一般指人们对自己的价值、长处及重要性的整体看法和全面评价（Leary & Baumeister，2000）。它既包含个体对全部自我的喜爱，也包含个体对自我部分具体特质的

喜爱（Crocker & Wolfe，2001）。在社会心理学中，由于自尊具有较强的主观性，研究者主要依靠自我报告来对其进行评定。其中，最常被研究者采用的自评量表是罗森伯格自尊量表（Rosenberg self-esteem scale，SES）（Rosenberg，2015）。该量表将自尊定义为个体对自己的价值和重要性的评价。

尽管使用自尊量表的自我报告可以较准确地测量个体当前的自尊水平，但个体的自尊水平并不是一成不变的。日常生活中经历的一些事件可能影响我们的自尊水平（Drake et al.，2008；Lehman & Repetti，2010）。比如，当很重要的人给予我们积极评价时，我们可能感到自尊获得了提升；当很重要的人给予我们消极的评价时，我们可能怀疑自己之前的自我评价是否准确，并感到自尊的下降。这提示我们，在人际互动中，个体会对他人对自己的评价进行预期，并根据他人实际的评价，学习和更新这一预期，以优化后续的认知和行为，这一过程称为社会学习（Olsson et al.，2020）。一项研究证实了该社会学习效应在自尊改变中的重要作用（Will et al.，2017）。实验中，参与者被告知他们上交的档案已接受多个其他参与者的评价。随后，在磁共振机器中，参与者不断看到他人对自己的评价，并评定自己当前的自尊水平。结果发现，个体会根据以往经验对他人的评价做出预期，预期的评价和实际评价可能存在差异，产生社会预期误差（social prediction error，SPE），促进个体对他人评价的预期更新，该过程可以被强化学习模型解释（Rescorla & Wagner，1972）。在此过程中，个体会改变自我评价的自尊水平，其中社会预期误差是个体自尊评价更新的重要预测因素（图 12-5）。脑成像研究发现，社会预期误差与腹侧纹状体的活动相关，而由这些误差引起的自尊更新与腹内侧前额叶皮层的活动密切相关。该研究揭示了个体自尊受外界影响而改变的认知和神经基础。

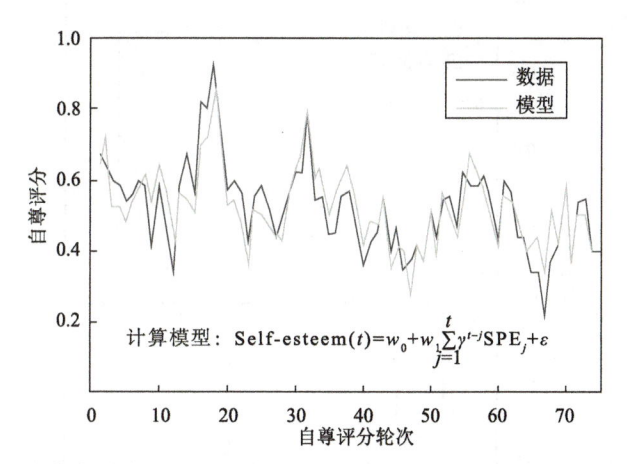

计算模型：$\text{Self-esteem}(t) = w_0 + w_1 \sum_{j=1}^{t} \gamma^{t-j} \text{SPE}_j + \varepsilon$

图 12-5 自尊的学习。个体自尊水平会受到外界评价的影响而改变，改变的过程可以被基于强化学习的计算模型解释。计算模型包含 3 个成分：其一是个体的基础自尊水平（w_0），该成分代表了个体不受外界影响的基础自尊水平；其二是受外界影响的自尊变化量，当外界的评价与个体自尊水平存在差异（社会预期误差）时，个体会根据差异量调整自己的自尊水平；其三是随机变量（ε），是不能被前两个成分解释的部分（Will et al.，2017）

现在我们知道了自尊是什么、如何测量自尊及自尊如何受外界影响而改变，那么自尊对我们的生活有什么重要意义呢？许多研究发现，自尊与学业和事业成就呈正相关关系（Kong et al., 2015；Robison-Awana et al., 2015）。此外，自尊可以帮助我们应对威胁和挫折，减少焦虑和抑郁等负性情绪（de Jong, 2002；Chen et al., 2010）。

自尊对我们的生活具有重要意义，然而有一种与高自尊具有一定相似性的现象则需要警惕，那就是自恋。研究者一般认为，自恋是个体对自身及自我形象的过分关注与沉迷，是一种对自身重要性夸大的感觉，自恋的人认为自己比其他人更优越，更有资格获得特权（Raskin & Hall, 1979）。尽管自尊和自恋都包含对自我价值的认可，它们仍有一些显著的区别。首先，自恋者对自身价值的认可是以自我为中心的，他们缺乏关心他人的动机和能力（Campbell, 2005）。其次，研究者发现，高自恋者一般具有高自尊的特质，然而高自尊者未必具有高自恋的特质（Sinha & Krueger, 1998），这说明这两个认知过程本质上不同。最后，在自我评价受到威胁时，自恋者更有可能用极端的方式回应威胁到他们的人（Bushman & Baumeister, 1998；Twenge & Campbell, 2003）。在一项研究中，研究者用问卷测量了参与者的自恋水平（Vize et al., 2021）。在正式实验中，参与者需要就某一话题写一段观点，之后将观点交给另外一名评价者观看，并收到该评价者对此的反馈评价（该评价者实际上是假参与者）。参与者得到的评价有正性和负性两种，之后参与者被告知将与刚才的评价者一起进行一个噪声游戏，在游戏中参与者可以给评价者设定噪声干扰强度。研究发现，相对于低自恋特质的人而言，具有高自恋特质的人在噪声游戏环节选择给批评他们的人更高的噪声伤害（图 12-6），这说明自恋者在感觉到自我评价受到威胁时会产生更强的攻击威胁者的动机。

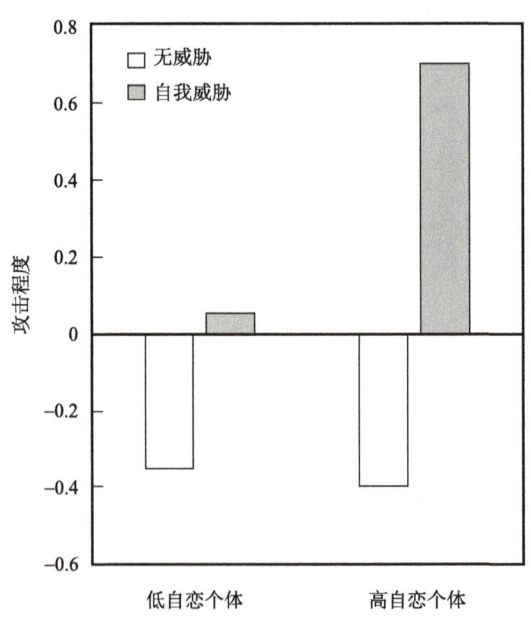

图 12-6 参与者感知到自我威胁时，其自恋特质与攻击行为的关系。高自恋个体在受到负面评价后产生了更强的攻击行为（Vize et al., 2021）

自恋者用攻击行为回应给予自己负性评价的人，是否说明自恋者本质上是用膨胀的自尊来掩饰自己内心的自卑，所以在被别人戳破时才更加愤怒？研究者通过内隐联想测验（implicit association test, IAT）任务探究了自恋者在内心深处是如何看待自己的，结果发现并非如此（Campbell et al., 2007）。该任务以反应时为指标，通过计算机化的分类任务测量概念词和属性词之间自动化联系的紧密程度，由此反映个体的内隐态度。参与者被要求尽可能快地把"我"（概念词）与一些形容词（属性词）连接起来，这些形容词既包括诸如"好的""愉快的"等正性词语，也包括诸如"坏的""残忍的"等负性词语。结果发现，相对于其他参与者，高自恋特质的人更快地完成了"我"与积极词语的联系，但完成"我"与消极评价词语的联系时较慢。该研究说明，自恋者可能从内心深处就认为自己是极其优秀的，而这种不符合实际的自我认知会让人迷失自我。

四、自我服务偏差

我们可能见过这样的现象：当一名学生考试成绩不好时，他可能抱怨试题太难，却很少抱怨自己复习不认真；当该学生考试得高分时，则会觉得拿高分的原因是自己聪明。这是一种经典的自我服务偏差（self-serving bias）现象，即人们偏好将自己与积极结果挂钩，把自己的成功归结于内部因素，如自己的努力、智慧和能力等；将自己的失败归结于外部因素，如运气、环境、团队里的他人等（这一过程也被称为归因，将在第三节具体介绍）。除此之外，自我服务偏差还可能存在于大多数涉及判断自己和他人表现好坏的情况，即我们普遍倾向认为自己比大多数人好。

为了探究自我识别过程中的自我服务偏差效应，Epley 和 Whitchurch（2008）利用电脑技术将参与者自身的照片处理成具有高低不同吸引力的照片（根据实验准备阶段另一批参与者对照片吸引力的评定结果），要求参与者选出认为可以代表自己真实长相的照片（图12-7）。结果发现，参与者更偏向选择比自己真实照片有更高吸引力的照片。当参与者被要求分别选出可以代表自己和陌生人的照片时，参与者选出的照片中，代表自己的照片明显比代表陌生人的照片的吸引力更大。也就是说，个体认为自己更具吸引力，这在一定程度上反映出自我服务偏差的存在。不仅如此，其他研究还发现自我服务偏差较强的个体，会认为自己的道德（Brenner & Molander, 1977）、聪明（Watt & Larkin, 2010）水平高于群体的平均水平。

人们为什么会出现自我服务偏差呢？一些理论认为，个体维持自尊及追求高自尊的动机是自我服务偏差形成的原因，自我服务偏差来源于自我增强（提高自己的积极评价）和自我实现（充分发挥自己的能力）的心理，即一种自我服务的动机（Dunning, 1995）。Dunning（1995）等发现，人们会通过树立卓越或成功的个人形象来增强自尊心，以实现自我服务。他们要求参与者扮演心理咨询情境下的治疗师或者观察者的角色，然后以特定角色身份相互交流，评估符合角色身份需要的特质和信息。结果发现，相比扮演观察者，参与者在扮演治疗师时，评估自己成为"成功治疗师"需要的特征标准更低。这表明个体可能降低了一些判断标准以维持自尊，从而出现了自我服务偏差。另外，当参与者具有高水平自尊时，他们可能会承受高自尊带来的压力，使得他们在角色扮演任务中表现出偏向成功的自我服务偏差；当没有这种压力时，则未表现出自我服务偏差。因此，我们往往尝试通过远离失败来维护自身形象，可能正是这种保护自尊的动机促进了自我服务偏差的出现。还有一种解释认为，自我服务偏差可能是我们偏好加工和记忆与个人相关信息的产物，即本章第二节中的自我参照。自我参照效应表明，个体面对自我和他人信息时的记忆情况会出现差异，与自我相关的信息在记忆中更重要。我们掌握的关于自我的信息数量要远比关于他人的多，我们可能更容易想起自己做了什么，却不太容易想起别人做了什么，这也可能是自我服务偏差的来源之一。

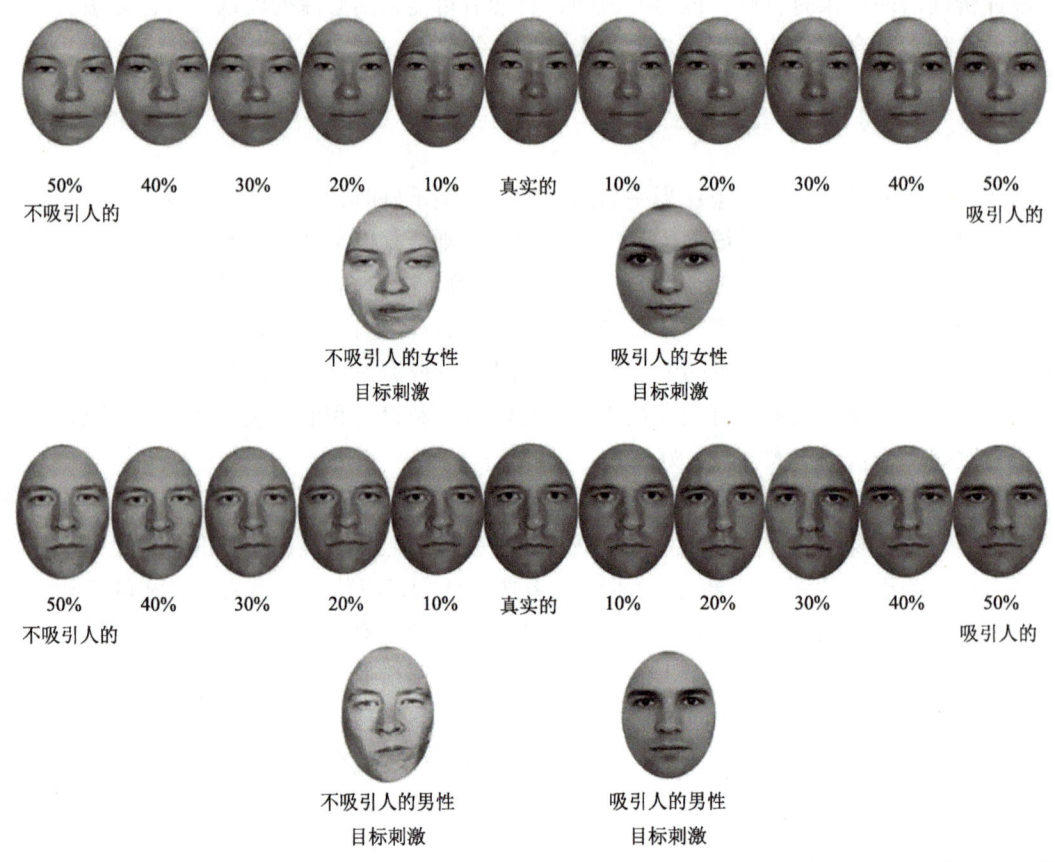

图 12-7 Epley 和 Whitchurch（2008）实验中用到的实验刺激。基于这些材料，参与者需要选择出可以代表自己长相的照片

第三节 认识他人

第二节介绍了人们如何认识自己，本节讨论人们如何认识他人。请想象你有一位来自 A 城市的同学。在期末考试结束后，你看到他满脸笑容，哼着歌在路上走。你觉得他可能是因为对考试成绩满意才如此开心。在这一认知过程中，你既通过他的表情和行为（笑容和哼歌）推断出其心理状态（开心），又寻找了原因（对考试成绩满意）来解释他的表情和

行为。前一过程是对他人心理状态的推测，即社会推断（social inference），后一过程是对他人行为的解释，即归因（attribution）。如果你经常看到这位同学笑容满面，那么你可能会进一步认为其实他是一个乐观开朗的人，这种对他人相对稳定的评价被称为态度（attitude）。之后，你发现其他几名来自 A 城市的同学都是如此，你可能会认为 A 城市的人都比较乐观开朗，这种对群体相对稳定的评价被称为刻板印象（stereotype）。

总体来说，社会推断和归因能帮助我们理解他人，而态度和刻板印象是理解他人之后产生的主观评价，并且会影响后续认知他人的过程。接下来，我们详细论述社会推断、归因、态度和刻板印象这四个概念。

一、社会推断

人是社会性动物，准确理解和预测他人的心理状态，有助于我们更好地适应社会环境。试想某天你发现自己的朋友怒气冲冲地朝另一人跑去，你会不会认为是那个人做了什么让朋友生气的事情，而且你可能会担心他俩将要吵架并试图提前拦住朋友问清楚情况？尽管他人的心理状态（主要包括信念、意图、愿望和情绪等）并不能直接被观测到，但我们可以依据可知的社会线索（朋友愤怒的表情）推断他人不可知的心理状态（生气），并试图据此理解（他人让朋友生气）和预测（他俩可能会打架）他人的社会行为，这一过程被称为社会推断。

（一）理解他人的心理状态——心理理论

推测他人心理状态的能力对于我们在社会生活中获得成功至关重要。Premack 和 Woodruff 在《黑猩猩具有心理理论吗？》（Does the chimpanzee have a theory of mind?）一文中率先提出了心理理论（theory of mind，ToM）的概念，指出人类具备一个推测系统来推测他人无法直接观测的心理状态，并进一步预测他人的行为。这可被视为个体对他人心理状态知识的个性化理论（Premack & Woodruff, 1978）。

研究者常用错误信念任务（false belief task）来测量人们的心理理论能力。信念（belief）是个体对现实世界的心理表征，例如，你知道"我的书放在我的桌子上"，这就是你对书的位置的信念。但是，信念并不总是与客观事实相符，例如，你的朋友临时借走了书，但并未告知你，那么你对书的位置的信念就与客观事实（书在朋友那里）不符，这样的信念被称为错误信念。例如，Sally-Anne 错误信念任务采用数张图片给参与者创设了如下的故事情境，考察参与者的心理理论能力（Adolphs, 2003）（图 12-8）：Sally 把娃娃放进一辆婴儿车之后离开了房间。随后，Anne 进入这个无人的房间，把娃娃移到了箱子里。最后，Sally 再次回到房间里。接着，参与者会被提问："Sally 会到哪里去找娃娃？"参与者要想正确回答这个问题，需要认识到自我和他人的差异，即 Sally 并不知道我们知道的事情。既然 Sally 不知道 Anne 转移了娃娃的位置，那么我们就应该推测 Sally 依然认为娃娃放在原来的位置，所以她应该去婴儿车里找娃娃。如果无法意识到 Sally 和自己知道的信息不一样，参与者就会预期 Sally 会去箱子里找娃娃。错误信念任务的表现被认为是反映心理理论能力的重要标志。

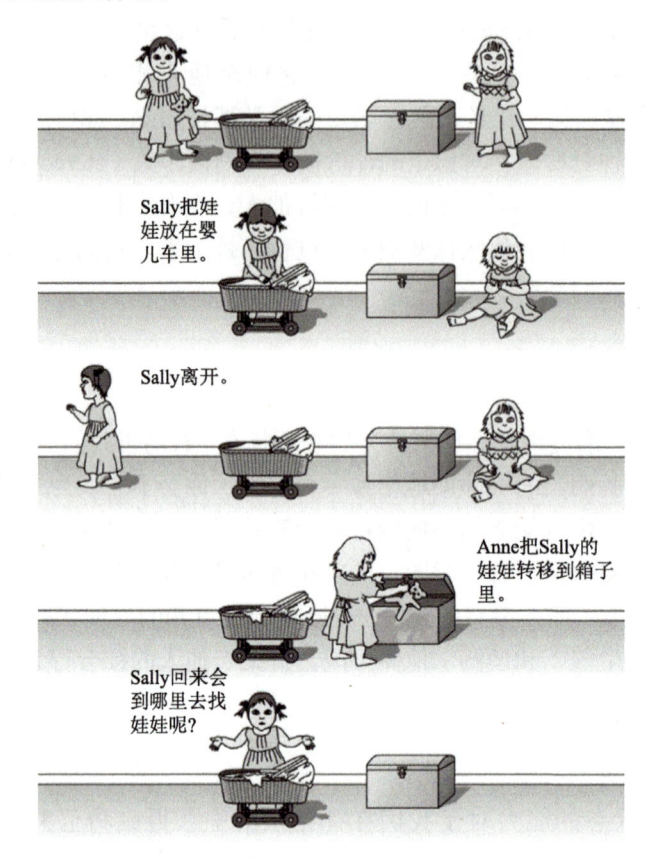

图 12-8　研究心理理论的 Sally-Anne 错误信念任务（Adolphs，2003）

在后续的研究中，研究者开始关注个体心理理论能力的神经基础（Molenberghs et al.，2016；Schurz et al.，2021）。例如，Saxe 和 Kanwisher 分别比较了个体在阅读不同类型的描述（实验一）或阅读后回答问题（实验二）时的脑活动。实验中区分了各种不同的条件，总体来说，包含一个心理理论条件，例如，错误信念故事（John 告诉 Emily 自己有一辆保时捷车，但实际上他只有一辆福特车。Emily 并不懂车，那么当 Emily 看到 John 的车时，Emily 会认为这辆车是保时捷还是福特？），以及其他控制条件，例如，对人的物理描述（Emily 一直是班级里身高最高的孩子，上幼儿园的时候，她的身高已经达到 4 英尺，现在已经长到了 6.4 英尺，那么请问在幼儿园的时候，Emily 有多高？）。结果发现，相比控制条件，颞顶联合区及内侧前额叶皮层在错误信念故事条件下表现出显著的激活［(图 12-9（a））（Saxe & Kanwisher, 2003）。研究者以脑损伤患者为研究对象得出了相同的结果，这些脑区的损伤影响了个体的心理理论能力。相比正常人，脑损伤患者在错误信念任务中的表现更差［图 12-9（b），图 12-9（c）］（Rowe et al.，2001；Samson et al.，2004）。这些证据有力地说明了颞顶联合区及内侧前额叶皮层参与了个体对他人信念的推断过程。

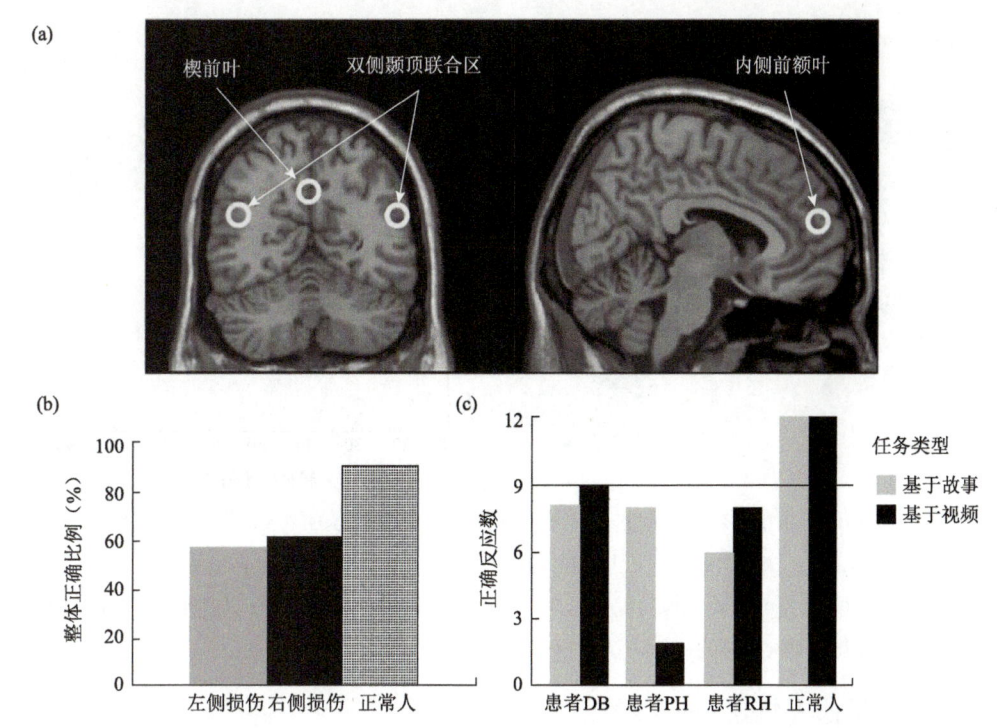

图 12-9 心理理论的神经基础。（a）相比控制条件，颞顶联合区和内侧前额叶皮层等脑区在错误信念任务中表现出更强的激活，说明这些脑区参与了对他人心理状态的表征（图上主要标明以上区域最大激活值所在的位置）(Saxe & Kanwisher, 2003)。(b) 额叶损伤患者在心理理论任务中的表现更差（Rowe et al., 2001）。(c) 颞顶联合区损伤患者无论是在基于故事还是在基于视频的错误信念任务中都表现得更差（共12题，答对9题为随机水平，如图中横线所示）（Samson et al., 2004）

在社会生活中，我们不仅要推测他人现在的心理状态，还需要预期他人未来的心理状态，通过这一预期调整我们当下的行为选择。例如，朋友面试失败后，为了让他开心，你提议一起吃一顿大餐。当你做这个决定时，你已经提前做出了朋友的心情会在一顿饭后有所好转的预期。研究者通过实验室研究发现，当个体评估他人当下的心理状态时，会自动化地预期他人未来的心理状态（Thornton et al., 2019）。研究者让参与者阅读他人所处的各类情境（如加班一整天），并评价该情境在多大程度上可以诱发他人将来某一特定的心理状态（如困倦），记录这一过程的大脑活动。结果发现，个体加工他人当前所处情境时的神经模式与其加工他人未来可能发生的心理状态时的神经模式具有相似性。同时，以往研究发现的心理理论加工关键脑区，如颞顶联合区、内侧前额叶皮层等参与了个体对他人未来心理状态的预期。当个体认为他人当前所处情境与他人未来心理状态之间的关联性越强时，这些脑区在评估他人当前所处情境与他人未来心理状态时的神经活动越相似（图12-10）。这些结果说明，心理理论相关的大脑加工同样有助于个体对他人未来心理状态进行预期。

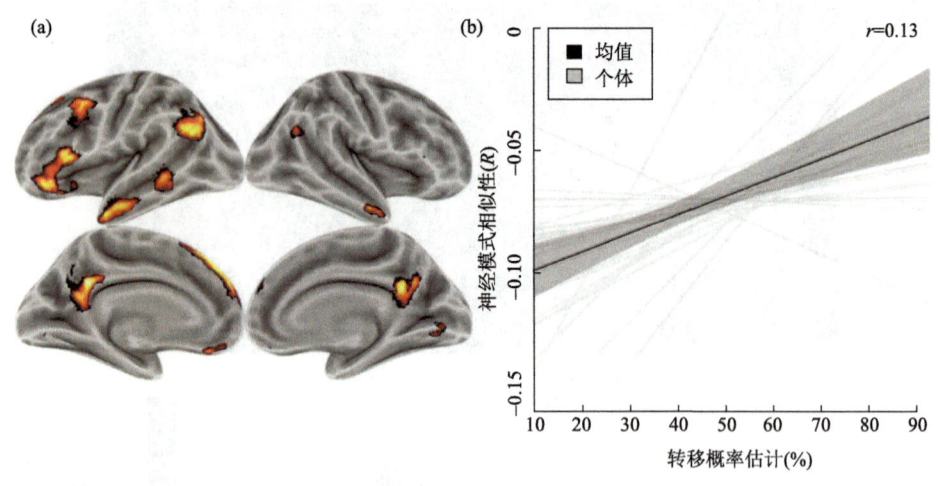

图12-10 个体评估他人当下心理状态时自动化预期他人未来心理状态的神经证据。（a）以往研究发现的心理理论加工关键脑区，如颞顶联合区、内侧前额叶皮层等脑区，参与了个体对他人未来心理状态的预期。（b）个体认为他人当前所处情境与他人未来心理状态之间的关联性越强，这些脑区在评估他人当前所处情境与他人未来心理状态时的神经活动越相似（Thornton et al., 2019）

（二）理解他人情绪——共情

除了理解他人的心理状态，对他人情绪的理解也非常重要，可以帮助个体更好地与他人相处。当电视剧中的男女主角经历生离死别后潸然泪下时，我们作为观众也会感受到其深切的悲痛，这种对他人情绪的推断和体验就是共情（empathy）。

"共情"一词最早由德语翻译而来，意为"感受到"（Chen, 2018），是指个体感知或想象及理解他人的情感和感受，并部分体验到他人感受的心理过程（Bloom, 2017；Singer & Lamm, 2009；Zaki, 2020）。

研究者认为，共情包含3个重要成分：心智化（mentalizing）、共享体验（experience sharing）和共情关注（empathic concern）（Zaki, 2020）。心智化与心理理论的概念相似，指的是个体对共情对象体验的认知，是共情者对共情对象行为和原因的内在表征。例如，剧中的演员在哭泣，我们对哭泣行为和哭泣原因的理解就是心智化。共享体验指的是共情者对共情对象情绪的体验，例如，当演员哭泣时，我们同样感受到的悲伤情绪就是一种共享体验。共情关注刻画了共情者想要提升共情对象幸福感的亲社会动机，例如，身边的朋友哭泣时，我们产生了宽慰他们使其不再难过的动机。基于共情的研究，研究者编制了人际反应指针量表（interpersonal reactivity index，IRI），该量表包括共情关注、个人痛苦、观点采择和想象4个维度（Davis, 1983）。IRI能很好地帮助我们测量个体的共情特质，是被广为使用的共情测量工具之一。

在实验室中，研究者通常采用疼痛共情范式研究共情。疼痛共情指的是个体感知或者想象他人的疼痛，并且自己体验到疼痛感受的心理过程。例如，Singer等（2004）利用磁共振成像技术比较了个体接受电击疼痛刺激和观看伴侣接受电击疼痛刺激时的大脑活动情况。直接的疼痛刺激引发了个体前脑岛和前扣带回等脑区的活动。而当观看伴侣接受疼痛刺激时，个体的左侧前脑岛和前扣带回也表现出显著的激活（图 12-11）。同时，研究者采用人际反应指针量表的共情关注分量表测量了个体的共情分数。结果发现，共情关注分量表得分越高的个体在看到伴侣疼痛体验时前脑岛和前扣带回的激活越强。该结果表明，在看到他人的疼痛体验时，我们使用了与自我体验疼痛时相似的脑区进行加工，并且在共情能力强的个体身上，这些脑区表现得更为活跃（Singer et al., 2004）。

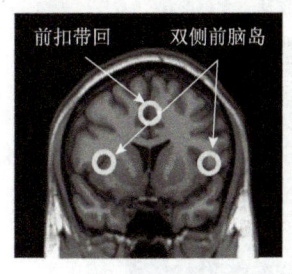

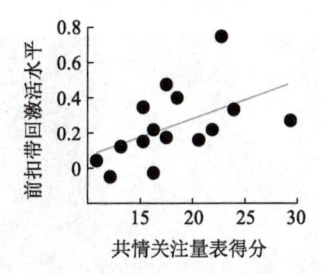

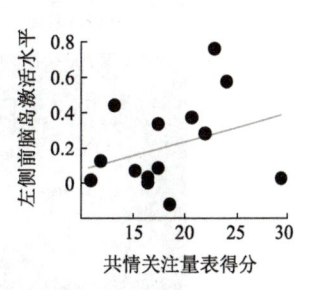

图 12-11　共情的神经基础。参与者躺在磁共振扫描设备中观看伴侣受到电击刺激，其前扣带回和双侧前脑岛表现出显著增强的活动，且该活动强度和个体的共情能力呈正相关（图上仅标明了以上区域最大激活值所在的位置）（Singer et al., 2004）

人们不但在共情水平上存在个体差异，对他人的共情也可能会因社会距离的不同而有所不同。研究表明，人们对与自己社会距离更近的个体，如亲友（Meyer et al., 2013）或同种族个体（Han, 2018），会表现出更强的共情。一项研究探讨了人们是否会对同信仰个体表现出更多的共情（Huang & Han, 2014）。实验中，一半参与者为基督教教徒，一半为无神论者。在实验中，参与者观看不同信仰个体接受疼痛或中性刺激时的表情，同时实验者记录其脑电活动。结果发现，他人疼痛表情比中性表情诱发了参与者更强的脑电活动（P2、N2 和 P3 三个脑电成分的波幅在疼痛条件下更大）。同时，两个条件下脑电活动的差异受到疼痛接受者与参与者信仰一致性的调节——相比疼痛接受者和参与者的信仰不同时，当疼痛接受者和参与者的信仰相同时，即疼痛接受者被感知为内群体成员时，他人疼痛表情与中性表情诱发的参与者脑电活动差异更大。以往研究表明，这些脑电活动（P2、N2 和 P3）与个体对他人疼痛的加工及评估相关（Huang & Han, 2014）。这一结果提示我们，个体对内群体成员可能表现出更强的疼痛共情，如图 12-12（a）所示。类似的结果也在朋友和陌生人的对比实验中得到了重复。Meyer 等（2013）的研究发现，当看到朋友遭受社会排斥时，参与者感受到了更多的负性情绪。不仅如此，研究者还发现，个体对朋友的共情过程主要与前扣带回、前脑岛和内侧前额叶皮层的神经活动相关，这些脑区与个体自身疼痛和情绪的加工相关，说明个体对朋友的共情可能以共享体验为主导。同时，参与者对陌生人的共情主要涉及背内侧前额叶皮层、楔前叶和颞极，这些脑区与心智化功能相关，说明个体对陌生人的共情可能是以心智化过程为主导的（Meyer et al., 2013），如图 12-12（b）所示。

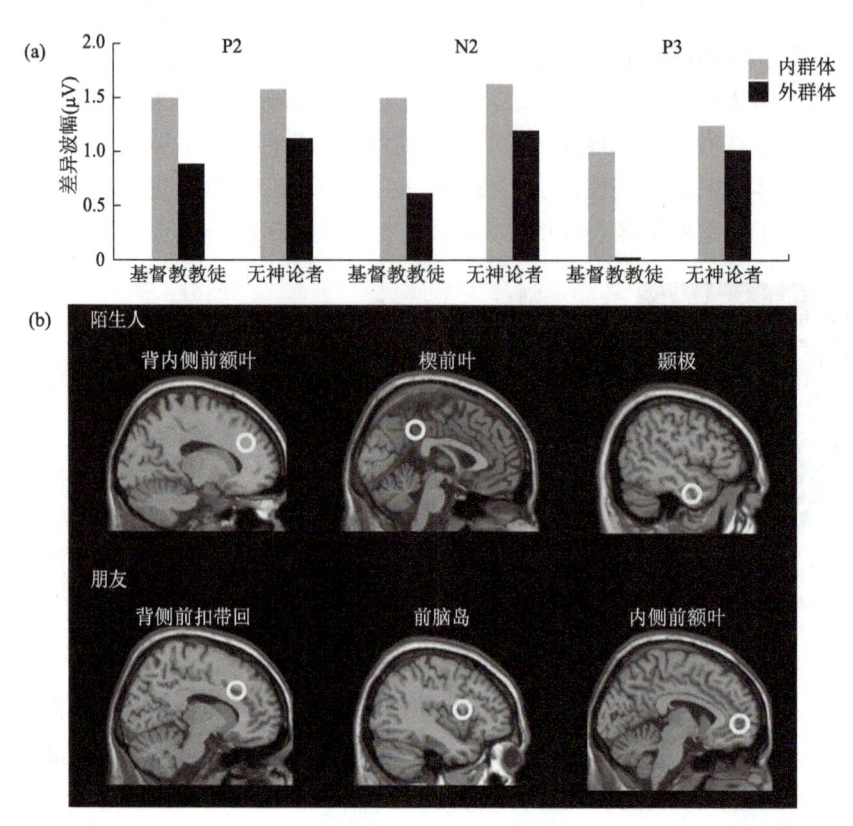

图 12-12 社会距离影响共情水平。（a）对同信仰（内群体）的个体，人们表现出更强的脑电活动（Huang & Han，2014）。（b）当参与者看到朋友遭受社会排斥时，其前扣带回、前脑岛和内侧前额叶皮层有更强的激活（图上仅标明了以上区域最大激活值所在的位置）（Meyer et al.，2013）

（三）模拟论

说到这里，也许有人很好奇，我们究竟是如何做到理解他人心理状态的呢？自然而然，有人会想到也许我们会"推己及人""感同身受"，基于自己的经验和感受来理解他人。例如，当看到他人痛哭流泪时，我们同样会不自觉地呈现出相似的面部表情，并感受到他人的痛苦。模拟论（simulation theory）认为，个体会站在他人的立场，通过扮演他人的角色，模拟他人的心理状态和行为，借由模拟过程来理解他人的心理和行为（Gallese，2001；Goldman，2006；Hurley，2008）。

大量研究发现，目睹他人的情绪表现，不但会使个体产生相似的情绪体验，还会促使其表现出相似的行为（Hatfield et al.，2009；Niedenthal，2007）。例如，Hawk 等（2011）利用与尴尬情绪相关的视频材料——分别让参与者观看表现自然和尴尬的舞蹈视频——探讨了个体的共情能力（图 12-13）。结果发现，参与者在观看他人尴尬的表现时体验到了尴尬情绪，并且表现出更多的模仿行为，即更高频率地复现了视频中个体的行为。后续分析还发现，个体的模拟行为中介了尴尬情境对个体尴尬情绪的影响，有力地支持了模拟论（Hawk et al.，2011）。

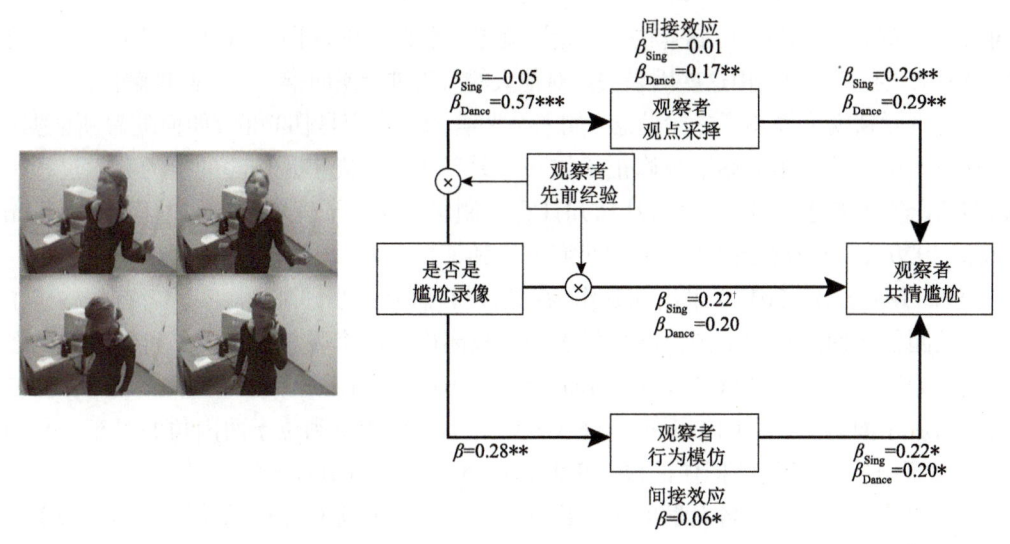

图 12-13　行为模仿促进情绪体验。实验中，实验者分别给参与者呈现了表现自然（上）和尴尬（下）的舞蹈视频材料。中介分析结果说明，尴尬的舞蹈视频对个体感受到的尴尬情绪的影响受到了个体模拟行为的中介（Hawk et al., 2011）。† $p < 0.07$，* $p < 0.05$，** $p < 0.01$，*** $p < 0.001$

认知神经科学对镜像神经元（mirror neuron）的研究同样为模拟论提供了支持。镜像神经元的研究始于对猴子的运动研究。最早的研究者发现，位于运动前区皮层下部边缘的一些神经元既在猴子自身执行动作（如自己抬手）时激活，也在猴子观看同类执行相似的动作（看到同类抬手）时激活。研究者认为，这些神经元像镜子一样映射了其他个体的活动，称为镜像神经元（Gallese et al., 1996）。之后的研究者扩展了镜像神经元的概念，从严格地对他人运动产生反应（例如，看到他人运动时，与自身执行该动作有关的神经元被激活）的特定神经元，发展为对社会情境中自我-他人的镜像匹配产生反应（例如，观察到他人情绪时，与自身感受该情绪有关的神经元被激活）的特定神经元。研究者认为，人类具备镜像属性的脑区为人类理解他人提供了生物学基础（Gallese, 2001；Gallese & Goldman, 1998）。例如，在 Singer 等（2004）的共情研究中，研究者发现了前脑岛和前扣带回在自我感受疼痛和观看他人感受疼痛时都得到了激活，说明在神经机制上，很有可能是个体在观察到共情对象的经历之后，相关的脑区产生相应的活动来模拟他人的心理和行为，从而理解他人。

（四）理论论

理论论（theory theory）对我们理解他人心理状态的过程提出了不同解释。例如，你和一位爱吃甜品的朋友路过一家装潢十分精致的甜品店，朋友停了下来，你会下意识地认为他可能是想吃甜品了。我们可以通过如下推理过程理解朋友的行为：爱吃甜品的人大概率会进这家店，而朋友确实爱吃甜品，所以他停下来应该是想进这家店吃甜品。

不同于模拟论认为我们对他人的理解可以通过模拟来完成，理论论认为我们具备一套完整的结构化理论，借助由经验的累积及对概率的认知构建而成的理论完成对他人的理解（Lavelle, 2012；Wilkinson et al., 2010）。具体而言，理论论认为，我们将一系列心理状态及其与行为之间的对应关系通过归纳推理（具体见第十一章相关内容）转化为知识并且储存在记忆之中

(Gopnik & Wellman，1992）。这样的"理论"就像一本心理规则手册，提供了心理与行为之间的因果关系。我们可以借由这些因果关系对他人的行为进行逆向推理，从而理解他人。

由于贝叶斯模型描述了先验信念（如一个哭着的人肯定是伤心的）如何随着新证据（如朋友喜极而泣）的积累而逐渐被修正（如一个哭着的人大概率是伤心的）的数学过程，越来越多的研究者基于贝叶斯模型，从认知计算机制层面探讨了理解他人的过程（Anzellotti & Young，2020），为理论论提供了新的研究方法和证据。

例如，Baker 等（2017）采用动画作为刺激材料研究了心理理论。实验者首先构建了一座大学校园的平面图：图中黑色部分代表墙，校园内有两个餐车停车点，可能进驻的餐车有 3 辆，分别用 K、L 和 M 表示（Korea，K；Lebanese，L；Mexico，M）。墙的存在使得任何一名从东南角（平面图右下角）进入校园的学生只能看到位于西南角的餐车（平面图左下角），而不能看到被墙挡住的位于东北角的餐车（平面图右上角）。如图 12-14 所示，这个试次的动画呈现了一名大学生从起始点（东南角）走到 K 车旁边 [图 12-14（a）]，越过墙看到了 L 车 [图 12-14（b）]，接着回头走向 K 车 [图 12-14（c）] 的一连串运动轨迹。此时你觉得这名大学生是想到哪一辆餐车用餐呢？

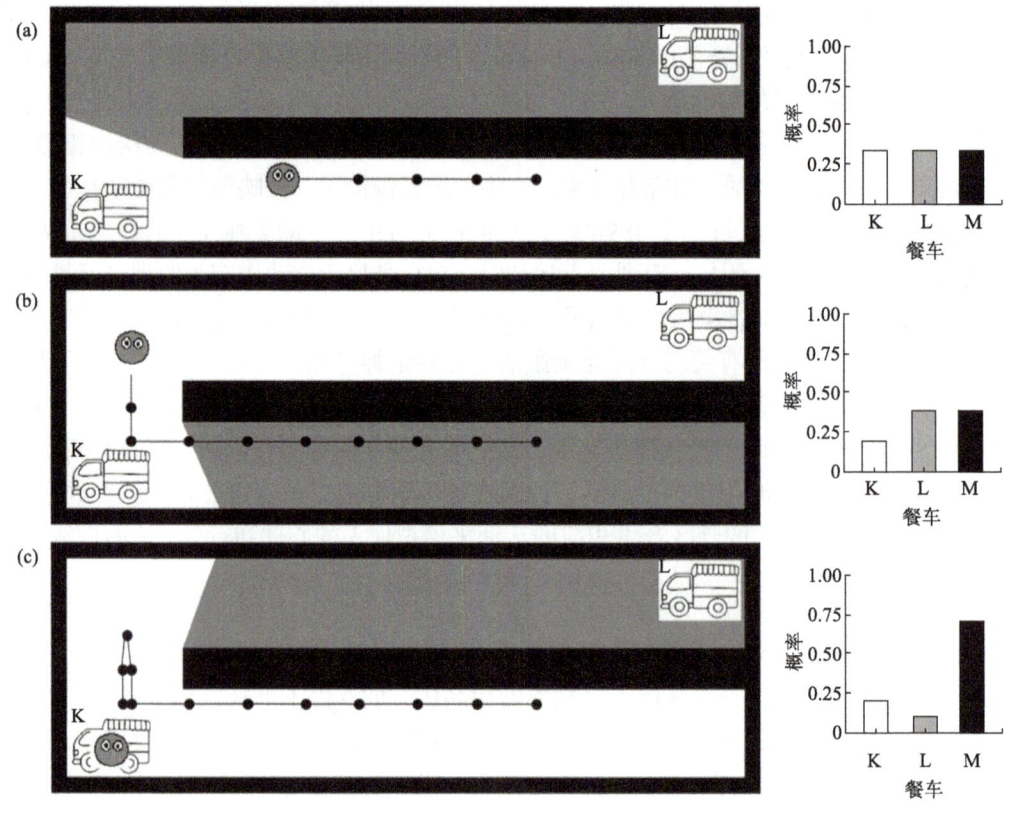

图 12-14 使用概率描述推断他人信念的过程。左侧示意图表明了大学校园中一名学生的移动轨迹。黑色粗线条代表墙面，圆圈代表小人，带点的黑线代表运动轨迹，车辆代表餐车停放点。如图所示，一名学生从东南角进入校园向 K 车移动（a），之后越过墙壁看到 L 车（b），再折返走向 K 车（c）。（a）（b）（c）右侧示意图表明此时参与者认为在多大可能性上 K、L、M 是该名大学生最喜爱的餐车（Baker et al.，2017）

大多数参与者认为这名大学生喜爱 M 车，其次是 K 车，最后是 L 车。因为尽管看到了 K 车，但他依然越过墙去看另一个餐位的车，说明 K 车不是最优选项。当他看到另一个餐位上停靠的是 L 车而非 M 车时，他返回选择了 K 车，说明这名学生最喜爱的是 M 车，其次是 K 车，最后才是 L 车。研究者构建了不同的移动轨迹，测量了参与者对动画中运动小人信念的推断，并采用贝叶斯模型成功拟合和解释了参与者对实验情境中大学生信念的推断过程。结果表明，个体可以基于对概率的认识和更新来推断他人的行为与信念。这一结果从认知计算角度支持了理论论。

二、归因

人们可以通过社会线索（如表情和动作）推断他人的信念和情感，也能够推测社会事件（即涉及人的事件）背后的原因，而且经常是不由自主地推测。例如，某同学的考试成绩一直都是名列前茅，那么大家可能会推测他很努力或者很聪明，因为努力和聪明在一定程度上可以解释该同学成绩一直很好这一现象。这种为社会事件寻找原因，并尝试解释这一事件的过程，被称为归因。

（一）归因理论

为了解释归因，研究者提出了多个归因理论（attribution theory）。最初关于归因的理论源于 Heider 在 1958 年出版的《人际关系心理学》（The Psychology of Interpersonal Relations）一书。Heider（1958）认为，人们在归因的时候，会像科学家一样搜集各类信息和证据，进行有逻辑的推理，最终得出结论。以上述的成绩归因为例，如果大家还注意到那位成绩一直很优异的同学并没有付出比其他人更多的时间和精力，那么大家将更有可能认为他是聪明的而非努力。因为这时候努力这一因素无法很好地解释该同学成绩一直很好的现象，所以其他原因，比如，聪慧的天赋，成为对此现象更有可能的解释。这一过程就像简化的、发生在生活中的科学研究：通过收集证据和逻辑分析，最终得出结论。在 Heider 之后，其他研究者相继提出了多个归因理论用于解释归因的不同方面，比如，对应推论理论（Jones & Davis, 1965）、协变理论（Kelley, 1967）、情绪易变性理论（Schachter, 1959）、自我知觉理论（Bem, 1972）和动机行为归因理论（Weiner, 1979, 1985）等。接下来，我们重点介绍 Kelley（1967）提出的影响深远的协变理论。

协变理论指出，归因受到多方面信息的共同影响，可以由协变模型（covariation model）表示。协变模型将个体归因过程中考虑的主要因素归纳为三个方面：一致性、特殊性和普遍性。我们通过一个例子来理解这三个因素。请试想你和朋友走在街上，他看到天空中有飞机飞过，夸张地指着飞机惊呼："哇，飞机！"这时候，你会对朋友的这一行为做何归因？做出判断前，你可能会考虑 3 三个因素：①一致性，即行为在该情境下是否会反复出现——过去在该情境下看到飞机划过天空的时候，你的朋友是否会指着飞机并惊呼？②特殊性，即该行为是否为特定情境下的产物——你的朋友是否仅在该情境下看到飞机划过天空会指着飞机并惊呼？③普遍性，即其他人是否也在该情境下出现过此行为——

是否所有人在该情境下看到飞机划过天空的时候,都会指着飞机并惊呼?

考虑这 3 个重要因素后,我们便可以得出结论。例如,如果知道其他人在该情境下不会指着飞机并惊呼,那么你的朋友可能是比较特别的人。如果再考虑到你的朋友之前和你在路上走的时候从来没有过这类行为,那么你可能会认为你的朋友最近遇到了什么事情。不同的信息让我们得到了不同的结论,可能归因于人格特质,也可能归因于情境因素。如果信息不足,也可能无法做出明确的归因推断(图 12-15)。

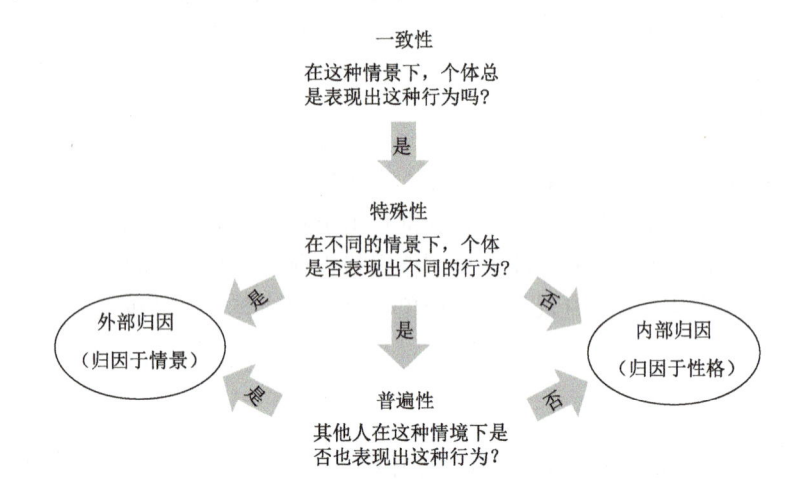

图 12-15　Kelley 的协变模型。协变模型认为个体在归因时综合考虑了 3 个因素,即一致性、特殊性和普遍性(Myers,2006)

(二)归因偏差

在社会生活中,人们在归因时,可能存在着多种归因偏差。第二节介绍的自我服务偏差就属于一种归因偏差。生活中最常见的归因偏差莫过于基本归因错误(fundamental attribution error),也称为对应偏差(correspondence bias)——在考察与他人相关的事件或者行为的原因时,人们普遍会高估个人特质因素,同时低估外界情境因素。通俗一点来说,人们往往喜欢"对人不对事",而不善于"对事不对人"。

Ross 等(1977)设计了一种问答游戏,用于在实验室中考察基本归因错误。他们让参与者通过掷硬币确定提问者和竞赛者的身份,并进行问答游戏。提问者需要基于自己的阅历编写一些有挑战性的难题,然后向竞赛者提出这些问题,而竞赛者要尝试回答这些问题。问答结束后,由提问者、竞赛者、未参与问答游戏的观察者对提问者与竞赛者的才识打分。结果显示,提问者认为自己和竞赛者的才识都是一般水平;竞赛者和观察者都认为提问者的才识比竞赛者渊博得多,且该效应在观察者身上更强(图 12-16)。为什么会出现这一现象?我们首先要清楚提问者和竞赛者的身份是通过掷硬币随机决定的,二者的才识水平应当不存在显著差异。该实验情境对提问者来说极其有利,游戏的主导权在他们手上。也就是说,是游戏情境使得提问者显得知识渊博,而竞赛者稍显愚笨。如果竞赛者和观察者考虑到情境产生的影响,他们应当认为提问者和竞赛者的才识旗鼓相当。然而,在实验中,他们显然低估了情境因素,而高估了特质因素,即出现了基本归因错误。

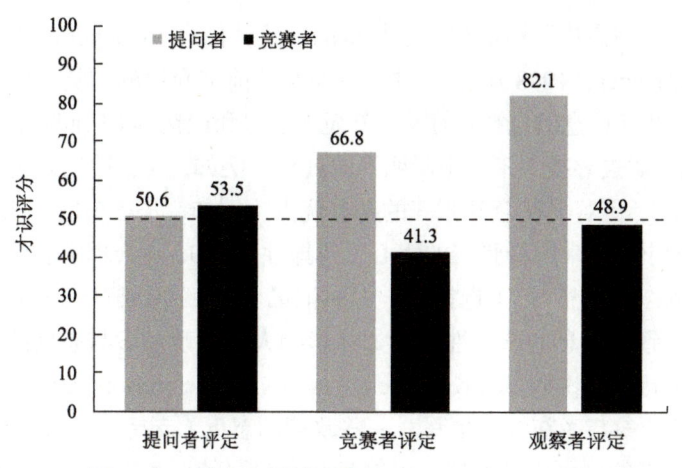

图 12-16　基本归因错误实验（Ross et al., 1977）

早期理论（Jones & Nisbett, 1971）认为，基本归因错误来源于行为者-观察者偏见（actor-observer bias），即该错误是个体归因的视角差异所致。当个体关注他人的行为时，个体不容易获取他人所处外部情境的所有信息，因此他人特质成为归因的主要参考点，相反，当个体关注自己的行为时，因为知道自己所处情境的细节，会更清楚地意识到哪些外部因素可能会产生影响，基本归因错误由此产生。最近，社会心理学研究提出了另外两种可能的解释。第一种解释认为，相比环境因素，个人特质因素更加明显，更容易引起个体的注意（可参见第四章的"选择性注意"）。个体更可能将因果关系归因于可观察到的、更明显的因素，因此形成了基本归因错误。第二种解释则与公正世界假说（just world hypothesis）有关（Montada, 1998），即假设个体认为世界本质上是公正的。当观察到他人经历意外的负性事件时，个体会担心这些事件也发生在自己身上。然而，当将他人的行为结果归因于他人的特质而不是情境因素时，个体会感到更安全。在不同情境下，基本归因错误的原因可能不同。在某些情况下，这些原因可能相互独立，而在其他情况下，它们可能同时发生。

三、态度

在认知他人时，对他人产生的评价，即态度（Albarracin & Shavitt, 2018）。根据评价结果，态度大致可分为正性和负性两种。在日常生活中，我们会接收大量关于他人态度的信息，例如，张三很善良、张三比较粗心、张三很聪明等。这些态度是如何在认知中组织并形成的？态度形成后，又是如何被改变的？

（一）态度的形成

首先，态度是如何在认知中组织并形成的？假设某人对好友张三持有正性的看法，让我们来看看他脑中对张三的态度信息库。在他的信息库中，有些信息是与已有正性看法一致的（张三很聪明，考试成绩很好），还有一些信息是与已有正性看法不一致的（张三很糊涂，做事很粗心）。当这些不一致的信息数量超过一致的信息时，失调理论（dissonance theory）就认为"他陷入了失调的状态"（Festinger, 1957）。为了避免或降低失调感，他可能会在"张三的认知信息库"中增加一定数量的一致性信息（Cooper et al., 2015; Elliot & Devine, 1994; Wegener, 1998）。这一过程就涉及了前文介绍的知觉、注意、记忆等基本认知加工，即对一致性信息的选择性注意、知觉、学习和记忆等（Feather, 1969; Festinger, 1957）。比如，他可能去寻找"张三很聪明"的证据（例如，考试临时抱佛脚也能考很好的成绩，选择性暴露），更容易注意到张三的某些优点（例如，张三热情开朗，选择性注意），用"成大事者不拘小节"来解释张三的粗心（选择性解释），还会理解和编码这些信息并将它们存入"张三的态度信息库"（选择性学习和记忆），最终形成对张三正性的态度。

在一项关于一致性信息的选择性暴露如何影响大学生政治参与态度的研究中，研究者对同一批参与者进行了两次测试（Knobloch-Westerwick & Johnson, 2014）。第一次测试是在选举前，研究者让参与者在线上填写对一些政策的态度（支持或反对）、政治参与兴趣等问卷，并观测参与者的网页浏览习惯。根据参与者填写的对政策的态度，研究者设计了与参与者态度一致和不一致的两类新闻，以此操作态度一致实验条件和态度不一致实验条件。第二次测试是在选举结束后，研究者让参与者评估自己参与政治的可能性，以此作为参与者政治参与的态度。随后，研究者让参与者浏览两类实验条件的新闻网页，通过记录参与者是否点开两类新闻网页及阅读网页的时间，来衡量参与者对一致性信息的选择性暴露程度。结果发现，在控制参与者网页浏览习惯对态度一致性新闻的选择性暴露和政治参与可能性的影响后，参与者浏览与自己的态度一致的网页信息越多，越能提高其对政治参与的正性态度（图 12-17）。该结果也证明了人们会更倾向加工与自己的态度一致的信息，以此避免因不一致的态度信息增加可能造成的失调感。

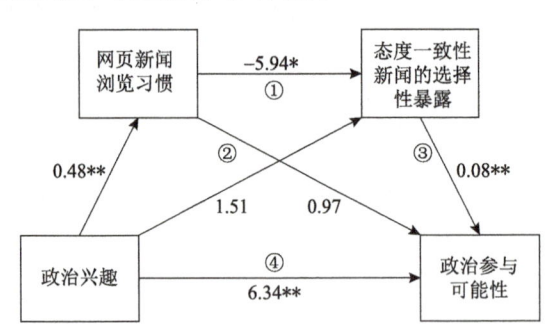

图 12-17 一致性信息的选择性暴露对大学生政治参与态度的影响。在控制参与者网页浏览习惯对态度一致性新闻的选择性暴露（①）和政治参与可能性（②）的影响后，参与者浏览与自己态度一致的网页信息（③）越多，越能提高其对政治参与的正性态度（④）（Knobloch-Westerwick & Johnson, 2014）

有时为了更好地融入社会群体中，人们还会考虑他人对某事物的态度，例如，"爱屋及乌""恨人所恨"。假设你、A 学生和你的室友三者之间存在正性或负性的态度关系，你不喜欢 A 学生（你-A 学生的态度关系是负性），你又很喜欢或者看重你的室友（你-室友的态度关系是正性），此时如果你的室友还挺喜欢 A 学生（室友-A 学生的态度关系是正性），那么你-室友-A 学生三者间的态度关系就会呈现出一种效价上的不平衡状态，如图 12-18（a）所示。平衡理论（balance theory）（Heider, 2013; Zajonc & Burnstein, 1965）认为，这种三者间的失衡状态会让你觉得很有压力，使得你会更倾向学习或者回忆一些"你-室友-A学生"三者间平衡的态度关系信息。在一项平衡关系信息的选择性回忆研究中（Sentis & Burnstein, 1979），研究者采用学习-回忆方法，让参与者阅读多个态度关系上平衡或不平衡的故事。例如，其中一个故事是关于比尔、约翰及工作考核指标三者间不平衡的态度关系："比尔和约翰对'工作考核指标的制定'这件事情有不同的态度，一方支持目前的工作考核指标（约翰-工作考核指标的态度关系是正性），另一方则反对（比尔-工作考核指标的态度关系是负性）。同时，他们都在委员会工作，都很欣赏彼此（比尔和约翰的态度关系是正性）。"故事阅读结束后，研究者会告诉参与者关于故事中三方态度的1条、2条或3条回忆线索，如图12-18（b）所示。回忆线索可能是正确的，也可能是错误的。参与者需要根据这些线索回忆之前故事中三方的态度关系。结果发现，与不平衡关系的故事相比，参与者对平衡态度关系的故事回忆时间更短；相反，正确的不平衡态度关系的回忆线索越多，参与者对该故事的回忆时间越长［图12-18（c）］。该结果说明人们更容易回忆反映三方平衡态度关系的信息。

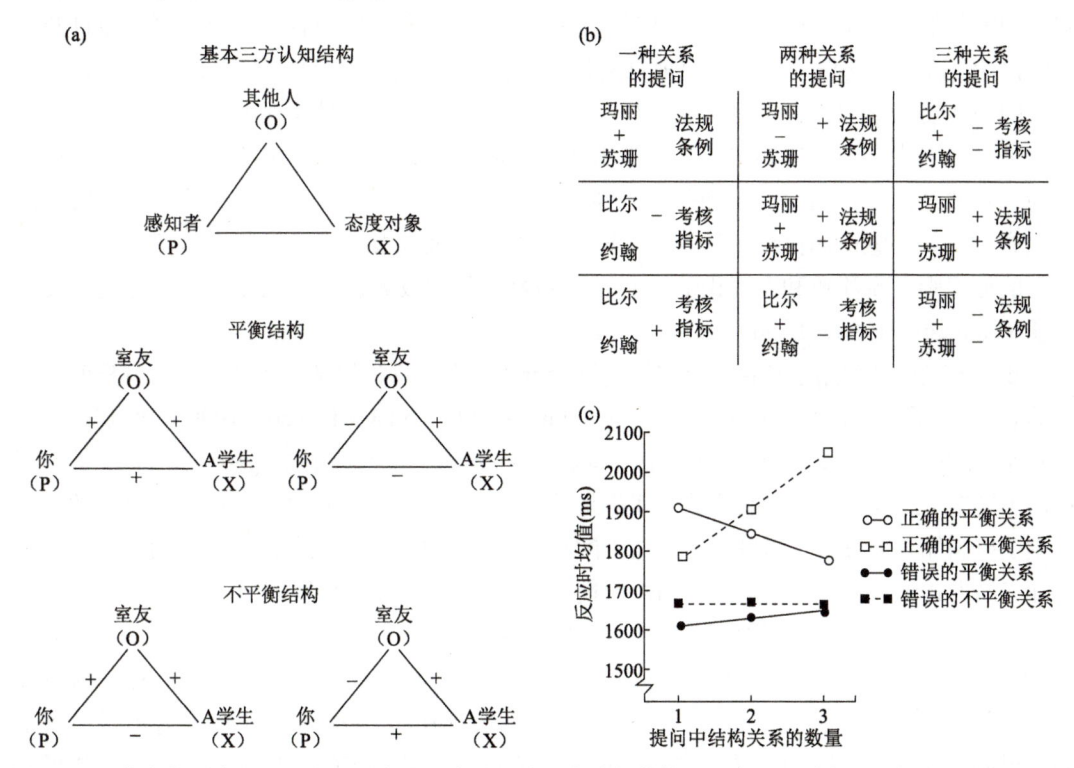

图 12-18　态度的平衡理论。（a）平衡理论中的基本三方认知结构、平衡和不平衡的三方认知结构（Fiske & Taylor, 2013）。（b）实验中给予参与者的三方态度关系的回忆线索故事举例（Sentis & Burnstein, 1979）。（c）参与者对平衡关系和不平衡关系故事的回忆时间（Sentis & Burnstein, 1979）。注 "+" 表示二者之间存在正性的态度关系， "-" 表示二者之间存在负性的态度关系

（二）态度的改变

当人们关于某对象的态度形成后，该态度又是如何被改变的呢？我们以说服（态度改

变的典型方式）为例，介绍社会认知取向中使用较多的两类模型——双重加工模型（dual-process model）和元认知模型（meta-cognitive model）。

首先，试想一下，生活中，你对某些事的正误判断是否很快，甚至不假思索便可做出判断，而对另一些事的判断却很慢，似乎需要深思熟虑后才能给出判断？这两种反应方式体现了社会认知中普遍存在的两种加工过程，即自动化加工（automatic processing）和受控制加工（controlled processing），这就是双重加工模型（Evans，2003；Sloman，1996）。我们对不同事件的判断速度为什么会不一样？双重加工模型认为，当人们采取行动时，会根据当前的情境和个人动机，选择使用相对自动化的加工，或是使用需要更多认知控制的加工，从而实现高效、灵活的反应。造成判断速度不一样的主要原因也在于此——若采用自动化的加工方式，则需要应用较少的注意和控制，甚至个体都不会察觉到分析过程，判断便已经产生。例如，一项研究要求学生用一组能够启动"老年"这个概念的词汇（例如，"迟缓"）来造句，结果在实验结束后，他们走向电梯的速度竟然变慢了（Bargh et al.，1996）。同系列的其他研究也发现，内隐地让学生启动"粗鲁"这一特征后，他们会更快地打断他人的讲话。这里的动作变慢及更快地打断他人讲话的情况就是自动化加工。在这些研究中，如果明确地要求学生像一个老年人一样走向电梯，那么学生此时表现出的慢动作便是受控制的加工。因为有了明确要求，学生就需要消耗注意资源去分析、想象并做出符合要求的行为。总的来说，自动化加工和受控制加工各有特点，其中，自动化加工的特点是较少需要注意，无须有意识的控制，认知容量限制较小，且难以根据情境的变化而发生改变；受控制的加工则需要注意和有意识的控制，认知容量限制较大，且可以在不同情境之间灵活改变（Sloman，1996；Evans，2003）。

双重加工模型常用于解释人类多样的社会行为。在解释说服他人改变态度的现象时，常见的启发式-系统式模型（heuristic-systematic model）（Chen & Chaiken，1999）和包含边缘-中心路径的精细可能性模型（elaboration likelihood model）（Petty & Wegener，1999）都是双重加工模型。启发式或边缘路径的方式就是自动化加工的方式，而系统式或中心路径的方式就是受控制加工的方式。当进行信息加工的动机和认知能力水平较低时，人们通常采用自动化加工的方式说服他人改变态度；当进行信息加工的动机和认知能力水平较高时，人们通常采用受控制加工的方式说服他人改变态度（Chen & Chaiken，1999；Petty & Wegener，1999）。

在一项用自动化加工和受控制加工解释说服信息影响参与者对众筹项目看法的研究中，研究者设置了一个线上众筹平台（Allison et al.，2017）。平台网页上的众筹项目包含不同的说服信息线索。其中，诱发自动化加工的线索为产品宣传的口号（例如，我的梦想、我们可以实现它等），诱发受控制加工的线索为筹款者的项目经验程度（丰富或缺乏）和能力水平（高或低学历）及项目的质量（高或低）。另外，研究者还通过设置不同的筹款金额来诱发参与者的投资动机（5—100元不等，金额越高，投资动机越小），并将参与者过去投资的经验作为衡量其投资能力的指标。参与者首先阅读众筹项目介绍，随后分别对投资该项目的意愿和项目质量进行5点评分。结果发现，首次投资且投资动机较低的参与者认为那些包含宣传口号信息的项目质量更高，也更愿意投资此类项目，即他们采用自动化的加工方式决定是否投资；投资经验丰富和投资动机较高的参与者认为那些包含筹款者能力水平信息的项目质量更高，也更愿意投资此类项目，即采用受控的加工方式决定是否投资。

随后，研究者发现，仅外部的说服信息还不足以改变旧态度，还需要一个判断自己想法是否正确、可信的"自我确证过程"（self-validation process）（Petty, 2013）。自我确证过程反映了人们对态度的元认知过程。这里以元认知模型（Petty et al., 2007）为例，介绍态度改变的自我确证过程。该模型认为，人们并不像双加工模型阐述的那样，加工说服信息后就舍弃原有的态度；相反，它会保存新旧两种态度，并对这两种态度进行"正确或错误"的判断。这种对新旧态度元认知判断结果的不一致会影响态度的改变。以说服一个人改变对张三的态度为例（Petty et al., 2007），最初认为"张三很聪明"这一看法是对的 [图 12-19（a）]，但是如果他接收了"张三很糊涂"的说服信息，就会发展出两种对"张三"的态度，即"张三很聪明""张三很糊涂"[图 12-19（b）]。一开始，这个人认为对张三的正性和负性态度都是对的 [图 12-19（b）]，但随着时间的推移，说服效果开始积累。一种可能性是他不再认可最初对"张三很聪明"的正性态度，即接受说服 [图 12-19（c）]；另一种可能性是不认可新的"张三很糊涂"的负性态度，即拒绝说服 [图 12-19（d）]。

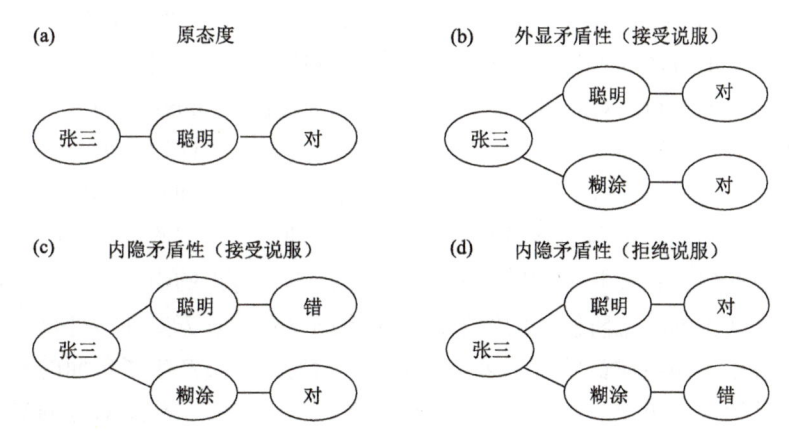

图 12-19　元认知模型对说服结果的解释（Petty et al., 2007）

一项关于说服个体改变对雇佣残障人士态度的研究为自我确证这一元认知过程提供了证据（Requero et al., 2020）。研究者要求参与者仔细阅读某公司关于雇佣残障人士的提案，罗列对该提案的积极或消极观点，以诱发参与者对雇佣残障人士的正性和负性的看法，并以此将参与者分为积极态度组和消极态度组。随后，参与者需要对自己的看法进行确证，即评估自己的看法能够影响公司决策的信心。最后，他们需要对提案的态度进行评分（例如，喜欢/不喜欢、支持/反对等）。研究结果表明，较之未确证自己的看法时（即对自己的看法所持信心较低时），当参与者确证自己的看法时（即对自己的想法所持信心较高时），其原有的正性态度或负性态度均变得更强。该结果也说明了人们对自己所持看法的自我确证这一元认知过程，能促进人们对某事物态度的转变。

四、刻板印象

人们不仅会对其他个体和事物进行评价，还会对个体和事物所在的整个群体进行评价，并产生一种相对固定的态度，比如，"程序员都戴眼镜，穿格子衫"。这类例子中包含了人们对某个群体中个体和事物的一种广泛的、较为固定的观点，即刻板印象。作为认知层面的偏见，刻板印象针对的群体小至家庭，大至人种。在将某个人归类到某一群体的瞬间，我们就根据对这一群体的知识而对这个人做出了一些正面、负面或中性的判断和假设。其中，较为准确的刻板印象能够帮助我们快速达到认知目的，如对警察的刻板印象使我们在危急时刻寻求他们的帮助；而不准确的刻板印象则会给我们带来很多不便和烦恼，如某些人对女性的刻板印象使得她们更难进入某些职业领域。

（一）刻板印象的产生与分类

"我们""你们""他们"，生活中的人们不断将彼此划分到不同的阵营中，而群体分类实则是刻板印象产生的重要因素。下文中的现实冲突理论（realistic conflict theory）和社会认同理论（social identity theory）分别从环境层面与动机层面剖析群体分类的产生机制。

1. 促成群体区分的环境与动机

在巴基斯坦和印度的边界有一个名为"克什米尔"的肥沃山谷。1947年以来，两个国家因为这一地珍贵的资源而发起了多次战争，战争加剧了两国人民对彼此的敌意与偏见。在这个例子中，两国之间的对立可以被现实冲突理论解释（Campbell, 1967），即在现实中因资源缺乏（如名誉、物质、军事实力等）而产生冲突时，个体往往需要将自己与利益冲突者定义到不同的、差别较大的群体中，而这一行为助长了群体间敌意和偏见的产生。Sherif 等（1961）的经典罗伯斯山洞实验很好地证明了这一理论。在实验的第一阶段，参加夏令营的男孩被分成两组，在彼此不知道对方存在的情况下，每组的组内成员之间都建立起了良好的关系。在实验的第二阶段，两组发现了对方的存在，且需要在多种夏令营游戏中竞争。在这个过程中，两组成员发生了多次摩擦，且对对方组员产生了负面的态度和行为。在实验的第三阶段，两组成员需要合作来完成任务，这一过程弱化了双方的对立，并使得他们在夏令营的最后阶段达成和解。根据现实冲突理论，在这项实验中，第二阶段的冲突是导致组间负面偏见的来源，而第三阶段的和解则说明让群体成员为优先于群体差异的共同目标而努力，有助于消除偏见、维持和谐。

从 A 国前往 B 国留学的 S 学生在刚刚到达 B 国时感到非常苦恼，她感到自己既不属于纯正的 A 国学生群体，也不属于 B 国学生群体，因而感到迷茫和空虚。但是，最近她加入了留学生社群，社群中与她经历相同的 A 国留学生让她找到了归属感，这份自我定位让她感到满足。从此，她将 A 国留学生群体从 A 国学生群体和 B 国学生群体中划分出来，并因为身在其中而产生了一种独特的归属感。当在网上看到诋毁 A 国留学生的言论时，她会毫不犹豫地反击对方，以此来捍卫 A 国留学生群体。对这个例子，社会认同理论（Tajfel & Turner, 1979）认为将自己归类于某个社会群体的这一过程是人们自我概念的重要来源，如职业、国籍、宗教、性取向等。群体归属得到的正面的社会身份和角色定位能够增强人们的自尊、独特性，而人们为了维持这份优越感会继续进行积极区分（positive distinctiveness），进一步强调并放大内群体（自身群体）相对于外群体（其他群体）的差异与优越。除了增强优越感之外，当人们因其身份受到威胁而降低自尊时，也会因为保护自尊而表现出更强的群体间积极区分。早期的一项研究（Meindl & Lerner，1984）发现，相比群体身份不显著的参与者，当参与者作为说英语的加拿大人（内群体）的身份较为显著时，自尊受损的参与者比起正常自尊状态的参与者更容易对说法语的加拿大人（外群体）表现出较为极端的态度和看法。这项研究表明，在自尊心受损的情况下，群体身份显著的个体会对外群体成员做出更为极端的反应，证明了个体的自我概念是影响其做出群体间区分的重要动机。

2. 群体区分对刻板印象的影响

群体区分对刻板印象的形成会产生一定的影响，其中一种被称为内群体偏好（in-group bias）（Brewer，1999）。内群体偏好是指个体偏向于内群体成员而排斥外群体成员。当好友和陌生人发生争执时，你是否会倾向于无条件地支持朋友并指责陌生人呢？在经典的"最简群体范式"中（Tajfel et al.，1971），参与者在基于独断的分类规则下被随机分为A、B两组。之后，在只知道配对者组别的前提下，参与者匿名将资源分配给配对者。为了减少其他因素的影响，参与者不能给自己分配资源，也不能与其他参与者进行互动。研究结果表明，参与者倾向给同组成员分配更多的资源。这项研究证明，即使是最简单的随机组别信息，也足以让人们做出具有倾向性的决策，更关照同组成员。外群体同质性（out-group homogeneity）从另一角度促进了刻板印象的产生。外群体同质性指的是群体分类之后，个体对内外群体的内部差异会产生不同认知，并倾向认为外群体成员是高度相似的，而内群体成员是更加多元化的（Ostrom & Sedikides，1992；Park & Judd，1990）。生活中，外群体同质性在面孔认知上有所体现，比如，你是否会感觉本国人之间存在较大的面孔差异，而其他国家的人都有着相似的面部特征呢？近年的一项神经研究发现，相比内种族他人面孔加工，个体对外种族他人的面孔进行加工时神经活动更加相似，从大脑加工机制层面证实了面孔加工的外群体同质性（Hughes et al.，2019）。内群体偏好和外群体同质性是刻板印象形成的重要因素。

日常生活中，我们有时候能意识到自己对某一群体的刻板印象，这种相对能受意识控制的认知偏向被称为外显刻板印象（explicit stereotype）（Greenwald & Banaji，1995），如你可能和朋友们讨论教授是多么不苟言笑。与此相对，内隐刻板印象（implicit stereotype）（Greenwald & Banaji，1995）则是指相对不受意识控制、不被个体感知的认知偏向，无论个体是否希望自己具有这种刻板印象。例如，有些人在潜意识中将"女性"与"柔弱"联系在一起，即使他们没有明确地感觉到。研究者通常使用IAT任务（Greenwald et al.，1998）测量内隐刻板印象的强度。该任务的基本假设是：刻板印象会改变群体相关概念词（如"女性"）与属性词（如"柔弱"）之间的关联性。例如，对女性柔弱的刻板印象会使得"女性"和"柔弱"的关联程度高于"女性"和"强壮"的关联程度。因此，相比被要求对"女性-强壮"做出按键反应，当参与者被要求对"女性-柔弱"做出按键反应时，更高的关联程度会加快人们的反应速度。Greenwald等（1998）通过IAT揭示了内隐种族歧视的存在，发现参与者对不同人种有着不同的刻板印象。除IAT以外，还有很多其他测量内隐刻板印象的方式。例如，在一项研究性别与情绪刻板印象的研究中（Brooks et al.，2018），研究人员通过人类面部模拟器模拟出跨性别、人群的一系列面部图片，这些图片经过随机的视觉噪声叠加而变得模糊不清。参与者需要对一部分图片进行性别分类（男/女），对另一部分图片进行情绪分类（生气/高兴）。结果表明，参与者认为"男性"分类看起来更生气，"女性"分类看起来更高兴，"生气"分类更男性化，而"高兴"分类则更女性化（图 12-20）。这项研究结果表明，参与者倾向于将男性与生气的情绪相关联，而将女性与高兴的情绪相关联。

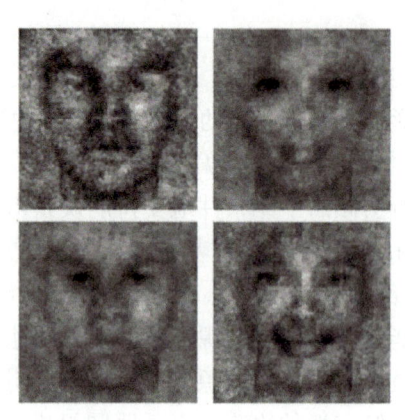

图 12-20　内隐性别与情绪刻板印象的测量任务。左上、右上、左下、右下分别为"男性""女性""生气""高兴"分类的平均图片（Brooks et al., 2018）

（二）刻板印象的维持与改变

刻板印象一旦形成便难以改变，这在很大程度上是因为人类会本能地寻找支持自己想法的证据，并忽略与其矛盾的证据。这一现象也被称为自我确认偏误（self-confirmation bias）（Plous，1993）。比如，热爱某游戏的 S 同学在论坛上为关于此游戏的所有正面评价点赞，而选择性地忽视了大多数负面评价及分析。那么，自我确认偏误是如何帮助我们维持刻板印象的呢？研究者认为，自我确认偏误会让我们选择性地注意其他群体成员中与刻板印象相符合的行为特征，同时选择性地忽视了其他与刻板印象无关或不符的行为特征。这会导致人们夸大该群体与刻板印象相关行为特征之间的关联，进而强化刻板印象。

尽管人类的认知机制使得刻板印象难以改变，但也并非完全不能改变。研究发现，换位思考、将自己代入某外群体成员的情境等举措能够为个体提供改变动机，从而大幅度减少个体针对该外群体的内隐刻板印象（Davis et al., 1996）。在一项实验中（Hasler et al., 2017），研究人员运用虚拟现实技术让一半白人女性参与者"拥有"黑人女性的身体，另一半则继续"拥有"白人女性的身体。此后，所有参与者都要与一个白人虚拟角色和一个黑人虚拟角色进行互动（图 12-21）。结果发现，无论参与者的真实种族如何，当参与者的"身体种族"和虚拟角色的种族相同时，参与者与"同种族"虚拟角色的行为更加同步。研究人员认为，这是因为当个体被分配到一个新的内群体时，个体倾向于用自我概念去定义这个群体。在这个实验中，白人参与者将对自我的积极定位转移到了新的内群体（虚拟身体种族）中，甚至超过了对原本内群体的偏向。此类研究为今后改变、减少刻板印象提供了方向。

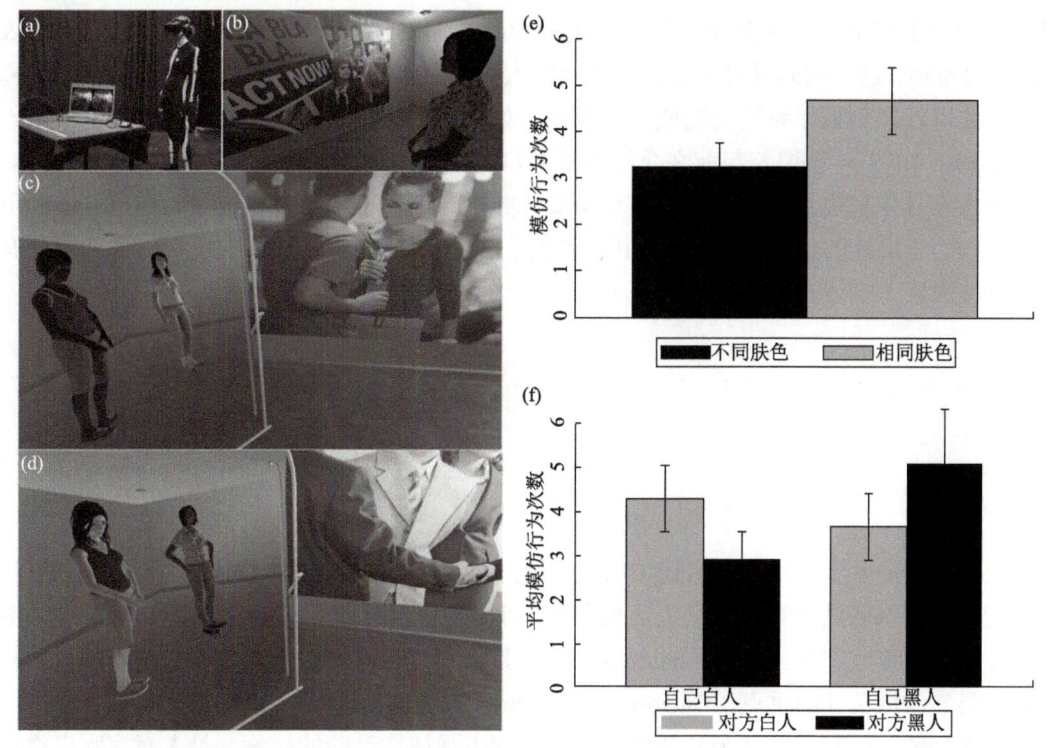

图 12-21 内隐刻板印象改变实验。(a)-(d)为参与者与虚拟角色的互动：研究人员运用虚拟现实技术让一半白人女性参与者"拥有"黑人女性的身体，另一半则继续"拥有"白人女性的身体，此后所有参与者都要与一个白人虚拟角色和一个黑人虚拟角色进行互动。(e)为参与者与虚拟角色的同步率，即模仿行为的次数（Hasler et al., 2017）

（三）刻板印象的作用与后果

Fiske 和 Taylor（2013）认为，人类的本质是认知守财奴，即人们总是尝试通过简化现实的方式来节省精神消耗。刻板印象中群体与特征之间高度自动化的绑定，使得任何一方的激活都可以让另一方的加工变得更加简单。这使刻板印象在牺牲了诸多细节和准确性的情况下，帮助我们节省了很多认知资源（Macrae et al., 1994），并且帮助我们在模糊情境中快速解释他人的行为（Correll et al., 2002）。但这一作用也存在潜在代价，例如，1999年，在纽约，一位西非移民在表现出伸手取物的动作后被警察射击了41枪，原因在于警察认为他正在尝试取他的枪，而事后种种迹象表明这位受害者只是在尝试取自己的钱包和里面的身份证明。在这一案例中，"伸手取物"的行为存在多种解释方式（取手机、身份证明、枪等），而警察对黑人的刻板印象（黑人有犯罪倾向）使得他倾向于某一特定解释（他要取枪），并做出了一个错误决定（射击）。

刻板印象不仅会影响个体对其他群体成员的认知，还会影响其相关群体成员本身的行为。当个体意识到自己所在的群体被打上了刻板印象标签时，该意识会影响他的行为，并使其行为倾向于证实这种刻板印象，这一效应被称为刻板印象威胁（stereotype threat）（Steele & Aronson, 1995）。例如，当女性参与者意识到女性群体被认为在某一任务中会表现较差时，她们的工作记忆容量会随之减小，进而导致她们的任务表现水平下降（Schmader & Johns，2003）。这一倾向反过来会进一步增强人们对女性的刻板印象，从而造成恶性循环。

除此以外，刻板印象还会造成认知偏差，如最后归因偏差（ultimate attribution error）（Pettigrew，1979）。该偏差与前文介绍的基本归因错误相似，区别在于其作用对象是群体，而非个人。具体来说，相比内群体，对某个外群体的刻板印象使人们更倾向将该群体的负面行为归因于群体的负面本质（如基因、性情、能力等），而将该群体的正面行为归因于有利的环境因素（如运气、特例情况等）。

第四节　社会认知与情绪和行为

一、社会认知与情绪

自然灾害的发生，使人们感到焦虑、恐慌，灾后与好友的重聚使人们感到欣喜、感恩。诸如此类的情绪联结着我们的过去、现在及未来，构建了人际关系，是人际交互过程中不可或缺的重要组成部分。情绪（emotion）究竟是如何产生的？这一问题一直是心理学及社会认知科学领域关注的重点（Cacioppo & Gardner，1999；Vermeersch，2009）。

什么是情绪呢？一般认为，情绪是对一系列主观认知经验的统称，是人对客观事物的态度体验及相应的行为反应（Moors，2009；Almohammad，2016）。情绪一词源于拉丁语"movere"，原意为"移动"。情绪的"移动"主要体现在面部表情、动作姿势、生理唤醒水平等方面的变化（Russell，2003）。例如，当你感到极端恐惧时，会出现四肢发抖、面部扭曲、心率和血压上升、呼吸紧促、激素分泌增多等非自主生理性变化（Mauss & Robinson，2009）。通常，研究者将先天的、人和动物共有的且在不同文化中都存在的情绪叫作基本情绪（basic emotion），包括高兴、悲伤、愤怒等。然而，与大多数动物不同的是，人类生活在高度社会化的环境中，因此我们不仅会体会到基本情绪，也会在与他人的社会互动过程中体会到各种各样的社会情绪（social emotion）（Tangney et al.，2007；Haidt，2003）。例如，因为他人善意的帮助而体验到感激（gratitude）、因为伤害他人而体验到内疚（guilt）等。

情绪是如何产生的呢？受限于学科理论和实验方法，早期的诸多研究更多关注的是如高兴、恐惧等基本情绪产生的心理机制。19世纪80年代，詹姆斯（James）和兰格（Lange）提出了詹姆斯-兰格理论，认为自主反馈（心率、胃紧张）和肌肉反馈（姿势、面部表情）的感受本身就构成了情绪，着重强调了生理唤醒对情绪产生的作用（Wassmann，2010；James，1884）。然而，后来的学者意识到，无差别的生理唤醒难以解释情绪的多样性，由此逐步认识到认知成分对情绪产生了影响。

20世纪60年代，Schachter 和 Singer（1962）的肾上腺素实验很好地证实了认知成分对情绪产生的重要性。在该实验中，研究者分别给参与者注射能够增强唤醒水平的肾上腺素溶液和起安慰剂作用的盐溶液，并给予参与者不同的说明。对于注射肾上腺素的参与者，一部分被告知注射溶液会使唤醒水平提升，如血压升高、手发抖、脸发热等；另一部分被错误地告知注射溶液并不会引起特殊感觉或不被告知任何内容。之后，参与者被置于预先设计的惹人发笑、唱歌、跳舞的愉悦环境。随后的情绪评估表明，相比安慰剂组的参与者，被注射肾上腺素且不被告知或错误告知的参与者产生了与环境一致的愉悦情绪体验；被注射肾上腺素且被正确告知的参与者却报告了较弱的情绪体验。这一结果表明，注射肾上腺素且被错误告知或无告知的参与者无法对自身的生理唤醒做出恰当的说明，因而会从环境中寻找线索，并认为自身的生理体验是由环境气氛引起的，以致体验到较高的愉悦情绪；而注射肾上腺素且被正确告知的参与者可以对自己的生理反应做出解释，因而更少去评估环境线索，以致体验到较弱的情绪。可见，情绪体验并非仅由生理唤醒决定，而是受到生理唤醒和对情境的认知的共同影响。Schachter 和 Singer 的情绪的评价理论证实了认知评估在情绪产生中的作用和地位（图 12-22）。

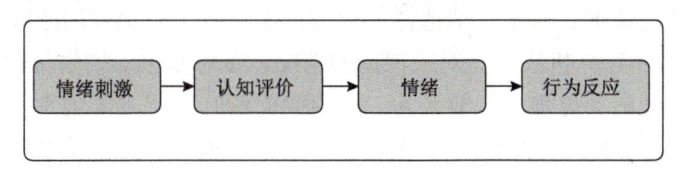

图 12-22 情绪的评价理论。个体通过对环境刺激或进行认知评估从而产生相应的情绪，而情绪体验会进一步影响个体的后续行为

情绪的评价理论（appraisal theory of emotion）认为，情绪是由个体对情境的评估而产生的适应性反应（Ellsworth & Scherer, 2003; Frijda, 1993; Frijda et al., 1989; Lazarus & Smith, 1988; Scherer, 1999; Smith & Ellsworth, 1985）。具体来说，情境评估/认知评价通常与个体的动机目标（如基本需求、安全、文化价值和信念）直接相关，并且对外部刺激或内部思想（如当个体想象未来或进行回忆时）均有响应（Strongman, 2003）。个体根据自己的动机目标不断地评估所处的环境，并随着环境信息变化产生相应的情绪感受（图 12-22）（Ortony et al., 1990）。例如，当坏人持刀抢劫时，"坏人持刀"即作为情境刺激被评价为威胁或其他情绪反应的根源，从而唤醒自主神经系统（如心跳加快、血压骤升等），触发先天固有的情绪表达模式（如面部形成恐惧的表情），诱发意识上的变化（如觉察到危险或害怕的主观体验），并最终引发适应性的行为（如设法逃脱、大声呼喊寻求帮助）（Lazarus, 1991）。简而言之，认知评价是情绪体验的前提，引发了生理唤醒、动作姿势、面部表情及情绪体验（Oatley & Johnson-Laird, 2014）。此外，情绪的评价理论还认为情绪可以影响认知，促进个体产生相应的行为反应倾向，同时受情绪影响后，认知会进一步调节个体的生理唤醒、动作行为及情绪体验。

与基本情绪类似，个体在社会交互过程中体验到的社会情绪同样可以用情绪的评价理论来解释，即社会情绪产生于社会认知和评价（Chang & Smith, 2015）。以感激情绪为例，Tesser 等（1968）提出了影响感激情绪的三个关键社会认知评价因素。首先是帮助者的意图，例如，我们会对捐献善款并大肆宣传自己善举的人嗤之以鼻，但对默默提供帮助不图回报的人更加感激。因为人们认为后者是真诚的帮助，不怀疑他们另有意图。其次是帮助的代价，即别人提供帮助时需要花费多大精力或者牺牲多大利益。如果一个人冒着生命危险救你，那么你可能对他充满了感激；但是如果对方只是给你指了路，可能你的感激之情就没有那么强烈了。最后是受助者的获益，即这件事情对受助者有多重要。如果别人的帮助解决了你的生死存亡问题，你肯定会非常感激；如果你并不需要这一帮助，那可能你的感激情绪就不会很强烈。

许多研究者采用实验研究的方式，探究了这三个社会认知要素如何影响人们的感激情绪。例如，Yu 等（2017）设计人际互动范式，考察了帮助者的助人意图对受助者感激情绪的影响（图 12-23）。在实验的每一轮任务中，参与者都默认需要承担一个中等强度的疼痛刺激，即处于一种需要被帮助的状态。同时，参与者将与一名匿名对家进行配对。有时候，对家可以主动选择是否帮参与者分担一半的疼痛，那么此时的帮助会被认为是有意图的；有时候，由电脑随机决定对家是否帮助参与者分担疼痛，那么此时的帮助行为会被认为是没有意图的。通过让参与者主观报告自己在不同条件下的感激情绪，研究者发现，相比计算机决定对家帮助的情况，对家主动选择帮助时，参与者主观报告的感激情绪水平更高。fMRI 研究发现，相比计算机决定让对家帮助的情况，在对家主动提供帮助时，个体的腹内侧前额叶皮层的神经活动更强。一般认为，腹内侧前额叶皮层主要负责价值计算和善意社会意图的加工（Ruff & Fehr, 2014），也就是说，对个体而言，感激情绪可能类似于一种正性的社会价值，从而提示帮助者的行为怀有善意。

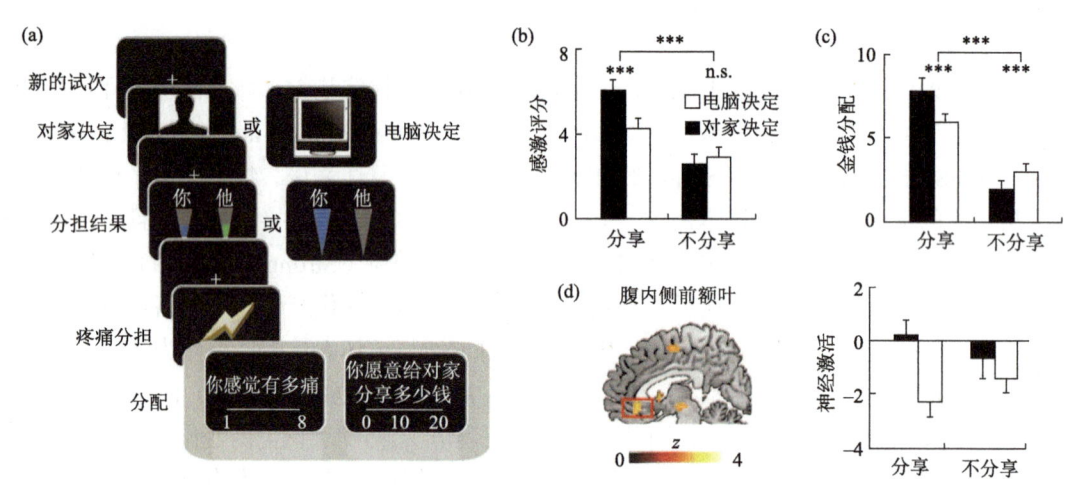

图 12-23 帮助者助人的意图对受助者感激情绪的影响。(a) 实验范式，即匿名对家或通过计算机决定是否帮助参与者承担疼痛。(b) 相比计算机决定让对家帮助的情况，对家主动决定帮助时参与者主观报告的感激情绪水平更高。(c) 相比计算机决定让对家帮助的情况，对家主动决定帮助时参与者的回馈金额更多。(d) 相比计算机决定让对家帮助的情况，在对家主动提供帮助时，参与者的腹内侧前额叶皮层的神经活动更强（Yu et al., 2017）

此外，Yu 等（2018）在这个任务的基础上，进一步探究了帮助代价和受助者获益如何影响个体的感激情绪（图 12-24）。在人际互动任务中，每一轮都是参与者与一名匿名对家进行配对，该对家可以决定是否花费自己的金钱来帮助参与者解除一定强度的疼痛刺激。在实验中，研究者分别改变了对家提供帮助时需要花费的金钱数目（即帮助代价）和参与者疼痛减轻的程度（即受惠者的获益），考察不同情况下参与者感激情绪的变化。结果显示，对家花费的代价越大，或者参与者的获益越多，那么参与者对对家的感激之情越强烈。研究者分析大脑活动后发现，参与者在帮助中的获益主要与大脑奖赏系统（例如，腹侧纹状体）的神经活动有关；而帮助者的代价主要在大脑负责心理理论的区域进行加工，包括颞顶联合区等，也就是说，理解他人的代价需要具备从他人角度思考问题的能力。同时，与之前的研究结果一致，感激情绪与负责价值计算和善意社会意图加工的腹内侧前额叶皮层的活动强度有关。进一步，研究者对大脑信号进行了动态因果模型分析，根据大脑信号发生的先后顺序判断大脑中的信号流动方向。结果发现，在大脑中，帮助代价和受助者获益的神经信号分别由各自的相关脑区加工，随后传输到与价值计算和善意社会意图加工相关的腹内侧前额叶皮层，最终产生感激。这一研究通过神经影像学证据说明，在接受帮助后，我们首先进行相关社会认知因素的加工和评价，并进一步将这些信息整合以产生感激情绪。以上两项研究的结果进一步得到了后续研究的证实（Gao et al., 2024）。

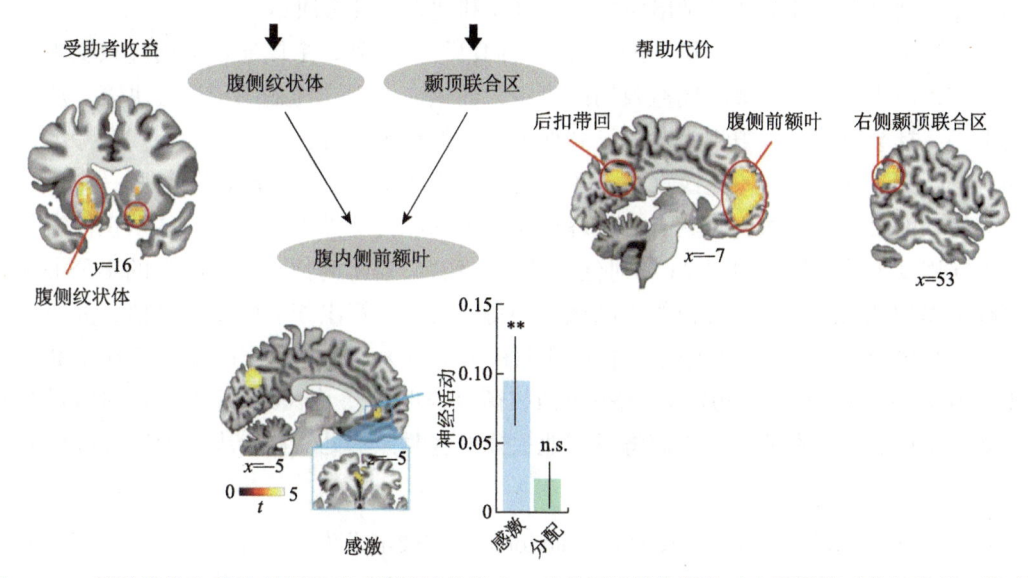

图 12-24 帮助代价和受助者获益对感激情绪的影响。磁共振影像数据的动态因果模型分析发现，帮助代价和受助者获益的神经信号分别由右侧颞顶联合区和腹侧纹状体加工，随后传输到与价值计算和善意社会意图加工相关的腹内侧前额叶皮层，最终产生感激（Yu et al., 2018）

除感激情绪外，其他社会情绪相关的研究也展示了社会认知对社会情绪的影响。例如，研究证据表明，内疚情绪来自个体对自己未能达到他人的期望或违反社会准则的程度的评估（Chang et al., 2013）。另外，在社会互动中，如果他人在分配资源的时候违反了参与者预期的公平准则，即给参与者分配的资源少于参与者的预期，参与者可能体验到怨恨情绪（Xiang et al., 2013；Gao et al.；2021）。这些证据说明，社会认知，即人们对相关社会因素的认知评价，是社会情绪的重要来源（Chang & Smith, 2015）。

二、社会认知与行为

请想象以下情境：面对买不起天价正版药的罕见病患者，药店老板老李需要做出决定，要么冒着自己坐牢的风险，从国外违法走私一批廉价的仿制特效药以造福患者；要么冷眼旁观，眼睁睁地看着这些患者因无药可用而走向死亡。假如你是老李，你会如何选择？如果老李选择违法救人，他的行为道德吗？

上述问题涉及两种社会行为（Yu et al., 2019）：①社会决策（social decision-making），即个体需要权衡自身与他人（或群体）的得失而做出符合双方（或群体）利益或社会规范的行为（如老李在两难情境下进行选择）；②社会判断（social judgment），即个体判断自己或他人的行为是否符合社会规范与准则（如你判断老李的所作所为是否符合道德规范）。这两种常见社会行为的产生均依赖本章第二、三节介绍的自我加工和他人社会认知加工。

（一）社会决策

人是高度社会化的生物。毫不夸张地说，个体在绝大部分时间需要与其他人进行社会互动，并根据复杂的社会情境做出各类关于自我和他人的社会决策。

通过第十一章"推理和决策"的学习，我们已经了解到，个体通常会通过权衡不同选项的利弊，做出能够获得最大期望效用的决定，而这一原则同样适用于社会决策。从某种意义上讲，社会决策可以被视为对自己和他人价值的权衡过程：一方面，人们会考虑到该行为对自己利益的影响（如金钱收益、名誉收益、时间成本、体力成本等）；另一方面，在与他人互动的过程中，人们因具有心理理论及共情的能力（见本章第三节"认识他人"），会在不同程度上关心他人的福祉（如对他人造成的伤害、自己与他人之间得失的不公平等）。价值权衡模型认为，个体通过权衡不同选择的得与失，计算出相应的主观价值，并通过比较这些主观价值，最终执行其中主观价值相对最大的行为（Padoa-Schioppa, 2011; Rangel et al., 2008; Ruff & Fehr, 2014）。这一价值权衡过程也构成了不同类型社会决策背后共同的认知加工机制。在本节中，我们将以利他、公平这两种常见的社会决策为例进行介绍。

1. 利他

在心理学中，利他行为（altruistic behavior）通常被定义为个体通过牺牲自身利益或付出一定代价来增加他人福祉的行为（Kurzban et al., 2015），如医务工作者不惜以自己的生命为代价救助伤员。

人们为何愿意以自己的资源甚至生命安全为代价来帮助他人呢？对此，研究者从不同的视角给出了相应的理论解释。一些进化理论关注利他行为的适应性（Kurzban et al., 2015）。比如，亲缘选择论（kin selection theory）假设亲缘间的利他行为有助于提高个体自身基因的传播概率（Hamilton, 1964）。互惠理论（reciprocity theory）则强调，人们期望帮助亲属、朋友乃至陌生人后，能够增加对方将来帮助自己的可能性（Nowak & Sigmund, 2005; Rand & Nowak, 2013; Trivers, 1971）。也有理论强调了情绪和情感体验在利他行为中起到的重要作用。比如，"共情-利他假设"认为，个体对他人产生共情是引发利他行为的关键前提（Batson et al., 1981）。近期的神经科学研究发现，个体助人行为的确与共情引发的脑活动密切相关（FeldmanHall et al., 2015; Hein et al., 2010）。

就认知心理学而言，一个重要的问题是，人们如何进行利他决策？价值权衡模型认为，个体的利他决策过程可被视为社会情境下对收益-损失的权衡（Padoa-Schioppa, 2011;

Rangel et al., 2008; Ruff & Fehr, 2014）。Crockett 等（2014）对上述理论假设进行了验证［图 12-25（a）］。实验中，参与者需要在两种条件下分别做出一系列选择：在自我条件下，参与者需要从两个选项中选择是否让自己遭受更多的疼痛以获取更多收益；在同伴条件下，参与者需要从两个选项中选择是否让同伴遭受更多的疼痛以获得更多收益。通过计算建模（computational modeling）分析，研究者发现，个体的确是通过对疼痛和金钱加权求和计算不同选择的主观价值，进一步进行价值权衡以确定最终的行为选择的。该计算模型的核心部分如下：

$$\Delta V = (1-\kappa)\Delta m - \kappa \Delta s \quad (12\text{-}1)$$

$$\kappa = \begin{cases} \kappa_{\text{self}} & \text{自我条件} \\ \kappa_{\text{other}} & \text{同伴条件} \end{cases} \quad (12\text{-}2)$$

其中，ΔV 为两个选项之间的主观价值之差，Δm 和 Δs 分别为两个选项之间的金钱与疼痛值的差异。κ_{self} 和 κ_{other} 为伤害厌恶（harm aversion）参数，反映了个体对自我受痛与同伴受痛的主观厌恶程度。

研究者进一步采用该模型拟合参与者在两种情境下的行为后发现，参与者更厌恶自己从同伴（而非自身）的疼痛中获益［图 12-25（b）］，表明人们具有利他偏好。

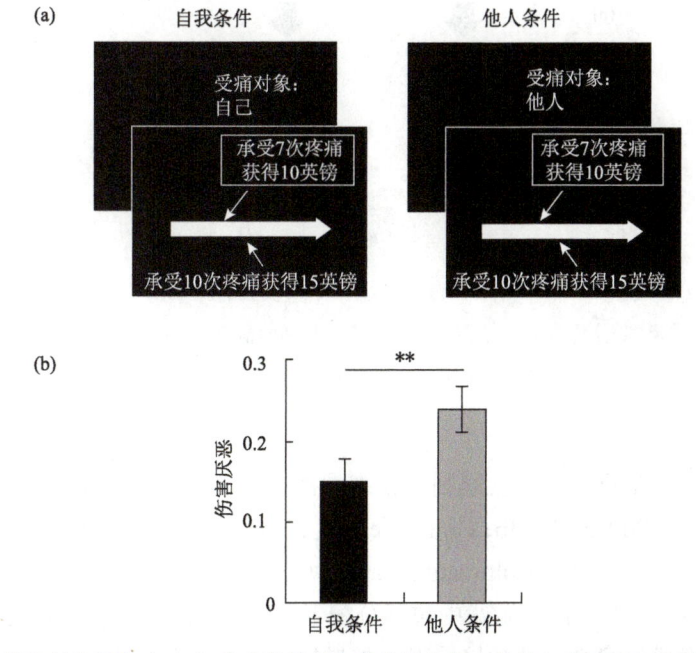

图 12-25　利他决策的行为研究。（a）实验条件（自我条件与他人条件）以及试次流程示意图。（b）伤害厌恶参数结果。参与者更厌恶自己从同伴（而非自身）的疼痛中获益，表明人们具有利他偏好。（Crockett et al.，2014）

2018 年的一项脑成像研究采用了"损己助人"的范式，进一步考察了利他决策的神经基础（Hu et al.，2018）。该研究中，参与者可以决定是否承担一定的风险（自我风险：高或低）来帮助同伴获得一定的收益（同伴获益：高或低）。通过分析个体在上述决策过程中的脑激活，研究者发现，在表征助人带来的自我风险时，个体更多地调用了与自我加工相关的内侧前额叶皮层；在表征助人为同伴带来的收益时，个体更多地调用了与他人加工相关的后顶叶皮层。研究者进一步对大脑信号进行动态因果模型分析，根据大脑信号发生的先后顺序判断大脑中的信号流动方向，结果发现，以上两个脑区的信息最终在与认知控制相关的背外侧前额叶皮层得到有效整合，从而产生利他决策（图12-26）。这些发现说明，个体通过权衡不同行为给自己和他人带来的收益与成本，决定是否做出利他行为。

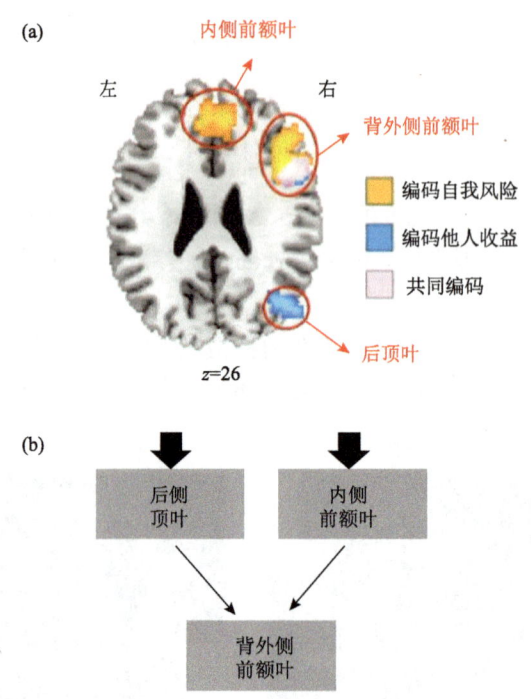

图 12-26 利他决策的神经基础。（a）编码自我风险与他人收益的脑区。（b）因果性脑功能网络。磁共振影像数据的动态因果模型分析发现，在决策过程中，内侧前额叶与后侧顶叶分别接收自我风险与他人收益信息（黑色粗箭头），并将这些信息传递至背外侧前额叶皮层进行整合（Hu et al., 2021）

2. 公平

公平（fairness）是重要的社会准则，在维护社会正义的过程中起到了不可或缺的作用（Fehr & Fischbacher, 2004a, 2004b; Graham et al., 2011）。在一项早期的经典研究中，Sanfey 等（2003）采用最后通牒游戏（ultimatum game）（Güth et al., 1982）范式，考察了个体对不公平的感知及后续行为。这一游戏中包括分配者、接受者两个角色，分配者会获得 10 美元，并决定如何将钱分配给自己和接受者。如果接受者接受分配者的方案，则双方可以按该方案获得相应的收益。然而，如果接受者拒绝分配者的方案，则双方不会获得任何收益。根据传统的理性人假设，无论分配者提出何种方案，只要自己的收益大于零，接受者就应该接受方案，以获得收益。然而，该研究发现，接受者倾向拒绝不公平的分配方案，特别是当分配方案的不公平程度较高时，尽管这样会导致自己"颗粒无收"。

面对这一结果，我们不禁要问：人们为何宁可自己"颗粒无收"，也要拒绝相对不公平的方案呢？对此，有研究者提出了不公平厌恶（inequity aversion）理论进行解释（Fehr & Schmidt，1999）。该理论认为，人们普遍厌恶自我和他人之间存在的不公平，这一社会认知过程引发了对不公平方案的拒绝。神经层面的证据也支持了这一理论。Sanfey 等（2003）的研究发现，不公平的分配方案能够引发与负性情绪加工相关脑区——前脑岛更强的神经活动，而且由不公平方案引发的右侧前脑岛信号水平越高，接受者对不公平方案的接受率越低。这一结果提示，不公平的确能够让人心生厌恶，并引发随后的拒绝行为（图 12-27）。上述发现也在随后的一系列研究中得以重复（Feng et al.，2015）。这些结果说明，人们的确厌恶自己比别人获得的资源少的不公平情况（即劣势不公平厌恶，disadvantageous inequity aversion）。

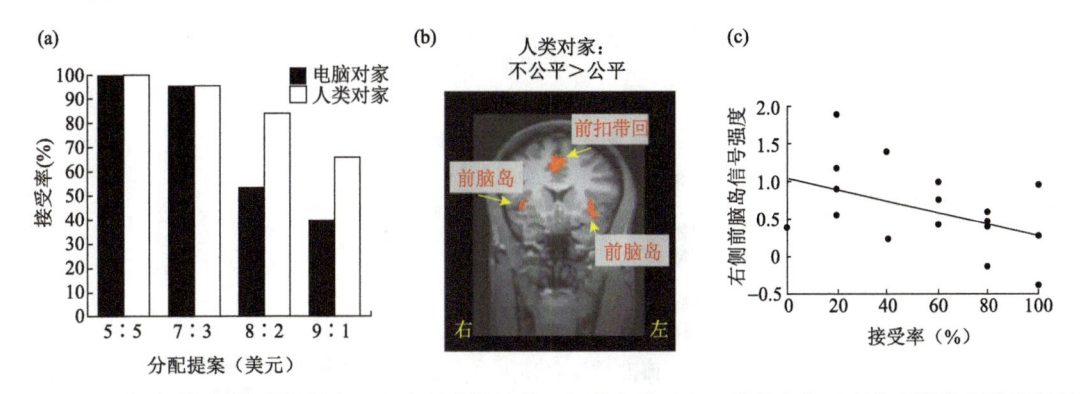

图 12-27 公平感知的脑成像研究。（a）行为学结果。相较电脑对家，随着人类对家分配提案公平程度的降低，个体对提案的接受率显著下降。（b）与不公平分配方案加工相关的脑区，包括双侧前脑岛及前扣带回。（c）在人类对家条件下，不公平提案引发的右侧前脑岛信号水平与接受率之间呈负相关关系（Sanfey et al.，2003）

然而，在日常生活中，人们并不总是在资源分配时处于劣势状态，有时自己会获得比别人更多的资源。大量证据显示，人们同样会厌恶优势不公平的情况，即优势不公平厌恶（advantageous inequity aversion）（Fehr & Schmidt，1999）。一个有趣的问题是，两种类型的不公平厌恶是否存在相似或不同的认知加工机制？发展和进化心理学证据表明，劣势不公平厌恶出现在进化和人类发展的早期阶段，而优势不公平厌恶仅见于具有相对高级的社会认知能力的物种（如黑猩猩），且出现在人类发展的晚期阶段（Brosnan & de Waal，2014；McAuliffe et al.，2017）。这些证据提示，两种不公平厌恶可能涉及不同的心理和神经加工机制。对此，Gao 等（2018）结合 fMRI 技术设计实验区分了个体对两类不公平的认知加工过程与相应的神经基础。结果发现，优势不公平厌恶的加工主要涉及左侧前脑岛、右背外侧前额叶和背内侧前额叶，这些脑区与社会性信息和心理理论（见本章第三节"认识他人"）相关的认知过程有关；劣势不公平厌恶的加工主要包括左侧后脑岛、杏仁核和背侧前扣带回，这些脑区与疼痛、情绪和冲突等基本认知加工密切相关（图 12-28）。上述发现从神经层面为不公平厌恶理论提供了支持证据，揭示了两种不公平厌恶涉及的不同认知和神经加工机制。

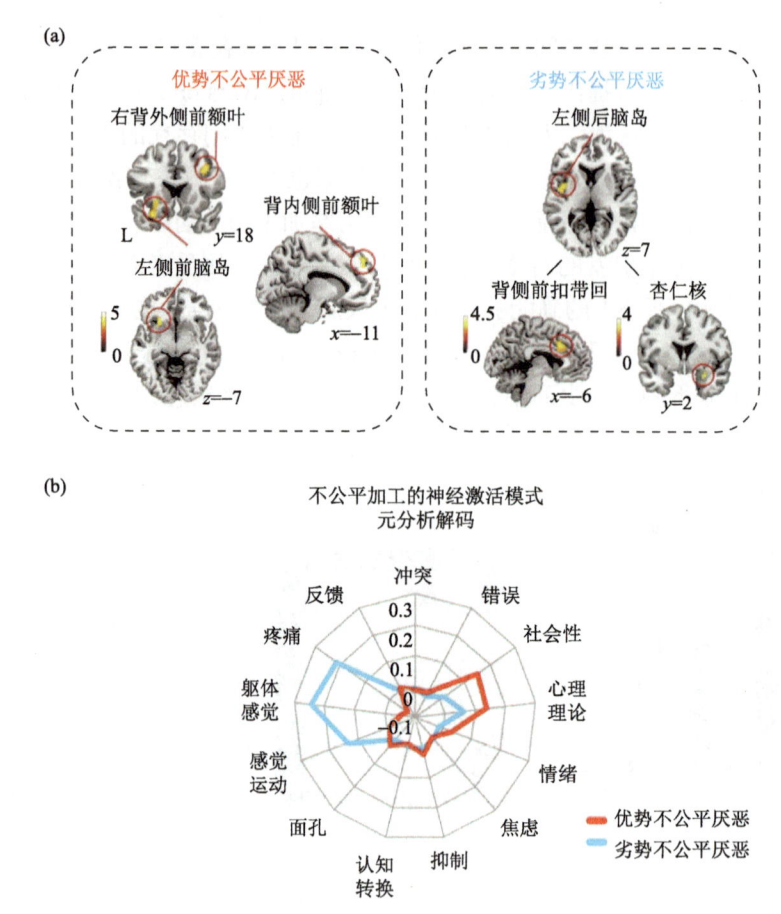

图 12-28 两种不公平厌恶的神经基础。（a）加工两类不公平信息的脑区。优势不公平厌恶涉及的脑区有右背外侧前额叶、左侧前脑岛和背内侧前额叶；劣势不公平厌恶则主要关联左侧后脑岛、背侧前扣带回和杏仁核。（b）不公平加工的神经激活模式的元分析解码示意图。优势不公平厌恶加工主要涉及社会性和心理理论相关的认知过程，而劣势不公平厌恶加工相关的脑区主要涉及疼痛和躯体感觉等基本认知加工（Gao et al., 2018）

（二）社会判断

让我们再回到本节开始的例子：药店老板老李面对一个两难选择，要么走私廉价药造福患者，但自己会面临牢狱之灾；要么选择无动于衷。如果老李最终选择前者，你觉得他的行为道德吗？日常生活中，我们很多时候都需要判断自己或他人的行为是否符合社会规范与道德准则。在社会心理学中，道德判断（moral judgment）是社会判断中研究最广泛的议题，关注人们如何判断一种行为在道德层面多大程度上应该被指责、惩罚、赞扬或褒奖（Yu et al., 2019）。

一个经典的道德两难（moral dilemma）情境是电车困境（Foot, 1967; Thomson, 1985）：一辆有轨电车即将撞向五名位于电车轨道的工人，电车司机可以选择改变电车的行驶轨道，从而只牺牲其他轨道上的另一名工人。另一个类似的困境是吊桥困境，与电车困境唯一的区别在于，拯救另外五人的方法是从吊桥上推下另一名工人以阻挡飞驰的电车［图 12-29

（a）]。有趣的是，人们对两种困境中同种选择的道德判断存在很大差异：多数人认为通过改变电车行驶轨道而拯救另外五人是道德的行为，却并不认同将一名工人推下吊桥而拯救另外五人符合道德准则。

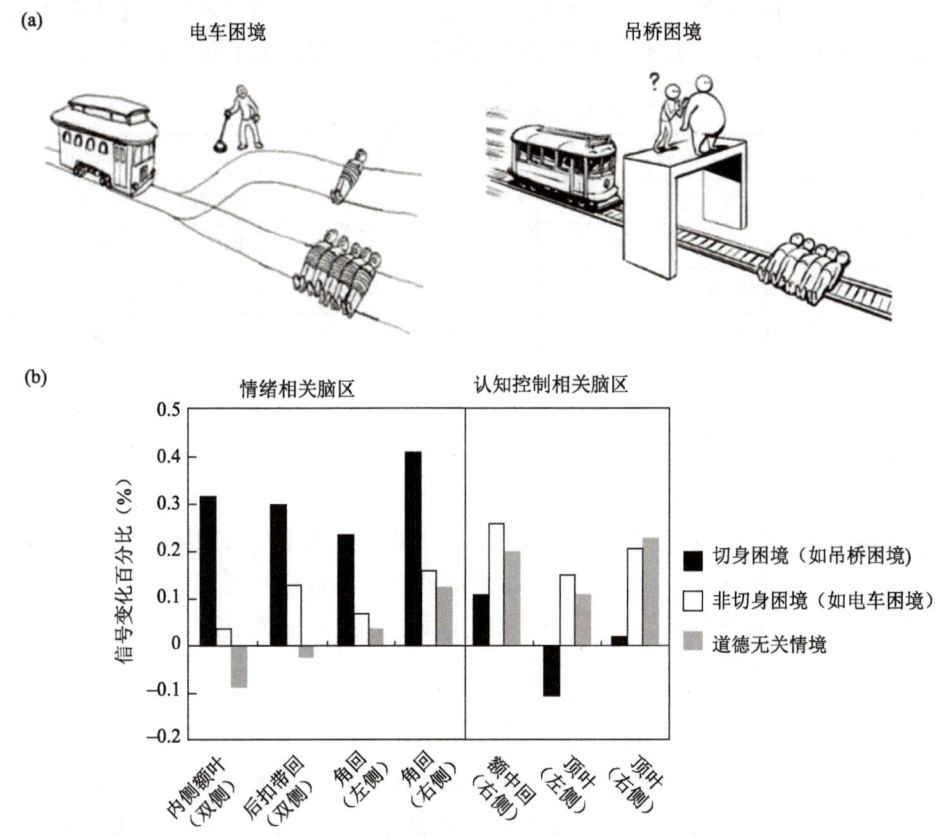

图 12-29 道德判断的经典脑成像研究。（a）实验材料示例。（b）脑成像结果。切身困境（如吊桥困境）下的道德判断更多涉及情绪相关脑区，非切身困境（如电车困境）下的道德判断更多涉及认知控制相关脑区（Greene et al., 2001）

人们为何会对他人造成相同后果的两种行为（牺牲一人而拯救另外五人）的道德合理性做出如此不同的判断呢？一种可能的假设是，相比电车困境中改变电车轨道这一非切身行为，吊桥困境中行为者的切身行为可能引发了道德判断者更强烈的负性情绪反应，进而影响了其道德判断。这一假设得到了 fMRI 研究结果（Greene et al., 2001, 2004）的支持，研究发现，相较于非切身条件（如电车困境），参与者在切身条件下（如吊桥困境）对行为者进行道德判断时激活了更多情绪相关的脑区（如后扣带回）；而相反的比较（非切身困境与切身困境）则激活了更多认知控制相关的脑区（如额中回与双侧顶叶）[图 12-29（b）]。这些结果说明，由他人行为认知带来的情绪反应在道德判断过程中发挥了重要作用。该结果随后得到了一系列研究的证实（Fede & Kiehl, 2020；Greene, 2020）。

值得注意的是，上述道德两难困境极大地简化了日常生活中的复杂情境。试想，在吊桥困境中，若得知被推下的工人曾经是一名杀人犯，此时你对推他下桥这一行为的道德判断会发生改变吗？换言之，当情境中包含其他因素时（如行为实施者的意图），道德判断会变得异常复杂，也会涉及更多的心理理论加工过程（如判断行为实施者的意图；详见本章第三节"认识他人"）。鉴于此，Malle（2021）建议将道德判断分成 4 类，分别是评估、规范判断、道德错误判断和指责判断（表 12-2）。这一框架不仅为研究者细化道德判断这一概念提供了理论基础，也为探究不同类型道德判断的认知过程提供了新的思路。

表 12-2 4 种道德判断的主要特征

道德判断种类	一般的判断对象	信息的输入	社会功能
评估	所有行为	行为和结果	追踪规范的违反；初步信息搜索
规范判断	有意图的但还未实施的行为	行为	教育；劝服；肯定规范
道德错误判断	有意图的且已实施的行为	行为和实施者心理状态	宣布违反了规范；规范提醒
指责判断	具体个人的、有意或无意的行为及其实际结果	结果、因果关系、意图、心理状态、可避免性	道德批判；调整未来的行为

三、群体认知与行为

生活中的很多事情不是由个体单独决定的。比如，小组组长与同组成员在选择聚餐地点时，除了考虑自己的喜好，也会考虑同组成员的喜好，最终共同做出决定。因此，在群体环境中，个体需要对所在群体中其他成员的态度、偏好和行为进行加工和预测，进而相应地调整自己的态度和行为。

（一）群体和社会网络

什么叫"群体"？有研究者认为群体是由两个或者两个以上的个体通过某种社会关系关联在一起构成的（Forsyth，2018），并据此将其划分为基本群体、社会群体、关联群体和分类群体（表 12-3）。也有观点认为，一个群体需要满足以下几个条件（Johnson D W & Johnson F P，1991）：①群体中的个体存在互动；②不少于两个人组合为一个社会整体，并且能感知到自己属于该群体；③相互依赖；④联合在一起去实现某个目标；⑤通过这种联合来实现某种需求；⑥基于角色和规范进行互动；⑦相互影响。

表 12-3 4 种群体类型

群体类型	特点	举例
基本群体	规模小，持续时间和渗透性适中，但成员之间有大量的互动，个体认为其他成员非常重要	家庭、伴侣、亲密朋友、街头帮派等
社会群体	公共系统里的群体，比如，员工群体及一系列在非员工情境下有共同目标的群体	餐厅员工、工厂职工、居委会、后援会、陪审团、学习小组
关联群体	自发形成的个体集合；有些只持续很短的一段时间，并且可渗透的边界，而另一些则彼此之间存在非常有限的相互作用	在车站等车时聚集的人、电影院里的观众、大范围社区里的居民、大学公共课中的学生
分类群体	在性别、种族、宗教和国籍方面彼此相似的个体的集合	女性、律师、中国人、学生等

资料来源：Forsyth（2018）

个体与其所在的群体之间存在着千丝万缕的联系。为了精确地刻画这种联系，有研究者提出了社会网络（social network）这一概念。社会网络是指个体通过对群体成员两两之间的社会关系的抽象表征形成的关系网络图谱，旨在使个体能够对其中存在直接或者间接联系的两个成员之间的关系进行判断或者推断，这一过程涉及"心理表象和空间表征"（第七章）及"推理和决策"（第十一章）的过程。一个社会网络通常包括如下属性：社会网络中的每一个个体称为节点，节点之间的联系称为连接。由此可以定义社会距离，即网络中的一个节点到另一个节点所需的最小连接数（Weaverdyck & Parkinson, 2018）。中心度则常被用来表示某个个体（节点）在社会网络中的重要性，通常由该节点的直接连接数（如A与B直接认识）和间接连接数（如A与B通过C联系在一起）共同决定（Weaverdyck & Parkinson, 2018）。那些在原本没有直接连接的节点之间建立联系的个体叫作中间人，他们往往可以协调群体间的行为和转译信息（Burt, 2015; Hahl et al., 2016）。

基于社会网络的属性探究社会网络不同特征对个体社会认知的影响，以及个体对社会网络不同特征的认知过程的差异，都是社会认知心理学的重要问题。那么，研究者是如何探究上述问题的？通常有两种途径可用来探究个体是如何表征和认知社会网络的：一是人为构建社会网络（de Soto, 1960）；二是通过参与者直观报告描述真实世界的社会网络（Brands, 2013）。

Zitek 和 Tiedens（2012）的研究采用第一种途径，通过构造新的社会网络来研究人们对不同社会网络结构的认知过程差异。参与者需要对研究者事先制作好的三种社会网络（平等型、分层型和分块型）（图 12-30）进行学习。他们被要求尽可能快地记住计算机屏幕上展示的社会网络示意图，并用笔在纸上画出刚刚看到的内容。结果发现，相比分层型社会网络示意图，参与者需要更多的次数才能习得平等型和分块型社会网络示意图，且对后两者的喜爱程度较低。该研究结果表明，相比平等型和分块型社会网络，人们往往更擅长记忆和偏好分层型社会网络。

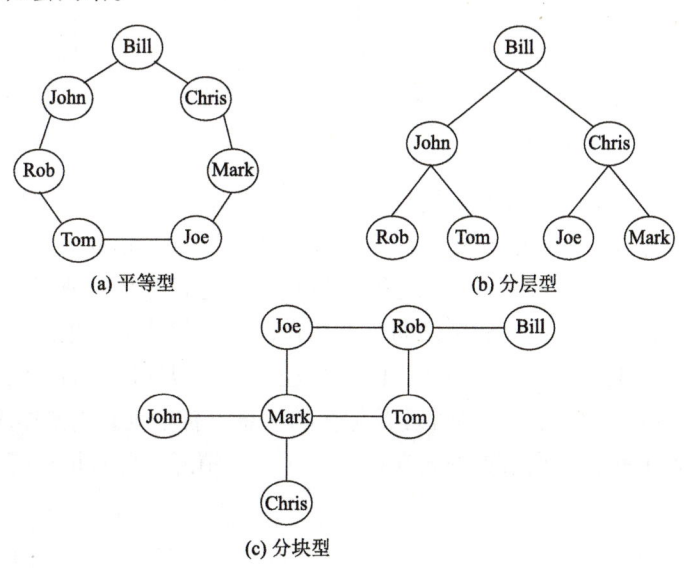

图 12-30　三种不同结构的社会网络。三种社会网络的节点数及每个节点代表的内容完全相同，仅节点之间的连接方式存在不同（Zitek & Tiedens, 2012）

第二种途径则聚焦于真实的社会网络，个体需要通过主观报告复现自己所处的真实社会网络。这种方法的好处在于，能够真实地反映人们在社会中对社会网络的认知，但需要大量参与者参与，以便较为真实地还原社会网络结构。Parkinson 等（2017）在召集了美国一所大学的 279 名同班学生，一起完成了一项社会网络研究。在前期网络问卷收集阶段，每一名学生需要对本班中自己的好朋友进行提名，具体内容为："在班级中，你和哪些同学在社交活动上（如一起吃饭、看电影及运动等）花费的时间最多？"研究者根据提名进行社会网络分析，还原真实的社会网络（图 12-31）。

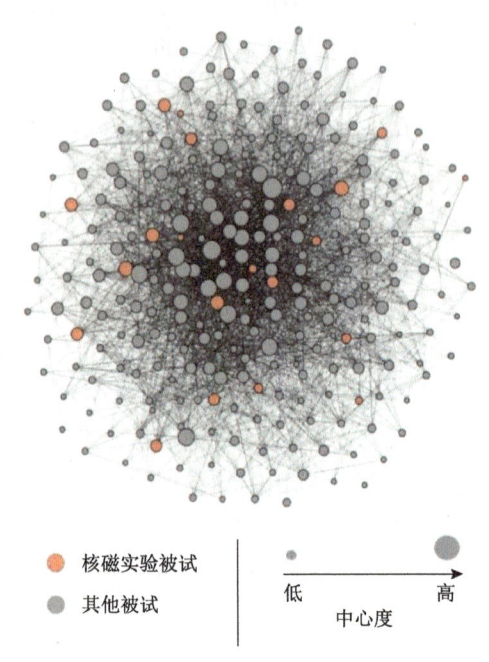

图 12-31　基于参与者评分还原的真实社会网络。橙色的节点表示研究者挑选出来参与后续核磁实验的参与者。节点的大小表明了该参与者在这个真实社会网络中的中心度高低。节点之间的连线则是参与者之间的社会距离（Parkinson et.al., 2017）

研究者根据这一社会网络在其中挑选了不同社会距离和不同中心度的参与者参加后续的磁共振实验，研究人脑如何表征真实社会网络的特征（Parkinson et al., 2018）。研究者发现，相较社会距离较远的参与者，社会距离较近的参与者之间的神经活动相似性更高。这一结果验证了传统的观点：人们更倾向于和与自己看待问题角度相似的人成为朋友。该研究还发现，在社会距离较近的参与者之间，神经活动相似性很高的脑区主要包含皮层下区域，这些脑区在运动、学习、情感处理及记忆的信息整合中具有重要作用。研究者认为，这一结果间接反映了社会距离较近的人在运动、学习、情感处理及记忆等心理过程中具有很高的相似性。

（二）群体中的社会影响

社会影响（social influence）是指在群体或者社会网络中，群体其他成员对个体的情绪、观点或者行为产生的影响。从众（conformity）是最常见的一种社会影响现象，是指个人受到他人行为的影响，而在自己的知觉、判断、行为上表现出符合公众舆论或多数人的行为方式。

以往的研究认为，从众行为产生于两种基本的心理需要，即获得他人喜欢或者认可的需要和证实自己正确的需要（Deutsch & Gerard，1955；Hogg & Vaughan，2009）。符合第一种心理需要的从众行为源自规范的社会影响，即规范影响，是指个体要想得到群体成员的喜欢和认可，因此服从该群体的规范，表现出从众行为。此时，对错已经不是那么重要了，人们会选择跟随群体中多数人的喜好来避免自己受到惩罚或者社会排斥。与此不同，符合第二种心理需要的从众行为源自信息的社会影响，即信息影响，是指当个体不确定自己的决定是否正确时，会转向跟随群体或者群体中其他人的决定，从而提高自己获得更多信息并做出"正确"决定的可能性。该现象在不确定情境下出现的可能性更大，此时人们更倾向相信专家或者群体中更有能力的人的判断。

研究者是如何研究从众行为的呢？经典实验采用现场群体压力情境范式来探究该问题（Asch，1955）。在第一个实验中，参与者需要与其他若干名志愿者一起完成一项线段匹配任务。实际上，其他志愿者均是实验者事先安排的"假参与者"。每一轮参与者看到两张卡片，其中一张为标准线段，另一张为3条长短不一的比较线段。参与者的任务是从比较线段中选出一条和标准线段一样长的线段（图12-32）。真参与者总是被安排在靠后的位置发言。在前两轮测试时，所有参与者都根据真实感受选择了正确的线段。但是，从第三轮开始，所有的假参与者会在某些轮次按事先要求故意做出错误的选择。实验结果表明，当绝大多数假参与者报告错误的选项时，参与者竟然有36.8%的选择和群体多数人的选择保持一致；如果参与者独立完成该任务，错误率会显著降低。该从众行为会随着群体中与参与者选择不一致人数的增加而增加，并在人数为4人时达到顶峰。

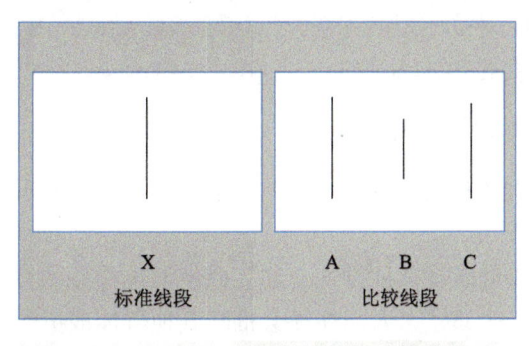

图12-32 Asch的实验材料（上图）和实验场景（下图）。上图的左侧为标准线段，右侧的3条为比较线段，其中有一条明显和标准线段长度一致（Asch，1955）

一些研究发现，群体中他人选择的一致性程度对风险决策中的从众行为具有重要影响。在 Zhang 和 Gläscher（2020）的研究中，5 名参与者需要实时联机一起完成多轮风险决策任务。每一轮中，每名参与者需要先独自从两幅图片中选择一幅更有可能带来奖励的图片（两幅图片带来奖赏的概率分别为 70%和 30%）。然后，每名参与者可以依次查看其他 4 名参与者的选择，并且选择是否更改第一次的选择（即第二次选择）。最后，电脑会同时呈现 5 个人的选择是否正确，并呈现相应的结果（是否获得奖励）。实验结果显示，个体与群体其他成员选择的不一致程度越高，该个体越容易选择更改第一次选择，从而与大多数人的选择保持一致（图 12-33）。这说明在涉及奖赏反馈的风险情境中，群体成员的一致性会增加个体的从众行为。除了上述因素以外，群体成员的凝聚力、人格、性别、年龄及文化等因素也会对从众产生一定的影响（Hodges，2017）。

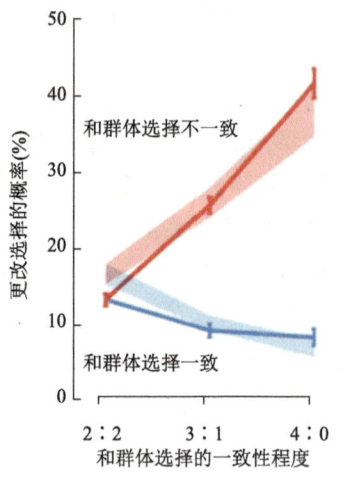

图 12-33　个体与群体成员选择的一致性对从众行为的影响。当面临更多群体成员的选择和自己不一致时，个体更愿意选择改变自己最初的选择，从而与群体中的多数人保持一致；当面临更多群体成员的选择和自己一致时，个体更愿意坚持自己最初的选择（Zhang & Gläscher，2020）

（三）群体合作和群体协同

除了从众行为外，群体最常见的行为还有群体合作（group cooperation）和群体协同（group synchronization）。

群体合作是指群体成员通过某种方式一起完成使群体受益的行为。对于群体内的合作决策，正如第十一章阐述的那样，人们往往会推断其他群体成员的合作意愿，从而在合作与不合作选择之间进行价值（效用）权衡，最终做出是否合作的决策。这种对内群体其他成员合作意愿的推断过程，也正是本章第三节提到的心理理论的重要表现。Park 等（2019）采用多轮公共物品博弈范式，深入探讨了群体内合作形成的认知神经机制。参与者需要与其他 4 名参与者一起完成多次公共物品博弈任务。在每次任务开始时，每人会持有一定金额的代币，参与者可以选择贡献或者"搭便车"。如果选择贡献，参与者需要贡献 1 个代币；如果选择"搭便车"，参与者则不需要贡献任何代币。游戏规定，当选择贡献的群体成员超过阈限（2 人或者 4 人）时，群体获得 2 个代币，并均等分配；当选择贡献的群体成员低于阈限时，则个体的投入不会带来任何群体收益，也不会被退还。因此，个体需要学习和推测群体内其他成员的选择，进而做出贡献或"搭便车"的选择，以使收益最大化。

研究者发现，参与者的合作意愿会受到群体内其他成员合作意愿的影响。具体而言，参与者推断其他人的合作意愿越高，参与者自己选择合作的概率就越大；反之则越小。重要的是，对他人合作意愿的推断是通过观察其他成员在之前轮次的行为表现进行更新的。因此，参与者在整个任务过程中的合作意愿是动态变化的。除此之外，研究者发现，相比实验群体合作只需要 2 人的条件，当需要更多的贡献者（人数 $k=4$）时，参与者的合作倾向会显著增强（图 12-34）。为了进一步研究这种现象的心理机制，研究者采用计算建模的方法对参与者的行为和心理变量进行了精细的分析。模型显示，参与者每一轮的选择由本轮他对每个选项的主观价值决定。该主观价值是由选择贡献带来的长期群体收益和选择"搭便车"带来的短期个体收益共同决定的。虽然"搭便车"看起来是一种短期收益，即团队成功时不需要任何成本便可获得比他人更多的收入，且失败时不需要承担任何损失，但是"搭便车"会影响到其他成员后续的合作倾向，因此选择贡献体现的是群体的长期收益。当实现群体合作需要更多的贡献者时，个体选择"搭便车"时会有更高概率导致群体合作无法实现，因此考虑到群体的长期收益，参与者会更少地选择"搭便车"而更多地选择贡献。

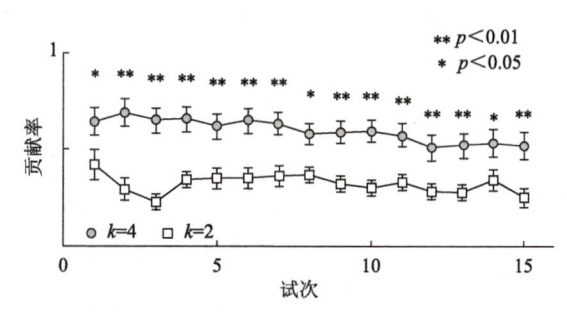

图 12-34 群体合作阈值对群体成员贡献率的影响。在公共物品博弈任务中，相较群体合作阈值较低的情况（$k=2$），当群体合作的阈值较高时（$k=4$），群体成员更倾向选择贡献（Park et al., 2019）

群体协同是群体合作的一种特殊形式。两者的区别在于，群体合作更强调目标的达成，比如，一个科研团队共同完成一个课题；群体协同更强调行为或者态度上的一致性或者协同性，比如，乐队演奏时需要每位成员精准的节奏配合。

在心理学研究中，研究者常采用行为实验并结合同时记录多人大脑活动的同步超扫描技术探究群体协同。其中，合作按键范式是一种常用且易与同步超扫描技术结合的实验室研究方法（李先春，2018）。例如，在 Funane 等（2011）的一项研究中，两名参与者被要求在心里默数 10 s 后，尽可能地与对方同时按键，两人按键的时间越相近，则彼此协同的效果越好。研究结果表明，两名参与者前额叶皮层的脑间活动同步性（两人脑活动数据之间的相关性）越强，两人按键时间的差异越小（图 12-35）。鉴于前额叶皮层具有包括执行控制与认知资源整合等功能，研究者认为这一脑区活动可能与参与者在任务中自我计时及思考按键时间的心理过程有关，故该脑区活动的同步性可能意味着两名参与者在上述心理过程中的互相调整适应，从而实现较好的行为协同。除此之外，还有大量研究表明，群体行为表现与群体成员之间脑神经信号上的同步性存在正相关关系，主要体现在同步按键（Wang et al., 2019）、打篮球（Li et al., 2020a, 2020b）、音乐欣赏（Hou et al., 2020）、师生互动（Liu et al., 2019a, 2019b）、恋人合作（Pan et al., 2017）和群际冲突（Yang et al., 2020）等群体行为上。

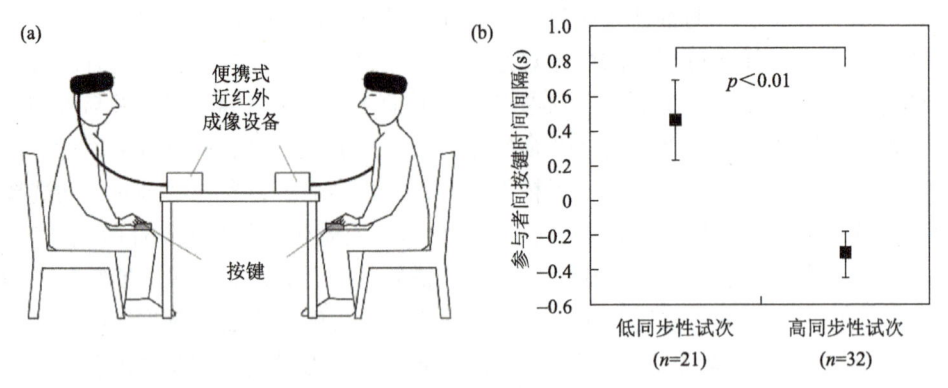

图 12-35 合作按键范式。(a)两名参与者被要求在心里默数 10 s 后，尽可能地与对方同时按键。使用近红外成像设备记录双方的大脑活动。(b)研究者以试次为单位，对每组参与者的前额叶皮层活动数据进行分类，分成高、低同步性试次。结果发现，参与者前额叶皮层的脑间神经活动同步性更高时，两名参与者在按键的时间上更接近。脑间同步性指标使用两名参与者神经信号的相关性进行计算，二人神经活动的相关性越高，则脑间同步性越高（Funane et al., 2011）

关键术语

社会认知 social cognition
一致性寻求者 consistency seeker
朴素的科学家 naive scientist
认知守财奴 cognitive miser
投机策略家 motivated tactician
被激活的行动者 activated actors
自我 self
自我概念 self-concept
自我概念的复杂性 complexity of self-concept
自我概念的清晰性 clarity of self-concept
自我概念的一致性 consistency of self-concept
自我参照效应 self-reference effect
内侧前额叶皮层 medial prefrontal cortex
自尊 self-esteem

公正世界假说 just world hypothesis
失调理论 dissonance theory
平衡理论 balance theory
双重加工模型 dual-process model
元认知模型 meta-cognitive model
自动化加工 automatic processing
现实冲突理论 realistic conflict theory
社会认同理论 social identity theory
积极区分 positive distinctiveness
内群体偏好 in-group bias
外群体同质性 out-group homogeneity
外显刻板印象 explicit stereotype
内隐刻板印象 implicit stereotype
自我确认偏误 self-confirmation bias

自恋 narcissism
罗森伯格自尊量表 Rosenberg self-esteem scale
社会预期误差 social prediction error
内隐联想测验 implicit association test，IAT
自我服务偏差 self-serving bias
社会推断 social inference
归因 attribution
态度 attitude
刻板印象 stereotype
心理理论 theory of mind
错误信念任务 false belief task
信念 belief
共情 empathy
心智化 mentalizing
共享体验 experience sharing
共情关注 empathic concern
人际反应指针量表 interpersonal reactivity index
模拟论 simulation theory
镜像神经元 mirror neuron
理论论 theory theory
归因理论 attribution theory
协变模型 covariation model
基本归因错误 fundamental attribution error
受控制加工 controlled processing
启发式-系统式模型 heuristic-systematic model
精细可能性模型 elaboration likelihood model
自我确证过程 self-validation
对应偏差 correspondence bias
行为者-观察者偏见 actor-observer bias

刻板印象威胁 stereotype threat
最后归因偏差 ultimate attribution error
情绪 emotion
基本情绪 basic emotion
社会情绪 social emotion
感激 gratitude
内疚 guilt
情绪的评价理论 appraisal theory of emotion
社会决策 social decision-making
社会判断 social judgment
利他行为 altruistic behavior
亲缘选择论 kin selection theory
互惠理论 reciprocity theory
伤害厌恶 harm aversion
公平 fairness
最后通牒游戏 ultimatum game
不公平厌恶 inequity aversion
劣势不公平厌恶 disadvantageous inequity aversion
优势不公平厌恶 advantageous inequity aversion
道德判断 moral judgment
道德两难 moral dilemma
群体 group
社会网络 social network
社会影响 social influence
从众 conformity
群体合作 group cooperation
群体协同 group synchronization

知识要点

- 社会认知的概念

- 社会认知研究中的五种社会思考者模型
- 相比基础认知和社会心理学，社会认知独特的研究内容
- 自我概念的内涵和属性
- 自我参照效应的概念及其产生原因
- 自尊与自恋的概念和区别
- 自我服务偏差的概念及其产生原因
- 心理理论的概念
- 共情的概念
- 模拟论和理论论如何解释社会推断过程
- 归因的概念
- 归因的协变理论
- 态度的失调理论和平衡理论
- 态度改变的双重加工模型和元认知模型
- 刻板印象的概念、产生及分类
- 刻板印象的后果
- 情绪的概念、分类和情绪的评价理论
- 社会决策的概念及价值权衡模型
- 道德判断的概念及其分类
- 群体的概念及其分类
- 社会网络的概念及两种常用研究方法
- 社会影响和从众的概念，以及从众产生的两种基本心理需要
- 群体合作和群体协同的异同

第五部分　认知的差异与应用

第十三章
人类认知的差异性

关于人类，有两种说法是正确的：所有的人都是一样的，所有的人都是不同的。人类所有的智慧都建立在这两个事实之上。

——美国诗人 van Doren

在前面的内容中，我们假定任何文化中的任何个体的认知水平都是相当的，在此基础上，我们强调了认知研究的普遍适用性理论。然而，事实并非如此，人类的认知存在差异，这种差异首先表现在人类的发展方面，如不同年龄的儿童处理认知任务的方式会有所不同。随着时间的推移、个体的成长，儿童的认知等相关能力不断发展。但是，最终是否会发展成和正常成人相一致的水平，也存在个体差异，有些儿童的认知能力也许很快就可以达到正常成人的水平，而另一些儿童则需要很长时间或者最终也无法达到和正常成人相匹配的程度。事实上，即使都是成年个体，不同的个体之间在认知相关任务中的表现也会存在差异。例如，一些人总比另外一些人在认知任务中表现出色，或更能胜任某种特定的认知任务，对于这种差异，我们称为个体差异。个体差异描述了个体与个体的比较，反映了不同个体在行为模式上存在质或量方面的稳定差异。此外，在研究认知差异性方面，跨文化的视角也进入了研究者的视野。在此之前，我们假定全人类共享相同的认知发展模式，但事实上不同文化条件下的个体认知能力或认知方式可能存在差异。在本章中，我们把目光转向人类认知的差异性，分别对人类认知的发展、个体差异和文化差异进行论述。

第一节 认 知 发 展

认知发展（cognitive development）是儿童心理发展的内容之一，心理发展包括生理发展、社会性发展和认知发展。本节结合发展心理学的基本问题探究人类的认知发展。所谓认知发展，是指个体出生后在适应环境的活动中，对事物的认知及面对问题情境时的思维方式与能力表现随年龄的增长而改变的历程。一提到发展，我们便不可避免地需要探究几个基本问题，如认知发展的基本动力是什么，遗传（nature）还是环境（nurture）？个体认知发展是阶段性（stages）的还是连续性（continuity）的？是否存在发展的敏感期？主观能动性的作用如何？以下我们将从这些认知发展的基本问题入手，探究认知发展的进程、神经基础和老龄化等问题。

一、认知发展的基本问题

（一）遗传与环境

认知是个体在适应环境的活动中发展起来的，其间遗传和环境谁起着更重要的作用，这一有关人类发展动力的问题一直是心理学家关注的。儿童研究领域的早期先驱通过设计简单的模型并对其进行测试，以研究人类发展的复杂性。Gesell 和 Thompson（1929）认为，技能的出现主要是由基因驱动的。另有研究者如华生认为所有的行为都是由环境决定的（Watson，1913）。这些早期模型反映了从物理科学中衍生出来的发展机械论的概念化。随着时间的推移，研究者越来越清楚地认识到，人的行为和机器是不同的，于是开始从现代生物学的角度而不是经典物理或化学的角度看待儿童。

几乎所有当代研究人员都认为儿童的发展是一个高度复杂的过程，受先天和后天相互作用的影响。养育的影响包括儿童所处的多重嵌套环境，如家庭、儿童保育环境、社区和社会，每一种环境都根植于特定文化的价值观、信仰和实践中。遗传的作用深受这些环境因素的影响，反过来，也会影响孩子们如何应对他们的经历。行为遗传学、分子遗传学和大脑发育研究的结果表明，先天遗传和后天环境的结合对理解人类发展具有重要影响。与传统观点不同，认知生物学的研究表明，先天的遗传和后天的发展都是人类成长的稳定性、可塑性的源泉。更重要的是，它们的共同作用为人类发展提供了动力。无论是从"经验-期待"的大脑发育的角度来看，还是从基因和环境之间的相互作用的角度来看，认知发展的本质都是先天和后天相互作用的结果（Nelson et al.，2000）。

（二）连续性与阶段性

个体发展过程中的变化是逐渐发生的还是突然发生的呢？这是有关连续性和阶段性的争论。连续性观点认为，发展是一个渐进的过程，发展中的变化是量的变化，每个发展水平的成就都建立在之前水平的基础上，推动发展过程的机制在毕生发展过程中是保持不变的。阶段性观点认为，发展是分阶段进行的，发展中的变化是质的变化，每个阶段的行为都与先前阶段的行为存在本质的差异（Flavell，1994；Heimann，2003）。很显然，连续性和阶段性的观点都有其合理之处，但是只考虑一个方面是不合适的。大多数心理学家认为，很多类型的发展变化是连续的，但也有一些明显是阶段性的。

（三）关键期与敏感期

关键期（critical period）是发展过程中的一个特定时期，此时特定事件出现与否会对发展产生特定的影响。Lorenz（1937）认为，"小鹅的印刻行为"是一种先天的学习倾向，是有机体神经系统在生命早期的一个短暂的关键期内，为获得某种特定的信息而进行的准备。人类也存在像小鹅一样的关键期，例如，如果一个怀孕 11 周的孕妇患上风疹，她所生的孩子更有可能出现失明、耳聋和心脏病等问题。但是，如果孕妇在怀孕 30 周时患上相同的疾病，对胎儿造成伤害的可能性就会大大降低。

而在认知发展过程中，"敏感期"（sensitive period）通常比"关键期"更受青睐，因为它意味着形成早期经验的性质和时间不那么严格。敏感期可以被定义为认知发展中的独特阶段，此时特定的结构或功能变得特别容易受到特定经验的影响，从而改变其未来的结构或功能（Bornstein, 1989）。这种敏感性可以通过两种方式发挥作用：第一，某些早期经验通过在发展中最具可塑性和对刺激反应最大的时刻建立某些能力，为幼儿的未来发展做独特的准备；第二，幼儿容易缺乏这些基本体验，其结果可能是存在永久性的功能障碍风险。

事实上，研究人类发展的时间问题是非常困难的，因为剥夺儿童所需的经验以便在不同的发展阶段研究他们，是非常不道德的。因此，动物研究成了一种重要的研究方式，可以以此来探讨发展的时间效应问题（Bornstein, 1989; Knudsen, 1999），但动物研究不能直接应用到人类身上，因此发展研究也依赖所谓的自然实验。例如，研究发生在胎儿发育不同阶段的产前暴露、有感觉缺陷儿童、没有经历正常听觉输入的听力障碍儿童，以及遭受脑损伤的病童等。已有脑损伤患儿的研究表明，5 岁或 6 岁之前发生的单侧大脑损伤似乎对语言发展没有持久的影响，当损伤发生在这个年龄段之后时，语言发展往往会受到影响。然而，当这些损害伴随着癫痫障碍时，在记忆和语言功能的某些方面可能会出现显著的缺陷，而且这些缺陷似乎对癫痫发生的年龄不敏感（Vargha-Khadem & Polkey, 1992; Vargha-Khadem et al., 1997）。这些结果展示了儿童敏感期问题的复杂性。

（四）主动性与被动性

幼小的婴儿是"无能"、被动的生物，还是天生具有主动向周围世界学习的个体呢？这是发展研究中颇有争议的，关于主动性（initiative）和被动性（passivity）的问题，关注的重点在于个体的发展是否需要主观能动性的参与。这一争议最早可以追溯到英国哲学家洛克和法国哲学家卢梭对儿童的看法。洛克提出了"白板说"，认为人出生时心灵犹如白纸或白板，对任何事物均无印象，人的一切观念和知识都是外界事物在白板上留下的痕迹（Locke, 1948）。而卢梭认为儿童会按照自己积极的自然倾向去发展（Rousseau, 1921）。

两者的争论导致了两种对立的发展模型：机械模型和组织模型。机械模型把发展看作对刺激被动的、可以预测的反应，人们像机器那样对环境做出反应，如洛克的"白板说"。组织模型则认为发展是机体自身发动的、依据不同质的发展阶段依次进行的，人不只是反应，还会主动行动，如卢梭的自然主义教育思想。我国学者朱智贤（1979，1982）认为，在儿童发展中，外因是必不可少的，但外因只是条件，没有内因则不可能起作用。因此，个体发展是主体自生成、自发展的过程，是结合环境和教育的作用形成的自组织的发展过程。

以上几个问题是认知心理学的重要论题，它们反复出现在认知心理学的研究中。比如，认知能力（智力）发展的研究就经常探讨关于智力发展是受先天影响更多一些，还是后天环境影响更多一些，以及智力发展是否存在关键期等问题。

二、认知能力的发展

（一）能力发展

许多心理学家将认知能力等同于智力。例如，Hunt（1986）认为，对于人们展现的千差万别的心理能力而言，智力是一个集合名词，代表着各种能力的综合表现。其他心理学家虽然没有做出如上论断，但大多数都认为人们在智能（以及其他重要的能力）上存在差异。心理学家对应该用一种普遍的心理能力（被称为智力）还是多种变化的智能来描述这种差异还存在争议（Sternberg & Detterman, 1986），即使那些认为智力是一种一般心理能力的研究者对这种能力究竟是什么也存在争论。一些人认为它应该是一种有效的学习能力，另外一些人则认为是适应环境的能力，还有一些智力概念把这种一般心理能力界定为心理速度、心理能量和心理组织（Gardner, 1993）。

美国心理学家卡特尔在对各种智力测验进行因素分析时发现，智力的一般因素或 G 因素包含两类，即按照物质形态的原理，分为流体智力（fluid intelligence）和晶体智力（crystallized intelligence）。流体智力是指推理、解决不依赖已有知识的新问题的能力，如图形识别、记忆容量、信息加工速度等。它建立在脑发育的基础上，更多地受先天遗传因素的影响，相对不受教育和文化的影响，因此不同文化背景下的个体可以具有相似的流体智力。流体智力测试包括矩阵、类比、序列完成和其他需要归纳推理的任务。晶体智力是用已获得的知识和技能处理熟悉的、已加工的问题的能力，如言语理解、数学知识等。它具有色彩浓重的文化成分，受环境因素的影响较大，是通过测试词汇及常识和口头理解能力来衡量的。

随着个体年龄的增长，流体智力和晶体智力呈现出不同的发展曲线。如图 13-1 所示，青少年期以前，两种智力随着年龄的增长不断提高；青少年期以后，特别是进入成年期以后，流体智力开始逐渐减退，但晶体智力不但不减退，反而缓慢上升。

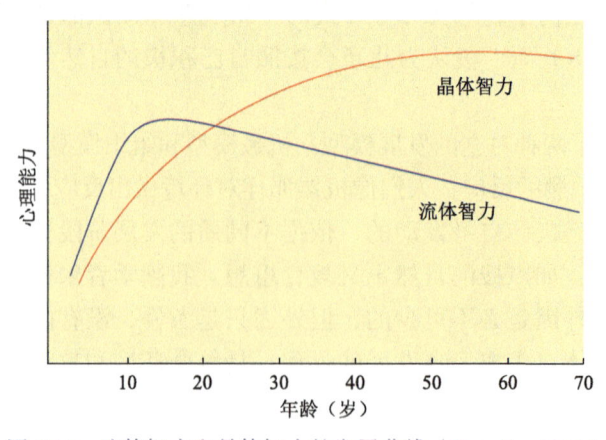

图 13-1 流体智力和晶体智力的发展曲线（Cattell, 1941）

（二）年龄对智力的独特作用

研究表明，加工速度、注意力控制和工作记忆是与智力相关的、重要的认知因素（Deary，2012），被认为是智力的主要认知支柱。那么，在控制 3 种认知功能（加工速度、注意力、工作记忆）后，年龄对流体智力和晶体智力又会产生何种影响呢？很多研究表明，在控制加工速度、注意力、工作记忆等因素后，年龄对流体智力无明显的直接影响（Kail，2007）。流体智力代表了个体处理新奇事物、感知刺激模式之间的关系，以及进行推理和解决抽象推理问题的生物潜力（Cattell，1963；Horn & Cattell，1966）。年龄对流体智力没有直接影响的发现，表明流体智力不受诸如经验、教育和文化等环境因素的影响，更支持卡特尔的观点，即流体智力受到遗传的影响。然而，也有一些研究发现，年龄有显著的直接作用。例如，Fry 和 Hale（1996）发现，在控制处理速度和工作记忆后，儿童、青少年和成人早期（7—19 岁）的流体智力存在显著的年龄差异。相关的结果仍然存在分歧。

相比之下，在控制加工速度、注意力、工作记忆 3 种认知功能后，7—18 岁儿童和青少年的晶体智力存在显著的年龄差异（Tourva et al.，2016）。晶体智力取决于先前的经验、受过的教育（正式和非正式）和文化背景（Cattell，1963；Horn & Cattell，1966）。随着孩子年龄的增长，他们从上学和适应中获得了更多的技能和知识，因此有理由认为年龄对晶体智力的显著影响反映了经验/环境因素的直接作用。

三、神经发育

大脑是适应的最终器官，它接收信息，编排复杂的行为模式，使人类能够随心所欲地行动。大多数人认为的"自我"——我们所想的、我们所记得的、我们能做的、我们的感受——是由大脑从出生后的经历中获得的。如前所述，其中一些信息是在发育的关键或敏感时期获得的，此时大脑似乎特别适合接收某些类型的信息，而其他信息可以在延伸到成年的广泛发育过程中获得。一些证据巧妙地捕捉到了这一过程，显示早期儿童时期大脑以惊人的速度发展（Shonkoff & Phillips，2000）。以下从四个方面介绍神经发育方面的证据，包括早期脑发育、青春期脑发育、神经的成熟对心理发展的影响、环境与神经发育。

（一）早期脑发育

Huttenlocher（1979）指出，人类大脑皮层有一种特殊的突触（synapse）生成模式，表现为突触的快速增殖和过度生成，随后是突触消除或修剪阶段，最终使突触的总数降低到成年水平。这一过程可以延续到青春期，但在生命的最初几年较为活跃。然而，在这个发展跨度内，具有不同功能的不同大脑区域似乎也具有不同的时间发展进程，如图 13-2 所示。

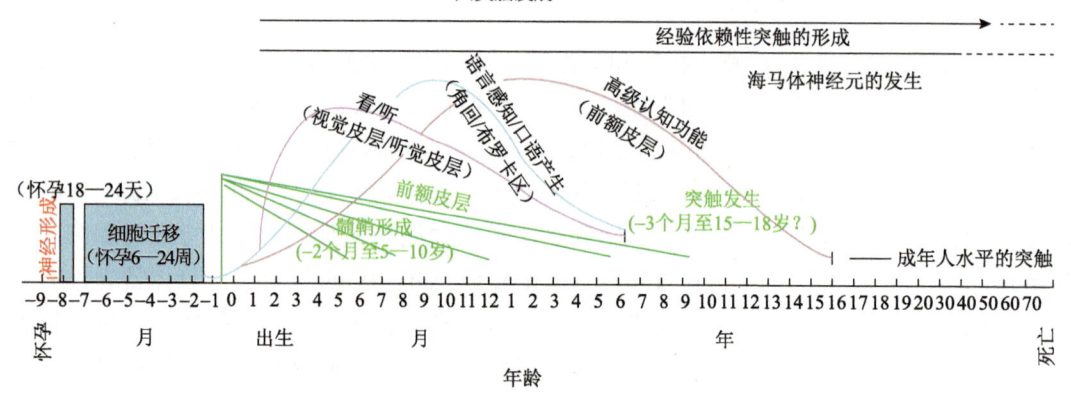

图 13-2　早期脑发育（Thompson & Nelson，2001）

　　Huttenlocher（1979）估计视觉皮层的突触过度生成的高峰大约发生在出生后第四个月，然后逐渐回缩，直到学龄前阶段的中期到末期，这时突触的密度已经达到成人水平。其在大脑中负责听觉和语言的区域，观察到了一个相似但稍晚的时间进程。然而，在内侧前额叶皮层（负责高水平认知和自我调节的脑区），生长过剩的高峰出现在 1 岁左右，直到青春期中后期，突触的密度才达到成人水平。

　　研究者对出生后前 3 年大脑发育的关注集中在一个相当重要的时期，但不仅仅只有这一个重要的时期。事实上，产前几个月是大脑发育的一个重要时期，在此期间神经形成，然后是神经元的生成、增殖、迁移，最后是分化。而且，髓鞘形成始于胎儿期的最后 2 个月，突触发生始于胎儿期的最后 3 个月，它们对大脑功能结构的发育至关重要（Nelson，2001）。

框 13-1　经验、学习、"锻炼"和大脑

　　一些神经学家正试图在神经细胞水平上理解学习，以及通过它们进行交流的突触连接。早期的研究发现，在复杂环境中饲养的大鼠大脑不同部位的突触数量大幅增加。而且，这些研究表明，新突触的形成可能是记忆的基础机制之一。对成年大鼠运动技能学习的后续研究发现，进行大量艰苦运动而没有明显学习的动物在大脑中形成了新的血管，但没有新的突触。如果它们学习了运动技能，只需要最少的锻炼就会形成突触，但不会形成新的血管（Black et al., 1990）。这表明：①大脑对环境的适应不仅依赖神经元和突触，还包括其他组成部分；②制造新的突触与学习有关。此外，这项研究还表明，在复杂环境中生存或学习新事物做出反应而增加突触的能力是大脑的终身属性，而不是在幼年时就失去的能力，这也正是我们对记忆的期望（Shonkoff & Phillips, 2000）。

（二）青春期脑发育

除了产前几个月和出生后前 3 年，人的大脑在青春期也会经历显著的结构变化，包括灰质（gray matter）体积、表面积和皮层厚度，以及白质体积和显微结构的变化。在一项来自 3 个不同国家的儿童、青少年和青年参与者的 4 项纵向队列分析中发现，大脑皮层的结构发展轨迹非常一致。儿童早期大脑灰质体积增加，在整个青春期，额叶、顶叶和颞叶皮层的体积和厚度以加速度下降，20 岁趋于平稳。大脑白质在整个儿童和青少年时期则呈线性增加（Foulkes & Blakemore, 2018）。

皮层下区域在青春期也会经历结构性发育，且各区域的平均轨迹有很大的异质性。一项研究采用混合横断面和纵向设计，考察了 147 名 7.0—23.3 岁参与者的皮层发展情况，其中 53 人接受了两次或更多次扫描。结果发现，从整个队列的平均情况来看，随着年龄的增长，一些结构（尾状核、壳核、伏隔核）的灰质体积减小，而另一些结构（杏仁核、小脑、海马、苍白球和丘脑）则呈倒"U"形轨迹（图 13-3）（Wierenga et al., 2014）。2018 年，又有研究者对 270 名 8—28 岁的参与者进行了加速纵向研究，每次研究对参与者扫描多达 3 次，结果表明，在海马的亚区域内有不同的发育轨迹（Tamnes et al., 2018）。

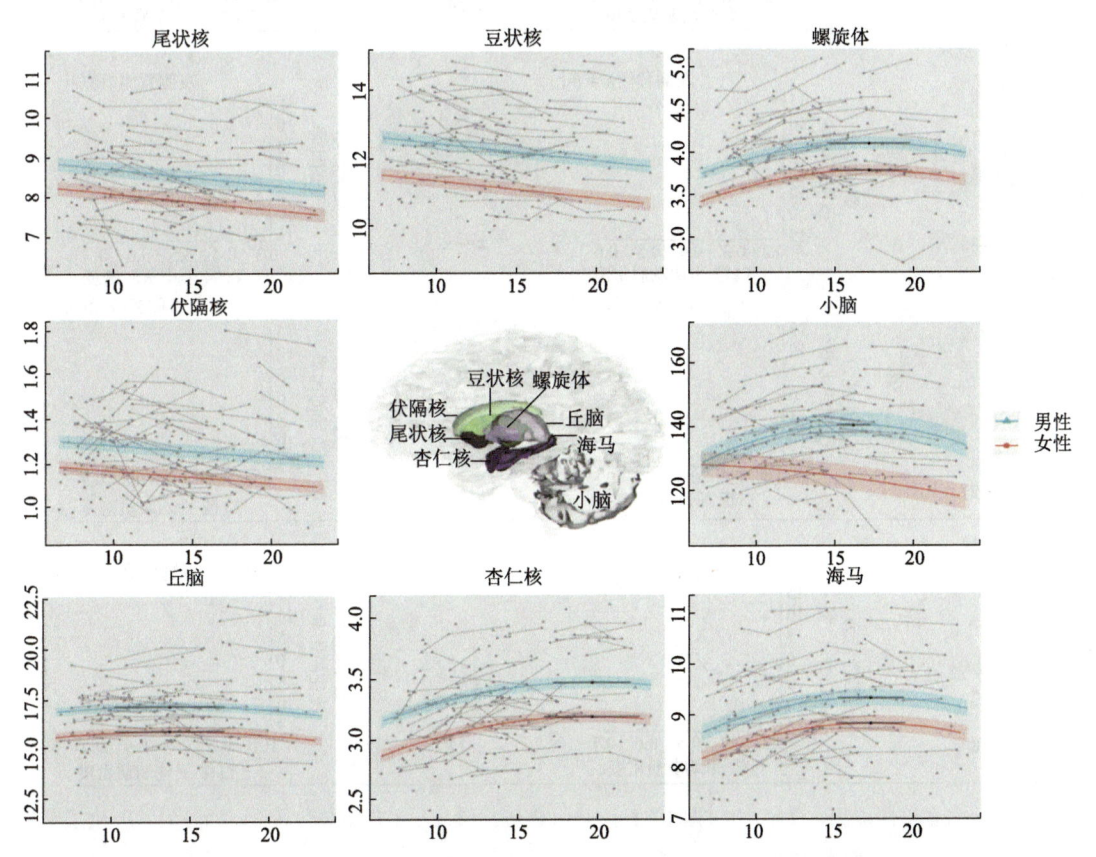

图 13-3 总灰质体积的发育轨迹：7.0—23.3 岁。显示了男性（n=94，蓝色）和女性（n=53，红色）按年龄（x 轴）划分的以立方厘米（y 轴）表示的平均体积。回归线周围的阴影表示截距的 95% 置信区间（Wierenga et al., 2014）

(三）神经的成熟对心理发展的影响

心理的发展离不开生理的成熟，认知的早期发展同样伴随着神经结构和功能的转变。已有许多研究探讨过神经系统的成熟对心理的影响。如图 13-4 所示，Evans 等（2015）关注儿童大脑结构和数学能力之间的关系，并对儿童大脑区域的灰质体积进行了长达 6 年的追踪。其中，数学能力使用韦氏个人成就测验第二版（Wechsler individual achievement test-second edition，WIAT-Ⅱ）（Wechsler，2001）中的数学运算和数学推理子量表进行评估。数字运算评估了儿童识别数字和解决书面计算问题和方程的能力，包括 4 种基本算术运算（加法、减法、乘法和除法）。对于数学推理，则通过提出一系列问题来评估儿童对应用题

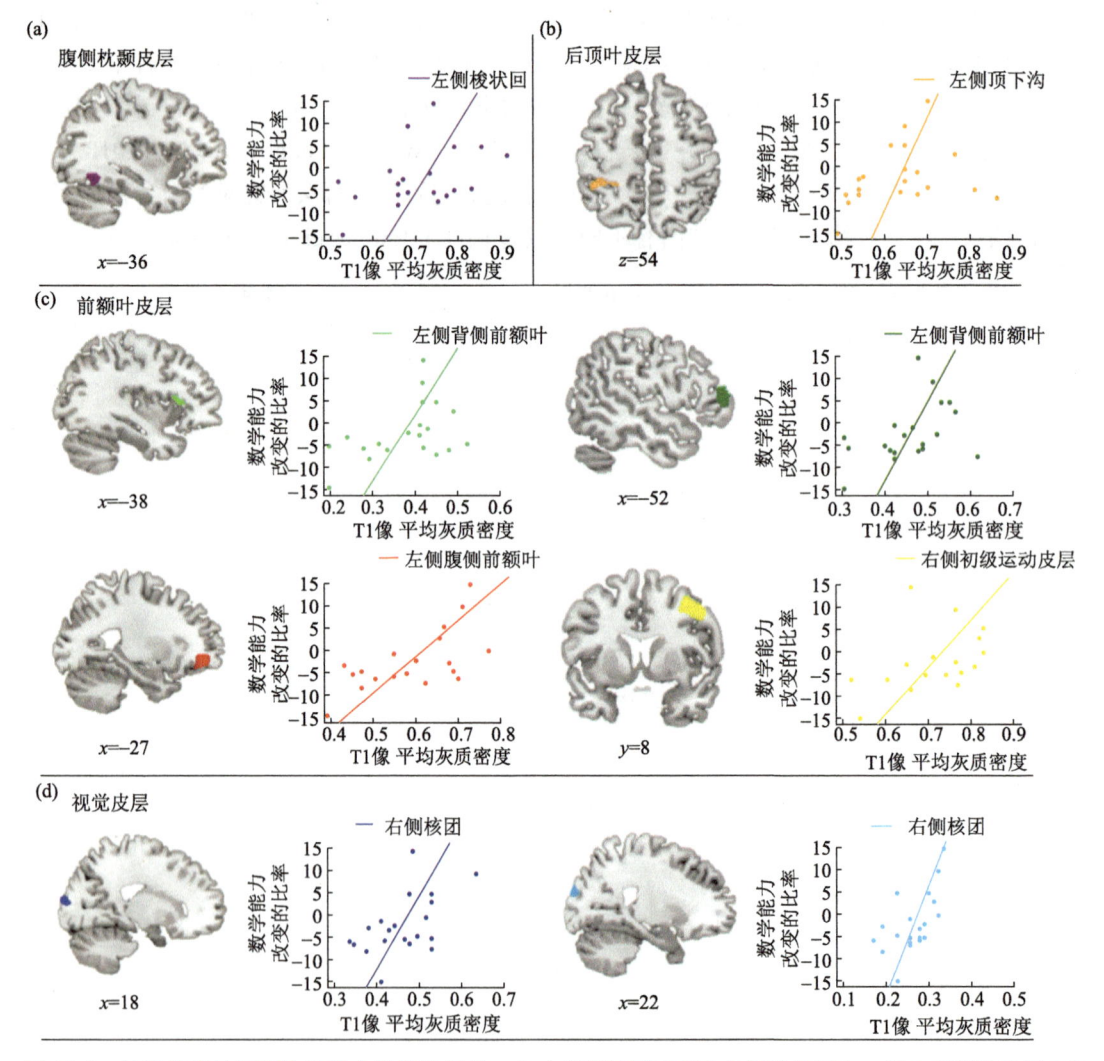

图 13-4　结构完整性预测数学能力的纵向增长。（a）腹侧枕颞皮层（左侧梭状回）。（b）后顶叶皮层（左侧顶下沟）。（c）前额叶皮层（左侧背侧前额叶、左侧腹侧前额叶和右侧初级运动皮层）。（d）视觉皮层内区域（右侧核团）。这些相关区域体积较大的儿童具有从童年到青春期的陡峭的生长曲线（Evans et al.，2015）

的推理能力。结果发现，8 岁儿童大脑区域，包括腹侧颞枕叶皮层、后顶叶皮层和前额叶皮层的灰质体积，与儿童数学能力的提升一致，这些区域之间的功能耦合强度也可以预测数学能力的提升。更有趣的是，这些脑区的灰质体积与阅读能力的提高无关，表明这些脑区只对数学能力的提高敏感（Evans et al., 2015）。

大脑内海马系统对学习和记忆起着至关重要的作用，在儿童逐步学会应用策略解决问题的过程中，随着儿童应用记忆策略比重的提高，海马系统的作用也会发生变化。Qin 等（2014）利用 fMRI 方法探索了 7—9 岁儿童转变记忆任务策略时的海马系统激活与之前有何不同。结果发现，儿童解决算术问题时，从利用计数的策略转变到基于记忆检索策略的过程中，海马激活增加而额顶叶的参与减少。随着儿童检索策略的改善，海马-新皮层功能的连通性随之增强。在儿童期之后，从青春期到成年期，检索策略的使用持续改善，海马的激活则开始减少，但问题之间的表征更为稳定。可见，在解决记忆问题的过程中海马的参与也发生了动态变化，并建立了海马-新皮层重组与儿童认知发展之间的关键联系。

此外，大脑某些区域之间的连通性也会随着语言的发展而改变。许多研究表明，弓状束在言语认知过程中起着至关重要的作用，而词汇学习是语言习得中最重要的技能之一。79 名中国儿童参与了一项纵向研究，他们在 4—10 岁时反复地参与同样的词汇测试。研究者依据之前的一项研究，将儿童的词汇发展轨迹分成了 3 类：持续良好、赶超、持续差。14 岁时，研究者采集了他们的弥散张量影像资料。使用基于感兴趣区的纤维束造影，研究者界定了双侧弓状束的前、后和直接节段。分析发现，持续差组儿童左侧弓状神经束的各向异性分数显著降低，尤其是弓状束的后段和直节段，右半球和左前段未见组间差异。进一步的回归分析表明，词汇发展的速度，而不是最初的词汇量，才是预测左侧弓状神经束连接性的特定指标（Su et al., 2018）。由此可见，词汇量的发展与左侧弓状神经束有着密切的关系。

（四）环境与神经发育

自然环境和社会环境同样会对神经发育造成影响。早期比较经典的案例是一项对伦敦出租车司机的研究。伦敦城市道路交错，纷繁复杂，采用了古怪的编号系统，即使已经找到地址上标明的街道，也未必能找到想去的地方，但伦敦的出租车司机却总能以最短的时间走最短的道路将乘客送到目的地。研究人员分析了具有丰富导航经验的伦敦出租车司机的大脑结构核磁共振影像，并将其与不开出租车的对照组进行了比较。结果发现，出租车司机的海马后区的体积明显大于对照组，而前区的体积则明显更小。这种体积的变化与他们开车的经验有关。具体来说，开车经验与海马后区的体积呈正相关，与前区的体积呈负相关。研究者推断海马后区储存了环境有关的空间表征，可以随经验发生改变，以确保高度依赖空间导航技能的人完成相关的任务。这些结果反映了健康成人有能力对环境需求做出局部的可塑性改变（Maguire et al., 2000）。

社会环境同样会对神经发育产生影响。在对社会经济差异和认知脑发育差异之间关系的研究中，研究者对 1099 个年龄在 3—20 岁的典型发展个体进行了调查。结果发现，收入与脑表面积呈对数相关。在低收入家庭的儿童中，尽管个体间的家庭收入差异较小，但是儿童脑表面积的差异较大；在高收入家庭的儿童中，个体间的家庭收入差异也较小，儿童脑表面积却没有多大差异。这种关系在与语言、阅读、执行功能和空间技能相关的脑区上的表现最为显著。这些数据表明，在最贫困的儿童中，收入与大脑结构的关系最为密切（Noble et al., 2015）。另一项针对 5—18 岁参与者的研究显示，在杏仁核和海马的灰质体积上，家庭社会经济地位（social economic status，SES）和年龄之间存在交互作用（图 13-5）。对于 SES 较高的个体，年龄越大，左侧额下回和颞上回的体积越大；对于 SES 较低的个体，年龄越大，这些区域的体积越小（Noble et al., 2012）。还有一项研究关注早期家庭因素和长期词汇发展如何对青少年阅读相关的白质通路结构产生共同影响，结果发现，不同家庭因素产生影响的相关途径不同：文化接触年龄与左侧弓状束的直节段的各向异性相关，早期家庭 SES 与左侧额枕下束的各向异性相关（Su et al., 2020）。这些研究表明，家庭 SES 可以影响大脑发育，可能调节参与者完成认知任务的方式，导致大脑结构和功能的差异，或者直接调节大脑发育和认知结果之间的关系，和/或通过慢性压力或营养等远端因素影响大脑发育。尽管确切的关系尚不清楚，但上述结果说明了将 SES 与年龄相结合以更细致地了解青少年发展中的个体差异的重要性（Foulkes & Blakemore，2018）。

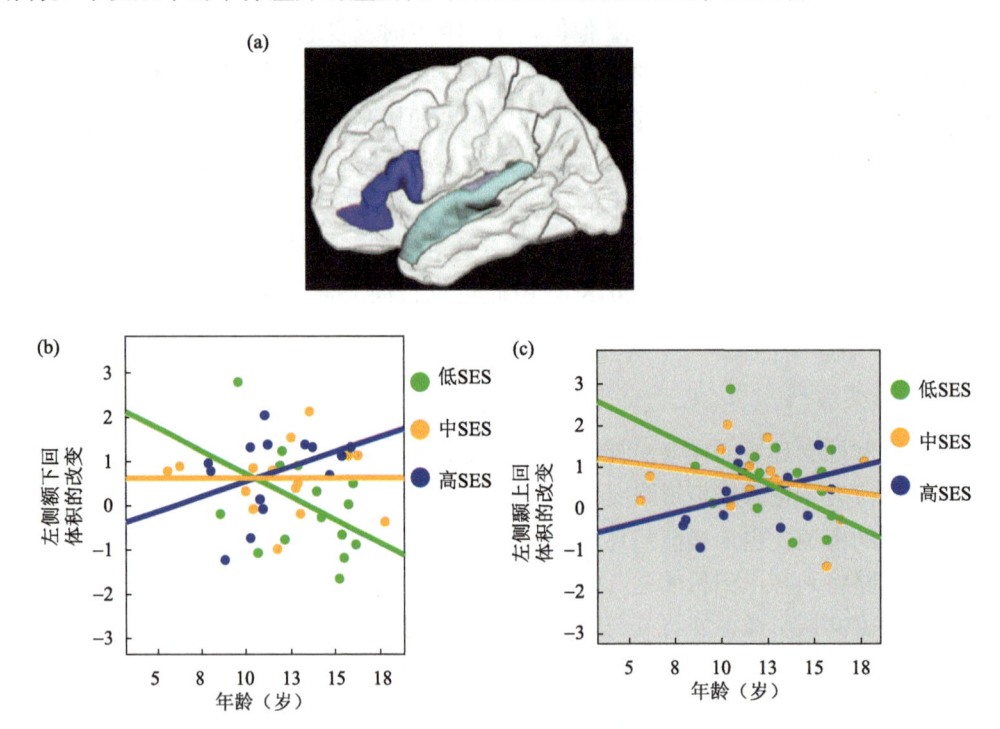

图 13-5　左侧额下回和左侧颞上回体积中年龄和 SES 的交互作用。（a）左侧额下回（深蓝色）和左侧颞上回（浅蓝色）。（b）年龄和 SES 在左侧额下回的交互作用。（c）年龄和 SES 在左侧颞上回的交互作用（Noble et al., 2012）

神经发育的证据显示了生命早期和青春期大脑发展的显著变化。当个体步入老年期时，认知发展又会呈现出什么样的特点呢？

四、认知与老龄化

衰老是一个复杂的过程,涉及大脑区域和神经递质系统的相互作用,而这些区域和神经递质系统受衰老影响的程度不同。一提到认知老化,人们最先想到的是记忆,这可能是因为在日常生活中,随着年龄的增长,记忆力的衰退尤其明显。但是,既然记忆老化(aging)已经成为事实,那么如何衰退才是正常或成功老化呢?事实上,这样的问题更值得我们思考。这是对老年人进行认知干预的基础,只有知道成功的标准,才会了解如何做到成功。

然而,目前大量关于衰老的研究文献主要集中在损失和负面变化上(Lupien & Wan, 2004),而老龄化和成功通常被认为是相互矛盾的术语。不过,20 世纪中期以来,关于成功老龄化的文献逐渐出现(Baltes P B & Baltes M M, 1990)。接下来,我们分三部分介绍认知与老龄化:首先,介绍衰老过程中记忆的衰退模式;其次,确定怎样的记忆老化可被视为成功老化;最后,对影响认知老化的因素进行研究,以了解如何缓解认知老化问题。

(一)衰老过程中记忆的衰退模式

如何更准确地描述衰老过程中常见的(平均)间歇性记忆下降,仍然是一个有争议的话题。Rowe 和 Kahn(1987)认为,纵向数据在定义正常衰老方面是有用的,现有的一些纵向研究结果同时涵盖了成年人的年轻和年长时期,可以揭示平均情景记忆下降的问题。在西雅图的一项纵向研究中(Schaie, 1994),5000 多人在 20 世纪 50—90 年代的一次或几次(最多 6 次)测验中接受了测试。纵向数据显示,60 岁之前,个体的言语记忆能力并没有明显下降。在瑞典,研究者对 829 名参与者数据的纵向分析同样显示,60 岁之前的情景记忆能力没有下降。研究者也考虑了练习效应可能带来的影响。练习效应是指两次或多次测试采用相同测验带来的效应,可以通过在第二次测试中加入以前未测试的样本来评估。结果显示,尽管两次测试相隔 5 年,但练习效应仍然存在。不过,在调整这一效应后,仍然可以发现,60 岁之前个体的情景记忆变化不大(Rönnlund et al., 2005)。在此基础上,研究者通过一项超过 15 年的追踪研究发现,大约从 65 岁开始,个体的记忆力下降速度开始加快(Gorbach et al., 2017)。因此,纵向研究表明,个体记忆力开始下降的平均年龄约为 60 岁,65 岁开始下降速度加快。

值得注意的是,不同研究间的估计可能会有差异,这取决于选择的任务类型、统计方法等因素。例如,特定情景记忆任务可能会影响特定研究结果的模式。与迫选任务这种在检验记忆力时能提供更多支持性选择的任务相比,自由回忆这种仅有较少支持性选择的任务与年龄相关的下降幅度更大(Craik et al., 1983)。这可能在一定程度上反映了更复杂的任务会使工作记忆的负担加重。事实上,情景记忆的测量可以与工作记忆和其他认知测量结合在一起,形成一个动态的认知分数。相应地,下面讨论的一些关于成功老化的研究并不局限于情景记忆的测量,而是更广泛地反映了动态认知过程。

(二)成功老化

1. 什么是成功老化

早期关于成功老化(successful aging)的研究主要集中在活动、态度和生活满意度上。

Havighurst（1961）指出，成功老化理论是对个人和社会生活条件的陈述，在这种情况下，个人获得最大的满足感和幸福感是成功老化的标志。在这一传统中，成功老化可以被定义为尽可能长时间地保持中青年时期的活动和态度（Havighurst，1961）。然而，随后的工作拓宽了这一视角，更强调成人生活周期中态度和偏好的定性差异，从而挑战了使用年轻时期的活动和态度作为判定成功老化的标准（Baltes & Carstensen，1996）。

人们已经认识到，正常衰老过程中记忆的表现存在异质性（Lindenberger，2014）。所谓异质性，就是指记忆随年龄的变化存在个体差异性。如图 13-6（a）所示，有的个体在 40 岁后情景记忆变化不大，而另一些个体却呈现出明显的下降趋势（Nyberg & Pudas，2019）。然而，如何更好地区分正常衰老与成功老化，仍然是一个复杂的问题。研究者采用几种不同的策略来识别哪些人有潜质表现出成功的记忆老化。一种方法是根据老年人的记忆能力或认知表现，或基于更广泛的标准对老年人样本进行细分。一项由艾伦·麦克阿瑟基金会发起的关于成功老化的研究，通过一系列评估身体和认知功能测验的筛查，将测验得分前 1/3 的参与者定义为高功能者（Berkman et al.，1993）。样本由 4030 名 70—79 岁的被试组成，其中 1192 名（即约为预先定义的 1/3）被指定为高功能人群。研究者在后续的比较中发现，高功能者与中、低功能者之间在情景记忆的几项指标都存在明显差异。有趣的是，在一些不属于筛查范围的参数上，如肺功能和生活满意度，也观察到了显著的组间差异。除了美国，来自其他国家的研究也使用了这种成功老化的模型。在一项澳大利亚纵向老龄化研究中（Andrews et al.，2002），艾伦·麦克阿瑟基金会的模型就被用于 1403 名年龄为 70 岁及以上的成年人的样本。研究者根据与 Berkman 等（1993）的研究中类似的一套标准，将参与者分为高、中或低功能组别，共有 503 人（约占 36%）被归类为高功能组。结果发现，最佳记忆表现者在执行功能和处理速度方面的综合表现优于普通记忆表现者。

另一种识别出成功记忆老化（successful memory aging）个体的方法是将老年人和年轻人进行对比。Rowe 和 Kahn（1987）在有关正常衰老和成功老化的论文中指出，在许多显示随着年龄增长而功能大幅下降的数据集中，人们可以发现，与年轻人的平均水平相比，老年人的下降比例较小，或者根本没有。就这些研究中的特定变量而言，这些人可能被认为实现了成功老化。

上述这种用于识别成功老年个体的方法，需要样本中包含适当的年轻群体作为参考样本。一个相关的例子来自瑞典的研究（Habib et al.，2007），研究人员分析了 1463 名年龄为 50—85 岁的参与者的数据。该数据集包括认知变量和非认知变量，大部分认知测试是情景记忆任务，非认知变量包括疾病、生活方式和社会经济地位等。在 663 名年龄较大（70—85 岁）的参与者中，55 人（占比 8.3%）的得分高于中年人（50—65 岁）的平均值。5 年后，对单独测试阶段收集的数据进行相同类型的分析时，有 25 名老年人被归类为与中年人表现水平相当的高功能个体。另一种可行的方法是使用已公布的年轻人常模数据作为成功记忆老化的基准。在美国西北大学的"超级衰老研究"中，80 岁以上在情景记忆方面表现出达到或高于 50—65 岁标准值的人被称为超级老人（Harrison et al.，2012）。

可以说，一些人在老化过程中确实可以达到认知功能得以维持的标准，最有力的证据来自对同一个体进行长期追踪的纵向研究。严格来说，评估任何功能的维持性都需要在不同的时间段对同一个人进行重复评估。加拿大的一项早期研究对此进行了探究，研究对象是 3573 名 65—84 岁的老人，他们在 1971 年接受了首次访谈，并在 1983 年再次接受访谈（Roos & Havens, 1991）。研究将成功老化的标准定义为活到高龄，在家中身体状况良好并头脑保持清醒。在此样本中，有 20% 的参与者符合这些标准。此外，Lin 等（2017）对 354 名平均年龄为 75 岁的老年人进行了为期 5 年的追踪分析［图 13-6（b）］。研究者发现，一部分老年人（占 21%）同时具备高度稳定的情景记忆和执行功能，一部分老年人（占 41%）仅具有高度稳定的情景记忆。然而，低水平的维持者（占 38%）相比前面两组有所不同，他们在 5 年内情景记忆和执行功能都明显衰退。另有两项研究分别在长达 8 年（Yaffe et al., 2009）和 15 年内（Josefsson et al., 2012）对成功老化进行了研究。Josefsson 等（2012）发现，有 18% 的参与者可以被归类为表现稳定且高水平的维持者，13% 的参与者被归类为衰退者，其余约 2/3 的参与者被归类为平均水平。Yaffe 等（2009）发现，有 30% 的人在 8 年内保持了认知功能。

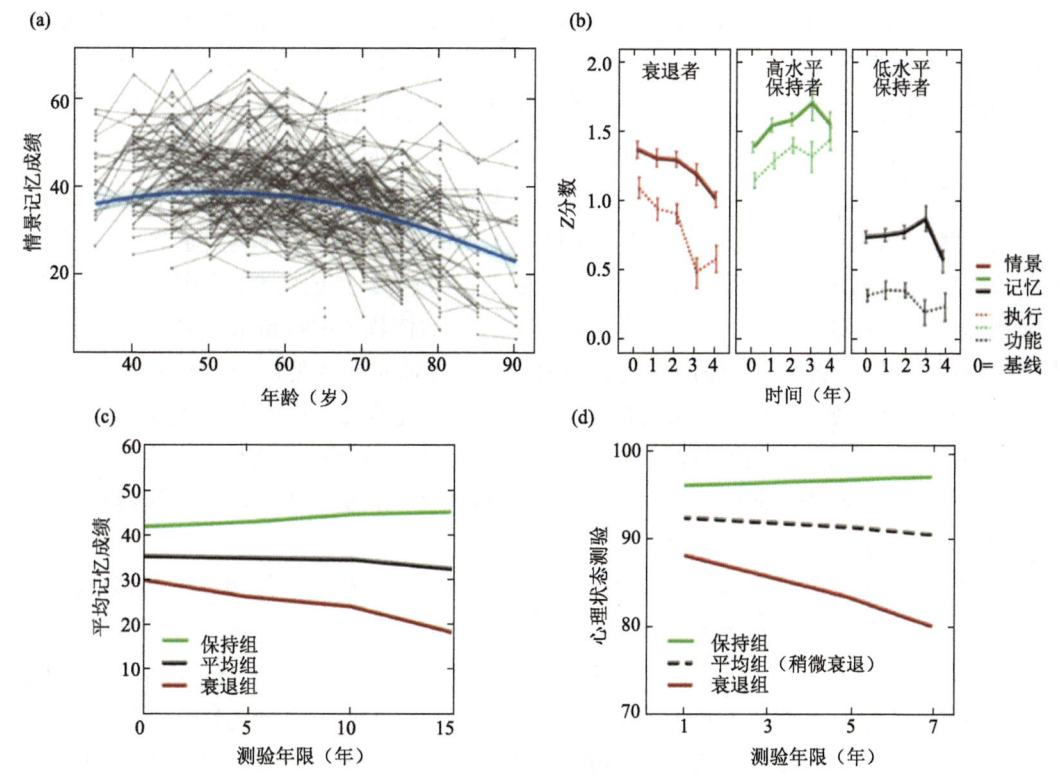

图 13-6 成功的记忆老化。（a）和（c）来源于同一样本。（a）情景记忆水平和变化率的个体差异，研究样本为 300 名年龄为 35—90 岁的参与者的随机选择，每名参与者都参加了长达 25 年（6 次）的测量，蓝色曲线代表样本的平均变化。（b）（c）（d）分别表示在纵向研究中确定成功的记忆和认知衰老，其中绿色表示成功老化的团体（Nyberg & Pudas, 2019; Lin et al., 2017; Josefsson et al., 2012; Yaffe et al., 2009）

总之，关于成功的记忆老化，我们可以从以上的文献综述中总结出以下几点：①正常衰老范围内记忆的变化存在的显著异质性；②一些老人的记忆能力可以与中青年持平或更高；③一些60岁以上的老年人表现出多年甚至几十年来稳定的记忆水平。更确切地说，有观点认为老年人的记忆能力和中青年持平或更高、长期稳定，是成功老化的具体标准，此观点与将成功老化视为成功的人生发展的概念是一致的（Schulz & Heckhausen，1996）。然而，有研究者认为，应将成功老化的研究范围从探讨"什么是成功老化"扩展到研究"人们如何成功老化"（Baltes & Carstensen，1996）。确定如何成功老化才更具现实意义，可以有效延缓老年人的认知老化。

2. 如何实现成功老化

Rowe 和 Kahn（2015）认为，研究成功老化的核心问题是确定哪些因素可以避免负面变化并维持功能，包括维持年轻人和中年人的活动与态度（Havighurst，1961）、记忆与认知（Josefsson et al.，2012）、结构与功能上的大脑完整性（Nyberg et al.，2012）。

有关如何维持老年人的活动态度、记忆认知和大脑结构功能，Baltes P B 和 Baltes M M（1990）提出了选择优化补偿（selection-optimization-compensation，SOC）模型，即通过使用选择、优化和补偿策略，个体可以为自己的成功衰老做出贡献。从广义上讲，"选择"是指一种限制形式。例如，有认知或运动缺陷的个体只选择在能见度好且交通不拥挤的时候开车。"选择"也可以指为避免可能给新的学习带来负担，而选择学得好或熟悉的活动等情况。"优化"是指通过某种形式的认知或身体干预来增强记忆等认知功能。"补偿"是指当个体的某种行为缺陷阻止了目标实现时（即一个人的能力水平与环境要求之间出现了差距），通过一些手段补偿能力的缺陷，从而实现目标。例如，在记忆老化的情况下，经历记忆问题的个体增加对"助记符"或"外部记忆辅助"的依赖（Bäckman & Dixon，1992）。更广泛地说，补偿可能意味着使用替代策略和过程作为对抗新出现的记忆问题的一种方式。

在此模型中，成功老化被定义为最小化损失和最大化收益。SOC 流程使个体在出现不可避免的损失的同时，仍能够掌握成功老化的目标。从本质上讲，这种观点凸显了成功老化的动态的、以过程为导向的本质，明确某些人将比其他人更有能力应付与年龄有关的损失（例如海马体萎缩）。

脑功能神经影像技术已被用于对成功老化的深入研究，研究者希望能够客观地描绘老年个体与认知记忆力减退相关的脑回路的功能变化。目前，最受关注的改变涉及前额叶功能反应的增强，即老年人比年轻人具有更强的双侧额叶反应模式（Cabeza，2002），但其原理尚不清楚。有证据表明，老年人前额叶活动的增加可能与任务表现的好坏有关（Grady，2012）。尽管如此，一种占主导地位的观点是，随着年龄的增长，额叶激活的普遍增强是大脑适应性的标志，以应对神经结构和功能下降带来的挑战（Park & Reuter-Lorenz，2009）。一项为期4年的纵向成像研究证实，情景记忆的下降与较小的海马体体积、记忆编码和检索过程中额叶活动的增强相关，为上述的适应性观点提供了研究证据（Pudas et al.，2018）。

总体而言，成功的记忆老化的确是存在的，随着年龄的增长，一些老年人在记忆领域保持着良好的表现。而且，来自纵向研究的证据也表明，稳定的记忆功能可以很好地延续到老年（图13-6）。本节我们已经讨论了记忆老化的几种可能，图13-7提出了一个初步的综合模型。该模型的一个关键特征是成功记忆老化的路径可能不止一条，可以通过大脑维护来实现（Nyberg et al., 2012），如保持扣带回皮层和海马体的完整性。另一种间接途径则是在与年龄相关的大脑功能发生变化时，由高认知储备通过优化、补偿等策略来实现成功的记忆老化（Park & Reuters-Lorenz, 2009; Chan et al., 2018）。

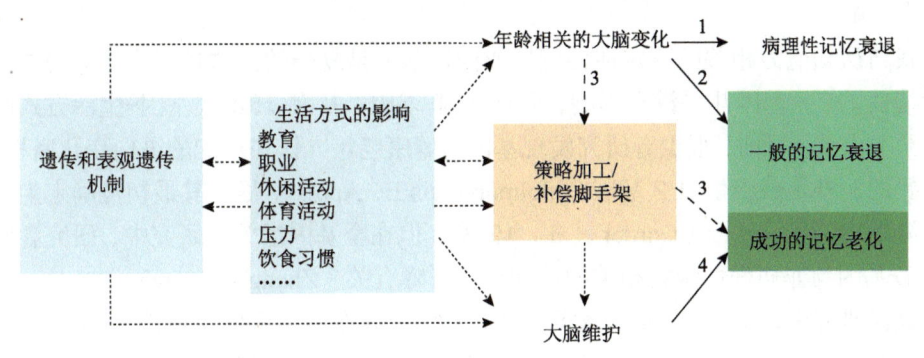

图 13-7 通向病理性的、正常的、成功的记忆老化的生命历程模型。路径 1 代表了以病理性记忆减退（如痴呆症）为特征的疾病。路径 2、3 和 4 会导致正常的记忆老化（右框）。路径 2 代表了对与年龄相关的大脑变化（如海马体萎缩）的反应通常会导致记忆力衰退。路径 3（虚线）是一条通过补偿与年龄相关的大脑变化而实现成功记忆老化的间接路径。路径 4 通过大脑维护直接实现成功的记忆老化。虚线反映了哪些因素（左侧两个框）及这些因素如何影响（右框）大脑完整性（维持或改变）和记忆的结果（Nyberg & Pudas, 2019）。

那么，哪些因素可能会实现成功的记忆老化？有证据表明，基因对成功的记忆老化有影响。一些基因上的缺陷可能直接影响大脑的完整性，例如，通过遗传易感性导致衰老时出现轻微的海马体萎缩。生活方式也有着潜在的影响，可能影响老年人继续表现出病理性或正常记忆老化的比例，进而影响正常老化与成功老化的归类比例。

（三）认知老化的影响因素

1. 基因和表观遗传的影响

智力，包括记忆功能，被认为是高度可遗传和多基因的（Davies et al., 2011）。换句话说，认知能力变异在很大程度上是由基因决定的。尽管每个基因的影响通常都很小，但多个基因的影响则可能会导致变异。根据双胞胎研究，不同认知能力的遗传力估计值各不相同，但在成年人群中通常为 40%—80%（Deary, 2012）。关于遗传性在成年后是否保持稳定，在认知领域则存在争议（Reynolds & Finkel, 2015）。尽管如此，有证据表明，即使在老年人群体中，遗传的作用也是相当大的。例如，对 80 岁以上瑞典双胞胎的研究发现（McClearn et al., 1997），有 52%的记忆能力差异可以归因为遗传因素。

如上所述，在寻找成功记忆老化的遗传决定因素时，要留意到认知功能水平的遗传力估计值可能与年龄相关的认知变化的遗传力估计值有很大不同。在对衰老的纵向研究中，通常可以发现遗传对认知水平的影响大于对其发展变化的影响。Tucker-Drob 等（2014）在双胞胎老龄化研究中对 857 人进行了分析，发现在由语言和空间能力、记忆和处理速度组成的基本认知水平的变化中，遗传效应可以解释92%。但在长达16年的连续评估中，遗传效应对认知发展变化的解释只有53%。当分析局限于65—96岁的老年人（n=671）时，遗传对认知发展变化的作用进一步降低到29%，说明遗传对老年人认知发展的影响较小。总而言之，这些研究虽然没有明确研究成功的认知老化，但在总体上有力地证明了基因对认知老化有影响。

寻找与认知能力相关的特定遗传变异或候选基因是复杂的，这是因为认知功能具有多基因的特性，单一基因几乎没有影响，而且基因-基因、基因-环境或基因-生活方式的相互作用也至关重要。目前，很少有研究发现基因与健康老年人认知功能的纵向变化密切相关。一个重要的例外是载脂蛋白 E 基因（apolipoprotein E，ApoE），尽管其最初被确定为晚发型阿尔茨海默病的风险基因（Corder et al., 1993），但在全基因组关联研究中，研究者发现载脂蛋白 E 基因与非病理性年龄相关的认知功能下降有关（Zhang & Pierce, 2014）。同样，在某些纵向研究中，研究者也发现载脂蛋白 E 基因与高血压结合可导致长达21年的认知减退加速（de Frias et al., 2014）。这项研究表明，遗传效应可以与生理风险因素等其他个体特征相互作用，从而放大衰退的风险。相反，有益的生活方式因素，如体力活动，已被证明可以抵消对记忆表现的不利遗传影响（Ferencz et al., 2014）。

经验和环境或生活方式因素与我们的基因相互作用，从而影响认知老化的一种方式是表观遗传学，这个术语反映了在不改变基因组序列本身的情况下，基因表达的各种机制可得以改变（Mather et al., 2014）。目前，关于表观遗传学对认知和认知老化影响的大多数知识都来自动物研究，但一个主要的表观遗传学机制，即 DNA 甲基化（DNA methylation，DNaM），在人类群体中正被越来越多地关注（Jones et al., 2018）。DNaM 涉及在 DNA 分子的特定位置添加甲基，可能导致随后基因表达的改变。DNaM 的一个应用是研究特定年龄信息基因组位置的 DNaM 图谱，以准确预测人群中个体的实际年龄（Horvath, 2013）。这种方法也可以用来评估个体的表观遗传年龄，被称为表观遗传时钟。一个人的年代年龄和表观遗传年龄之间的差异可用来反映生理衰老过程的加速或减速。

表观遗传时钟已经被证实与许多认知能力有关，包括衰老过程中的纵向认知变化。例如，Marioni 等（2015）发现，表观遗传年龄加速与身体和认知健康相关。然而，基线年龄加速并不能预测长达6年的纵向随访中的认知变化。另一项研究发现，在15年随访期内保持高记忆力表现的个体，与同期记忆力平均或加速衰退的个体相比，表观遗传学年龄要小得多（Degerman et al., 2017）。这些结果相当引人注目，但需要注意的是，在对人类的表观遗传学研究中，这些分析通常是基于血液或唾液等外周组织的 DNaM 图谱进行的。由于 DNaM 过程的高度组织特异性，基于血液或唾液等外周组织的 DNaM 图谱可能不一定与脑 DNaM 模式相对应（Horvath, 2013）。尽管如此，由于外周 DNaM 也可能反映生物衰老过程中由遗传和环境因素驱动的个体内变异，它们还是可以作为衰老过程中认知能力保存或丧失的、有价值的生物标志物。

2. 生活方式因素

在这一部分，我们考虑了生活方式对认知衰老的影响。我们首先考虑教育，然后是职业和休闲活动、体育活动等。

（1）教育

常见的与认知和记忆衰老相关的因素之一是受教育程度（Josefsson et al., 2012）。尽管多数研究发现高等教育与较高的认知功能水平较为相关，但也有一些纵向研究未能发现教育与老年人认知变化之间的固定关联（Zahodne et al., 2011）。因此，受教育程度与认知水平的高关联可能受到了其他变量的影响，如先天能力的差异，这一变量导致某些成年人受教育程度和认知功能都较高，而两者对认知变化的真正保护作用可能只会出现在某些特定情况下。

目前，尚不清楚教育可以通过何种因果途径来保持衰老过程中的认知功能，这种因果机制可能在不同老人群体中也存在差异。例如，一项针对不同社会人口学样本的大规模（$N = 3435$）研究表明，教育对由记忆、语言、视觉空间能力（visuospatial ability）和处理速度等变量组成的一般认知因素变化的保护作用可长达18年（Zahodne et al., 2015）。在高学历群体中（9—20年教育经历），保护作用主要由收入决定；在低学历群体中（小于9年教育经历），相应的作用似乎与收入无关。由于在后一组中教育的作用也与疾病负担和抑郁症状无关，研究者推测，早期教育（少于9年的学习）可能通过促进儿童神经发育而为其提供保护。这种说法在概念上类似于认知储备（Stern, 2009），在面对神经性病症时，其对功能障碍显示出一定的适应力。高等教育对老化的影响受到了个体收入的调节。收入是社会经济地位的关键决定因素，收入较高的人群一般可以享受更高质量的医疗保健、更好的社区服务，以及承担更小的生活压力。事实上，在一些研究中，社会经济地位本身已经成为成功老化的一个重要预测因子（Britton et al., 2008）。除此之外，关于教育的保护作用，另一种解释是它促进并保证了生活的健康，这又可以促使老年人对老化保持一定的认知。

（2）职业和休闲活动

一些纵向研究报告表明，即使在控制了教育水平之后，那些从事更有智力挑战性工作的老年人在认知变化方面也更接近成功老化（Potter et al., 2006）。但是，也有研究发现，挑战性的职业仅对老年人的认知能力水平有影响，而对认知变化没有保护作用（Lane et al., 2017）。职业复杂性可能对退休之前而不是之后的认知绩效轨迹有益（Finkel et al., 2009）。此外，职业复杂性的类型也很重要。关于瑞典收养/双胞胎老龄化的研究（Swedish adoption/twin study of aging, SATSA）发现（Andel et al., 2016; Finkel et al., 2009），有些职业的复杂性与人有关，如管理或指导相关职业，包括社会工作者或咨询师等，这种复杂性对认知有益，可能是因为此类职业涉及高水平的社交互动，而社交互动本身已被证明可以防止老年人的认知丧失（Lövdén et al., 2005）。然而，如果职业的复杂性是与数据或事物有关的，则并不会影响认知。多项纵向研究还发现，认知刺激性休闲活动也与日后较认知衰退水平较低相关（Andel et al., 2016）。有证据表明，休闲活动可以弥补低职业复杂性带来的负面影响，即使退休后亦是如此（Andel et al., 2016）。然而，这些研究只是探讨不同生活方式的影响如何交织在一起，很难清楚地确定影响因素和老化之间的因果关系。

干预研究可以提供重要的补充视角，通过训练并观察老年人认知老化的变化，可以确定影响因素对老年人认知老化的提升作用。但是，参与者自行选择干预措施也可能是此类研究的局限性。目前，已有大量关于老年人认知训练干预的文献，尽管有证据支持特定训练可以改善认知能力,但是受过训练的技能能否长期维持和迁移,相关证据却很少(Lampit et al., 2014)。例如,一项研究发现,对于359名健康老年人,参加12个月的大学学习可以提高其语言能力,但与对照组相比,这并不会影响4年内其情景记忆或执行功能的变化(Thow et al., 2018)。然而,即使是这种相对长期和自然的干预措施,也可能无法与终身精神刺激活动的潜在保护作用相提并论。可以想象,在某些生命周期内,精神刺激对老年人认知老化的干预作用可能更有效(Chan et al., 2018)。

(3)体育活动

大量研究表明,体育锻炼对个体一生的身体健康和神经认知健康都有积极的影响。许多研究已经报道了运动对降低认知老化率的积极作用。例如,在Josefsson等(2012)的研究中,自我报告的基线身体活动可以预测超过15年的记忆功能。此外,对15项前瞻性研究(这些研究对参与者进行了长达12年的跟踪调查)的元分析结果显示,定期参加低度到中度或高水平体育锻炼的老年人,其认知能力下降的风险降低了35%—38%(Sofi et al., 2011)。来自运动干预研究的证据可以提供更强的因果推论。研究显示,运动干预对成年后神经认知测量的结果有良好的效果(Erickson et al., 2011;Jonasson et al., 2017)。但也有研究发现,运动对认知老化的保护作用存在巨大的个体差异。研究者发现,这种保护作用与遗传有关,这又回到了遗传和环境交互作用的问题上。一些研究者发现,遗传倾向低的个体才可能从运动干预中受益最大(Ferencz et al., 2014)。这些发现也提醒我们,在探究认知老化的影响因素时,往往需要综合多个方面进行考量。

鉴于全球人口老龄化问题,研究如何成功老化变得越来越重要。事实上,即使是个人层面上适度的成功老化,也可能会对公共健康层面产生重大影响。因此,我们要特别强调初级预防对减少病理性老化的重要性,以及其在促进成功老化方面的重要意义。

第二节 认知与个体差异

我们常常能体验到身边的朋友和同事在观察、思考和行动能力上存在巨大的差异,正是这种差异,使我们的文化和生活方式具有了多样性。然而,在研究人类行为和认知的科学中,个体间的差异却往往被视为"噪声",被当作误差的来源。通常可以通过对一组参与者的数据进行平均,从而摒弃这种差异。此外,认知科学或认知神经科学研究中的主要参与者是当代大学生,可以说这类实验对人类多样性的考量非常有限,但人们却普遍认为小样本得出的结论适用于整个人群,起码当今的研究是这种取向的。基于此,在本节中,我们先就认知能力个体差异(individual difference)研究的重要性进行论述,然后再具体介绍当前有关个体差异研究的进展。

一、个体差异研究的重要性

(一)个体差异的概念和表现

个体差异描述了个体与个体的比较,反映了不同个体在行为模式上存在质或量方面的稳定差异。人类存在个体差异是一个无法忽视的事实，小到分子，大到社会，在每一个层面上都可以观察到相当大的个体差异。但在心理学研究中，研究者对个体差异的看法却存在着不同的倾向。一方面，在某些心理学领域，如智力和人格，研究者热衷于借助标准化的心理测量工具量化个体在智力和人格方面的差异性；另一方面，在一些基本的认知功能，如注意、感知觉和语言等的研究中，这种潜在的个体差异却几乎完全被忽略了。这也反映了一个事实，即在日常生活中，除非有明显的病理性病变，个体间在一些基本的认知能力如注意、感知觉上的差异远远小于在人格和智力上的差异，因而更容易被忽视。

然而，事实上，个体差异不仅表现在智力方面，也表现在其他一些基本认知能力上，这些差异都存在着神经的基础（Kanai & Rees，2011）。例如，感觉辨别的心理物理阈值存在个体间差异，而近年来研究者发现个体的视敏度阈值与视觉通路的大小有关（Duncan & Boynton，2003），包括视觉通路中的外侧膝状体和初级视觉皮层。此外，不同个体对物理上相同的视觉刺激的主观感知可能不同，比如，色盲患者对颜色的感知与正常人不同，这意味着即使是视力正常的个体，他们对世界的看法也可能有所不同。我们很难直接比较不同个体的主观体验，但可以通过定量比较不同个体对感知错觉的感知强度来研究个体差异，即物理上相同的刺激如何引起对局部环境的不同感知。一项研究比较了不同个体对几何视觉错觉（庞佐错觉和艾宾浩斯错觉）的易感性差异。研究者发现，错觉的感知存在个体差异，进一步分析发现视错觉的强度与初级视觉皮层 V1 表面积大小呈负相关，即 V1 表面积越小，视错觉强度越大，但与视觉皮层区 V2 和 V3 无关（Schwarzkopf et al.，2011）。

框 13-2　艾宾浩斯错觉

在艾宾浩斯错觉中，两个橙色圆盘大小完全相同，但由于周围的"诱导剂"的影响，左圆盘被认为比右圆盘小。这种错觉的大小可以通过测量个体为了使两个圆盘看起来一样大小而调整的圆盘的尺寸获得。这种错觉产生的幅度（调整的尺寸）是因人而异的，即存在个体间差异。来自神经成像技术的研究表明，这种大小错觉与初级视觉皮层 V1 的表面积大小相关（Schwarzkopf et al.，2011）。

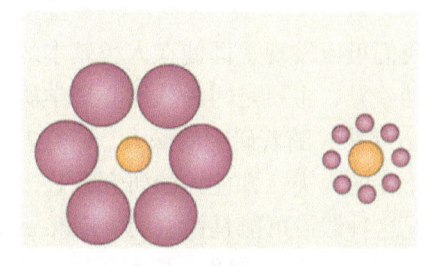

艾宾浩斯错觉图

在语言领域，个体差异更是无处不在，小到词汇获得、语音识别，大到处理复杂的句法结构和语篇理解，个体差异在语言系统各组成部分中都是显而易见的（Kidd et al.，2018）。

图 13-8 以在线阅读理解过程为例，介绍了成人群体在阅读理解中的个体差异。关系从句是用来研究个体差异最常用的句法结构，在这两项研究中，研究者采用自定步速阅读的方式，比较了成人参与者对主语从句（The boy that pushed the girl ran away.）和宾语从句（The girl that the boy pushed fell down.）的加工情况。总体上看，当句子中出现语法复杂的成分时，读者的阅读速度会降低。组平均分析发现，读者在加工主语从句时存在明显的优势，阅读时间短于宾语从句。但是个体差异分析发现：①在对不同类型的句子进行反应时，个体间存在很大的差异；②主语从句和宾语从句的反应时差在个体间也存在相当大的差异（−500—1000 ms）。

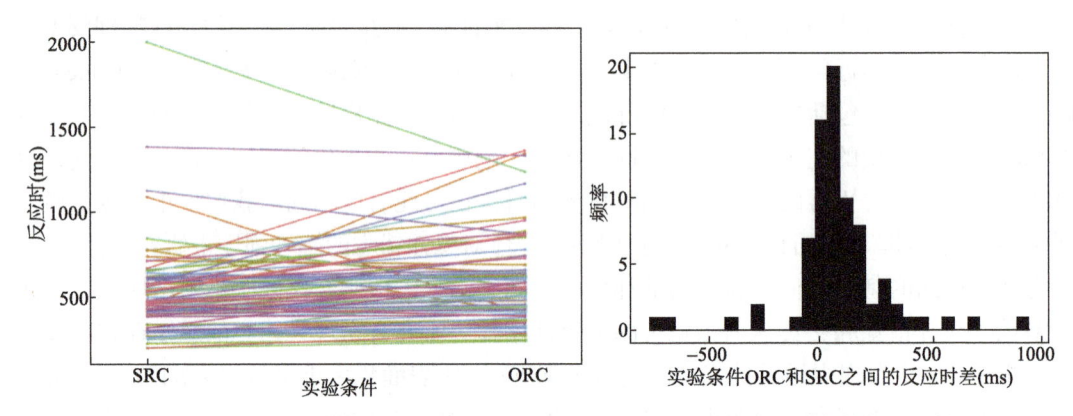

图 13-8　在线阅读过程中的个体差异。两图均是合并了两个自动步调阅读的研究数据后的结果（n=80；Misyak et al.，2010；Misyak & Christiansen，2012）。两项研究均探究了成年人对中心嵌入式的主语从句（subject relative clauses，SRC）和宾语从句（object relative clauses，ORC）的阅读加工情况。在实验中，要求参与者逐词阅读，通过按键自行控制速度。左边的图呈现了每名参与者对关键时窗（主要动词呈现）反应时的中位值，由不同颜色的线表示。可见，参与者在每种句型下的阅读时间存在较大差异，在 ORC 和 SRC 之间的反应时差也存在较大差异。右边的图呈现了主语从句和宾语从句反应时差在整个样本中的分布情况，组平均时，主语从句和宾语从句反应时相差 58 ms，但从个体差异分布来看，主语从句和宾语从句反应时相差−500—1000 ms

（二）个体差异研究的意义

由上述谈到的研究样例我们可以发现，即使在人类基本的认知领域，个体差异也普遍存在。以往我们未注意到这种差异，主要是因为认知心理学研究倾向借助实验法平衡个体差异（如误差方差）。但是，近年来，随着研究的深入，研究者越发肯定个体差异的存在是不可否认的事实，以往基于不变的人类认知能力的研究范式过于理想化，而认为个体认知能力的变化远远小于实际情况这种假设可能是错误的（Kidd et al.，2018）。

图 13-9 展示了通常用于实验研究的数据集，其中个体的反应显示了两种实验条件之间的差异。研究者通常关注的是与实验操纵或行为有关的平均反应的变化。这种跨参与者的平均数是为了揭示当存在测量误差时自变量对反应（因变量）的潜在影响。然而，这种平均忽略了个体反应间的差异［图 13-9（a）］。在这个例子中，有两名参与者表现出和其他参与者相反的趋势，另有两名参与者的反应明显强于其他参与者。这些差异通常被视为测量

误差或个人一些无趣的特性而被丢弃。然而，如果这些个体在不同的测试中表现出高度一致性，那么它们就是典型的个体特征，可能反映出个体间大脑功能的差异。此外，如图 13-9（b）所示，个体间差异的系统性变化模式可以与平均活动的差异分离开来，在本例中，一半个体的反应与另一半个体的反应完全相反。可见，这种求组平均数的做法可能掩盖了个体间的差异，而个体间的差异可能恰恰是大脑功能差异的反映。

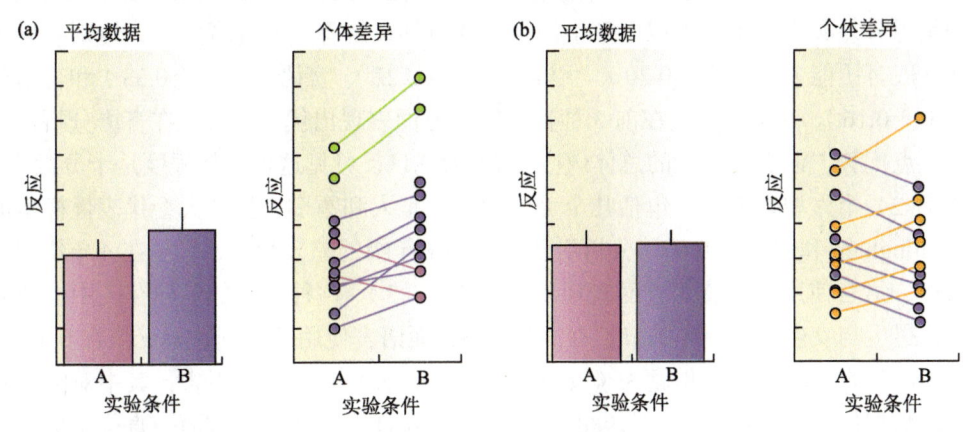

图 13-9　两种条件下典型的均值数据和个体反应样例。(a)左侧是两种条件下的平均反应。在此样例中，条件 B 的反应显著大于条件 A（$p < 0.01$），误差线表示均值分布的标准误（$n=12$）。组成平均反应的每个个体数据在右侧呈现。尽管总体趋势和平均数反映的差异一致（紫色线），但有一些参与者表现出相反的趋势（粉色线），也有一些个体整体反应更强（绿色线）。这种被平均数掩盖的个体差异也许反映了个体间大脑功能的差异。(b)呈现了 A 和 B 条件下差异不显著的情况，而个体差异数据却表明参与者可被区分为两组趋势完全相反的个体（橘色和紫色线）。在这一例子中，平均数差异检验的实际意义不大，如果可以探知两组参与者相反趋势背后的原因，将有助于揭示相关的大脑机制（Kanai & Rees, 2011）

有研究者认为，事实上，个体差异是内源性认知系统和外部复杂环境相互作用的结果（Kidd et al., 2018）。以语言研究为例，研究者发现语言习得和加工的理论模型都受到个体差异因素的制约，任何理论首先都应该预测语言中的个别差异，才可能客观地揭示语言加工背后的机理。因此，关注个体差异可以为以往的理论争论提供新的线索，有利于我们更好地揭示人类认知背后的深层机制。

目前，关于个体间差异的直接证据来自一些对不同典型群体认知能力的研究，例如，不同性别的个体或在某一领域具有特殊才能的个体（我们通常将其称为某一领域内的专家）与普通个体间的比较。此外，个体间差异不仅体现在认知能力上，也体现在认知风格上。

二、性别差异

人们常用"男人来自火星，女人来自金星"形容男性和女性在思维、感觉和行为方式等方面存在的差异。这种差异首先表现在言语能力（verbal ability）、视觉空间能力和数学能力（mathematical ability）上。

（一）言语能力

言语能力包括不同的组成部分，不同部分的性别差异（sex difference）并不相同。一般认为，言语能力包含阅读理解、口头理解、言语流畅性、语法、拼写、词汇量及解决语言类问题方面的能力（Halpern，1992）。Hyde 和 Linn（1988）对 165 项言语能力的性别差异研究进行了元分析，用效应量（d）来评估结果。效应量是指方差所占百分比，通俗地说，反映的是得分差异中有多少可以由某个假定的变量加以解释。研究者发现，性别差异可以表现在一般言语能力测验（d=0.20）、字谜游戏（d=0.22）、言语产生（d=0.33）和言语分析任务中（d=0.16）。其中，女性在前 3 种言语能力方面表现出优势，男性在言语分析任务中表现出一点优势。但女性优势的总体效应（d）为 0.11，可见这种优势程度是十分微小的。

基于 24 个大型数据集（包括几个美国学生、工人和军事人员的大型代表性样本的审查），Willingham 和 Cole（1997）分析后认为，小学年级的差异很小，只是在 4 年级时，女生在写作、语言使用和阅读等方面表现出优势（d>0.2）。这种优势的差异在高中毕业时达到最大，男生与女生写作差异的 d 值在 0.5—0.6，而语言使用的性别差异 d 值在 0.4—0.5。同样，美国教育部发表了一份题为《女孩和妇女教育公平趋势》的报告，其中对阅读和写作成绩的数据做了这样的描述："1988—1996 年，女性在写作成绩方面一直优于男性。男女写作成绩的差异比较大，8 年级女生的写作成绩与 11 年级男生的写作成绩相当。"（Bae et al.，2000）在对研究文献的元分析回顾中，Hedges 和 Nowell（1995）指出写作中的巨大性别差异令人震惊，此数据揭示了男性在这一基本技能的表现上处于相当严重的劣势。

截至目前，据我们了解，女性在写作领域的优势反映了最大的性别差异，其次是语言使用上的优势。虽然女性在特定语言能力方面的优势是毫无疑问的，但总体而言，言语能力方面的性别差异较小。因为大量研究在言语能力方面所得性别差异的 d 值在 0.1 左右，而对于 1/10 的标准差的性别差异，大可不必给予太多关注。

（二）视觉空间能力

空间能力的测量常采用心理旋转任务，即评估一个人产生和旋转物体心理表象的能力（Linn & Petersen，1985）。这一认知操作表现的性别差异很显著：男性往往在一些空间推理测量上优于女性。事实上，在当代认知研究相关文献中，男性在心理旋转表现上的优势是最重要的性别差异（Miller & Halpern，2014）。这种优势主要体现在反应速度上，在准确性方面则不显著。然而，在这项任务中，约有 25% 的女性在标准心理旋转指标上的表现好于男性（ds=0.57—0.73；Linn & Petersen，1985；Maeda & Yoon，2013）。Linn 和 Petersen（1985）的元分析结果表明，在心理旋转任务中，不同任务的特性会导致性别差异程度的不同。具体表现为要求心理旋转的速度越快，性别差异越明显。并且，复杂的三维旋转任务比简单的二维旋转任务显示出更大的性别差异。

对空间推理中性别差异的元分析及综述表明，成年期男性在心理旋转任务中的表现具有强大的优势，但这种性别差异的发展轨迹还留下了一些悬而未决的问题。新近的元分析证实，成年期男性在心理旋转表现方面表现出优势（Maeda & Yoon，2013）。Lauer 等（2018）对 128 篇文章进行了元分析，这项研究评估了 3 万多名 3—17 岁参与者的心理旋转表现，旨在描述儿童早期和青少年晚期男性心理旋转优势的发展轨迹，并阐明影响其发展幅度的程序性因素，如不同任务或不同刺激特征带来的影响等。结果表明，在童年和青少年时期，男性在心理旋转表现方面的优势在年龄上有相当大的变化。具体地说，在接受正式学校教育的前几年，儿童在心理旋转任务中的表现出现了微小的性别差异，随着年龄的增长，到青少年期晚期这种差异扩大了2倍。这项元分析首次综合了当代关于空间推理中性别差异的发展文献，揭示了男性心理旋转优势从童年时期出现到青少年时期晚期达到顶峰的发展轨迹。

　　研究者猜测女性旋转图形时更慢，可能是由于其使用了不同的策略来处理任务（Pezaris & Casey，1991）。具体来说，男性可能更多地依赖空间策略，包括可视化对象或对象部分的旋转，而女性可能更多地依赖分析策略，包括比较不同刺激的特征（例如组成部分的大小、形状和颜色及它们之间的关系），以确定物体是否在刺激之间匹配（Pezaris & Casey，1991）。更重要的是，分析策略可以有效地完成一些心理旋转任务，但在其他任务中更容易出错。例如，有如下3项任务（图13-10），在前两项心理旋转任务中（儿童心理旋转任务，children's mental rotation task，CMTT；基本心理能力测验-空间关系，primary mental abilities-space relations，PMA-SR），目标项和干扰项的区别较大，通过分析比较，个体可以很好地完成任务。但是对于第三项任务，即Vandenberg-Kuse心理旋转测试（Vandenberg and Kuse mental rotations test，VMRT），单纯地使用分析策略很难完成任务，这是因为目标和干扰项具有相同的特征（即物体及其旋转的镜像图像）。因此，与CMTT和PMA-SR任务相比，VMRT任务中的性别差异会更大，因为倾向采用分析策略的女性很难完成这样的任务。

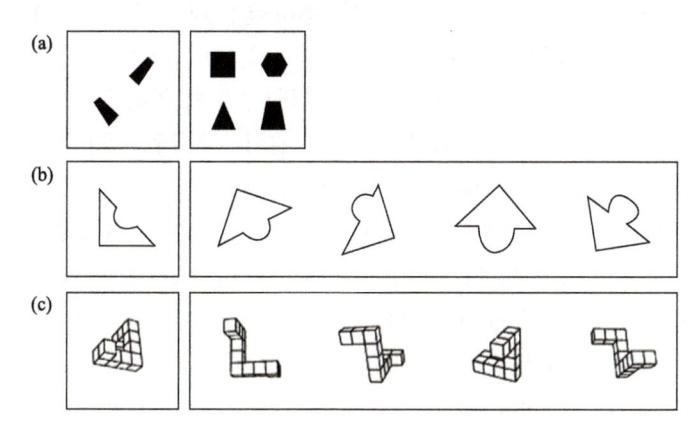

图13-10　心理旋转任务样例。在每项任务中，左侧方框中是给儿童呈现的目标图像，右侧方框是需要儿童进行挑选的反应图像。项目之间是相似的。（a）儿童心理旋转任务（Levine et al.，1999）。（b）心理空间能力的相关任务（Thurstone L L & Thurstone T G，1943）。（c）Vandenberg-Kuse心理旋转测试（Vandenberg & Kuse，1978）

　　当然，这也有可能与男女大脑神经生理学上的差异相关。有研究者认为，在大多数情况下，女性大脑半球的偏侧优势和功能专门化程度低于男性（Levy & Heller，1992）。这意味着男性在其两个脑半球功能上表现出更大的不对称性。例如，女性在大脑两半球中都在一定程度上涉及语言功能区域。因此，同样左半球损伤的女性比男性在语言功能方面的恢复要好。这种功能的不对称性可能意味着更多功能的专门化，而专门化程度越高的个体在执行特定任务时拥有的认知资源越多。因此，男性具有更大的偏侧优势，这也使他们在进行心理旋转这样特殊的空间任务时拥有更多的资源。

除此之外，社会经济地位也被认为是影响视觉空间能力性别差异的因素。令人惊讶的是，在低社会经济地位的学生中没有表现出任何性别差异，而中、高社会经济地位的学生中的性别差异却比较明显。研究者认为，可能的原因是中、高社会地位群体参与各种各样促进空间能力发展的活动（如拼图、乐高等游戏）更多，而男孩会投入更多的时间参与，进而使男性的空间能力更具优势（Levine et al., 2005）。

（三）数学能力

数学能力通常包含算数知识、技能及对数量概念的理解。在所有认知能力的性别差异中，数学能力的差异也备受媒体的关注。有研究表明，尽管近几十年来数学成绩的性别差距有所缩小，但在数学高端领域，女性代表性人物仍然缺乏（Wang & Degol, 2017）。与此相似，有研究者以青年数学天才为对象，对 7—8 年级的学生进行了学术能力评估测试（scholastic assessment test，SAT）。结果发现，在数学部分的测验中，男生的得分比女生大约高 30 个点，并且分数越高的群体中，男生占比也越高。但是，这种性别差异只体现在代数知识上，在几何和算数知识上则无此差异。20 年后，研究者在对这批数学天才学生的追踪调查中发现，男性获得数学或与其相关学科（如计算机科学、物理学、工程学）博士学位的人数比女性高 5—7 倍（Benbow & Stanley, 1980）。

另外，也有研究提出男性在数学能力上的优势可能受到了视觉空间能力的影响。例如，Casey 等（1995）发现，在控制了心理旋转能力这一变量后，SAT 中数学部分的性别差异在几个样本中消失了。这表明心理旋转技能可能调节了某些高水平数学能力的性别差异，或者说这两种能力倾向于共同变化。有研究表明，在小学阶段，男孩和女孩在数学能力上的差异往往很小，因为小学阶段的成绩主要是以学校成绩来评定的，它受到许多其他因素的影响，包括行为规范和按时交作业等，这对女生有利。女生在 4 年级的计算能力稍好一些，这种优势一直保持到 12 年级（d 在 0.1—0.2）（Willingham & Cole, 1997）。因此，我们看到，在小学早期，当数学由计算知识和速度组成时，性别差异很小或根本没有；而在数学概念需要更多的推理和更具空间性质的情况下，如解决几何和微积分问题时，男性的优势才会显现出来（Geary, 1996）。

总的来说，在许多标准化评估中，数学能力的性别差异可以忽略不计，平均效应很小（$d < 0.15$）。值得注意的是，或许是由于男性在数量和视觉空间能力上更可变，数学能力高和低的两端都有更多的男性。男性表现出更多变异的原因尚不清楚，但这种更高的变异可能导致女性和男性之间的平均差异变小（Halpern, 2007）。

不可否认的是，男性和女性在许多生活领域都有差异。然而，值得注意的是，这些差异确实反映了男女性别的不同，还是由研究者性别刻板印象或结果偏差造成的？正如心理学家 Jacklin（1989）所言，我们所处的文化对性别差异尤为关注。例如，人们探究男性和女性之间存在的根本差异，相比其他可能因素，会更强调这种性别差异存在的可能性。基于此，在面对有关性别差异的研究结果时，我们的头脑应时刻保持清醒，谨慎地审视这一问题。

三、专家和新手

专家（expert）是指在特定领域具备专业知识的人，他们能够有效地思考该领域的问题。通常来说，专家会在一个领域投入大量时间学习和练习，并经常运用所学的知识，在这个特定领域是公认的学识渊博的人。例如，花费 10 000—20 000 小时去学习和研究国际象棋的部分棋手可以达到大师级别的水平（Chase & Simon, 1973a）。关于专家本质的探究，焦点主要集中在专家和新手（novice）解决问题的差异上。

在特定领域，新手倾向于根据表面或知觉的相似性对物体或事例进行分类，而专家在分类时通常会运用他们已有的知识形成更深层的规则。例如，面对不同种类的绘画作品，新手可能会根据画上的内容来分类（风景、静物、肖像），而艺术家更可能根据画家、历史年代、构图等此类绘画作品的各种特征进行分类，这种分类需要结合其自身已有的知识进行。相比新手，专家在解决领域内的问题时准确率更高，认知心理学家一般通过比较任务表现和策略以探讨其成因。

（一）专业知识

Chase 和 Simon（1973b）通过国际象棋复盘实验，探究了专家和新手在认知加工层面的差异。结果显示，当呈现的棋盘是按照真实比赛后的位置排布时，专业棋手仅在扫视 5 s 后就可以重新构建 16 枚棋子（共 25 枚棋子）的位置，而象棋入门者只能复盘 5 枚棋子的位置。当棋盘上的 25 枚棋子是随机摆放时，专家和新手的表现是相同的，都只能复盘 2—3 枚棋子的位置。这表明专家的记忆能力并没有表现得比新手更好，只是专家可以将信息识别为有意义的模式，也就是通过信息组块来理解棋局，因此有较好的回忆成绩，新手则不能识别成有意义的模式或组块，所以回忆成绩比较差。

（二）知识组织的差别

专家可以围绕重要的观点或者概念进行知识组织，对知识内容有着深入的理解。相反，新手则更多根据表面特征组织知识，对内容的理解不够深入。Chi 等（1981）以物理学科领域的专家（物理学教授）和新手（学习物理一个学期的学生）进行对比研究，任务是让他们将一系列物理问题按照解决方法进行归类。结果表明，专家会根据物理问题的基本原理进行归类，而新手只能根据问题的表面相似性进行归类，但具有表面相似性的两个问题，其背后的原理可能是大不一样的。由此可见，专家对知识的掌握更加深刻，在更抽象的概念和原理层次上可以进行知识的组织。

（三）知识具有条件性

专家在解决问题时，可以根据具体的问题情境进行相关知识的提取。也就是说，专家的知识是"活的"，知道知识的适用条件。相反，新手的知识很多时候是"死的"，并不知道知识可以在什么条件下运用，因此面对具体的问题情境时难以提取相应的知识。de Groot（1965）对象棋大师和高手进行对比研究，考察了他们在思维广度（移动棋子前考虑哪些可能）和深度（移动某棋子前，预判对手后续可能的移动）上的差异。结果显示，两者在广度和深度上的差异不明显。但是，象棋大师考虑的移动方案在质量上更高，也就是说一些低质量的移动方案会被象棋大师忽略，他们能够根据具体的情境和条件提取更优质的方案进行谋略。

（四）适应性能力

当专家遇到自己不熟悉的问题时，他们具有较强的元认知能力，因而能很快地通过学习解决新的问题。换句话说，面对一些不太熟悉的新问题，专家具有很好的适应性，表现出较强的学习能力。Wineburg（1998）对历史学科专家和新手进行了对比研究，任务是阅读和解释有关林肯及其针对奴隶的观点的文档。其中一位专家为林肯研究方面的专家，另一位虽是历史专家，但并不是林肯研究方面的专家。刚开始，非林肯研究专家和新手的表现差不多，但非林肯专家表现出很强的学习能力，通过对相关文档资源的分析，很快就有了出色的表现。最后，林肯研究专家虽然拥有丰富的专业领域知识，但并不一定意味着其是一名"好"的教师。也就是说，有些专家并不擅长将自己掌握的知识顺畅地传授给别人，特别是初学者。

四、认知风格

认知风格（cognitive style）被定义为相对稳定的、自我一致的适应模式，它可以调节个体处理信息的方式（Brodzinsky，1982）。虽然认知风格具有相对稳定性，即个体在不同时间、不同认知任务上会有较一致的表现，但值得注意的是，认知风格这一概念不同于智力或其他认知能力，有高和低、好与差之分，我们不能说某一风格比某一风格更好。并且，每个个体并不是固定处于某一风格，事实上，大多数人在不同的情况下会运用不同或多种认知风格。

（一）场依存和场独立

在迄今为止确定的认知风格维度中，场依存（field dependence）和场独立（field independence）是最受关注的一种区分，最初是由心理学家在研究知觉加工时提出的（Witkin et al.，1962）。在知觉过程中，个体身体内部线索与外界信息输入之间始终保持着微妙的平衡。有些人知觉时会较多地受其所看到的环境信息的影响，另一些人则更多地受到来自身体内部线索的影响。研究者把受环境因素影响大者称为场依存性，把不受或很少受环境因素影响者称为场独立性。前者是"外部定向者"；后者是"内部定向者"。这种差异的产生是个体在周围视觉场中看到的东西与身体内部感觉到的东西产生冲突的结果。

场依存的人倾向从环境中获取非任务相关的信息，而场独立的人则倾向过滤掉与任务目标无关的环境信息。因此，场依存的人应该更容易受到外部干扰，更依赖外部支持。场独立的人通常在一系列认知和学术测试中有优异的表现（Tinajero & Páramo，1998）。然而，场依存与持续的视觉空间注意呈负相关（Amador-Campos & Kirchner-Nebot，1999）。具有更高智力和创造力并更有效使用认知策略的个体更多地表现出场独立的特征（Rémy & Gilles，2014），因此对那些涉及许多新的学习经历和需要解决新问题的年轻人来说，场独立的风格特别有益。

除此之外，场依存/场独立也会受到年龄的影响。横断研究表明，老年人比年轻人更倾向表现出场依存的特征（Wiker et al.，2009）。迄今为止，还没有基于场依存/场独立变化的纵向研究，因此在解释横断研究结果时应考虑队列效应。衰老过程中认知和认知风格的并行变化可能表明它们相互依赖。在老年人中发现的场依存特征的增强可能是对其自身自上而下认知加工能力下降的补偿，使他们更偏向于利用和依赖周围环境信息，以自下而上的加工方式进行认知处理。

（二）反思型和冲动型

第二种不同类型的认知风格差异称为认知速度，或称为反思型/冲动型（reflectivity/impulsivity）风格。Kagan（1966）把这种风格定义为在答案不确定的情形下个体寻找正确答案过程中延迟回答的程度。如图 13-11 所示，研究者设计了相同图像匹配测验来评估儿童的认知速度。呈现给参与者的任务是挑选与顶部图形完全相同的图形。当我们看其他 6 幅图时，会发现每幅都与顶部的那幅非常相像，因此要找到那幅完全相同的图就需要特别小心（Kagan，1966）。

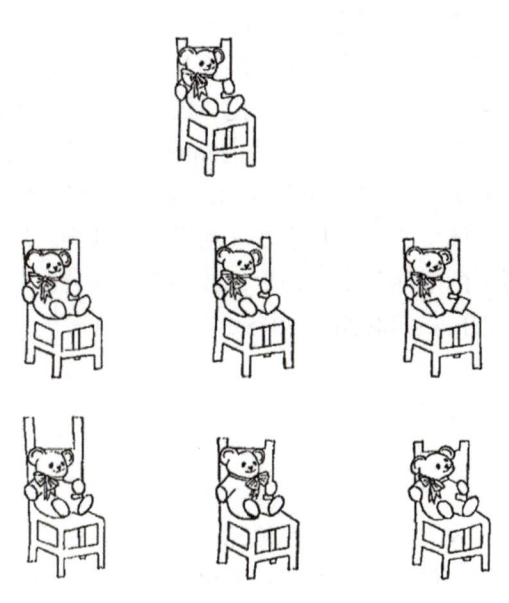

图 13-11　相同图像匹配测验示例（Kagan，1966）

儿童对相同图像匹配测验任务的反应不尽相同，有的反应十分迅速，有的反应则会慢一点；有些即使在很难的任务中也很少犯错，另一些即使是很简单的任务也会犯很多错误。多数儿童的表现不外乎两种情形：那些反应快的儿童犯错误多（表现为冲动型风格），而那些反应慢的儿童出错少（印证了反思型风格）（Tyler，1974）。

最初，认知风格被认为是可选择、可更改的行为方式或问题解决方法，相对于智力和年龄而言是独立的。更多近期研究却对上述假设提出了挑战。认知风格看起来似乎不太容易因为训练而发生改变，而且认知风格还显示出发展上的差异：年幼的孩子似乎更多表现为冲动型和场依存性的风格，年龄大的孩子则更多表现为反思型和场独立性的风格（Zelnicker & Jeffrey，1979）。

研究者指出，反思型/冲动型、场依存性/场独立性并非完全独立，每种风格都与三个更为基本的维度相关，分别为选择性注意（尤其是对整体刺激或部分刺激做出反应的倾向）、注意控制（注意的集中与转移）、刺激组织（对所输入刺激的心理转化）（Globerson & Zelnicker，1989）。他们认为，个体的认知风格决定了问题解决中进一步加工所能获得的刺激信息的质量。

第三节 认知与文化差异

作为人类社会最为复杂、宏大而又微妙的现象之一，"文化"曾被不同领域的研究者数以千次地定义，至今仍难以定于一尊。从广义来看，文化（culture）是包括知识、信仰、艺术、伦理、法律、风俗及个体作为社会成员掌握的任何其他能力和习惯在内的一个复杂整体（Tylor，1924）。从工作性定义的角度来看，文化是指任何一种可以满足个体或群体的心理需要而在某一群人中共享并延续的知识传统（Chiu et al.，2013）。这一界定指出了构成文化的两个条件：在一定的空间内共享于一群相互依存的个体，且在一定的时期内传承于代际。在此界定下，文化可以体现为国家文化、民族文化，也可以体现为商业文化、政治文化乃至学科文化等（彭璐珞等，2017）。从内涵的角度来看，文化作为一种集体层面的现象，包括社会共享的思想和信仰，以及相关的固定化行为模式（Kitayama & Uskul，2011），它们共同构成了一个社会群体中个体在其中发展和进化的社会环境。文化亦是一种生活方式，通常等同于同一环境下的个体共享的知识，或一个人在社会中成功生活需要知道的常识性知识和基本规则（Ojalehto & Medin，2015）。

一、文化多样性与认知

（一）文化普遍论与文化相对论

自人类历史开始之初，人类多样性的起源和本质就一直是人类想要探寻的奥秘之一。人类作为不同于动物的存在，最大的特点就是文化的存在。不同文化中的个体认知、行为是否会有所不同？随着这一问题的提出，文化统一论和文化多样性的争论进入了人们的视野。习俗、信仰、认知能力究竟具有文化普遍性（cultural universals）还是文化相对性（cultural relativity）？这是跨文化研究的根本性问题（凯瑟琳·加洛蒂，2015）。具体而言，文化普遍论和文化相对论的争议主要在于特定文化下的个体具有其特定的认知过程，还是全人类共享通用的认知规律。在最初的认知心理学研究中，研究者将个体内在的认知看作放之四海而皆准的普适性过程，有意或无意地忽略了社会文化因素的影响。然而，20世纪90年代起，随着跨文化心理学的兴起，人们开始关注文化对人类认知、行为的影响，并试图回答"文化包含的哪些方面或维度影响、塑造了个体的认知和行为"这一问题（Markus &

Kitayama，1991）。

当前，研究者普遍认为认知过程、能力或策略在各种文化中都存在，但某种文化或文化中的某些方面可以改变它们的表现方式（凯瑟琳·加洛蒂，2015）。例如，关于语言、文化和思维的关系，一直存在两种不同的观点。语言普遍论认为思维是普遍的、同一的，人们可以跨越语言和文化障碍进行交流。思维先于语言产生，语言是思维的输出/输入系统，语言差异并不会影响思维的一致性。然而，语言相对论则认为文化通过语言影响思维，进而影响人们对经验的分类，语言差异将会导致思维出现差异（Gumperz & Levinson，1996）。

（二）跨文化敏感度

文化是群体共享环境的产物，那么制造文化的环境是如何及何时作用于人类的认知和行为呢？这就涉及跨文化敏感度的研究，即个体的行为通常会根据任务、指示语或其他环境特征的改变而改变（凯瑟琳·加洛蒂，2015）。跨文化敏感度描述了个体对文化差异和来自他人文化观点的反应能力（Bhawuk & Brislin，1992）。个体的跨文化敏感度是动态的，随着时间的推移而变化。在这种发展的敏感时期，特定的经历可能对未来的发展产生重大影响，错过敏感期，个体习得特定能力的概率就会降低（Bornstein，1989）。

文化情境（cultural context）对个体社会行为和适应功能的发展起到了重要作用（Chen & French，2008）。与认知发展关键期一样，个体也同样存在文化发展的关键期，即文化敏感期。来自移民的研究发现，12岁之前是文化敏感期，此阶段个体的文化适应速度较快，表现为个体对新文化的认同感取决于移民年龄而非接触移民国文化的时间。例如，有研究发现，通常情况下，移居加拿大的中国人接触加拿大文化的时间越长，越能更好地认同它，但这种现象只发生在移民时年龄较小的群体（Cheung et al.，2011）。类似地，另一项研究也表明，12岁前移民到美国的中国人比12岁后移民到美国的中国人更能认同美国的生活方式（Tsai et al.，2000）。

文化敏感期的关键在于大脑结构和功能的可塑性上，那么文化的适应是否会引发及如何引发大脑的变化呢？

二、基于脑的文化模型

近年来，研究者开始强调大脑是文化产生影响的关键场所（Han & Northoff，2008），对揭示精神活动文化差异背后的大脑机制越来越感兴趣（Nisbett et al.，2001）。Bender（2020）认为，至少自人类出现以来，文化就已经取代基于遗传变异的自然选择，成为人类进化的主要内部驱动力。文化神经科学结合文化心理学和神经生理测量学，就是以揭示文化背景是否及如何塑造人脑的功能组织为目的的（Kitayama & Uskul，2011）。研究者认为，文化神经科学旨在通过考察认知和情感过程背后的文化特异性与文化普遍性的神经活动来解释行为上的文化差异（Han & Ma，2015）。大多数跨文化脑影像研究集中在东西方文化差异的比较，以及个体特定于文化的大脑活动模式上，研究内容涵盖了从低级感知觉到高级社会认知、情感等广泛问题。

（一）模型1：神经-文化互动模型

Kitayama 和 Uskul(2011)提出了神经-文化互动模型(neuro-culture interaction model)（图13-12），将大脑视为一个积累文化经验的重要场所。这种文化经验是经由跨代传递的价值观（如独立性和相互依存性）及相关实践形成的。这些价值观是生态、经济和其他社会结构变量等各种集体层面因素的函数。行为和大脑、文化和基因是相互关联的，基因的形成和表达取决于环境，包括文化环境；反过来，文化环境是人类创造出来的，所以人类会表现出各种与文化相关的行为倾向。神经-文化互动模型强调了两个重要流程：第一个流程涉及集体层面的文化实现，个体生活中的各种宏观层面的特征均是影响集体层面文化实现的因素；第二个过程涉及大脑相对长期的变化，是持续参与集体文化现实的结果。

❶ 文化价值观和实践的产生、传播与采纳 → ❷ 文化价值与任务（设计练习活动获得文化价值）→ ❸ 重复参与文化任务（对于一个选定的文化任务）→ ❹ 神经可塑性：文化模式化的神经活动的形成 →

❺ 自发地实施文化脚本化行为 → ❻ 建立个体的身份和声誉 → ❼ 生物适应性

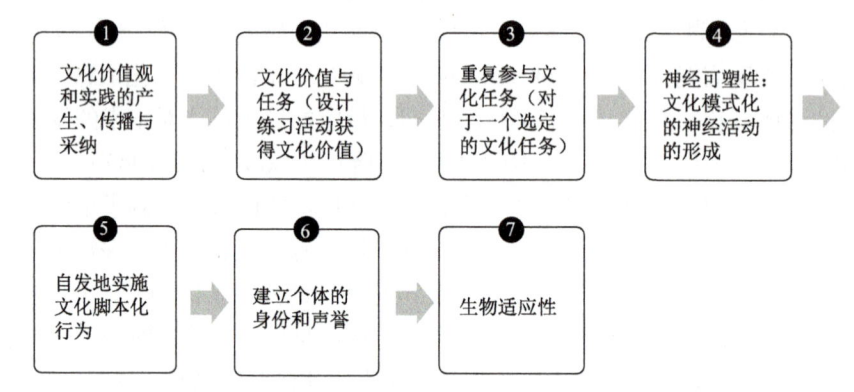

图 13-12　神经-文化互动模型。文化价值观和实践是由各种集体层面的因素产生、传播与采纳的。个体选择一些精确的文化实践作为自己的文化任务，然后积极参与其中，以自己独特的方式实现其文化的主要价值，如独立性和相互依存性。重复参与文化任务会导致文化模式化的大脑活动，反过来又会使个体能够在符合情境规范的要求下自发且顺畅地实施文化脚本化行为。当符合规范要求时，个体执行文化脚本化行为的能力强化了其作为文化传统中体面成员的身份和声誉，并最终通过繁衍后代来增强生物适应性（Kitayama & Uskul, 2011）

（二）模型2：文化-行为-大脑循环模型

基于神经-文化互动模型，后续研究发现不仅文化任务会影响大脑的激活模式，反过来大脑的激活模式也会进一步调整文化，并促进文化的发展（Kitayama & Uskul, 2011）。基于此，我国学者韩世辉等提出了人类发展的文化-行为-大脑循环模型（culture-behavior-brain loop model, CBBL）（Han & Ma, 2015）来解释文化、行为和大脑之间的动态互动。如图13-13所示，该模型认为文化、行为和大脑三者之间互相影响，文化通过将行为情境化来塑造大脑，大脑通过行为影响来适应和调整文化。基因在个体和群体水平上为 CBBL 提供了基础，并与之相互作用。CBBL 假设新的想法是由个人创造的，并通过特定生态环境中的社会互动在人群中传播，成为影响人类行为并将其联系在一起的主导共同信念和行为脚本。大脑的功能或结构组织，由于其固有的可塑性，会随着吸收文化价值观和执行文化模式化行为而发生变化。随后，改变后的大脑引导个体的行为以适应特定的文化背景，并改变同时存在的社会文化环境。该模型区分了文化背景下的从众行为和文化内化后的自愿行为，并澄清了行为中介和直接的文化-大脑互动。CBBL 还强调了文化和基因对大脑与行为的不同影响，为研究基因之间的关系及人类发育过程中相互作用的 CBBL 提供了一个新的视角。

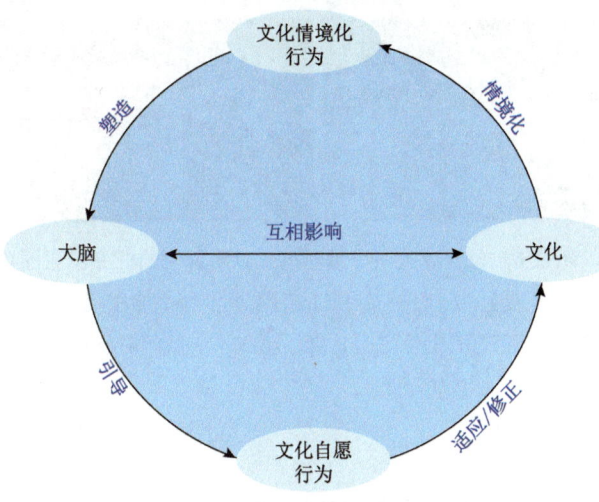

图 13-13 人类发展的 CBBL。文化环境使人类行为情境化，反过来，学习新的文化信仰和实践不同的行为脚本又会改变大脑的功能组织。随后，改变后的大脑引导个人行为自发适应当前的文化背景，进而影响当前的文化环境。在没有明显外显行为的情况下，文化与大脑之间也会发生直接的相互作用（Han & Ma，2015）

三、认知文化差异研究范式

（一）跨文化比较

在研究认知能力的文化差异时，研究者一般通过比较西方（以欧美为例）和东方（以中国、日本、韩国为例）文化下的个体行为表现来评估人类认知发展的文化差异（Nisbett et al.，2001；Markus & Kitayama，1991）。例如，早期研究发现，与西方人相比，东方人对背景语境特征的陈述更多，而且在观看复杂场景时，东方人的加工过程更容易受到背景语境的影响（Masuda & Nisbett，2001）。为了探究不同文化下个体情境知觉的差异，Goto 等（2010）设置了两种不同的情境，如图 13-14 所示。一种情境下（沙滩）焦点对象如"螃蟹"的出现是合理的，另一种情境下（停车场）焦点对象"螃蟹"的出现是不合理的，参与者的任务是判断焦点对象是否具有生命性。通过记录个体的 ERP，研究者预期东方文化背景下的个体在不一致情境下的语义整合更困难，表现出更大的 N400 效应。结果和预期一致，Goto 等（2010）发现，与欧裔美国人比，亚裔美国人在加工对象背景不一致的图片时会产生效应更大的 N400。此研究为跨文化比较的典型样例，结果证实了东方个体在加工情境信息时更关注场景背景信息。

图 13-14 东西方参与者在背景与对象一致或不一致时的焦点对象判断任务示意图。上面两幅为背景与对象一致图片,先呈现背景图片(左),随后语义一致的对象显示为叠加在背景图像上(右)。下面两幅为背景与对象不一致图片,首先呈现背景图片(左),随后语义不一致的对象显示为叠加在背景图像上(右)
(Goto et al., 2010)

(二)文化启动范式

近 10 年来,研究者多通过文化启动范式(culture priming paradigm)探究认知的文化差异。文化启动范式作为一种实验范式,主要是通过要求参与者完成特定的文化任务,将个人心态转向另一种文化信仰/价值观得以实现的(Han & Ma, 2015)。文化任务是实现文化启动的手段,如评估个体的自我结构或观看包含特定文化元素的图片(Kitayama & Uskul, 2011)。其中,作为东西方文化的关键区分指标,自我结构(即独立型自我与依赖型自我)已成为该领域普遍采用的文化启动手段(Markus & Kitayama, 1991)。

例如,Wang 等(2014)的研究发现,自我结构的暂时性变化可以通过调节参与躯体感觉的早期神经活动和身体疼痛的晚期评估过程来影响疼痛感知。具体而言,参与者为 28 名中国健康大学生。在整个实验中,首先,让参与者阅读 4 篇关于海边或购物的散文,其中 2 篇通过单数代词(如"我""我的")来启动独立的自我结构,2 篇通过复数代词(如"我们""我们的")来启动相互依赖的自我结构。每篇文章包括 11—12 个汉语代词。在自我构念启动过程中,平衡材料呈现的顺序后,参与者需要阅读 4 篇文章(1 篇用时 3 min),并圈出文中的所有代词。接着,参与者的左手背接受 4 次不同强度的电刺激(平均值为 4.02 mA),以感觉阈值和耐受阈值的当前强度作为"非痛性"和"痛性"刺激,同时进行脑电记录。研究数据显示,自我结构启动的类型(独立型、依赖型)对成人左手的疼痛刺激产生反应的 N130 波幅影响更大,但对非疼痛刺激产生反应的 N130 波幅没有影响。由此可见,自我结构启动效应对疼痛刺激 P300 波幅的影响与自我报告的相互依存性呈正相关。

框 13-3 基于词汇语调和人脸表情识别的文化启动

依赖型与独立型自我信念是东西方社会关键的文化特征(Nisbett et al., 2001)。

其中，独立型自我信念强调个人的品质与成功，不关注他人；依赖型自我信念则强调人际和谐与团体目标，关注他人或自我与他人的关系，与个体的社会取向密切相关。可以说，不同的自我信念可以解释个体在认知、情感、动机等方面的差异。例如，随着社会取向的增强，个体可能无意识地关注到语言表达的语调和人脸表情，从而对词汇语义（褒义与贬义）和语音之间的不协调变得更加敏感。同时，Haley 与 Fessler（2005）的研究发现，对面孔表情的识别可以提升个体的社交取向水平（即启动依赖型自我），进而增加其亲社会行为与利他行为。

基于以上研究背景，Ishii 等（2010）采用脑电技术考察了面孔启动情境下个体对语义的关注。该研究以47名日本成年人为研究对象，将参与者分为实验组和控制组。在实验组中，两种情绪面孔（如积极与消极）在毫无提示的情况下呈现；在控制组中，不呈现面孔。接着，两组参与者均听到32个用不同语调说出的情绪词（积极词如"感恩""温暖"等；消极词如"痛苦""狡猾"等），并要求参与者快速、准确地判断该词是褒义还是贬义。如果面孔加工可以很好地启动个体的社交取向，即启动依赖型自我信念，那么面孔启动情况下参与者对语义不一致会变得更加敏感，表现在脑电指标上，在面孔启动情况下，与一致条件相比，语调和词汇语义不一致时会产生更大的差异。

结果正如研究者预期的，相较于控制组，面孔启动组的参与者在判断情绪词时更加关注语义信息，从而对语义不一致更加敏感。ERP 成分显示，在刺激开始后 450—900 ms，当情绪词语义与语调不一致时，相较于一致情况，出现一个更大的晚期负性指标，然而控制组并没有发现这种变化。

四、文化与人类认知系统的交互

已有大量研究为人类认知对社会文化背景的依赖性提供了证据（Goh et al., 2010; Lewis et al., 2008）。最近的研究揭示了来自东亚和西方文化的个体之间大脑反应的许多差异，包括感知加工（Goh et al., 2010）、记忆（Wang, 2021）、语言能力（Gutchess et al., 2010）、推理和决策等（Ishii et al., 2010; Kobayashi et al., 2006）。下面我们分别进行介绍。

（一）文化与感知加工

文化经验塑造了人们体验空间的方式（Goeke et al., 2015），以及个体如何处理和表现最基本的感知过程（Nisbett et al., 2001）。不同文化下的个体经常根据自己的文化取向、实践和生态环境进行不同的感知加工（Nisbett et al., 2001）。东亚人经常参与整体感知过程，关注周围的环境及环境中的对象和其他事物之间的关系。相比之下，西方人倾向从事分析性的知觉过程，关注独立于上下文的个别物体或事件的显著特征，这反映在刺激处理过程中注意力的分配方式上（Chua et al., 2005）。与整体加工相比，北美人更加倾向将注意力集中在物体和视觉细节上，进行分析性加工。这种注意倾向最终会促进个体对细节进行更丰富的编码和表征。的确，当看到物体图片时，相对于背景，与东亚人相比，北美人更倾向注意具体的物体细节，相应地，对物体细节的识记效果也更好（Millar et al., 2013），更不容易受到刺激背景场景的干扰（Steinmetz et al., 2018）。此外，来自神经心理学的研究表明，在同样的场景下，相比东亚人，北美人在负责局部物体处理的神经区域有更多的激活（Hedden et al., 2008）。

文化影响个体的感知过程还表现在对背景信息的注意上。研究者采用 ERP 技术发现，相对于欧裔美国人，亚裔美国人更注重背景刺激或者说宏观的情境。因此，当新异刺激出现时，个体会表现出更多惊讶的表情。例如，Lewis 等（2008）采用 Oddball 范式，探究了新异刺激引发的脑电变化。在 Oddball 范式下，标准刺激大概率出现，偏差刺激小概率出现。与标准刺激相比，偏差刺激在刺激出现后 300 ms 引发一个 P300 效应。参与者被随机暴露在一系列刺激中，其中标准刺激占 67%（数字 8），偏差刺激占 12%（英语单词、辅音和数字，如 Dog、TCQ 和 305）。另外，设有目标刺激，占 12%（数字 6），参与者的任务是检测目标刺激并按键。结果发现，与欧裔美国人相比，亚裔美国人的偏差刺激引发了波幅更大的 P300。这说明亚裔美国人的注意力集中在标准刺激或者背景刺激上，因此偏差刺激引发了更大的注意力变化。在 N400 反映的语义不一致效应上，也发现了文化对感知过程的影响。Lewis 等（2008）发现，当焦点对象（如汽车）被放置在不相配的背景（如海洋场景）中时，因为亚裔美国人对图形背景关系相对敏感，所以亚裔美国人比欧裔美国人更容易发现这种不协调现象，进而引发波幅更大的 N400。

（二）文化与记忆

记忆就像人类的其他认知能力一样，旨在促进个体在其生态环境（如社会环境）中的有效适应。不同文化对生态环境的心理社会需求不同，这会导致记忆的用途不同，进而导致记忆的特征不同（Alea & Wang, 2015）。在基本生存水平上，特定文化的生态因素会促进特定记忆技能的发展。例如，与生态空间的频繁互动甚至会导致与空间记忆相关的大脑结构的变化。伦敦有执照的出租车司机每天在世界上最繁忙和最复杂的街道网格之间穿梭，长期活动的结果是其海马后区体积增大，该区域主要负责空间记忆中的导航功能（Maguire et al., 2000）。

人类的记忆是动态的，记忆经验往往反映了特定文化元素和特定记忆特征之间的相互作用。Imbo 和 Lefevre（2009）在测试东西方成年人（比利时、加拿大和中国）的工作记忆负荷对数学问题解决的影响时发现，与中国人注重练习和训练以实现速度、准确性的教育一致，中国参与者表现出更多的自动化策略执行，与比利时人、加拿大人相比，中国参与者能够更快地解决数学问题，并且需要更少的工作记忆资源。另外，比利时人和加拿大人比中国人更善于灵活选择适应性策略，这与欧洲和北美教育强调探索性、灵活性是一致的。虽然在西方背景下学校教育通常有益于工作记忆，但它可能在认知技能上进行权衡，因为它促进了某些记忆策略的使用，牺牲了其他策略。

此外，文化会影响情景记忆的分类方式和准确性。文化上占主导地位的信息处理和组织策略会使个体产生特定的记忆检索与加工模式。例如，一项研究让参与者识别本族照片面孔并进行相貌判断（好人或是坏人），随后完成一项记忆任务，回答这些面孔照片的来源，分为以下 3 类：①刚看过的好人；②刚看过的坏人；③未见过的。结果发现，加拿大人更多采用分类式信息策略，相较于中国人，这种带有文化偏好的加工策略提升了加拿大人关于分类信息的记忆能力（Yang et al., 2013）。相似地，另一项研究调查了美国人与土耳其人的分类记忆错误，也得出了类似的结果（Schwartz et al., 2014）。

（三）文化与语言

语言作为一种重要的文化工具，对个体认知发展的影响很大。人类学家萨皮尔和语言学家沃尔夫提出了语言相对性的萨皮尔-沃尔夫假说（Sapir Whorf hypothesis of linguistic relativity）。该假说认为，不同文化下的语言性质会影响一个人的思考方式（Whorf, 1956）。例如，在颜色方块隶属判断任务中，俄罗斯儿童的反应快于英国儿童，两国语言中对颜色词语的命名方式不同很可能是重要的原因。在俄语中，浅蓝称为"голубой"（goluboy），深蓝称为"синий"（siniy），而英文中不同深浅的蓝色均被称为"blue"，不存在命名差异（Winawer et al., 2007）。语言可以影响一个人的认知，人们感知和体验世界方式中的一些文化差异被归因于语言的相对性（Majid & Burenhult, 2014）。语言模式中的图式、概念、类别和隐喻深深植根于言语社区的文化经验，进而塑造认知过程和表征（Sharifian, 2017）。

此外，文化习俗也会影响人们对言语信息的处理、组织和呈现。例如，研究发现，一种文化中普遍存在的阅读和写作习惯（英语是从左向右书写的，而希伯来语主要是从右向左书写的）在很大程度上影响了人们的空间信息组织的主导性方向，反过来又会影响记忆（Mccrink & Shaki, 2016）。不同文化中的书写系统也会影响认知发展。汉语文字符号具有较高的视觉复杂性和区分性，以及较低的音位区分性，因此与学习欧洲语言等字母系统的阅读相比，学习中文阅读对视觉注意力、知觉分析、视觉空间工作记忆和语义整合的认知要求更高（Kazi et al., 2012）。中国儿童书写系统的丰富经验为他们在视觉空间处理和记忆方面提供了大量的练习，并具有一定优势。与希腊同龄人相比，4—16 岁的中国儿童在空间工作记忆方面表现出更大的年龄相关性增长，在执行认知任务时对工作记忆的控制也更有效（Demetriou et al., 2005；Kazi et al., 2012）。

不同文化背景下语言自身的特点会影响个体的认知能力。例如，汉语使用以 10 为基数的系统来命名数字（比如，11 以 10 和 1 命名），它的基本数字名称（一、二、三等）可以以单音节快速发音。因此，与北美和日本的同龄人相比，中国儿童青少年能够在短期记忆中识记更多的数字（Stigler et al., 1986）。此外，英汉双语者在汉语中表现出比英语更大的言语工作记忆广度（Cheung & Kemper, 1993）。

框 13-4　空间知觉中的萨皮尔-沃尔夫假说

Levinson（1997）通过考察澳大利亚土著语言 Guugu Yimithirr（简称 GY）中的"绝对"（基本方向）空间描述，从空间知觉层面证明了萨皮尔-沃尔夫假说。

具体而言，GY 语言中的"绝对"是指在描述物品的空间方位时，不将自我的位置作为参考点，即不依赖讲话者的视角（如左右、前后），而是选择固定位置作为绝对参考，如"乔治就在树的北面""我把它放在你家西边桌子的南边"等。与之相反，在许多其他文化中，如北美或欧洲，个体却倾向参照身体自我在相对方位上识别空间（左、右、前、后），以自我为中心，没有固定的角度，仅描述物体的相对位置。在该研究中，GY 原住民和荷兰语参与者在朝北的房间里被呈现了一系列人或物，如一头牛、一头猪和一个人，并被要求记住这些集合。然后，参与者被带到另一个朝南的房间里，需要重现刚刚看到的场景。结果发现，荷兰语参与者以自身位置为参照系来重现这一场景：牛在猪的左边，猪在人的左边。相比之下，GY 原住民则按照基本方向重现这一场景：牛在猪的西边（因此是右边），猪在人的西边（因此也是右边）。该研究结果表明，这两个文化群体记住了同一场景中截然相反的安排。GY 原住民通常用其语言一致的"绝对"概念编码非语言记忆，而对照组荷兰语参与者则利用"相对"概念编码非语言记忆。

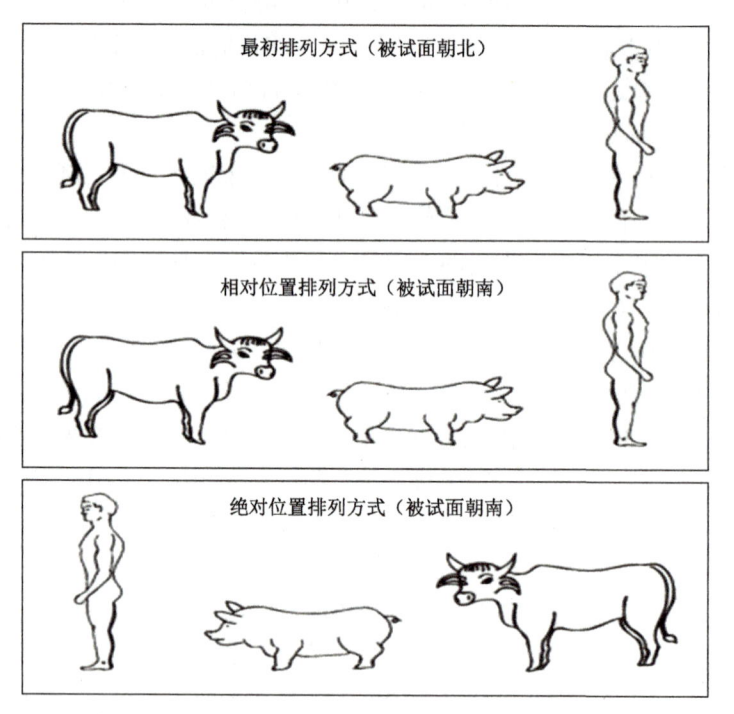

空间语言描述的"绝对"与"相对"现象。荷兰语参与者倾向以从右到左的相对位置记忆图像信息，而 GY 原住民则倾向以从东到西的绝对位置记忆图像信息（Levinson，1997）

（四）文化与推理、决策

一个人的思维与推理、决策密切相关。前面已经介绍过推理和决策的相关知识，其中，推理是得出结论的过程，或者说是从一些信息开始，然后得出高于这些信息的结论的认知过程（Leighton，2004）。广义上而言，决策包括提出问题、确立目标、设计和选择方案的过程。通常情况下，决策是推理的结果（Goldstein，2018）。

首先，文化会影响个体在推理中的归类过程。文化不同，分类的倾向也不同。东亚人倾向根据物体之间的关系进行分类（Chiu，1972），强调物理事件或社会事件因果归因过程中的环境影响（Choi et al.，1999；Morris & Peng，1994）。来自西方文化的个人倾向根据物体的内部属性对其进行分类，在因果判断中强调个人的内部倾向，认为自己独立于他人和社会环境。因此，研究发现，在对香蕉、猴子和熊猫进行归类时，中国人倾向将猴子和香蕉归为一类，即按照物体之间的关系进行推理。欧洲人倾向把猴子和熊猫归为一类，因为猴子和熊猫都是动物，即按照物体属性进行归类（Ji et al.，2004）。

其次，文化会影响个体对行为背后的原因的推理。美国人倾向用人物的性格（如人物性别和教育程度）来解释行为，而东亚人倾向将行为归因于情境因素（如环境事件）（Choi & Nisbett，1998），并且更倾向使用情境信息来预测其他人的行为（Norenzayan et al.，2002）。中国人比美国人更加认可对具体物理事件的上下文解释（如摩擦影响物体的运动），美国人更倾向将物理事件归因于物体本身等因素（如物体的重量或成分引发的运动等）（Peng & Knowles，2003）。

另外，作为一项复杂的认知任务，决策会受到文化的影响，在不同的文化环境中，参与决策可能会产生不同的效果。例如，有研究发现，在一些文化背景下，护士参与医院决策（如治疗方案的制定、多学科协助团队工作等）还不能被广泛接受，这主要受社会关系、内群体和谐关系维护等因素的影响（Liu，2008）。研究者认为，虽然决策都是由个人做出的，但文化偏好可以解释如此决策的原因（Pillai，2012）。在决策时，个体既是文化的客观者，又是文化的主观者。因此，在研究决策问题时，需要关注文化的普遍性和相对性。此外，还有研究者强调了个人主义和集体主义是不同文化群体的个体产生决策差异的深层根源（Yates & de Oliveira，2016）。

最后，文化不仅塑造了人们感知周围世界的方式，也塑造了个体如何根据文化价值观、语言学模式和认识论对世界进行概念化（Ojalehto & Medin，2015）。西方受过教育的人群通常使用分类系统来对动物界进行分类，比如，按照生活习惯把动物分为陆生动物、水生动物和两栖动物；按照哺乳方式把动物分成哺乳动物和非哺乳动物等。相比之下，阿根廷查科森林（Chaco Forest）的土著居民（即维基人，Wichí）主要根据生态社会关系组织森林动物，通过狩猎和采集等文化习俗形成的对自然界的经验，驱使个体把动物分为和平的和有攻击性倾向的，或是对人类有用的和无效的等（Baiocchi et al.，2019）。

关键术语

认知发展 cognitive development　　　　视觉空间能力 visuospatial ability
遗传 nature　　　　　　　　　　　　　数学能力 mathematical ability

环境 nurture
阶段性 stages
连续性 continuity
关键期 critical period
敏感期 sensitive period
主动性 initiative
被动性 passivity
流体智力 fluid intelligence
晶体智力 crystallized intelligence
突触 synapse
老化 aging
成功老化 successful aging
成功记忆老化 successful memory aging
选择优化补偿 selection-optimization-compensation
个体差异 individual difference
性别差异 sex difference
言语能力 verbal ability

专家 expert
新手 novice
认知风格 cognitive style
场依存 field dependence
场独立 field independence
反思型 reflectivity
冲动型 impulsivity
文化 culture
文化普遍性 cultural universals
文化相对性 cultural relativity
文化情境 cultural context
神经-文化互动模型 neuro-culture interaction model
文化-行为-大脑循环模型 culture-behavior-brain loop model
文化启动范式 culture priming paradigm
语言相对性的萨皮尔-沃尔夫假说 Sapir Whorf hypothesis of linguistic relativity

知识要点

- 认知发展的四个基本问题
- 晶体智力和流体智力的发展趋势，以及年龄对智力的独特作用
- 早期脑发育、青春期脑发育的特点
- 神经的成熟对心理发展的影响
- 环境对神经发育的影响
- 衰老过程中的记忆衰退模式
- 成功老化的界定
- 认知老化的影响因素
- 不同性别的个体在认知上的差异
- 专家和新手在解决问题上的差异
- 认知风格的含义和个体差异
- 文化普遍论与文化相对论的相互作用

- 文化情境与文化敏感期
- 基于脑的文化模型：神经-文化互动模型、文化-行为-大脑循环模型
- 认知文化差异研究范式：跨文化比较与文化启动范式
- 文化与人类认知系统（如感知加工、记忆、语言、推理与决策）的交互作用

第十四章
认知心理学的应用

　　一个学科的应用研究在推动学科发展方面具有至关重要的作用。当一个学科的理论和方法能够被广泛应用于实际问题的解决，并对社会、经济、科技等领域产生实质性的影响时，这个学科就能够实现更快速、全面的发展。认知心理学的应用研究对学科发展具有重要的推动作用。这些应用研究通过深入了解人的认知过程，有助于设计更符合人类认知特点的工具和系统。这不仅提高了工作效率，还减少了错误和事故的发生，从而优化了生产过程，并提高了产品质量。此外，在人工智能、机器学习等领域，认知心理学的应用对算法和系统设计产生了积极影响。了解人类的认知模式，有助于构建更智能、更加人性化的技术系统，推动技术创新，使得人机交互更加自然和高效。

　　本章以认知心理学的基本理论在生产生活中的应用为主题，旨在通过对各个行业应用案例的分析和解读，使读者理解如何应用心理学的基本知识和理论来解决生产生活中的实际问题，产生经济和社会效益。本章共五节，每节都聚焦于特定的应用领域，从宏观到微观展示认知心理学的实际应用。第一节探讨认知心理学应用研究的发展历史、对社会的意义及不同应用模式的发展。通过详细分析认知心理学应用的发展趋势和对社会经济的贡献，读者将对认知心理学在生产生活中的整体作用有更清晰的认识。第二节研究如何利用认知心理学理论和实验范式来指导工具设计与制造。以认知测试为实例，我们将介绍如何通过理解用户的认知过程来设计更符合人类认知特点的工具，提高工具的易用性和效能。第三节通过选择认知训练作为应用实例，展示如何运用认知心理学的基础理论和知识来分析与解决生产生活中的问题。读者将了解如何通过调整认知过程和提高认知能力来提升工作效率与质量。第四节以用户为中心的设计为重点，探讨认知心理学理论在工程设计和建设中的应用，通过关注用户体验、优化界面设计来提升产品和工程的效果。第五节以认知心理学对人工智能学科发展的影响为例，探讨认知心理学在推动技术创新和跨学科合作中的作用。读者将从中了解认知心理学如何促进当代信息科学的发展。总之，本章以期帮助读者更全面地理解认知心理学在生产生活中的应用，为解决实际问题提供更好的思路和方法。

第一节　认知心理学应用研究的发展历史和模式

一、认知心理学应用研究的发展历史

认知心理学的应用是利用人类信息加工的基本规律来解决科学研究、教育、商业、工业等行业中出现的实际问题。从学科应用发展的历史经验来看，学科的科学理论发展和行业应用发展存在一个先后的关系。首先，科学家利用理论分析和实验验证，构建出学科的理论体系。之后，该领域的工程研究人员逐渐在一些具体应用领域将科学理论进行推广应用。这种从理论到应用两阶段的发展模式在自然科学领域（如物理和化学中）十分常见。认知心理学也同样遵循这样的规律。认知心理学理论研究和技术方法的进步，推动了其在更多行业中的应用。例如，认知理论和实验范式的发展改进了特殊岗位人员的选拔方法，认知训练的技术方法改进了患者的认知能力康复训练的技术途径，知觉和注意的研究为界面设计贡献了很多指导原则。这些都是理论发展促进行业应用的实例。从时间维度来看，大致经历了在学科理论系统形成前的早期应用和在学科理论系统形成后的较为系统性的应用两个阶段。

（一）学科理论系统形成前的早期应用研究

在认知心理学学科的理论系统建立之前，其相关知识已经在生产生活中有了诸多应用。这些应用受到许多实际需求的驱动。心理学家在解决这些问题的时候，或多或少地借鉴了关于人类认知的理论知识。从19世纪末开始，因为公共教育的发展，社会对学龄儿童认知能力的分析与测试提出了实际需求。这些测试的构建就利用了当时心理学中关于人类认知结构的知识，并为之后认知能力的测试设计打下了基础。例如，第一次世界大战期间，由于战争的需要，政府部门希望开发出测试工具，以选拔和训练特殊作战人员，如飞行员、声呐兵等。因此，心理学家设计了一系列方法测量相关人员的心智能力，并对其进行分级，以满足对各类人员的需求，例如，筛选驾驶战斗机的飞行员、挑选称职的战场指挥官等。一个典型的案例是由心理学家Terman（1918）等研究人员组成的小组开发了一套军人的智力测试。此外，在战争期间还出现了许多新的重要问题，如长时间作战导致的疲劳、飞行员在高空飞行时面临缺氧等。因此，一些心理学家专注于评估这些特殊情况和环境对作战人员的影响。战争结束后，这些基于战争需求的认知心理学应用研究进一步丰富和发展，尤其是有关人员分类、选拔和训练的应用，并逐渐扩展到交通、工业生产等其他领域技术职员的选拔。此外，很多其他认知心理学的应用研究也开始崭露头角，包括工人生产力的提升、广告效应、阅读训练、测谎等。同时，这些应用研究也影响了工业与组织心理学、司法心理学、教育心理学及工程心理学等相关领域的发展。

在第二次世界大战中，由于技术的进步，武器装备的功能和复杂程度大大提高。即使经过严格选拔和训练的作战人员有时也不能很好地操作这些设备，经常出现操作不当和人

为失误，造成了很多严重的后果。心理学家开始意识到，在某些场景下，无论进行何种训练，人都无法避免错误。研究者开始反思这种人难以适应机器的情况，并意识到要解决这些问题，首先需要研究人的信息加工特点。他们开始研究飞行员、雷达兵、空管员等作战人员的认知信息加工过程和特点，总结规律，并通过工作流程设计来减少人类操作的错误。例如，研究者发现人类视觉搜索的信号检测率会随着时间的推移而下降（Mackworth，1948）。这一发现为合理安排雷达操作人员的工作时间和换班机制提供了重要的参考。

（二）学科理论系统建立后的应用研究

第二次世界大战之后，计算机、信息论和控制论及人工智能技术得到了快速发展，人类开始进入第三次工业革命。受到信息学科发展思潮的影响，心理学科逐渐形成了以信息加工视角为主的当代认知心理学理论体系。当一个学科的理论体系成型并逐渐成熟时，其在各行各业中的应用也随之蓬勃发展。认知心理学的应用扩展到航空航天、汽车工业、计算机软硬件、机器人、司法、教育、广告及服务业等诸多行业。例如，在计算机软件设计中，心理学家开始协助设计师改善机器的界面设计，如雷达和声呐控制台、枪瞄准具、飞机仪表板、通信系统等，使其适应人的信息加工特点。根据相关研究结果，研究者制定了培训指南和机器设计标准，使设备的设计与人类需求和能力相契合，从而降低操作人员的认知负荷，减少失误，改善操作表现。例如，美国心理学家 Fitts（1954）在研究人类动作移动控制时发现，移动到目标所需的时间与目标的距离成正比，但与目标区域的大小成反比，更快速运动和更小目标的区域会导致更高的错误率。基于这样的研究，Fitts 提出了著名的菲茨定律，指出人将指针移动到目标区域所需的时间是与目标的距离除以目标大小的函数。因此，距离越长、目标越小时，所需时间就越长。菲茨定律在之后的用户界面设计中被广泛运用。根据这一定律，右键弹出式菜单或短下拉菜单可以缩短移动操作时间，而长下拉菜单、标题菜单等则会影响用户的操作效率，增加操作时间。

在交通安全领域，认知心理学的应用研究涉及汽车、高铁、地铁、飞机、轮船等多个方面。例如，认知心理学家利用人类信息加工过程的知识，分析了司机在发生碰撞前的决策过程及相关的影响因素，并提出改进方法，以降低铁路和公路交叉口火车与汽车碰撞的风险。在司法领域，认知心理学家关注目击证人辨认和欺骗检测问题，这些过程与记忆、生理反应、手势、面部表情等因素相关。基于相关研究结果，研究者开发了测谎仪，并将其应用于司法的辅助办案。在营销与广告行业，研究者开始关注人们观看广告时的心理活动，测量人们对广告的记忆，以评估广告的投放效果，以期在短时间内吸引人们的注意力、增强记忆，并促成实际购买行为。此外，研究者还分析了消费者的决策与消费动机、信息获取和信息处理容量之间的关系，建立了消费者决策的心理模型，帮助商家设计出更具吸引力的广告。在教育方面，研究者使用认知心理学的方法探讨学习规律，如通过理解数学和语言的认知过程，帮助个体提升数学、阅读等方面的能力。在军事领域，心理学家关注急性应激的负面影响，分析了其认知过程，随后采用多种方法训练军人的认知能力，如注意控制、想象能力、自信心、心智能力等，以提升军事人员的抗应激能力。另外，在一些特殊行业，如核电、煤矿等，操作人员面临严酷的操作环境，如噪声、高温、低温、高海拔、高加速度和震动，心理学家也关注到了这些不利环境因素对人的影响，并提出了针对性的解决方案。相比早期阶段，这一时期认知心理学的应用研究在丰富程度、从业人数及行业的应用规模方面都有大幅增长，基本确立了当前认知心理学应用研究的框架。

（三）我国的认知心理学应用研究的发展历程

20世纪初，随着西学东渐，尤其是在五四新文化运动之后，一些在西方接受教育的留学生相继回国，在南京高等师范学校、北京大学、清华大学、北京师范大学、复旦大学、大夏大学等知名高等学府建立了心理学教研室。这些学者抱有建设祖国的热情，希望把所学心理学的知识用于国家的建设。在众多学者中，潘菽先生是具有代表性的一位。他早在20世纪30年代就提出，中国的心理学研究应紧密结合中国的社会和产业发展。

新中国成立之后，为了配合国民产业发展，我国进行了高等科研院校的院系大调整。其中，心理学被认为在教育领域中具有重要的应用价值。国家把众多心理学学者集中到了几所师范类大学，推动心理学在教育学科的应用。这一时期，我国学者把认知心理学理论应用于儿童教育、教材设计等教育行业，为祖国教育事业发展做出了诸多贡献。其中，华东师范大学曾性初教授从信息加工的角度讨论了汉字作为一种语言文字在教育中的优势，增强了国人对汉字的热爱和使用汉字进行教育的信心。除了教育领域，中国认知心理学家也把认知心理学的知识应用到工程建设方面，为国家产业建设做出了一系列贡献。中国科学院心理研究所和杭州大学心理学系（现浙江大学心理与行为科学系）等单位的心理学家在人员选拔、铁路信号显示、航空座舱环境设计等诸多方面开展了一系列卓有成效的工作。同时，一些专业的行业单位，例如北京航天医学工程研究所、空军航空医学研究所，也开始重视认知心理学理论在所在行业中的应用。进入到21世纪，随着互联网和消费电子产业的发展，用户体验日益受到重视。很多中国高科技公司都建立了用户研究部门，利用认知心理学的理论和技术提升消费者使用产品的体验。未来，随着经济的进一步发展，我国的产业将从中国制造升级为中国设计，并将在更多高科技领域占据越来越重要的位置。中国认知心理学的研究者在未来国民经济发展中也将扮演越来越重要的角色，认知心理学的应用也将获得进一步拓展。

二、认知心理学应用研究的意义

认知心理学应用研究的意义主要体现在三个方面。

首先，认知心理学应用的研究成果可以有效提高生产力和人们的生活水平，对于促进当代国民经济的发展具有十分积极的意义。从人类经济发展的历程来看，社会早期的主要矛盾是生产能力不足，难以满足社会需求。因此，工业生产和产品设计主要强调通过社会化大生产分工、流水线作业，以更低成本，更高效地完成产品的生产。随着工业生产能力的提升，在很多领域中生产能力已经超过消费能力，出现了相对产能过剩。此时的主要矛盾转变为如何更安全、高质量地生产，以满足人民群众丰富多样的需求。在新的历史时期，认知心理学在国民经济中发挥着越来越重要的作用。在工业领域，认知心理学研究提高了工作中的操作绩效，减少了操作失误，保障了相关人员的生命安全。在消费领域，认知心理学应用的研究改善了机器的交互界面，例如，手机应用的界面设计、汽车驾驶室布局设计，提高了用户体验的满意度，使消费者能够更快、更好地和这些设备进行交互，提升人们的生活质量。基于这样的发展趋势，世界主要经济体也越来越重视认知心理学的应用。

其次，认知心理学的应用研究促进了认知心理学理论研究的发展。行业应用中出现的问题是一个学科发展的动力和思想源泉。一个学科的产生，往往是因为在行业应用的驱动下，现有科学理论不足以解决行业中的实际问题，从而产生科学研究的动力，完善了现有的科学领域或促进了新的科学理论的产生。这样的情况在与人类生活较为紧密的学科如经济学和社会学中经常出现。心理学作为一个和人们的社会经济生活联系十分紧密的学科，从诞生开始就和行业的应用研究交叉发展、相互影响。认知心理学的很多基础研究来源于对日常情境的观察，并将其抽象为实验范式进行科学研究。例如，在工业和军事领域中都发现士兵与员工的绩效在其工作岗位上会发生波动。这一现象提示人类的行为表现会随时间的推移发生变化，这就启发认知心理学家对注意时间进程这一科学问题的重视和系统化研究。

最后，认知心理学的应用研究把本学科知识应用到其他学科领域，从而对整个科学领域产生了影响。认知心理学的发展影响到很多其他学科的发展，如信息论、人工智能、神经科学、教育学、设计学等。理解认知心理学的行业应用，能更好地拓展学生的思维，使他们在一个更广阔的视野中来理解认知心理学的科学理论在整个科学和工程体系中的位置和作用。同时，视野的扩大和知识的增加会帮助学习者理解学习认知心理学的理论知识的意义与价值，理解理论知识对生产、生活的影响，从而进一步激发其学习兴趣。

三、认知心理学应用研究的基本类型

要理解认知心理学应用研究的类型，首先需要理解认知心理学在整个学科体系中的位置。现代自然科学的学科体系可分为科学和工程。其中，科学主要是探索世界发展的基本规律，其研究产出的是新的知识；工程则是运用科学发现的规律和知识设计制造工具、解决现实问题。工程研究的主要产出是技术，包括工具、设备和工艺流程等。科学和工程的发展是一种相互促进的关系，科学为工程提供基本知识和规律，工程技术的发展依赖科学知识的进步。同时，工程技术的发展又为科学研究提供了重要的技术手段，帮助科学家探索之前无法触及的领域。一般来说，科学研究归属于理科，而工程研究归属工科。在一个成熟的学科体系中，会形成较为完整的理科体系和工科体系。

认知心理学在学科体系中通常被归类为理科，主要目的是探索人类信息加工的基本科学规律，因为这是一个十分年轻的学科，正处于发展的早期阶段，尚未形成与之配套的工程学科体系，其应用在一定程度上呈现出零散化、点状分布的特点。目前，认知心理学知识的应用主要体现在两个层面。

第一个层面是具体知识点的应用，即在特定场景下，针对一个具体问题，运用相关学科知识进行分析与解决。例如，阴影可能引发人类的三维视觉错觉。研究人员利用该错觉现象设计了人行道，使司机在靠近人行道时减速，以降低交通事故发生的概率（Gen et al., 2020）。再如，研究人员利用特殊的亮度分布，在普通的显示器上形成眩光错觉（Wu et al., 2019），从而在亮度不高的显示器上模拟出强灯光的效果。

第二个层面是在行业中将学科理论转变为一种较为固定的应用模式。这样的应用不再是基于一个具体的知识点，而是基于整体的认知心理学理论和实验范式，同时涉及记忆、注意、决策等多个方面的知识，其应用模式也有规律可循。例如，通过对人类信息加工基本能力和特点的了解，可以建立认知测评体系，对个体认知发展能力进行评估，以完成对相关领域人员的选拔。

第一个层面的知识点的应用较为分散，更适合在介绍各个具体知识点时分别进行论述。本章作为独立介绍认知心理学应用的章节，将重点放在第二个层面上。在这一层面上，科学知识的应用主要有以下四种模式。

模式一是利用科学知识制造工具，改进工艺、提高生产力。例如，在物理学中，工程师利用热力学原理制造了蒸汽机和内燃机。这类新工具提高了生产效率，推动了学科的发展。本章第二节将介绍认知心理学应用研究产生的工具之一——认知测评系统。

模式二是利用科学知识解决问题。一个典型的场景是医学中治疗方案的制定。对于医生来说，需要利用生物学、医学、化学、材料学等方面的知识，分析患病原因，选择合适的治疗方案和医用材料来处理患者的病情，这是利用科学知识解决问题的过程。本章第三节将介绍一种利用认知心理学知识解决实际问题的模式，即通过认知训练改善认知障碍，提升学业能力和职业素养。

模式三是利用科学知识产生工程规则，根据这些规则完成工程建设。例如，建筑学家运用力学知识建设具有稳固结构的大桥和摩天大楼，化学家利用化学知识合成新的材料。本章第四节介绍认知心理学在设计领域的应用，即利用对人类认知加工过程的理解和分析，建立一系列规则模型，例如前面提到的菲茨定律，并根据这些规则模型设计产品，提升产品的可用性和使用效率，优化用户体验。

模式四是将学科的知识体系应用到相关学科中。在历史上，很多学科的发展都受到了其他学科的影响。本章第五节介绍认知心理学知识对人工智能研究的影响。认知心理学本身是受信息科学的影响而发展起来的，反过来，认知心理学也是影响人工智能发展的重要学科之一。人工智能的内部计算过程模拟的是人类的信息加工过程，如记忆、语言理解、推理和思维等。理解人类的信息加工过程，对于设计具备高级推理和决策能力，并能够适应不同情境的人工智能系统具有启发作用。

第二节　认知能力的评估

科学知识的第一个典型应用模式是利用科学理论制造相应的工具来提高行业生产力。认知评估工具是认知心理学的知识理论工具化的一个重要应用实例。认知评估是依据人类信息加工的理论框架和实验范式评估个体的认知能力，包括感知觉、注意力、记忆力、思维能力、认知灵活性等，进而形成一个客观的标准化评测工具，对受测者进行较为客观的评价。

这样的测评在儿童发展和教育、职业选拔、临床诊断等领域均发挥着重要作用。斯皮尔曼在关于人类智力理论的论述中，提出了智力双因素理论（two factor theory of intelligence），认为人的能力是由两个要素组成的：一般因素（general factor，G因素）和特殊因素（specific factor，S因素）（Spearman，1904）。这一智力结构理论为后续认知评估的设计提供了理论基础，使得认知能力的评估划分为通用认知能力的评估（generalized cognitive abilities）和专项认知能力的评估（specific cognitive abilities）。

一、早期的通用认知评估——智力测验

智力测验（intelligence test）作为最为经典的通用认知能力评估，是通过一系列任务衡量一个人的智力和潜力，并通过整体人群的得分分布，计算个体智力处于同年龄阶段的位置和水平。智力测验最早来源于教育领域的需要。随着工业文明的发展，教育开始从传统贵族专属的个人教育走向面向大众的大规模公共教育。在建立学校，形成班级之后，出现了统一教材、统一进度的班级化教学。这种公共教育大幅降低了教育成本，但是其基本假设是班级中的学生具有大致相等的认知能力。由于认知能力存在个体差异，班级中必然存在一定比例的学生显著落后于群体平均水平。这产生了一种重要的社会需求，即对受教育者根据基本能力进行分类。1904 年，巴黎成立了一个委员会负责鉴别需要辅助教育的儿童。在政府的委托和支持下，Binet 和 Simon（1905）利用各种认知任务设计了针对儿童的心理测试，用以区分可能有学习障碍或需要特殊帮助的儿童，这一测试即为历史上著名的比奈-西蒙智力量表。之后，心理测量学家对智力测试进行了一系列优化，形成了如今面向不同年龄阶段、不同文化程度个体的不同智力测试，如韦克斯勒智力测验、差异能力量表、考夫曼简短智力测验等（Elliott et al., 1990; Kaufman A & Kaufman N, 1990; Wechsler, 1944）。

比奈-西蒙智力量表的早期版本受语言能力的影响较大，语言能力有限的参与者，如听障者、文盲和外国人，难以在该测验中得出稳定的结果。然而，理想的认知能力测验应该能脱离语言和经验，让不同语言、文化背景的人的表现都能在同一标准下进行比较。为了解决这一问题，一些研究者开始尝试使用不依赖语言的认知任务测试来评估智力。例如，Healy 和 Fernald（1911）设计了一种拼图测试，要求参与者选择最合适的图片元素来完成整个的拼图。这些非语言任务的智力测试方法在美国移民检查中得到了进一步发展。例如，埃利斯岛的医生将各种表板和拼图组装任务组合成一个分级量表，用于确定外国人和文盲的智力（Knox，1914）。

> **框 14-1 比奈-西蒙智力量表的发展历程**

1905 年 6 月：推出比奈-西蒙智力测验。

1908 年和 1911 年：依次推出比奈-西蒙智力测验的修订版。

1916 年：由 Terman 修订，推出斯坦福-比奈（Stanford-Binet）智力量表第一版。

1937 年：推出由 Terman 和 Merrill 修订的斯坦福-比奈智力量表第二版。

1960 年：推出由 Merrill 修订的斯坦福-比奈智力量表校正版本。

1973 年：推出由 Merrill 修订的斯坦福-比奈智力量表第三版。

1986 年：推出由 Thorndike、Hagen 和 Sattler 修订的斯坦福-比奈智力量表第四版。

2003 年：推出由 Roid 修订的斯坦福-比奈智力量表第五版。

目前使用的是斯坦福-比奈智力量表第五版。该量表参考了卡特尔-霍恩-卡罗尔智力理论（Cattell-Horn-Carroll theory of intelligence，CHC 智力理论）的认知能力层次模型，设置了五个因素：流体推理、知识、定量推理、视觉空间处理和工作记忆。

流体推理	知识	定量推理	视觉空间处理	工作记忆
早期推理 不合理言语 言语类比 物体序列矩阵	词汇 程序性知识 不合理图片	非言语定量推理 言语数量推理	图形模式识别 位置和方向识别	延迟反应 组块广度 语句记忆 末词记忆

另一个重要的智力测试是韦克斯勒智力测验（Wechsler, 1939）。该测验包括一套语言分测验和操作分测验，两者结合形成了完整的智商测量量表。这一量表虽然减少了对语言的要求，但严格地说，它并不是真正的非语言测试，仍需要参与者理解冗长而复杂的语言指令。经过多年的发展，韦克斯勒智力测验现已形成稳定的体系，拥有面向不同年龄人群的全套智力测验，分别设有适用于学龄前儿童（2 岁 6 个月至 7 岁）、儿童（6—16 岁）和成人（16 岁以上）的版本。

智力测验作为一种衡量"一般智力"的标准化评估工具，为早期教育提供了一种较为客观的评价依据，有助于筛查需要进行特殊教育的儿童，以便对有特殊天赋或显著落后的学生进行针对性的教育安排。智商测验也可以帮助人们了解儿童在发育过程中各项认知能力的发展状况，判断是否存在认知发展障碍和结构上的不平衡，从而有助于为认知发展障碍儿童提供针对性的干预。在人才选拔过程中，一些机构曾将智商作为筛选求职者的标准之一。移民机构曾经用智商测验筛选入境者。同时，智商测验还为科学研究提供了一个重要的参照标准，用于研究认知能力是如何受到基因、社会经济地位、学术成就和种族关系等因素的影响的。但是，智商测验也引发了诸多争议。其中一个负面影响是优生学主义者将智商测验的结果作为歧视的依据。1927 年，美国最高法院通过了"巴克诉贝尔"裁决，强制对有发育障碍和智力障碍的公民进行绝育，引发了巨大的争议（Siegel, 2005）。因此，在使用智力测验和解读智商测验结果时,需要严格遵守相关的伦理学规范。

为了避免智力测验可能引发的社会争议,并且随着认知心理学理论的不断发展,人们对认知能力的理解日益深化,研究者愈加倾向于设计和开发认知能力测验。一个具有代表性的测试是伍德科克-约翰逊认知能力测验(Woodcock-Johnson tests of cognitive abilities)(Woodcock,1977)。该测验最初于1977年开发,经过多次修订,目前广泛使用的是2014年修订的第四版(The Woodcock-Johnson Ⅳ tests of cognitive abilities),包括标准认知能力测验和扩展认知能力测验(Schrank et al., 2014)。标准测验由十项分测验组成,包括口语词汇、数字系列、言语注意、字母模式匹配、语音加工、故事复述、可视化、一般信息、概念形成、数字逆转。补充测验由八项分测验组成,包括数字模式匹配、假词再现、视听学习、图片识别、分析综合、序列记忆、配对和词语记忆。标准测验和补充测验中的每个子测验也可以单独用于评估特定方面的认知能力发展。该测验的适用对象涵盖2岁幼儿到90岁以上的老人,在心理教育和发育评估等多个领域得到了广泛应用。

二、针对特殊行业的认知能力测试

由于通用认知测验的争议和伦理问题,现代社会在使用该类测验时较为谨慎。相对而言,一些针对具体行业的专项认知能力测验得到了更广泛的使用。这类测验是由心理学家针对不同的行业需要的具体技能,通过分析其背后需要的认知能力,选取与之对应的认知任务形成的。具有代表性的例子是国防军事人员的选拔。第一次世界大战期间,出于征兵的需要,心理学家开发并指导实施了第一批为大规模筛选而设计的认知能力测验,用以识别和排除不适合服役的人。这些测验在大批量军官和士兵的筛选方面发挥了巨大的作用。第二次世界大战期间,随着军事技术的发展,大量技术装备投入使用。为了有效使用技术装备,形成强大的战斗力,军队需要选拔和训练大量技术兵员,如飞行员、坦克炮手、雷达兵和声呐兵等。通过快速有效的方法筛选适合不同技术岗位的兵员,对战争的胜利起着至关重要的作用。这类测验的设计需要心理学家分析特定技术职位所需要的关键认知能力,以及对不同认知能力依赖的程度。在此基础上,心理学家需要选取合适的认知任务,形成任务集,确定各项任务的权重,通过大样本测试获取常模以确定筛选标准,进而筛选出适合该行业的人员。飞行员的选拔测试就是一个经典的应用案例。

飞行任务的复杂性和危险性决定了并非每个人都适合作为飞行员。第一次世界大战期间,军队需要大批量选拔飞行员。最初,飞行员是从常规征兵的候选人中挑选出来的,通过测试参加者是否有正常的视觉、听觉、心肺功能等医学指标,来判断其是否适合飞行。但当时的人们忽视了飞行员作为一种较为特殊的兵种,其所需要的技能和执行任务时的认知压力远远超过了其他兵种。例如,在飞行过程中,飞行员需要在空中进行各种操作任务,需要具有较强的多任务处理能力。实战的情况也显示,仅拥有医学上的健康并不足以使个体成为优秀的飞行员。第一次世界大战中,很多参战国曾出现过飞行员停飞,很大程度上不是因为飞行员的身体健康问题,而是因为他们在执行飞行任务时的操作表现无法达到要求。这些战争中的经验让人们开始意识到心理认知能力的测试对于飞行员选拔的重要性。

构建飞行员心理测试的首要问题是确定需要测试飞行员的哪些心理能力。第一次世界大战期间，德国建立了心理测试中心，用于选拔飞行员和飞机上的机枪手。同期，意大利的研究者比较了成功的飞行员和不成功的飞行员，发现成功的飞行员具备较快的知觉速度、较好的注意分配能力，以及持续、精确和协调的活动能力，并有足够高的情绪抑制能力。基于上述依据，研究者把注意、情绪稳定性、肌肉感觉和反应时作为测试标准。注意能力是通过注意的集中度、注意分布、注意范围、注意强度和变化等测试来进行评估的。情绪稳定性是通过血液循环、呼吸、手部的颤抖测试来评估的。肌肉感觉涉及对飞行器的操控，包含对视觉、听觉刺激的简单和选择反应的测试。这些测试也在其他国家和地区产生了影响。例如，美国建立了飞行心理问题委员会，决定哪些测试对飞行能力具有很好的预测性，并开发了一系列测量与飞行相关的心理和认知能力测验，包括情绪稳定性、心理警觉性、倾斜的知觉、摇摆的知觉等。这些测试在两次世界大战之间不断发展，并在第二次世界大战期间得到了进一步完善（Dockeray & Isaacs，1921）。

第二次世界大战期间，美国军方开始研究结合纸笔智力测试和飞行能力测试的联合测量，建立了标准化的航空学员资格考试（aviation cadet qualifying test）。这套测试系统影响了英国、加拿大等国家飞行员的选拔。第二次世界大战后，飞行员选拔的心理测试随着认知心理学理论和实验技术的发展不断改进。微型计算机的发展为认知测试提供了技术上的支持。基于计算机系统的测试，能够容易地控制测试环境，定量地调整测试条件。

20世纪80—90年代，欧洲和北约分析了20多种与飞行相关的能力，包括情况的觉察、记忆、成就动机、推理能力、知觉速度、时间分享、好斗性、选择性注意、反应定向、注意分配、情绪稳定性和心理动作协调等，并根据这些能力开发了一个基于计算机系统的心理测验（Carretta et al.，1993）。随着飞行模拟器的发展，研究者开发了一些基于飞行模拟器的认知测试。这些测试使用和真实飞行场景较为接近的任务，有着更好的生态效度。1996年，Gress和Willkomm（1996）检验了基于飞行模拟器的测试筛选效果。研究结果表明，相比简单的心理测试，加入模拟器的测试对最终飞行表现具有更好的预测效果，表现出高生态测试的优势。但是，飞行模拟器进行筛选测试也存在一些操作层面的难度。首先，模拟器较为昂贵、体积较大、管理成本较高。其次，参加选拔的人员基本上没有飞行经验和飞行知识，对飞行模拟器的熟悉程度的差别可能成为一个混淆因素，导致其表现出现差异。最后，飞行模拟器的筛选耗时较长，不利于快速筛选的开展。因此，飞行模拟器的筛选使用的范围和场景具有一定的局限性。

第二次世界大战后，随着经济的发展，民用航空中对飞行员的需求日益增大，因此军事飞行员选拔的心理认知测试被民用化，并在民航飞行员选拔中广泛使用。欧美航空公司开发了很多训练系统，德国汉莎航空股份公司和西班牙国家航空公司联合开发的心理选拔系统就是其中优秀的代表（Stahlberg & Hoermann，1993）。整个测试系统包括11项纸笔测验和3项仪器测验。纸笔测验包括英语水平评估、记忆测验、感知觉和注意测验、空间表象测验、错误倾向、个性量表等；仪器测验则包括多重任务测验、复杂选择反应时测验、程序训练器测验。

在我国，新中国成立前的航空行业基础薄弱，飞行员数量很少。新中国成立以后，随着经济的发展，我国军事航空和民用航空快速发展，飞行员选拔工作日益受到重视。改革开放之后，选拔飞行员的心理因素也逐渐受到重视。招飞体制改革后，心理检测合格被纳入招飞条件中。由空军联合各高等院校单位组成的研究组，包括以中国人民解放军空军军医大学军事医学心理学系苗丹民教授为代表的心理学家对飞行员的心理选拔进行了长期、系统的研究（苗丹民，曹爽，2023），为国家的国防建设做出了卓越的贡献。

在民航方面，德国汉莎航空股份公司设计的飞行员心理测试在20世纪90年代被中国民用航空总局引进，修订了中国的常模，并在实践中不断完善，形成了中国民航心理选拔系统。该测验包括四个部分：第一部分是相关知识的纸笔测验，包括英语笔试和英语听力、技术理解和技术知识、数学知识和心算能力；第二部分是操作能力，包括视觉和听觉记忆、注意和知觉速度、空间定向能力、工作情境下的错误倾向；第三部分是仪器测试，包括心理运动协调、多重任务能力；第四部分是个性问卷，包括成就取向、人际行为等（Hoermann & Luo，2002）。

飞行员选拔只是众多特殊岗位认知选拔的一个例子。随着科技的发展和产业分工的细化，每个工作岗位所需的技能和认知复杂性逐步提升，认知测试的重要性更加凸显，应用范围也在不断扩大。在很多行业如消防员、航天员等的人员选拔中，认知测试越来越受到重视。这些岗位的技能要求虽然和飞行员有所不同，但是筛选人才的基本逻辑是一致的，即通过对其工作内容的认知能力要求进行分析，选择合适的测试任务，制定计分标准，并通过收集大规模数据建立常模。

三、认知障碍评估

认知障碍是指一个人在记忆、学习新事物、集中注意力或与生活相关的决策方面存在困难。轻度认知障碍者的认知功能虽然出现退化，但仍然能够完成日常活动。当认知障碍达到严重程度时，人们可能丧失对事物意义的理解能力，语言表达和书写能力也会受损，最终导致生活无法自理。认知障碍的主要诱因是脑疾病和老龄化。一些原发性的脑部疾病，如阿尔茨海默病、帕金森病等，是导致认知障碍的重要致病因素。另外，一些慢性疾病患者，包括糖尿病患者和冠心病患者，也常常伴随着一定程度的认知障碍。此外，老龄化也是认知障碍的一个重要诱因，随着人口的老龄化，越来越多的老年人患有认知障碍。流行病学研究发现，65岁以上人群中，轻度认知障碍的患病率达到了3%—19%。随着年龄的增长，轻度认知障碍的患病率也显著提高。随着整体医疗水平的提升，人们因其他疾病而去世的概率呈现下降趋势，人均寿命普遍增加，越来越多的人也可能进入到认知障碍高风险的发病年龄段。认知障碍的诊断和评估，对于筛查、鉴别和诊断病因，监测疾病的发展等有着重要的意义。认知障碍和其他类型的疾病不同，很难单纯从一些生理指标，如血液分析、医学影像来判断，而是需要结合患者的行为特征来分析和诊断。对于患者的认知障碍程度，仅仅依据医生的行为观察和主观经验来进行临床认知评估往往存在很大的误差，因此建立临床上标准化的客观认知评估体系是十分必要的。一些临床研究者利用认知心理学理论，结合一线实践经验，设计了一系列用于临床的认知测验，比较有代表性的有简易智能精神状态检查量表（mini-mental state examination，MMSE）（Folstein M & Folstein P，1975）、蒙特利尔认知评估量表（Montreal cognitive assessment）（Nasreddine et al.，2005）、小型认知测验（mini-cog）（Borson et al.，2003）等。

简易智能精神状态检查量表是 1975 年由 Folstein 等研究者编制的，又称 Folstein 测试，用于阿尔茨海默病的筛查。该测试包括 30 道题目，测量认知方面的 5 项内容：定向、记忆力、注意力和计算力、回忆和语言能力。简易智能精神状态检查量表需要 5—10 min，并且操作较为容易，不需要专门的设备就可以施测，适合在门诊中使用。但是，该测试的缺点是敏感度不高，难以甄别轻度认知障碍。此外，简易智能精神状态检查量表的内容是通过语言文字来呈现的，缺乏视觉等空间信息的测试模块，因此该量表测验的成绩与年龄、种族、教育水平的得分存在一定程度的相关，使得测试的评判标准在不同的人群中存在差异。综合以上两点，简易智能精神状态检查量表主要适用于重度认知障碍的临床快筛。为了进一步提升筛选效率，该测试经再次简化，形成了一个只有 16 个项目的版本，称为 MMSE-2：BV。该版本的测试时长压缩到 3 min，可以极大地提升临床医师的筛选效率。

为了更好地筛选患有轻度认知障碍的人群，研究者设计、开发了蒙特利尔认知评估量表（Nasreddine et al.，2005）。该测试是一个简单快速的纸笔测试，测试时长大约为 10 min，能够评估多个认知领域，包括记忆、语言、执行功能、视觉空间技能、计算能力、抽象能力、注意力、专注度和定向能力。蒙特利尔认知评估量表的分数范围为 0—30 分。26 分以上被认为正常。与简易智能精神状态检查量表相比，蒙特利尔认知评估量表更加敏感，可以检测在简易智能精神状态检查量表上得分正常的轻度认知障碍人群。由于初始版本的蒙特利尔认知评估量表涉及较为复杂的语言，一般适用于有一定教育水平的人群，在低教育程度和文盲人群中的使用有局限性。为了克服这一问题，蒙特利尔认知评估量表推出了基本版本（Montreal cognitive assessment-basic，MoCA-B）（Julayanont et al.，2015）。总体而言，蒙特利尔认知评估量表近年来得到了十分广泛的应用，已经拥有多个语言版本，其中北京版本是应用较为广泛的中文版本。

小型认知测验是一种适用于快速筛选阿尔茨海默病患者的测试，测试仅需要 3 min，效率极高（Borson et al.，2003）。该测试包括一个三项目的记忆测试和一个简单评分的画钟测试（the clock drawing test），应用十分简便。其测试结果受种族、语言、教育等因素的影响较小。另外，与其他较长的测试相比，小型认知测验中的任务对受测者产生的压力较小，可用于状况不太好的患者。

框 14-2 小型认知测验的流程

步骤 1：复述任务。施测者指示受测者仔细听 3 个不相关的词，并要求受测者复述。如果受测者 3 次不能完成复述，则进入步骤 2。

步骤 2：手绘时钟任务。给受测者提供一张画好圆圈的纸，要求受测者在圆圈内画一个时钟，标出时钟上的数字，然后要求受测者将指针调到一个具体的时间，如 11 点 10 分。

该测试中，正确的时钟绘图得 2 分，不正确的时钟绘图得 0 分。正确的时钟绘图必须包括所有的数字（1—12），每个数字只出现一次，并且顺序和方向均正确（顺时针）。同时，必须有两个指针，两个指针都要正确，例如，对于 11 点 10 分，一个指针需要指向 11，另一个指针需要指向 2。如果受测者在 3 min 内没有完成时钟的绘制，则进入下一个测试。

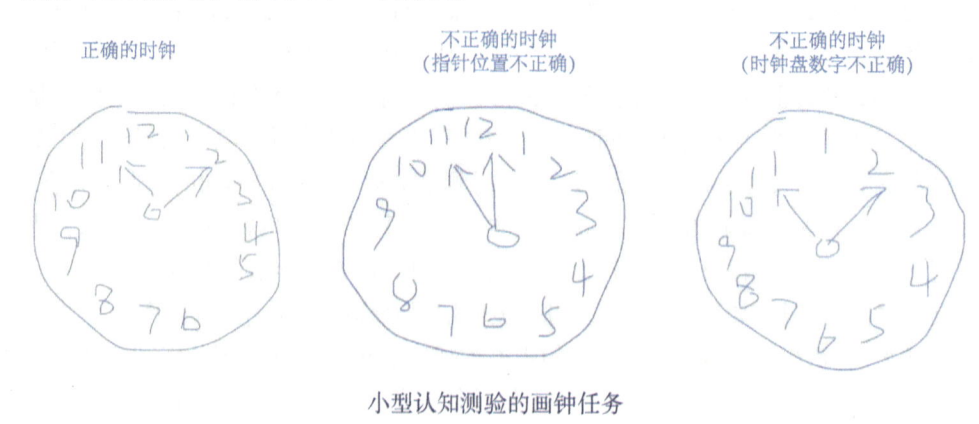

小型认知测验的画钟任务

步骤 3：要求受测者回忆在步骤 1 测试中要求其复述的 3 个单词，成功复述一个单词得 1 分。

一般来说，如果总分低于 3 分，需要进行下一步的痴呆症筛查。

除了这些认知测验外，心理学家还开发了一系列针对特殊认知障碍人群的专项认知测验，如阅读障碍、言语障碍、孤独症、注意缺陷与多动障碍等，在此不一一叙述。

四、认知测试的发展趋势

（一）情景化

从发展趋势来看，认知评估的首要发展方向是测试场景的情景化。认知测试最早是从纸笔测验开始的。该测验方式经济实用、成本低廉，适用于大规模的团体施测，因而使用广泛。但它也存在一些不足，例如，无法呈现动态的刺激，无法精确记录参与者的反应时间等。这些缺陷在计算机化的认知测试中得到了一定程度的改进。但是，一般计算机化的认知测试任务与受测者现实生活中的行为操作差别较大，生态效度不足，容易导致受测者在测试中的表现失真。虚拟现实技术的发展为认知测试提供了低成本、可控制的实验测试环境。研究者可以利用软件，通过计算机建模生成各种场景，并通过三维扫描重构和后期制作构建出虚拟人物。在硬件上，虚拟现实系统可以通过虚拟现实头盔或立体投影环境来呈现逼真、沉浸式的三维空间。在过去几年中，虚拟现实技术在多个方面得到了快速发展，成为心理学研究的一种重要技术手段。首先，计算机图形处理芯片性能大幅提升，个人电脑具有更强的图形处理能力，实现了三维场景的图形渲染，大大提高了虚拟场景的逼真度，使参与者在虚拟场景中也可以感受到和真实场景中类似的心理体验。其次，虚拟现实设备的小型化和低成本增强了虚拟现实技术应用的便利性。传统虚拟现实设备的体积较为庞大、价格高昂，主要应用于如航天、航空等需要大量投资的重大科学和工程研究中。2012年以来，基于显示技术和空间定位技术的发展，小型化和低成本的虚拟现实设备有了突破性进展。例如，Facebook和宏达国际电子股份有限公司等就先后推出了多款低成本、便携式的头盔式虚拟现实系统，为虚拟现实技术的大规模应用提供了技术支撑。最后，三维场景制作软件的成熟，使情景化测试的实现更为容易。虚拟现实场景的制作是一个专业、复杂、昂贵的过程。早期制作一个精良的虚拟现实场景费用十分高昂，通常需要几十甚至上百人的制作团队进行协作。随着Unity与Unreal等虚拟现实引擎的成熟和大量虚拟模型素材数据库的建立，虚拟现实场景的制作变得简单易行，人数不多的小型研究团队亦可以掌握和灵活使用。虚拟现实技术的发展，为虚拟情景化的认知测试提供了技术上的坚实支撑。

（二）智能化

随着基础研究的不断发展，心理学家对人类认知结构和功能的理解更加深入。个体的认知能力评估会涉及越来越多的维度和任务，使整个过程变得冗长而复杂。与此同时，现代社会的生活节奏越来越快，对认知评估效率提出了更高要求。这就涉及如何智能化、快速有效地完成认知评估。计算机自适应测试是智能化、个性化评估的一个解决方案。它根据参与者对先前问题的回答结果，有目的地选择新问题，从而最大限度地提高测试效率。该测试一般要从一个庞大的题库中抽取题目。测试开始时，参与者接受一个难度适中的题目，如果答对，下一个题目难度则会相应提高；如果答错，则下一个题目难度下降。测试系统可以不断地根据参与者每一次的回答情况来估计他们的能力，为不同的参与者提供个性化的题目。在个性化评估中，呈现给参与者的题目因人而异。呈现给高能力参与者的简单题目数量会少，而呈现给低能力参与者的简单题目数量会多，以增加测试的区分度。这样的计算机适应性测试能够达到更高的测量精度，增强学生参与测试的动机、参与程度和主观体验。随着人工智能和机器学习等技术的发展，这种自适应的算法也在不断改进，可以实现对参与者更为准确、高效的认知评估。

第三节 认知能力的训练

科学知识应用的第二个模式，是利用知识体系来解决相关领域的实际问题。认知训练就是其中一个有代表性的例子。在很长一段时间内，科学家认为人的认知能力在大脑发育的早期会随着年龄的增长而快速发展，但成年后认知能力的发展将进入一个稳定的阶段，不再具备进一步增长的空间。相反，随着年龄的增长，认知能力会缓慢衰退。但是，近年来的研究表明，人类大脑的可塑性远超过了我们的想象，它可以在一生中不断适应变化，不断发展出新的能力。与之相对应的是，人的认知能力也能不断提高。大量的实验证据显示，如果给予科学合理的、针对性的认知训练，人类的基础认知能力，如同人的肌肉和心肺功能一样，在成年阶段也可以不断提升。认知能力的提升不仅可以提高认知功能障碍者的生活自理能力，还有可能产生促进个体自我意识的增长、学业成绩的提高、自信心的增强和情绪稳定性的改善等多方面的效应。

认知训练具有一些典型的特征：第一，认知训练本质上是一种程序性学习，其学习过程无须依赖外部反馈和陈述性记忆的参与，甚至可以在无意识状态下完成；第二，认知训练是一个长期的过程，需要较长的时间，但训练带来的效果同样较为长久，可以保持几个月甚至几年；第三，认知训练具有一定的特异性，其效果往往局限于训练任务本身及相近的场景，迁移性较弱。

一、认知训练的类型

认知训练可以在多个认知能力维度进行，从最基本的感知觉能力到记忆力、注意力、阅读能力等高级的认知功能，都可以通过认知训练得到提升。认知能力的提升主要体现在基础信息处理能力、记忆能力和资源调配能力等方面。

（一）知觉训练

知觉是人类认知加工的早期阶段，也是各类认知加工的基础。人类众多的知觉能力都能够通过训练得以提高，包括视敏度、方位辨别、运动方向辨别、纹理辨别、对比度、立体视觉、字母识别、客体识别等。知觉训练可以从四个方面改变人类的知觉加工，分别是分化（differentiation）、单位化（unitization）、刺激印记（stimulus imprinting）和权重调整（attentional weighting）（Goldstone，1998）。

1. 分化

对于两个或多个相似的知觉属性，普通人无法分辨出它们的差异，但是随着知觉训练的进行，不同知觉属性的加工逐渐分化，最终使人们可以区分出这些相似的属性。例如，未经过训练的品酒师无法分辨两种酒中化学物质的差异，但经过训练，品酒师可以很好地分辨出不同酒之间在化学物质方面的细微差异（Tempere et al.，2011）。类似地，语言学习也存在分化现象。语言学研究发现，日语母语者很难分辨音素/r/和/l/，在一项实验研究中，实验者发现通过知觉训练，能够显著改善日语使用者对这两个音素的区分能力（Logan et al.，1991）。

2. 单元化

单元化是与分化相对应的知觉加工特征，是指人们把以前认为是两个或多个不同属性的特征感知为一个单一的属性。单元化能帮助人们更快地对物体形成整体的识别。阅读中的单词识别和句子识别就是一个典型的单元化过程。在刚开始学习语言的时候，我们是从认知字母开始的。如果几个字母构成的是我们不认识的单词，我们不会把它们看作单一的整体，而是会分别对各个字母进行加工。随着语言学习的深入，我们不再简单地感知单个字母，而是将多个字母组合视为一个个单词进行整体加工。

3. 刺激印记

单元化进一步发展，就会形成处理这类单元的专门化模块，被定义为刺激印记，又称为知觉模板。在刺激印记中，知觉系统为参与者反复接触过的整个刺激或刺激的一部分建立了专门的检测器。经过长期的进化，人类大脑已经形成一些特殊的知觉模板专门用于处理某类特殊的刺激，如人脸的识别。经过高强度的知觉训练，人类大脑还可以形成类似的新的知觉模板，以对某种特定刺激模式进行快速、准确的反应，进而提高知觉加工的效率。

4. 权重分化

知觉训练还可以改变人们对不同特征知觉的权重，放大对某些信号的加工，或缩小对另一些信号的加工，从而把有限的知觉资源集中到最重要的信息上。例如，击剑高手会更多地关注对手的躯干上部区域，而普通选手则更多关注对手腿上部的区域（Hagemann et al., 2010）。这是因为练习或经验会调节击剑手的注意力，使其转向某些重要的区域。就击剑专家而言，将注意力的重心转移到对手的上肢区域，更有利于对抗。再如，放射科医生在看患者的影像时，也会把注意力集中到几个重要且关键的区域，从而快速地做出判断。

（二）工作记忆和注意力的训练

除了对信息感知能力的提升，认知训练还可以有效地提高人们在认知加工中调用资源和配置资源的能力，这涉及工作记忆和注意力两个方面的训练。

工作记忆是人类认知中执行功能的核心模块。工作记忆将新输入的信息保留，以便大脑能够短暂地对其进行处理，并将其与记忆中的信息相联系，以完成一些目标导向的活动。作为核心认知能力，工作记忆的训练能够提高大脑对信息的整体处理能力。工作记忆容量是有限的，这会限制人们的信息加工能力。因此，工作记忆训练被认为是提升人们整体信息加工能力的重要手段。相关训练一般采用经典的视觉空间工作记忆任务、数字广度任务、词语广度任务、N-back 任务等（图 14-1）（Shipstead et al., 2012）。虽然工作记忆训练常通过具体的任务来完成，但训练效果不能仅局限于一个具体的任务，而是要能反映在处理各类信息的综合能力上。例如，训练人类的数字工作记忆能力，可以使人们提高对数字的工

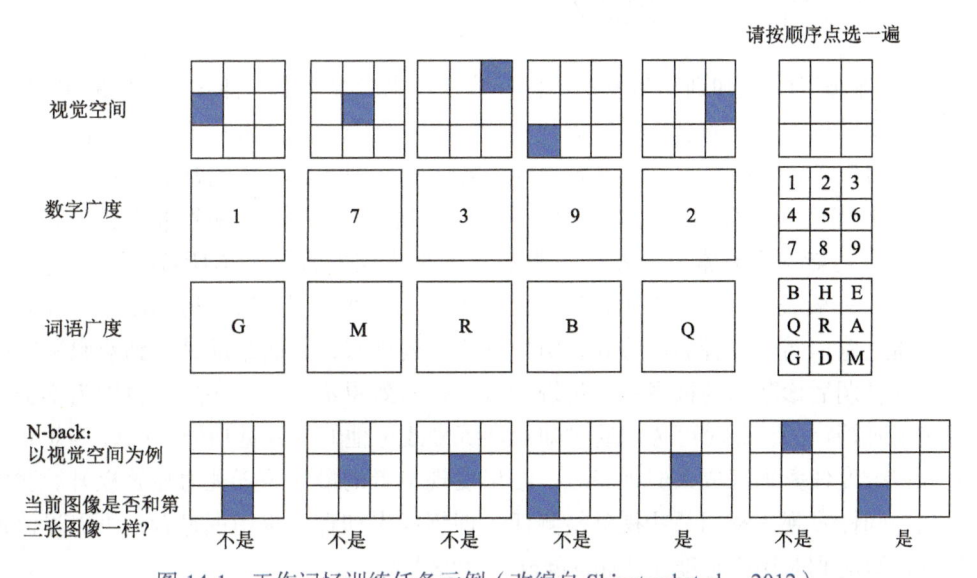

图 14-1 工作记忆训练任务示例（改编自 Shipstead et al., 2012）

作记忆数量，但是如果训练后他们对字母的工作记忆能力没有得到相应的提高，那么这样的训练并没有真正改善整体的工作记忆能力，可能只是反映了参与者对特定训练任务的熟悉性效应。因此，工作记忆训练一般会采用多项目混合训练的方式，这会比单个任务的工作记忆训练带来更好的效果，能提升一般的认知能力，进而影响重要的、现实世界的认知技能，如语言能力、阅读理解、计算和逻辑推理能力等。工作记忆的训练已被证明能有效地改善注意力缺陷/多动症和老年人的认知衰退，在教育和临床领域得到了广泛的关注。

工作记忆训练提升的是大脑对信息的整体处理能力，相比之下，注意力训练提高的是人脑对有限资源的调配能力。人们的信息处理能力始终存在上限，因此如何有效地利用现有资源高效地处理信息就涉及注意资源的调配。需要指出的是，这里的注意力训练是指通用注意力的训练，而非特定任务的注意训练。因为针对特定任务的注意训练和任务本身的关系密切，例如，训练医生从医学影像的片子中识别病症早期的征兆，其训练效果通常表现为某种特定认知能力的提升和改善，而非整体注意能力的提升。相比之下，通用注意力训练的效应应该可以在不同类型的任务间实现迁移。注意力包括三个不同的功能模块，针对不同注意功能模块的训练会产生不同的影响。①警戒。这是最基础的注意功能，可以使机体为快速反应做好准备，其训练结果可以整体提高人对外部信息的敏感性。②定向。它是指选择性地将注意力分配到有效信号上，定向功能的训练可以提高人的注意选择能力。③执行注意。它包括冲突解决、决策控制、错误检测和习惯性反应抑制等，针对执行注意的训练可以提高整体资源分配效率。注意力训练在儿童教育领域受到了较多关注。早期的注意力训练对于提高儿童学业成绩有着积极作用，对多动症儿童的干预也发挥着重要的作用。除了影响认知资源的调配能力，注意力训练还对人类的情绪有着积极的影响，因此也可以用于治疗情绪障碍。例如，社会焦虑障碍的形成原因之一是对消极社会线索的注意偏向。通过注意训练，可以帮助受训者减少对负面信息的注意，减少焦虑和厌恶等负面情绪。

二、认知训练的应用领域

首先，在临床上，认知训练为发育不良或脑损伤患者提供了一种非侵入性的治疗手段。由于大脑组织结构和功能的复杂性，成长中的发育不良或者意外事故造成的损伤，均可能造成认知能力低于正常标准，进而影响生活。在这种情况下，手术治疗的可行性不大，而恢复性认知训练成为可行和有效的手段。一个典型的例子是对弱视个体的临床训练。弱视是一种视觉功能发育异常，由左、右眼对应的视皮层发育不平衡所致。弱视的发病率为2%—4%，一般表现为左、右眼视力差距过大，无法通过屈光矫正得以改善。在儿童早期，可以通过遮挡弱视患者的优势眼，引导其使用弱视眼，从而帮助其达到双眼平衡的效果。但对青春期后诊断的弱视患者，传统的遮挡疗法效果不佳。一些患者也因为不美观等不愿意采用遮挡疗法，此时可考虑通过知觉训练来改善他们的视觉功能。Levi等（1997）通过游标视敏度任务训练成人弱视患者，结果发现患者的最佳矫正视力显著提升。我国学者黄昌兵等同样发现，利用一些视觉检测任务训练成人和青少年弱视患者，可以显著地改善他们的视敏度和对比敏感度（Huang et al., 2008）。

其次，认知训练对提升学业成绩有一定的积极意义。很多认知能力都与学业成绩紧密相关，例如，有阅读和数学困难的儿童往往表现出工作记忆缺陷。研究证实，认知训练提升了学生的注意力、记忆力、心理灵活性和解决问题的能力，加快了他们对信息的处理速度。

最后，认知训练也在职业技能培训中发挥积极作用，尤其适用于需要特殊认知能力的岗位。例如，放射科医生经常需要对 X 射线扫描的图像进行解释，而认知训练可以提高他们对一些异常变异（如肿瘤）的辨识能力（Wright & Reeves, 2017）。又如，认知训练也能帮助运动员调整注意力的分配。研究发现，相比新手守门员，优秀的守门员会更加关注对手踢球的腿部和足球所在的区域。因为这些区域提供了球员足部和球接触瞬间的重要信息，集中注意该位置能帮助守门员对球的行进方向进行预判，从而更有效地进行扑救。这种调整后的注意力分配正是长期的练习或经验带来的，其引发的感知变化会让守门员有更好的职业表现（Savelsbergh et al., 2002）。

三、认知训练的发展趋势

早期认知训练多在实验室环境中进行。随着电子设备的发展，认知训练所使用的硬件系统得到了全面提升，认知训练呈现出了便携化、生态化、游戏化和个性化的发展趋势。

（一）便携化

认知训练得以成功的一个关键因素是训练的便利性。要达到理想的训练效果，进行长时间、高频率的认知训练十分重要。然而，传统的认知训练多在实验室中进行，受训者需要到专门的实验室或者机构参与训练，时间成本高昂。便携式的训练设施让受训者无须到专门的机构进行训练，在家中就可以完成训练，从而大大提升了训练效率。近年来，随着个人电脑、平板电脑等智能设备的普及，受训者可以利用智能设备随时进行训练，其训练的结果也可以实时反馈给实验人员，以便实验人员及时调整训练任务。这极大地降低了认知训练的时间成本，体现了便携性的优势。此外，随着互联网技术的发展，认知训练也从线下走向线上。通过构建认知训练的网络在线平台，受训者可以通过智能设备随时进行训练。线上训练不仅可以帮助受训者节省时间，还有利于大样本数据的收集。大样本的训练数据结合机器学习智能算法，可以优化训练流程，提高训练效率。

便携式的训练在带来便利的同时，也带来了一些问题。由于在这种环境下受训者较为自由，训练管理和训练条件的控制均十分困难。事实上，在实际操作过程中，受训者所处的环境往往不受控制，如观看距离、环境噪声等方面的要求都无法满足。同时，受训者可能不会严格遵守训练指导规则，会产生很多随机、无法控制的误差。因此，制定完善的训练指导规则和监督机制，尽可能地控制训练场景中的误差，是便携式训练成功的重要前提。

（二）生态化

认知训练成功的另一个因素是训练的生态化，即训练场景尽可能和真实生活的应用场景接近，从而增加训练的可迁移性。虚拟现实技术的发展为训练场景的生态化提供了新的机遇。随着图形处理器和三维场景软件技术的进步，个人计算机已能渲染出高度逼真的虚拟场景，从而把实验室中抽象化的训练场景转变为和现实生活接近的场景。通过三维沉浸式的显示系统，参与者可以产生身临其境的感受，从而提升训练场景的生态性。场景的生态化还能够增加参与者的兴趣，激发其参与训练的积极性。从生态性角度来说，认知训练是为了提升受训者在日常生活中的能力，而虚拟现实技术的发展能够增强实验室训练环境的真实性，使训练对现实生活产生更大的促进作用。许多研究者发现，基于虚拟现实场景的认知训练会对参与者产生积极的影响。例如，基于虚拟现实的前瞻性记忆测验改善了以往前瞻记忆测验生态效度较低的问题。虚拟现实场景的训练，可以有效地提高参与者在前瞻性记忆测验中的得分。研究者还将虚拟现实技术与运动康复结合起来，把一些日常活动设计为虚拟现实情景游戏，让中风患者在虚拟场景中完成购物、识别广告等任务，从而促进其认知能力的恢复与提升。

（三）游戏化

认知训练是一个长期的过程，参与者能否坚持完成训练是影响训练效果的关键因素之一。游戏化的方式能够很好地激发人的兴趣，因此被用于认知训练领域。设计巧妙的游戏会诱发参与者生理唤醒和神经奖励系统的激活，创造一种高效学习的大脑状态。同时，电子游戏通常涉及多种任务和决策类型，符合认知训练的多样性和交错性原则。通过不断变化的场景，电子游戏能够提高人们整体的感知觉能力，避免训练的特异性。但是，游戏化的训练也存在鱼和熊掌不可兼得的问题。例如，参与者可能会因为对游戏乐趣的追求而忽略了认知训练效果。同时，为了保持训练的游戏性，在训练设计上无法采用对训练最优的流程，从而会影响训练效率。因此，如何平衡游戏乐趣和认知训练的效果，是游戏化训练需要特别注意的问题。

（四）个性化

与所有的学习一样，认知训练成功的一个重要因素是因材施教。每一个个体的认知能力不同，个体差异被认为是认知训练的重要调节因素。个体差异体现在各个方面，如初始成绩、年龄、文化水平、性别、种族、动机、个性等，这些都可能会影响训练结果。因此，分析认知训练的个体差异不仅有助于阐明为什么认知训练在某些研究中只对某些人有效，还有助于有针对性地开发和改进拟实施的训练项目。由于每个人的认知能力起点不同，结合受训者的个体差异进行智能化的训练是非常重要的。为了达到这一目的，首先需要对受训者的状态进行监控和分析，这样的监控针对的不仅是行为表现，还包括对生理心理状态的监控，如心率、皮肤电、脑电等。这些信号可以直接反馈到训练程序中以便于调整训练参数提升训练效率。另外，训练难度和训练内容的排布也需要结合个体差异进行设计，这就需要进行自适应的训练。

第四节　基于人类认知特性的设计

科学知识的第三种应用模式是利用科学原理进行工程设计和建设，提高生产力。例如，利用力学知识设计建设高楼大厦、运用热力学知识设计建造内燃机。在设计领域，近些年来发展出了以用户为中心的设计理念。该理念以人类信息加工特点为科学依据，构建设计指导原则，优化系统呈现的方式和产品的技术参数，从而提升产品和环境的用户体验。在这一过程中，认知心理学的相关知识发挥了重要的作用。

一、建立设计和评估指导原则

认知心理学的知识可以为设计师提供一些基本的设计原则，从而指导设计工作。例如，格式塔心理学著名的知觉组织原则就被广泛应用于交互设计领域。格式塔心理学认为，人们会把独立的特征整合成为一个整体进行知觉，在这个整合过程中，人们遵循一些原则，如接近原则、相似原则、良好连续原则、闭合原则、共同命运原则等。接近原则是指人们倾向于将位置接近的事物知觉为一个整体，这一原则常被用于应用界面的布局设计。合理地设计不同信息组之间的间距、设置留白空间，会使应用界面更加简洁、美观。相似原则是指人们倾向把相似的事物知觉为一个整体，在交互设计中常被用来划分功能区。设计者将类型相似的功能设计成相似的外观，有利于界面功能区的管理。良好连续原则是指人们倾向将线条等几何体知觉为连续的整体，而不是独立的元素。这一原则常用于 Logo 设计领域，例如，IBM 公司的 Logo 设计就恰当地使用了这一原则，形成了良好的视觉效果（图 14-2）。闭合原则是指人们倾向将闭合的事物知觉为一个整体。共同命运原则是指人们倾向把具有共同运动方向的图形知觉为一个整体，多运用在动效设计上，通过不同元素的共同运动来实现元素的组合。

图 14-2　IBM 公司的 Logo 演化，运用连续性原则的 Logo 成为设计经典

除了设计指导原则，认知心理学知识对制定用户评估的原则也具有重要的指导意义。为了保证产品设计符合用户的使用习惯，在产品设计的各个阶段均可以进行可用性评估，用以发现设计中的可用性问题。在评估中，可用性专家需要遵循一系列原则。这些原则基于人类信息加工的特点而形成。在软件系统界面设计中，Nielsen 和 Molich（1990）依据认知心理学原理，并结合大量实践，提出了 10 个可用性启发式原则（usability heuristic principle）。这些原则为可用性专家评估提供了实际操作的准则，能帮助他们快速地发现界面的可用性问题，以便进入快速的设计迭代。

💡 框 14-3　交互界面的启发式原则

1）系统状态的可见性：系统应始终保持状态的可见性，使用户在合理时间内获得及时、适当的反馈。

2）系统与现实世界的匹配：系统的逻辑结构应遵循现实世界的惯例，使信息以自然和合乎用户认知的方式呈现。

3）用户控制的自由：系统应赋予用户充分的控制权，包括执行操作后的退出、撤销与恢复功能，以应对用户的误操作。

4）一致性标准：系统应在不同界面和情境中保持术语、结构布局和交互方式的一致性。

5）错误预防：系统应通过提供有用的约束和良好的默认值，降低认知负荷，预防错误的发生。

6）再认而不是回忆：系统应尽量将操作选项可视化，最大限度地减轻用户的记忆负荷。

7）灵活性和效率：系统应提供快捷方式，以提升操作效率，满足不同层级用户的使用需求。

8）极简主义设计：系统的界面设计应保持简洁，避免冗余元素和分散用户的注意力。

9）帮助用户识别、诊断错误并从错误中恢复：系统应以清晰易懂的语言说明错误，并提供明确、可行的解决建议，帮助用户恢复操作。

10）帮助和文档：系统应提供有效、易查找的帮助内容，并明确提供操作指导。

二、优化信息的呈现方式

人类的认知系统对外界信息的加工是有选择性的，因此只有部分信息会被人注意到且被深度加工。如果呈现的信息处在人类认知加工范围之外，这种呈现就是低效乃至无用的。因此，了解人类信息加工的模式，有助于进一步优化信息的呈现方式。

认知心理学研究发现，人们对外在信息的搜索和获取会形成一定的模式。例如，眼动追踪的研究表明，人们在阅读信息时有着特定的信息获取模式（Nielsen & Pernice, 2010）。当界面信息较少时，人们信息获取的模式呈"Z"形：首先会扫描第一行，然后会折返到底部，关注底部的信息。在信息较多的时候，人们信息获取的模式呈"F"形：首先以水平运动的方式阅读，通常是在内容区域的上部。这种最初的阅读方式形成了"F"的顶栏。随后，他们沿着屏幕左侧的垂直线进行扫描，在段落的初始句中寻找兴趣点。当识别出感兴趣的信息，就会进行第二个水平运动阅读，通常比前一个运动覆盖的区域宽度更短，这就形成了"F"的下栏。最后，用户以垂直运动的方式扫描内容的左侧（图14-3）。这样的信息获取模式在设计上对信息的布局具有指导意义。这样"F"分布提示了在网页内容的设计与排版中，重要的信息内容应该放在界面左上角，而不重要的信息则应该放在右下角，这样的设计既能保证让读者快速阅读，同时也不会错失想要获取的关键信息。

三、确定信息呈现的参数范围

人类的感知范围决定了信息呈现的关键参数。在传统工效学领域,桌椅的高度、控制按键的大小尺寸等参数,需要根据人的身材体型来决定。例如,国家标准《家具 桌、椅、凳类主要尺寸》(GB/T 3326-2016)中规定:桌面高度应在 680—760 毫米范围内,座高应在 400—440 毫米,桌面与椅凳座面配合高度差在应在 250—320 毫米,当前人群的平均身材体型。按照相似的逻辑,在认知领域,信息的呈现参数范围应该由人类感知的特点决定。

以视觉为例,由于人类视网膜中感光细胞的分布特征,人类对空间细节的分辨能力存在差异。正常成年人的视力是 1.0,考虑到实际人群中的视力差异,一般道路指示是以低于 1.0 的视力为标准来估算的。同时,由于驾驶员在驾驶过程中视觉信息是动态变化的,设计时需要考虑到动态情况下人类视觉识别能力和识别路牌需要的反应时间。基于此,国家标准 GB 5768.2-2022 要求,为了保证汉字能被正确识别,在高速行驶路段,字体高度一般在 60—70 厘米,即使在低速行驶的区域,字体高度也应在 25 厘米之上。此外,在驾驶的时候,人们需要把注意力集中到道路中心,而路牌则呈现在视野周边位置。但是,人类的周边视觉能力是随中心偏离程度的增大而快速下降的。这意味着路牌标志不能放在视野边缘过远的位置,否则驾驶员要么无法看清路牌,要么需要移动眼睛才能看清路牌。一般来说,标志应该落在水平轴上 10°—12°、垂直轴上 5°—8° 的视野范围内。如果超出这一范围,标志就很难被识别。

此外,人眼的视敏度会影响电子设备信息呈现的分辨率。随着电子技术的发展,视频、图片等多媒体文件越来越大,分辨率越来越高。高分辨率的多媒体材料一方面能够给人带来高质量的感观体验,另一方面也造成了计算和存储资源的压力。值得重视的是,分辨率的提高和人类主观体验不是一种线性增长的关系。在分辨率较低的时候,分辨率的提高会显著提高图像等多媒体文件的感知质量,效用和成本比很高。当分辨率提高到一定程度后,提高分辨率需要投入高昂的成本,所带来的主观体验提升却有限。在这种情况下,提高分辨率并不是一个很好的选择。如果分辨率超过人眼能够识别的极限,分辨率的继续提高并不会给观察者带来更好的感知体验,从某种程度上而言,在这个区间内消耗的计算和存储资源是一种浪费。此外,人类的视觉系统对视野不同区域的分辨率也不同。当眼睛直视一个物体时,来自该物体的光会落在视网膜中央凹的区域,这里排布着密密麻麻的视锥细胞,可以处理高分辨率的图像信息。但这一区域所占面积极小,大约只有 1° 的视野范围。在距离视网膜中心 1°—4° 的区间内,人类视觉空间的视敏度明显下降,在 4° 之外的区域,只保留了十分稀疏的视杆细胞,能够处理的图像分辨率很低。这一特性启发了研究者,可以利用人类视野上不同位置敏感度不同的特点,有选择地呈现分辨率不同的刺激,以达到最佳的效用成本比。在现代虚拟现实场景的搭建中,图像渲染需要消耗大量的计算资源。如果在视野的每个位置都进行等分辨率的渲染,会造成中央视野区渲染出的图像质量不高、体验感差。而周边视野区的质量超过人类视觉能够分辨的范围,造成计算资源的浪费。如果能针对人类视觉系统空间分辨率的特点,在中央视野进行高分辨率的渲染,而在周边视野进行低分辨率的渲染,把渲染质量与视网膜在每一点上的分辨率相匹配,则能够使用较小的计算量来达到较好的渲染效果。这一计算方法也被称为基于人类视觉特性的渲染方法，可以用于提升虚拟场景的渲染效用成本比。

第五节　认知心理学在人工智能领域的应用

科学知识的另一个应用就是利用本学科的知识体系影响其他学科的发展。随着认知心理学理论的发展与不断突破，本学科的知识对其他学科的发展起到了推动作用。其中，认知心理学的研究对人工智能的推动作用具有一定的代表意义。本节以人工智能的发展为例，介绍认知心理学知识如何影响其他学科理论的发展。

一、人类智能和人工智能的联系

20世纪中叶开始，计算机的出现极大地提升了人类社会的计算能力。从最原始的机械打孔机起步，计算机逐渐发展为具有高速计算能力的现代计算机，成为人类解决复杂问题的帮手，例如，疾病诊断、交通规划、环境治理等，人类也从信息时代进入智能时代。早在20世纪50年代，计算机科学家艾伦·图灵就在其知名的学术论文《计算机器与智能》（Computing machinery and intelligence）中提出"机器是否可以思考"这一问题。他不仅倡议建造能像人一样思考的机器，还提出通过"模仿游戏"的方法来评估机器的智能性，即测试人类能否区分模拟人类的机器与真实人类，成为现代人工智能的先驱（Turing, 1950）。他提出的方法被称为著名的"图灵测试"。之后，在1956年的达特茅斯研讨会上，"人工智能"这一概念被正式提出，随即引起学界与工业界的广泛关注。随着硬件水平的飞速提升，人工智能在接下来的半个多世纪内有了空前发展，尤其是近年来取得了一系列令人瞩目的成就。例如，2016年，DeepMind公司的AlphaGo人工智能系统（Silver et al., 2016）在围棋比赛中击败了人类围棋世界冠军李世石，这是继1997年IBM公司的深蓝击败国际象棋特级大师加里·卡斯帕罗夫之后（Campbell et al., 2002），人工智能在棋类游戏领域的又一个巨大突破。此外，深度神经网络在语音识别、机器翻译领域也取得了突破性的进展（Hinton et al., 2012）。这些技术上的发展，为促进人类文明的进步发挥了重要作用。

如同人类制造汽车代替奔跑，制造机械臂代替人体臂力一样，人工智能是人类制造的智能工具，通过建立计算机程序模拟人的感知觉、决策、记忆、学习乃至逻辑推理与思考能力，用于辅助人类的决策。从文明的本源上来看，所有现代社会的科技文明均来自人类的智慧。然而，与人类智力相比，人工智能具有一系列优势，是人类智慧的辅助工具。

第一，人工智能具有远超过人脑的计算能力。人类因为自身生理结构上的限制，计算能力受到限制，而人工智能可以通过计算机芯片数目的增加突破这一限制，在理论上可以达到一个无限高的水平。

第二，人工智能可以有效减少人为错误。人类的认知状态具有波动性，所谓"聪明一世，糊涂一时"，"智者千虑，必有一失"。在现实生活中，再聪明能干的人也会因为疏忽而出现失误，例如，交通事故最主要的诱因就是人为失误。而在一些特定任务中，人工智能则表现稳定，错误率远低于人类。

第三，人工智能无疲劳效应。人脑进入一段时间的工作后，就需要进入休息状态，以此来恢复脑力，因此人脑能够进行工作的时间是有限的。人工智能系统可以全天候工作，无须任何休息。

第四，人工智能没有情绪波动。在日常工作中，我们会执行许多重复性的工作，例如，校对、文件核查、图片识别、语音文字之间的相互转换等。这些单调的工作难免让人产生无聊、厌烦等情绪，导致错误率上升，工作效率受到影响。此外，人类也可能因为压力而在一些重大或紧急的状态下出现决策能力和行为表现的下降。相比之下，人工智能可以很好地避免这一问题，在各种情况下，均能够不慌不乱，出色地完成任务。人工智能系统可以成为人类智力的辅助工具，与人类的认知能力取长补短，提高生产效率。类似辅助系统的参与，将会极大地促进人类科技文明的发展。

在人工智能技术发展的过程中，认知心理学扮演着重要的角色。认知心理学和人工智能这两个学科有着共同的历史和天然联系。首先，从学科思想史上来看，两者都关注智能行为的分析。现代认知心理学的理论框架是以信息论为基础，以计算机为隐喻来分析人类信息加工的过程，人工智能同样是以信息论为基础的，因此两者在思想本源上的联系十分紧密。其次，在历史上，人工智能的发展和认知心理学的发展关系密切。例如，人工智能领域的 Simon 等在 20 世纪 50 年代发明的逻辑理论家（logic theorist）程序与通用解难器（general problem solver），试图通过计算机程序模拟人类的逻辑推理能力，利用人类智能的一些方法原则来促进人工智能的发展（Newell，Shaw，Simon，1959）。20 世纪 60 年代中期开始，受认知心理学关于专家和新手研究的影响，人工智能领域开发了大量的专家系统，人工神经网络的研究则受到人类神经系统中神经元层级加工形式的启发。

未来，认知心理学的研究将有助于促进人工智能研究的进一步发展和突破。尽管人工智能正在各种层面上不断逼近人类的智能，但现阶段的人类智能仍具有不可取代的优势，值得人工智能系统借鉴。人类的大脑在长期进化中不断优化，形成了超过所有其他生物的高级智能，可谓"万物之灵"。这一进化的结果让人类的大脑具有十分轻巧的结构和高效的功能，也能够让人完成众多机器难以完成的工作。以驾驶行为为例，人类经过较短时间的训练，即能够掌握汽车的驾驶技巧，在各种复杂路况和雨雪、大雾天气条件下快速做出准确判断。对计算机而言，同样的任务要复杂很多，因此至今仍然难以建立不限环境与道路条件的全自动化驾驶系统。人工智能系统的效率是否能够仿照人类认知的特点而得以提升呢？历史上，很多工程领域都从生物学特征中获得了启发。例如，机械工程师通过对甲虫的形态进行观察制作了角形锯齿，能够快速砍伐树木。再如，航空工程师在飞机结构设计上借用了鸟类翅膀的结构。同样，理解人类认知的特性，观察人类认知的功能、特征和现象，并将这些知识应用于新人工智能算法的构思和创造，是一种智能层次上的仿生学。与机器智能相比，人类智能具有一些十分重要而有趣的特征，值得人工智能开发者进行思考和模仿。

第一，人脑是一个经济高效的智能体。一个成年人的大脑有约 1.3 千克，大约占整个身体重量的 2%，能量功率只有约 20 瓦特。相比之下，很多超级计算机的功率是人脑功率的上万倍。这种低能耗是长期以来自然竞争和选择的结果。在资源匮乏的原始社会，人类获得食物较为困难，如果大脑能耗过高，将加剧能量负担，不利于生存。这就意味着我们的大脑需要低能耗来高效地处理信息，使用非常节能的方式来完成学习、推理、合作等复杂任务。因此，人类认知中很多节省认知资源的相关特点值得人工智能领域的人员进行借鉴。

第二，我们的大脑是一个灵活的信息处理体。在社会活动中，人们面对的挑战纷繁复杂、不可预测，这使得人类的认知无法针对每一类任务使用特异性的加工策略，而是对各种变化场景进行模糊推理和计算。假定这样一个任务：张三收到 100 元钱，要去超市购买晚餐食品。尽管对正常人来说这是一项再普通不过的任务，但其中却涉及大量不确定的信息。首先是购买物品的地点。是步行去门口楼下的小店铺，还是坐车去大超市？在门口的小店铺购买，不仅食品较贵，而且品种单一，可能买不到合适的食物。但去大超市购买，就要耗费大量时间，并增加交通费用。其次是购买怎样的食物。例如，原本计划购买猪肉，但由于缺货、促销或品质问题，可能临时改为购买牛肉或羊肉。最后是怎样搭配食物。如果买了牛肉，可能要考虑炖土豆还是炖萝卜，或者炖西红柿；如果买了鱼虾，则要考虑搭配其他食材。在这个过程中，每一个决策都涉及诸多因素的影响，任何一个变化都涉及其他相关信息的变化。人脑在理解非结构化信息的复杂性和不可预测性方面具有极强的能力，能够权衡多个来源的信息和想法，并进行推理、做出决策。在进行决策时，大脑并非穷尽每个复杂的场景来精细计算，而是时常凭借的是一种模糊的直觉来进行判断和决策。然而，对人工智能来说，这种决策方式是一个巨大的挑战。人工智能还需要学习并理解人类对信息的表征方法，才能在信息量和运算能力均受限的情境中做出相对合理的选择，在不需要穷尽所有可能性的情况下完成复杂情景中的决策。

二、由人类智能启发的人工智能算法

人工智能发展至今已取得一系列突破性的成果，对科学及工业的发展均产生了深远的影响。多年来，人工智能研究者借鉴人类智能的优势，在各种任务情境下加以利用，提出一系列算法，解决了一些重要问题。下面列举一些典型的例子说明人类智能的特点对人工智能算法的启发。

（一）基于人类视觉系统的计算机视觉算法

经过长期的进化，人类视觉系统在物体图像分割和识别上表现出极高的效率。鉴于自然界的复杂性，人类视觉系统接收到的图像高度复杂。但是人类视觉系统以极高的灵敏度和可靠性在复杂环境中搜索食物、规避风险、导航定位，展现出出色的信息处理能力。许多计算机视觉和图像处理的研究人员从人类大脑视觉系统的神经生理学研究中找到灵感，设计出了能够高效处理图像分割的算法。一个成功的例子是 20 世纪 50—60 年代视觉科学家对视觉皮层进行了一系列实验研究，发现视觉系统的细胞具有方向和空间频率的选择性。视觉细胞的反应特性可以通过一个高斯函数和三角函数的乘积形成的函数来描述。该函数即 Gabor 滤波器（Gabor filter），被广泛用于建模初级视觉皮层细胞的感受野。计算机视觉的研究者利用这一特性设计了多种算法，在纹理分析、图像分割、特征提取与物体识别等任务中取得显著成效。

（二）基于注意力的神经网络

人类感知的一个重要特性是可以有选择地将注意力集中在某些特定信息上，以建立起对外界世界的内部表征。这种将计算资源集中在场景某一部分的机制，可以使系统利用有限的资源对特定目标进行深入细致的分析。相比之下，传统的人工智能网络在处理视频信息时，赋予所有像素同等的处理权重。类似算法的计算量会随着图像像素数量的增加而不断增长，造成计算资源的压力。参照人类注意力的模型，Mnih 等（2014）提出了一种新的递归神经网络模型。该模型从图像或视频中提取信息，通过自适应选择一连串区域或位置，并仅对所选区域进行高分辨率处理。该模型通过选择性注意机制忽略场景中无关对象，即使在复杂场景中也会表现出优异的分类能力。此外，该算法的注意力机制允许计算成本随着输入图像的大小而扩展。在困难的多物体识别任务中，这种扩展方法展现出令人印象深刻的性能，在准确性和计算效率方面都超过了传统的神经网络。除了图像识别领域，注意力的理论模型在自然语言处理的神经网络中也得到了成功的应用。

（三）基于人类学习特性的机器学习算法

机器学习是机器获得智能的主要途径。现代神经网络从数据中学习，通过不断地训练模型来习得特定的功能。在大模型时代，通过大数据模型的训练，确实可以有效地提升系统的智能程度。例如，近年来，以 ChatGPT 为代表的大语言模型给各个领域带来了革命性的变化。然而，使用大型模型进行训练通常依赖两个前提条件：一是需要大规模的数据库；二是需要巨大的能量消耗。这些在一定程度上限制了大模型的应用领域和范围。因此，在数据资源受限的情况下，如何构建高效的智能系统，成为人工智能领域面临的重要挑战。

相对而言，人类的学习更为经济有效。由于时间和精力上的限制，人类无法像机器一样学习庞大的数据集，而是通过有限的信息学习并实现高度智能化。人类学习的诸多特性为开发低资源消耗的机器学习方法提供了有益的启示。例如，人类的学习并非简单地通过自下而上的数据驱动和多次试错的方式进行。相反，人类学习是在自上而下的认知指导下，结合之前已经习得的知识结构完成的。在这样的体系下，人类学习的效率很高。将人类学习的特点应用到机器学习中，可以显著降低对数据的要求，提高机器学习的可靠性和稳健性。研究人员利用这种自上而下的、基于知识体系的智能方法，设计出性效比更好的算法。例如，心理学家和人工智能研究者员 Lake 等（2015）借鉴了人类学习概念的方法，构建了基于知识的贝叶斯人工智能系统，提高了概念学习的效率。

此外，人类在初次学习结束后，会主动回忆学习时的场景。这种记忆重演对记忆巩固至关重要。例如，比赛失败后，运动员会不断回忆先前比赛的情境，总结自己的得失。记忆的信息在大脑中重放后会再次得到巩固，其中起重要作用的是人类大脑的海马体。人类通过情景记忆进行学习的机制被借鉴到机器学习领域。研究人员据此设计出融合经验回放机制的深度神经网络学习方法（Gu et al., 2016）。该网络的一个重要特点是"经验重放"，即通过存储并重现部分训练样本，从过去的成功或失败中重新学习。存储于记忆缓冲区的经验不仅有助于网络参数的优化，也在一定程度上缓解了深度学习对大规模数据的依赖。

再如，人类的学习涉及两个系统：外显学习和内隐学习。外显学习是指陈述性知识的学习，通常通过建立规则来实现。陈述性知识涉及学习事实、概念和信息等内容，例如学习历史事件、数学公式、科学理论等。这种学习可以通过阅读、听讲座、观看视频等方式进行。内隐学习则是指程序性知识的学习，涉及学习技能、过程和行动的执行，例如学习游泳、弹奏乐器、开车等。程序性知识的学习通常需要实践和反复地练习。这两种知识系统相互配合，使得人类具备了高效学习能力。通过建立规则和进行实践练习，人类能够在学习资料和实践经验较少的情况下取得很好的学习成果。结合外显与内隐学习方式有望提升模型的学习效率与能力。一方面，机器可以通过外显学习构建基础的认知规则，并利用规则进行学习；另一方面，机器也可以利用大样本训练，内隐地学习数据之间的关联。借鉴人类双系统学习机制及其交互特点，有望开发出更智能、节能的学习算法，使智能系统在保持高性能的同时大幅降低资源消耗。

（四）基于人类社会特性的人工智能算法

随着技术的发展，人工智能在人类社会的渗透率大幅提升。元宇宙和服务机器人产业的兴起，使人们与各种智能体（如虚拟人和服务机器人）进行交互的机会越来越多，这些智能体有望成为人类生活中不可或缺的伙伴。要提供更好的交互服务，使机器人更具人类特征是一个重要的途径。这涉及人工智能中另一个非常重要的方面，即拟人性的提升。拟人性是指机器人或智能体表现出类人的特质和行为，符合人类习惯的方式进行互动和沟通。

提升拟人性的关键在于使机器能够学习和理解人类的行为与认知规律，并将这些规律转化为机器可理解与可模拟的形式。这需要认知心理学研究者收集大量关于人类认知行为的数据，理解人类在不同情境下的感知、思考与决策过程，并将这些认知行为规律加以量化，建立数学模型用于描述和预测人类行为。这些数学模型可以通过统计学方法、机器学习算法或其他计算建模技术来构建。通过与实际数据的对比和验证，这些模型可以不断优化和改进，从而能够更准确地模拟人类的认知行为。在此基础上，我们可以将这样的模型应用于机器人和智能体中，使其能够更好地感知环境、理解人类的意图和情感，并做出与人类相似的决策和行动。这不仅可以提升机器人在与人类交互中的表现，还可以增强人们对机器人的信任感和情感共鸣。例如，华东师范大学的研究团队利用虚拟现实技术对人类社会交互空间进行定量测量，并基于这些数据构建数学模型预测人类的行走行为。随后，研究团队将构建的社会行走行为计算模型进行算法化，并将其嵌入机器人平台中进行验证和优化，以检验基于人类行为特性的算法是否能够提升人类对机器人社会性和拟人性的评价。研究结果表明，基于人类行为特性的计算模型能够有效提升人机交互的体验，并增强了机器人的拟人性和社会性（Zhou et al., 2022）。通过深入研究人类认知行为规律，并将其转化为机器可理解的形式，有望持续提升人工智能的拟人性。这将进一步推动人工智能与机器人技术在医疗护理、教育培训、娱乐、社交等领域的广泛应用。

三、认知心理学帮助计算机科学解决人工智能的"黑箱"问题

目前，人工智能系统多采用自下而上的数据驱动方式进行训练和构建。以深度学习为例，其基本思想为构建一层或者多层神经网络，通过训练来调整神经网络中的权重参数。虽然近些年来计算能力的飞速提升使神经网络变得越来越强大，但是在大多数情况下，人们只能观察到神经网络的输入和输出，无法通过以百万计的内部权重参数来理解其具体的工作机制。因此，即使是设计这个神经网络的计算机专家，也难以清晰解释其整体运行机制。这种内部机制的可解释性缺失，便构成了人工智能的"黑箱"问题。

打开这些"黑箱"，对于理解人工智能的工作原理是十分重要的。首先，作为这些技术的创造者，研究者有责任了解这些神经网络的工作机制。任何人工智能的系统都存在出错的风险。这可能来自建立系统过程中训练样本的偏差、训练样本量的不足或者算法本身的缺陷。理解这些神经网络的工作原理，有助于研究者进一步改进算法、纠正错误，提升网络的性能。其次，从消费者知情权角度来说，用户有权了解购买使用的产品是如何工作的，从而决定是否使用及其如何使用。普通的消费者往往无法接受将某些关键甚至关系生命安全的决策交给一个连设计者都无法解释清楚运行机制的人工智能网络来做出。例如，当一位患者面对一个人工智能诊断系统给出疾病的诊断并质疑时，如果没有人能够解释清楚这个人工智能系统的工作原理，患者可能很难接受相应的诊断以及治疗方案。一些国家和地区拟通过立法来特别保护消费者对人工智能产品工作机制的知情权。此外，人工智能系统需要在实际情境中做出决策，这些决策可能涉及复杂的社会伦理与道德问题。例如，在车祸不可避免的情况下，系统应该选择保护车内的乘客，还是要避免伤害车外无辜的行人呢？这类问题牵涉到深层的伦理价值判断。若人工智能系统的工作机制不明确，就难以判断其决策是否违反法律或背离社会伦理。因此，系统设计者应该清楚理解系统的运行机制，而不能将其作为一个简单的"黑箱"。

计算机科学家面对人工智能系统的"黑箱"和认知心理学家面对人类大脑的"黑箱"在逻辑层面上具有高度相似性。人类大脑通过漫长的进化，形成了成千上万的神经元及其之间复杂的连接。认知心理学家无法知道这些神经元之间是如何联系的。面对人类大脑的"黑箱"，认知心理学家构建了一系列心理学实验，推断不可见的心理过程及其工作机制。那么，我们是否可以借鉴类似的方法论，来解释和分析神经网络的"黑箱"呢？要解决这一问题，认知心理学中有许多知识和方法可供参考。一些计算机科学家将认知心理学中的实验方法应用到对人工智能系统"黑箱"问题的研究中，以探索人工智能系统背后的工作机制（Ritter et al., 2017）。

近些年来，虽然认知心理学和人工智能的交叉融合在很多方面有了一些积极进展，但整体仍处于较为初级的发展阶段。人类智能的复杂和精巧蕴含着巨大的宝藏，有着巨大潜力可供挖掘。正因为如此，需要更多的认知心理学家投身于心理学与人工智能的交叉研究中，发挥人类认知的优势，推动人工智能迈入新的发展阶段。

四、认知心理学应用的前景

本章通过几种不同类型的应用展示了认知心理学理论和技术在各个领域的应用。这些模式是为了帮助读者理解认知心理学的应用概括总结而成的，但在实际情况中，往往不是单纯应用一种模式，而是多种模式的混合应用。另外，文中的举例也只是众多应用领域中的冰山一角。除了本章提到的应用，认知心理学还在教育、管理、经济、公共治理等多个领域有着非常重要的应用。从未来发展来看，随着认知心理学理论研究的深入，相关的应用将会更加丰富和系统。

（一）认知工程学科体系的建立

从历史上其他学科发展的过程来看，随着基础科学研究的不断深入，一个学科的知识积累到一定程度后，其应用模式也会不断完善，并产生和基础学科对应的新的工程学科，进而衍生出多个学科。以物理学科为例，经过长期的发展，这一学科衍生出了电子信息工程、光学工程、机械工程、建筑工程等，化学学科演化出了化学工程、环境工程等。认知心理学已经形成诸如认知工效学这样的交叉学科，未来随着认知心理学应用的进一步成熟，将逐步形成单独的学科专业，甚至会出现一系列成体系的认知工程学科。

（二）认知应用的量化和计算化

量化和计算化是工程化应用推广中非常重要的因素。工程应用的场景千差万别，而量化和计算模型则可以从一个基本的条件出发，运用数学推导出各种复杂场景的应用参数。例如，物理学中可以通过力学的理论推导出建造桥梁时应该采用的结构，以及每个部分应该采用的承重材料。目前，认知心理学的应用以认知心理学理论原则为主，量化的计算模型和分析较为缺乏，这限制了认知心理学的应用广度和深度。随着认知计算的发展，越来越多的认知心理学模型正逐步实现量化。以注意领域的凸显模型（Itti et al., 1998）为例，该模型能够在像素水平上预测场景中每个物体被注意到的概率，计算每个物体的凸显水平，从而成功地预测公路上的路牌能够被正确识别的概率，以及界面菜单引起他人注意的可能性。当未来更多的认知心理学理论进入量化模型阶段时，认知心理学的工程化应用将会得到进一步的丰富和发展，其学科体系也将会更加成熟。

关键术语

科学 science

工程 ngineering

一般智力 general intelligence

智力测验 intelligence test

通用认知能力 generalized cognitive abilities

小型认知测验 Mini-Cog

伍德科克-约翰逊认知能力测验 Woodcock-Johnson tests of cognitive abilities

分化 differentiation

单位化 unitization

专项认知能力 specific cognitive abilities
智力双因素理论 two factor theory of intelligence
航空学员资格考试 air cadet qualification test
简易智能精神状态检查量表 mini mental state examination

刺激印记 stimulus imprinting
权重分化 attentional weighting
可用性启发式 usability heuristic principle

知识要点

- 科学和工程的关系
- 科学应用的4种模式
- 认知心理学的学科位置
- 认知心理学应用的发展阶段
- 认知测试类型
- 认知测试发展趋势
- 认知训练的类型
- 认知训练的应用领域
- 认知训练的影响因素
- 以用户为中心的设计
- 基于视野的图像渲染方法
- 认知心理学知识在设计中的应用模式
- 人类智能和人工智能的差异
- 认知心理学对人工智能算法的影响

参考文献

如需查阅本书参考文献,请扫描下方二维码

附 录
大脑解剖术语及简称

杏仁核	amygdala
角回	angular gyrus，AG
前脑岛	anterior insula
弓状束	arcuate fasciculus，AF
听觉皮层	auditory cortex，AC
基底神经节	basal ganglia
尾状核	caudate nucleus
小脑	cerebellum
扣带回	cingulate cortex
前扣带回	anterior cingulate cortex，ACC
楔叶	cuneus
齿状回	dentate gyrus
额叶眼区	frontal eye fields，FEF
额叶	frontal lobe
额盖	frontal operculum
额颞皮层	frontal-temporal cortex
梭状回	fusiform gyrus
梭状回面孔加工区	fusionform face area，FFA
灰质	gray matter
颞横回	Heschl's gyrus，HG
海马	hippocampus，HPC

颞下回	inferior temporal gyrus, ITG
额下回	inferior frontal gyrus, IFG
枕叶下回	inferior occipital gyrus
额枕下束	inferior occipitofrontal fasciculus
顶下小叶	inferior parietal lobule, IPL
岛叶	insula
顶内沟	intraparietal sulcus
顶内上沟	superior intraparietal sulcus
顶内下沟	inferior intraparietal sulcus
外侧膝状体	lateral geniculate nucleus, LGN
外侧后顶叶	lateral posterior parietal cortex
内侧前额叶皮层	medial prefrontal cortex, mPFC
额中回	middle frontal gyrus
中颞视区	middle temporal area, MT/V5
颞中回	middle temporal gyrus, MTG
运动皮层	motor cortex
伏隔核	nucleus accumbens, NAc
枕叶	occipital lobe
枕极	occipital pole
枕颞区	occipital temporal region
嗅球	olfactory bulb
视交叉	optic chiasma
海马旁回	parahippocampal gyrus
海马旁回场景加工区	parahippocampal place area, PPA
边缘系统	paralimbic
顶叶	parietal lobe
嗅皮层	perirhinal cortex
中央后回	postcentral gyrus
海马后侧	posterior hippocampi

后颞中回	posterior middle temporal gyrus, pMTG
后顶叶皮层	posterior parietal cortex, PPC
后腹侧颞叶区域	posterior ventral temporal cortex, pVTC
楔前叶	precuneus
初级运动皮层	primary motor cortex, M1
辅助运动区	supplementary motor area, SMA
前运动皮层	premotor cortex, PMC
背侧前运动皮层	dorsal premotor cortex
前额叶	prefrontal cortex, PFC
前额叶喙侧皮层	rostral prefrontal cortex, rPFC
背内侧前额叶皮层	dorsomedial prefrontal cortex
背外侧前额叶皮层	dorsolateral prefrontal cortex, dlPFC
腹内侧前额叶皮层	ventromedial prefrontal cortex
腹外侧前额叶皮层	ventrolateral prefrontal cortex
外侧额极	rostrolateral prefrontal cortex
躯体感觉皮层	somatosensory cortex
纹状体	striatum
腹侧纹状体	ventral striatum
皮下通路	subcortical pathway
额上回	superior frontal gyrus, SFG
内侧额上回	medial superior frontal gyrus, mSFG
颞上皮层	superior temporal cortex
颞上回	superior temporal gyrus, STG
颞上沟	superior temporal sulcus, STS
颞叶	temporal lobe
前颞叶	anterior temporal lobe
前颞上皮层/背侧前颞叶	anterior superior temporal cortices / dorsal anterior temporal lobe
颞极	temporal pole, TP

颞顶联合区	temporoparietal junction，TPJ
丘脑	thalamus
腹侧额叶皮层/额下皮层	ventral frontal cortex/inferior frontal cortex，VFC
腹侧颞枕叶皮层	ventrotemporal occipital cortex，VTOC
视觉皮层	visual cortex
初级视觉皮层/纹状皮层	primary visual cortex/striate cortex，V1
纹外皮层	extrastriate cortex
次级视觉皮层/纹前皮层	secondary visual cortex/prestriate cortex，V2